जीव विज्ञान
नीट (NEET)

Class XI–XII

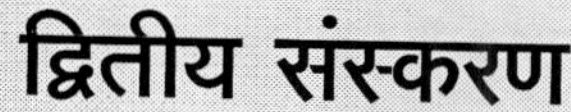

द्वितीय संस्करण

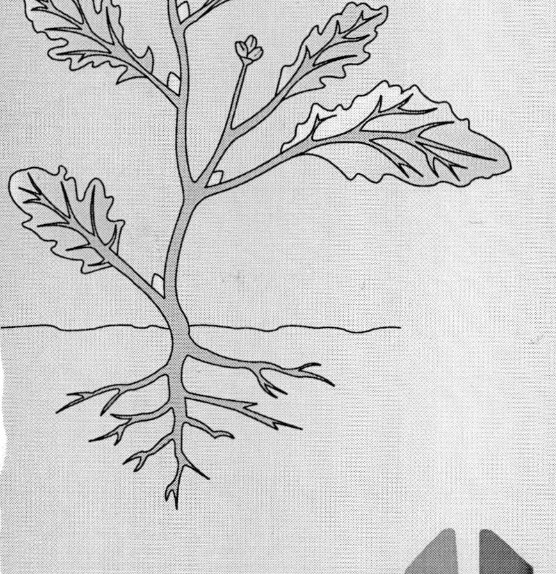

सुमन्त वर्मा

प्रकाशक

साइन्टिफिक पब्लिशर्स (इंडिया)

5-ए, न्यू पाली रोड
पोस्ट बॉक्स नं. 91
जोधापुर - 342 001 भारत

ISBN: 978-93-9346-507-7 P/B
978-93-90495-62-7 E/B

प्रथम संस्करण : 2021

Visit the Scientific Publishers (India) website at
http://www.scientificpubonline.com

भारत में मुद्रित

समर्पित

मेरे पिता जी

स्वर्गीय-अरुण कुमार वर्मा

मुख्य विमान अभियंता (बिहार सरकार)

तथा

दादा जी

स्वर्गीय-कमला कान्त सहाय

मुख्य विमान अभियंता (बिहार सरकार)

# अभिस्वीकृति

अपने 21 वर्ष के कार्य काल में, मैं जीव-विज्ञान विभाग के अपने सहकर्मी जिनके साथ मैंने कार्य किया है, डॉ. अमित गुप्ता जी, डॉ. पीयूष कौशिक जी, श्री गजानंद जी, डॉ. दीपक जी सिंघल, श्री चन्द्रकान्त जी यादव, डॉ. स्वर्णजीत कौर मैडम, श्री मयंक सिंघवी जी, श्री महबूब अली जी, श्री रत्नेश ठाकुर जी को धन्यवाद देता हूँ, इन सभी से मुझे सीखने का मौका मिला जो मेरे लेखन में बेहद मददगार रहा।

मैं हमेशा अभारी रहुँगा श्री अनुभव जी वार्ष्णेय (निर्देशक, दीक्षा क्लासेज, जोधपुर), श्री संजय जी रूंगटा (चेयरमैन, रूंगटा ग्रुप, भिलाई), और श्री ओम जी माहेश्वरी (निर्देशक केरियर पॉइंट, कोटा) जिनके निर्देशन में मुझे अध्यापन व लेखन के आधारभूत सिद्धान्त सीखने का सौभाग्य प्राप्त हुआ।

मेरे अध्यापन व लेखन की यह यात्रा मेरे पुराने अजीज मित्रों एवं सहकर्मी श्री डी.बी. सिंह जी (निर्देशक, आई. आई. टी भौतिकी केन्द्र, कोटा), श्री के. सिंह जी (निर्देशक विजन क्लासेज, पटना), श्री अरविंद त्रिपाठी जी, श्री विकास जी, श्री संजीव कुमार जी (निर्देशक मोमेंटम, गोरखपुर) की सराहना किए बिना पूर्ण नहीं होगी।

मैं सम्मानीय माँ श्रीमती गीता वर्मा, पत्नी अमीता वर्मा एवं बच्चे पीताम्बरा सहाय, यश वर्मा का भी अभार व्यक्त करना चाहुँगा जिनका प्रत्यक्ष व अप्रत्यक्ष नैतिक समर्थन वर्षों से मिलता रहा है।

अंत में अमूल्य सहयोग के लिए प्रकाशक श्री तन्य शर्मा जी एवं उनकी पूरी टीम का आभार प्रकट करना चाहुँगा जिनके सहयोग से इस पुस्तक का प्रकाशन संभव हो सका।

प्रस्तावना

राष्ट्रीय पात्रता सह प्रवेश परीक्षा (NEET) का आयोजन नेशनल टेस्टिंग एजेंसी (एन.टी.ए.) द्वारा भारत में मेडिकल व डेंटल कॉलेजों में 15% मेरिट सीटों के प्रवेश के लिए किया जाता है। इसके द्वारा जारी मेरिट लिस्ट का उपयोग विभिन्न राज्य सरकारे, विश्वविद्यालय अपने यहाँ मेडिकल व डेंटल कॉलेज में अपने नियंत्रण के सीटों में प्रवेश हेतु करती है। नीट (NEET) में सफलता प्राप्ती हेतु निरन्तर अभ्यास, अनवरत कड़ी मेहनत व मानसिक दृढ़ता की आवश्यकता होती है। तुलनात्मक दृष्टि से नीट (NEET) भारत के सबसे कठिन परिक्षाओं में से एक है।

इस पुस्तक में एन.सी.ई.आर.टी. के नवीनतम पाठ्यक्रम से संबंद्ध, प्रमाणिक व बहु चयनात्मक प्रश्नों का समावेश किया गया है।

प्रमुख बिंदु

1. प्रतियागी व प्रतीस्पर्धी तत्परता के लिए व्यापक और विश्वसनीय सामग्री (प्रश्नों) का स्रोत।
2. अंग्रेजी तथा हिन्दी दोनों भाषाओं में उपलब्ध।
3. एन.सी.ई.आर.टी. के नवीनतम पाठ्यक्रम से एन.स.ई.आर.टी के लगभग प्रत्येक पंक्ति से संबंधित प्रश्न।
4. एन.सी.ई.आर.टी. में दिए गए लगभग सभी चित्रों से प्रश्न।

छात्रों को सलाह दी जाती है कि एन.सी.ई.आर.टी. के अध्याय को पढ़ने के बाद, उस अध्याय के प्रश्नों को इस पुस्तक से हल करे, आपको लगेगा की प्रश्नों के माध्यम से आपके अध्याय का पूर्ण दोहराव हो रहा है।

सुमन्त कुमार वर्मा

पाठ्यक्रम

Unit 1: Diversity in Living World

- What is living? ; Biodiversity; Need for classification; Three domains of life; Taxonomy & Systematics; Concept of species and taxonomical hierarchy; Binomial nomenclature; Tools for study of Taxonomy — Museums, Zoos, Herbaria, Botanical gardens.
- Five kingdom classification; salient features and classification of Monera; Protista and Fungi into major groups; Lichens; Viruses and Viroids.
- Salient features and classification of plants into major groups-Algae, Bryophytes, Pteridophytes, Gymnosperms and Angiosperms (three to five salient and distinguishing features and at least two examples of each category); Angiosperms- classification up to class, characteristic features and examples).
- Salient features and classification of animals-nonchordate up to phyla level and chordate up to classes level (three to five salient features and at least two examples).

UNIT 2: Structural Organisation in Animals and Plants

- **Morphology and modifications:** Tissues; Anatomy and functions of different parts of flowering plants: Root, stem, leaf, inflorescence- cymose and racemose, flower, fruit and seed (To be dealt along with the relevant practical of the Practical Syllabus).
- **Animal tissues:** Morphology, anatomy and functions of different systems (digestive, circulatory, respiratory, nervous and reproductive) of an insect (cockroach). (Brief account only)

Unit 3 – Cell Structure and Function

- **Cell theory and cell as the basic unit of life:** Structure of prokaryotic and eukaryotic cell; Plant cell and animal cell; Cell envelope, cell membrane, cell wall; Cell organelles-structure and function; Endomembrane system-endoplasmic reticulum, golgi bodies, lysosomes, vacuoles; mitochondria, ribosomes, plastids, micro bodies; Cytoskeleton, cilia, flagella, centrioles (ultrastructure and function); Nucleus-nuclear membrane, chromatin, nucleolus.

- **Chemical constituents of living cells:** Biomolecules-structure and function of proteins, carbohydrates, lipids, nucleic acids; Enzymes-types, properties, enzyme action.
- **B Cell division:** Cell cycle, mitosis, meiosis and their significance.

Unit 4 – Plant Physiology

- **Transport in plants:** Movement of water, gases and nutrients; Cell to cell transport-Diffusion, facilitated diffusion, active transport; Plant — water relations — imbibition, water potential, osmosis, plasmolysis; Long distance transport of water— Absorption, apoplast, symplast, transpiration pull, root pressure and guttation; Transpiration-Opening and closing of stomata; Uptake and translocation of mineral nutrients-Transport of food, phloem transport, Mass flow hypothesis; Diffusion of gases (brief mention).
- **Mineral nutrition:** Essential minerals, macro and micronutrients and their role; Deficiency symptoms; Mineral toxicity; Elementary idea of Hydroponics as a method to study mineral nutrition; Nitrogen metabolism-Nitrogen cycle, biological nitrogen fixation.
- **Photosynthesis:** Photosynthesis as a means of Autotrophic nutrition; Site of photosynthesis take place; pigments involved in Photosynthesis (Elementary idea); Photochemical and biosynthetic phases of photosynthesis; Cyclic and non-cyclic and photophosphorylation; Chemiosmotic hypothesis; Photorespiration C3 and C4 pathways; Factors affecting photosynthesis.
- **Respiration:** Exchange gases; Cellular respiration-glycolysis, fermentation(anaerobic), TCA cycle and electron transport system (aerobic); Energy relations-Number of ATP molecules generated; Amphibolic pathways; Respiratory quotient.
- **Plant growth and development:** Seed germination; Phases of Plant growth and plant growth rate; Conditions of growth; Differentiation, dedifferentiation and Redifferentiation; Sequence of developmental process in a plant cell; Growth Regulators-auxin, gibberellin, cytokinin, ethylene, ABA; Seed dormancy; Vernalisation; Photoperiodism.

Unit 5 – Human Physiology

- **Digestion and absorption:** Alimentary canal and digestive glands; Role of digestive enzymes and gastrointestinal hormones; Peristalsis, digestion, absorption and assimilation of proteins, carbohydrates and fats; Caloric value of proteins, carbohydrates and fats; Egestion; Nutritional and digestive disorders — PEM, indigestion, constipation, vomiting, jaundice, diarrhoea.
- **Breathing and Respiration:** Respiratory organs in animals (recall only); Respiratory system in humans; Mechanism of breathing and its regulation in humans-Exchange of gases, transport of gases and regulation of respiration Respiratory volumes; Disorders related to respiration-Asthma, Emphysema, Occupational respiratory disorders.
- **Body fluids and circulation:** Composition of blood, blood groups, coagulation of blood; Composition of lymph and its function; Human circulatory system-Structure of human heart and blood vessels; Cardiac cycle, cardiac output, ECG, Double circulation; Regulation of cardiac activity; Disorders of circulatory system- Hypertension, Coronary artery disease, Angina pectoris, Heart failure.
- **Excretory products and their elimination:** Modes of excretion- Ammonotelism, ureotelism, uricotelism; Human excretory system-structure and function; Urine formation,

Osmoregulation; Regulation of kidney function-Renin-angiotensin, Atrial Natriuretic Factor, ADH and Diabetes insipidus; Role of other organs in excretion; Disorders; Uraemia, Renal failure, renal calculi, Nephritis; Dialysis and artificial kidney.

- **Locomotion and Movement:** Types of movement- ciliary, flagella, muscular; Skeletal muscle- contractile proteins and muscle contraction; Skeletal system and its functions (To be dealt with the relevant practical of Practical syllabus); Joints; Disorders of muscular and skeletal system-Myasthenia Gravis, Tetany, Muscular dystrophy, Arthritis, Osteoporosis, Gout
- **Neural control and coordination:** Neuron and nerves; Nervous system in humans- central nervous system, peripheral nervous system and visceral nervous system; Generation and conduction of nerve impulse; Reflex action; Sense organs; Elementary structure and function of eye and ear.
- **Chemical coordination and regulation:** Endocrine glands and hormones; Human endocrine system-Hypothalamus, Pituitary, Pineal, Thyroid, Parathyroid, Adrenal, Pancreas, Gonads; Mechanism of hormone action (Elementary Idea); Role of hormones as messengers and regulators. Hypo-and hyperactivity and related disorders (Common disorders e.g. Dwarfism, Acromegaly, Cretinism, goiter, exophthalmic goiter, diabetes, Addison's disease).

UNIT 6: Reproduction

- **Reproduction in organisms:** Reproduction, a characteristic feature of all organisms for continuation of species; Modes of reproduction — Asexual and sexual; Asexual reproduction; Modes-Binary fission, sporulation, budding, gemmule, fragmentation; vegetative propagation in plants.
- **Sexual reproduction in flowering plants:** Flower structure; Development of male and female gametophytes; Pollination-types, agencies and examples; Outbreeding devices; Pollen-Pistil interaction; Double fertilization; Post fertilization events-Development of endosperm and embryo, Development of seed and formation of fruit; Special modes- apomixis, parthenocarpy, polyembryony; Significance of seed and fruit formation.
- **Human Reproduction:** Male and female reproductive systems; Microscopic anatomy of testis and ovary; Gametogenesis-spermatogenesis & oogenesis; Menstrual cycle; Fertilisation, embryo development upto blastocyst formation, implantation; Pregnancy and placenta formation (Elementary idea); Parturition (Elementary idea); Lactation (Elementary idea).
- **Reproductive health:** Need for reproductive health and prevention of sexually transmitted diseases (STD); Birth control-Need and Methods, Contraception and Medical Termination of Pregnancy (MTP); Amniocentesis; Infertility and assisted reproductive technologies — IVF, ZIFT, GIFT (Elementary idea for general awareness).

UNIT 7: Genetics and Evolution

- **Heredity and variation:** Mendelian Inheritance; Deviations from Mendelism- Incomplete dominance, Co-dominance, Multiple alleles and Inheritance of blood groups, Pleiotropy; Elementary idea of polygenic inheritance; Chromosome theory of inheritance; Chromosomes and genes; Sex determination-In humans, birds, honey bee; Linkage and crossing over; Sex-linked inheritance-Haemophilia, Colour blindness; Mendelian disorders in humans-Thalassemia; Chromosomal disorders in humans; Down's syndrome, Turner's and Klinefelter's syndromes.

- **Molecular basis of Inheritance:** Search for genetic material and DNA as genetic material; Structure of DNA and RNA; DNA packaging; DNA replication; Central dogma; Transcription, genetic code, translation; Gene expression and regulation-Lac Operon; Genome and human genome project; DNA fingerprinting.
- **Evolution:** Origin of life; Biological evolution and evidences for biological evolution from Paleontology, comparative anatomy, embryology and molecular evidence); Darwin's contribution, Modern Synthetic Theory of Evolution; Mechanism of evolution-Variation (Mutation and Recombination) and Natural Selection with examples, types of natural selection; Gene flow and genetic drift; Hardy-Weinberg's principle; Adaptive Radiation; Human evolution.

UNIT 8: Biology and Human Welfare

- **Health and Disease:** Pathogens; parasites causing human diseases (Malaria, Filariasis, Ascariasis. Typhoid, Pneumonia, common cold, amoebiasis, ring worm); Basic concepts of immunology-vaccines; Cancer, HIV and AIDS; Adolescence, drug and alcohol abuse.
- **Improvement in food production:** Plant breeding, tissue culture, single cell protein, Biofortification; Apiculture and Animal husbandry.
- **Microbes in human welfare:** In household food processing, industrial production, sewage treatment, energy generation and as biocontrol agents and biofertilizers.

UNIT 9: Biotechnology and its Applications

- **Principles and process of Biotechnology:** Genetic engineering (Recombinant DNA technology).
- **Application of Biotechnology in health and agriculture:** Human insulin and vaccine production, gene therapy; Genetically modified organisms-Bt crops; Transgenic Animals; Biosafety issues-Biopiracy and patents.

UNIT 10: Ecology and environment

- **Organisms and environment:** Habitat and niche; Population and ecological adaptations; Population interactions-mutualism, competition, predation, parasitism; Population attributes-growth, birth rate and death rate, age distribution.
- **Ecosystem:** Patterns, components; productivity and decomposition; Energy flow; Pyramids of number, biomass, energy; Nutrient cycling (carbon and phosphorous); Ecological succession; Ecological Services-Carbon fixation, pollination, oxygen release.
- **Biodiversity and its conservation:** Concept of Biodiversity; Patterns of Biodiversity; Importance of Biodiversity; Loss of Biodiversity; Biodiversity conservation; Hotspots, endangered organisms, extinction, Red Data Book, biosphere reserves, National parks and sanctuaries.
- **Environmental issues:** Air pollution and its control; Water pollution and its control; Agrochemicals and their effects; Solid waste management; Radioactive waste management; Greenhouse effect and global warming; Ozone depletion; Deforestation; Any three case studies as success stories addressing environmental issues.

विषयसूची

CLASS XI

Class XII

इकाई 1: जीव जगत का वर्गीकरण

1. जीव जगत
2. जीव जगत का वर्गीकरण
3. वनस्पति जगत
4. प्राणि जगत

जीव जगत

1. एरनस्ट मेयर को कहते है–
   (A) '20' वी सदी का लेमार्क
   (B) '20' वी सदी का डार्विन
   (C) '20' वी सदी का न्यूटॉन
   (D) '20' वी सदी का विजमान
2. एरनस्ट मेयर ने हाल ही में स्वीकृत जीव वैज्ञानिक ___?___ की परिभाषा की अगुवाई की।
   (A) जगत (B) वर्ग
   (C) वंश (D) जाति
3. एरनस्ट मेयर को निम्न में से कौन सा पुरस्कार मिला था?
   (A) 1983 में बाल जॉन प्राइज
   (B) 1998 में जीव विज्ञान के लिए इंटरनेशनल प्राइज
   (C) 1999 में क्राफर्ड प्राइज
   (D) उपरोक्त सभी
4. नीचे कुछ कथन दिए गए है–
   (a) निर्जिव में वृद्धि नहीं होती है।
   (b) जीवों में यह वृद्धि अंदर की ओर से होती है।
   (c) वृद्धि जीवों का एक विशिष्ट गुण मान सकते है।
   (d) जीव के भार में वृद्धि होने को भी वृद्धि समझा जाता है।

   सही तथा गलत कथन का चयन करें–
   स = सत्य, अ = असत्य
   (A) a, b – स, c, d – अ
   (B) a, d – अ, b, c – स
   (C) b, d – स, a, c – अ
   (D) a, b, d – स, c – अ
5. निम्न में से कौन जीवों का एक विशिष्ट गुण नहीं मान सकते है?
   (A) वृद्धि (B) जनन
   (C) उपापचय (D) उपरोक्त में से कोई नहीं
6. सुमेलित करें–

	कॉलम A प्राणि	कॉलम B जनन की विधि
(a)	कवक	(1) बीजाणु जनन
(b)	यीस्ट	(2) मुकुलन
(c)	प्लैनेरिया	(3) पुनर्जनन

   (A) abc 123 (B) abc/213
   (C) abc 312 (D) abc/123
7. निम्न में से कौन जनन नहीं कर सकता है?
   (A) खच्चर (B) हीनी
   (C) श्रमिक मधुमक्खी (D) उपरोक्त सभी
8. निम्न में से कौन उपापचय प्रदर्शित नहीं करते है?
   (A) जंतु (B) कवक
   (C) सूक्ष्मजीव (D) उपरोक्त में से कोई नहीं
9. उस प्राणी का चयन करें जो सवचेतन युक्त होता है–
   (A) मनुष्य (B) पादप
   (C) कवक (D) उपरोक्त सभी

10. नीचे कुछ कथन दिए गए है-
(A) सभी जीव रसायनो से बने होते है।
(B) सभी जीवों में हजारों उपापचयी क्रियाएं साथ-साथ चलती रहती है।
(C) रासायनिक क्रियाएं बहुकोशिकीय प्राणियों में ही पाए जाते है।
(D) शरीर के बाहर कोशिका मुक्त तंत्र में उपापचयी क्रियाएं प्रदर्शित हो सकती है।
उपरोक्त में से कितने कथन गलत है?
(A) 1 (B) 2
(C) 3 (D) 4

11. अगर उपापचयी प्रक्रिया टेस्ट ट्यूब में होता है, तो यह प्रक्रिया होता है-
(A) सजीव
(B) निर्जिव
(C) न तो सजीव न तो निर्जिव
(D) उपरोक्त में से कोई नहीं

12. द्विपदनाम पद्धति को निम्न में से किसने दिया है?
(A) कैरोलस लीनियस (B) अरस्तु
(C) मेयर (D) हक्सले

13. द्विपदनाम पद्धति में-
(a) वंश का पहला अक्षर बड़े अक्षर में होना चाहिए।
(b) जैविक नाम को जब हाथ से लिखते है तब दोनों शब्दों का अलग-अलग रेखांकित करते है।
(c) जैविक नाम प्रायः लैटिन भाषा में होते है, तथा तिरक्षे अक्षरों में लिखे जाते है।
सही का चयन करें-
(A) a (B) a, b
(C) b, c (D) a, b, c

14. अब तक की ज्ञात तथा वर्णित स्पीशीज की संख्या है-
(A) 1.2 - 1.5 मिलियन
(B) 1.7 - 1.8 मिलियन
(C) 1.8 - 2.2 मिलियन
(D) 2.2 - 2.6 मिलियन

15. प्राणी के विभिन्न श्रेणी के अध्ययन को कहते है-
(A) वंश (B) जाति
(C) टैक्सा (D) श्रेणी

16. निम्न में से कौन टैक्सा है?
(A) जंतु (B) सतनधारी
(C) कुत्ता (D) उपरोक्त सभी

17. प्रत्यक जीव का एक मानक नाम होता है, जिसमें वह उसी नाम से सारे विश्व में जाना जाता है, इस प्रक्रिया को कहते है-
(A) वर्गीकरण (B) वर्गीकी
(C) नाम-पद्धति (D) टैक्सा

18. सभी जीवित जीव-जंतु को विभिन्न टैक्सा में बांटा जा सकता है, इसे कहते है-
(A) टैक्सोनॉमी (वर्गिकी)
(B) वर्गीकरण
(C) द्विपदनाम पद्धति
(D) टैक्सा

19. आरंभिक वर्गीकरण निम्न में से किस पर आधारित है?
(A) विभिन्न प्राणियों का व्यवहार
(B) विभिन्न प्राणियों का अकारिकी
(C) विभिन्न प्राणियों का उपयोग
(D) उपरोक्त सभी

20. विज्ञान की शाखा जिसके अंतर्गत विभिन्न प्रकार के जीवों के बीच संबंध का अध्ययन किया जाता है, कहलाता है?
(A) सिस्टेमेटिक्स (B) वर्गिकी संवर्ग
(C) टैक्सोनॉमी (D) वर्गीकरण

21. शब्द सिस्टेमेटिक्स निम्न में से कौन से शब्द का रुपपांतरण है?
(A) जर्मन (B) ग्रीक
(C) लैटिन (D) अंग्रेजी

22. आम का अंग्रेजी में सही वैज्ञानिक नाम का चयन करें-
(A) magnifera Indica
(B) MAGNIFERA INDICA
(C) *Magnifera indica*
(D) Magifera Indica

23. आम के वैज्ञानिक नाम मैजीफेरा इंडिका में मैजीफेरा है ____a?____, जबकि इंडिका है ____b?____.

(A) a – वर्ग, b – गण (B) a – जगत, b – संघ

(C) a – वंश, b – जाति (D) a – संघ, b – वंश

24. निम्न में से किसने अपने पब्लिकेशन का टाइटल 'सिस्टेमा नेचर' चुना?

(A) लिनियस (B) अरस्तु

(C) एरनस्ट मेयर (D) बेकर

25. निम्न में से किसको शामिल कर सिस्टेमेटिक्स शब्द के क्षेत्र को बढ़ा दिया गया है?

(A) पहचान (B) नाम पद्धति

(C) वर्गीकरण (D) उपरोक्त सभी

26. वर्गीकरण में प्रत्येक पद को निम्न में से कौन प्रदर्शित करता है?

(A) टैक्सॉन (B) वर्गिकी संवर्ग

(C) वर्गिकी पदानुक्रम (D) सिस्टेमेटिक

27. वर्गिकी में सारे संवर्ग मिलकर निर्मित करते है-

(A) टैक्सॉन (B) वर्गिकी संवर्ग

(C) वर्गिकी पदानुक्रम (D) उपरोक्त में से कोई नहीं

28. पौधो तथा प्राणियों दोनो में ____?____ सबसे निचले संवर्ग में आती है-

(A) वर्ग (B) जाति

(C) वंश (D) कुल

29. वर्गिकी अध्ययन में जीवों के वर्ग, जिसमें मौलिक समानता होती है, उसे कहते है-

(A) जाति (B) वंश

(C) कुल (D) गण

30. समीपस्थ संबंधित स्पीशीज का एक समूह कहलाता है-

(A) कुल (B) गण

(C) वर्ग (D) उपरोक्त में से कोई नहीं

31. असमान्य का चयन करें-

(A) इंडिका (B) टयूबीरोसम

(C) लिओ (D) पैंथेरा

32. जाति नाइग्रिम तथा मेलोजेना का वंश है-

(A) ब्रैरेसिका (B) सोलेनम

(C) एलियम (D) पाइसम

33. उस जंतु क चयन करें जो वंश पैंथरा के अंतर्गत नहीं आते है-

(A) शेर (B) बाघ

(C) पैंथर (D) बिल्ली

34. मुनष्य के पूर्वज का चयन करें जो वंश होमो के अंतर्गत नही आते है-

(A) नियंडरथल (B) क्रो-मैगनान

(C) रामापिथिक्स (D) उपरोक्त में से कोई नहीं

35. प्रतयेक वंश में क्या संभव नहीं है?

(A) एक जाति (B) एक से अधिक जातियां

(C) हजारों जातियां (D) उपरोक्त में से कोई नहीं

36. बैगन का वंश है-

(A) जीया (B) पाइसम

(C) सोलेनम (D) ब्रासिका

37. संबंधित वंश के समूह को कहते है-

(A) गण (B) वर्ग

(C) वंश (D) कुल

38. कुल के वर्गीकरण का आधार है-

(A) कायिक गुण (B) जनन गुण

(C) आंतरिक लक्षण (D) A तथा B दोनों

39. निम्न में से कौन कुल सोलेनेसी के अंतर्गत आते है?

(A) सोलेनम (B) पिटूनिआ

(C) थतूरा (D) उपरोक्त सभी

40. निम्न मे से किस आधार पर कुत्ता तथा बिल्ली भिन्न होते है-

(A) कुल (B) गण

(C) वर्ग (D) संघ

41. कुलो के समूह जिनके कुछ लक्षण एक समान होते है-

(A) वर्ग (B) संघ

(C) गण (D) कुल

42. कुल जैसे फेलिडी तथा कैनीडी, निम्न में से किस गण में आता है?

(A) प्राइमेटा (B) रोडेन्सिया

(C) कारनीवोरा (D) सिरेनिया

43. संवर्ग जिसमे संबंधित गण आते है, कहलाते है–
(A) वर्ग (B) संघ
(C) कुल (D) जगत

44. जंतुओं के सेट का चयन करें जो कि गण प्राइमेटा में आते है–
(A) बंदर, चूहा, गिब्बन
(B) गोरिल्ला, गाय, चमगादड़
(C) गाय, भेड़, बकरी
(D) बंदर, गोरिल्ला, गिब्बन

45. उस लक्षण का चयन करें, जो नीचे दिए गए कशेरुकी में समान होते है–
मछली, उभयचर, सरीसृप, पंक्षी, स्तनधारी
(A) कर्णपल्लव की उपस्थिती
(B) तनुपट की उपस्थिती
(C) पृष्ठरज्जु की उपस्थिती
(D) ठोस तंत्रिका रज्जु की उपस्थिती

46. पौधो में वर्ग जिसमें कुछ ही लक्षण एक समान होते है, कहलाते है–
(A) संघ (B) डिविजन
(C) गण (D) कुल

47. निम्न में से कौन वर्गिकी तंत्र के शीर्ष पर होता है?
(A) जगत (B) संघ
(C) गण (D) कुल

48. पादप जगत में संघ के स्थान पर ___?___ प्रयुक्त होता है–
(A) डिविजन (B) टैक्सोन
(C) समूह (D) वर्ग

49. जैसे–जैसे हम जाति से जगत की ओर जाते है, समान लक्षणों की संख्या–
(A) बढ़ती जाती है।
(B) घटती जाती है।
(C) स्थिर बनी रहती है।
(D) उपरोक्त में से कोई नहीं

50. नीचे से लेकर ऊपर तक वर्गिकी संवग के सहीक्रम का चयन करे–
(A) जाति → वंश → कुल → गण → वर्ग → संघ → जगत
(B) जगत → संघ → कुल → गण → वंश → जाति
(C) जगत → संघ → वर्ग → गण → कुल → वंश → जगत
(D) जाति → वंश → गण → कुल → वर्ग → संघ → जगत

51. नीचे प्राणि तथा उनके वर्गिकी संवर्ग दिए गए है–

सामान्य नाम	वंश	कुल	गण	वर्ग	संधा
मनुष्य	होमो	a ?	b ?	स्तनधारी	c ?

a, b तथा c क्या है?

	a	b	c
A	प्राइमेटा	होमोनिडी	कॉर्डेटा (रज्जुकी)
B	हामोनिडी	प्राइमेटा	कशेरुकी
C	होमोनिडी	प्राइमेटा	सिफेलोकॉर्डेटा
D	होमोनिडी	प्राइमेटा	कॉर्डेटा (रज्जुकी)

52. घरेलू मक्खी गण है–
(A) डिप्टेरा (B) सेपिन्डेल्स
(C) पोएलस् (D) आथोप्रेटा

53. आम का डिविजन है–
(A) एनाकरडिएसी (B) सोपिन्डेल्स
(C) डाइकोटीलिडनी (D) एंजियोस्पर्मी

54. निम्न में से किस आधार पर आम तथा गेहूं समान होते है?
(A) डिविजन (B) वर्ग
(C) गण (D) कुल

55. पोएलस निम्न में से किसका गण है?
(A) प्याज (B) सेब
(C) गेहूं (D) आलू

56. निम्न में से किसके आधार पर घरेलू मक्खी को गण डिप्टेरा में रखा गया है?
(A) एक जोड़ा पंख
(B) छह टांग
(C) शरीर का शीर्ष, वक्ष तथा उदर मे विभाजित
(D) उपरोक्त में से कोई नहीं

57. सुमेलित करें-

कॉलम A	कॉलम B
(a) हरबेरियम	(1) प्राय: शैक्षिक संस्थानो विद्यालय तथा कॉलेजो में स्थापित किए जाते है।
(b) वनस्पति उद्यान	(2) पौधो के एकत्र नमूनो को कागज की शीट पर सुखाकर, दबाकर परिरक्षित करता है।
(c) संग्राहलय	(3) जीवित पौधो का संग्रहण

(A) abc/123 (B) abc/321
(C) abc/231 (D) abc/312

58. नेशलन बोटोनिकल रिसर्च इंस्टीटयूट कहां स्थित है?
(A) पटना (B) भिलाई
(C) मुम्बई (D) लखनऊ

59. हरबेरियम से संबंधित कुछ कथन दिए गए है-
(a) वनस्पति उद्यान तथा प्राणि उपवन के तुलना में अधिक समान्य है।
(b) वर्गिकी अध्ययन के लिए तत्काल संदर्भ तंत्र उपलब्ध कराता है।
(c) पौधो के एकत्र नमूनों को कागज की शीट पर सुखाकर, दबाकर परिरक्षित करते है।
गलत कथन का चयन करें-
(A) a (B) a, b, c
(C) a, c (D) b, c

60. हरबेरियम की शीट पर कौन सी जानकारी उपस्थित होते है?
(A) स्थानीय नाम
(B) एकत्र करने वालो का नाम
(C) एकत्र करने का स्थान
(D) उपरोक्त सभी

61. वनस्पति उद्यान में जातियां (स्पीशीज)-
(A) को पहचान के लिए उगाया जाता है।
(B) को कही और से लाया जाता है।
(C) को व्यवसायिक उद्देश्य से उपयोग किया जाता है।
(D) उपरोक्त सभी

62. निम्न में से किसमें जंतुओं के कंकाल को भी संग्रहित रखा जाता है?
(A) प्राणि उपवन (B) संगहालय
(C) वनस्पति उद्यान (D) हरबेरियम

63. निम्न में से कौन सिर्फ पादप से संबंधित है-
(A) संग्रहालय (B) हरबेरियम
(C) प्रापि उपवन (D) उपरोक्त में से कोई नहीं

64. __?__ में नमूने परिरक्षित घोल में डालकर जारो में रखे जाते है-
(A) संग्रहालय (B) वनस्पाति उद्यान
(C) प्रापि उपवन (D) हरबेरियम

65. स्थल जहां सभी प्राणियों को उनके प्राकृतिक आवासों और परिस्थितियो में रखे जाते है-
(A) हरबेरियम (B) संग्राहलय
(C) प्रापि उपवन (D) वनस्पति उद्यान

66. कुंजी विपरित लक्षण, जो प्राय: जोड़ों (युग्मो) में उपस्थित होते है, कहलाते है-
(A) कॉप्लेट (B) युग्मित (डबलेट)
(C) एल्लि (D) पेयरेट

67. कुंजी में प्रत्येक कथन कहलाते है-
(A) लेड (मार्गदर्शन) (B) फोर्ड
(C) फ्रेम (D) डील

68. निम्न मे से किसको पहचानने के लिए अलग वर्गिकी कुंजी की आवश्यकता होती है?
(A) कुल (B) वंश
(C) जाति (D) उपरोक्त सभी

69. सुमेलित करे-

कॉलम A	कॉलम B
(a) फ्लोरा	(1) पुस्तकों में किसी क्षेत्र के पौधो तथा उसके वासस्थानों के विषय में जानकारी होती है।
(b) मैन्यूअल	(2) किसी क्षेत्र में पाई जाने वाली स्पीशीज को पहचानने में सहायता मिलती हे।
(c) मोनोग्राफ	(3) किसी एक टैक्सान की पूरी जानकारी होती है।

(A) abc/123 (B) abc/213
(C) abc/312 (D) abc/132

ANSWER KEY

1. (B)	**2.** (D)	**3.** (D)	**4.** (C)	**5.** (A)	**6.** (A)	**7.** (D)	**8.** (D)	**9.** (A)	**10.** (B)
11. (C)	**12.** (A)	**13.** (D)	**14.** (B)	**15.** (C)	**16.** (D)	**17.** (C)	**18.** (A)	**19.** (C)	**20.** (A)
21. (C)	**22.** (C)	**23.** (C)	**24.** (A)	**25.** (D)	**26.** (A)	**27.** (C)	**28.** (B)	**29.** (A)	**30.** (D)
31. (D)	**32.** (B)	**33.** (D)	**34.** (C)	**35.** (D)	**36.** (C)	**37.** (D)	**38.** (D)	**39.** (D)	**40.** (A)
41. (C)	**42.** (C)	**43.** (A)	**44.** (D)	**45.** (C)	**46.** (B)	**47.** (A)	**48.** (A)	**49.** (B)	**50.** (A)
51. (D)	**52.** (A)	**53.** (D)	**54.** (A)	**55.** (C)	**56.** (D)	**57.** (C)	**58.** (D)	**59.** (A)	**60.** (D)
61. (A)	**62.** (B)	**63.** (B)	**64.** (A)	**65.** (C)	**66.** (B)	**67.** (A)	**68.** (D)	**69.** (A)	

जीव जगत का वर्गीकरण

1. जीवो के वर्गीकरण के वैज्ञानिक मानदंडो का उपयोग सर्वप्रथम निम्न में से किसने किया था?
   (A) लीनियस (B) अरस्तू
   (C) व्हिटेकर (D) डार्विन
2. अरस्तू ने पादपो को निम्न में से किस आधार पर वर्गीकृत किया था?
   (A) सरल आकारिक लक्षण
   (B) आंतरिक लक्षण
   (C) वितरण
   (D) आवास
3. अरस्तू ने जंतुओं को ___a?___ समूह में ___b?___ के आधार पर बांटा था।
   (A) a – दो, b – सफेद रुधिर कोशिका
   (B) a – दो, b – लाल रुधिर कोशिका
   (C) a – तीन, b – लाल रुधिर कोशिका
   (D) a – चार, b – लाल रुधिर कोशिका
4. वर्गीकरण के लिए द्विजगत पद्धति को निम्न में से किसने विकसित किया था?
   (A) अरस्तू (B) व्हिटेकर
   (C) लीनियस (D) डार्विन
5. द्विजगत पद्धति, के अनुसार निम्न में से किसके बीच विभेद नहीं किया जा सकता है?
   (A) यूकैरियोटी तथा प्रोकैरियोटी
   (B) एक कोशिका तथा बहुकोशिका
   (C) हरित शैवाल तथा कवक
   (D) उपरोक्त सभी
6. पाँच जगत वर्गीकरण की पद्धति ___a?___ के द्वारा ___b?___ में दिया गया था–
   (A) a – अर, एच व्हिटेकर, b – 1959
   (B) a – लीनियस, b – 1969
   (C) a – अर, एच व्हिटेकर, b – 1969
   (D) a – अर, एच व्हिटेकर, b – 1979
7. प्रोकैरियोट का चयन करें–
   (A) मॉनेरा (B) प्रोटिस्टा
   (C) फंजाई (D) प्लांटी
8. उस सेट का चयन करें जिसमे काय संरचना कोशिकीय होता है–
   (A) फंजाई प्लांटी (B) प्रोटिस्टा, फंजाई
   (C) मॉनेरा, प्रोटिस्टा (D) मॉनेरा, फंजाई
9. निम्न में से किसमें पोषण की विधि सिर्फ स्वपोषी होता है?
   (A) मॉनेरा (B) प्रोटिस्टा
   (C) फंजाई (D) प्लांटी

10. उस जोड़े का चयन करे जिसमें पोषण विधि स्वपोषी तथा परपोषी होता है–
(A) मॉनेरा, प्रोटिस्टा (B) प्रोटिस्टा, फंजाई
(C) फंजाई, प्लांटी (D) प्लांटी, एनिमेलिया

11. उस सेट का चयन करे जिसमें सिर्फ परपोषी पोषण की विधि होती है–
(A) प्रोटिस्टा, फंजाई (B) फंजाई, ऐनिमेलिया
(C) मॉनेरा, फंजाई (D) उपरोक्त में से कोई नहीं

12. उस सेट का चयन करे जिसमें कोशिका भित्ति तो उपस्थित होते है, परंतु सेलूलोज अनुपस्थित होते है–
(A) मॉनेरा, प्लांटी (B) मॉनेरा, फंजाई
(C) फंजाई, ऐनिमेलिया (D) प्लांटी

13. निम्न में से किस जगत में सेलूलोज पूर्णतया अनुपस्थित होते है?
(A) मॉनेरा (B) प्रोटिस्टा
(C) फंजाई (D) उपरोक्त में से कोई नहीं

14. काइटिन युक्त कोशिकाभित्ति, निम्न में से किसमें उपस्थित होते है?
(A) मोनेरा (B) प्रोटिस्टा
(C) फंजाई (D) उपरोक्त में से कोई नहीं

15. केन्द्रक झिल्ली विहिन केन्द्रक किस जगत के सदस्यों में पाई जाती है?
(A) मोनेरा (B) प्रोटिस्टा
(C) फंजाई (D) उपरोक्त में से कोई नहीं

16. प्राणी समभोजी पोषण निम्न में से किसमें बेहद सामान्य है?
(A) मोनेरा (B) प्रोटिस्टा
(C) फंजाई (D) ऐनिमेलिया

17. जगत के सेट का चयन करे, जिसमें काय संरचना कोशिकीय होता है–
(A) प्रोटिस्टा, फंजाई
(B) मोनेरा, प्रोटिस्टा
(C) फंजाई, ऐनिमेलिया
(D) प्लांटी, फंजाई

18. निम्न मे से कौन प्रोकैरियोट के अंतर्गत आते है?
(A) प्रोटिस्टा (B) फंजाई
(C) प्लांटी (D) उपरोक्त में से कोई नहीं

19. व्हिटेकर के वर्गीकरण की पद्धति के प्रमुख मानदंड में निम्न में से कौन सम्मिलित नहीं है?
(A) कोशिका संरचना (B) जातिवृत्तीय संबंध
(C) प्रजनन (D) आवास तथा व्यवहार

20. आरंभ में वर्गीकरण पद्धति के अंतर्गत बैक्टीरिया, नील-हरित शैवाल, फंजाई, मॉस, फर्न, जिम्नोस्पर्म एवं एंजियोस्पर्म को पादपो के साथ, निम्न में से किस लक्षण के आधार पर रखा गया?
(A) पोषण की विधि
(B) शारीरिक संरचना
(C) कोशिका भित्ति की उपस्थिति
(D) केंद्रक झिल्ली

21. एककोशिकीय यूकैरियोट्स निम्न में से कौन से जगत में शामिल है?
(A) मोनेरा (B) प्रोटिस्टा
(C) फंजाई (D) पलांटी

22. आरंभ में क्लोरेला को किसके अंतर्गत रखा गया?
(A) शैवाल (B) फंजाई
(C) जीवाणु (D) ऐनिमेलिया

23. पैरामीशियम तथा अमीबा को आरंभ मे किस जगत के अंतर्गत रखा गया?
(A) मोनेरा (B) फंजाई
(C) प्लांटी (D) ऐनिमेलिया

24. सूक्ष्मजीवियों में सर्वायिक संख्या निम्न में से किसकी होती है?
(A) विषाणु (B) जीवाणु
(C) प्रोटोजोआ (D) प्रियोन

25. निम्न में से किस आवास में जीवाणु कभी उपस्थित नहीं होते है?
(A) गर्म जल के झरने
(B) बर्फ
(C) गहरे समुद्र
(D) उपरोक्त में से कोई नहीं

26. सुमेलित करें–

कॉलम A	कॉलम B
(1)	(a) कोकाई
(2)	(b) बेसिलाई
(3)	(c) स्पाइरिला
(4)	(d) विब्रियो

(A) 1234/bdca (B) 1234/dbca
(C) 1234/abcd (D) 1234/cdab

27. अधिकांश जीवाणु होते है–
(A) प्रकाश संश्लेषी स्वपोषी
(B) रसायन संश्लेषी स्वपोषी
(C) विषमपोषी
(D) उपरोक्त में से कोई नहीं

28. नीचे कुछ कथन जीवाणु से संबंधित दिए गए है–
(a) व्यवहार अत्यंत जटिल होता है।
(b) उपापचय विविधता पूर्ण होता है।
(c) संरचना जटिल होता है–
गलत कथन का चयन करें–
(A) a (B) a, b
(C) c (D) b, c

29. सुमेलित करें–

कॉलम A	कॉलम B
(1) लवणीय क्षेत्र	(a) हैलोफिलस
(2) गर्म झरने	(b) थर्मोएसिडोफिलस
(3) कच्च क्षेत्र	(c) मैथेनोजेन

(A) 123/abc (B) 123/cab
(C) 123/bac (D) 123/bca

30. कुछ आध बैक्टीरिया को मैथेनोजेन क्यों कहते है?
(A) मिथेन (जैव गैस) के उत्पादन के कारण
(B) मिथेन में जीवित रह पाने के कारण
(C) मिथेन में जीवित न रह पाने के कारण
(D) उपरोक्त सभी

31. आध बैक्टीरिया निम्न में से किसके कारण यूबैक्टीरिया की तुलना में प्रतिकूल अवस्था में जीवित रह पाता है?
(A) आकार (B) कोशिका भित्ति
(C) उपापचय (D) एंजाइम

32. नॉस्टॉक तथा एनाबिना होते है–
(A) आध बैक्टीरिया (B) सायनो बैक्टीरिया
(C) परपोषी बैक्टीरिया (D) रोगजनक बैक्टीरिया

33.

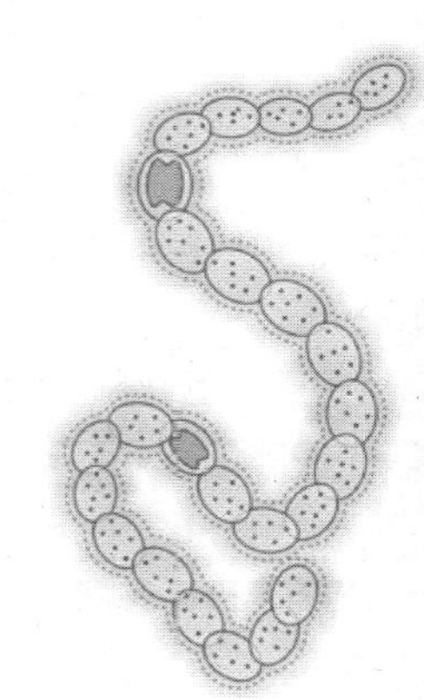

दिए गए चित्र को पहचाने–
(a) प्रकाश संश्लेषी स्वपोषी।
(b) सिर्फ मीठे जल में पाएं जाते है।
(c) प्रदूषित जल में जीवित नही रह पाते है।
(d) वातावरण के नाइट्रोजन का स्थिरीकरण।
उपरोक्त में से कितने कथन गलत है?
(A) 1 (B) 2
(C) 3 (D) 4

34. सायनो बैक्टीरिया के हेटेरोसिस्ट का मुख्य कार्य है–
(A) प्रकाश संश्लेषण (B) नाइट्रोजन स्थिरकरण
(C) एटीपी उत्पादन (D) जनन

35. रसायन संश्लेषी बैक्टीरिया, निम्न में से किसको ऑक्सीकृत कर सकते है?
(A) नाइट्रेट (B) नाइट्राइट
(C) अमोनिया (D) उपरोक्त सभी

36. एनाबिना निम्न में से किसका पुनर्चक्रण करता है?
(A) नाइट्रोजन (B) फास्फोरस
(C) सल्फर (D) उपरोक्त सभी

37. निम्न में से कौन सा रोग जीवाणु के द्वारा नहीं होता है?
(A) हैजा (B) टायफॉयड
(C) टिटनेस (D) पीलिया

38. जीवाणु में जनन का प्रमुख विधि है–
(A) फिजन
(B) बीजाणु जनन
(C) युग्मक के द्वारा (लैंगिक) जनन
(D) डीएनए का पुरातन स्थानांतरण

39. जीवाणु में जनन का कौन सा विधि नहीं पाया जाता है?
(A) फिजन
(B) बीजाणु जनन
(C) युग्मक के द्वारा (लैंगिक) जनन
(D) डीएनए का पुरातन स्थानांतरण

40. जीवाणु में जनन की निम्न में से कौन सी विधि के अन्तर्गत लैगिक जनन आता है?
(A) फिजन
(B) बीजाणु जनन
(C) युग्मक उत्पादन
(D) डीएनए का पुरातन स्थानांतरण

41. नीचे कुछ कथन माइकोप्लाज्मा से संबंधित दिए गए है–
(a) कोशिका भित्ति अनुपस्थित
(b) सबसे छोटी जीवित कोशिका
(c) ऑक्सीजन के बिना भी जीवित रह सकते है।
(d) सिर्फ प्राणियों के लिए रोगजनक होते है।
सही कथन का चयन करें–
(A) a, b (B) b, c
(C) a, c (D) a, d

42.

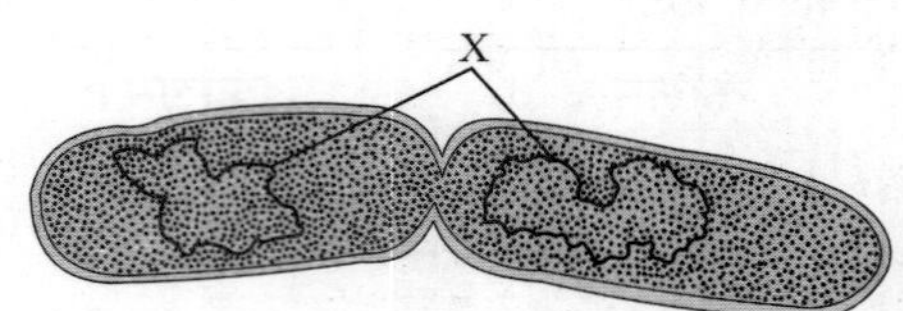

दिया गया चित्र एक विभक्त होता हुआ जीवाणु है, चित्र में X क्या है?
(A) आरएनए (B) डीएनए
(C) केन्द्रक (D) माइटोकांड्रिया

43. प्राथमिक रूप से प्रोटिस्टा के सदस्य–
(A) जलीय होते है।
(B) स्थलीय होते है।
(C) बिलकारी होते है।
(D) वृक्ष पर उगने वाले होते है।

44. प्रोटिस्टा से संबंधित गलत कथन का चयन करें–
(A) सुसंगठित केन्द्रक उपस्थित
(B) झिल्लीबद्ध कोशिकांग उपस्थित
(C) सिर्फ अलैंगिक जनन उपस्थित
(D) कशाभ या पक्ष्माभ भी पाएं जाते है।

45. समुद्र के मुख्य उत्पादक का चयन करें–
(A) गोनियालैक्स (B) सुनहरे शैवाल
(C) डाइएटम (D) यूग्लीना

46. क्राइसोफाइट के सही सेट का चयन करें–
(A) डाइएटम, सुनहरे शैवाल
(B) डाइएटम, राइजोपस
(C) ऐलबूगो, सुनहरे शैवाल
(D) म्यूकर, सुनहरे शैवाल

47. डाइएटमी मृदा क्या है?
(A) मृत डाइएटम का अपने परिवेश में अवशेष
(B) मृत सुनहरे शैवाल का अपने परिवेश में अवशेष
(C) मृत डाइएटम के कोशिकाभित्ति का डाइएटम के परिवेश में जमाव
(D) मृत जलीय पादपों का अपने परिवेश में जमाव

48. डाइएटमी मृदा का क्या उपयोग है?
(A) पॉलिश करने में
(B) तेलों का निस्पंदन
(C) सिरप का निस्पंदन
(D) उपरोक्त सभी

49. नीचे कुछ कथन क्राइसोफाइट से संबंधित दिए गए है-
(a) पैल्कटोनिक
(b) सभी प्रकाश-संश्लेषी होते है।
(c) अत्यंत सूक्ष्म होते है।
गलत कथन का चयन करें-
(A) a, b (B) b
(C) c (D) उपरोक्त में से कोई नहीं

50. क्राइसोफाइट के कोशिका भित्ति नष्ट क्यों नहीं होते है?
(A) सिलिका के उपस्थिति के कारण
(B) काइटिन के उपस्थिति के कारण
(C) सेलूलोज के उपस्थिति के कारण
(D) अमीनो अम्ल के उपस्थिति के कारण

51. डेस्मिड है-
(A) डाइएटम (B) सुनहरे शैवाल
(C) म्यूकर (D) राइजोपस

52. गोनियालैक्स है-
(A) पीले डायनोफ्लैसिलेट
(B) हरे डायनोफ्लैसिलेट
(C) नीले डायनोफ्लैसिलेट
(D) लाल डायनोफ्लैसिलेट

53. I – अधिकांश डायनोफ्लैजिलेट मुख्यत: समुद्री तथा प्रकाश-संश्लेषी होते है।
II – इनके उपस्थिति के कारण समुद्र नीला नजर आता है।
III – डायनोफ्लैजिलेट मछलियों के लिए घातक हो सकते है।
गलत कथन का चयन करें-
(A) I (B) I, II
(C) I, II, III (D) III

54. अधिकांश डायनोफ्लैसिलेट में कितने कशाभ होते है?
(A) 1 (B) 2
(C) 3 (D) 4

55.

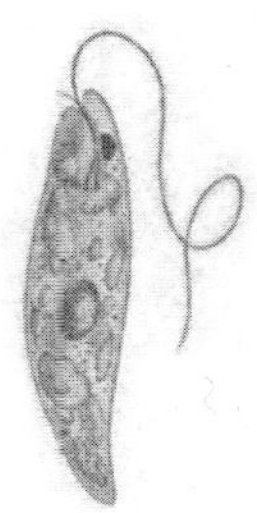

दिए गए चित्र की पहचाने, तथा चयन करे कितने कथन सही है-
(A) मीठे जल में पाए जाते है।
(B) पादप तथा जंतु के बीच संयोजी कड़ी।
(C) सूर्यप्रकाश के अनुपस्थिति में पोषण प्राप्त नहीं कर पाते है।
(D) क्लोरोफिल उपस्थित।
(A) 4 (B) 3
(C) 2 (D) 1

56. यूग्नीनॉइड का शरीर लचीला क्यों होता है?
(A) पेक्टिन के उपस्थिति के कारण
(B) सेलूलोज के उपस्थिति के कारण
(C) काइटेन के उपस्थिति के कारण
(D) पेलिकेल के उपस्थिति के कारण

57. निम्न में से कौन मृतपोषी प्रोटिस्टा है?
(A) डाइएटम (B) गोनियालैक्स
(C) अवपंक कवक (D) ट्रिपैनोसोमा

58. अवपंक कवक अनुकूल परिस्थितियों में उभार बनाते है, जिसे ___?___ कहते है-
(A) प्लाज्मोडियम (B) स्लिम मॉस
(C) मॉउन्डपोडियम (D) एग्रोमॉस

59. अवपंक कवक का परिक्षेपण निम्न में से कौन से कारक के कारण होता है?
(A) जल (B) कीट
(C) वायु (D) पंक्षी

60. सुमेलित करें–

कॉलम A प्रोटोजोआ	कॉलम B गमनांग
(1) पैरामीशियम	(a) गमनांग अनुपस्थित
(2) ट्रिपैनोसोमा	(b) कूटपाद
(3) प्लाज्मोडियम	(c) पक्ष्माभ
(4) अमीबा	(d) कशाभिका

(A) 1234/abcd (B) 1234/bacd
(C) 1234/cdba (D) 1234/cdab

61. निद्रालु व्याधि निम्न में से किसके द्वारा होता है?
(A) पैरामीशियम (B) ट्रिपैनोसोमा
(C) प्लाज्मोडियम (D) एंटअमीबा

62.

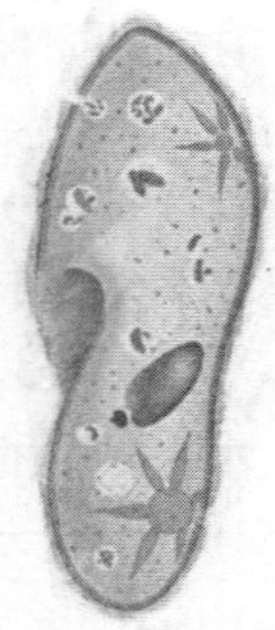

(a) सिल्पर एनिमॉल्क्यूल
(b) केन्द्रक द्विरुपता
(c) परजीवी होता है
(d) छनित्र पोषण

ऊपर दिए गए चित्र से संबंधित सत्य तथ्य का चयन करें–
(A) a, b, c (B) a, b, d
(C) a, c, d (D) b, c, d

63. एक कोशिकीय कवक (फंजाई) का चयन करें–
(A) पक्सिनिया (B) पेनिसिलियम
(C) यीस्ट (D) ऐगौरिकस

64. सुमेलित करें–

कॉलम A फंजाई	कॉलम B विशेषता
(1) पक्सिनिया	(a) बीयर बनाने में प्रयुक्त होता है।
(2) यीस्ट	(b) प्रतिजैविक का स्रोत है।
(3) पेनिसिलियम	(c) आनुवांशिक प्रयोग में प्रयुक्त होता है।
(4) न्यूरोस्पोरा	(d) गेहूं मे किट्ट रोग के कारण।

(A)1234/dacb (B) 1234/dabc
(C) 1234/dcba (D) 1234/adbc

65. कवक (फंजाई) निम्न में से कौन से स्थान में उगते है?
(A) गरम तथा नम (B) ठंडा तथा सूखा
(C) दलदली तथा ठंडा (D) गरम तथ सूखा

66. कवक के लम्बें पतली धागे की तरह संरचनाएं होती है जिसे __a?__ कहते है, इनके जाल को __b?__ कहते है।
(A) a – माइसीलियम, b – हाइफे
(B) a – संकोशिक, b – माइसीलियम
(C) a – हाइफे, b – माइसीलियम
(D) a – माइसीलियम, b – संकोशिक

67. शैवाल तथा लाइकेन के साथ कवक (फंजाई) किस प्रकार के संबंध को प्रदर्शित करता है?
(A) मृतोजीवो (B) परजीवी
(C) सहभोजिता (D) सहजीवों

68. कवक में अलैंगिक जनन बीजाणु द्वारा होता है, जिसे कहते है–
(A) ऊस्पोर (B) एस्कोस्पोर
(C) बेसिडोस्पोर (D) कोनिडिया

69. बीजाणु के सेट का चयन करे, जो कवक के लैंगिक जनन से संबंधित है–
(A) ऊस्पोर, ऐस्कस बीजाणु, बेसिडियमबीजाणु
(B) ऊस्पोर, ऐस्कस बीजाणु, धानीबीजाणु
(C) ऊस्पोर, चलबीजाणु, धानीबीजाणु
(D) कोनिडिया, चलबीजाणु, धानीबीजाणु

70. कवक के फलन काय क्या है?
(A) संरचना कवक को पोषण प्रदान करता है।
(B) संरचना जो कवक में बीजाणु उत्पन्न करता है।
(C) संरचना जो कवक में हाइफे का निर्माण करता है।
(D) उपरोक्त में से कोई नहीं

71. द्विकेंद्रक प्रावस्था, निम्न में से किस कवक में प्रकट होता है?
(A) पेनिसिलियम (B) पक्सिनिया
(C) ऐस्कोमाइसिटीज (D) म्यूकर

72. जगत कवक को विभिन्न वर्गों में निम्न में से किसके आधार पर रखा जाता है?
(A) कवक जाल की आकारिकी
(B) बीजाणु बनने की विधि
(C) फलनकाय बनने की विधि
(D) उपरोक्त सभी

73. फाइकोमाइसिटीज में अपलैनोस्पोर होते है–
(A) अचल लैगिक स्पोर
(B) चल अलैंगिक स्पोर
(C) अचल अलैंगिक स्पोर
(D) चल लैंगिक स्पोर

74.

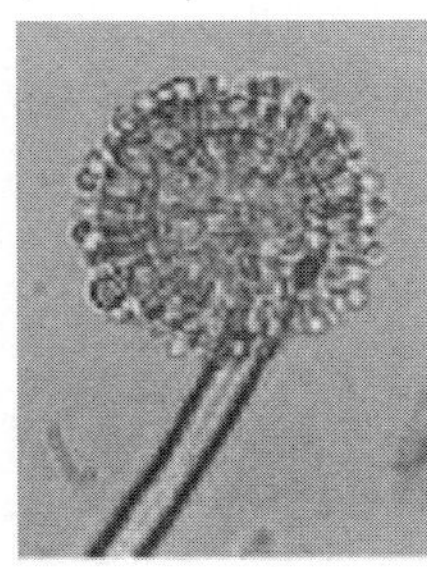

दिया गया चित्र निम्न में से किसका है?
(A) म्यूकर (B) ऐश्पर्जिलस
(C) एगेरिकस (D) राइजोपस

75. निम्नलिखित में से कौन सरसों पर परजीवी फंजाई है?
(A) म्यूकर (B) राइजोपस
(C) ऐलबूगो (D) पक्सिनिया

76. कवक के वर्ग तथा उदाहरण से संबंधित स्तंभ को सुमेलित करें–

कॉलम A	कॉलम B
वर्ग	उदाहरण
(1) फाइकोमाइसिटीज	(a) राइजोपस
(2) ऐस्कोमाइसिटीज	(b) यीस्ट
(3) बेसिडियोमाइसिटीज	(c) पक्सिनिया
(4) डयूटिरोमाइसिटीज	(d) टाइकोड्रमा

(A) 1234/abcd (B) 1234/bacd
(C) 1234/acdb (D) 1234/dabc

77. निम्न में से कौन सा ड्रग्स क्लेवीसेप से प्राप्त किया जाता है?
(A) कोकेन (B) चरस
(C) एलएसडी (D) हेरोइन

78.

(a) खाये जाने योग्य
(b) एगैरिकस
(c) वर्ग डयूटिरोमाइसिटीज
(d) लैंगिक अंग अनुपस्थित
उपरोक्त चित्र से संबंधित कितने तथ्य सही है?
(A) 1 (B) 2
(C) 3 (D) 4

79. कवक के किस वर्ग के सदस्य को प्रायः अपूर्ण कवक भी कहते है–
(A) फाइकोमाइसिटीज (B) बेसिडियोमाइसिटीज
(C) ऐस्कोमाइसिटीज (D) डयूटिरोमाइसिटीज

80. वर्ग डयूटिरोमाइसिटीज के अधिकांश सदस्य होते है-

(A) मृतपोषी (B) परजीवी

(C) अपघटक (D) सहजीवी

81. वर्ग से संबंधित, असमान्य का चयन करें-

(A) अल्टरनैरिया (B) कोलीटोट्राइकम

(C) ट्राईकोडर्मा (D) आस्टीलैगो

82. ब्लेडरवर्ट तथा वीनस फ्लाईट्रेप निम्न में से किसके उदाहरण है?

(A) कीटभक्षी पादप (B) परजीवी पादप

(C) दलदली पादप (D) सदाबहार पादप

83. परजीवी पादप का चयन करें-

(A) सदाबहार (B) पिचर पादप

(C) क्सकूटा (D) स्नो आर्किड

84. संतति एकांतरण निम्न में से किस जगत में बेहद सामान्य है?

(A) मॉनेरा (B) कवक

(C) प्लांटी (D) प्रोटिस्टा

85. पादप जगत के सदस्यों का, जैव विकास के बिन्दु के हिसाब से, आरंभ से अंत तक का सही क्रम क्या है?

(A) शैवाल → टैरिडोफाइट → ब्रायोफाइट → जिम्नोस्पर्म → एंजियोस्पर्म

(B) शैवाल → ब्रायोफाइट → टैरिडोफाइट → जिम्नोस्पर्म → एंजियोस्पर्म

(C) ब्रायोफाइट → शैवाल → टैरिडोफाइट → जिम्नोस्पर्म → एंजियोस्पर्म

(D) टैरिडोफाइट → ब्रायोफाइट → शैवाल → जिम्नोस्पर्म → एंजियोस्पर्म

86. जंतु जगत का संरक्षित खाद्य-पदार्थ है-

(A) स्टार्च तथा ग्लाइकोजेन

(B) ग्लाइकोजेन तथा प्रोटीन

(C) प्रोटीन तथा न्यूक्लिक अम्ल

(D) ग्लाइकोजेन तथा वसा

87. वाइरस का नाम वर्गीकरण में क्यों नहीं है?

(A) क्योंकि वाइरस वास्तविक जीवन नहीं है।

(B) क्योंकि वाइरस बेहद जटिल होते है।

(C) क्योंकि वाइरस में कोई उपापचय नहीं होता है।

(D) उपरोक्त सभी

88. सुमेलित करें-

कॉलम A वैज्ञानिक	**कॉलम B योगदान**
(1) पाश्चर	(a) शब्द 'वाइरस' को दिया था।
(2) डब्ल्यु. एम स्टानले	(b) बताया कि वाइरस को रवेदार बनाया जा सकता है।
(3) टी. ओ. डाइनर	(c) वाइराइड को खोजा था।

(A) 123/abc (B) 123/bca

(C) 123/cab (D) 123/cba

89. 'कंटोजियम वाइनम फ्लुयडम' वाक्य को दिया था-

(A) डि. जे. इबानोवस्की

(B) एम. डब्ल्यु बेजेरिनेक

(C) पाश्चर

(D) टी. ओ. डाइनर

90. सामान्यत जो विषाणु पादप को संक्रमित करते है, उनमें होता है-

(A) एक लड़ी डीएनए

(B) दोहरी लड़ी आरएनए

(C) एक लड़ी आर एन ए

(D) दोहरी लड़ी डीएनए

91. विषाणु जो जंतु को संक्रमित करते है, उनमें उपस्थित होता है-

(A) दोहरी लड़ी आर एन ए

(B) एक लड़ी आर एन ए

(C) दोहरी लड़ी डीएनए

(D) एक लड़ी डीएनए

92.

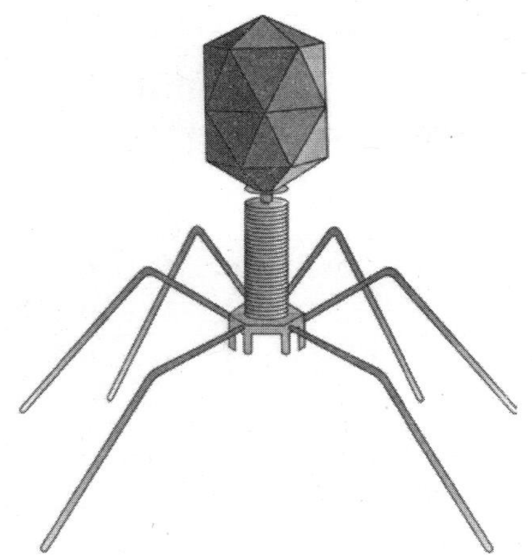

दिया गया चित्र जीवाणुभोजी का है-

(a) दोहरी लड़ी डीएनए

(b) सभी नदियों में पाऐ जाते है।

(c) गंगा को स्वच्छ रखते है।

(d) समुद्र में पाएं जाते है।

सही का चयन करे-

(A) a, b (B) b, c

(C) a, c (D) b, d

93. नीचे कुछ कथन विषाणु से संबंधित दिए गए है-

(A) कुछ विषाणु में आनुवांशिक पदार्थ के रूप में डीएनए तथा आर एन ए दोनों होते है।

(B) विषाणु बैक्टीरिया प्रूफ फिल्टर से भी निकल सकते है।

(C) विषाणु में कैप्सोमीयर वृत्ताकार रूप से व्यवस्थित होते है।

(D) जीवाणु की तुलना में प्रतिजैविक से आसानी से नष्ट हो जाते है।

स = सत्य, अ = असत्य

(A) a, c – स, b, d – अ

(B) b, d – स, a, c – अ

(C) b, c – स, a, d – अ

(D) c, d – स, a, b – अ

94. विषाणु के प्रोटीन आवरण को कहते है-

(A) कैप्सोमीयर (B) पेलिक्ल

(C) कैप्सिड (D) कैप्सूल

95. अगर a – आरएनए, b = प्रोटीन आवरण, c = आकार उपरोक्त में से किस आधार पर वाइराइड, विषाणु से भिन्न है?

(A) c (B) c, b

(C) a, b, c (D) a, c

96. वाइराइड के द्वारा निम्न में से कौन सा रोग होता है?

(A) पोटेटो स्पिडल ट्यूबर

(B) धब्बेदार टमाटर

(C) धब्बेदार मिर्ची

(D) उपरोक्त सभी

97. सही सेट का चयन करें-

(A) शैवालांश – शैवाल घटक – स्वपोषी

(B) माइक्रोवायंट – कवक घटक – विषमपोषी

(C) माइक्रोवायंट – शैवाल घटक – विषमपोषी

(D) शैवालांश – शैवाल घटक – विषमपोषी

98. सही कथन का चयन करें-

(A) शैवाल, कवक के लिए भोजन तैयार करता है।

(B) कवक शैवाल के लिए भोजन तैयार करता है।

(C) शैवाल, कवक को आश्रय प्रदान करता है।

(D) शैवाल, कवक के लिए भोजन तथा आश्रय दोनों प्रदान करता है।

99. लाइकेन, निम्न में से किस प्रदूषक के उपस्थिति को दर्शाता है?

(A) CO (B) N_2O

(C) CFC (D) SO_2

100. लाइकेन, शैवाल तथा कवक के ________ सहवास अर्थात पारस्परिक उपयोगी सहवास है-

(A) सहभोजिता (B) परजीवी

(C) सहजीवी (D) असहजीवी

101. I – यूबैक्टीरिया वास्तविक बैक्टीरिया है।
II – कठोर कोशिका भित्ति उपस्थित।
III – सदैव चल।
IV – सदैव कशाभिका युक्त

उपरोक्त कथन यूबैक्टीरिया से संबंधित है, गलत कथन का चयन करें-

(A) I , II (B) II, III
(C) III, IV (D) II, IV

ANSWER KEY

1. (B)	**2.** (A)	**3.** (B)	**4.** (C)	**5.** (D)	**6.** (C)	**7.** (A)	**8.** (C)	**9.** (D)	**10.** (A)
11. (B)	**12.** (B)	**13.** (D)	**14.** (C)	**15.** (A)	**16.** (D)	**17.** (B)	**18.** (D)	**19.** (D)	**20.** (C)
21. (B)	**22.** (A)	**23.** (D)	**24.** (B)	**25.** (D)	**26.** (A)	**27.** (C)	**28.** (C)	**29.** (A)	**30.** (A)
31. (B)	**32.** (B)	**33.** (B)	**34.** (B)	**35.** (D)	**36.** (D)	**37.** (D)	**38.** (A)	**39.** (C)	**40.** (D)
41. (A)	**42.** (B)	**43.** (A)	**44.** (C)	**45.** (C)	**46.** (A)	**47.** (C)	**48.** (D)	**49.** (B)	**50.** (A)
51. (B)	**52.** (D)	**53.** (D)	**54.** (B)	**55.** (B)	**56.** (A)	**57.** (C)	**58.** (A)	**59.** (C)	**60.** (D)
61. (B)	**62.** (B)	**63.** (C)	**64.** (B)	**65.** (A)	**66.** (C)	**67.** (D)	**68.** (D)	**69.** (A)	**70.** (B)
71. (C)	**72.** (D)	**73.** (C)	**74.** (B)	**75.** (C)	**76.** (A)	**77.** (C)	**78.** (C)	**79.** (D)	**80.** (C)
81. (D)	**82.** (A)	**83.** (C)	**84.** (C)	**85.** (B)	**86.** (D)	**87.** (A)	**88.** (A)	**89.** (B)	**90.** (C)
91. (D)	**92.** (A)	**93.** (B)	**94.** (C)	**95.** (C)	**96.** (A)	**97.** (C)	**98.** (A)	**99.** (D)	**100.** (C)
101. (C)									

वनस्पति जगत

1. निम्न में से किसके आधार पर मोनेरा तथा प्रोटिस्टा को पहले पादप जगत में रखा गया था–
   (A) कोशिका भित्ति (B) केन्द्रक
   (C) आवास (D) क्लोरोप्लास्ट
2. पुष्पी पादपो के प्राकृतिक वर्गीकरण को निम्न में से किसने दिया था?
   (A) लिनियस तथा विटेकर
   (B) बेंथम तथा हूकर
   (C) अरस्तू तथा लिनियस
   (D) बेंथम तथा लिनियस
3. वर्गिकीविद् द्वारा वर्गीकरण में सबसे आधुनिक उपयोग निम्न मे से कौन है?
   (A) कोशिका वर्गिकी, रसायन वर्गिकी
   (B) पादप वर्गिकी, एग्रो वर्गिकी
   (C) कोशिका वर्गिकी, एग्रो वर्गिकी
   (D) पादप वर्गिकी, रसायन वर्गिकी
4. वर्तमान में हम __?__ वर्गीकरण तंत्र, जो विभिन्न जीवों में विकासीय संबंध पर आधारित है, को स्वीकार करते है–
   (A) कृत्रिम (B) प्राकृतिक
   (C) जातिवृत्तीय (D) संख्यात्मक
5. निम्न में से कौन सा प्राणी शैवाल से संबंधित है?
   (A) पंगोलियन (B) पलेटिपस
   (C) आरमाडिर्लो (D) स्लाथ रीक्ष
6. नीचे कुछ आवास के नाम दिए गए है–
   नदी, समुद्र, नमयुक्त पत्थर, नम मिट्टी, रेगिस्तान, लकड़ी, गर्म जल स्रोत तथा झड़ने
   उपरोक्त सात आवास में से कितने आवास में शैवाल पाए जाते है?
   (A) 7 (B) 6
   (C) 5 (D) 3
7. निम्न में से कौन सा शैवाल सूक्ष्मदशी तथा एक कोशिका युक्त होता है?
   (A) क्लेमाइडोमोनस (B) बॉलबॉक्स
   (C) यूलोथ्रिक्स (D) स्पाइरोगायरा
8. कॉलोनियल शैवाल का चयन करें–
   (A) क्लेमाइडोमोनस (B) बॉलबाक्स
   (C) यूलोथ्रिक्स (D) स्पाइरोगायरा
9. तन्तुमय शैवाल के सेट का चयन करें–
   (A) यूलोथ्रिक्स तथा स्पाइरोगायरा
   (B) बॉलबाक्स तथा स्पाइरोगायरा
   (C) क्लेमाइडोमोनस तथा स्पाइरोगायरा
   (D) चारा तथा स्पाइरोगायरा
10. शैवाल के अलैंगिक काय के संदर्भ में सही कथन का चयन करें–
    (A) जूस्पोर, कशाभिका युक्त तथा अचल
    (B) जूस्पोर, कशाभिका युक्त तथा चल
    (C) उस्पोर, कशाभिका युक्त तथा चल
    (D) उस्पोर, कशाभिका विहिन तथा अचल

11. उगैमस शैवाल के सेट का चयन करें-

(A) बॉलबाक्स, केल्प

(B) फ्यूक्स, क्लेमाइडोमोनस

(C) बॉलबाक्स, फ्यूक्स

(D) बॉलबाक्स, क्लेमाइडोमोनस

12. सुमेलित करें-

कॉलम A शैवाल	कॉलम B नाम
(a)	(1) बॉलबॉक्स
(b)	(2) चारा
(c)	(3) क्लेमाइडोमोनस

(A) abc/123 (B) abc/312

(C) abc/321 (D) abc/213

13.

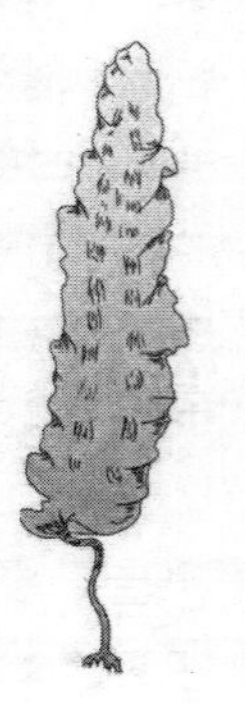

ऊपर दिया गया चित्र शैवाल का है, दिए गए शैवाल से संबंधित कुछ कथन दिए गए है-

(a) भोजन के रूप में उपयोग

(b) जल में O_2 के स्तर को बढ़ाता है

(c) मीठे जल में पाया जाता है

गलत कथन का चयन करे-

(A) c (B) b

(C) a (D) a, c

14. कैरागीन होते है-

(A) भूरा शैवाल (B) हरा शैवाल

(C) लाल शैवाल (D) पीला शैवाल

15.

कॉलम A	कॉलम B
(1) हरा शैवाल	(a) चारा
(2) भूरा शैवाल	(b) फ्यूकस
(3) लाल शैवाल	(c) पौरफाइरा

(A) 123/abc (B) 123/bac

(C) 123/cba (D) 123/acb

16. भूरे शैवाल के सेट का चयन करें-

(A) लैमिनेरिया, डिक्टयोटा

(B) लैमिनेरिया, बॉलबाक्स

(C) पॉलीसाइफोनिया, डिक्टाइओटा

(D) क्लेमाइडोमोनस, बॉलबाक्स

17.

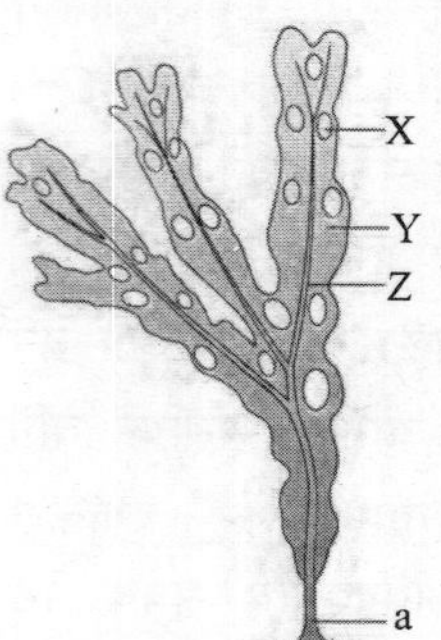

दिया गया चित्र शैवाल फ्यूक्स का है, x, y, z तथा a में से प्रपर्ण कौन है?

(A) x (B) y

(C) z (D) a

18. 

दिया गया चित्र कौन से शैवाल का है?

(A) पॉलीसाइफोनिया (B) पौरफाइरा

(C) स्पाइरोगाइरा (D) डिक्टाइओटा

19. पृथ्वी पर प्रकाश-संश्लेषण के दौरान कुल स्थिरीकृत CO_2 का लगभग कितना भाग शैवाल स्थिर करता है?

(A) 1/3 rd (B) 1/4 th

(C) 1/2 (D) 1/5 th

20. सुमेलित करें-

कॉलम A शैवाल	कॉलम B उपयोग
(1) अल्जीन	(a) एगार की प्राप्ति
(2) जिलेडियम	(b) हाइड्रोकोलॉइड उत्पन्न करते है।
(3) क्लोरेला	(c) उपयोग अंतरिक्ष यात्री भोजन के रूप में करते है।

(A) 123/abc (B) 123/cba

(C) 123/bca (D) 123/acb

21. शैवाल क्लोरैला में किसकी अधिकता होती है?

(A) प्रोटीन (B) कार्बोहाइड्रेट

(C) वसा (D) विटामिन

22. निम्न में से किस शैवाल का उपयोग आइसक्रीम और जैली बनाने में किया जाता है?

(A) यूलोथ्रिक्सि (B) स्पाइरोगायरा

(C) ग्रेसिलेरिया (D) सरगासम

23. पोरफायरा, लैमिनेरिया तथा ___a?___ की बहुत सी प्रजातियां, जो को __b?__ प्रजातियां में से है, भोजन के रूप में उपयोग किया जाता है-

(A) a – यूलोथ्रिक्स, b – 70%

(B) a – यूलोथ्रिक्स, b – 50%

(C) a – फ्यूक्स, b – 60%

(D) a – सरगासम, b – 70%

24.

क्लोरोफाइसी	फीयोफाइसी	रोडोफाइसी
a	b	c

उस विकल्प का चयन करें जो कोष्टक a, b तथा c में सही बैठता है-

(A) a – हरा शैवाल, b – भूरा शैवाल, c – लाल शैवाल

(B) a – भूरा शैवाल, b – हरा शैवाल, c – लाल शैवाल

(C) a – लाल शैवाल, b – हरा शैवाल, c – भूरा शैवाल

(D) a – हरा शैवाल, b – लाल शैवाल, c – भूरा शैवाल

25. नीचे कुछ कथन शैवाल के पाइरीनॉइड से संबंधित दिए गए है-

(a) क्लोरोप्लास्ट में उपस्थित।

(b) शैवाल में सदैव एक होते है।

(c) स्टार्च तथा प्रोटीन को संरक्षित करते है।

सही का चयन करे-

(A) a, b (B) a, c

(C) b, c (D) सिर्फ a

26. हरे शैवाल के कोशिका भित्ति में उपस्थित होते है-
अ = आंतरिक, ब = बॉह्य

(A) अ – सेल्यूलोज, ब – पेक्टोज

(B) अ – पेक्टोज, ब – सेल्यूलोज

(C) अ – काइटिन, ब – पेक्टोज

(D) अ – काइटिन, ब – सेल्यूलोज

27.

क्लोरोफाइसी	फीयोफाइसी	रोडोफाइसी
a	b	c

(A) a – फ्यूकस, b – पोरफायरा, c – स्पाइरोगायरा

(B) a – फ्यूकस, b – स्पाइरोगायरा, c – पोरफायरा

(C) a – स्पाइरोगायरा, b – फ्यूकस, c – पोरफायरा

(D) a – स्पाइरोगायरा, b – पोरफायरा, c – फ्यूकस

28. निम्न में से कौन क्लोरोफाइसी के सदस्य नहीं है?
(A) यूलोथ्रिक्स (B) कारा
(C) ग्रेसिलेरिया (D) स्पाइरोगायरा

29. फीयोफाइसी के ज़ूस्पोर होते है-
(A) अंडाकार, दो फ्लैजिला युक्त
(B) नाशपाती के आकार के, 1 फ्लैजिला युक्त
(C) नाशपाती के आकार के, 2 फ्लैजिला युक्त
(D) डिस्क के आकार के, 2 फ्लैजिला युक्त

30. डिक्टयोटा, ग्रेसिलेरिया, पोलीसाइफोनिया, एक्टोकार्पस ऊपर दिए गए चार शैवाल में से कितने फीयोफाइसी वर्ग के है?
(A) 1 (B) 2
(C) 3 (D) 4

31. लैमिनेरिन अथवा मैनीटोल है-
(A) कार्बोहाइड्रेट (B) प्रोटीन
(C) वसा (D) उपरोक्त में से कोई नहीं

32. दिए गए कोष्टक में से सही विकल्प का चयन करें-

	क्लोरोफाइसी क्लोरोफिल	फीयोफाइसी क्लोरोफिल	रोडोफाइसी क्लोरोफिल
(A)	a, b	a, d	a, c
(B)	a, b	a, c	a, d
(C)	a, c	a, b	a, d
(D)	a, d	a, b	a, c

33. किस वर्ग के अलैंगिक स्पोर में 2 - 8 फ्लैजिला होते है?
(A) क्लोरोफाइसी (B) फीयोफाइसी
(C) रोडोफाइसी (D) उपरोक्त सभी

34. भोजन फ्लोरडियन स्टार्च के रूप में संचित होना निम्न में से किसकी विशेषत है?
(A) सरगासम (B) ग्रेसिलेरिया
(C) फ्यूकस (D) कारा

35. उस सदस्य का चयन करे जिनमें फ्लेजिला विहिन अलैंगिक स्पोर होते है-
(A) पोरफायरा (B) लैमिनेरिया
(C) यूलोथ्रिक्स (D) फ्यूक्स

36. शैवाल के सेट का चयन करें जो एक ही वर्ग के है-
(A) बॉलबॉक्स, यूलोथ्रिक्स, डिक्टयोटा
(B) एक्टोकार्पस, फ्यूकस, स्पाइरोगायरा
(C) लैमिनेरिया, सरगासम, ग्रेसिलेरिया
(D) पोलीसाइफोनिया, पोरफायरा, जिलेडियम

37. किस वर्ग के सदस्य मीठे जल में बेहद कम पाएं जाते है?
(A) क्लोरोफाइसी (B) फीयाफाइसी
(C) रोडोफाइसी (D) उपरोक्त में से कोई नहीं

38. कथन 1 - ब्रायोफाइट को पादप जगत का उभयचर कहते है।
कथन 2 - ब्रायोफाइट भूमि पर भी जीवित रह सकते है, किंतु लैंगिक जनन के लिए जल पर निर्भर करते है।
(A) कथन 1 तथा कथन 2 दोनों ही सही है, कथन 2 कथन 1 का सही वर्णन कर रहा है।
(B) कथन 1 तथा कथन 2 दोनों ही सही है, परंतु कथन 2, कथन 1 का सही वर्णन कर रहा है।
(C) कथन 1 सही है, परंतु कथन 2 गलत है।
(D) कथन 1 तथा कथन 2 दोनों ही गलत है।

39. निम्न में से कौन ब्रायोफाइट में अनुपस्थित होते है?
(A) वास्तविक मूल (B) वास्तविक पात्तियां
(C) वास्तविक तना (D) उपरोक्त सभी

40. ब्रायोफाइट के राइजोइड (मूलाभ) निम्न में से क़िसका कार्य करते है?
(A) मूल (B) पत्तियां
(C) तना (D) बीजाणु

41. ब्रायोफाइट के मादा अंग के संदर्भ में सही का चयन करें-
(A) पुधानी कहते हे, एक अंड उत्पन्न करते है।
(B) स्त्रीधानी कहते है, दो अंड उत्पन्न करते है।
(C) पुधानी कहते है, दो अंड उत्पन्न करते है।
(D) स्त्रीधानी कहते है, एक अंड उत्पन्न करते है।

42. ब्रायोफाइट के मादा अंग निम्न मे से किस प्रकार का होता है?
(A) अंडाकार (B) फ्लास्क के आकार का
(C) डिस्क की भांति (D) असमान्य आकार के

43. ब्रायोफाइट के जनन तंत्र से संबंधित सही क्रम का चयन करें-

अगर a = स्पोरोफाइट, b = युग्मकोद्भिद्, c = युग्मनज, d = बीजाणु

(A) $a \rightarrow b \rightarrow c \rightarrow d$ (B) $c \rightarrow b \rightarrow a \rightarrow d$

(C) $c \rightarrow a \rightarrow d \rightarrow b$ (D) $c \rightarrow a \rightarrow b \rightarrow d$

44. ब्रायोफाइट के निम्न में से कौन सी अवस्था में न्यूनीकरण विभाजन होता है?

(A) युग्मनज (B) युग्मकोद्भिद्

(C) बीजाणु (D) स्पोरोफाइट

45.

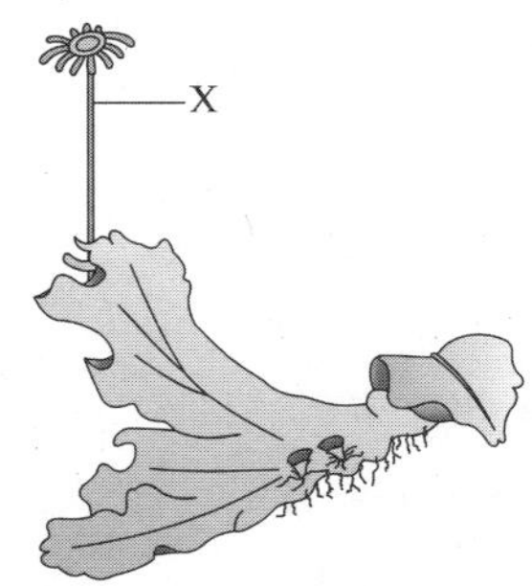

दिया गया चित्र, ब्रायोफाइट के नर थैलस का है। x क्या है?

(A) पुधानीधर (B) स्त्रीधानीधर

(C) स्त्रीधानी (D) जेमा कप

46. असमान्य का चयन करें-

(A) फ्यूनेरिया (B) मारकेंशिया

(C) पॉलीट्राइकम (D) स्फैगनम

47.

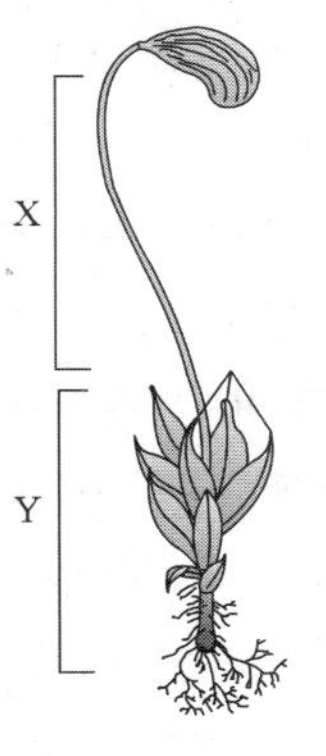

(a)

चित्र को पहचानते हुए a, y तथा z का चयन करें-

	a	x	y
(A)	फ्यूनेरिया	बीजाणु-उद्भिद्	युग्मकोद्भिद्
(B)	लिवरवर्ट	बीजाणु-उद्भिद्	युग्मकोद्भिद्
(C)	फ्यूनेरिया	युग्मकोद्भिद्	बीजाणु-उद्भिद्
(D)	लिवरवर्ट	युग्मकोद्भिद्	बीजाणु-उद्भिद्!

48. निम्न में से कौन सा ब्रायोफाइट का उपयोग ईंधन के रूप में होता है?

(A) मारकेंशिया (B) फ्यूनेरिया

(C) स्फैगनम (D) पॉलीट्राइकम

49. कथन 1 – स्फेगनम का उपयोग पैकिंग में किया जाता है।

कथन 2 – स्फेगनम में पानी को रोकने की क्षमता बहुत अधिक होती है।

(A) दोनों कथन 1 तथा कथन 2 सही है, कथन 2, कथन 1 का सही वर्णन है।

(B) दोनों कथन 1 तथा कथन 2 सही है, परंतु कथन 2, कथन 1 का सही वर्णन नहीं है।

(C) कथन 1 सही है, परंतु कथन 2 गलत है।

(D) दोनों कथन 1 तथा कथन 2 गलत है।

50. मॉस समेत ___?___ सर्वप्रथम ऐसे सजीव है, जो चट्टानों पर उगते है-

(A) हरे पादप (B) लिवरवर्ट

(C) फर्न (D) लाइकेन

51. मॉस के संदर्भ में गलत कथन का चयन करें-

(A) मॉस चट्टानों को अपघटित करते है।

(B) मॉस मृदा अपक्षरण का रोकते है।

(C) तीव्र सूर्य प्रकाश के उपस्थिति में उगते है।

(D) मॉस मिट्टी पर एक सघन परत बना देते है।

52. जेमा क्या है?

(A) हरी, बहुकोशिक, अलैंगिक कलियां है।

(B) हरी, एककोशिक, लैंगिक स्पोर है।

(C) हरी, एककोशिक, अलैंगिक स्पोर है।

(D) हरी, बहुकोशिक, लैंगिक स्पोर है।

53. मॉस के जीवन चक्र में प्रभावी अवस्था होता है–
(A) युग्मकोद्भिद्
(B) स्पोराफाइट
(C) पती अवस्था
(D) प्रोटोनिमा

54. सुमेलित करें–

कॉलम A वर्ग	कॉलम B उदाहरण
(1) लाइकोपसीडा	(a) सिलैजिनेला
(2) स्फीनोपसीडा	(b) इक्वीसीटम
(3) टीरोपसीडा	(c) एडिएंटम

(A) 123/abc
(B) 123/bac
(C) 123/cba
(D) 123/acb

55. विकास की दृष्टि से स्थल पर उगने वाले सर्वप्रथम पौधे जिनमें जाइलम तथा फ्लोएम होते है, वे है–
(A) लिवरवर्ट
(B) मॉस
(C) टैरिडोफाइट
(D) जिम्नोस्पर्म

56. टैरिडोफाइट बेहद कम भौगोलिक क्षेत्रों तक ही सीमित क्यों है?
(A) क्योंकि जीवित टैरिडोफाइट का फैलाव बेहद वृहत है।
(B) क्योकि इनका प्रकीर्णन वायु से संभव नहीं है।
(C) क्योंकि निषेचन के लिए पानी की आवश्यकता बेहद कम है।
(D) उपरोक्त सभी

57. अधिकांश टैरिडोफाइट होते है–
(A) विषमबीजाणुक
(B) समबीजाणुक
(C) उबीजाणुक
(D) मेगाबीजाणुक

58. टैरिडोफाइट काचयन करें, जो दो प्रकार के बीजाणु का उत्पन्न करते है–
(A) टेंरिस
(B) सफीनोपसीडा
(C) सिलैजिनेला
(D) एडिएंटम

59.

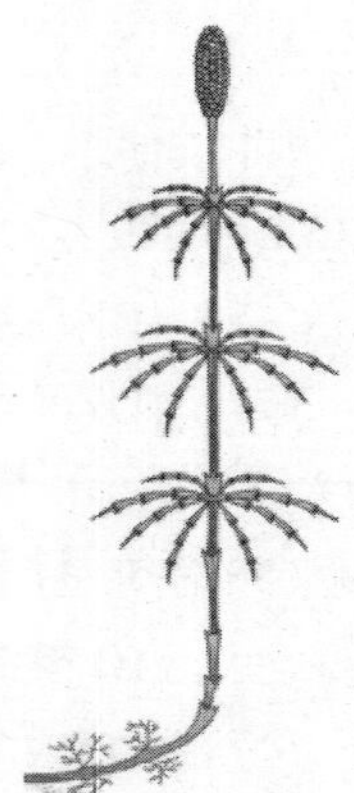

ऊपर दिया गया चित्र, किस टैरिडोफाइट का है?
(A) सैलबीनिया
(B) फर्न
(C) सेलैजिनेला
(D) इक्वीस्टिम

60. टैरिडोफाइट में सम्मिलित है–
(A) हॉसटेल तथा फर्न
(B) मॉस तथा फर्न
(C) लिवरवर्ट तथा फर्न
(D) हॉसटेल तथा मॉस

61. टैरिडोफाइट मनुष्य के लिए उपयोगी कैसे है?
(A) ऑषधिय महत्व है।
(B) मिट्टी का बांधकर रखते है।
(C) सजावटी पौधे होते है।
(D) उपरोक्त सभी

62. निम्न में से हम किस आधार पर कह सकते है कि टैरिडोफाइट, ब्रायोफाइट से बेहतर है?
(A) वास्तविक पत्तियां, मूल तथा तना उपस्थित
(B) तेज प्रकाश में उगते है।
(C) जाइलम तथा फ्लोएम उपस्थित होता है।
(D) A तथा C दोनों

63. टैरिडोफाइट जिसमं शंकु उपस्थित होते है, वह है–
(A) फर्न, सेलबीनिया
(B) सेलैजिनेला, सैलबीनिया
(C) सेलैजिनेला, इक्वीस्टिम
(D) सेलैजिनेला, फर्न

64. टैरिडोफाइट में स्पोरोफाइट, निम्न में से किसमें विभेदित हो जाता है?

(A) मूल (B) तना
(C) पत्तियां (D) उपरोक्त सभी

65.

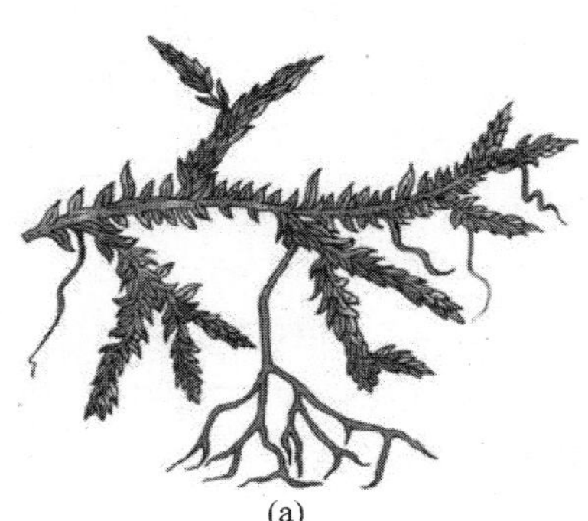

(a)

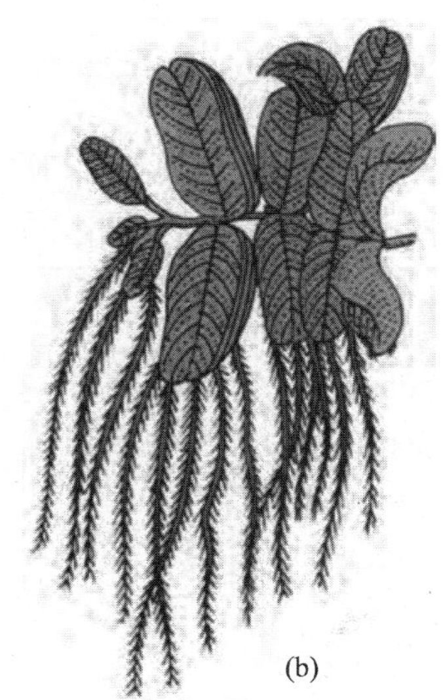

(b)

a	b
(A) सेलैजिनेला	इक्वीस्टिम
(B) इक्वीस्टिम	सेलैजिनेला
(C) सेलैजिनेला	सैलबीनिया
(D) सैलबीनिया	सेलैजिनेला

66. जिम्नोस्पर्म में जिम्नोस का तात्पर्य है-

(A) कठोर (B) ढका हुआ
(C) अनावृत्त (D) लचीला

67. जिम्नोस्पर्म में सम्मिलित है-

(A) मध्यम आकार के वृक्ष
(B) लम्बे वृक्ष
(C) झाड़ियां
(D) उपरोक्त सभी

68. जिम्नोस्पर्म का चयन करें जिनके मूल कवक से सहयोग कर लेती है-

(A) पाइनस (B) साइकस
(C) गिंकगो (D) यूस

69. निम्न में से कौन जिम्नोस्पर्म के मूल नाइट्रोजन स्थिर करने वाले सायनो बैक्टीरिया के साथ सहयोग कर लेती है?

(A) पाइनस (B) साइकस
(C) गिंकगो (D) यूस

70. प्रवाल मूल निम्न में से किसकी विशेषता है?

(A) पाइनस (B) साइकस
(C) गिंकगो (D) यूस

71. सुई की तरह पत्तियां उपस्थित होते है-

(A) शंक्वाकार पौधो में (B) पाइनस में
(C) साइकस में (D) गिंकगो में

72. जिम्नोस्पर्म से संबंधित कथनों को पढ़ते हुए गलत का चयन करें-

(i) सिकुआ एक जिम्नोस्पर्म है।
(ii) इनकी पत्तियां सदैव सरल होती है।
(iii) इनके तने शाखित होते है।

(A) ii, iii (B) i, iii
(C) iii (D) i, ii

73. जिम्नोस्पर्म में किस प्रकार के मूल होते है?

(A) मूसला (B) तंतुक
(C) अपस्थानिक (D) सरल

74. जिम्नोस्पर्म के अनुकूलन का चयन करें जिसके कारण पत्तियां अधिक ताप, नमी तथा वायु को सहन कर सकती है-

(A) सुई की तरह पत्तियां
(B) पत्तियों पर मोटी क्यूटिकल की उपस्थित
(C) पत्तियों पर गतिकरंध्र की उपस्थित
(D) उपरोक्त सभी

75.

I – ऑॅषधिय महत्व होता है।

II – मूसला मूल होता है।

III – सम्पूर्ण विश्व में वितरित होते है।

IV – जीवित जीवाश्म कहते है।

दिए गए चित्र को पहचानते हुए, गलत का चयन करें–

(A) I (B) II

(C) III (D) III, IV

76. I – समबीजाणुक,

II – विषमबीजाणुक

III – अगुणित बीजाणु

जिम्नोस्पर्म से संबंधित तथ्य में से, कौन गलत है?

(A) I (B) II

(C) I, III (D) II

77. जिम्नोस्पर्म में नर शलथ अथवा शंकु (स्ट्रोबिली) से कौन संबंधित नहीं है?

(A) लधुबीजाणु पर्ण (B) लघुबीजाणु धानी

(C) शंकु (D) उपरोक्त में से कोई नहीं

78. जिम्नोस्पर्म में परगाकणों का विकास निम्न में से किसमें होता है?

(A) लघुबीजाणु पर्ण (B) लघुबीजाणु धानी

(C) वृहतबीजाणु धानी (D) शंकु

79. मादा शंकु से संबंधित सही सेट का चयन करें–

(A) गुरु बीजाणु पर्ण + गुरु बीजाणुधानी

(B) लघुबीजाणु पर्ण + गुरु बीजाणुधानी

(C) पराग + गुरु बीजाणुधानी

(D) शंकु + गुरु बीजाणुधानी

80. जिम्नोस्पर्म जिसमे दो प्रकार के नर अथवा मादा शंकु एक ही वृक्ष पर स्थित होते है, वह है–

(A) साइकैस (B) पाइनस

(C) A तथा B दोनों (D) उपरोक्त में से कोई नहीं

81. जिम्नोस्पर्म में, गुरु बीजाणु मातृ कोशिका में __a?__ द्वारा __b?__ गुरु बीजाणु बन जाते है–

(A) a – समसूत्री विभाजन, b – 2

(B) a – अर्धसूत्री विभाजन, b – 4

(C) a – अर्धसूत्री विभाजन, b – 1

(D) a – अर्धसूत्री विभाजन, b – 2

82. जिम्नोस्पर्म में मादा युग्मकोद्भिद् में, न्यूनतम कितने स्त्रीधानी होते है?

(A) 1 (B) 2

(C) 3 (D) 4

83. सेट का चयन करे जो जिम्नोस्पर्म में अनुपस्थित होते है–

(A) बीज, पुष्प (B) फल, बीज

(C) फल, पुष्प (D) फल, पत्ती

84. पादप वुल्फिया की खास बात क्या है?

(A) बेहद लम्बा वृक्ष

(B) बीज वाहिन

(C) वृहत फल उत्पन्न करते है

(D) माप सुक्ष्मदर्शी

85. असमान्य का चयन करें–

(A) पुंकेसर (B) परागकोश

(C) परागकण (D) स्त्रीकेसर

86. एंजिओस्पर्म के प्रत्येक भ्रूण कोश में उपस्थित होता है–

(A) एक कोशिकीय अंड समुच्चय

(B) दो कोशिकीय अंड समुच्चय

(C) तीन कोशिकीय अंड समुच्चय

(D) चार कोशिकीय अंड समुच्चय

87. भ्रूण कोण में उपस्थित होते है–

(A) 1 अंड कोशिका तथा 2 सहायक कोशिकाएं

(B) 2 अंड कोशिका तथा 1 सहायक कोशिका

(C) 2 अंड कोशिका तथा 2 सहायक कोशिकाएं

(D) 1 अंड कोशिका तथा 1 सहायक कोशिका

88. भ्रूण कोष से संबंधित सही विकल्प का चयन करें-

	प्रतिव्या सांत कोशिकाएं	ध्रुवीय कोशिकाएं
(A)	2	2
(B)	1	2
(C)	3	3
(D)	3	2

89. परागकण निम्न में से किस पर अंकुरित होते है?

(A) अंडाशय (B) स्टाइल
(C) वर्तिकाग्र (D) परागनली

90. भ्रूणकोष में कितने नर युग्मक मुक्त होते है?

(A) 1 (B) 2
(C) 3 (D) 4

91. ब्रायोफाइट तथा टैरिडोफाइट की तुलना में, निम्न में से कौन सा लक्षण एंजिओस्पर्म के लिए विशेष है?

(A) फल की अनुपस्थिति
(B) द्विनिषेचन
(C) एकल निषेचन
(D) त्रीनिषेचन

92. नीचे कुछ कथन त्रिगुणित प्राथमिक भ्रूणपोष से संबंधित दिए गए है-

(a) यह भ्रूणपोष में विकसित हो जाते है।
(b) नर युग्मक तथा द्विगुणित द्वितीयक केंद्रक से संगलित होने से विकसित होता है।
(c) यह द्विगुणित होता है।
(d) विकास के क्रम में यह विलुप्त हो जाता है।

गलत का चयन करें-

(A) a, b (B) b, c
(C) c, d (D) a, c

93. त्रिगुणित प्राथमिक भ्रूणपोष होते है-

(A) अगुणित (B) द्विगुणित
(C) त्रिगुणित (D) उपरोक्त में से कोई नहीं

94. उस सेट का चयन करें जो एंजिओस्पर्म में निषेचन के बाद लुप्त हो जाते है-

(A) सहाय कोशिकाएं तथा प्रतिव्यासांत कोशिका
(B) सहाय कोशिकाएं तथा त्रिगुणित प्राथमिक भ्रूणपोष
(C) प्रतिव्यासांत तथा त्रिगुणित प्राथमिक भ्रूणपोष
(D) भ्रूणपोष तथा त्रिगुणित प्राथमिक भ्रूणपोष

95. विकसित हो रहे भ्रूण को निम्न में से कौन पोषण प्रदान करता है?

(A) बीज (B) फल
(C) भ्रूण पोष (D) उपरोक्त सभी

96. एंजिओस्पर्म में बीज निम्न में से किससे विकसित होता है?

(A) बीजांड (B) अंडाशय
(C) भ्रूणपोष (D) युग्मक

97. एंजियोस्पर्म में फल किससे विकसित होता है?

(A) बीजांड (B) अंडाशय
(C) भ्रूणपोष (D) युग्मक

98. पादप में-

(A) सिर्फ अगुणित कोशिका समसूत्री विभाजन प्रदर्शित करते है।
(B) द्विगुणित कोशिका समसूत्री विभाजन प्रदर्शित करते है।
(C) अगुणित तथा द्विगुणित दोनों कोशिका समसूत्री विभाजन प्रदर्शित करता है।
(D) सिर्फ द्विगुणित कोशिका अर्धसूत्री विभाजन प्रदर्शित करता है।

99. कौन सा पादप काय युग्मककोद्भिद् होता है-

(A) जो अगुणित पादपकाय माइटोसिस द्वारा युग्मक बनाते है।
(B) जो द्विगुणित पादपकाय माइटोसिस द्वारा युग्मक बनाते है।
(C) जो द्विगुणित पादपकाय मीओसिस द्वारा युग्मक बनाते है।
(D) जो अगुणित पादपकाय मीओसिस द्वारा युग्मक बनाते है।

100. नीचे दिया गया चित्र एंजिओस्पर्म के जीवन चक्र के दो अपस्थाओं को प्रदर्शित कर रहे है। x तथा y से संबंधित सही विकल्प का चयन करें-

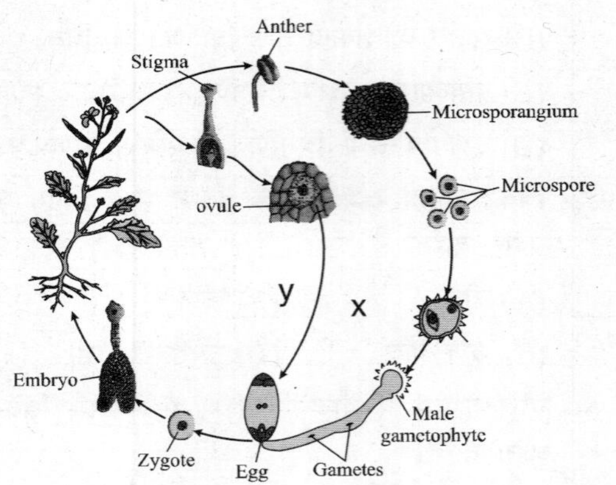

	x	y
(A)	बीजाणु उद्भिद् संतति (2n)	युग्मककोद्भिद् संतति (n)
(B)	युग्मकोद्भिद् संतति (2n)	बीजाणु-उद्भिद् संतति (n)
(C)	युग्मकोद्भिद् संतति (n)	बीजाणु-उद्भिद् संतति (2n)
(D)	बीजाणु-उद्भिद् संतति (n)	युग्मकोद्भिद् संतति (2n)

101. लैंगिक जनन करने वाले पौधों के जीवन चक्र के दौरान पीढ़ी-एकांतरण निम्न में से किसके बीच होता है?

(A) अगुणित युग्मकोद्भिद् तथा अगुणित स्पोरोफाइट

(B) द्विगुणित युग्मकोद्भिद् तथा द्विगुणित स्पोरोफाइट

(C) द्विगुणित युग्मकोद्भिद् तथा अगुणित स्पोरोफाइट

(D) अगुणित युग्मकोद्भिद् तथा द्विगुणित स्पोरोफाइट

102. सुमेलित करें-

कॉलम B	कॉलम A
(1) अगुणितक	(a) बॉलबाक्स, स्पाइरोगाइरा
(2) द्विगुणितक	(b) ब्रायोफाइट तथा टैरिडोफाइट
(3) अगुणितक-द्विगुणितक	(c) जिम्नोस्पर्म तथा एंजियोस्पर्म

(A) 123/bac (B) 123/acb

(C) 123/abc (D) 123/cba

103. किस शैवाल में द्विगुणितक पैटर्न होता है?

(A) कैल्प

(B) एक्टोकार्पस

(C) पॉलिसाइफोर्निया

(D) फाइकस

104. सहीसेट का चयन करें जो अगुणितक-द्विगुणितक पैटर्न प्रदर्शित करता है-

(A) एक्टोकार्पस, पॉलिसाइफोनिया, कैल्प

(B) बॉलबाक्स, यूलोथ्रिक्स, स्पाइरोगाइरा

(C) बॉलबाक्स, कैल्प, स्पाइरोगाइरा

(D) एक्टोकार्पस, कैल्प, स्पाइरोगाइरा

105. अगुणितक में, निम्न में से कौन प्रकाश संश्लेषी अवस्था है?

(A) द्विगुणित युग्मकोद्भिद्

(B) मुक्तजीवी युग्मकोद्भिद्

(C) अगुणितक युग्मकोद्भिद्

(D) द्विगुणित युग्मकोद्भिद्

ANSWER KEY

1. (A)	**2.** (B)	**3.** (A)	**4.** (C)	**5.** (D)	**6.** (C)	**7.** (A)	**8.** (B)	**9.** (A)	**10.** (B)
11. (B)	**12.** (D)	**13.** (A)	**14.** (C)	**15.** (A)	**16.** (A)	**17.** (B)	**18.** (B)	**19.** (C)	**20.** (C)
21. (A)	**22.** (C)	**23.** (D)	**24.** (A)	**25.** (B)	**26.** (A)	**27.** (C)	**28.** (C)	**29.** (C)	**30.** (B)
31. (A)	**32.** (B)	**33.** (A)	**34.** (B)	**35.** (A)	**36.** (D)	**37.** (C)	**38.** (A)	**39.** (D)	**40.** (A)
41. (D)	**42.** (B)	**43.** (C)	**44.** (D)	**45.** (A)	**46.** (B)	**47.** (A)	**48.** (C)	**49.** (A)	**50.** (D)
51. (C)	**52.** (A)	**53.** (A)	**54.** (A)	**55.** (C)	**56.** (C)	**57.** (B)	**58.** (C)	**59.** (D)	**60.** (A)
61. (D)	**62.** (D)	**63.** (C)	**64.** (D)	**65.** (C)	**66.** (C)	**67.** (D)	**68.** (A)	**69.** (B)	**70.** (B)
71. (A)	**72.** (A)	**73.** (A)	**74.** (D)	**75.** (C)	**76.** (A)	**77.** (D)	**78.** (B)	**79.** (A)	**80.** (B)
81. (B)	**82.** (B)	**83.** (C)	**84.** (D)	**85.** (D)	**86.** (C)	**87.** (A)	**88.** (D)	**89.** (C)	**90.** (B)
91. (B)	**92.** (C)	**93.** (C)	**94.** (A)	**95.** (C)	**96.** (A)	**97.** (B)	**98.** (C)	**99.** (A)	**100.** (C)
101. (D)	**102.** (B)	**103.** (D)	**104.** (A)	**105.** (B)					

प्राणि जगत

1. बहुकोशिकीय प्राणी का प्रथम संघ है–
   (A) प्रोटोजोआ (B) पोरीफेरा
   (C) नाइडेरिया (D) टीनोफोर
2. निम्न में से किसे साइफा कहते है?
   (A) यूस्पांजिया (B) स्पांजिला
   (C) साइकन (D) उपरोक्त में से कोई नहीं
3. संघ के सेट का चयन करे जिस में अलैंगिक जनन विखंडन के द्वारा होता है–
   (A) पोरीफेरा, सिलेन्ट्रेटा
   (B) पोरीफेरा, मोलस्का
   (C) सिलेन्ट्रेटा, ऐस्केलमिंथीज
   (D) मोलस्का, ऐस्केलमिंथीज
4. अगर किसी प्राणी के जीवन में लार्वा अवस्था पाई जाती है, तो विकास होता है–
   (A) प्रत्यक्ष (B) अप्रत्यक्ष
   (C) प्रत्यक्ष तथा अप्रत्यक्ष दोनों
   (D) उपरोक्त में से कोई नहीं
5. ऑस्टिया, ऑस्कुलम तथा स्पंजगुहा स्पंज में पाये जाने वाले संरचना है। अगर, A-ऑस्टिया, B ऑस्कुलम, C-स्पेजोशील है, तो उपरोक्त में से कौन सी संरचना की संख्या अधिक होती है?
   (A) A (B) B
   (C) C (D) सभी की संख्या बराबर होती है
6. सिलेन्ट्रेट को नाइडेरिया क्यों कहते हैं?
   (A) क्योंकि इनमें नाइडोब्लास्ट उपस्थित होता है।
   (B) क्योंकि यह द्विकोरिकी होते है।
   (C) क्योंकि यह अरीय सममिति प्रदर्शित करते है।
   (D) उपरोक्त सभी।
7. उन लक्षणों का चयन करे जो कि सिलेन्ट्रेटा के आलावा अन्य संघ में भी उपस्थित होते है–
   (A) अंतःकोशिका तथा अंतराकोशिक प्रकार के पाचन
   (B) नाइडोब्लास्ट की उपस्थिति
   (C) उत्तक स्तर संगठन
   (D) अरीय सममिति
   (E) जलीय आवास
   (A) A, B, C, D, E (B) A, C, D, E
   (C) B, C, D, E (D) C, D, E
8. अगर मान ले–
   A = कोशिकीय स्तर संगठन है।
   B = उत्तकिय स्तर संगठन है।
   C = त्रिकोरकी है।
   D = द्विकोरिकी है।
   E = अरीय सममिति है।
   उपरोक्त में से कौन सा लक्षण जैव विकास के इतिहास में पहली बार सिलेन्ट्रेटा में विकसित हुआ है?
   (A) B, C (B) D, E
   (C) B (D) A, B

9. कोरल कौन से संघ का सदस्य है?
(A) मोलस्का (B) एकाइनोडर्मेल
(C) सिलेन्ट्रेटा (D) उपरोक्त सभी

10. उस संघ का चयन करे जिसमें अपूर्ण पाचन तन्त्र उपस्थित होता है-
(A) पोरीफेरा, सिलेन्ट्रेटा
(B) सिलेन्ट्रटा, प्लेटीहैल्मिंथीज
(C) प्लेटीहैलिमंथीज, ऐस्केलमिथीज
(D) ऐस्केलमिंथीज, ऐनेलिडा

11. निम्न में से किस आधार पर टीनोफर सिलेन्ट्रोटा से भिन्न है?
(A) आवास (B) जनन स्तर
(C) संगठन का स्तर (D) पाचन

12. निम्न में कौन से लक्षणों के आधार पर टोनोफोर, सिलेन्ट्रेटा से सामानता प्रदर्शित करता है?
(A) गमनांग (B) जनन स्तर
(C) संगठन का स्तर (D) पाचन
(A) A, B (B) B, C
(C) B, C, D (D) A, B, C, D

13. सिलेन्ट्रेटा में नाइडोब्लास्ट का कार्य होता है-
(A) स्थिरक (B) रक्षा
(C) शिकार (D) उपरोक्त सभी

14. सिलेन्ट्रेटा में बहि:क्षेपण होता है-
(A) मुख के द्वारा
(B) अवस्कर के द्वारा
(C) उत्सर्जी छिद्र के द्वारा
(D) उपरोक्त में से कोई नहीं

15. पॉलिप के जोड़े का चयन करे-
(A) हाइड्रा, ओरेलिया (B) एडमेसिया, ओरोलिया
(C) हाइड्रा, एडमसिया (D) ओबेलिया, ओरेलिया

16. निम्न में से कौन जैली फिश है?
(A) ओरेलिया (B) ओबेलिया
(C) फाइसेलिया (D) साइनिया

17. नीचे कुछ अकरोरूकी के नाम दिये गए है, सभी नामों में से एक नाम किसी अन्य संघ का है, उस नाम का चयन करे-
(A) समुद्री पिच्छ (B) समुद्री ऐनीमोन
(C) समुद्री व्यंजन (D) समुद्री कर्कटी

18. प्रत्येक क्रम में से असमान्य का चयन करते हुए सही विकल्प का चयन करे-
(A) गोलकृमि, फाइलोरिया कृमि, फीता कृमि, अंकुशकृमि
(B) फाइटिंग फिश, एंजल फिश, उड़न मछली, दैत्य मछली
(C) समुद्री प्यंजन, समुद्री अर्चिन, समुद्री लिली, समुद्री कर्कटी
(D) हैग फिश, आरी (सौ) फिश, कुत्ता मछली, खरगोश मछली

	A	B	C	D
(A)	फीता कृमि	दैत्य मछली	समुद्री प्यंजन	कुता मछली
(B)	फीता कृमि	दैत्य मछली	समुद्री व्यंजन	हैग फिश
(C)	गोल कृमि	उड़न मछली	समुद्री लिलि	आरी फिश
(D)	अंकुश कृमि	एंजल फिश	समुद्री अर्चिन	आरी फिश

19. अगर एक स्पंज का ऑस्कुलम किसी तरह से बंद हो जाता है तो निम्न में से क्या संभव है?
(A) जल किसी अन्य ऑस्टिया से बाहर आ जाएगा।
(B) शरीर फट सकता है।
(C) अपशिष्ट पदार्थो के उत्सर्जन रूक जाने के कारण मृत हो सकता है।
(D) कुछ समय के पश्चात श्वसन रूक सकता है।
(A) A, B, C, D (B) A, C, D
(C) B, C, D (D) A, B, C

20. निम्न में से किस आधार पर स्पंज के कंटिका मानव कंकाल की भांति कार्य करते है?
(A) शरीर को सहारा प्रदान करने के आधार पर
(B) रूधिर निर्माण के आधार पर
(C) अस्थि मज्जा के संरक्षण के आधार पर
(D) उपरोक्त में से कोई नहीं

21. निम्न में से कौन से जलस्त्रोत से हमें स्पांजिला प्राप्त नहीं हो सकता है?
(A) तालाब (B) क्षील
(C) नदी (D) प्रशान्त महासागर

22. नहाने तथा सफाई में प्रयुक्त होने वाला स्पंज है–
(A) स्पांजिला (B) साइकन
(C) ल्यूकोसोलेन्यिा (D) उपरोक्त में से कोई नहीं

23. संघ पोरीफेरा के संदर्भ में गलत कथन का चयन करे–
(A) जल संवहन तंत्र उपस्थित
(B) लिंग सदैव पृथक होते है
(C) निषेचन बाह्य प्रकार का होता है
(D) विकास प्रत्यक्ष होता है
(A) A (B) C, D
(C) A, B, C (D) A, B, C, D

24. संघ के सेट का चयन करे जिसमें सिर्फ अन्तराकोशिकीय पाचन होता है–
(A) पोरीफेरा, सिलेन्ट्रेटा
(B) प्रोटोजोआ, पोरीफेरा
(C) सिलेन्ट्रेटा, प्लेटीहैलिमंथीज
(D) प्लेटीहैल्मिंथीज, ऐस्केलमिंथजी

25. सुमेलित करे–

कॉलम A	कॉलम B
(1) एडमसिया	(A) समुद्र ऐनोमोन
(2) गोरगोनिया	(B) समुद्री व्यंजन
(3) मेन्डरीना	(C) ब्रेन कौरल
(4) फाइसेलिया	(D) पुर्तगाल युद्ध मानव

(A) 1234/ABCD (B) 1234/BACD
(C) 1234/CDAB (D) 1234/DABC

26. जीवसंदीप्ति किस संघ के विशेषता है?
(A) पोरीफेरा (B) सिलेन्ट्रेटा
(C) टीनोफोर (D) ऐस्केलमिंथीज

27. नीचे कुछ संघ के नाम दिए गए है–
A-प्लेटीहैल्मिंथीज, B-सिलेन्ट्रेटा, C-पीरोफेरा, D-टोनोफोर, E-मोलस्का, F-ऐस्केलमिंथीज,
उपरोक्त में से कौन से दो संघ के अधिकांश सदस्य परजीवी होते है–
(A) A, F (B) A, E
(C) B, C, D (D) B, E

28. जन्तु — उत्सर्जी संरचना
(1) फेसियोला — ज्वाला कोशिका
(2) नेरीस — नेफ्रिडिया
(3) झींगा — मैलपिंगी नलिका
(4) सैकोग्लोसस — शुंड ग्रन्थि
उपरोक्त में से कितने जन्तु के उत्सर्जी संरचना सही सुमोलित है?
(A) 1 (B) 2
(C) 3 (D) 4

29. नीचे कुछ कथन दिए गए है, जो कि जैव विकास के इतिहास में पहली बार विकसित हुए है। A, B, C तथा D संघ के नाम है। सही (विकल्प) का चयन करें–
I. विशिष्ट उत्सर्जी अंग, (पहली बार)
II. पूर्ण आहार नाल,
III. वास्तविक खंडीभवन, IV. उत्तक स्तर संगठन
V. कूटगुहा, VI. त्रिकोरकी (पहली बार)
(A) ऐस्केलमिंथजी (B) सिलेन्ट्रेटा,
(C) प्लेटीहैल्मिंथीज (D) ऐनेलिडा

	A	B	C	D
(A)	I, II	II	V	III, IV
(B)	II, V	IV	I, VI	III
(C)	II, V	V	I, IV	III
(D)	II, III	IV	V	VI

30. वास्तविक गुहा विकास के इतिहास में पहली बार विकसित हुआ था–
(A) प्लेटीहैल्मिंथजी में (B) ऐस्केलमिंथीज में
(C) ऐनेलिडा में (D) आर्थोपोडा में

31. निम्न में से कौन से संघ में सर्वाधिक प्रकार के श्वसन अंग उपस्थित होते है?
(A) प्लेटीहैल्मंथीज (B) मोलस्का
(C) एकाइनोडर्मेटा (D) आर्थोपोडा

32. एडीस, लैसिफर, लोकस्टा, लिमूलस

उपरोक्त नाम संघ आर्थोपोडा का सदस्य है; हर नाम का अपना विशेषता है। नाम तथा विशेषता का सही विकल्प निम्नलिखित कोष्टक से चयन करें–

	आर्थिक महत्व कंकीट	वाहक	यूथ पीड़क	जीवित जोवाश्म
(A)	लैसिफर	एडीस	लिमूलस	लोकस्टा
(B)	लोकस्टा	लैसिफर	एडीस	लिमूलस
(C)	लैसिफर	एडीस	लोकस्टा	लिमूलस
(D)	एडीस	लैसिफर	लिमूलस	लोकस्टा

33.

(a)

दिया गया चित्र एक अकशंरूकी का है। चित्र को पहचानते हुए सही विकल्प का चयन करे–

सत्य–T, असत्य–F

(A) यह ओरेलिया है।

(B) यह स्वतंत्र रूप से तैरने वाला (मुक्त प्लावी) होता है।

(C) इसका आकार पॉलिप होता हैं।

(D) यह संघ अकसेरूकी का सदस्य है।

	A	B	C	D
(A)	T	T	F	T
(B)	T	T	F	F
(C)	T	F	T	F
(D)	F	T	F	F

34. उस जन्तु का चयन करें जो कि जल तरंग के साथ जल में बहता है–

(A) ओरेलिया (B) हाइड्रा

(C) एडमसिया (D) उपरोक्त में से कोई नहीं

35.

दिया गया चित्र सिलेन्ट्रेटा से संबन्धित है,

A. इसे निमोटोसाइंट कहते है।

B. सिर्फ स्पर्शक पर उपस्थित होता है।

C. सिर्फ एक कार्य करता है।

D. एक से अधिक संघ में उपस्थित होता है।

सही विकल्प का चयन करे–

	A	B	C	D
(A)	T	T	F	F
(B)	T	T	F	T
(C)	F	T	F	F
(D)	F	F	F	F

36. निम्न में से किस संघ के सदस्यों को नाइडेरिया कहते हैं?

(A) पोरीफेरा (B) टीनफोर

(C) प्लेटीहैल्मिंथीज (D) उपरोक्त में से कोई नहीं

37. जठर संवहनी गुहा के संदर्भ में सही कथन का चयन करे।

(A) एक शरीर में एक से ज्यादा होता है।

(B) सदैव केन्द्र में नहीं होता।

(C) पाचन तथा भोजन के वितरण दोनों से संबंधित है।

(D) सभी सिलेन्ट्रेटा में समान माप के होते है।

38. A-सदैव उभयलिंगी

B-निषेचन आंतरिक

C-विकास अप्रत्यक्ष

D-अलैंगिक जनन भी होता है

जनन से संबन्धित उपरोक्त लक्षण कौन से संघ से सबन्धित है?

(A) प्रोटोजोआ (B) पोरीफेरा

(C) सिलेन्ट्रेटा (D) मोलस्का

39. स्पंजगुहा तथा जठर संवहनी गुहा में क्या समानता है?
(A) दोनों में भोजन का पाचन होता है।
(B) दोनों पाचन के अतिरिक्त वितरण से संबंधित है।
(C) दोनों की शरीर में स्थिती केंद्रीय होती है।
(D) दोनों का खुलन द्वार एक से अधिक छिद्र होता है।

40. कॉर्डेटा के संदर्भ में गलत कथन का चयन करे?
(A) आयुग्मित ग्रसनी क्लोमदरार
(B) पृष्ठ ठोस तंत्रिका रज्जु
(C) गुदा पूर्व पुच्छ (D) उपरोक्त सभी

41.

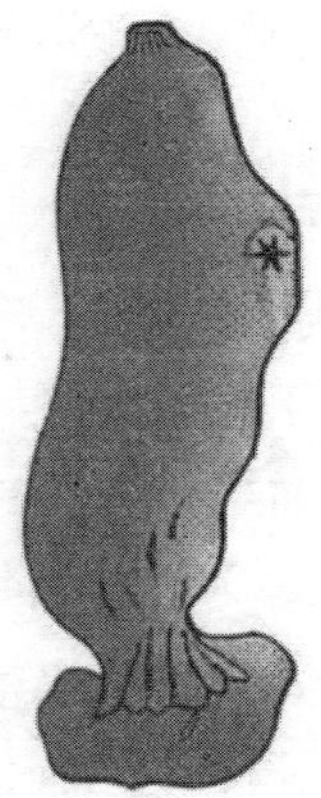

चित्र को पहचाने, चित्र में दिए गए सदस्यों के संदर्भ में कुछ कथन सही है, तथा कुछ कथन गलत है, तथ्यों को समझते हुए सही उतर का चयन करें-
(a) यह सदस्य प्रोटोकॉर्डेटा के अन्तर्गत आ सकता है।
(b) यह उसी उपसंघ का सदस्य है जिसका सदस्य ब्रैकिओस्टोमा हैं।
(c) मेरूदंड (कशेरूक दंड) इस सदस्य मे कभी उपस्थित नहीं होते है।
(d) पृष्ठरज्जु जीवनपर्यन्त उपस्थित होते है।
(A) a, b सत्य, c, d असत्य
(B) a, b, c सत्य, d असत्य
(C) a, c सत्य, b, d असत्य
(D) a, d सत्य, b, c असत्य

42. सभी वर्टीब्रटा में कौन सा लक्षण आवश्यक रूप से उपस्थित नहीं होते है?
(A) युग्मित उपांग, वृक्क
(B) युग्मित उपांग, चार कोष्टक युक्त हृदय
(C) शल्क युग्मित उपांग
(D) शल्क असमतापी लक्षण

43.

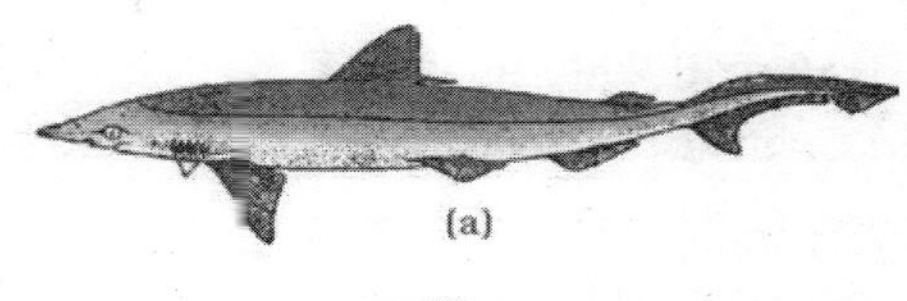
(a)

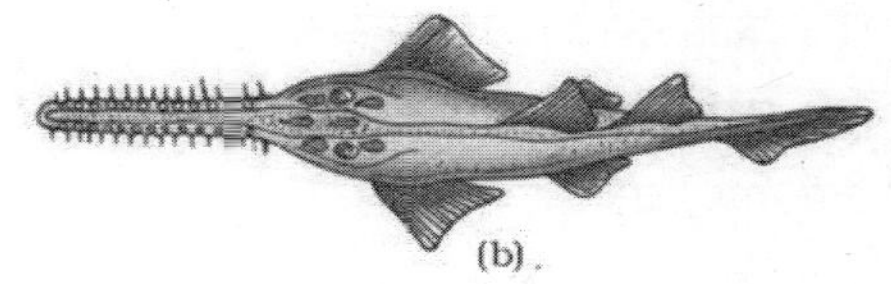
(b)

दिए गए चित्र को पहचाने तथा सही कथन का चयन करे-
(a) इनमें 4 जोड़े क्लोमदरार उपस्थित होते है।
(b) इनमें दन्त उपस्थित होते है जो कि पट्टाभ (placoid) शल्क के रूपान्तरण होते है।
(c) इनके मुख का स्थान अग्र भाग पर होता है।
(d) यह उसी वर्ग का सदस्य है जिस वर्ग का सदस्य कारकेरोडोन है।
(A) a, b, (B) b, d
(C) सिर्फ d (D) b, c, d

44. नीचे कुछ मछलियों का सेंट दिया गया है, उस सेट का चयन करे जिसका वर्ग समान है तथा सदस्य समुद्री है-
(A) एक्सोसिटस; हिपोकेम्पस
(B) ट्राइगोन; क्लेरियस
(C) एक्सोसिटस; क्लेरियस
(D) बेटा; टेरोफाइलम

45. निम्न में से क्या साइक्लोस्टोम में कभी नहीं होता है?
(a) मीठे जल में जनन
(b) अनेक वर्षो तक जनन
(c) लार्वा के समुद्र में लौटने पर कार्यान्तरण
(d) मुख्यत पोषी के रुधिर का अवशोषण
(A) a (B) b, c
(C) c, d (D) a, b, c, d

46. निम्न से किसमें पृष्ठरज्जु, जीवन पर्यन्त उपस्थित रहते हैं?
(A) बैलेनोग्लोसस, सैल्पा
(B) बैलैनोग्लोसस, डोलिओलम
(C) ब्रैकिओस्टोमा, बैलैनोग्लोसस
(D) उपरोक्त में से कोई नहीं

47. उस सेट का चयन करे जिनमे निषेचन बाह्य (external) प्रकार का होता है
(A) प्रीस्टिस, हिपोकेम्पस
(B) स्कॉलियोडोन, लेबिओ
(C) स्कॉॉलियोडोन हिपोकेम्पस
(D) एक्सोसिटस, हिपोकेम्पस

48. दिए गए चित्र को पहचाने

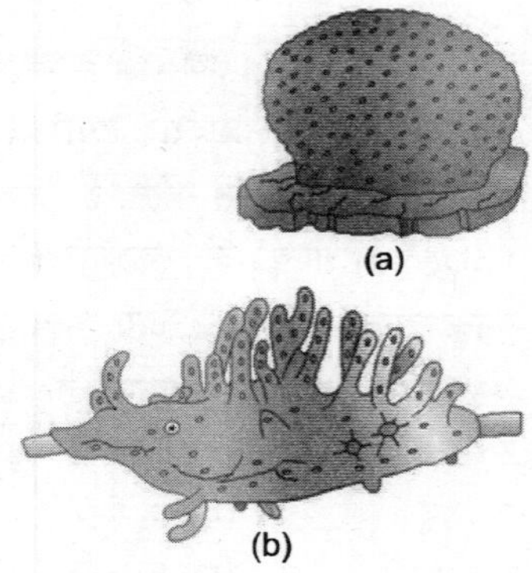

(A) यूस्पेजिया, स्पांजिला
(B) साइकन, यूस्पंजिया
(C) साइकन, हाइलोनिमा (D) साइकन, कोलिना

49. जल संवहन तंत्र अनेक कार्य करते हैं, निम्न में से कौन कार्य इस परिसंचरण तंत्र के द्वारा नहीं होता है-
(A) अर्न्तग्रहण (B) श्वसन
(C) उत्सर्जन (D) गमन

50. उस संघ का चयन करे जिनमें सिर्फ लैगिक जनन होता है-
(A) पोरीफेर, टीनोफोरा
(B) टीनोफोरा, एकाइनोडर्मेटा
(C) सिलेन्ट्रेटा, एकाइनोडर्मेटा
(D) टीनोफोर, सिलेन्ट्रेटा

51.

दिए गए चित्र को पहचाने तथा गलत कथन का चयन करे
(a) पट्टाभ शल्क उपस्थित
(b) प्रच्छद अनुपस्थित
(c) वायु कोष उपस्थित
(d) मुख का स्थान अधर सतह पर
(A) a, b, d (B) सिर्फ b
(C) सिर्फ c (D) c, d

52. उस जन्तु का चयन करें जो गर्म खुन वाले है-
(A) स्ट्रथियो, वगैरस, मकांका
(B) कार्वस, कलेरियस, केनिस
(C) कोलम्बा, फेलिस, नियोफ्रन
(D) प्रीस्टिस, कारकेरोडोन, लेबियो

53. उभयचर से संबन्धित गलत कथन का चयन करे-
(a) सभी उभयचर में दो जोड़े पाद होते हैं।
(b) सभी उभयचर में शरीर शीर्ष धड़ तथा पूछं में विभाजित।
(c) उभयचर के नेत्र में पलके उपस्थित होते हैं।
(d) उभयचर के अवस्कर में आहारनाल, मूत्राशय तथा जनन मार्ग खुलते हैं।
(A) a, b (B) b, c
(C) c, d (D) a, c

54.

दिया गया चित्र एक कशेरूकी का है उस कशेरूकी को पहचाने तथा सही गलत कथन का चयन करे–

(A) स्वभाव स्थलीय होता है।

(B) स्वभाव जलीय।

(C) श्वसन सिर्फ फेफड़ा के द्वारा होता है।

(D) पलके उपस्थित।

(A) A, D - सत्य; B, C - असत्य

(B) A, B - सत्य; C, D - असत्य

(C) B, C - सत्य; A, D - असत्य

(D) A, C - सत्य; B, D - असत्य

55. एटीनोडायटीज निम्न में से कौन से वर्ग के सदस्य है–

(A) उभयचर (B) सरीसृप

(C) एवीस (D) स्तनधारी

56. नीचे कुछ मछलियों के उदाहरण दिए गए है, सभी एक ही वर्ग के सदस्य है, सिर्फ एक को छोड़कर, वह सदस्य निम्न में से कौन है?

(A) कारकेरोजेन (B) कलेरियस

(C) टेरोफाइलम (D) बेटा

57.

दिए गए चित्र को पहचाने तथा सही गलत का चयन करे।

(a) शरीर से त्वचा झड़ते है।

(b) निषेचन आन्तरिक।

(c) जहर के आधार पर उसी श्रेणी के है, जिस श्रेणी के बगारूस (Bangarus) होते है।

(d) यूरिकोटेलिक होते हैं।

(A) सभी कथन सही है

(B) सभी कथन गलत है

(C) a, b सत्य, c, d असत्य

(D) सिर्फ c असत्य

58.

दिया गया चित्र एक कशेरूकी (vertebrata) का है गलत कथन का चयन करें–

(a) यह संघ स्तनी का सदस्य है।

(b) इनमे सभी मूलभूत स्तनधारी के लक्षण है।

(c) एक मात्र कशेरूकी (vertebrata) जो की वास्व्त में उड़ सकता है।

(d) न्यूमेटिक अस्थि युक्त

(A) a, d (B) a, c

(C) b, c (D) c, d

59. निम्न में से कौन सही सुमेलित नहीं है?

(A) मिनड्रिएना–मस्तिष्क कोरल

(B) एडमसिया–समुद्र ऐनीमोन

(C) गोरगोनिया–समुद्री खीरा

(D) एंटीडोन–समुद्री लिली

60. उस संघ का चयन करे जिसमें खण्डीभवन उपस्थित होता है–

(A) ऐनेलिडा, मोलस्का

(B) ऐनेलिडा, एकाइनोडर्मेटा

(C) ऐनेलिडा, हेमीकोर्डेटा

(D) ऐनेलिडा, आर्थोपोडा

61. वर्टीब्रेटा (vertebrata) का कौन से वर्ग में शरीर शुष्क शल्क युक्त त्वचा से ढका रहता है-
(A) ओस्टिक्थीज (B) उभयचर
(C) सरीसृष (D) एवीज

62. नीचे कुछ कथन प्राणी जगत से संबंधित दिए गए है, कितने कथन गलत है-
(a) कुछ गोलकृमि अपरजीवी अर्थात मुक्तजीवी भी होते हैं
(b) रज्जुकी के सदस्यों में पृष्ठरज्जु सिर्फ भ्रूणीय आंरभिक अवस्था में उपस्थित होते है
(c) नैथोस्टोमेटा में दो सुपर वर्ग सम्मलिलित है
(d) स्तनधारी में एक से अधिक विशेष लक्षण उपस्थित होते है।
(A) 1 (B) 2
(C) 3 (D) 4

63.

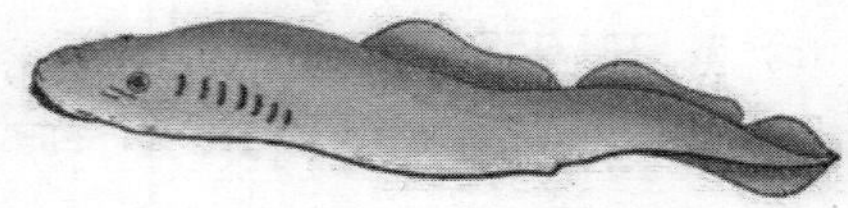

दिए गए चित्र को पहचाने और सही कथन का चयन करे
A = 5-6 जोड़े क्लोम उपस्थित होते हैं
B = जन्म समुद्री जल में होता है परन्तु मृत्यु मीठे जल में होता है
C = जन्म मीठे जल में होता है तथा स्वाभाविक मृत्यु भी मीठे जल में ही होता है
D = बाह या आन्तर परजीवी होते है।
(A) सभी A, B, C और D
(B) सिर्फ C & D
(C) सिर्फ C
(D) सिर्फ A, B & C

64.

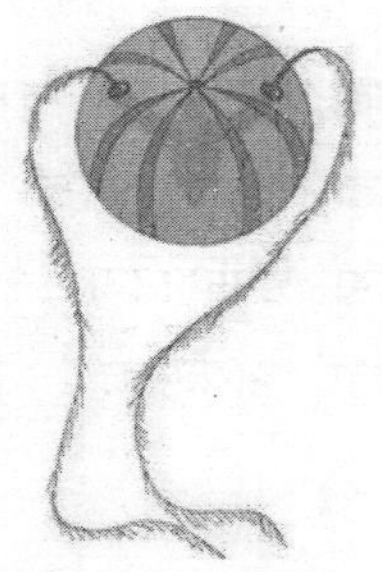

चित्र को पहचानते हुए गलत कथन का चयन करें-
(a) जिस संघ से यह संबंध रखता है, उसके सभी सदस्य समुद्री होते है।
(b) शरीर पर 12 अरोमाभी कॉम्ब प्लेट होते है।
(c) सिर्फ अलैगिक जनन पाया जाता है।
(d) सिर्फ लैगिक जनन पाया जाता है।
(A) b, c (B) b, d
(C) a, b (D) a, c

65. नीचे कुछ प्राणि के सेट दिए गए है जिसमें उनके वैज्ञानिक नाम तथा सामान्य नाम दिए गए है सही जोड़े का चयन करे।
(A) टेरोपस-उड़न लोमड़ी
(B) बलेनेप्टेरा-समुद्री गाय
(C) मकॉक-कपि
(D) केनीस-बिल्ली

66. उन लक्षणों के जोड़े का चयन करे जो कि स्तनधारी में तो पाएं जाते है, परन्तु स्तनतधारी के अतिरिक्त कुछ अन्य कशेरूक में भी पाएं जाते हैं-
(A) कर्ण पल्लव, 4 कोष्टक हृदय
(B) स्तन ग्रन्थि, आन्तरिक निषेचन
(C) जरायुज, गर्म रूधिर वाल (warm blooded)
(D) आन्तरिक निषेचन, 4 कोष्टक हृदय

67. नीचे कुछ अकशेठकी के नाम दिए गए है-
प्लरोब्रेकिआ, टीनोप्लाना, कुकुमेरिया, ओफयूरा एकाइनस, आक्टोपस
उपरोक्त में से कितने प्राणी समुद्रवासी होते है?
(A) 4 (B) 1
(C) 6 (D) 3

68. I - प्लूरौब्रकिया
II - टीनोप्लाना
III - डेन्टेलियम
IV - सैकोग्लोसस
V - पिकंटाडा
उपरोक्त नाम में से उन नामों का चयन करे जो एक ही संघ के है-
(A) I, II, (B) I, II, III
(C) I, II, III, IV (D) I, IV, V

69. निम्न में से कौन सा लक्षण टीनोप्लाना का नहीं है?
(A) कंकत पट्टिका (B) अरीय संममिति
(C) त्रिकोरकी (D) उत्तक स्तर संगठन

70. दिए गए चित्र को पहचाने-

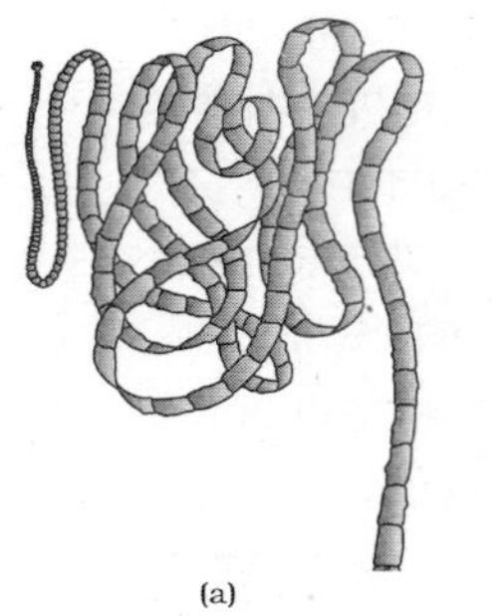
(a)

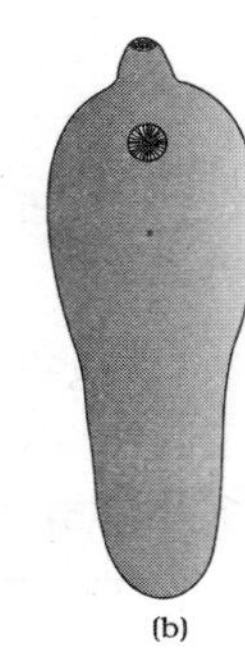
(b)

(a) दोनों मनुष्य में अंत:परजीवी होते है।
(b) गुहा अनुपस्थित।
(c) दोनों उभयलिंगी होते है।
(d) जीवन चक्र में अनेक लार्वा अवस्था, प्रकट होते है।
उपरोक्त में से कितने कथन सही है?
(A) 4 (B) 3
(C) 2 (D) 1

71. जन्तु के जोड़े का चयन करे जिसमें शरीर पृष्ठधर रूप से चपटे होते है-
(A) टीनिया, एस्केरिस (B) फैसियोला, वुचेरेरिया
(C) एस्केरिस, वुचेरेरिया (D) टीनिया, फैसियोला

72. नीचे कुछ अकशेरूकी के नाम दिए गए है-
एकाइनस, ओफीयूरा, मेन्डरीना प्लरोब्रेकिया, टीनोप्लाना, एडेमसिया, सीपिया, डेन्टेलियम
उपरोक्त में से कितने द्विपार्श्व सममिति प्रदर्शित करते हैं?
(A) 3 (B) 2
(C) 4 (D) 8

73. उभयलिंगी प्राणी है-
(A) प्लूरोब्रेकिया (B) टीनिया
(C) फेसियोला (D) एनसाइलोस्टोमा
(E) एकाइनस (F) लोलिगो
(G) टीनोप्लाना
(A) A, B, C, F, G (B) A, B, C, D
(C) B, D, E, F (D) C, E, F, G

74. निम्न में से किसमें पुनरूदभवन की असीम क्षमता होती है?
(A) फेसियोला (B) प्लैनेरिया
(C) एनसाइलोस्टोमा (D) एस्केरिस

75. ऐस्केलमिंथीज को गोलकृमि क्यों कहते हैं?
(A) क्योंकि अनुप्रस्थ काट में गोलाकार होते हैं।
(B) क्योंकि आकार गोल होता है।
(C) क्योंकि गमन के दौरान गोल हो जाता है।
(D) उपरोक्त सभी

76. ऐस्केलमिंथीज से संबन्धित गलत कथन का चयन करे-
(A) स्वतंत्रजीवी होता है।
(B) स्थलीय होता है।
(C) पादप में भी परजीवी होता है।
(D) जन्तु में भी परजीवी होता है।
(A) c (B) a, c
(C) a, b, c, d (D) उपरोक्त में से कोई नहीं

77. चित्र को पहचाने

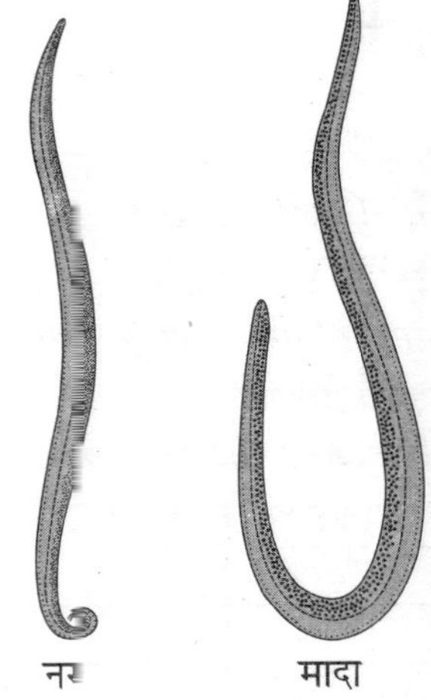

I. पूर्ण आहार नाल
II. वास्तविक गुहा
III. अप्रत्यक्ष विकास
IV. पेशी युक्त ग्रसनी
उपरोक्त में से कितने कथन सही है?
(A) 1 (B) 2
(C) 3 (D) 4

78. निम्नलिखित में से कौन से संघ में मादा प्राय नर से बड़ी होती है?
(A) आर्थोपोडा (B) ऐनीलिडा
(C) मोलस्का (D) उपरोक्त में से कोई नहीं

79. किस तन्त्र के आधार पर ऐनोलिडा, आर्थोपोडा से बेहतर होता है?
(A) पाचन तन्त्र (B) श्वसन तन्त्र
(C) परिसंचरण तन्त्र (D) उत्सर्जन तन्त्र

80.

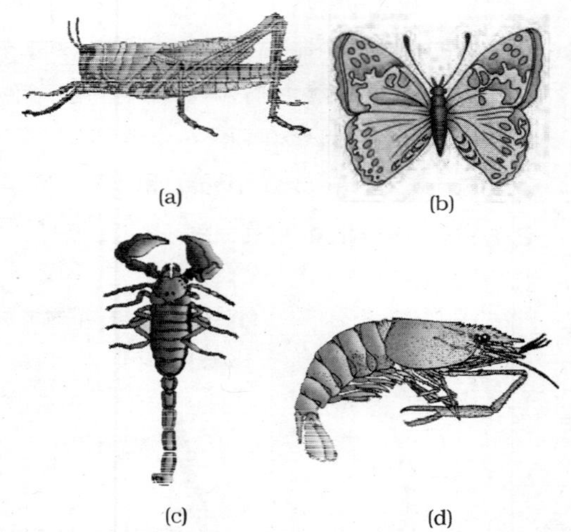

I. मानव के अस्तित्व के लिए आवश्यक
II. मानव के लिए पीड़क
III. मानव के लिए आर्थिक लाभ का स्रोत
IV. जरायुज स्वभाव
उपरोक्त विशेषता को चित्र के साथ मिलान करते हुए सही विकल्प का चयन करे-

	a	b	c	d
A	I	II	III	IV
B	II	I	IV	III
C	II	I	III	IV
D	III	I	II	IV

81. संघ जिसमें गमनांग के रूप में पैरापोडिया उपस्थित होता है वह है-
(A) ऐनेलिडा (B) आर्थोपोडा
(C) मोलस्का (D) एकाइनोडर्मेटा

82. कुछ ऐनेलिडा एकलिंगश्रयी, कुछ ऐनेलिडा उभयलिंगश्रयी होते हैं, सही सेट का चयन करे-
(A) केचुआ, जोंक-एकलिंगश्रयी
नेरीस - उभयलिंगाश्रयी
(B) केचुआ, नेरीस - एकलिंगश्रयी
जोंक - उभयलिंगाश्रयी
(C) नेरीस, जोंक - एकलिंगश्रयी
केचुआ - उभयलिंगाश्रयी
(D) नेरीस, जोंक - उभयलिंगाश्रयी
केचुआ - एकलिंगाश्रयी

83. ऐनेलिडा में किस प्रकार का आवास तथा व्यवहार कभी नहीं पाया जाता है?
(A) मीठा जल (B) स्थलीय
(C) स्वतंत्र जीवी (D) उपरोक्त में से कोई नहीं

84. निम्न में से कौन सा आर्थोपोडा पूर्ण रूप से जलीय नहीं होतां है?
(A) नेरीस (B) जोंक
(C) कुंचआ (D) उपरोक्त में से कोई नहीं

85. आर्थोपोडा में उपस्थित नेत्र होता है-
(A) संयुक्त (B) सरल
(C) दोनों प्रकार के (D) कोई नहीं

86. आर्थोपोडा से संबन्धित गलत कथन का चयन करे-
(A) आन्तरिक निषेचन
(B) सामान्यत अंडज
(C) अधिकांश एकलिंगी
(D) संधियुक्त उपांग

87. निम्न में से कौन आर्थोपोडा का वाहक नहीं है?
(A) एनाफलीज (B) क्यूलेक्स
(C) एडीज (D) लैसिफर

88. अधिकांश आर्थोपोडा में शरीर विभाजित होते है-
(A) सिर, वक्ष, उदर
(B) सिर, धड़
(C) सिफेलोथोरेक्स, उदर
(D) सिर, धड़, उदर

89. अधिकांश आर्थोपोडा में निम्न में से कौन से अंग से श्वसन होता है?
(A) क्लोम (B) पुस्तक-क्लोम
(C) पुस्तक फुप्फुस (D) श्वासनाल

90. दूसरा सबसे बड़ा प्राणी संघ है–
(A) प्रोटोजोआ (B) आर्थोपोडा
(C) मोलस्का (D) ऐनेलिडा

91. पृथ्वी पर कितने जातियां आर्थोपोडा है?
(A) लगभग एक–तिहाई
(B) लगभग दो–तिहाई
(C) लगभग तीन–चौथाई
(D) लगभग आधा

92. निम्न में से कौन सा कार्य मोलस्का के क्लोम के द्वारा नहीं होता है?
(A) श्वसन (B) उत्सर्जन
(C) पाचन (D) B तथा C दोनों

93. कीटोप्लयूरा है–
(A) काइटन (B) रद कवचर
(C) समुद्री खरगोश (D) स्क्विड

94. उस मोलस्का का चयन करे जिसका आर्थिक महत्व है–
(A) लोलिगो (B) एप्लाइसिया
(C) डेन्टेलियम (D) पिंकटाडा

95. प्रवार उपस्थित होते है–
(A) शीर्ष पर (B) पाद पर
(C) अंतरंग ककुद पर (D) उपरोक्त में से कोई नहीं

96.

(b)

I. यह प्राणी मांसाहारी है
II. यह प्राणी मीठे जल में पाये जाते है।
III. यह दिपार्श्व सममिती प्रदर्शित करता है।
(A) I - सही; II, III - गलत
(B) I, III सही; II - गलत
(C) I, II, III - सही
(D) उपरोक्त में से कोई नहीं

97. A - एप्लाइसिया, B - सीपिया, C - लोलिगो, D - ऑक्टोपस

	A	B	C	D
A	समुद्री खरगोश	कटल फिश	स्क्विड	बेताल मछली
B	कटल फिश	समुद्री खरगोश	स्क्विड	बेताल मछली
C	स्क्विड	बेताल मछली	समुद्री खरगोश	कटल फिश
D	समुद्री खरगोश	कटल फिश	बेताल मछली	स्क्विड

98. मोलस्क के जनन से संबंधित सही सेट का चयन करे–
(A) मोनोसियस, अंडप्रजक, अप्रत्यक्ष विकास
(B) डायोसियस, अंडप्रजक, प्रत्यक्ष विकास
(C) डायोसियस, अंडप्रजक, अप्रत्यक्ष विकास
(D) डायोसियस, जरायुज, अप्रत्यक्ष विकास

99. एकाइनोडर्मेटा में कौन सा तंत्र अनुपस्थित होता है?
(A) जनन (B) पाचन
(C) उत्सर्जन (D) उपरोक्त में से कोई नहीं

100. एकाइनोडर्मेटा में गुदा स्थित होता है–
(A) पृष्ठ सतह पर (B) अधर सतह पर
(C) पार्श्व सतह पर (D) पार्श्व अधर सतह पर

101. हेमीकोर्डेटा का कौन सा लक्षण आर्थोपोडा से कम विकसित होता है–
(A) पाचन तन्त्र (B) जनन तन्त्र
(C) परिसंचरण तन्त्र (D) उपरोक्त सभी

102. अगर अकशेरूकी में हृदय उपस्थित होता है तो हृदय को स्थिती सदैव होती है–
(A) पृष्ठ (B) अधर
(C) पार्श्व (D) पार्श्व–अधर

103. नीचे आठ नाम दिए गए है–
(A) रज्जुकी (B) अरज्जुकी
(C) कशेरूकी (D) आर्थोपोडा
(E) कीट (F) पिसीज
(G) उभयचर (H) सेफैलोकॉर्डेटा
उपरोक्त में से कितने नाम उपसंघ है?
(A) 1 (B) 4
(C) 8 (D) 0

104. सुमेलित करे

कॉलम A	कॉलम B
A - कॉडेटा	1. वर्ग
B - ट्यूनिकेटा	2. सुपर वर्ग
C - प्राइमेटा	3. उप संघ
D - टेट्रापोडा	4. संघ
E - एवीज	5. गण

(A) ABCDE/43512 (B) ABCDE/43521
(C) ABCDE/34521 (D) ABCDE/12345

105. निम्न में से किसमें जबड़ा अनुपस्थित होता है?
(A) कांड्रीक्थीज (B) ओस्ट्रिकथीज
(C) उभयचर (D) साइक्लोस्टोमेटा

106. शार्क, रोहु, मेढ़क, सर्प, तोता, व्हेल,
उपरोक्त में से कितने नैथोस्टोमेटा (ganathostomata) है?
(A) 6 (B) 2
(C) 4 (D) 1

107. नीचे कुछ मछलियों के नाम दिए गए है एक को छोड़कर शेष सभी एक ही वर्ग के होते है उस नाम का चयन करे–
A - एंजल मछली B - फाइटिंग मछली
C - उड़न मछली D - आरा मछली
(A) A (B) B
(C) C (D) D

108. निम्न में से कौन शार्क है?
(A) प्रीस्टिस (B) ट्राइगोन
(C) कारकेरोडोन (D) उपरोक्त में से कोई नहीं

109. I - ऑपरकुलम
II - वायुकोष
III - मुख अग्र सिरे पर
IV = आन्तरिक निषेचन
उपरोक्त में से कौन सा लक्षण सामान्यत अस्थिल मछलियों में नहीं पाया जाता?
(A) I (B) I, II
(C) I, II, III (D) IV

110. अस्थिल मछली जल में कुछ समय के लिए क्यों रूक पाते हैं?
(A) धारा रेखित शरीर के कारण
(B) वायु कोष के उपस्थित होने के कारण
(C) साइक्लोएड शल्क के उपस्थिती के कारण
(D) उपरोक्त सभी

111. A - कलेरियस B - हाइला
C - ऐलीगेटर D - स्ट्रुथिओ
E - वैलेनिप्टेरा
उपरोक्त में से कितने समतापी है?
(A) 2 (B) 5
(C) 3 (D) 4

112. निम्न में से कौन पादरहित सरीसृप है?
(A) इक्थियोफिस (B) किलोन
(C) केमलियॉन (D) उपरोक्त में से कोई नहीं

113. जैव विकास के इतिहास में कुछ लक्षण सर्वप्रथम एवीज मे विकसित हुए थे, उन लक्षणों का चयन करे–
(A) चार प्रकोष्ठ हृदय (B) समतापी
(C) क्रॉप (D) पेषणी
(A) A, B (B) B, C
(C) A, C (D) B, D

114. वायु कोष फुफ्फुस से जुड़कर सहायक श्वसन अंग का निर्माण करते है यह विशेषता पाई जाती है–
(A) पिसीज में (B) उभयचर में
(C) सरीसृप में (D) एवीज में

115. फेफड़ा से भी श्वसन, सिर्फ फेफड़ा के द्वारा श्वसन दो अलग–अलग तथ्य है।
निम्न में से कौन से कशेरूकी इस श्रेणी में सही बैठते है?
(A) उभयचर, सरीसृप (B) पिसीज, उभयचर
(C) उभयचर, एवीज (D) एवीज, स्तनधारी

116. त्वचा का झड़ना कशेरूकियों में बेहद सामान्य है। निम्न में से कौन सा सरीसृप अपनी शल्क को त्वचीय केंचुल के रूप में छोड़ते है?
(A) केमलियॉन, केलोटस
(B) केलोटस, क्रोकोडाइलस
(C) सर्प, छिपकली
(D) छिपकली, किलोन

117. कशेरूकी जिसमें कर्णपटल कर्ण को प्रदर्शित करते है–
(A) उभयचर, सरीसृप (B) सरीसृप, एवीस
(C) एवीस, स्तनधारी (D) पिसीज, एवीस

118. उड़ने वाले पक्षीयों के जोड़े का चयन करे–
(A) नियोफ्रन, स्टूथिओ
(B) कोलुम्बा, एटीनोडायटीज
(C) स्टूथिओ, एटीनोडायटीज
(D) नियोफ्रन, कोलुम्बा

119. उड़नविहित पंक्षीयों के जोड़े का चयन करे–
(A) नियोफ्रन, स्टूथियो
(B) कोलुम्बा, एटीनोडायटीज
(C) स्टूथिओ, एटीनोडायटीज
(D) नियोफ्रन, कोलुम्बा

120.

(a) (b)

(c) (d)

I. मुर्दाखोर
II. इंसानी भाषा को एक सीमा तक समझ सकता है।
III. अडा, सबसे बड़ी कोशिका
IV. राष्ट्रीय पंक्षी।
उपरोक्त तथ्यों का मिलान करते हुए सही विकल्प का चयन करे–

	a	b	c	d
A	I	II	III	IV
B	I	III	II	IV
C	III	I	II	IV
D	I	IV	III	II

121. एवीज के वायुकोष युक्त अस्थि (न्यूमेटिक ऑस्थि) के संदर्भ में गलत कथन का चयन करे–
(A) पक्षी के सभी अस्थि न्यूमेटिक होते है
(B) न्यूमेटिक अस्थि पक्षी के शरीर को हल्का बना कर रखते है
(C) न्यूमेटिक अस्थि उड़न रूपान्तरण होते है
(D) उड़नविहित पक्षी में अनुपस्थित होते है।

122. निम्न में से कौन सा कशेरूकी आवास के हिसाब से अल्प जैव विविधता दर्शाते है?
(A) मछली (B) उभयचर
(C) सरीसृप (D) स्तनधारी

123. निम्न में कौन सा आवास स्तनधारियों में अनुपस्थित होते है?
(A) वायुवीय (B) वृक्ष
(C) जलीय (D) उपरोक्त में से कोई नहीं

124. I - जरायुज
II - बाह निषेचन
III - अप्रत्यक्ष विकास
IV - विषमदंती, दंत
उपरोक्त में से कौन सा लक्षण स्तनधारी में उपस्थित नहीं होता है?
(A) I (B) I, II
(C) II, III (D) II, IV

125. नीचे छह स्तनधारी के नाम दिए गए है–
टैरोपस, एन्तिफस, मकाका, डेलिफिनस, बैलेनिप्टेरा, मेक्रोपस
उपरोक्त में से कितनो का स्वभाव जलीय होता है?
(A) 4 (B) 2
(C) 1 (D) 3

126. नीचे कुछ स्तनधारियों के नाम दिए गए है–
A - पैंथरा B - मकाका
C - मैक्रोपस D - औरनिथोरिंकस
जैव विकास के बिंदु से उपरोक्त में से कौन सा स्तनधारी सबसे आदिम है?
(A) A (B) B
(C) C (D) D

127. शाकाहरी प्राणियों के जोड़े का चयन करे–
(A) ऐलिफस, मकाका, मैक्रोपस
(B) मैक्रोपस, वैलेनिप्टेरा, इक्वस
(C) वैलैनिप्टेरा, डेलिफिनस, पैथेरा
(D) कैमेलिस, मकाका, डेलिफिनस

128. निम्न में से कौन से स्तनधारी का आर्थिक महत्व नहीं है?
(A) कैमेलिस (B) ऐलिफस
(C) इक्वस (D) उपरोक्त में से कोई नहीं

129. किन लक्षणों के आधार पर कांड्रीक्थीज तथा ओस्टिक्थीज समानता दर्शाते हैं?
(A) शल्क, मुख की स्थिति
(B) क्लोम, हृदय
(C) हृदय, वायुकोष
(D) हृदय, शरीर का तापमान

130. किस समूह (वर्ग) के सभी सदस्य जनन के लिए अलवणीय जल में प्रवास करते है?
(A) वर्ग–कांड्रीक्थीज
(B) वर्ग–ऑस्टिकथीज
(C) वर्ग–साइक्लोस्टोमेटा
(D) उपरोक्त में से कोई नहीं

131. असामान्य का चयन कीजिए–
(A) Exocoetus (B) Hippocampus
(C) Clarius (D) Pristis

132. (a) शल्क तथा मुख की स्थिति के आधार पर कान्ड्रीक्थीज तथा ओस्टिकथीज समानता प्रदर्शित करते है।
(b) निषेधन के आधार पर कान्ड्रीक्थीज तथा ऑस्टिकथीज भिन्न होते है।
(c) क्लेस्पर, नर के अंस पंखने (pectoral fin) पर पाए जाते है।
(d) हृदय तथा शरीर के तापमान के आधार पर कान्ड्रीक्थीज तथा ओस्टिकथीज समानता प्रदर्शित करते है।
(A) a, d सत्य है; b, c असत्य है
(B) a, b, c असत्य है; d सत्य है
(C) b, d सत्य है; a, c असत्य है
(D) b, c सत्य है; a, d असत्य है

133. उपरोक्त चित्र को पहचानते हुए, गलत कथन का चयन करे–

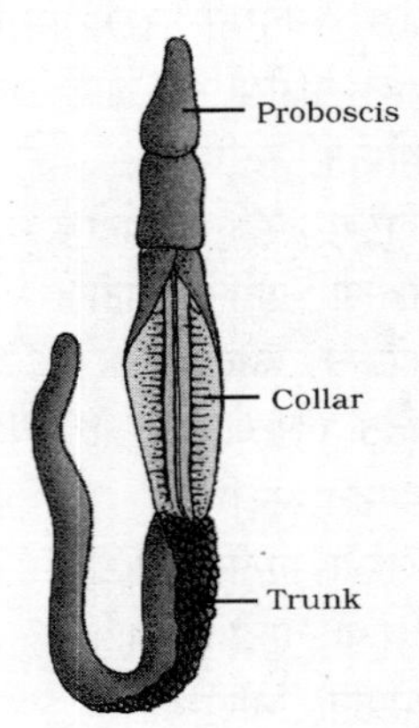

(a) परिसंचरण तंत्र खुले प्रकार के
(b) संघ कशेरूकी का उपसंघ
(c) निषेचन हमेशा बाहरी होता है
(d) विकास हमेशा प्रत्यक्ष होता है
(A) a, b (B) b, d
(C) c, d (D) a, c

134. सही कथन का चयन करे–
(a) सभी रज्जुकी कशेरूकी होते है, परन्तु सभी कशेरूकी रज्जुकी नहीं होते हैं
(b) मिक्सीन में जबड़े अनुपस्थित होते है।
(c) क्रॉप तथा पेषणी वर्ग एवीज में उपस्थित होते है
(d) शरीर के तापमान के नियन्त्रण आधार पर एवीज तथा सरीसृप समानता प्रदर्शित करते है।
(A) b, c, (B) a, c
(C) b, d (D) a, d

135. कॉलम I का कॉलम II से मिलाना कीजिए–

कॉलम I	**कॉलम II**
a. पादविहीन सरीसृप	1. लम्प्रे
b. जवड़ाविहीन कशेरूकी	2. सेलामन्डर
c. एम्फीबियन	3. सर्प
d. उपास्थिल मछलियां	4. शार्क
e. उड़नरहित पक्षी	5. ओस्ट्रिच

(A) (a) - 1; (b) - 2; (c) - 3; (d) - 4; (e) - 5
(B) (a) - 2; (b) - 1; (c) - 3; (d) - 4; (e) - 5
(C) (a) - 3; (b) - 1; (c) - 2; (d) - 4; (e) - 5
(D) (a) - 5; (b) - 2; (c) - 3; (d) - 4; (e) - 1

136. दिए गए चित्र को पहचाने तथा सही कथन का चयन कीजिए:

(a) यह प्राणि स्ट्रूथिओ है

(b) इनमें क्रॉप तथा पेषणी नहीं होते हैं।

(d) इनका अस्थि वायुकोष युक्त (penumatic) होता है

(d) यह समतापी (होमियोथर्मल) होते है।

(A) a & c (B) b & c

(C) a & d (D) b & d

137. दिए गए चित्र को पहचाने तथा गलत कथन का चयन करें

(a) दिया गया चित्र टोरटॉइज का है

(b) हृदय तीन कोष्टक युक्त होता है

(c) शल्क का उदभव मीसोर्डम से होता है

(d) निषेचन आन्तरिक होता है

(A) a (B) b

(C) a, c (D) उपरोक्त में से कोई नहीं

138. दिए गए चित्र को पहचानते हुए गलत कथन का चयन करें-

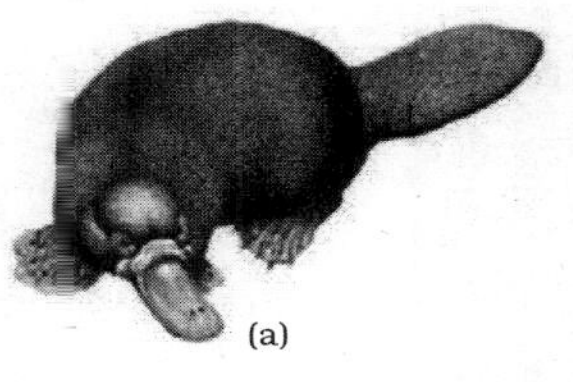

(a)

(a) दिया गया चित्र ऑरनिथोरिकस का है।

(b) जन्तु जरायुज होते है।

(c) जन्तु जहरीले होते है।

(d) जन्तु विश्व के अनेक हिस्सों में वितरित होते है।

(A) b, c (B) c, d

(C) b, d (D) a, d

139. कॉर्डेटा के संदर्भ में गलत कथन का चयन करें-

(A) अयुग्मित ग्रसनी क्लोम दरार

(B) पृष्ठ ठोस तंत्रिका रज्जु

(C) गुदा पूर्व पुच्छ

(D) उपरोक्त सभी

140. सुमेलित कीजिए

कॉलम I	कॉलम II
a. Psittacula	1. Parrot
b. Neophron	2. Penguin
c. Aptenodytes	3. Vulture

(A) abc/132 (B) abc/123

(C) abc/321 (D) abc/312

141. सुमेलित कीजिए-

कॉलम I	कॉलम II
1. वेलेनिप्टेरा	a. व्हेल
2. टेरोपस	b. बंदर
3. मक्रोपस	c. फ्लाइंग फॉक्स
4. मकाक	d. कंगारू

(A) 1234/acdb (B) 1234/abcd

(C) 1234/bacd (D) 1234/dabc

142. सुमेलित कीजिए-

कॉलम A	कॉलम B
1. Sea potato	a. Amphioxus
2. Lancelet	b. Herdmania
3. Ammocoete larva	c. Petromyzon

(A) 123/abc (B) 123/cba

(C) 123/bac (D) 123/acb

ANSWER KEY

1. (B)	**2.** (C)	**3.** (A)	**4.** (B)	**5.** (A)	**6.** (A)	**7.** (B)	**8.** (C)	**9.** (C)	**10.** (B)
11. (A)	**12.** (C)	**13.** (D)	**14.** (A)	**15.** (C)	**16.** (A)	**17.** (D)	**18.** (B)	**19.** (C)	**20.** (A)
21. (D)	**22.** (D)	**23.** (D)	**24.** (B)	**25.** (A)	**26.** (B)	**27.** (A)	**28.** (C)	**29.** (B)	**30.** (C)
31. (D)	**32.** (C)	**33.** (B)	**34.** (D)	**35.** (D)	**36.** (D)	**37.** (C)	**38.** (B)	**39.** (C)	**40.** (D)
41. (C)	**42.** (D)	**43.** (B)	**44.** (A)	**45.** (B)	**46.** (D)	**47.** (D)	**48.** (A)	**49.** (C)	**50.** (B)
51. (A)	**52.** (C)	**53.** (A)	**54.** (A)	**55.** (C)	**56.** (A)	**57.** (A)	**58.** (A)	**59.** (C)	**60.** (D)
61. (C)	**62.** (A)	**63.** (C)	**64.** (A)	**65.** (A)	**66.** (D)	**67.** (C)	**68.** (A)	**69.** (C)	**70.** (B)
71. (D)	**72.** (B)	**73.** (A)	**74.** (B)	**75.** (A)	**76.** (D)	**77.** (C)	**78.** (D)	**79.** (C)	**80.** (B)
81. (A)	**82.** (A)	**83.** (D)	**84.** (C)	**85.** (C)	**86.** (C)	**87.** (D)	**88.** (A)	**89.** (D)	**90.** (C)
91. (B)	**92.** (C)	**93.** (A)	**94.** (D)	**95.** (C)	**96.** (B)	**97.** (A)	**98.** (C)	**99.** (C)	**100.** (A)
101. (C)	**102.** (A)	**103.** (A)	**104.** (B)	**105.** (D)	**106.** (A)	**107.** (D)	**108.** (C)	**109.** (D)	**110.** (B)
111. (A)	**112.** (A)	**113.** (A)	**114.** (D)	**115.** (A)	**116.** (C)	**117.** (A)	**118.** (D)	**119.** (C)	**120.** (B)
121. (A)	**122.** (A)	**123.** (D)	**124.** (C)	**125.** (B)	**126.** (D)	**127.** (A)	**128.** (D)	**129.** (D)	**130.** (C)
131. (D)	**132.** (C)	**133.** (B)	**134.** (A)	**135.** (C)	**136.** (C)	**137.** (C)	**138.** (C)	**139.** (D)	**140.** (A)
141. (A)	**142.** (C)								

इकाई 2: पादप तथा जन्तु में संरचनात्मक संगठन

पुष्पी पादपों की आकारिकी

THE ROOT

1. अधिकांश द्विबीजपत्री पादपों में ___?___ के लंबे होने से प्राथमिक मूल बनती है–
   (A) प्रांकुर (B) प्रांकुर चोल
   (C) स्कुटेलम (D) मूलांकर
2. सुमेलित करें–

कॉलम A मूल के प्रकार	कॉलम B उदाहरण
(1) तंतुक मूल	(a) सरसों
(2) अपस्थानिक मूल	(b) घास
(3) मूसला मूल	(c) गेहूं

   (A) 123/acb (B) 123/cab
   (C) 123/bac (D) 123/cba
3. मूल जो मूलांकुर की बजाय पौधे के अन्य भाग से निकलती है, उसे कहते है?
   (A) मूसला मूल तंत्र
   (B) तंतुक मूल तंत्र
   (C) अपस्थानिक मूल तंत्र
   (D) प्राथमिक मूल तंत्र
4. निम्न में से कौन, सामान्यतः मूल का कार्य नहीं होता है?
   (A) मिट्टी से जुड़ाव
   (B) खाद्य पदार्थों का संचय
   (C) प्रकाश-संश्लेषण
   (D) पादप नियमकों का संश्लेषण
5. 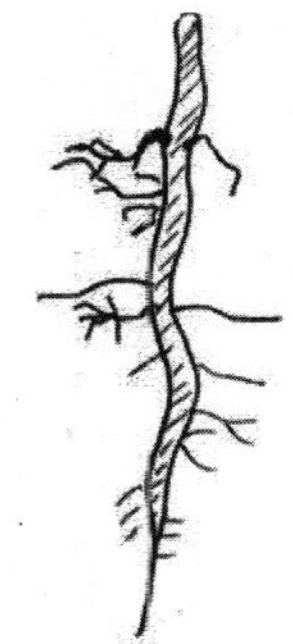

   दिए गए मूल को पहचानते हुए, निम्न में से उस उदाहरण का चयन करें, जिसमें चित्र में दिए गए मूल है–
   (A) गाजर, मूली (B) गाजार, मॉसट्रिएरा
   (C) सरसों, मॉसट्रिएरा (D) मूली, बरगद
6. द्विबीजपत्री मे किस प्रकार का मूल तंत्र बेहद सामान्य है?
   (A) प्राथमिक (B) मूसला मूल
   (C) तंतुक मूल (D) अपस्थानिक मूल
7. मूल के क्षेत्रों का नीचे से ऊपर की तरफ सही क्रम का चयन करें–
   मान ले, a = मूल गोप, b = परिपक्वन क्षेत्र
   c = मेरेस्टेमी क्षेत्र, d = दीर्घीकरण क्षेत्र
   (A) $a \rightarrow d \rightarrow c \rightarrow b$ (B) $a \rightarrow d \rightarrow b \rightarrow c$
   (C) $a \rightarrow b \rightarrow c \rightarrow d$ (D) $a \rightarrow c \rightarrow d \rightarrow b$

8. बेहद छोटे, पतली भित्ति वाली, सघन प्रोटोप्लाज्म वाले, तीव्र विभाजन वाले।
उपरोक्त तथ्य मूल के कौन से भाग से संबंधित है?
(A) परिपक्व क्षेत्र (B) दीर्घीकरण क्षेत्र
(C) मेरिस्टेमी क्षेत्र (D) मूल गोप क्षेत्र

9. मूल रोम, मूल के कौन से भाग में स्थित होते है?
(A) परिपक्वन (B) दीर्घीकरण
(C) मेरेस्टेमी (D) उपरोक्त सभी

10.

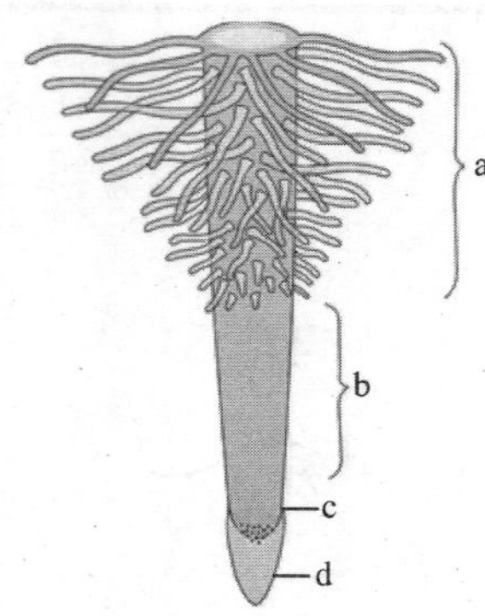

ऊपर दिया गया चित्र मूल के विभिन्न क्षेत्र का है। a, b, c, d में से कौन से क्षेत्र के कोशिका में विभेदन तथा परिपक्वता आती है?
(A) a (B) b
(C) c (D) d

11. सुमेलित करें–

कॉलम A	कॉलम B
(1) प्रोप मूल	(a) बरगद
(2) अवस्तंभ मूल	(b) गन्ना
(3) न्यूमेटोफोर	(c) राइजोफोरा

(A) 123/abc (B) 123/bac
(C) 123/acb (D) 123/cba

12. मूल न्यूमेटोफोर निम्न में से किसमें मदद् करते है?
(A) सहारा
(B) श्वसन
(C) भोज्य पदार्थ का संरक्षण
(D) उपरोक्त सभी

13.

(A)	मूसला मूल	अपस्थानिक मूल	मूसला मूल
(B)	मूसला मूल	मूसला मूल	अपस्थानिक मूल
(C)	मूसला मूल	मूसला मूल	मूसला मूल
(D)	अपस्थानिक मूल	अपस्थानिक मूल	अपस्थानिक मूल

THE STEM

14. तना अंकुरित भ्रूण के ____?____ से विकसित होता है–
(A) प्रांकुर (B) मूलांकुर
(C) बीजपत्र (D) नाभिका

15. तना का वह हिस्सा जहां पर पत्तियां निकलती है, उसे क्या कहते है?
(A) पोरियां (B) गांठ
(C) कलिका (D) उपरोक्त में से कोई नहीं

16. सुमेलित करें–

कॉलम A रुपांतरित	कॉलम B उदाहरण
(1) कांटे	(a) तरबूज
(2) प्रतान	(b) बोगेनविलिया
(3) संरक्षण गृह	(c) अदरक

(A) 123/bac (B) 123/acb
(C) 123/bca (D) 123/cab

17. असमान्य का चयन करें–
(A) हल्दी (B) अरबी
(C) मूली (D) जमीकंद

18. उस उदाहरण का चयन करें, जहां तना क्लोरोफिल युक्त होता है, तथा शुष्क क्षेत्र के लिए अनुकूलित होता है, वह है–
(A) पिस्टिया (B) ओपंशिया
(C) आइकोरनिया (D) केला

19. कुछ पौधे के भूमिगत तने जैसे ____a?____ तथा ____b?____ आदि नई दिशा में फैल जाते है, और जब पुराने पौधे मर जाते है, तब नये पौधे बनते है–
(A) a – घास, b – क्राइसेनिथमम
(B) a – खीरा, b – घीया
(C) a – स्ट्राबैरी, b – खीरा
(D) a – स्ट्राबैरी, b – घास

20. उस सेट का चयन करे जिसमें पार्श्वीय शाखाएं आधार तथा भूमिगत तने से निकलती है–
(A) केला, अनानास, क्राइसेनिथमम
(B) खीरा, घीया, तरबूज
(C) बौगेनविलिया, खीरा, तरबूज
(D) केला, पिस्टिया, तरबूज

21.

दिया गया तना का पैट्रन निम्न में से किसमें पाया जाता है?
(A) पोदीना, यूफॉरबिया
(B) पोदीना, चमेली
(C) पोदीना, कोलाकेसिया
(D) चमेली, कोलाकेसिया

22. जलीय पादप जिसमें, प्रत्येक गांठ पर मूल तथा पत्तियों के झुंड निकलते है, वह है–
(A) पिस्टिया (B) आइकोरनिया
(C) तरबूज (D) A तथा B दोनों

THE LEAE

23. नीचे कुछ कथन पत्तियों से संबंधित दिए गए है–
(a) पत्तियां प्ररोह के शीर्षस्थ मेरिस्टेम से निकलती है।
(b) पत्तियां अग्रभिसारी रूप में लगी रहती है।
(c) पादप के एकमात्र प्रकाश-संश्लेषी भाग होती है।
(A) a, b, c (B) b, c
(C) b (D) c

24.

चित्र में x, y तथा z क्या है?

	x	y	z
(A)	अनुपर्ण	स्तारिका	पत्रावृंत
(B)	पत्र वृंत	स्तारिका	अनुपर्ण
(C)	अनुपर्ण	पत्रावृंत	स्तारिका
(D)	स्तारिका	पत्रावृंत	अनुपर्ण

25. निम्न में से कौन सी संरचना पत्तियों के स्तारिका को दृढ़ता प्रदान करती है?
(A) शिरा (B) अनुपर्ण
(C) अक्ष (D) उपरोक्त सभी

26. पल्वाइनस क्या है?
(A) दलदली पादप के फूले हुए पर्णाधार
(B) लिलि पादप के फूले हुए पर्णाधार
(C) लेग्यूमी पादप के फूले हुए पर्णाधार
(D) उपरोक्त में से कोई नहीं

27.

दिए गए पत्ती में किस प्रकार का शिराविन्यास है?
(A) जालिका (B) समानांतर
(C) V – रूपी (D) तिरक्षे

28. शिराविन्यास से संबंधित कथन को पढ़े-
(a) एक बीजपत्री में जालिका शिराविन्यास होता है।
(b) द्विबीजपत्री में सामानांतर शिराविन्यास होते है।
(c) शिराविन्यास एक से अधिक कार्य संपादित करता है।
सही कथन का चयन करें-
(A) a, b (B) a, c
(C) b, c (D) c

29.

	a	b
(A)	सरल पत्ती	हस्ताकार संयुक्त पत्ती
(B)	हस्ताकार संयुक्त पत्ती	पिच्छाकारी संयुक्त पत्ती
(C)	पिच्छाकारी संयुक्त पत्ती	हस्ताकार संयुक्त पत्ती
(D)	पिच्छाकारी संयुक्त पत्ती	सरल पत्ती

30. पिच्छाकारी सयुक्त पत्ती निम्न मे से किसमें पाएं जाते है?
(A) पपीता (B) केला
(C) नीम (D) नींबू

31. हस्ताकार संयुक्त पत्ती का उदाहरण है-
(A) सिल्क कॉटन (B) अमरुद
(C) सेब (D) आम

32. सुमेलित करें-

कॉलम A पर्णविन्यास	कॉलम B उदाहरण
(1) एकांतरण	(a) केलोट्रोपिस
(2) सम्मुख	(b) एल्सटोनिया
(3) चक्करदार	(c) चाइना गुलाब

(A) 123/cab (B) 123/cba
(C) 123/bac (D) 123/acb

33. पत्तियों के सेट का चयन करें जिसका पर्णविन्यास समान होता है-
(A) गुड़हल, सरसों, सूर्यमुखी
(B) गुड़हल, सरसों, अमरुद
(C) गुड़हल, पपिता, अमरुद
(D) एल्सटोनिया, पपिता, अमरुद

34. प्रतान निम्न में से किसका रुपांतरण नहीं होता है?
(A) तना (B) पत्ती
(C) मूल (D) उपरोक्त में से कोई नहीं

35. निम्न में से किस पादप में पत्तियां छोटी तथा अल्पायु होती है?
(A) प्याज (B) आस्ट्रेलियन अकेसिया
(C) सूर्यमुखी (D) सरसों

36. निम्न में से किस पादप में पत्तियां कांटे में रुपांतरित हो जाते है?
(A) गुलाब (B) नागफणी
(C) नींबू (D) संतरा

37. निम्न में से किस पादप में पत्तियां अत्यधिक रुपांतरित होती है?
(A) गेंदा (B) पुदिना
(C) पस्टिया (D) वीनस फ्लाई ट्रेप

38. तने अथवा शाखा पर पत्तियों के विन्यास रहने के क्रम को कौन-सा पर्णविन्यास कहते है?
(A) टैक्सीफैलो (B) फोटोटैक्सी
(C) फाइलोटैक्सी (D) सोलीटैक्सी

39. गूदेदार पत्तियां निम्न में से किसमें उपस्थित होते है?
(A) प्याज (B) लहसून
(C) एलोए (D) उपरोक्त सभी

40.

दिया गया चित्र किस प्रकार के पर्णविन्यास को दर्शा रहा है?
(A) एकांतरण (B) सम्मुख
(C) चक्करहार (D) समानांतर

THE INFLORESCENCE

41. फूल एक रुपांतरित–

(A) पत्ती है (B) प्रोह है

(C) मूल है (D) उपरोक्त सभी

42. पुष्पी मेरिस्टेम में कौन सा मेरिस्टेम परिवर्तित हो जाता है?

(A) शीर्ष (B) पार्श्व

(C) आधार (D) अर्धशीर्ष

43. दिए गए कथन को पढ़े–

(a) पत्ती के आस–पास फूलो के लगने के क्रम को पुष्पक्रम कहते हैं।

(b) पुष्पक्रम दो मुख्य प्रकार के होते है।

(c) ससीमाक्षी पुष्पक्रम में पुष्प अग्रा भिसारी क्रम में लगे रहते है।

(d) असीमाक्षी पुष्पक्रम में प्रमुख अक्ष के शीर्ष पर पुष्प लगता है।

(A) a, c (B) c, d

(C) a, c, d (D) a, b, c

44.

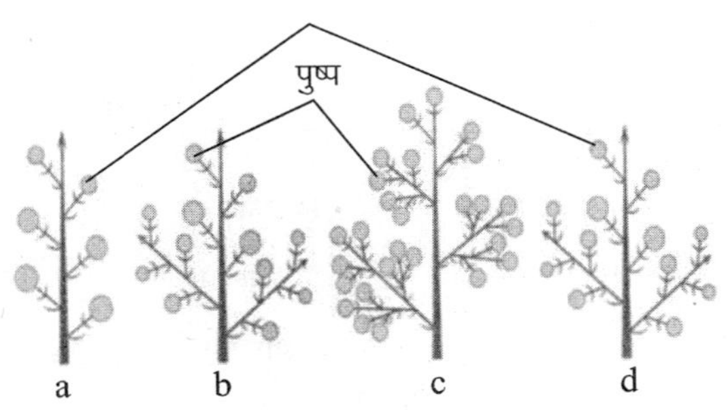

दिए गए चार चित्र में से कौन ससीमाक्षी पुष्पक्रम को प्रदर्शित करता है?

(A) a (B) b

(C) c (D) d

THE FLOWER

45. पुष्प के संरचना से संबंधित सही विकल्प का चयन करें-

	केल्किस	पुमंग	कोरोला	जायांग
(A)	सहायक संरचना	लैंगिक अंग	सहायक संरचना	लैंगिक अंग
(B)	सहायक संरचना	लैंगिक अंग	लैंगिक अंग	लैगिक अंग
(C)	लैंगिक अंग	लैंगिक अंग	लैंगिक अंग	लैंगिक अंग
(D)	सहायक संरचना	सहायक संरचना	लैंगिक अंग	लैंगिक अंग

46. पुष्पपासन पर पुष्पीय भागों की स्थिति तथा उसके प्रकार से संबंधित. दोनों कोष्टक का मिलान करते हुए सही विकल्प का चयन करें–

कॉलम A	कॉलम B
(1)	(a) परिजायांगता
(2)	(b) अधोजायांगता
(3)	(c) अधिजायंगता

(A) 1 – a, 2 – b, 3 – c (B) 1 – b, 2 – c, 3 – a

(C) 1 – a, 2 – c, 3 – b (D) 1 – b, 2 – a, 3 – c

47. निम्न में से किस पुष्प में केल्किस तथा कोरोला में कोई अंतर नहीं होता है?

(A) गुलाब (B) हिबिस्कस

(C) प्याज (D) गेंदा

48. परिदलपुंज (पेरिऐंथ) क्या है-

(A) पुष्प जिसमें केल्किस तथा कोरोला में स्पष्ट अंतर हाता है।

(B) पुष्प जिसमें केल्किस तथा कोरोला में कोई अंतर नहीं होता है।

(C) पुष्प जिसमें सिर्फ केल्किस स्पष्ट दिखाई देता है।

(D) पुष्प जिसमें सिर्फ कोरोला स्पष्ट दिखाई देता है।

49. त्रिज्यसममिति पादप के सेट का चयन करें-

(A) सरसों, धतूरा, मिर्च (B) सरसों, धतूरा, मटर

(C) सरसों, सेम, मटर (D) केसिया, सेम, मटर

50. निम्न में से कौन सा पुष्प असममिति को प्रदर्शित करता है?

(A) केसिया (B) गुलमोहर

(C) केना (D) धतूरा

51. एकव्याससममित पादप का चयन करें-

(A) मटर, गुलमोहर, सेम

(B) मटर, मिर्च, सेम

(C) केना, मिर्च, सेम

(D) सरसों, मिर्च, सेम

52. पुष्प जिसमें जायांग सर्वोच्च स्थान पर स्थित होता है, तथा अन्य अंग नीचे होते, ऐसे पुष्पासन को कहते है-

(A) अधोजायांगता (B) परिजायांगता

(C) अधिजायांगता (D) बॉह्यजायांगता

53. निम्न में से कौन, अधोजायांग पादप नहीं है?

(A) सरसों (B) गुड़हल

(C) बैंगन (D) गुलाब

54. परिजायांगता प्रदर्शित करने वाले पुष्प के सेट का चयन करें-

(A) खीरा, गुलाब, आड़ू

(B) खीरा, गुलाब, पल्म

(C) अमरुद, गुलाब, पल्म

(D) पल्म, गुलाब, आड़ू

55. अमरुद, घीया, सूर्यमुखी, में पुष्पासन पर पुष्पीय भागों की स्थिति के आधार पर किस प्रकार के पुष्प होते है?

(A) अधोजायांगता

(B) परिजायांगता

(C) अधिजायांगता

(D) उपरोक्त में से कोई नहीं

56. अगर अंडाशय मध्य में होता है और अन्य भाग पुष्पासन के किनारे पर स्थित होते है तथा ये समान ऊंचाई तक होते है, इस स्थिति को कहते है-

(A) अधोजायांगता

(B) परिजायांगता

(C) अधिजायांगता

(D) अंतजायांगता

57. बाह्य दल (सीपल) किसका भाग है?

(A) केल्किस (B) कोरोला

(C) पुमंग (D) जायांग

58. कथन 1 – बाह्य दल (सीपल) सामान्यतः रंगीन चटक रंग के होते है।

कथन 2 – बाह्य दल का रंग तथा गंध कीटों का आकृष्ट करता है।

(A) दोनों कथन 1 तथा कथन 2 सही है।

(B) दोनों कथन 1 तथा कथन 2 गलत है।

(C) कथन 1 सही है, परंतु कथन 2 गलत है।

(D) कथन 1 गलत है, परंतु कथन 2 सही है।

59. पुष्पदल विन्यास के विभिन्न प्रकार से संबंधित सही विकल्प का चयन करें–

	(चित्र)	(चित्र)	(चित्र)	(चित्र)
(A)	कोरछादी	व्यावर्तित	कोरस्पर्शी	वैक्जीलेरी
(B)	कोरछादी	कोरस्पर्शी	व्यावर्तित	वैक्जीलेरी
(C)	वैक्जीलेरी	कोरस्पर्शी	व्यावर्तित	कोरछादी
(D)	कोरस्पर्शी	व्यावर्तित	कोरछादी	वैक्जीलेरी

60. पुष्पदल विन्यास तथा उसके उदाहरण से संबंधित स्तंभों का मिलान करते हुए सही विकल्प का चयन करें–

कॉलम A पुष्पदल विन्यास	कॉलम B उदाहरण
(1) कोरस्पर्शी	(a) केसिया
(2) व्यावर्तित	(b) भिंडी
(3) कोरछादी	(c) केलोट्रॉपिस
(4) वैक्जीलेरी	(d) सेम

	1	2	3	4
A	c	b	a	d
B	d	c	a	b
C	c	a	d	b
D	c	b	d	a

61. पुष्पदल विन्यास तथा उसके उदाहरण से संबंधित गलत सेट का चयन करें–

(A) कपास – व्यावर्तित

(B) गुलमोहर – कोरछादी

(C) मटर – कोरस्पर्शी

(D) सेम – वक्जीलेरी

62. स्टेमिनाएड क्या है?

(A) परागकोष में बड़ी संख्या में परागकण की उपस्थिति

(B) परागकोष में बेहद कम संख्या में परागकण की उपस्थिति

(C) बंध्य पुंकेसर

(D) जनन योग्य पुंकेसर

63. एक परागकोष में सामान्यत: कितने कोष्टक होते है?

(A) 2 (B) 3

(C) 4 (D) 1

64. प्रत्येक पुमंग में उपस्थित होते है–

(A) तंतु + वर्तिका + परागकोश

(B) तंतु + परागकोश

(C) वर्तिकाग्र + वर्तिका + परागकोश

(D) सिर्फ परागकोश

65. दिए गए स्तंभ को सुमेलित करते हुए सही विकल्प का चयन करें–

कॉलम A	कॉलम B
(1) एकसंधी	(a) गुड़हल
(2) द्विसंधी	(b) सिट्रस
(3) बहुसंधी	(c) मटर

(A) 123/abc (B) 123/acb

(C) 123/cab (D) 123/bac

66. पादप के जोड़े का चयन करे जिनके फूल के तंतु के लम्बाई में भिन्नता होती है–

(A) सेल्विया, सरसों

(B) टमाटर, नींबू

(C) नींबू, अंगुर

(D) टमाटर, सेल्विया

67. वियुक्तांडपी (एपोकार्पस) अंडप निम्न में से किसमें उपस्थित होते है?

(A) सरसों, कमल

(B) गुलाब, टमाटर

(C) सरसों, टमाटर

(D) कमल, गुलाब

68. सिनकार्पस अंडप निम्न में से किसमें उपस्थित होते है?

(A) सरसों, कमल

(B) गुलाब, टमाटर

(C) सरसों, टमाटर

(D) कमल, गुलाब

69. बीजांडन्यास के प्रकार से संबंधित स्तंभो के मिलान करते हुए, सही विकल्प का चयन करे–

कॉलम A	**कॉलम B**
(1)	(a) मुक्त स्तंभीय
(2)	(b) भित्तीय
(3)	(c) सीमांत
(4)	(d) स्तंभीय

	1	2	3	4
(A)	b	a	c	d
(B)	a	b	d	c
(C)	c	a	b	d
(D)	c	d	b	a

70.

	बीजांडन्यास के प्रकार तथा उदाहरण			
	सीमांत	**स्तंभीय**	**भित्तीय**	**मुक्त स्तंभीय**
(A)	मटर	टमाटर	सरसों	प्रिमरोज
(B)	सरसों	टमाटर	मटर	प्रिमरोज
(C)	सरसों	टमाटर	प्रिमरोज	मटर
(D)	मटर	टमाटर	प्रिमरोज	सरसों

71. टमाटर की भांति ____a?____ तथा ____b?____ भी स्तंभीय बीजान्डन्यास प्रदर्शित करते है–

(A) a – गुड़हल, b – नींबू

(B) a – डायऐंथस, b – नींबू

(C) a – डायऐंथस, b – आर्जेमोन

(D) a – गुड़हल, b – आर्जेमोन

72. आधारी बीजांडन्यास का उदाहरण है–

(A) सूर्यमुखी, पपीता (B) सूर्यमुखी, गेंदा

(C) प्याज, पपीता (D) सेब, गेंदा

THE FRUIT

73. फल से संबंधित नीचे दिए गए कथनों को पढ़े–

(A) फल एक परिपक्व अंडाशय होता है।

(B) फल बिना निषेचन के भी विकसित हो सकता है।

(C) सभी फल खाने योग्य होते है।

(D) एक फल में अनेक बीज हो सकते है।

उपरोक्त में से कितने कथन गलत है?

(A) 1 (B) 2

(C) 3 (D) 4

74.

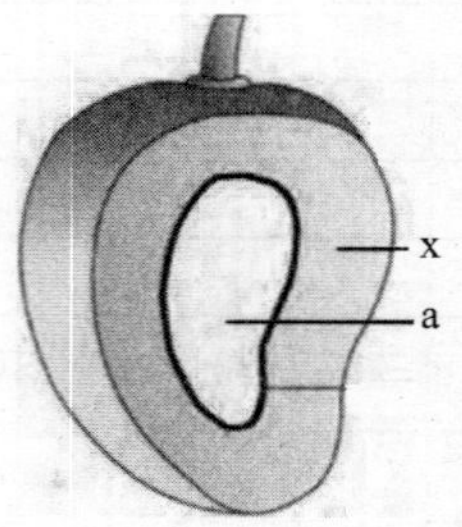

दिए गए आम के चित्र में, a मध्य फल भित्ति है। x क्या है?

(A) फल भित्ति (पेरीकार्प)

(B) एक्सोकार्प

(C) एपीकार्प

(D) एण्डोकार्प

75. आम का खाया जाने वाला भाग है–

(A) बाह्यफल (एपीकार्प)

(B) मध्य फल (मीसोकार्प)

(C) अंत:फल (एण्डोकार्प)

(D) पेरीकार्प

76. आम तथा नारियल मे फल को कहते है-
(A) अष्ठिल (ड्रूप) (B) कूप
(C) रूअप (D) उपरोक्त में से कोई नहीं

77. नारियल का खाने योग्य भाग है-
(A) पेरीकार्प (B) एण्डोकार्प
(C) एण्डोस्पर्म (D) बीज

THE SEED

78. एक बीज में नाभिका का क्या कार्य है?
(A) बीज को फल से जोड़ता है।
(B) श्वसन
(C) उत्सर्जन
(D) उपरोक्त सभी

79. बीज के किस भाग में भोज्य पदार्थ संचित रहता है?
(A) मूलांकुर (B) प्रांकुर
(C) बीज पत्र (D) बीजावरण

80. बीजावरण की दो सतहें होती है, बाहरी भाग को ____a?____ कहते है, जबकि भीतरी सतह को ____b?____ कहते है-
(A) a – टेगमेन, b – बीजचोल
(B) a – टेगमेन, b – अध्यावरण
(C) a – बीजचोल, b – टेगमेन
(D) a – अध्यावरण, b – टेगमेन

81. निम्न में से किसके बीज में द्विनिषेचन के कारण एण्डोस्पर्म निर्मित होते है?
(A) अरंडी (B) सेम
(C) चना (D) मटर

82. अभ्रूणपोषी बीज निम्न में से किसमें पाएं जाते है?
(A) सेम (B) चना
(C) मटर (D) उपरोक्त सभी

83.

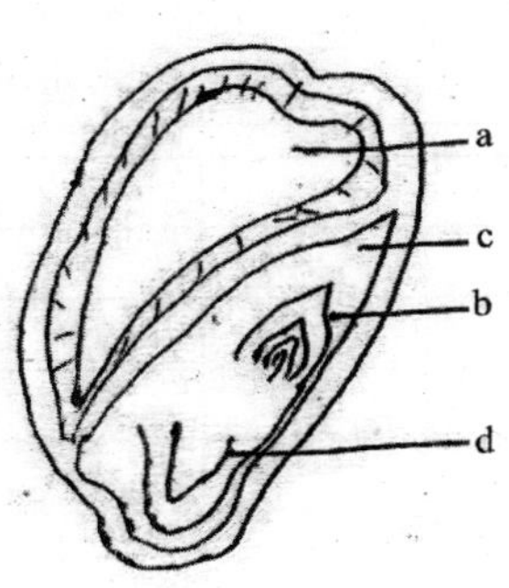

दिया गया चित्र एकबीजपत्री बीज की संरचना है a, b, c तथा d क्या है?

	a	b	c	d
(A)	भ्रूणपोष	प्रांकुर चोल	मूलांकुर	स्कुटेलम
(B)	भ्रूणपोष	प्रांकुरचोल	स्कुटेलम	मूलांकुर
(C)	प्रांकुरचोल	भ्रूणपोष	स्कुटेलम	मूलांकुर
(D)	प्रांकुरचोल	भ्रूणपोष	मूलांकुर	स्कुटेलम

84. एकबीजपत्री बीज की संरचना में स्कुटेलम क्या है?
(A) भ्रूणपोष का आवरण
(B) प्रांकुर तथा मूलांकुर का आवरण
(C) बीजपत्र
(D) भ्रूण

85. मूलांकुर के आवरण को कहते है-
(A) प्रांकुरचोल (B) मूलांकुरचोल
(C) स्कुटेलम (D) ऐल्यूरोन सतह

TECHNICAL DESCRIPTION

86. पुष्पीसूत्र में 'C' प्रदर्शित करता है-
(A) केल्किस (B) अंडाशय
(C) पुमंग (D) उपरोक्त में से कोई नहीं

87. पुष्पीसूत्र में $\underline{G}$ प्रदर्शित करता है-
(A) अधोवर्ती अंडाशय (B) ऊर्ध्ववर्ती अंडाशय
(C) 2 जायांग (D) अनुपस्थित जायांग

88. पुष्पीसूत्र तथा पुष्पी चित्र में, निम्न में से किसे केन्द्र में रखा जाता है?
(A) पुमंग (B) जायांग
(C) केल्किस (D) कोरोला

89. पुष्पी चित्र में मातृ अक्ष की स्थिति फूल के सापेक्ष होती है, इसे कैसे इंगित किया जाता है?
(A) डॉट द्वार पुष्पी चित्र के नीचे
(B) डॉट द्वार पुष्पी चित्र के ऊपर
(C) डॉट द्वार पुष्पी चित्र के बाएं तरफ
(D) डॉट द्वार पुष्पी चित्र के दाएं तरफ

90. कुल तथा उसके पुष्पी सूत्र का दिए गए स्तंभ में मिलान करें–

कॉलम A पुष्पी सूत्र	कॉलम B कुल
(1) $\oplus$ ⚥ $K_{(5)}\ C_{(5)}\ A_5 \underline{G}_{(2)}$	(a) फाबेसी
(2) Br $\oplus$ ⚥ $\widehat{P_{(3+3)}}A_{3+3}G_3$	(b) सोलैनेसी
(3) % ⚥ $K_{(5)}\ C_{1+2+(2)}\ A_{(a)+1}\ \underline{G}_1$	(c) लिलिएसी

(A) 123/bac (B) 123/cba
(C) 123/bca (D) 123/abc

91. निम्न में से किस कुल को पूर्व में फाबेसी कहा गया–

(A) फाबेसी (B) सोलैनेसी
(C) लिलिएसी (D) ब्रेसिकेसी

92. दिया गया पुष्पी सूत्र निम्न में से किस पादप का है?

$\oplus$ ⚥ $K_{2+2}\ C_4\ A_{2+4}\underline{G}_{(2)}$

(A) सोयाबीन (B) टमाटर
(C) एलो (D) सरसों

93.

दिए गए पुष्पी चित्र को पहचाने–

(a) कुल सोलैनेसी
(b) एलो का पुष्पी चित्र है।
(c) फल लेग्यूम

गलत का चयन करें–

(A) c, b (B) a, b
(C) सिर्फ c (D) a, c

94.

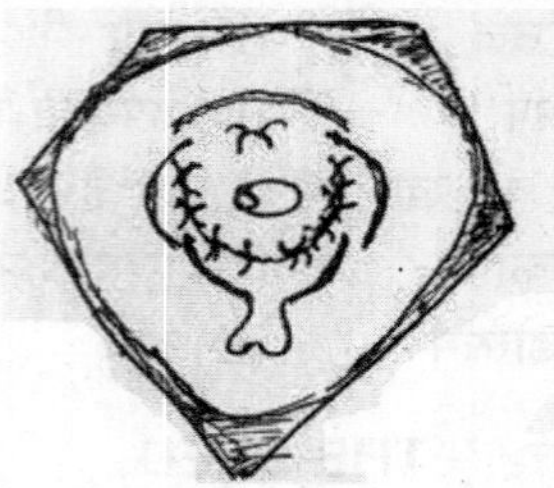

नीचे दिए गए चित्र में से कौन सा चित्र उपरोक्त पुष्पी चित्र का दर्शा रहा है–

(A) 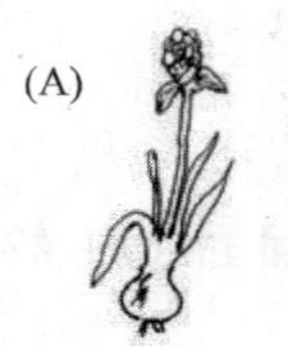 (B)  (C) (D) 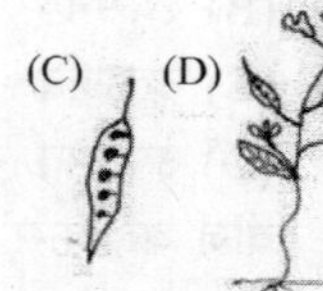

95.

	फाबेसी	सोलैनेसी	लिलिएसी
(A)	चना	बैंगन	ग्लोरिओसा
(B)	बैंगन	चना	ग्लोरिओसा
(C)	चना	ग्लोरिओसा	बैंगन
(D)	ग्लोरिओसा	चना	बैंगन

96. औषधि पादप बेलाडोना तथा अश्वगंधा निम्न में से किस कुल के है?

(A) ब्रेसिकेसी (B) फाबेसी
(C) सोलैनेसी (D) लिलिएसी

97. सुमेलित करें–

कॉलम A उदाहरण	कॉलम B कुल
(1) चारा	(a) फाबेसी
(2) तम्बाकू	(b) सोलैनेसी
(3) कॉल्चिसिन	(c) लिलिएसी

	1	2	3
(A)	a	b	c
(B)	a	c	b
(C)	b	a	c
(D)	c	b	a

98. चारा पादप के सेट का चयन करें-

(A) संसबेनिया, एस्पेरेगस

(B) संसबेनि या, ट्राईफोलियम

(C) इंडिगोफेरा, ट्राईफोलियम

(D) इंडिगोफेरा, एस्पेरेगस

99. सजावटी फूल (पादप) का चयन करे, जा एक ही कुल के है-

(A) ल्यूपिन, टयुलिप (B) ग्लोरिओसा, स्वीट पी

(C) लयूपिन, स्वीट पी (D) टयूलिप, स्वीट पी

100. सजावटी पौधा पिटुनिआ किस कुल का सदस्य है?

(A) लिलिएसी (B) सोलैनेसी

(C) फाबेसी (D) ब्रेसिकेसी

ANSWER KEY

1. (D)	**2.** (D)	**3.** (C)	**4.** (C)	**5.** (A)	**6.** (B)	**7.** (D)	**8.** (C)	**9.** (A)	**10.** (B)
11. (A)	**12.** (D)	**13.** (B)	**14.** (A)	**15.** (B)	**16.** (A)	**17.** (C)	**18.** (B)	**19.** (D)	**20.** (A)
21. (B)	**22.** (D)	**23.** (D)	**24.** (C)	**25.** (A)	**26.** (C)	**27.** (A)	**28.** (D)	**29.** (C)	**30.** (C)
31. (A)	**32.** (A)	**33.** (A)	**34.** (C)	**35.** (B)	**36.** (B)	**37.** (D)	**38.** (C)	**39.** (D)	**40.** (C)
41. (B)	**42.** (A)	**43.** (C)	**44.** (C)	**45.** (A)	**46.** (B)	**47.** (C)	**48.** (B)	**49.** (A)	**50.** (C)
51. (A)	**52.** (A)	**53.** (D)	**54.** (D)	**55.** (C)	**56.** (B)	**57.** (A)	**58.** (B)	**59.** (D)	**60.** (A)
61. (C)	**62.** (C)	**63.** (C)	**64.** (B)	**65.** (B)	**66.** (A)	**67.** (D)	**68.** (C)	**69.** (D)	**70.** (A)
71. (A)	**72.** (B)	**73.** (A)	**74.** (C)	**75.** (B)	**76.** (A)	**77.** (C)	**78.** (A)	**79.** (C)	**80.** (C)
81. (A)	**82.** (D)	**83.** (B)	**84.** (C)	**85.** (B)	**86.** (D)	**87.** (A)	**88.** (B)	**89.** (B)	**90.** (C)
91. (A)	**92.** (D)	**93.** (D)	**94.** (C)	**95.** (A)	**96.** (C)	**97.** (A)	**98.** (B)	**99.** (C)	**100.** (B)

पुष्पी पादपों का शरीर

1. शरीर (एनॉटमी) क्या है?
   (A) पौधे के बाह्य संरचना का अध्ययन।
   (B) पौधे के भीतरी संरचना का अध्ययन।
   (C) पौधे के कार्यिकी का अध्ययन।
   (D) पौधो में होने वाले परिवर्तन का अध्ययन
2. I – पौधे के विभिन्न अंगों की भीतरी संरचना में अंतर होता है।
   II – भीतरी संरचना पर्यावरण के प्रति अनुकूलन को भी दर्शाती है।
   III – जंतु की तरह पादप में भी उत्तकों के चार मुख्य प्रकार होते है।
   सही का चयन करें–
   (A) I (B) I, II
   (C) I, II, III (D) II
3. मेरिस्टमी तथा स्थायी उत्तक के वर्गीकरण का आधार है–
   (A) कोशिकाओ का विभक्त होना अथवा न होना
   (B) कोशिका का आकार
   (C) कोशिका की स्थिति
   (D) उपरोक्त सभी
4. मेरिस्टम किसे कहते है?
   (A) परिपक्व कोशिका का क्षेत्र
   (B) मृत कोशिका का क्षेत्र
   (C) निर्जिव कोशिका का क्षेत्र
   (D) उपरोक्त में से कोई नहीं
5. सुमेलित करें–

कॉलम A	**कॉलम B**
(1) शीर्षस्थ मेरिस्टेम	(a) मेरिस्टेम जो स्थायी उत्त. को के बीच होता है।
(2) अंतर्वेशी मेरिस्टेम	(b) मेरिस्टेम जो मूल तथा तने के शीर्ष पर होते है।
(3) पार्श्वीय मेरिस्टेम	(c) मेरिस्टेम जो प्राथमिक मेरिस्टेम के बाद उत्पन्न होते है।

	1	2	3
(A)	a	b	c
(B)	c	a	b
(C)	b	a	c
(D)	b	c	a

6. निम्न में से कौन पार्श्वीय कैबियम के उदाहरण है?
   (A) पूलीय कैबियम (B) अंतरापूलीय कैबियम
   (C) कॉर्क कैबियम (D) उपरोक्त सभी
7. स्थायी उत्तक में–
   (A) कोशिकाओं मे तीव्र विभाजन होता है।
   (B) कोशिकाओं में विभाजन की क्षमता नहीं होती है।
   (C) कोशिकाएं रचनात्मक एवं क्रियात्मक रूप से विशिष्ट होती है।
   (D) B तथा C दोनों

8. दिए गए चित्र में से उस चित्र का चयन करें जो मूल में मूलशीर्ष मेरिस्टेम की सही स्थिति को दर्शा रही है–

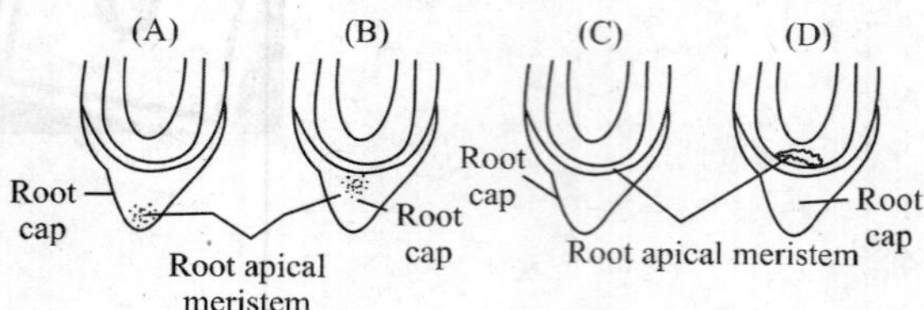

9.

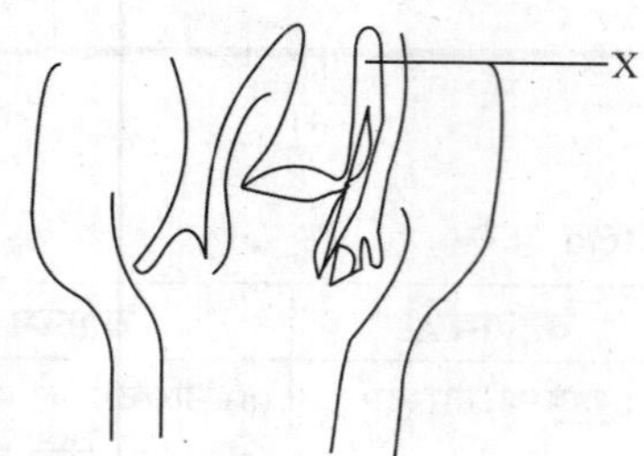

ऊपर दिए गए प्ररोह के शीर्षस्थ मेरिस्टेम में, x क्या है?

(A) पत्ती आधक (B) वाहिका उत्तक
(C) कक्षीय कली (D) प्ररोह शीर्ष

10. मान ले, a = त्वचीय उत्तक, b = भरण उत्तक, c = संवहन उत्तक

पौधे की प्रारंभिक काय बनने के समय शीर्षस्थ मेरिस्टेम के विशिष्ट क्षेत्रों से, उपरोक्त मे से कौन-से उत्तक का निर्माण होता है?

(A) a, b, c (B) b, c
(C) a, c (D) सिर्फ c

11. स्थायी उत्तक जिनमें कोशिका की संरचना एवं काय समान होते है, उसे कहते है–

(A) संयुक्त उत्तक (B) जटिल उत्तक
(C) सरल उत्तक (D) कूट उत्तक

12. निम्न में से कौन पादप के सरल उत्तक नहीं है?

(A) पैरेंकाइमा
(B) कॉलेकाइमा
(C) स्कलरेकाइमा
(D) उपरोक्त में से कोई नहीं

13.

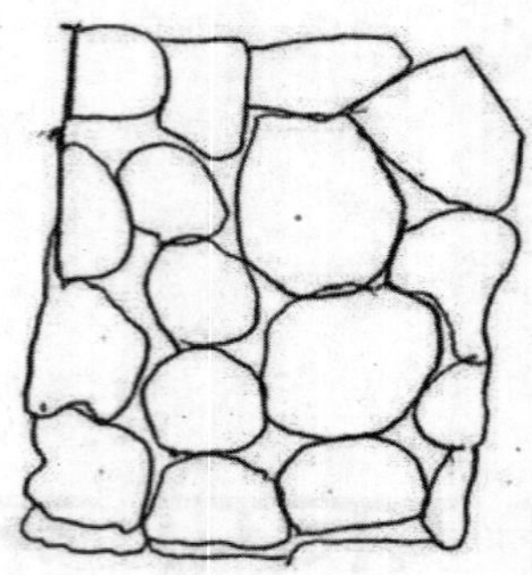

दिए गए उत्तक के चित्र को पहचाने तथा उस कार्य का चयन करें जो इस उत्तक के द्वारा नहीं किया जाता है–

(A) प्रकाश-संश्लेषण (B) संचय
(C) उत्सर्जन (D) उपरोक्त में से कोई नहीं

14. नीचे कुछ कथन पैरेकाइमा से संबंधित दिए गए है,

(a) अंगों के अंदर के मुख्य घटक है।
(b) कोशिका सदैव अंडाकार तथा गोलाकार होता है।
(c) कोशिका की भित्ति मोटी होती है।
(d) कोशिका के बीच अवकाश उपस्थित होता है।

गलत कथन का चयन करें?

(A) a, b (B) b, c
(C) c, d (D) b, d

15. सरल उत्तक जो चाय की पत्ती, गिरीदार फलों की फल भित्ति, अमरुद के गूदे में उपस्थित होता है, वह है–

(A) पेरेंकाइमा (B) कॉलेंकाइमा
(C) स्केलेरेंकाइमा (D) उपरोक्त सभी

16.

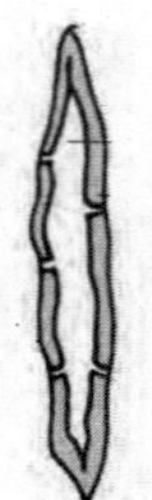

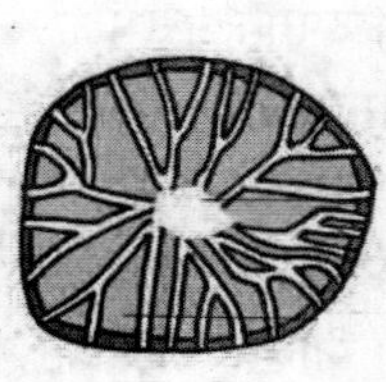

(a) दिया गया चित्र कॉलेंकाइमा का है।

(b) कोशिका मृत होते है।

(c) कोशिका में प्रोटोप्लास्ट नहीं होते है।

(d) कोशिकाओं की भित्ति मोटी होती है।

दिए गए चित्र से संबंधित कितने कथन गलत है?

(A) 1 (B) 2

(C) 3 (D) 4

17. निम्न में से कौन सा उत्तक शैशव तना तथा पत्ती के वृंत को यांत्रिक सहायता प्रदान करती है?

(A) पैरेंकाइमा (B) कॉलेकाइमा

(C) तंतु (D) स्किालिरिड

18. जिम्नोस्पर्म में जाइलम के कौन से तत्व अनुपस्थित होते है?

(A) वाहिनिकी (ट्रैकीड)

(B) वाहिका

(C) जाइलम तंतु

(D) जाइलम पैरेंकाइमा

19. निम्न में से कौन एंजियोस्पर्म की प्रमुख गुण है?

(A) वाहिका (B) ट्रैकीड

(C) जाइलम तंतु (D) जाइलम पैरेंकाइमा

20. जाइलम का कौन सा तत्व भोज्य पदार्थ को संरक्षित रखता है?

(A) ट्रैकीड (B) वाहिका

(C) जाइलम तंतु (D) जाइलम पैरेंकाइमा

21. जाइलम पानी तथा लवण के संवहन के अतिरिक्त निम्न में कौन सा अन्य कार्य करता है?

(A) यांत्रिक सहारा (B) प्रकाश-संश्लेषण

(C) गैसीय विनिमय (D) भोजन का संवहन

22. सही सेट का चयन करें-

(A) मूल – प्रोटोजाइलम केंद्र में मेटाजाइलम परिधि में

(B) तना – प्रोटोजाइलम परिधि पर मेटाजाइलम केन्द्र में

(C) मूल – प्रोटोजाइलम केन्द्र में मेटाजाइलम केन्द्र में

(D) तना – प्रोटोजाइलम केन्द्र में मेटाजाइलम परिधि में

23. प्रोटोजाइलम तथा मेटाजाइलम के स्थिति के आधार पर, सही सेट का चयन करें-

(A) तना – बाह्य आदिदारुक

(B) मूल – बाह्य आदिदारुक

(C) तना – पेरी आदिदारुक

(D) मूल – मध्यादिदारुक

24.

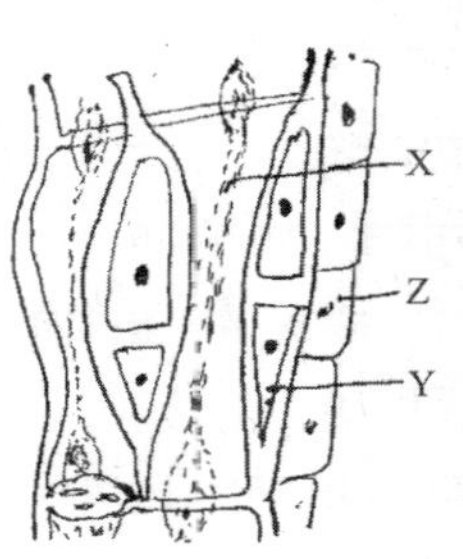

दिया गया चित्र फ्लोएम का है, x, y तथा z क्या है?

	x	y	z
(A)	चालनी नालिका	फ्लोएम पैरेकाइमा	सहचर कोशिका
(B)	सहचर कोशिका	चालनी नालिका	फ्लोएम पैरेकाइमा
(C)	सहचर कोशिका	फ्लोएम पैरेकाइमा	चालनी नालिका
(D)	फ्लोएम पैरेकाइमा	चालनी नालिका	सहचर कोशिका

25. जिम्नोस्पर्म, में फ्लोएम के कौन सा तत्व उपस्थित या अनुपस्थित रहता है?

उ = उपस्थित

अ = अनुपस्थित

	सहचर कोशिका	फ्लोएम पैरेकाइमा	फ्लोएम तंतु	चालनी नलिकाएं
(A)	उ	उ	उ	अ
(B)	अ	अ	उ	उ
(C)	अ	उ	उ	अ
(D)	अ	उ	अ	अ

26. चालनी नली के कार्य को निम्न में से कौन नियंत्रित करता है?

(A) सहचर कोशिका का केन्द्रक

(B) फ्लोएम पैरेकाइमा के केन्द्रक

(C) फ्लोएम तंतु के केन्द्रक

(D) उपरोक्त सभी

27. सहचर कोशिकाएं होते है-
(A) विशिष्ट स्केलेरेकाइमी कोशिकाएं
(B) विशिष्ट पैरेंकाइमी कोशिकाएं
(C) विशिष्ट फ्लोएम तंतु
(D) विशिष्ट ट्रैकीड तंतु

28. चालनी नली मे दाब ग्रेडिएंट को कौन बनाए रखता है?
(A) सहचर कोशिकाएं
(B) फ्लोएम पैरंकाइमा
(C) फ्लोएम तंतु
(D) एल्ब्यूमिनी कोशिकाएं

29. फ्लोएम के कौन सी संरचना खाध्य पदार्थ को संरक्षित करते है?
(A) सहचर कोशिका (B) फ्लोएम पैरंकाइमा
(C) फ्लोएम तंतु (D) एलब्यूमिनी कोशिकाएं

30. नीचे कुछ तथ्य फ्लोएम तंतु से संबंधित दिए गए है-
(a) स्कलेरेंकाइमी कोशिकाओं के बने होते है।
(b) प्राथमिक फ्लोएम में उपस्थित परंतु द्वितीयक फ्लोएम में अनुपस्थित।
(c) परिपक्वता पर यह तंतु मृत हो जाता है।
गलत का चयन करें-
(A) b, c (B) a
(C) b (D) a, c

31. सही सेट का चयन करें-
(A) प्राथमिक फ्लोएम → मेटाफ्लोएम → संकरी चालनी नली
(B) प्राथमिक फ्लोएम → प्रोटोफ्लोएम → चौड़ी चालनी नली
(C) प्राथमिक फ्लोएम → प्रोटोफ्लोएम → संकरी चालनी नली
(D) प्राथमिक फ्लोएम → मेटाफ्लोएम → चौड़ी चालनी नली

32. संरचना तथा स्थिति के आधार पर कितने प्रकार के उत्तक तंत्र होते है?
(A) 1 (B) 2
(C) 3 (D) 4

33. नीचे कुछ कथन पादप के बाह्यत्वचा से संबंधित दिए गए है-
(a) बाह्यत्वचा प्रायः एकल सतह वाली होती है।
(b) असतत् होती है।
(c) सबसे बाहरी परत है।
(d) कोशिकाद्रव्य बेहद कम होता है।
सही का चयन करें-
(A) a, b, c (B) b, c, a
(C) b,c, d (D) a, c, d

34. पादप के बाह्यत्वचा में किस प्रकार की कोशिका होती है?
(A) लंबी तथा एक दूसरे से सटी हुई।
(B) अंडाकार तथा एक दूसरे से सटी हुई।
(C) लंबी तथा ढीले।
(D) अंडाकार तथा ढीले।

35. क्यूटिकल पादप के कौन से भाग के अधिचर्म पर अनुपस्थित होते है?
(A) तना (B) मूल
(C) पत्तियां (D) उपरोक्त में से कोई नहीं

36. घास में द्वार कोशिका किस प्रकार के होते है?
(A) अंडाकार (B) सेम के आकार के
(C) डबलाकार (D) डिस्क की भांति

37. रंध्र के खुलने तथा बंद होने के क्रम को निम्न में से कौन नियमित करता है?
(A) द्वारकोशिका
(B) सहायक कोशिका
(C) अधिचर्म कोशिका
(D) उपरोक्त सभी

38. ट्राइकोम्स क्या है-
(A) तने पर पाए जाने वाले बाह्य त्वचीय रोम
(B) मूल पर पाए जाने वाले बाह्य त्वचीय रोम
(C) पत्तियों पर पाए जाने वाले बाह्य त्वचीय रोम
(D) मूल पर पाए जाने वाले अतः त्वचीय रोम

39. सामान्यत एककोशिकीय, कोमल, कठोर, शाखित, अशाखित।

उपरोक्त में से कितने लक्षण ट्राइकोम्स में प्रयुक्त होते है?

(A) 5 (B) 4

(C) 3 (D) 2

40. ___a?___ तथा ___b?___ के अतिरिक्त सभी उत्तक भरण उत्तक बनाते है-

(A) a – बाह्य त्वचा, b – परिरंभ

(B) a – मज्जा किरण, b – परिरंभ

(C) a – बाह्य त्वचा, b – मज्जा किरण

(D) a – बाह्य त्वचा, b – संवहन बंडल

41.

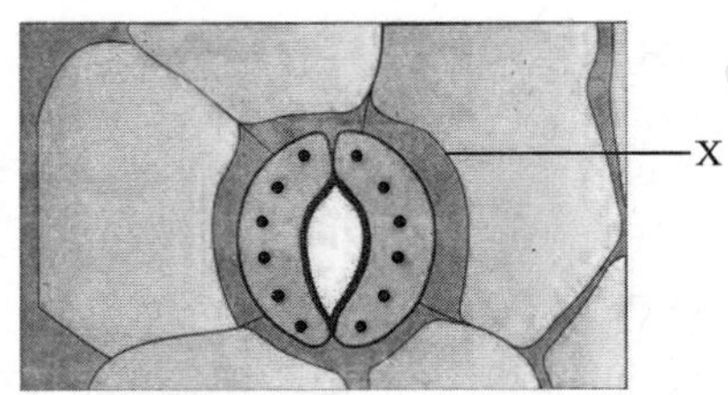

दिया गया चित्र, रंध्र का है, x क्या है?

(A) बाह्य त्वचीय कोशिकाएं

(B) सहायक कोशिकाएं

(C) द्वार कोशिका

(D) फैलाव कोशिका

42. पादप के किस भाग में भरण उत्तक पर्णमध्योतक (मेजोफिल) उपस्थित होते है?

(A) पत्तियां (B) तना

(C) मूल (D) पुष्प

43. संवहन बंडल के विभिन्न प्रकार तथा चित्र का सही मिलान करते हुए विकल्प का चयन करें-

कॉलम A	कॉलम B
(1)	(a) अरीय
(2)	(b) संयुक्त बंद
(3)	(c) संयुक्त खुला

	1	2	3		1	2	3
(A)	a	b	c	(B)	c	a	b
(C)	b	c	a	(D)	c	b	a

44. कथन 1 - एकबीजपत्री पादपों के संवहन बंडल द्वितीयक उत्तक को बनाने में सक्षम नहीं होते है।
कथन 2 - एकबीजपत्री के संवहन बंडल में कैबियम अनुपस्थित होता है।

(A) कथन 1 तथा कथन 2 दोनों ही सही है, परंतु कथन 2 कथन 1 का सही वर्णन नहीं है।

(B) कथन 1 तथा कथन 2 दोनों ही गलत है।

(C) कथन 1 सही है, परन्तु कथन 2 गलत है।

(D) कथन 1 तथा कथन 2 दोनों ही सही है, तथा कथन 2, कथन 1 का सही वर्णन है।

45. अरीय संवहन बंडल, पादप के कौन से भाग में अधिक सामान्य है?

(A) मूल (B) पत्तियां

(C) तना (D) कलियां

46. संयुक्त संवहन बंडल में प्राय: फ्लोएम जाइलम के _________ की ओर स्थित होता है-

(A) अंदर (B) बाहर

(C) पार्श्व (D) केन्द्र

47. सही सेट का चयन करे जो रंभ (स्टेल) के अंतर्गत आते है-

(A) बाह्य त्वचा + वल्कुट + पिथ

(B) बाह्य त्वचा + परिरंभ + पिथ

(C) संवहन उत्तक + परिरंभ + पिथ

(D) संवहन उत्तक + परिरंभ + वल्कुट

48.

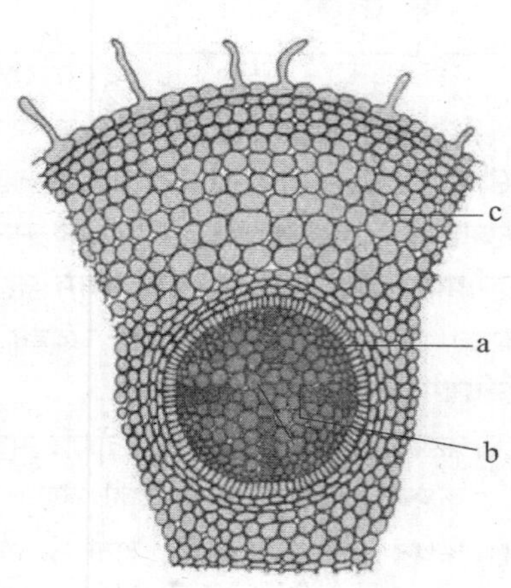

दिया गया चित्र द्विबीजापत्री मूल के अनुप्रस्थ का काट का है, a, b, c क्या है?

	a	b	c
(A)	वल्कुट	अंतत्वचा	फ्लोएम
(B)	अंतत्वचा	फ्लोएम	वल्कुट
(C)	अंतत्वचा	वल्कुट	फ्लोएम
(D)	वल्कुट	फ्लोएम	अंतत्वचा

49. सुमेलित करें-

कॉलम A	कॉलम B
संवहन उत्तक के प्रकार	विशेषता
(1) खुला	(a) द्वितीयक उत्तक अनुपस्थित
(2) बंद	(b) द्वितीयक उत्तक उपस्थित
(3) अरीय	(c) जाइलम तथा फ्लोएम एंकातर तरीके से भिन्न त्रिज्जा पर होते है।

(A) 123/bac (B) 123/abc
(C) 123/bca (D) 123cba

50. (a) अंतराकोशिकीय स्थान उपस्थित होता है।

(b) कोशिकाओं के अनेक परत होते है।

(c) नालाकार कोशिका

द्विबीजपत्री मूल के अंतत्वचा से संबंधित सही कथन का चयन करें-

(A) a (B) b
(C) c (D) a, b, c

51. मूल रोम निम्न में से किससे जुड़ा रहता है?

(A) वल्कुट (B) अंत त्वचा

(C) बाह्य त्वचा (D) उपरोक्त में से कोई नहीं

52. द्विबीजपत्री मूल के बाहर से अंदर के तरफ के सही क्रम का चयन करें-

(A) बाह्य चर्म (त्वचा) → वल्कुट → अंतत्वचा → परिरंभ

(B) बाह्य चर्म (त्वचा) → अंतत्वचा → वल्कुट → परिरंभ

(C) अंतत्वचा → बाह्य त्वचा → वल्कुट → परिरंभ

(D) अंतत्वचा → बाह्य त्वचा → परिरंभ → वल्कुट

53. कैस्पेरी पट्टियां निम्न में से किसमें उपस्थित होते है?

(A) बाह्य त्वचा (B) वल्कुट

(C) अंतत्वचा (D) परिरंभ

54. द्विबीजपत्री मूल में कंजकटिव उत्तक निम्न में से किसके बीच उपस्थित होते है?

(A) वल्कुट तथा अंतत्वचा

(B) जाइलम तथा फ्लोएम

(C) बाह्य त्वचा तथा वल्कुट

(D) प्रोटोजाइलम तथा मेटाजाइलम

55. द्विबीजपत्री मूल में जाइलम तथा फ्लोएम के कितने खंड होते है?

(A) एक से दो (B) दो से तीन

(C) तीन से चार (D) दो से चार

56. एकबीजपत्री मूल निम्न में से किस आधार पर द्वि बीजपत्री मूल से भिन्न होता है?

(A) जाइलम बंडल अधिक होता है।

(B) पिथ छोटा होता है।

(C) मूल रोम अनुपस्थित होता है।

(D) द्वितीयक वृद्धि की उपस्थिति।

57.

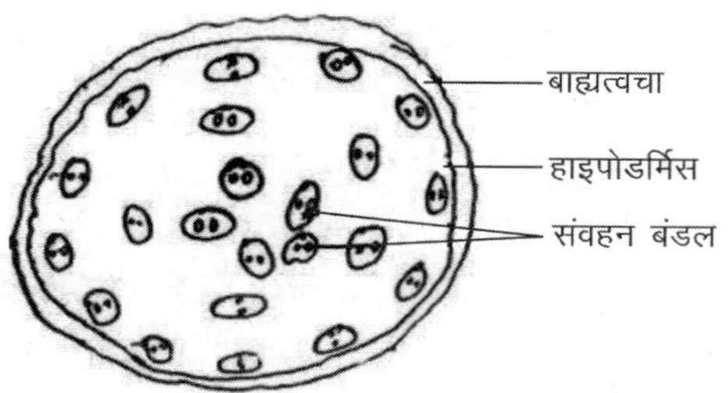

दिया गया चित्र किसका है?

(A) द्विबीजपत्री तना का अनुप्रस्थ काट

(B) एकबीजपत्री तना का अनुप्रस्थ काट

(C) पत्तियों का अनुप्रस्थ काट

(D) मूल का अनुप्रस्थ काट

58.

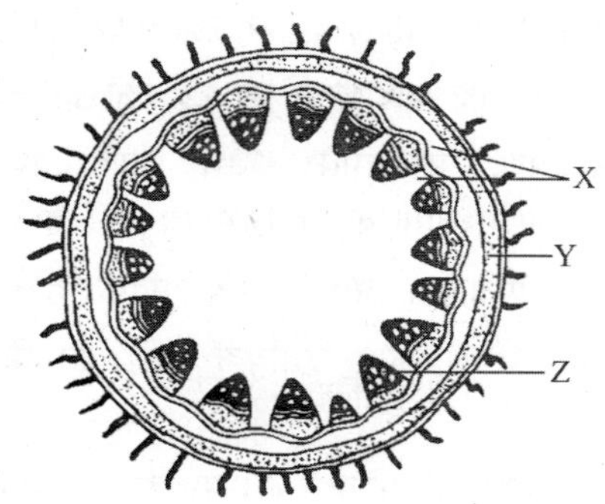

	X	Y	Z
(A)	परेंकाइमा	हाइपोडर्मिस	संवहन बंडल
(B)	परेंकाइमा	हाइपोडर्मिस	मज्जा किरण
(C)	हाइपोडर्मिस	परेंकाइमा	मज्जा किरण
(D)	हाइपोडर्मिस	परेकाइमा	संवहन बंडल

59. तना में वल्कुट निम्न मे से किसके मध्य पाया जाता है?

(A) परिरंभ तथा फ्लोएम

(B) फ्लोएम तथा मेटाजाइलम

(C) मेटाजाइलम तथा पिंथ

(D) बाह्यत्वचा तथा परिरंभ

60. वल्कुट का सबसे आंतरिक परत निम्न में से कौन है?

(A) हाइपोडर्मिस (B) अंतत्वचा

(C) परिरंभ (D) संवहन बंडल

61. नीचे कुछ द्विबीजपत्री तना के क्षेत्र तथा उनमें उपस्थित विशिष्ट कोशिका दिए गए है, उस विकल्प का चयन करें जो विभिन्न क्षेत्र में उपस्थित कोशिका का सही विकल्प है–

	हाइपोडर्मिस	वल्कुटी परत	परिरंभ
(A)	कॉलेकाइमा कोशिका	स्कलेरकाइमा कोशिका	पैरेंकाइमा कोशिका
(B)	स्कलेरकाइमा कोशिका	कॉलेकाइमा कोशिका	पैरेंकाइमा कोशिका
(C)	कॉलेकाइमा कोशिका	पैरेंकाइमा कोशिका	स्कलेंरकाइमा कोशिका
(D)	स्कलेंरकाइमा कोशिका	पैरेंकाइमा कोशिका	कॉलेकाइमा कोशिका

62. निम्न में से किस परत को स्टार्च आच्छद भी कहते है–

(A) अंतत्वचा (B) हाइपोडर्मिस

(C) बाह्य त्वचा (D) परिरंभ

63. मज्जा किरण में किस प्रकार के कोशिका होते है?

(A) परेंकाइमाकोशिका (B) कॉलेकाइमाकोशिका

(C) स्कलेंरकाइमा (D) उपरोक्त में से कोई नहीं

64. द्विबीजपत्री तना की विशेषता है–
(A) संवहन बंडल का अरीय व्यवस्था
(B) छल्ला युक्त संवहन बंडल
(C) परिरंभ की उपस्थिति
(D) बाह्य त्वचा पर क्यूटिकल की उपस्थिति

65. तना का केन्द्रीय भाग निम्न में से कौन है?
(A) परिरंभ (B) प्रोटोजाइलम
(C) मेटाजाइलम (D) कैबियम

66. एकबीजपत्री तने में अधत्वचा (हाइपोडर्मिस) ___?___ कोशिकाओ की बनी होती है?
(A) कॉलेकाइमा (B) परेंकाइमा
(C) स्कलेंरकाइमा (D) क्यूटिकुलर

67. एकबीजपत्री तना के संवहन बंडल से संबंधित तथ्य दिए गए है–
(a) बिखरे हुए (b) संयुक्त
(c) खुला (d) इनडार्क प्रोटोजाइलम
(e) परिधीय प्राय: बड़े
गलत का चयन करें–
(A) c, d, e (B) a, b, c
(C) a, d, e (D) b, c, d

68. द्विबीजपत्री पत्ती से संबंधित सही सेट का चयन करें–
(A) ऊपरी सतह-अपाक्ष बाह्य त्वचा-अधिक रंध्र
(B) निचली सतह-अपाक्ष बाह्य त्वचा-अधिक रंध्र
(C) ऊपरी सतह-अभ्यक्ष बाह्य त्वचा-अधिक रंध्र
(D) निचली सतह-अभ्यक्ष बाह्य त्वचा-कम रंध्र

69. नीचे कुछ कथन पर्णमध्योतक (मीसोफिल) से संबंधित दिए गए है–
(a) ऊपर तथा नीचे के बाह्य त्वचा के बीच स्थित होते है।
(b) स्कलेरकाइमा से निर्मित होते है।
(c) प्रकाश संश्लेषण से संबंधित है।
गलत का चयन करें–
(A) a, b (B) b, c
(C) b (D) a

70. पत्तियों से संवहन बंडल कहां होते है?
(A) शिरा (B) मध्यशिरा
(C) A तथा B दोनों (D) वायु गुहिका

71. पत्तियों मं संवहन बंडल का माप निम्न में से किस पर निर्भर करता है?
(A) मध्यशिरा की लंबाई
(B) शिरा का माप
(C) अपाक्ष बाह्यत्वचा की लंबाई
(D) उपरोक्त में से कोई नहीं

72. द्विबीजपत्री पत्ती ऊपरी सतह से लेकर निचले सतह तक विभिन्न परतों के सही क्रम का चयन करें–
अगर a = स्पंजी पर्णमध्यमोरक, b = अपाक्ष बाह्यत्वचा
c = खंभ पर्णमध्योत्क, d = अभ्यक्ष बाह्यत्वचा
(A) $d \rightarrow a \rightarrow c \rightarrow b$
(B) $b \rightarrow c \rightarrow a \rightarrow d$
(C) $d \rightarrow c \rightarrow a \rightarrow b$
(D) $a \rightarrow b \rightarrow c \rightarrow d$

73. आवर्ध त्वक्कोशिका, निम्न में से किसमें उपस्थित होता है?
(A) घास (B) मटर
(C) गन्ना (D) उपरोक्त सभी

74. निम्न में से कौन आवर्ध त्वककोशिका की विशेषता है?
(A) बड़ी होती है (B) खोखली होती है
(C) रंगहीन (D) उपरोक्त सभी

75. निम्न में से उस लक्षण का चयन करें जिसके आधार पर एकबीजपत्री पत्ती, द्विबीजपत्री से भिन्न होता है–
(A) अपाक्ष बाह्यत्वचा पर रंध्र की अनुपस्थिति।
(B) अभ्यक्ष बाह्यत्वचा पर रंध्र की अनुपस्थिति।
(C) पर्ण मध्योत्मक खंभ पर्ण तथा स्पंजी पर्णमध्यामोरक में विभेदित नहीं होते है।
(D) अपेक्षाकृत अधिक वायु गुहिका होते है।

76. निम्न में से कौन द्वितीयक वृद्धि का हिस्सा नहीं है–
(A) पार्श्वीय मेरिस्टेम (B) संवहन कैबियम
(C) कार्क कैबियम (D) शीर्ष मेरिस्टेम

77. मेरिस्टेमी सतह जो संवहन उत्तक-जाइलम तथा फ्लोएम को काटती है, उसे क्या कहते है?

(A) संवहन कैबियम

(B) कार्क कैबियम

(C) अंतरापूलीय कैबियम

(D) अंत: पूलीय कैबियम

78. कैबियमी छल्ले के बनने में सम्मिलित है-

(A) अंत:पूलीय कैबियम + अंतरापूलीय कैबियम

(B) अंत:पूलीय कैबियम + मध्यांश किरणे + अंतरापूलीय कैबियम

(C) प्राथमिक जाइलम + मध्यांश किरणे

(D) प्राथमिक फ्लोएम + मध्यांश किरणे

79.

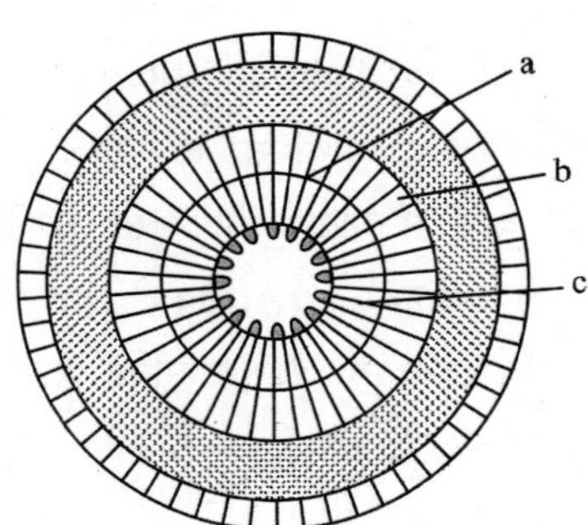

दिया गया चित्र द्विबीजपत्री तने के चित्र को दर्शा रहा है, a, b, c क्या है-

	a	b	c
(A)	कैबियम छल्ला	द्वितीयक जाइलम	द्वितीयक फ्लोएम
(B)	कैबियम छल्ला	द्वितीयक फ्लोएम	द्वितीयक जाइलम
(C)	द्वितीयक फ्लोएम	कैबियम छल्ला	द्वितीयक जाइलम
(D)	द्वितीयक जाइलम	कैबियम छल्ला	द्वितीयक फ्लोएम

80. कैबियम छल्ले के क्रिया के दौरान जो कोशिकाएं पिथ की ओर बनती है, वह परिपक्व होने पर बनाती है-

(A) द्वितीयक फ्लोएम (B) मध्यांश किरणें

(C) प्राथमिक जाइलम (D) द्वितीयक जाइलम

81. कैबियम छल्ले की क्रिया के दौरान, द्वितीयक जाइलम का निमार्ण, द्वितीयक फ्लोएम की तुलना मे अधिक क्यो होता है?

(A) क्योंकि कैबियम भीतर की ओर अधिक संक्रिय होता है।

(B) क्योंकि कैबियम बाहर की ओर अधिक संक्रिय होता है।

(C) क्योंकि कैबियम भीतर की ओर कम संक्रिय होता है।

(D) क्योंकि कैबियम पार्श्व भाग की तरफ कम सक्रिय होता है।

82. कैबियम छल्ले की क्रिया के दौरान, क्यों प्राथमिक तथा द्वितीयक फ्लोएम शनै:-शनै: दब जाते है?

(A) प्राथमिक जाइलम के सतत् जमाव के कारण

(B) प्राथमिक जाइलम के सतत् उत्पत्ति के कारण

(C) द्वितीयक जाइलम के सतत् जमाव के कारण

(D) प्राथमिक जाइलम के दबाव के कारण

83. द्वितीयक मज्जा किरण होते है-

(A) पैरेंकाइमा की संकरी पट्टी

(B) स्कलेंरकाइमा की संकरी पट्टी

(C) कौलेनकाइमा की संकरी पट्टी

(D) पैरेंकाइमा की चौड़ी पट्टी

84. अग्रदारु कौन से मौसम में बनने वाली काष्ठ है?

(A) शीत (B) ग्रीष्म

(C) बसंत (D) वर्षा

85. पश्चदारु कौन से मौसम में बनने वाली काष्ठ है?

(A) शीत (B) ग्रीष्म

(C) बसंत (D) वर्षा

86. बसंत दारु काष्ठ से संबंधित सही सेट का चयन करें-

(A) रंग हल्का, उच्च घनत्व

(B) रंग गहरा, उच्च घनत्व

(C) रंग हल्का, निम्न घनत्व

(D) रंग गहरा, निम्न घनत्व

87. नीचे कुछ कथन वार्षिक वलय से संबंधित दिए गए है–
(a) वार्षिक वलयों को गिन कर वृक्ष की आयु का अनुमान लगा सकते है।
(b) एकांतर संकेद्र वलय के रूप में होते है।
(c) इसमें एक ही प्रकार के काष्ट होते है।
गलत का चयन करें–
(A) c (B) b, c
(C) b (D) a, c

88. पश्च दारु काष्ट का रंग ___a?___ होता है, तथा घनत्व ___b?___ होता है–
(A) a – गहरा, b – उच्च
(B) a – हल्का, b – उच्च
(C) a – हल्का, b – निम्न
(D) a – गहरा, b – निम्न

89. हददारु काष्ट का मुख्य कार्य क्या है?
(A) जल का संवहन (B) यांत्रिक सहारा
(C) A तथा B दोनों (D) तना का वृद्धि

90. (a) परिधिएं (b) गहरा रंग
(c) संवहन (d) मृत
रसदारु से संबंधित सही तथ्य का चयन करें–
(A) a, c, d (B) b, c
(C) a, c (D) b, d

91. कार्क कैबियम सामान्यतः किसमें विकसित होते है?
(A) वल्कुट में (B) अंतत्वचा
(C) पिथ (D) परिरंभ

92. कार्क कैबियम में किस प्रकार की कोशिका होती है?
(A) मोटी भित्ति वाले, आयाताकार कोशिका
(B) पतली भित्ति वाले, अंडाकार कोशिका
(C) पतली भित्ति वाले, गोल कोशिका
(D) पतली भित्ति वाले, आयाताकार कोशिका

93. कार्क में पानी क्यों नहीं प्रवेश कर पाते है?
(A) क्योंकि कोशिका भित्ति पर सूबेरिन जमा रहता है।
(B) क्योंकि कोशिका भित्ति पर टैनिन जमा रहता है।
(C) क्योंकि कोशिका भित्ति पर रेजिन जमा रहता है।
(D) क्योंकि कोशिका भित्ति पर तेल जमा रहता है।

94. सुमेलित करें–

कॉलम A	कॉलम B
(1) कागजन	(a) कार्क कैबियम
(2) काग	(b) कार्क
(3) काग अस्तर	(c) द्वितीय वल्कुट

(A) 123/abc (B) 123/acb
(C) 123/cab (D) 123/bac

95. कागजन + काग + काग अस्तर = ?
(A) परिचर्म (B) बाह्यत्वचा
(C) अंत त्वचा (D) हाइपोचर्म

96. छाल में सम्मिलित है–
(A) परिचर्म तथा प्राथमिक फ्लोएम
(B) परिचर्म तथा द्वितीयक जाइलम
(C) परिचर्म तथा द्वितीयक फ्लोएम
(D) परिचर्म तथा प्राथमिक जाइलम

97. काष्टीय वृक्षों में वातरंध्र का मुख्य कार्य है–
(A) यांत्रिक सहारा (B) लवणों का संवहन
(C) गैसीय विनिमय (D) उपरोक्त सभी

98. काष्ठ वास्तव में क्या है?
(A) द्वितीयक जाइलम
(B) द्वितीयक फ्लोएम
(C) प्राथमिक जाइलम
(D) कार्क कैबियम

99. द्विबीजपत्री मूल में संवहन कैबियम का उद्भव होता है–
(A) जाइलम तंतु के नीचे स्थित उत्तक से
(B) जाइलम तंतु के ऊपर स्थित उत्तक से
(C) फ्लोएम तंतु के ठीक नीचे स्थित उत्तक से
(D) फ्लोएम तंतु के ठीक ऊपर स्थित उत्तक से

100. द्वितीयक वृद्धि निम्न में से किसमें नहीं होता है?
(A) एकबीजपत्री में
(B) जिम्नोस्पर्म के मूल से
(C) एंजियोस्पर्म के मूल से
(D) द्विबीजपत्री में

ANSWER KEY

1. (B)	**2.** (B)	**3.** (A)	**4.** (D)	**5.** (C)	**6.** (D)	**7.** (D)	**8.** (D)	**9.** (A)	**10.** (A)
11. (C)	**12.** (D)	**13.** (D)	**14.** (B)	**15.** (C)	**16.** (B)	**17.** (B)	**18.** (B)	**19.** (A)	**20.** (D)
21. (A)	**22.** (D)	**23.** (B)	**24.** (B)	**25.** (C)	**26.** (A)	**27.** (B)	**28.** (A)	**29.** (B)	**30.** (C)
31. (C)	**32.** (C)	**33.** (D)	**34.** (A)	**35.** (B)	**36.** (C)	**37.** (A)	**38.** (A)	**39.** (B)	**40.** (D)
41. (B)	**42.** (A)	**43.** (D)	**44.** (D)	**45.** (A)	**46.** (B)	**47.** (C)	**48.** (B)	**49.** (A)	**50.** (C)
51. (C)	**52.** (A)	**53.** (C)	**54.** (B)	**55.** (D)	**56.** (A)	**57.** (B)	**58.** (A)	**59.** (D)	**60.** (B)
61. (C)	**62.** (A)	**63.** (A)	**64.** (B)	**65.** (A)	**66.** (C)	**67.** (A)	**68.** (B)	**69.** (C)	**70.** (C)
71. (B)	**72.** (C)	**73.** (A)	**74.** (D)	**75.** (C)	**76.** (D)	**77.** (A)	**78.** (B)	**79.** (B)	**80.** (D)
81. (A)	**82.** (C)	**83.** (A)	**84.** (C)	**85.** (A)	**86.** (C)	**87.** (A)	**88.** (A)	**89.** (B)	**90.** (C)
91. (A)	**92.** (D)	**93.** (A)	**94.** (A)	**95.** (A)	**96.** (C)	**97.** (C)	**98.** (A)	**99.** (C)	**100.** (A)

प्राणियों में संरचनात्मक संगठन

1. सही कथन का चयन करे–
   (a) संयुक्त उपकला में दो से अधिक स्तर का हो सकता है
   (b) शल्की उपकला उत्तक विसरण सीमा का कार्य करती है।
   (c) सूक्ष्मांकुर (Microvilli) मूत्रोंजनन मार्ग के आंतरिक आस्तर में पाऐं जाते है।
   (d) पक्ष्माभ (Cilia) सिर्फ स्तंभाकार कोशिकाओं के मुक्त सतह पर उपस्थित होते है।

   (A) a, b (B) c, d
   (C) a, c (D) b, d

2. उपकला उत्तकों में निम्न में से किस प्रकार की संधि पाई जाती है?

   (A) दृढ़ संधि (B) आंसजी संधि
   (C) अंतराली संधि (D) उपरोक्त सभी

3. अंतर्विष्ट डिस्क (Inter calated disc) निम्न में से किस प्रकार के पेशी तन्तु में पाऐं जाते है?

   (A) कंकाल पेशी तन्तु (B) चिकनी पेशी तन्तु
   (C) हृदय पेशी तन्तु (D) उपरोक्त सभी

4. निम्न में से एक कोशिका वाली ग्रंथिल कोशिका का चयन करे–

   (A) कलश कोशिका (B) लार ग्रन्थि
   (C) तेल ग्रन्थि (D) दुग्ध ग्रन्थि

5. निम्न में से कौन सा संधि पड़ोसी कोशिकाओं के कोशिका द्रव्य को एक दूसरे से जोड़ने का काम करती है–

   (A) दृढ़ संधि (B) आंसजी संधि
   (C) अंतराली संधि (D) उपरोकत सभी

6. संयुक्त उपकला का मुख्य कार्य निम्न में से क्या है?

   (A) रासायनिक तथा यांत्रिक प्रति बलों से रक्षा करना
   (B) अवशोषण
   (C) स्त्रावण
   (D) उपरोक्त में से कोई नहीं

7. बहि:स्त्रावी ग्रंथि का निम्न में से क्या कार्य है?

   (A) श्लेष्मा का स्त्रावण
   (B) लार का स्त्रावण
   (C) पाचन रसो का स्त्रावण
   (D) उपरोक्त सभी

8. संरचना जो कंकाल पेशी को अस्थि से जोड़ती है–

   (A) स्नायु (B) कंडरा
   (C) वसा (D) त्वचा

9. दिया गया चित्र एरियोलर उतक का है, A, B, C तथा D को पहचानते हुए, उस सेट का चयन करे, जो उनके ही कार्य को दर्शा रहे है–

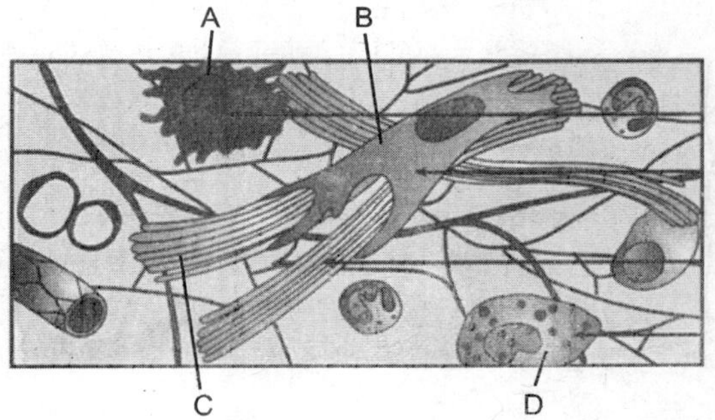

(A) A-हिस्टामिन का स्राव
B- तन्तुओं का स्रावण
C-वृक्क के सम्पुट का निर्माण
D-स्वभाव भक्षाणु होता है
(B) A-स्वभाव भक्षाणु होता है
B-तन्तुओं का स्रावण
C-वृक्क के सम्पुट का निर्माण
D-हिस्टामिन का स्रावण
(C) A-तन्तुओं का स्रावण
B-हिस्टामिन का स्रावण
C-वृक्क के सम्पुट का निर्माण
D-स्वभाव भक्षाणु होता है
(D) A-वृक्क के सम्पुट का निर्माण
B-स्वभाव भक्षाणु होता है
C-तन्तुओं का स्रावण
D-हिस्टामिन का स्रावण

10. दिया गया चित्र, विभिन्न प्रकार के उपकला उत्तक का है, A, B, C को पहचानते हुए, सही सेट का चयन करें, जो उनके स्थिती तथा कार्य को दर्शा रहे है–

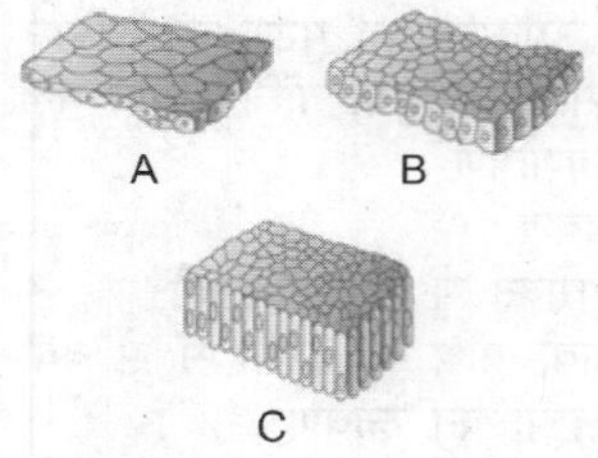

(A) A-रुधिर वाहिनी की भिति, विसरण तल
B-अमाशय तथा ऑत्र का आस्तर; स्रावण तथा अवशोषण
C-वृक्कक का नलिकाकार, भाग; स्रावण तथा अवशोषण
(B) A-वृक्कक का नलिकाकार भाग; सिर्फ सुरक्षा
B- अमाशय तथा ऑत्र का आस्तर; स्रावण तथा अवशोषण
C-रुधिर वाहिनी की भिति; विसरण तल
(C) A-रुधिर वाहिनी की भिति); विसरण तल
B-वृक्कक का नलिकाकार भाग; स्रावण तथा अवशोषण
C-ऑत्र तथा अमाशय का आस्तर; स्रावण तथा अवशोषण
(D) A-रुधिर वाहिनी की भिति; सिर्फ सुरक्षा
B-वृक्कक का नलिकाकार भाग; स्रावण तथा अवशोषण
C-अमाशय तथा ऑत्र का आस्तर; स्रावण तथा अवशोशण

11. दिये गए प्रश्न में सही विकल्प का चयन कीजिए–
A. सभी अस्थि में अस्थि मज्जा उपस्थित होते है।
B. अस्थि कोशिकए सदैव गर्तिका में उपस्थित होते है।
C. कशेरुकी के भूग्र में अधिकांश उपास्थि अस्थि के द्वारा प्रतिस्थापित हो जाते है।
D. मानव के शरीर में सर्वाधिक उपस्थित तंत्रिका उत्तक न्यूरॉन है।
(A) A, B सत्य, C, D असत्य
(B) A, C सत्य, B, D असत्य
(C) B, D सत्य, A, C असत्य
(D) B, C सत्य, A, D असत्य

12. सही कथन कां चयन करे–
A. श्लेष्मा का स्रावण बहि–स्रावी ग्रन्थि के द्वारा होता है।
B. संयुक्त उपकला में सदैव एक से अधिक परत होता है।
C. संयुक्त उपकला विसरण तल का निर्माण करते हैं।
D. मानव शरीर में सर्वाधिक पाया जाने वाला उत्तक संयोजी उत्तक है।
(A) A, B (B) B, C
(C) सिर्फ C (D) A, B, D

13. कॉर्डियक पेशी तन्तु की कौन सी संरचना, कॉड्रियक पेशी के एक इकाई के रूप में संकुचन के लिए उत्तरदायी है–
(A) अंतर्विष्ट डिस्क (B) केन्द्रक
(C) तिरक्षे पुल (D) प्लाज्मा कला

14. उस लक्षण का चयन करे जो कि कंकालीय पेशी तन्तु तथा कार्डियक पेशी तन्तु में समान नहीं होते है–
(A) दोनो बेलनाकार होते है।
(B) दोनों बहुकेन्द्रीय होते है।
(C) दोनों में हल्की तथा गहरी पट्‌टी उपस्थित होते है।
(D) उपरोक्त सभी

15. सही क्रम का चयन करे–
(A) कोशिका → उत्तक → शरीर → अंग → अंग तंत्र
(B) कोशिका → उत्तक → अंग → अंग तंत्र → शरीर
(C) उत्तक → कोशिका → अंग → अंग तंत्र → शरीर
(D) अंग → अंग तंत्र → कोशिका → उत्तक → शरीर

16. नीचे संयोजी उत्तक के कोशिका तथा उसके कार्य दिये गए है, सही सेट का चयन करे-

(A) मास्ट कोशिका → भक्षाणु

(B) मैक्रोफेज → प्रदाह

(C) फ्राइब्रोब्लास्ट → तन्तुओं का स्रावण

(D) प्लाज्मा कोशिका → एलर्जी

17. नीचे कुछ उपकला उत्तक के सेट दिये गये है, उस सेट का चयन करे जिसके कार्य समान होते है-

(A) सरल शल्की, सरल घनाकार

(B) सरल घनाकार, सरल स्तंभी

(C) सरल शल्की, सरल स्तंभी

(D) उपरोक्त में से कोई नहीं

18. नीचे प्राणियों के संरचनात्मक संगठन से संबंधित कुछ कथन दिए गए है, चयन करे कि कितने कथन सही है?

A. बहुकोशिका प्राणियों में समान कोशिकाओं का समूह अंतर कोशिकीय पदार्थों सहित भिन्न कार्य करते है।

B. हाइड्रा में भिन्न प्रकार के कोशिका, समूह में रहते है।

C. एक कोशिकीय प्राणि वह सभी कार्य कर सकते है जो कि बहुकोशिकीय प्राणी में भिन्न समूह के कोशिका करते है।

D. हर दो अंग सदैव एक साथ कार्य करते है।

(A) 1 (B) 2

(C) 3 (D) 4

19. जन्तु उत्तक की संरचना निम्नलिखित में से कौन से कारणों के कारण भिन्न हो जाती है?

(A) स्थिति (B) कार्य

(C) आकार (D) उपरोक्त सभी

20. सभी प्रोटोजोआ में कितने तरह के उत्तक होते है?

(A) 1 (B) 2

(C) 4 (D) उपरोक्त में से कोई नहीं

21. नीचे कुछ कथन उत्तक से संबन्धित दिए गए है, चयन करें कि कितने कथन गलत है-

A. सभी जटिल प्रणियों का शरीर केवल चार प्रकार के उत्तक का बना है।

B. उत्तक एक विशेष अनुपात एवं प्रतिरूप से संगठित होकर अंगों का निमार्ण करते है।

C. दो या दो से अधिक अंग एक निश्चित कार्य कर सकते है।

D. कोशिका, उत्तक, अंग पूरे शरीर को जीवित रखने के लिए योगदान देती है।

(A) 0 (B) 1

(C) 2 (D) 3

22. उपकला उत्तक से संबंधित गलत कथन का चयन करे-

(A) उपलका उत्तक को समान्यतः उपकला कहते है।

(B) इस उत्तक में एक मुक्त स्तर होता है, जो एक ओर तो देह तरल और दूसरी ओर बाह्य वातावरण के संपर्क में रहता है।

(C) कोशिकाऐं दृढ़तापूर्वक जुड़ी रहती है।

(D) कोशिकाओं के बीच अवकाश अत्यधिक होता है।

23. संयुक्त उपकला में कितने परत की कोशिका कभी उपस्थित नहीं होते है-

(A) केवल 1 (B) केवल 2

(C) केवल 3 (D) केवल 4

24. सरल उपकला उत्तक आस्तरिक करता है-

(A) देहगुहाओ को (B) नलिकाओं को

(C) वाहिनियों को (D) उपरोक्त सभी

25. सरल उपकला उत्तक निम्न में से कौन से संरचना का आस्तर नहीं बनाता है?

(A) नलिका (B) वाहिनी

(C) देहगुहा (D) उपरोक्त में से कोई नहीं

26. दिया गया चित्र एक प्रकार के उपकला का है, चित्र को पहचानते हुए सही तथा गलत कथन का चयन करे-

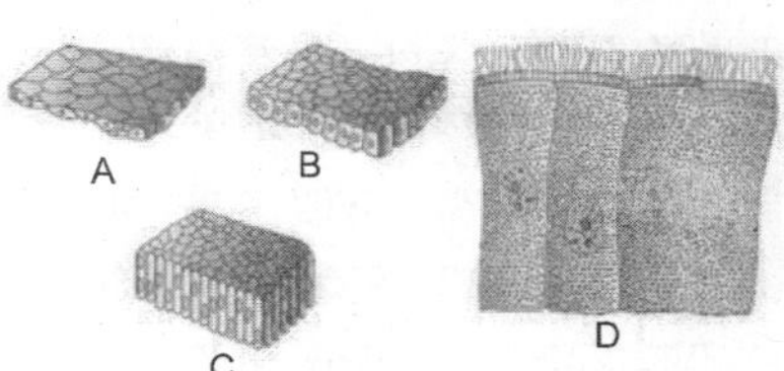

A. कूपिका में उपस्थित होते है।
B. अण्डवाहिनी में उपस्थित होते है।
C. विसरण तल का निर्माण करते हैं।
D. श्वसनिका में उपस्थित।
(A) A, B, C तथा D गलत
(B) A, B गलत, C, D सही
(C) B, D गलत, A, C सही
(D) B, D सही, A, C गलत

27. नलिका तथा ग्रन्थियों में सदैव उपस्थित होता है-
(A) सरल घनाकार उपकला
(B) सरल शल्की उपकला
(C) संयुक्त उपकला (D) उपरोक्त में से कोई नहीं

28. निकटस्थ कुण्डलित नलिका में उपस्थित होते है-
(A) रोमाभी शल्की उपकला
(B) रोमाभी घनाकार उपकला
(C) ब्रुश बार्डर घनाकार उपकला
(D) ब्रुश बार्डर स्तंभी उपकला

29. उस उपकला का चयन करे जिसमें केन्द्रक आधार पर स्थित होते है-
(A) सरल शल्की उपकला
(B) सरल घनाकार उपकला
(C) सरल स्तंभी उपकला
(D) उपरोक्त सभी

30. निम्न में से कौन सी ग्रन्थि स्त्रावण से संबंधित नहीं है तथा ग्रन्थिल उपकला बनाने से संबंधित नहीं है?
(A) शल्की उपकला (B) घनाकार उपकला
(C) स्तंभी उपकला (D) उपरोक्त में से कोई नहीं

31. नेफ्रोन (Nephron) में किस प्रकार उत्तक होता है?
(A) शल्की (B) घनाकार
(C) A तथा B दोनों (D) उपरोक्त में से कोई नहीं

32. उस संरचना का चयन करे जिसमें स्तंभी उपकला नहीं होते है?
(A) आंत (B) अमाशय
(C) अण्ड वाहिनी (D) वृक्कक (नेफ्रॉन)

33. ग्रन्थि से संबंधित सही सेट का चयन करे-
(A) एक कोशिकीय; लार ग्रन्थि
(B) बहु कोशिकीय; कलश कोशिका
(C) एक कोशिकीय; कलश कोशिका
(D) एक कोशिकीय; जठर ग्रन्थि

34. निम्न में से कौन बहि:स्त्रावी ग्रन्थि के स्त्रावण है?
(A) कर्ण मोम; थाइरॉक्सिन
(B) लार; इन्सुलिन
(C) दुग्ध; तेल (D) इन्सुलिन; ग्लूकागन

35. ग्रसनी में कौन सा उपकला उपस्थित होता है?
(A) संयुक्त उपकला
(B) सरल शल्की उपकला
(C) सरल घनाकार उपकला
(D) सरल स्तंभी उपकला

36. सन्धि जो सीमेन्ट की भांति कार्य करते है-
(A) दृढ़ सन्धि (B) आंसजी सन्धि
(C) अंतराली सन्धि (D) उपरोक्त सभी

37. उस संरचना का चयन करे जो कि संयोजी उत्तक के अंतर्गत नहीं आते है-
(A) अस्थि
(B) वसा उत्तक
(C) तंत्रिबंध (ग्लायन सेल)
(D) उपास्थि

38. निम्न में से कौन वास्तविक संयाजी उत्तक नहीं है?
(A) अस्थि (B) उपास्थि
(C) वसा उत्तक (D) रुधिर

39. कोशिका और तंतु के बीच में जमा होकर आघात्री का कार्य करता है-
(A) रूपांतरित पॉलिपेप्टाइड
(B) रूपांतरित पॉलिसेकेराइड
(C) रूपांतरित अमीनोंअम्ल
(D) उपरोक्त में से कोई नहीं

40. नीचे संयोजी उत्तक से संबंधित सेट दिए गए है, उस सेट का चयन करे जो कि ढीले संयोजी उत्तक के अन्तर्गत आते है-
(A) महाभक्षकाणु, कण्डरा
(B) मास्ट कोशिका, स्नायु
(C) मास्ट कोशिका, महाभक्षकाणु
(D) कण्डरा, स्नायु

41. उपास्थित से संबंधित गलत कथन का चयन करे-

A. उपास्थि दबाव रोधी होता है।

B. अधिकांश उपास्थि व्यस्कों में तन्तुओं के द्वारा प्रतिस्थापित हो जाते है।

C. उपास्थि कशेरूक दंड में भी उपस्थित होते है।

D. उपास्थि के कोशिका के चारों तरफ गुहिका अनुपस्थित होता है।

(A) A, C (B) B, D

(C) B, C (D) A, D

42. निम्नलिखित कथनों में से कितने कथन असत्य है?

A. अस्थि में कैल्सियम उपास्थि की तुलना में अधिक होता है।

B. अस्थि मज्जा शरीर के सभी अस्थि में उपस्थित होते है।

C. अस्थि में कोलेजन तन्तु भी उपस्थित होते है।

D. शरीर में अस्थि उपास्थि से अधिक होते है।

(A) 1 (B) 2

(C) 3 (D) 4

43. नीचे कुछ अस्थि से संबंधित कथन दिए गए है, उस स्थल का चयन करे जहां उपास्थि अनुपस्थित होते है-

(A) पाद अस्थि (B) कशेरूक दंड

(C) कपाल (D) उपरोक्त में से कोई नहीं

44. पेशी हमारे शरीर का महत्वपूर्ण भाग है, नीचे कुछ कथन पेशी से संबंधित दिए गए है, गलत कथन का चयन करे-

A. एक पेशी में पेशी तन्तु आड़ा (अनुप्रस्थ) रूप से व्यवस्थित होता है।

B. पेशी शरीर की कुछ ही गति से संबंधित होते है।

C. पेशी सभी अंगों में उपस्थित होते है।

D. पेशी तीन से अधिक प्रकार के होते है।

(A) D (B) A, B

(C) B, C (D) A, B, C & D

45. निम्न में से कौन सा संरचना कार्य के आधार पर संवेदी है?

(A) प्रोस्टोमियम (B) फिजिडियम

(C) पेरीस्टोमियम (D) सभी सम खंड (मेटामर)

46. शुक्रग्रहिका रंध्र (Spermethecal pore) के संदर्भ में सही कथन का चयन करे-

(A) यह 6 से 9 खंडो के अधर पार्श्वीय भाग पर स्थित होते है।

(B) यह 5 से 9 खंडो के पृष्ठ अधरीय भाग पर स्थिति होते है।

(C) यह 5 से 9 खंडो के अधर पार्श्वीय भाग पर स्थित होते है।

(D) यह 5 से 9 खंडों के मध्य अधर भाग पर स्थित होते है।

47. नीचे केचुआ से संबंधित कुछ कथन दिए गए है सही तथा गलत कथन का चयन करे-

A. शूक सार्वाधिक पर्याणिका पर स्थित रहते है।

B. केचुआ के रुधिर में रुधिर कोशिका अनुपस्थित होते है।

C. प्रत्येक कोकून से औसत 4 केचुआ उत्पन्न होते है।

D. केचुओ में उत्सर्जी पदार्थ सदैव आहार नाल में मुक्त होते है।

(A) A, B सत्य C, D गलत

(B) C सत्य A, B, C गलत

(C) A, B, C सत्य D गलत

(D) A, B, D गलत C सत्य

48. फेरेटिमा की देहभित्ति या शरीर में जनन से सम्बन्धित कितने छिद्र पाये जाते है-

(A) 3 (B) 11 (C) 15 (D) 2

49. केचुआ के देहखंड में उन खंडों का चयन करे जिसमें हृदय तथा अग्र पाश (Lateral loop) स्थित रहते है-

(A) 7, 8, 9, 10, 11, 12 (B) 7, 9, 12, 13, 10, 11

(C) 7, 9, 13, 14, 11, 12 (D) 7, 8, 12, 13, 10, 11

50. दिए गए चित्र को पहचाने तथा सही उत्तर का चयन करे-

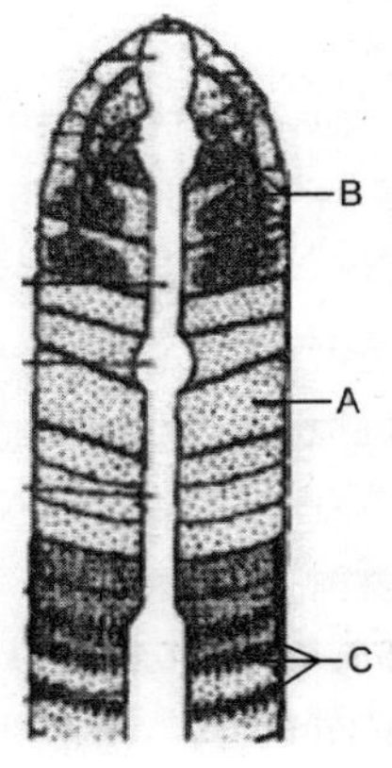

(A) A-पटीय वृक्कक
B-ग्रसनीय वृक्कक
C-अध्यावरणी वृक्कक

(B) A-अध्यावरणी वृक्कक
B-ग्रसनीय वृक्कक
C-पटीय वृक्कक

(C) A-पटीय वृक्कक
B-अध्यावरणी वृक्कक
C-ग्रसनीय वृक्कक

(D) A-ग्रसनीय वृक्कक
B-पटीय वृक्कक
C-अध्यावरणी वृक्कक

51. केचुआ के आवास के संदर्भ में सही कथन का चयन करे–

(A) नीचे का सतह; नम मिट्‌टी
(B) ऊपरी सतह; सुखी मिट्‌टी
(C) ऊपरी सतह; नम मिट्‌टी
(D) मध्य सतह; सुखी मिट्‌टी

52. निम्न में से किसमें सम खण्डों की संख्या सर्वाधिक होते है–

(A) अग्र पर्याणिक (B) पर्याणिका
(C) पश्च पर्याणिक (D) आंत्रवर्लन

53. केचुआ में श्वसन अंग का चयन करे–

(A) त्वचा (B) आंत्रवर्लन
(C) पर्याणिक (D) परितुढ

54. केचुआ के शरीर के देह भिति के बाहर से अंदर के तरफ का सही क्रम का चयन करे–

(A) कोशिकीय क्यूटिकल → अधिचर्म → देहुगुहीय उपकला → पेशी (गोलाकार तथा लंबवत्)
(B) कोशिकीय क्यूटिकल → अधिचर्म → पेशी (गोलाकार तथा लंबवत्) → देहगुहीय उपकला
(C) अकोशिकीय क्यूटिकल → पेशी (गोलाकार तथा तिरक्षे) → अधिचर्म → देहगुहीय उपकला
(D) अकोशिकीय क्यूटिकल → अधिचर्म → पेशी (गोलाकार तथा लंबवत्) → देहगुहीय उपकला

55. केचुआ के आहारनाल से संबंधित सही सेट का चयन करे–

(A) पेषणी –7th खण्ड
(B) ग्रसिका –4th से 6th खण्ड
(C) अमाशय –9th से 14th खण्ड
(D) आंत्र –15th से 90th खण्ड

56. कॉकरोच में कैल्सीफेरस ग्रन्थि कहां उपस्थित होते है?

(A) ग्रसनी (B) अमाशय
(C) आत्र (D) उपरोक्त में से कोई नहीं

57. केचुआ में किस प्रकार के संवेदाग पाए जाते है?

(A) स्पर्श ग्राही (B) प्रकाश ग्राही
(C) रसायन ग्राही (D) उपरोक्त सभी

58. केचुआ के वृषण के संदर्भ में सही कथन का चयन करे–

(A) वृषण - एक जोड़ा
(B) वृषण - शुक्राणुजनन
(C) वृषण - सिर्फ एक
(D) उपरोक्त में से कोई नहीं

59. अण्डाशय कौन से खंड के अंतरा-खंडीय पट्ट से जुड़े हुए है?

(A) 12th तथा 13th खंड (B) 13th तथा 14th खंड
(C) 14th तथा 15th खंड (D) 15th तथा 16th खंड

60. सीटी अनुपस्थित होते है–

(A) प्रथम खंड पर (B) अंतिम खंड पर
(C) पर्याणिक पर (D) उपरोक्त सभी पर

61. केचुआ का संघ है–

(A) प्रोटोजोआ (B) मोलस्का
(C) ऐनेलिडा (D) आर्थोपोडा

62. केचुआ के शरीर में खंडो की संख्या होती है–

(A) 110 (B) 210
(C) 50 (D) 12

63. नीचे कुछ कथन केचुआ के तंत्रिका तन्त्र के दिए गए है, कितने कथन गलत है–

A. तंत्रिका रज्जु अधर सतह पर जोड़े में उपस्थित
B. तंत्रिका रज्जु 2nd तथा 3rd खण्ड में विभाजित
C. प्रमस्तिष्क गुच्छिका उपस्थित
D. उद्‌भव एक्टोडर्म से

(A) एक (B) दो
(C) तीन (D) कोई नहीं

64. वृक्कक एकत्रित करते है-

(A) नाइट्रोजनी अपशिष्ट गुहीय कक्ष से।

(B) गुहीय कक्ष से अतिरिक्त द्रव्य को।

(C) अतिरिक्त द्रव्य आंत से।

(D) रुधिर से उत्सर्जी अपशिष्ट

65. नीचे वृक्कक से संबन्धित कथन दिए गए है, कितने कथन सही है-

A. कुण्डलित नलिका

B. खण्डों में व्यवस्थित रहते है।

C. एक से अधिक प्रकार के

D. सभी प्रकार के वृक्कक का मूलभूत संरचना भिन्न होते है।

(A) एक (B) दो

(C) तीन (D) चार

66. निम्न में से कौन केचुआ में अनुपस्थित होती है?

(A) विशिष्ट उत्सर्जी अंग

(B) विशिष्ट श्वसन अंग

(C) ह्रदय

(D) उपरोक्त में से कोई नहीं

67. केचुआ निवास करते है-

(A) सूखी मिट्टी के ऊपरी परत में

(B) गीली मिट्टी के मध्य परत में।

(C) गीली (नम) मिट्टी के ऊपरी परत में।

(D) नम मिट्टी के निचले परत में।

68. एक कोकून से कितने केचुए बाहर आते है?

(A) 10 (B) 40

(C) 60 (D) 1

69. गत कथन का चयन करे-

(A) दो केचुआ के बीच शुक्राणुओं का आदान प्रदान होता है।

(B) शुक्राणु, शुक्राणुघर नामक थैली के रूप में मुक्त होते है।

(C) शुक्राणु कोकुन में अण्ड के पहले मुक्त होते है।

(D) केचुआ का भूण्र कोकून में स्थित रहता है।

70. नीचे केचुआ से संबंधित कुछ संरचनाएं दिए गए है उस संरचना का चयन करे जो चार जोड़े होते है-

(A) शुकाशय (B) अण्डाशय

(C) सहायक ग्रन्थि (D) शुक्र ग्राहिका

71. पर्याणिक पर कितने शूक होते है?

(A) सिर्फ एक (B) कुछ हजार

(C) 100-120 (D) उपरोक्त में से कोई नहीं।

72. केचुआ से संबंधित उस संरचना का चयन करे जो कि एक जोड़े होते है-

(A) वृषण कोष, अण्डाशय, सहायक ग्रन्थि

(B) वृषण, अण्डाशय, शुक्र ग्राहिका

(C) वृषण, अण्डाशय, प्रोस्टेट ग्रान्थि

(D) अण्डाशय, प्रोस्टेट, वृषण कोष

73. सहायक ग्रन्थि केचुआ के शरीर के कौन से खण्ड में उपस्थित होते है?

(A) 17th (B) 18th

(C) 19th (D) A तथा C दोनों में

74. केचुआ से संबंन्धित कौन सा कथन सही है?

(A) जलीय-मिट्टी खाने वाले

(B) लाल-काले रंग के

(C) स्थलीय-मिट्टी खाने वाले

(D) कशेरुकी

75. सामान्य भारतीय केचुआ है-

(A) फेरेटिमा तथा द्रविड़

(B) लुम्ब्रीकस तथा मेगास्कोलेक्स

(C) फेरेटिमा तथा लुम्ब्रीकस

(D) मेगास्कोलेक्स तथा द्रविड

76. केचुआ के शरीर के पृष्ठ तल पर एक गहरी मध्य रेखा उपस्थित होती है, यह रेखा है-

(A) शरीर का पृष्ठ तंत्रिका

(B) शरीर का पृष्ठ ग्रन्थि

(C) शरीर का पृष्ठ रूधिर वाहिनी

(D) शरीर का पृष्ठ पेशी

77. नीचे कुछ कथन केचुआ के शूक से सम्बन्धित दिए गए है–

(A) शूक सभी खंड में उपस्थित है।

(B) शूक सभी खंड के परिधि पर पाए जाते है।

(C) शूक फैल तथा सिकुड़ सकती है।

(D) शूक प्रथम तथा अंतिम खंड पर अनुपस्थित होते है–

उपरोक्त में से कितने कथन सही है?

(A) 1 (B) 2

(C) 3 (D) 4

78. केचुआ के परिसंचरण तंत्र से संबंन्धित सही कथन का चयन करे–

(A) हीमोग्लोबिन अनुपस्थित

(B) हीमोग्लोबिन लाल रुधिर कोशिका में उपस्थित

(C) हीमोग्लोबिन प्लाज्मा में घुलित

(D) हीमोग्लोबिन का निर्माण लसिका ग्रन्थि के द्वारा

79. आंत्रवलन उपस्थित होते है–

(A) 26–53 खण्ड पर – पृष्ठ भिति पर

(B) 26–35 खण्ड पर – अधर भिति पर

(C) 26–35 खण्ड पर – पृष्ठ भिति पर

(D) 26–29 खण्ड पर – पार्श्व भिति पर

80. वृक्कक का चयन करे जो उसी खंड में उपस्थित होते है जिसमें रूधिर ग्रन्थियाँ पाई जाती है–

(A) पटीय (B) अध्यावरणी

(C) ग्रसनीय (D) उपरोक्त सभी

81. रूधिर ग्रन्थि शरीर के कौन से खंड में उपस्थित होते है?

(A) 2nd, 3rd और 4th

(B) 3rd, 4th और 5th

(C) 4th, 5th और 6th

(D) 6th, 7th और 8th

82. दिया गया चित्र केचुए के आहार नाल का है, A, B तथा C को पहचानते हुए उस विकल्प का चयन करे जो इसके कार्य को सही ढंग से बता रहा है–

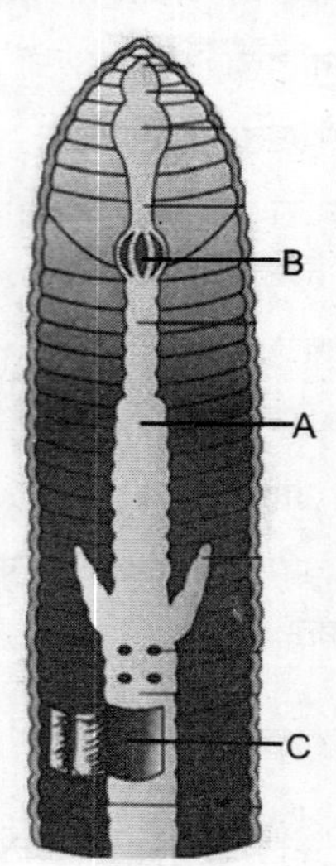

(A) A-पाचन एन्जाइन को स्रावण
B-पिसाई
C-क्षेत्रफल को बढ़ाता है।

(B) A-क्षेत्रफल को बढ़ाता है।
B-पिसाई
C-पाचन एन्जाइम को स्रावण

(C) A-पिसाई
B-क्षेत्रफल को बढ़ाता है।
C-पाचन एन्जाइम को स्रावण

(D) A-क्षेत्रफल को बढ़ाता है।
B-पाचन एन्जाइम को स्रावण
C-पिसाई

83. सुमेलित करे–

कॉलम A	**कॉलम B**
वृक्कक	स्थिती
1. पटीय	A. 4, 5 तथा 6thखंड
2. अध्यावरणी	B. 15th से अंतिमखंड
3. ग्रसनीय	C. 3rd से अंतिमखंड

(A) 123/ABC (B) 123/BCA

(C) 123/CBA (D) 123/BAC

84. वृक्कक के सेट का चयन करे जो कि केचुआ के शरीर के अंतिम खंड तक उपस्थित होते है–

(A) ग्रसनीय, पटीय (B) अध्यावरणी, पटीय

(C) अध्यावरणी, ग्रसनीय

(D) ग्रसनीय, पटीय, अध्यावरणी

85. नीचे वृक्कक के सेट दिए गए है उस सेट का चयन करे जो कि उत्सर्जी पदार्थ को आहार नाल में मुक्त करते है–

(A) ग्रसनीय, पटीय

(B) अध्यावरणी, पटीय

(C) अध्यावरणी, ग्रसनीय

(D) ग्रसनीय, पटीय, अध्यावरणी

86. नीचे दिया गया चित्र केचुआ के परिसंचरण तन्त्र का है, उस विकल्प का चयन करे जो कि हृदय को दर्शा रहा है–

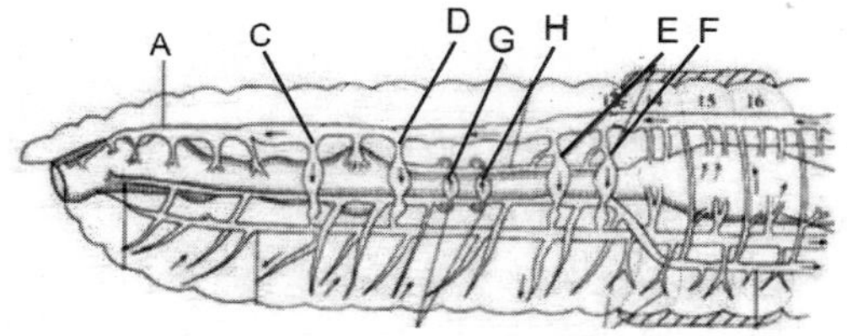

(A) C, D, E, F (B) E, F, G, H

(C) E, F (D) C, D, G, H

87. केचुआ को किसानों का दोस्त क्यों कहते है?

(A) यह मिट्टी को छिद्रित बनाते है।

(B) यह कृमि कंपोस्ट का कार्य करते है।

(C) मूल को मिट्टी के गहराई में जाने से मदद करते है।

(D) उपरोक्त सभी

88. कॉकरोच का तंत्रिका तंत्र–

(A) सिर्फ शीर्ष में स्थित रहते है।

(B) पूरे शरीर में फैला रहता है।

(C) सिर्फ उदर में स्थित रहते है।

(D) मस्तिष्क अनुपस्थित होते है।

89. निम्न में से कौन सी संरचना योनि कहलाता है?

(A) अण्ड वाहिनी (B) शुक्राशय

(C) जनन वेश्म (D) उपरोक्त में से कोई नहीं

90. नीचे कुछ कथन जन्तु उत्तक से संबंन्धित दिए गए है। सही कथन का चयन करे–

A. एक अंग बिना उत्तक के हो सकता है।

B. उत्तक शरीर की क्रियात्मक इकाई है।

C. उत्तक अंगों का समूह है।

D. मानव शीर में सिर्फ एक प्रकार का उत्तक होता है।

(A) A (B) B

(C) C, D (D) उपरोक्त में से कोई नहीं

91. कॉकरोच का संवेदी संरचना है–

(A) संयुक्त नेत्र (B) शृंगिका

(C) गुदीय लूम (D) उपरोक्त सभी

92. कॉकरोच होता है–

(A) रात्रीचर (B) दिनचर

(C) संध्याचारी (D) उपरोक्त सभी

93. तिलचट्टा के आहारनाल के कौन से भाग का व्यास समान होता है?

(A) अग्रान्त्र (B) मध्यांत्र

(C) पश्चांत्र (D) उपरोक्त सभी

94. तिलचट्टा के विकास अथीत कार्यान्तरण में निम्फ अवस्था होते है, ऐसे विकास को कहते है–

(A) हेमीमेटाबोल्स (C) पूर्ण

(B) पॉरोमेटोबोल्स (D) अमेटाबोल्स

95. निम्न में से किस आधार पर निम्फ व्यस्क से भिन्न है?

(A) पंख की अनुपस्थिती

(B) शृंगिका की अनुपस्थिति

(C) संयुक्त नेत्र की अनुपस्थिती

(D) उपरोक्त सभी

96. नर तिल चट्टा में जनन-कोष्ट घिरा रहता है–

(A) 9 वां, 10 वां पृष्ठकांश तथा 9 वां अधरकांश

(B) 9 वां, 10 वां अधरकांश तथा 9 वां पृष्ठकांश

(C) 9 वां पृष्ठकांश 9 वां तथा 10 वां अधरकांश

(D) 8 वां, 9 वां तथा 10 वां अधरकांश

97. दिया गया चित्र तिलचट्टा के सिर क्षेत्र को दर्शा रहा है, लेबलिंग A, B, C तथा D दिया गया है, उस विकल्प का चयन करे, सही लेबलिंग तथा कार्य दर्शा रहे है-

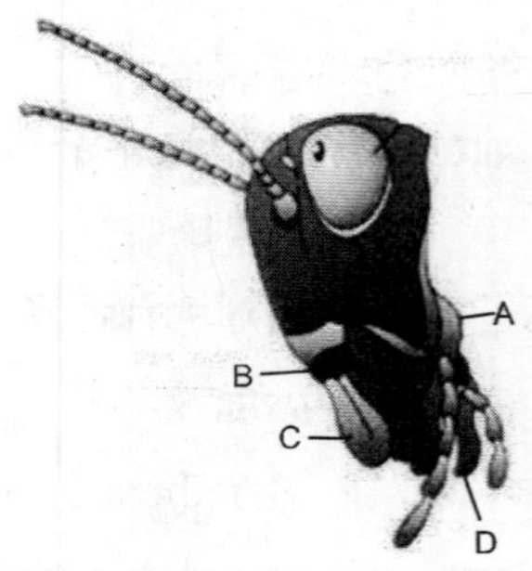

(A) मैडिबल - भोजन को चबाना
(B) मैक्सिला - भोजन को पकड़ना
(C) लेब्रम - ऊपरी होठ
(D) लेबियम - जीव्हा

98. अगर केचुआ से तुलना की पाए तो निम्न में से कौन से तन्त्र के आधार पर यह कहां जा सकता है कि तिलचट्टा प्रतिगामी जैव विकास प्रदशित कर रहा है?
(A) पाचन तन्त्र (B) परिसंचरण तंत्र
(C) श्वसन तन्त्र (D) अन्तः स्रावी तंत्र

99. तिलचट्टा का रूधिर निर्मित होता है-
(A) रंगीन प्लाज्मा + रूधिराणु
(B) रंगहीन प्लाज्मा + हीमोग्लोबिन
(C) हीमोग्लोबिन + रूधिराणु
(D) रंगहीन प्लाज्मा + रूधिराणु

100. नीचे तिलचट्टा के हृदय से संबंधित कथन दिए गए है-
A. तिलचट्टा का हृदय एक लंबी अपेशीय (पेशी विहिन) नली होती है।
B. हृदय शरीर के मध्य-पृष्ठीय भाग पर स्थित होता है।
C. हृदय से रूधिर आस्य के द्वारा बाहर आता है।
D. हृदय का आकार कीप की भांति होता है।
उपयुक्त में से कितने कथन असत्य है?
(A) 1 (B) 2
(C) 3 (D) 4

101. निम्न में से कौन सा विकल्प तिलचट्टा में रूधिर परिवहन का सही सेट है?
(A) रूधिर गुहा → आस्य → हृदय → रूधिर गुहा
(B) आस्य → रूधिर गुहा → हृदय → रूधिर गुहा
(C) हृदय → आस्य → रूधिर गुहा → हृदय
(D) रूधिर गुहा → हृदय → आस्य → रूधिर गुहा

102. युवा तिलचट्टा में कितने श्वास छिद्र होते है?
(A) 10 जोड़े (B) 12 जोड़े
(C) 8 जोड़े (D) 6 जोड़े

103. तिलचट्टा में श्वास रन्ध्र उपस्थित होते है-
(A) शरीर के पार्श्व भाग पर
(B) शरीर के पृष्ठ भाग पर
(C) शरीर के अधर भाग पर
(D) शरीर के अग्र भाग पर

104. निम्न में से कौन से लक्षण के आधार पर कांकरोच, कीट के अंतर्गत आता है?
(A) छह टांगे
(B) शरीर शीर्ष, वक्ष तथा उदर में विभेदित
(C) काईटिन युक्त बाह्य कंकाल
(D) उपरोक्त सभी

105. निम्न में से कौन सा संरचना उत्सर्जी स्वभाव का है?
(A) शुक्र ग्राहिका (B) एलेरी पेशी
(C) वास काय (D) उपरोक्त में से कोई नहीं

106. मादा कॉकरोज में जनन-कोष्ठ या जननिक कोष्ट निर्मित होते है-
(A) आठवां, नवां तथा दसवां अधरक
(B) सातवां, आठवां तथा नवां अधरक
(C) आठवां, नवां तथा दसवां टरगम
(D) सातवां, आठवां तथा नवां टरगम

107. नीचे कुछ कथन तिलचट्टा से संबंधित दिया गया है-
A. संग्राहक ग्रन्थि नर तिलचट्टा में पाया जाता है
B. ग्रीवा प्रोथारेक्सका रूपान्तरण होता है
C. क्षुंद्रान्त मध्यांत्र का भाग है
D. सम्पूर्ण आहार नाल क्यूटिकल युक्त होता है
(A) A और B सत्य, C और D असत्य
(B) B, C और D सत्य, A असत्य
(C) B सत्य, A, C और D असत्य
(D) B और C सत्य, A और D असत्य

108. निम्नलिखित स्तम्भों को सुमेलित कीजिए-

स्तम्भ अ	स्तम्भ ब
1. हिपेटिक सीकी	A. 10 जोड़े
2. श्वास रन्ध्र	B. 4 जोड़े
3. मेल्पिजियन नलिका	C. 50-60 जोड़े
4. संग्राहक नलिका	D. 1 जोड़ा

(A) 1234/ABCD (B) 1234/BACD
(C) 1234/BADC (D) 1234/DABC

109. मादा कॉकरोच द्वारा उत्पन्न ऊथीका तथा अंडो के संदर्भ में सही कथन का चयन करे-
(A) 9-10 ऊथीका; प्रत्येक में 16-32 अंडे
(B) 14-16 ऊथीका; प्रत्येक में 14-16 अंडे
(C) 9-10 उथीका; प्रत्येक में 16-20 अंडे
(D) 1 ऊथीका; प्रत्येक में 1 अंडा

110. कॉकरोच के विभिन्न जातियों के संदर्भ में रंग दिए गए है, उस सेट का चयन करे जो कि असामान्य है-
(A) भूरा तथा काला (B) गहरा पीला तथा लाल
(C) लाल तथा हरा (D) हरा तथा नीला

111. कॉकरोच के आवास तथा व्यवहार के संदर्भ में असामान्य का चयन करे-
(A) सर्वाहारी
(B) रात्रीचर
(C) नमी युक्त स्थान पर रहते है
(D) धीमे गति से गमन करते है

112. निम्न में से कौन सी कॉकरोच की भारत में पायी जाने वाली सबसे सामान्य जाति है?
(A) पेरिप्लेनेटा अमेरिकाना
(B) ब्लाटा ओरोइटेलिस
(C) पेरिप्लेनेटा ऑस्ट्रेलिस
(D) ब्लाटा जरमेनिका

113. कॉकरोच के बाह कंकाल (exoskeleton) के संदर्भ में गलत कथन का चयन करे-
(A) बाह कंकाल कठक (sclerite) के बने होते है।
(B) कठक (sclerite) संधिकारी झिल्ली (arthordial membrane) के द्वारा जुड़े रहते है।
(C) पृष्ठ कठक को पृष्ठ वाली-पृष्ठकांश (tergum) कहते है।
(D) अधर कठक को प्लूरोन कहते है।

114. निम्न में से कौन कॉकरोच के जीव्हा के भांति कार्य करते है?
(A) ऊर्ध्वोष्ठ (Labrum)
(B) अधारोष्ठ (Labium)
(C) चिबुकास्थि (Maxilla)
(D) अधोग्रसनी (Hypopharynx)

115. कॉकरोच में कौन सा पंख उड़ने से संबंधित है?
(A) टेगमीना (B) इलाइट्रा
(C) पश्य पंख (D) उपरोक्त सभी

116. कॉकरोच के सम्पूर्ण आहार नाल में Cuticle सर्वाधिक मोटा कौन से भाग में होता है?
(A) शस्थ (Crop) (B) पेषणी (Gizzard)
(C) मलाशय (rectum) (D) मध्य आंत (mid-gut)

117. आहार नाल के मध्यभाग में cuticle क्यों अनुपस्थित होते है?
(A) पचित भोजन के अवशोषण के लिए
(B) मध्यआंत के सुरक्षा के लिए
(C) पाचक एन्जाइम के समुचित स्त्रावण के लिए
(D) उपरोक्त सभी

118. पेरिप्लेनेटा अमेरिकाना की लम्बाई होती है-
(A) 34-70 mm (B) 34-53 mm
(C) 70-140 mm (D) 53-70 mm

119. कॉकरोच के आहार नाल के संदर्भ में सही क्रम का चयन करे-
(A) मुख → ग्रसनी → शस्थ (क्राप) → पेषणी → मध्यांत → क्षुद्रांत → वृहदांत्र → मलाशय
(B) मुख → ग्रसनी → मध्यांत → क्षुद्रांत → मलाशय → वृह दांत → शस्थ (क्राप) → पेषणी
(C) मुख → ग्रसनी → मध्यांत → शस्थ (क्राप) → पेषणी → क्षुद्रांत → मलाशय → वृहदांत्र
(D) ग्रसनी → शस्थ (क्राप) → मुख → पेषणी → मध्यांत → क्षुद्रांत → मलाशय → वृहदांत्र

120. कॉकरोच में उन संरचनाओं का चयन करे, जिनका स्त्रावण पाचन से संबंधित है-
(A) यकृतीय अंधनाल, मैलपीगी नली
(B) पेषणी, लार ग्रन्थि
(C) शस्थ, यकृतीय अंधनाल
(D) यकृतीय अंधनाल, लार ग्रन्थि

121. दिया गया चित्र तिनचट्टा के मुख भाग का है मुख भाग को पहचानते हुए सही उत्तर का चयन करे–

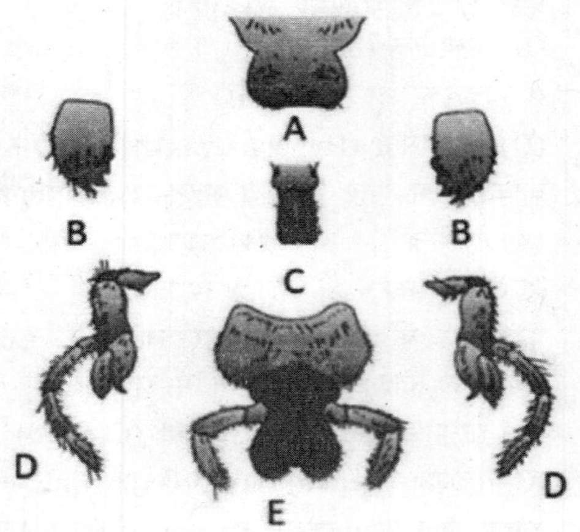

(A) A = लेबियन B = मैडिबुल
C = मैक्सिला D = हाइपोफैरिक्स
D = लेब्रम

(B) A = लेब्रम B = मैडिबुल
C = मैक्सिला D = लेबियम
E = हाइपोफैरिक्स

(C) A = लेबियम B = मैक्सिला
C = मैडिबुल D = हाइपोफैरिक्स
E = लेब्रम

(D) A = लेबियम B = मैडिबुल
C = मैक्सिला D = लेब्रम
E = हाइपोफैरिक्स

122. ग्रीवा है–
(A) अग्र वक्ष का वृद्धि
(B) शीर्षका वृद्धि
(C) A तथा B दोनों
(D) उपरोक्त में से कोई नहीं

123. सिर कितने खंडों के मिलने से बनता है?
(A) 6 (B) 3
(C) 2 (D) 9

124. नीचे कॉकरोच से संबंधित कुछ कथन दिए गए है, इनमें से कुछ कथन सही तथा कुछ कथन गलत है, सही उत्तर का चयन करे–
A. कॉकरोच के उदर में 10 खंड उपस्थित होते है।
B. गुदीय लूम सिर्फ नर में उपस्थित होते है।
C. नर तथा मादा दोनों में सातवीं अधरक नौका आकार के होते है।
D. नर तथा मादा दोनों में गुदा समान खंड पर उपस्थित होते है।
(A) A, C (सत्य) B, D (असत्य)
(B) A, B (सत्य) C, D (असत्य)
(C) B, D (सत्य) B, C (असत्य)
(D) B, C (सत्य) A, D (असत्य)

125. नीचे कॉकरोच से संबंधित कुछ कथन दिए गए है, कुछ कथन सही है कुछ गलत है, सही उत्तर का चयन करे-
(A) मैलपीगी नलिका-अग्रांत्र तथा मध्यांत्र के संधि पर उपस्थित।
(B) यकृतीय अंधनाल-मध्यांत्र तथा पश्चांत्र के संधि स्थल पर उपस्थित।
(C) पश्य पंख-मध्यावक्ष
(D) कोलेट्रीयल ग्रन्थि-जननांग थैली

126. तिलचट्टा का अधिकतम आकार होता है–
(A) 2 इंच (B) 3 इंच
(C) 4 इंच (D) 5 इंच

127. तिलचट्ट से संबंन्धित सही सेट (जोड़े) का चयन करे–
(A) पंख-1 जोड़ा (B) शृगिका-1 जोड़ा
(C) टांग-3 (D) सभी सही है

128. नीचे तिलचट्टा के पंख से संबंन्धित कुछ कथन दिए गए है–
A. अग्र पंख, पश्य पंख को उड़ान के दौरान भी ढक कर रखते है।
B. अग्र पंख तिलचट्ट का मुख्य उड़न पंख होता है।
C. पश्च पंख को प्रवार भी कहते है।
D. अग्र पंख सिर के ठीक पीछे वक्ष के प्रथम खंड से जुड़े रहते है।
निम्न में से कितने कथन असत्य है?
(A) 1 (B) 2
(C) 3 (D) 4

129. निम्न में से कौन, कॉकरोज के मस्तिष्क को दर्शा रहा है?

(A) अधोग्रसिका गुच्छिका

(B) अधिग्रसिका गुच्छिका

(C) परिग्रसिका गुच्छिका

(D) प्रमस्तिष्क गुच्छिका

130. मोजेक दृष्टि में होता है–

(A) अधिक सुग्रहिता, अधिक विभेदन

(B) कम सुग्रहिता, कम विभेदन

(C) अधिक सुग्रहिता, कम विभेदन

(D) कम सुग्रहिता, अधिक विभेदन

131. कॉकरोज से संबंधित स्तभों का मिलान करे–

कॉलम	**कॉलाम**
1. वृषण	(A) 4th-6th उदरीय खंड
2. मशरुम ग्रन्थि	(B) 6th-7th उदरीय खंड
3. अंडाशय	(C) 2nd-6th उदरीय खंड

(A) 123/ABC (B) 123/CAB

(C) 123/BAC (D) 123/BCA

132. अंडकवच का माप होता है–

(A) 2 mm (B) 4 mm

(C) 6 mm (D) 8 mm

133. मेढक के संदर्भ में गलत कथन का चयन करे–

(A) जगत - एनिमेलिया

(B) संघ - कॉडेटा

(C) गण, वंश - राना टिग्रीना

(D) वर्ग -एनुरा

134. निम्न में से कौन से आवास दशा में सामान्यत: मेढ़क छदमावरण या अनुहरण प्रदर्शित नहीं करते है?

(A) जब मेढ़क घास में होते है।

(B) जब मेढ़क सूखी भूमि पर होते है।

(C) जब मेढक जल में होते है।

(D) उपरोक्त में से कोई नहीं।

135. मेढक शीत निद्रा तथा ग्रीष्म निद्रा प्रदर्शित करते है क्योंकि मेढ़क होते है–

(A) समतापी (B) असमतापी

(C) गर्म रूधिर वाले (D) आकार में छोटे

136. नीचे कुछ कथन मेढ़क से संबंधित दिया गया है इनमें से कुछ कथन सही है तथा कुछ कथन गलत है, सही विकल्प का चयन करे-

A. बेहद सूखे की स्थिति में भी त्वचा अपने नम स्वभाव को बनाएं रखते हैं।

B. त्वचा का अधर सतह गहरे पीले रंग के होते है।

C. मेढ़क त्वचा से जल को अवशोषित करते है।

D. सिर्फ नम त्वचा, त्वचीय श्वसन के लिए पर्याप्त होते है

(A) A, C (सत्य) B, D (असत्य)

(B) A, B (सत्य) C, D (असत्य)

(C) A, D (सत्य) B, C (असत्य)

(D) B, C (सत्य) A, D (असत्य)

137. मेढ़क से संबंधित सही कथन का चयन करे–

(a) मेढ़क निमेषक झिल्ली की भूमिका मेढ़क में मुख्यत: जल में होता है।

(b) मेढ़क का अग्रपाद तथा पश्चपाद समान रूप से पेशीय होता है।

(c) मेढ़क के अग्रपाद तथा पश्चपाद दोनों में वेब (झिल्ली) उपस्थित होते है।

(d) अग्रपाद तथा पश्चपाद में अंगुलियों की संख्या बराबर नहीं होती है।

(A) a, c (B) b, d

(C) a, d (D) b, c

138. मेढ़क के लैंगिक द्विरुपता से संबंधित संरचना का चयन करे–

(A) मादा मेढ़क में स्वर कोष की उपस्थिति

(B) नर के अग्रपाद के सभी अंगुलियों में मैथुनांग की उपस्थिति

(C) मादा के अग्रपाद की प्रथम अंगुली में मैथुनांग की उपस्थिति

(D) उपरोक्त में से कोई नहीं

139. मेढ़क में उस संरचना का चयन करे जो उनमें मांसाहांर व्यवहार का अनुकुलन नहीं है–

(A) आँत का छोटा आकार

(B) चौड़ा मुख

(C) चबाने के लिए नुकिले दंत

(D) कूदने की क्षमता

140. मेढ़क के आहार नाल में कौन सा सेट अनुपस्थित होता है?
(A) मलाशय, गुदा
(B) अंधनाल (सीकम), मलाशय
(C) अंधनाल (सीकम), वृहदांत्र
(D) ग्रहणी, गुदा

141. उन तथ्यों का चयन करे जिसमें मेढ़क का पाचन तंत्र मनुष्य से भिन्न होता है?
A. अपेक्षाकृत छोटे आहार नाल की उपस्थिति।
B. द्विपालित जीव्हा की उपस्थित।
C. पित थैली की अनुपस्थिति।
D. भोजन के पाचन की शुरूआत अमाशय से।
(A) A, C (B) C, D
(C) B, D (D) A, D

142. मुखगुहा, त्वचा तथा फेफड़ा एक साथ मेढ़क में निम्न में से कौन सी स्थिति में श्वसन अंग का कार्य करते है?
(A) जब मेढ़क जल में रहता है।
(B) जब मेढ़क भूमि पर रहता है।
(C) जब मेढ़क ग्रीष्म निष्क्रियता तथा शीत निष्क्रियता में रहता है।
(D) उपरोक्त सभी

143. कौन सी दशा में मेढ़क में सिर्फ त्वचीय श्वसन होता है?
(A) भूमि तथा जल में
(B) भूमि तथा ग्रीष्म निष्क्रियता के दौरान
(C) जल में तथा शीत निष्क्रियता के दौरान
(D) भूमि तथा शीत निष्क्रियता के दौरान

144. मेढ़क का निलय खुलता है–
(A) शिराकोटर में जो कि हृदय के अधर सतह पर स्थित होता है।
(B) धमनीशंकु (कोनस ऑरटेरिओसिस) जो कि हृदय के पृष्ठ सतह पर स्थित है।
(C) शिराकोटर में जो कि हृदय के पृष्ठ सतह पर स्थित होता है।
(D) धमनीशंकु जो कि हृदय के अधर सतह पर स्थित होते है।

145. मेढ़क में महाशिरा कहां खुलते है?
(A) शिरा कोटर में
(B) धमनी शंकु में
(C) सीधे दायें आलिन्द में
(D) सीधे बायें आलिन्द में

146. मेढ़क में विशेष संयोजी शिराएं स्थित होती है–
(A) आंत तथा वृक्क के मध्य
(B) यृकत तथा शरीर के निचले भाग के मध्य
(C) वृक्क तथा शरीर के निचले भाग के मध्य
(D) आँत तथा शरीर के निचले भाग के मध्य

147. मेढ़क में पए जाने वाले निवाहिका तन्त्र के सही जोड़े का चयन करे–
(A) वृक्क तथा यकृत
(B) वृक्क तथा हाइपोफिसियल
(C) यकृत तथा हाइपोफिसियल
(D) उपरोक्त सभी

148. निम्न में से कौन सी संरचना मेढ़क के हृदय में अनुपस्थित होते है?
(A) हृदय आवरण (पेरिकार्डियम)
(B) कार्डियक पेशी
(C) पेश मेकर (D) अन्तरा निलय पट्ट

149. मेढ़क का लसिका, रूधिर से किस बिन्दु पर भिन्न होता है?
(A) प्रोट्रीन + श्वेत रूधिर कोशिकाऐं
(B) श्वेत रूधिर कोशिकाऐं + लाल रूधिर कोशिकाऐं
(C) प्रोट्रीन + लाल रूधिर कोशिकाऐं
(D) प्रोट्रीन + जल

150. अत्यन्त सूखे की स्थिति में–
(A) मेढ़क यूरिकोटेलिक हो जाता है।
(B) मेढ़क अमोनोटेलिक हो जाता है।
(C) मेढ़क अमीनोटेलिक हो जाता है।
(D) उपरोक्त में से कोई नहीं

151. मेढ़क में उस संरचना का चयन करे जिससे होकर मूत्र तथा शुक्राणु बाहार आते है–
(A) मलाशय, शुक्र वाहिकाएं
(B) अवस्कर, मूत्र वाहिनी
(C) शुक्र वाहिकाएं, अवस्कर
(D) शुक्रक वाहिकाएं, मूत्र वाहिनी

152. मेढ़क के मस्तिष्क में कौन सी संरचना जोड़े में स्थित नहीं होता है?
(A) घ्राण पिण्ड (B) प्रमस्तिष्क गोलार्द्ध
(C) डाइएनसिफेलॉन (D) घ्राण पिण्ड

153. मेढ़क में (mesorchium) होता है–
(A) झिल्ली जो अण्डाशय को वृक्क से जोड़ता है।
(B) झिल्ली जो वृषण को वृक्क से जोड़ता है।
(C) झिल्ली जो वृक्क को देहभिति से जोड़ता है।
(D) झिल्ली जो अण्डवाहिनी को देहभिति से जोड़ता है।

154. नर मेढ़क तथा मादा मेढ़क के बड़ी आंत में खुलने वाली कुल संरचना का संख्या होती है–
(A) 4, 6 (B) 4, 4
(C) 3, 3 (D) 3, 6

155. उस संरचना का चयन करे जो कि मेढ़क में पाया जाता है, परन्तु मनुष्य में अनुपस्थित होता है–
(A) अवस्कर, बिर्डस नलिका
(B) वृक्क, मूत्र वाहिनी
(C) मूल थैली, वृक्क
(D) अवस्कर, मूत्रो जनन मार्ग

156. अगर शुक्राणु वृषण से मुक्त होते है, तो शुक्राणु के सही पथ का चयन करे–
(A) वृषण → शुक्र वाहिकाएँ → मूत्र वाहिनी → बिर्डस नलिका → अवस्कर → बाहर
(B) वृषण → शुक्र वाहिकाएँ → बिर्डस नलिका → मूत्र वाहिनी → अवस्कर → बाहर
(C) वृषण → बिर्डस नलिका → शुक्र वाहिकाएँ → अवस्कर → बाहर
(D) उपरोक्त में से कोई नहीं

157. अगर मादा मेंढ़क के अण्डाशय से अण्ड मुक्त होता है, तो सही क्रम का चयन करे–
A. Oviduct B. Ostium
C. Ovisac D. Cloaca
(A) B, A, C, D (B) A, B, C, D
(C) C, A, B, D (D) B, D, A, C

158. मेढ़क के संदर्भ में सही कथन का चयन करे–
A. मेढ़क सदैव जल में अंडा देता है
B. मेढ़क साल के 9 महीन तक अण्डे देने में सक्षम होते है।
C. मेढ़क अण्ड त्याग के पहले शुक्राणु त्याग सकता है।
D. मेढ़क सदैव अंड शुक्राणु के पहले त्यागता है।
(A) A, B (B) A, C
(C) A, D (D) B, C

159. निम्न में से कौन से बिन्दु पर मेंढ़क का तंत्रिका तन्त्र मनुष्य से भिन्न होता है?
(A) कपालिय तंत्रिका (B) दृष्टि पण्डि
(C) मेरु तंत्रिका (D) उपरोक्त सभी

ANSWER KEY

1. (A)	**2.** (D)	**3.** (C)	**4.** (A)	**5.** (C)	**6.** (A)	**7.** (D)	**8.** (B)	**9.** (B)	**10.** (C)
11. (D)	**12.** (D)	**13.** (A)	**14.** (B)	**15.** (B)	**16.** (C)	**17.** (B)	**18.** (B)	**19.** (D)	**20.** (D)
21. (A)	**22.** (D)	**23.** (A)	**24.** (D)	**25.** (D)	**26.** (A)	**27.** (D)	**28.** (C)	**29.** (C)	**30.** (A)
31. (C)	**32.** (D)	**33.** (C)	**34.** (C)	**35.** (A)	**36.** (B)	**37.** (C)	**38.** (D)	**39.** (B)	**40.** (C)
41. (A)	**42.** (A)	**43.** (C)	**44.** (D)	**45.** (A)	**46.** (C)	**47.** (D)	**48.** (C)	**49.** (B)	**50.** (B)
51. (C)	**52.** (C)	**53.** (A)	**54.** (D)	**55.** (C)	**56.** (D)	**57.** (D)	**58.** (D)	**59.** (A)	**60.** (D)
61. (C)	**62.** (A)	**63.** (A)	**64.** (B)	**65.** (C)	**66.** (D)	**67.** (C)	**68.** (A)	**69.** (C)	**70.** (D)
71. (D)	**72.** (D)	**73.** (A)	**74.** (C)	**75.** (C)	**76.** (C)	**77.** (B)	**78.** (C)	**79.** (C)	**80.** (A)
81. (C)	**82.** (A)	**83.** (B)	**84.** (B)	**85.** (B)	**86.** (A)	**87.** (D)	**88.** (B)	**89.** (D)	**90.** (D)
91. (D)	**92.** (A)	**93.** (B)	**94.** (C)	**95.** (A)	**96.** (A)	**97.** (C)	**98.** (B)	**99.** (D)	**100.** (B)
101. (A)	**102.** (A)	**103.** (A)	**104.** (D)	**105.** (C)	**106.** (B)	**107.** (C)	**108.** (B)	**109.** (C)	**110.** (D)
111. (D)	**112.** (A)	**113.** (D)	**114.** (D)	**115.** (C)	**116.** (B)	**117.** (A)	**118.** (B)	**119.** (A)	**120.** (D)
121. (B)	**122.** (A)	**123.** (A)	**124.** (C)	**125.** (D)	**126.** (B)	**127.** (B)	**128.** (D)	**129.** (B)	**130.** (C)
131. (A)	**132.** (D)	**133.** (C)	**134.** (C)	**135.** (B)	**136.** (A)	**137.** (C)	**138.** (D)	**139.** (C)	**140.** (C)
141. (C)	**142.** (B)	**143.** (C)	**144.** (D)	**145.** (A)	**146.** (C)	**147.** (A)	**148.** (D)	**149.** (C)	**150.** (D)
151. (B)	**152.** (C)	**153.** (B)	**154.** (A)	**155.** (A)	**156.** (B)	**157.** (A)	**158.** (C)	**159.** (D)	

इकाई 3: कोशिका: संरचना एवं कार्य

कोशिका: जीवन की इकाई

1. कोशिका उपस्थित होते है-
   (A) सिर्फ सजीव में
   (B) निर्जिव में
   (C) सजीव तथा निर्जिव दोनों में
   (D) उपरोक्त में से कोई नहीं
2. सजीव प्राणियों में उपस्थित होते है-
   (A) एक कोशिका
   (B) एक से अधिक कोशिका
   (C) A तथा B दोनों
   (D) उपरोक्त में से कोई नहीं
3. (A) _____ ने पहली बार कोशिका को देखा था।
   (B) _____ ने पहली बार कोशिका का वर्णन किया था।
   (A) A-लिवेनहाक, B-रार्बट हुक
   (B) A-स्लाइडेन, B-रार्बट हुक
   (C) A-लिवेनहाक, B-श्वान
   (D) A-लिवेनहाक, B-लिवेनहाक
4. स्लाइडन से संबंधित गलत कथन का चयन करे-
   (A) उन्होंने बहुत सारे जन्तुओं का अध्ययन किया था
   (B) वह ब्रिटेन के वनस्पति वैज्ञानिक थे
   (C) उन्होंने यह बताया की कोशिकाओं के बाहर एक पतली परत मिलती है।
   (A) A (B) B
   (C) A, B (D) A, B, C
5. व्यक्तिओं के जोड़े का चयन करें जिन्होंने संयुक्त रूप से कोशिका सिद्धांत दिया था-
   (A) स्लाइडन, श्वान (B) रार्बट हुक, श्वान
   (C) लिवेनहाक, श्वान (D) स्लाइडन, रार्बट हुक
6. निम्न में किसने कोशिका सिद्धान्त को रूपान्तरित करके एक नया रूप दिया?
   (A) स्लाइडेन
   (B) श्वान
   (C) स्लाइडेन तथा श्वान दोनों ने
   (D) रडोल्फ विर्चो
7. झिल्ली विहिन केन्द्रक उपस्थित होते है-
   (A) यूकैरियोटिक कोशिका में
   (B) प्रोकैरियोटिक कोशिका में
   (C) यूकेरियोटिक तथा प्रोकेरियोटिक कोशिका दोनों में
   (D) प्रोटिस्टा में
8. कोशिका द्रव्य होता है-
   (A) ठोस (B) तरल
   (C) अर्द्धतरल (D) उपरोक्त में से कोई नहीं
9. अगर A राइबोसोम है, B झिल्ली रहित अंगक है, अगर X प्रोकैरियोटिक कोशिका है, Y यूकैरियोटिक कोशिका है, तो निम्न में से सही सेट का चयन करे-
   (A) X-A, Y-B (B) X-A, B; Y-A, B
   (C) X-A; B, Y-A (D) X-B; Y-A, B

10. कितने अंगको में राइबोसोम उपस्थित होते है?

(A) 1 (B) 2

(C) 3 (D) 4

11. नीचे दो स्तंभ दिए गए है, कोशिका तथा आकार से संबंधित, सुमेलित करे–

कॉलम A	कॉलम B
1. तंत्रिका कोशिका	A. दीर्धीकृत
2. श्वेत रुधिर कोशिका	B. अमीबाकृति
3. मध्ययोतिकी कोशिका	C. गोल तथा अवतली
4. वाहिनिका कोशिका	D. गोल तथा अंडाकार
5. लाल रुधिर कोशिका	E. शाखित

(A) 12345/EBDCA (B) 12345/EBDAC

(C) 12345/BEDCA (D) 12345/ABCDE

12. निम्न में से कौन सबसे छोटी कोशिका है?

(A) माइकोप्लाज्मा (B) जीवाणु

(C) विषाणु (D) अमीबा

13. मान ले, A कोशिका का आकार है, B कोशिका की उपस्थिती है, C कोशिका की लम्बाई है। उपरोक्त में से किसके आधार पर कोशिका भिन्न होती है?

(A) A (B) B

(C) C (D) A, B तथा C

14. प्रोकेरियोटिक जन्तुओं के सेट का चयन करे–

(A) जीवाणु, नील हरित शैवाल, पीपीएलओ, अमीबा

(B) जीवाणु, नील हरित शैवाल, पीपीएलओ, माइकोप्लाज्मा

(C) अमीबा, नील हरित शैवाल, पीपीएलओ, माइकोप्लाज्मा

(D) जीवाणु, नील हरित शैवाल, अमीबा, माइकोप्लाज्मा

15. प्रोकेरियोटिक कोशिका का मूलभूत संगठन होता है–

(A) समान (B) भिन्न

(C) समान या भिन्न (D) उपरोक्त में से कोई नहीं

16. सभी प्रोकेरियोटिक कोशिका में कोशिका झिल्ली को घेरने वाला कोशिका भित्ति होती है, अपवाद स्वरूप है–

(A) माइक्रोप्लाज्मा (B) जीवाणु

(C) पीपीएलओ (D) नील हरित शैवाल

17. मीसोसोम निम्न में से किसका विशिष्ट विभेदित आकार है?

(A) कोशिका द्रव्य (B) डी एन ए

(C) कोशिका झिल्ली (D) कोशिका भित्ति

18. सुमेलित करे–

कॉलम A लम्बाई	कॉलम B
1. 0.1 μm	A. प्रारूपिक जीवाणु
2. 1–2 μm	B. विषाणु
3. 0.02–0.2 μm	C. पीपीएलओ

(A) 123/ABC (B) 123/CAB

(C) 123/CBA (D) 123/BAC

19. प्रोकैरियोटिक कोशिका की विशेषता होती है–

(A) प्लाज्मिड (B) कोशाभित्ति

(C) मीसोसोम (D) उपरोक्त में से कोई नहीं

20. A-परिभाषित विभेदित केन्द्रक

B-अनुवांशिक पदार्थ मुख्य रूप से नग्न

C-80s राइबोसोम

उपरोक्त में से कौन सा लक्षण प्रोकैरियोटिक कोशिका का है?

(A) A (B) A, B

(C) C (D) B

21. अधिकांश प्रोकैरियोटिक कोशिकाओं में विशेषकर ___?___ में एक जटिल रासायनिक कोशिका आवरण मिलता है–

(A) जीवाणु (B) माइकोप्लाज्मा

(C) नील हरित शैवाल (D) पीपीएलओ

22. जीवाणु का कोशिका आवरण दृढ़तापूर्वक बंधकर बनाता है–

(A) एक स्तरीय संरचना

(B) दो स्तरीय संरचना

(C) तीन स्तरीय संरचना

(D) चार स्तरीय संरचना

23. तीन परत युक्त कोशिका आवरण में उपस्थित होती है-
(A) आंतरिक ग्लाइकोकेलिक्स + कोशाभित्ति + कोशिका झिल्ली
(B) बॉह्य ग्लाइकोकेलिक्स + कोशाभित्ति + कोशिका झिल्ली
(C) सिर्फ ग्लाइकोकेलिक्स
(D) कोशाभित्ति + कोशिका झिल्ली

24. ग्राम धनात्मक तथा ग्राम ऋणात्मक निम्न में से किससे संबंधित होता है?
(A) जीवाणु (B) विषाणु
(C) A तथा B दोनो (D) उपरोक्त में से कोई नहीं

25. जीवाणु के ग्लाइकोकेलिक्स से संबंधित गलत कथन का चयन करे-
(A) इसका संगठन (रचना) अलग-अलग जीवाणु में भिन्न होता है।
(B) इसकी मोटाई अलग-अलग जीवाणु में भिन्न होता है।
(C) इसका संगठन तथा मोटाई सभी जीवाणु में समान होता है
(D) यह सभी जीवाणु में उपस्थित होता है

26. निम्न में से कौन सी संरचना जीवाणु को फटने से बचाती है-
(A) कोशाभित्ति (B) ग्लाइकोकेलिक्स
(C) कोशिका झिल्ली (D) उपरोक्त सभी

27. जीवाणु में ग्लाकोकेलिक्स जब ढीली आच्छद के रूप में होता है तो इसे कहते है-
(A) संपुटिका (केपूसल)
(B) कैप्सीड
(C) अवपंकपर्त
(D) आवरण

28. निम्न में से कौन से प्रोकैरियोटिक कोशिका में क्रोमेटोफोर उपस्थित होते है-
(A) पीपीएलओ (B) जीवाणु
(C) साइनोबैक्टीरिया (D) उपरोक्त में से कोई नहीं

29. नीचे कुछ कथन जीवाणु कोशिकाओं से संबंधित दिए गए है-
1. जीवाणु कोशिकाएं चलायमान होती है
2. जीवाणु कोशिकाएं अचलायमान भी हो सकती है
3. जीवाणु कोशिकाएं परजीवी भी हो सकते है
4. जीवाणु कोशिकाएं स्वतंत्र जीवी हो सकते है
उपरोक्त में से कितने कथन सही है?
(A) 1 (B) 2
(C) 3 (D) 4

30. जीवाणु कोशिकाएं भिन्नता प्रदर्शित करते है-
A. कशाभिका की संख्या में
B. कशाभिका के विन्यास में
C. कशाभिका के रंग में
D. कशाभिका के संगठन में
(A) A, B (B) B, C
(C) C, D (D) A, D

31. जीवाणु कशाभिका के कितने भाग होते है?
(A) 1 (B) 2
(C) 3 (D) 4

32. जीवाणु के कशाभिका होते है-
(A) तन्तु युक्त
(B) अंकुश युक्त
(C) आधारीय शरीर युक्त
(D) उपरोक्त सभी

33. जीवाणु कशाभिका का कौन सा भाग सबसे लम्बा होता है?
(A) तंतु (B) अंकुश
(C) आधारीय शरीर (D) शैफ्ट

34. निम्न में से कौन सी संरचना जो कि जीवाणु का भाग है, जीवाणु को गति में मदद नहीं करता है?
I. रोम II. झालर III. कशाभिका
(A) I (B) II
(C) III (D) I, II

35. जीवाणु के रोम बने होते है-
(A) कार्बोहाइड्रेड (B) प्रोटीन
(C) न्यूक्लिक अम्ल (D) वसा

36. जीवाणु की कौन सी संरचना इसे ऊत्तकों से चिपकने में मदद करता है?

(A) रोम (B) लघु शूक

(C) कशाभिका (D) उपरोक्त सभी

37. राइबोसोम का आकार होता है–

(A) 15 से 20 nm (B) 20 से 30 nm

(C) 30 से 40 nm (D) 5 से 10 nm

38. राबोइसोम किस से जुड़कर एक शृंखला बनाते है–

(A) संदेशवाहक आर एन ए

(B) राइबोसोमल आर एन ए

(C) ट्रासंफर आर एन ए

(D) उपरोक्त सभी

39. बहुराइबोसोम ____?____ से संबद्ध होकर प्रोट्रीन निर्माण में भाग लेते है–

(A) mRNA (B) rRNA

(C) tRNA (D) उपरोक्त सभी

40. अंतर्विष्ट पिंड संरक्षित करते है–

(A) अपशिष्ट पदार्थ (B) वसा

(C) आरक्षित सामग्री (D) उपरोक्त सभी

41. अंतर्विष्ट पदार्थ घिरे रहत है–

(A) एकल झिल्ली से (B) दोहरी झिल्ली से

(C) तिहरी झिल्ली से (D) उपरोक्त में से कोई नहीं

42. निम्न में से कौन अंतर्विष्ट पदार्थ नहीं है?

(A) फॉस्फेट कणिका

(B) साइनोफइसिन कणिकाएं

(C) ग्लाइकोजन कणिकाएं

(D) उपरोक्त में से कोई नहीं

43. इनमें से कौन यूकैरियोटिक कोशिका नहीं है?

(A) आघजीव (प्रोट्रिस्टा)

(B) कवक

(C) पादप

(D) उपरोक्त में से कोई नहीं

44. निम्नलिखित में से किसके आधार पर पादप कोशिका जन्तु कोशिका से भिन्न है?

(A) कोशिका भित्ति की उपस्थिती

(B) लवक

(C) बड़ी कंद्रीय रसधानी

(D) उपरोक्त सभी

45. निम्न में से किसके आधार पर जन्तु कोशिका पादप कोशिका से भिन्न है?

(A) तारक केंद्रक (B) राइबोसोम

(C) कोशिका झिल्ली (D) उपरोक्त सभी

46. कोशिका झिल्ली में लिपिड व्यवस्थित होते है–

(A) एक परत में (B) दो परत में

(C) तीन परत में (D) चार परत में

47. कोशिका झिल्ली में जल भीरु (हाइड्रोफोबिक) पुच्छ स्थित होता है–

(A) बाहर की तरफ (B) अंदर की तरफ

(C) पार्श्व सतह पर (D) उपरोक्त सभी

48. अगर A ध्रुवीय है, B अध्रुवीय है, तो कोशिका झिल्ली के संदर्भ में कौन–सा विकल्प सही है–

(A) A-पूच्छ, B-शीर्ष (B) A-शीर्ष, B-पूच्छ

(C) A-पूच्छ, B-पूच्छ (D) A-शीर्ष, B-शीर्ष

49. कोशिका झिल्ली में पए जाने वाले लिपिड घटक होते है–

(A) ग्लिसराइड्स

(B) ट्राइग्लिसराइड्स

(C) फास्फोग्लिसराइड्स

(D) उपरोक्त में से कोई नहीं

50. कोशिका झिल्ली में निम्न में से कौन अनुपस्थित होता है–

(A) लिपिड (B) प्रोट्रीन

(C) कार्बोहाइड्रेड (D) उपरोक्त में से कोई नहीं

51. विभिन्न कोशिकाओं में प्रोट्रीन व लिपिड का अनुपात होता है–

(A) सदैव समान

(B) सदैव भिन्न

(C) समान अथवा भिन्न

(D) उपरोक्त में से कोई नहीं

52. कोशिका झिल्ली के अंगभूत प्रोट्रीन होते है–
(A) आंशिक रूप से धंसे
(B) पूण्र रूप से धंसे
(C) धंसे नहीं होते है
(D) A तथा B दोनों

53. कोशिका झिल्ली में लिपिड के कारण प्रोट्रीन की गति होती है–
(A) उपर की तरफ (B) नीचे की तरफ
(C) पार्श्विक (D) फिल्प–फ्लाप

54. कोशिका झिल्ली का तरलीय प्रकृति निम्न में से किस कार्य क लिए महात्वपूर्ण है?
(A) कोशिका वृद्धि (B) कोशिका विभाजन
(C) स्त्रवण (D) उपरोक्त सभी

55. कोशिका झिल्ली से होकर जल की गति होती है–
(A) सक्रिय प्रक्रिया, परासरण के द्वारा
(B) निष्क्रिय प्रक्रिया परासरण के द्वारा
(C) निष्क्रिय प्रक्रिया सोडियम पम्प के द्वारा
(D) सक्रिय प्रक्रिया विसरण के द्वारा

56. उदासीन विलेय की गति होती है–
(A) साधारण विसरण द्वारा
(B) परासरण के द्वारा
(C) सक्रिय परिवहन के द्वारा
(D) उपरोक्त सभी

57. कोशिका भित्ति होती है–
(A) अदृढ़ निर्जीव आवरण
(B) सजीव अदृढ़ आवरण
(C) निर्जीव दृढ़ आवरण
(D) सजीव तथा दृढ़

58. कोशिका भित्ति बाहरी आवरण होता है–
(A) कवक का (B) शैवाल का
(C) विषाणु का (D) उपरोक्त में से कोई नहीं

59. A = संक्रमण से सुरक्षा
B = कोशिकाओं के बीच आपसी संपर्क बनाए रखना
C = निश्चित आकार प्रदान करता है
उपरोक्त में से कौन-सा कार्य कोशिका भित्ति के द्वारा नहीं होता है?
(A) A (B) B
(C) C (D) इनमें से कोई नहीं

60. निम्न में से कौन पादप कोशिका तथा शैवाल के कोशिका भित्ति में समान होता है?
(A) गैलेक्टेन्स (B) मैनान्स
(C) पेक्टीन (D) उपरोक्त में से कोई नहीं

61. निम्न में से कौन शैवाल के कोशिका भित्ति में अनुपस्थित होते है?
(A) गैलेक्टेन्स (B) मैनान्स
(C) पेक्टीन (D) कैल्सियम कार्बोनेट

62. निम्न में से किसके कोशिका भित्ति मे हेमीसेलुलोज उपस्थित होते है–
(A) पादप कोशिका
(B) शैवाल
(C) पादप कोशिका तथा शैवाल दोनों में
(D) जन्तु कोशिका में

63. पादप कोशिका के कोशिका भित्ति से संबंन्धित असामान्य का चयन करे–
(A) कैल्सियम कार्बोनेट
(B) प्रोट्रीन
(C) पेक्टीन
(D) हेमीसेलुलोज

64. कोशिका भित्ति की मध्य परत है–
(A) प्राथमिक भित्ति (B) लैम्लिा
(C) द्वितीयक भित्ति (D) तृतीयक भित्ति

65. निम्न में से किसमें कैल्सियम पेक्टेट उपस्थित होते हैं?
(A) प्राथमिक भित्ति (B) मध्यपटलिका
(C) द्वितीयक भित्ति (D) उपरोक्त सभी

66. कोशिका भित्ति के कौन से भाग में प्लाज्मोडैस्मेटा उपस्थित होते है?
(A) प्राथमिक भित्ति (B) मध्यपटलिका
(C) द्वितीयक भित्ति (D) उपरोक्त सभी

67. कोशिका भित्ति में द्वितीय भित्ति का निर्माण होता है-
(A) कोशिका के बाहर की तरफ
(B) कोशिका के अंदर की तरफ
(C) कोशिका के पार्श्व भाग की तरफ
(D) कोशिका के चारों तरफ

68. निम्न में कौन से कोशिकांग के कार्य में समन्यवयता की जरूरत नहीं पड़ती?
(A) माइटोकोंड्रिया (B) हरित लवक
(C) पेरोआक्सीसोम (D) उपरोक्त सभी

69. निम्न में से किस आधार पर कोशिकांग भिन्न होते है?
(A) संरचना (B) कार्य
(C) आकार (D) उपरोक्त सभी

70. एक कोशिका में थैली युक्त छोटी नलिकावत जालिका तंत्र बिखरा रहता है, जिसे कहते है-
(A) अंतर्द्रव्यी जालिका (B) गॉल्जी उपकरण
(C) माइटोकोंड्रिया (D) लयनकाय

71. अंतर्द्रव्यी जालिका, अन्तराकोशिकीय स्थान को कितने कोष्टकों में बांट देता है?
(A) 1 (B) 2
(C) 3 (D) 4

72. चिकने तथा खुरदरे अंतर्द्रव्यी जालिका में भिन्नता किसके उपस्थिती या अनुपस्थिती पर निर्भर करता है-
(A) राइबोसोम (B) माइटोकोंड्रिया
(C) गॉल्जी उपकरण (D) उपरोक्त में से कोई नहीं

73. खुरदरे अन्तप्रर्दव्यी जालिका निम्न में से किसे बाहरी झिल्ली से जुड़े रहते है?
(A) कोशिका झिल्ली (B) केन्द्रक
(C) माइटोकोंड्रिया (D) गॉल्जी उपकरण

74. निम्न में से किसने केन्द्रक के निकट धनी रंजित जालिकावत संरचना को देखा था?
(A) केमिलो गॉल्जी (B) जार्ज पैलेड
(C) रार्बट बाउर्न (D) श्वान

75. निम्नलिखित में से कौन सा पदार्थ लाइसोसोम के एंजाइम से पचित नहीं होता है?
(A) कार्बोहाइड्रेट (B) प्रोट्रीन
(C) न्यूक्लिक अम्ल (D) उपरोक्त में से कोई नहीं

76. प्रत्येक कोशिका में माइटोकोंड्रिया की संख्या निर्भर करती है-
(A) कोशिका के आकार पर
(B) कोशिका की लम्बाई पर
(C) कोशिका की कार्यकी सक्रियता पर
(D) कोशिका की संख्या पर

77. माइटोकोंड्रिया का आधात्री है-
(A) बाहरी कक्ष
(B) आंतरिक कक्ष
(C) बाहरी तथा आंतरिक कक्ष दोनों
(D) उपरोक्त में से कोई नहीं

78. माइटोकोंड्रिया स्थल होता है-
(A) वायुवीय श्वसन का
(B) अवायुवीय श्वसन का
(C) बाह्य श्वसन का
(D) उपरोक्त में से कोई नहीं

79. लाइसोसोम में उपस्थित एंजाइम क्रियाशील होता है-
(A) अम्लीय pH पर (B) क्षारीय pH पर
(C) उदासीन pH पर (D) उपरोक्त में से कोई नहीं

80. माइटोकोंड्रिया विभाजित होती है-
(A) स्पोरुलेशन के द्वारा (B) सिनगैमी के द्वारा
(C) विखंडन के द्वारा (D) पुटीभवन के द्वारा

81. केरोटिनॉइड होते है-
(A) जल में घुलनशील (B) वसा में घुलनशील
(C) अघुलनशील (D) उपरोक्त सभी में

82. केरोटिनॉइड वर्णक में शामिल नहीं है-
(A) केरोटिन (B) जैंथोफिल
(C) मेलेनिन (D) उपरोक्त में से कोई नहीं

83. निम्न में से कौन से कोशिकांग को सूक्ष्मदर्शी में आसानी से देखा जा सकता है?
(A) राइबोसोम (B) अंतप्रदव्यी जालिका
(C) लवक (D) लाइसोसोम

84. लवक के वर्गीकरण का आधार है–
(A) वर्णक (B) आकार
(C) अभिरंजन (D) उपरोक्त सभी

85. हरितलवक में उपस्थित होते है–
(A) पर्णहरित (B) केरोटिनाइड वर्णक
(C) ग्रेनम (D) उपरोक्त सभी

86. पत्तियों के पर्णमध्योतक (मिसोफिल) में उपस्थित होते है–
(A) हरितलवक (B) वर्णीलवक
(C) अवर्णीलवक (D) उपरोक्त सभी

87. हरितलवक का आकार होता है–
(A) फीते की भांति (B) लेंस की भांति
(C) अण्डाकार (D) उपरोक्त सभी

88. कोशिकांग जिसकी लम्बाई 5–10 माइक्रोमीटर है तथा चौड़ाई 2–4 माइक्रोमीटर है, वह है–
(A) माइटोकोंड्रिया (B) लाइसोसोम
(C) राइबोसोम (D) उपरोक्त में से कोई नहीं

89. हरितलवक के पर्णमध्योतक कोशिका में कितने पर्णहरित उपस्थित होते है?
(A) 1 (B) 20–40
(C) 5–10 (D) 2–3

90. थाइलकोइड उपस्थित होते है–
(A) हरित लवक में (B) वर्णीलवक में
(C) अवर्णीलवक में (D) उपरोक्त सभी में

91. निम्न में से कौन सिक्के की भांति व्यवस्थित होते है?
(A) ग्रेनम (B) थाइलाकोइड
(C) स्ट्रोमा (D) पीठिका पटलिका

92. थाइलेकोइड की झिल्ली एक रिक्त स्थान को घेरता है जो, कहलाता है–
(A) पीठिका (स्ट्रोमा) (B) अवकाशिका
(C) ग्रेनम (D) उपरोक्त में से कोई नहीं

93. एंजाइम जो कार्बोहाइड्रेट तथा प्रोट्रीन के संश्लेषण के लिए आवश्यक है, वह हरित लवक के कौन से भाग में उपस्थित होते है?
(A) पीठिका (B) अवकाशिका
(C) ग्रेनम (D) थाइलाकोइड

94. हरितलवक के स्ट्रोमा पीठिका में निम्न में कौन अनुपस्थित होता है?
(A) एंजाइम (B) गोलाकार डीएनए
(C) 80s राइबोसोम (D) थाइलाकोइड

95. स्वेडवर्गस इकाई अपरोक्ष रूप से निम्न में से किसे व्यक्त करता है?
(A) घनत्व (B) आकार
(C) A तथा B दोनों (D) उपरोक्त में से कोई नहीं

96. 70s तथा 80s राइबोसोम में कितने उपइकाई होते है?
(A) 1 (B) 2
(C) 3 (D) 4

97. कोशिका के साइटोपंजर निम्न में से कौन से कार्य में भाग लेते है?
(A) यांत्रिक सहायता
(B) गति
(C) कोशिका के आकार को बनाएं रखना
(D) उपरोक्त सभी

98. पक्षाभिका तथा कशाभिका निम्न में से किसके आधार पर समानता प्रदर्शित करते है–
(A) माप के आधार पर
(B) सभी कार्य के आधार पर
(C) दोनों प्लाज्मा कला से ढके रहते है
(D) दोनों एक ही उत्तक में उपस्थित रहते है।

99. श्वान थे–
(A) जर्मन वनस्पति वैज्ञानिक
(B) ब्रिटिश प्राणि वैज्ञानिक
(C) अमेरिकन प्राणि वैज्ञानिक
(D) ब्रिटिश वनस्पति वैज्ञानिक

100. ओमनिस सेलुल-इ-सेलुला का देने वाले वैज्ञानिक है–
(A) हर्टविंग (B) रार्बट हुक
(C) श्वान (D) उपरोक्त में से कोई नहीं

101. उस कोशिकांग (organelle) का चयन करे जो कि प्रोकैरियोटिक (prokaryotes) में पाये जाते है, परन्तु यूकैरियोटिक (eukaryotes) में अनुपस्थित रहते है वह है–
(A) माइटोकोंड्रिया (B) गॉल्जी उपकरण
(C) राइबोसोम (D) उपरोक्त में से कोई नहीं

102. निम्न में से कौन प्रोकैरियोटस (prokaryotes) के अन्तर्गत नहीं आते है-

(A) प्रोटिस्टा (B) कवक

(C) पादक (D) उपरोक्त सभी

103. उस संरचना का चयन करे जो पादप कोशिका में अनुपस्थित होते है-

(A) रिक्तिका (B) तारक केन्द्र

(C) माइटोकोंड्रिया (D) लवक

104. मनुष्य में इरिथ्रोसाइट के झिल्ली में उपस्थित रहते है-

(A) 52% लिपिड, 40% प्रोट्रीन

(B) 52% प्रोट्रीन, 40% लिपिड

(C) 52% कार्बोहाइड्रेड, 40% लिपिड

(D) 60% प्रोट्रीन, 40% लिपिड

105. सिंगर तथा निकोल्सन ने दिया था-

(A) ट्राईलेमिनर मॉडल

(B) सैंडविच मॉडल

(C) तरल मोसेक मॉडल

(D) लैमिनर

106. Na^+/K^+ पमप निम्न में किससे संबंधित है?

(A) निष्क्रिय परिवहन (B) परासरण

(C) विसरण (D) सक्रिय परिवहन

107. निम्न में से कौन अंत: झिल्लिका तंत्र के अन्तर्गत नहीं आते है?

(A) अन्तप्रदवी जालिका (B) गॉल्जी उपकरण

(C) लाइसोसोम (D) माइटोकोंड्रिया

108. कोशिकांग के जोड़े का चयन करे जो अंत:झिल्लका तंत्र के अन्तर्गत आते है-

(A) अन्तप्रदवी जालिका, माइटोकोंड्रिया

(B) गॉल्जी उपकरण, माइटोकॉड्रिया

(C) लाइसोसोम, अन्तप्रदवी जालिका

(D) राइबोसोम, माइटोकोंड्रिया

109. उस सेट का चयन करे, जिसमें सभी कोशिकांग अंत:झिल्लिका तन्त्र के अन्तर्गत आते है-

(A) अंतप्रदवी जालिका → गॉल्जी उपकरण → लाइसोसोम → रसधानी

(B) राइबोसोम → अंतप्रदवी जालिका → गॉल्जी उपकरण → रसधानी

(C) राइबोसोम → अंतप्रदवी जालिका → गॉल्जी उपकरण → रसधानी

(D) माइटोकोंड्रिया → गॉल्जी उपकरण → लाइसोसोम → रसधानी

110. स्टीरॉयड (Steriod) हार्मोन का संश्लेषण होता है-

(A) एस इ आर (B) आर इ आर

(C) माइटोकोंड्रिया (D) उपरोक्त सभी

111. आर इ आर किससे जुड़ा रहता है-

(A) कोशिका झिल्ली (कला)

(B) केन्द्रक कला

(C) माइट्रोकोंड्रिया

(D) हरित लवक

112. हाइड्रोलाइटिक (Hydrolytic) एंजाइम निम्न में से किसमें उपस्थित होते है?

(A) अन्तप्रदवी जालिका

(B) गॉल्जी उपकरण

(C) लाइसोसोम

(D) माइट्रोकोंड्रिया

113. लाइसोसोम में एन्जाइम उपस्थित होते है जो कि पाचन करते है-

(A) कार्बोहाइड्रेट की (B) प्रोट्रीन की

(C) वसा की (D) उपरोक्त सभी

114. रिक्तिका के संदर्भ में सही कथन का चयन करे-

(a) जन्तु कोशिका में रिक्तिका कोशिका के आयतन का 90% होता है।

(b) रिक्तिका की झिल्ली टोनोप्लास्ट कहलाती है।

(c) संकुचनशील घानी पादप तथा जन्तु दोनों में होते है।

(d) पादप में रिक्तिका अनउपयोगी पदार्थ को भी संरक्षित रखते है।

(A) a, c (B) b, d

(C) b, c (D) a, d

115. रसधानी (वैक्यौल) के सांद्रता से संबंन्धित सही कथन का चयन करें-
(A) रसधानी की सांद्रता, कोशिका द्रव्य के सांद्रता के बराबर होती है।
(B) रसधानी की सांद्रता,कोशिकाद्रव्य की सांद्रता से कम होती है।
(C) रसधानी की सांद्रता, कोशिकाद्रव्य सांद्रता से अधिक होती है।
(D) रसाधनी की सांद्रता कोशिद्रव्य की सांद्रता से अधिक या कम होती है।

116. उस संरचना या तत्व का चयन को जो माइटोकोंड्रिया के मैट्रिक्स में अनुपस्थित होता है-
(A) डीएनए (B) आरएनए
(C) राइबोसोम (80s) (D) जल

117. लवक के हिसाब से असमान्य का चयन करे-
(A) मंडलवक (B) वर्णीलवक
(C) प्रोटीन लवक (D) तेल लवक

118. उन संरचनाओं का चयन करे जो लवक तथा माइटोकोंड्रिया में समान होते है-
(A) 70s राइबोसोम, लम्वत् डीएनए
(B) 80s राइबोसोम, वृताकार डीएनए
(C) 70s राइबोसोम, वृताकार डीएनए
(D) 80s राइबोसोम, लम्वत् डीएनए

119. उस कोशिकांग का चयन करे जो कि ग्लाइको प्रोटीन (Glycoprotein) तथा ग्लाइकोलिपिड (Glycolipid) के संश्लेषण का स्थल होता है-
(A) लाइसोसोम (B) अन्तप्रदवी जालिका
(C) गॉल्जी उपकरण (D) राइबोसोम

120. नीचे कुछ गॉल्जी उपरकण (golgi appratus) से संबंधित सेट दिया गया है। निम्न में से कौन सा सेट सही है?
(A) उत्तल सिस-परिपक्व सतह
(B) अवतल सिस-निर्माणकारी सतह
(C) अवलत ट्रांस-निर्माणकारी सतह
(D) अवलत ट्रांस-परिपक्व सतह

121. जालिकाय (Cisternae) का व्यास कितना होता है?
(A) 0.5–1.0 μm (B) 1.0–3.1 μm
(C) 1.0–4.1 μm (D) 0.9–1.3 μm

122. कोशिकांग जिसमें झिल्ली अनुपस्थित होती है। वह है-
(A) अन्तप्रदवी जालिका (B) गॉल्जी उपकरण
(C) राइबोसोम (D) लाइसोसोम

123. राइबोन्यूक्लियो प्रोट्रीन कौन से कोशिकांग निर्मित करते हैं?
(A) अन्तप्रदवी जालिका (B) गॉल्जी उपकरण
(C) राइबोसोम (D) लाइसोसोम

124. स्वेडवर्ग इकाई कौन से कोशिकांग से संबंधित है?
(A) राइबोसोम (B) गॉल्जीउपकरण
(C) अन्तप्रदवी जालिका (D) लाइसोसोम

125. निम्न में से कौन से जोड़े में सूक्ष्म नलिकाओं की व्यवस्था 9 + 2 होता है?
(A) पक्ष्माभिका + तारकेंद्र
(B) कशाभिका + तारककेंद्र
(C) पक्ष्माभिका + कशाभिका
(D) पक्ष्माभिका + तर्कतन्तु

126. बैलगाड़ी के चक्के की भांति व्यवस्था, निम्न में से किसमें उपस्थित होते है-
(A) पक्ष्माभिका (B) कशाभिका
(C) तारककेंद्र (D) लवक

127. केन्द्रक कला छिद्र का निर्माण होता है-
(A) केन्द्रक कला के संगलन से
(B) क्रोमैटीन तत्व के संगलन से
(C) केद्रक द्रव्य से
(D) केन्द्रिका से

128. कौन सी संरचना गुणसूत्र में आवश्यक रूप से उपस्थित नहीं होती है-
(A) टिलोमियर (B) प्राथमिक संकीर्णन
(C) द्वितीयक संकीर्णन (D) क्रोमोनिमेटा

129. मनुष्य के एक कोशिका में DNA की लम्बाई लगभग होती है-
(A) 2 मीटर लम्बा (B) 5 सेंटीमीटर लम्बा
(C) 13 मीटर लम्बा (D) 6 मीटर लम्बा

130. गुणसूत्रबिदु आधार पर निम्न में से कौन गुणसूत्र का प्रकार है?
(A) मध्यकेंद्री (B) उपमध्यकंद्री
(C) अग्रबिदुं (D) उपरोक्त सभी

131. द्वितीयक संकीर्णन से संबंधित गलत कथन का चयन करें–
(A) इसका अभिरंजन नहीं होता है।
(B) इसका स्थान गुणसूत्र में निश्चित नहीं होता है।
(C) गुणसूत्र जिसमें द्वितीयक संकीर्णन होता है उसे सैटेलाइट गुणसूत्र कहते है।
(D) द्वितीयक संकीर्णन आवश्यक रूप से सभी गुणसूत्र में नहीं होते है।

132. अंत:झिल्लिका तंत्र (endomembrane system) कुछ कोशिकांगों के मध्य कड़ी (link) होता है, निम्न में से कौन सा कड़ी (link) सही है? (Ly-lysosome)–
(A) आरईआर → प्रोट्रीन → ट्रांस सतह → सिस सतह → जी.सी → एलवाई
(B) आरईआर → प्रोट्रीन → सिस सतह → ट्रांस सतह → एलवाई → जी.सी
(C) आरईआर → प्रोट्रीन → सिस सतह → ट्रांस सतह → जी.सी → एलवाई
(D) जी.सी → आरईआर → प्रोट्रीन → सिस सतह → ट्रांस सतह → एलवाई

133. प्लाज्मा झिल्ली की तरलता निम्न में से किसके कारण होती है?
(A) लिपिड (B) प्रोट्रीन
(C) कार्बोहाइड्रेट (D) कोलेस्ट्राल

134. पक्ष्माभिका कशाभिका के अरीय डंडा (Radial spoke) निम्न में से किनके बीच सम्बन्ध स्थापित करते है?
(A) परिधीय द्विक (doublet) के मध्य
(B) केन्द्रीय एकल (microtublule) के द्वारा
(C) एक परिधीय द्विक (doublet) तथा केन्द्रीय आच्छद (central sheath) के बीच
(D) दो क्रमागत परिधीय द्विक (doublets) के बीच

135. सुमेलित करे–

कॉलम A	कॉलम B
A-रार्बट ब्राउन	(I) राइबोन्यूक्लियोप्रोट्रीन
B-फ्लेंमिग	(II) केंद्रक एक कोशिकांग के रूप में
C-पैलेड	(III) द्रव्य का संवेष्टित (packaging)
D-सी. गाल्जी	(IV) केन्द्रीय तत्व का अभिरंजन

(A) A-II, B-IV, C-I, D-III
(B) A-II, B-IV, C-III, D-I
(C) A-IV, B-II, C-III, D-I
(D) A-I, B-III, C-II, D-IV

136. चित्र को पहचानते हुए चयन करें कि चित्र से संबंधित कितने कथन सही है?

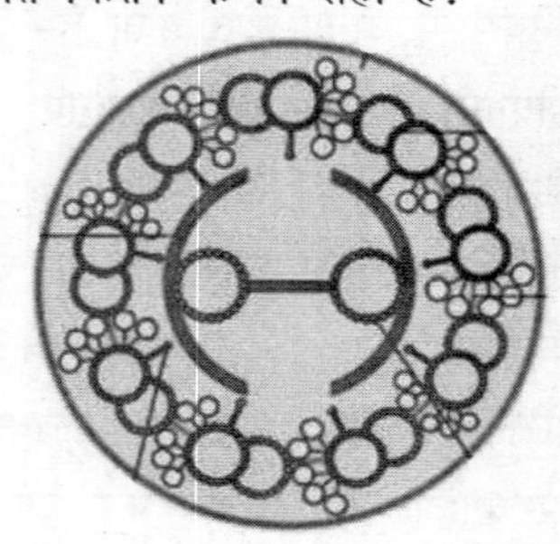

(a) यह बैलगाड़ी के चक्के के भांति प्रतीत होता है।
(b) संरचना आधार काय (basal body) को निर्मित करता है।
(c) इसकी उत्पत्ति आधार काय से होती है।
(d) इसमें सूक्ष्म नलिकाओं की व्यवस्था 9 +10 होती है।
(A) 1 (B) 2
(C) 3 (D) 4

137. सुमेलित करे–

कॉलम A	कॉलम B
(A) एलियोप्लास्ट	1. कार्बोहाइड्रेट संरक्षण
(B) एमाइलोप्लास्ट	2. तेल संरक्षण
(C) एलियूरोप्लास्ट	3. प्रोट्रीन संरक्षण

(A) ABC/213 (B) ABC/123
(C) ABC/312 (D) ABC/231

138. निम्न में से किसके बिना किसी का भी स्वतंत्र जीव अस्तित्व नहीं हो सकता?
(A) कोशिका (B) ऊत्तक
(C) अंग (D) उपरोक्त सभी

ANSWER KEY

1. (C)	**2.** (C)	**3.** (D)	**4.** (D)	**5.** (A)	**6.** (D)	**7.** (B)	**8.** (C)	**9.** (B)	**10.** (D)
11. (B)	**12.** (A)	**13.** (D)	**14.** (B)	**15.** (A)	**16.** (A)	**17.** (C)	**18.** (B)	**19.** (C)	**20.** (D)
21. (A)	**22.** (C)	**23.** (B)	**24.** (A)	**25.** (C)	**26.** (A)	**27.** (C)	**28.** (C)	**29.** (D)	**30.** (A)
31. (C)	**32.** (D)	**33.** (A)	**34.** (D)	**35.** (B)	**36.** (B)	**37.** (A)	**38.** (A)	**39.** (A)	**40.** (C)
41. (D)	**42.** (D)	**43.** (D)	**44.** (D)	**45.** (A)	**46.** (B)	**47.** (B)	**48.** (B)	**49.** (C)	**50.** (D)
51. (C)	**52.** (D)	**53.** (C)	**54.** (D)	**55.** (B)	**56.** (A)	**57.** (C)	**58.** (A)	**59.** (D)	**60.** (D)
61. (C)	**62.** (A)	**63.** (A)	**64.** (B)	**65.** (B)	**66.** (B)	**67.** (B)	**68.** (D)	**69.** (D)	**70.** (A)
71. (B)	**72.** (A)	**73.** (B)	**74.** (A)	**75.** (D)	**76.** (C)	**77.** (B)	**78.** (A)	**79.** (A)	**80.** (C)
81. (B)	**82.** (C)	**83.** (C)	**84.** (A)	**85.** (D)	**86.** (A)	**87.** (D)	**88.** (D)	**89.** (B)	**90.** (B)
91. (B)	**92.** (A)	**93.** (C)	**94.** (C)	**95.** (C)	**96.** (B)	**97.** (D)	**98.** (C)	**99.** (B)	**100.** (D)
101. (D)	**102.** (D)	**103.** (B)	**104.** (B)	**105.** (C)	**106.** (D)	**107.** (D)	**108.** (C)	**109.** (A)	**110.** (A)
111. (B)	**112.** (C)	**113.** (D)	**114.** (B)	**115.** (C)	**116.** (C)	**117.** (B)	**118.** (C)	**119.** (C)	**120.** (D)
121. (A)	**122.** (C)	**123.** (C)	**124.** (A)	**125.** (C)	**126.** (C)	**127.** (A)	**128.** (C)	**129.** (A)	**130.** (D)
131. (B)	**132.** (C)	**133.** (A)	**134.** (C)	**135.** (A)	**136.** (A)	**137.** (A)	**138.** (A)		

29. जब नाइट्रोजन क्षार शर्करा से जुड़ता है, तो इसे कहते है–

(A) न्यूक्लियोसाइड (B) न्यूक्लियोटाइड

(C) न्यूक्लिक अम्ल (D) उपरोक्त में से कोई नहीं

30. डी एन ए तथा आर एन ए है–

(A) ऐडेनिलिक अम्ल (B) यूरिडिलिक अम्ल

(C) न्यूक्लिक अम्ल (D) थायमेडिलिक अम्ल

31. अगर फॉस्फेट समूह भी शर्करा से इस्टरीकृत रूप में हो तो इन्हें ___?___ कहते है–

(A) न्यूक्लियोसाइड (B) न्यूक्लियोटाइड

(C) न्यूक्लियोफाइड (D) उपरोक्त में से कोई नहीं

32. न्यूक्लियोसाइड के सही सेट का चयन करे–

(A) ऐडिनिलिक अम्ल → थायमेडिलिक अम्ल → ग्वानिलिक अम्ल

↓

सिटिडिलिक अम्ल → यूरिडिलिक अम्ल

(B) ऐडेनोसिन → ग्वानोसिन → थायमिडिन → यूरिडिन

↓

साइटिडिन

(C) ऐडेनोसिन → ग्वानोसिन → थायमिडिन → यूरिडिन

ग्वानिलिक अम्ल

(D) ऐडेनोसिन → थायमेडिलिक अम्ल → थायमिडिन

↓

साइटिडिन ← यूरेडिन

33. नीचे दिए गए नाम में कौन न्यूक्लियोटाइड में आता है?

(A) ऐडेनोसिन (B) थायमिडिन

(C) यूरिडिन (D) सिटिडिलिक अम्ल

34.

$HOCH_2$ O OH OH OH

दिया गया संरचना, निम्न में से किसका है?

(A) राइबोज़

(B) माल्टोज

(C) लैक्टोज

(D) सुक्रोज

35. $C_6H_{12}O_6$ है–

(A) फ्रक्टोज

(B) गैलेक्टोज

(C) ग्लूकोज

(D) उपरोक्त सभी

36.

COOH	COOH	COOH
$H-C-NH_2$	$H-C-NH_2$	$H-C-NH_2$
? a	? b	? c

a, b तथा c क्या है?

(A) $a = H, b = CH_3, C = CH_2 - OH$

(B) $a = CH_3, b = H, C = CH_2 - OH$

(C) $a = CH_2 - OH, b = H, C = CH_3$

(D) $a = CH_3, b = CH_2 - OH, C = H$

37.

दिए गए चित्र में, जो कार्बोनिक यौगिक है, उससे क्या निर्मित होता है?

(A) इन्सूलिन

(B) वृद्धि हार्मोन

(C) स्टीरायॅड हार्मोन

(D) थायरॉक्सिन

38. सुमेलित करे-

कॉलम A	कॉलम B
(a) NH_2, N, NH, N	(1) एडेनिन
(b) $HOCH_2$, O, Adenine, OH OH	(2) एडीनोसीन
(c) O, HO—P—OCH_2, OH, O, Adenine, OH OH	(3) एडेनीलिक अम्ल
(d) O, O, NH	(4) यूरेसील
(e) $HOCH_2$, O, Uracil, OH OH	(5) यूरीडीन

(A) abcde/21345 (B) abcde/12345
(C) abcde/31245 (D) abcde/412345

39. पीरेमिडीन का चयन करे-

(A) एडेनिन (B) ग्वानीन
(C) यूरेसिल (D) जैनथीन

40.

$$\begin{array}{l} \qquad\qquad\qquad CH_2-O-\overset{O}{\overset{\|}{C}}-R_1 \\ R_2-\overset{O}{\overset{\|}{C}}-O-CH \\ \qquad\qquad\qquad CH_2-O-\overset{O}{\overset{\|}{C}}-R_3 \end{array}$$

ऊपर दिया गया चित्रात्मक प्रदर्शन कौन से कार्बनिक यौगिक का है?

(A) मोनोग्लिसरॉइड (B) डाइग्लिसरॉइड
(C) ट्राईग्लिसरॉइड (D) ग्लिसरॉल

41.

$$\begin{array}{l} CH_2-OH \\ CH-OH \\ CH_2-OH \end{array}$$

दिया गया चित्रात्मक प्रदर्शन किसका है?

(A) ग्लिसरॉल (B) वसीय अम्ल
(C) मोनाग्लिसरॉइड (D) ट्राईग्लिसरॉइड

42. निम्न में से कौन द्वितीयक उपापचयज है?

(A) एल्केलायड (B) राइबोज
(C) ट्राईग्लिसरॉइड (D) प्यूरीन

43. द्वितीयक उपापचयज के सेट का चयन करे-

(A) रबर, गोंद, मसाले, प्रतिजैविक
(B) प्यूरीन, ग्लिसरॉल, ग्लाइसीन, सीरीन
(C) वर्णक, इत्र, गोंद, एलेनीन
(D) ऐडेनीन, एडीनोसीन, गोंद, मसाले

44. (A) प्राथमिक उपापचयज का सामान्य कार्यिकी में महत्वपूर्ण भूमिका है।
(B) सभी द्वितीयक उपापचयज जो प्राणियों में पाए जाते है, उनकी भूमिका ज्ञात नही है।
(C) कुछ द्वितीयक उपापचयजों का परिस्थितिक महत्व है।
(D) द्वितीयक उपापचयजों का आर्थिक महत्व है।

उपरोक्त में से कितने कथन सत्य है?

(A) 1 (B) 2
(C) 3 (D) 4

45. जैव अणुओं को ही कहते है-

(A) उपापचयज (B) कैटॉबोलाइट
(C) एनॉबोलाइड (D) उपरोक्त सभी

46. अम्ल घुलनशील भाग में पाए जाने वाले सभी यौगिकों की अणुभार निम्न में से कितना होता है?
(A) 10 से 500 डाल्टन
(B) 20 से 600 डाल्टन
(C) 18 से 800 डाल्टन
(D) 30 से 1000 डाल्टन

47. अम्ल अविलेय अंश में केवल ___?___ प्रकार के कार्बनिक यौगिक होते हैं-
(A) 1 (B) 2
(C) 4 (D) 4

48. निम्न मे से किसके अतिरिक्त वृहत जैव अणु का भार 10000 डॉल्टॉन या उससे अधिक होता है?
(A) पॉलीसैकेराइड्स (B) लिपिड
(C) प्रोट्रीन (D) नयूक्लिक अम्ल

49. अणुभार क आधार पर कार्बोनिक पदार्थ कितने प्रकार के होते है?
(A) 2 (B) 3
(C) 4 (D) 5

50. सूक्ष्मअणु का अणुभार ___?___ डाल्टन से कम होता है-
(A) 10000 (B) 5000
(C) 6000 (D) 1000

51. वृहत जैव अणु वह कार्बोनिक यौगिक जो कि पाऐ जाते है-
(A) अम्ल अविलेय अंश में
(B) अल्कोहल विलेश अंश में
(C) अम्ल अविलेय अंश में
(D) अल्कोहल अविलेश अंश में

52. लिपिड का अणुभार निम्न में से किससे अधिक होता है?
(A) 800 डाल्टान (B) 500 डाल्टान
(C) 300 डाल्टान (D) 200 डाल्टान

53. निम्न में से कौन आवश्यक रूप से वृहत जैव अणु नहीं है?
(A) कार्बोहाइड्रेट (B) प्रोट्रीन
(C) लिपिड (D) न्यूक्लिक अम्ल

54. सुमेलित करे-

कॉलम A अवयव	**कॉलम B** कुल कोशिकीय भार का प्रतिशत
(1) जल	(a) 3
(2) प्रोट्रीन	(b) 10-15
(3) कार्बोहाइड्रेट	(c) 70-90
(4) लिपिड	(d) 2
(5) न्यूक्लिक अम्ल	(e) 5-7
(6) आयन	(f) 1

(A) 123456/abcdef (B) 123456/cbdaef
(C) 123456/cbadef (D) 123456/bcadef

55. द्वितीयक उपापचयज के सेट का चयन करे जो की टॉक्सीन है-
(A) एब्रिन, कोडिन
(B) रिसीन, करकुमीन
(C) मोनोटरपीस, करकुमीन
(D) एब्रिन, रिसीन

56. निम्न में से कौन बहुलक पदार्थ है?
(A) रबर (B) गोंद
(C) सेलुलोज (D) उपरोक्त सभी

57. एल्कल्वाएड के सेट का चयन करें-
(A) मार्फीन, कोडिन (B) वीनब्लेस्टीन, करकुमीन
(C) रबर, गोंद (D) उपरोक्त सभी

58. करकुमीन है-
(A) वर्णक (B) ड्रग्स
(C) एल्कल्वाएड (D) आवश्यक तेल

59. निम्न में कौन वर्णक नहीं है?
(A) कैरोटीनाएड्स (B) एथोसाइनिन्स
(C) ल्यूटिन (D) उपरोक्त मे से कोई नहीं

60. मोनोटरपींस, डाइटरपींस है-
(A) एल्कल्वाएड (B) टरपीन्वाइडस
(C) ड्रग्स (D) लेक्टिन्स

61. कोनकेनेवेलीन ए है-
(A) लेक्टिन्स (B) एल्कल्वाएड
(C) ड्रग्स (D) बहुलक पदार्थ

62. प्रोट्रीन्स होते है-
(A) मोनोपेप्टाइड (B) डाइपेप्टाइड
(C) पॉलीपेप्टाइड (D) उपरोक्त सभी

63. प्रोट्रीन निम्न में से किसका रेखीय श्रृंखला है?
(A) ग्लिसरॉल (B) वसीय अम्ल
(C) अमीनो अम्ल (D) मोनोसैकराइडस

64. नीचे कुछ कथन प्रोट्रिन्स से संबंधित दिए गए है-
(A) प्रत्येक प्रोट्रीन, अमीनो अम्ल का बहुलक है।
(B) प्रोट्रीन समबहुलक है।
(C) प्रोट्रीन में 20 प्रकार के अमीनो अम्ल होते है।
(D) सभी एंजाइन, प्रोट्रीन होते है।
उपरोक्त में से कितने कथन गलत है?
(A) 1 (B) 2
(C) 3 (D) 4

65. आहार से प्राप्त प्रोट्रीन स्त्रोत होता है-
(A) अअनिवार्य अमीनो अम्ल का
(B) अनिवार्य अमीनो अम्ल का
(C) अआनिवार्य प्रोट्रीन का
(D) अनिवार्य प्रोट्रीन का

66. अमीनो अम्ल जो हमारे शरीर में निर्मित होते है, वह है-
(A) अनानिवार्य प्रोट्रीन
(B) अनानिवार्य अमीनो अम्ल
(C) अनिवार्य प्रोट्रीन
(D) अनिवार्य अमीनो अम्ल

67. सुमेलित करें-

कॉलम A	कॉलम B
(a) कोलेजन	1. ग्लूकोज का कोशिका में परिवहन
(b) जी. एल. यू.टी.-4	2. एंजाइम
(c) ट्रिपसिन	3. हार्मोन
(d) इंसुलिन	4. अंतर कोशिकीय भरण पदार्थ

(A) abcd/2134 (B) abcd/1234
(C) abcd/4123 (D) abcd/1423

68. प्राणी जगत में सार्वाधिक पाया जाने वाला प्रोट्रीन है-
(A) हीमोग्लोबिन (B) इलास्टिन
(C) रेटिकुलर (D) कोलेजन

69. सम्पूर्ण जैवमंडल में सार्वाधिक उपस्थित प्रोट्रीन है, ___?___.
(A) RuBisCo (B) कौलेजन
(C) हीमोग्लोबिन (D) इलास्टिन

70. कार्बनिक रसायनविज्ञानी जब अणुओं की संरचना का व्यक्त करते है तो वे हमेशा उसके ___?___ दृश्य को व्यक्त करते है-
(A) त्रिआयामी (B) द्विआयामी
(C) एक आयामी (D) चार आयामी

71. भौतिक वैज्ञानी संरचना के ___?___ को; जबकि जीव विज्ञानी प्रोट्रीन की संरचना ___?___ तरह से व्यक्त करते है-
(A) a - एक आयामी, b - दो
(B) a - द्विआयामी, b - तीन
(C) a - त्रि आयामी, b - चार
(D) a - चार आयामी, b - पांच

72. प्रोट्रीन में अमीनो अम्ल के क्रम तथा स्थान की जानकारी के प्रोट्रीन को क्या कहते है?
(A) प्राथमिक संरचना (B) द्वितीयक संरचना
(C) तृतीयक संरचना (D) चुतर्थक संरचना

73. नीचे कुछ कथन दिए गए है-
(a) प्रोट्रीन की एक रेखा में बांए सिरे के अंत में स्थित अमीनो अम्ल, अंतिम अमीनो अम्ल है।
(b) प्रोट्रीन की एक रेखा में दाएं सिरे के अंत में स्थित अमीनो अम्ल प्रथम अमीनों अम्ल है।
(c) प्रोट्रीन सदैव सीधी श्रृंखला होते है, कभी भी कुण्डलित नहीं होते है।
उपरोक्त में से कौन सा कथन गलत है।
(A) a (B) b
(C) c (D) उपरोक्त सभी A, B और C

74. प्रोट्रीन के श्रृंखला में, प्रथम अमीनो अम्ल को कहते है–
(A) C – सिरा अमीनो अम्ल
(B) N – सिरा अमीनो अम्ल
(C) D – सिरा अमीनो अम्ल
(D) A – सिरा अमीनो अम्ल

75. प्रोट्रीन के श्रृंखला में अंतीम अमीनो अम्ल कहलाता है–
(A) C – सिरा अमीनो अम्ल
(B) N – सिरा अमीनो अम्ल
(C) D – सिरा अमीनो अम्ल
(D) A – सिरा अमीनो अम्ल

76. दिए गए चित्र में कौन से बन्ध को प्रदर्शित कर रहे है–

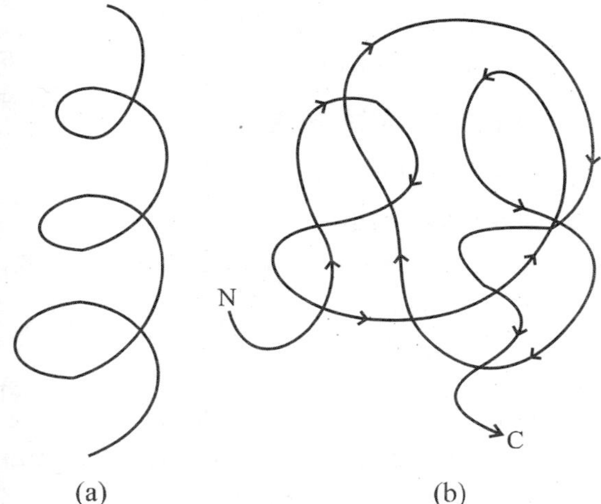

(A) a – प्राथमिक संरचना, b – द्वितीयक
(B) a – द्वितीयक संरचना, b – तृतीयक संरचना
(C) a – तृतीयक संरचना, b – चतुर्थक संरचना
(D) a – चतुर्थक संरचना, b – तृतीयक संरचना

77.

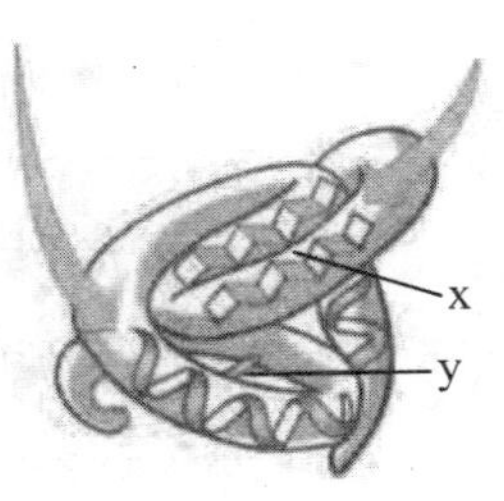

दिए गए चित्र में x तथा y, कौन से बन्ध को प्रदर्शित कर रहे है?
(A) x – हाइड्रोजन, y – डाइसल्फाइड
(B) x – पेप्टाइड, y – डाइसल्फाइड
(C) x – हाइड्रोजन, y – पेप्टाइड
(D) x – डाइसल्फाइड, y – हाइड्रोजन

78. दिया गया चित्र, प्रोट्रीन के __?__ का है–

(A) प्राथमिक संरचना
(B) द्वितीयक संरचना
(C) तृतीयक संरचना
(D) चतुर्थक संरचना

79. जब प्रोटीन की लंबी कड़ी अपने ऊपर ही ऊन के एक खोखले गोले के समान मुड़ी हुई होती है, तो इसे कहते है–
(A) प्राथमिक संरचना (B) द्वितीयक संरचनां
(C) तृतीयक संरचना (D) चतुर्थक संरचना

80. प्रोट्रीन की कौन सी संरचना प्रोट्रीन के जैविक क्रियाकलापों के लिए नितांत आवश्यक है?
(A) प्राथमिक संरचना
(B) द्वितीयक संरचना
(C) तृतीयक संरचना
(D) उपरोक्त में से कोई नहीं

81. मनुष्य के हीमोग्लोबीन में कितने उपखंड होते है?
(A) 1 (B) 2
(C) 3 (D) 4

82. पॉलीपेप्टाइड श्रृंखला में कौन सा बन्ध उपस्थित होता है?
(A) पेप्टाइड (B) कोवैलेन्ट
(C) ध्रुवीय (D) उपरोक्त सभी

83. कार्बोक्सिल समूह के निम्न में से किससे अभिक्रिया के कारण, पेप्टाइड बंध निर्मित होते है?
(A) एलडिहाइड (– CHO) समूह
(B) एस्टर (– COOR) समूह
(C) हाइड्राक्सी (– OH) समूह
(D) एमीनो (– NH_2) समूह

84. पेप्टाइड बंध के निर्माण के दौरान कौन सी प्रक्रिया सम्पन्न होती है?
(A) संघनन (B) बहुलिकरण
(C) निर्जलीकरण (D) उपरोक्त में से कोई नहीं

85. पॉलीसैकेराइड्स निम्न में से किसकी लम्बी श्रृंखला होती है?
(A) शर्करा (B) अमीनो अम्ल
(C) ग्लिसरॉल (D) नाइट्रोजन क्षार

86. पॉलीसैकेराइड्स के इकाई होते है–
(A) एकल सैकेराइड्स (मोनोसैकेराइड)
(B) डाईसैकेराइड्स
(C) सिर्फ ग्लूकोज
(D) सिर्फ फ्रुक्टोज

87. निम्न में से कौन पॉलीसैकेराइड्स होता है?
(A) सेलुलोज (B) स्टार्च
(C) ग्लाइकोजन (D) उपरोक्त सभी

88. सेलुलोज होते है–
(A) सम बहुलक (B) विषम बहुलक
(C) A तथा B दोनों (D) उपरोक्त में से कोई नहीं

89. इन्यूलिन, बहुलक है–
(A) ग्लूकोज का (B) फ्रुक्टोज का
(C) गैलेक्टोज का (D) उपरोक्त सभी का

90. मंड में ___?___ कुंडलीदार संरचना मिलती है–
(A) प्राथमिक (B) द्वितीयक
(C) तृतीयक (D) चतुर्थक

91. मंउ के कुंडलीय भाग में कोन सा आयन उपस्थित होते है?
(A) Ca^{++} (B) Mg^{++}
(C) I_2 (D) K^+

92. स्टार्च I_2 का रंग कैसा होता है?
(A) लाल (B) नीला
(C) पीला (D) हरा

93. सेलुलोज में आयोडीन प्रवेश क्यों नही कर पाते है?
(A) जटिल कुंडलियों के उपस्थिती के कारण
(B) इसके घुलनशीलता के कारण
(C) इसके कठोरता के कारण
(D) जटिल कुंडलियों के अनुपस्थिती के कारण

94. आर्थोपोडा के बाह्यकंकाल निम्न में से किसके बने होते हे?
(A) सेलुलोज (B) कैरेटीन
(C) काइटीन (D) काइटोसन

95. काइटीन होता है–
(A) सरल पॉलीसैकेराइड्स
(B) जटिल पॉलीसैकेराइड्स
(C) डाइसैकेराइड्स
(D) मोनोसकेराइड्स

96. कागज तथा कपास तंतु, निम्न में से किससे निर्मित होते है?
(A) सेलुलोज (B) काइटीन
(C) कैरेटिन (D) म्यूकोपॉलीसैकेराइड्स

97. पॉलिसैकेराइड श्रृंखला में दाहिना सिरा ___?___ तथा बाया सिरा ___?___ कहलाता है–
(A) a – अपचायक, b – ऑक्सीकारी
(B) a – अनअपचायक, b – अपचायक
(C) a – अपचायक, b – अनअपचायक
(D) a – अनअपचायक, b – ऑक्सीकारी

98. पॉलीन्यूक्लीओटाइड में शामिल है–
(A) डी एन ए (B) आर एन ए
(C) A तथा B दोनों (D) उपरोक्त में से कोई नहीं

99. न्यूक्लीओटाइड निम्न में से किसकी इकाई है?
(A) न्यूक्लिक अम्ल (B) पॉलीसैकेराइड
(C) प्रोट्रीन (D) लिपिड

100. एक न्यूक्लीयोटाइड कितने प्रकार के रासायनिक घटको से मिलकर बना होता है?

(A) 1 (B) 2

(C) 3 (D) 4

101. अगर A = विषम चक्रय वलय, B = मोनोसैकेराइड, C = फॉस्फेट है, तो

उपरोक्त में से कौन न्यूक्लीयोटाइड का घटक है?

(A) A (B) A, B

(C) B (D) A, B तथा C

102. न्यूक्लिक अम्ल में नाइट्रोजनी क्षार होते है-

(A) विषम चक्रीय वलय

(B) मानोसैकेराइड्स

(C) फास्फेट

(D) उपरोक्त सभी

103. पीरीमिडिन सेट का चयन करें-

(A) यूरेसील, साइटोसीन, थाईमीन

(B) ऐडेनीन, ग्वानीन, थाईमीन

(C) ऐडेनीन, साइटोसीन, थाईमीन

(D) यूरेसील, साइटोसीन, ग्वानीन

104. नीचे दिए गए विकल्पों में से, प्यूरीन का चयन करें-

(A) यूरेसील (B) साइटोसीन

(C) थाईमीन (D) ग्वानीन

105. पॉलीन्यूक्लीयोटाइड में पाया जाने वाला शर्करा है-

(A) राइबोज (B) डीऑक्सीराइबोज

(C) A तथा B दोनों (D) उपरोक्त में से कोई नहीं

106. वाटसन क्रिक मॉडल निम्न में से किससे संबंधित है?

(A) डी एन ए की संरचना

(B) आर एन ए की संरचना

(C) प्रोट्रीन की संरचना

(D) लिपिड की संरचना

107. नीचे कुछ कथन, वाटसन क्रिक के मॉडल से संबंधित है-

(A) डी एन ए एक दोहरी कुडली के रूप मे मिलता है।

(B) पॉलीन्यूक्लीओटाइड्स, की दोनों लड़ियां एक दूसरे के प्रति सामानांतर होती है।

(C) डी एन ए का मुख्य भाग शर्करा-फॉस्फेट-शर्करा श्रृंखला से बना होता है।

(D) नाइट्रोजन क्षार एक दूसरे की तरफ मुख किए हुए मुख्य भाग पर लगभग लंबवत प्रक्षेपित होते है।

उपरोक्त में से कितने कथन सही है?

(A) 1 (B) 2

(C) 3 (D) 4

108. एक लड़ी के क्षार ए एव जी अनिवार्यता दूसरे लड़ी की क्षार क्रमशः ___?a___ एवं ___?b___ से क्षार युग्म बनाते है।

(A) a – U, b – T (B) a – T, b – U

(C) a – T, b – C (D) उपरोक्त में से कोई नहीं

109. डी एन ए के A तथा T के बीच कौन सी बन्ध उपस्थित होते है?

(A) हाइड्रोजन (B) पेप्टाइड

(C) कोवैलेन्ट (D) ग्लाइकोसाईडिक

110. डी एन ए के A तथा T के बीच कितने हाइड्रोजन बन्ध होते है?

(A) 1 (B) 2

(C) 3 (D) 4

111. डी एन ए के G तथा C के मध्य (बीच)कितने हाइड्रोजन बंध होतें है?

(A) 1 (B) 2

(C) 3 (D) 4

112. डी एन ए की प्रत्येक श्रृंखला निम्न में से किसके भांति प्रतित होते हैं?

(A) घुमावदार सीढ़ी

(B) अंडाकार संरचना

(C) डिस्क की भांति संरचना

(D) कुण्डलित संरचना

113. डी एन ए के प्रत्येक पाद में कितने जोड़े क्षार होते है?

(A) 1 (B) 2
(C) 3 (D) 4

114. डी एन ए सीढ़ी का प्रत्येक पद कितने कोण पर घुम जाता है?

(A) 40° (B) 38°
(C) 34° (D) 36°

115. डीएनए में, एक घुमावदार रज्जु के एक पूर्ण घुमाव में उपस्थित होते है–

(A) 10 बेस जोड़े (B) 5 बेस जोड़े
(C) 2 बेस जोड़े (D) 1 बेस जोड़े

116. I – जैव अणु को मोल्स से प्रदर्शित किया जाता है।
II – जैव अणु में हेर फेर होता रहता है।
III – एक जैव अणु दूसरे जैव अणु में परिवर्तित नहीं होते है।
उपरोक्त में से कौन सा कथन गलत है?

(A) I (B) II
(C) III (D) उपरोक्त सभी

117. शरीर के रासायनिक अभिक्रियाओं का सामूहिक रूप से कहते है–

(A) उपापचय (B) केटाबोल्जिम
(C) एनाबोल्जिम (D) उपरोक्त सभी

118. उपापचयी पथ हो सकते है–

(A) रेखीय (B) वृत्ताकार
(C) आड़े-तिरछे (D) उपरोक्त सभी

119. प्रत्येक रासायनिक क्रिया होते है–

(A) उपचयी (B) अपचयी
(C) उत्प्रेरित (D) उपरोक्त सभी

120. प्रोटीन जिनमें उत्प्रेरण की क्षमता होती है, उसे कहते है–

(A) हॉर्मोन (B) प्लाज्मा
(C) एंजाइम (D) सीरम

121. निम्न में से किसमें कार्बोनिक पदार्थ अनुपस्थित होते है–

(A) जीवाणु (B) प्रोटोजोआ
(C) पादप (D) उपरोक्त में से कोई नहीं

122. अमीनो अम्ल का एमीन में बदलना निम्न में से किसके निकलने से होता है?

(A) नाइट्रोजन (B) हाइड्रोजन
(C) CO_2 (D) O_2

123. जीव तंत्र में ऊर्जा की मुद्राक का सर्वोधिक महत्वपूर्ण स्वरूप है–

(A) ए डी पी (B) ए टी पी
(C) ए पी टी (D) आई पी

124. ऊर्जा का मुक्त होना–

(A) उपचयी (B) अपचयी
(C) उपापचयी (D) उपरोक्त में से कोई नहीं

125. ऐच्छिक पेशी में ग्लूकोज निम्न में से किसमें परिवर्तित हो जाते है?

(A) लैक्टिक अम्ल (B) ग्लाइकोजेन
(C) ए टी पी (D) उपरोक्त में से कोई नहीं

126. एक सामान्य स्वस्थ व्यक्ति में रक्त शर्करा की मात्रा कितनी होती है?

(A) 6.1 – 8.2 मिली मोल
(B) 10 – 12 मिली मोल
(C) 4.2 – 6.1 मिली मोल
(D) 8.1 – 9.3 मिली मोल

127. निम्न में से कौन एंजाइम की भांति कार्य कर सकते है?

(A) न्यूक्लिक अम्ल (B) लिपिड
(C) कार्बोहाइड्रेट (D) विटामिन

128. एंजाइम, प्रोटीन से निम्न में से किस बिन्दु पर समानताा प्रदर्शित करते है?

(a) प्रोटीन की तरह, एंजाइम में भी प्राथमिक संरचना होती है।
(b) प्रोटीन की तरह ही एंजाइम में द्वितीयक तथा तृतीयक संरचना मिलती है।
(c) एंजाइम में भी अमीनो अम्ल होता है।

(A) a (B) a, b
(C) a, c (D) a, b तथा c

129. एंजाइम अणु __?__ तापक्रम से ऊपर पर क्षतिग्रस्त हो जाते है–

(A) 10° (B) 20°
(C) 30° (D) 40°

130. राइबोजाइम्स में सम्मिलित है–

(A) पॉलीसैकेराइट्स (B) लिपिड

(C) न्यूक्लिक अम्ल (D) उपरोक्त सभी

131. एंजाइम में उपस्थित थैलिया होती है–

(A) अक्रियाशील स्थल

(B) सक्रिय स्थल

(C) तरल से भरा स्थल

(D) उपरोक्त में से कोई नहीं

132. एंजाइम सक्रिय स्थल द्वारा अभिक्रियाओं को उत्प्रेरित करते है–

(A) तेज गति से (B) धीमे गति से

(C) सामान्य गति से (D) उपरोक्त सभी

133. अकार्बनिक उत्प्रेरक निम्न मं से किस बिन्दु पर कार्बनिक उत्प्रोरक से भिन्न होता है?

(a) अकार्बनिक उत्प्रेरक 45° C तापमान पर भी क्षतिग्रस्त नहीं होता है।

(b) अकार्बनिक उत्प्रोरक अपेक्षाकृत अधिक दबाव पर कार्य कर सकते है।

(c) अकार्बनिक उत्प्रेरक अम्लीयता से प्रभावित नहीं होते है।

(A) a (B) b

(C) c (D) a, b

134. उष्मास्थाई प्राणी, एंजाइम मुक्त कर सकते है, इन एंजाइम को अवश्य प्रदर्शित करना चाहिए–

(a) उष्मा स्थात्तिव

(b) 80° तापमान पर भी उत्प्रेरक शक्ति को बनाएं रखना

(c) तीव्र उत्प्रेरक क्षमता

(A) a, b (B) b, c

(C) a, c (D) a, b, c

135. मान ले a = आकार में परिवर्तन, b = बंध का टूटना, c = बंध का अपरिवर्तित रहना

भौतिक परिवर्तन के दौरान कौन प्रकट नहीं होता है?

(A) a (B) b

(C) a, b (D) a, b तथा c

136. I – आकार मे परिवर्तन

II – द्रव्य की अवस्था में परिवर्तन

III – नये बंध का निर्माण

उपरोक्त में से कौन रासायनिक अभिक्रिया है?

(A) I (B) I, II

(C) I, II, III (D) III

137. स्टार्च का जल अपघटन द्वारा ग्लूकोज में बदलना, निम्न में से कौन-सी अभिक्रिया है?

(A) अकार्बनिक रासायनिक अभिक्रिया

(B) कार्बनिक रासायनिक अभिक्रिया

(C) संयोजन रासायनिक्र अभिक्रिया

(D) उदासीकरण रासायनिक अभिक्रिया

138. $Ba(OH)_2 + H_2SO_4 \rightarrow BaSO_4 + 2H_2O$

उपरोक्त रासायनिक अभिक्रिया है–

(A) अकार्बनिक (B) कार्बनिक

(C) संयोजन (D) उदासीकरण

139. निम्न में से किसके द्वारा अभिक्रिया के दर को दर्शाया जा सकता है?

(A) दर $= \frac{\delta P}{\delta t}$ (B) दर $= \frac{\delta V}{\delta t}$

(C) दर $= \frac{\delta d}{\delta t}$ (D) दर $= \frac{\delta t}{\delta p}$

140. यदि __?__ निर्धारित हो तो इस दर को वेग भी कहते है–

(A) दूरी (B) आयतन

(C) समय (D) दिशा

141. एक सर्वमान्य नियम के अनुसार अभिक्रिया की दर क्रमशः __?a__ या __?b__ हो जाती है, प्रत्येक __?c__ तापमान के बढ़ने या घटने पर–

	a	b	c
A	द्विगुणित	आधी	1°C
B	तिगुना	आधी	10°C
C	द्विगुणित	आधी	10°C
D	द्विगुणित	एक तिहाई	1°C

142. $CO_2 + H_2O \rightleftharpoons H_2CO_3$
ऊपर दिए गए अभिक्रिया में, एंजाइम के अनुपस्थिती में H_2CO_3 के कितने अणु एक घंटे में निर्मित होते है?
(A) 600 (B) 6000
(C) 200 (D) 5000

143. जब CO_2, जल से अभिक्रिया करते है, तो H_2CO_3 निर्मित होता है, अगर यह अभिक्रिया एंजाइम के उपस्थिति में होता है, तो अभिक्रिया कितना गुणा बढ़ जाता है?
(A) 1000 गुणा (B) 10000 गुणा
(C) 10 लाख गुणा (D) 10 मिलियन गुणा

144. जल कार्बनिक एंजाइड्रेज अभिक्रमक होता है, प्रति सेकेंड कितने अणु बनते है?
(A) 600,000 (B) 60000
(C) 6000 (D) 600

145. सुमेलित करें–

कॉलम A	कॉलम B
(a) ऑक्सी श्वसन	1. इथेनॉल
(b) अनऑक्सी श्वसन	2. पाइरुविक अम्ल
(c) किण्वन	3. लैक्टिक अम्ल

(A) abc/213 (B) abc/231
(C) abc/123 (D) abc/321

146. I = जो उत्पाद, रसायन में परिवर्तित होते है उसे क्रियाधार कहते है।
II = S → P की स्थिति एंजाइम के सक्रिय स्थल द्वारा संभव होता है।
(A) सिर्फ I सत्य है। (B) सिर्फ II सत्य है।
(C) I, II दोनों असत्य है। (D) I, II दोनों सत्य है।

147. एंजाइम में संक्रमण अवस्था संरचना कब निर्मित होते है?
(A) जब क्रियाधार, एंजाइम के सक्रिय स्थल से जुड़ जाते है।
(B) जब क्रियाधार एंजाइम के सक्रिय स्थल से पृथक हो जाते है।
(C) जब क्रियाधार, एंजाइम में विसरित हो जाते है
(D) जब क्रियाधार, अपने कार्य को करने के बाद नष्ट हो जाते है।

148. निम्न में से कौन से कारक एंजाइम क्रियावर्धि को प्रभावित करते है?
(A) तापमान
(B) pH
(C) क्रियाधार की सांद्रता में परिवर्तन
(D) उपरोक्त सभी

149. जो कारक प्रोटीन की ___?___ संरचना को परिवर्तित करते है, वे एंजाइम के सक्रियता को भी प्रभावित करते है।
(A) प्राथमिक (B) द्वितीयक
(C) तृतीयक (D) चतुर्थक

150. प्रत्यक एंजाइम की अधिकतम क्रियाशीलता एक विशेष तापक्रम व पी एच पर ही होती है, जिसे क्रमश: कहते है–
(A) इष्टतम तापक्रम तथा ईष्टतम पी एच
(B) उच्च तापक्रम तथा उच्च पी एच
(C) निम्न तापक्रम तथा निम्न पी एच
(D) सामान्य तापक्रम तथा सामान्य पी एच

151. न्म्नि तापमान का एंजाइम पर क्या प्रभाव पड़ता है?
(A) एंजाइम नष्ट हो जाता है।
(B) एंजाइम सक्रिय हो जाता है।
(C) एंजाइम अस्थायी रूप से अक्रियाशील हो जाता है।
(D) एंजाइम जम जाता है।

152. उच्च तापमान का एंजाइम पर क्या प्रभाव पड़ता है?
(A) इसकी क्रियाशीलता समाप्त हो जाता है।
(B) यह क्रियाशील हो जाता है।
(C) एंजाइम अस्थायी रूप से अक्रियाशील हो जाता है।
(D) एंजाइम जम जाता है।

153. उच्च तापक्रम पर एंजाइम कैसे नष्ट हो जाता है?
(A) क्योंकि प्रोट्रीन घुल जाता है।
(B) क्योंकि प्रोट्रीन अतिसक्रिय हो जाता है।
(C) क्योंकि ताप पर प्रोट्रीन विकृत हो जाते है।
(D) उपरोक्त मे से कोई नहीं।

154.

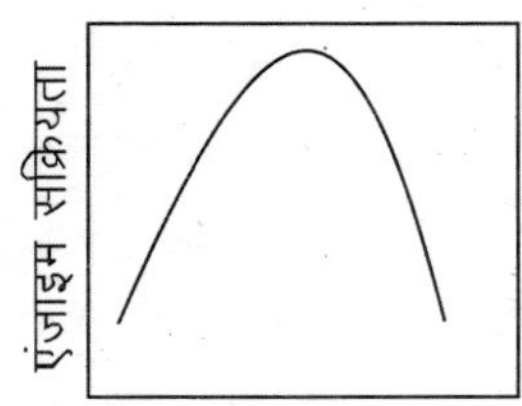

दिया गया चित्र ___?a___ तथा ___?b___ में परिवर्तन का एंजाइम पर प्रभाव प्रदर्शित कर रहा है।

(A) a – पी एच, b – दबाव

(B) a – पी एच, b – प्रकाश

(C) a – पी एच, b – तापक्रम

(D) a – पी एच, b – प्रकाश

155. प्रतिस्पर्धात्क संदमन का सही परिभाषा क्या है?

(A) जब संदमक अपनी आणुविक संरचना में क्रियाधार से काफी समानता रखता है।

(B) जब संदमक क्रियाधार को संदमित करता है।

(C) जब संदमक, क्रियाधार से भिन्नता प्रदर्शित करता है।

(D) उपरोक्त में से कोई नहीं

156. जीवाणु जन्य रोगजनक को निम्न में से किससे नियंत्रित किया जा सकता है?

(A) प्रतिस्पार्धात्मक संदमक

(B) एंजाइम संदमक

(C) समानांन्तर संदमक

(D) उपरोक्त में से कोई नहीं

157. संदमक, क्रियाधार से एंजाइम के क्रियाधार-बंधक स्थल से बंधते ही प्रतिस्पर्धा करता है, क्योंकि-

(A) इसकी संरचना क्रियाधार से भिन्न होता है।

(B) इसकी संरचना क्रियाधार के समान होता है।

(C) इसका आणविक भार क्रियाधार के समान होता है।

(D) उपरोक्त में से कोई नहीं

158. एंजाइम को कितने वर्गों में बांटा जाता है?

(A) 3 (B) 4

(C) 5 (D) 6

159. एंजराइम के प्रत्येक वर्ग में कितने उपवर्ग होते है?

(A) 1 – 8 (B) 4 – 13

(C) 6 – 12 (D) 3 – 9

160. एंजाइम का नामकरण ___?___ अंकीय संख्या पर आधारित है।

(A) 2 (B) 3

(C) 4 (D) 5

161. जल अपघटन के अतिरिक्त विधि द्वारा एंजाइम क्रियाधारको के समूहों के अलग होने को उत्प्रेरित करते है, वह है-

(A) ट्रांसफरेजैज (B) लायेजेज

(C) लाइगेजेज (D) आइसोमरेजेज

162. एंजाइम जो C – O, C – S, C – N, P – O बंधों के निर्माण के लिए उत्प्रेरित करे है, वह है-

(A) आइसोमरेजेज (B) ट्रांसफरेजेज

(C) लाइगेजेज (D) डीहाइड्रोजीनेजेज

163. $S - G + S' \rightarrow S + S' - G$

उपरोक्त तथ्य कौन से एंजाइम से संबंधित है?

(A) ट्रांसफरेजेज (B) डीहाइड्रोजीनेजेज

(C) आइसोमरेजेज (D) लायेजेज

164. सह कारक होते है-

(A) एंजाइम के प्रोटीन अवयव

(B) एंजाइम के इतर प्रोटीन अवयव

(C) एंजाइम के अक्रियाशील भाग

(D) एंजाइम के उदासीन भाग

165. सह कारक एंजाइम को-

(A) उत्प्रेरक सक्रिय बनाते है।

(B) उत्प्रेरक असक्रिय बनाते है।

(C) उत्प्रेरक उदासीन बनाते है।

(D) संरचनाहीन बना देता है।

166. अगर मान ले, a = प्रोस्थेटिक-समूह, b = सह-एंजाइम, c = धातु आयन

उपरोक्त में से कौन सह कारक है?

(A) a (B) a, b

(C) a, c (D) a, b और c

167. सह कारक युक्त एंजाइम में, प्रोटीन भाग को कहते है?

(A) एपो एंजाइम (B) इको एंजाइम

(C) को एंजाइम (D) उपरोक्त सभी

168. हीमोग्लोबीन में हीम होता है-

(A) सह एंजाइम (B) धातु आयन

(C) प्रोस्थेटिक समूह (D) उपरोक्त में से कोई नहीं

169. सह एंजाइम होते है-

(A) कार्बनिक यौगिक

(B) अकार्बनिक यौगिक

(C) कार्बनिक या अकार्बनिक यौगिक

(D) न तो कार्बनिक न अकार्बनिक

170. सह एंजाइम, एपोएंजाइम से कब जुड़ता है?

(A) अभिक्रिया के आरंभ में

(B) अभिक्रिया के अंत में

(C) उत्प्रेरण के दौरान

(D) उपरोक्त में से कोई नहीं

171. NADP किस विटामिन से जुड़े रहते है?

(A) राइफ्लेविन (B) थाइमिन

(C) नियासीन (D) साइनेकोब्लामिन

172. निम्न मे से कौन कार्बाक्सीपेप्टीडेज से एक सह-कारक के रूप में जुड़ा रहता है?

(A) लौह (B) कॉपस

(C) सोडियम (D) जिंक

173. अगर एंजाइम से सहकारक को अलग कर दिया जाये तो-

(A) उत्प्रेरक क्रियाशीलता समाप्त हो जाती है।

(B) उत्प्रेरक क्रियाशीलता बढ़ जाती है।

(C) उत्प्रेरक क्रियाशीलता घट जाती है।

(D) उत्प्रेरक क्रियाशीलता अपरिवर्तित रहती है।

174. निम्न में से कौन कैंसर के इलाज में प्रयुक्त होते है?

(A) मॉफिन (B) लेमन बॉस तेल

(C) वीनब्लेस्टीन (D) कोडिन

ANSWER KEY

1. (D)	**2.** (D)	**3.** (C)	**4.** (A)	**5.** (A)	**6.** (D)	**7.** (D)	**8.** (C)	**9.** (B)	**10.** (A)
11. (C)	**12.** (D)	**13.** (B)	**14.** (A)	**15.** (C)	**16.** (B)	**17.** (A)	**18.** (C)	**19.** (D)	**20.** (B)
21. (A)	**22.** (A)	**23.** (C)	**24.** (C)	**25.** (B)	**26.** (D)	**27.** (D)	**28.** (C)	**29.** (A)	**30.** (C)
31. (B)	**32.** (B)	**33.** (D)	**34.** (A)	**35.** (C)	**36.** (A)	**37.** (C)	**38.** (B)	**39.** (C)	**40.** (C)
41. (A)	**42.** (A)	**43.** (A)	**44.** (D)	**45.** (A)	**46.** (C)	**47.** (D)	**48.** (B)	**49.** (A)	**50.** (D)
51. (C)	**52.** (A)	**53.** (C)	**54.** (C)	**55.** (D)	**56.** (D)	**57.** (A)	**58.** (B)	**59.** (D)	**60.** (B)
61. (A)	**62.** (C)	**63.** (C)	**64.** (A)	**65.** (B)	**66.** (B)	**67.** (C)	**68.** (D)	**69.** (A)	**70.** (B)
71. (C)	**72.** (A)	**73.** (D)	**74.** (B)	**75.** (A)	**76.** (D)	**77.** (A)	**78.** (D)	**79.** (C)	**80.** (C)
81. (D)	**82.** (A)	**83.** (D)	**84.** (C)	**85.** (A)	**86.** (A)	**87.** (D)	**88.** (A)	**89.** (B)	**90.** (B)
91. (C)	**92.** (B)	**93.** (D)	**94.** (C)	**95.** (B)	**96.** (A)	**97.** (C)	**98.** (C)	**99.** (A)	**100.** (C)
101. (D)	**102.** (D)	**103.** (A)	**104.** (D)	**105.** (C)	**106.** (A)	**107.** (D)	**108.** (C)	**109.** (A)	**110.** (B)
111. (C)	**112.** (A)	**113.** (A)	**114.** (D)	**115.** (A)	**116.** (C)	**117.** (A)	**118.** (D)	**119.** (C)	**120.** (C)
121. (D)	**122.** (A)	**123.** (B)	**124.** (B)	**125.** (A)	**126.** (C)	**127.** (A)	**128.** (D)	**129.** (D)	**130.** (C)
131. (B)	**132.** (A)	**133.** (B)	**134.** (D)	**135.** (B)	**136.** (D)	**137.** (B)	**138.** (A)	**139.** (A)	**140.** (D)
141. (C)	**142.** (C)	**143.** (D)	**144.** (A)	**145.** (B)	**146.** (B)	**147.** (D)	**148.** (D)	**149.** (C)	**150.** (A)
151. (C)	**152.** (A)	**153.** (C)	**154.** (C)	**155.** (A)	**156.** (A)	**157.** (B)	**158.** (D)	**159.** (B)	**160.** (C)
161. (B)	**162.** (C)	**163.** (A)	**164.** (B)	**165.** (A)	**166.** (D)	**167.** (A)	**168.** (C)	**169.** (A)	**170.** (C)
171. (C)	**172.** (D)	**173.** (A)	**174.** (C)						

कोशिका चक्र और कोशिका विभाजन

1. यीस्ट में कोशिका चक्र की अवधि होती है-
   (A) 24 घंटा (B) 1½ घंटा
   (C) 30 मिनट (D) 36 घंटा
2. सही जोड़े का चयन करे जिसकी अवधी 1 घंटे की होती है-
   (A) G_2 + साइटोकाइनेसिस
   (B) G_2 + कैरियाकाइनेसिस
   (C) कैरियोकाइनेसिस + साइटोकाइनेसिस
   (D) $G_1 + G_2$
3. दिया गया चित्र एक काल्पनिक कोशिका चक्र का है, S-अवस्था की स्थिति दिया हुआ है, सही सेट का चयन करे जो D तथा E को दर्शा रहे हैं-

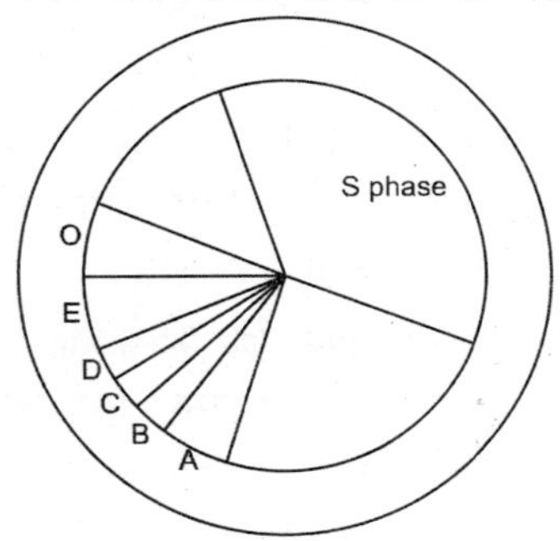

   (A) पूर्वावस्था, कैरियोकाइनेसिस
   (B) अंत्यावस्था, कैरियोकाइनेसिस
   (C) अंत्यावस्था, साइटोकाइनेसिस
   (D) कैरियोकाइनेसिस, साइटोकाइनेसिस
4. कोशिका चक्र के Go अवस्था के संदर्भ में सही कथन का चयन करे-
   (A) Go अवस्था में शरीर के सभी कोशिका के विभाजन में आते है
   (B) Go अवस्था में प्रवेश करने वाले कोशिका कभी विभाजित नही होते है
   (C) Go अवस्था में प्रवेश करने वाले कोशिका आवश्यकता पड़ने पर विभाजित होते है
   (D) Go अवस्था में प्रवेश करने के पश्चात कोशिका मृत हो जाते है
5. अन्तरावस्था के G_1 तथा G_2 अवस्था में कौन सा कार्य या क्रिया समान है?
   (A) कोशिका वृद्धि
   (B) प्रोट्रीन संश्लेषण
   (C) डी.एन.ए. प्रकृितिकरण
   (D) उपरोक्त सभी
6. निम्न में से कौन सम विभाजन नहीं है?
   (A) लेप्टोटीन (B) मध्यावस्था
   (C) पश्चावस्था (D) अंत्यावस्था
7. पूर्वावस्था की पहचान है-
   (A) गुणसूत्रीय पदार्थ के संघनन
   (B) डी.एन.ए. का प्रतिकृतिकरण
   (C) प्रोट्रीन संश्लेषण
   (D) तारकाय का प्रतिकृतिकरण (द्विगुणन)

8. पूर्वावस्था (prophase) के अन्त में, जब हम सूक्ष्मदर्शी से अध्ययन करते हैं, तो क्या अनुपस्थित होता है?

(A) गॉल्जीउपकरण (B) अंतप्रर्दव्यी जालिका
(C) केन्द्रक कला (D) उपरोक्त सभी

9. नीचे कुछ कथन समसूत्री विभाजन के पूर्वावस्था से संबंधित दिए गए है। कथनों को ध्यान से पढ़कर सत्य (स) तथा असत्य (अ) का चयन करे-

A. प्रत्येक गुणसूत्र में दो स्पष्ट अर्धगुणसूत्र होते हैं तथा दोनों का गुणसूत्र बिंदु भिन्न रहता है।
B. सूक्ष्म नलिका (mircotubule) जमा होने लगते है
C. प्रत्येक गुणसूत्र में दो अर्धगुणसूत्र होते हैं, पर दोनों स्पष्ट नहीं होते हैं दोनों एक ही गुणसूत्र बिंदु से जुड़े रहते हैं
D. तारककेंद्र विपरीत ध्रुव की ओर गमन करने लगते हैं

(A) A, B – (स); C, D – (अ)
(B) B, D – (स); A, C – (अ)
(C) B, C – (स); A, D – (अ)
(D) A, D – (स); B, C – (अ)

10. समसूत्री विभाजन की कौन सी अवस्था में गुणसूत्र तर्कुतंतु के मध्य रेखा पर आकर स्थित हो जाते है?

(A) पूर्वावस्था (B) मध्यावस्था
(C) पश्चावस्था (D) अत्यावस्था

11. समसूत्री विभाजन की कौन से अवस्था में अर्धगुणसूत्र एक गुणसूत्र की भांति माना जाता है?

(A) आरंभिक प्रोफेज (B) मध्य प्रोफेज
(C) मध्यावस्था (D) उपरोक्त में से कोई नहीं

12. केन्द्रक झिल्ली तथा केन्द्रिका (Nuclear membrane and nucleolus) के भविष्य के आधार पर समसूत्री विभाजन के कौन सी दो अवस्था के कार्य बिल्कुल विपरीत होते हैं?

(A) पूर्वावस्था-मध्यावस्था
(B) मध्यावस्था-पश्चावस्था
(C) मध्यावस्था-अंत्यावस्था
(D) पूर्वावस्था-अंत्यावस्था

13. उस अवस्था का चयन करे जिसमें गुणसूत्र विसंघनित होकर अपनी संपूर्णता को खो देते है-

(A) पूर्वावस्था (B) मध्यावस्था
(C) पश्चावस्था (D) अंत्यावस्था

14. पादप कोशिका में कोशिका द्रव्य विभाजन के दौरान कोशिका पट्टिका (cell plate) का निर्माण होता है, जो आरंभ होता है-

(A) परिधी से केन्द्र के तरफ
(B) केन्द्र से परिधि के तरफ
(C) कोशिद्रव्य में कही पर भी
(D) केन्द्र से ऊपर की तरफ

15. समसूत्री विभाजन के संदर्भ में गलत कथन का चयन करे-

(a) समसूत्री विभाजन कभी भी अगुणित कोशिका में नहीं होता है
(b) समसूत्री विभाजन की अवधी सामान्यतः अर्धसूत्री से कम होती है
(c) समसूत्री विभाजन विभज्योतक उतक में होता है
(d) यह विभाजन हमेशा वृद्धि से संबंधित नहीं होता है

(A) a, c (B) a, b (C) a, d (D) b, d

16. निम्न में से कौन सी प्रक्रिया केन्द्रक तथा कोशिका द्रव्य का अनुपात अव्यवस्थित करता है?

(A) कोशिका वृद्धि
(B) कोशिका विभाजन
(C) कोशिका द्रव्य विभाजन
(D) उपरोक्त में से कोई नहीं

17. कोशिका के जोड़े का चयन करे जो लागातार प्रतिस्थापित होते रहते है-

(A) आहार नाल के भीतरी सतह की कोशिका, तत्रिका कोशिका
(B) अधिचर्म के ऊपरी सतह की कोशिका, हृदय कोशिका
(C) अधिचर्म के ऊपरी परत, रक्त कोशिका
(D) रक्त कोशिका, मेरु कोशिका

18. अर्धसूत्री विभाजन होता है-

(A) अगुणित कोशिका में
(B) द्विगुणित कोशिका में
(C) उपरोक्त दोनों में
(D) किसी भी प्रकार के कोशिका में

19. अर्धसूत्री विभाजन में सम्मिलित है–
(A) सम विभाजन (B) न्यूनीकरण विभाजन
(C) उपरोक्त दोनों (D) उपरोक्त में से कोई नहीं

20. सही कथन का चयन करें–
(a) द्वितीय अर्धसूत्री विभाजन का प्रोफेज समसूत्री विभाजन के प्रोफेज के तुलना में अधिक अवधी का होता है
(b) अर्धसूत्री विभाजन सामान्यतः दैहिक कोशिका में होता है
(c) अर्धसूत्री विभाजन का सबसे लम्बी प्रथम अवस्था प्रोफेज होता है
(d) अर्धसूत्री विभाजन के पहले समसूत्री विभाजन की तरह अन्तरावस्था आता है।
(A) a, c (B) b, c
(C) c, d (D) a, d

21. अर्धसूत्री विभाजन के प्रोफेज I के सही क्रम का चयन करे–
(A) लेप्टोटीन → जाइगोटीन → डिप्लोटीन → पैकेटीन → डाइकाइनेसिस
(B) लेप्टोटीन → डिप्लोटीन → जाइगोटीन → पैकेटीन → डाइकाइनेसिस
(C) लेप्टोटीन → जाइगोटीन → पैकेटीन → डिप्लोटीन → डाइकाइनेसिस
(D) लेप्टोटीन → डाइकाइनेसिस → जाइगोटीन → पैकेटीन → डिप्लोटीन

22. सूत्रयुग्मन (Synapsis) निम्न में से कौन सी अवस्था में सम्पन्न होता है?
(A) लेप्टोटीन (B) जाइगोटीन
(C) पैकेटीन (D) डिप्लोटीन

23. चतुष्क (Tetrad) का बनना कौन सी अवस्था में आरंभ होता है?
(A) लैप्टोटीन (B) पैकेटीन
(C) डिप्लोटीन (D) उपरोक्त में से कोई नहीं

24. कौन सी अवस्था में क्रासिंग ओवर होता है?
(A) लेप्टोटीन (B) जाइगोटीन
(C) पैकेटीन (D) डिप्लोटीन

25. एन्जाइम जो क्रासिंग ओवर में हिस्सा लेता है, वह है–
(A) इन्डोन्यूक्लियेज (B) एटीपीएज
(C) रिकाम्बीनेज (D) राइबोन्यूक्लियेज

26. कौन सी अवस्था के आरंभ में सिनेप्टोनीमल सम्मिश्र का विघटन होता है?
(A) लेप्टोटीन (B) जाइगोटीन
(C) पैकेटीन (D) डाइकाइनेसिस

27. कौन सी अवस्था में सिनेप्टोनीमल सम्मिश्र का विघटन हो जाता है?
(A) लेप्टोटीन (B) जाइगोटीन
(C) पैकेटीन (D) डाइकाइनेसिस

28. इनटरकानेसिस प्रकट होते है–
(A) समसूत्री विभाजन के मध्य
(B) दो अर्धसूत्री विभाजन के मध्य
(C) दो समसूत्री तथा दो अर्धसूत्री विभाजन के मध्य
(D) कोशिका विभाजन में किसी भी अवस्था में प्रकट नहीं होते हैं

29. अर्धसूत्री विभाजन की कौन सी अवस्था समसूत्री विभाजन के समान होता है?
(A) Meiosis-I (B) Meiosis-II
(C) Meiosis-III (D) उपरोक्त में से कोई नहीं

30. विनियम (क्रासिंग ओवर) के दौरान जो X आकार की संरचना निर्मित होती है वह है?
(A) द्विवसंयोजक युगली (B) चतुष्क
(C) सूत्रयुग्मन (D) व्यत्यासिका (काएज्मेटा)

31. (a) समसूत्री विभाजन सिर्फ द्विगुणित कोशिकाओं में सीमित है, बिना किसी अपवाद के।
(b) समसूत्री विभाजन केन्द्रक तथा कोशिकाद्रव्य के अनुपात को बना कर रखते हैं।
(c) समसूत्री विभाजन शरीर के सभी कोशिकाओं में बिना किसी अनवाद के जीवन पर्यन्त प्रकट होते हैं।
(d) पादप मे समसूत्री विभाजन जीवन पर्यन्त संभव है।
ऊपर दिए गए कथनों में से कितने कथन सही है?
(A) एक (B) दो
(C) तीन (D) चार

32. केन्द्रक का विभाजन अगर बिना कोशिकाद्रव्य के विभाजन के होता है, इस स्थिति में-

(A) कोशिका मृत हो जाते हैं-

(B) बहुकेन्द्रकी कोशिका (संकोशिका) प्रकट होती है

(C) एक केन्द्रकी कोशिका प्रकट होती है

(D) उपरोक्त में से कोई नहीं

33. निम्न में से कौन अर्धसूत्री विभाजन की विशेषता नहीं है?

(A) किसी जाति में गुणसूत्र की संख्या को बनाए रखना।

(B) इसके कारण विभिन्नता उत्पन्न होता है।

(C) यह जैव विकास से संबंधित है।

(D) इस विभाजन के कारण, समान प्रकार के कोशिका उत्पन्न होते है, इसमें गुणसूत्र की संख्या मातृ कोशिका के बराबर होती है।

34. नीचे कुछ कथन अंतरावस्था से संबंधित दिया गया है

(a) एस फेज (S-phase) में सिर्फ डीएनए की प्रतिकृति केन्द्रक में होता है

(b) एस फेज में तारककेन्द्रक का प्रतिकृतिकरण केन्द्रक में होता है

(c) एस फेज में गुणसूत्र की संख्या समान बनी रहती है

(d) एस फेज में डीएनए की मात्रा दोगुनी हो जाती है

उपरोक्त में से कितने कथन गलत है?

(A) 0 (B) 1

(C) 2 (D) 3

35. उच्च पादपों में कुछ अगुणित कोशिका जिसमें कोशिका विभाजन प्रकट नहीं होता है वह है-

(A) सिनरजिड्स (Synergids)

(B) ओवियूल के एन्टीपोडल कोशिका

(C) A तथा B दोनों

(D) उपरोक्त में से कोई नहीं

36. दिए गए चित्र को पहचानते हुए सही उत्तर का चयन करें-

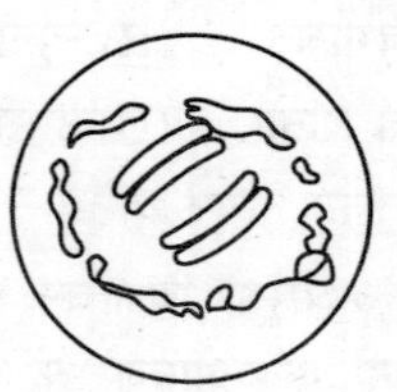

(A) आरंभिक पूर्वावस्था (B) पश्चपूर्वावस्था

(C) मध्यावस्था (D) अंत्यावस्था

37. दिया गया चित्र समसूत्री विभाजन से संबंधित है, यह चित्र दर्शा रहा है-

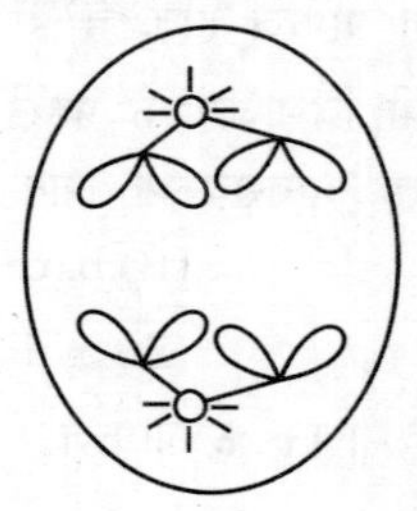

(A) पूर्वावस्था (B) मध्यावस्था

(C) पश्चावस्था (D) उपरोक्त में से कोई नहीं

38. गुणसूत्र का संघन्न पूर्ण होता है-

(A) पूर्वावस्था में (B) मध्यावस्था में

(C) पश्चावस्था में (D) अंत्यावस्था में

39. समसूत्री विभाजन के मध्यावस्था में मध्यरेखा पर कितने क्रोमेटिड तथा क्रोमोसोम स्थित होते हैं?

A = क्रोमेटेड

B = गुणसूत्रबिंदु

C = गुणसूत्र

(A) A = 46, B = 46, C = 46

(B) A = 23, B = 23, C = 23

(C) A = 92, B = 46, C = 46

(D) A = 92, B = 23, C = 46

40. समसूत्री विभाजन के पश्चोवस्था में कितने क्रोमेटिड तथा गुणसूत्र ध्रुव पर स्थित रहते है-

X = क्रोमेटीड Y = गुणसूत्र

(A) X = 46, Y = 46 (B) X = 46, Y = 23

(C) X = 23, Y = 23 (D) X = 23, Y = 46

41. अर्धसूत्री कोशिका में कितने क्रोमोटिड ध्रुव पर स्थित रहते है?

(A) 46 (B) 23

(C) 12 (D) प्राणी पर निर्भर करता है

42. नीचे कुछ जन्तुओं के नाम दिए गए है, व्हेल, अमीबा, रोहु, यूग्लीना। उपरोक्त में से कितने जन्तु अपने जीवन को एक कोशिका से आरंभ नहीं करते?

(A) 2 (B) 3

(C) 4 (D) 0

43. वृद्धि, जनन तथा गमन, प्राणियों के कुछ गुण है अगर वृद्धि = A, जनन = B, गमन = C उपरोक्त में से कौन सा गुण आवश्यक रूप से सभी प्राणियों के द्वारा नहीं किया जाता है?

(A) A (B) B

(C) C (D) कोई नहीं

44. सभी कोशिकाएं __?__ भागों में विभाजित होकर जनन करती है-

(A) 1 (B) 2

(C) 3 (D) 4

45. संतति कोशिकाओं का जीनोम-

(A) कोशिका में नए रूप से विकसित होते है

(B) पैतृक कोशिकाओं वाला होते है

(C) या तो पैतृक कोशिका का होता है, या कोशिका में विकसित होता है

(D) उपरोक्त में से कोई नहीं

46. सही कथन का चयन करें-

(A) कोशिका वृद्धि मुख्यतः कोशिकाओं कि वृद्धि है

(B) डीएनए का संश्लेषण कोशिका चक्र के सभी अवस्था में होता है

(C) कोशिका विभाजन के दौरान प्रतिकृति गुणसूत्र संतति केद्रको में वितरित हो जाते है।

(D) कोशिका चक्र की अवधि सभी प्राणियों मे समान होता है

47. अगर एक कोशिका अपना विभाजन पूर्ण कंर नए चक्र के लिए तैयार होता है तो चक्र का सही क्रम क्या होगा?

(A) अंतरावस्था → एम-व्यवस्था → साइटो काइनेसिस → कैरियोकाइनेसिस

(B) अंतरावस्था → कैरियोकाइनेसिस → साइटो काइनेसिस → अंतरावस्था

(C) एम-प्रावस्था → कैरियोकाइनसिस → साइटो क़ाइनेसिस → अंतरावस्था

(D) अंतरावस्था → एम-प्रावस्था → कैरियो काइनेसिस → साइटोकाइनेसिस

48. समसूत्री विभाजन एवं डीएनए प्रतिकृतिकरण के बीच अंतराल को प्रदर्शित करता है-

(A) G_1 प्रावस्था (B) S प्रावस्था

(C) G_2 प्रावस्था (D) M प्रावस्था

49. अगर एक कोशिका में G_1 प्रावस्था में 12 गुणसूत्र है, तो S प्रावस्था में गुणसूत्रों की कितनी संख्या होगी?

(A) 24 (B) 6

(C) 12 (D) 0

50. अंतरावस्था के 'S' प्रावस्था में-

(A) डीएनए तथा तारककाय दोनों का प्रतिकृतिकरण कोशिका द्रव्य में होता है

(B) डीएनए तथा तारककाय दोनों का प्रतिकृतिकरण केन्द्रक में होता है

(C) डीएनए तथा तारककाय दोनों का प्रतिकृतिकरण एक ही समय में होता है

(D) डीएनए का प्रतिकृतिकरण, तारककाय की तुलना में जल्दी होता है

उपरोक्त में से कितने कथन सही है?

(A) 1 (B) 2

(C) 3 (D) 4

51. उस कोशिका का चयन करे जो प्रौढ़ प्राणियों में विभाजित नहीं होते है-

(A) अधिचर्म कोशिका

(B) चर्म कोशिका

(C) हृदय की कोशिका

(D) उपरोक्त में से कोई नहीं

52. नीचे कुछ कथन G_0 प्रावस्था से संबंधित दिए गए है-
कथन 1: G_0 प्रावस्था सभी कोशिका के कोशिका चक्र में पाया जाता है।
कथन 2: G_0 प्रावस्था आवश्यक रूप से शांत अवस्था है।
कथन 3: एक कोशिका एक बार G_0 अवस्था में प्रवेश करने पर उससे कभी बाहर नहीं आते हैं-
(A) सिर्फ कथन 1 गलत है
(B) सिर्फ कथन 2 गलत है
(C) सभी कथन गलत हैं
(D) सिर्फ कथन 2 सही है

53. निम्न में से कौन से प्रावस्था में कोशिका कभी उपापचयी रूप से सक्रिय नहीं होते है?
(A) अंतरावस्थां (B) G_0 प्रावस्था
(C) एम प्राबस्था (D) उपरोक्त में से कोई नहीं

54. G_0 अवस्था में कोशिकाएं-
(A) कभी विभाजित नहीं होते है।
(B) प्राणी के आवश्यकता के अनुसार विभाजित होते है।
(C) कुछ समय के बाद मृत हो जाते है।
(D) सतत् आकार में बढ़ते रहते है।

55. गलत कथन का चयन करें-
(A) समसूत्री विभाजन के कारण हमारा कद बढ़ता है।
(B) पुनः रुदभवन समसूत्री विभाजन के कारण होता है।
(C) 70 वर्ष की उम्र के बाद समसूत्री विभाजन पूर्ण रूप से एक रुक जाता है।
(D) विदलन समसूत्री विभाजन की भांति होता है।

56. अगर A = समसूत्री विभाजन, B = अर्धसूत्री विभाजन

	उम्र (नर)	कोशिका विभाजन
A	60	A + B
B	10	सिर्फ B
C	10	A + B
D	10	सिर्फ A

(A) सिर्फ A (B) A तथा B
(C) A तथा D (D) A, B, C तथा D

57. A = अगुणित कोशिका, B = द्विगणित
X = पादप कोशिका, Y = जन्तु कोशिका
M = समसूत्री विभाजन
(A) $X \rightarrow M \rightarrow$ सिर्फ B
(B) $Y \rightarrow M \rightarrow$ सिर्फ B
(C) $X \rightarrow M \rightarrow A + B$
(D) $Y \rightarrow M \rightarrow A + B$

58. सम विभाजन उपस्थित होता है-
(A) समसूत्री विभाजन में
(B) अर्धसूत्री विभाजन में
(C) विदलेन में
(D) उपरोक्त सभी में

59. अगर पैतृक कोशिका में 10 गुणसूत्र हैं, अगर वह कोशिका सम विभाजन से गुजरता है, तो पुत्री कोशिका में गुणसूत्र की संख्या होगी-
(A) 5 (B) 10
(C) 20 (D) 40

60. कथन 1-समसूत्री विभाजन के विभिन्न अवस्थाओं के बीच स्पष्ट रूप से विभाजन करना मुश्किल है।
कथन 2- समसूत्री विभाजन में चार अवस्थाएं होती है।
कथन 3-मनुष्य में वृद्धि रुकने के साथ समसूत्री विभाजन रुक जाता है-
(A) सभी कथन गलत हैं।
(B) सिर्फ कथन 2 गलत है।
(C) सिर्फ कथन 3 गलत है।
(D) सभी कथन सही हैं।

61. A-तारक केन्द्र विपरीत ध्रुवों की ओर चलना प्रारंभ कर देता है-
B-गुणसूत्रीय पदार्थ के संघनन का प्रारंभन
C-केन्द्रक कला का विलुप्त होना
D-दो अर्ध गुण सूत्रों से बना होता है, जो आपस में सेट्रोमियर से जुड़े रहते है।
पूर्वावस्था के घटनाक्रम के आरंभ से अंत तक के सही क्रम का चयन करें-
(A) $B \rightarrow C \rightarrow A \rightarrow D$ (B) $A \rightarrow B \rightarrow D \rightarrow C$
(C) $B \rightarrow A \rightarrow C \rightarrow D$ (D) $A \rightarrow B \rightarrow C \rightarrow D$

62. गुणसूत्र, अंतर्द्रव्यीजालिका, केंद्रिका, केन्द्रक कला, तारक केन्द्र, उपरोक्त में से कितने संरचना, पूर्वावस्था के अंत में विलुप्त नहीं होते हैं?
(A) 5 (B) 4
(C) 3 (D) 2

63. गुणसूत्र का संघनन पूर्ण होता है–
(A) पूर्वावस्था के आरंभ में
(B) पूर्वावस्था के अंत में
(C) पूर्वावस्था के मध्य में
(D) उपरोक्त में से कोई नहीं।

64. काइनेटोकोर का निर्माण होता है–
(A) तर्कुतन्तु से (B) तारक (एस्टर) से
(C) गुणसूत्र से (D) उपरोक्त सभी से

65. निम्न में से कौन मध्यावस्था के आरंभ को दर्शाता हैं?
(A) गुणसूत्र का मध्यरेखा पर व्यवास्थित होना
(B) केन्द्रक आवरण के पूर्णरूप से विघटित होना।
(C) गुणसूत्र का संघनित होना
(D) गुणसूत्र का विलुप्त होना

66. मध्यावस्था में गुणसूत्रों का अध्ययन क्यों आसान होता है?
(A) गुणसूत्रों का संघनन पूर्ण हो जाता है।
(B) सूक्ष्मदर्शी से देखने पर स्पष्ट रूप से दिखाई देता है।
(C) A तथा B दोनों
(D) उपरोक्त में से कोई नहीं।

67. 46 गुणसूत्रों में कितने अर्धगुणसूत्र उपस्थित होते हैं?
(A) 46 (B) 92
(C) 23 (D) 16

68. मध्यावस्था में कितने अर्धगुणसूत्र उपस्थित होते हैं?
(A) 46 (B) 23
(C) 92 (D) 12

69. तारक (एस्टर) का निर्माण होता हैं–
(A) तारककाय से (B) गुणसूत्र से
(C) तर्कु तन्तु से (D) उपरोक्त में से कोई नहीं।

70. मध्यावस्था में जिस तल पर गुणसूत्र पंक्तिबद्ध हो जाते हैं उसे कहते हैं–
(A) मध्यावस्था पट्टिका
(B) मध्यावस्था डिस्क
(C) मध्यावस्था व्यवस्था
(D) गुणसूत्रीय संघनन

71. पश्चावस्था के प्रारभ में, मध्यावस्था पट्टिका पर आए प्रत्येक गुणसूत्र के गुणसूत्र बिन्दु (अर्धगुणसूत्र)
(A) एक साथ अलग होने लगते है।
(B) कुछ गुणसूत्र पहले पृथक् होते है।
(C) कभी एक साथ पृथक् होते हैं, या कभी पहले, कभी बाद में
(D) केन्द्रीय गुणसूत्र देर से पृथक् होते है।

72.

अवस्था	स्थल
(A) पूर्वावस्था	ध्रुव
(B) मध्यावस्था	मध्यरेखा
(C) पश्चावस्था	ध्रुव
(D) अंत्यावस्था	मध्यरेखा के निकट

उपरोक्त कोष्टक में से समसूत्री विभाजन के अवस्था तथा स्थल का चयन करें जहां अर्धगुणसूत्र को गुणसूत्र माना जाता हैं–
(A) A (B) B (C) C (D) D

73. समसूत्री विभाजन में अर्धसूत्र जब विपरीत ध्रुवों की ओर जाने लगते है, तब गुणसूत्र बिन्दु किस ओर होते हैं?
(A) ध्रुव (B) केन्द्र
(C) परिधि (D) कोशिका में किसी भी तरफ

74. अगर X = गुणसूत्र का संघनन है, Y = गुणसूत्र का असंघनन।
अगर A = पूर्वास्था है, B = मध्यावस्था, C = पश्चावस्था D = अंत्यावस्था
A, B, C तथा D, में से उस अवस्था का चयन करें जहां X तथा Y संपन्न होता है।
(A) $A \rightarrow x, D \rightarrow y$ (B) $A \rightarrow y, D \rightarrow x$
(C) $B \rightarrow x, C \rightarrow y$ (D) $C \rightarrow x, B \rightarrow y$

75. उस संरचना का चयन करें जो अंत्यावस्था में पुनर्निर्मित नहीं होते हैं–
(A) केंद्रिका (B) गॉल्जीउपकरण
(C) केन्द्रक कला (D) गुणसूत्र

76. जब तक ? पूर्ण नहीं होता है, कोशिका विभाजन को पूंर्ण नहीं माना जाता हैं–
(A) केंद्रक विभाजन
(B) अंतरावस्था
(C) कोशिका द्रव्य विभाजन
(D) अंत्यावस्था

77. संकोशिका हैं–
(A) एककेन्द्रकी अवस्था
(B) बहुकेंद्रकी अवस्था
(C) अकेन्द्रकी अवस्था
(D) उपरोक्त में से कोई नहीं।

78. नई कोशिकाभित्ति निर्माण एक साधारण पूर्वगामी रचना से प्रारंभ होती है, जिसे ? कहते हैं–
(A) तर्कु तन्तु (B) एस्टर
(C) कोशिका पट्टिका (D) सेंट्रोमियर

79. कोशिक पट्टिका दर्शाता है–
(A) बाह्य पट्टिका (B) मध्य पट्टिका
(C) आन्तरिक पट्टिका (D) उपरोक्त सभी।

80. पादप तथा जन्तु के सूत्री विभाजन के कोशिकाद्रव्य विभाजन किस प्रकार से समान है?
(A) दोनों में कोशिकाद्रव्य विभाजन एक ही प्रकार का होता है।
(B) दोनों में विभाजन खांच परिधी से केन्द्र की तरफ जाते है।
(C) दोनों मे कोशिकाद्रव्य विभाजन के कारण बराबर आकार के पुत्री कोशिका का निर्माण होता है।
(D) दोनों में पट्टिका भाग लेते है।

81. कोशिकाद्रव्य विभाजन के दौरान, दो पुत्री कोशिका में निम्न में से किसका बराबर वितरण होता है?
(A) कोशिका द्रव्य (B) सूत्र कोशिका
(C) लवक (D) उपरोक्त सभी

82. दिया गया चित्र दर्शा रहा है–

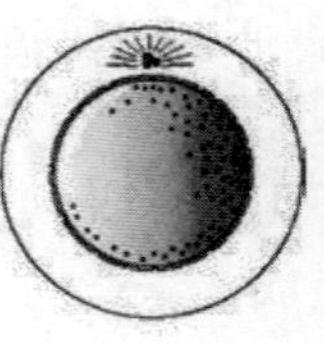
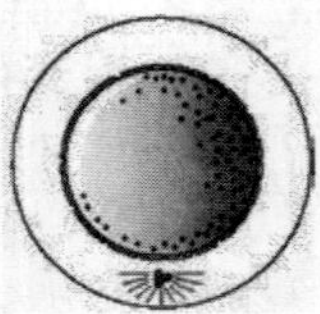

(A) आरंभिक पूर्वावस्था को
(B) अंतरावस्था को
(C) पश्चावस्था को
(D) मध्यावस्था को

83. दिए गए चित्र को पहचानते हुए, उस विकल्प का चयन करे जिसमें यह चित्र ठीक उसके बाद आता है?

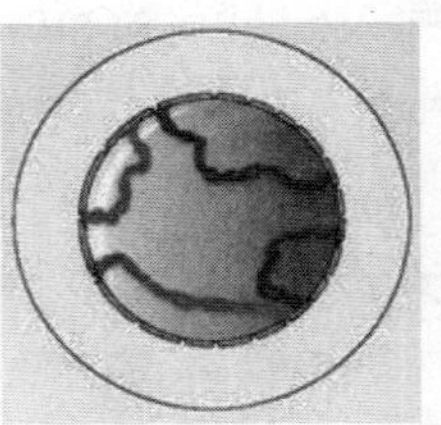

(A) मध्यावस्था (B) पूर्वावस्था
(C) पश्चावस्था (D) अंतरावस्था

84. दिया गया चित्र, निम्न में से किस अवस्था के ठीक पहले का है?

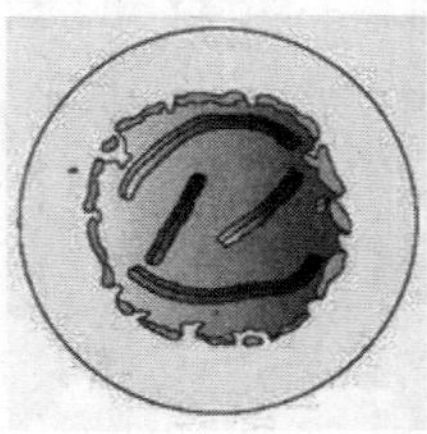

(A) मध्यावस्था (B) पश्चावस्था
(C) पूर्वावस्था (D) अंतरावस्था

85. दिया गया मानव कोशिका, अगर 46 गुणसूत्र युक्त है, किस प्रकार का कोशिका विभाजन और दशा संभव हैं?
(A) समसूत्री विभाजन
(B) अर्धसूत्री विभाजन
(C) विभाजन अनुपस्थित
(D) उपरोक्त सभी

86. A = द्विगणित पुत्री कोशिका

B = समान आनुवांशिक अवयव वाली कोशिका

C = केन्द्रक तथा कोशिका द्रव्य के बीच का अव्यवस्थित अनुपात

D = कोशिका पुनुरुद्भवन

उपरोक्त चार लक्षणों में से कौन समसूत्री विभाजन से सम्बन्धित नहीं हैं?

(A) A, C (B) सिर्फ D

(C) A, B (D) सिर्फ C

87. माने ले, A = तंत्रिका कोशिका है, B = पेशी कोशिका है तथा C = आहार नाल के भीतरी सतह की कोशिका है अब अगर x = सीमित है, y = सतत् है तथा z = अनुपस्थित है, तो एक 50 वर्ष के व्यक्ति में समसूत्री विभाजन के संदर्भ में कौन सा विकल्प सही हैं–

(A) $A \rightarrow x, B \rightarrow y, C \rightarrow z$

(B) $A \rightarrow z, B \rightarrow x, C \rightarrow y$

(C) $A \rightarrow x, B \rightarrow z, C \rightarrow y$

(D) $A \rightarrow y, B \rightarrow z, C \rightarrow x$

88. निम्न में से कौन से बिन्दु में पादप का समसूत्री विभाजन जन्तु से भिन्न होता है?

(A) पुनुरुद्भवन

(B) जीवन पर्यन्त वृद्धि के लिए उत्तरदायी

(C) मरम्मत

(D) केन्द्रक, कोशिकाद्रव्य अनुपात

89. मान लें एक कोशिका में कोशिका चक्र की अवधि 48 घंटा है, तो कैरियोकाइनेसिस तथा साइटोकाइनेसिस की अवधि कितनी होगी?

(A) 1 घंटा (B) 2 घंटा

(C) 48 घंटा (D) 24 घंटा

90. अगर एक कोशिका सूत्री विभाजन से गुजर रहा है निम्न में से कौन सी अवस्था का आना आवश्यक नहीं है?

(A) G_1 (B) S

(C) G_2 (D) Go

91. सुमेलित करते हुए, सही विकल्प का चयन करे–

कॉलम A	**कॉलम B**
(a) मध्यावस्था	(1) केंद्रिका का पुनर्निर्माण
(b) अंत्यावस्था	(2) अर्धगुणसूत्र अब गुणसूत्र हो जाता है।
(c) पूर्वावस्था	(3) केंद्रक आवारण का पूर्णरूप से विघटन
(d) पश्चावस्था	(4) गुणसुत्रीय तत्व का संघनन

(A) abcd/1234 (B) abcd/3142

(C) abcd/1342 (D) acbd/3124

92. समसूत्री विभाजन के मध्यावस्था के दौरान प्रत्येक गुणसूत्र में स्थित होते हैं–

(A) 1 अर्धगुणसूत्र, 2 गुणसूत्रबिंदु (सेट्रोमीटर)

(B) 1 अर्धगुणसूत्र, 1 गुणसूत्रबिंदु (सेट्रोमीटर)

(C) 2 अर्धगुणसूत्र, 1 गुणसूत्रबिंदु (सेट्रोमीटर)

(D) 2 अर्धगुणसूत्र, 2 गुणसूत्रबिंदु (सेट्रोमीटर)

93. समसूत्री विभाजन के मध्यावस्था में न्यूनतम कितने तर्कुतन्तु उपस्थित होने चाहिए?

(A) 23 (B) 46

(C) असीमित (D) उपरोक्त में से कोई नहीं।

94. पूर्वास्था (1), मध्यावस्था (2), जी1 (3), जी$_2$(4) अंत्यावस्था (5), पश्चावस्था (6), एस(7)

अगर एक कोशिका एक चक्र से गुजर रहा है, तो सही क्रम का चयन करें–

(A) $3 \rightarrow 7 \rightarrow 4 \rightarrow 1 \rightarrow 2 \rightarrow 6 \rightarrow 5$

(B) $3 \rightarrow 4 \rightarrow 7 \rightarrow 2 \rightarrow 1 \rightarrow 6 \rightarrow 7$

(C) $1 \rightarrow 2 \rightarrow 6 \rightarrow 5 \rightarrow 3 \rightarrow 7 \rightarrow 4$

(D) $1 \rightarrow 2 \rightarrow 6 \rightarrow 5 \rightarrow 3 \rightarrow 4 \rightarrow 7$

95. समसूत्री विभाजन के दौरान निम्न में से कौन विखंडित होते हैं?

(A) गुणसूत्रबिंदु (B) गुणसूत्र

(C) अर्धगुणसूत्र (D) उपरोक्त सभी

96. निम्न में से कौन सी दशा में अनियन्त्रित समसूत्री विभाजन होता है?

(A) कैंसर (B) मधुमेह

(C) गठिया (D) एड्स

97. युग्मक के निर्माण में किसका योगदान होता है?
(A) अगुणित कोशिका (B) द्विगणित कोशिका
(C) A तथा B दोनों (D) उपरोक्त में से कोई नहीं

98. अर्धसूत्री विभाजन के दौरान कितने बार साइटोकाइनेसिस तथा कितने बार केरियोकाइनेसिस होता है?
(A) 1 (B) 2
(C) 3 (D) 4

99. उस उदाहरण का चयन करें जिसमें अगुणित कोशिकाएं समसूत्री विभाजन द्वारा विभाजित होती है–
(A) मछली जीबेलियो (B) सेक्सीकोला अरमेन्यािका
(C) मुर्गी (D) मधुमक्खी

100. अगर मान लें X दैहिक कोशिका में गुणसूत्र की संख्या 10 है, तो जनन कोशिका में गुणसूत्र की संख्या होगी–
(A) 5 (B) 10
(C) 20 (D) 30

101. अगर मान लें A एक जनन कोशिका है, जिसमें 20 गुणसूत्र है, तो दैहिक कोशिका में गुणसूत्र की संख्या होगी–
(A) 20 (B) 10
(C) 40 (D) 5

102. अर्धसूत्री विभाजन में डीएनए प्रतिकृति का __?__ चक्र पूर्ण होता है–
(A) एक (c) दो
(C) शून्य (D) तीन

103. अर्धसूत्री प्रथम विभाजन के ने अंत में कितने द्विगुणित कोशिका बनते हैं?
(A) 2 (B) 4
(C) 0 (D) 1

104. अर्धसूत्री I में संतित अर्धगुणसूत्र कौन से अवस्था में बनते हैं?
(A) जी$_1$ (B) जी$_2$
(C) एस (S) (D) M-अवस्था

105. अर्धसूत्री विभाजन के पूर्वावस्था I समसूत्री विभाजन के पूर्वास्था से कैसे भिन्न हैं?
(a) अवधि
(b) अवस्थाओं की संख्या
(c) आनुवांशिक तत्त्वों का विनिमय
(d) जटिलता का स्तर
(A) a (B) a, b
(C) a, b, c (D) a, b, c & d

106. दिए गए कॉलम को सुमेलित कर के सही विकल्प का चयन करें–

कॉलम A	कॉलम B
(a) जाइगोटीन	(1) गुणसूत्र चतुष्क के रूप में अधिक स्पष्ट दिखाई देने लगते है।
(b) पैकेटीन	(2) समजात गुणसूत्र का निर्माण
(c) लेप्टोटीन	(3) गुणसूत्र का संघनन (कॉम्पैक्शन)
(d) डायाकाइनेसिस	(4) तर्कुतन्तु एकत्रित हो जाते हैं।

(A) abcd/4321 (B) abcd/1234
(C) abcd/2341 (D) abcd/2134

107. निम्न में से कौन मध्यावस्था I की ओर पारगमन को निरूपित करता है?
(A) डायाकाइनेसिस
(B) पश्चावस्था I
(C) समसूत्री मध्यावस्था
(D) उपरोक्त में से कोई नहीं।

108. निम्न में से कौन एंजाइम द्वारा नियंत्रित प्रक्रिया है?
(A) लिप्टोटीन
(B) जाइगोटीन
(C) पेकॉइटिन (स्थूल पट्ट)
(D) डायाकाइनेसिस

109. अर्धसूत्री I के किस अवस्था के अंत में केंद्रिका का विलोपन हो जाता हैं?
(A) पेकाइटिन (B) डिप्लोटीन
(C) मध्यावस्था I (D) डायाकाइनेसिस

110. डिप्लोटीन महीनो या वर्षों बाद समाप्त होती है–
(A) कुछ अकशेरुकी के अंडकों में
(B) कुछ कशेरुकी के स्परमैटोसाइट में
(C) कुछ कशेरुकी के अडंक में
(D) कुछ अकशेरुकी के स्परमैटोसाइट में

111. सिनेप्टोनिमल सम्मिश्र में कितने अर्धगुणसूत्र उपस्थित होते हैं?
(A) 2 (B) 4
(C) 1 (D) 6

112. चतुष्क में कितने गुणसूत्रबिंदु उपस्थित होते हैं?
(A) 2 (B) 4
(C) 1 (D) 0

113. चतुष्क ने नामांकन का आधार है–
(A) 2 अर्धगुणसूत्र (B) 4 गुणसूत्रबिंदु
(C) 4 अर्धगुणसूत्र (D) 2 गुणसूत्रबिंदु

114. अगर A = लेप्टोटीन, B = जाइगोटीन C = पैकेटीन, तो उपरोक्त में से सबसे लम्बी अवधि किसकी होती है–
(A) A
(B) B
(C) C
(D) A, B तथा C की अवधि बराबर होती है।

115. नीचे कुछ कथन अर्धसूत्री-I से सम्बन्धित दिए गए है–
विनिमय (क्रॉसिंग ओवर) (a), काएज्मेटा (b), सूत्रयुग्मन (c), पुनयोजिनी ग्रंथिकाएं (d)
उस विकल्प का चयन करें जो अर्धसूत्री I के दिए गए अवस्थाओं को आरंभ से अंत तक सही क्रम में दर्शा रहा है–
(A) c $\rightarrow$ a $\rightarrow$ d $\rightarrow$ b
(B) c $\rightarrow$ d $\rightarrow$ a $\rightarrow$ b
(C) a $\rightarrow$ b $\rightarrow$ c $\rightarrow$ d
(D) b $\rightarrow$ a $\rightarrow$ d $\rightarrow$ c

116. पुनर्योजन ग्रंथिकाएं, निम्न में से कौन सी अवस्था के ठीक पहले निर्मित होती है?
(A) क्रॉसिंग ओवर (B) सयुग्मन
(C) काएज्मेटा (D) चतुष्क

117. निम्न में से किसका तात्पर्य एक है?
(A) क्रॉसिंग ओवर तथा काएज्मेटा
(B) सिनेप्टोनिमल सम्मिश्र तथा काएज्मेटा
(C) द्विसंयोजी (युगली) तथा चतुष्क
(D) काएज्मेटा तथा चतुष्क

118. निम्न में से कौन क्रॉसिंग ओवर से सम्बन्धित है?
(A) असमजात गुणसूत्र
(B) संतति अर्धगुणसूत्र
(C) असंतति अर्धगुणसूत्र
(D) उपरोक्त सभी

119. मध्यावस्था-I में जो गुणसूत्र मध्यरेखा पट्टिका पर व्यवस्थित हो जाते है, वह है–
(A) 46 गुणसूत्र अपने गुणसूत्रबिंदु के द्वारा
(B) 23 जोड़े गुणसूत्र
(C) 46 जोड़े गुणसूत्र
(D) 22 जोड़े गुणसूत्र

120. अर्धसूत्री विभाजन का पश्चावस्था-I, समसूत्री विभाजन के पश्चावस्था से कैसे भिन्न है?
(A) गुणसूत्र बिंदु के अलगाव के संदर्भ में
(B) समजात गुणसूत्र के अलगाव के संदर्भ में
(C) अर्धगुणसूत्र के अलगाव के संदर्भ में
(D) उपरोक्त सभी

121. पश्चावस्था-I के अंत में प्रत्येक ध्रुव पर कितने अर्ध गुणसूत्र उपस्थित होते हैं?
(A) 46
(B) 23
(C) 12
(D) कोई अर्ध गुणसूत्र उपस्थित नही है।

122. पश्चावस्था I के अंत में प्रत्येक ध्रुव पर कितने गुणसूत्र बिंदु उपस्थित होते हैं?
(A) 46 (B) 23
(C) 12 (D) 0

123. पश्चावस्था I के अंत में प्रत्येक ध्रुव पर कितने गुणसूत्र उपस्थित होते हैं?
(A) 46 (B) 23
(C) 12 (D) 0

124. अर्धसूत्री विभाजन का पूर्वावस्था-II, पूर्वावस्था-I में कैसे भिन्न होता है?
(A) क्रॉसिंग ओवर नहीं होता है
(B) अवधि कम होता है।
(C) तुलनात्मक रूप से सरल होता है
(D) उपरोक्त सभी

125. गुणसूत्र बिंदु का अलगाव निम्न में से कौन सी अवस्था में होता है?
(A) पूर्वावस्था II (B) पश्चावस्था I
(C) पश्चावस्था II (D) मध्यावस्था II

126. अर्धसूत्री विभाजन जैव विकास मे कैसे भूमिका निभाते हैं?
(A) अगुणिता को बनाकर
(B) जीवधारी के जनसंख्या में एक पीढ़ी से दूसरी पीढ़ी तक आनुवांशिक विभिन्नता को बढ़ाकर
(C) द्विगुणिता को बनाकर
(D) उपरोक्त सभी

127. I. अर्धसूत्री I तथा अर्धसूत्री II दोनों में गुणसूत्रों की संख्या घटकर आधी रह जाती है।
II. अर्धसूत्री विभाजन लैंगिक जनन करने वाले जीवों की प्रत्येक जाति में विशिष्ट गुणसूत्रों की संख्या पीढ़ी दर पीढ़ी संरक्षित रखती है।
III. कोशिका द्विक (Dyad) अर्धसूत्री II के अंत में निर्मित हो जाता है।
IV. अर्धसूत्री II, समसूत्री विभाजन की भांति होते है।
उपरोक्त में से कितने कथन सही हैं?
(A) 2 (B) 3
(C) 4 (D) 1

128. कोशिका विभाजन के दौरान कौन सी घटना संपन्न नहीं होती है?
(A) कोशिका वृद्धि
(B) डीएनए प्रतिकृति
(C) कोशिका पुनःरूत्पादन (पुनर्जनन)
(D) उपरोक्त में से कोई नहीं

ANSWER KEY

1. (B)	**2.** (C)	**3.** (C)	**4.** (C)	**5.** (A)	**6.** (A)	**7.** (A)	**8.** (D)	**9.** (B)	**10.** (B)
11. (A)	**12.** (D)	**13.** (D)	**14.** (B)	**15.** (C)	**16.** (A)	**17.** (C)	**18.** (B)	**19.** (C)	**20.** (C)
21. (C)	**22.** (B)	**23.** (D)	**24.** (C)	**25.** (D)	**26.** (D)	**27.** (D)	**28.** (B)	**29.** (B)	**30.** (D)
31. (B)	**32.** (B)	**33.** (D)	**34.** (B)	**35.** (C)	**36.** (B)	**37.** (C)	**38.** (B)	**39.** (C)	**40.** (A)
41. (A)	**42.** (D)	**43.** (C)	**44.** (B)	**45.** (B)	**46.** (C)	**47.** (D)	**48.** (A)	**49.** (C)	**50.** (A)
51. (C)	**52.** (D)	**53.** (D)	**54.** (B)	**55.** (C)	**56.** (C)	**57.** (C)	**58.** (D)	**59.** (B)	**60.** (C)
61. (A)	**62.** (D)	**63.** (D)	**64.** (A)	**65.** (B)	**66.** (C)	**67.** (B)	**68.** (C)	**69.** (A)	**70.** (A)
71. (A)	**72.** (C)	**73.** (A)	**74.** (A)	**75.** (D)	**76.** (C)	**77.** (B)	**78.** (C)	**79.** (B)	**80.** (C)
81. (D)	**82.** (B)	**83.** (D)	**84.** (A)	**85.** (D)	**86.** (D)	**87.** (B)	**88.** (B)	**89.** (B)	**90.** (D)
91. (B)	**92.** (C)	**93.** (B)	**94.** (A)	**95.** (A)	**96.** (A)	**97.** (C)	**98.** (B)	**99.** (D)	**100.** (A)
101. (C)	**102.** (A)	**103.** (C)	**104.** (C)	**105.** (D)	**106.** (D)	**107.** (A)	**108.** (C)	**109.** (D)	**110.** (C)
111. (B)	**112.** (A)	**113.** (C)	**114.** (C)	**115.** (B)	**116.** (A)	**117.** (C)	**118.** (C)	**119.** (B)	**120.** (B)
121. (A)	**122.** (B)	**123.** (B)	**124.** (D)	**125.** (C)	**126.** (B)	**127.** (A)	**128.** (C)		

इकाई 4: पादप कार्यकीय

11. पौधों में परिवहन
12. खनिज पोषण
13. उच्च पादप में प्रकाश संश्लेषण
14. पादप में श्वसन
15. पादप वृद्धि एव परिवर्धन

11

पौधों में परिवहन

1. पुष्पीय पौधो में जिन पदार्थों का परिवहन होता है, वह है–
   (A) पौधो के वृद्धि नियामक
   (B) कार्बनिक पोषक
   (C) खनिज पोषक
   (D) उपरोक्त सभी
2. स्थानांतरण क्या है?
   (A) कम दूरी तक पदार्थों की गति
   (B) एक कोशिका से दूसरे कोशिका में गति
   (C) लंबी दूरी के लिए परिवहन, संवहनीय तंत्र के द्वारा
   (D) उपरोक्त सभी
3. पादप के संवहनीय तंत्र में शामिल है–
   (A) जाइलम (B) फ्लाऐम
   (C) A तथा B दोनों (D) उपरोक्त में से कोई नहीं
4. जंतु का कौन सा भाग पादप के जाइलम तथा फ्लोएम के समान होता है?
   (A) नेफॉन, कूपिका (B) धमनी, कूपिका
   (C) शिरा, नेफॉन (D) धमनी, शिरा
5. पादप में स्थानातरण मनुष्य क कौन से तंत्र के समान होता है?
   (A) परिसंचरण (B) उत्सर्जन
   (C) तंत्रिका (D) उपरोक्त सभी
6. पादप के स्थानांतरण से संबंधित दिए गए कोष्टक में से सही विकल्प का चयन करें–
   अगर – U – एक दिशायी, M – विभिन्न दिशा

	जल	कार्बनिक पोषक	हार्मोन	रसायन–उत्तेजक
(A)	U	U	U	U
(B)	M	M	M	M
(C)	U	M	U	U
(D)	U	U	M	M

7. पादप में कार्बनिक पदार्थ का संश्लेषण कहां होता है?
   (A) मूल में (B) तना में
   (C) पत्तियों में (D) उपरोक्त सभी
8. नीचे कुछ कथन दिए गए है–
   (a) पादप में परिवहन के अनेक माध्यम होते है।
   (b) पेड़–पौधो को जंतुओं की अपेक्षा कही अधिक दूरी तक अणुओं को ले जाने की आवश्यकता होती है।
   (c) पादपों में हार्मोन का परिवहन बड़ी मात्रा में होती है।
   गलत कथन का चयन करें–
   (A) a (B) b
   (C) b, c (D) c

9. पादप में विसरण के द्वारा गति होता है-
   (A) कोशिका के एक भाग दूसरे भाग में।
   (B) एक कोशिका से दूसरे कोशिका में।
   (C) पत्तियों के अंतरकोशिकीय स्थान से बाह्य पर्यावरण तक।
   (D) उपरोक्त सभी

10. I – विसरण में ऊर्जा का व्यय नहीं होता।
    II – विसरण में अणु नियमित रूप से गति करते है।
    III – विसरण एक तीव्र प्रक्रिया है।
    IV – विसरण जीवित तंत्र पर निर्भर करती है।
    सिर्फ उपरोक्त में से कितने कथन गलत है-
    (A) 1 (B) 2
    (C) 3 (D) 4

11. नीचे कुछ कथन (कारकों) के नाम दिए गए है-
    (A) सांद्रता की प्रवणता
    (B) क्षिल्ली की पारगम्यता
    (C) ताप
    (D) दाब
    उपरोक्त में से कितने कारक विसरण क दर को प्रभावित करते है?
    (A) 1 (B) 2
    (C) 3 (D) 4

12. (a) लघु पदार्थ तेज गति से विसरण करते है।
    (b) लिपिड में घुलनशील पदार्थ क्षिल्लिका के माध्यम से तेजी से विसरित होते है।
    (c) विसरण सिर्फ जल में संभव है।
    स - सत्य, अ - असन्य
    (A) a, b – स, c – अ (B) a – अ, b – c – स
    (C) a – स, b, c – अ (D) a, b – अ, c – स

13. क्षिल्लिक ___?___ अणुओं को आर-पार करने के लिए स्थान उपलब्ध कराती है-
    (A) प्रोटीन (B) लिपिड
    (C) कार्बोहाइड्रेट (D) उपरोक्त में से कोई नहीं

14. सुसाध्य विसरण निम्न में से किसके मदद से होता है?
    (A) प्रोटीन
    (B) लिपिड
    (C) कार्बोहाइड्रेड
    (D) उपरोक्त सभी

15. नीचे कुछ कथन सुसाध्य विसरण से संबंधित दिए गए है-
    (a) इसमें एटीपी ऊर्जा का व्यय होता है।
    (b) बेहद विशिष्ट होता है।
    (c) निरोधको के प्रति संवेदनशील होता है।
    गलत कथन का चयन करें-
    (A) a (B) a, b
    (C) c (D) a, b, c

16. सुसाध्य विसरण में परिवहन की गति कब अधिकतम होती है?
    (A) जब प्रोटीन के सभी संवाहकों का प्रयोग पूर्णरूप से हो।
    (B) जब दोनों तरफ के अणु पूर्णरूप से समाप्त हो जाता है।
    (C) जब दोनों तरफ सांद्रण बराबर हो जाते है।
    (D) उपरोक्त में से कोई नहीं।

17. पोरिन एक प्रोटीन है, जो निम्न में से किसके सतह पर या बाह्य क्षिल्ली पर बड़े आकार के छिद्रों का निर्माण करती है-
    (A) प्लास्टिड (B) माइटोकोड्रिया
    (C) जीवाणु (D) उपरोक्त सभी

18. जलमार्ग ___a?___ तरह के ___b?___ से बना होता है-
    (A) a – 8, b – एक्वापोरिन
    (B) a – 6, b – एक्वापोरिन
    (C) a – 8, b – पोरिन
    (D) a – 4, b – एक्वापोरिन

19.

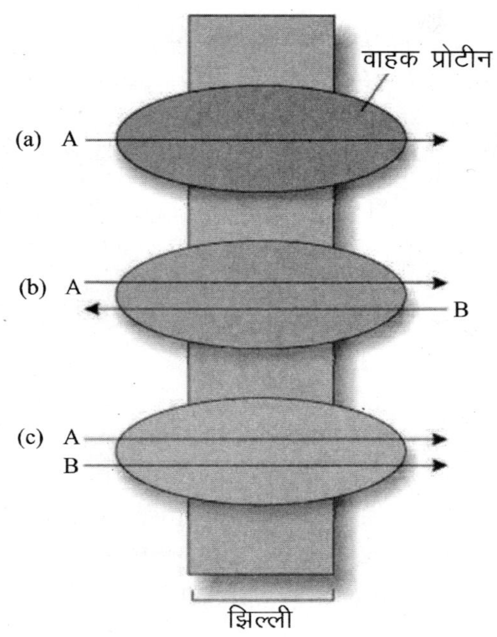

दिया गया चित्र सुसाध्य विसरण का है। a, b, c क्या है?

	a	b	c
(A)	यूनीपोर्ट	सिमपोर्ट	एंटीपोर्ट
(B)	सिमपोर्ट	यूनीपोर्ट	एंटीपोर्ट
(C)	सिमपोर्ट	एंटीपोर्ट	यूनीपोर्ट
(D)	यूनीपोर्ट	एंटीपोर्ट	सिमपोर्ट

20. सिमपोर्ट में–

(A) दोनों अणु एक ही दिशा में झिल्लिका को पार करते है।

(B) दोनों अणु विपरित दिशा में झिल्लिका को पार करते है।

(C) एक अणु एक ही दिशा में झिल्लिका को पार करते है।

(D) एक अणु विपरित दिशा में झिल्लिका को पार करते है।

21. सुमेलित करें–

कॉलम **A**	**कॉलम B**
(a) यूनीपोर्ट	(1) दोनो अणु उल्टी दिशा में झिल्लिका को पार करते है।
(b) एंटीपोर्ट	(2) जब दो अणु एक ही दिशा में झिल्लिका को पार करते हे।
(c) सिमपोर्ट	(3) जब एक अणु दूसरे अणु से स्वतंत्र होकर झिल्लिका को पार करते है।

(A) abc/213 (B) abc/312
(C) abc/123 (D) abc/231

22. अत: झिल्लिका के विभिन्न प्रोटीन किस प्रकार के परिवहन में भूमिका निभाते है?

(A) सक्रिय परिवहन

(B) निष्क्रिय परिवहन

(C) सक्रिय तथा निष्क्रिय परिवहन

(D) उपरोक्त में से कोई नहीं

23. झिल्लिका से होकर होने वाले परिहवन है–

(A) साधारण विसरण (B) सुसाध्य परिवहन
(C) सक्रिय परिवहन (D) उपरोक्त सभी

24. निम्न में से किसमें शिखरोपरि परिवहन संभव है?

(A) साधारण विसरण (B) सुसाध्य परिवहन
(C) सक्रिय परिवहन (D) उपरोक्त सभी

25. निम्न में से कौन से परिवहन की विधि उच्च वर्णात्मक नहीं है?

(A) साधारण विसरण (B) सुसाध्य परिवहन
(C) सक्रिय परिवहन (D) उपरोक्त में से कोई नहीं

26. परिवहन तंत्र के सेट का चयन करें जिसमें परिवहन संतृप्त हो जाते है–

(A) सरल विसरण, सुसाध्य परिवहन

(B) सरल विसरण, सक्रिय परिवहन

(C) सुसाध्य परिवहन, सक्रिय परिवहन

(D) उपरोक्त में से कोई नहीं

27. परिवहन के कौन से विधि में विशिष्ट झिल्लिका प्रोटीन की आवश्यकता नहीं होती है?
(A) सरल विसरण (B) सुसाध्य परिवहन
(C) सक्रिय परिवहन (D) उपरोक्त में से कोई नहीं

28. तरबूज में लगभग कितना प्रतिशत जल होता है?
(A) 75% (B) 85%
(C) 92% (D) 57%

29. शाकीय पौधो में शुष्क पदार्थ __?__ प्रतिशत होता है-
(A) 10 - 15 (B) 5 - 10
(C) 20 - 25 (D) 30 - 35

30. मक्के के एक परिपक्व पौधा एक दिन में लगभग __?__ लीटर पानी अवशोषित करता है।
(A) 0.5 (B) 1
(C) 2 (D) 3

31. जल विभव (ψ_w) को सुनिश्चित करने वाले दो मुख्य कारक है-
(A) $\psi_s + \psi_t$ (B) $\psi_s + \psi_p$
(C) $\psi_p + \psi_t$ (D) $\psi_k + \psi_s$

32. जल के अणुओं में पाई जाती है-
(A) गतिज ऊर्जा (B) यांत्रिक ऊर्जा
(C) रासायनिक ऊर्जा (D) स्थैतिक ऊर्जा

33. जल विलये अधिक होता है, जब-
(A) किसी तंत्र में अधिक मात्रा में जल होती है।
(B) किसी तंत्र में कम मात्रा में जल होती है।
(C) किसी तंत्र में लवण की मात्रा कम होती है।
(D) उपरोक्त में से कोई नहीं

34. निम्न में से कौन से चिन्ह से जल विभव को दर्शाया जाता है?
(A) ग्रीक चिन्ह Pst
(B) ग्रीक चिन्ह Psi
(C) लैटिन चिन्ह Psi
(D) लैटिन चिन्ह Pst

35. नीचे कुछ कथन जल विभव से संबंधित किया गया है-
(a) यदि कोई दो अंतर्विष्ट जल तंत्र सपर्क में हो तो अणु की गति ज्यादा ऊर्जा वाले भाग से कम ऊर्जा वाले भाग में होगी।
(b) जल विभव को पासकल्स जैसे दाब इकाई से व्यक्त किया जाता है।
(c) सभी विलेयनो में शुद्ध जल की अपेक्षा जल विभव कम होता है।
सही का चयन करें-
(A) a, b, c (B) b, c
(C) a, c (D) a

36. वायुमंडलीय दबाव पर-
(A) ψ_w (जल विभव) $<$ ψ_s (विलेय विभव)
(B) ψ_w (जल विभव) $>$ ψ_s (विलेय विभव)
(C) ψ_w (जल विभव) $=$ ψ_s (विलेय विभव)
(D) उपरोक्त में से कोई नहीं

37. अगर मान ले a विलेय विभव है, b विलेय अणु है, $\uparrow$ उच्च, $\downarrow$ निम्न, X = पूण अनुपस्थित
(A) $b \uparrow \rightarrow a \uparrow$ (B) $b \uparrow \rightarrow a \downarrow$
(C) $b \downarrow \rightarrow a \downarrow$ (D) $b \uparrow \rightarrow a \rightarrow x$

38. यदि घोल या शुद्ध जल पर वायुमंडलीय दबाव से अधिक दबाव लगाया जाए तो-
(A) जल विभव $\uparrow$
(B) जल विभव $\downarrow$
(C) जल विभव में कोई परिवर्तन नहीं होगा।
(D) जल विभव कभी बढ़ता है, तो कभी घटता है।

39. निम्न में से कौन सी स्थिति में कोशिका स्फीत हो जाता है?
(A) जल विसरण के कारण कोशिका से बाहर आ जाते है।
(B) जल विसरण के कारण कोशिका मे अंदर आ जाते है।
(C) जल परासरण के कारण कोशिका में अंदर आ जाते है।
(D) जल सक्रिय परिवहन के कारण कोशिका से बाहर आ जाते है।

40. कोशिका क जल विभव, विलेय विभव तथा दाब विभव के बीच, सही संबंध का चयन करें–

(A) $\psi_s = \psi_w + \psi_p$ (B) $\psi_p = \psi_s + \psi_w$

(C) $\psi_w = \psi_s + \psi_p$ (D) $\psi_w = \psi_s - \psi_p$

41. पादप कोशिका में ___?a___ तथा ___?b___ की झिल्ली दोनों एक साथ कोशिका के भीतर एवं बाहर अणुओं की गति निर्धारित करने के लिए महत्वपूर्ण होते है–

(A) a – कोशिका भित्ति, b – रिक्तिका

(B) a – कोशिका झिल्ली, b – लाइसोसोम

(C) a – कोशिका झिल्ली, b – रिक्तिका

(D) a – कोशिका झिल्ली, b – गॉल्जीकाय

42. परासरण क्या है?

(A) जल का विसरण पूर्ण रूप से पारगम्य झिल्ली से होकर

(B) विभेदक वर्णात्मक झिल्ली से होकर जल का सक्रिय परिवहन

(C) जल का विसरण विभेदक वर्णात्मक झिल्लिका से होकर

(D) गैसों का विसरण विभेदक वर्णात्मक झिल्लिका से होकर

43. परासरण की दिशा एवं गति निम्न में से किस पर निर्भर करता है?

(A) दाब प्रवणता (B) सांद्रता प्रवणता

(C) A तथा B दोनों (D) उपरोक्त में से कोई नहीं

44. नीचे कुछ कथन परासरण से संबंधित दिए गए है–

(A) परासरण स्वत: ही प्रेरित बल की अनुक्रिया से पैदा होता है।

(B) परासरण में जल अपने उच्च रासायनिक विभव से निम्न रासायनिक विभव में संचारित होता है।

(C) परासरण में जल का गति तब तक होता है, जब तक कि साम्यता न पहुंच जाए

गलत कथन का चयन करें–

(A) A, B, C (B) A, C

(C) C (D) कोई कथन गलत नहीं है

45. 

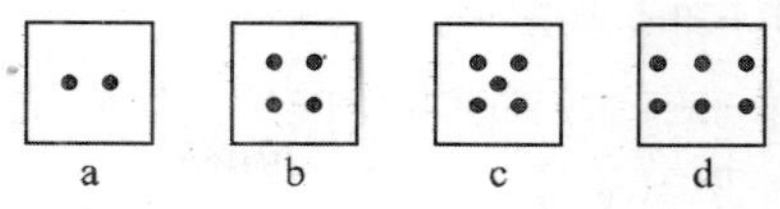

• = विलेय अणु

ऊपर दिया गया चित्र चार पतीला का है, जिसमें विलेय अणु उपस्थित है, किस पतीला में अधिकतम जल विभव तथा किसमें न्यूनतम जल विभव होगा?

(A) a – अधिकतम, b – न्यूनतम

(B) a – न्यूनतम, b – अधिकतम

(C) a – न्यूनतम, b – अधिकतम

(D) a – न्यूनतम, b – अधिकतम

46. सही सेट का चयन करें–

(A) परासरण दाब - परासरण विभव के बराबर है।

(B) परासरण दाब - (– ve) नकारात्मक दाब

(C) परासरण दाब - (+ ve) सकारात्मक दाब

(D) उपरोक्त सभी

47. पादप कोशिकाओं का जल की गति के प्रति व्यवहार करना निम्न में से किस पर निर्भर करता है?

(A) कोशिका भित्ति

(B) कोशिकाद्रव्य

(C) आस-पास के घोल

(D) कोशिका झिल्ली

48. सुमेलित करें–

कॉलम A	कॉलम B
(a) समपरासारी	(1) बाहरी घोल कोशिका द्रव्य के परासरण दाब को संतुलित करता है।
(b) अल्पपरासारी	(2) बाहरी विलेयन कोशिका द्रव्य से अधिक तनुकृत होता है।
(c) अतिपरासारी	(3) बाहरी विलेयन बहुत अधिक सांद्रता युक्त होता है।

(A) abc/312 (B) abc/213

(C) abc/132 (D) abc/123

49. अल्पपरासरी तथा अतिपरासारी घोल में कोशिका की स्थिति क्या होगी?
   (A) अल्प परासारी-सिकुड जायेगा, अति परासारी-फुल जायगा
   (B) अल्प परासारी- फूल जायगा, अतिपरासारी-सिकुड़ जायगा
   (C) अल्पपरासारी-सामान्य रहेगा, अतिपरासारी-सिकुड़ जायगा
   (D) अल्पपरासारी-फूल जायगा, अतिपरासरी-सामान्य रहेगा

50. जीवद्रव्य संकुचन कब होता है-
   (A) जब कोशिका से पानी बाहर गति कर जाए तथा पादप कोशिका की कोशिका झिल्ली सिकुड जाए।
   (B) जब कोशिका में पानी प्रवेश कर जाए तथा पादप कोशिका की कोशिका झिल्ली सिकुड़ जाए।
   (C) जब कोशिका से पानी बाहर आ जाए, तथा पादप कोशिका की झिल्ली फुल जाए।
   (D) जब जल कोशिका में प्रवेश कर जाए, तथा पादप कोशिका की झिल्ली फुल जाए।

51. किस प्रकार के घोल में जीवद्रव्य कुंचन संभव है?
   (A) अल्प परासारी (B) सम परासारी
   (C) अति परासारी (D) समान्य जल

52. जीव द्रव्य कुंचन में पानी बाहर आता है-
   (A) पहले रसधानी से
   (B) पहले कोशिकाद्रव्य से
   (C) एक ही समय में रिक्तिका तथा कोशिकाद्रव्य दोनों से
   (D) पानी बिल्कुल ही बाहर नहीं आता है।

53. कोशिका का जीव द्रव्य कुंचन कब कहा जाता है?
   (A) जब कोशिका से जल बाहर आ जाता है।
   (B) जब कोशिका में जल प्रवेश करता है।
   (C) जब कोशिका में जल रुक जाता है।
   (D) जब जल कोशिकाद्रव्य से रिक्तिका में प्रवेश कर जाता है।

54. जीवद्रव्य कुंचन में उच्च जल विभव उपस्थित होता है-
   (A) बाह्य कोशिकीय द्रव्य में
   (B) कोशा भित्ति में
   (C) कोशिका के अंदर
   (D) A तथा C दोनों

55.

कॉलम A	कॉलम B
(a) A H_2O	(1) टर्गिड (स्फीत)
(b) B H_2O	(2) जीवद्रव्य कुंचन
(c) C H_2O	(3) फ्लेसिड (ढीला)

स्तंभ A में दिए गए चित्रों को स्तंभ B से सुमेलित करते हुए सही विकल्प का चयन करें-
   (A) abc/123
   (B) abc/312
   (C) abc/231
   (D) abc/213

56. निम्न में से किस प्रकार के घोल में जल का कुल प्रभाव अंदर या बाहर की ओर नहीं होता है?
   (A) अल्पपरासारी
   (B) अतिपरासारी
   (C) समपरासारी
   (D) आसुत जल

57. नीचे कुछ कथन दिए गए है-

(A) जीवद्रव्य संकुचन की प्रक्रिया प्राय: अप्रतिवर्ती होती है।

(B) जब जल कोशिका में प्रवेश करते है, तब कोशिका फूल जाता है, इस अवस्था को फ्लोसिड कहते है।

(C) ψ_p, कोशिका से जल के बाहर जाने पर ही संभव है।

(D) टर्गिड कोशिका में, कोशिका भित्ति फट जाती है।

उपरोक्त में से कितना कथन गलत है?

(A) 1 (B) 2

(C) 3 (D) 4

58. स्फीति दाब क्या है-

(A) बाह्य कोशिका द्रव्य के द्वारा कोशिका की भित्ति पर लगने वाला दाब

(B) कोशिका में जल के विसरित होने के बाद कोशिकाद्रव्य के द्वारा भित्ति पर लगने वाला दाब

(C) कोशिकाद्रव्य के द्वार रिक्तिका पर लगने वाला दाब कोशिका में जल के विसरण के पश्चात्

(D) केन्द्रिका द्रव्य के द्वारा कोशिकाद्रव्य पर लगने वाला दाब

59. I – स्फीति दाब, दाब विभव उत्पन्न करता है।

II – स्फीति दाब के बावजूद, दृढ़ कोशिकाभित्ति को कारण कोशिका फटती नहीं है।

III – स्फीति दाब कोशिकाओं के विस्तार के लिए उत्तरदायी होते है।

सही कथन का चयन करें-

(A) I (B) I, II

(C) I, II, III (D) II

60. बीजो के द्वारा जल का अवशोषण निम्न में से किसका उदाहरण है?

(A) अंत: शोषण (B) गटेशन

(C) फ्लेसिडटी (D) स्फीति दाब

61. अंत: शोषण एक विशेष प्रकार का है-

(A) विसरण (B) परासरण

(C) सक्रिय अभिगमन (D) एक्सोसाइटोसिस

62. बीज जल को आसानी से क्यों अवशोषित कर लेते है?

(A) क्योंकि बीज में जल लगभग अनुपस्थित होते है।

(B) क्योकि बीज में जल प्रचुर मात्रा में होते है।

(C) क्योंकि बीज में माइक्रोपाइल होता है।

(D) उपरोक्त में से कोई नहीं

63. एक प्रारुपिक पादप कोशिका (लगभग 50 μm) के आर-पार अणु को गति करने के लिए लगभग कितना समय लगता है?

(A) 1.0 s (B) 2.5 s

(C) 6.8 s (D) 9.2 s

64. क्यों लंबी दूरी तक पदार्थों का परिवहन केवल विसरण द्वारा नहीं हो सकता है?

(A) क्योंकि विसरण एक धीमी प्रक्रिया है।

(B) क्योंकि विसरण एक बेहद तीव्र प्रक्रिया है।

(C) क्योंकि विसरण के द्वारा बेहद चयनित अणुओं का ही स्थानांतरण संभव है।

(D) क्योंकि विसरण के द्वारा सिर्फ जल का स्थानांतरण (परिहवन) संभव है।

65. नीचे कुछ कथन पादप में परिवहन से संबंधित दिए गए है-

(a) थोक प्रवाह में पदार्थों का एक स्थान से दूसरे स्थान तक परिवहन।

(b) सिर्फ ऋणातमक जलीय दाब प्रवणता सम्मिलित है।

(c) सिर्फ विसरण सम्मिलित है।

(d) परिवहन में सभी तत्व समान रफ्तार से परिवहन करते है।

स = सत्य, अ = असत्य

(A) a, b – स ; b, c – अ

(B) a, d – स ; b, c – अ

(C) a, c – स ; b, d – अ

(D) a – d – अ ; b, c – स

66. जल, खनिज लवण, कार्बनिक नाइट्रोजन, हार्मोन उपरोक्त में से कितने तत्व या तत्वों का स्थानांतरण जाइलम के द्वारा होता है?
(A) 1 (B) 2
(C) 3 (D) 4

67. जाइलम तत्वों को कहां से कहा तक परिवाहित करते है?
(A) पत्तियों से पादप के अन्य भाग तक
(B) जड़ से वायवीय भाग तक
(C) पत्तियों से पत्तियों तक
(D) उपरोक्त सभी

68.

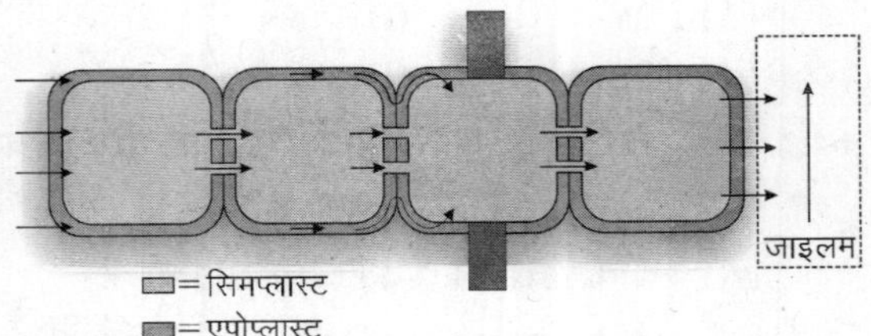

दिया गया चित्र जड़ में जल के गति का पथ है। a, b, c तथा d क्या है?

	a	b	c	d
(A)	एपिडर्मिस	कॉटेक्स	एंडोडर्मिस	परिरंभ
(B)	कॉटेक्स	एपिडर्मिस	एंडोडर्मिस	परिरंभ
(C)	एपिडर्मिस	कॉटेक्स	परिरंभ	एंडोडर्मिस
(D)	कॉटेक्स	एपिडर्मिस	परिरंभ	एंडोडर्मिस

69. जल के अवशोषण के कितने पथ होते है-
(A) 1 (B) 2
(C) 3 (D) 4

70. जल का ___?___ परिवहन केवल अंतरकोशिकीय जगहों और कोशिकाओं की भित्ति में उत्पन्न होता है-
(A) एपोप्लास्टिक (B) सिमप्लास्टिक
(C) कैसपेरियन (D) केशिका

71. मूल रोम मूलत: किसका प्रसार होता है?
(A) एपिडर्मल कोशिका (B) कॉटेक्स
(C) एंडोडर्मिस (D) परिरंभ

72. मूल रोम होते है-
(a) पतली भित्ति वाले
(b) तर्कु रूपी
(c) संख्या मे बेहद कम
(d) मूल के छोर पर उपस्थित
गलत का चयन करे-
(A) a, b (B) b, c
(C) c, d (D) b, c, d

73. एपौप्लास्टिक पथ में जल परिवहन, निम्न में से किस कारण से सामूहिक प्रवाह के माध्यम से होता है?
(A) तनाव उत्पन्न होने के कारण
(B) जल आंसजकशीलता के कारण
(C) जल के संशक्तिशीलता के कारण
(D) उपरोक्त सभी

74. सिमप्लास्टिक पथ में परिवहन अपेक्षाकृत धीमा क्यो होता है?
(A) क्योंकि जल कोशाभित्ति के माध्यम से प्रवेश करता है।
(B) क्योंकि प्लाज्मोडेस्मटा हिस्सा लेता है।
(C) क्योंकि ज़ल कोशिकाओं के अंदर कोशिका झिल्ली के माध्यम से प्रवेश करता है।
(D) उपरोक्त सभी

75. नीचे कुछ कथन सिमप्लास्टिक तंत्र से संबंधित दिए गए है-
(a) जल कोशिकाओ से होकर गति करते है।
(b) अंतरकोशिकी परिवहन में यह जीवद्रव्य तंतु के माध्यम से आगे बढ़ता है।
(c) परिवहन में कोशिकाद्रव्यी प्रवाहन सहायता करता है।
(d) इस तंत्र में जल शीघ्रता से पत्तियों के शीर्ष तक पहुंच जाता है।
सही कथन का चयन करे-
(A) a (B) a, b
(C) a, b, c (D) c, d

76. जड़ों में अधिकतर जल प्रवाह एरुपोप्लास्ट के माध्यम से ही क्यों होता है?

(A) क्योंकि वल्कुट-कोशिकाए ढीली गठित होती है।

(B) क्योंकि जल की गति में किसी प्रकार का प्रतिरोध उत्पन्न नहीं होता है।

(C) पादप के मांग को तीव्रता से पूर्ण करता है।

(D) उपरोक्त सभी

77. कैस्पेरियन स्ट्रीप निम्न मे से किसका हिस्सा है?

(A) एपिडर्मिस (B) कॉर्टेक्स

(C) एंडोडर्मिस (D) परिरंभ

78.

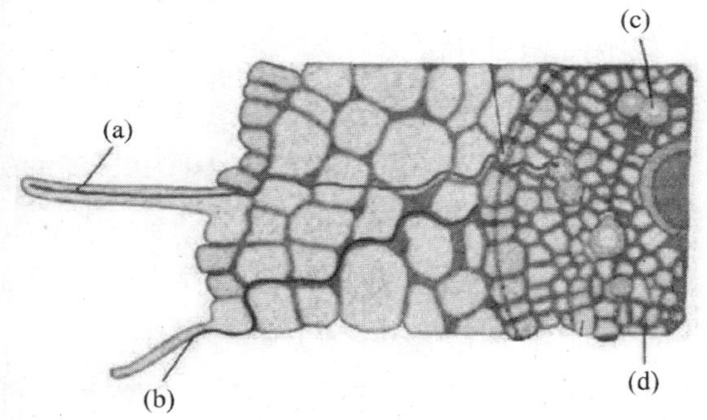

दिया गया चित्र मूल से जल के अवशोषण से संबंधित है, a, b, c तथा d क्या है?

	a	b	c	d
(A)	एपोप्लासिटक पथ	सिम्प्लास्टिक पथ	जाइलम	फ्लोएम
(B)	एपोप्लास्टिक पथ	सिम्पलास्टिक पथ	फ्लोएम	जाइलम
(C)	सिम्प्लास्टिक पथ	एपोप्लास्टिक पथ	जाइलम	फ्लोएम
(D)	सिम्प्लास्टिक पथ	जाइलम	एपोप्लास्टिक पथ	फ्लोएम

79. निम्न में से कौन सा पादप माइकोराइजा से अविकल्पी संबंध प्रदर्शित करता है?

(A) सरसों (B) ब्रासिका

(C) राऊवॉल्फिया (D) चीड

80. माइकोराइजा जड़ के साथ ___?___ का सहजीवी संगठन है-

(A) कवक (B) आध बैक्टीरिया

(C) यूबैक्टीरिया (D) प्रोटोजोआ

81. माइकोराइजा उस पादप के लिए कैसे उपयोगी है, जो उनके साथ सहजीवी संबंध प्रदर्शित करते है?

(A) कवक तंतु नई जड़ों के आस-पास नेटवर्क बनाते है वे मूल कोशिका में प्रवेश कर जाते है।

(B) कवक तंतु का एक बड़ा व्यापक तल क्षेत्र होता है जो भूमि से खनिज आयन अवशोषित कर लेता है।

(C) कवक तंतु मिट्टी के बड़े व्यापाक तल क्षेत्र से जल को अवशोषित करने में मदद करता है।

(D) उपरोक्त सभी

82. सहजीवी संबंध में माइकोराइजा को मूल से कैसे लाभ होता है?

(A) मूल माइकोराइजा को सुरक्षा प्रदान करता है।

(B) मूल माइकोराइजा को शर्करा प्रदान करता है।

(C) मूल माइकोराइजा को O_2 प्रदान करता है।

(D) उपरोक्त सभी

83. नीचे कुछ कथन मूल दाब से संबंधित दिए गए है-

(a) तने में कम ऊचाई तक जल को ऊपर भेजने के लिए उत्तरदायी होता है।

(b) यह ऋणात्मक दाब है।

(c) अधिकांश जल परिवहन के लिए उत्तरदायी

गलत का चयन करें-

(A) a (B) b

(C) b, c (D) a, c

84. अधिकांश पादप में जल संचरण की आवश्यकता पूर्ण होती है-

(A) वाष्पोत्सर्जनित खिचाव

(B) मूल दाब

(C) बिंदुस्राव

(D) उपरोक्त सभी

85. जाइलम में जल के ऊपरी बहाव का उच्च दर होता है-
(A) 5 मीटर/मिनट (B) 10 मीटर/घंटा
(C) 15 मीटर/मिनट (D) 15 मीटर/घंटा

86. पत्तियों में पहुंचने वाले जल का कितना प्रतिशत प्रकाश संश्लेषण में प्रयुक्त होता है?
(A) 5% से कम (B) 1% से कम
(C) 6% से कम (D) 10% से कम

87. वाष्पोत्सर्जन के दौरान अधिकांश जल नष्ट होता है-
(A) पत्तियों के मिजोफिल कोशिका के द्वारा
(B) पत्तियों के एपिडर्मिस. के द्वारा
(C) पत्तियों के रंध्र के द्वारा
(D) उपरोक्त सभी

88. रंध्र के कार्य का चयन करें-
(A) पादप के द्वारा पानी का वाष्पोत्सर्जन
(B) ऑक्सीजन का आदान-प्रदान
(C) कार्बनडाइऑक्साइड का आदान-प्रदान
(D) उपरोक्त सभी

89. रंध्र छिद्र होते है-
(A) पतले तथा लचीले
(B) मोटे तथा अलचीले
(C) मोटे तथा लचीले
(D) पतले तथा अलचीले

90.

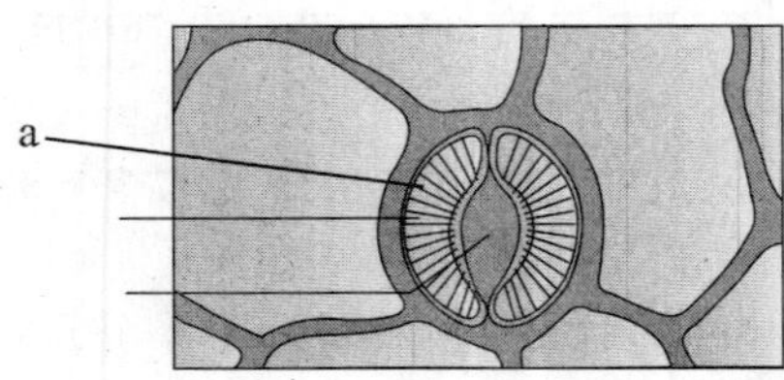

दिया गया चित्र में पादप रंध्र का है, दिए गए चित्र के 'a' को समझते हुए, सही विकल्प का चयन करे-
(A) यह माइक्रोफिलामेन्ट है, जो रंध्र के खुलने से संबंधित है।
(B) यह माइक्रोफिबरिल है, जो रंध्र के खुलने से संबंधित है।
(C) यह माइक्रोफिलामेन्ट है, जो रंध्र के बंद होने से संबंधित है।
(D) यह माइक्रोफिबरिल है, जो रंध्र के बंद होने से संबंधित है।

91. रंध्र में माइक्रोफिबरिल की व्यवस्था होती है-
(A) अरीय (B) लम्बवत्
(C) अनुप्रस्थ (D) वर्तुल

92. रंध्र के खुलने तथा बंद होने से संबंधित सही विकल्प चुने-

	दिन	रात	संध्या
(A)	खुला	बंद	बंद
(B)	बंद	खुला	खुला
(C)	खुला	खुला	खुला
(D)	खुला	बंद	खुला

93. द्विबीजपत्री में सामान्य तौर पर एक पृष्ठधारी पत्ती का कौन से भाग में अधिक संख्या में रंध्र होते है?
(A) पार्श्व भाग
(B) निचला भाग
(C) ऊपरी भाग
(D) पत्तियों के सम्पूर्ण सतह पर रंध्र समान रूप से वितरित रहते है।

94. नीचे कुछ कारकों के नाम दिए गए है-
ताप, प्रकाश, आर्द्रता, वायु की गति
उपरोक्त में से कितने कारक वाष्पोत्सर्जन को प्रभावित करते है?
(A) 1 (B) 2
(C) 3 (D) 4

95. निम्न में से कौन सा पादप कारक वाष्पोत्सजर्न को प्रभावित नहीं करता है?
(A) रंध्रो की संख्या
(B) रंध्रो की वितरण
(C) खुले रंध्रो का प्रतिशत
(D) उपरोक्त में से कोई नहीं

96. जाइलम रस का वाष्पोत्सर्जित रूप से ऊपर चढ़ना मुख रूप से पानी के कौन से भौतिक गुणों पर निर्भर करता है?
(A) सासंजन (B) आसंजन
(C) पृष्ठ तनाव (D) उपरोक्त सभी

97. निम्न में से कौन से अवस्था में पानी के अणु एक दूसरे से अधिक आकर्षित होते है-?

(A) तरल (B) ठोस

(C) गैसीय (D) ठंडी

98. पौधो में कोशिकात्व को लघुव्यास वाले वाहिकीय जो मदद करते है, वह है-

(A) ट्रैकीड

(B) वाहिका तत्व

(C) A तथा B दोनों

(D) उपरोक्त में से कोइ नहीं

99. I – बाहरी वायु तथा पत्तियों के वायु अवकाश के बीच तनाव प्रवणता।

II – प्रकाश संश्लेषी कोशिकाओं के बीच प्रवणता का स्थानानतरण

III – पत्तियों से वाष्पोत्सर्जन

IV – अणु दर अणु जल का खिचाव

उपरोक्त तथ्य, पत्तियों में जल के गति से संबंधित है, सही क्रम का चयन करे-

(A) III $\rightarrow$ I $\rightarrow$ II $\rightarrow$ IV

(B) III $\rightarrow$ I $\rightarrow$ IV $\rightarrow$ II

(C) I $\rightarrow$ II $\rightarrow$ III $\rightarrow$ IV

(D) II $\rightarrow$ I $\rightarrow$ IV $\rightarrow$ III

100. वाष्पीकरण द्वारा पत्ती की सतह कितने डिग्री तक ठंडी हो सकती है?

(A) 2 डिग्री (B) 5 डिग्री

(C) 8 डिग्री (D) 15 डिग्री

101. निम्न में से कौन वाष्पोत्सर्जन का उद्देश्य है?

(A) पौधो में अवशोषण के लिए खिचाव पैदा करना

(B) प्रकाश-संश्लेषण क्रिया के लिए पानी का संभरण

(C) कोशिकाओं को स्फीत रखते हुए पादपों के आकार एवं बनावट को नियंत्रित रखना

(D) उपरोक्त सभी

102. नीचे कुछ कथन दिए गए है-

(a) प्रकाश-संश्लेषण में उपलब्ध जल सीमाकारी हो सकता है।

(b) C_3 पादप, C_4 पादप की तुलना में कार्बन को सुस्थिर बनाने में दोगुना सक्षम होते है।

(c) C_3 पौधे C_4 से समान मात्रा के CO_2 के यौगिकरण हेतु आधी मात्रा में जल को खोते है।

गलत कथन का चयन करें-

(A) a (B) a, b

(C) b, c (D) a, b, c

103. पौधो में कार्बन एवं अधिकतर ऑक्सीजन का मुख्य स्त्रोत है-

(A) जल

(B) CO_2

(C) वातावरण से सीधे O_2 तथा C को प्राप्त करते है।

(D) CO

104. अधिकांश खनिज मूल के एपिडर्मल कोशिका के कोशिकाद्रव्य में निम्न में से कौन से विधि से प्रवेश करते है?

(A) सक्रिय अवशोषण

(B) निष्क्रिय अवशोषण

(C) A तथा B दोनों

(D) सुसाध्य परिवहन

105. सामान्यत: मिट्टी में खनिज का सांद्रण-

(A) मूल से अधिक होता है।

(B) मूल से कम होता है।

(C) मूल के बराबर होता है।

(D) उपरोक्त में से कोई नहीं

106. आयन मिट्टी से निम्न में से कौन से विधि से अवशोषित होते है?

(A) सक्रिय अभिगमन (B) निष्क्रिय अभिगमन

(C) A तथा B दोनों (D) परासरण

107. कौन सी कोशिका के परिवहन प्रोटीन नियंत्रण बिंदु होते है, जहां पौधे विलेय की मात्रा एवं प्रकार को जाइलम में पहुचाते है, तथा समायोजित करते है?
(A) एपिडर्मल कोशिका
(B) कॉटेक्स कोशिका
(C) एंडोडर्मल कोशिका
(D) परिरंभ कोशिका

108. मूल अंत-त्वचा में किसकी उपस्थिती के कारण एक दिशा में ही सक्रिय परिवहन करने की क्षमता होती है?
(A) सुबेरिन की पट्‌टी
(B) पेलीसेड की पट्‌टी
(C) जैली की परत
(D) मीसोग्लिया की परत

109. नीचे कुछ कथन खनिज आयनों के स्थानांतरण से संबंधित दिया गया है-
(a) खनिज तत्वों के लिए मुख्य कुंड पौधो के पुराने जरावस्था वाला भाग होता है।
(b) खनिज तत्व पुराने मरते हुए पत्तियो के साथ नष्ट हो जाते है।
(c) जाइलम सिर्फ अकार्बनिक पोषको का स्थानांतरण करता है।
गलत कथन का चयन करें-
(A) a, b तथा c (B) a,b
(C) a, c (D) c

110. उन तत्वों के सेट का चयन करें जो पादप में त्वरित संचारित होते है-
(A) पोटैशियम, कैल्सियम
(B) नाइट्रोजन, कैल्सियम
(C) सल्फर, कैल्सियम
(D) पोटैशियम, नाइट्रोजन

111. निम्न में से कौन से तत्व को पुनः संघटित नहीं किया जाता है?
(A) फॉस्फोरस (B) सल्फर
(C) कैल्सियम (D) नाइट्रोजन

112. निम्न में से कौन सा तत्व कार्बनिक यौगिक के रूप में भी जाइलम के द्वारा ढोए जाते है?
(A) नाइट्रोजन (B) फॉस्फोरस
(C) सल्फर (D) उपरोक्त सभी

113. जाइलम तथा फ्लोएम में गति की दिशा से संबंधित सही विकल्प का चयन करें-

	जाइलम	फ्लोएम
(A)	एकतरफा	दोतरफा
(B)	एकतरफा	एकतरफा
(C)	दोतरफा	एक तरफा
(D)	दोतरफा	दोतरफा

114. नीचे कुछ कथन फ्लोएम संचरण से संबंधित दिए गए है-
(a) सुक्रोज का संचरण फ्लोएम के द्वारा स्त्रोत से कुड की तरफ होता है।
(b) स्त्रोत तथा कुंड अपनी भूमिकाएं मौसम एवं जरुरत अनुसार बदल भी सकते है।
(c) वाष्पोत्सर्जन में जल की गति दो तरफा होती है।
सही का चयन करें-
(A) a, b (B) b, c
(C) a, c (D) a

115. फ्लोएम रस में मुख्यतः होता है-
(A) जल और ग्लूकोज
(B) जल तथा सुक्रोज
(C) जल तथा फ्रुक्टोज
(D) सिर्फ जल

116. पादप में हॉर्मोन का स्थानांतरण निम्न में से किससे होता है?
(A) जाइलम (B) फ्लोएम
(C) A तथा B दोनों (D) उपरोक्त में से कोई नहीं

117. स्त्रोत से कुड की ओर शर्करा के स्थानांतरण के लिए आवश्यक स्वीकृत क्रियाविधि को कहते है-
(A) स्थानांतरण परिकल्पना
(B) स्त्रोत, कुंड परिकल्पना
(C) एरियल परिकल्पना
(D) दाब प्रवाह परिकल्पना

118. पादप में शर्करा ____a?____ के रूप में सखी कोशिकाओं में संचरित होता है, तथा बाद में ____b?____ द्वारा जीवित फ्लोएम चालन नलिका कोशिका में संचरित होता हे।
(A) a – सुक्रोज, b – सक्रिय परिवहन
(B) a – ग्लूकोज, b – सक्रिय परिवहन
(C) a – ग्लूकोज, b – विसरण
(D) a – सुक्रोज, b – विसरण

119. पादप में निकटवर्ती जाइलम जल; निम्न में से कौन सी क्रिया के द्वारा फ्लोएम में चला जाता है?
(A) परासरण (B) सक्रिय अभिगमन
(C) सुसाध्य परिवहन (D) उपरोक्त सभी

120. फ्लोएम जो शर्करा, कोशिका को प्रदान करता है, उसका क्या होता है?
(A) ऊर्जा में परिवर्तन
(B) स्टार्च में परिवर्तन
(C) सेलुलोज में परिवर्तन
(D) उपरोक्त सभी

121. फ्लोएम से शर्करा के हटने के साथ, जल फ्लोएम से बाहर क्यों चला जात है?
(A) परासरणी दाब घटने के कारण
(B) परासरणी दाब बढ़ने के कारण
(C) परासरणी दाब स्थिर होने के कारण
(D) परासरणी दाब विलुप्त होने के कारण

122. संनरचनात्मक कारक का चयन करें–
(A) फॉस्फोरस (B) सल्फर
(C) पोटैशियम (D) कैल्शियम

123. जड़ों में एकत्र की गई शर्करा किस मौसम में आहार का स्त्रोत बन जाती है?
(A) ग्रीष्म ऋतु में (B) बसंत के आरंभ में
(C) शीत ऋतु में (D) बरसात में

ANSWER KEY

1. (D)	**2.** (C)	**3.** (D)	**4.** (D)	**5.** (A)	**6.** (C)	**7.** (C)	**8.** (D)	**9.** (D)	**10.** (C)
11. (D)	**12.** (A)	**13.** (A)	**14.** (A)	**15.** (A)	**16.** (A)	**17.** (D)	**18.** (A)	**19.** (D)	**20.** (A)
21. (B)	**22.** (C)	**23.** (D)	**24.** (C)	**25.** (A)	**26.** (C)	**27.** (A)	**28.** (C)	**29.** (A)	**30.** (D)
31. (B)	**32.** (A)	**33.** (A)	**34.** (B)	**35.** (B)	**36.** (C)	**37.** (B)	**38.** (A)	**39.** (B)	**40.** (C)
41. (C)	**42.** (C)	**43.** (C)	**44.** (D)	**45.** (B)	**46.** (A)	**47.** (C)	**48.** (D)	**49.** (B)	**50.** (A)
51. (C)	**52.** (B)	**53.** (A)	**54.** (C)	**55.** (C)	**56.** (C)	**57.** (D)	**58.** (B)	**59.** (C)	**60.** (A)
61. (A)	**62.** (A)	**63.** (B)	**64.** (A)	**65.** (B)	**66.** (D)	**67.** (B)	**68.** (A)	**69.** (B)	**70.** (A)
71. (A)	**72.** (B)	**73.** (D)	**74.** (C)	**75.** (C)	**76.** (D)	**77.** (C)	**78.** (C)	**79.** (D)	**80.** (A)
81. (D)	**82.** (B)	**83.** (C)	**84.** (A)	**85.** (D)	**86.** (B)	**87.** (C)	**88.** (D)	**89.** (C)	**90.** (B)
91. (A)	**92.** (D)	**93.** (B)	**94.** (D)	**95.** (D)	**96.** (D)	**97.** (A)	**98.** (C)	**99.** (A)	**100.** (D)
101. (D)	**102.** (C)	**103.** (B)	**104.** (A)	**105.** (B)	**106.** (C)	**107.** (C)	**108.** (A)	**109.** (A)	**110.** (D)
111. (C)	**112.** (D)	**113.** (A)	**114.** (A)	**115.** (B)	**116.** (C)	**117.** (D)	**118.** (A)	**119.** (A)	**120.** (D)
121. (A)	**122.** (D)	**123.** (B)							

खनिज पोषण

1. जूलियस सैकस थे–
   (A) फ्रेंच प्राणिशास्त्री (B) ब्रिटिश पादपविद्
   (C) जर्मन पादपविद् (D) ब्रिटिश प्राणिशास्त्री
2. जल–संवर्धन क्या है?
   (A) पादपो को पोषक विलयन के घोल में उगाने की तकनीक
   (B) पादपो को मिट्टी में उगाने की तकनीक
   (C) पादपो को सड़े गले कार्बोनिक तत्व पर उगाने की तकनीक
   (D) बिना खाद के पादप को उगाने की तकनीक
3. 105 खोजे गए खनिज तत्वों में से कितने तत्व पादप में पाए गए है?
   (A) 60 से अधिक (B) 20 से अधिक
   (C) 30 से अधिक (D) 10 से अधिक
4. निम्न में से कौन से तत्वों का जमाव पादप में संभव नहीं है?
   (A) सिलिनियम (B) गोल्ड
   (C) स्ट्रॉनशियम (D) उपरोक्त में से कोई नहीं
5. I – पादपो में तत्वों की अनिवार्यता विशिष्ट होती है।
   II – तत्व पादप के उपापचय में प्रत्यक्ष रूप से सम्मिलित है।
   III – पादप में किसी एक तत्व की कमी किसी अन्य तत्व के द्वारा दूर किया जा सकता है।
   गलत कथन का चयन करे–
   (A) I, II, III (B) II, III
   (C) I, III (D) III
6. वृहत पोषक के सेट का चयन करे, जो कि मिट्टी के द्वारा, खनिज के रूप में अवशोषित नही किए जाते है–
   (A) कार्बन, नाइट्रोजन (B) हाइड्रोजन, सल्फर
   (C) कार्बन, हाइड्रोजन (D) ऑक्सीजन, कैल्सियम
7. तांबा, फॉस्फोरस, मैग्नेशियम, लौह,
   ऊपर कुछ पादप के पोषक तत्वों के नाम दिए गए है, उपरोक्त में से कितने सूक्ष्म पोषक है?
   (A) 1 (B) 2
   (C) 3 (D) 4
8. कितने तत्व आवश्यक तत्व है?
   (A) 3 (B) 7
   (C) 10 (D) 17
9. उच्च श्रेणी के पौधे के लिए अनिवार्य तत्व का चयन करे–
   (A) सोडियम, सिलिकॉन, कोबाल्ट, सिलिनियम
   (B) जिंक, बोरोन, क्लोराइड, निकिल
   (C) लोहे, मैग्नीज, तांबा, मोलिडेनम
   (D) नाइट्रोजन, फॉस्फोरस, सल्फर, पोटैसियम
10. अनिवार्य तत्व जो पौधे की उर्जा से संबंधित रासायनिक यौगिकों के घटक है, वह है–
    (A) पर्णहरित में फॉस्फोरस तथा एटीपी में मैग्नीसियम
    (B) पर्णहरित में मैग्नीसियम तथा एटीपी में फॉस्फोरस
    (C) पर्णहरित में कैल्सियम तथा एटीपी में फॉस्फोरस
    (D) पर्णहरित में हाइड्रोजन तथा एटीपी में फॉस्फोरस

11. अनिवार्य तत्व जो जैव अणुओं के घटक है, उनके सेट का चयन करें–

(A) कार्बन, हाइड्रोजन, ऑक्सीजन, सल्फर

(B) कार्बन, हाइड्रोजन, नाइट्रोजन, सल्फर

(C) कार्बन, हाइड्रोजन, ऑक्सीजन, नाइट्रोजन

(D) कार्बन, फॉस्फोरस, ऑक्सीजन, नाइट्रोजन

12. रंध्रो के खुलने और बंद होने में कौन से एंजाइम की मुख्य भूमिका होती है?

(A) पोटेशियम (B) कैल्शियम

(C) मैग्नीशियम (D) सोडियम

13. ___?___ एल्कोहल डिहाइड्रोजिनेस को क्रियाशील करता है।

(A) Mg^{2+} (B) Ca^{++}

(C) Zn^{2+} (D) K^{+}

14. उस तत्व का चयन करे जिसकी अनिवार्यता पौधो में सार्वाधिक मात्रा में होती है–

(A) फॉस्फोरस (B) पोटेशियम

(C) कैल्शियम (D) नाइट्रोजन

15. नाइट्रोजन का अवशोषण किस रूप में होता है?

(A) NO_3^- (B) NO_2^-

(C) NH_4^+ (D) उपरोक्त सभी

16. धनायन-ऋणायन संतुलन का निर्धारण करने में सहायक होता है–

(A) नाइट्रोजन (B) फॉस्फोरस

(C) पोटेशियम (D) कैल्शियम

17. सुमेलित करें–

	कॉलम A पोषक तत्व	कॉलम B कार्य
(a)	जिंक	(1) नाइट्रोजन उपापचय
(b)	बोरोन	(2) ऑक्सिन संश्लेषण
(c)	मैगनीज	(3) पराग अंकुरण

(A) abc/123 (B) abc/231

(C) abc/132 (D) abc/312

18. उस पोषक तत्व का चयन करे जो कैल्शियम आयनो के ग्रहण तथा उपयोग करने के लिए अनिवार्य है–

(A) बोरोन (B) कॉपर

(C) जिंक (D) क्लोरीन

19. पादप में क्रांतिक सांद्रता क्या है?

(A) जब अनिवार्य तत्व पूर्ण रूप से समाप्त हो जाते है।

(B) अनिवार्य तत्वों की वह सांद्रता जिससे कम होने पर पादपो की वृद्धि अवरुद्ध हो जाती है।

(C) जब अनिवार्य तत्वों का स्तर काफी अधिक हो जाता है।

(D) उपरोक्त में से कोई नहीं

20. पादपों में अपर्याप्तता के लक्षण सर्वप्रथम कहां प्रकट होते है?

(A) पादप के नये उत्तकों में

(B) नये कलियों में

(C) पुराने उत्तको में

(D) पुष्पों में

21. सल्फर तथा कैल्शियम जैसे तत्वों की न्यूनता सर्वप्रथम पादप में कहां प्रकट होते है?

(A) तरुण युवा उत्तको में

(B) जीर्ण तथा पुराने उत्तको में

(C) पत्तियों में

(D) पुष्पों में

22. पादप में क्लोरोसिस (Chlorosis) रोग में कौन सा लक्षण देखा जाता है?

(A) समयपूर्व पत्तियों का झड़ना

(B) फूलो का देर से आना

(C) पत्तियों में क्लोरोफिल की कमी

(D) कोशिका विभाजन का रुकना

23. निम्न में से तत्वों के सेट का चयन करे जिनके कमी से पुष्पन में देरी होती है–

(A) Fe, Mn, Zn (B) N, S, Mo

(C) K, Cu, Mg (D) Na, K, Ca

24. सुमेलित करें–

कॉलम A तत्व न्यूनता	कॉलम B असमान्यता
(1) Ca, Mg, Cu, K	(a) क्लोरोसिस
(2) N, K S, Mo	(b) नेक्रोसीस
(3) S, Fe, Zn, Mn	(c) कोशिका विभाजन का संदमन

(A) 123/abc (B) 123/bac
(C) 123/bca (D) 123/acb

25. I – पादप में किसी तत्व की अपर्याप्तता से कई लक्षण प्रकट होते है।
II – कई तत्वों की कमी से एक समन लक्षण प्रकट हो सकते है।
III – समान तत्व की कमी से सभी पादप समान प्रतिक्रिया देते है–
गलत का चयन करें–
(A) II (B) III
(C) I, II (D) II, III

26. किसी खनिज आयन की वह सांद्रता जो उत्तकों के शुष्क भार में ___?___ की कमी करे, उसे आविष माना गया है।
(A) 10% (B) 25%
(C) 35% (D) 45%

27. पादप में भूरे धब्बो का आविर्भाव, जो कि क्लोरिटिक शिराओं द्वारा घिरी रहती है, दर्शाता है–
(A) मैगनीज की आविषता
(B) बोरोन की आविषता
(C) मॉलिब्डेनम की आविषता
(D) क्लोरीन की आविषता

28. मैगनीज की अधिकता से निम्न में से किसकी कमी हो जाती है?
(A) लौह (B) मैग्नीशियम
(C) कैल्शियम (D) उपरोक्त सभी

29. मैगनीज, निम्न में से किसके साथ एंजाइम्स से जुड़ने के लिए प्रतियोगिता करता है?
(A) लौह (B) मैग्नीशियम
(C) जिंक (D) फॉस्फोरस

30. अवशोषण की क्रियाविधि से संबंधित विभिन्न अध्ययन से यह पता चलता है कि, अवशोषण की प्रक्रिया को कितने अवस्थाओं में सीमांकित किया जा सकता है?
(A) 2 (B) 3
(C) 4 (D) 5

31. पादप में अवशोषण से संबंधित सही विकल्प का चयन करें–

	ऐपोप्लास्ट	सिम्प्लास्ट
(A)	सक्रिय	सक्रिय
(B)	निष्क्रिय	निष्क्रिय
(C)	निष्क्रिय	सक्रिय
(D)	सक्रिय	निष्क्रिय

32. (a) पादपो के सिम्प्लास्ट में तत्वों का अवशोषण तीव्र होता है।
(b) पादपो में आयन के गति को अभिवाह (flux) कहते है।
(c) पादप में सक्रिय तथा निष्क्रिय दोनों अवशोषण में आयन चैनल की भूमिका होती है।
उपरोक्त में से कितने कथन गलत है?
(A) 1 (B) 2
(C) 3 (D) 0

33. खनिज, पोषक तत्व पौधो की जड़ों को निम्न मे से कौन से विधि के द्वारा उपलब्ध होते है?
(A) चट्टानों के क्षरण से
(B) चट्टानों के टूटने से
(C) A तथा B दोनों
(D) उपरोक्त में से कोई नहीं

34. जीवित प्राणियों में कार्बन, हाइड्रोजन व ऑक्सीजन के अतिरिक्त ___?___ प्रमुख्खंम तत्व है–
(A) क्लोरीन (B) सोडियम
(C) पोटैशियम (D) नाइट्रोजन

35. नाइट्रोजन निम्न में से किसका संघटक है?
(A) हॉर्मोन (B) क्लोलोफिल (पर्णहरित)
(C) विटामिन (D) उपरोक्त सभी

36. दो नाइट्रोजन परमाणु जुड़े होते है–
(A) त्रिसहसंयोजी आबंध से
(B) द्विसहसंयोजी आबंध से
(C) त्रिसह हाइड्रोजन आबंध से
(D) द्विसहसंयोजी पेप्टाइड आबंध से

37. नाइट्रोजन स्थिरीकरण होता है–
(A) नाइट्रोजन से युरिया निर्माण की प्रक्रिया
(B) नाइट्रोजन के अमोनिया में बदलने की प्रक्रिया
(C) नाइट्रोजन के अमीनो अम्ल में बदलने की प्रक्रिया
(D) वातावरण के नाइट्रोजन का मिट्टी में स्थिरकरण

38. आमोनीकरण क्या है?
(A) N_2 का NH_3 में रुपांतरण
(B) अमीनो अम्ल का अमोनिया में रुपांतरण
(C) मृत पादपो व जंतुओं में उपस्थित कार्बनिक नाइट्रोजन का अमोनिया में अपघटन
(D) यूरिया का अमोनिया में अपघटन

39. नाइट्रिफांइग जीवाणु होते है–
(A) रसायनपोषी (B) रसायनविषम पोषी
(C) प्रकाशपोषी (D) प्रकाशविषम पोषी

40. डिनाइट्रकरण में–
(A) मृदा में उपस्थित नाइट्राइट का नाइट्रोजन में अपचयन
(B) मृदा में उपस्थित नाइट्रेट का नाइट्रोजन में अपचयन
(C) मृदा में नाइट्रोजन का स्तर का क्रांतिक स्तर पर पहुंच जाना।
(D) नाइट्रोजन का अमोनिया में परिवर्तन

41. डिनाइट्रीकरण से संबंधित जीवणु के सेट का चयन करें–
(A) स्यूडोमोनास, थायोबेसीलस
(B) नाइट्रोकोक्स, नाइट्रोवेक्टर
(C) नाइट्रोसोमोनास, नाइट्रोवेक्टर
(D) स्यूडोमोनास, नाइट्रोवेक्टर

42. नाइट्रीकरण से संबंधित सही क्रम का चयन करें–
अगर a – जीवाणु – नाइट्रोवेक्टर, b – नाइटट्रोकोकस
(A) अमोनिया [O] $\xrightarrow{b}$ नाइट्रेट [O] $\xrightarrow{a}$ नाइट्राइट
(B) अमोनिया [O] $\xrightarrow{b}$ नाइट्राइट [O] $\xrightarrow{a}$ नाइट्रेट
(C) अमोनिया [O] $\xrightarrow{a}$ नाइट्राइट [O] $\xrightarrow{b}$ नाइट्रेट
(D) अमोनिया [O] $\xrightarrow{a}$ नाइट्राइट [O] $\xrightarrow{a}$ नाइट्रेट

43. नाइट्रोजन स्थिरकारक का चयन करें–
(A) एनाबीना (B) यूग्लीना
(C) नाइट्रोसोमोनास (D) उपरोक्त में से कोई नहीं

44. जीवित प्राणियों द्वारा नाइट्रोजन का अमोनिया में अपचयन कहलाता है–
(A) डीएमिनेशन
(B) नाइट्रो रुपांतरण
(C) जैविक नाइट्रोजन स्थिरीकरण
(D) अमोनोफिकेशन

45. $N \equiv \xrightarrow{?} NH_3$
(A) डीहाइड्रोजिनेस (B) नाइट्रोजिनेस
(C) अरजिनेस (D) कार्बोमिल ट्रास्फरेज

46. स्वतंत्र जीवी नाइट्रोजन स्थितीकारक के सेट का चयन करें–
(A) एनाबीना, नोस्टोक
(B) रोडोस्पाइरलियम, ऐजेटोवेक्टर
(C) नोस्टोक, ऐजेटोवेक्टर
(D) ऐजेटोवेक्टर बिजारिकिया

47. एनाबीना तथा नास्टॉक है–
(A) नीलहरित जीवाणु, स्वतंत्र जीवी–नाइट्रोजन स्थितीकारक
(B) स्वतंत्र जीवी अऑक्सी–नाइट्रोजन स्थिरीकारक
(C) स्वतंत्र जीवी ऑक्सी – नाइट्रोजन स्थिरीकारक
(D) परजीवी ऑक्सी – नाइट्रोजन स्थिरीकारक

48. रोडोस्पाइरलियम है–
(A) ऑक्सी, स्वतंत्र जीवी नाइट्रोजन स्थिरीकारक
(B) अऑक्सी, स्वतंत्र जीवी नाइट्रोजन स्थिरीकारक
(C) परजीवी नाइट्रोजन स्थिरीकारक
(D) रोगजनक, पादप के मूल के लिए

49. नीचे कुछ कथन राइजोबियम से संबंधित दिए गए है–

(a) आकार अंडाकार

(b) सभी पादपों के साथ सहजीवी संबंध को प्रदर्शित करते है।

(c) सबसे सामान्य सहजीवन जड़ों की गांठों के रूप में होता है।

सही का चयन करें–

(A) a (B) b

(C) c (D) a, c

50. राजोबियम निम्न में से किसके मूल के साथ संबंध प्रदर्शित करता है?

(A) एल्फाल्फा (B) स्वीट क्लोवर

(C) लेंटिल (D) उपरोक्त सभी

51. सूक्ष्मजीव फ्रेक्यिा निम्न में से किसके मूल में N_2 स्थितिकारक ग्रंथियां उत्पन्न करता है?

(A) एल्नस (B) स्वीट क्लोवर

(C) सेम (D) उद्यान मटर

52. अलेग्यूमिनीस पादप का चयन करें–

(A) एल्फाल्फा (B) लेंटिल

(C) एल्नस (D) उपरोक्त में से कोई नहीं

53. दाल के पौधो के गांठों के कंद्र भाग का रंग होता है–

(A) लाल या गुलाबी (B) काला या भूरा

(C) सफेद या गुलाबी (D) पीला या बैंगनी

54. दाल के पौधो के गांठों के केंद्र भाग का रंग, निम्न में से किसके उपस्थिति के कारण लाल होता है?

(A) जैनथोफिल (B) ल्यूटिन

(C) कैरोटिन (D) लेग्हेमोग्लोबीन

55. दाल के पौधो में, किन कोशिकाओ के विभाजन तथा वृद्धि के बाद गांठ का निर्माण होता है?

(A) एपिडर्मल कोशिका तथा कॉटेक्स कोशिका

(B) कॉटेक्स कोशिका तथा परिरंभ कोशिका

(C) एंडोडर्मल कोशिका तथा परिरंभ कोशिका

(D) एपिडर्मल कोशिका तथा परिरंभ कोशिका

56. नीचे ग्रंथिका निर्माग के मुख्य अवस्थाओं को दिया गया है–

I – मूल रोम में कुंचन

II – जीवाणु का मूल रोम पर आक्रमण

III – संक्रमित सूत्र का पैदा होना

IV – जीवाणु का पौधे के जड़ों के चारों ओर एकत्रित होना

V – पादप के वलकुट में ग्रंथिका निर्माण का आंरभन

आरंभ से लेकर अंत तक के सही क्रम का चयन करें–

(A) I → II → III → IV → V

(B) II → IV → III → I → V

(C) IV → I → II → III → V

(D) IV → I → III → II → V

57. एंजाइम नाइट्रोजिनेस है–

(A) Mo – Fe प्रोटीन (B) Bo – Zn प्रोटीन

(C) Ca – Mg प्रोटीन (D) K – Ca प्रोटीन

58. दिया गया अभिक्रिया, वायुमंडलीय नाइट्रोजन के अमोनिया में परिवर्तन से संबंधित है–

$N_2 + 8e^- + a? + 16\ ATP \rightarrow 2NH_3 + H_2 + 16\ ADP + b?$ a तथा b क्या है?

(A) a – 8H+, b – 16 P_1

(B) a – $6H^+$, b – 16 P_1

(C) a $4H^+$, b – 15 P_1

(D) a – $8H^+$, b – 14 P_1

59. नाइट्रोजिनेस एंजाइम, निम्न में से किसके लिए सार्वाधिक संवेदी होते है?

(A) आण्विक CO_2 (B) आण्विक O_2

(C) आण्विक N_2 (D) आणिवक NO_2

60. पादप के ग्रंथिका से संबंधित अनुकूलन का चयन करें–

(A) एंजाइम का ऑक्सीजन से बचाव

(B) ऑक्सीजन अप्मार्ज की उपस्थिति

(C) पोषक से संवहनी संबंध

(D) उपरोक्त सभी

61. वायुमंडलीय नाइट्रोजन स्थिरीकरण के दौरान एक अमोनिया अणु के संश्लेषण के लिए कितने एटीपी की आवश्यकता होती है?

(A) 10 ATP (B) 8 ATP

(C) 6 ATP (D) 4 ATP

62. पादप में अमोनियम आयन का जमाव क्यों नहीं होता है?

(A) क्योंकि अमोनियम आयन पादपों के लिए विषाक्त होते है।

(B) क्योंकि अमोनियम आयन का पूर्ण उपापचयन हो जाता है।

(C) क्योंकि यह पूण रूप से ऑक्सीकृत हो जाता है।

(D) क्योंकि यह वाष्पशील होता है।

63. अमोनियम आयन का पादपो में __?__ के संश्लेषण हेतु उपयोग होता है-

(A) शर्करा (B) न्यूक्लिक अम्ल

(C) अमीनो अम्ल (D) वसीय अम्ल

64. अपचयित एमीनीकरण में अमोनिया α – कीटोग्लूटेरिक अम्ल से अभिक्रिया करके निम्न में से किसका निर्माण करते है?

(A) एस्पॉरटिक अम्ल

(B) पॉलमिटिक अम्ल

(C) एडेनीलिक अम्ल

(D) ग्लूटेमिक अम्ल

ANSWER KEY

1. (C)	**2.** (A)	**3.** (A)	**4.** (D)	**5.** (D)	**6.** (C)	**7.** (B)	**8.** (D)	**9.** (A)	**10.** (B)
11. (C)	**12.** (A)	**13.** (C)	**14.** (D)	**15.** (D)	**16.** (C)	**17.** (B)	**18.** (A)	**19.** (B)	**20.** (C)
21. (A)	**22.** (C)	**23.** (B)	**24.** (C)	**25.** (B)	**26.** (A)	**27.** (A)	**28.** (D)	**29.** (B)	**30.** (A)
31. (C)	**32.** (B)	**33.** (C)	**34.** (D)	**35.** (D)	**36.** (A)	**37.** (B)	**38.** (C)	**39.** (A)	**40.** (B)
41. (A)	**42.** (B)	**43.** (A)	**44.** (C)	**45.** (B)	**46.** (D)	**47.** (A)	**48.** (B)	**49.** (C)	**50.** (D)
51. (A)	**52.** (C)	**53.** (A)	**54.** (D)	**55.** (B)	**56.** (C)	**57.** (A)	**58.** (A)	**59.** (B)	**60.** (D)
61. (B)	**62.** (A)	**63.** (C)	**64.** (D)						

उच्च पादप में प्रकाश संश्लेषण

1. हरित पादप होते है–
   (A) विषमपोषी (B) स्वपोषी
   (C) रसायनस्वपोषी (D) रसायनविषम पोषी
2. प्रकाश - संश्लेषण है–
   (A) यांत्रिक प्रक्रिया
   (B) रासायनिक प्रक्रिया
   (C) भौतिक-रासायनिक प्रक्रिया
   (D) भौतिक प्रक्रिया
3. प्रकाश-संश्लेषण महत्वपूर्ण क्यों है?
   (A) यह पृथ्वी पर समस्त खाद्य पदार्थों का प्राथमिक स्रोत है।
   (B) यह वायुमंडल में ऑक्सीजन छोड़ता है।
   (C) यह CO_2 के ग्रहण तथा उपयोग से संबंधित है।
   (D) उपरोक्त सभी
4. जोसेफ प्रीस्टले ने बहुत से प्रयोग किए जिससे पता लगा कि–
   (A) हरे पौधो की वृद्धि में हवा की एक अनिवार्य भूमिका है।
   (B) हरे पौधो की वृद्धि में सूर्यप्रकाश की महत्वपूर्ण भूमिका है।
   (C) प्रकाश-संश्लेषण में CO_2 की भूमिका महत्वपूर्ण है।
   (D) प्रकश-संश्लेषण में सूर्यप्रकाश की भूमिका महत्वपूर्ण है।
5. सुमेलित करें–

कॉलम A	कॉलम B
(a) प्रीस्टले	(1) मोमबत्ती, बेलजार तथा चूहा से संबंधित प्रयोग।
(b) जॉन इंजेन हाऊज	(2) प्रदर्शित किया की सूर्य प्रकाश पादप के लिए आवश्यक है।
(c) जे.वी. सैचस्	(3) यह प्रमाण दिया कि जब पौधा वृद्धि करते है तब पौधे ग्लूकोज (शर्करा) बनाते है।

   (A) abc/123 (B) abc/213
   (C) abc/312 (D) abc/132
6. नीचे कुछ कथन टी.डब्ल्यू एजिलमैन के प्रयोग से संबंधित दिए गए है–
   (a) अपने प्रयोग के दौरान प्रिज्म का उपयोग किया।
   (b) उन्होंने ऑक्सी बैक्टीरिया क्लैडोफोरा का उपयोग किया।
   (c) बैक्टीरिया का उपयोग CO_2 निकलने का केंद्र पता लगाने के लिए किया था।

   उपरोक्त में से कौन सा कथन गलत है?
   (A) b, c (B) b
   (C) a, b, c (D) a, b

7. टी. डब्ल्यू एंजिलमैन ने अपने प्रयोग में यह पाया की बैक्टीरिया प्रमुखतः इकट्ठे होते है-
(A) लाल तथा हरे प्रकाश क्षेत्र में
(B) लाल तथा नीले प्रकाश क्षेत्र में
(C) हरे तथा नीले प्रकाश क्षेत्र में
(D) पीले तथा लाल प्रकाश क्षेत्र में

8. सी.वी. नील का अध्ययन निम्न में से किस रंग के बैक्टीरिया पर आधारित था?
(A) भूरे तथा हरे जीवाणु
(B) बैंगनी तथा हरे जीवाणु
(C) हरे तथा पीले जीवाणु
(D) पीले तथा काले जीवाणु

9. हरे पौधे में हाइड्रोजन दाता होते है-
(A) H_2S (B) H_2O
(C) H_2SO_4 (D) उपरोक्त सभी

10. अगर मान ले $a = CO_2$ है, $b = O_2$ है, $c = H_2O$ है, उपरोक्त में से कौन सभी प्रकाश-संश्लेषी से संबंधित है?
(A) a (B) b
(C) c (D) उपरोक्त में से कोई नहीं

11. नीचे कुछ कथन दिए गए है-
(A) प्रकश-संश्लेषण में सभी प्रकाश-संश्लेषी O_2 मुक्त करते है।
(B) सभी प्रकाश-संश्लेषी, जल को हाइड्रोजन दाता के रूप में उपयोग करते है।
(C) हरे पौधो के द्वारा निकाली गई O_2, CO_2 से आती है, न की H_2O से।
(D) प्रकाश-संश्लेषण रात्री में भी जारी रहता है।
उपरोक्त में से कितने कथन गलत है?
(A) 1 (B) 2
(C) 3 (D) 4

12. क्लोरोप्लास्ट में एटीपी तथा एनएडीपीएच का संश्लेषण कहां होता है?
(A) झिल्ली तंत्र (B) स्ट्रोमा
(C) ग्राना (D) मैट्रिक्स

13. पादप में प्रकाश-संश्लेषण होता है-
(A) सिर्फ हरी पत्तियों में
(B) सिर्फ नई पत्तियों में
(C) पादप के हरे भाग में
(D) पादप के किसी भी भाग में

14. I – अप्रकाशी अभिक्रिया, अंधेरे में संपन्न होते है।
II – अप्रकाशी अभिक्रिया प्रकाश पर निर्भर नहीं होते है।
III – अप्रकाशी अभिक्रिया प्रकाश अभिक्रिया के उत्पाद पर निर्भर होती है।
गलत कथन का चयन करें-
(A) I (B) II
(C) I, II (D) I, III

15. दिया गया चित्र हरित लवक की काट का आरेख प्रस्तुतीकरण है। a, b तथा c को पहचानने, a, b तथा c में से अप्रकाशी अभिक्रिया का संश्लेषी उत्पाद कौन है?

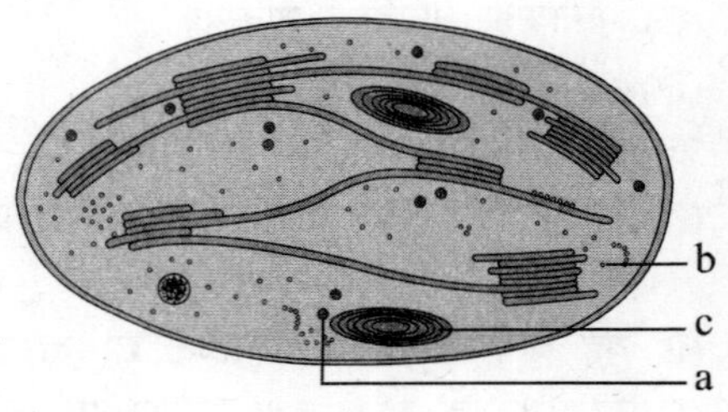

(A) c (B) b
(C) a (D) b, c

16. (a) CO_2 + (b) $H_2O \xrightarrow{\text{प्रकाश}} C_6H_{12}O_6$ + (c) H_2O + (d) O_2
दिया गया समीकरण प्रकाश-संश्लेषण को प्रस्तुत कर रहा है। a, b, c तथा d से संबंधित सही विकल्प का चयन करें-

	a	b	c	d
(A)	6	12	12	6
(B)	6	6	6	6
(C)	6	12	6	12
(D)	6	12	6	6

17. निम्न में से किसने यह बताया या प्रमाणित किया की पौधे का हरा पदार्थ पौधे के विशिष्ट भाग में स्थित होता है–
(A) जे. वी. सैचस् (B) टी. डब्ल्यू एजिलमैन
(C) प्रीस्टले (D) इंजेनहाऊस

18. पत्तियों में रंग कितने वर्ण के कारण होता है?
(A) 1 (B) 2
(C) 3 (D) 4

19. प्रकाश–संश्लेषण से संबंधित महत्वपूर्ण वर्णक कौन–सा है?
(A) क्लोरोफिल ए (B) क्लोरोफिल बी
(C) जैन्थोफिल (D) कारटीनोएड

20. सुमेलित करें–

कॉलम A	कॉलम B
(a) क्लोरोफिल ए	(1) पीला हरा
(b) क्लोरोफिल बी	(2) पीला
(c) जैन्थोफिल	(3) नीला हरा
(d) कारटीनोएड	(4) पीला नारंगी

(A) abcd/1234 (B) abcd/3421
(C) abcd/3214 (D) abcd/3124

21.

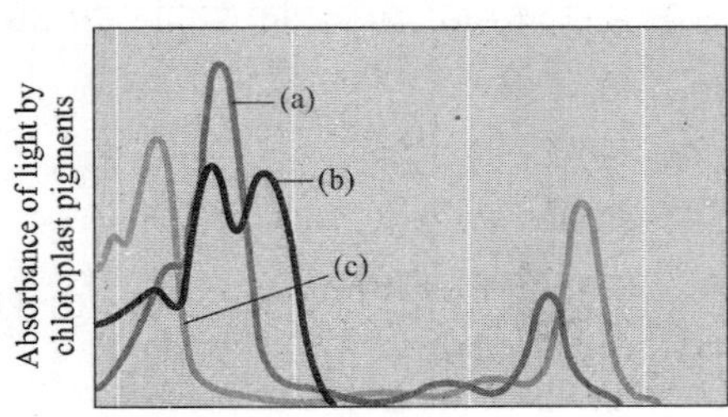

दिया गया ग्राफ, विभिन्न वर्ण क्रम का अवशोषित वर्णक्रम प्रदर्शित करता हुआ ग्राफ है, a, b तथा c क्या है?
(A) a – क्लोरोफिल बी, b – कैरोटीनाइड्स, c – क्लोरोफिल ए
(B) a – क्लोरोफिल बी, b – क्लोरोफिल सी, c – कैरोटीनाइड्स
(C) a – कैरोटीनाइड्स, b – क्लोरोफिल बी, c – क्लोरोफिल सी
(D) a – क्लोरोफिल ए, b – क्लोरोफिल बी, c – कैरोटीनाइड्स

22. अधिकांश या (अधिकतम) प्रकाश–संश्लेषण होता है–
(A) हरे तथा लाल क्षेत्र में
(B) पीले तथा नारंगी क्षेत्र में
(C) नीले तथा लाल क्षेत्र में
(D) नीले तथा हरे क्षेत्र में

23. सहायक वर्णक का चयन करें–
(A) क्लोरोफिल बी (B) जैन्थोफिल
(C) कैरोटीनाएड (D) उपरोक्त सभी

24. उस कार्य का चयन करे जो सहायक वर्णकों के द्वारा नहीं होता है–
(A) क्लोरोफिल ए में ऊर्जा का स्थानांतरण
(B) प्रकाश–संश्लेषण को प्रेरित करने वाली उपयोगी तरंगदैर्ध्य के क्षेत्र को बढ़ाते है।
(C) क्लोरोफिल ए को फोटोऑक्सीडेसन से भी बचाते है।
(D) उपरोक्त में से कोई नहीं

25. पी एस I के अभिक्रिया केंद्र में अवशोषण शीर्ष कितने पर होता है?
(A) 700 nm (B) 680 nm
(C) 800 nm (D) 600 nm

26. प्रकाश–संश्लेषण मं उच्च ऊर्जा रसायन माध्यमिक होता है–
(A) एटीपी (B) एनएडीपीएच
(C) एनएडीपीएच$_2$ (D) A तथा B दोनों

27. a = प्रकाश अवशोषण, b = जल विघटन
c = CO_2 निष्कर्षण, d = एटीपी का उपयोग
उपरोक्त तथ्य के आधार पर, उस तथ्य का चयन करे जो प्रकाश अभिक्रिया का हिस्सा नहीं है–
(A) a, c (B) b, c
(C) c, d (D) b, d

28. प्रकाश अभिक्रिया में कितने एलएचसी उपस्थित होते है?
(A) 1 (B) 2
(C) 3 (D) 4

29. पीएस I तथा पीएस II का नामांकन का आधार है–
(A) प्रकाश अभिक्रिया में उनके उपस्थिति के आधार पर
(B) खोज के क्रम के आधार पर
(C) कार्य के क्रम के आधार पर
(D) उपरोक्त में से कोई नहीं

30. पीएस I तथा पीएस II में सभी वर्णक होते है सिवाय-
(A) क्लोरोफिल बी के एक अणु के
(B) क्लोरोफिल ए के एक अणु के
(C) क्लोरोफिल ए के दो अणु के
(D) जैन्थोफिल के एक अणु के

31. लाइट हार्वेस्टिंग कॉम्पलेक्स को ही कहते है-
(A) प्रकाश रसायनिक तंत्र
(B) कार्बन तंत्र
(C) ऐन्टेनी
(D) फोटोन

32. ___?___ एक अकेला अणु अभिक्रिया केंद्र बनाता है-
(A) क्लोरोफिल ए (B) क्लोरोफिल बी
(C) कारटीनोएड (D) जैन्थोफिल

33. पी 680 होता है-
(A) पी एस I का अवशोषण शीर्ष
(B) पी एस II का अवशोषण शीर्ष
(C) पी एस III का अवशोषण शीर्ष
(D) पी एस II का अवशोषण आधार

34. Z स्कीम निम्न में से किससे संबंधित है?
(A) इलेक्ट्रॉन परिवहन
(B) जल का विघटन
(C) चक्रय फोटो-फोस्फोरीलेशन
(D) उपरोक्त में से कोई नहीं

35. I – इलेक्ट्रॉन ग्राही के द्वारा इलेक्ट्रॉन का ग्रहण।
II – इलेक्ट्रॉन का इलेक्ट्रॉन्स ट्रांसपोर्ट सिस्टम मे प्रवेश कराया जाना।
III – इलेक्ट्रॉन का उत्तेजित होकर परमाणु नाभिक से दूर चले जाना
IV – इलेक्ट्रॉन का PS I के वर्णकों में प्रवेश।
पीएस II के इलेक्ट्रॉन परिवहन श्रृंखला से संबंधित सही क्रम का चयन करें-
(A) I → III → II → IV
(B) I → II → III → IV
(C) III → I → II → IV
(D) III

36. इलेक्ट्रॉन परिवहन तंत्र में इलेक्ट्रॉन परिवहन के गति से संबंधित सही विकल्प का चयन करें-

	पीएस I	**पीएस II**
(A)	अधोगामी	शिखरापरिग्राही
(B)	शिखरोपरिग्राही	अधोगामी
(C)	शिखरोपरिग्राही	शिखरोपरिग्राही
(D)	अधोगामी	अधोगामी

37. प्रकाश अभिक्रिया की z – स्कीम में जल का विघटन निम्न में से किससे संबंधित है?
(A) पीएस I (B) पीएस II
(C) A तथा B दोनों (D) उपरोक्त में से कोई नहीं

38. प्रकाश अभिक्रिया के Z – स्कीम में जल के विघटन का सही रूप क्या है7
(A) $H_2O \longrightarrow 2e^- + 2H^+ + [O]$
(B) $H_2O \longrightarrow 4e^- + 2H^+ + [O]$
(C) $H_2O \longrightarrow 4H^+ + O_2 + 4e^-$
(D) $H_2O \longrightarrow 1e^- +| 2H^+ + [O]$

39. एक कोशिका में फोटो-फोस्फोरीलेशन कहां होता है?
(A) माइटोकोड्रिया (B) क्लोरोप्लास्ट
(C) A तथा b दोनों (D) राइबोसोम

40. निम्न में से किसकी अनिवार्यता फोटो-फोस्फोरीलेशन के लिए है?
(A) प्रकाश
(B) एडीपी
(C) अकार्बनिक फोस्फेट
(D) उपरोक्त सभी

41.

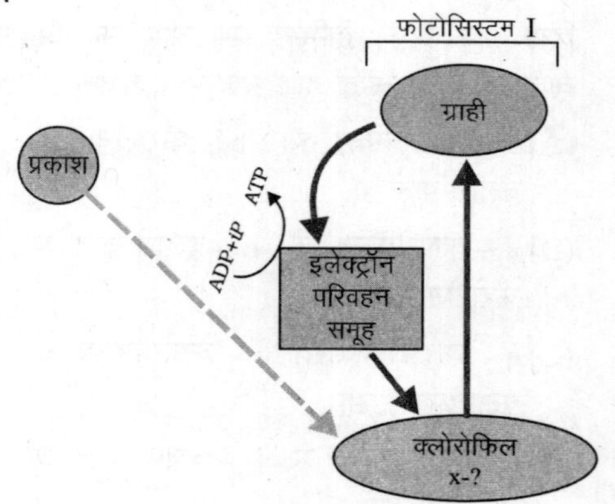

दिया गया चित्र चक्रीय फोटो-फोस्फोरीलेशन से संबंधित है, X क्या है-

(A) X – P 700 (B) X – 680

(C) X – P 600 (D) X – P – 500

42. इलेक्ट्रॉन फोटोसिस्टम मे कब घूमता है?

(A) जब केवल पीएस I क्रियाशील होता है।

(B) जब केवल पीएस II क्रियाशील होता है।

(C) जब पीएस I तथा पीएस II दोनों क्रियाशील होता है।

(D) उपरोक्त में से कोई नहीं

43. क्लोरोप्लास्ट में पीएस I का फोटो-फोस्फोरीलेशन कौन से भाग में होता है?

(A) ग्राना (B) थाइलोकोयड

(C) स्ट्रोमा लैमिली (D) उपरोक्त में से कोई नहीं

44. चक्रीय फोटो-फॉस्फोरीलेशन तभी होता है जब उत्तेजना के लिए प्रकाश तरंगदैर्ध्य ______.

(A) 680 nm से कम होता है।

(B) 700 nm से अधिक होता है।

(C) 680 nm से अधिक होता है।

(D) 700 nm से कम होता है।

45. केमिओस्मोटिक हाइपोथेसिस वर्णन करता है-

(A) फोटो तंत्र में इलेक्ट्रॉन कैसे गति करता है।

(B) क्लोरोप्लास्ट में एटीपी कैसे संश्लेषित होता है।

(C) प्रकाश-अभिक्रिया में जल का विघटन कैसे होता है।

(D) फोटो-फोस्फोरीलेशन कैसे होता है।

46. निम्न में से किस आधार पर एटीपी संश्लेशण श्वसन तथा प्रकाश-संश्लेषण में समान होते है?

(A) एटीपी का सश्लेषण, एक झिल्लिका के आर-पार प्रोटोन प्रवणता के कारण होता है।

(B) एटीपी का संश्लेषण एक ही स्थल पर होता है।

(C) इलेक्ट्रॉन का गति एक समान होता है।

(D) उपरोक्त सभी

47. प्रकाश-संश्लेषण में एटीपी के संश्लेषण के दौरान प्रोटोन का जमाव कहा होता है?

(A) माइटोकांड्रिया की अंतरा झिल्ली अवकाशिका में।

(B) क्लोरोप्लास्ट के स्ट्रोमा में।

(C) थाइलेकोइड के अवकाशिका में।

(D) माइटोकांड्रिया के मैट्रिक्स में।

48.

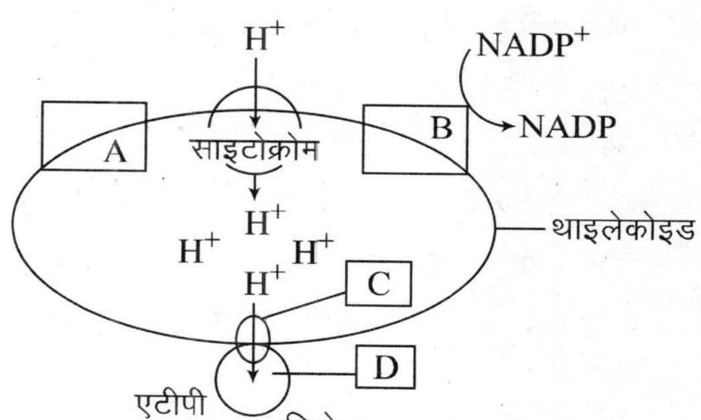

दिया गया चित्र रसोपरासरण के द्वारा एटीपी के निमार्ण से संबंधित है, A, B, C तथा D क्या है?

	A	B	C	D
(A)	PSII	PSI	F_1	F_0
(B)	PSI	PSII	F_0	F_1
(C)	PSII	PSI	F_0	F_1
(D)	PSII	PSI	F_5	F_0

49. प्रकाश संश्लेषण में एटीपी संश्लेषण के दौरान थाइलाकोइड के अवकाशिका में कौन सा आयन संचित रहता है?

(A) K^+ (B) Ca^{++}

(C) Mg^{++} (D) H^+

50. क्लोरोप्लास्ट में प्रकाश-संश्लेषण के दौरान एनएडीपी रिडक्टेज एंजाइम, कहां स्थित होता है?

(A) झिल्ली के स्ट्रोमा की ओर होता है।

(B) थाइलाकोइड के अवकाशिका में।

(C) स्ट्रोमल लेमिले के झिल्ली में।

(D) माइट्रोकॉड्रिया में

51. अगर ↑ = वृद्धि, ↓ = कमी

प्रकाश संश्लेषण के प्रक्रिया के हिसाब से सही सेट का चयन करें-

(A) x↑ – स्ट्रोमा

(B) x↑ – थाइलाकोइड अवकाशिका

(C) x↓ – स्ट्रोमा

(D) B तथा C दोनों

52. प्रकाश-संश्लेषण में, एटीपी के संश्लेषण के दौरान थाइलेकोइड अवकाशिका का pH-

(A) ↑

(B) ↓

(C) अपरिवर्तित रहता है।

(D) ↑ या ↓ दोनों

53. रसोपरासरणी के प्रक्रिया में प्रोटोन प्रवणता क्यों भंग होते है?

(A) क्योंकि प्रोटोन स्ट्रोमा में गतिशील होता है।

(B) क्योंकि प्रोटोन अवकाशिका में गतिशील होता है।

(C) क्योंकि इलेक्ट्रॉन अवकाशिका में गतिशील होता है।

(D) बन्ध के टूटने के कारण।

54. प्रकाश-संश्लेषण के रसोपरासरणी में प्रोटोन ___1?___ के माध्यम से ___2?___ पारगमन वाहिका से गतिशील होता है।

(A) 1 – F_1, 2 – एटीपीऐज

(B) 1 – F_5, 2 – एटीपीऐज

(C) 1 – F_0, 2 – एटीपीऐज

(D) 1 – $_{F5}$, 2 – एटीपी सिन्थेज

55. रसोपरासरणी में निम्न में से कौन पारगमन झिल्लिका चैनल की रचना करता है?

(A) F_1 (B) F_0

(C) F_5 (D) F_6

56. एटीपी सिन्थेज एंजाइम जो रसोपरासरणी में हिस्सा लेता है, उसके कितने भाग है-

(A) 1 (B) 2

(C) 3 (D) 4

57. रसोपरासरणी में पारगमन झिल्लिका से हाकर प्रोटोन की गति __________ के द्वारा होता है-

(A) सक्रिय परिवहन (B) सरल विसरण

(C) सुसाध्य विसरण (D) परासरण

58. रसोपरासरण के लिए निम्न में से किसकी आवश्यकता होती है?

(A) एटीपी सिन्थेज (B) एक प्रोटोन प्रवणता

(C) एक प्रोटोन पंप (D) उपरोक्त सभी

59. प्रकाश अभिक्रिया के उत्पाद का चयन करें-

(A) एटीपी (B) एनएडीपीएच

(C) O_2 (D) उपरोक्त सभी

60. प्रकाश-संश्लेषण के जैव -संश्लेशण चरण में निम्न में से किसका उपयोग नहीं होता है?

(A) एटीपी (B) एनएडीपीएच

(C) O_2 (D) उपरोक्त में से कोई नहीं

61. प्रकाश-संश्लेषण की जैव संश्लेषण चरण में, अगर प्रकाश उपलब्ध न हो तो-

(A) प्रकाश-संश्लेषण तुरंत रुक जाता है।

(B) कुछ समय के लिए जारी रहता है।

(C) धीमी दर से जारी रहता है।

(D) अप्रभावित रहता है।

62. मेलविन केल्विन के खोज के अनुसार, CO_2 यौगिकीकरण का पहला उत्पाद निम्न में से कौन है?

(A) 3 – कार्बन कार्बनिक अम्ल

(B) 3 – फोस्फोग्लिसेरिक अम्ल

(C) 2 – फोस्फोग्लिसेरिक अम्ल

(D) 2 – कार्बन कार्बोनिक अम्ल

63. जैव संश्लेषण पथ में पहले उत्पाद का नाम है-

(A) 3-सीओए (B) एनएडीपीएच

(C) पीजीए (D) ओएए

64. C_4 पथ में CO_2 यौगिकीकरण का पहला उत्पाद है-

(A) ओएए (B) पीजीए

(C) 3-सीओए (D) एनएडीपीएच

65. सही जोड़े का चयन करें-
(A) C_3 अम्ल – फास्फोग्लूटेमिक अम्ल
(B) C_4 अम्ल – फास्फोग्लाइसेरिक अम्ल
(C) C_3 अम्ल – फोस्फोग्लिसेरिक अम्ल
(D) C_4 अम्ल – ऑक्सेलो फॉमिक अम्ल

66. निम्न में से किसमें केल्विन चक्र संपन्न होता है?
(A) शैवाल
(B) सायनोबैक्टीरिया
(C) सभी प्रकाश-संश्लेषी पादप
(D) उपरोक्त में से कोई नहीं

67. Co_2 के यौगिकीकरण से एक स्थिर कार्बनिक मध्यस्थ का बनना कहलाता है-
(A) अपचयन (B) कार्बोक्सिलीकरण
(C) पुनरुद्भवन (D) बहुलीकरण

68. प्रकाश-संश्लेशण में Co_2 के प्राथमिक ग्राही है-
(A) 5-कार्बन RuBP (B) 2-कार्बन RuBP
(C) 3-कार्बन RuBP (D) 4-कार्बन RuBP

69. प्रकाश-संश्लेषण में प्रोटोन प्रवणता क्यों महत्वपूर्ण है?
(A) प्रवणता टूटने पर ऊर्जा मुक्त होती है।
(B) प्रवणता टूटने पर ऊर्जा का उपयोग होता है।
(C) प्रवणता टूटने पर रसापरासरण रुक जाता है।
(D) प्रवणता टूटने पर प्रकाश अभिक्रिया तीव्र होती है।

70. केल्विन चक्र में कार्बोक्सिलीकरण के दौरान 2-कार्बन CO_2 का उपयोग निम्न में से किसके लिए किया जाता है?
(A) C_3 अम्ल कार्बोक्सिलीकरण में
(B) RuBP के कार्बोक्सिलीकरण में
(C) ओएए क कार्बोक्सिलीकरण में
(D) उपरोक्त में से कोई नहीं

71. RuBP के कार्बोक्सिलीकरण, निम्न में से कौन निर्मित होते है?
(A) 3 – PGA के 3 अणु
(B) 3 – PGA के 1 अणु
(C) 3 – PGA के 2 अणु
(D) 2 – PGA के 2 अणु

72. RuBP के कार्बोक्सिलीकरण में कौन सा एंजाइम हिस्सा लेता है?
(A) RuBP कार्बोक्सिलेस
(B) RuBP अरजिनेज
(C) RuBP सिन्थेटेज
(D) RuBP ऑक्सिलेज

73. RuBP के कार्बोक्सिलीकरण के लिए निम्न में से किसका उपयोग होता है?
(A) O_2 (B) CO_2
(C) H_2O (D) C

74. RuBP कार्बोक्सीलेस-ऑक्सीजिनेस को निम्न में से सही रूप में किस तरह से लिखा जाता है?
(A) RuBISCO (B) Rubisco
(C) RuBISCO (D) RuBisCo

75. RuBP कार्बोक्सीलेस-ऑक्सीजिनेस को एबिस्को क्यों कहा जाता है?
(A) क्योंकि इसमें ऑक्सीजिनेशन की क्षमता होती है।
(B) क्योंकि इसमें बहुलीकरण की क्षमता होती है।
(C) क्योंकि इसमें संघनन की क्षमता होती है।
(D) क्योंकि इसमें विस्थापन की क्षमता होती है।

76.

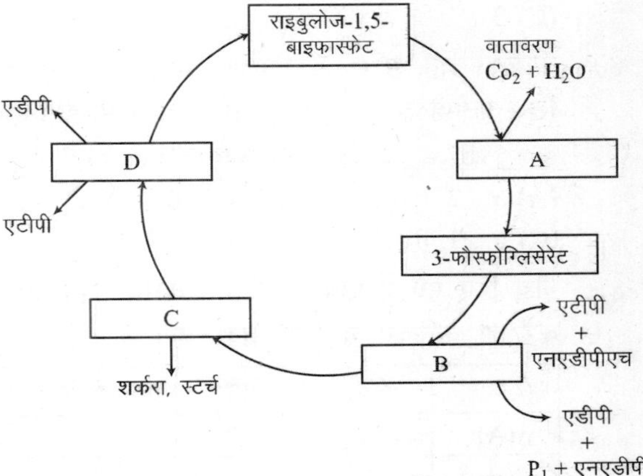

दिया गया चित्र कैल्विन चक्र का है, A, B, C तथा D क्या है?

	A	B	C	D
(A)	कार्बोक्सीलेशन	अपचयन	ट्रायोज फॉस्फेट	पुनरुद्भवन
(B)	कार्बोक्सीलेशन	अपचयन	ट्रायोजटाइ फॉस्फेट	पुनरुद्भवन
(C)	अपचयन	कार्बोक्सीलेशन	ट्रायोजटाइ फॉस्फेट	पुनरुद्भवन
(D)	अपचयन	कार्बोक्सीलेशन	पुनरुद्भवन	ट्रायोजटाइ फॉस्फेट

77. केल्विन चक्र में अपचयन प्रक्रिया के फॉस्फोरिलेशन के लिए एटीपी के कितने अणु का उपयोग होता है?
(A) 1 (B) 2
(C) 3 (D) 4

78. केल्विन चक्र क अपचय अवस्था में पथ से ग्लूकोज के एक अणु को बनाने के लिए CO_2 के ___a?___ अणुओ के यौगिकरण तथा ___b?___ चक्करों की आवश्यकता होती है–
(A) a – 6, b – 2 (B) a – 2, b – 6
(C) a – 6, b – 6 (D) a – 2, b – 2

79. केल्विन चक्र में RuBP के फॉस्फोरीलेशन के द्वारा RuBP के निर्माण में कितने एटीपी की आवश्यकता हेती है?
(A) 1 (B) 2
(C) 3 (D) 4

80. केल्विन चक्र में Co_2 के प्रत्येक अणु को प्रवेश के लिए एटीपी के ___a?___ अणु तथा एमएडीपीएच के ___b?___ अणुओं की आवश्यकता होती है–
(A) a – 2, b – 3 (B) a – 3, b – 2
(C) a – 1, b – 3 (D) a – 2, b – 3

81. नीचे दिए गए कोष्टक में से उन कारकों का चयन करें जो केल्विन चक्र में अंदर जाते है–

	Co_2	एटीपी	एनएडीपीएच
(A)	6	18	12
(B)	6	12	18
(C)	2	18	12
(D)	6	6	12

82. दिए गए कोष्टक में से उस विकल्प का चयन करें जिसमें कारक प्रकाश-संश्लेषण के केल्विन चक्र में बाहर जाते है–

	ग्लूकोज	एडीपी	एनएडीपी
(A)	6	12	18
(B)	1	18	12
(C)	2	18	12
(D)	1	12	18

83. C_4 पादप निम्न में से किस क्षेत्र मे पाएं जाते है?
(A) सदाहबहार क्षेत्र
(B) शुष्क उष्णकटिबंधी क्षेत्र
(C) जलीय क्षेत्र
(D) उपरोक्त सभी

84. C_4 पादप निम्न में से किस स्थिति के लिए अनुकूलित नहीं होते है?
(A) उच्च तापमान (B) उच्च प्रकाश तीव्रता
(C) निम्न तापमान (D) उपरोक्त में से कोई नहीं

85. C_4 पादप में अनुपस्थित होते है–
(A) प्रकाश अभिक्रिया (B) अप्रकाश अभिक्रिया
(C) प्रकाश श्वसन (D) उपरोक्त सभी

86. निम्न में से किस आधार पर C_4 पादप, C_3 पादप से भिन्न होते है–
(A) पत्तियों की सरंचना (B) आवास
(C) तापमान सहिष्णुता (D) उपरोक्त सभी

87. पादप जिसमें कोशिकाएं पूलाच्छद (बंडल शीथ) कोशिकाएं होती है, उन्हें कहते है–
(A) क्रैंजी शरीर वाले (B) रंज शरीर वाले
(C) बंडल शरीर वाले (D) वस्कुलर शरीर वाले

88. C_4 पादप का चयन करें–
(A) स्ट्रबैरी (B) सेब
(C) मक्का (D) चेरी

89. C_4 पादप को पहचानने के लिए निम्न में से कौन सा लक्षण मदद नहीं करता है?
(A) कोशिकाएं पूलाच्छद (बंडल शीथ)
(B) पत्तियों की सरंचना
(C) पादप कद
(D) उपरोक्त में से कोई नहीं

90. C_4 अम्ल (ओएए) कहां निर्मित होते है?
(A) कैबियम में (B) पेरीसाइकिल में
(C) ब्राह्मत्वचा में (D) पर्णमध्योतक कोशिका में

91. सही कथन का चयन करें-
(a) C_3 पादप में बंडल शीथ कोशिका में पीइपी केस एंजाइम अनुपस्थित होते है।
(b) पर्णमध्योतक कोशिका में रुबिस्को एंजाइम अनुपस्थित होते है।
(c) केल्विन पथ C_3 तथा C_4 पादप में भिन्न होते है।
(A) a (B) a, b
(C) a, b, c (D) b, c

92. प्रकाश श्वसन से संबंधित सही क्रम का चयन करें-
(A) $RuBP + CO_2 \xrightarrow{\text{रुबिस्को}} 2 \times 3\ PGA$
(B) $RuBP + O_2 \xrightarrow{\text{रुबिस्को}} 2 \times 3\ PGA$
(C) $RuBP + CO_2 \xrightarrow{\text{पेप केस}} 2 \times 3\ PGA$
(D) $RuBP + CO_2 \xrightarrow{\text{रुबिस्को}} 3 \times 3\ PGA$

93. नीचे कुछ कथन रुबिस्कों से संबंधित दिए गए है-
(A) विश्व में सार्वाधिक उपस्थित एंजाइम
(B) इनके सक्रिय स्थल CO_2 तथा O_2 दोनों से बंधित हो सकता है।
(C) यह CO_2 की तुलना में O_2 से अधिक बंधुता प्रदर्शित करता है।
(D) यह प्रकाश-श्वसन में उत्प्रेरक का कार्य करता है।
उपरोक्त में से कितने कथन सही है?
(A) 1 (B) 2
(C) 3 (D) 4

94. प्रकश-संश्लेषण पथ में निम्न में से कौन संश्लेषित होता है?
(A) शर्करा (B) एटीपी
(C) एनएडीपीएच (D) उपरोक्त में से कोई नहीं

95. C_3 पादप के लिए अनुकूलतम तापमान है-
(A) 30 – 40°C (B) 20 – 25°C
(C) 40°C से अधिक (D) 5 – 10°C

96. C_3 तथा C_4 पादप में CO_2 स्थिरीकरण के प्राथमिक ग्राही से संबंधित सही सेट का चयन करें-
(A) C_3 पादप-पीईपी
(B) C_4 पादप-आरयुबीपी
(C) C_3 पादप-आरयुबीपी
(D) C_4 पादप-पीजीए

97. x – पत्तियों की संख्या, y – CO_2 की अंतरकोशिकीय सांद्रता z – क्लोरोफिल की मात्रा
उपरोक्त कारकों में से कौन सा कारक प्रकाश-संश्लेषण के दर को कभी प्रभावित नहीं करता है?
(A) x (B) x, y
(C) x, y, z (D) उपरोक्त में से कोई नहीं

98. आंतरिक कारक का चयन करें जो प्रकाश-संश्लेषण के दर को प्रभावित करता है-
(A) सूर्यप्रकाश (B) जल
(C) पादप वृद्धि (D) तापमान

99. अगर एक पादप की पत्तियां हरी है, प्रकाश अनुकूल है, Co_2 की मात्रा अनुकूल है, परंतु वातावरण का तापमान बेहद कम है तो-
(A) प्रकाश-संश्लेषण की दर बेहद उच्च होगा।
(B) प्रकाश-संश्लेषण की दर सामान्य होगा
(C) प्रकाश-संश्लेषण की दर कम होगा
(D) प्रकाश-संश्लेषण रुक जायेगा

100. प्रकाश-संश्लेषण में प्रकाश संतृप्ति पूर्ण प्रकाश के कितने प्रतिशत पर होता है?
(A) 25% (B) 100%
(C) 55% (D) 10%

101.

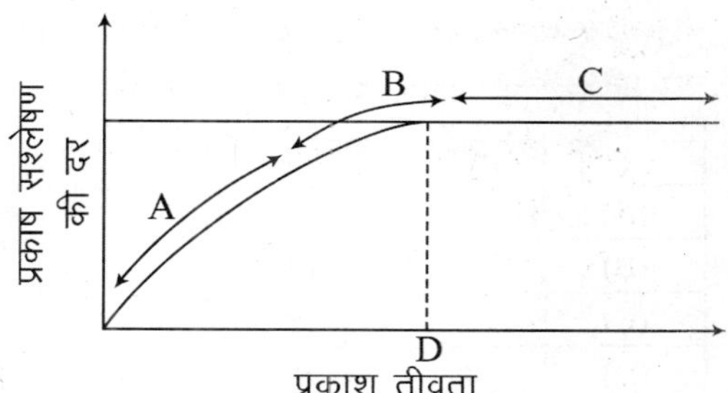

दिया गया ग्राफ दर्शा रहा है-

(a) प्रकाश की तीव्रता बढ़ने पर प्रकाश संश्लेषण की दर बढ़ जाती है।

(b) प्रकाश की तीव्रता घटने पर प्रकाश संश्लेषण की दर बढ़ जाती है।

(c) प्रकाश तीव्रता बढ़ने पर प्रकाश संश्लेषण की दर और अधिक नहीं बढ़ता है।

(d) कम प्रकाश तीव्रता पर आपतित प्रकाश तथा CO_2 के यौगिकीकरण की दर के बीच रेखिय संबंध है।

(A) a, b (B) b, c

(C) c, d (D) a, c

102. एक सीमा के बाद आपतित प्रकाश में वृद्धि से प्रकाश-संश्लेषण की दर-

(A) बढ़ जाती है।

(B) घट जाती है।

(C) अपरिवर्तित रहती है।

(D) रुक जाती है।

103. वातावरण में CO_2 की सांद्रता है-

(A) 0.003 – 0.004% (B) 3.6 – 3.8%

(C) 0.03 – 0.04% (D) 72%

104. CO_2 की सांद्रता में कितने प्रतिशत तक वृद्धि के कारण CO_2 की यौगिकीकरण दर में वृद्धि हो सकती है?

(A) 0.05 (B) 0.06

(C) 0.07 (D) 0.08

105. नीचे कुछ कथन दिए गए है-

(A) C_3 तथा C_4 पौधे CO_2 की सांद्रता में भिन्न अनुक्रिया करते है।

(B) C_3 पादप निम्न प्रकाश स्थितियों में उच्च CO_2 सांद्रता के प्रति अनुक्रिया नहीं करते है।

(C) उच्च प्रकाश तीव्रता में C_3 तथा C_4 दोनों ही तरह के पादपों में प्रकाश-संश्लेषण की बढ़ी दर अधिक हो जाती है।

सही तथा गलत का चयन करें-

(A) A, C – सत्य, B – असत्य

(B) B, C – सत्य, A – असत्य

(C) A, B – सत्य, C – असत्य

(D) सभी A, B, C – सत्य

106. CO_2 के किस स्तर पर C_4 पादप संतृप्त हो जाते है?

(A) 280 μ IL^{-1} (B) 60 μ IL^{-1}

(C) 360 μ IL^{-1} (D) 430 μ IL^{-1}

107. C_3 पादप में CO_2 का संतृप्तन निम्न में से कितने स्तर पर होता है?

(A) 450 μ IL^{-1} के बाद

(B) 360 μ IL^{-1} के बाद

(C) 250 μ IL^{-1} के बाद

(D) 550 μ IL^{-1} के बाद

108. ग्रीन हाउस फसलों के सेट का चयन करें-

(A) पीगविड, बेल मिर्च

(B) गन्ना, टमाटर

(C) बेल मिर्च, टमाटर

(D) पीगविड, गन्ना

109. I – अप्रकाशी अभिक्रिया अपेक्षाकृत अधिक तापमान नियंत्रित होता है।

II – प्रकाश-संश्लेषण के लिए अनुकूल तापमान सभी पादपों में समान होता है।

III – कारक के रूप में जल का प्रकाश-संश्लेषण में प्रत्यक्ष प्रभाव की तुलना में पादप पर अधिक प्रभाव पड़ता है।

गलत का चयन करें-

(A) III (B) II

(C) I (D) II, III

110. दिया गया चित्र हैच एवं स्लैक पाथवे से संबंधित है, A, B, C तथा D क्या है?

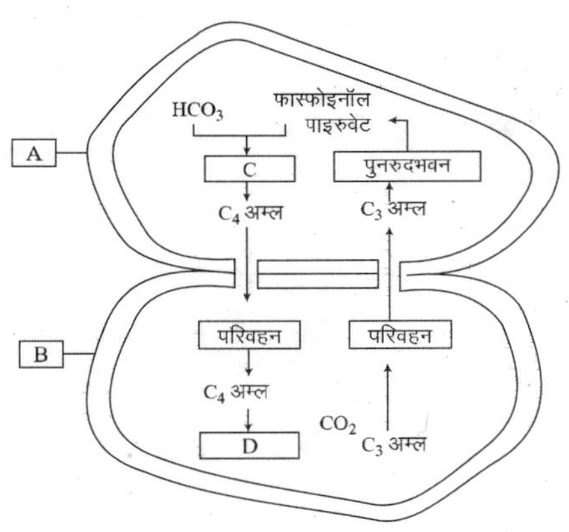

	A	B	C	D
(A)	मध्योतक कोशिका	पूलोच्छद कोशिका	डीकार्बोक्सिलेसन	स्थिरकरण
(B)	मध्योतक कोशिका	पूलोच्छद कोशिका	स्थिरकरण	डीकार्बोक्सिलेसन
(C)	पूलोच्छद कोशिका	मध्योतक कोशिका	स्थिरकरण	डीकार्बोक्सिलेसन
(D)	पूलोच्छद कोशिका	मध्योतक कोशिका	पुनरुद्भवन	डीकार्बोक्सिलेसन

ANSWER KEY

1. (B)	**2.** (C)	**3.** (D)	**4.** (A)	**5.** (A)	**6.** (A)	**7.** (A)	**8.** (B)	**9.** (B)	**10.** (A)
11. (D)	**12.** (A)	**13.** (C)	**14.** (C)	**15.** (A)	**16.** (D)	**17.** (A)	**18.** (D)	**19.** (A)	**20.** (D)
21. (A)	**22.** (C)	**23.** (D)	**24.** (D)	**25.** (A)	**26.** (D)	**27.** (C)	**28.** (B)	**29.** (B)	**30.** (B)
31. (C)	**32.** (A)	**33.** (B)	**34.** (A)	**35.** (C)	**36.** (D)	**37.** (B)	**38.** (A)	**39.** (C)	**40.** (D)
41. (A)	**42.** (A)	**43.** (C)	**44.** (C)	**45.** (B)	**46.** (A)	**47.** (C)	**48.** (C)	**49.** (D)	**50.** (A)
51. (D)	**52.** (B)	**53.** (A)	**54.** (C)	**55.** (B)	**56.** (B)	**57.** (C)	**58.** (D)	**59.** (D)	**60.** (C)
61. (B)	**62.** (A)	**63.** (C)	**64.** (A)	**65.** (C)	**66.** (C)	**67.** (B)	**68.** (A)	**69.** (A)	**70.** (B)
71. (C)	**72.** (A)	**73.** (B)	**74.** (D)	**75.** (A)	**76.** (A)	**77.** (B)	**78.** (C)	**79.** (A)	**80.** (B)
81. (A)	**82.** (B)	**83.** (B)	**84.** (C)	**85.** (C)	**86.** (D)	**87.** (A)	**88.** (C)	**89.** (C)	**90.** (D)
91. (B)	**92.** (A)	**93.** (C)	**94.** (D)	**95.** (B)	**96.** (C)	**97.** (D)	**98.** (C)	**99.** (D)	**100.** (D)
101. (C)	**102.** (B)	**103.** (C)	**104.** (A)	**105.** (A)	**106.** (C)	**107.** (A)	**108.** (C)	**109.** (B)	**110.** (B)

पादप में श्वसन

1. ऊर्जा प्राप्त करने के लिए जटिल (कॉम्पलेक्स) अणुओं का विघटन कहां होता है?
   (A) कोशिका द्रव्य (B) माइटोकोड्रिया
   (C) A तथा B दोनों (D) क्लोरोप्लास्ट
2. श्वसन में सम्मिलित है-
   (A) C – C आंबध का टूटना
   (B) कोशिका में ऑक्सीकरण
   (C) ऊर्जा का मुक्त होना
   (D) उपरोक्त सभी
3. अगर A = प्रोटीन, B = वसा, C = कार्बोनिक अम्ल उपरोक्त में से कौन पादप में श्वसनी क्रियाधार के रूप में प्रयोग में आ सकते है?
   (A) A, B (B) B, C
   (C) A, B, C (D) C
4. निम्न में से कौन सी संरचना पादप में श्वसन से संबंधित है?
   (A) हरितलवक (B) मध्योतक कोशिका
   (C) वातरंध्र (D) उपरोक्त में से कोई नहीं
5. पौधे बिना श्वसन अंग के क्यों जीवित रह जाते है?
   (A) क्योंकि पादपों का प्रत्येक भाग अपनी गैसीय आदान-प्रदान की आवश्यकता का ध्यान रखता है।
   (B) क्योंकि पादपों के एक भाग से दूसरे भाग में गैसों का परिवहन बहुत कम होता है।
   (C) क्योंकि पादपों में गैसीय आदान-प्रदान की बहुत अधिक मांग नहीं होती है।
   (D) उपरोक्त सभी
6. पादपों में जंतुओं की तुलना में, श्वसन दर-
   (A) बहुत अधिक होता है।
   (B) लगभग बराबर होता है।
   (C) बहुत धीमा होता है।
   (D) कभी अधिक कभी कम होता है।
7. ग्लाइकोलिसिस में ग्लूकोज के विघटन से निम्न में से क्या निर्मित होता है?
   (A) CO_2 (B) जल
   (C) पाइरुविक अम्ल (D) उपरोक्त सभी
8. ग्लाइकोलिसिस को ही कहते है-
   (A) इएमपी पथ (B) ऐफीबोलिक पथ
   (C) पीइएम पथ (D) एमपीइ पथ
9. एक कोशिका में ग्लाइकोलिसिस कहा सम्पन्न होता है?
   (A) माइटोकोण्ड्रीया (B) कोशिकाद्रव्य
   (C) केन्द्रक (D) कोशिका झिल्ली
10. ग्लाइकोलिसिस निम्न में से किसमें मिलता है?
    (A) सिर्फ अनाक्सी जीवों में
    (B) सिर्फ आक्सी जीवों में
    (C) सभी सजीवों में
    (D) सिर्फ पादपों में
11. ग्लाइकोलिसिस में ग्लूकोज आंशिक ऑक्सीकरण द्वारा पाइरुविक अम्ल के कितने अणुओं में बदल जाता है?
    (A) 2 (B) 1
    (C) 3 (D) 4

12. पादपों में ग्लूकोज निम्न में से किससे प्राप्त होता है?
(A) फ्रक्टोज (B) सुक्रोज
(C) लैक्टोज (D) माल्टोज

13. निम्न में से कौन से एंजाइम के मदद से सुक्रोज, ग्लूकोज तथा फ्रक्टोज में परिवर्तित होता है?
(A) इंवटेस (B) सुक्रेज
(C) एमाइलेज (D) हेक्सोकाइनेज

14. निम्न में से कौन से एंजाइम द्वारा फॉस्फरिकृत होकर ग्लूकोज-6 फॉस्फेट बनता है?
(A) इंवटेस (B) सुक्रेज
(C) एमाइलेज (D) हेक्सोकाइनेज

15. उस तरीका का चयन करें जिसमें विभिन्न कोशिकाएं ग्लाइकोलिसिस द्वारा उम्पन्न पायरुविक अम्ल का उपयोग करती है–
(A) लैक्टिक अम्ल किण्वन
(B) एल्कोहलिक किण्वन
(C) ऑक्सी श्वसन
(D) उपरोक्त सभी

16. ग्लाइकोलिसिस में कितनी श्रृंखलाबद्ध अभिक्रिया के द्वारा पाइरुवेट का निर्माण होता है?
(A) 2 (B) 6
(C) 8 (D) 10

17.

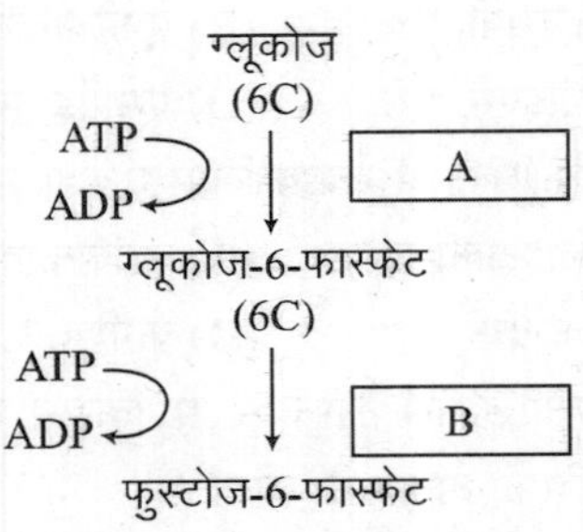

दिया गया चार्ट, ग्लाइकोलिसिस के आरंभिक चरणों का है, A तथा B क्या है?
(A) A – फास्फोराइलेशन, B – बहुलीकरण
(B) A – आइसोमेराइज, B – संघनन
(C) A – फास्फोराइलेशन, B – आइसोमेराइज (समायवीकरण)
(D) A – आइसोमेराइज, B – फास्फोराइलेशन

18. ग्लाइकोलिसिस में 1,6 बिसफॉस्फेट डाइहाइड्रोक्सीएसीटोन फास्फेट तथा _______ बनाता है–
(A) 3–पीजीएएल
(B) 2–पीजीएएल
(C) 3–फॉस्फोग्लिसरीक अम्ल
(D) 2–फॉस्फोग्लिसरीक अम्ल

19. ग्लाकोलिसिस में 3–पीजीएएल निम्न में से किसमें परिवर्तित होते है?
(A) 1, 2 – बीपीजीए (B) 2, 1 – बीपीजीए
(C) 1, 3 – बीपीजीए (D) 3, 1 – बीपीजीए

20. किण्वन सम्पन्न होता है–
(A) अनेक प्रोकैरियोट में
(B) एककोशिका यूकैरियोट में
(C) सभी जीवित प्राणियों में
(D) A तथा B दोनों

21. गलत का चयन करें–
(A) क्रेब्स चक्र में ऑक्सी श्वसन शामिल है।
(B) क्रेब्स चक्र में O_2 की आवश्यकता होती है।
(C) क्रेब्स चक्र में ग्लूकोज का आंशिक ऑक्सीकरण होता है, जिससे CO_2 तथा जल निर्मित होता है।
(D) क्रेब्स चक्र में ग्लूकोज का पूर्ण ऑक्सीकरण होता है, जिससे CO_2 तथा जल निर्मित होता है।

22. उस सेट का चयन करे जो कि किण्वन के दौरान उत्पन्न हो सकते है–
(A) लैक्टिक अम्ल + CO_2
(B) इथेनाल + लैक्टिक अम्ल
(C) इथेनाल + CO_2
(D) इथेनाल + जल

23. एंजाइम के सेट का चयन करें जो किण्वन अभिक्रिया को उत्प्रेरित करते है–
(A) पायरुविक अम्ल डिकाबोजिलेज + एल्कोहल डिहाइड्रोजिनेस
(B) पायरुविक अम्ल डिकाबोजिलेज + एल्कोहल डिकाबोजिलेज
(C) पायरुविक अम्ल हिक्सोकाइनेज + एल्कोल डिकाबोजिलेज
(D) पायरुविक अम्ल हिक्सोकाइनेज + एल्कोहल डिहाइड्रोजिनेस

24. मानव शरीर को कौन से अंग में अनऑक्सी श्वसन होता है?
(A) अनैच्छिक पेशी (B) कार्डियक पेशी
(C) कंकाल पेशी (D) शरीर के सभी पेशी

25.

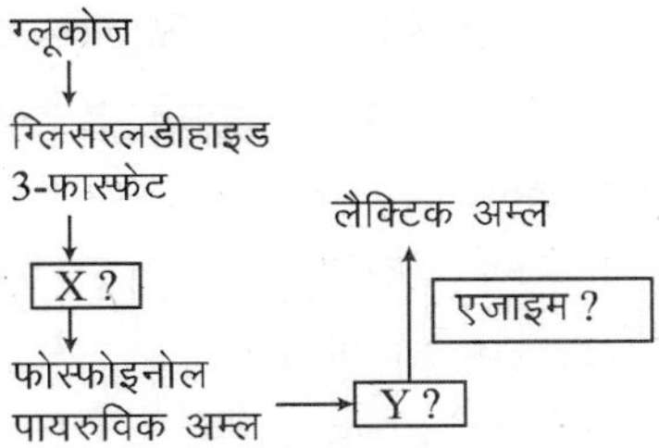

ग्लूकोज
↓
ग्लिसरलडीहाइड 3-फास्फेट
↓
X ?
↓
फोस्फोइनोल पायरुविक अम्ल → Y ? → (एंजाइम ?) → लैक्टिक अम्ल

दिया गया फ्लो चार्ट पेशी के श्वसन के पथ का का है, x, y तथा एंजाइम क्या है?

	X	Y	एंजाइम
(A)	3-फॉस्फोग्सिरिक अम्ल	पायरुविक अम्ल	पायरुविक अम्ल डिकार्बाजिलेज
(B)	3-फॉस्फोग्सिरिक अम्ल	पायरुविक अम्ल	लैक्टेट डिहाइड्रोजिनेस
(C)	पायरुविक अम्ल	3-फॉस्फोग्सिरिक अम्ल	लैक्टेट डिहाइड्रोजिनेस
(D)	पायरुविक अम्ल	3-फॉस्फोग्सिरिक अम्ल	पायरुविक अम्ल डिकार्बोजिलेज

26. एल्कोहल के न्यूनतम कितने प्रतिशत मात्रा होने पर यीस्ट की मृत्यु हो जाती है?
(A) 26% (B) 7%
(C) 18% (D) 13%

27. किण्वन में ग्लूकोज से ________ प्रतिशत से कम ऊर्जा मुक्त होते है-
(A) 7 (B) 13
(C) 2 (D) 19

28. ग्लाइकोलिसिस का अंतिम उत्पाद पायरुवेट का परिवहन होता है-
(A) माइटोकोड्रिया से कोशिकाद्रव्य में
(B) कोशिकाद्रव्य से माइटोकोड्रिया
(C) माइटोकोड्रिया से गॉल्जीकाय में
(D) कोशिकाद्रव्य से अंत:प्रदवी जालिका में

29. ऑक्सी श्वसन में पायरुवेट कापूर्ण ऑक्सीकरण कहां सम्पन्न होता है?
(A) माइटोकोंड्रिया के आंतरिक झिल्ली में
(B) माइटोकोंड्रिया के बाहरी झिल्ली में
(C) माइटोकोंड्रिया के आधात्री में
(D) माइटोकोंड्रिया के क्रिस्टी में

30. ऑक्सी श्वसन में कौन सा आयन हिस्सा लेता है?
(A) Ca^{++} (B) Mg^{++}
(C) Na^{+} (D) Cl^{-}

31. निम्न में से कौन टीसीए चक्र में प्रवेश करता है-
(A) पायरुविक अम्ल (B) ऐसीटाइल COA
(C) ट्रायोज फॉस्फेट (D) फोस्फोग्लाइसिरेट

32. अगर, a सक्सीनिक अम्ल है, b = मैलिक अम्ल है, c = ऑक्सल एसीटिक अम्ल है, d = α - कीरोग्लूटेरिक अम्ल है, e = सिट्रिक अम्ल है-

तो सिट्रिक अम्ल चक्र में, आरंभ से लेकर अंत तक में अम्लो का सही क्रम क्या होगा?
(A) $e \rightarrow a \rightarrow b \rightarrow c \rightarrow d$
(B) $a \rightarrow b \rightarrow c \rightarrow d \rightarrow e$
(C) $c \rightarrow e \rightarrow d \rightarrow a \rightarrow b$
(D) $c \rightarrow e \rightarrow d \rightarrow b \rightarrow a$

33. सिट्रिक अम्ल चक्र में कितने स्थान पर NAD^{+} का अपचयन $NADH^{+} H^{+}$ में होता है?
(A) 1 (B) 2
(C) 3 (D) 4

34. सिट्रिक अम्ल चक्र में कितने स्थान पर FAD^{+} का $FADH_2$ में अपचयन होता है?
(A) 1 (B) 2
(C) 3 (D) 4

35. ऑक्सीकृत डिकार्बोक्सिलिकरण के दौरान पायरुविक अम्ल के दो अणुओं के उपापचय से NADH के कितने अणुओं का निमार्ण होता है?
(A) 2 (B) 3
(C) 1 (D) 4

36. सही कथन का चयन करें–

(A) पायरुविक अम्ल + COA + Co_2 $\xrightarrow[\text{एंजाइम}]{Mg^{2+}}$ एसीटाइल COA + Co_2 + NADH + H^+

(B) पायरुविक अम्ल + COA + NAD^+ $\xrightarrow[\text{एंजाइम}]{Ca^{++}}$ एसीटाइल COA + Co_2 + NADH + H^+

(C) पायरुविक अम्ल + COA + NAD^+ $\xrightarrow[\text{एंजाइम}]{Mg^{2+}}$ एसीटाइल COA + Co_2 + NADH + H

(D) पायरुविक अम्ल + NADH + H^+ $\xrightarrow[\text{एंजाइम}]{Mg^{2+}}$ एसीटाइल COA + Co_2 + NADH + H^+

37. दिया गया समीकरण टीसीए से संबंधित है–

Pyruvic acid + $\boxed{X}$ NAD^+ + FAD^+ $\boxed{Y}$ + H_2O + ADP + Pi $\xrightarrow[\text{आधात्री}]{\text{माइट्रोकोड्रिया ल}}$ $\boxed{Z}$ Co2 + 4NADH + $4H^+$ + $FADH_2$ + ATP

x, y, z में सम्मिलित अणुओं की संख्या क्या है?

(A) x – 2, y – 2, z – 3

(B) x – 4, y – 2, z – 2

(C) x – 4, y – 2, z – 3

(D) x – 4, y – 3, z – 3

38. निम्न में से किसमें ऊर्जा संरक्षित रहते है?

(A) एटीपी (B) NADH + H^+

(C) $FADH_2$ (D) उपरोक्त सभी

39. ई टी एस कहां सम्पन्न होता है?

(A) माइटोकोंड्रिया आधात्री

(B) माइटोकोंड्रिया के आंतरिक झिल्ली

(C) माइटोकोंड्रिया के बॉह्य झिल्ली

(D) उपरोक्त में से कोई नहीं

40. यूबीक्विनोन, माइटोकोंड्रिया में कहाँ स्थित होता है?

(A) दो झिल्ली के बीच अवकाश में

(B) आधात्री में

(C) भीतरी झिल्ली

(D) बाहरी झिल्ली

41. इटीएस में कॉम्पलेक्स IV है–

(A) साइटोक्रोम c ऑक्सीडेज कॉम्पलेक्स

(B) साइटोक्रोम b ऑक्सीडेज कॉम्पलेक्स

(C) साइटोक्रोम a ऑक्सीडेज कॉम्पलेक्स

(D) साइटोक्रोम d ऑक्सीडेज कॉम्पलेक्स

42. इटीएस में साइटोक्रोम c ऑक्सीडेज कॉम्पलेक्स में उपस्थित होता है–

(A) साइटोक्रोम a तथा a_3

(B) साइटोक्रोम b तथा a_3

(C) साइटोक्रोम a तथा a_2

(D) साइटोक्रोम a तथा a_1

43. इटीएस के कॉम्पलेक्स IV में मिलते है–

(A) 2 लौह केन्द्र (B) 1 तांबा केन्द्र

(C) 1 लौह केन्द्र (D) 2 तांबा केन्द्र

44. इटीएस में संश्लेषित होने वाली एटीपी अणुओं की संख्या निम्न में से किस पर निर्भर करता है?

(A) इलेक्ट्रॉन दाता पर

(B) वाहक के स्वभाव पर

(C) इलेक्ट्रॉन ग्राही पर

(D) उपरोक्त सभी पर

45. इटीएस में NADH के एक अणु के ऑक्सीकरण से ATP के कितने अणु निर्मित होते है?

(A) 1 (B) 2

(C) 3 (D) 4

46. इटीएस में $FADH_2$ क एक अणु से एटीपी के कितने अणु बनते है?

(A) 1 (B) 2

(C) 3 (D) 4

47. इटीएस में ऑक्सीजन की उपस्थिति अत्यावश्क क्यों है?

(A) क्योंकि यह पूरी प्रक्रिया को संचालित करती है।

(B) क्योंकि यह पूरे तंत्र से H_2 को मुक्त करती है।

(C) क्योंकि यह अंतिम इलैक्ट्रॉन ग्राही के रूप में कार्य करता है।

(D) उपरोक्त सभी

48. प्रकाश फॉस्फोरिलिकरण में प्रोटीन प्रवणता के निर्माण निम्न में से किसका उपयोग होता है?
    (A) प्रकाश ऊर्जा
    (B) रासायनिक ऊर्जा
    (C) ऑक्सीकरण-अपचयन
    (D) उपरोक्त में से कोई नहीं

49. श्वसन में प्रोटीन प्रवणता के निर्माण के लिए निम्न में से किसका उपयोग होता है?
    (A) प्रकाश ऊर्जा
    (B) रासायनिक उर्जा
    (C) ऑक्सीकरण अपचयन
    (D) उपरोक्त में से कोई नहीं

50. इलेक्ट्रॉन परिवहन तंत्र के दौरान मुक्त ऊर्जा का उपयोग निम्न में से किसकी सहायता से एटीपी के संश्लेषण में होता है-
    (A) काम्पलेक्स I (B) काम्पलेक्स IV
    (C) काम्पलेक्स III (D) काम्पलेक्स V

51.

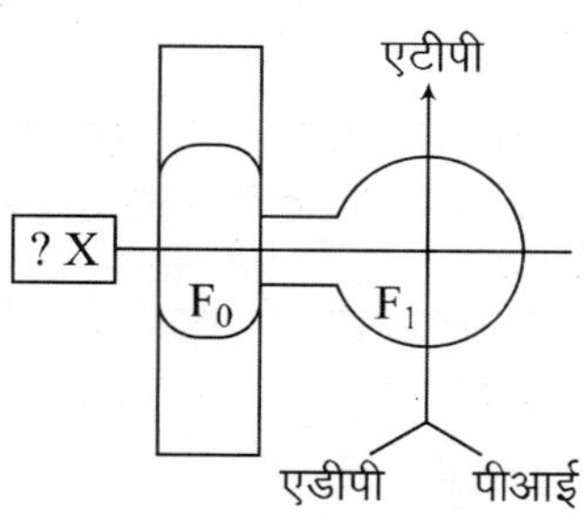

दिया गया चित्र माइटोकोंड्रिया में एटीपी संश्लेषण का चित्रात्मक प्रदर्शन है, x क्या है?
    (A) 1 H^+ (B) 2 H^+
    (C) 3 H^+ (D) 4 H^+

52. निम्न में से कौन अंतर झिल्ली अवकाश से चैनल का निर्माण करता है, जिससे होकर, प्रोटोन, एटीपी के संश्लेषण के दौरान गुजरता है?
    (A) F_1 (B) F_0
    (C) आधात्री (D) झिल्ली का बाहरी सतह

53. श्वसन से संबंधित आरंभ से लेकर अंत तक के सही क्रम का चयन करें-
    (A) ग्लाइकोलिसिस → टीसीए → इटीएस
    (B) टीसीए → ग्लाइकोलिसिस → इटीएस
    (C) इटीएस → ग्लाइकोलिसिस → टीसीए
    (D) ग्लाइकोलिसिस → इटीएस → टीसीए

54. ऑक्सी-श्वसन के दौरान ग्लूकोज के एक अणु से __?__ की शुद्ध प्राप्ति होती है-
    (A) 36 एटीपी (B) 8 एटीपी
    (C) 4 एटीपी (D) 2 एटीपी

55. किण्वन में ग्लूकोज के एक अणु से पायरुविक अम्ल बनने के दौरान एटीपी के शुद्ध कितने अणुओं की प्राप्ति होती है?
    (A) 36 एटीपी (B) 28 एटीपी
    (C) 38 एटीपी (D) 2 एटीपी

56. निम्न में से कौन श्वसन के लिए अनुकूल क्रियाधार है?
    (A) ग्लूकोज (B) अमीनो अम्ल
    (C) ग्लिसरॉल (D) वसीय अम्ल

57. अन्य मोनासैकेराइड जैसे फ्रुक्टोज, गैलेक्टोज का श्वसन में उपयोग क्यों नहीं होता है?
    (A) क्योंकि वे ग्लेकोज में परिवर्तित हो जाते है।
    (B) क्योंकि उनमें कोई ऊर्जा नहीं होती है।
    (C) क्योंकि वे कभी कोशिका में प्रवेश नहीं करते है।
    (D) उपरोक्त सभी

58. दिया गया फ्लो चार्ट, वसीय अम्ल के श्वसन से संबंधित है-

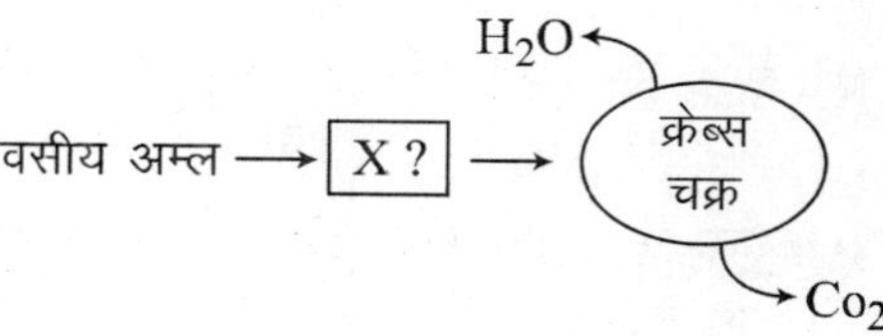

x क्या है?
    (A) ग्लूकोज (B) एसीटाइल कोएंजाइम
    (C) पायरुविक अम्ल (D) वसा

59. ग्लिसरॉल निम्न में से पहले किसमें परिवर्तित होकर श्वसन पथ में प्रवेश करता है?
(A) पीजीएएल
(B) पायरुविक अम्ल
(C) एसीटाइल कोएंजाइम
(D) उपरोक्त में से कोई नहीं

60. नीचे कुछ कथन श्वसनी पथ से संबंधित दिए गए है-
(a) इसमें अपचय तथा उपचय दोनों ही होते है।
(b) श्वसनी पथ प्रोटीन के विघटन तथा संश्लेषण दोनों से संबंधित है।
(c) अमीनो अम्ल श्वसनी पथ में सिर्फ पायरुविक अम्ल के रूप में प्रवेश करते है।
गलत कथन का चयन करें-
(A) a (B) b
(C) c (D) a, c

61. श्वसनी पथ को ऐफीबोलिक पथ क्यों कहते है?
(A) क्योंकि यह अपचयी तथा उपचयी दोनों में भाग लेते है।
(B) क्योंकि यह अपचयी पथ है।
(C) क्योंकि यह उपचयी पथ है।
(D) उपरोक्त में से कोई नहीं

62. श्वसन गुणांक क्या है?
(A) सॉस के दौरान मुक्त हुई Co_2 तथा उपयोग में लाई गई ऑक्सीजन का अनुपात।
(B) सॉस के दौरान मुक्त हुई O_2 तथा उपयोग में लाई गई Co_2 का अनुपात।
(C) सॉस के दौरान मुक्त हुई Co_2 तथा उपयोग में लाई गई N_2 का अनुपात
(D) उपरोक्त में से कोई नहीं

63. सुमेलित करें-

कॉलम A श्वसनी क्रियाधार	कॉलम B सॉस गुणांक
(A) कार्बोहाइड्रेट	(1) 1
(B) वसीय अम्ल	(2) 0.7
(C) प्रोटीन	(3) 0.9

(A) ABC/123 (B) ABC/213
(C) ABC/312 (D) ABC/132

64. श्वसन गुणांक $= \frac{6\,Co_2}{6\,O_2} = \boxed{x = ?}$
x क्या है?
(A) 0.7 (B) 0.9
(C) 1.0 (D) 2

65. ट्राइपामाटिन है-
(A) ग्लिसरॉल
(B) वसीय अम्ल
(C) अमीनो अम्ल
(D) मोनोसैकेराइड

66. श्वसन गुणांक $= \frac{102\,Co_2}{145\,O_2} = \boxed{?}$
निम्न में से कौन कोष्टक मं सही है?
(A) 1.0 (B) 0.7
(C) 0.9 (D) 2

67. सजीवों में श्वसनीय क्रियाधार-
(A) सदैव एक होता है।
(B) अक्सर एक से अधिक
(C) सदैव एक से अधिक
(D) अनेक

68. निम्न में से कौन सा सेट श्वसनी क्रियाधार के रूप में कभी प्रयुक्त नहीं होते है?
(A) कार्बोहाइड्रेट, शुद्ध प्रोटीन
(B) कार्बोहाइड्रेट, शुद्ध वसा
(C) शुद्ध प्रोटीन, शुद्ध वसा
(D) कार्बोहाइड्रेट, न्यूक्लिक अम्ल

69. निम्न में से कौन सा श्वसनी क्रियाधार श्वसन के दौरान पूर्ण ऑक्सीकृत हो जाते है?
(A) ग्लूकोज
(B) वसीय अम्ल
(C) अमीनो अम्ल
(D) ग्लिसरॉल

70. दिया गया चित्र सिट्रिक अम्ल चक्र है-

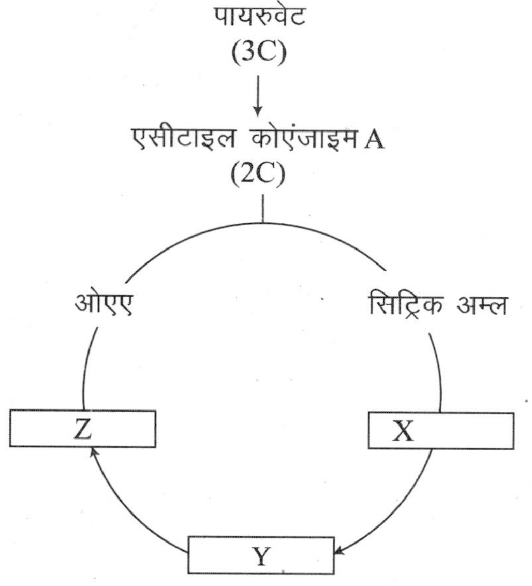

	X	Y	Z
(A)	α-कीटोग्लूटेरिक अम्ल	सक्सीनिक अम्ल	मैलिक अम्ल
(B)	सक्सीनिक अम्ल	α-कीटोग्लूटेरिक अम्ल	मैलिक अम्ल
(C)	सक्सीनिक अम्ल	मैलिक अम्ल	α-कीटोग्लूटेरिक अम्ल
(D)	मैलिक अम्ल	α-किटोग्लूटेरिक अम्ल	सक्सीनिक अम्ल

71. सिट्रिक अम्ल चक्र का प्रथम सदस्य कौन है?
(A) ओक्सल एसीटिक अम्ल
(B) सिट्रिक अम्ल
(C) सक्सीनिक अम्ल
(D) मैलिक अम्ल

72. माइटोकोंड्रिया की आधात्री में पायरुवेट कौन सी प्रक्रिया से गुजरता है?
(A) ऑक्सीकृत कार्बोक्सिलिकरण
(B) ऑक्सीकृत डिकार्बोक्सिलिकरण
(C) फॉस्फोरिलिकरण
(D) उपरोक्त में से कोई नहीं

ANSWER KEY

1. (C)	**2.** (D)	**3.** (C)	**4.** (C)	**5.** (D)	**6.** (C)	**7.** (C)	**8.** (A)	**9.** (B)	**10.** (C)
11. (A)	**12.** (B)	**13.** (A)	**14.** (D)	**15.** (D)	**16.** (D)	**17.** (C)	**18.** (A)	**19.** (C)	**20.** (D)
21. (C)	**22.** (B)	**23.** (A)	**24.** (C)	**25.** (B)	**26.** (D)	**27.** (A)	**28.** (B)	**29.** (C)	**30.** (B)
31. (B)	**32.** (C)	**33.** (C)	**34.** (A)	**35.** (A)	**36.** (C)	**37.** (C)	**38.** (D)	**39.** (B)	**40.** (C)
41. (A)	**42.** (A)	**43.** (D)	**44.** (A)	**45.** (C)	**46.** (B)	**47.** (D)	**48.** (A)	**49.** (C)	**50.** (D)
51. (B)	**52.** (B)	**53.** (A)	**54.** (C)	**55.** (D)	**56.** (A)	**57.** (A)	**58.** (B)	**59.** (A)	**60.** (C)
61. (A)	**62.** (A)	**63.** (A)	**64.** (C)	**65.** (B)	**66.** (B)	**67.** (B)	**68.** (C)	**69.** (A)	**70.** (A)
71. (A)	**72.** (B)								

पादप वृद्धि एव परिवर्धन

1.

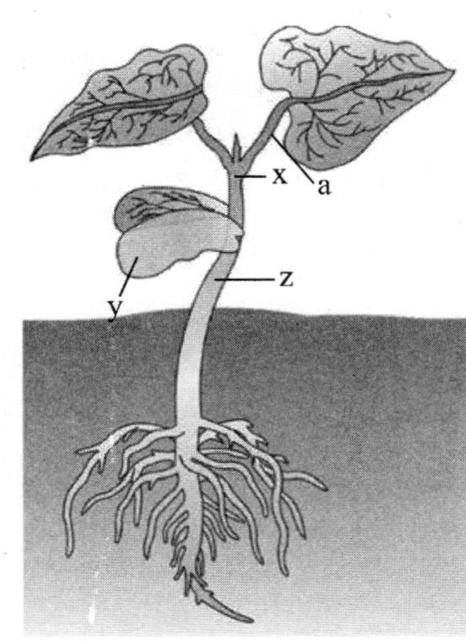

दिया गया चित्र सेम में अंकुरण एवं नवोद्भिदों का परिवर्धन का है, x, y, z तथा a में से कौन बीज पन्नधार है?

(A) x (B) y

(C) z (D) a

2. नीचे कुछ कथन वृद्धि से संबंधित दिए गए है-

(a) यह अनिवृर्त्य (अनपलट) है।

(b) यह स्थाई बढ़त है।

(c) इसकी दर सभी जीव जंतुओं में एक समान है।

गलत कथन का चयन करें-

(A) b (B) a, c

(C) b, c (D) c

3. पादप में जीवन भर असीमित वृद्धि की क्षमता क्यों है?

(A) मेरिस्टेम के उपस्थिति के कारण

(B) धीमे उपापचय के कारण

(C) धीमे श्वसन के कारण

(D) ढीले कोशिकाओं के उपस्थिति के कारण

4. द्विबीज पत्ती तथा नग्नबीजी पौधों में निम्न में से कौन जीवन के बाद के अवस्था में प्रकट होते है?

(A) पार्श्व विभज्योतक (B) संवहनी कैबियम

(C) कार्क कैबियम (D) उपरोक्त सभी

5. पौधो को चौड़ाई में वृद्धि के लिए निम्न में से कौन उत्तरदायी है?

(A) विभज्योतक (B) कैबियम

(C) कार्क कैबियम (D) उपरोक्त में से कोई नहीं

6. मक्के की मूल शिखाग्र विभज्योतक में प्रति घंटे न्यूनतम कितने कोशिकाएं पैदा कर सकता है?

(A) 1 (B) 5000

(C) 17500 (D) 10000

7. निम्न में किसे पृष्ठाधार पत्ती के वृद्धि के रूप में मापा जा सकता है?

(A) कोशिकाओं कें संख्या में वृद्धि

(B) कोशिकाओं के आकार में वृद्धि

(C) कोशिकाओ के लम्बाई में वृद्धि

(D) पत्ती के क्षेत्रफल की बढ़त

8. निम्न में से कौन वृद्धि के अवधि के अंतगर्त आते है?

(A) विभज्योतकीय (B) दीर्घीकरण

(C) परिपक्वन (D) उपरोक्त सभी

9. वृद्धि के विभज्योतकीय चरण का चयन करें-

(A) मूल शिखाग्र में वृद्धि, विभाजन

(B) प्ररोह शिखाग्र में वृद्धि, विभाजन

(C) विभज्योतकीय क्षेत्र में वृद्धि

(D) A तथा B दोनों

10. नीचे कुछ कथन मूल शिखाग्र तथा प्ररोह शिखाग्र दोनां के कोशिकाओं से संबंधित दिए गए है-

(a) कोशिका भित्ति प्राथमिक प्रकार के होते है।

(b) कोशिका भित्ति पतली होती है।।

(c) कोशिका भित्ति में बेहद सीमित जीवद्रव्य तंतु उपस्थित होते है।

सही का चयन करें-

(A) a, b (B) b, c

(C) a, c (D) a

11. बड़ा रसधानी भवन निम्न में से कौन सी अवस्था की विशेषता है?

(A) विभज्योतकीय (B) दीर्घीकरण

(C) परिपक्वन (D) उपरोक्त सभी

12. दिया गया स्तम्भ वृद्धि के विभिन्न चरण का है-

कॉलम A	कॉलम B
(a) विभज्योतकीय अवस्था	(1) कोशिका लागातार विभाजित होते है।
(b) दीर्घीकरण अवस्था	(2) नव कोशिका भित्ति निक्षेपण
(c) परिपक्वन अवस्था	(3) कोशिकाएं अंतिम आकार को प्राप्त करती है।

(A) abc/123 (B) abc/213

(C) abc/312 (D) abc/132

13. I – वृद्धि दर अंकगणितीय या ज्यामितीय संवर्धन हो सकती है।

II – एक जीव कई तरीके से कोशिकाएं पैदा कर सकता है।

III – वृद्धि दर को गणित के हिसाब से समझा जा सकता है।

गलत का चयन करें-

(A) I (B) II

(C) III (D) उपरोक्त में से कोई नहीं

14. अगर एक कोशिका मं समसूत्री विभजन के बाद केवल एक पुत्री कोशिका लगातार विभाजित होती रहती है, जब कि दूसरी विभेदित एवं परिपक्व होती रहती है, तो यह किस प्रकार की वृद्धि है?

(A) अंकगणितीय (B) ज्यामितिक

(C) सामान्य (D) A तथा B दोनों

15.

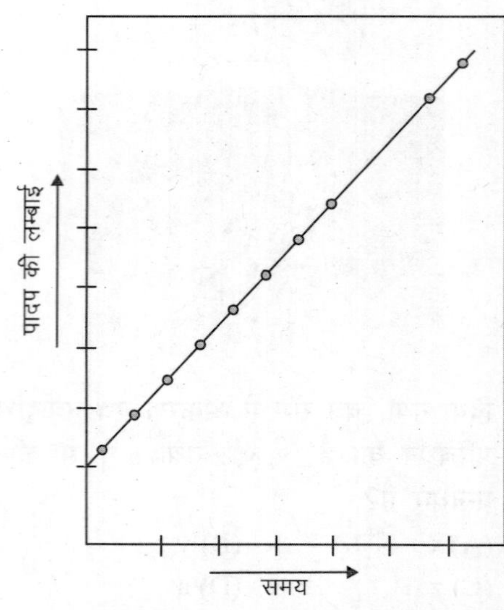

दिया गया चित्र, गणितीय रूप में, किस प्रकार प्रदर्शित किया जाता है?

L_1 = टाइम टी के समय लंबाई

L_0 = टाइम शून्य के समय लंबाई

r = वृद्धि दर दीर्घीकरण प्रति इकाई समय

(A) $L_0 = L_1 + rt$ (B) $L_1 = L_0 + rt$

(C) $rt + L_1 + L_0$ (D) $L_1 + L_0 + L_0$

16.

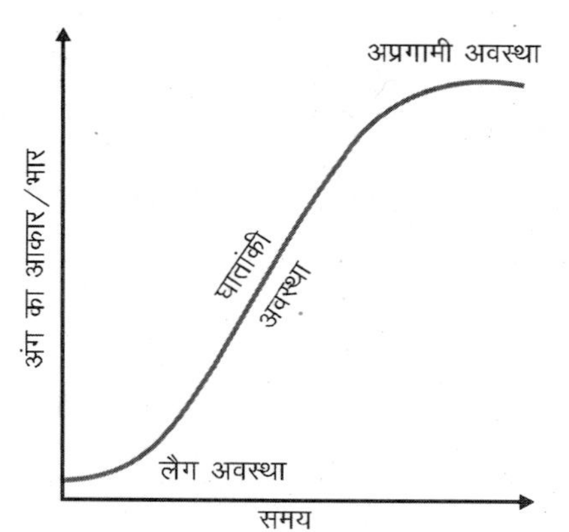

उपरोक्त प्रकार का वद्धि वक्र, निम्न में से कौन से कोशिका द्वारा प्रदर्शित होता है?

(A) संवर्धित कोशिकाए (B) उच्च पादप

(C) पादप अंग (D) उपरोक्त सभी

17. अगर मान ले, r = वृद्धि दर, t = समय में वृद्धि

e = स्वाभाविक लघु गाणिक का आधार

W_1 = अंतिम आकार

W_0 = प्रथम आकार प्रारंभिक समय में

चर घातांकीय वृद्धि को निम्न में से किस प्रकार प्रकट किया जा सकता है–

(A) $W_1 = W_0 e^{rt}$ (B) $W_0 = W_1 e^{rt}$

(C) $e^{rt} = W_1 + W_0$ (D) $W_1 = r^{et} W_0$

18. मापन और प्रति यूनिट टाइम की कुल वृद्धि की तुलना को क्या कहते है?

(A) परम वृद्धि दर

(B) सापेक्षिक वृद्धि दर

(C) तुलनात्मक वृद्धि दर

(D) इकाई वृद्धि दर

19. वृद्धि के लिए निम्न में से कौन सा तत्व अवश्य होना चाहिए?

(A) जल (B) ऑक्सीजन

(C) पोषक तत्व (D) उपरोक्त सभी

20. एक पादप की वृद्धि और उसका परिवर्धन निम्नलिखित में से किस पर निर्भर करता है?

(A) पानी की स्थिति

(B) लवण की स्थिति

(C) सूर्य प्रकाश की स्थिति

(D) कार्बनडाइऑक्साईड की स्थिति

21. वृद्धि के क्रिया में उपाचयी ऊर्जा को मुक्त करने में निम्न में से किसकी भूमिका होती है?

(A) Co_2 (B) O_2

(C) N_2 (D) जल

22. सुमेलित करें–

कॉलम A	कॉलम B
(a) जल	(1) एंजाइमों की क्रियाशीलता का माध्यम
(b) गैंस	(2) प्रोटोप्लाज्म का संश्लेषण
(c) पोषक तत्व	(3) उपापचयी ऊर्जा का मुक्त होना

(A) abc/123 (B) abc/213

(C) abc/132 (D) abc/321

23. निम्न में से कौन सा कारक पादप के वृद्धि अवस्थाओं को कभी प्रभावित नहीं करता है?

(A) गुरुत्वाकर्षण (B) तापमान

(C) प्रकाश (D) उपरोक्त में से कोई नहीं

24. कोशिकाओं के विभेदन का तात्पर्य है–

(A) विशिष्ट कार्य संपादित करना

(B) कोशिका का परिपक्वन

(C) कोशिका का वृद्धि की ओर अग्रसर होना

(D) मृत्यु के कागार पर स्थित कोशिका

25. निम्न में से कौन से अवस्था में सुदृढ़ तन्यतापूर्ण लिग्नोसेल्युलोसिक कोशिका भित्ति विकसित होते है?

(A) विभेदन (B) निर्विभेदन

(C) पुनर्विभेदन (D) अप्रगामी

26. अंतरापूलय वाहिकी कैबियम, कार्क कैबियम का निर्माण निम्न में से किसका उदाहरण है?

(A) विभेदन (B) निर्विभेदन

(C) पुनर्विभेदन (D) उपरोक्त में से कोई नहीं

27. कोशिका तथा उत्तक जो एक ही विभज्योतक से पैदा होता है–

(a) उसके संरचना परिपक्वन के समय समान होता है।

(b) परिपक्वन के समय भिन्न होता है।

(c) भिन्न हो भी सकता है।

गलत का चयन करें–

(A) a (B) b

(C) b, c (D) उपरोक्त में से कोई नहीं

28. कोशिका/उत्तक परिपक्वता के समय अंतिम संरचना निम्न में से किस पर निर्भर करता है?

(A) कोशिका के कार्य पर

(B) कोशिका के आंतरिक स्थान पर

(C) कोशिका के आकार पर

(D) उपरोक्त सभी पर

29. पौधे पर्यावरण के प्रभाव के कारण या जीवन के विभिन्न चरणों में भिन्न पथों का अनुसरण करते है, ताकि विभिन्न तरह की संरचनाओं का गठन कर सके, इस क्षमता को कहते है–

(A) इलास्टिसिटी (B) अनुकूलन

(C) प्लास्टिसिटी (D) उपरोक्त में से कोई नहीं

30.

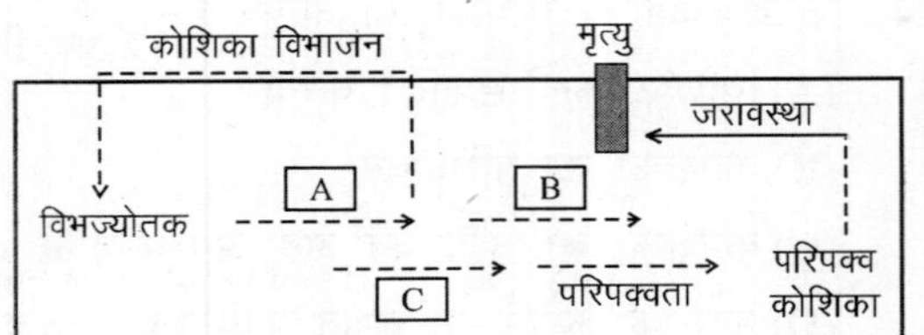

दिया गया फ्लो चार्ट एक पादप कोशिका के विकासात्मक प्रक्रम का अनुक्रम है, A, B तथा C क्या है?

	A	B	C
(A)	प्लाज्मेटिक वृद्धि	विभेदन	दीर्घीकरण
(B)	प्लाज्मेटिक वृद्धि	दीर्घीकरण	विभेदन
(C)	दीर्घीकरण	प्लाज्मेटिक वृद्धि	विभेदन
(D)	विभेदन	प्लाज्मेटिक वृद्धि	दीर्घीकरण

31.

कॉलम A	कॉलम B
(1)	(a) तरुण लार्कस्पर
(2)	(b) जलीय बटरकप
(3)	(c) व्यस्क लार्कस्पर

(A) 123/bca (B) 123/bac

(C) 123/cab (D) 123/acb

32. विषमपर्णता (हेटेरोफिली) निम्न में से किसमें उपस्थित नहीं होता है?

(A) कपास (B) धनिया

(C) लार्कस्पर (D) नींबू

33. पौधे में परिवर्धन से संबंधित आंतरिक कारक का चयन करें–

(A) पादप वृद्धि नियामक

(B) तापक्रम

(C) ऑक्सीजन

(D) जल

34. सही विकल्प का चयन करें–

(A) वृद्धि = परिवर्धन + विभेदन

(B) परिवर्धन = वृद्धि + विभेदन

(C) विभेदन = वृद्धि + परिवर्धन

(D) परिवर्धन = वृद्धि + परिपक्वन

35.

कॉलम A	कॉलम B
पादप वृद्धि नियामक	नाम
(1) ऐडनीन व्युत्पन्न	(a) काइनटिन
(2) केराटिनायड व्युत्पन्न	(b) एबीए
(3) टर्पीन	(c) जीए$_3$

(A) 123/abc (B) 123/bac

(C) 123/acb (D) 123/cab

36. नीचे कुछ कथन पादप वृद्धि नियामक से संबंधित दिए गये है-
(a) विविध रासायनिक संघटन वाला होता है।
(b) इसे पादप हार्मोन कहते है।
(c) यह बड़े अणु होते है।
गलत कथन चयन करें-
(A) a, c (B) b, c
(C) c (D) b

37. पादप वृद्धि नियामक से संबंधित सही सेट का चयन करे-
(A) ऑक्सिन, जिब्बेरेलिंस, एबसिसिक एसिड
(B) ऑक्सिन, जिब्बेरेलिंस, साइटोकिनिंस
(C) ऑक्सिन, साइटोकिनिंस, एबसिसिक एसिड
(D) साइटोकिनिंस, एबसिसिक अम्ल, जिब्बेरेलिंस

38. पीजीआर को व्यापक रूप से कितने समूह में बांटा जा सकता है?
(A) 1 (B) 2
(C) 3 (D) 4

39. पीजीआर को निम्न में से किसके आधार पर बांटा जा सकता है?
(A) एक जीवित पौधे में उनकी कार्यशीलता के आधार पर
(B) एक जीवित पौधे में उनकी स्थिति के आधार पर
(C) एक जीवित पौधे में उनकी संरचना के आधार पर
(D) एक जीवित पौधे में उनकी आकार के आधार पर

40. एथीलिन निम्न में से किसके अंतर्गत आते है-
(A) पादप वृद्धि प्रेरक (B) पादप वृद्धि संदमक
(C) A तथा B दोनों (D) उपरोक्त में से कोई नहीं

41. ऑक्सिन को निम्न में से किस ने पृथक किया है?
(A) चाल्स डार्विन (B) फ्रांसिस डार्विन
(C) एफ. डवल्यू वेंट (D) इ. कुरोसावा

42. ऑक्सिन की खोज की गई थी-
(A) जई के अंकुर के प्रांकुरचोल शिखर से
(B) चावल के अंकुर से
(C) तंबाकु के तने से
(D) कवक से

43. 'बैकेन' (फूलिश सीडलिंग) निम्न में से किसका रोग है?
(A) जई के अंकुर
(B) धान के पौधे
(C) नारियल के फसल का
(D) आम का अंकुर

44. जिबेरेला फूजीकोराइ है-
(A) जीवाणु जनित रोगजनक
(B) कवक जनित रोगजनक
(C) विषाणु जनित रोगजनक
(D) प्रोटोजोआ जनित रोगजनक

45. सुमेलित करें-

कॉलम A वैज्ञानिक	कॉलम B योगदान
(1) एफ. स्कूग	(a) बैकेन के लक्षण
(2) मिलर	(b) कैलस से प्रस्फुटन
(3) ई. कुरोसोवा	(c) काइनेटिन की खोज की थी

(A) 123/abc (B) 123/bac
(C) 123/bca (D) 123/cba

46. निम्न में से कौन साइटोकाइनेसिस को बढ़ावा देने वाले तत्व है?
(A) ऑक्सिन (B) जिब्बेरेलिन
(C) एबसिसिक एसिड (D) काइनेटिन

47. निम्न में उस विकल्प का चयन करें जो निरोधक नहीं है-
(A) विलगन II (B) डोरमिन
(C) साइटोकिनिस (D) उपरोक्त में से कोई नहीं

48. निरोधक बी, विलगन II, डोरमिन है-
(A) जिब्बेरिलिंस (B) साइटोकिनिंस
(C) एबसिसिक अम्ल (D) ऑक्सिन

49. निम्न में से किन्होंने यह सुनिश्चित किया कि पके हुए संतरों से निकला हुआ वाष्पशील तत्व पास में रखे बिना पके हुए केलों की शीघ्रता से पकाता है?
(A) कजिन्स (B) मिलर
(C) ई. कुरोसोवा (D) एफ स्कूग

50. शब्द ऑक्सिंस, ग्रीक शब्द आक्सेन का रुपांतरण है, जिसका तात्पर्य है-
(A) संदमित करना (B) बढ़ना
(C) हटाना (D) परिपक्वन

51. कृत्रिम ऑक्सिंस का चयन करें-
(A) आई ए, ए, आई बी ए
(B) एन ए ए, 2-4 डी
(C) एन ए ए, आई ए ए
(D) आई बी ए, 2-4 डी

52. प्राकृतिक ऑक्सिंस का चयन करें-
(A) आई ए ए, आई बी ए
(B) एन ए ए, 2, 4 डी
(C) एन ए ए, आई ए ए
(D) आई बी ए, 2, 4 डी

53. ऑक्सिंस का निर्माण एक पादप के कौन से भाग में होता है?
(A) तने एवं मूल के बढ़ते हुए शिखर पर।
(B) तने एवं मूल के परिपक्व भाग पर
(C) तने एवं मूल के विभेदित भाग पर
(D) उपरोक्त सभी

54. निम्न में से कौन सा कार्य ऑक्सिंस के द्वारा नहीं होता है?
(A) पुष्पन को बढ़ा देती है।
(B) पत्तों एवं फलों को शुरुआती अवस्था में गिरने से बचाता है।
(C) पुरानी, परिपक्व पत्तियों एवं फलों के विलगन को बढ़ावा देते है।
(D) उपरोक्त में से कोई नहीं

55. जब वृद्धि करती अग्रस्थ कलिका, पार्श्व कलियों की वृद्धि को अवरोधित करते है, तो इसे कहते है-
(A) शिखाग्र प्रधान्यता (B) शिखाग्र संदमक
(C) पार्श्व संदमक (D) शिखाग्र टाल्रेंस

56. शिखाग्र प्राधान्यता निम्न में से किसमें अधिक सामान्य है?
(A) अधिकांश छोटे पादप
(B) अधिकांश उच्च पादप
(C) लगभग सभी पादप में
(D) खरपतवार में

57. शिखाग्र प्रधान्यता व्यापाक रूप से लागू होती है-
(A) तम्बाकू रोपण में (B) चाय रोपण में
(C) रबर रोपण में (D) उपरोक्त सभी

58. ऑक्सिंस का चयन करें-
(A) 2, 1 – D (B) 4, 4 – D
(C) 2, 4 – D (D) 3, 4 – D

59. सुमेलित करें-

कॉलम A	कॉलम B
(1) ऑक्सिंस	(a) जाइलम विभेदन का नियंत्रण
(2) जिब्बेरेलिंस	(b) जरावस्था को भी रोकते है।
(3) साइटोकिनिंस	(c) शिखाग्र प्राधान्यता से छुटकारा

(A) 123/abc (B) 123/bac
(C) 123/cab (D) 123/acb

60. सबसे पहले खोजा जाने वाला जिबेरलिंस है-
(A) GA_1 (B) GA_2
(C) GA_3 (D) GA_4

61. नीचे कुछ कथन जिब्बेरेलिंस से संबंधित दिए गए है-
(A) सार्वाधिक अध्ययन किया जाने वाला जिब्बेरेलिंस GA_1 है।
(B) सौ से अधिक जिब्बेरेलिंस की जानकारी है।
(C) सभी जिब्बेरेलिंस क्षारीय होता है।
(D) सार्वाधिक अध्ययन किया जाने वाला जिब्बेरेलिंस GA_3 है।

स = सत्य, अ = असत्य
(A) a, c – अ, b, d – स
(B) a, b – स, c, d – अ
(C) b, c – अ, a, d – स
(D) a, d – अ, b, c – स

62. गन्ने की खेती में जिब्बेरेलिंस छिड़कने पर गन्ने की उपज कितना बढ़ जाता है?
(A) 5 टन प्रति एकड़
(B) 10 टन प्रति एकड़
(C) 15 टन प्रति एकड़
(D) 20 टन प्रति एकड़

63. गन्ने के फसल में जिब्बेरेलिंस का छिड़काव कैसे उपयोगी होता है?
(A) यह फसल को कटाई युक्त, जल्दी तैयार कर देता है।
(B) तनों की लंबाई को बढ़ा देता है।
(C) गन्ने की गुणवनता को बढ़ा देता है।
(D) उपरोक्त सभी

64. अंगूर के फसल में जिबेरलिंस की क्या भूमिका है?
(A) आकार को बढ़ाते है।
(B) रूप को बेहतर बनाते है।
(C) अंगूर के डंठल की लंबाई को बढ़ाते है।
(D) उपरोक्त सभी

65. जिब्बेरेलिंस का किशोर शंकु वृक्षों पर छिड़काव कैसे उपयोगी है?
(A) परिपक्वता की गति को बढ़ाता है।
(B) बीज जल्दी तैयार हो जाता है।
(C) A तथा B दोनों
(D) उपरोक्त में से कोई नहीं

66. I – शराब उद्योग में माल्टिंग की गति बढ़ाने के लिए उपयोग किया जाता है।
II – चुकंदर में वोल्टिंग को बढ़ाते है।
III – सेब के आकार को बेहतर बनाते है।
उपरोक्त तथ्य में से उसका चयन करें जो जिब्बेरेलिंस पर उपयोगी प्रभाव है–
(A) I, II, III (B) II
(C) III (D) I, III

67. वोल्टिंग क्या है?
(A) पुष्पन के पहले अंत: पर्व का दीर्घीकरण
(B) पुष्पन के बाद अंत: पर्व का दीर्घीकरण
(C) बीज के आकार में वृद्धि
(D) पार्श्व मुकूल का पृथककरण

68. काइनेटिन निम्न में से किसका रुपांतरित रूप है?
(A) एडेनिन (B) ग्वानिन
(C) थाइमीन (D) साइटोसिन

69. ऑक्सिंन को सर्वपथम पृथक किया गया था–
(A) मानव वीर्य से (B) मानव प्लाज्मा से
(C) मानव मूत्र से (D) मानव मल से

70. प्राकृतिक साइटोकिनिंस पादप के किस भाग में संश्लेषित होते है?
(A) कोशिका दीर्घीकरण के क्षेत्र में
(B) वह क्षेत्र जहां तीव्र कोशिका विभाजन होता है।
(C) मुकूलन के क्षेत्र में
(D) क्षेत्र जहां कोशिका का पुन: रुद्भवन रुक जाता है।

71. शिखाग्र प्रधाान्यता से बाहर आने में कौन मदद करता है–
(A) साइटोकिनिंस (B) एथीलिन
(C) एबसिसिक अम्ल (D) जिब्बेरेलिंस

72. पादप के उस भाग का चयन करें जिसमें सामान्यत साइटोकिनिंस नहीं पाएं जाते है–
(A) मूल शीर्ष (B) कलियां
(C) तरुण फल (D) पुराने जीर्ण पत्तियां

73. सुमेलित करें–

कॉलम A पादप वृद्धि नियामक	**कॉलम B कार्य/स्थिति**
(1) एथीलिन	(a) पादप उपापचय को संदमित करते है।
(2) एबसिसिक अम्ल	(b) पके हुए फल में संश्लेषित
(3) साइटोकिनिंस	(c) नए हरितलवक के निमार्ण में मद्दगार

(A) 123/bac (B) 123/cba
(C) 123/abc (D) 123/bca

74. क्लाइमैक्टिक श्वसन क्या है?
(A) श्वसन की गति की वृद्धि
(B) वह बिंदु जिस पर श्वसन रुक जाता है।
(C) वह बिंदु जिस पर श्वसन आरंभ होता है।
(D) श्वसन की गति में कमी

75. एथीलिन के स्रोत के रूप में सार्वाधिक प्रयुक्त होने वाला यौगिक कौन है?
(A) टाइयजीन (B) एथिसाऊ
(C) एथिफॉन (D) पॉयरेथॉयड

76. निम्न में से किसे तनाव हार्मोन भी कहा जाता है?
(A) जिब्बेरेलिंस (B) एथीलिन
(C) ऑक्सिंस (D) एबसिसिक एसिड

77. पादप वृद्धि नियामक के विरोधक सेट का चयन करें-
(A) ऑक्सिंस, जिब्बेरेलिंस
(B) एथीलिन, एबसिसिक अम्ल
(C) एबसिसिक अम्ल, जिब्बेरेलिंस
(D) ऑक्सिंस, एबसिसिक अम्ल

78. पौधे के जीवन में उस लक्षण या स्थिति का चयन करे जहां एक से ज्यादा पीजीआर मिलकर घटनाओं को प्रभावित करते है-
(A) बीज का प्रस्तुतीकरण
(B) जरावस्था
(C) शिखर प्रभुत्व
(D) उपरोक्त सभी

79. कपास में विरलन, निम्न में से किसके द्वारा होता है?
(A) एबसिसिक अम्ल (B) एथीलिन
(C) जिब्बेरेलिंस (D) ऑक्सिंस

80. सुमेलित करें-

कॉलम A	कॉलम B
(1) साइटोकिनिंस	(a) विकासशील प्ररोह कलिकाओं को विकास
(2) एबसिसिक अम्ल	(b) बाह्य त्वचीय पट्टिकाओं में रंध्रों के बंद होने को प्रेरित करता है।
(3) एथीलिन	(c) द्विबीजी निवेदभिदों में अंकुश संरचना का निर्माण

(A) 123/abc (B) 123/bac
(C) 123/acb (D) 123/cba

81. पादप जिसमें कायिक परिपक्वता के बाद पुष्पन होता है, उसे कहते है-
(A) दीर्घ प्रदीप्त काली पौधा
(B) अल्प प्रदीप्त काली पौधा
(C) दिवस निरपेक्ष पादप
(D) उपरोक्त में से कोई नहीं

82.

पुष्पन क्रांतिक दीप्तिकाल

पुष्पन नहीं

ऊपर दिया गया चित्र, निम्न में से किस प्रकार के पौधे का है?
(A) दीर्घ प्रदीप्त काली पौधे
(B) अल्प प्रदीप्त काली पौधे
(C) दिवस निरपेक्ष पादप
(D) मध्य दिवस पादप

83. पौधों में पुष्पन गुणात्मक या मात्रात्मक तौर पर कम तापक्रम में अनावृत्त होने पर निर्भर करता है, उसे कहते है-
(A) दीप्तिकालिता (B) वसंतीकरण
(C) वस्कुलेशन (D) थर्मोकंट्रोल पादप

84. निम्न में से कौन सा भोजन वाले पौधे है, जिनके शीत तथा वसंत किस्म है?
(A) गेहूं, जौ, मटर (B) मटर, चना, गेहूं
(C) गेहूं, जौ, राई (D) जौ, मटर, चना

85. फसल के जाड़े की किस्म का रोपण सामान्यत कौन से काल (ऋतु) में किया जाता है?
(A) बरसात (B) शरदकाल
(C) वसंत (D) ग्रीष्म काल

86. द्विवर्षी पौधों का चयन करें-
(A) चुकंदर (B) पत्तागोभी
(C) गाजर (D) उपरोक्त सभी

ANSWER KEY

1. (C)	**2.** (D)	**3.** (A)	**4.** (D)	**5.** (A)	**6.** (C)	**7.** (D)	**8.** (D)	**9.** (D)	**10.** (A)
11. (B)	**12.** (A)	**13.** (D)	**14.** (A)	**15.** (B)	**16.** (D)	**17.** (A)	**18.** (A)	**19.** (D)	**20.** (A)
21. (B)	**22.** (C)	**23.** (D)	**24.** (B)	**25.** (A)	**26.** (B)	**27.** (D)	**28.** (B)	**29.** (C)	**30.** (A)
31. (C)	**32.** (D)	**33.** (A)	**34.** (B)	**35.** (A)	**36.** (C)	**37.** (B)	**38.** (B)	**39.** (A)	**40.** (C)
41. (C)	**42.** (A)	**43.** (B)	**44.** (B)	**45.** (C)	**46.** (D)	**47.** (C)	**48.** (C)	**49.** (A)	**50.** (B)
51. (B)	**52.** (A)	**53.** (A)	**54.** (D)	**55.** (A)	**56.** (B)	**57.** (B)	**58.** (C)	**59.** (A)	**60.** (C)
61. (A)	**62.** (D)	**63.** (B)	**64.** (C)	**65.** (C)	**66.** (A)	**67.** (A)	**68.** (A)	**69.** (C)	**70.** (B)
71. (A)	**72.** (D)	**73.** (A)	**74.** (A)	**75.** (C)	**76.** (D)	**77.** (C)	**78.** (D)	**79.** (B)	**80.** (A)
81. (C)	**82.** (A)	**83.** (B)	**84.** (C)	**85.** (B)	**86.** (D)				

इकाई 5: मानव शरीर विज्ञान

16. पाचन एवं अवशोषण
17. श्वसन तथा गैसों का विनियम
18. शरीर द्रव तथा परिसंचरण
19. उत्सर्जी उत्पाद एवं उसका निष्कासन
20. गमन एवं संचलन
21. तंत्रिकीय नियंत्रण एवं समन्वय
22. रासायनिक समन्वय तथा एकीकरण

पाचन एवं अवशोषण

1. मानव में कितने जोड़े लार ग्रन्थि पाएं जाते हैं?
   (A) 2 जोड़े (B) 3 जोड़े
   (C) 1 जोड़े (D) 4 जोड़े
2. मानव के शरीर को सबसे बड़ी ग्रंथि है–
   (A) थॉयरायड (B) यकृत
   (C) अग्न्याशय (D) थाइमस
3. पेप्सिनोजेन का स्त्रावण होता है–
   (A) जठर ग्रंथि से (B) अग्न्याशय से
   (C) यकृत से (D) लार ग्रन्थि से
4. जठर रस का pH होता है–
   (A) 2.8 (B) 4.2
   (C) 7.6 (D) 1.8
5. मुख के कितने प्रतिशत स्टार्च का पाचन होता है?
   (A) 30% (B) 60%
   (C) 75% (D) 10%
6. निम्न में से किसमें कोई एंजाइम नहीं होता है?
   (A) जठर रस (B) अग्नाशयी रस
   (C) पित्त रस (D) लार
7. सुक्रेस, सुक्रोस को परिवर्तित करते है–
   (A) Glucose + Galactose
   (B) Glucose + Fructose
   (C) Glucose + Glucose
   (D) सिर्फ glucose में
8. पीलिया में कौन सा अंग प्रभावित होता है?
   (A) यकृत (B) वृक्क
   (C) फेफड़ा (D) हृदय
9. अवशोषित पदार्थ अंत में ऊत्तकों में पहुंचते है जहां वे विभिन्न क्रियाओं के उपयोग में लाएं जाते हैं। इस प्रक्रिया को कहते है–
   (A) अन्तग्रर्हण (B) अवशोषण
   (C) स्वांगीकरण (D) बहिः क्षेपण
10. मनुष्य में यकृत का भार होता है–
    (A) 1.0 – 2.0 kg (B) 1.2 – 1.5 kg
    (C) 0.5 – 1.0 kg (D) 2.0 – 3.0 kg
11. छोटी आत का कौन सा भाग कुंडलित नहीं होता है?
    (A) ग्रहणी (B) अग्र क्षुद्रांत
    (C) पश्चक्षुद्रांत (D) मलाशय
12. मानव में व्यस्क का दंत सूत्र क्या है?
    (A) $\frac{2033}{2123} \times 2$ (B) $\frac{2133}{2123} \times 2$
    (C) $\frac{2123}{2123} \times 2$ (D) $\frac{2102}{2102} \times 2$
13. मानव के दन्त में न्यूनतम संख्या किसकी होती हैं?
    (A) कृतंक (B) रदनक
    (C) अग्र-चर्वणक (D) पश्च-चर्वणक

14. आहार नाल की दिवार में कुल कितने स्तर होते हैं?
(A) 1 (B) 2
(C) 3 (D) 4

15. अंकुर (Villi) कहां उपस्थित होते हैं?
(A) अमाशय (B) छोटी आंत
(C) बड़ी आंत (D) ग्रसिका

16. मुनष्य के दंत होते हैं–
(A) गर्त दंती (B) द्विबार दंती
(C) विषम दंती (D) उपरोक्त सभी

17. मुनष्य में एन्जाइम टायलिन उपस्थित होते हैं–
(A) लार में (B) जठर रस में
(C) अग्नाशयी रस में (D) पित्त रस में

18. मानव का आहारनाल अनेक परतों का बना होता है। बाहर से अन्दर के तरफ परतों के सही क्रम का चयन करें–
(A) सिरोसा $\rightarrow$ सबम्यूकोसा $\rightarrow$ पेशीस्तर
(B) सिरोसा $\rightarrow$ पेशीस्तर $\rightarrow$ सबम्यूकोसा $\rightarrow$ म्यूकोसा
(C) पेशीस्तर $\rightarrow$ सिरोसा $\rightarrow$ सबम्यूकोसा $\rightarrow$ म्यूकोसा
(D) सिरोसा $\rightarrow$ म्यूकोसा $\rightarrow$ सबम्यूकोसा $\rightarrow$ पेशीस्तर

19. अंग तथा उसमें उपस्थित पेशीतन्तु के सही जोड़े का चयन करें–
(A) ग्रहणी – ऐच्छिक पेशी + लम्वत् + वर्तुल पेशी तन्तु
(B) अमाशय – लम्वत् + वर्तुल + तिरक्षे पेशी तन्तु
(C) बृहदान्त्र – लम्वत् + वर्तुल + तिरक्षे पेशी तन्तु
(D) मलाशय – सिर्फ ऐच्छिक पेशी तन्तु

20. निम्न में से कौन सा परत मुलायम संयोजी उत्तक को बनी होती हैं?
(A) सिरोसा (B) सबम्यूकोसा
(C) म्यूकोसा (D) पेशी स्तर

21. मनुष्य के आहार नली के जोड़े का चयन करे जिसमें अवरोधनी उपस्थित होते है–
(A) ग्रसनी, गुदा
(B) ग्रसनी, ग्रसिका
(C) यकृतअग्नाशयी वाहिनी, गुदा
(D) मलाशय, गुदा

22. आहार नली के किस भाग में सहजीवीय, सूक्ष्मजीव उपस्थित रहते है?
(A) बृहदान्त्र (B) मलाशय
(C) अन्धनाल (D) ग्रहणी

23. नीचे आहार नली के कुछ संरचनाओं के नाम दिए गए है, उन संरचना का चयन करो जो जठर म्यूकोसा का रूपान्तरण है–
(A) अंकुर, जठर वलय, पीर्यस गांठे, जठर ग्रन्थि
(B) लीबरकुन-प्रगुहिका, अंकुर, जठर वलय, जठर ग्रन्थि
(C) पीयर्स गाठे, वल्बुले कौनीवेटस, जठर वलय, जठर-ग्रन्थि
(D) लीवरकुन-प्रगहिका, अंकुर, जठर ग्रन्थि, पीयर्स गांठे

24. यकृत के वाहिनी तन्त्र के सही क्रम का चयन करें–
(A) पित्त वाहिनी $\rightarrow$ यकृत वाहिनी $\rightarrow$ अग्न्याशय वाहिनी $\rightarrow$ यकृत-अग्न्याशय वाहिनी
(B) यकृत वाहिनी $\rightarrow$ पित्त वाहिनी $\rightarrow$ अग्न्याशय वाहिनी $\rightarrow$ यकृत-अग्न्याशय वाहिनी
(C) अग्न्याशय वाहिनी $\rightarrow$ यकृत वाहिनी $\rightarrow$ पित्त वाहिनी $\rightarrow$ यकृत-अग्न्याशय वाहिनी
(D) यकृत-अग्न्याशय वाहिनी $\rightarrow$ पित्त वाहिनी $\rightarrow$ यकृत वाहिनी $\rightarrow$ अग्न्याशय वाहिनी

25. पाचन है–
(A) यांत्रिक क्रिया (B) रसायनिक क्रिया
(C) दोनों (D) सिर्फ हार्मोनल क्रिया

26. जैव वृहत अणु जिसका पाचन अमाशय में बिल्कुल ही नहीं होता है, वह है–
(A) कार्बोहाइ्ड्रेट (B) प्रोटीन
(C) वसा (D) सभी में

27. अगर किसी व्यक्ति के अमाशय को काटकर हटा दिया जाये तो निम्न में से किसका पाचन बिल्कुल प्रभावित नहीं होगा?
(A) कार्बोहाइड्रेट, प्रोटीन
(B) प्रोटीन, न्यूक्लिक अम्ल
(C) न्यूक्लिक अम्ल, कार्बोहाइड्रेट
(D) वसा, प्रोटीन

28. निम्न में से किसका पाचन अमाशय में अल्प मात्रा में होता है?

(A) प्रोटीन (B) कार्बोहाइड्रेट
(C) वसा (D) न्यूक्लिक अम्ल

29. अगर मान ले A कार्बोहाइड्रेट है, B वसा है, C प्रोटीन है, D न्यूक्लिक अम्ल है, E विटामिन है, उस सेट को चुनें जिसका पाचन सबसे पहले और बिल्कुल ही नहीं होता है–

(A) A, D (B) C, E
(C) A, C (D) A, E

30. एन्जाइम के सेट का चयन करे जो सक्रियण का कार्य करते है–

(A) ऐंटेरोकाइनेज, ट्रिप्सिन
(B) ट्रिप्सिन, हाइड्रोक्लोरिक अम्ल
(C) लाइपेज, न्यूक्लिएस
(D) लार एमाइलेज, लाइपेंज

31. पित्त लवण, निम्न में से किसके अवशोषण के लिए आवश्यक है?

(A) विटामिन B_{12}
(B) वसा घुलित विटामिन
(C) ग्लेसेरोल तथा वसीय अम्ल
(D) B तथा C दोनों।

32. उस तत्व का चयन करें जिसका अवशोषण पित्त लवण की उपस्थिति में ही संभव है–

(A) विटामिन B_1 (B) विटामिन B_2
(C) विटामिन C (D) उपरोक्त में से कोई नहीं

33. उस एन्जाइम का चयन करें जो कि सिर्फ नवजात के जठर रस में ही उपस्थित होता है–

(A) पेप्सिन (B) रेनीन
(C) लाइपेज (D) उपरोक्त में से कोई नहीं

34. उस सेट का चयन करें जो अमाशय के श्लेष्मली उपकला स्तर को हाइड्रोक्लोरिक अम्ल से बचाता है–

(A) श्लेष्म, नैज कारक
(B) श्लेष्म, गैसट्रिन
(C) श्लेष्म, बाइकार्बोनेट लवण
(D) श्लेष्म, लार

35. कार्बोहाइड्रेड को पाचन करने वाले सावार्धिक एन्जाइम उपस्थित होते हैं–

(A) जठर रस में (B) अग्नाशय रस में
(C) पित्त रस में (D) सक्कस एंटेरिकस में

36. अगर x = मल की उत्पत्ति है।

y = अवशिष्ट का कठोर होकर संवद्ध होकर कठोर मल बन जाना।

उन स्थलों का चयन करे जहां यह सम्पन्न होता है–

(A) x = शेषान्त्र, y = अंधान्त्र
(B) x = मध्यांत्र, y = मलाशय
(C) x = शेषांन्त्र, y = मलाशय
(D) x = अंधनाल, y = मलाशय

37. सूक्ष्मजीव जो की मानव के वृहदंत्र (Colon) में उपस्थित होते है वह मनुष्य से कैसा संबंध प्रदर्शित करते हैं?

(A) सिम्बॉयोटिक (B) सहमोजिता
(C) परजीविता (D) उपरोक्त में से कोई नहीं

38. नीचे कुछ कथन पाचन तन्त्र तथा श्वसन तन्त्र से संबन्धित है–

(A) मानव के पूरी बड़ी आंत में सिम्बायोटिक सूक्ष्मजीव उपस्थित होते है।
(B) सम्पूर्ण छोटी आंत में रसांकुर (Villi) उपस्थित होते है।
(C) स्पाइरोमीटर वायु के आयतन को ज्ञात करने में प्रयुक्त होता है।
(D) जैव क्षमता (Vital capacity) मानव में परिवर्तनशील नहीं होते है।

(A) A, D – सत्य, B, C – असत्य
(B) A, C – सत्य, B, D – असत्य
(C) B, C – सत्य, A, D – असत्य
(D) A, B – सत्य, C, D – असत्य

39. हमें भोजन को समुचित रूप से क्यों चबाना चाहिए?
(A) क्योंकि अधिक भोजन के चबाने से HCl अम्ल का बेहतर स्रावण होता है।
(B) क्योंकि अधिक भोजन के चबाने से पेरिस्टलसिस (क्रमानुकुचंन) बेहतर होता है।
(C) क्योंकि अधिक भोजन के चबाने से कार्बोहाइड्रेट का बेहतर पाचन होता है।
(D) उपरोक्त में से कोई नहीं।

40. नीचे दिए गए पाचन रसों में से उस जोड़े का चयन करें जो कि न्यूक्लिक अम्ल के पाचन से संबंधित है–
(A) जठर रस, अग्नाश्यी रस
(B) जठर रस, अग्नाश्यी रस, सक्कस एटेरिकस
(C) अग्नाश्यी रस, सक्कस एटेरिकस
(D) पित्त, अग्नाश्यी रस

41. निम्न में से कौन लाइपेज एंजाइम को भी सक्रिय करता है?
(A) हाइड्रोक्लोरिक अम्ल
(B) लार
(C) पित्त
(D) उपरोक्त में से कोई नहीं

42. मानव दन्त की विशेषता है–
(A) गर्तदंती (B) द्विबारदंती
(C) विषमदंती (D) उपरोक्त सभी

43. उस ग्रन्थि को चयन करे जो ग्रहणी के C या U घुमाव में स्थित होते हैं–
(A) यकृत (B) अग्न्याशय
(C) लीबरकुन–प्रगुहिका (D) प्लीहा

44. निम्न मे से कौन सी संरचना में सहजीवीय सूक्ष्मजीव रहते हैं?
(A) अंधनाल (B) वृहदांत्र
(C) अमाशय (D) यकृत

45. आहार नाल के पेशी परत में कौन सी पेशी तन्तु स्थित रहती है?
(A) लँम्बवत, तिरछे तथा चिकने
(B) लँम्बवत, तिरक्षे तथा ऐच्छिक
(C) गोल, तिरछे तथा चिकने
(D) गोल, लँम्बवत तथा चिकने

46. अंकुर (Villi), छोटी आंत के कौन से भाग में स्थित होते हैं?
(A) ग्रहणी (B) अग्र क्षुद्रातं
(C) पश्च क्षुद्रांत (D) उपरोक्त सभी

47. अंकुर के संदर्भ मं सही कथन का चयन करें–
(a) अंकुर छोटी आंत के तीनों मुख्य भाग में स्थित होते है।
(b) अंकुर की सतह पर स्थित कोशिकाओं से सूक्ष्म प्रवर्धन निकलते हैं।
(c) सभी अंकुर में लसीका वाहिका स्थित नहीं होते है।
(d) अंकुर से कार्बोहाइड्रेड प्रोटीन तथा सभी प्रकार के ग्लेसरोल तथा वसीय अम्ल अवशोषित होते है।
(A) a, d (B) b, d
(C) a, b (D) c, d

48. निम्न में से कौन सी संरचना में अवरोधनी स्थित नहीं होते हैं?
(A) परितारिका (Iris)
(B) गुदा (Anus)
(C) ग्रसिका तथा अमाशय को संधि
(D) लार ग्रंथि की नलिका

49. सही कथन का चयन करें–
(a) आहार नाल के अनेक हॉर्मोन लोकल (local) हॉर्मोन होते है।
(b) काइलोमाइक्रोन (Chylomicron) रसांकुर के रुधिर वाहिनी से अवशोषित होते है।
(c) कुछ ड्रग्स भी मुख के म्यूकोसा (mucosa) से अवशोषित हो जाते है।
(d) जल का अवशोषण सिर्फ छोटी आंत से होता है।
(A) a ,b (B) b, c
(C) a, c (D) b, d

50. वमन (Vomiting) केन्द्र उपस्थित रहते है–
(A) हाइपोथेलेमस में (B) प्रमस्तिष्क में
(C) मेडूला में (D) थ्राण पिण्ड में

51. निम्न में से कौन सा जोड़े न्यूक्लिक के पाचन से संबंधित है?
(A) अग्नाशयी रस, सक्कस एंटेरिकस
(B) पित्तर रस, सक्कस एंटेरिकस
(C) पित्त रस अग्नाशयी रस
(D) लार, जठर रस

52. नैज कारक (Castles' intrinsic) कारक निम्न मे से किसके अवशोषण के लिए उत्तरदायी है?
(A) विटामिन A (B) विटामिन C
(C) विटामिन B_{12} (D) उपरोक्त सभी।

53. लार ग्रन्थि जो गाल से संबन्धित होते है वह है–
(A) कर्णपूर्व (B) अधोजंभ
(C) अधोजिह्वा (D) उपरोक्त सभी

54. आडी अवरोधनी निम्न में से किसमें उपस्थित होते हैं?
(A) अग्नाशयी नलिका
(B) सिस्टक नलिका
(C) यकृत अग्नाशयी वाहिनी
(D) सामान्य पित्त नलिका

55. यकृत से संबन्धित गलत कथन का चयन कीजिए–
(a) यकृत मानव शरीर की सबसे बड़ी अंतस्रावी ग्रंथि है।
(b) मानव का यकृत द्विपालित होता है।
(c) यकृत कोशिका, यकृत का संरचनात्मक तथा क्रियात्मक इकाई है।
(d) व्यस्क मनुष्य में यकृत का भार 1.4 kg होता है।
(A) a, b (B) b, c
(C) a, c (D) c, d

56. निम्न में से कौन से रस में एन्जाइम (enzymes) अनुपस्थित होते हैं?
(A) अग्न्याशय रस (B) पित्त रस
(C) जठर रस (D) सुकस इन्टेरिकस

57. निम्न में से कौन सी क्रिया में क्रमानुकुंचन (peristalsis) की प्रत्यक्ष भूमिका नहीं होती है?
(A) अन्तग्रहण (Ingestion)
(B) बहिः क्षेपण
(C) अवशोषण
(D) पाचन

58. हमारे भोजन के मुख्य अवयव हैं–
(A) कार्बोहाइड्रेट (B) प्रोटीन
(C) वसा (D) उपरोक्त सभी

59. A – कार्बोहाइड्रेट, B – प्रोटीन, C – वसा D – विटामिन, E – खनिज
उपरोक्त तत्व हमारे भोजन के महत्त्वपूर्ण घटक है, उस तत्व का चयन करें जिसकी आवश्यकता भोजन में बेहद अल्प मात्रा में पड़ती है–
(A) A, B, C (B) B, C
(C) D, E (D) C, E

60. I – उपापचयी प्रक्रिया, II – निर्जलीकरण को रोकना, III – रक्त दाब को बनाकर रखना
उपरोक्त में से कितने तथ्य जल से संबन्धित है?
(A) I, II, III (B) I, II
(C) I (D) II

61. अवशोषण, स्वांगीकरण, बहिक्षेपण, अन्तग्रहण, उपापचय।
अगर पाचन रुक जाए, तो कुछ दिनों के पश्चात् उपरोक्त में से कितनी क्रियाएं रुक जायेंगी?
(A) 3 (B) 4
(C) 2 (D) 5

62. माल्टेज, डायेपेप्टिडेज, लाइपेज, न्यूक्लियोसाइडेस लैक्टेज, सुक्रेज
उपरोक्त नाम एंजाइम्स के है। उपरोक्त एंजाइम में से कितने एंजाइम सक्कस एंटेरिकस में होते हैं?
(A) 6 (B) 4
(C) 2 (D) 5

63. निम्न में से किसमें एमाइलेज एंजाइम अनुपस्थित होते हैं?
(A) लार (B) अग्न्याशयी रस
(C) सक्कस एंटेरिकस (D) जठर रस

64. निम्न में से उस सेट का चयन करे जिसमें की लाइपेज एंजाइम पूर्णतया अनुपस्थित होते हैं–
(A) लार, अग्न्याशयी रस
(B) जठर रस, लार
(C) जठर रस, पित्त रस
(D) लार, पित्त रस

65. निम्न में से कौन से स्थल पर pH 7 से अधिक होता है?
(A) मुख (B) अमाशय
(C) छोटी आंत (D) उपरोक्त में से कोइ नहीं

66. इलियों सीकल कपाट के संदर्भ में कुछ कथन दिए गए हैं–

(A) इलियो सीकल कपाट मल को वापस नहीं जाने देता।

(B) अपचित भोजन इस कपाट द्वारा वृहदांत्र से अंधनाल में प्रवेश करता है।

(C) यह कपाट सिर्फ एक होता है।

उपरोक्त में से कितने कथन गलत है–

(A) 1 (B) 2

(C) 3 (D) कोई नहीं।

67. माल्टोस है–

(A) मोनोसैकेराइड (B) डाइसैकेराइड

(C) पॉलीसैकेराइड (D) स्टार्च

68. मानव के पाचन तन्त्र में सर्वाधिक एंजाइम उपस्थित होती है–

(A) मुख में (B) अमाशय

(C) छोटी आंत में (D) बड़ी आंत में

69. आहार नाल के कौन से भाग में पाचन एंजाइम स्त्रावित नहीं होता है?

(A) ग्रसनी + ग्रसिका + मलाशय

(B) ग्रसनी + अमाशय + मलाशय

(C) ग्रसिका + अमाशय + छोटी आँत

(D) छोटी आंत + अमाशय + मुख

70. पाचन तन्त्र के कौन सी क्रिया के पश्चात् स्वांगीकरण होता है?

(A) अन्तग्रहण (B) पाचन

(C) अवशोषण (D) बहिक्षेपण

71. मान ले, A – मुख है, B = अमाशय, C = छोटी आंत, D = बड़ी आंत

उपरोक्त में से कौन सा भाग ड्रग्स के अवशोषण से संबन्धित है?

(A) A , B (B) B, C

(C) B, C, D (D) A, B, C, D

72.

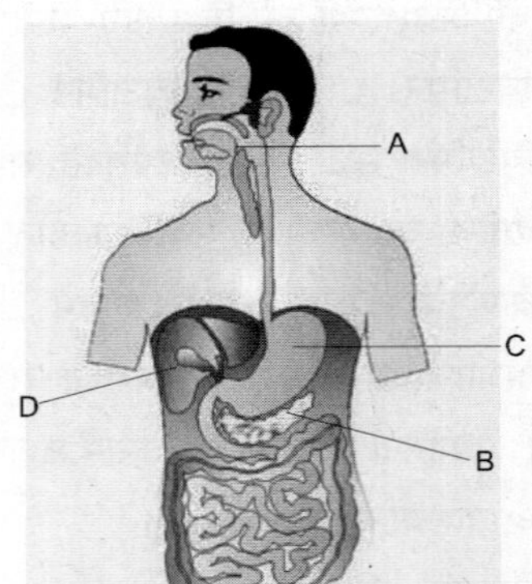

दिए गए चित्र को पहचानें, जिसमें लेबलिंग A, B, C तथा D दिया गया है। नीचे कुछ तथ्य उपरोक्त लेबलिंग से संबन्धित दिये गये है, तथ्यों को समझते हुए सही विकल्प का चयन करें–

I – जैव रासायनिक फैक्ट्री,

II – अतिरिक्त तिरक्षे पेशी तन्तु उपस्थित

III – असमान्यता मधुमेह रोगियों में प्रकट होते है।

IV – वायु एवं भोजन, दोनों का ही पथ है।

	A	B	C	D
A	II	I	III	IV
B	IV	III	II	I
C	I	II	III	IV
D	II	I	III	II

73.

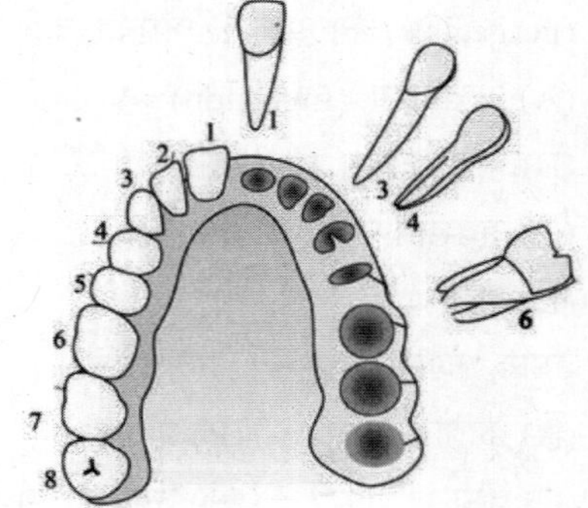

दिए गए चित्र में मानव दंत की संख्यादी गई है। नीचे कोष्ठ में सही विकल्प का चयन करे–

	दंत संख्या 1	दंत संख्या 3	दंत संख्या 5	दंत संख्या 8
1	नवजात में सर्वप्रथम विकसित होने वाला दंत	प्रत्यावर्तन	चबाना	अवशेषी
2	प्रत्यावर्तन	नवजात में सर्वप्रथम विकसित होने वाला दंत	चबाना	अवशेषी
3	चबाना	प्रत्यावर्तन	अवशेषी	नवजात में सर्वप्रथम विकसित होने वाला दंत
4	चबाना	प्रत्यावर्तन	नवजात में सर्वप्रथम विकसित होने वाला दंत	अवशेषी

74.

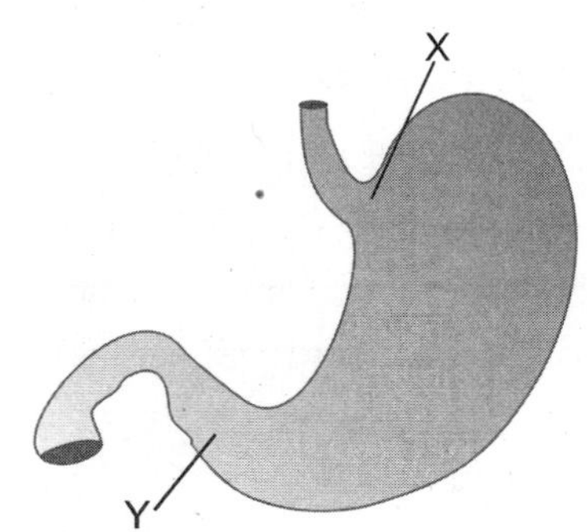

दिया गया चित्र मानव के अमाशय का है।

→ – भोजन को आगे से पीछे जाने से रोकते है।

← – भोजन को पीछे से आगे जाने से रोकते हैं

चित्र में x तथा y कपाट को दर्शा रहे है, जो कि कुछ कार्य करते हैं, जैसे भोजन को एक खास दिशा मं जाने से रोकना

(A) x →, y – ← (B) x →, y – →

(C) x ←, y – ← (D) उपरोक्त में से कोई नहीं

75. अन्त में सभी प्रकार की उर्जा किस प्रकार के उर्जा में परिवर्तित हो जाते हैं?

(A) प्रकाश (B) उष्मीय

(C) ध्वनी (D) उपरोक्त सभी

76. A किलो कैलोरी है, B किलोजूल है, C कैलोरी है, D जूल है। शरीर क्रिया विज्ञानी सामान्यत, उपयोग करते हैं–

(A) A (B) A, B

(C) A, B, C (D) A, B, C, D

77. पोषण विज्ञानी परंपरागत ढंग से K cal को ___?___ व्यक्त करते है–

(A) कैलोरी

(B) जूल

(C) A तथा B दोनों

(D) उपरोक्त में से कोई नहीं।

78. बम्ब कैलोरीमीटर है–

(A) ऑक्सीजन से भरा हुआ धातु का एक बंद कक्ष

(B) ऑक्सीजन से भरा हुआ धातु का एक खुला कक्ष

(C) CO_2 से भरा हुआ धातु का एक बंद कक्ष

(D) N_2 से भरा हुआ धातु का एक बंद कक्ष

79. सुमेलित केजिए–

	पोषक तत्त्व	स्थूल कैलोरी मान
(A)	कार्बोहाइड्रट	(1) 9.45 किलो कैलोरी/g
(B)	प्रोटीन	(2) 4.1 किलो कैलोरी/g
(C)	वसा	(3) 5.65 किलो कैलोरी/g

(A) ABC/123 (B) ABC/231

(C) ABC/213 (D) ABC/312

80. निम्न में से किसका कार्यिकी ऊर्जा मान सार्वाधिक है?

(A) कार्बोहाइड्रेट (B) प्रोटीन

(C) वसा (D) विटामिन

81. ऊर्जा की वह मात्रा जिसकी आवश्यकता 1 kg ज़ल का ताप 1°C बढ़ाने के लिए होती है–

(A) एक कैलोरी (B) एक k cal

(C) एक j (D) दो cal

82. कुपोषण निम्न में से कौन से देश या महाद्वीप की समस्या है?

(A) यूरोप

(B) दक्षिणी अमेरिका

(C) दक्षिणी तथा दक्षिणी पूर्वी एशिया

(D) उत्तरी एशिया।

83. PEM बड़ी संख्या में लोगों को किस परिस्थिती में प्रभावित करता है?

(A) सूखा

(B) अकाल

(C) राजनीतिक उथल-पुथल

(D) उपरोक्त सभी

84. I – इथोपिया में अस्सी के दशक में भयंकर सूखा पड़ा था।

II – व्यस्क को भी मरास्मस हो सकता है।

III – मरास्मस, क्वाशिआरकर से ज्यादा गंभीर होता है।

(A) I, II, III सत्य (B) I, III सत्य

(C) I सत्य (D) III सत्य

85. सूक्ष्म अंकुर–

(A) क्षेत्रफल को बढ़ाता है।

(B) सहारा प्रदान करता है।

(C) अवशोषण से संबन्धित।

(D) अंकुर से संबंधित।

उपरोक्त में से कितने कथन गलत है?

(A) 1 (B) 2

(C) 3 (D) 4

86. मनुष्य के आंत में निम्न में से कौन एक समान नहीं होता है?

(A) मोटाई (B) गुहा

(C) ग्रन्थि (D) उपरोक्त सभी

87. A = वृद्धि का रुक जाना

B = मस्तिष्ट का विकास

C = शरीर में वसा की मात्रा

D = एडिमा

नीचे दिए गए चार्ट से उस विकल्प का चयन करे जो क्वाशिओरकर तथा मरास्मस के बीच समानता तथा भिन्नता दर्शा रहे है-

	A	B	C	D
A	समान	समान	भिन्न	भिन्न
B	समान	भिन्न	भिन्न	भिन्न
C	समान	भिन्न	भिन्न	समान
D	समान	भिन्न	समान	भिन्न

88. एक साल से कम उम्र के बच्चों में निम्न में से कौन सा रोग पाया जाता है?

(A) क्वाशिओरकर (B) मरास्मस

(C) A तथा B दोनों (D) उपरोक्त में से कोई नहीं

89. अगर दो वर्ष में एक माता हर वर्ष एक बच्चा पैदा करती है, तो बच्चा निम्न में से कौन से रोग से ग्रसित हो सकता है?

(A) क्वाशिओरकर (B) मरास्मस

(C) दोनों A, B (D) उपरोक्त में से कोई नहीं

90. आहार नाल के उस भाग का चयन करें जिसमें ग्लूकोस का अवशोषण नहीं होता है-

(A) मुख, आमाशय

(B) आमाशय, छोटी आंत

(C) छोटी आंत, बड़ी आंत

(D) मुख, बड़ी आंत

91. आहार नाल के उस भाग का चयन करे जहां से ग्लूकोज का पुनः अवशोषण होता है-

(A) मुख, आमाशय

(B) आमाशय, छोटी आंत

(C) छोटी आंत, बड़ी आंत

(D) उपरोक्त में से कोई नहीं।

92. यकृत, पित्तथैली तथा अग्नाश्य के नलिका संख्या के संदर्भ में सही कोष्टक को चुने-

	पित्तशय वाहिनी	सह पित्त वाहिनी	यकृत वाहिनी	अग्नाश्यी वाहिनी
A	1	1	1	1
B	2	1	2	1
C	1	1	2	1
D	2	2	2	2

93. सुमेलित करें–

कॉलम A	कॉलम B
लार ग्रन्थि	स्थिति
1. कर्ण पूर्व	(A) गाल
2. अधोजंम	(B) जबड़ा
3. अधोजिव्हा	(C) जीव्हा के नीचे

(A) 123/ABC (B) 123/BAC
(C) 123/CAB (D) 123/BAC

94. आंत्र नलिका का शोध, जो एक सामान्य रोग है, निम्न में से किसे कारण संभव है-
(A) जीवाणु संक्रमण (B) विषाणु संक्रमण
(C) चोट (D) उपरोक्त सभी

95. बॉल कृमि, बुल कृमि, हाथीपॉव कृमि, अर्थ वर्म (केंचुआ), गिनी वर्म, फीता कृमि, गोल कृमि, धागा कृमि, हुक कृमि
उपरोक्त में से कितने कृमि आंत के परजीवी है?
(A) 4 (B) 8
(C) 7 (D) 6

96. निम्न में से कौन सा कृमि बड़ी आंत का परजीवी है?
(A) गोल कृमि (B) धागा कृमि
(C) पिन कृमि (D) उपरोक्त में से कोई नहीं

97. मानव आहार नाल का कौन सा भाग अवस्कर के समान होता है?
(A) गुदा (B) मुख
(C) यकृत (D) मलाशय

98. दंत का कठोर चबाने वाला भाग बना होता है–
(A) इनेमल का (B) डेन्टाइन का
(C) पल्प गुहा का (D) उपरोक्त सभी।

99. पिप्पली (पैपिला) निम्न में से किस पर उपस्थित होते हैं?
(A) होंठ (B) ग्रसनी
(C) जीव्हा (D) घांटी टक्कन

100. निम्न में से किसके तीन क्षेत्र होता है?
(A) अमाशय (B) कोलोन
(C) छोटी आंत (D) उपरोक्त सभी।

101. चार परत अनुपस्थित होते है–
(A) ग्रसनी तथा गुदा में
(B) ग्रसिका तथा अमाशय में
(C) छोटी आंत तथा कोलोन में
(D) अमाशय तथा कोलोन में

102. छोटी आंत में विभिन्न प्रकार की गति संबन्धित होता है–
(A) अंतग्रहित भोजन का पाचन रसों में मिश्रण
(B) पाचन में मद्द करते है
(C) बेहतर अवशोषण
(D) A तथा B दोनों।

ANSWER KEY

1. (B)	**2.** (B)	**3.** (A)	**4.** (D)	**5.** (A)	**6.** (C)	**7.** (B)	**8.** (A)	**9.** (C)	**10.** (B)
11. (A)	**12.** (C)	**13.** (B)	**14.** (D)	**15.** (B)	**16.** (D)	**17.** (A)	**18.** (B)	**19.** (B)	**20.** (B)
21. (C)	**22.** (C)	**23.** (B)	**24.** (B)	**25.** (C)	**26.** (A)	**27.** (C)	**28.** (C)	**29.** (D)	**30.** (A)
31. (D)	**32.** (A)	**33.** (B)	**34.** (C)	**35.** (D)	**36.** (C)	**37.** (D)	**38.** (C)	**39.** (C)	**40.** (C)
41. (C)	**42.** (D)	**43.** (B)	**44.** (A)	**45.** (D)	**46.** (D)	**47.** (C)	**48.** (D)	**49.** (C)	**50.** (C)
51. (A)	**52.** (C)	**53.** (A)	**54.** (C)	**55.** (C)	**56.** (B)	**57.** (C)	**58.** (D)	**59.** (C)	**60.** (A)
61. (D)	**62.** (A)	**63.** (D)	**64.** (D)	**65.** (C)	**66.** (D)	**67.** (B)	**68.** (C)	**69.** (A)	**70.** (C)
71. (D)	**72.** (B)	**73.** (A)	**74.** (D)	**75.** (B)	**76.** (B)	**77.** (D)	**78.** (A)	**79.** (B)	**80.** (C)
81. (B)	**82.** (C)	**83.** (D)	**84.** (B)	**85.** (A)	**86.** (D)	**87.** (A)	**88.** (B)	**89.** (C)	**90.** (D)
91. (D)	**92.** (C)	**93.** (A)	**94.** (D)	**95.** (A)	**96.** (C)	**97.** (A)	**98.** (A)	**99.** (C)	**100.** (D)
101. (A)	**102.** (D)								

श्वसन तथा गैसों का विनियम

1. भोजन तथा वायु का सामान्य पथ निम्न में से कौन है?
   (A) श्वासनाल (B) स्वरयंत्र
   (C) ग्रसनी (D) ग्रसिका
2. श्वासनाल कौन से वक्षीय कशेरुकी तक जाकर दाईं तथा बाईं प्राथमिक श्वसनी में विभाजित हो जाते हैं?
   (A) 5वीं वक्षीय कशेरुकी
   (B) 7 वें वक्षीय कशेरुकी
   (C) 12 वें वक्षीय कशेरुकी
   (D) 9 वें वक्षीय कशेरुकी
3. उस संरचना का चयन करें जिसमें उपास्थि मौजूद होती है–
   A – श्वसनी $\rightarrow$ B – द्वितीयक श्वसनी $\rightarrow$ C – तृतीयक श्वसनी $\rightarrow$ D – आरंभिक श्वसनिका $\rightarrow$ E – कूपिका $\rightarrow$ F – कूपिकीय नलिका $\rightarrow$ G – अंतस्थ श्वसनिका
   (A) A, B, C, D, E (B) A & B
   (C) A, B, C तथा D (D) A, B, C, D, E, F, G
4. निम्न में से कौन श्वसन तन्त्र का चालन भाग है?
   (A) नासारंध्र से आरंभिक श्वसनिका
   (B) नासारंध्र से अंतस्थ श्वसनिका
   (C) नासारंध्र से तृतीयक श्वसनिका
   (D) नासारंध्र से कूपिका नलिका
5. अंत: श्वसन संपन्न होता है?
   (A) आंतर फुस्फुसी दाब, वायुमंडलीय दाब से अधिक हाता है।
   (B) आंतर फुस्फुसी दाब वायुमंडलीय दाब से कम होता है।
   (C) आंतर फुस्फुसी दाब, वायुमंडलीय दाब के बराबर होता है।
   (D) उपरोक्त में से कोई नहीं।
6. अंत: श्वसन क्षमता है–
   (A) TV + ERV (B) TV + IRV
   (C) ERV + RV (D) VC + RV
7. कितना प्रतिशत CO_2 का संवहन प्लाज्मा (Plasma) के रूप में होता है?
   (A) 7% (B) 70%
   (C) 20–25% (D) 97%
8. ऑक्सीजन वियोजन वक्र कैसा होता है?
   (A) J आकार का (B) S आकार का
   (C) U आकार का (D) D आकार का
9. प्रति 100 mL विऑक्सीजनित रुधिर कितने मात्रा में CO_2 मुक्त करता है?
   (A) 10 mL (B) 4 mL
   (C) 7.6 mL (D) 15.6 mL

10. कितना प्रतिशत O_2 का संवहन प्लाज्मा (plasma) के द्वारा होता है?

(A) 7% (B) 23% (C) 2% (D) 97%

11. प्रति 100 mL ऑक्सीजनित रुधिर कितने मात्रा में O_2 मुक्त करता है?

(A) 10 mL (B) 5 mL

(C) 7.6 mL (D) 15.6 mL

12. कूपिकीय वायु में O_2 का आंशिक दाब (PO_2) होता है–

(A) 95 mm Hg (B) 45 mm Hg

(C) 40 mm Hg (D) 104 mm Hg

13. श्वसन केन्द्र निम्न में से किससे प्रत्यक्ष रूप से प्रभावित नहीं होता है?

(A) CO_2 (B) H^+

(C) O_2 (D) pH

14. नीचे श्वसन का क्रम दिया गया है, इसके सही चरण का चयन करे–

I – कूपिका झिल्ली के आर-पार गैसों का विसरण

II – रुधिर द्वारा गैसों का परिवहन

III – रुधिर तथा उत्तकों के बीच O_2 और CO_2 का विसरण

IV – कोशिकाओं के द्वार O_2 का उपयोग

V – फुप्फुसी संवातन

(A) I, V, II, III, IV (B) V, I, II, III, IV

(C) I, I, III, IV , V (D) III, I, II, IV, V

15.

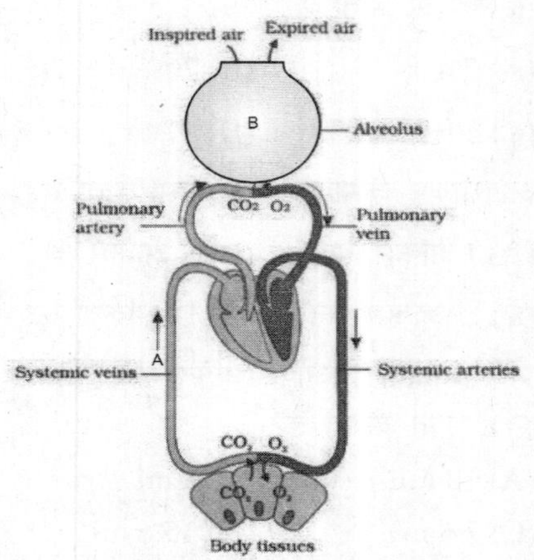

चित्र में कूपिका तथा फुप्फुसीय कोशिका (pulmonary capillary) को दर्शाया गया है, A तथा B का अपना एक निश्चित आंशिक दाब होता है, सही आंशिका दाब वाले विकल्प का चयन करें–

(A) PO_2–104 mm Hg B–PO_2–45
PCO_2–45 mm Hg PCO_2–45

(B) A–PO_2–40 mm Hg B–PO_2–104 mm Hg
PCO_2–45 mm Hg PCO_2–40 mm Hg

(C) A–PO_2–40 mm Hg B–PO_2–104 mm Hg
PCO_2–45 mm Hg PCO_2–45 mm Hg

(D) None of the abvoe

16. अंत: श्वसन तथा नि: श्वसन के बल को निम्न में से किस पेशी से बदला नहीं जा सकता है?

(A) आंतरिक अन्तरापर्शुक पेशी

(B) बाह अन्तरापर्शुक पेशी

(C) उदरीय पेशी

(D) कोई नहीं।

17. सही जोड़े का चयन करें, अर्थात् दोनों स्तम्भ में कौन सा विकल्प समान है?

	कॉलम A	कॉलम B
A	RV + ERV + TV + IRV	EC + RV
B	RV + ERV	TV + IRV
C	RV + ERV + TV + IRV	VC + RV
D	TV + IRV	TV + ERV

18. व्यवसायिक फेफड़ा रोग निम्न में से कौन सी स्थिती में संभव नहीं है?

(A) लम्बे समय तक पत्थर के कण के संपर्क में आने से।

(B) लम्बे समय तक सिमेंट के कण के संपर्क में आने से।

(C) लम्बे समय तक पराग कण के संपर्क में आने से।

(D) उपरोक्त में से कोई नहीं।

19. दिया गया चार्ट, 100 mL रुधिर तथा उसके द्वारा प्रदान किए जाने वाले O_2 तथा CO_2 की क्षमता से संबन्धित हैं।

सही विकल्प चुने।

	100 mL रुधिर	शुद्ध रुधिर	अशुद्ध रुधिर	प्रदान करने का स्थल	मात्रा
(A)	100 mL	O_2	CO_2	उत्तक, फेफड़ा	5 mL, 4 mL
(B)	100 mL	CO_2	O_2	उत्तक, फेफड़ा	5 mL, 4 mL
(C)	100 mL	O_2	CO_2	उत्तक, फेफड़ा	15 mL, 4 mL
(D)	100 mL	O_2	CO_2	फेफड़ा, उत्तक	104 mL, 40 mL

20. सुमेलित करें–

	कॉलम A	कॉलम B
	श्वसन संरचना	जन्तु
1.	नम (उपचर्म)	(A) मछली
2.	क्लोम	(B) केचुआ
3.	श्वासनली	(C) सरीसृप
4.	फेफड़ा	(D) कीट

(A) 1234/BADC (B) 1234/ABCD
(C) 1234/DBAC (D) 1234/CABD

21. प्राणी जगत में सार्वाधिक उपयोग होने वाला श्वसन अंग है–
(A) फेफड़ा (B) क्लोम
(C) श्वासनली (D) त्वचा

22. रज्जुकी में सार्वाधिक उपयोग में आने वाला श्वसन अंग है–
(A) क्लोम (B) फेफड़ा
(C) श्वासनाल (D) त्वचा

23. नीचे कुछ प्राणियों के जोड़े दिए गए हैं, प्राणी के उस जोड़े का चयन करे जो कि क्लोम से श्वसन करते हैं–
(A) झींगा (Prawn) तथा सिल्वर फिश (Silver fish)
(B) घोंघा (Snail) तथा टिड्डा
(C) टिड्डी तथा केकड़ा
(D) झींगा तथा घोंघा

24. निम्न में से कौन सा प्राणी सामान्य शरीर सतह से विसरण के द्वारा श्वसन करता है?
(A) लैसिलर (B) ओबेलिया
(C) डेन्टेलियम (D) लोकस्ट

25. नासा कक्ष ग्रसनी के कौन से भाग में खुलते है?
(A) नासा ग्रसनी (B) ओरो ग्रसनी
(C) लैरिनगो ग्रसनी (D) कोई नहीं।

26. भोजन तथा वायु का उभयनिष्ठ मार्ग है?
(A) ध्वनि पेटिका (B) श्वासनली
(C) ग्रसिका (D) कोई नहीं।

27. उस संरचना का चयन करे जिसमें नरम हड्डी (उपास्थि) अनुपस्थित रहती है–
(A) श्वासनली (B) ध्वनि पेटिका
(C) ग्रसनी (D) श्वसनी

28. कंठच्छद (epiglottis) भोजन को शरीर के किस भाग में जाने से रोकता है?
(A) ध्वनि पेटिका (B) ग्रहिका
(C) नासा कक्ष (D) कोई नहीं।

29. श्वसन मार्ग में उपास्थि के छल्ले सदैव होते हैं–
(A) पूर्ण (B) अपूर्ण
(C) गुबंदरूपी (D) V-आकार के।

30. श्वसन अंग (पथ) की कौन सी संरचना का कोई भी भाग फेफड़ा के बाहर स्थित नहीं रहता है?
(A) श्वासनली (B) प्राथमिक श्वसनी
(C) द्वितीयक श्वसनी (D) कंठ

31. फुफ्फुस द्रव (pleural fluid) का मुख्य कार्य क्या होता है?
(A) यह फेफड़े की सतह पर घर्षण को बचाता है।
(B) यह फुफ्फुसावरण के दो परतों को चिपकने से रोकता है।
(C) यह फेफड़ा को नमी (moisture) प्रदान करता है।
(D) उपरोक्त सभी

32. निम्न में से कौन सी संरचना मानव के फेफड़ों में कभी स्थित नहीं हाती है?
(A) तृतीयक श्वसनी (B) चतुर्थक श्वसनी
(C) अंतस्थ श्वसनी (D) उपरोक्त में से कोई नहीं

33. फेफड़ा का चालन भाग अनेक कार्य करता है, उस कार्य का चयन करें जो कि चालन भाग से नहीं होता है–
(A) यह भाग वायुमंडलीय वायु को कूपिकाओं तक संचारित करता है।
(B) यह बाहरी कणों से वायु को मुक्त करता है।
(C) वायु को शरीर के तापक्रम के अनुसार परिवर्तित करता है।
(D) उपरोक्त में से कोई नहीं।

34. वक्ष गुहा कक्ष (Thoracic cage) में से कौन-सा भाग गुंबदाकर (Dome shaped) होता है?
(A) पसली (B) कशेरुक दण्ड
(C) मध्यपट (D) उरोस्थि

35. अगर A = अंत: अंतरापर्शुक पेशी है, B = बाह्य अंतरापर्शुक पेशी है, C = तनुपट का पेशी है।
उस सेट का चयन करे जो कि नि: श्वसन (expiration) के दौरान संकुचित होते है–
(A) A, B, C (B) B, C
(C) A, C (D) उपरोक्त में से कोई नहीं

36. उदरीय पेशी की सहायता से हम कौन सी क्रिया संपादित नहीं कर सकते है?
(A) अंत:श्वसन तथा नि:श्वसन की क्षमता को बढ़ा सकते है।
(B) अंत:श्वसन तथा नि:श्वसन की क्षमता को घटा सकते है।
(C) उदरीय भाग को अंदर की तरफ खींच सकते है।
(D) उदरीय भाग को बाहर की तरफ ला सकते है।

37. अंतर फुफ्फुसीय दाब, वायुमंडलीय दाब से, निम्न में कौन सी स्थिति में कम हो जाता है?
(a) जब फुफ्फुसीय आयतन बढ़ जाता है।
(b) जब फुफ्फुसीय आयतन घट जाता है।
(c) फुफ्फुसीय आयतन न तो बढ़ता है न ही घटता है।
(d) पसली, उठती है, तथा तनुपट सीधे हो जाते है।
(A) a, d (B) b, d
(C) सिर्फ c (D) सिर्फ d

38. 1 – अंत: अंतरापर्शुक पेशी का शिथिलन
2 – अंत: अंतरापर्शुक पेशी का संकुचन
3 – तनुपट के पेशी का संकुचन
4 – उदरीय पेशी का शिथिलन
उपरोक्त में से अंत: श्वसन के दौरान क्या घटित होता है?
(A) 1, 2, 3, 4 (B) 1, 2, 3
(C) सिर्फ 3 (D) 2, 3

39. जब अंतरा फुफ्फुसी दाब वायुमंडलीय दाब से थोड़ा अधिक हो जाता है तो क्या होता है?
(A) अंत: श्वसन (B) नि:श्वसन
(C) दोनों A तथा B (D) कोई नहीं।

40. निगेटिव दाब (Negative pressure) का तात्पर्य है–
(A) आंतर फुफ्फुसी दाब वायुमंडलीय दाब से अधिक होता है।
(B) आंतर फुफ्फुसी दाब वायुमंडलीय दाब से कम होता है।
(C) आंतर फुफ्फुसी दाब वायुमंडलीय दाब के बराबर होता है।
(D) आंतर फुफ्फुसी दाब वक्षीय दाब से अधिक होता है।

41. तनुपट के पेशी में संकुचन के कारण वक्षीय गुहा का आयतन बढ़ता है–
(A) पृष्ठ-अधर अक्ष की तरफ
(B) अग्र-पश्च अक्ष की तरफ
(C) पार्श्व-अधर अक्ष की तरफ
(D) अग्र-अधर अक्ष की तरफ

42. अंत: श्वसन प्रारंभ होता है–
(A) तनुपट के संकुचन से
(B) बाह्य अंतरा पर्शुक पेशी के संकुचन से
(C) आंतरिक अंतरापर्शुक पेशी के संकुचन से
(D) उदरीय पेशी के संकुचन से।

43. जैसा कि हम जानते है, मानव शरीर में गैसीय विनिमय में विसरण का दर निर्भर करता है–

(A) गैसों की घुलनशीलता पर

(B) झिल्ली के मोटाई पर

(C) शरीर की स्थिति पर

(D) उपरोक्त सभी

44. नीचे मानव शरीर में गैसों के विसरण से संबन्धित कथन दिए गए है–

(a) झिल्ली (membrane) जितना अधिक पतला होगा गैसों के विसरण का दर उतना अधिक होगा।

(b) मानव शरीर में गैसों का विसरण कई मिलियन स्थल अर्थात् कोशिकाओं में होता है।

(c) सभी गैसों की घुलनशीलता एक समान नहीं होती है।

(d) फेफड़ों के उस स्थल की मोटाई जो गैसीय विनिमय में हिस्सा लेते हैं वह एक मिलिमीटर से कम होता है।

उपरोक्त में से कितने कथन सही है?

(A) 1 (B) 2

(C) 3 (D) 4

45. सही कथन का चयन करें–

(A) O_2 की तुलना में ज्यादा प्रतिशत CO_2 हीमोग्लोबिन से संचरित होता है।

(B) प्लाज्मा O_2 की तुलना में CO_2 ज्यादा संचरित करता है।

(C) H^+ ऑक्सीजन वियोजन वक्र को प्रभावित करता है।

(D) CO_2 ऑक्सीजन वियोजन वक्र को प्रभावित नहीं करता है।

46. CO_2 का आंशिक दाब प्रभावित नहीं करता है–

(A) ऑक्सी–हीमोग्लोबिन को

(B) कार्बामीनो–हीमाग्लोबिन को

(C) कार्बोक्सी–हीमोग्लोबिन को

(D) उपरोक्त में से कोई नहीं।

47. हीमोग्लोबिन के साथ ऑक्सीजन का बंधना प्राथमिक तौर पर संबन्धित है–

(A) O_2 के आंशिक दाब से

(B) CO_2 के आंशिक दाब से

(C) H^+ आयन सांद्रता से

(D) तापमान से

48. O_2 के हीमोग्लोबिन से बंधना बाधित नहीं होता है–

(A) CO_2 के आंशिक दाब से

(B) H^+ के सांद्रता से

(C) तापमान से

(D) उपरोक्त में से कोई नहीं।

49. ऑक्सी–हीमोग्लोबिन के निर्माण के लिए सहायक होता है–

(A) उच्च PCO_2

(B) निम्न PO_2

(C) H^+ का उच्च सान्द्रण

(D) उपरोक्त में से कोई नहीं।

50. उस सेट का चयन करे जो कि ऑक्सी–हीमोग्लोबिन के निर्माण में सहायक होता है–

(A) निम्न PCO_2, उच्च H^+ सांद्रता

(B) उच्च PO_2, निम्न तापमान

(C) निम्न PO_2, उच्च तापमान

(D) उच्च PO_2, उच्च तापमान

51. उत्तकों में ऑक्सी–हीमोग्लोबिन का वियोजन निर्भर करता है–

(A) निम्न PO_2, उच्च PCO_2

(B) उच्च H^+ सांद्रता, निम्न तापमान

(C) निम्न तापमान, निम्न PCO_2

(D) उपरोक्त में से कोई नहीं।

52. जैसा की हम जानते हैं ऑक्सीजन वियोजन वक्र सिग्मौयड (sigmoid) होता है, निम्न में से कौन सी दशा में ग्राफ दाई तरफ झुक जाता है?

(A) CO_2 के स्तर उच्च होने पर

(B) उच्च तापमान पर

(C) निम्न pH पर

(D) उपरोक्त सभी

53. अगर ऑक्सीजन वियोजन वक्र बाईं तरफ झुक जाए तो यह दर्शाता है–
(A) तापमान उच्च है।
(B) तापमान सामान्य है।
(C) रुधिर भ्रूण का है।
(D) उपरोक्त सभी।

54. कार्बोनिक एंहाइड्रेज किससे संबन्धित है–
(A) CO_2 तथा H_2O से H_2CO_3 का निर्माण
(B) H_2CO_3 के HCO_3^- तथा H^+ में विघटन से
(C) HCO_3^- तथा H^+ से $H_2CO_3^-$ का निमार्ण
(D) उपरोक्त सभी।

55. CO_2 के संचरन से संबन्धित सही अभिक्रिया है–
(A) $CO_2 + H_2O \rightarrow H_2CO_3 \xrightarrow{\text{Carbonic anhydrase}} HCO_3^- + H^+$
(B) $CO_2 + H_2O \xrightarrow{\text{Carbonic anhydrase}} H_2CO_3$
$H_2CO_3 \xrightarrow{\text{Carbonic anhydrase}} HCO_3^- + H^+$
(C) $CO_2 + H_2O \xrightleftharpoons{\text{Carbonic anhydrase}} H_2CO_3 \xrightleftharpoons{\text{Carbonic anhydrase}} HCO_3^- + H^+$
(D) $H_2CO_3 \xrightarrow{\text{Carbonic anhydrase}} CO_2 + H_2O \xrightarrow{\text{Carbonic anhydrase}} HCO_3^- + H^+$

56. श्वसन लयकेंद्र कहां विद्यमान होता है?
(A) अग्र मस्तिष्क (B) मध्य मस्तिष्क
(C) पश्च मस्तिष्क में (D) उपरोक्त में से कोई नहीं

57. श्वसन लयकेंद्र तथा श्वासप्रभ्रक (pneumotaxic) केंद्र के संदर्भ में हम कह सकते हैं कि दोनों उपस्थित होते हैं–
(A) अग्र मस्तिष्क में (B) मध्य मस्तिष्क में
(C) पश्च मस्तिष्क में (D) ग्रीवा धमनी में

58. निम्म में से कौन मस्तिष्क के मेदूला में स्थित नहीं होता?
(A) अंत:श्वसन केन्द्र (Inspiratory centre)
(B) नि:श्वसन केन्द्र (Expiratory centre)
(C) श्वासप्रभावी केन्द्र (pneumotaxic centre)
(D) उपरोक्त सभी

59. श्वास प्रभावी केन्द्र के तंत्रिका संकेत निम्न में से किसकी अवधि को कम कर सकते है?
(A) अंत:श्वसन (B) नि:श्वसन
(C) A तथा B दोनों (D) सर्दी तथा खांसी

60. अगर शरीर में, रुधिर में CO_2 का स्तर बढ़ जाता है, तो निम्न में से कौन प्रभावित नहीं होगा?
(A) श्वसन लयकेन्द्र
(B) श्वास प्रभावी केन्द्र
(C) रसायन संवेदी केन्द्र
(D) उपरोक्त में से कोई नहीं

61. सुमेलित करें–

	कॉलम A	**कॉलम B**
	असमान्यता	**लक्षण**
(A)	दमा	(1) रेशामयता
(B)	वातस्फीति	(2) एलर्जी
(C)	व्यावसायिक श्वसन रोग	(3) गैस विनिमय सतह में कमी

(A) ABC/123 (B) ABC/231
(C) ABC/321 (D) ABC/213

62. मुखावरण (face mask) किस रोग के बचाव में बेहद प्रभावी होते है?
(A) दमा
(B) वातस्फीति
(C) व्यावसायिक श्वसन रोग
(D) उपरोक्त सभी।

63. निम्नलिखित में से कौन से श्वसन विकार में फेफड़ा को नुकसान नहीं होता है?
(A) दमा
(B) वातस्फीति
(C) व्यावसायिक श्वसन रोग
(D) तपेदिक

64. व्यसन से संबन्धित श्वसन विकार का चयन करें–
(A) दमा
(B) वातस्फीति
(C) व्यावसायिक श्वसन रोग
(D) उपरोक्त में से कोई नहीं।

65. नीचे कुछ श्वसन के विकार दिए गए है, उस विकार का चयन करें जिसमें शरीर की सुरक्षा प्रणाली कमजोर साबित होता है–

(A) दमा

(B) वातस्फीति

(C) व्यावसायिक श्वसन रोग

(D) उपरोक्त सभी

66.

श्वसन गैस O_2	वायु कूपिका ?A	अनॉक्सी कृत रक्त 40	ऑक्सी कृत रक्त ? C	उत्तक 40
CO_2	40	? B	40	? D

ऊपर दिए गए तालिका में विसरण में सम्मिलित विभिन्न भागों पर ऑक्सीजन एवं कार्बनडाइ ऑक्साइड का आंशिक दबाव दिया गया है। इस तालिका में कुछ आंशिका दबाव अनुपस्थित है। सही उत्तर का चयन करें जो की तालिका के अनुपस्थित आंशिक दाब को दर्शाते है–

(A) A = 45 mm Hg
B = 104 mm Hg
C = 95 mm Hg
D = 45 mm Hg

(B) A = 104 mm Hg
B = 45 mm Hg
C = 95 mm Hg
D = 45 mm Hg

(C) A = 104 mm Hg
B = 45 mm Hg
C = 45 mm Hg
D = 95 mm Hg

(D) A = 95 mm Hg
B = 45 mm Hg
C = 104 mm Hg
D = 45 mm Hg

ANSWER KEY

1. (C)	**2.** (A)	**3.** (C)	**4.** (B)	**5.** (B)	**6.** (B)	**7.** (A)	**8.** (B)	**9.** (B)	**10.** (C)
11. (B)	**12.** (D)	**13.** (C)	**14.** (B)	**15.** (B)	**16.** (B)	**17.** (C)	**18.** (C)	**19.** (A)	**20.** (A)
21. (C)	**22.** (A)	**23.** (D)	**24.** (B)	**25.** (A)	**26.** (D)	**27.** (C)	**28.** (A)	**29.** (B)	**30.** (C)
31. (D)	**32.** (B)	**33.** (D)	**34.** (C)	**35.** (D)	**36.** (B)	**37.** (A)	**38.** (C)	**39.** (B)	**40.** (B)
41. (B)	**42.** (A)	**43.** (D)	**44.** (D)	**45.** (C)	**46.** (C)	**47.** (A)	**48.** (D)	**49.** (D)	**50.** (B)
51. (A)	**52.** (D)	**53.** (C)	**54.** (D)	**55.** (C)	**56.** (C)	**57.** (C)	**58.** (C)	**59.** (A)	**60.** (B)
61. (B)	**62.** (D)	**63.** (A)	**64.** (B)	**65.** (C)	**66.** (B)				

शरीर द्रव तथा परिसंचरण

1. नीचे कुछ कथन रुधिर प्लाज्मा के संदर्भ में दिया गया है, गलत कथन का चयन करें–
   (a) प्लाज्मा रुधिर का 55% होता है।
   (b) प्रोटीन, प्लाज्मा में सार्वाधिक पाया जाने वाला तत्त्व है।
   (c) प्लाज्मा में रुधिर स्कंदन कारक भी उपस्थित होते है।
   (d) लवण प्लाज्मा में अधिक होते है, कार्बोनिक तत्त्व को तुलना में।
   (A) a, b (B) a, c
   (C) b, d (D) c, d

2. सुमेलित करें–

कॉलम A	कॉलम B
1. Platelets	(A) 5 million/cu mm.
2. Erythrocyte	(B) 6000 – 8000/ cu mm.
3. Leucocyte	(C) 1.5 laks – 3.5 lakhs/cu mm

   (A) 123/CAB (B) 123/ABC
   (C) 123/CBA (D) 123/BCA

3. ल्यूकोसाइट जो हमारे प्रतिरक्षा तंत्र से संबन्धित है वह हैं–
   (A) Eosinophil (B) Monocytes
   (C) Lymphocyte (D) Neutrophil

4. ल्युकोसाइट के सेट का चयन करें जो कि कोशिकाशन (भक्षण) से सम्बन्धित है–
   (A) Eosinophil, Neutrophil
   (B) Monocyte, Neutrophil
   (C) Basophil, Monocytes
   (D) Basophil, Neutorphil

5.

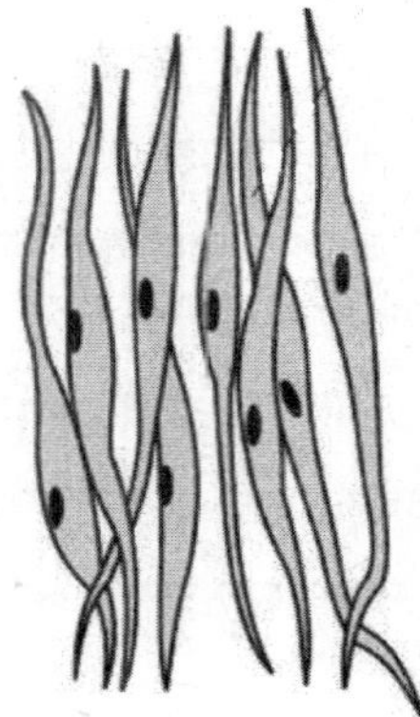

ऊपर दिए गए चित्र को पहचाने जो उस स्थल का चयन करे जहा यह पाएं जाते हैं–
   (A) अमाशय तथा पाद
   (B) रुधिर वाहिनी तथा आंत
   (C) जीव्हा तथा पाद
   (D) आंत तथा पाद

6.

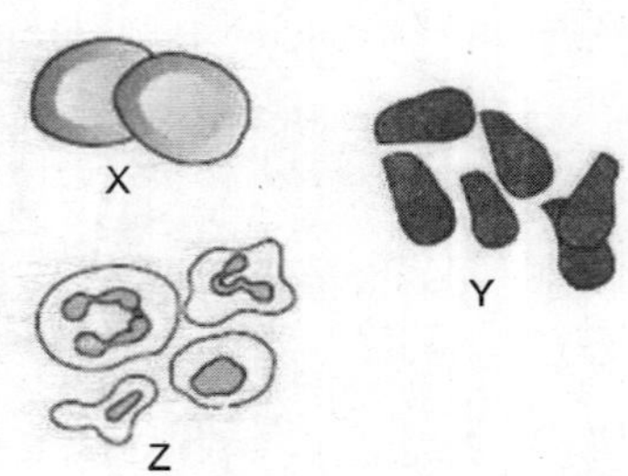

x, y तथा z को पहचाने तथा उनके सही कार्य के सेट का चयन करें–

(A) x – O_2 तथा CO_2 का संवहन करता है।
 y – शरीर के सुरक्षा तन्त्र का निर्माण करते है।
 z – रुधिर स्कंदन से संबन्धित है।

(B) x – O_2 तथा CO_2 का संवहन करता है।
 y – रुधिर स्कंदन से संबन्धित है।
 z – शरीर के सुरक्षा तन्त्र का निर्माण करता है।

(C) x – रुधिर स्कंदन से संबंधित।
 y – शरीर के सुरक्षा तंत्र का निमार्ण करते है।
 z – O_2 तथा CO_2 का संवहन करता है।

(D) उपरोक्त में से कोई नहीं

7. कौन से संयोजी उत्तक में कोशिका कभी तन्तु को स्रावित नहीं करते है?

(A) रुधिर (B) ढीले संयोजी उत्तक
(C) एरियोलर उत्तक (D) उपरोक्त में से कोई नहीं

8. इरिथ्रोसाइट की संख्या एक स्वस्थ व्यक्ति में कितना होता है?

(A) 1 – 1.5 मिलियन प्रतिधन मिमी.
(B) 2 – 2.5 मिलियन प्रतिधन मिमी.
(C) 5 – 5.5 मिलियन प्रतिधन मिमी.
(D) 7 मिलियन प्रतिधन मिमी.

9. एक व्यस्क मनुष्य के 100 ml रुधिर में कितना gm हीमोग्लोबिन होता है?

(A) 12 – 16 gm (B) 17 – 18 gm
(C) 5 – 7 gm (D) 2 – 4 gm

10. अधिकांश स्तनधारियों में इरिथ्रोसाइट होता है–

(A) उभयावतल (बाई कोनकेव)
(B) अवतल
(C) अण्डाकार
(D) गोल

11. सीरम है–

(A) प्लाज्मा + स्कंदन कारक
(B) प्लाज्मा – स्कंदन कारक
(C) प्लाज्मा + रक्ताणु + ल्यूकोसाइट
(D) प्लाज्मा + पट्टिकाणु

12. सार्वाधिक ल्यूकोसाइट (WBC) निम्न में कौन है?

(A) इयोसिनोफिल (B) बेसोफिल
(C) न्यूट्रोफिल (D) लिफोसाइट

13. निम्न में से कौन सा तत्त्व बेसोफिल के द्वारा स्रावित नहीं होता है?

(A) हिस्टामिन (B) सेरोटोनिन
(C) हिपेरिन (D) हिरुडिन

14. कणिका के आधार पर असमान्य का चयन करें–

(A) इयोसिनोफिल (B) न्यूट्रोफिल
(C) बेसोफिल (D) लिम्फोसाइट

15. निम्न में से कौन से ल्यूकोसाइट (WBC) का प्रतिशत न्यून्तम है?

(A) इयोसिनोफिल (B) बेसोफिल
(C) न्यूट्रोफिल (D) लिम्फोसाइट

16. निम्न में से कौन सा रुधिर कोशिका न्यूनतम होता है?

(A) इरिथ्रोसाइट (B) ल्यूकोसाइट
(C) प्लेटलेट्स (D) थ्रोम्बोसाइट

17. केन्द्रक युक्त रुधिर कोशिका का चयन करें–

(A) इरिथ्रोसाइट (B) ल्यूकोसाइट
(C) प्लेटलेट्स (D) उपरोक्त सभी

18. रुधिर प्लाज्मा में प्रोटीन का प्रतिशत कितना होता है?

(A) 55 (B) 90-92
(C) 7 (D) 2

19. सुमेलित करें–

कॉलम A	कॉलम B
1. एल्बूमिन	(A) प्रतिरक्षा तन्त्र
2. ग्लोबुलिन	(B) परासरणी संतुलन
3. फाइब्रिनोजेन	(C) रुधिर स्कंदन

(A) 123/BAC (B) 123/ABC

(C) 123/CAB (D) 123/CBA

20. रुधिर कोशिका जो अस्थि मज्जा के मैगाकेरियोसाइट से निर्मित होते हैं, वह है–

(A) इरिथ्रोसाइट (B) ल्यूकोसाइट

(C) प्लेटलेट्स (D) उपरोक्त सभी

21. ABO समूह में रक्त समूह के वर्गीकरण का आधार होता है–

(A) RBC की सतह पर दो प्रतिजनो की उपस्थिति

(B) RBC की सतह पर दो प्रतिजनो की अनुपस्थिति

(C) RBC की सतह पर दो प्रतिजनो की उपस्थिति या अनुपस्थिति

(D) RBC की सतह पर प्रतिरक्षी की उपस्थिति

22. एक व्यक्ति जिसका रुधिर समूह O होता है, निम्न में से किससे रुधिर ले सकता है?

(A) A (B) B

(C) A, B तथा AB (D) सिर्फ O

23. Rh कारक कितने % मनुष्यों में पाया जाता है?

(A) 80 (B) 60

(C) 50 (D) 40

24. कौन सी स्थिति गर्भ रक्ताणु कोरकता (इरिथ्रोबलास्टोसिस फिटेलिस) की अवस्था है?

(A) नर (Rh + ve) × मादा (Rh – ve)

(B) नर (Rh + ve) × मादा (Rh + ve)

(C) नर (Rh – ve) × मादा (Rh – ve)

(D) नर (Rh – ve) × मादा (Rh + ve)

25. गलत कथन का चयन करें–

(A) सभी अस्थियों के अस्थिमज्जा से इरिथ्रोसाइट का निर्माण होता है।

(B) कैल्सियम तथा कोलेजन तन्तु उपास्थि को मजबूती देते है।

(C) अधिकांश उपास्थि, अस्थि के द्वारा प्रतिस्थापित होते है।

(D) उपास्थि, अस्थि की तुलना में कोमल होते है।

26. निम्न में से कौन गैसों के संचरण से संबंन्धित नहीं है?

(A) रूधिर (B) लसिका

(C) प्लाज्मा (D) उपरोक्त में से कोई नहीं

27. रूधिर में उपस्थित तत्वों में से सही प्रतिशत चुने

(A) 90–92% प्लाज्मा

(B) 55% रूधिर कोशिका

(C) 6–8% प्रोट्रीन

(D) 6–8% अकार्बनिक तत्व

28. गलत कथन का चयन करे

(a) ल्युकोसाइट विहिन प्लाज्मा को सीरम कहते है।

(b) ग्लोबुलिन शरीर की सुरक्षा से संबंधित है

(c) एल्बूमिन परासरणी संतुलन से संबंधित है

(d) प्लाज्मा रुधिर का तरल भाग है

(A) a (B) c

(C) d (D) b

29. रूधिर स्कंदन से संबंधित सही चरण का चयन करे

(a) गहरे भूरे रंग के झाग की उत्पति

(b) थ्रोबोकाइनेज (Thrombokin) की उत्पति

(c) प्रोथ्रोबिन का थ्रोबिन में रूपान्तरण

(d) फ्राइब्रिनोजेन का फाइब्रिन में रूपान्तरण

(A) b, c, d, a (B) a, b, c, d

(C) d, b, a, c (D) c, b, d, a

30. सही तथा गलत कथन का चयन करे-

(a) हृदय चक्र का सही क्रम है, चारों कक्ष शिथिल, निलय प्रकुंचन, आलिन्द प्रकुंचन

(b) हृदय चक्र की अवधी निश्चित नहीं होती है

(c) हृदय छवनी सिर्फ अर्धचंद्रक कपार से संबंधित है

(d) एपिकार्डियम (epicardium) हृदय का आवरण है

(A) a, b सत्य, c, d असत्य

(B) b, d सत्य, a, c असत्य

(C) सभी कथन सही है

(D) सभी कथन गलत है

31. अगर A, O_2 है, B पोषक तत्त्व है, C जल है, तो उपरोक्त में से कौन, कोशिका को जीवित रखने के लिए सदैव आवश्यक नहीं है?

(A) A (B) B

(C) C (D) उपरोक्त मे से कोई नहीं

32. संघ के जोड़े का चयन केर जिसमें जल ठीक वैसा ही काम करता है, जैसा की हमारे शरीर में रुधिर–

(A) प्रोटोजोआ, प्लेटीहैल्मिंथीज

(B) पोरीफेरा, सिलेंट्रेटा

(C) सिलेंट्रेटा, प्लेटीहैल्मिंथीज

(D) पोरीफेरा, प्लेटीहैल्मिंथीज

33. प्लाज्मा में कौन सा खनिज आयन अनुपस्थित होता है?

(A) Na^+ (B) Ca^{++}

(C) Cl^- (D) उपरोक्त में से कोई नहीं

34. A – गाढ़ा, B – पतला, C – रंगहीन, D – हल्का पीला A, B, C, D में से कौन प्लाज्मा की विशेषता है?

(A) A (B) A, B

(C) B, D (D) A, D

35. रुधिर के प्लाज्मा में विभिन्न प्रकार के प्रोट्रीन उपस्थित होते हैं, निम्न में से उस प्रोट्रीन का चयन करे जो सक्रिय रूप से उपस्थित होते है–

(A) प्रोथ्रोबिन (B) फाइब्रिनोजेन

(C) फाइब्रिन (D) उपरोक्त में से कोई नहीं

36. निम्न में से कौन सा रुधिर कोशिका, का आकार इरिथ्रांसाइट की भांति होता है?

(A) प्लेटलेट्स (B) इयोसिनोफिल

(C) बेसोफिल (D) उपरोक्त में से कोई नहीं

37. किस रुधिर समूह का व्यक्ति सार्वाधिक भिन्न रुधिर समूह का रुधिर ले सकता है?

(A) A (B) B

(C) AB (D) O

38. श्वेताणु जो की प्रदाही अनुक्रिया (शोधकारी क्रियाओं) से संबन्धित है, वह है–

(A) इयोसिनोफिल (B) बेसोफिल

(C) न्युट्रोफिल (D) मोनोसाइट

39. प्लीहा निम्न में से किसका कब्रिस्तान है?

(A) रक्ताणु (B) श्वेताणु

(C) पट्टिकाणु (D) उपरोक्त सभी

40. निम्न में से किसमें लाल रुधिर–कणिका में केन्द्रक अनुपस्थित होते है?

(A) सभी स्तनधारी

(B) अधिकांश स्तनधारी

(C) सभी कशेरुकी

(D) सभी कशेरुकी तथा अकशेरुकी

41. निम्न में से कौन पोषक पदार्थ, हार्मोन का परिवहन करते हैं?

(A) रक्ताणु (B) लसीका

(C) श्वेताणु (D) उपरोक्त सभी

42.

पिता × माता
Rh – ve × Rh +ve
↓
भ्रूण
Rh +ve

उपरोक्त दशा में भूण्र के साथ क्या संभव है?

(A) भूण्र इरिथ्रोब्लास्टोसिस फिटेलिस से ग्रसित होगा

(B) भ्रूण पूरी तरह से सामान्य रहेगा

(C) भूण्र एनीमिया से ग्रसित होगा।

(D) उपरोक्त में से कोई नहीं।

43. अगर पिता Rh – ve है, तथा माता Rh + ve है, तो भ्रूण क्या होगा?
(A) Rh + ve (B) Rh – ve
(C) A तथा B दोनों (D) उपरोक्त में से कोई नहीं

44. इरिथ्रोब्लास्टोसिस फिटैलिस के स्थिती में क्या संभव है?
(A) एनीमिया
(B) पीलिया
(C) अपेक्षाकृत कम ऊर्जा
(D) उपरोक्त सभी।

45. इरिथ्रोब्लास्टोसिस फिटैलिस संभव है–
(A) भ्रूण में (B) नवजात में
(C) माता में (D) उपरोक्त सभी।

46. इरिथ्रोब्लास्टोसिस फिटैलिस संभव है–
(A) प्रथम भ्रूण में (B) द्वितीय भ्रूण में
(C) तृतीय भ्रूण में (D) B तथा C दोनों में

47. इरिथ्रोब्लास्टोसिस फिटॉलिस की स्थिति गर्भावस्था के कौन सी अवस्था में प्रकट होता है?
(A) आरंभ (B) मध्य
(C) अंतिम (D) उपरोक्त सभी

48. किस प्रकार के परिसंचरण में कोटर उपस्थित होते हैं?
(A) खुला (B) बंद
(C) A तथा B दोनों (D) कोई नहीं

49. कोटर वस्तुत होते हैं–
(A) देहगुहा (B) रुधिर वाहिनी
(C) लसिका वाहिनी (D) उपरोक्त सभी

50. बंद परिसंचरण को खुले परिसंचरण की तुलना में अधिक दक्ष माना जाता है, क्योंकि–
(A) रुधिर प्रवाह धीमा होता है।
(B) गैसीय विनिमय धीमा होता है।
(C) रक्त प्रवाह आसानी से नियमित किया जा सकता है।
(D) रुधिर अधिक झटके से बहता है।

51. अगर A – फेफड़ा मछली, B – घड़ियाल, C – पंक्षी, D – स्तनधारी है–
कोष्टकों के संख्या के आधार पर असमान्य का चयन करें–
(A) A (B) B
(C) C (D) D

52. उभयचरों या सरीसृपों में बांया आलिन्द निम्न में से कौन से अंग से शुद्ध रुधिर प्राप्त करता है?
(A) क्लोम (B) फेफड़ा
(C) त्वचा (D) उपरोक्त सभी

53. कशेरुकी के जोड़े का चयन करें जिनमें निलय सिर्फ अशुद्ध रुधीर को ही पम्प करता है–
(A) सरीसृप, पक्षी (B) मछली, पेट्रोमाइजन
(C) उभयचर, सरीसृप (D) सरीसृप, स्तनधारी

54. अंतर निलयी पट की मोटाई, अंतर आलिंदी पट की तुलना में–
(A) बराबर होती है (B) कम होती है
(C) अधिक होती है (D) उपरोक्त में से कोई नहीं

55. आलिन्द की तुलना में निलय का आकार होता है–
(A) बड़ा (B) छोटा
(C) बराबर (D) कोई नहीं।

56. अलिंद-निलय पट होते है–
(A) मोटे तन्तुमय (B) पतले पेशीय
(C) पतले तन्तुमय (D) मोटे पेशीय

57. आलिन्द निलय पट्टा/पट्टों की संख्या होती है–
(A) 1 (B) 2
(C) 3 (D) 4

58. अगर A आलिन्द का विध्रुवण है, B निलय का पुनः ध्रुवण है, C आलिन्द का प्राकुंचन है, D निलय का प्राकुंचन है,
ई सी जी का P तरंग दर्शाता है–
(A) A, B (B) B, C
(C) A, C (D) B, D

59. निलय का प्रकुचंन कौन से तरंग के तुरंत पश्चात् आरंभ हो जाता है?
(A) P (B) Q
(C) R (D) ST

60. ई सी जी में टी तरंग का अंत निम्न में से किसके अंत को दर्शाता है?
(A) आलिन्द प्रकुंचन (B) निलय प्रकुंचन
(C) आलिन्द शिथिलन (D) निलय शिथिलन

61. एक निश्चित समय में QRS सम्मिश्र की संख्या गिनने पर एक मनुष्य की ___?___ भी निकाली जा सकती है–
(A) हृदय स्पंदन दर (B) कार्डियक चक्र
(C) रक्त दाब (D) उपरोक्त सभी

62. ई सी जी में कौन सी तरंग आधार रेखा के नीचे होती है?
(A) PQ (B) QR
(C) RS (D) QS

63. अगर A द्विवलन कपाट है, B त्रिवलन कपाट है, C अर्द्धच्रदाकार कपाट है–तो, उस विकल्प का चयन करे जिसमें A, B तथा C खुले रहते है–
(A) आलिन्द प्राकुचंन (B) निलय प्राकुंचन
(C) संयुक्त शिथिलन (D) उपरोक्त में से कोई नहीं

64. अनुकंपीय तांत्रिकाओं से प्राप्त तंत्रिय संकेत–
(A) हृदय स्पंदन को बढ़ा सकते है।
(B) निलयी संकुचन को संदृढ़ बनाते है।
(C) हृदय उत्पादन को प्रभावित करते है।
(D) उपरोक्त सभी।

65. निम्न में से कौन–सा हॉर्मोन हृदय उत्पदन को बढ़ा नहीं सकता है?
(A) एड्रिनलीन (B) नारएड्रिनलीन
(C) थाइमोसिन (D) उपरोक्त सभी

66. ऑक्सीजन रहित रुधिर उत्तकों से बाहर रुधिर वाहिनी में प्रवेश के सही क्रम का चयन करें–
(A) शिरा → शिरिका → महाशिरा
(B) शिरिका → शिरा → महाशिरा
(C) शिरा → महाशिरा → शिरिका
(D) महाशिरा → शिरिका → शिरा

67. अंग जो उच्च रक्त दाब के कारण प्रभावित होते है, वह है–
(A) हृदय (B) मस्तिष्क
(C) वृक्क (D) उपरोक्त सभी

68. निम्न में से किस आयु वर्ग में हृदशूल (एंजाइना) संभव है?
(A) 30 (B) 40
(C) 60 (D) उपरोक्त सभी

69. दिए गए कॉलम में विभिन्न प्रकार के हृदय रोग तथा उसके लक्षण दिए गए है।

कॉलम A	कॉलम B
1. हृदपात (हार्ट फेल्योर)	A. हृदय शरीर के आवश्यकता अनुसार पर्याप्त रुधिर आपूर्ति नहीं करता है।
2. दिल का दौरा	B. हृदय पेशी क्षतिग्रस्त हो जाते है।
3. कॉडियक ऐरेस्ट	C. हृदय की धड़कन रुक जाती है।

(A) 123/ABC (B) 123/BAC
(C)123/ACB (D)123/CBA

70. फुफ्फुस का संकुलन हो जाना, निम्न में से कौन से रोग का मुख्य लक्षण है?
(A) हृदघात (B) दिल का दौड़ा
(C) हृदपात (D) उपरोक्त सभी।

71. रुधिर काठिंय (एथिरोसक्लेरोसिस) में निम्न में से किसका जमाव नहीं होता है?
(A) कैल्शियम (B) वसा
(C) कोलेस्ट्रॉल (D) उपरोक्त में से कोई नहीं

72. परानुकम्पी तंत्रिका तत्र घटा सकता है–
(A) हृदय गति की दर
(B) हृदय उत्पादन
(C) तंत्रिका आवेग के संचरण की गति
(D) उपरोक्त सभी

73. अत्यधिक रक्तस्राव से संभव है–
(A) उच्च रक्त दाब
(B) निम्न रक्त दाब
(C) सामान्य रक्त दाब
(D) उपरोक्त सभी।

74.

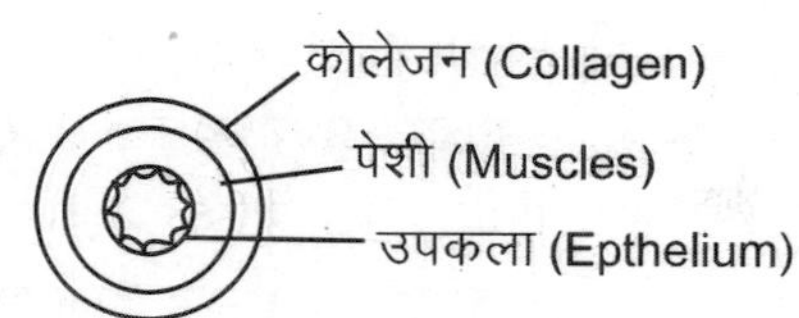

दिया गया चित्र निम्न में से किसका संभव नहीं है?

(A) धमनी (B) शिरा
(C) केशिका (D) कोई नहीं।

75. निम्न में से किसे ग्रेट वेन (great Vein) कहते है?

(A) कोरोनरी शिरा (B) फुफ्फुसीय शिरा
(C) महाशिरा(D) यकृत निवाहिका तंत्र

76. हृदय का शीर्ष स्थित होता है–

(A) बाई तरफ (B) दाई तरफ
(C) मध्य में (D) कोई नहीं

77. स्कंदन के क्रिया के दौरान कारक मुक्त होते है–

(A) बिम्बाणु से
(B) उत्तक से
(C) A तथा B दोनों से
(D) इरिथ्रोसाइट से

78. उभयचर तथा सरीसृप में बांया आलिन्द शुद्ध रुधिर ग्रहित करता है–

(A) क्लोम से (B) फेफड़ा से
(C) त्वचा से (D) उपरोक्त सभी से।

79. A – हृदय के क्रियाशीलता को सिर्फ तंत्रिकीय क्रिया के द्वारा नियमित किया जा सकता है।

B – हृदय के विद्युत क्रिया को शरीर की सतह से रिकार्ड किया जा सकता है।

C – सिर्फ कशेरुकियों में बन्द प्रकार को परिसंचरण पाया जाता है।

यहां, स - सत्य, अ - असत्य

(A) A – स, B – स, C – अ
(B) A – अ, B – स, C – स
(C) A – अ, B – स, C – अ
(D) A – अ, B – स, C – स

80. उत्तक द्रव्य निर्मित होता है–

(A) रुधिर से (B) लसिका से
(C) प्लाज्मा से (D) उपरोक्त सभी से।

81. उच्च प्राणियों में आने वाला सबसे सामान्य तरल है–

(A) रुधिर (B) लसिका
(C) उत्तक द्रव्य (D) सीरम

82. निम्न में से किस आधार पर निलय आलिन्द से भिन्न होता है?

(A) दिवार की मोटाई
(B) कोष्टक का आकार
(C) पम्प करने की क्षमता
(D) उपरोक्त सभी।

83. अर्धचंद्राकर कपाट–

(A) सदैव खुले रहते है
(B) सदैव बन्द रहते है
(C) रुधिर प्रवाह से बलपूर्वक खुलते है
(D) उपरोक्त में से कोई नहीं।

84. अर्धचंद्राकार कपाट कब बंद हो जाते है?

(A) निलय का दाब कम हो जाता है।
(B) निलय का दाब बढ़ जाता है।
(C) निलय का दाब सामान्य बना रहता है।
(D) उपरोक्त सभी।

85. जब कोई बीमार व्यक्ति हृदयघात के कारण निगरानी मशीन पर रखा जाता है तब आप पीप-पीप-पीप और पीपीपी की आवाज सुन सकते हैं, यह ध्वनी प्रदर्शित करता है कि मरीज–

(A) हृदयपात से ग्रसित है।
(B) हृदयघात से ग्रसित है।
(C) संकुलित हृदयपात से ग्रसित है।
(D) हृदयशूल से ग्रसित है।

86. यकृत निवाहिका परिसंचरण तन्त्र निम्न में से किसके बीच का संयोजन है?

(A) आंत्र तथा वृक्क (B) वृक्क तथा यकृत
(C) आंत्र तथा यकृत (D) आंत्र तथा आंत्र

87. यकृत निवाहिका तंत्र में शामिल है–
(A) यकृत धमनी (B) यकृत शिरा
(C) वृक्क धमनी (D) वृक्क शिरा

88. अगर, A हृदय गति की दर है, B निलय प्राकुंचन का बल है, C हृदय उत्पादन है–
उपरोक्त में से कौन अनुकम्पी तंत्रिका के द्वारा बढ़ जाता है?
(A) A (B) A, B
(C) A, B, C (D) उपरोक्त में कोई नहीं

89. जब हृदय शरीर के विभिन्न भागों को आवश्यकतानुसार पर्याप्त आपूर्ति नहीं कर पाता है तो इस असमान्यता को कहते है–
(A) हृदशूल (Angina)
(B) हृदपात (Heart failure)
(C) एथिरोकाठिय (Atherosclerosis)
(D) हृदघात (Heart attack)

90. हृदशूल (एंजोइना) की विशेषता है–
(A) छाती में दर्द
(B) हृदय के पोशियों में अपर्याप्त ऑक्सीजन
(C) सांस का फूलना
(D) उपरोक्त सभी।

91. नीचे हृदय से सम्बन्धित कुछ कथन दिए गये हैं–
(a) हृदय का उद्भव endodermal होता है।
(b) हृदय बायी तरफ झुका रहता है।
(c) हृदय दोहरी झिल्ली युक्त एपिकार्डियम (epicardium) से घिरा रहता है।
(d) हृदय का आकार बंद मुठ्ठी के बराबर होता है।
(A) a, c असत्य, b, d सत्य
(B) a, c सत्य, b, d असत्य
(C) b, c असत्य, a, d सत्य
(D) सभी कथन सही है।

92. सही सेट का चयन करे–
(A) मछली - 3 कोष्टक हृदय
(B) उभयचर - 4 कोष्टक हृदय
(C) पक्षी - 4 कोष्टक हृदय
(D) स्तनधारी - 3 कोष्टक हृदय

93. जन्तुओं के सेट का चयन करें जिनमें हृदय के कोष्टक की संख्या बराबर होती है–
(A) मछली, उभयचर (B) उभयचर, सरीसृप
(C) सरीसृप, एवीस (D) मछली, एवीस

94. अपूर्ण दोहरा परिसंचरण उपस्थित होता है–
(A) मछली में (B) उभयचर में
(C) एवीस में (D) स्तनधारी में

95. गलत कथन का चयन करे–
(A) सभी सरीसृप में हृदय 3 कोष्टक युक्त होते है बिना किसी अपवाद के।
(B) मछली का हृदय शुद्ध तथा अशुद्ध दोनों प्रकार के रुधिर को ग्रहित करते है।
(C) सभी कशेरुक के हृदय पेशी, कोष्टक युक्त
(D) दोहरा परिसंचरण, एकल परिसंचरण की तुलना में अधिक दक्ष है।
(A) a, b (B) c, d
(C) b, d (D) d, c

96. हृदय का आवरण होता है–
(A) एकल परत एपिकार्डियम
(B) दोहरा परत एपिकार्डियम
(C) त्री परत एपिकार्डियम
(D) कोइ नहीं

97. उस कार्य का चयन करें जो अनुकम्पी तंत्रिका तंत्र के नियन्त्रण में नहीं होता है–
(A) हृदय गति का बढ़ना
(B) हृदय गति का घटना
(C) क्रमानुकुचंन का घटना
(D) रक्त दाब का बढ़ना

98. हृदय चक्र के सही क्रम का चयन करें–
(A) संयुक्त अनुशिथिलन, आलिंद प्रकुंचन, निलय प्रकुचन
(B) आलिन्द प्रकुचंन, संयुक्त अनुशिथिलन, निलय प्रकुचंन
(C) निलय प्रकुचंन, संयुक्त अनुशिथिलन, आलिन्द प्रकुचन
(D) निलय प्रकुचंन, आलिन्द प्रकुचंन, संयुक्त अनुशिथिलन

99. हृदय की ध्वनि सुनी जा सकती है निम्न में से कौन से यंत्र के द्वारा?
(A) सफिगमोमैनोमीटर (B) स्टेथेस्कोप
(C) फोनोकाड्रियोग्राम (D) ईसीजी

100. काड्रियक चक्र की अवधि होती है–
(A) 0.8 sec (B) 0.4 sec
(C) 0.1 sec (D) 0.3 sec

101. हृदय उत्पादन होता है–
(A) स्ट्रोक आयतन × हृदय दर
(B) स्ट्रोक आयतन × हृदय गति
(C) स्ट्रोक आयतन × रक्त दाब
(D) स्ट्रोक आयतन × पल्स दाब

102. हृदय निकास (cardiac output) के संदर्भ में सही कथन का चयन करें–
(a) हृदय निकास खिलाड़ियों का सामान्य व्यक्ति के तुलना में अधिक होता है।
(b) हृदय निकास 70 mL होता है।
(c) हृदय निकास प्रत्येक निलय द्वारा रक्त की मात्रा को प्रति मिनट बाहर निकालने की क्षमता है।
(d) हृदय निकास अलग-अलग उम्र में अलग-अलग होता है।
(A) a, b (B) c, d
(C) a, b, c (D) a, c, d

103. हृदय के ध्वनि से संबन्धित कुछ कथन नीचे दिए गए है–
(A) हृदय ध्वनि के अन्तर्गत दो महत्त्वपूर्ण ध्वनियां सम्मिलित है।
(B) द्वितीय हृदय ध्वनि डब द्विवलन तथा त्रिवलन कपाट के बंद होने से संबन्धित है।
(C) हृदय ध्वनि अर्ध चंद्राकार कपाट से संबन्धित नहीं है।
(D) दोनों हृदय ध्वनि का चिकित्सीय निदान में बहुत महत्त्व है।
(A) A, D सत्य, B, C असत्य
(B) A, B सत्य, C, D असत्य
(C) B, C सत्य, A, D असत्य
(D) सिर्फ A सत्य है, B, C, D असत्य

104. अनुशिथिलन अवस्था में–
(A) दोनों अलिंद शिथिल अवस्था में होते है।
(B) दोनों निलय शिथिल अवस्था में होते है।
(C) हृदय के चारों कक्ष शिथिल अवस्था में होते है।
(D) सभी कोष्टक को प्रकुचन (systole) अवस्था है।

105. द्विवलन तथा त्रिवलन कपाट कब बंद होते है?
(A) आलिन्द के प्रकुचंन (systole) के दौरान
(B) निलय के प्रकुचंन (systole) के दौरान
(C) आलिन्द तथा निलय दोनों के प्रकुचंन (systole) के दौरान
(D) उपरोक्त में से कोई नहीं।

106. हृदय में आवेग के संचरण से संबन्धित सही क्रम का चयन करे–
(A) SAN → AV bundle → AVN → Bundle of His
(B) SAN → AVN → AV bundle → Bundle of His
(C) AVN → SAN → AV bundle → Bundle of His
(D) SAN → AVN → Bundle of His → AVbundle

107. निलय प्रकुचंन के दौरान–
(A) द्विवलन, त्रिवलन कपाट-बन्द, चंद्रकपाटिकाएं-बन्द
(B) द्विवलन, त्रिवलन - खुला, चंद्रकपाटिकाएं-खुला
(C) द्विवलन, त्रिवलन - बन्द, चंद्रकपाटिकाएं-खुला
(D) द्विवलन, त्रिवलन - खुला, चंद्रकपाटिकाएं-बन्द

108. चंद्रकपाटिकाएं (semilunr) valve स्थित होते हैं–
(A) फुफ्सीय (pulmonary) धमनी के द्वार पर
(B) फुफ्सीय धमनी तथा महाधमनी के द्वार पर
(C) कोरोनरी घमनी के द्वार पर
(D) अग्रमहाशिरा के द्वार पर

109. उस संरचना का चयन करें जो स्वचालित होती है–
(A) साइनो-आट्रियल नोड
(B) AV बंडल
(C) आट्रियो-वेटीकुलर नोड
(D) हिस के बडल

110. निम्न में से कौन हृदय के कपाट का कार्य नहीं है?
(A) रूधिर के एक ही दिशा में बहने देता है।
(B) यह रुधिर के पीछे बहने से रोकता है।
(C) यह रुधिर के आगे के प्रवाह को रोकता है
(D) यह हृदय को यांत्रिक (mechanical) सहारा देता है।

111. ऑट्रियो-वेंटीकुलर नोड–
(A) बायें आलिंद में आलिद निलयी पट के पास
(B) दाये आलिंद में आलिंद निलयी पट के पास
(C) बाये आलिंद में पश्च महाशिरा के निकट
(D) दाये आलिंद में पश्च महाशिरा के निकट

112. ECG का तरंग जो कि निलय के विध्रुवीकरण को दर्शाते हैं वह है–
(A) तरंग P (B) तरंग QRS
(C) तरंग T (D) तरंग ST

113. सही जोड़ा है–
(A) एड्रिनल मेडुलरी हॉर्मोन → हृदय उत्पादन को बढ़ाता है।
(B) हाइपोथैलेमस → न्यूरल केन्द्र
(C) मानव हृदय → न्यूरोजोनिक
(D) अनुकम्पी तंत्रिका → हृदय उत्पादन को घटाता है

114. अगर किसी का रक्तदाब बार-बार मापने पर भी रक्त दाब 130/85 आता है, तो यह प्रदर्शित करता है कि–
(A) व्यक्ति पूरी तरह सामान्य है।
(B) अति तनाव से ग्रसित है।
(C) निम्न रक्त दाब से ग्रसित है।
(D) हृदयशूल (एंजाइना) से ग्रसित है।

115. उस संरचना का चयन करें जो रुधिर को आंत्र से यकृत में लेकर आते है–
(A) यकृत धमनी
(B) यकृत निवाहिका शिरा
(C) यकृत शिरा
(D) हाइपोफिशियल निवाहिका तंत्र

116. यदि हृदय की धड़कन रुक जाती है, तो इस दशा को कहते है–
(A) हृदयपात (हार्ट फेल्योर)
(B) संकुलित हृदयपात (हार्ट अटैक)
(C) हृदयघात (कार्ड्रियक अरैस्ट)
(D) हृदयशूल (एंजाइना)

117. नीचे कुछ कथन लसीका से संबन्धित दिए गए हैं–
(a) लसीका, अंतराली द्रव है।
(b) यह कोशिका की दिवार से निकल कर आने वाला तत्त्व है।
(c) यह हल्के सफेद रंग का होता है।
(d) यह अंत में धमनी में प्रवेश कर जाता है ताकि हॉर्मोन तथा पोषक तत्त्वों का संचरण कर सके।
(A) a, c असत्य, a, d सत्य
(B) a, b सत्य, c, d असत्य
(C) a, b असत्य, c, d सत्य
(D) a, d असत्य, b, c सत्य

118. सुमेचित करे–

कॉलम A	**कॉलम B**
1. न्युट्रोफिल	A. 0.5 – 1%
2. इयोसिनोफिल	B. 2 – 3%
3. बेसोफिल	C. 6 – 8%
4. लिम्फोसाइट	D. 60 – 65%
5. मोनोसाइट	E. 20 – 25%

(A) 12345/DBACE (B) 12345/DBAEC
(C) 12345/DABEC (D) 12345/ABCDE

119. सही कथन का चयन करें–
(A) अधिकांश मनुष्यों में Rh कारक उपस्थित होते हैं
(B) सोपानी (Cascade) प्रक्रिया रुधिर आधान से संबन्धित होते है।
(C) प्लाज्मा (plasma) में लवणों की मात्रा तथा वितरण उत्तक द्रव की भांति होता है।
(D) सभी कशेरूकों में पेशी युक्त हृदय नहीं होते है
(A) a, c (B) a, b
(C) c, d (D) a, d

120. धमनी की गुहा किस दशा में संकरी हो जाती है–
(A) एथिरोसक्लेरोसिस
(B) आरटेरियासक्लेरोसिस
(C) एंजाइनापेक्टोरिस
(D) उपरोक्त सभी।

ANSWER KEY

1. (C)	**2.** (A)	**3.** (C)	**4.** (B)	**5.** (B)	**6.** (B)	**7.** (A)	**8.** (C)	**9.** (A)	**10.** (A)
11. (B)	**12.** (C)	**13.** (D)	**14.** (B)	**15.** (B)	**16.** (B)	**17.** (B)	**18.** (C)	**19.** (A)	**20.** (C)
21. (C)	**22.** (D)	**23.** (A)	**24.** (A)	**25.** (A)	**26.** (D)	**27.** (C)	**28.** (A)	**29.** (A)	**30.** (D)
31. (A)	**32.** (B)	**33.** (D)	**34.** (D)	**35.** (C)	**36.** (D)	**37.** (C)	**38.** (B)	**39.** (A)	**40.** (B)
41. (B)	**42.** (B)	**43.** (A)	**44.** (D)	**45.** (A)	**46.** (D)	**47.** (C)	**48.** (A)	**49.** (A)	**50.** (C)
51. (A)	**52.** (D)	**53.** (B)	**54.** (C)	**55.** (A)	**56.** (A)	**57.** (B)	**58.** (C)	**59.** (B)	**60.** (B)
61. (A)	**62.** (D)	**63.** (D)	**64.** (D)	**65.** (C)	**66.** (B)	**67.** (D)	**68.** (D)	**69.** (A)	**70.** (C)
71. (D)	**72.** (D)	**73.** (B)	**74.** (C)	**75.** (C)	**76.** (A)	**77.** (C)	**78.** (D)	**79.** (C)	**80.** (A)
81. (A)	**82.** (D)	**83.** (C)	**84.** (A)	**85.** (B)	**86.** (C)	**87.** (B)	**88.** (C)	**89.** (B)	**90.** (D)
91. (A)	**92.** (C)	**93.** (B)	**94.** (B)	**95.** (A)	**96.** (D)	**97.** (B)	**98.** (A)	**99.** (B)	**100.** (A)
101. (A)	**102.** (D)	**103.** (A)	**104.** (C)	**105.** (B)	**106.** (B)	**107.** (C)	**108.** (B)	**109.** (A)	**110.** (C)
111. (B)	**112.** (B)	**113.** (A)	**114.** (A)	**115.** (B)	**116.** (C)	**117.** (B)	**118.** (B)	**119.** (A)	**120.** (D)

उत्सर्जी उत्पाद एवं उसका निष्कासन

1. उत्सर्जी पदार्थ जिसके उत्सर्जन में न्यूनतम जल की आवश्यकता पड़ती है, वह है–
   (A) अमोनिया
   (B) यूरिया
   (C) यूरिक अम्ल
   (D) TMAO (टी. एम. ए. ओ.)
2. नीचे कुछ अमोनोटेल्जिम (ammonotelism) से संबन्धित कथन दिए गए है, सही कथन का चयन करे–
   (A) सभी जलीय प्राणी अमोनोंटेलिक होते हैं।
   (B) अमोनिया (Ammonia) सार्वाधिक जहरीला नाइट्रोजनी अपशिष्ट होता है।
   (C) कुछ चिड़ियां भी अमोनोटेलिज्म प्रदर्शित करती हैं
   (D) अमोनिया के उत्सर्जन के लिए अल्प मात्रा में जल की आवश्यकता पड़ती है।
3. सुमेलित करे–

कॉलम A	कॉलम B
A. यूरिया	1. कीट
B. यूरिक अम्ल	2. मनुष्य
C. अमोनिया	3. अस्थिल मछली

   (A) ABC/123 (B) ABC/213
   (C) ABC/312 (D) ABC/231
4. निम्न में से किसके उत्सर्जन में वृक्क की भूमिका नहीं होती है?
   (A) अमोनिया (B) यूरिया
   (C) यूरिक अम्ल (D) उपरोक्त में से कोई नहीं
5. मछली में अमोनिया का उत्सर्जन होता है–
   (A) अमोनियम आयन क रूप में त्वचा से विसरण के द्वारा।
   (B) वृक्क से अमोनिया के रूप में
   (C) क्लोम सतह से अमोनियम आयन के रूप में
   (D) सरल अमोनिया के रूप में त्वचा से।
6. नाइट्रोजन अपशिष्ट पदार्थ के संदर्भ में नीचे कुछ कथन दिए गए है, ध्यान से पढ़ते हुए सही कथन का चयन करें–
   (a) मानव शरीर में अमोनिया यूरिया में कई स्थानों पर परिवर्तित हो जाते है।
   (b) यूरिया का निर्माण अमोनिया के रूपान्तरण से होता है, यह शरीर में बिल्कुल ही नहीं रूकता है।
   (c) यूरिया का स्रोत सदैव अमोनिया होता है।
   (d) यूरिया की मानव शरीर में कोई उपयोगिता नहीं होती है।
   (A) a & c सत्य : b & d असत्य
   (B) b & c सत्य : a & d असत्य
   (C) a, b, d असत्य : C सत्य
   (D) c & d सत्य : a & b असत्य

7. निम्न में से किस प्रकार का उत्सर्जन प्राणी जगत मं सबसे सामान्य है?
(A) अमोनोटेल्जिम (B) यूरियोटेल्जिम
(C) यूरिकोटेल्जिम (D) अमेनसेल्जिम

8. उस उत्सर्जन का चयन करे जो कि कशेरुकियों में सबसे सामान्य है–
(A) अमोनोटेल्जिम (B) यूरियोटेल्जिम
(C) यूरिकोटेल्जिम (D) अमेनसेल्जिम

9. अगर नेफ्रीडिया एक जन्तु का उत्सर्जी अंग है तो कौन सा कार्य नेफ्रीडिया के द्वारा नहीं होगा?
(A) तरल पदार्थ को बनाए रखना
(B) लवणों के संतुलन को बनाए रखना
(C) सुक्ष्म अणु (Micro molecule) को बनाएं रखना
(D) उपरोक्त में से कोई नही।

10. निम्न में से कौन सी सरंचना उत्सर्जी अंग के रूप में प्राणी जगत में सार्वाधिक उपयोग होते हैं?
(A) वृक्क (B) मैलपीगी नलिका
(C) नेफ्रीडिया (D) ज्वाला कोशिका

11. सुमेलित करे–

कॉलम A	कॉलम B
1. ज्वाला कोशिका	a. प्रान
2. ग्रीन ग्रन्थि	b. प्लेटिहेल्मिथ
3. नेफ्रीडिया	c. कॉकरोच
4. मैलपीगी नलिका	d. केचुआ

(A) 1234/badc (B) 1234/abcd
(C) 1234/abdc (D) 1234/dabc

12. नीचे वृक्क की स्थिती से संबन्धित कथन दिए गए है, सही कथन का चयन करें–
(A) वृक्क अंतिम वक्षीय कशेरुक से लेकर तृतीय कटि (Lumbar) कशेरुक तक स्थित रहते है, उदरीय गुहा में अधर भित्ति के निकट स्थित होते है।
(B) वृक्क अंतिम वक्षीय कशेरुक से लेकर प्रथम कटि कशेरुक तक उदरीय गुहा में पृष्ठ भित्ति के निकट स्थित रहते है।
(C) वृक्क तृतीय वक्षीय से लेकर तृतीय कटि कशेरुक तक स्थित रहते है उदरीय गुहा में पृष्ठ भित्ति के निकट।
(D) उपरोक्त में से कोई नहीं।

13. वृक्क के लम्बाई तथा भार के संदर्भ में सही कथन का चयन करें–
(A) लम्बाई – 12 cm, भार – 50 gm
(B) लम्बाई – 12 cm, भार – 150 gm
(C) लम्बाई – 20 cm, भार – 150 gm
(D) लम्बाई – 4 इंच, भार – 600 gm

14. निम्न में से कौन सी संरचना हाइलम से प्रवेश नहीं करता है?
(A) मूत्र वाहिनी (B) तंत्रिका
(C) वृक्क धमनी (D) वृक्क शिरा

15. उस अंग के सेट का चयन करे जिसमें मेडूला स्थित होता है–
(A) वृक्क, एर्डिनल
(B) यकृत, अण्डाशय
(C) अण्डाशय, मस्तिष्क
(D) अण्डाशय, मस्तिष्क, एड्रिनल, वृक्क

16. वल्कुट का कौन सा भाग मध्यांश में धंसा रहता है?
(A) श्रेणि भाग (B) पिरामिड
(C) बरर्टिनी के स्तंभ (D) सुक्ष्म अंकुर

17. निम्न में से कौन सा कथन वृक्क के परिमिड के संदर्भ में गलत है?
(A) मेडूला में उपस्थित रहते है।
(B) कैलिक्स में खुलते है।
(C) इसकी संख्या सिर्फ एक होती है।
(D) इसका आकार शंकु की भांति होता है।

18. नीचे कुछ कथन दिए गए है जो कि वृक्क से संबन्धित है। सही तथा गलत कथन का चयन करे–
(a) मानव शरीर में नेफ्रान की कुल संख्या एक मिलियन है।
(b) दूरस्थ कुण्डलित नलिका नेफ्रान को पश्चतम भाग होता है।
(c) निकटस्थ कुण्डलित नलिका रीनल नलिका का आरंभिक भाग है।
(d) संग्राहक नलिका नेफ्रान का जटिलतम भाग है।
(A) a, b सत्य; c, d असत्य
(B) b, c सत्य; a, d असत्य
(C) b, d सत्य; a, c असत्य
(D) a, c सत्य; B, D असत्य

19. नीचे दिए गए सेट का चयन करें जिसमें मेलफिजियन कार्य सम्मिलित है–
(A) बोमेन संपुट + केशिका गुच्छ
(B) बोमेन संपुट + रीनल नलिका
(C) केशिक गुच्छ + रीनल नलिका
(D) रीनल नलिका + संग्राहक नलिका

20. नेफ्रोन का वह हिस्सा जो बालों के पिन की भांति घूम जाते हैं, वह है–
(A) समीपस्थ नलिका (B) हेनले लूप
(C) दूरस्थ नलिका (D) उपरोक्त में से कोई नहीं

21. बोमेन संपुट के पश्चात् नेफ्रोन के सही क्रम का चयन करे–
(A) पी सी टी $\longrightarrow$ एच एल $\longrightarrow$ डी सी टी
(B) एच एल $\longrightarrow$ डी सी टी $\longrightarrow$ पी सी टी
(C) पी सी टी $\longrightarrow$ डी सी टी $\longrightarrow$ एच एल
(D) डी सी टी $\longrightarrow$ पी सी टी $\longrightarrow$ एच एल

22. उस सेट का चयन करें जो नेफ्रोन का हिस्सा नहीं है–
(A) केशिका गुच्छ + संग्राहक नलिका
(B) बोमेन संपुट + संग्राहक नलिका
(C) निकटस्थ कुण्डलित नलिका + संग्राहक नलिका
(D) मेल्पीगीकाय + हेन्ले के लूप

23. निम्न में से नेफ्रोन का कौन सा भाग मध्यांश, में धसा रहता है?
(A) समीपस्थ संवालित नलिका
(B) हेनले के लूप
(C) संग्राहक नलिका
(D) B तथा C दोनों।

24. परिनलिका केशिका जालक किसका बना होता है?
(A) अभिवाही धमनिका (B) अपवाही धमनिका
(C) हेन्ले के लूप (D) वासा रेक्टा

25. नीचे दिए गए सेट में से नेफ्रोन (nephron) का कुण्डलित भाग कौन है?
(A) पी सी टी + एच एल
(B) डी सी टी + एच एल
(C) पी सी टी + डी सी टी
(D) पी सी टी + सी डी

26. नीचे कुछ कथन वासा रेक्टा से संबन्धित दिया गया है, असामान्य का चयन करे–
(a) वासा रेक्टा V आकार के होते है।
(b) वासा रेक्टा, जक्सटा मेडूलरी नेफ्रोन में अनुपस्थित होते है।
(c) वासा रेक्टा परिनलिका केशिका जालक का हिस्सा होता है।
(d) वासा रेक्टा का प्रतिधारा क्रियाविधि में भूमिका होती है।
(A) a & b (B) c & d
(C) a & c (D) b & d

27. सामान्य अवस्था में दोनों वृक्क से प्रति मिनट कितना रुधिर छनता है?
(A) 1150 mL (B) 2 लीटर
(C) 1600 mL (D) 500 mL

28. पोडोसाइट निम्न में से किसका हिस्सा होता है?
(A) केशिका गुच्छ (gomerulus)
(B) बोमेन सम्पुट (bowman's capsule)
(C) रीनल नलिका (Renal tubule)
(D) अभिवाही तथा अपवाही धमनिका

29. ग्लोमिरुलर निस्यद में निम्न में से कौन अनुपस्थित रहता है?
(A) एल्बूमिन (B) ग्लूकोज
(C) जल (D) लवण

30. उस संरचना का चयन करे जो कि मेल्पीगीकाय से निस्पंदन में हिस्सा नहीं लेता है?
(A) सरल शल्की उपकला
(B) ब्रुर्श बॉर्डर घनाकार उपकला
(C) आधार कला
(D) उपरोक्त में से कोई नहीं।

31. नीचे कुछ तत्वों का सेट दिया गया है जो चयनात्मक रूप से निकटस्त कुण्डलित नलिका में स्रावित होते हैं, pH तथा लवणों के संतुलन को बनाए रखने के लिए, सही सेट का चयन करे–
(A) H^+, K^+, HCO_3^- (B) H^+, K^+, NH_3, HCO_3^-
(C) H^+, K^+, NH_3 (D) H^+, K^+, H_2O

32.

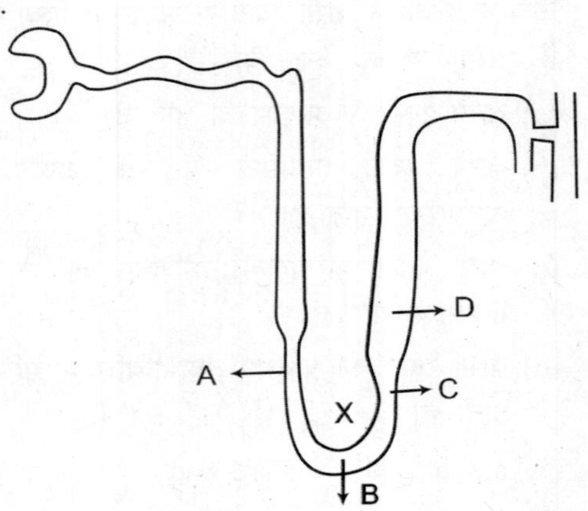

अगर दिए गए चित्र एच एल को दर्शा रहा है तो सही उत्तर का चयन करें–

(A) A = जल, B = जल, C = जल, D = हाइपोटोनिक

(B) A = जल, B = जल, C = सोडियम क्लोराइड, D = हाइपोटोनिक

(C) A = सोडियम क्लोराइड, B = जल, C = सोडियम क्लोराइड, D = हाइपोटोनिक

(D) A = जल, B = सोडियम क्लोराइड, C = जल, D = आइसोटोनिक

33. हॉर्मोन के सेट का चयन करें जो कि दूरस्थ कुण्डलित नलिका से संबन्धित है–

(A) एल्डोस्टीरॉन, वेसोप्रेसिन

(B) थायरोक्सीन, ए डी एच

(C) पैराथाइरॉइड, वेसोप्रेसिन

(D) मिनरलोकॉटिकॉइड्स, ए डी एच

34. सामान्यत स्तनधारी उत्पन्न करते है

(A) तनु मूत्र

(B) सान्द्रित मूत्र

(C) हाइपोटोनिक मूत्र

(D) उपरोक्त में से कोई नहीं।

35. उस संरचना का चयन करे जिनका प्रतिधारा क्रियाविधि (counter current) में मुख्य भूमिका होती है–

(A) पी सी टी, एच एल

(B) डी सी टी, एच एल

(C) एच एल, वासा रेक्टा

(D) वासा रेक्टा, पी सी टी

36. प्रतिधारा क्रियाविधि में सान्द्रण प्रवणता बना रहता है–

(A) वल्कुट के अन्तराली द्रव्य में

(B) मेडूला के अन्तराली द्रव्य में

(C) उपरोक्त दोनों A और B में

(D) कोई नहीं।

37. वृक्क में अंतराकाशीय प्रवणता संग्रह नलिका के द्वारा किसके सहज अवशोषण में योगदान करती है?

(A) जल

(B) सोडियम क्लोराइड

(C) एमिनो अम्ल (Amino acid)

(D) उपरोक्त सभी

38. हॉर्मोन के सेट का चयन करें जिसका कार्य Angiotensin-II के विपरीत होता है–

(A) ए एन एफ, एड्रिनलीन

(B) हिस्टामिन, एड्रिनलीन

(C) ए एन एफ, हिस्टामिन

(D) उपरोक्त में से कोई नहीं।

39. शरीर में उपस्थित परासरण ग्राही निम्न में से किसके द्वारा सक्रिय नहीं होता है?

(A) रक्त आयतन में बदलाव

(B) शरीर तरल आयतन में बदलाव

(C) रक्त दाब में वृद्धि

(D) आयनीक सांद्रण में बदलाव

40. नीचे कुछ कथन मानव के मूत्र से संबन्धित दिए गए है–

(a) मानव मूत्र में प्रतिदिन 25 – 30 mg यूरिया उत्सर्जित होता है।

(b) मानव मूत्र रंगहीन होता है।

(c) मानव मूत्र का pH 6.8 होता है।

(d) मानव औसतन 1 से 1.5 mL मूत्र प्रतिदिन उत्सर्जित करता है।

इनमें से कितने कथन गलत है?

(A) 1 (B) 2

(C) 3 (D) 4

41. स्टेरोल (sterols) तथा हाइड्रोकार्बन (hydrocarbon) का उत्सर्जन निम्न में से किसके द्वारा होता है?
(A) सीबम (B) पसीना
(C) पाचन तंत्र (D) उपरोक्त सभी।

42. जैसा की हम जानते है, यकृत की उत्सर्जन में निश्चित भूमिका होती है, यकृत से संबन्धित उत्सर्जी पदार्थ का निम्न में से कौन से अंग से उत्सर्जन होता है?
(A) फेफड़ा (B) त्वचा
(C) आहारनाल (D) उपरोक्त सभी

43. पसीने के ग्रन्थि के स्त्रावण में निम्न में से क्या अनुपस्थित होता है?
(A) सोडियम क्लोराइड (B) यूरिया
(C) लैक्टीक अम्ल (D) अमोनिया

44. पसीना का मुख्य कार्य है?
(A) शरीर को ठंडा बनाए रखना
(B) उत्सर्जन
(C) परासरण नियमन
(D) उपापचय पर नियंत्रण

45. उभयचर के त्वचा की सुरक्षा से संबन्धित नहीं है–
(A) केरेटिन युक्त उपकला
(B) पसीने की ग्रन्थि
(C) तेल ग्रन्थि
(D) उपरोक्त सभी

46. मानव में त्वचा की सुरक्षा से संबन्धित नहीं है–
(A) केरेटिन युक्त उपकला
(B) पसीना की ग्रंथि
(C) तेल की ग्रंथि
(D) उपरोक्त में से कोई नहीं।

47. निम्न में से कौन सी दशा मे यूरेमिया संभव है?
(A) यकृत में अबुर्द (गांठ) के निर्माण के कारण
(B) मूत्र वाहिनी में फैलाव के कारण
(C) एक वृक्क के सभी वृक्कांग (नेफ्रान) के नष्ट होने के कारण
(D) उपरोक्त में से कोई नहीं।

48. यूरेमिंया का तात्पर्य है–
(A) मूत्र में यूरिया का जमाव
(B) रुधिर में यूरिया का जमाव
(C) मूत्र थैली (urinary bladder) में मूत्र का जमाव
(D) उपरोक्त सभी

49. हीमोडाइलेसिस में रुधिर को निकाला जाता है–
(A) धमनी से (B) शिरा से
(C) केशिका से (D) धमनिका से

50. निम्न में से कौन से जन्तु में ग्रीन ग्रन्थि (green gland) उत्सर्जी अंग नहीं होता है?
(A) केकड़ा (B) लॉबस्टर
(C) स्रिम्प (D) हॉरवेस्टमेन

51. जन्तु के जोड़े का चयन करे जिसमें ज्वाला केशिका उत्सर्जी संरचना के रूप में उपस्थित होते है–
(A) टिनिया सोलियम, घोंघा
(B) प्लेनेरिया, घोंघा
(C) एम्फीऑक्सिस, रोटिफर
(D) उपरोक्त में से कोइ नहीं।

52. ज्वाला कोशिका निम्न में से किसका उत्सर्जी संरचना होता है?
(A) सिफेलोकॉरडेटा (B) रोटिफर्र
(C) कुछ एनीलिडा (D) उपरोक्त सभी

53. ज्वाला कोश्किा के नामांकन का आधार है–
(A) यह ज्वाला को भांति प्रतीत होती है।
(B) यह ज्वाला की भांति कार्य करता है।
(C) इसका स्वभाव उत्सर्जी होता है।
(D) उपरोक्त में से कोई नहीं।

54. प्रोटोनेफ्रिडिआ अनुपस्थित होता है–
(A) रॉटीफर में (B) एम्फोऑक्सस में
(C) प्लैनेरिया में (D) उपरोक्त में से कोई नहीं

55. मानव उत्सर्जन तंत्र के संरचनाओं का चयन करें जो जोड़े में नहीं है–
(A) वृक्क, मूत्र नलिका
(B) मूत्र नलिका, मूत्र थैली
(C) मूत्र नलिका, मूत्र मार्ग
(D) मूत्र मार्ग, मूत्र थैली

56. मानव के वृक्क से संबन्धित सही कथन का चयन करें–
(A) लम्बाई - 7 – 8 cm
(B) भार - 80 gm
(C) चौड़ाई - 5 – 7 gm
(D) मोटाई - 0.5 – 1 cm

57. जैसा की हम जानते है कि मानव के प्रत्येक वृक्क में वृक्काणु (नेफ्रोन) की संख्या 10 लाख होती है, मान ले एक व्यक्ति में किसी कारण से नेफ्रोन की संख्या घट कर मात्र 3 लाख रह गया, इस स्थिति में क्या संभव है?
(A) वृक्क से रुधिर का छनना घट सकता है।
(B) व्यक्ति सामान्य बना रह सकता है।
(C) व्यक्ति की तत्काल मृत्यु संभव है।
(D) व्यक्ति यूरेमिया रोग से ग्रस्त हो जाएगा।

58. निम्न में से कौन सी संरचना आवश्यक रूप से सभी वृक्काणु में उपस्थित नहीं होती हैं?
(A) केशिका गुच्छ (B) वासा रेक्टा
(C) अपवाही धमनिका (D) हेनले लूप

59. मान लें एक व्यक्ति का हृदय उत्पादन 10 लीटर है, तों वृक्कों द्वारा प्रति मिनट औसतन कितना मिली. रक्त का निस्यदन किया जायेगा?
(A) लगभग 2000 ml
(B) लगभग 1100 ml
(C) लगभग 500 ml
(D) उपरोक्त में से कोई नहीं।

60. मूत्र निर्माण के दौरान, उस कार्य के जोड़े का चयन करें जो, एक नेफ्रॉन में कई स्थलों पर होता है–
(A) गुच्छीय निस्यंदन तथा पुनः अवशोषण
(B) गुच्छीय निस्यंदन तथा स्रावण
(C) स्रावण तथा पुतः अवशोषण
(D) उपरोक्त में से कोई नहीं।

61. मूत्र निर्माण का प्रथम चरण है–
(A) गुच्छीय निस्यंदन (B) पुनः अवशोषण
(C) स्रावण (D) अवशोषण

62. नेफ्रान से रुधिर छनने के दौरान, रुधिर कितने अवरोध से गुजरता है?
(A) 1 (B) 2
(C) 3 (D) 4

63. निस्यंद को कब मूत्र कहते है?
(A) पी सी टी में
(B) डी सी टी के आरंभिक भाग में
(C) हेनले के लूप में
(D) दूरस्थ कुण्डलित नलिका में

64. मनुष्य में प्रति घंटा निर्मित होने वाला निस्यंद है–
(A) 7500 ml (B) 180 ml
(C) 125 ml (D) 180 L

65. उन पदार्थों का चयन करें जिनका स्रावण रीनल नलिका में होता है–
(A) K^+, HCO_3^-, NH_3 (B) K^+, H^+, NH_3
(C) K^+, H^+, H_2O (D) NaCl, H^+, NH_3

66. रीनल नलिका के उस भाग का चयन करे, जहां पर स्रावण होता है–
(A) पी सी टी, एच एल, डी सी टी
(B) पी सी टी, सी डी, डी सी टी
(C) पी सी टी, एच एल, सी डी
(D) सिर्फ पी सी टी

67. रीनल नलिका का कौन सा भाग स्रावण से संबन्धित नहीं होता है?
(A) समीपस्थ संवलित नलिका
(B) दूरस्थ संवलित नलिका
(C) हेनले लूप
(D) संग्राहक नलिका

68. शारीरिक तरलों के पी एच (pH) तथा आयनी संतुलन को बनाए रखने के दौरान किस पदार्थ का पुनः अवशोषण होता है?
(A) NaCl (B) H_2O
(C) K^+ (D) HCO_3^-

69. तत्व जिनका पुनः अवशोषण निष्क्रिय प्रक्रिया के द्वारा होता है, वह है–
(A) ग्लूकोज (B) अमीनो अम्ल
(C) Na^+ (D) नाइट्रोजनी पदार्थ

70. हेनले लूप के आरोही भुजा में निस्यंद जैसे-जैसे नीचे से ऊपर जाते है, यह होता जाता है–

(A) तनु (B) सान्द्रित

(C) दोनों A तथा B (D) उपरोक्त में से कोई नहीं

71. निम्न में से कौन सी संरचना वल्कुट से मध्यांश तक फैली रहती है?

(A) समीपस्थ संवलित नलिका, दूरस्थ संवलित नलिका

(B) समीपस्थ संवलित नलिका, संग्राहक नलिका

(C) हेनले लूप, संग्राहक नलिका

(D) दूरस्थ संवलित नलिका, संग्राहक नलिका

72. निम्न में से कौन-सी संरचना का सेट सिर्फ वल्कुट में उपस्थित है?

(A) पीसीटी, डीसीटी (B) पीसीटी, सीडी

(C) एच एल, सीडी (D) डीसीटी, सीडी

73. डी सी टी में ब्रुश बार्डर की क्या भूमिका है?

(A) क्षेत्रफल को बढ़ाता है।

(B) क्षेत्रफल को घटाता है।

(C) सहारा प्रदान करता है।

(D) उपरोक्त में से कोई नही

74. नेफ्रोन की कौन सी संरचना पुनः अवशोषण से संबन्धित नहीं है–

(A) बोमेन संपुट (B) केशिका गुच्छ

(C) पोडोसाइट्स (D) उपरोक्त सभी।

75. परिनलिका केशिका जालक निम्न में से कौन सी संरचना से संबन्धित नहीं होती है?

(A) हेनले लूप

(B) दूरस्थ संवलित नलिका

(C) संग्रह नलिका

(D) उपरोक्त में से कोई नहीं।

76. वृक्क का कौन सा भाग कीप के आकार का होता है?

(A) रीनल पिरामिड (B) रीनल पैपिला

(C) बोमेन संपुट (D) केशिका गुच्छ

77. फेफड़ा से कौन सा पदार्थ उत्सर्जित नहीं होता है?

(A) CO_2 (B) O_2

(C) जल (D) उपरोक्त में से कोई नहीं

78. मूत्राशय में मूत्र का संग्रह कब तक किया जाता है?

(A) केन्द्रीय तंत्रिका तंत्र के द्वारा ऐच्छिक संकेत प्राप्त होने तक।

(B) मूत्र थैली में उपस्थित पेशी के फैले रहने तक।

(C) मूत्र मार्ग के अवरोधनी के संकुचित होने तक।

(D) मूत्र थैली के शिथिल होने तक।

79. मान लें एक व्यक्ति बेहद सांद्रित मूत्र को उत्सर्जित कर रहा है, यह दर्शाता है–

(A) व्यक्ति ने अधिक जल गहण किया है।

(B) व्यक्ति में ADH का स्रावण अधिक हो रहा है।

(C) व्यक्ति में ADH का स्रावण कम हो रहा है।

(D) व्यक्ति ने कम जल ग्रहण किया है।

(A) a, b (B) b, c

(C) b, d (D) c, d

80. निम्न मे से कौन सी स्थिति में रेनिन का स्रावण होता है?

(A) जब गुच्छीय निस्यंदन दर बढ़ता है।

(B) जब गुच्छीय निस्यंदन दर घटता है।

(C) जब शरीर का तापमान घटता है।

(D) जब रुधिर का निस्यंदन बढ़ता है।

81. गुच्छीय आसन्न उपकरण एक विशिष्ट संरचना है, जो कि निम्न में से किसके रुपान्तरण है?

(A) दूरस्थ संवलित नलिका + अपवाही धपनिका की कोशिका

(B) निकटस्थ संवलित नलिका + अभिवाही धमनिका

(C) दूरस्थ संवलित नलिका + अभिवाही धमनिका

(D) हेनले लूप + अभिवाही धमनिका

82. पुनः अवशोषण रीनल नलिका के विभिन्न भागों में होता है। उस सेट का चयन करे जहां न्यूनतम तथा अधिकतम पुनः अवशोषण होता है–

(A) एच एल, पी सी टी

(B) एच एल, डी सी टी

(C) पी सी टी, एच एल

(D) डी सी टी, पी सी टी

83. हेनले लूप के ऊपर की तरफ जाते भुजा से जल का अवशोषण होता है–
(A) सक्रिय विधि के द्वारा
(B) निष्क्रिय विधि के द्वारा
(C) A तथा B दोनों
(D) उपरोक्त में से कोई नहीं।

84. दूरस्थ संवलित नलिका से निम्न में से कौन सा पदार्थ हार्मोन के प्रभाव में पुनः अवशोषित नहीं होता है?
(A) Na^+ (B) H_2O
(C) HCO_3^- (D) NH_3

85. रेनिन एंजियोटेंसिन क्रियाविधि पर निम्न में से कौन नियंत्रक होता है?
(A) ए डी एच (B) ए एन एफ
(C) GnRH (D) उपरोक्त में से कोई नहीं

86. वृक्कों की क्रियाविधि का नियंत्रण और नियमन से संबंधित संरचना है–
(A) फेफड़ा (B) हृदय
(C) प्लीहा (D) थाइमस

87. A – एल्डोस्टेरॉन
B – थायरोक्सीन
C – एंटी-डाइयूरेटिक हार्मोन
D – ए एन एफ
हार्मोन का चयन करें जो मूत्रलता (डाइयूरेसिस) को रोकता है–
(A) सिर्फ C (B) A, B, C तथा D
(C) A तथा C (D) C तथा D

88. निम्न में से कौन सी स्थिति में परासरण ग्राही निष्क्रिय हो जाता है?
(A) शरीर में तरल आयतन के कम हो जाने के कारण
(B) शरीर में तरल आयतन के बढ़ जाने के कारण
(C) शरीर में सोडियम के स्तर कम हो जाने के कारण
(D) शरीर में हॉर्मोन के स्तर बढ़ जाने के कारण

89. रक्त दाब को बढ़ाने वाले कारक का चयन करें–
(A) Na^+ (B) एपिनेफ्रीन
(C) जल (D) उपरोक्त सभी

90. एड्रिनलीन एक बेहद ताकतवर वाहिका सकीर्णक (वेसोकेंसट्रिक्टर) है, उस हॉर्मोन का चयन करें जिसका प्रभाव वाहिका पर एड्रिनलीन की भांति होता है–
(A) रेनिन (B) एंजियोटेंसिन-I
(C) ऐंजियोटेंसिन-II (D) ए एन एफ

91. दूरस्थ संवलित नलिका से Na^+ तथा जल का पुनः अवशोषण होता है, इस स्थिति में–
↑ = बढ़ता है।
↓ = घटता है।
(A) रक्त दाब ↑ जी एफ आर ↓
(B) रक्त दाब ↓ जी एफ आर ↓
(C) रक्त दाब ↑ जी एफ आर ↑
(D) रक्त दाब ↓ जी एफ आर ↓

92. वृक्क द्वारा निर्मित मूत्र अंत में–
(A) मूत्र वाहिनी में जाता है।
(B) कैलिक्स में जाता है।
(C) वृक्क पेल्विस में जाता है।
(D) मूत्राशय में आता है।

93. एक व्यक्ति जोर लगा कर मूत्रण संपादित कर रहा है, तो इस स्थिति में कौन सी संरचना संकुचित होगी–
(A) मूत्र वाहिनी
(B) मूत्राशय की ऐच्छिक पेशी
(C) मूत्राशयी-अवरोधनी
(D) उपरोक्त में से कोई नहीं

94. यकृत के द्वारा स्त्रावित पित्त में कौन सा पदार्थ अनुपस्थित होता है?
(A) निम्नीकृत स्टीरॉयड हॉर्मोन
(B) विटामिन
(C) औषधी
(D) उपरोक्त में से कोई नहीं

95. यकृत का उत्सर्जी अपशिष्ट शरीर से त्यागा जाता है–
(A) मूत्र के द्वारा (B) मल के द्वारा
(C) पसीना के द्वारा (D) उपरोक्त में से कोई नहीं

96. पसीना में सार्वाधिक उपस्थित पदार्थ है–
(A) जल (B) नमक
(C) यूरिया (D) लैक्टिक अम्ल

97. यदि पसीना में लैक्टिक अम्ल का उत्सर्जन रुक जाए तो क्या होगा?
(A) व्यक्ति की तत्काल मृत्यु
(B) व्यक्ति की त्वचा पर रोगजनकों का संक्रमण
(C) पसीना और अधिक गाढ़ा हो जायेगा।
(D) शरीर का सतह अधिक ठंडा हो जायेगा।

97. हीमोडायलिसिस के दौरान रक्त को निकाला जाता है–
(A) केशिका से
(B) शिरा से
(C) लसिका वाहिनी से
(D) A, B तथा C तीनों ही नहीं

99. रक्त अपोहन के दौरान जो पदार्थ सेलोफेन नली को घेरती है, उसमें एक को छोड़कर blood प्लाज्मा के समान होती है, वह है–
(A) प्रोट्रीन
(B) लवण
(C) नाइट्रोजनी अपशिष्ट
(D) उपरोक्त सभी

100. वृक्क की क्रियाहीनता को दूर करने का अंतिम सामान्य उपाय है–
(A) हीमोडायलिसिस (B) वृक्क प्रत्यारोपण
(C) शल्य चिकित्सा (D) औषधी के द्वारा इलाज

101. नीचे कुछ कथन शरीर में बनने वली पथरी के संदर्भ में दिए गए है–
(a) पथरी एक ही समय में शरीर के कई भागों में निर्मित हो सकती है।
(b) वृक्क में एक से अधिक पथरी उपस्थित हो सकते है।
(c) वृक्क की पथरी अघुलनशील क्रिस्टलित लवण के पिंड होते है।
(d) बेहद छोटी पथरी को बिना किसी शल्य चिकित्सा के दवा से हटाया या नष्ट किया जा सकता है।

उपरोक्त में से कितने कथन सही है?
(A) 1 (B) 2
(C) 3 (D) 4

102. नीचे दिए गए चार कथन उत्सर्जन तंत्र से संबन्धित है, सही तथा गलत को पहचानते हुए सही विकल्प का चयन करें–
(i) ग्लोमेलोनेफ्राइटिस (गुच्छ शोध) जानलेवा हो सकता है।
(ii) रक्त अपोहन के दौरान प्रतिस्कंदक का उपयोग किया जाता है।
(iii) यूरिमिया की स्थिति सदैव जीर्णता से संबन्धित होती है।
(iv) सभी वृक्क प्रत्यारोपण सफल होता है।

	i	ii	iii	iv
(A)	सही	सही	सही	सही
(B)	सही	सही	गलत	गलत
(C)	गलत	सही	गलत	गलत
(D)	गलत	गलत	गलत	गलत

103. नीचे मूत्रण से संबन्धित चरण दिए गए हैं, उस विकल्प का चयन करे ज़ो सही क्रम को प्रदर्शित कर रहे हैं–
I – मूत्राशय में फैलाव
II – फैलाव ग्राही (Stretch receptor) जो की मूत्रथैली की सतह पर उपस्थित होता है, आवेग को केंद्रीय तंत्रिक तंत्र में भेजता है।
III – मूत्राशय मूत्र से भर जाता है।
IV – मूत्राशय के चिकनी पेशी में संकुचन होता है।
V – सी एन एस से चालक संदेश मूत्राशय के चिकनी पेशी में जाता है।
VI – मूत्राशयी - अवरोधिनी का शिथिलन।
(A) III, I, II, V, IV, VI
(B) III, I, II, IV, V, VI
(C) II, I, III, V, IV, VI
(D) I, II, III, IV, V, VI

104. निम्न में से कौन सा लक्षण मधुमेह का आवश्यक लक्षण नहीं है–
(A) कीटोनयूरिया (B) ग्लाइकोसूरिया
(C) रक्तमेह (D) उपरोक्त में से कोई नहीं

105. निम्न में से कौन सा नाइट्रोजन अपशिष्ट पदार्थ लार के द्वारा उत्सर्जित हो सकता है?
(A) अमोनिया (B) यूरिक अम्ल
(C) क्रिएटिन (D) उपरोक्त में से कोई नहीं

106. अधिकांश यूरिया वृक्क के द्वारा उत्सर्जित किया जाता है–

(A) मूत्र में (B) पसीना में

(C) लार में (D) आहार नाल में

107. मानव का वृक्क कौन से ग्रन्थि से संबन्धित है?

(A) थाइमस (B) पिनियल

(C) अधिवृक्क (D) थायरॉइड

108. अगर यूरिया का उत्सर्जन आहार नाल में लार के द्वारा होता है तो यूरिया उपयोगी कैसे है?

(A) यह भोजन के अवशोषण में मद्द करता है।

(B) यह भोजन के पाचन में मदद् करता है।

(C) सूक्ष्मजीव यूरिया के नाइट्रोजन का उपयोग अमीनों अम्ल के संश्लेषण में करता है, जो कि अवशोषित हो जाता है।

(D) उपरोक्त में से कोई नहीं।

109. अगर मूत्राशय की सतह पर से फैलाव ग्राही को हटा दिया जाए तो मूत्रण पर क्या प्रभाव पड़ेगा?

(A) मूत्रण बढ़ जायगा (B) अनियन्त्रित मूत्रण

(C) मूत्रण रुक जायगा (D) मूत्रण घट जायगा

110. A = स्वेट ग्रन्थि
B = तेल ग्रन्थि
C = काउपर्स ग्रन्थि
D = प्रोस्ट्रेट ग्रन्थि
उस ग्रन्थि के जोड़े का चयन करें जो त्वचा में स्थित है–

(A) A, B (B) B, C

(C) C, D (D) A, D

111. पसीना एक–

(A) जैली की भांति द्रव्य है।

(B) जलीय द्रव्य है।

(C) मोम की भांति द्रव्य है।

(D) उपरोक्त में से कोई नहीं।

112. वृक्क की क्रियाहीनता को दूर करने का अंतिम उपाय है–

(A) वृक्क प्रत्यारोपण

(B) रक्त आधान

(C) वृक्क की शल्य चिकित्सा

(D) उपरोक्त सभी

113. पथरी का निर्माण समान्यत कहा संभव नहीं है?

(A) वृक्क में (B) धमनी में

(C) पित्ताशय में (D) पित्त वाहिनी में

ANSWER KEY

1. (C)	**2.** (B)	**3.** (B)	**4.** (A)	**5.** (C)	**6.** (C)	**7.** (C)	**8.** (A)	**9.** (C)	**10.** (B)
11. (A)	**12.** (D)	**13.** (B)	**14.** (D)	**15.** (D)	**16.** (C)	**17.** (C)	**18.** (B)	**19.** (A)	**20.** (B)
21. (A)	**22.** (D)	**23.** (B)	**24.** (B)	**25.** (C)	**26.** (A)	**27.** (A)	**28.** (B)	**29.** (A)	**30.** (B)
31. (C)	**32.** (B)	**33.** (A)	**34.** (B)	**35.** (C)	**36.** (B)	**37.** (A)	**38.** (C)	**39.** (C)	**40.** (D)
41. (A)	**42.** (C)	**43.** (D)	**44.** (A)	**45.** (D)	**46.** (D)	**47.** (D)	**48.** (B)	**49.** (A)	**50.** (D)
51. (D)	**52.** (D)	**53.** (A)	**54.** (D)	**55.** (D)	**56.** (C)	**57.**.(B)	**58.** (B)	**59.** (A)	**60.** (C)
61. (A)	**62.** (C)	**63.** (D)	**64.** (A)	**65.** (B)	**66.** (B)	**67.** (C)	**68.** (D)	**69.** (D)	**70.** (A)
71. (C)	**72.** (A)	**73.** (D)	**74.** (D)	**75.** (C)	**76.** (A)	**77.** (B)	**78.** (A)	**79.** (C)	**80.** (B)
81. (C)	**82.** (A)	**83.** (D)	**84.** (C)	**85.** (B)	**86.** (B)	**87.** (C)	**88.** (B)	**89.** (D)	**90.** (C)
91. (C)	**92.** (D)	**93.** (D)	**94.** (D)	**95.** (B)	**96.** (A)	**97.** (B)	**98.** (A)	**99.** (C)	**100.** (A)
101. (D)	**102.** (B)	**103.** (A)	**104.** (C)	**105.** (D)	**106.** (A)	**107.** (C)	**108.** (C)	**109.** (C)	**110.** (A)
111. (B)	**112.** (A)	**113.** (B)							

गमन एवं संचलन

1. वयस्क मानव के कुल अस्थियों के संदर्भ में सही कथन का चयन करे–
   (A) कुल संख्या 206;
   अक्षीय - 126, अनुबन्धीय - 80
   (B) कुल संख्या 306;
   अक्षीय -226, अनुबंधीय - 80
   (C) कुल संख्या 206;
   अक्षीय - 80, अनुबंधीय -126
   (D) कुल संख्या 270;
   अक्षीय - 170, अनुबंधीय - 100
2. कपाल तथा चेहरा में कुल अस्थियों की संख्या होती है–
   (A) कपाल - 8, चेहरा - 14 = 22
   (B) कपाल - 14, चेहरा - 14 = 28
   (C) कपाल - 8, चेहरा - 8 = 16
   (D) कपाल - 10, चेहरा - 10 = 20
3. करोटी की कौन सी अस्थि U आकार की होती है?
   (A) एथमोयड (B) स्फीनॉयड
   (C) हॉयड (D) जागोमेटिक
4.

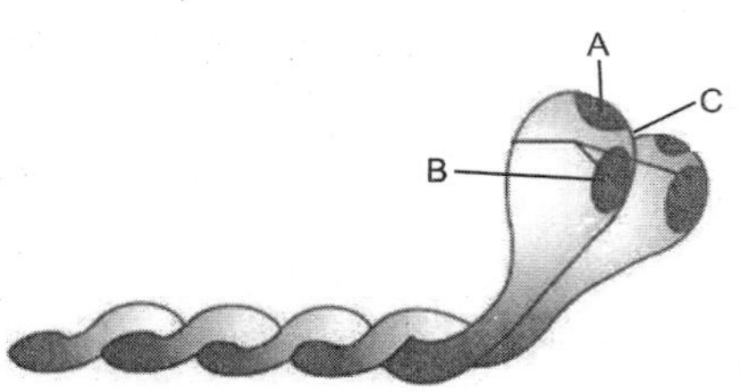

दिए गए चित्र मानव के पेशी तंत्र का मिरोमायोसिन है, A, B तथा C को पहचाने तथा उस विकल्प को चुनिए जिसमें सही संरचना के साथ-साथ उसकी सही विशिष्टता और अथवा कार्य को बताया है–
   (A) C – शीर्ष - सदैव मायोसिन तन्तु के सक्रिय स्थल से जुड़ा रहता है।
   (B) B – ATP जुड़न स्थल कैल्शियम से पेशी संकुचन के दौरान ढका रहता है।
   (C) A – एक्टिन (Actin) योजि स्थल - एक्टिन तन्तु से सिर्फ पेशी तन्तु के संकुचन के दौरान जुड़ता है।
   (D) C – क्रास भुजा - निर्मित होता है, जब पेशी तन्तु शिथिल होता है।
5. सुमेलित करें–

कॉलम A	कॉलम B
A. धुराग्र संधि	1. अंगूठे के कार्पल तथा मेटा कार्पल
B. विसर्पी संधि	2. एटलस तथा अक्ष (Axis) के बीच
C. सैंडल संधि	3. कोहनी संधि
D. कब्जा संधि	4. कार्पल्स के बीच

   (A) ABCD/2413 (B) ABCD/1234
   (C) ABCD/4213 (D) ABCD/1324
6. A बैंड (Band) के मोटे तन्तु A बैंड के मध्य में एक पतली रेशेदार झिल्ली से जुडे रहते है उसे कहते हैं–
   (A) L – रेखा (B) Z – रेखा
   (C) M – रेखा (D) I – रेखा

7. अमीबॉयड गति (amoeboid movement) में निम्न में से कौन सी संरचना की भूमिका होती है?
(A) लाइसोसोम (B) राइबोसोम
(C) माइक्रोफिलामेंट (D) उपरोक्त सभी

8. A – गमन समान्यत ऐच्छिक होते है।
B – गति समान्यत अनैच्छिक होते है।
C – पादप में गति संभव नहीं है।
D – गमन बिना गति के संभव है।
उपरोक्त में से कितने कथन सही हैं?
(A) 1 (B) 2
(C) 3 (D) 4

9. A – क्रमानुकुचन, B – पक्ष्माभिका गति, C – कशभिका गति, D – कोशिका द्रव्य में चक्राभीय गति।
उपरोक्त में से कौन सी गति अमीबा में संभव है?
(A) A (B) B, C, D
(C) A, D (D) D

10. उस संरचना का चयन करे जो सिर्फ गमन का कार्य करते है–
(A) मनुष्य का पाद
(B) हाइड्रा के स्पर्शक
(C) पैरामिसियम का पक्ष्माभिका
(D) उपरोक्त में से कोई नहीं

11. प्राणि में गमन का तरीका निर्भर करता है–
(A) व्यवहार पर (B) आवास पर
(C) स्थिती के अनुसार (D) उपरोक्त सभी पर

12. नीचे कुछ गति के प्रकार दिए गए है, उस गति का चयन करे जो की मानव कोशिका के द्वारा प्रदर्शित नहीं होता–
(A) अमीबॉयड (B) पक्ष्माभिका
(C) पेशी (D) उपरोक्त में से कोई नहीं

13. निम्न में से कौन सा जोड़ा अमीबीय गति प्रदर्शित करती है–
(A) महाभक्षकाणु, आर बी सी
(B) श्वेताणु, आर बी सी
(C) महाभंक्षकाणु, श्वेताणु
(D) उपरोक्त में से कोई नहीं

14. अमीबा में चक्राभीय गति संबंधित होता है
(A) कूटपाद के निमार्ण से
(B) गमन से
(C) भोजन के अन्तग्रहण से
(D) उपरोक्त सभी से

15. सही कथन का चयन करे
(A) कंकाल शरीर के भार का 40–50 प्रतिशत होता है।
(B) रंग-रूप के आधार पर कार्डिक पेशी ऐच्छिक पेशी की भांति।
(C) ओक्सीपीटल अस्थि कपाल का पश्चतम भाग होता है।
(D) हायड अस्थि कपाल की अस्थि होता है।
(A) A, B, C, D (B) B, C, D
(C) B, D (D) B, C

16. प्लाज्माक्षिल्ली से आस्तारित संकोशिका (Syncitum), पेशीद्रव्य जालिका (SR) की उपस्थिती, पेशीद्रव्य की उपस्थिती, हल्की तथा गहरी पट्टी की उपस्थिती,
अगर A लाल पेशी तन्तु है, B सफेद पेशी तन्तु है, C कार्डियक पेशी तन्तु है, D अनैच्छिक पैशी तन्तु है?
उपरोक्त लक्षण किस पेशी तन्तु में उपस्थित होते है–
(A) A, B (B) A, B, C
(C) A, B, C, D (D) उपरोक्त में से कोई नहीं

17. पेशी कोशिका जो की गठन के लिए शाश्वत रचना में एकत्रित होती है, वह है–
(A) कंकाल पेशी (B) चिकनी पेशी
(C) हृदय पेशी (D) उपरोक्त सभी

18. पेशी जो पाचन मार्ग द्वारा भोजन और जनन मार्ग के द्वारा युग्मक के अभिगमन में सहायता करती है वह है–
(A) कंकाल पेशी (B) चिकनी पेशी
(C) हृदय पेशी (D) उपरोक्त सभी

19. पेशी में सार्वाधिक उपस्थित आयन है–
(A) Mg^{++} (B) Ca^{++}
(C) K^{+} (D) Na^{+}

20. शारीरिक मुद्रा बदलने मे सहायक होती है
(A) कंकाल पेशियाँ (B) चिकनी पेशियाँ
(C) हृदय पेशियाँ (D) उपरोक्त सभी

21. सार्कोलेमा आस्तारित करता है–
(A) पूलिकाओं को
(B) पेशी तन्तु को
(C) कंकालीय पेशी को
(D) एक्टिन तथा मायोसिन तन्तु को

22. पेशी जिनके क्रियाओं पर तंत्रिका तंत्र का ऐच्छिक नियंत्रण नहीं होता है–
(A) कंकाल पेशियाँ (B) चिकनी पेशियाँ
(C) हृदय पेशियाँ (D) B तथा C दोनों

23. कौन-सी पेशी में पट्टी अनुपस्थित होते है?
(A) कंकालीय पेशी (B) चिकनी पेशी
(C) कार्डियक पेशी (D) B तथा C दोनों

24. पेशी तन्तु का जोड़ा जो संकोशिका को प्रदर्शित नहीं करता वह है–
(A) कार्डियक, चिकनी
(B) कार्डियक, कंकालीय
(C) कंकालीय, चिकनी
(D) सिर्फ कार्डियक

25. पेशी संकुचन की क्रियाविधि को निम्न में से कौन से सिद्धान्त से समझा जा सकता है?
(A) सर्पी तंतु सिद्धांत
(B) सोल-जेल सिद्धांत
(C) मायोसिन-एक्टिन सिद्धांत
(D) उपरोक्त में से कोई नहीं

26. पेशियों के बार-बार उत्तेजित होने पर कौन से अम्ल का जमाव होता है?
(A) फॉमिक अम्ल (B) लैक्टिक अम्ल
(C) एस्कोर्बिक अम्ल (D) ग्लूटेमिक अम्ल

27. सक्रिय एटिपीऐज एंजाइम उपस्थित होता है
(A) गोलाकार सिर पर (B) क्रास भुजा में
(C) पूंछ में (D) ट्रोपोनिन में

28. एक्टिन तंतु से संबंधित सही तथ्य का चयन करें–
(A) एक्टिन, मायोसिन की तुलना में मोटा होता है
(B) एक्टिन, मायोसिन की तुलना में पतला होता है
(C) एक्टिन में सक्रिय एटिपीऐज एंजाइम उपस्थित
(D) एक्टिन तन्तु सिर्फ I-बैन्ड में उपस्थित

29. पेशी तन्तु में उपस्थित कोशिका द्रव्य कहलाता है–
(A) मायोप्लाज्म (B) एण्डोप्लाज्म
(C) एक्टोप्लाज्म (D) सारकोप्लाज्म

30. कार्डियक पेशी तन्तु चिकनी पेशी तन्तु से कैसे समानता प्रदर्शित करता है?
(A) धारियों के उपस्थिति के कारण
(B) अनैच्छिक होने के कारण
(C) बेलनाकार होने के कारण
(D) अधिक रुधिर प्रवाह के कारण

31. तंत्रिका तन्त्र सीधे अर्थात प्रत्यक्ष रूप से उनके क्रियाविधि को नियन्त्रित नहीं करते है, यह तथ्य संबंधित है–
(A) कार्डियक तथा कंकालिय पेशी तन्तु से
(B) कार्डियक तथा चिकनी पेशी तन्तु से
(C) कंकालीय तथा चिकनी पेशी तन्तु से
(D) सिर्फ कार्डियक्र पेशी तन्तु से

32. संकुचन की क्रियात्मक इकाई है–
(A) सारकोमियर (B) मिरोमायोसिन
(C) मायोफाईब्रिल (D) एक्टिन और मायोसिन

33. मायोफ्राइब्रिल के धारियां दो महत्वपूर्ण प्रोट्रीन के वितरण के कारण होता है, यह दो महत्वपूर्ण प्रोट्रीन है–
(A) एक्टिन
(B) मायोसिन
(C) A तथा B दोनों
(D) उपरोक्त में से कोई नहीं

34. A. I बैंड के केंद्र में स्थित होता है
B. लचीले तन्तु
C. एक I बैंड में सिर्फ एक
उपरोक्त तथ्य मायोफाईब्रिल के Z-रेखा से संबंधित है। कितने कथन सही है?
(A) 1 (B) 2
(C) 3 (D) 0

35. 'A' बैंड के मोटें तंतु, अपने मध्य में पतली रेशेदार झिल्ली से जुड़ी रहती है, इसे कहते है
(A) M-रेखा (B) Z-रेखा
(C) H-रेखा (D) उपरोक्त में से कोई नहीं

36. सारकोमियर में किसकी संख्या दो होती है?
(A) H-रेखा (B) M-रेखा
(C) Z-रेखा (D) उपरोक्त में से कोई नहीं

37. पतले तन्तु उपस्थित होते है-
(A) सिर्फ A बैंड में (B) सिर्फ I-बैंड में
(C) A तथा I बैंड में (D) सिर्फ Z-रेखा में

38. F-एक्टिन का तात्पर्य है-
(A) तन्तुमय एक्टिन (B) फिलामेन्ट एक्टिन
(C) फॉस्ट एक्टिन (D) पतले एक्टिन

39. प्रत्येक एक्टिन तन्तु कितने F-एक्टिन से बने होते है?
(A) एक (B) दो
(C) अनेक (D) गिना नहीं जा सकता

40. ट्रोपोनिन एक नियत अंतरालों पर पाई जाती है-
(A) F-एक्टिन पर (B) G-एक्टिन पर
(C) ट्रोपोमायोसिन पर (D) उपरोक्त सभी पर

41. निम्न में से कौन बहुलक प्रोट्रीन नहीं है?
(A) F-एक्टिन (B) मायोसिन तंतु
(C) ट्रोपोनिन (D) उपरोक्त में से कोई नहीं

42. मोटे तंतुओं का केंद्रीय भाग जो पतले तंतुओं से अतिच्छादित नहीं होता है, वह है-
(A) H-क्षेत्र (B) Z-क्षेत्र
(C) A-क्षेत्र (D) I-क्षेत्र

43. मिरोमायोसिन में छोटी भुजा उपस्थित होती है-
(A) शीर्ष के उपर
(B) पूंछ के नीचे
(C) शीर्ष तथा पूंछ के बीच
(D) शीर्ष के पार्श्व भाग पर

44. HMM का तात्पर्य है-
(A) मिरोमायोसिन का शीर्ष
(B) पूंछ का मिरोमायोसिन
(C) पूर्ण मिरोमायोसिन
(D) मिरोमायोसिन की छोटी भुजा

45. LMM तात्पर्य-
(A) पार्श्व मिरोमायोसिन
(B) बॉया मिरोमायोसिन
(C) हल्का मिरोमायोसिन
(D) स्थानीय मिरोमायोसिन

46. मोटर इकाई की तात्पर्य है
(A) मोटर न्यूरॉन + पेशी तन्तु
(B) मोटर न्यूरॉन + संवेदी न्यूरॉन
(C) मोटर न्यूरॉन + मिश्रित न्यूरॉन
(D) मोटर न्यूरॉन + मोटर न्यूरॉन

47. एक्टिन तन्तु के सक्रिय स्थल को ढ़कने के दौरान Ca^{++} सारकोप्लाज्मिक रेटीक्यूलनम के ___?___ में लौट जाते है।
(A) सिस्टरने (B) वेसिक्ल
(C) वैक्यूल (D) उपरोक्त सभी

48. वायुजीवी पेशियां होती है
(A) सभी ऐच्छिक पेशियां
(B) सभी अनैच्छिक पेशियां
(C) लाल पेशी तन्तु
(D) सफेद पेशी तन्तु

49. अगर A = ऑक्सीजन, B = मायोग्लोबिन, C = माइटोकोण्ड्रीया, D = सारकोप्लाज्मिक रेटिकलम उपरोक्त में से कौन लाल पेशी तन्तु में अधिक होता है?
(A) A (B) A, B
(C) A, B, C (D) A, B, C, D

50. निम्न में से कौन सा पेशी तन्तु उर्जा के लिए अवायवीय विधि पर निर्भर करते है?
(A) चिकनी (B) कंकालीय
(C) कार्डियक (D) उपरोक्त सभी

51. निम्न में से किस आधार पर अस्थि तथा उपास्थि समानता प्रदर्शित करते है?
(A) शरीर में संख्या के आधार पर
(B) लचिलेपन के आधार पर
(C) उत्पति के आधार पर
(D) उपस्थिती के आधार पर

52. कशेरुक दंड में कशेरुक की संख्या होती है–
(A) 26 (B) 24
(C) 22 (D) उपरोक्त में से कोई नहीं

53. संयोजित कशेरुक के सेट का चयन करे
(A) ग्रीवा + सेक्रमी (B) वक्षीय + कटि
(C) कटि + सेक्रमी (D) सेक्रमी + अनुत्रिक

54. निम्न में कौन सा अस्थि सपाट अस्थि है?
(A) उरोस्थि (B) कशेरुक
(C) कर्ण अस्थि (D) उपरोक्त में से कोई नहीं

55. मनुष्य के शरीर में सबसे लम्बी अस्थि है–
(A) फीमर (B) टिबिआ
(C) हयूमेरस (D) रेडियस

56. असमान्यता जो तंत्रिका पेशी संधि को प्रभावित करते है तथा जिससे श्रान्ति होती है, वह है–
(A) पेशी दुष्पोषण (B) टिटेनी
(C) माइस्थेनिया ग्रेविस (D) संधि शोथ

57. अनुत्रिक जुड़ा रहता है–
(A) ग्रीवा कशेरुक से (B) वक्षीय कशेरुक से
(C) कटि कशेरुक से (D) उपरोक्त में से कोई नहीं

58. निम्न में से कौन कशेरुक दण्ड का कार्य नहीं है?
(A) मेरुरज्जु की सुरक्षा
(B) शीर्ष को सहारा देना
(C) पसली से जुड़ाव
(D) थाइमस की सुरक्षा

59. करोटि का जाइगोमेटिक अस्थि प्रत्यक्ष रूप से निम्न में से कौन सी अस्थि से नही जुड़ा रहता है?
(A) पैराइटल अस्थि (B) ओक्सीपीटल अस्थि
(C) हायड अस्थि (D) उपरोक्त सभी

60. एक क्रिकेट मैच में, मान ले गेंद के. श्रीकांत के ललाट पर लग जाता है तो इस स्थिती में कौन सी अस्थि सर्वाधिक प्रभावित होने की आशंका है?
(A) फ्रंटल (B) पैराइटल
(C) ओक्सीपीटल (D) हायड अस्थि

61. निम्न में से कौन सी अस्थि अधर सतह पर स्थित होता है?
(A) कशेरुक दण्ड (B) क्लेविक्ल
(C) उरोस्थि (D) ओक्सीपीटल अस्थि

62. कर्ण के आस-पास उपस्थित कपालीय अस्थि है–
(A) फ्रंटल (B) पैराइटल
(C) ओक्सीपीटल (D) टेपोरल

63. निम्न में से कौन करोटि में सम्मिलित नहीं है?
(A) नेसल (B) स्फीनॉयड
(C) हायड अस्थि (D) उपरोक्त में से कोई नहीं

64. निम्न में से कौन सी संरचना अस्थि कंद से संबंधित नहीं है?
(A) करोटि (B) एटलस
(C) एक्सिस (D) उपरोक्त में से कोई नहीं

65. सभी स्तनधारी में कौन से कशेरुक की संख्या समान होती है?
(A) ग्रीवा (B) वक्षीय
(C) लम्बर (D) सैक्रल

66. कशेरुक दण्ड में अनेक कशेरुक होते है, किस कशेरुक के हटा देने पर भी हमारे जीवन पर कोई खतरा नहीं पड़ेगा?
(A) ग्रीवा (B) वक्षीय
(C) कटि (D) अनुत्रिक

67. 1. पसली एक चपटी अस्थि है–
2. सभी पसली उरोस्थि से जुड़े होते है
3. पसली लचली उपास्थि से जुड़े होते है
4. पसली एक द्विशिरस्थ संरचना है
उपरोक्त में से कितने कथन गलत है?
(A) 1 (B) 2
(C) 3 (D) 4

68. पसली पर दो संधियोजन सतहे होती है-
(A) पृष्ठ सतह पर (B) अधर सतह पर
(C) पार्श्व सतह पर (D) पृष्ठ-अधर सतह पर

69. वास्तविक पसली निम्न में से किसके सुरक्षा से संबंधित नहीं है?
(A) हृदय (B) फेफड़ा
(C) वृक्क (D) थाइमस

70. पसली निम्न में से कौन से अंग के सुरक्षा से संबंधित नहीं है?
(A) हृदय (B) फेफड़ा
(C) वृक्क (D) यकृत

71. पसली जिसका आकार सबसे छोटा है वह है-
(A) वर्टिब्रोस्ट्रनल (B) वर्टिबोकांड्रल
(C) प्लावी पसली (D) गोरिल्ला पसली

72. संरचना जो वक्षीय गुहा के निर्माण में पसली के अतिरिक्त हिस्सा लेते है वह है-
(A) कशेरुक दण्ड (B) उरोस्थि
(C) तनुपट (D) उपरोक्त सभी

73. निम्न में से कौन सा कार्य पसली पिंजर के द्वारा नहीं होता है?
(A) श्वसन (B) सुरक्षा
(C) ढांचा निमार्ण (D) उपरोक्त में से कोई नहीं

74. A. बहिक्षेपण, B. मूत्रण, C. श्वसन, D. प्रसव
जैसा कि हम जानते है, तनुपट वक्षीय पिंजर का एक महत्वपूर्ण भाग है, उपरोक्त में से कौन सा कार्य इनके द्वारा होता है?
(A) A (B) A, B
(C) A, B, C, (D) A, B, C, D

75. अग्रपाद के कौन सा हड्डी सबसे छोटी होती है?
(A) हयूमेरस (B) रेडियस
(C) कार्पल्स (D) मेटाकार्पल्स

76. क्लेविकल से संबंधित गलत कथन का चयन करे
(A) संख्या 2 होती है (B) एक लम्बी पतली अस्थि
(C) कॉलर अस्थि (D) 1 वक्र

77. श्रोणि मेखला में श्रोणि अस्थियों की संख्या होती है-
(A) 1 (B) 2
(C) 3 (D) 4

78. श्रोणि मेखला के दोनों भाग ......?...... में मिलते है-
(A) पृष्ठ भाग (B) अधर भाग
(C) पार्श्व भाग (D) अधर-पार्श्व भाग

79. दो श्रोणि अस्थियों के मध्य किस प्रकार के उपास्थि होते है?
(A) तन्तुमय (B) काचाम
(C) इलास्टिक (D) उपरोक्त में से कोई नहीं

80. हर प्रकार की गति जिसमें शरीर की अस्थियां सहयोगी होती है, उसमें सदैव शामिल होते है-
(A) संधि (B) स्नायु
(C) पेशी (D) उपरोक्त सभी

81. पक्षीय पिंजर होते है-
(A) ऊपरी सिरे पर चौड़े
(B) निचले सिर पर पतला
(C) ऊपर से नीचे आने पर चौड़ा हो जाते है
(D) ऊपर से नीचे समान होते है

82. (जोड़) संधि स्थल है-
(A) दो अस्थि के बीच
(B) अस्थि तथा उपास्थि के बीच
(C) A तथा B दोनों
(D) अस्थि तथा पेशी के बीच

83. किस प्रकार के जोड़ में किसी भी प्रकार की गति संभव नहीं होती है?
(A) रेशीय जोड़ (B) उपास्थि युक्त जोड़
(C) साइनोवियल जोड़ (D) उपरोक्त में से कोई नहीं

84. साइनोवियल जोड़ो की विशेषता है-
(A) साइनोवियल द्रव्य की उपस्थिती
(B) जोड़ पर उपास्थि की उपस्थिती
(C) कंदुक खल्लिका की उपस्थिती
(D) उपरोक्त सभी

85. अगर, A-धुराग्र संधि, B-कब्जा संधि, C-दो कशेरुक के बीच संधि, D-सीवन
उपरोक्त में से कौन से दो संधि एक ही श्रेणी के है?
(A) A, C (B) B, D
(C) C, D (D) A, B

86. निम्न में से किस प्रकार के संधि में गति सिर्फ एक तल में ही संभव है?
(A) कब्जा संधि
(B) कोहनी संधि
(C) अंगुली के दो अस्थियों के बीच संधि
(D) उपरोक्त सभी

87. हुमूरस तथा अंस मेखला के बीच संधि स्थल पर क्या उपस्थित नहीं होगा?
(A) साईनोवियल गुहा (B) साईनोवियल झिल्ली
(C) उपास्थि (D) उपरोक्त में से कोई नहीं

88. दो निकटवर्ती कशेरुको के बीच उपस्थित संधि की भांति ही संधि होते है–
(A) दो श्रेणि अस्थियों के बीच
(B) एटलस तथा अक्ष के बीच
(C) कार्पल्स के बीच
(D) उपरोक्त में से कोई नहीं

89. घने रेशीय संयोजी उत्तक उपस्थित होते है–
(A) सीवन में (B) कब्जा संधि में
(C) धुराग्र संधि में (D) उपरोक्त सभी में

90. अंगूठे के कार्पल के बीच उपस्थित संधि है–
(A) सैडल संधि (B) कब्जा संधि
(C) धुराग्र संधि (D) उपरोक्त में से कोई नहीं

91. अस्थि सुषिरता (ऑस्टिओपोरोसिस)से संबंधित हॉर्मोन है–
(A) इन्सूलिन (B) एस्ट्रोजन
(C) थाइरॉक्सिन (D) एर्डिनेलिन

92. रोगों के जोड़े का चयन कर जो संधि से संबंधित होते है–
(A) संधि शोध, अपतानिका
(B) गाउट, अपतानिका
(C) अस्थि सुषिरता, गाउट
(D) संधि शोध, गाउट

93. रोग जो Ca^{++} के कमी से होता है, वह है–
(A) पेशीय दुष्पोषण (B) माइस्थेनिया ग्रेविस
(C) अपतानिका (D) गाउट

94. यूरिक अम्ल से संबंधित सेग है–
(A) पेशीय दुष्पोषण (B) माइस्थेनिया ग्रेविस
(C) अपतानिका (D) उपरोक्त में से कोई नहीं

95. निम्न में से कौन सा रोग उम्र संबंधित विकार है, जो कि सामान्यत: सिर्फ वृद्धावस्था में ही प्रकट होते है?
(A) रुमेटोइड संधिशोध
(B) ल्यूकेमिया
(C) अस्थि सुषिरता
(D) उपरोक्त सभी

96.

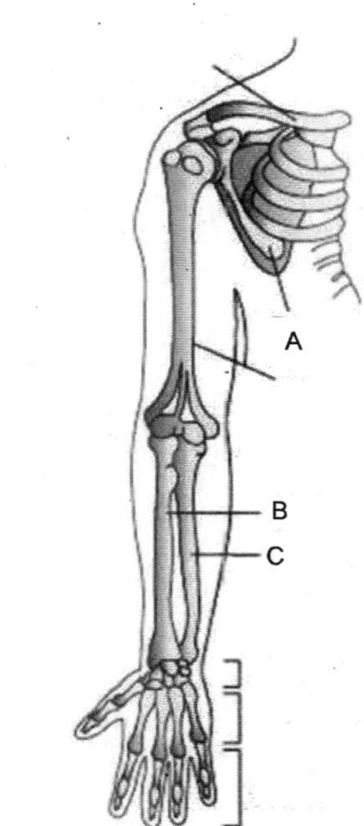

उपरोक्त चित्र को पहचानते हुए सही विकल्प का चयन करे
(A) A-फीमर, B-रेडियस, C-अल्ना
(B) A-हयूमेरस, B-अल्ना, C-रेडियस
(C) A-हयूमेरस, B-रेडियस, C-अल्ना
(D) A-टिबिया, B-रेडियस, C-अल्ना

97.

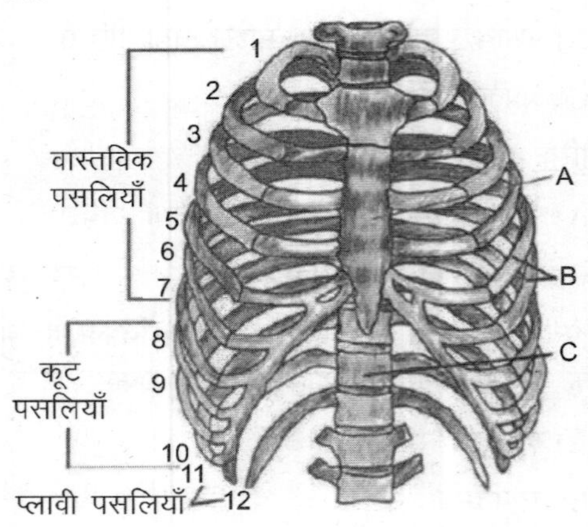

दिए गए चित्र में लेबेलिंग A, B तथा C को पहचाने तथा उस संरचना का चयन करे जिसमें उपास्थि मौजूद होते हैं-

(A) A (B) B

(C) C (D) A, B, C

98.

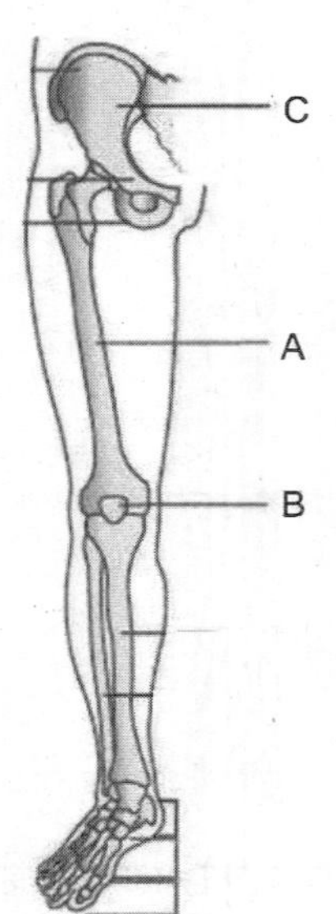

दिए गए चित्र में A, B तथा C पश्चपाद के अस्थि है, हर अस्थि की अपनी विशेषता है, विशेषता को ध्यान में रखते हुए सही विकल्प का चयन करे-

	A	B	C
(A)	सर्वाधिक मजबूत अस्थि	सिस्मॉयड अस्थि	दो अस्थियों के संलयन से
(B)	सबसे लम्बी अस्थि	सिस्मॉयड अस्थि	शरीर में सिर्फ एक होता है
(C)	सबसे लम्बी अस्थि	सिस्मॉयड अस्थि	तीन अस्थियों के संलयन से बनता है
(D)	सबसे लम्बी अस्थि	उपास्थि जात अस्थि	तीन अस्थियों के संलयन से बनता है

99. एक पेशी में निम्न में से किसकी संख्या सार्वाधिक होगी?

(A) पेशी तन्तु (B) पेशी तंतुक

(C) पुलिका (D) एक्टिन तथा मायासिन तन्तु

100. निम्न में से कौन सी संरचना प्लाज्मा झिल्ली से आस्तारित होता है, जिसे सारकोलेमा कहते है?

(A) संपट्ट (B) पेशी

(C) पेशी तंतु (D) उपरोक्त सभी

101.

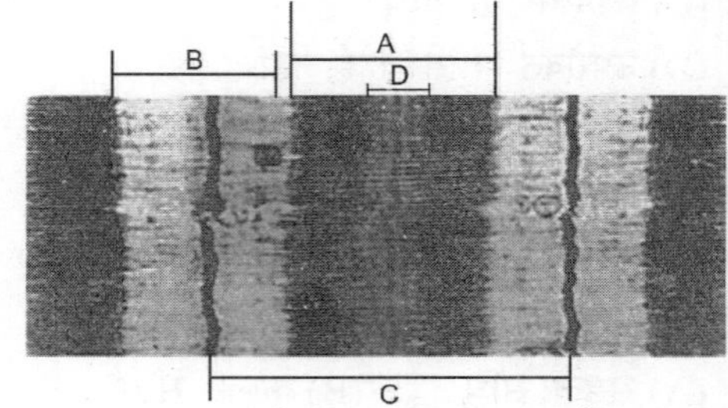

दिए गए चित्र का पहचाने A, B, C तथा D क्या है?

(A) A = A बैंड, B = I बैंड, C = सार्कोमियर, D = H क्षेत्र

(B) A = I बैंड, B = A बैंड, C = सार्कोमियर, D = H क्षेत्र

(C) A = A बैड, B = I बैंड, C = H क्षेत्र, D = सार्कोमियर

(D) A = सार्कोमियर, B = H क्षेत्र, C = I बैंड, D = A बैंड

102.

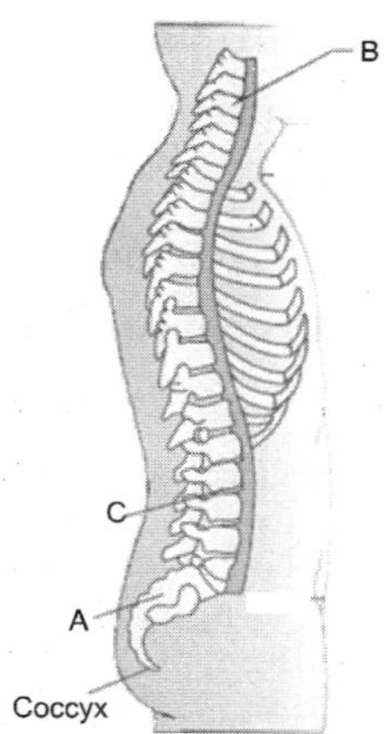

दिए गए चित्र को पहचाने जिसमें लेबलिंग A, B, C दिया गया है। असमान्यता जैसे, स्पोंडिलाइटिस, डिस्क विस्तापन किससे संबंधित है?

(A) A (B) A, B

(C) A, B, C (D) B

103.

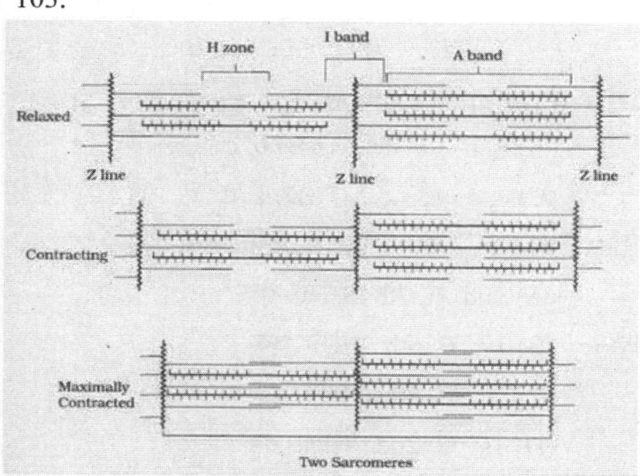

उपरोक्त चित्र एक सिद्धान्त पर आधारित है, उस सिद्धान्त से संबंधित कुछ तथ्य दिए गए है

I. यह सिद्धान्त सार्वाधिक मान्य है

II. यह सर्पी तंतु सिद्धान्त है

III. यह सिद्धान्त सिर्फ पेशी के संकुचन के बारे में बताता है, शिथिलन से कोई लेना देना नहीं है।

उपरोक्त में से कितने कथन गलत है?

(A) 1 (B) 2

(C) 3 (D) 0

104.

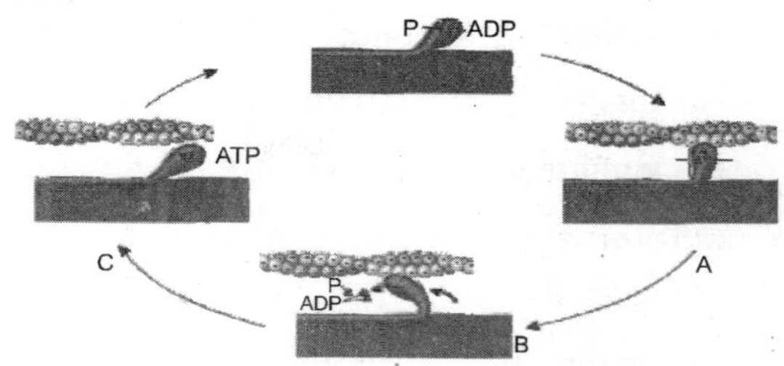

दिए गए चित्र में A, B तथा C में से कौन सा चित्र पेशी के शिथिलन को दर्शा रहा है

(A) A (B) B

(C) C (D) उपरोक्त में से कोई नहीं

105. ऐच्छिक पेशी तन्तु नें किस प्रकार के तंत्रिका प्रवेश करते है?

(A) चालक तंत्रिका (B) संवेदी तंत्रिका

(C) मिश्रित तंत्रिका (D) उपरोक्त सभी

106. पेशी संकुचन के लिए कौन सा लवण (ion) आवश्यक है?

(A) Ca^{++} (B) Fe

(C) K^{+} (D) Na^{+}

107. कौन सा संधि तन्तुमय संधि है?

(A) चल संधि

(B) अचल संधि

(C) कन्दुक खल्लिका संधि

(D) उपरोक्त सभी

108. गाउॅट (Gout) रोग में संधि में कौन सा तत्व जमा हो जाता है?

(A) यूरिया (B) अमोनिया

(C) यूरिक अम्ल (D) अमीनो अम्ल

109. प्रथम ग्रीवा कशेरुक कहलाता है–

(A) एटलस (B) एक्सिस

(C) कौक्किस (D) कान्डॉयल

110. एक पेशी तन्तु की विशेषता होती है–

(A) मायोफाइब्रिल

(B) सारकोमियर

(C) सरकोप्लाज्मिक रेटिकुलम

(D) फासकिकुली (पुलिका)

111. निम्न में से कौन सा पेशी तन्तु का प्रोट्रीन मेरोमायोसिन का बहुलक होता है-

(A) एक्टिन (B) ट्रोपोनिन

(C) ट्रोपोमायोसिन (D) मायोसिन

112. कैल्शियम लवण जब SR से मुक्त होता है तो यह जुड़ जाता है-

(A) ट्रोपोनिन से (B) ट्रोपोमायोसिन से

(C) एक्टिन से (D) मायोसिन से

113. लाल पेशी तन्तु की तुलना में सफेद पेशी तन्तु में निम्न में से कौन अधिक होता है?

(A) माइटोकोड्रिया

(B) सारकोप्लाज्मिक रेटीक्यूलम

(C) सारकोप्लाज्म

(D) मायोग्लोबिन

114. गलत कथन का चयन करे-

(a) सभी स्तनधारी में सात ग्रीवा कशेरुक होते है, बिना किसी अपवाद के

(b) मानव के कपाल में आठ अस्थि होते है, बिना किसी संधि के

(c) मानव के प्रत्येक पाद में फैलेंजेज की संख्या 14 होती है।

(d) उरोस्थि मानव शरीर के अधर भाग पर स्थित होते है।

(A) a, b (B) b, c

(C) c, d (D) a, d

115. पेशी में अपतानिका निम्न से से किसके निम्न सान्द्रता के कारण होता है?

(A) Ca^{++} (B) Mg^{++}

(C) Na^{+} (D) उपरोक्त सभी

116. उस असामान्यता का चयन करे जिसका अनुवांशिक आधार है

(A) माइस्थेनिया ग्रेविस (B) पेशीय दुष्पोषण

(C) अपतानिका (D) अस्थि सुषिरता

117. सही कथन का चयन करे

(A) धुराग्र संधि-दूसरे तथा तीसरे कशेरुक के मध्य

(B) सैडल संधि-अंगूठे के कार्पल और मेटा कार्पल के मध्य

(C) विसर्पी संधि-घुटना संधि

(D) कन्दुक खल्लिका संधि-पसली तथा उरोस्थि के मध्य

118. अत्यंत सीमित गति किस प्रकार के संधि में संभव है?

(A) उपास्थि संधि

(B) तन्तुमय संधि

(C) कन्दुक खल्लिका संधि

(D) उपरोक्त सभी

119. गलत कथन का चयन करे-

(a) किसी प्राणी का गमनांग भोजन के अन्तग्रहण में कभी मदद नहीं कर सकता है।

(b) सभी गति गमन नहीं होते है।

(c) सभी गमन (locomotion) गति (movement) होते है।

(d) सभी गति ऐच्छिक होते है।

(A) a, b (B) b, c

(C) c, d (D) a, d

120. स्केपुला वक्षीय भाग में स्थित होते है

(A) 2nd से 7th पसली तक

(B) 1st से 6th पसली तक

(C) 1st से 8th पसली तक

(D) 1st से 2nd पसली तक

121. एक्रोमियन किसका हिस्सा होता है?

(A) जत्रुक (B) स्केपुला

(C) पसली (D) उरोस्थि

122. निम्न में से कौन वर्टिब्रोकाड्रल पसली होता है?

(A) प्रथम 7 जोड़े पसली

(B) 8th, 9th तथा 10th पसली

(C) 11th तथा 12th पसली

(D) सभी 12 जोड़े पसली

123. इलियम, इस्किअम तथा प्यूबिस निर्मित करते है–
(A) श्रोणि अस्थि (B) अंस अस्थि
(C) जत्रुक अस्थि (D) टार्सल अस्थि

124. अस्थि के जोड़े का चयन करे जिनकी संख्या भिन्न है–
(A) हूमेरस, फीमर
(B) मेटाकार्पल्स, मेटाटार्सल
(C) टार्सल, कार्पल्स
(D) रेडियस अल्ना, टिबिया फिबुला

125. करोटि कि कौन सी अस्थि का आकार U की भांति होता है?
(A) मैक्सिला (B) लैक्रीमल
(C) एथमोयड (D) हायड

126. सक्रिय स्थल उपस्थित होते है–
(A) ट्रोपोनिन पर (B) ट्रोपोमायोसिन पर
(C) F-एक्टिन पर (D) मायोसिन पर

127. I बैंड में मुख्यत: कौन सा तंतु उपस्थित होता है–
(A) मायोसिन
(B) एक्टिन
(C) मायोसिन तथा एक्टिन दोनों
(D) मेरामायोसिन

128. उपास्थि के matrix आनन्य क्यों होते है–
(A) कैल्सियम लवण के उपस्थिती के कारण
(B) मैग्नेशियम लवण के उपस्थिती के कारण
(C) कोड्रोइटिन लवण के उपस्थिती के कारण
(D) उपरोक्त सभी

129. उरोस्थित के संदर्भ में कौन सा कथन गलत है?
(A) इसे ब्रेस्ट अस्थि कहते है।
(B) यह सपाट अस्थि होता है।
(C) इसकी संख्या दो होती है।
(D) यह वक्ष क्षेत्र के मध्य अधर भाग पर स्थिर रहता है।

130. निम्न में से किसका जोड़ संधि (joint) है?
(A) दो अस्थि (B) अस्थि तथा उपास्थि
(C) अस्थि तथा पेशी (D) A तथा B दोनों

ANSWER KEY

1. (C)	**2.** (A)	**3.** (C)	**4.** (C)	**5.** (A)	**6.** (C)	**7.** (C)	**8.** (A)	**9.** (D)	**10.** (D)
11. (D)	**12.** (D)	**13.** (C)	**14.** (D)	**15.** (D)	**16.** (A)	**17.** (C)	**18.** (B)	**19.** (B)	**20.** (A)
21. (A)	**22.** (D)	**23.** (B)	**24.** (A)	**25.** (A)	**26.** (B)	**27.** (A)	**28.** (B)	**29.** (D)	**30.** (B)
31. (B)	**32.** (A)	**33.** (C)	**34.** (C)	**35.** (A)	**36.** (C)	**37.** (C)	**38.** (A)	**39.** (B)	**40.** (C)
41. (C)	**42.** (A)	**43.** (C)	**44.** (A)	**45.** (C)	**46.** (A)	**47.** (A)	**48.** (C)	**49.** (C)	**50.** (A)
51. (C)	**52.** (A)	**53.** (D)	**54.** (A)	**55.** (A)	**56.** (A)	**57.** (D)	**58.** (D)	**59.** (D)	**60.** (A)
61. (C)	**62.** (D)	**63.** (D)	**64.** (C)	**65.** (A)	**66.** (D)	**67.** (B)	**68.** (A)	**69.** (C)	**70.** (D)
71. (C)	**72.** (D)	**73.** (D)	**74.** (D)	**75.** (C)	**76.** (D)	**77.** (B)	**78.** (B)	**79.** (A)	**80.** (D)
81. (C)	**82.** (C)	**83.** (A)	**84.** (A)	**85.** (D)	**86.** (D)	**87.** (D)	**88.** (A)	**89.** (A)	**90.** (D)
91. (B)	**92.** (D)	**93.** (C)	**94.** (D)	**95.** (C)	**96.** (C)	**97.** (D)	**98.** (C)	**99.** (D)	**100.** (C)
101. (A)	**102.** (D)	**103.** (A)	**104.** (C)	**105.** (A)	**106.** (A)	**107.** (B)	**108.** (C)	**109.** (A)	**110.** (A)
111. (D)	**112.** (A)	**113.** (B)	**114.** (A)	**115.** (A)	**116.** (B)	**117.** (B)	**118.** (A)	**119.** (D)	**120.** (A)
121. (B)	**122.** (B)	**123.** (A)	**124.** (C)	**125.** (D)	**126.** (C)	**127.** (B)	**128.** (C)	**129.** (C)	**130.** (D)

तंत्रिकीय नियंत्रण एवं समन्वय

1. सही कथन का चयन करे–
   (a) हाइड्रा के तंत्रिका तन्त्र में सम्मिलित है, न्यूरॉन के जाल।
   (b) कीटो के तंत्रिका तन्त्र में मस्तिष्क तथा बड़ी संख्या में गुच्छिका सम्मिलित है।
   (c) कशेरुकी के तंत्रिका तन्त्र कम विकसित होते है।
   (d) सभी जन्तु के तंत्रिका तन्त्र में न्यूरॉन सम्मिलित है।
   (A) a, b, c, (B) a, b, d
   (C) b, c, d (D) a, c, d

2. गलत जोड़े का चयन करे
   (A) पी एन एस $\rightarrow$ तंत्रिकाएं
   (B) सी एन एस $\rightarrow$ सिर्फ मस्तिष्क
   (C) स्वायत्त $\rightarrow$ अनुकम्पी तंत्रिका तन्त
   (D) न्यूरॉन $\rightarrow$ निसल के कण

3. तंत्रिका जिसका स्वभाव अभिवाही होता है, वह है–
   (A) आवेग को एक उत्तक से दूसरे उत्तक में ले जाता है।
   (B) आवेग को उत्तक से सी एन एस (CNS) में ले जाता है।
   (C) यह आवेग को CNS से उत्तक में ले जाता है।
   (D) यह आवेग को CNS से CNS में ले जाता है।

4. विराम अवस्था में तंत्रिका झिल्ली
   (A) Na^+ तथा K^+ के लिए बराबर रूप से पारगम्य होता है।
   (B) Na^+ के लिए अधिक पारगम्य होता है, K^+ के तुलना में।
   (C) K^+ के लिए अधिक पारगम्य होता है जबकि Na^+ के प्रति लगभग अपारगम्य होता है।
   (D) Na^+ तथा K^+ दोनों के प्रति अपारगम्य होता है।

5. अगर एक तंत्रिका विश्राम/विराम अवस्था में है तो सही चित्र का चियन करे–

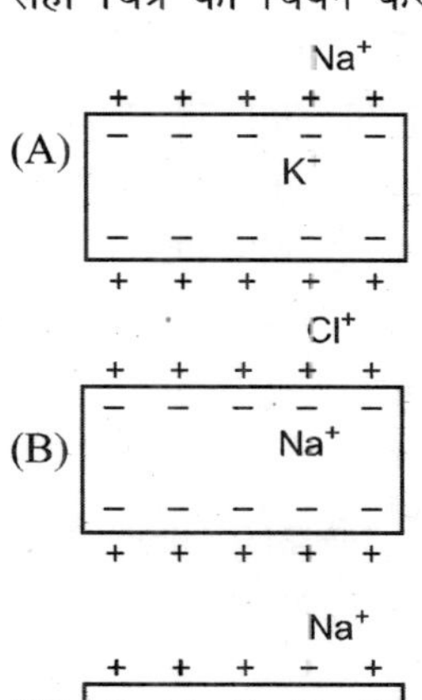

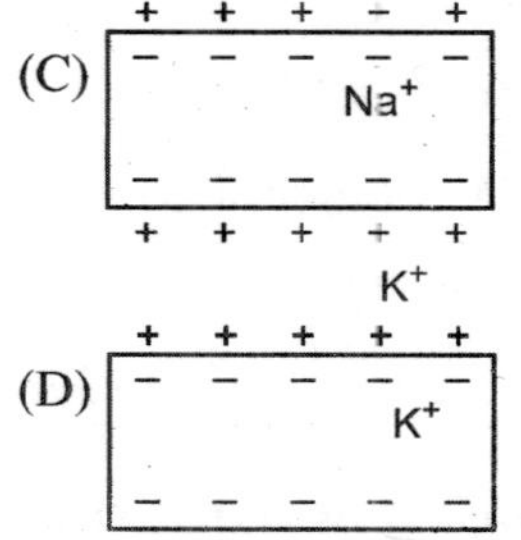

6. कॉर्पोरा क्वाड्रीजेमीना निम्न में से किसका हिस्सा है?
(A) मेडूला (B) घ्राण पिण्ड
(C) प्रमस्तिष्क (D) डाइनसिफेलॉन

7. कार्पस कोलेसम निम्न में किसे जोड़ता है?
(A) दो प्रमस्तिष्क को
(B) दो प्रमस्तिष्क गोलार्द्ध को
(C) दो घ्राण पिण्ड को
(D) इपिथैलेमस तथा हाइपोथैलेमस को

8. नीचे कुछ कथन सहभागी क्षेत्र से संबंधित दिए गए है-
कथन 1: सहभागी क्षेत्र संवेदी होता है।
कथन 2: सहभागी क्षेत्र प्रेरक होते है।
कथन 3: यह स्मरण से संबंधित होता है।
कथन 4: यह न तो चालक होता है न ही संवेदी।
(A) सही कथन 1, 3; गलत कथन 2, 4
(B) सही कथन 3, 4; गलत कथन 1, 2
(C) सभी कथन सही
(D) सभी कथन गलत

9. सहभागी क्षेत्र मस्तिष्क के कौन से भाग का हिस्सा है?
(A) अग्र मस्तिष्क (B) मध्य मस्तिष्क
(C) पश्च मस्तिष्क (D) मेरु रज्जु

10. निम्न में से कौन सा कार्य जो मस्तिष्क, मेरुरज्जु के द्वारा साक्षा (common) रूप से संपादित होते है?
(A) ऐच्छिक क्रिया पर नियन्त्रण
(B) ताप नियन्त्रण
(C) प्रतिवत्ती क्रिया
(D) उपरोक्त सभी

11. प्रमस्तिष्क तरल नलिका (cerebral aquaduct) नामक नाल मस्तिष्क के कौन से भाग से होकर गुजरते है?
(A) अग्र मस्तिष्क (B) मध्य मस्तिष्क
(C) पश्च मस्तिष्क (D) उपरोक्त में से कोई नहीं

12. एमिगडाला (Amygdala) निम्न में से किसका हिस्सा है?
(A) अग्र मस्तिष्क (B) मध्य मस्तिष्क
(C) पश्च मस्तिष्क (D) उपरोक्त सभी

13. अमाशयी स्रावण निम्न में से किसके नियन्त्रण में होता है?
(A) प्रमस्तिष्क (B) मेडूला
(C) डाइनसिफेलोन (D) मेरुरज्जु

14. नी जर्क (Knee Jerk) प्रतिवत को कौन नियन्त्रित करते है?
(A) मष्तिष्क
(B) मेरुरज्जु
(C) परिधीय तंत्रिका तंत्र
(D) स्वायत तंत्रिका तंत्र

15. प्रतिवर्ती क्रिया से संबंधित सही पथ का चयन करें-
(A) ग्राही → चालक तंत्रिका → मध्यस्थ तंत्रिका → संवेदी तंत्रिका → अंग
(B) ग्राही → संवेदी तंत्रिका → मध्यस्थ तंत्रिका → चालक तंत्रिका → अंग
(C) ग्राही → मध्यस्थ तंत्रिका → संवेदी तंत्रिका → चालक तंत्रिका → अंग
(D) ग्राही → संवेदी तंत्रिका → चालक तंत्रिका → मध्यस्थ तंत्रिका → अंग

16. हृदय परिसंचारी प्रतिवर्तन निम्न में से किससे नियन्त्रित होता है?
(A) मेरु रज्जु (B) मेडूला
(C) प्रमस्तिष्क (D) उपरोक्त सभी

17. मस्तिष्क के उस भाग चयन करे जिसकी सतह विलगित (convulated) नहीं होती है
(A) अग्र मस्तिष्क + पश्च मस्तिष्क
(B) अग्र मस्तिष्क + मध्य मस्तिष्क
(C) सिर्फ मध्यमस्तिष्क
(D) मस्तिष्क के सभी भाग विलिंगत होते है

18. उस केंद्र का चयन करे जो कि मध्यांश (मेड्यूला ओबलोगेंटा) में उपस्थित नहीं होता है-
(A) पाचक रसो का स्राव
(B) हृदय परिसंचारी प्रतिवर्तन
(C) श्वसन
(D) खाने और पीने की इच्छा

19. उत्तेजना, खुशी, लैगिक व्यवहार, प्रेरणा, मस्तिष्क के जिस भाग से नियंत्रित होते है, वह भाग है–

(A) लिबिंक तंत्र + हाइपोथेलेमस

(B) लिबिंक तंत्र + सेरीब्रम

(C) सहभागी क्षेत्र + हाइपोथेलेमस

(D) सिर्फ प्रमस्तिष्क (Cerebrun)

20. उन शब्दों के सेट का चयन करे जिनका समान अर्थ है–

(A) आवेग विभव, ध्रुवित, तंत्रिका आवेग

(B) क्रियात्मक विभव, विध्रुवीकरण, तंत्रिका आवेग

(C) विरामकला विभव, विध्रुवीकरण, तंत्रिका आवेग

(D) पुनः ध्रुवीकरण, विध्रुवीकरण, तंत्रिका आवेग

21. (a) जैव स्थिरता को बनाएं रखने के लिए समन्वयता आवश्यक होती है।

(b) जब हम शारीरक व्यायाम करते है, ऊर्जा की आवश्यकता कम हो जाती है।

(c) तंत्रिका तंत्र, अंत:स्त्रावी तंत्र सम्मिलित रूप से कार्य करते है।

(d) तंत्रिका तंत्र उत्पत्ति मिसोडर्म से होता है–

कितने कथन सही है?

(A) 1 (B) 2

(C) 3 (D) 4

22. व्यायाम के दौरान क्या होता है?

(A) ऊर्जा की आवश्यकता बढ़ जाती है।

(B) रुधिर प्रवाह बढ़ जाता है।

(C) श्वसन की दर बढ़ जाती है।

(D) उपरोक्त सभी।

23. अगर a रुधिर प्रवाह में वृद्धि है, b हृदय गति में वृद्धि है, c ग्लूकोज का ऑक्सीकरण, d ऊर्जा में वृद्धि है–

अगर मान लो एक व्यक्ति कठोर शारीरिक श्रम (परिश्रम) कर रहा है, तो सही क्रम होगा–

(A) $a \rightarrow b \rightarrow c \rightarrow d$ (B) $b \rightarrow a \rightarrow c \rightarrow d$

(C) $b \rightarrow a \rightarrow d \rightarrow c$ (D) $a \rightarrow b \rightarrow d \rightarrow c$

24. न्यूरॉन सक्षम नहीं होता है–

(A) उद्दीपन को पहचानने में

(B) उद्दीपन को ग्रहित करने में

(C) उद्दीपन को संचरित करने में

(D) उपरोक्त में से कोई नहीं।

25. निम्न में से कौन एक न्यूरॉन का सबसे चौड़ा भाग है?

(A) कोशिककाय (B) डेंड्राइट

(C) तंत्रिकाक्ष (D) केन्द्रक

26. एक तंत्रिका का सबसे लम्बा भाग होता है–

(A) कोशिकाकाय (B) डेड्राइट

(C) तंत्रिकाक्ष (D) केन्द्रक

27. निम्न में से उस जोड़ का चयन करे जो आवश्यक रूप से सभी न्यूरॉन मं उपस्थित नहीं होते है–

(A) तंत्रिकाक्ष, माइलिन आच्छद

(B) कोशिकाकाय, डेड्राइट

(C) डेड्राइट, मायलिन आच्छद

(D) तंत्रिकाक्ष, कोशिकाकाय

28. निम्न में से कौन सा जोड़ा आवश्यक रूप से सभी न्यूरॉन में उपस्थित रहते है?

(A) डेड्राइट, अक्ष तंतु

(B) अक्ष तंत्र, कोशिकाकाय

(C) मायलिन आवरण, अक्ष तंतु

(D) उपरोक्त में से कोइ नहीं।

29. तंत्रिका कोशिका (न्यूरॉन) के शाखा युक्त जोड़े का चयन करे–

(A) डेड्राइट, तंत्रिकाक्ष (अक्षतंतु)

(B) ऐक्सोप्लाज्म, न्यूरोप्लाज्म

(C) मायलिन आवरण, न्यूरोप्लाज्म

(D) उपरोक्त में से कोई नहीं।

30. निसेल के कण निम्न में से किसमे अनुपस्थित होते हैं?

(A) कोशिकाकाय (B) डेड्राइट

(C) तंत्रिकाक्ष (D) कोई नहीं।

31. कोशिका द्रव्य निम्न में से कौन से संरचना में अनुपस्थित होता है?
(A) कोशिकाकाय (B) अक्षतंतु
(C) सिनेप्टिक पुटिकाएं (D) कोई नहीं।

32. निम्न में से कौन सा न्यूरॉन व्यस्क में अनुपस्थित होता है-
(A) एकध्रुवीय (B) द्विध्रुवीय
(C) बहुध्रुवीय (D) कोई नहीं।

33. न्यूरॉन से संबंधति असत्य का चयन करें-
(A) एकध्रुवीय - भ्रूणीय अवस्था
(B) द्विध्रुवीय - प्रमस्तिष्क वल्कुट
(C) बहुध्रुवीय - प्रमस्तिष्क वल्कुट
(D) कूट ध्रुवीय - पृष्ठ मूल गुच्छिका

34. नीचे कुछ कथन न्यूरॉन से संबंधित दिए गए है, न्म्नि में से कितने कथन सही है?
(A) श्वान कोशिका माइलिन आच्छद का निर्माण करते है।
(B) श्वान कोशिका संपूर्ण न्यूरॉन के सतह पर उपस्थित होता है।
(C) श्वान कोशिका सिर्फ माइलिन आच्छद की सतह पर उपस्थित होता है।
(D) श्वान कोशिका उम्र के साथ नष्ट होने लगते है।
(A) 1 (B) 2
(C) 3 (D) 4

35. अगर मान ले एक न्यूरॉन का स्वभाव माइलिन आच्छद युक्त है, बाहर से अंदर की तरफ सही क्रम का चयन करें-
(A) एक्सोलेमा $\rightarrow$ माइलिन आच्छद $\rightarrow$ श्वान कोशिका
(B) माइलिन आच्छद $\rightarrow$ एक्सोलेमा $\rightarrow$ श्वान कोशिका
(C) श्वान कोशिका $\rightarrow$ माइलिन आच्छद $\rightarrow$ एक्सोलेमा
(D) माइलिन आच्छद $\rightarrow$ श्वान कोशिका $\rightarrow$ एक्सोलेमा

36. श्वान कोशिका उपस्थित होते है-
(A) माइलिन युक्त तंत्रिका तंतु में
(B) माइलिन विहिन तंत्रिका तंतु में
(C) उपरोक्त दोनों में
(D) सिर्फ दैहिक तंत्रिका तंत्र में

37. श्वान कोशिका-
(A) सदैव माइलिन आच्छद का निर्माण करते है।
(B) माइलिन आच्छद को निर्मित नहीं करते है।
(C) माइलिन आच्छद निर्मित कर सकते है, निर्मित नहीं भी कर सकते है।
(D) सदैव अस्रावी।

38. माइलिन विहिन तंत्रिका तंतु समान्यतः पाएं जाते है-
(A) स्वायत्त तंत्रिका तंतु में
(B) कार्यिक तंत्रिका तंत्र में
(C) मेरु तंत्रिका में
(D) A तथा B दोनों।

39. रेनक्यिर के नोड की संख्या निम्न में से किस पर निर्भर करता है-
(A) न्यूरॉन की लम्बाई
(B) न्यूरॉन का व्यास
(C) माइलिन आच्छद की उपस्थिति या अनुपस्थिति
(D) A तथा B दोनों।

40. माइलिन युक्त तंत्रिक तंतु पाएं जाते है-
(A) मेरु तंत्रिका में (B) कपालीय तंत्रिक तंतु में
(C) सफेद द्रव्य में (D) उपरोक्त सभी में।

41.

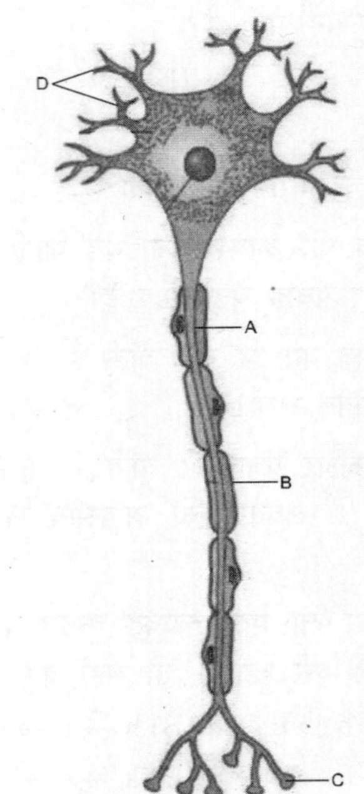

दिया गया चित्र एक न्यूरॉन का है, A, B, C तथा D को पहचानते हुए, सही विकल्प का चयन करे–

(A) स्वभाव अपवाही होता है।

(B) अक्ष तंतु का निर्माण

(C) न्यूरोट्रांसमीटर का संवहन करते है।

(D) स्वभाव अभिवाही होता है।

सही का चयन करें–

(A) A, B, C, D (B) A, C, D

(C) A, B, C (D) B, C, D

42. तंत्रिका को उद्दीपनशील कोशिकाएं कहते है क्योंकि–

(A) उनकी झिल्ली ध्रुवीय अवस्था में रहती है।

(B) उनकी झिल्ली सदैव विध्रुवीत अवस्था में रहती है।

(C) उनकी झिल्ली पुनः ध्रुवीत अवस्था में रहती है।

(D) उपरोक्त सभी।

43. विश्राम अवस्था में तंत्रिका तंतु पर उपस्थित आयन पथ (चैनल)–

(A) स्वतंत्र रूप से पारगम्य होता है।

(B) चयनात्मक पारगम्य होता है।

(C) अपारगम्य होता है।

(D) उपरोक्त में से कोई नहीं।

44. विश्राम अवस्था में–

(A) तंत्रिकाक्ष झिल्ली ऋण आवेशित प्रोटीन के लिए पारगम्य होता है।

(B) तंत्रिकाक्ष झिल्ली ऋण आवेशित प्रोटीन के लिए अपारगम्य होता है।

(C) तंत्रिकाक्ष झिल्ली धनात्मक आवेशित प्रोटीन होते है।

(D) तंत्रिकाक्ष झिल्ली सिर्फ Na^+ के लिए पारगम्य होते है।

45. निम्न में से उस सेट का चयन करे जो की उच्च सांद्रण में एक्सोप्लाज्म में उपस्थित होते है–

(A) ऋणात्मक आवेशित प्रोटीन तथा Na^+

(B) K^+ तथा Na^+

(C) ऋणात्मक आवेशित प्रोटीन तथा K^+

(D) घनात्मक आवेशित प्रोटीन तथा Na^+

46. तंत्रिक झिल्ली के चारों तरफ सांद्रण प्रवणता का निर्माण क्यों होता है?

(A) तंत्रिकाक्ष झिल्ली के बाहर की तरफ Na^+ की उच्च सांद्रण तथा तंत्रिकाक्ष द्रव्य में Na^+ के निम्न सांद्रण, K^+ के उच्च सांद्रण के कारण।

(B) तंत्रिकाक्ष झिल्ली के बाहर K^+ के उच्च सांद्रण के कारण तथा तंत्रिकाक्ष द्रव्य में Na^+ के उच्च सांद्रण के कारण।

(C) तंत्रिकाक्ष झिल्ली के दोनों तरफ Na^+ तथा K^+ के समान सांद्रण के कारण।

(D) उपरोक्त में से कोई नहीं।

47. विराम स्थिति में प्रवणता सान्द्रता निम्न में से किसके संचरण से बनी रहती है?

(A) 3 Na^+ अन्दर की तरफ, 2 K^+ बाहर की तरफ

(B) 2 Na^+ अन्दर की तरफ, 3 K^+ बाहर की तरफ

(C) 3 Na^+ बाहर की तरफ, 3 K^+ अंदर की तरफ

(D) 3 Na^+ बाहर की तरफ, 2 K^+ अंदर की तरफ

48. सोडियम पोटैसियम पम्प में आयंस का संचरण होता है–

(A) सक्रिय विधि के द्वारा

(B) निष्क्रिय विधि के द्वारा

(C) उपरोक्त दोनों A तथा B

(D) उपरोक्त में से कोई नहीं।

49. निम्न में से कौन तंत्रिका आवेग है?

(A) विश्राम विभव (B) एक्सन विभव

(C) पुनः ध्रुवीकरण (D) उपरोक्त सभी।

50. निम्न में से उस जोड़े का चयन करे जिसका तात्पर्य एक है–

(A) विध्रुवीकरण, पुनः ध्रुवीकरण

(B) विध्रुवीकरण, तंत्रिका आवेग

(C) ध्रुवीकरण, तंत्रिका आवेग

(D) पुनः ध्रुवीकरण, तंत्रिका आवेग

51. जब तंत्रिका तंत्र को उद्दीपन दिया जाता है, तब तंतु निम्न में से किसके लिए परगम्य हो जाता है?

(A) K^+ (B) Na^+

(C) Cl^- (D) Ca^{++}

52. सही क्रम का चयन करें-
(A) ध्रुवीकरण → विध्रुवीकरण → पुनः ध्रुवीकरण
(B) विध्रुवीकरण → ध्रुवीकरण → पुनः ध्रुवीकरण
(C) पुनः ध्रुवीकरण → विध्रुवीकरण → ध्रुवीकरण
(D) विध्रुवीकरण → पुनःध्रुवीकरण → ध्रुवीकरण

53. तंत्रिका तंतु में आवेग गति करता है-
(A) बाहरी सतह पर
(B) आंतरिक सतह पर
(C) आंतरिक तथा बाहरी सतह दोनों पर
(D) सिर्फ बाहरी सतह पर

54. निम्न में से किस की झिल्ली के द्वारा युगानुबन्ध का निर्माण होता है?
(A) पूर्व सिनेप्टिक न्यूरॉन
(B) पश्च सिनेप्टिक न्यूरॉन
(C) A तथा B दोनों
(D) कोई नहीं।

55. न्यूरोट्रांसमीटर के बारे में गलत कथन का चयन करें-
(A) न्यूरोट्रांसमीटर एक हॉर्मोन भी हो सकता है।
(B) अनेक रसायन न्यूरोट्रांसमीटर होते है।
(C) न्यूरोट्रांसमीटर की कमी से तंत्रिका तंत्र की असमान्यता प्रकट होती है।
(D) न्यूरोट्रांसमीटर सदैव उत्तेजक होते है।

56. दिया गया प्रश्न युगानबन्ध से आवेग संचरण से संबन्धित है-
अगर, A = सिनेप्टिक पुटिका की गति झिल्ली की तरफ
B = तंत्रिका संचारी अणुओं का सिनेप्टिक दरार में मुक्त होना
C = सिनेप्टिक पुटिका का पूर्व सिनेप्टिक झिल्ली से जुड़ाव
D = विध्रुवीकरण
E = तंत्रिका संचारी अणु का पश्च सिनेप्टिक झिल्ली पर स्थित विशिष्ट ग्राहियों से जुड़ाव
सही क्रम का चयन करें-
(A) A → B → C → D → E
(B) A → C → B → E → D
(C) A → B → C → E → D
(D) A → E → C → B → D

57. सिनेप्टिक आशय-
(A) सदैव आश्रय पुटिकाओं में स्थित रहते है।
(B) आवेग संचरण के दौरान टूट जाते है।
(C) तंत्रिकाक्ष सिरा में एक से अधिक होता है।
(D) एक सिनेप्टिक आशय में सिर्फ एक प्रकार का तंत्रिका संचारी अणु होता है।
उपरोक्त में से कितने कथन सही है?
(A) 1 (B) 2
(C) 3 (D) 4

58. निम्न में से कौन संभव नहीं है?
(A) आवेग का संचरण पूर्व सिनेप्टिक झिल्ली से पश्च सिनेप्टिक झिल्ली की तरफ।
(B) आवेग की गति पश्च सिनेप्टिक झिल्ली से।
(C) माइलिन विहिन तंत्रिका में आवेग की गति।
(D) उपरोक्त में से कोई नहीं।

59. युगानबन्ध में निम्न में से कौन उपस्थित नहीं हो सकता है?
(A) पूर्व सिनेप्टिक क्षिल्ली
(B) ग्राही
(C) सिनेप्टिक दरार
(D) उपरोक्त सभी।

60. सिनेप्टिक दरार होते है-
(A) द्रव से भरे अवकाश
(B) द्रव विहिन अवकाश
(C) हॉर्मोन से भरे अवकाश
(D) ठोस अवकाश

61. मनुष्य के तंत्रिका तन्त्र में कितने प्रकार के युगानुबन्ध होते है?
(A) 1 (B) 2
(C) 3 (D) 4

62. विधुत युगानुबन्ध मनुष्य के तंत्रिक तंतु में बेहद कम क्यों होते है?
(A) क्योंकि विद्युत युगानुबन्ध में अधिक मात्रा में संचारी अणुओं की आवश्यकता होती है।
(B) क्योंकि विद्युत युगानुबन्ध अत्यधिक ऊर्जा का उपयोग करते है।
(C) क्योंकि विद्युत युगानुबन्ध में आवेग का संचरण बेहद तीव्र होता है, इसलिए मस्तिष्क बहुत से कार्य एक ही समय में नहीं कर सकता है।
(D) उपरोक्त में से कोई नहीं।

63. विद्युत युगानुबन्ध निम्न में से किस तथ्य के आधार पर रासायनिक युगानुबन्ध से भिन्न होता है?
(A) संख्या के आधार पर।
(B) पूर्व सिनेप्टिक झिल्ली तथा पश्च सिनेप्टिक झिल्ली के बीच दूरी के आधार पर।
(C) आवेग संचरण के गति के आधार पर।
(D) उपरोक्त सभी।

64. निम्न में से कौन सा तंत्र CNS के नियंत्रण में नही होता है?
(A) अन्तस्रावी तंत्र (B) उत्सर्जन तंत्र
(C) श्वसन तंत्र (D) उपरोक्त में से कोई नहीं

65. अगर, A मानव का मस्तिष्क है, B पायामैटर है, C ड्यूरामैटर है, D एरेक्नॉइड है, E कपाल है तो बाहर से भीतर का सही क्रम है–
(A) A, B, C, D, E (B) E, D, C, B, A
(C) E, C, D, B, A (D) E, C, D, A, B

66. मेनिजेज (मस्तिकावरण) का कौन सा भाग मस्तिष्क के संपर्क में रहता है?
(A) पायामैटर (B) एरेक्नॉइड
(C) ड्यूरामैटर (D) कपाल

67. मस्तिष्क का सबसे बड़ा भाग है–
(A) प्रमस्तिष्क (B) अनुमस्तिष्क
(C) डिएनसिफेलोन (D) मेडूला

68. एक गहरी विदर मस्तिष्क के कौन से भाग को विभाजित करती है?
(A) प्रमस्तिष्क गोलार्द्ध (B) मेडूला
(C) पोन्स (D) कोई नहीं।

69. कार्पस कैलोसम निर्मित होता है–
(A) सिर्फ तंत्रिका तंतु से
(B) तंत्रिका तंतु तथा कोलैजन तंतु
(C) तंत्रिका तंतु तथा इलास्टिक तंतु
(D) उपरोक्त में से कोई नहीं।

70. प्रमस्तिष्क बल्कुट में स्थित होता है–
(A) चालक क्षेत्र (B) संवेदी क्षेत्र
(C) सहभागी क्षेत्र (D) उपरोक्त सभी।

71. निम्न में से कौन सा कार्य सहभागी क्षेत्र से संबंधित नहीं है?
(A) अंतर संवेदी सहभागिता
(B) स्मरण
(C) संपर्क सूत्र
(D) खाने पीने की इच्छा

72. प्रमस्तिष्क निम्न में से कौन से संरचना के चारों तरफ लिपटा रहता है?
(A) अनुमस्तिष्क (B) मेडूला
(C) थेलेमस (D) मेरु रज्जु

73. नीचे कुछ मस्तिष्क के कार्य से संबंधित तथ्य दिए गए है, उस कार्य का चयन करे जो एक ही संरचना से संपादित होता है–
(A) संपर्क सूत्र, खाने–पीने की इच्छा
(B) शरीर का तापमान, स्मरण
(C) शरीर का तापमान, खाने–पीने की इच्छा
(D) संपर्क सूत्र, उत्तेजना

74. संरचना जो कि संवेदी और प्रेरक संकेतों का मुख्य संपर्क स्थल है–
(A) थेलेमस (B) अनुमस्तिष्क
(C) पोंस (D) मेडूला

75. निम्न में से कौन सी संरचना हाइपोथेलेमस के साथ मिलकर लैंगिक व्यवहार नियंत्रित करते है।
(A) लिबिंक तंत्र (B) आए. ए. एस
(C) कार्पस कैलोसम (D) सहभागी क्षेत्र

76. मध्य मस्तिष्क किसके बीच स्थित होते है?
(A) थेलेमस तथा अनुमस्तिष्क
(B) थेलेमस तथा पोंस
(C) थेलेमस तथा मेडूला
(D) पोंस तथा मेडूला

77. मध्य मस्तिष्क के कौन से भाग में कॉपोरा क्वाड्र जेमीना स्थित रहता है?
(A) पृष्ठ (B) अधर
(C) पार्श्व (D) पृष्ठ अधर

78. मस्तिष्क के जोड़े का चयन करे जिसमें वलन नहीं होता है-

(A) मेडूला, अनुमस्तिष्क

(B) प्रमस्तिष्क, अनुमस्तिष्क

(C) प्रमस्तिष्क, कार्पस कैलोसम

(D) मेडूला, कार्पस कैलोसम

79. निम्न में से कौन सा कार्य ऐच्छिक हो सकता है तथा मेडूला भाग से नियंत्रित होता है?

(A) श्वसन (B) हृदय परिसंचारी प्रतिवर्तन

(C) जठरीय स्रावण (D) उपरोक्त सभी।

80. पृष्ठ मूल गुच्छिका उपस्थित होते है-

(A) अभिवाही पथ में

(B) अपवाही पथ में

(C) अभिवाही तथा अपवाही दोनों पथ में

(D) मध्यस्थ तंत्रिका में

81. नी जर्क रिफलेक्स में संकेत गति करते है-

(A) प्रभारक (effector) से ग्राही (receptor)

(B) ग्राही से प्रभारक

(C) प्रभारक से प्रभारक

(D) ग्राही से ग्राही

82. नीचे कुछ कथन प्रतिवर्ती क्रिया तथा प्रतिवर्ती चाप से संबंधित दिए गए है-

(A) प्रतिवर्ती चाप की संपूर्ण क्रिया अनैच्छिक होती है।

(B) मध्यस्थ तंत्रिका का प्रतिवर्ती चाप में भूमिका होती है।

(C) अभिवाही तथा अपवाही पथ पर संकेत समान रफ्तार से गति करते है।

(D) अपवाही पथ संकेत को प्रभारक से केंद्रीय तंत्रिका तंत्र में लेकर जाते है।

उपरोक्त में से कितने कथन सही है?

(A) 1 (B) 2

(C) 3 (D) 4

83. (A) अभिवाही पथ - संवेदी

(B) अपवाही पथ - चालक

(C) मध्यस्थ तंत्रिका - संवेदी + चालक

(D) पृष्ठ मूल गुच्छिका - कूट गुहिय तंत्रिका

ऊपर दिए गए जोड़े प्रतिवर्ती चाप से संबंधित है, कितने जोड़े सही है?

(A) 1 (B) 2

(C) 3 (D) 4

84.

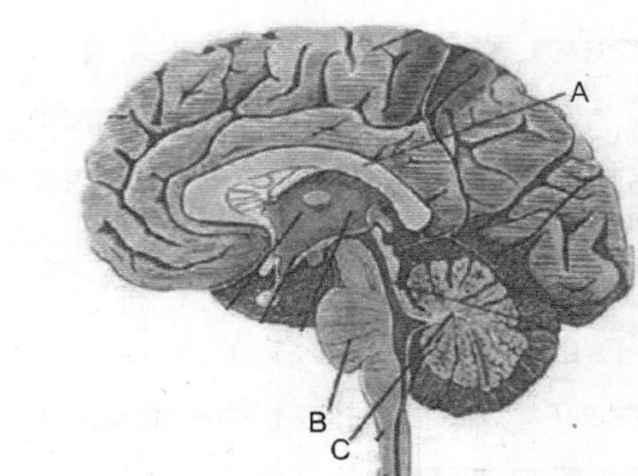

दिया गया चित्र मुनष्य के मस्तिष्क का काट है A, B, C तथा D को पहचानते हुए सही विकल्प का चयन करे-

	संरचना	कार्य
A	A – कापस एलबिकेन्स	दो प्रमस्तिष्क गोलार्द्ध को जोड़ते है।
B	B – पॉन्स	न्यूमोटेकसिस केन्द्र, श्वसन
C	C – अनुमस्तिष्क	अनैच्छिक गति
D	D – मेडूला	ऐच्छिक गति

85. नेत्र गोलक का कौन सा भाग सफेद घने संयोजी उत्तक की बनी होती है?

(A) स्कलेरा (B) कोरॉइड

(C) रेटिना (D) अंधबिन्दु

86. रोडोप्सिन के संश्लेषण के लिए कौन सा विटामिन आवश्यक है?

(A) विटामिन A (B) विटामिन C

(C) विटामिन D (D) विटामिन E

87. सिलियरी काय किसका भाग है?
(A) स्कलेरा (B) कोरॉइड
(C) रेटिना (D) कॉर्निया

88. कोरॉइड प्रकट होता है-
(A) लाल
(B) नीला
(C) पीला
(D) रंग अलग-अलग मनुष्यों में अलग-अलग होता है।

89. पुतली का व्यास नियंत्रित होता है-
(A) परितारिका के पेशी से
(B) निलम्बन तंतु से
(C) सिलिअरी (पक्ष्माभ) पेशी से
(D) उपरोक्त सभी।

90. पीत बिन्दु का केन्द्रीय भाग होता है-
(A) मैक्यूला ल्यूटिया (B) एरियो सेन्ट्रेलिस
(C) फोबिया (D) उपरोक्त सभी

91. निम्न में से कौन ध्वनी के सुनने (Hearing) से प्रत्यक्ष रूप से संबंधित नहीं है?
(A) अंडाकार खिड़की (B) आधार झिल्ली
(C) रोम कोशिका (D) गोलाकार खिड़की

92. प्रकाशानुकूली दृष्टि से संबंधित है-
(A) सिर्फ शलाका (B) सिर्फ शंकु
(C) उपरोक्त दोनों (D) दृष्टि पटल, शलाका, शंकु

93. मनुष्य के नेत्र गोलक से संबंधित सही कथन का चयन करें-
(a) मनुष्य का नेत्र प्रकर्ष शापक (टेलीसेप्टर) है।
(b) मनुष्य नेत्र पूर्णरूप से गोल है।
(c) अनेक परतों से निर्मित है।
(d) सिर्फ एक जनन स्तर एक्टोडर्म से निर्मित है।
(A) a, b (B) a, c
(C) b, d (D) c, d

94. कार्निया हिस्सा है-
(A) श्वेत पटल का (B) रक्तक पटल का
(C) दृष्टि पटल का (D) परितारिका का

95. रक्तक पटल से संबंधित सही कथन का चयन करें।-
(a) यह मध्य परत होता है।
(b) रुधिर वाहिनी उपस्थित होते है।
(c) लाल प्रतित होता है।
(d) रक्तक पटल की मोटाई अगले भाग से पश्च भाग तक समान होता है।
(A) a, b (B) b, c
(C) a, b, c, d (D) a, b, c

96. नेत्र गोलक का रंगीन, बाहर से दिखाई देने वाला भाग है-
(A) श्वेत पटल (B) रक्तक पटल
(C) आइरिस (D) पक्ष्माभकाय

97. नेत्र गोलक के, संरचनाओं का चयन करे जो कि एक ही परत (समान परत) के भाग है-
(A) आइरिस, लेन्स
(B) आइरिस, कॉर्निया
(C) आइरिस, पक्ष्माभकाय
(D) आइरिस, दृष्टि पटल

98. नीचे कुछ कथन मानव के लेन्स से संबंधित दिए गए है, कितने कथन गलत है?
(A) लेन्स क्रिस्टलीय संरचना है।
(B) लेन्स पारदर्शी होता है।
(C) लेन्स का उद्भव एक्टोडर्म से होता है।
(D) लेन्स कॉर्निया की तरफ अधिक उत्तल होता है।
(A) 1 (B) 2
(C) 3 (D) 4

99. लेन्स अपने स्थान पर बना रहता है-
(A) कण्डरा के द्वारा (B) स्नायु के द्वारा
(C) पेशी के द्वार (D) उपरोक्त में से कोई नहीं

100. लेन्स अपने स्थान पर एक संरचना से बना रहता है, जो कि जुड़ा रहता है-
(A) कॉर्निया से (B) आइरिस से
(C) पक्ष्माभ काय से (D) दृष्टि पटल से

101. निम्न में से कौन सी संरचना का पेशी पुतली (प्यूपिल) के व्यास को नियंत्रित करती है?
(A) आइरिस (B) पक्ष्माभ काय
(C) कॉर्निया (D) लेन्स

102. नीचे मानव नेत्र से संबंधित संरचनाओं के नाम दिए गये है, संरचनाओं के जोड़े का चयन करें जिसमें पेशी उपस्थित होते है–
(A) लेन्स, आइरिस
(B) कॉर्निया, लेन्स
(C) आइरिस, पक्ष्माभकाय
(D) कॉर्निया, आइरिस

103. अगर, A द्विध्रुवीय न्यूरॉन है, B प्रकाश ग्राही कोशिका है, C गुच्छिका कोशिका है, तो अंदर से बाहर की दृष्टि पटल में परत का चयन करें–
(A) $A \rightarrow B \rightarrow C$ (B) $C \rightarrow A \rightarrow B$
(C) $C \rightarrow B \rightarrow A$ (D) $B \rightarrow A \rightarrow C$

104. नीचे संवेदी संरचना में उपस्थित अंगों की संख्या दी गई है, सही सेट का चयन करे–
(A) प्रकाश ग्राही कोशिका - 3
(B) मैम्यूला - 3
(C) क्रिस्टी - 2
(D) दृष्टि पटल में परतों की संख्या - 3

105. प्रकाशीय वर्णक उपस्थित होता है–
(A) शलाका में
(B) शंकु में
(C) A तथा B दोनों में
(D) उपरोक्त में से कोई नहीं।

106. स्कोटोपिक (तिमिरानुकूलित) दृष्टि के लिए उत्तरदायी है–
(A) शलाका (B) शंकु
(C) A तथा B दोनों (D) उपरोक्त में से कोई नहीं

107. कार्यों (function) के जोड़े का चयन करे जो एक ही प्रकार के प्रकाश ग्राही कोशिका (photoreceptor) कोशिका द्वारा सम्पादित होता है–
(A) प्रकाशानुकूलित दृष्टि तथा तिमिरानुकूलित
(B) तिमिरानुकूलित दृष्टि तथा रंगीन दृष्टि
(C) प्रकाशानुकूलित दृष्टि तथा रंगीन दृष्टि
(D) प्रकाशग्राही दृष्टि तथा संध्या दृष्टि

108. नीचे कुछ कथन प्रकाशग्राही कोशिका से संबंधित दिए गए है–
(A) प्रकाशग्राही कोशिका, प्रकाश संवेदी होते है।
(B) प्रकाशग्राही कोशिका दृष्टि पटल के संपूर्ण सतह पर उपस्थित होते है।
(C) प्रकाशग्राही कोशिका शंकु तथा शलाका दोनों शामिल है, दोनों ही तीन प्रकार के होते है।
(D) प्रकाशग्राही कोशिका रुपांतरित द्वि ध्रुवीय न्यूरॉन है।
उपरोक्त में से कितने कथन सही है।
(A) 1 (B) 2
(C) 3 (D) 4

109. मानव के नेत्र में कितने तरह के शंकु उपस्थित होते है?
(A) 1 (B) 2
(C) 3 (D) 4

110. शंकु के प्रकार का आधार है–
(A) शंकु कोशिका की आकार
(B) शंकु कोशिका की लम्बाई
(C) शंकु कोशिका में उपस्थित प्रकाश वर्णक
(D) शंकु कोशिका की दृष्टि पटल में उपस्थिती

111. जब शंकुओं के विभिन्न प्रकार को समान मात्रा उत्तेजित किया जाता है, तो कौन से रंग के प्रति संवेदना प्रकट होती है?
(A) लाल (B) हरा
(C) नीला (D) सफेद

112. रंगों के सही सेट का चयन करे जिसके आधार पर विशिष्ट शंकु उपस्थित होते है–
(A) लाल, हरा, पीला (B) लाल, काला, सफेद
(C) लाल, हरा, नीला (D) लाल, नीला, पीला

113. विटामिन A को मानव नेत्र के लिए बेहतर क्यों माना जाता है?
(A) आयोडोप्सिन के संश्लेषण के लिए आवश्यक है।
(B) यह काचाभ द्रव्य के निर्माण के लिए आवश्यक है।
(C) यह शंकु के पुनः निर्माण के लिए आवश्यक है।
(D) यह रोडोप्सिन (Rhodopsin) के संश्लेषण के लिए आवश्यक है।

114. दृष्टि पटल की रक्त वाहिनी ___?___ से प्रवेश करती है–
(A) अंध बिंदु (B) पीत बिंदु
(C) लिम्बस (D) ओरा सिराटा

115. फोर्बिया के केन्द्र में स्थित होते है–
(A) मैक्यूला ल्यूटिया (B) पित बिन्दु
(C) एरिया सेन्ट्रालिस (D) उपरोक्त में से कोई नहीं

116. अन्ध बिन्दु का नामांकन का आधार है–
(A) अंधे व्यक्ति में उपस्थिती के आधार पर
(B) अगर यह क्षतिग्रस्त हो जाए तो व्यक्ति अंधा हो जाता है।
(C) प्रकाश ग्राही कोशिका उपस्थित नहीं होते है।
(D) रुधिर वाहिनी की अनुपस्थिति।

117. दृष्टि पटल पर अंध बिंदु की स्थिति है–
(A) नेत्र गोलक के पश्च ध्रुव के थोड़ा नीचे।
(B) नेत्र गोलक के पश्च ध्रुव के थोड़ा ऊपर।
(C) दृष्टि पटल के केन्द्र में
(D) उपरोक्त में से कोई नहीं।

118. दृष्टि पटल के संदर्भ में सही कथन है–
(a) दृष्टि पटल पर एक से अधिक बिंदु (स्पॉट) होते है।
(b) दृक तंत्रिका दृष्टि पटल से जुड़े रहते है।
(c) दृष्टि पटल में एक से अधिक परत होते है।
(d) दृष्टि पटल के सम्पूर्ण क्षेत्रफल का व्यास एक समान होता है।
(A) a, b (B) a, b, c
(C) b, c, d (D) a, b, c तथा d

119. फोविया में निम्न में से कौन अनुपस्थित होते है–
(A) शंकु (B) वर्णक
(C) शलाका (D) उपरोक्त में से कोई नहीं

120. मैक्यूला ल्यूटिया में उपस्थित शंकु होते है–
(A) ढीले रूप से व्यवस्थित।
(B) संघनित रूप से व्यवस्थित।
(C) ढीले तथा संघनित दोनों रूपों में व्यवस्थित।
(D) उपरोक्त में से कोई नहीं।

121. मैक्यूला ल्यूटिया के संदर्भ में क्या गलत है?
(A) इसका रंग पीला होता है।
(B) रैजोलूसन अधिकतम होता है।
(C) दृक तंत्रिका नेत्र गोलक से बाहर जाती है।
(D) इनके केन्द्रक में गर्त होता है।

122. जलीय द्रव्य तथा काचाभ द्रव्य किस आधार पर समानता प्रदर्शित करते है?
(A) उत्पत्ति स्रोत के आधार पर
(B) मोटाई तथा घनत्व के आधार पर
(C) कोष्टक में स्थिति के आधार पर
(D) अंतरा ओकुलर दाब को बनाए रखने में।

123. काचाभ द्रव्य उपस्थित होते है–
(A) कॉर्निया तथा लेन्स के बीच
(B) आइरिस तथा कॉर्निया के बीच
(C) कॉर्निया तथा दृष्टि पटल के बीच
(D) लेन्स तथा दृष्टि पटल के बीच

124. निम्न में से कौन सी संरचना जलीय द्रव्य तथा काचाभ द्रव्य को बांटती है?
(A) लेन्स (B) आइरिस
(C) कॉर्निया (D) दृष्टि पटल

125. मनुष्य के नेत्र गोलक में न्यूनतम अवकाश होते है–
(A) कॉर्निया तथा लेन्स के मध्य
(B) आइरिस तथा लेन्स के मध्य
(C) लेन्स तथा दृष्टि पटल के मध्य
(D) उपरोक्त में से कोई नहीं।

126. जब प्रकाश की किरण दृष्टि पटल पर पड़ती है तो आवेग उत्पन्न होता है–
(A) शलाका में
(B) शंकु में
(C) शंकु तथा शलाका दोनों में
(D) सिर्फ पित्त बिंदु में

127. प्रकाश वर्णाक निर्मित है–
(A) लिपिड + विटामिन A का एल्डिहाइड
(B) कार्बोहाइड्रेट + विटामिन A का एल्डिहाइड
(C) प्रोटीन + विटामिन A का एल्डिहाइड
(D) प्रोटीन + लिपिड

128. अगर प्रकाश की किरण दृष्टि पटल (रेटिना) पर गिरती है, तो उस पथ का चयन करें जिससे होकर प्रकाश की किरणे गुजरती है–

A = पुतली, B = लेन्स, C = जलीय द्रव्य, D = काचाभ द्रव्य, E = कॉर्निया

(A) $A \rightarrow B \rightarrow C \rightarrow D \rightarrow E$

(B) $E \rightarrow A \rightarrow C \rightarrow B \rightarrow D$

(C) $E \rightarrow C \rightarrow A \rightarrow B \rightarrow D$

(D) $E \rightarrow C \rightarrow A \rightarrow D \rightarrow B$

129. दिया गया प्रश्न दृष्टि के क्रियाविधि से संबंधित है क्रियाविधि के सही क्रम का चयन करें–

I – रेटिनल का ओप्सिन से पृथक होना।

II – प्रकाश ग्राही कोशिकाओं में संभावित अंतर (Potential difference) की उत्पत्ति।

III – ऑप्सिन के संरचना में बदलाव।

IV – गुच्छिका कोशिकाओं में एक्सन विभव (action potential) की उत्पात्ति।

V – आवेग का दृक तंत्रिका द्वारा मस्तिष्क के दृष्टि वल्कुट क्षेत्र में भेजा जाना।

(A) $I \rightarrow III \rightarrow II \rightarrow IV \rightarrow V$

(B) $I \rightarrow V \rightarrow IV \rightarrow III \rightarrow II$

(C) $I \rightarrow II \rightarrow III \rightarrow IV \rightarrow V$

(D) $II \rightarrow I \rightarrow II \rightarrow IV \rightarrow V$

130. मोम को मुक्त (स्त्रावित) करने वाले ग्रन्थि उपस्थित होते है–

(A) कर्ण पल्लव पर (B) बाह्य कर्ण कुहर में

(C) कर्ण पटह पर (D) A तथा B दोनों में

131. कर्ण पटह से संबंधित सही कथन का चयन करें–

(A) त्वचा, संयोजी उत्तक, श्लेषमा झिल्ली कर्ण पटह को निर्मित करते है।

(B) यह मोटा झिल्ली है।

(C) यह लचिला नहीं होता है।

(D) इसमें रुधिर प्रवाह की अधिकता होती है।

132. मध्य कर्ण में उपस्थित तीन अस्थिका का अंदर से बाहर का सही क्रम चयन करें–

(A) मैलियस, इंकस, स्टेपीज

(B) स्टेपीज, मैलियस, इंकस

(C) स्टेपीज, इंकस, मैलियस

(D) इंकस, मैलियस, स्टेपीज

133. मोम स्त्रावित करने वाली ग्रन्थि उपस्थित नहीं होती है–

(A) कर्ण पल्लव के त्वचा पर

(B) बाह्य कर्ण कुहर में

(C) A तथा B दोनों

(D) कर्ण पटह पर

134. कर्ण पटह से जुड़े होते है–

(A) मैलियस (B) इंकस

(C) स्टेपीज (D) उपरोक्त सभी।

135. अंडाकार खिड़की से जुड़े रहते है–

(A) मैलियस (B) इंकस

(C) स्टेपीज (D) उपरोक्त सभी।

136. कर्ण पल्लव से संबंधित उस कथन का चयन करें जो की मनुष्य तथा स्तनधारी जैसे गाय में समान नहीं है–

(A) इलास्टिक उपास्थि की उपस्थिति

(B) ध्वनि की दिशा में कर्ण पल्लव की गति

(C) कर्ण पल्लव पर रोम की उपस्थिति

(D) कर्ण पल्लव में द्वार की उपस्थिति

137. अगर मध्य कर्ण के तीनों अस्थिका को हटा दिया जाए तो क्या होगा?

(A) व्यक्ति सुन नहीं सकता है।

(B) व्यक्ति के सुनने की क्षमता कम हो जाएगी।

(C) व्यक्ति के सुनने की क्षमता पर कोई प्रभाव नहीं पड़ेगा।

(D) उपरोक्त में से कोई नहीं।

138. मध्य कर्ण के अस्थिकाओं के बीच कितने संधि उपस्थित होते है?

(A) 1 (B) 2

(C) 3 (D) 4

139. मध्य कर्ण में उपस्थित अस्थियों (कर्ण अस्थि) से संबंधित सही कथन का चयन करें–
(A) सभी अस्थि का आकार एक समान होता है।
(B) सभी अस्थियां करोटि के अस्थि का रूपांतरण होता है।
(C) संधि अनुपस्थित होते है।
(D) सभी अस्थि का व्यास एक समान होता है।

140. कला गहन (झिल्लीनुमा लेबरिंथ) निम्न में से किसका हिस्सा होता है?
(A) बाह्य कर्ण (B) मध्य कर्ण
(C) आंतरिक कर्ण (D) उपरोक्त सभी।

141. गलत कथन का चयन करें–
(1) अस्थिल लेबरिंथ, झिल्लीनुमा लेबरिंथ में स्थित होता है।
(2) झिल्लीनुमा लेबरिंथ, एंडोलिफ से घिरा होता है।
(3) झिल्लीनुमा लेबरिंथ सिर्फ परिलसिका द्रव्य से भरा रहता है।
(4) झिल्लीनुमा लेबरिंथ का कोई भाग कुण्डलित नहीं होता है।
(A) 1 (B) 1, 2
(C) 1, 2 और 3 (D) 1, 2, 3 और 4

142. झिल्लीनुमा लेबरिंथ का कौन सा भाग कुण्डलित होता है?
(A) अर्द्धचंद्राकार नलिका
(B) वेस्टीब्युल
(C) कोक्लिया
(D) उपरोक्त में से कोई नहीं।

143. कोक्लिया का कौन सा भाग अंडाकार खिड़की से जुड़ा रहता है?
(A) स्केला वेस्टीबूली (B) स्केला मीडिया
(C) स्केला टिम्पेनी (D) उपरोक्त सभी।

144. कोक्लिया का कौन सा भाग गोलाकार खिड़की में समाप्त होती है?
(A) स्केला वेस्टीबूली (B) स्केला मीडिया
(C) स्केला टिम्पेनी (D) उपरोक्त सभी।

145. राइजनर्स झिल्ली होता है–
(A) स्केला मीडिया का छत
(B) स्केला मीडिया का फर्श
(C) स्केला मीडिया का पार्श्व सतह
(D) उपरोक्त में से कोई नहीं।

146. वेस्टीब्यूलर तंत्र स्थित होता है–
(A) कोक्लिया के नीचे
(B) कोक्लिया के ऊपर
(C) कोक्लिया के पार्श्व सतह पर
(D) कोक्लिया के अंदर।

147. वेस्टीब्यूलर तंत्र में कितने अर्द्ध चंद्राकार नलिका होते है?
(A) 1 (B) 2
(C) 3 (D) 4

148. निम्न में से कौन वेस्टीब्यूलर तंत्र का हिस्सा नहीं है?
(A) क्रिस्टी (B) मैक्यूला
(C) यूट्रीकल (D) कोक्लिया

149. क्रिस्टा एंपुलैरिस उपस्थित है–
(A) यूट्रिकल में (B) सकुएल
(C) एंपुला में (D) कोक्लिय

150. दिया गया प्रश्न सुनने के क्रियाविधि से संबंधित है, सुनने की क्रियाविधि के सही क्रम का चयन करें–
I – एंडोलिफ में कंपन
II – कर्ण पटह में कंपन
III – आधार कला में हलचल (गति)
IV – टैक्टोरियल झिल्ली पर रोम कोशिकाओं का दबाव
V – आवेग की उत्पत्ति
(A) I, II, III, IV, V (B) II, I, III, IV, V
(C) I, II, IV, III, V (D) उपरोक्त में से कोई नहीं

151. सुनने की क्रियाविधि में आवेग उत्पन्न होते है–
(A) रोम काशिकाओं में
(B) आधार कला में
(C) टेक्टोरियल झिल्ली में
(D) अभिवाही न्यूरोन में।

152. रोम कोशिकाएं जो ऑगेन ऑफ कॉर्टाई में उपस्थित होते है, उसमें स्थित होता है–

(A) स्टीरियोसिलिया (B) कशाभिका

(C) काइनोसिलिया (D) माइक्रोविलाई

153. रोम कोशिकाएं उपस्थित होती है–

(A) आर्गन ऑफ कॉर्टाई के बाह्य सतह पर

(B) आर्गन ऑफ कॉर्टाई के आंतरिक सतह पर

(C) आर्गन ऑफ कार्टाई के पार्श्व सतह पर

(D) उपरोक्त में से कोई नहीं।

154. उस संरचना का चयन करे जो शरीर के संतुलन से संबंधित नहीं है–

(A) यूट्रीकल

(B) सकुलस

(C) अर्द्धवृत्ताकार नलिका

(D) कोक्लिया

155. निम्न में से कौन सा कक्ष त्रिकोण जैसा होता है?

(A) स्केला वेस्टीबूली (B) स्केला मीडिया

(C) स्केला टिम्पेनी (D) उपरोक्त में से कोई नहीं

156. Wax (मोम) को स्रावित करने वाली ग्रंथि कर्ण के किस भाग में स्थित होते है?

(A) बाह्य कर्ण (B) मध्य कर्ण

(C) आंतरिक कर्ण (D) सभी

157. निम्न में से कौन न तो कर्ण पट्ट से जुड़ा रहता है न ही अंडाकार खात (oval window) से?

(A) मैलियस (B) इंकस

(C) स्टेपीज (D) उपरोक्त सभी।

158. कर्ण पट्ट के दोनों तरफ दाब को बनाएं रखने का कार्य कौन करता है?

(A) बाह्य कर्ण कुहर (B) यूस्टेकियन नलिका

(C) टैम्पैनिक बुला (D) कर्ण अस्थि

159. राइजनर्स झिल्ली तथा बेसिलर झिल्ली निम्न में से किसका भाग होता है?

(A) स्केला वेस्टीब्यूली (B) स्केला मीडिया

(C) स्केला टिम्पैनी (D) उपरोक्त सभी।

160. आर्गन ऑफ कॉर्टाई के संबध में गलत कथन का चयन करें–

(A) आधारीय झिल्ली पर उपस्थित होता है।

(B) रोम कोशिकाएँ उपस्थित होते है।

(C) रोम कोशिकाएं क्रमवध न होकर बिखरे होते है।

(D) रोम कोशिकाओं के स्वतंत्र भाग पर स्टीरियो सिलिया होते है, जो कि ओटोलिथिक झिल्ली में धंसे रहते है।

(A) सिर्फ d (B) b तथा c

(C) c तथा d (D) सिर्फ c

161. टेक्टोरियल झिल्ली का स्वभाव होता है–

(A) लचिला

(B) तन्तुमय तथा अलचिला

(C) पेशीय तथा लचिला

(D) उपास्थिल

162. रोम कोशिका से संबंधित तंत्रिका का स्वाभाव होता है–

(A) अभिवाही (B) अपवादी

(C) मिश्रित (D) मध्यस्थ

163. मैक्यूला के संदर्भ मं सही कथन का चयन करें–

(a) कुल संख्या–1

(b) वेसटिब्यूल में उपस्थित

(c) संतुलन बनाएं रखते है।

(d) संख्या क्रिस्टी के बराबर होते है।

(A) a, b (B) b, c

(C) b, d (D) a, d

164. एक लड़का गले के संक्रमण से ग्रसित है, उसका संक्रमण धीरे-धीरे कान में फैल गया, निम्न में से कौन सी संरचना इसके लिए उत्तरदायी है?

(A) हेलिकोट्रेमा (B) कॉर्टाई के सुरंग

(C) यूस्टेकियन नलिका (D) अंडाकार खिड़की

165. सामान्य सुनने की प्रक्रिया में निम्न में से कौन से कक्ष की प्रत्यक्ष भूमिका नहीं होती है?

(A) स्केला वेस्टीबूली (B) स्केला मीडिया

(C) स्केला टिम्पेनी (D) अंडाकार खिड़की

166. मनुष्य में कितने कॉटी के अंग उपस्थित होते है?
(A) 1 (B) 2
(C) 3 (D) 4

167. अस्थि का चयन करे जो कि कर्ण को सुरक्षा देते है-
(A) टेम्पोरल (B) फ्रन्टल
(C) पेराइटल (D) ऑसीपिटल

168. मानव के कर्ण के सेट का चयन करे जिसमें की तरल पदार्थ नहीं होता है-
(A) बाह्य कर्ण + मध्य कर्ण
(B) मध्य कर्ण + आंतरिक कर्ण
(C) आंतरिक कर्ण + कर्ण की अस्थियां
(D) उपरोक्त में से कोई नहीं।

169.

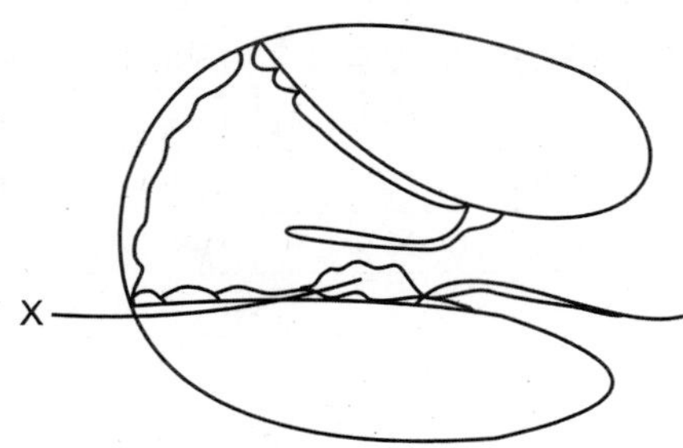

मान ले दिया गया चित्र कर्ण के काक्लिया का अनुप्रस्थ काट का है, x को पहचाने तथा चयन करे कितने कथन सही है-
(1) यह सुनने के अंग है।
(2) यह आधार कला पर स्थित रहता है।
(3) इसमें कुछ रोम कोशिकाएं स्थित रहते है।
(4) इसमें उपस्थित रोम कोशिका टेक्टोरियल झिल्ली में धंसे रहते है
(A) 1 (B) 2
(C) 3 (D) 3

170. श्लेष्म आवरणयुक्त संवेदनग्राही होते है-
(A) ध्राणग्राही (B) स्वादग्राही
(C) सभी स्पर्शग्रही (D) उपरोक्त सभी।

171. निम्न में से कौन से संवेदनग्राही में तीन प्रकार की कोशिकाएं होती है?
(A) स्पर्शग्राही (B) ध्वनीग्राही
(C) ध्राणग्राही (D) उपरोक्त सभी।

172. ध्राणबल्ब से संबंधित गलत कथन का चयन करें-
(A) सेम के आकार के अंग।
(B) संख्या 1 होती है।
(C) ध्राण उपकला से संबंधित है।
(D) अनुमस्तिष्क का विस्तारण है।
(A) A, B (B) B, C
(C) C, D (D) B, D

173. घ्राण बल्ब निम्न में से किसका विस्तारण है?
(A) पादाधार (लिबिंक) तंत्र
(B) अनुमस्तिष्क
(C) मेडूला
(D) डाइनसिफेलन

ANSWER KEY

1. (B)	**2.** (B)	**3.** (B)	**4.** (C)	**5.** (A)	**6.** (B)	**7.** (B)	**8.** (B)	**9.** (A)	**10.** (C)
11. (B)	**12.** (A)	**13.** (B)	**14.** (B)	**15.** (B)	**16.** (B)	**17.** (C)	**18.** (D)	**19.** (A)	**20.** (B)
21. (B)	**22.** (D)	**23.** (B)	**24.** (D)	**25.** (A)	**26.** (C)	**27.** (C)	**28.** (B)	**29.** (A)	**30.** (C)
31. (D)	**32.** (A)	**33.** (B)	**34.** (A)	**35.** (C)	**36.** (C)	**37.** (C)	**38.** (D)	**39.** (A)	**40.** (D)
41. (B)	**42.** (A)	**43.** (C)	**44.** (B)	**45.** (C)	**46.** (A)	**47.** (D)	**48.** (A)	**49.** (B)	**50.** (B)
51. (B)	**52.** (A)	**53.** (C)	**54.** (C)	**55.** (D)	**56.** (B)	**57.** (D)	**58.** (D)	**59.** (C)	**60.** (A)
61. (B)	**62.** (C)	**63.** (D)	**64.** (D)	**65.** (C)	**66.** (A)	**67.** (A)	**68.** (D)	**69.** (A)	**70.** (D)
71. (D)	**72.** (C)	**73.** (C)	**74.** (A)	**75.** (A)	**76.** (B)	**77.** (A)	**78.** (D)	**79.** (A)	**80.** (A)
81. (B)	**82.** (D)	**83.** (D)	**84.** (B)	**85.** (A)	**86.** (A)	**87.** (B)	**88.** (D)	**89.** (A)	**90.** (C)
91. (D)	**92.** (B)	**93.** (B)	**94.** (A)	**95.** (A)	**96.** (C)	**97.** (C)	**98.** (A)	**99.** (B)	**100.** (C)
101. (A)	**102.** (C)	**103.** (C)	**104.** (D)	**105.** (C)	**106.** (A)	**107.** (C)	**108.** (B)	**109.** (C)	**110.** (C)
111. (D)	**112.** (C)	**113.** (D)	**114.** (A)	**115.** (D)	**116.** (C)	**117.** (B)	**118.** (B)	**119.** (C)	**120.** (B)
121. (C)	**122.** (D)	**123.** (D)	**124.** (A)	**125.** (B)	**126.** (C)	**127.** (C)	**128.** (C)	**129.** (A)	**130.** (D)
131. (A)	**132.** (B)	**133.** (D)	**134.** (A)	**135.** (C)	**136.** (B)	**137.** (B)	**138.** (B)	**139.** (B)	**140.** (C)
141. (D)	**142.** (C)	**143.** (A)	**144.** (C)	**145.** (A)	**146.** (B)	**147.** (C)	**148.** (D)	**149.** (C)	**150.** (B)
151. (D)	**152.** (A)	**153.** (B)	**154.** (D)	**155.** (B)	**156.** (A)	**157.** (B)	**158.** (B)	**159.** (B)	**160.** (C)
161. (A)	**162.** (A)	**163.** (B)	**164.** (C)	**165.** (C)	**166.** (B)	**167.** (A)	**168.** (A)	**169.** (B)	**170.** (A)
171. (C)	**172.** (D)	**173.** (A)							

रासायनिक समन्वय तथा एकीकरण

1. नीचे रासायनिक समन्वय तथा एकीकरण से संबंधित कथन दिया गया है-
   (A) तंत्रिका तंत्र विभिन्न अंग के बीच एक बिंदु दर बिंदु द्रुत समन्वय का कार्य करता है।
   (B) तंत्रिकीय समन्वय काफी तेज लेकिन अल्प अवधि का होता है।
   (C) तंत्रिका तंतुओं द्वारा शरीर की सभी कोशिकाओं के तंत्रिकायन नहीं होता है।
   (D) कोशिकीय क्रियाओं के निरंतर नियमन के लिए एक विशेष प्रकार के समन्वय की आवश्यकता होती है।
   उपरोक्त में कितने कथन सही है?
   (A) 1 (B) 2
   (C) 3 (D) 4
2. हॉर्मोन से संबंधित गलत कथन का चयन करें-
   (A) हॉर्मोन अपोषक रसायन है।
   (B) हॉर्मोन अंतरकोशिकीय संदेशवाहक है।
   (C) हॉर्मोन का स्त्रावण अल्प मात्रा में होता है।
   (D) अकशेरुकियों में कशेरुकियों में अधिक हॉर्मोन होता है।
3. नीचे कुछ संरचनाओं के जोड़े दिए गए है, उसे जोड़े का चयन करे जो हॉर्मोन उत्पन्न करने के अतिरिक्त अन्य कार्य भी करते है-
   (A) पीयूष; जनद (B) पीयूष; अग्नाशय
   (C) पीयूष; थायरॉइड (D) अग्नाशय; जनद
4. निम्न में से कौन सी संरचना हॉर्मोन के उत्पादन से संबंधित नहीं है?
   (A) श्वासनाल (B) वृक्क
   (C) यकृत (D) हृदय
5. अग्र मस्तिष्क का आधार भाग है-
   (A) एपीथैलेमस (B) हाइपोथैलेमस
   (C) थैलेमस (D) उपरोक्त में से कोई नहीं
6. न्यूरोस्रावी कोशिकाओं से उत्पन्न होने वाला हॉर्मोन संबंधित है-
   (A) पीयूष हॉर्मोन के संश्लेषण से।
   (B) पीयूष ग्रंथि के स्त्रावण से।
   (C) पीयूष ग्रंथि हॉर्मोन के नियंत्रण से।
   (D) उपरोक्त सभी।
7. हाइपोथैलेमस से कितने प्रकार के हॉर्मोन उत्पन्न होते है?
   (A) 1 (B) 2
   (C) 3 (D) 4
8. निवाहिका तंत्र जो की न्यूरोहॉर्मोन को पीयूष गंथि में लाते है, वह है-
   (A) वृक्क निवाहिका तंत्र
   (B) यकृत निवाहिका तंत्र
   (C) हाइपोफिसियल निवाहिका तंत्र
   (D) पीयूष निवाहिका तंत्र

9. निम्न में से कौन संदमक हॉर्मोन है?
(A) प्रोलैक्टिन (B) ऑक्सीटॉसिन
(C) वेसोप्रेसिन (D) सोमेटोस्टेटिन

10. निम्न में से किसे साधारणतया अग्र पीयूष ग्रंथि कहते है?
(A) पार्स डिस्टेलिस (B) पार्स टयूबलेरिस
(C) पार्स इंटरमीडिया (D) पार्स नरवोसा

11. नीचे पीयूष ग्रंथि के विभिन्न भागों के नाम दिए गए है, उस भाग का चयन करें जिससे न्यूनतम हॉर्मोन का स्रावण होता है–
(A) पार्स डिस्टेलिस (B) पार्स टयूबलेरिस
(C) पार्स इंटरमीडिया (D) पार्स नरवोसा

12. स्रोत तथा स्रावण के आधार पर असमान्य का चयन करें–
(A) जी एच, पी आर एल
(B) एफ एस एच, ए सी टी एच
(C) एल एच, एफ एस एच
(D) ऑक्सीटॉसिन, ए डी एच

13. हॉर्मोन का संचरण रुधिर के द्वारा होता है, परंतु कुछ हार्मोन का संचरण न्यूरॉन के अक्ष तंतु के मद्द से होता है, वह हॉर्मोन है–
(A) ऑक्सीटॉसिन, वेसोप्रेसिन
(B) ऑक्सीटॉसिन, थाइरॉइड प्रेरक हॉर्मोन
(C) वेसोप्रेसिन, प्रोलैक्टिन
(D) ल्यूटीनाइजिंग हॉर्मोन, पुटिका प्रेरक हॉर्मोन

14. निम्न में से कौन सी स्थिति में बौनापन संभव नहीं है?
(A) वृद्धि हॉर्मोन का अल्प स्रावण
(B) लिंग हॉर्मोन का अल्प स्रावण
(C) कुछ आनुवांशिक असमान्यता के कारण
(D) पीयूष ग्रंथि में अर्बुद (tumour) के उपस्थिति के कारण।

15. निम्न में से कौन सा हॉर्मान का मानव के शरीर पर न्यूनतम प्रभाव पड़ता है?
(A) वृद्धि हॉर्मोन
(B) थाइरॉइड प्रेरक हॉर्मोन
(C) मेलेनोसाइट प्रेरक हॉर्मोन
(D) पुटिका प्रेरक हॉर्मोन

16. निम्न में से कौन प्रोलेक्टिन का कार्य नहीं है?
(A) स्तन ग्रंथि की वृद्धि
(B) दुग्ध की उत्पत्ति
(C) स्तन ग्रंथि से दुग्ध मुक्त होना।
(D) उपरोक्त में से कोई नहीं।

17. TSH प्रेरित करता है–
(A) थायरोक्सीन के संश्लेषण
(B) थायरोक्सीन के स्रावण
(C) थायराक्सीन के वृद्धि
(D) A तथा B दोनों

18. GnRH निम्न में से किसके स्रावण को प्रेरित करता है?
(A) पुटिका प्रेरक हॉर्मोन
(B) ल्यूटीनाइजिग हॉर्मोन
(C) A तथा B दोनों
(D) सिर्फ टेस्टोस्टेरॉन

19. नीचे कुछ कथन दिए गए है जो कि हाइपोथैलेमस से संबंधित है–
(A) हाइपोथैलेमस अकेले ही अनेक कार्य करते है।
(B) हाइपोथैलेमस में अनेक केन्द्रक उपस्थित होते है।
(C) हाइपोथेलेमस को मास्टर गंथि का मास्टर कहते है।
(D) हाइपोथेलेमस न्यूरोहॉर्मोन का स्रावण करते है।
उपरोक्त में से कितने कथन सही है?
(A) 1 (B) 2
(C) 3 (D) 4

20. हॉर्मोन जो अंडोत्सर्ग से संबंधित नहीं है, वह है–
(A) पुटिका प्रेरक हॉर्मोन (B) ल्यूटीनाइजिग हॉर्मोन
(C) एंड्रोजेन (D) उपरोक्त सभी।

21. निम्न में से किस कार्य से एफ एस एच प्रत्यक्ष या अप्रत्यक्ष्य रूप से संबंधित नहीं है?
(A) शुक्राणुजनन
(B) अंडाशय के पुट्टक में वृद्धि
(C) कार्पस ल्यूटियम को बनाएं रखना
(D) आर्तव चक्र क नियमन

22. कॉलम को सुमेलित करे तथा सही विकल्प का चयन करें-

कॉलम – I	कॉलम – II
(a) मेलेनोसाइट प्रेरक हॉर्मोन	(i) अंडोत्सर्ग को प्रेरित करता है।
(b) ल्यूटीनाइजिंग हॉर्मोन	(ii) त्वचा की वर्णकता
(c) ऑक्सीटॉसिन	(iii) दुग्ध का संश्लेषण
(d) प्रोलेक्टिन	(iv) दुग्ध का स्त्रावण

(A) abcd/iv, iii, ii, i (B) abcd/i, ii, iii, iv
(C) abcd/ii, i, iii, iv (D) abcd/ii, i, iv, iii

23. निम्न में से कौन सा कार्य एक ही हॉर्मोन के द्वारा होता है?
(A) अण्डोत्सर्ग तथा प्रसव
(B) स्तन ग्रंथि की वृद्धि तथा प्रसव
(C) प्रसव तथा स्तन ग्रन्थि से दुग्ध का स्त्रावण
(D) कार्पस ल्यूटियम को बनाए रख्ना तथा प्रसव

24. वेसोप्रेसिन के एंटी-डाइ यूरेटिक हॉर्मोन (ADH) क्यों कहते है?
(A) इसके प्रभाव में मूत्र के साथ जल का ह्रास (नुकसान) कम हो जाता है।
(B) इसके कारण सान्द्रित मूत्र निर्मित होते है।
(C) यह जल के पुनः अवशोषण को बढ़ाता है।
(D) उपरोक्त सभी।

25. पिनियल ग्रंथि स्थित होते है-
(A) अग्र मस्तिष्क के पृष्ठ सतह पर
(B) अग्र मस्तिष्क के अधर सतह पर
(C) अग्र मस्तिष्क के पार्श्व भाग पर
(D) अग्र मस्तिष्क के पार्श्व-अधर भाग पर।

26. निम्न में से कौन सा कार्य पिनियल ग्रंथि के द्वारा नहीं होता है?
(A) शरीर के तापमान का नियमन
(B) शरीर के दैनिक लय (24 घंटे) का नियमन
(C) उपापचय को प्रभावित करता है
(D) कार्डियक चक्र का नियंत्रण

27. आर्तव चक्र प्रभावित नहीं होता है-
(A) ल्यूटीनाइजिक हॉर्मोन (LH) के द्वारा
(B) इस्ट्रोजेन के द्वारा
(C) प्रोजेस्टेरॉन के द्वारा
(D) उपरोक्त में से कोई नहीं।

28. हॉर्मोन के सेट का चयन करे जो वर्णकता को प्रभावित करते है-
(A) मेलेनोसाइट प्रेरक हॉर्मोन तथा मेलेटोनिन
(B) थाइरॉइड प्रेरक हॉर्मोन, मेलेनोसाइट प्रेरक हॉर्मोन
(C) पैराथाइरॉइड हॉर्मोन, थाइरॉइड प्रेरक हॉर्मोन
(D) मेलेटोनिन, थाइरॉइड प्रेरक हॉर्मोन

29. थाइरॉइड पुटक के पुटक कोशिकाओं के द्वारा कितने हॉर्मोन का संश्लेषण तथा स्त्रावण होता है?
(A) 1 (B) 2
(C) 3 (D) 4

30.

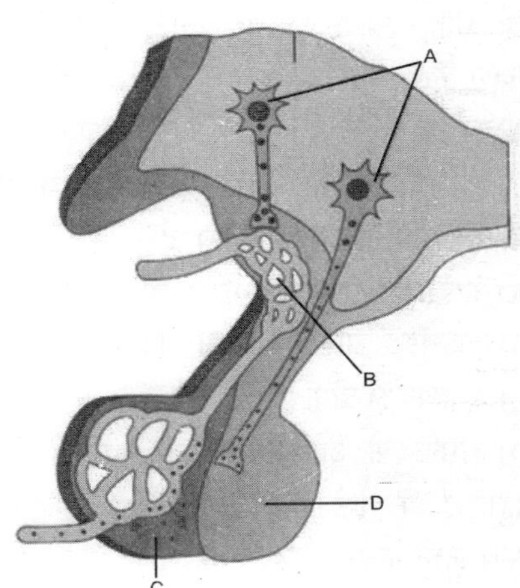

दिया गया चित्र पीयूष ग्रंथि तथा हाइपोथैलमस के बीच संबंध दर्शा रहा है, A से D को पहचानते हुए सही विकल्प का चयन करें।-
(A) C – पीयूष ग्रंथि का अग्र पाली – दो हॉर्मोन को मुक्त करते है।
(B) D – पीयूष ग्रंथि का पशच पाली इनसे मुक्त होने वाले हॉर्मोन अन्य ग्रंथि को प्रेरित करते है।
(C) B – निवाहिका तंत्र मनुष्य में दो प्रकार के होते है।
(D) A – हाइपोथैलेमिक तंत्र कोशिकाए-न्यूरो हॉर्मोन को पीयूष ग्रंथि के तीनों पाली में लाते है।

31. थाइरॉइड ग्रंथि निर्मित होता है–
(A) पुट्टक (B) भरण उत्तक
(C) A तथा B दोनों (D) उपरोक्त में से कोई नहीं

32. थाइरॉइड ग्रंथि के पुटकों (follicles) से संबंधित कुछ कथन दिए गए है–
(A) थाइरॉइड पुटक ग्रन्थिल घनाकार उपकला का बना होता है।
(B) थाइरॉइड पुटक भरण उत्तकों (stromal tissue) में धंसा रहता है।
(C) प्रत्येक थाइरॉइड पुटक में गुहा होता है।
(D) थाइरॉइड पुटक की संख्या थाइरॉइड ग्रन्थि के प्रत्येक पाली में अनेक होते है।
उपरोक्त कथनों में से कितने कथन सही है?
(A) 1 (B) 2
(C) 3 (D) 4

33. मंद बुद्धि, त्वचा असामान्यता, मूक बधिरता आदि लक्षण होते है–
(A) जड़मानवता का (B) गलगंड का
(C) कोन्स रोग का (D) ग्रेसव रोग का

34. थाइरॉइड अतिक्रियता संभव है–
(A) थाइरॉइड ग्रंथि में कैंसर के कारण
(B) थाइरॉइड ग्रंथि में गांठों की वृद्धि के कारण
(C) A तथा B दोनों
(D) हॉर्मोन के अल्पस्त्रावण के कारण

35. थाइरॉइड में गांठे निर्मित होने की स्थिति में क्या संभव नहीं है?
(A) थाइरॉइड हॉर्मोन की संश्लेषण की दर बढ़ जाती है।
(B) थाइरॉइड हॉर्मोन की स्त्रावण की दर बढ़ जाती है।
(C) थाइरॉइड हॉर्मोन के स्त्रवण की दर घट जाती है।
(D) उपरोक्त में से कोई नहीं।

36. निम्न में से कौन सा कार्य थायरोक्सीन हॉर्मोन के द्वारा नहीं होता है?
(A) लाल रक्त कणिकाओं का निर्माण
(B) जल और विद्युत अपघट्यों का नियमन
(C) उपापचय का नियंत्रण
(D) रुधिर में कैलसियम के स्तर का नियंत्रण

37. हॉर्मोन के जोड़े का चयन करे जो की रुधिर में कैल्सियम के स्तर को बनाएं रखता है–
(A) PTH, TCT (B) PTH, ACTH
(C) TCT, TSH (D) TSH, ACTH

38. विपरित कार्य करने वाले हॉर्मोन के जोड़े का चयन करें–
(A) PTH, TCT (B) PTH, ACTH
(C) TCT, TSH (D) TSH, ACTH

39. हॉर्मोन के सेट का चयन करे जो लाल रुधिर कोशिका के निर्माण को प्रेरित है–
(A) थायरोक्सीन मेलेटोनिन, कार्टिसॉल
(B) मेलेटोनिन, कार्टिसॉल, एड्रिनलीन
(C) थायरोक्सीन, कार्टिसॉल, एड्रिनलीन
(D) ऑक्सीटॉसिन, टेस्टोस्टेरॉन, एस्ट्रोजेन

40. थाइरोकैल्सिटोनिन है–
(A) स्टीरॉइड हॉर्मोन (B) कोलेस्ट्राल से निर्मित
(C) प्रोटीन हॉर्मोन (D) आयोडोथाइरोनिन हॉर्मोन

41.

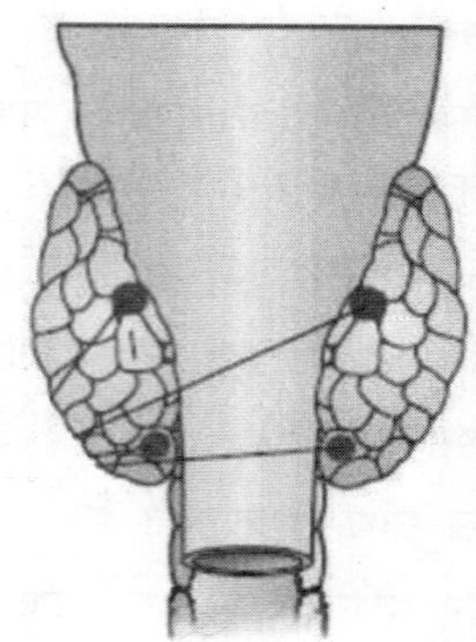

चित्र को पहचानते हुए सही कथन का चयन करें–
(i) दिया गया चित्र ग्रंथि के पृष्ठ भाग को दर्शा रहा है।
(ii) यह ग्रंथि शरीर की सबसे बड़ी ग्रंथि है।
(iii) स्टीरॉइड हॉर्मोन का स्त्रावण करते है।
(iv) ग्रंथि से एक से अधिक प्रकार के हॉर्मोन मुक्त होते है।
(A) i, ii, iii, iv (B) i, ii
(C) i, iv (D) ii, iii

42. ग्रंथियों के जोड़े का चयन करे जिनकी संख्या समान होती है–
(A) थाइरॉइड, एड्रिनल (B) थाइरॉइड, पैराथाइरॉइड
(C) अग्नाशय, एड्रिनल (D) थाइरॉइड, अग्नाशय

43. निम्न में से कौन सी ग्रंथि की संख्या सार्वाधिक होती है?
(A) एड्रिनल (B) वृषण
(C) थाइमस (D) पैराथाइरॉइड

44. पैराथाइरॉइड हॉर्मोन का स्रावण निर्भर करता है–
(A) रुधिर में K^+ के निम्न स्तर पर
(B) रुधिर में Ca^{++} के उच्च स्तर पर
(C) रुधिर में Ca^{++} के निम्न स्तर पर
(D) रुधिर में Mg^{++} के निम्न स्तर पर

45. पैराथाइरॉइड हॉर्मोन Ca++ के पुनः अवशोषण को कहां से बढ़ाता है?
(A) रीनल नलिका (B) पचित भोजन में से
(C) A तथा B दोनों (D) उपरोक्त में से कोई नहीं

46. मनुष्य में चार पैराथाइरॉइड ग्रंथि कहां उपस्थित होते है?
(A) थाइरॉइड के एक ही पाली पर
(B) इस्थमस पर
(C) थाइरॉइड के प्रत्येक पाली में एक जोड़ा
(D) थाइरॉइड के प्रत्येक पाली पर एक तथा इस्थमस पर दो।

47. अगर एक व्यक्ति का पैराथाइरॉइड ग्रंथि हटा दिया जाए तो मानव के शरीर का कौन सा कार्य प्रभावित नहीं होगा?
(A) आवेग का संचरण
(B) पेशी तंतु का संकुचन
(C) रुधिर स्कंदन
(D) स्टार्च का पाचन

48. निम्न में से कौन सी ग्रंथि प्रतिरक्षण से संबंधित है?
(A) थाइमस (B) अधिवृक्क
(C) अग्नाशय (D) उपरोक्त में से कोई नहीं

49. मानव शरीर में थाइमस की स्थिति होती है–
(A) उरोस्थि के पीछे महाधमनी के पृष्ठ सतह पर
(B) फेफड़ा के पीछे महाधमनी के अधर सतह पर
(C) उरोस्थि के पीछे महाधमनी के अधर सतह पर
(D) हृदय के कार्डियक दर्रों में।

50. थाइमोसिन संबंधित है–
(A) टी–लिफोसाइट्स के विभेदन से
(B) प्रतिपिण्ड के उत्पत्ति से
(C) जीर्णता से
(D) उपरोक्त सभी।

51. रोंगटे खड़े होना (piloerection) निम्न में से कौन से हॉर्मोन से संबंधित है?
(A) एड्रिनलीन
(B) नॉरएड्रिनलीन
(C) मिनरलोकॉटिकॉइड्स
(D) ग्लूकोकाटिकॉइड

52. हार्मोन के सेट का चयन करे जो कि हृदय की गति को बढ़ाते है–
(A) एड्रिनलीन; नॉरएड्रिनलीन, इंसुलिन
(B) एपिनेफ्रिन; नेफ्रिन; ग्लूकागॉन
(C) एपिनेफ्रिन; नॉरएपिनेफ्रीन; एंजोयोटेसिन
(D) एड्रिनलीन; नॉरएपिनेफ्रीन; ए एन एफ

53. कार्बोहाइड्रेट उपापचय पर प्रभाव के आधार पर कौन एड्रिनलीन की भांति है?
(A) इंसुलिन (B) ग्लूकागॉन
(C) मिनरलोकॉटिकाइड् (D) मेलेटोनिन

54. अधिवृक्क बल्कुट का मध्य परत है–
(A) जोना रेटिक्यूलेरिस (B) जोना फेसिक्यूलेटा
(C) जोना ग्लोमेरुलोसा (D) जोना मेडूला

55. हॉर्मोन जो लिपिड और प्रोटीन के विखंडन (अपघटन), एमीनों अम्लों के कोशिकीय ग्रहण और उपयोग को अवरोधित करते है, वह है–
(A) मिनरलोकार्टिकॉइड्
(B) एल्डोस्टीरॉन
(C) ग्लूकोकार्टिकाइड
(D) उपरोक्त सभी।

56. जल तथा विद्युत अपघट्यें का संतुलन बनाएं रखते है-
(A) एल्डोस्टीरॉन (B) ए डी एच
(C) A तथा B दोनों (D) ग्लूकोकॉर्टिकाइड

57. शरीर में जल के संतुलन को बनाए रखते है-
(A) एल्डोस्टीरॉन (B) ए डी एच
(C) A तथा B दोनों (D) ग्लूकोकॉर्टिकाइड

58. अगर A = जोना फेसिक्यूलेटा, B = जोना ग्लोमेरुलोसा, C = जोना रेटिक्यूलेरिस, तो अधिवृक्क वल्कुट में बाहर से अंदर के तरफ परतों का चयन करें-
(A) $B \rightarrow C \rightarrow A$ (B) $A \rightarrow B \rightarrow C$
(C) $B \rightarrow A \rightarrow C$ (D) $B \rightarrow C \rightarrow A$

59. अगर एक व्यक्ति एलर्जी के गंभीर अवस्था एनाफाइलेटिक शौक से ग्रस्त है, तो एर्डिनलीन के कौन सा गुण इस अवस्था में प्रभावी होगा-
(A) श्वसनी में फैलाव (Bronchodilation)
(B) रुधिर वाहिनी में संकुचन (Vasocontriction)
(C) रुधिर वाहिनी में फैलाव (Vasodilation)
(D) ग्लाइकोजिनेसिस (glycogenesis)

60. एक व्यक्ति में वृक्क का प्रत्यारोपण किया गया, निम्न में से कौन सा हॉर्मोन, वृक्क रोपण के छटाई (rejection) को रोकता है?
(A) मिनरलोकार्टिकॉइड्
(B) ग्लूकोकार्टिकॉइड
(C) एल्डोस्टीरॉन
(D) उपरोक्त सभी।

61. नीचे कुछ अंग या संरचना के नाम दिए गए है, जो कि लिंग हॉर्मोन के स्रावण से संबंधित है, उस अंग या संरचना का चयन करे जो नर तथा मादा दोनों में उपस्थित रहते है-
(A) अपरा (B) एड्रिनल ग्रंथि के वल्कुट
(C) वृषण (D) उपरोक्त में से कोई नहीं

62. यौवनारंभ के समय अक्षीय रोम, जधन रोम, मुख रोम की वृद्धि में भूमिका अदा करते है-
(A) एंड्रोजेनिक स्टीराइड
(B) विघटनकारी स्टीराइड
(C) एड्रिनल मध्यांश से स्रावित हॉर्मोन
(D) उपरोक्त में से कोइ नहीं।

63. हॉर्मोन का चयन करे जो रक्त दाब से संबंधित नहीं होता है-
(A) एल्डोस्टीरॉन (B) एड्रिनलीन
(C) नॉरएड्रिनलीन (D) उपरोक्त में से कोई नहीं

64. संयुक्त ग्रंथि का चयन करें-
(A) थाइरॉइड
(B) थाइमस
(C) अधिवृक्क (एड्रिनल)
(D) अग्नाशय

65. कोशिकीय ग्लूकोज अभिग्रहण और उपयोग को घटाता है-
(A) इंसुलिन (B) ग्लूकागॉन
(C) सोमेटोस्टेटिन (D) उपरोक्त सभी।

66. अगर एक पंद्रह (15) वर्ष के बालक (पीयूष लाहोटी) लगभग दर्जन भर रसगुला (मिठाई) एक भोज में जाकर खा लेता है, तो वह ग्रसित हो जायगा-
(A) मधुमेह से
(B) उच्च रक्त दाब से
(C) मधुमेह इंसीपीड्स से
(D) उपरोक्त में से कोई नहीं।

67. मधुमेह रोगी का जड़मूल से निदान (क्योर) निम्न में से कौन सी विधि से संभव है?
(A) ग्लूकागॉन थेरेपी (B) इंसुलिन थेरेपी
(C) स्टीरॉइड थेरेपी (D) उपरोक्त में से कोई नही

68. नीचे वृषण से स्रावित हॉर्मोन से संबंधित कुछ कथन दिए गए है-
(a) लिडिंग कोशिका से हॉर्मोन के समूह का स्रावण होता है।
(b) लिडिंग से स्रावित होने वाले हॉर्मोन के समूह को एंड्रोजेन कहते है।
(c) एंड्रोजन नर में उच्च पिच (पतले स्वरमान) ध्वनि के लिए उत्तरदायी होता है।
(d) एंड्रोजन सिर्फ जनन अंग तथा सहायक जनन ग्रंथि पर कार्य करते है, केंद्रीय तंत्रिका तंत्र पर प्रभाव नहीं होता है-

गलत कथन का चयन करें-
(A) a, c (B) b, c
(C) a, d (D) c, d

69. एंड्रोजन शरीर के वृद्धि के लिए कैसे उत्तरदायी है?
(A) यह वसाा उपापचय पर उपचयी (एनाबोलिक) प्रभाव डालते है।
(B) यह प्रोटीन तथा कार्बोहाइड्रेट उपापचय पर अपचयकारी प्रभाव डालते है।
(C) यह प्रोटीन तथा कार्बोहाइड्रेट उपापचय पर उपचयी प्रभाव डालते है।
(D) यह वसा उपापचय पर अपचयकारी प्रभाव डालते है।

70. हॉर्मोन जो नर के लैंगिक व्यवहार (लिबिडो) को प्रभावित करते है, वह है–
(A) टेस्टोस्टेरॉन
(B) पुटिका प्रेरक हॉर्मोन
(C) ल्यूटिनाइजिग हॉर्मोन
(D) उपरोक्त सभी।

71. वृषण शुक्रजनन नलिका तथा ___?___ उत्तक का बना होता है।
(A) भरण (स्ट्रोमल) (B) वल्कुट
(C) कोलेजन (D) उपरोक्त में से कोई नहीं

72. वृषण को नहीं माना जा सकता है–
(A) अन्तस्त्रावी ग्रंथि
(B) बहि:स्त्रावी ग्रंथि
(C) प्राथमिक जनन अंग
(D) प्राथमिक जनन ग्रंथि

73. निम्न में से कौन स्टीराइड हॉर्मोन नहीं है?
(A) एस्ट्रोजेन (B) प्रोजेस्टेरॉन
(C) टेस्टोस्टेरॉन (D) उपरोक्त में से कोई नहीं

74. दुग्ध ग्रंथियों में कूपिकाओं का निर्माण निम्न में से कौन से हॉर्मोन से प्रेरित होता है?
(A) एस्ट्रोजन (B) प्रोजेस्टेरॉन
(C) A तथा B दोनों (D) सिर्फ प्रोलैक्टिन

75. एट्रियल नेट्रियुरेटिक कारक (ए एन एफ) है–
(A) स्टीरॉइड हॉर्मोन
(B) पेप्टाइड हॉर्मोन
(C) वसीय अम्ल से निर्मित
(D) आयोडिन से निर्मित

76. एट्रियल नेट्रियुरेटिक कारक का स्त्रावण कब होता है?
(A) जब एल्डोस्टीरॉन का स्त्रावण घट जाता है।
(B) जब Na^+ का अवशोषण बढ़ जाता है।
(C) जब रक्त दाब घट जाता है।
(D) जब K^+ का अवशोषण बढ़ जाता है।

77. अगर ↑ = बढ़ना है, ↓ = घटना है।
A = रक्त दाब, B = Na^+, C = एल्डोस्टीरॉन, ANF का स्त्रावण होगा जब–
(A) A ↑, B ↑, C ↑ (B) A ↑, B ↓, C ↑
(C) A ↑, B ↑, C ↓ (D) A ↓, B ↓, C ↓

78. मान ले एक व्यक्ति रक्त अल्पता (ऐनीमिया) से ग्रसित है, तो इस स्थिति में निम्न में से कौन सा तत्व उपयोगी होगा?
(A) फोलिक अम्ल (folic acid)
(B) हॉर्मोन इरिथ्रोपोईटिन
(C) विटामिन B_{12}
(D) उपरोक्त सभी।

79. जठर, अवरोधी पेप्टाइड में का स्त्रावण होता है–
(A) जठर आंत्रीय पथ में
(B) श्वसन मार्ग में
(C) रुधिर वाहिनी में
(D) नेफ्रोन में

80. वृद्धि कारक (Growth factor) का स्त्रावण होता है–
(A) अन्त:स्त्रावी उत्तक के द्वारा
(B) अअन्त:स्त्रावी उत्तक के द्वारा
(C) A तथा B दोनों
(D) आर्सटियोक्लास्ट कोशिका के द्वारा

81. IP_3 है–
(A) प्रथम रासायनिक वाहक
(B) द्वितीय रासायनिक वाहक
(C) तृतीय रासायनिक वाहक
(D) उपरोक्त में से कोई नहीं।

82. हॉर्मोन के सेट का चयन करे जो स्तन ग्रन्थि में कूपिका की उत्पत्ति को प्रेरित करते है–
(A) प्रोजेस्टरॉन, ऑक्सीटोसिन
(B) प्रोजेस्टरॉन, एच पी एल
(C) प्रोलैक्टिन, ऑक्सीटोसिन
(D) एच पी एल, रिलैक्सिन

83. अक्षीय रोम की वृद्धि के लिए कौन सा हॉर्मोन उत्तरदायी नहीं है?
(A) एंड्रोजेन
(B) जोना रेटिक्यूलेरिस का हॉर्मोन
(C) मेलेटोनिन
(D) उपरोक्त में से कोई नहीं।

84. कार्पस ल्यूटियम से स्रावित मुख्य हॉर्मोन है-
(A) इस्ट्रोजेन (B) प्रोजेस्ट्रॉन
(C) रिलेक्सिन (D) एच सी जी

85. गलत कथन का चयन करें-
(A) हॉर्मोन एक अंतराकोशिकीय वाहक होता है।
(B) हॉर्मोन अल्प मात्रा में मुक्त होते है।
(C) हॉर्मोन एक पोषक तत्व है।
(D) हॉर्मोन का लक्षय सामान्यत: दूर होता है।

86. हॉर्मोन के सेट का चयन करे जो कि संरक्षित रहता है-
(A) आक्सीटोसिन + प्रोलैक्टिन + वेसोप्रेसिन
(B) आक्सीटोसिन + थायरॉक्सिन + वेसोप्रेसिन
(C) वेसोप्रेसिन + पैराथायरॉइड + थायरॉक्सिन
(D) ए डी एच + एसी टी एच + जी एच

87. सेल्ला टर्सिका निम्न में से कौन सी ग्रंथि से संबंधित है?
(A) पीयूष (B) पीनियल
(C) अग्नाशय (D) थाइमस

88. पार्स नर्वोसा पीयूष ग्रंथि के कौन सी पाली का निर्माण करते है?
(A) अग्र पाली (B) मध्य पाली
(C) पश्च पाली (D) उपरोक्त सभी।

89. वेसोप्रसिन (Vasopressin) निम्न में से किसके पुन: अवशोषण को प्रेरित करते है?
(A) लवण (B) प्रोटीन
(C) ग्लूकोज (D) उपरोक्त में से कोई नहीं

90. निद्रा चक्र को कौन सा हॉर्मोन नियंत्रित करता है?
(A) थाइमोसिन (B) थायरॉक्सिन
(C) मेलोटोनीन (D) न्यूरोहॉर्मोन

91. उस ग्रंथि के सेट का चयन करे जो कि मस्तिष्क से संबंधित है-
(A) पीनियल, थाइमस
(B) पीनियल, पीयूष
(C) पीनियल, थाइमस
(D) हाइपोथैलेमस, डाइऐनसेफेलॉन

92. स्रोत के आधार पर असमान्य का चयन करें-
(A) दुग्ध स्रावी हॉर्मोन (B) ए. डी. एच
(C) वासोप्रेसिन (D) एस. टी. एच

93. उस ग्रंथि का चयन करें जो द्विपालित होता है-
(A) थाइरॉयड, थाइमस
(B) पीनियल, पीयूष
(C) थाइरॉयड, पैराथाइरॉयड
(D) अग्नाशय, एड्रीनल

94. सही कथन का चयन करें-
(a) इस्थमस संयोजी उत्तक का बना होता है।
(b) थाइरोकैल्सिटोनिन रुधिर में Ca^{++} की मात्रा को बढ़ता है।
(c) किसी बच्चे में क्रिटेनिज्म तब भी संभव है अगर थाइरोकैल्सिटोनिन का गर्भावस्था में माता में कम स्रावण होता है।
(d) थाइरोकैल्सिटोनिन के स्रावण के लिए iodine आवश्यक होता है।
(A) a, b (B) c, d
(C) a, c (D) b, d

95. उस हॉर्मोन के सेट का चयन करे जो एरिथ्रोपोएसिस को प्रेरित करते है-
(A) थायरॉक्सिन, एरिथ्रोपीटिन
(B) एरिथ्रोपीटिन, ए एन एल
(C) एन्जीयोटेन्सिन, पी टी एच
(D) एस टी एच, पी टी एच

96. पैराथाइरॉयड हॉर्मोन (parathyroid harmone) का स्रावण निम्न में से किसके द्वारा नियंत्रित होती है?
(A) थायरॉक्सिन (Thyroxine) हॉर्मोन
(B) रुधिर में Ca^{++} की मात्रा पर
(C) उपरोक्त दोनों
(D) ट्रॉपिक (Trophic) हॉर्मोन के द्वारा

97. एड्रिनल (Adrenal) ग्रंथि के संदर्भ सही कथन का चयन करें-
(A) एड्रिनल मध्यांश को हटाने पर तत्काल मृत्यु हो जाएगा।
(B) कैटेकोलॉमिन (Catecholamines) का स्रावण एड्रिनल वल्कुट के द्वारा होता है।
(C) एड्रिनल (adrenal) ग्रंथि वृक्क से संबंधित ग्रंथि है।
(D) सम्पूर्ण एड्रिनल (adrenal) ग्रंथि का उद्भव एक ही जनन स्तर से होता है।

98. सही सेट का चयन करें-
(A) जोना ग्लोमेरुलोसा - ग्लूकोकॉटिकायड्
(B) जोना फेसीक्यूलेटा - मिनरैलोकॉटिकायड्
(C) जोना रेटीक्यूलोरिस - लिंग हॉर्मोन
(D) मध्यांश - कोर्टिकोस्टीरॉइड

99. उस ड्रग्स का चयन करे जो प्रतिरक्षी तंत्र में संदमक का कार्य करते है-
(A) कॉरटिकोस्टेरॉयड (B) कार्टिसोल
(C) कॉर्टिसोन (D) उपरोक्त सभी।

00. गलत कथन का चयन करें-
(A) अग्नाशय मानव शरीर का दूसरा सबसे बड़ी ग्रंथि है।
(B) अग्नाशय एक मिश्रित ग्रंथि है।
(C) अग्नाशय का अंतःस्रावी भाग लैगहरेन्स के द्वीप समूह है।
(D) अग्नाश का उद्भव एक्टोड्र्म (ectoderm) के द्वारा होता है।

)1. सही सेट का चयन करें-
(A) अल्फा-कोशिका – इंसुलिन
(B) बीटा-कोशिका – ग्लूकॉगॉन
(C) लिडिंग कोशिका - टेस्टोस्टेरॉन
(D) कार्पस ल्यूटियम - सिर्फ इस्ट्रोजन

)2. निम्न में से कौन मुख्य ग्लूकोकॉटिकायड्स है?
(A) कॉर्टिसोन (B) कॉटिसोल
(C) कॉटिकोस्टेरॉन (D) कॉटिकोइड

103. उस कार्य का चयन करे जो की कैटेकोलामिन (Catecholomines) के द्वारा नहीं होता है?
(A) ग्लाइकोजेनोलाइसिस
(B) प्रोटीन तथा लिपिड का विघटन
(C) आपातकालीन स्थिति में कार्य करते है।
(D) ग्लाइकोजेनेसिस

104. एड्रीनल कॉटेक्स का सबसे आंतरिक परत होता है-
(A) जोना ग्लोमेरुलोसा
(B) जोना फेसीक्यूलेटा
(C) जोना रेटीक्यूलेरिस
(D) मध्यांश

105. निम्न में से कौन एल्डोस्ट्रान (aldosterone) है?
(A) मिनरलोकॉर्टिकाइड्
(B) ग्लूकोकॉर्टिकाइड
(C) लिंग हॉर्मोन
(D) एड्रिनलीन

106. प्रदाह (Inflammation) को कम करने में किसकी भूमिका होती है?
(A) एल्डोस्टीरॉन (B) कॉर्टिसोल
(C) एड्रिनलीन (D) कैटेकॉलमीनस

107. निम्न में से कौन सा कार्य कॉटिसोल (Cortisol) के द्वारा नहीं होता है?
(A) हृदय-संवहन तंत्र का नियंत्रण
(B) वृक्क के क्रियाविधि का नियंत्रण
(C) प्रतिरक्षी अनुक्रिया का संदमन
(D) जल तथा लवण का संतुलन

108. गलत कथन का चयन करें-
(a) लैंगरहैंस के द्वीपसमूह-अग्नाशय का 98-99%
(b) लैंगरहैंस के द्वीपसमूह-1-2 मिलियन
(c) ग्लूकागॉन (Glucagon) कोशिका के द्वारा ग्लूकोज के उपयोग को बढ़ाते है।
(d) हाइपरग्लाइसिमिया (Hyperglycemia) अधिक मात्रा में मिठाई के सेवन के पश्चात् भी संभव है।
(A) a तथा b (B) a तथा c
(C) b तथा d (D) a तथा d

109. ग्लूकोज समस्थापन (Glucose homeostasis) बनाएं रखा जाता है–
(A) सिर्फ इंसुलिन के द्वारा
(B) सिर्फ ग्लूकागॉन (Glucagon) के द्वारा
(C) उपरोक्त दोनों
(D) इन्सुलिन, ग्लूकागॉन और सोमेटोस्टेटिन

110. उस ग्रन्थि के सेट का चयन करे जो कि सोमेटोस्टैटिन का भी स्रोत होता है–
(A) अग्नाशय, अधिवृक्क ग्रन्थि
(B) अग्नाशय, हाइपोथैलेमस
(C) अग्नाशय, पीयूष
(D) थाइमस, अग्नाशय

111. निम्न में से किसके द्वारा ए एन एफ (ANF) का स्त्रावण होता है?
(A) हृदय (B) वृक्क
(C) आहारनाल (D) यकृत

112. एंजियोटेनजिनोजेन (Angiotensinogen) का स्त्रोत होता है–
(A) हृदय (B) वृक्क
(C) आहार नाल (D) यकृत

113. निम्न में से कौन सा सेट वेसोडाइलेटर होता है?
(A) हिस्टॉमिन, सेरोटोनिन
(B) सेरोटोनिन, एड्रिनेलिन
(C) हिस्टामिन, ए एन एफ
(D) एजियोटेसिन, ए एन एफ

114. ए एन एफ (ANF) का स्त्रावण कब होता है?
(A) जब GFR घटता है।
(B) जब रक्त दाब घटता है।
(C) जब हृदय की धड़कन बढ़ती है।
(D) जब जी एफ आर (GFR) बढ़ता है।

115. सुमेलित करे–

	कॉलम A	कॉलम B
	रासायनिक प्रकृति	हॉर्मोन
(a)	स्टीरॉइड	1. टेस्टोस्टेरॉन
(b)	पेप्टाइड	2. वृद्धि हॉर्मोन
(c)	अमीनो अम्लो के व्युत्पन्न	3. एर्डिनेलीन

(A) abc/123 (B) abc/213
(C) abc/312 (D) abc/132

116. निम्न में से कौन द्वितीयक रासायनिक वाहक नहीं होते है?
(A) चक्रीय ए एम पी (B) आई पी$_3$
(C) Ca^{++} (D) हॉर्मोन

117. हॉमोन के सेट का चयन करे जो अमीनो अम्ल से निर्मित होते है–
(A) एपिनेफ्रीन ; मेलेटॉनिन
(B) कॉर्टिसॉल ; प्रोजेस्टेरॉन
(C) इस्ट्रोजन ; इन्सुलिन
(D) एपिनेफ्रीन ; कॉटिसॉल

118. नीचे दिया गया चित्र हॉर्मोन के क्रियाविधि को दर्शा रहा है। अगर हॉर्मोन के रूप में प्रोटीन हॉर्मोन है तो सही उत्तर का चयन करें जो A, B, C तथा D को दर्शा रहा है–

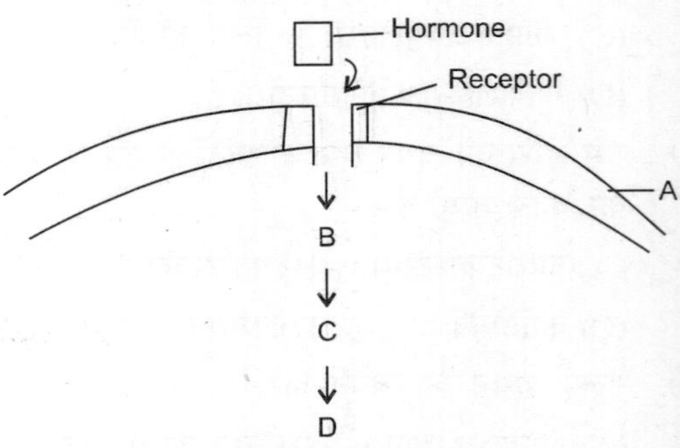

(A) A = कोशिका झिल्ली
B = चक्रीय AMP
C = शारीरिक प्रतिक्रियात्मकता
D = जैव रसायनिक प्रतिक्रिया
(B) A = केन्द्रक
B = चक्रीय AMP
C = शारीरिक प्रतिक्रियात्मकता
D = जैव रसायनिक प्रतिक्रिया
(C) A = कोशिका झिल्ली
B = Ca^{++}
C = जैव रसायनिक प्रतिक्रिया
D = शारीरिक प्रतिक्रिया
(D) A = केन्द्रक
B = Ca^{++}
C = जैव रसायनिक प्रतिक्रिया
D = शारीरिक प्रतिक्रियात्मकता

119. नीचे दिए गए कॉलम में कुछ हॉर्मोन तथा उनके कार्य दिये गए है, कॉलम को सुमेलित करते हुए सही उत्तर का चयन करे–

कॉलम A	कॉलम B
(A) मेलेटॉनिन	(1) रक्त वाहिकाए विस्तारित (फैल) जाते है।
(B) थायरोक्सीन	(2) रीनल नलिका से लवण (आर्यन) के पुनः अवशोषण को प्रेरित करता है।
(C) कोटिकॉइड	(3) सोने जागने के चक्र को नियंत्रित करते है।
(D) ए एन एफ	(4) लाल रुधिर कोशिका के निर्माण को प्रेरित करता है।
(E) वेसोप्रेसिन	(5) शरीर में जल तथा लवण के संतुलन को बनाएं रखता है।

(A) ABCDE/35214
(B) ABCDE/34521
(C) ABCDE/43512
(D) ABCDE/34512

120. थाइरोकैल्सिटोनिन एक हॉर्मोन है। इसके कार्य को ध्यान में रखकर, सही उत्तर का चयन करें–
मान ले कि कैल्शियम का स्तर = 20 है।

(A) 20 ↓ 10
(B) 30 ↓ 20
(C) 25 ↓ 20
(D) 20 ↓ 20

121.

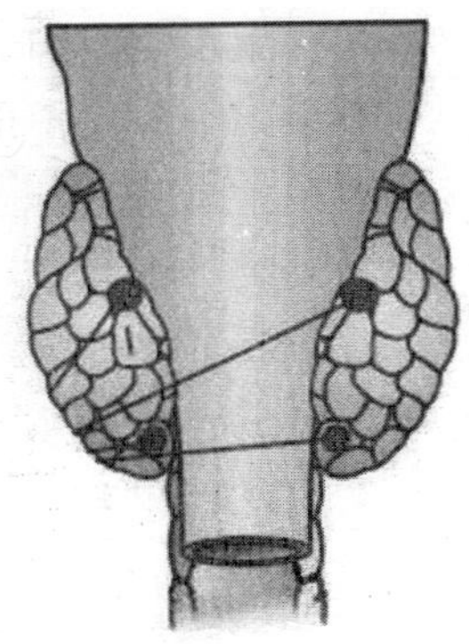

दिए गए चित्र में गहरे बिन्दुओं को पहचाने तथा सही कथन का चयन करें–

(a) यह स्टेरॉइड हॉर्मोन का स्रावण करते है।
(b) यह Ca^{++} के पुनः अवशोषण को घटाता है।
(c) यह Ca^{++} के पुनः अवशोषण को पचित भोज्य पदार्थ से बढ़ता है।
(d) इससे स्रावित हॉर्मोन से अतिकैल्शियम रक्तता होता है।

(A) b
(B) a
(C) c
(D) d

122. हॉर्मोन के जोड़े का चयन करे जिनका कार्य विपरित नहीं होता है–
(A) इंसुलिन, ग्लूकागॉन
(B) थॉइरोकैल्सिटोनिन, पैराथाइरॉइड हॉर्मोन
(C) एड्रिनलीन, नारएड्रिनलीन
(D) एड्रिनलीन, हिस्टामिन

123. थाइमस ग्रंथि निम्न में से किससे संबंधित नहीं है?
(A) सी एम आई एस CMIS
(B) ए एम आई एस AMIS
(C) निष्क्रिय प्रतिरक्षण
(D) उपरोक्त में से कोई नहीं।

124. A – व्यस्क में थाइरॉक्सिन के अत्यधिक स्रावण
B – वृद्धिकारी हॉर्मोन का बच्चों में अत्यधिक स्रावण
C – वृद्धिकारी हॉर्मोन का व्यस्क में अत्यधिक स्रावण
D – वृद्धिकारी हॉर्मोन का व्यस्क में कम स्रावण
उपरोक्त में से कौन सा तथ्य एक्रोमिगेली के लिए सही है?
(A) A
(B) B
(C) C
(D) D

125. A – दस्त, B – हैजा, C – मधुमेह इंसीपीड्स (बहुमूत्र)
उपरोक्त मे से कौन से बीमारी मे निर्जलीकरण संभव नहीं हैं–
(A) A
(B) B
(C) C
(D) उपरोक्त में से कोई नहीं

126. निम्न में से किसके कारण समय पूर्व मृत्यु संभव है?
(A) स्कर्वी
(B) केजंक्टिवाइटिस
(C) अतिकायता
(D) उपरोक्त में से कोई नहीं

127. नीचे कुछ रोगों का नाम दिया गया है, उस रोग का चयन करे जो की आरंभिक अवस्था में नहीं पहचाना जा सकता है–
A – त्वचा कैंसर, B – मल्टीपलमायलोमा, C – अतिकायता
(A) A
(B) B
(C) C
(D) A, B, C

128. वृक्क की जल संरक्षण की क्षमता का ह्रास होना जल का ह्रास, निर्जलीकरण, अधिक प्यास लगन उपरोक्त लक्षण निम्न में से कौन से रोग का है?
(A) डायबिटीज
(B) उदकमेह (डायबिटीज इन्सिपिडस)
(C) अतिकायता
(D) ग्रेवस् रोग

129. थायरॉइड अतिक्रियता के कारण संभव है–
(A) अतिकायता
(B) गलगंड
(C) क्रिटेनिज्म
(D) एक्सऑप्थैलमिक ग्वायटर

130. ग्रेवस् रोग को ही कहते है–
(A) एक्सऑप्थैलमिक ग्वायटर
(B) गल्स रोग
(C) कलिप्स डिजीज
(D) उपरोक्त में से कोई नहीं।

ANSWER KEY

1. (D)	**2.** (D)	**3.** (D)	**4.** (A)	**5.** (B)	**6.** (D)	**7.** (B)	**8.** (C)	**9.** (D)	**10.** (A)
11. (C)	**12.** (D)	**13.** (A)	**14.** (D)	**15.** (C)	**16.** (C)	**17.** (D)	**18.** (C)	**19.** (D)	**20.** (C)
21. (C)	**22.** (D)	**23.** (C)	**24.** (D)	**25.** (A)	**26.** (D)	**27.** (D)	**28.** (A)	**29.** (B)	**30.** (C)
31. (C)	**32.** (D)	**33.** (A)	**34.** (C)	**35.** (C)	**36.** (D)	**37.** (A)	**38.** (A)	**39.** (C)	**40.** (C)
41. (C)	**42.** (D)	**43.** (D)	**44.** (C)	**45.** (A)	**46.** (C)	**47.** (D)	**48.** (A)	**49.** (A)	**50.** (D)
51. (A)	**52.** (C)	**53.** (B)	**54.** (B)	**55.** (C)	**56.** (A)	**57.** (C)	**58.** (C)	**59.** (B)	**60.** (D)
61. (B)	**62.** (A)	**63.** (D)	**64.** (D)	**65.** (B)	**66.** (D)	**67.** (D)	**68.** (D)	**69.** (C)	**70.** (A)
71. (A)	**72.** (B)	**73.** (D)	**74.** (C)	**75.** (B)	**76.** (B)	**77.** (A)	**78.** (D)	**79.** (A)	**80.** (B)
81. (B)	**82.** (B)	**83.** (C)	**84.** (B)	**85.** (C)	**86.** (B)	**87.** (A)	**88.** (C)	**89.** (A)	**90.** (C)
91. (B)	**92.** (D)	**93.** (A)	**94.** (C)	**95.** (A)	**96.** (B)	**97.** (C)	**98.** (C)	**99.** (B)	**100.** (D)
101. (C)	**102.** (B)	**103.** (D)	**104.** (C)	**105.** (A)	**106.** (B)	**107.** (D)	**108.** (B)	**109.** (C)	**110.** (B)
111. (A)	**112.** (A)	**113.** (C)	**114.** (D)	**115.** (A)	**116.** (D)	**117.** (A)	**118.** (C)	**119.** (D)	**120.** (C)
121. (D)	**122.** (C)	**123.** (D)	**124.** (C)	**125.** (D)	**126.** (C)	**127.** (D)	**128.** (B)	**129.** (D)	**130.** (A)

इकाई 6: जनन

1. जीवों में जनन
2. पुष्पी पादपों में लैंगिक जनन
3. मानव जनन
4. जनन स्वास्थ्य

जीवों में जनन

1. निम्न में से कौन अमर है?
   (A) कछुआ
   (B) बरगद
   (C) एक कोशिकीय जीव
   (D) उपरोक्त में से कोई नहीं
2. एक प्राणी के जीवन अवधि को निम्न में से किससे संबंधित किया जा सकता है?
   (A) आकार
   (B) आहार
   (C) आवास
   (D) उपापचय
3. सुमेलित करें–

जंतु	जीवन अवधि
(1) कौआ	(a) 140 वर्ष
(2) तोता	(b) 60 वर्ष
(3) मगरमच्छ	(c) 15 वर्ष
(4) कछुआ	(d) 150 वर्ष

   (A) 1234/cbad
   (B) 1234/cabd
   (C) 1234/abdc
   (D) 1234/cbda
4. सही कथन का चयन करें–
   (A) अलैंगिक जनन से विभिन्नता उत्पन्न होता है।
   (B) अलैंगिक जनन रज्जुकी तथा अरज्जुकी में समान रूप से सामान्य होते है।
   (C) अलैंगिक जनन में युग्मक का निर्माण नहीं होता है।
   (D) अलैंगिक जनन में अनिषेक जनन सम्मिलित होता है–

   उपरोक्त में से कितने कथन सही है?
   (A) 1 (B) 2
   (C) 3 (D) 4
5. नीचे कुछ कथन अलैंगिक जनन से संबंधित दिए गए है–
   (a) एकल जीव संतति उत्पन्न करने की क्षमता रखता है।
   (b) संतति अपने जनक के एकदम समान होते है।
   (c) अगर दो संतान उत्पन्न होते है, तो वे बिलकुल एक दूसरे के समान होते है।

   गलत कथन का चयन करें–
   (A) a
   (B) a, b
   (C) a, b तथा c
   (D) उपरोक्त में से कोई नहीं

6. अकारिकीय तथा आनुवांशिक रूप से एक समान जीवों के लिए कौन से शब्द की रचना की गई है?

(A) क्लोन (B) यमज

(C) फ्रैटरनल (D) उपरोक्त सभी

7.

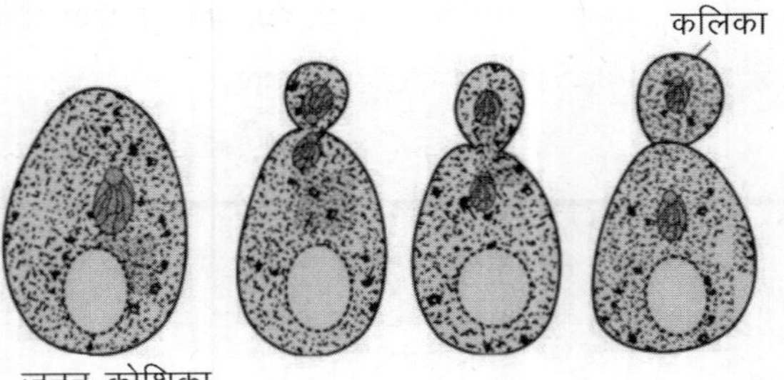

दिया गया चित्र जनन के एक विधि का है, उस सेट का चयन करे जिसमें यह जनन सम्पन्न होता है–

(A) यीस्ट, साइकन (B) साइकन, हाइड्रा

(C) यीस्ट, हाइड्रा (D) अमीबा, साइकन

8.

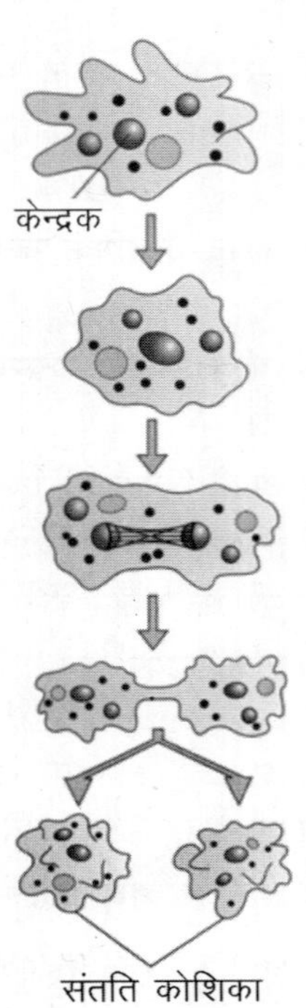

दिए गए चित्र में जनन की विधि का पहचानते हुए, बताएं की यह किस संघ के जनन का सबसे सामान्य विधि है?

(A) प्रोटोजोआ (B) पॉरिफेरा

(C) सिलेन्ट्रेटा (D) प्लैटिहेल्मेंथीज

9. सुमेलित करें–

कॉलम A	कॉलम B
(a) द्विखंडन	(1) पैरामीसियम
(b) बीजाणु जनन	(2) शैवाल
(c) जैम्यूल	(3) साइकन
(d) कलिका	(4) हाइड्रा

(A) abcd/1234

(B) abcd/2143

(C) abcd/1243

(D) abcd/1342

10.

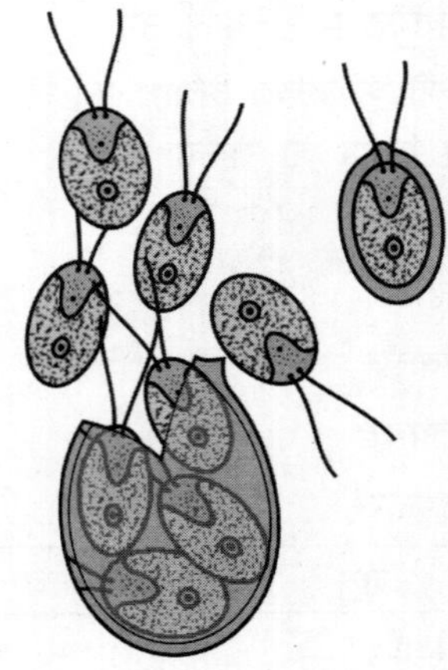

दिया गये चित्र के पहचानते हुए निम्न कथनों को देखें–

(A) चित्र यीस्ट के अलैगिक जनन के दर्शा रहा है।

(B) चित्र शैवाल के अलैगिक जनन को दर्शा रहा है।

(C) चित्र में बीजाणुजनन सम्पन्न हो रहा है।

(D) बीजाणु अचल होते है।

उपरोक्त में से कितने कथन गलत है–

(A) 1 (B) 2

(C) 3 (D) 4

11.

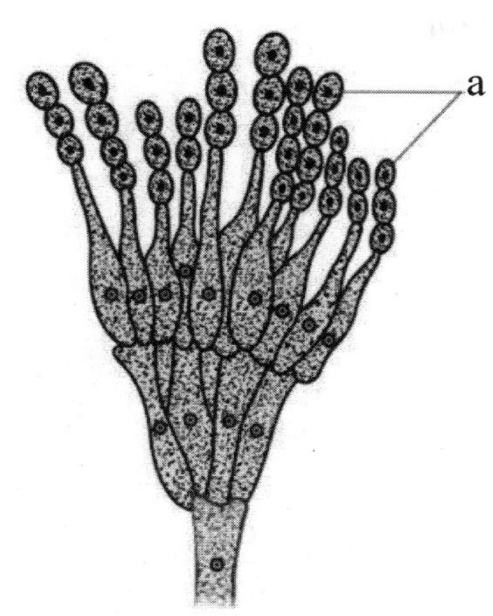

दिए गए चित्र में 'a' क्या है?

(A) कोनिडिया (B) मुकुल

(C) जैम्यूल (D) बीजाणु

12. कोनिडिया, निम्न में से किसका अलैंगिक संरचना है?

(A) हाइड्रा (B) स्पंज

(C) पैनीसिलम (D) पैरामीसियम

13. पुष्पीय पादपों मं कार्यिक प्रवर्धन से संबंधित दोनों स्तंभ को सुमेलित करते हुए, सही विकल्प का चयन करें–

स्तंभ A	स्तंभ B
(a) आंखें	(1) अदरक
(b) राइसोम	(2) ब्रायोफिलम
(c) बुलबिल	(3) जल हायसिंथ
(d) पर्ण कलिकाएँ	(4) आलू
(e) भूस्तारिका	(5) अगैव

(A) abcde/45123 (B) abcde/41532
(C) abcde/41523 (D) abcde/14523

14. वाटर हायासिंथ नामक पादप का भारतवर्ष में आगमन निम्न में से किस कारण से हुआ था?

(A) इसके पोषण गुणों के कारण

(B) इसके औषधिय महत्व के कारण

(C) इसके सुंदर आकार के पुष्प तथा पत्तियों के कारण

(D) उपरोक्त सभी

15. वाटर हायासिंथ होते है–

(A) हर्ब (B) जलीय क्षाड़-क्षकार

(C) जलीय खरपतवार (D) जलीय वृक्ष

16. शैवाल तथा फंजाई जनन की लैगिक विधि की ओर कब जाते है?

(A) प्रतिकूल परिस्थितियों के दौरान।

(B) प्रतिकूल परिस्थितियो के आरंभन से पूर्व।

(C) प्रतिकूल परिस्थितियों के बाद।

(D) कोई लैंगिक जनन नहीं करते है।

17. निम्न में से किस बिंदु के आधार पर पादप जंतु तथा कवक (फंजाइ) समानता दर्शाता है?

(A) बॉह्य आकारिकी

(B) आंतरिक संरचना तथा कार्यिकी

(C) लैंगिक प्रजनन के आधार पर

(D) अलैंगिक प्रजनन के आधार पर

18. पादप अपने जीवन में वृद्धि की एक निश्चित अवस्था एवं परिपक्वता तक पहुंचते है, इसके पश्चात ही लैंगिक जनन कर सकते है, इस अवस्था को कहते है–

(A) कार्यिक अवस्था

(B) किशोर अवस्था

(C) परिपक्वन अवस्था

(D) व्यस्क अवस्था

19. I – तुलनातमक रूप से तीव्र।

II – संतति, जनकों के बिल्कुल समान नहीं होते है।

III – विभिन्नता उत्पन्न होता है।

उपरोक्त में से कौन से कथन के आधार पर लैंगिक जनन, अलैंगिक जनन से भिन्न होते है?

(A) I (B) I, II

(C) III (D) II, III

20. निम्न में से पादप के कौन सी जाति में पूरे जीवन काल में एक बार पुष्प पैदा होते है?

(A) बांस (B) नीलाकुरेन्जी

(C) राऊवोल्फिया (D) कटहल

21. निम्न में से पादप की कौन सी जाति में पुष्प 12 वर्ष में सिर्फ एक बार उत्पन्न होते है?
(A) बांस (B) नीलाकुरेन्जी
(C) राउवोल्फिया (D) कटहल

22. अगर सप = सतत् प्रजनक, मप = मौसमी प्रजनक

	घोड़े	गोरिल्ला	रिसस बंदर	गाय
(A)	मप	मप	सप	सप
(B)	मप	सप	सप	मप
(C)	सप	सप	सप	मप
(D)	मप	सप	मप	मप

23. उस प्राणियों के सेट का चयन करें जिनमें मद चक्र सम्पन्न होता है-
(A) गाय → भेड़ → चूहा → कपि
(B) हिरण → कुत्ता → बंदर → बाघ
(C) भेड़ → कुत्ता → हिरण → चूहा
(D) बंदर → कपि → मनुष्य → गाय

24. उस पक्षी का चयन करे, जो पूरे वर्ष अंडे देती है-
(A) कुक्कुट फार्म के पक्षी
(B) कौआ
(C) कबूतर
(D) हंस

25. समयुग्मकी (आइसोगेमस) प्राणी का चयन करें-
(A) मनुष्य (B) मेढ़क
(C) कुछ शैवाल (D) सालामेंडर

26.

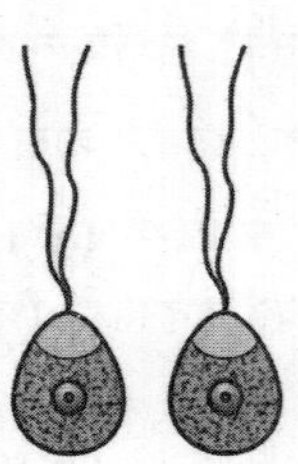

दिया गया चित्र किसका है?
(A) क्लैडोफोरा के समयुग्मक
(B) फ्यूक्स के विषमयुग्मक
(C) क्लैडोफोरा के विषमयुग्मक
(D) फ्यूक्स के समयुग्मक

27.

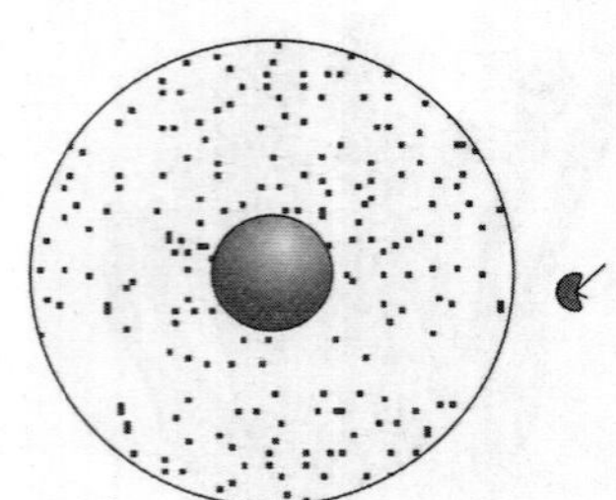

दिया गया चित्र किसका है?
(A) क्लैडोफोरा के समयुग्मक
(B) फ्यूक्स के विषमयुग्मक
(C) क्लैडोफोरा के विषमयुग्मक
(D) फ्यूक्स के समयुग्मक

28. जब एक ही पादप मे दोनों नर तथा मादा संरचनाएं पाई जाए तो वह कहलाते है-
(A) द्विलिंगी (B) उभयलिंगी
(C) समथैलसी (D) उपरोक्त सभी

29. सुमेलित करें-

स्तम्भ A जंतु	स्तम्भ B गुणसूत्र
(a) घरेलूमक्खी	(1) 380
(b) कुत्ता	(2) 12
(c) तितली	(3) 78
(d) फल मक्खी	(4) 8

(A) abcd/2314 (B) abcd/2134
(C) abcd/2341 (D) abcd/3124

30. उभयलिंगाश्रयी पादपो के सेट का चयन करें-
(A) कुकरविटा, पपीता
(B) नारियल, खजूर
(C) नारियल, कुकरविटा
(D) पपीता, खजूर

31. एक लिंगाश्रयी पादप के सेट का चयन करें-
(A) कुकरविटा, पपीता
(B) नारियल, खजूर
(C) नारियल, कुकरविटा
(D) पपीता, खजूर

32. उभयलिंगी प्राणियों के सेट का चयन करें-
(A) स्पंज, फीताकृमि, जोंक
(B) स्पंज, फीताकृति, तिलचट्टा
(C) फीताकृमि, स्पंज, मेढ़क
(D) रोहु, स्पंज, छिपकली

33. उस सेट का चयन करें जिनके अनेक सदस्य अगुण्ति काय युक्त होते है-
(A) मोनेरा, फंजाई, शैवाल, ब्रायोफाइट
(B) मोनेरा, फंजाई, शैवाल, टेरीडोफ्राइटा
(C) मोनेरा, फंजाई, जिम्नोस्पर्म, टेरीडोफ्राइटा
(D) मोनेरा, ऐंजिओस्पर्म, जिम्नोस्पर्म, टेरीडोफ्राइटा

34.

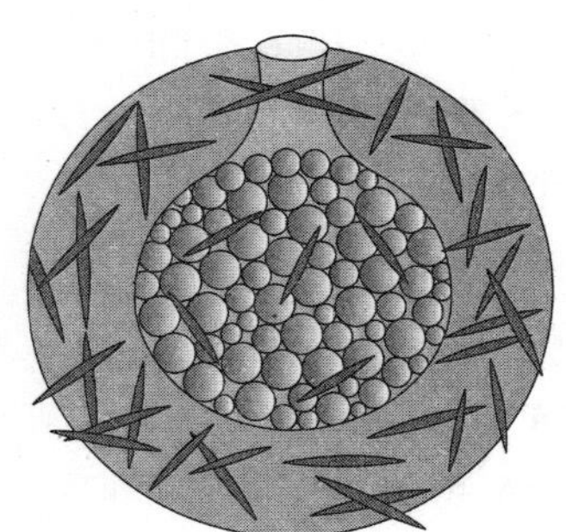

दिए गए चित्र को पहचाने-
(A) यह जैम्यूल है।
(B) यह आंतरिक मुकुल होता है।
(C) इसमें ऑरकियोसाइट कोशिका होते है।
(D) ऑरकियोसाइट से नये स्पंज का निर्माण होता है।
उपरोक्त में से कितने कथन सही है?
(A) 1 (B) 2
(C) 3 (D) 4

35. अधिकांश प्राणियों में-
(A) नर तथा मादा दोनों युग्मक चल होते है।
(B) सिर्फ मादा युग्मक चल होती है।
(C) सिर्फ नर युग्मक चल होते है।
(D) ना तो नर, ना ही मादा युग्मक चल होते है।

36. चलनशील नर तथा मादा युग्मक निम्न में से किसके सदस्यों में पाएं जाते है?
(A) मोनेरा तथा शैवाल
(B) शैवाल तथा फंजाई
(C) फंजाई तथा ब्रायोफाइट
(D) शैवाल तथा एंजीयोस्पर्म

37. निम्न में किसमें युग्मकों के स्थानांतरण के लिए माध्यम जल होता है?
(A) शैवाल (B) ब्रायोफाइटा
(C) टेरीडोफाइटा (D) उपरोक्त सभी

38. सामान्यत: अंड के निषेचन के लिए बड़ी संख्या में शुक्राणु क्यो उत्पन्न होते है?
(A) नर युग्मकों की एक बहुत बड़ी संख्या मादा युग्मकों तक पहुंचने में असमर्थ होते है।
(B) क्योंकि बड़ी संख्या मं मादा युग्मक उत्पन्न होते है।
(C) क्योंकि एक मादा युग्मक के निषेचन के लिए बड़ी संख्या में शुक्राणु की जरूरत होती है।
(D) उपरोक्त में से कोई नहीं

39. बीजीय पादपों में, निम्न में से कौन नर युग्मकों के वाहक के रूप में कार्य करते है?
(A) अंडप (B) वर्तिकाग्र
(C) वर्तिका (D) परागकण

40. एकलिंगाश्रयी पादप में विशिष्ट घटना को ___?___ कहते है, जिसमें वतिकाग्रत पर परागकणों का स्थानांतरण सुगमता पूर्वक संपन्न होता है।
(A) परागण (B) निषेचन
(C) रोपण (D) अनिषेकजनन

41. तिलचट्टा, मेढ़क, सरीसृप, टर्की, टीनिया
उपरोक्त में से कितने सदस्य अनिषेकजनन प्रदर्शित करते है?
(A) 2 (B) 3
(C) 1 (D) 4

42. उस सेट का चयन करें, जहां निषेचन बांह तथा जल में होता है-
(A) शैवाल, मछलियां, सरीसृप
(B) शैवाल, मछलियां, उभयचर
(C) सरीसृप, एवीस, स्तनधारी
(D) मछलियां, उभयचर, आर्थोपोडा

43. उस मछली का चयन करें जिसमें निषेचन आंतरिक होता है–
(A) लेबियो (B) कलेरियस
(C) प्रीस्टिस (D) बेटा

44. उस जंतु का चयन करें जिसमें निषेचन बांह्य होती है, परंतु माध्यम जल नहीं होता है–
(A) हाइला (B) बूफो
(C) फेरिटिमा (D) राना

45. नीचे कुछ कथन बांह्य निषेचन से संबंधित दिए गए है–
(A) यह सिर्फ पिसीज तथा उभयचर में संपन्न होता है।
(B) एक जरायुज प्राणी में इस प्रकार का निषेचन नहीं होता हैं।
(C) सभी अंडज प्राणियें में बॉह्य निषेचन होता है।
(D) बिना किसी अपवाद के बाह्य निषेचन माध्यम सदैव जल होता है।
उपरोक्त में से कितने कथन गलत है?
(A) 1 (B) 2
(C) 3 (D) 4

46. बॉह्य निषेचन की मुख्य कमी क्या है?
(A) अत्यधिक ऊर्जा खर्च होती है।
(B) संताने शिकारियों से शिकार होने जैसे नाजुक स्थिति से गुंजरती है।
(C) मादा सदैव अंड त्याग के साथ मर जाती है।
(D) उपरोक्त सभी

47. किस श्रेणी के कशेरुकी में आंतरिक निषेचन होता है?
(A) उभचर, सरीसृप, एवीस
(B) सरीसृप, एवीस, स्तनधारी
(C) पिसीज, एवीस, स्तनधारी
(D) पिसीज, उभयचर, स्तनधारी

48. बीजीय पादपों के निषेचन से संबंधित कथन दिए गए है–
(A) नर युग्मक चालनशील होता है।
(B) नर युग्मक परगनली द्वारा मादा युग्मक तक पहुंचते है।
(C) मादा युग्मक अचलनशील होते है।
(D) नर युग्मक अचलनशील होते है।
उपरोक्त में से कितने कथन गलत है?
(A) 1 (B) 2
(C) 3 (D) 4

49. I – आंतरिक निषेचन में नर युग्मक चल होता है।
II – आंतरिक निषेचन में मादा युग्मक चल होता है।
III – आंतरिक निषेचन में नर तथा मादा युग्मक दोनों चल होते है।
सही कथन का चयन करें–
(A) I, II तथा III (B) II
(C) III (D) I

50. पश्च निषेचन घटनाओं में क्या शामिल है?
(A) युग्मक का निर्माण
(B) युग्मनज का निर्माण
(C) युग्मक का विकास
(D) उपरोक्त में से कोई नहीं

51. निम्न में से कौन सा तथ्य लैंगिक जनन करने वले जीवों में सर्वव्यापी है?
(A) द्विगुणित युग्मनज का निर्माण
(B) आंतरिक निषेचन
(C) बॉह्य निषेचन
(D) निषेचन

52. नीचे कुछ कथन युग्मनज से संबंधित दिया गया है–
(A) सदैव द्विगुणित
(B) सदैव शरीर के अंदर निर्मित हो जाते है।
(C) सदैव निषेचित अंड से आकार मे बड़े होते है।
(D) एक कोशिकीय अवस्था
स = सत्य; अ = असत्य
(A) a, b – स ; c, d – अ
(B) a, c – स ; b, d – अ
(C) a, d – स ; b, c – अ
(D) b, d – स ; a, c – अ

53. भ्रूणोद्भव के दौरान युग्मनज में किस प्रकार का कोशिका विभाजन होता है?
(A) समसूत्री
(B) अर्धसूत्री
(C) असूत्री
(D) कोई विभाजन नहीं होता है, सिर्फ विभेदन होता है।

54. निम्न में से किस बिन्दु के आधार पर सजीवप्रजक, अंडप्रजक से बेहतर होता है?

(A) नवजात के जीवित रहने की क्षमता अधिक होती है।

(B) ऊर्जा की खपत कम होती है।

(C) अपेक्षाकृत कम अवधि में होता है।

(D) भूमि तथा जल दोनों जगह होता है।

55. पुष्पीय पादप में युग्मनज का निर्माण कहा होता है?

(A) अंडाशय (B) बीजांड

(C) वर्तिका (D) वर्तिकाग्र

56. पुष्प के कौन सा भाग फल के रूप में विकसित होती है?

(A) बीजांड (B) अंडाशय

(C) पंखुडी (D) पुंकेसर

57. निषेचन के पश्चात् पुष्प का कौन सा भाग मुरक्षा कर क्षड़ जाते है?

(A) बाह्य दल, पंखुड़ी, अंडाशय

(B) पुंकेसर, पंखुडी, बीजांड

(C) अंडाशय, बीजांड, बाह्यदल

(D) बाह्यदल, पंखुड़ी, पुंकेसर

58. पुष्प का कौन सा भाग बीज में विकसित होता है?

(A) बीजांड (B) अंडाशय

(C) पुंकेसर (D) पंखुड़ी

59. कठोर कैल्शियम युक्त कवच निम्न में से कौन से कशेरुक में नही पाएं जाते है-

(A) सरीसृप (B) एवीस

(C) सतनधारी (D) उभयचर

ANSWER KEY

1. (C)	**2.** (D)	**3.** (B)	**4.** (A)	**5.** (D)	**6.** (A)	**7.** (C)	**8.** (A)	**9.** (A)	**10.** (B)
11. (A)	**12.** (C)	**13.** (C)	**14.** (C)	**15.** (C)	**16.** (B)	**17.** (C)	**18.** (A)	**19.** (D)	**20.** (A)
21. (B)	**22.** (B)	**23.** (C)	**24.** (A)	**25.** (C)	**26.** (A)	**27.** (B)	**28.** (D)	**29.** (A)	**30.** (C)
31. (D)	**32.** (A)	**33.** (A)	**34.** (D)	**35.** (C)	**36.** (B)	**37.** (D)	**38.** (A)	**39.** (D)	**40.** (A)
41. (B)	**42.** (B)	**43.** (C)	**44.** (C)	**45.** (C)	**46.** (B)	**47.** (B)	**48.** (A)	**49.** (D)	**50.** (B)
51. (A)	**52.** (C)	**53.** (A)	**54.** (A)	**55.** (B)	**56.** (B)	**57.** (D)	**58.** (A)	**59.** (D)	

पुष्पी पादपों में लैगिक जनन

1. पुष्प का नर जनन संरचना निम्न में कौन होता है?

   (A) पुंकेसर (B) तंतु डंठल

   (C) पुमंग (D) जायांग

2. उस संरचना का चयन करें जो पुमंग में नहीं आते है–

   (A) तंतु डंठल (B) पुंकेसर

   (C) परागकण (D) वर्तिकाग्र

3. पुंकेसर के आकार तथा स्थिति के आधार पर सही सेट का चयन करें–

   (A) त्रिपालिक, अंतस्त

   (B) द्विपालिक, अंतस्त

   (C) द्विपालिक, समीपस्थ

   (D) त्रिपालिक, समीपस्थ

4. पुष्प के तंतु का समीपस्थ छोर, निम्न में से किससे जुड़ा रहता है?

   (A) पुष्पासन (B) बाह्य दल

   (C) अंडाशय (D) उपरोक्त में से कोई नहीं

5. निम्न में से किस आधार पर विभिन्न प्रकार के पुष्प के पुंकेसर भिन्न होते है?

   (A) लम्बाई (B) संख्या

   (C) जुड़ाव (D) उपरोक्त सभी

6. एक प्रारुपिक आवृतबिजी परागकोश के संदर्भ में क्या सही है–

   (A) द्विपालित, एककोष्टी

   (B) एकपालित, त्रिकोष्टी

   (C) एकपालित, द्विकोष्ठी

   (D) द्विपालित, द्विकोष्ठी

7. एक प्रारुपिक आवृतब्रीजी में परागकोश की प्रत्येक पाली होते है–

   (A) एककोष्ठी (B) द्विकोष्ठी

   (C) त्रिकोष्ठी (D) कोष्ठ अनुपस्थित

8. एक प्रारुपिक आवृतिबीजी के परागकोश में कितने कोष्ठ उपस्थित होते है?

   (A) 1 (B) 2

   (C) 3 (D) 4

9. एक प्रारुपिक आवृतबीजी में, परागकोश होते है–

   (A) एक दिशीय (B) द्वि दिशीय

   (C) त्रि दिशीय (D) चार दिशीय

10. आवृतबीज पादप के एक परागकोश में कितने लयुबीजाणुधानी होते है?

    (A) 1 (B) 2

    (C) 3 (D) 4

11.

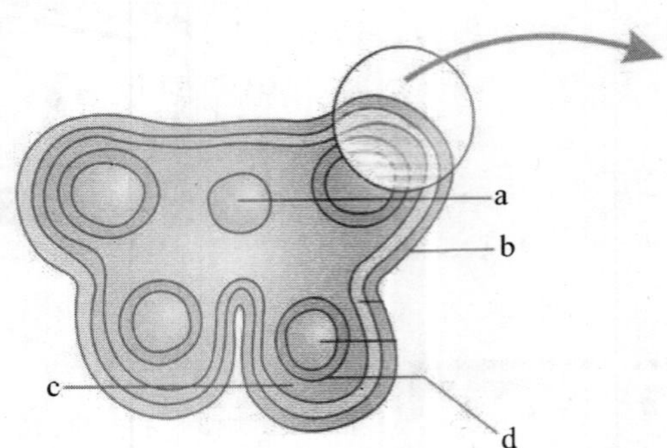

दिया गया चित्र पुंकेसर (परागकोश) के अनुप्रस्थ काट का है, a, b, c तथ d में से टेपीटम कौन है?

(A) a (B) b

(C) c (D) d

12. लघुबीजाणुधानी की भित्ति में कितने परत उपस्थित होते है?

(A) 1 (B) 2

(C) 3 (D) 4

13. लघुबीजाणुधानी का सबसे आंतरिक परत क्या कहलाता है?

(A) टेपीटम (B) अंतत्वचा

(C) अंतस्थीसियम (D) इन्डोर्डमीस

14. नीचे कुछ कथन टेपीटम से संबंधित दिए गए है-

(a) कोशिकाएं सघन जीवद्रव्य से भरी होती है।

(b) कोशिकाएं द्विकेंद्रकीय होती है।

(c) लघुबीजाणुधानी मध्यपर्त के ठीक बाद स्थित रहता है।

उपरोक्त तीनों कथन में से कौन-सा कथन सही है?

(A) a, c (B) a, b

(C) a, b, c (D) सिर्फ c

15. टेपीटम का मुख्य कार्य क्या है?

(A) सुरक्षा

(B) विकासशील परागकणों को पोषण देती है।

(C) मोम का स्त्रावण

(D) उपरोक्त सभी

16.

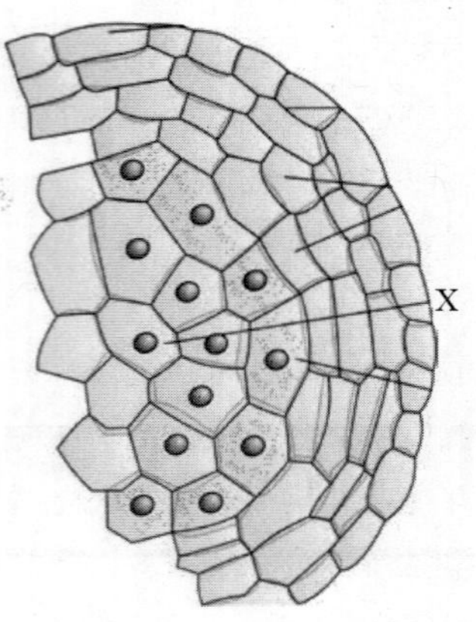

दिए गए चित्र में X क्या है?

(A) टेपीटम

(B) एंडोथेसियम

(C) मातृ कोशिक का लघु बीजाणु

(D) अंत त्वचा

17. लघुबीजाणुधानी के बीजाणुजन उत्तक कहा स्थित होते है?

(A) केन्द्र में

(B) परिधि पर

(C) कोशिकाद्रवय में बिखरे होते है।

(D) केन्द्रक के निकट

18. बीजाणुजन कोशिकाओं मे किस प्रकार का विभाजन होता है?

(A) समसूत्री

(B) अर्धसूत्री

(C) असूत्री

(D) किसी भी प्रकार का विभाजन नहीं होता है।

19. एक पराग मातृकोशिका से अर्धसूत्री विभाजन द्वारा लघुबीजाणु के निर्माण के प्रक्रिया को ___?___ कहते है-

(A) लघुबीजाणु सूत्रण

(B) बीजाणु जनन

(C) लघु बीजाणु जनन

(D) वृहत बीजाणु जनन

20. लघुबीजाणुधानी में, शब्द PMC (पी एम सी) का तात्पर्य है–
(A) पौलेन मदर सेल (पाराग मातृ कोशिका)
(B) परिफेरल मदर सेल
(C) पौलेन मैचोर सेल
(D) प्राइमरी मैचोर सेल

21. परागाकणों का निम्न में से किससे विकास होता है?
(A) परागकोश (B) परागकाय
(C) लघुबीजाणु (D) उपरोक्त में से कोई नहीं

22. परागकणों के उत्पत्ति के दौरान पुंकेसर में क्या परिवर्तन होते है?
(A) पुंकेसर का जलिकरण होता है।
(B) पुकेसर निर्जलीकरण होता है।
(C) पुंकेसर आकार बड़ा हो जाता है।
(D) पुंकेसर असमान्य हो जाता है।

23. नीचे कुछ कथन परागकणों से संबंधित दिए गए है–
(A) परागकण नर युग्मकोद्‌भव का प्रतिनिधित्व करता है।
(B) परागकण बेहद सुक्ष्म होते है।
(C) एक पुष्प सिर्फ एक परागकण उत्पन्न करता है।
(D) सामान्यत: परागकण का आकार गोल होता है।
उपरोक्त में से कितने कथन गलत है?
(A) 1 (B) 2
(C) 3 (D) 4

24. निम्न में से किस आधार पर विभिन्न पुष्पों में परागकण भिन्न होते है?
(A) आकार (B) माप
(C) रंग (D) उपरोक्त सभी

25. परागकण का व्यास कितना होता है?
(A) 20 –30 माइक्रोमीटर
(B) 80 –100 माइक्रोमीटर
(C) 25 –30 माइक्रोमीटर
(D) 5 –10 माइक्रोमीटर

26. परागकण के भित्ति में कितने परत होते है?
(A) 1 (B) 2
(C) 3 (D) 4

27. परागकण के भित्ति की बॉह्य परत निम्न में से क्या कहलाती है?
(A) अमीन (B) पॉलमीन
(C) ऐक्सिन (D) एक्रॉइन

28. परागकण की बॉह्य परत निम्न में से किसका बना होता है?
(A) स्पोरोपोलेनिन (B) पोलस्पोरोनिन
(C) कौलेजन (D) पेक्टिन

29. परागकण का आंतरिक परत निम्न में से किससे बना होता है?
(A) कौलेजन + सेलूलोज
(B) पेक्टिन + सेलूलोज
(C) कौलेजन + पेक्टिन
(D) कौलेजन + स्पोरोपोलेनिन

30. परागकण के बाह्य चोल में सुस्पष्ट द्वारक या रंध्र होते है जिन्हें क्या कहते है?
(A) माइक्रोपाइल (B) चोलछिद्र
(C) जननछिद्र (D) परागछिद्र

31. परागकण जैव विकास के प्रमाण का एक आधार निम्न में से किस कारण से हो सकता है?
(A) परागकण एक संयोजी कड़ी होता है।
(B) परागकण प्रत्यावर्तन को प्रदर्शित करते है।
(C) परागकण जीवाश्मों की भांति बहुत अच्छे से संरक्षित होते है।
(D) परागकण अवशेषी संरचना युक्त होते है।

32. परागकण के कौन–से भाग में स्पोरोपोलेनिन अनुपस्थित होते है?
(A) परागकण की बाहरी भित्ति
(B) परागकण की संपूर्ण भित्ति
(C) जननछिद्र
(D) उपरोक्त में से कोई नहीं

33. निम्न में से परागकण से होने वाली श्वसन विकार में सबसे सामान्य विकार कौन है?
(A) एलर्जी (B) दमा
(C) श्वसनी शीध (D) वातस्फीति

34. उस श्वसन विकार का चयन करें, जो परागकण के कारण संभव नहीं है–
(A) एलर्जी (B) अस्थमा
(C) श्वसनी शोध (D) वात स्फीति

35. क्यों परागकण जीवश्मों की भांति बहुत अच्छे से संरक्षित हो जाते है?
(A) सेलूलोज के उपस्थिति के कारण
(B) पेक्टिन के उपस्थिति के कारण
(C) स्पोरोपोलेनिन क उपस्थिति के कारण
(D) कोलेजन के उपस्थिति के कारण

36.

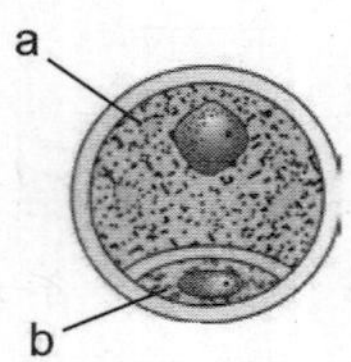

दिया गया चित्र, लघुबीजाणु के परिपक्वन से संबंधित है, चित्र में a तथा b क्या है–
(A) a – कार्यिक कोशिका
b – दैहिक कोशिका
(B) a – प्रजनन कोशिका
b – कार्यिक कोशिका
(C) a – कार्यिक कोशिका
b – प्रजनन कोशिका
(D) a – प्रजनन कोशिका
b – दैहिक कोशिका

37. लघुबीजाणु के कार्यिक कोशिका के संदर्भ में सही कथन का चयन करे–
(a) तुलनात्मक बड़े
(b) संरक्षित खाद्य भंडार बेहद कम
(c) केन्द्रक बड़े तथा अनियमित आकार के
(A) a, c (B) b, c
(C) a, b (D) सिर्फ b

38. आवृत बीजी पादपों में कितना प्रतिशत परागकण दो कोशीय चरण में झड़ते है?
(A) 40% (B) 80%
(C) 20% (D) 60%

39. आवृत बीजी पादपों में कितना प्रतिशत परागकण 3 कोशीय चरण में झड़ते है?
(A) 40% (B) 80%
(C) 20% (D) 60%

40. भारत में ___?___ के आयात के साथ आने वाली पार्थेनियम सर्वव्यापक हो गई–
(A) चावल (B) मक्का
(C) गेंहू (D) दलहन

41. लघुबीजाणु के प्रजननी कोशिका के संदर्भ में गलत कथन का चयन करें–
(a) यह छोटा होता है।
(b) अंडाकार आकार का होता है।
(c) कोशिद्रव्य में स्थिर बना रहता है।
(d) एक केंद्रेक युक्त
(A) a, c (B) b, c
(C) c, d (D) a, d

42. हाल के दिनों में परागकण के गोलियों के व्यापक इस्तेमाल का चलन बढ़ा है, ऐसा क्यों?
(A) क्योंकि इसमं पोषक तत्व भरपूर होते है।
(B) क्योंकि यह शारीरिक क्षमता को बढ़ाता है।
(C) क्योंकि यह प्रतिरक्षण को बढ़ाता है।
(D) उपरोक्त सभी

43. कुछ अनाजों मं जैसे धान एवं गेहू में परागकण अपनी जीवन क्षमता लगभग ___?___ में खो देता है–
(A) एक महीना (B) 24 घंटा
(C) 30 मिनट (D) 24 सेकंड

44. पराग बैंक निम्न में से किसके अंतगत आता है?
(A) इन सीटू संरक्षण
(B) एक्स सीटू संरक्षण
(C) इन सीटू क्रायोपिजरवेशन
(D) एक्स सीटू क्रायोपिजरवेशन

45. पराग बैंक में परागकण कितने तापमान पर संरक्षित रहते है?
(A) –196°C (B) 0°C
(C) –172°C (D) –24°C

46. निम्न में से किसमें बहुअंडपी, युक्तांडपी स्त्रीकेसर उपस्थित होते है?
(A) गुड़हल (B) पैपावर
(C) माइचेलिया (D) उपरोक्त में से कोई नहीं

47.

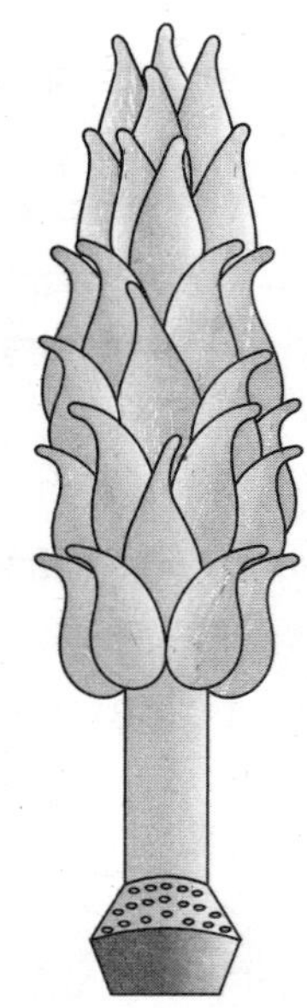

दिया गया चित्र, निम्न में से किसका है?
(A) माइचेलिया के बहुअंडपी, वियुक्तांडपी स्त्रीकेसर
(B) पैपावर के बहुअंडपी वियुक्तांडपी स्त्रीकेसर
(C) पैपावर के बहुअंडपी युक्तांडपी स्त्रीकेसर
(D) माइचेलिया के बहुअंडपी युक्तांडपी स्त्रीकेसर

48. स्त्रीकेसर से संबंधित स्तंभ को सुमेलित करें–

कॉलम A	कॉलम B
(a) परागकणों के अवतरण मंच	(1) अंडाशय
(b) दीर्घीकृत पतला भाग	(2) वर्तिका
(c) फूला हुआ आधार भाग	(3) वर्तिकाग्र

(A) abc/213 (B) abc/123
(C) abc/321 (D) abc/231

49. स्त्रीकेसर में बीजांड कौन से भाग में स्थित रहता है?
(A) अंडाशय (B) वर्तिका
(C) वर्तिकाग्र (D) उपरोक्त में से कोई नहीं

50. अपरा स्त्रीकेसर के कौन से भाग में स्थित रहता है?
(A) अंडाशय (B) वर्तिका
(C) वतिकाग्र (D) उपरोक्त में स कोई नहीं

51. दीर्घ बीजाणुधानी सामान्यतः क्या कहलाती है?
(A) अंडाशय (B) वर्तिका
(C) वतिकाग्र (D) बीजांड

52. बीजांड का निर्माण निम्न में से किससे होता है?
(A) अपरा (B) अंडाशय
(C) वर्तिका (D) वर्तिकाग्र

53. बीजांड अपरा से निम्न में से किससे जुड़ा रहता है?
(A) हाइलम (B) फनीकल
(C) कैलेजल (D) बीजांड द्वार

54. निम्न में से कौन बीजांड तथा बीजांड वृत के संधि बिंदु का प्रतिनिधित्व करती है?
(A) हाइलम (B) कैलेजल सीरा
(C) बीजांड द्वार (D) अध्यावरण

55. अंडाशय में बीजांडों की संख्या के आधारपर सही सेट का चयन करें–
(A) पपीता, गेहुं, धान
(B) तरबूज, आर्किड, आम
(C) पपीता, तरबूज, आर्किड
(D) पपीता, धान, तरबूज

56. अंडाशय में बीजांड के संख्या के आधार पर असामान्य का चयन करें–
(A) गेहुं (B) धान
(C) आम (D) पपीता

57. निम्न में से कौन सी संरचना बीजांड तथा फनीकल के बीच का जोड़ है?
(A) हाइलम (B) कैलेजल सीरा
(C) बीजांड द्वार (D) अध्यावरण

58. प्रत्येक बीजांड में अध्यावरण क कितने परत होते है?
(A) 1 (B) 2
(C) 3 (D) 1 या 2

59. बीजांड के कौन से भाग मे अध्यावरण अनुपस्थित होते है?

(A) बीजाड द्वार (B) कैलेजल सीरा

(C) फनीकल (D) उपरोक्त में से कोई नहीं

60.

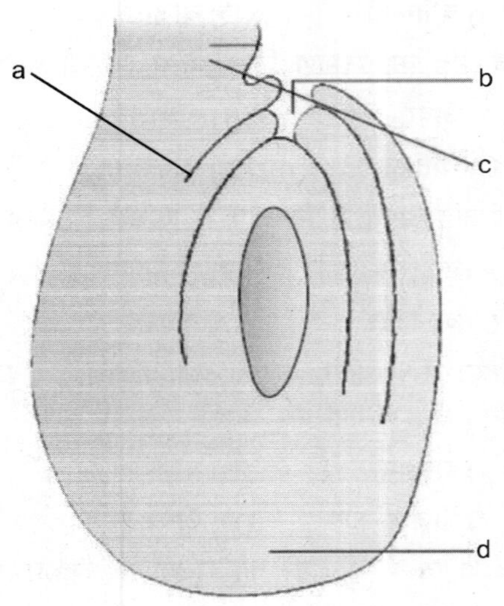

दिया गया चित्र, एक प्ररुपी प्रतीय बीजांड का चित्रात्मक दृश्य है, a, b, c तथा d क्या है?

	a	b	c	d
A	हाइलम	बीजांड द्वार	फनीकल	कैलेजल सीरा
B	हाइलम	बीजांड द्वार	कैलेजल सीरा	फनीकल
C	बीजांड द्वार	हाइलम	कैलेजल सीरा	फनीकल
D	फनीकल	हाइलम	कैलेजल सीरा	बीजांड द्वार

61. अध्यावरणों से घिरा हुआ कोशिकाओं का एक पुंज होता है, जिसे क्या कहते है?

(A) बीजांडकाय (न्यूसिल्स)

(B) भ्रुण, कोष

(C) अध्यावरणकाय

(D) उपरोक्त में से कोई नहीं

62. नीचे कुछ कथन भ्रुण-कोष से संबंधित दिए गए है-

(a) इसे मादा युग्मकोदभिद् भी कहते है।

(b) एक बीजांड में संख्या में दो होते है।

(c) गुरुबीजाणु से निर्मित होते है।

(d) निर्माण के दौरान अर्धसूत्री विभाजन होता है।

उपरोक्त में से कौन सा कथन सही है?

(A) a, b (B) a, b, c

(C) a, c, d (D) b, c, d

63. एक बीजांड में, एक गुरुबीजाणु मातृ कोशिका (एम एस सी) से कितने गुरुबीजाणुओंका निर्माण होता है?

(A) 1 (B) 2 (C) 3 (D) 4

64. गुरुबीजाणु मातृ कोशिका, बीजांड के किस भाग में विभेदित हो जाते है?

(A) बीजांडद्वारी क्षेत्र (B) हाइलम

(C) अध्यावरण (D) भ्रुण कोष

65.

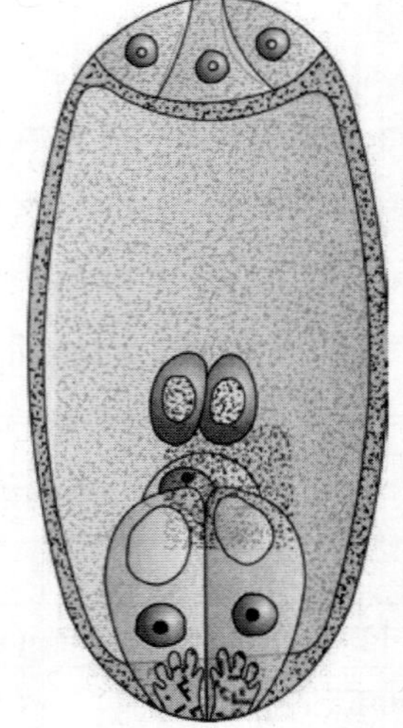

दिया गया चित्र, निम्न में से किसका है?

(A) आवृजबीजी का बीजांड

(B) परिपक्व भ्रूण-कोष

(C) अपरिपक्व भ्रूण-कोष

(D) बीजांडकाय

66. बीजांड के भ्रूण-कोष में कितने समसूत्री विभाजन होते है?
(A) 1 (B) 2
(C) 3 (D) 4

67. भ्रूण-कोष में कितने केन्द्रक कोशिका भित्ति से युक्त होते है?
(A) 8 (B) 6
(C) 4 (D) 2

68. भ्रूण कोष में कितने केन्द्रक को ध्रुवीय केन्द्रक कहते है?
(A) 2 (B) 4
(C) 6 (D) 1

69. पुष्पी पादपों में-
(A) नर युग्मक चल होते है।
(B) मादा युग्मक चल होते है।
(C) नर तथा मादा दोनों युग्मक अचल होते है।
(D) नर तथा मादा दोनों युग्मक चल होते है।

70. परागण क्या है?
(A) परागकणों को पुंकेसर के परागकोश से स्त्रीकेसर के वतिकाग्र तक स्थानांतरण।
(B) परागकणो का एक पुष्प के पुंकेसर से दूसरे पुष्प के पुंकेसर में स्थानांनतरण
(C) परागकणों का एक पुष्प के पुंकेसर से दूसरे पुष्प के पुंकेसर में स्थानांनतरण
(D) एक पुष्प से दुसरे पुष्प के वतिकाग्र में स्थानांनतरण

71. परागकणों के स्थानांतरण से संबंधित दो स्तंभों को सुमेलित करते हुए सही विकल्प का चयन करें-

कॉलम A	कॉलम B
(1) परनिषेचन	(a) एक ही पुष्प मं परागकोश से वतिकाग्र तक परागकणों का स्थानांतरण
(2) स्वयुग्मन	(b) भिन्न पादपों के परागकोश से भिन्न पादपों के वतिकाग्र तक परागकणो का स्थानांतरण
(3) सजातपुष्पी	(c) एक ही पादप के एक पुष्प के परागकणों का दूसरे पुष्प के वतिकाग्र तक का स्थानांतरण

(A) 123/abc (B) 123/bca
(C) 123/bac (D) 123/cab

72. निम्न में से कौन अजीवीय परागण कारक नहीं है?
(A) वायु (B) जल
(C) पंक्षी (D) उपरोक्त में से कोई नहीं

73. परागण के जीवीय कारक कौन है?
(A) कीट (B) पंक्षी
(C) तितली (D) उपरोक्त सभी

74.

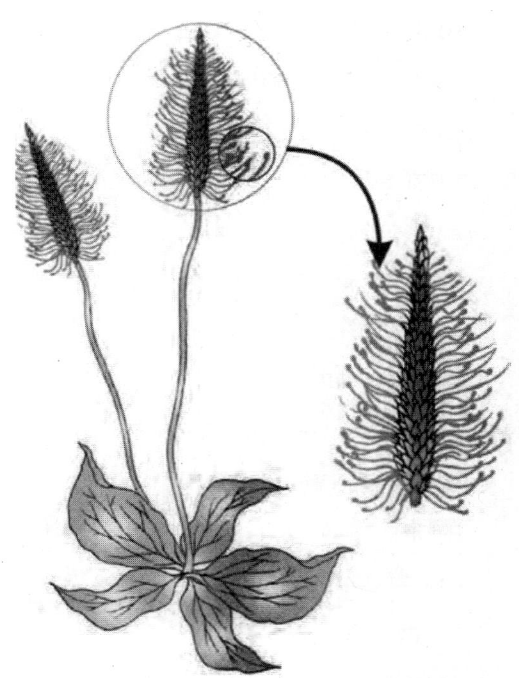

दिए गए पादप को परागण के बिन्दु के आधार पर पहचाने-
(A) जल परागित पादप
(B) वायु परागित पादप
(C) कीट परागित पादप
(D) पंक्षी परागित पादप

75. वायु परागित पादप पुष्प है-
(A) कोर्नकैव
(B) गेंदा
(C) गुलाब
(D) उपरोक्त सभी

76. पुष्पी पादपों के लगभग कितने वंश तक पनी द्वारा परागण सीमित है?
(A) 10 (B) 50
(C) 30 (D) 12

77. पादपों के सेट का चयन करें जिसमें परागण जल के द्वारा होता है–
(A) हाइड्रिला, वाटरलिली
(B) वैलिसनैरिया, वाटर हायसिंथ
(C) हाइड्रिला, वैलिसनैरिया
(D) वाटरलिली, वाटर हायसिंथ

78. जोस्टेरा है–
(A) मीठे जल का घास
(B) समुद्री जल का घास
(C) मीठे जल का पादप
(D) समुद्री औषधिय पादप

79. घास में किस प्रकार का परागण बेहद सामान्य है?
(A) वायु परागण
(B) जल परागण
(C) कीट परागण
(D) पंक्षियों के द्वारा परागण

80. उस पादप का चयन करें जो दो प्रकार के पुष्प पैदा करते है–
(A) वायोला
(B) औक्जेलीस
(C) कोमेलीना
(D) उपरोक्त सभी

81. अनुन्मील्य पुष्प का तात्पर्य है–
(A) पुष्प जो सदैव खुले रहते है।
(B) पुष्प जो कभी भी अनावृत नहीं होते है।
(C) पुष्प जो सिर्फ बरसात के मौसम में खुलते है।
(D) पुष्प जो सिर्फ रात्री में खुलते है।

82.

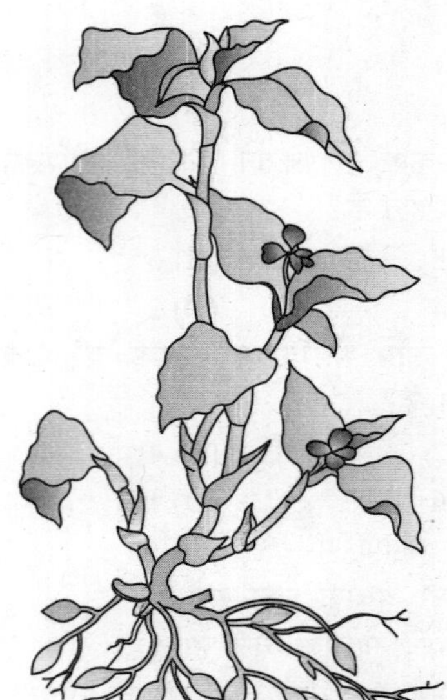

दिए गए चित्र को पहचानते हुए सही विकल्प का चयन करें–
(A) चित्र स्वपरागित पुष्प पादप का है।
(B) चित्र परपरागित पुष्प पादप का है।
(C) चित्र अनुन्मील्य परागणी पुष्प का है।
(D) चित्र उन्मीलपरागणी पुष्प का है।

83. जल परागित अधिकतर प्रजातियों में परागकणों को पानी के भीतर ___?___ द्वारा संरक्षित रखा जाता है?
(A) केरेटिन आवरण
(B) श्लेष्मक आवरण
(C) क्रियटिन आवरण
(D) कोशा भित्ति आवरण

84. निम्न में से कौन प्रधान जीवीय परागण कर्मक है?
(A) मधुमक्खी (B) तितली
(C) पंक्षी (D) चीटी

85. वाटरलिली (मुकुदनी) में निम्न में से कौन परागणकर्त्ता नहीं होता है?
(A) जल (B) कीट
(C) हवा (D) उपरोक्त में से कोई नहीं

86. निम्न में से किसमें परागकण लंबे फीते जैसे होते है?

(A) समुद्री घास (B) वाटर हायसिंथ

(C) वाटरलिली (D) उपरोक्त सभी

87. निम्न में से किस श्रेणी के पादप परागित होने के लिए मकरंद आवश्यक रूप से निर्मित करते है?

(A) वायु के द्वारा परागित पुष्प

(B) जल के द्वारा परागित पुष्प

(C) मधुमक्खी द्वारा परागित पुष्प

(D) उपरोक्त सभी

88. निम्न में से कौन परागण कारक नहीं है?

(A) कृंतक (B) उपवन छिपकली

(C) लीमर (D) उपरोक्त मे से कोई नहीं

89. नीचे कुछ कथन दिए गए है-

(A) प्रायः प्राणी परागित पादपों के पुष्प प्राणी विशिष्ट होते है।

(B) अधिकतर कीट परागित पुष्प बड़े होते है।

(C) जल से परागित पादप अवश्यक रूप से रंगीन नहीं होते है।

उपरोक्त में से कितने कथन गलत है?

(A) 1 (B) 2

(C) 3 (D) 4

90. मधुमक्खी तथा पुष्प के बीच किस प्रकार का संबंध होता है?

(A) सिम्बायोटिक (B) पारस्परण

(C) सहभोजिता (D) परजीविता

91. उस पुष्प का चयन करें जो परागणकर्त्ता के लिए अंडा देने की सुरक्षित स्थल के रूप में कार्य करते है?

(A) एमोरफोफेंलस (B) यूकेलिप्टस

(C) केला (D) तम्बाकू

92. युका पादप में, परागणकर्त्ता निम्न में से कौन से स्थल पर अंड त्यागते है?

(A) बाह्य दल (B) पंखुड़ी

(C) अंडाशय (D) परागकोश

93. निम्न में से कौनसा लक्षण सिर्फ जंतुओं तक सीमित है?

(A) श्वसन (B) अन्तः प्रजनन अवसादन

(C) लैंगिक द्विरुपता (D) उपरोक्त मे से कोई नहीं

94. निम्न में से किसमें नर तथा मादा पुष्प एक ही पादप पर उपस्थित नहीं होते है?

(A) एरंड (कास्टर) (B) मक्का

(C) पपीता (D) उपरोक्त सभी

95. नीचे कुछ कथन पुष्पी पादप से संबंधित दिए गए है-

(A) अधिकांश पुष्पी पादप उभयलिंगी होते है।

(B) अन्तः प्रजनन अवसादन पुष्पी पादपों में कभी संभव नहीं होता है।

(C) पुष्पीय पादपों ने बहुत सारे साधन विकसित कर लिए है, जो स्वपरागण को हतोत्साहित करते है।

गलत कथन का चयन करें-

(A) a (B) b

(C) b, c (D) a, b तथा c

96. I – स्त्रीकेसर मं यह सक्षमता होती है कि वह सही तथा गलत परागकणों को पहचान सके।

II – परागकण का अंकुरण अंडाशय में होता है।

III – पराग नलिका का विकास वर्तिका तथा वर्तिकाग्र के उत्तकों से होता है।

सही का चयन करें-

(A) I, III (B) II, III

(C) I, II (D) II

97. परागकण का अंकुरण किस स्थल पर होता है?

(A) अंडाशय (B) वर्तिका

(C) वर्तिकाग्र (D) अंडाशयक

98. परागकण अंडाशय में प्रवेश करते है-

(A) वर्तिकाग्र से सीधे अंडाशय में टपक कर

(B) परागनली के द्वारा

(C) क्रमानुकुंचन के द्वारा

(D) उपरोक्त सभी के द्वारा

99. निम्न में से कितने कोशिकीय अवस्था में परागकण कभी नहीं क्षड़ते है?

(A) 2 (B) 3

(C) 4 (D) उपरोक्त में से कोई नहीं

100.

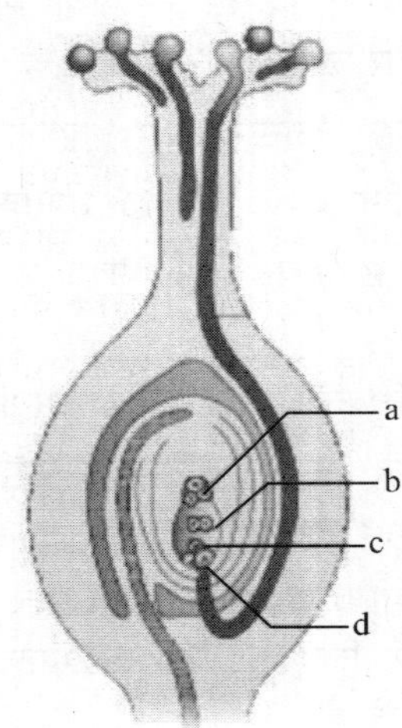

दिया गया चित्र स्त्रीकेसर का लम्बवत काट है, a, b, c तथा d को पहचानते हुए सही विकल्प का चयन करें–

	a	b	c	d
A	ध्रुवी केद्रकी	प्रति व्यसाक	अंड कोशिका	सहाय कोशिका
B	प्रति व्यसाक	ध्रुवी केंद्रकी	अंड कोशिका	सहाय कोशिका
C	अंड कोशिका	ध्रुवी केंद्रकी	प्रति व्यसाक	सहाय कोशिका
D	प्रति व्यसाक	ध्रुवी केंद्रकी	सहाय कोशिका	अंड कोशिका

101. परागनलिका अंडाशय के पहुंचने के पश्चात् निम्न में से किसके द्वारा होकर बीजांड में प्रवेश करते है?

(A) बीजांड द्वार (B) कैलेजल सीरा

(C) हाइलम (D) फनीकल

102. पराग नलिका के प्रवेश को दिशा निर्देशित करती है–

(A) कैलेजल सीरा (B) हाइलम

(C) तंतुरुप समुच्चय (D) फनीकल

103. पराग–स्त्रीकेसर संकर्षण क्या है?

(A) पराग कण का पुंकेसर से स्त्रीकेसर में स्थानांतरण।

(B) वर्तिकाग्र पर पराग अवस्थित होने से लेकर बीजांड में पराग नलिका के प्रविष्ट होने तक की घटना।

(C) स्त्रीकेसर द्वार पराग को पहचान कर पकड़ा जाना।

(D) परागकण का वर्तिकाग्र से अंडाशय में स्थानारंण

104. फसल की उन्नति या प्रगतिशीलता कार्यक्रम में एक प्रमुख उपागम है–

(A) प्राकृतिक परागण

(B) प्राकृतिक संकरीकरण

(C) कृत्रिम संकरीकरण

(D) उपरोक्त सभी

105. पुष्प कलिका से परागकोश का निष्कासन ___?___ कहलाता है–

(A) विपुंसन (B) बैगिंग

(C) कैस्ट्रेशन (D) संलयन

106. विपुंसित पुष्पों का उपयुक्त आकार की थैली से आवृत किया जाना क्या कहलाता है–

(A) विपुंसन (B) बैगिंग

(C) बैग कवर (D) उपरोक्त में से कोई नही

107. बैगिंग के दौरान कौन सा कागज इस्तेमाल होता है?

(A) टिशू पेपर (B) कॉटन पेपर

(C) बटर पेपर (D) सामान्य पेपर

108. एक सहायकोशिका में प्रवेश करने के पश्चात पराग नलिका द्वारा सहायकोशिका के जीव द्रव्य मे ___?___ अवमुक्त किए जाते है–

(A) दो नर युग्मक (B) एक नर युग्मक

(C) दो नर केन्द्रक (D) एक नर केन्द्रक

109.

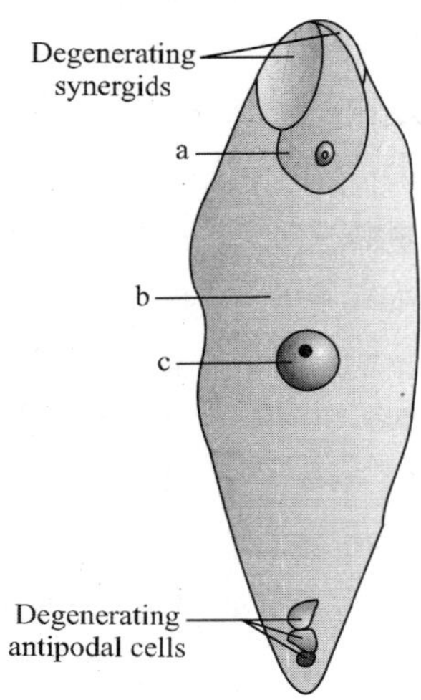

दिया गया चित्र, एक निषेचित भ्रूण कोश का है, इसमें a, b तथा c क्या है–

	a	b	c
(A)	युग्मज	पीईसी	पीईएन
(B)	पीईसी	युग्मज	पीईएन
(C)	पीईएन	युग्मज	पीईसी
(D)	युग्मज	पीईएन	पीईसी

110. त्रिसंलयन के पश्चात् केंद्रीय कोशिका निम्न में से क्या बन जाती है?

(A) पीईएन (B) पीईसी

(C) भ्रूण (D) अपभ्रष्टीय सहाय

111. दोहरे निषेचन में, निम्न में से कौन सी घटना संपन्न होती है?

(A) युग्मक संलयन + एक संलयन

(B) युग्मक संलयन + दोहरा संलयन

(C) युग्मक संलयन + त्रि संलयन

(D) केंद्रक संलयन + एक संलयन

112. पीईसी का तात्पर्य है–

(A) परिधीय भ्रूणकोष कोशिका

(B) प्राथमिक भ्रूणकोष कोशिका

(C) प्राथमिक भ्रूणकोष कोशिकाद्रव्य

(D) परिधीय भ्रूणकोष कोशिकाद्रव्य

113. त्रिसंलयन के पश्चात प्राथमिक भ्रूणपोष कोशिका ___a?___ के रूप में विकसित होने लगती है, जबकि युग्मनज एक ___b?___ के रूप में विकसित होता है–

(A) a – भ्रूणपोष, b – भ्रूण

(B) a – भ्रूण, b – भ्रूणपोष

(C) a – बीजपत्र, b – भ्रूणपोष

(D) a – भ्रूणपोष, b – बीजपत्र

114. निषेचन-पश्च घटनाएं में सम्मिलित है–

(A) बीजांड तथा अंडाशय का निर्माण

(B) बीज तथा फल का निर्माण

(C) बीज तथा अंडाशय का निर्माण

(D) बीजांडा तथा फल का निर्माण

115. मुक्त केंद्रकी भ्रूणकोष का उदाहरण है–

(A) आम का गुदा

(B) सेब के बीज

(C) कच्चे नारियल का पानी

(D) नींबू का रस

116. नारियल का सफेद गुदा (गिरी) क्या है?

(A) कोशिकीय भ्रूणपोष (B) पीईसी

(C) पीईएन (D) उपरोक्त में से कोई नहीं

117.

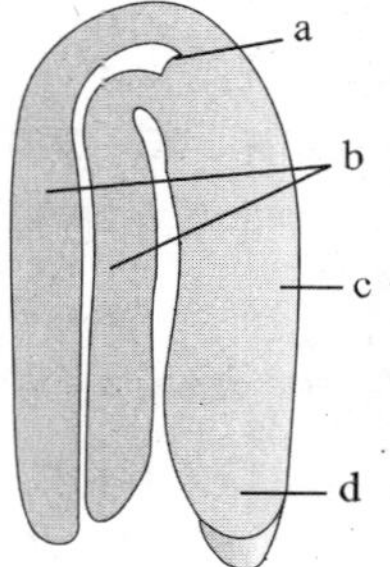

दिया गया चित्र एक प्ररुपी द्विबीजपत्री भ्रूण का है, a, b, c तथा d क्या है?

	a	b	c	d
(A)	बीजपत्र	प्रांकुर	बीज पत्राधार	मूलांकुर
(B)	प्रांकुर	बीजपत्र	बीज पत्राधार	मूलांकुर
(C)	प्रांकुर	बीजपत्र	मूलांकुर	बीज पत्राधार
(D)	प्रांकुर	मूलांकुर	बीजपत्र	बीज पत्राधार

118. उस सेट का चयन करें जिसमें बीज के परिपक्व होने से पहले भ्रूणपोष पूरी तरह से विकासशील भ्रूण के द्वारा उपभोग कर लिया जाता है–
(A) अरंडी, नारियल, मटर
(B) अरंडी, नारियल, मूंगफली
(C) सेम, नारियल, मूंगफली
(D) मटर, मूंगफली, सेम

119. उस सेट का यचन करे जिसमें भ्रूणपोष परिपक्व बीज में विद्यमान रहता है–
(A) अरंडी, नारियल (B) सेम, नारियल
(C) मटर, मूंगफली (D) मटर, अरंडी

120. भ्रूणकोश में भ्रूण कहां विकसित होते है?
(A) बीजांडद्वारी सिरे पर
(B) कैलेजल सिरा पर
(C) ध्रुवीय केंद्रक पर
(D) अंड के निकट

121. नीचे कुछ कथन दिए गए है–
(a) अधिकतर युग्मनज तब विकसित होते है, जब कुछ निश्चित सीमा तक भ्रूणपोष विकसित हो जाते है।
(b) भ्रूणपोष में युग्मनज, प्रत्यक्ष रूप से परिपक्व भ्रूण को जन्म देते है।
(c) भ्रूण विकास की प्रारंभिक अवस्था एक बीजपत्री तथा द्विबीजपत्री दोनों ही में समान होती है।
गलत कथन का चयन करें–
(A) a (B) b
(C) b, c (D) a, b

122. एक प्ररुपी द्विबीजपत्री भ्रूण में एक भ्रूणीय अक्ष तथा दो बीजपत्र समाहित होते है, बीजपत्र के स्तर से ऊपर भ्रूणीय अक्ष की प्रोटीन होती है–
(A) एपीकाटील
(B) एंडोकाटील
(C) एक्सोकाटील
(D) पेरीकाटील

123. एक प्ररुपी द्विबीजपत्री भ्रूण में बीजपत्राधार में बीजपत्रों के स्तर के नीचे बेलनाकार प्रोटीन स्थित होते है, जिसे कहते है–
(A) एपीकाटील (B) एंडोकाटील
(C) एक्सोकाटील (D) उपरोक्त में से कोई नहीं

124. निम्न में से किस परिवार में, बीजपत्र को स्कुटेलम कहते है–
(A) लिली परिवार (B) आलू परिवार
(C) घास परिवार (D) मटर परिवार

125. मूलांत सिरा क्या है–
(A) बीजपत्र के स्तर से नीचे बेलनाकार प्रोटीन है।
(B) बीजपत्र के स्तर के ऊपर बेलनाकार प्रोटीन है।
(C) गोलाकार हिस्सा जो बीजपत्र के नीचे स्थित होते है।
(D) अंडाकार हिस्सा जो बीजपत्र के नीच स्थित होते है।

126. आवृतबीजियों में लैंगिक जनन का अंतिम परिणाम __?__ होता है–
(A) फल (B) बीज
(C) निषेचित बीजांड (D) B तथा C दोनों

127. नीचे कुछ कथन बीज से संबंधित दिए गए है–
(A) बीज का निर्माण फल के अंदर होता है।
(B) बीज एक निषेचित बीजांड है।
(C) सभी फलों में सदैव एक बीज स्थित होता है।
(D) बीज भोजन को संरक्षित रख सकता है।
उपरोक्त में से कितने कथन गलत है–
(A) 1 (B) 2
(C) 3 (D) 4

128. उस संरचना का चयन करें जो की बीज का हिस्सा नहीं है–
(A) बीज आवरण (B) बीजपत्र
(C) भ्रूण अक्ष (D) उपरोक्त में से कोई नहीं

129. एल्बुमिनस रहित बीज के सेट का चयन करें–
(A) गेहूं, मटर (B) मटर, मूंगफली
(C) मूंगफली, अरंड (D) अरंड, मटर

130. एल्बुमिनस बीज के सेट का चयन करें-
(A) गेहूं, मक्का, बाजरा, अरंड
(B) सूर्यमुखी, मक्का, बाजरा, मटर
(C) गेहूं, मक्का, बाजरा, मुंगफली
(D) मक्का, अरंड, मटर, मुंगफली

131. काली मिर्च तथा चुकंदर में शेष बचे बीजांडकाय को कहते है-
(A) पेरीस्पर्म (B) एण्डोस्पर्म
(C) एक्सोस्पर्म (D) प्राक्सीस्पर्म

132. I – बीजांड का अध्यावरण बीज के ऊपर सख्त संरक्षात्मक आवरण बन जाता है।
II – बीज के बीजांडा द्वार आक्सीजन के प्रवेश को सुगम बनाता है।
III – बीज के परिपक्व होने पर जल की मात्रा बढ़ने लगती है-
उपरोक्त में से कौन सा कथन गलत है?
(A) I (B) II
(C) III (D) I, III

133. फलभित्ति का निर्माण, निम्न में से किसके दीवार (छिलके) से होता है?
(A) अंडाशय (B) बीजांड
(C) बीज (D) पुष्पासन

134. मिथ्या या आभासी फल का चयन करें-
(A) सेब (B) रसभरी (स्ट्राबरी)
(C) अखरोट (D) उपरोक्त सभी

135. निम्न में से कौन सा फल अनिषेकजनित फल है?
(A) अमरुद (B) केला
(C) संतरा (D) मुंगफली

136. प्रजनन प्रक्रिया का चयन करें जो कि जल पर निर्भर करता है-
(A) परागण
(B) निषेचन
(C) बीज की उत्पत्ति, अंकुरण
(D) निषेचन

137. ल्यूपाइन है-
(A) प्राचीनतम जीवन सक्षम बीज
(B) प्राचीनतम जीवन सक्षम फल
(C) प्राचीनतम जीवन सक्षम पुष्प
(D) प्राचीनतम जीवन सक्षम पादप

138. ल्युपिनस आर्कटीकस, निम्न में से कहाँ से खनित किया गया है-
(A) आर्कटिक टुंड्रा
(B) अंटार्कटिक टुंड्रा
(C) अमेजन वर्षा वन
(D) पूर्वी अफ्रीका घास भमि

139. ल्यूपिनस आर्कटीकस कितना प्राचीन है?
(A) 2000 वर्ष (B) 10000 वर्ष
(C) 1000 वर्ष (D) 100000 वर्ष

140. नीचे कुछ फलो के नाम दिए गए है, निम्न फलों में से सार्वाधिक बीज किसमें उपस्थित होते है?
(a) सेब (b) केला
(c) अरंडी (d) आम
(A) a (B) b
(C) c (D) d

141. फोयेनिक्स डैक्टीलीफेरा को खोज __a?__ की पुरातात्विक खुदाई के दौरान __b?__ के पास से किया गया-
(A) a – रानी विक्टोरिया महल, b – हिन्द महासागर
(B) a – किंग जार्ज महल, b – इंगिलिस चैनल
(C) a – किंग हैराल्ड महल, b – मृत सागर
(D) a – पोटाला महल, b – प्रशांत महासागर

142. बिना निषेचन के ही बीज पैदा करने की प्रक्रिया को क्या कहते है-
(A) एम्फीमिक्सिस
(B) एपोमिक्सिस
(C) अनिषेकजनित फल
(D) एंडोमिक्सिज

143. निम्न में से कौन उस कुल का सदस्य है, जिस कुल में कुछ सदस्य एपोमिक्सिस को प्रदर्शित करते है–

(A) सूर्यमुखी (B) सेम
(C) दलहन (D) खजुर

144. पादप मे बहुभ्रूणता क्या है–

(A) फल में एक से अधिक भ्रूण की उपस्थिति
(B) बीज में एक से अधिक भ्रूण की उपस्थिति
(C) अंडाशय में एक से अधिक भ्रूण की उपस्थिति
(D) पादप में एक से अधिक पुष्प की उपस्थिति

145. संकर किस्म के खेती से संबंधित समस्या का चयन करें–

(a) संकर बीज प्रतिवर्ष उत्पन्न करना पड़ता है।
(b) संकर बीज का उत्पादन महंगा होता है।
(c) संकर बीज की उपलब्धता एक समान नहीं है।

(A) a (B) a, b
(C) a, c (D) a, b तथा c

146. ओरोबैंकी तथा स्ट्राइगा होते है–

(A) औषधिय पादप (B) खाने योग्य पादप
(C) परजीवी पादप (D) सजावटी पादप

147.

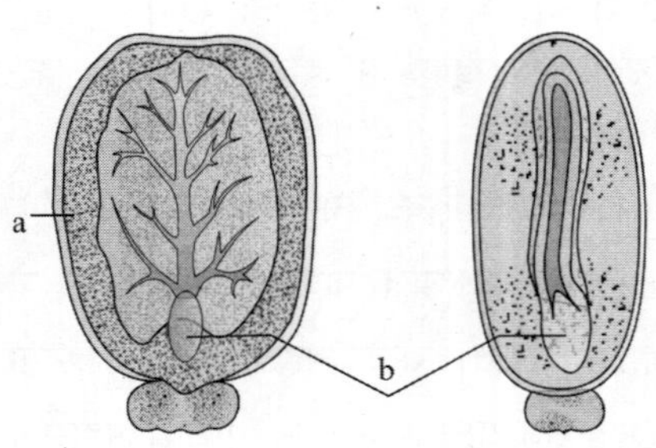

दिए गए चित्र में a तथा b क्या है?

(A) a – भ्रूणपोष, b – बीजपत्राधार
(B) a – बीजपत्र, b – बीजपत्राधार
(C) a – भ्रूणपोष, b – स्कुटेलम
(D) a – भ्रूणपोष, b – बीजपत्र

148.

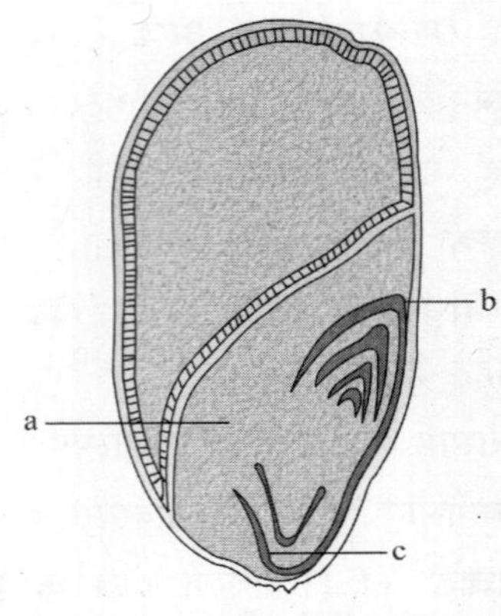

a, b तथा c में से स्कुटेलम कौन है?

(A) a (B) b
(C) c (D) उपरोक्त में से कोई नहीं

149.

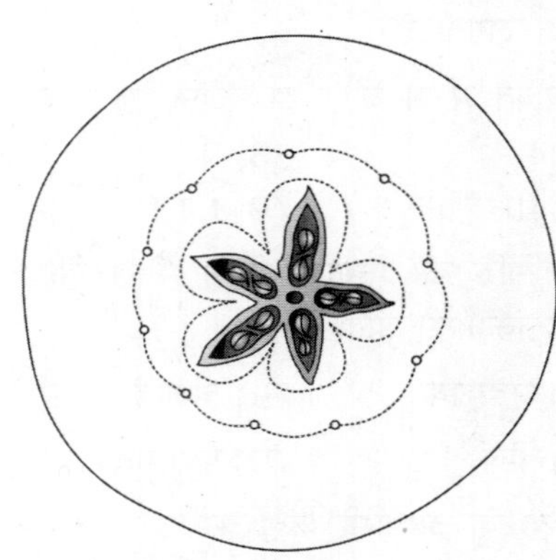

दिया गया चित्र, किस फल का है?

(A) अमरुद (B) टमाटर
(C) सेब (D) नाशपाती

150. I – चिपकदार परगकण
II – हलके परागकण
III – स्पष्ट अनावृत पुंकेसर

उपरोक्त में से कौन सा तथ्य वायु परागण हेतु बेहतर नहीं है?

(A) I (B) II
(C) III (D) I, III

ANSWER KEY

1. (C)	**2.** (D)	**3.** (B)	**4.** (A)	**5.** (D)	**6.** (D)	**7.** (B)	**8.** (D)	**9.** (D)	**10.** (D)
11. (D)	**12.** (D)	**13.** (A)	**14.** (C)	**15.** (B)	**16.** (C)	**17.** (A)	**18.** (B)	**19.** (C)	**20.** (A)
21. (C)	**22.** (B)	**23.** (A)	**24.** (D)	**25.** (C)	**26.** (B)	**27.** (C)	**28.** (A)	**29.** (B)	**30.** (C)
31. (C)	**32.** (C)	**33.** (A)	**34.** (D)	**35.** (C)	**36.** (C)	**37.** (A)	**38.** (D)	**39.** (A)	**40.** (C)
41. (B)	**42.** (D)	**43.** (C)	**44.** (A)	**45.** (A)	**46.** (B)	**47.** (A)	**48.** (C)	**49.** (A)	**50.** (A)
51. (D)	**52.** (A)	**53.** (B)	**54.** (A)	**55.** (C)	**56.** (D)	**57.** (A)	**58.** (D)	**59.** (A)	**60.** (A)
61. (A)	**62.** (C)	**63.** (D)	**64.** (A)	**65.** (B)	**66.** (D)	**67.** (B)	**68.** (A)	**69.** (C)	**70.** (A)
71. (C)	**72.** (C)	**73.** (D)	**74.** (B)	**75.** (A)	**76.** (C)	**77.** (C)	**78.** (B)	**79.** (A)	**80.** (D)
81. (B)	**82.** (C)	**83.** (B)	**84.** (A)	**85.** (A)	**86.** (A)	**87.** (C)	**88.** (D)	**89.** (D)	**90.** (A)
91. (A)	**92.** (C)	**93.** (D)	**94.** (C)	**95.** (B)	**96.** (A)	**97.** (C)	**98.** (B)	**99.** (C)	**100.** (B)
101. (A)	**102.** (C)	**103.** (B)	**104.** (C)	**105.** (A)	**106.** (B)	**107.** (C)	**108.** (A)	**109.** (A)	**110.** (B)
111. (C)	**112.** (B)	**113.** (A)	**114.** (B)	**115.** (C)	**116.** (A)	**117.** (B)	**118.** (D)	**119.** (A)	**120.** (A)
121. (B)	**122.** (A)	**123.** (D)	**124.** (C)	**125.** (A)	**126.** (D)	**127.** (A)	**128.** (D)	**129.** (B)	**130.** (A)
131. (A)	**132.** (C)	**133.** (A)	**134.** (D)	**135.** (B)	**136.** (C)	**137.** (A)	**138.** (A)	**139.** (B)	**140.** (C)
141. (C)	**142.** (B)	**143.** (A)	**144.** (B)	**145.** (D)	**146.** (C)	**147.** (A)	**148.** (A)	**149.** (C)	**150.** (A)

मानव जनन

1. सही कथन का चयन करे–
   (a) दोनों वृषण में कुल 250 कक्ष होते है जिन्हे वृषण पालिका (Testicualr lobule) कहते है।
   (b) प्रत्येक वृषण पालिका में अधिकतम 3 शुक्रजनन नलिका उपस्थित होते है।
   (c) प्रत्येक शुक्रजनन नलिका में जनन कोशिका तथा सरटोली स्थित होते है।
   (d) सरटोली कोशिका नर लिंग हार्मोन का स्राव करते है।
   (A) a, d (B) b, c
   (C) c, d (D) a, c
2. संरचना जो शुक्राशय (Seminal vesicle) से नलिका के द्वारा जुड़ जाते वह है–
   (A) अधिवृषण (B) वृषण जालिकाएं
   (C) शुक्रवाहक (D) स्खलन वाहिनी
3. संरचना जो मूत्राशय के ऊपर से लूप बनाते है वह है–
   (A) अधिवृषण (B) वृषण जालिकाएं
   (C) शुक्रवाहक (D) स्खलन वाहिनी
4. मूत्रमार्ग निम्न में से कौन सी संरचना से निकलता है?
   (A) मूत्राशय (B) शुक्रवाहिनी
   (C) स्खलन नलिका (D) प्रोस्टेट ग्रन्थि
5. निम्न में से कौन शिश्न (penis) का मुख्य कार्य नही है?
   (A) वींयसेचन
   (B) मूत्र को मुक्त करना
   (C) नर लिंग हॉर्मोन को मुक्त करना
   (D) संसर्ग
6. नीचे मानव नर के कुछ सहायक जनन ग्रन्थि दिए गए है, उस ग्रन्थि का चयन करे जो जोड़े में उपस्थित नहीं होते है–
   (A) शुक्राशय
   (B) प्रोस्टेट ग्रन्थि
   (C) बल्बोयूरेथ्रल गन्थि
   (D) उपरोक्त में से कोई नहीं।
7. मानव नर में सहायक जनन नलिका में शमिल है–
   (A) वास इफेरेशिया → वृषण जालक → अधिवृषण → शुक्रवाहक → स्खलन नलिका
   (B) वृषण जालक → शुक्रवाहिकाएं → शुक्रवाहक → अधिवृषण → शुक्र वाहक → स्खलन नलिका
   (C) अधिवृषण → शुक्रवाहिकाए → शुक्र वाहक → अधिवृषण → स्खलन नलिका
   (D) अधिवृषण → शुक्रवाहक → शुक्रवाहिकाएं → वृषण जालक → स्खलन नलिका

8. निम्न में से कौन मानव मादा के प्राथमिक जनन अंग होते है?

(A) अण्डाशय (B) बॉथोलिन ग्रन्थि
(C) शुक्राशय (D) स्तन ग्रन्थि

9. एडिनल ग्रन्थि तथा अण्डाशय के समानता का चयन करे-

(A) दोनों का उदभव समान होता है।
(B) दोनों में वल्कुट तथा मध्यांश होते है।
(C) दोनों की स्थिती समान होती है।
(D) उपरोक्त सभी।

10. वृषण जालक तथा शुक्र वाहिनी इत्यादि नर के जनन नलिका होते है, उन संरचनाओ का चयन करे जो की मादा में सहायक जनन नलिका या वाहिनी है-

(A) गर्भाशय (B) योनि, अण्डवाहिनी
(C) उपरोक्त दोनों (D) उपरोक्त में से कोई नहीं

11. उस संरचना का चयन करें, जो मादा में सहायक जनन नलिका नहीं हैं?

(A) गर्भाशय (B) योनि
(C) अंडवाहिनी (D) उपरोक्त में से कोई नहीं

12. अण्डवाहिनी में उपस्थित झल्लरी का कार्य होता है-

(A) अण्ड को संग्रह करना।
(B) अण्ड को आगे बढ़ाना अण्डवाहिनी में।
(C) अण्डवाहिनी को यांत्रिक सहारा देना।
(D) उपरोक्त सभी।

13. अण्डवाहिनी के संदर्भ में सही क्रम का चयन करे-

(A) कीपक $\rightarrow$ संकीर्णपथ $\rightarrow$ तुंबिका $\rightarrow$ गर्भाशयी भाग
(B) संकीर्ण पथ $\rightarrow$ कीपक $\rightarrow$ तुंबिका $\rightarrow$ गर्भाशयी भाग
(C) तुंबिका $\rightarrow$ गर्भाशीय भाग $\rightarrow$ कीपक $\rightarrow$ संकीर्ण पथ
(D) कीपक $\rightarrow$ तुंबिका $\rightarrow$ संकीर्ण पथ $\rightarrow$ गर्भाशयी भाग

14. गर्भाशय के परतों के सही क्रम का बाहर से भीतर के तरफ क्या है?

(A) पेरीमेट्रियम $\rightarrow$ ऐडोमेट्रियम $\rightarrow$ मायोमेट्रियम
(B) पेरीमेट्रियम $\rightarrow$ मायोमेट्रियम $\rightarrow$ एंडोमेट्रियम
(C) मायोमेट्रियम $\rightarrow$ एंडोमेट्रियम $\rightarrow$ पेरीमोट्रियम
(D) ऐडोमेट्रियम $\rightarrow$ पेरीमेट्रियम $\rightarrow$ मायोमेट्रियम

15. गर्भाशय के कौन से परत में प्रसव के दौरान संकुचन होता है?

(A) पेरीमेट्रियम (B) मायोमेट्रियम
(C) एंडोमेट्रियम (D) उपरोक्त सभी

16. मादा में भगसेफ (clitoris) की सही स्थिती है-

(A) मूत्रमार्ग के नीचे दो लघु भगोष्ठ के संन्धि पर
(B) मूत्रमार्ग के नीचे दो वृहत भगोष्ठ के संधि पर
(C) मूत्रमार्ग के ऊपर दो लघु भगोष्ठ के संधि पर
(D) उपरोक्त में से कोई नहीं।

17. मानव मादा के प्रत्येक स्तन में कितने ग्रन्थिल पिण्ड उपस्थित होते है?

(A) 15–20 (B) 25–30
(C) 10–15 (D) 5–10

18. मादा के कौन सी संरचना नर में नही पाई जाती है?

(A) स्तन ग्रन्थि (B) बॉरथोलिन ग्रन्थि
(C) प्यूबिक रोम (D) उपरोक्त सभी

19. शुक्राणु जनन की कौन सी अवस्था न्यूनीकारी विभाजन प्रदर्शित करता है?

(A) शुक्राणुजन
(B) प्राथमिक शुक्र कोशिकाएं
(C) द्वितीयक शुक्र कोशिकाएं
(D) शुक्राणु प्रसु (spermatid)

20. शुक्राणुजनन की कौन सी अवस्था किसी भी प्रकार के विभाजन को प्रदर्शित नही करता है?

(A) शुक्राणुजन
(B) प्राथमिक शुक्र कोशिकाएं
(C) द्वितीयक शुक्र कोशिकाएं
(D) शुक्राणु प्रसु (spermatid)

21. शुक्राणुजनन के उस अवस्था का चयन करे जो समसूत्री विभाजन प्रदर्शित करता है–
    (A) शुक्राणुजन (spermatogonia)
    (B) प्राथमिक शुक्र कोशिकाएं
    (C) द्वितीयक शुक्र कोशिकाएं
    (D) शुक्राणु प्रसु
22. शुक्राणुजनन की क्रिया को जो हॉर्मोन आरंभ करता है वह है–
    (A) गोनडोट्रोपिन मुक्ति हॉर्मोन
    (B) टेस्टोस्टिरॉन
    (C) क्लूपिन
    (D) ए एन एफ
23. शुक्राणु जनन में अनेक हार्मोन की भूमिका है, हॉर्मोन के सही क्रम का चयन करे–
    (A) GnRH → LH → Androgen → Spermatogenensis
    (B) GnRH → Androgen → LH → Spermatogenesis
    (C) LH → GnRH → Androgen → Spermatogenesis
    (D) Antrogen →LH → GnRH → Spermatogenesis
24. कौन सा हॉर्मोन सरटोली कोशिका (sertoli cell) पर कार्य करता है?
    (A) एल एच (LH) (B) एफ एस एच (FSH)
    (C) टेस्टोस्ट्रान (D) उपरोक्त में से कोई नहीं
25. प्लाज्मा कला शुक्राणु के–
    (A) सम्पूर्ण शरीर पर उपरस्थित होता है।
    (B) शीर्ष तथा ग्रीवा पर उपस्थित होता है।
    (C) मध्य भाग तथा पूंछ पर उपस्थित होता है।
    (D) सिर्फ पूंछ पर उपस्थित
26. सामान्य उर्वरता (अबंधता) के लिए कितना % शुक्राणु निश्चित रूप से सामान्य आकार और आकृति के होने चाहिए?
    (A) 100% (B) 80%
    (C) 60% (D) 40%
27. सामान्य जनन क्षमता के लिए न्यूनतम को कितने प्रतिशत शुक्राणु गतिशीलता प्रदर्शित करना चाहिए?
    (A) 100% (B) 80%
    (C) 60% (D) 40%
28. गलत कथन का चयन करे–
    (A) मानव मादा में अण्डजनन भूण्रीय अवस्था में प्रारंभ होता है।
    (B) अण्डजनन (अगोनिया) जन्म के बाद भी निर्मित होते है।
    (C) मादा में बड़ी संख्या में पुट्टक, जन्म से लेकर रजोवृत्ति तक की अवस्था में नष्ट हो जाते है।
    (D) 14 वर्ष की उम्र तक अण्डाशय में सिर्फ 60,000–80,000 प्राथमिक पुट्टक शेष रह जाते है।
    (A) a, b (B) b, c
    (C) c, d (D) b, d
29. प्राथमिक ऊसाइट कोशिका विभाजन के कौन से अवस्था में अस्थायी रूप से अवरूद्व रहता है?
    (A) पूर्वावस्था–I (B) मध्यावस्था–I
    (C) पश्चावस्था–I (D) अंत्यावस्था–I
30. तरल से भरी गुहा, गहवर (एंटम) निम्न में से कौन सी अवस्था में उपस्थित होते है?
    (A) प्राथमिक पुटक (B) द्वितीयक पुटक
    (C) तृतीयक पुटक (D) उपरोक्त सभी
31. द्वितीयक अंडक निम्न में से कौन सी अवस्था में निर्मित होते है?
    (A) प्राथमिक पुटक (B) द्वितीयक पुटक
    (C) तृतीयक पुटक (D) ग्राफी पुटक
32. प्रथम पोलर काय कौन सी अवस्था में निर्मित होते है?
    (A) प्राथमिक पुटक (B) द्वितीयक पुटक
    (C) तृतीयक पुटक (D) ग्राफी पुटक
33. अंडोत्सर्ग के दौरान कौन सी अवस्था मुक्त होती है?
    (A) प्राथमिक अंडक (B) द्वितीयक अंडक
    (C) तृतीयक अंडक (D) ऊटीड

34. प्रथम अर्धसूत्री विभाजन कब पूर्ण होता है?
(A) अण्डोत्सर्ग के पूर्व
(B) अण्डोत्सर्ग के पश्चात्
(C) अण्डोत्सर्ग के दौरान
(D) उपरोक्त में से कोई नहीं।

35. प्राथमिक अंडक निर्मित होते है-
(A) जन्म के पहले भ्रूणीय अवस्था में
(B) जन्म से लेकर यौवनावस्था तक के अवस्था में
(C) यौवनावस्था के पश्चात्
(D) जन्म से लेकर 6 वर्ष की उम्र तक

36. नीचे कुछ जन्तुओं के जोड़े दिए गए है, सही जोड़े का चयन करे जिनमें आर्तव चक्र सम्पन्न होता है-
(A) बंदर, छछुंदर (B) बंदर, खरगोश
(C) बंदर, गोरिल्ला (D) बदर, गाय

37. यौवनावस्था के दौरान प्रथम रजोधर्म (Menstruation) को कहते है-
(A) रजोनिवृत्ति (B) रजोदर्शन
(C) आर्तव चक्र (D) अण्डोत्सर्ग

38. मानव मादा में कितने अवधि के पश्चात्, रजोधर्म दोहराया जाता है?
(A) 28 - 29 दिन (B) 30 - 35 दिन
(C) 14 - 15 दिन (D) 21 - 28 दिन

39. रजोधर्म के दौरान गर्भाशय के दिवार की झिल्ली टूटती है, वह है-
(A) पेरिमेट्रीयम (B) मॉयोमेटीयम
(C) इन्डोमेट्रीयम (D) उपरोक्त सभी

40. रजोधर्म (Menstruation) तभी संभव है जब-
(A) एक महिला गर्भवती हो जाती है।
(B) मादा में अण्ड अगर निषेचित नही होता है।
(C) मुक्त हुआ अण्ड निषेचित हो जाता है।
(D) जब कोई अण्डोत्सर्ग नही होता है।

41. मानव में रजोधर्म की अवधी होती है-
(A) 5 - 10 दिन (B) 1 - 5 दिन
(C) 3 - 5 दिन (D) 5 - 8 दिन

42. गर्भाशय में परिवर्तन होता है-
(A) पीयूष ग्रन्थि के हार्मोन के कारण
(B) अण्डाशय के हार्मोन के कारण
(C) उपरोक्त दोनों
(D) उपरोक्त में से कोई नहीं।

43. एल एच सर्ज वह दशा है, जब
(A) LH का स्तर न्यूनतम होता है।
(B) LH का स्तर अधिकतम होता है।
(C) LH का स्तर मध्यम होता है।
(D) उपरोक्त में से कोई नहीं।

44. निम्न में से कौन सी अवस्था में कार्पस ल्यूटियम (corpus luteum) निर्मित होता है?
(A) पुट्रीकीय अवस्था (B) स्त्रावी अवस्था
(C) रजोधर्म अवस्था (D) अण्डोत्सर्ग अवस्था

45. अण्डोत्सर्ग कब होता है?
(A) पुटकीय अवस्था के आरंभ में।
(B) पुटकीय अवस्था के अन्त में।
(C) पुटकीय अवस्था के मध्य में।
(D) स्त्रावी अवस्था के अन्त में।

46. आर्तव चक्र के सही क्रम का चयन करे, अगर गणना आर्तव चक्र के प्रथम तिथि से की जाती है।
(A) रजोधर्म $\rightarrow$ पुटकीय अवस्था $\rightarrow$ स्त्रावी अवस्था
(B) पुत्कीय अवस्था $\rightarrow$ रजोधर्म $\rightarrow$ स्त्रावी अवस्था
(C) स्त्रावी अवस्था $\rightarrow$ रजोधर्म $\rightarrow$ पुटकीय अवस्था
(D) रजोधर्म $\rightarrow$ स्त्रावी अवस्था $\rightarrow$ पुटकीय अवस्था

47. मानव मादा में सामान्य जनन अवधि की अवस्था है-
(A) एक रजोदर्शन से दूसरे रजोदर्शन की बीच की।
(B) एक रजोनिवृत्ति से दूसरे रजोनिवृत्ति के बीच की अवस्था।
(C) रजोदर्शन से रजोनिवृत्ति के बीच की अवस्था।
(D) रजोनिवृत्ति से रजोदर्शन के बीच की अवस्था।

48. पीत पिंड कार्पसल्यूटियम के संदर्भ में सही कथन का चयन करे–
   (a) अंडोत्सर्ग के पश्चात् पीत पिंड निर्मित होते है।
   (b) यह संरचना भारी मात्रा में प्राजेस्ट्रॉन स्रावित करती है।
   (c) निषेचन होने की स्थिति में पीत पिंड का ह्रास हो जाता है।
   (d) पीत पिड का निर्माण मादा में जीवन पर्यान्त होता है।
   (A) a, d (B) b, c
   (C) a, b (D) c, d
49. मादा के जीवन में कौन सी अवस्था आवश्यक रूप से सम्पन्न नहीं होता है?
   (A) रजोनिवृत्ति का प्रकट होना
   (B) रजोदर्शन का प्रकट होना
   (C) रजोदर्शन तथा रजोनिवृत्ति के बीच रजोधर्म का रुक जाना
   (D) रजोधर्म का प्रकट होना।
50. आर्तव चक्र के कौन सी तिथि में प्रोजेस्टरॉन (progesterone) का सान्द्रण उच्च होता है?
   (A) 10वे से 15वे दिन
   (B) 15वे से 20वे दिन
   (C) 20वे से 25वे दिन
   (D) 25वे से 30वे दिन
51. कौन से अंडाशयी हॉर्मोन का स्तर उच्च होता है जब पीयूष हॉर्मोन का स्तर उच्च होता है?
   (A) एस्ट्रोजन (B) प्रोजेस्टरॉन
   (C) रिलेक्सिन (D) उपरोक्त में से कोई नहीं
52. सही कथन का चयन करे–
   (a) सभी संसर्ग का परिणाम गर्भावस्था होता है।
   (b) निषेचन के दौरान शुक्राणु सर्वप्रथम अरीय किरीट के संपर्क में आते है।
   (c) निषेचन के दौरान अनेक रासायनिक क्रिया होती है।
   (d) मानव अंड में परिपीतक अवकाश स्थित होते है।
   (A) a, c (B) b, c
   (C) b, c, d (D) b, d, a
53. नीचे अण्डवाहिनी के संरचना का नाम जोड़े में दिया गया है, सही जोड़े का चयन करे जो विदलन से संबन्धित है–
   (A) कीपक - तुंबिका
   (B) कीपक - संकीर्ण पथ
   (C) कीपक -गर्भाशयी भाग
   (D) संकीर्ण पथ - गर्भाशयी भाग
54. निम्न में से कौन सी अवस्था सिर्फ गर्भाशय में निर्मित होते है?
   (A) तूतक (मोरुला) (B) कोरकपुटी
   (C) कोरक खण्ड (D) उपरोक्त सभी
55. पोषकोरक किसका बाहरी परत है?
   (A) तूतक (B) ब्लास्टुला (कोरक पुटी)
   (C) कन्दुक (D) अपरा
56. कौन सी अवस्था गर्भाशय के गर्भाशय अंतः स्तर (endometrium) में रोपित हो जाते है?
   (A) तूतक (B) ब्लास्टुला (कोरक पुटी)
   (C) कन्दुक (D) अपरा
57. हॉर्मोन जो सिर्फ गर्भावस्था के दौरान ही स्रावित नही होते है अर्थात जो गर्भावस्था के अतिरिक्त भी स्रावित होते है, वह हैं–
   (A) एच सी जी (B) एच पी एल
   (C) रिलेक्सिन (D) प्रोजेस्टरॉन
58. स्टेम कोशिका स्थित होते है–
   (A) पोषकोरक में
   (B) अन्तर कोशिका समूह में
   (C) जरायु अंकुर (chorionic villi) में
   (D) उपरोक्त सभी में
59. गर्भ की पहली गतिशीलता और सिर पर बालो का उग आना सामान्यतः देखा जा सकता है–
   (A) गर्भावस्था के पांचवे महीने में
   (B) गर्भावस्था के छठे महीने में
   (C) गर्भावस्था के तीसरे महीने में
   (D) गभावस्था के सांतवे महीने में

60. प्रसव के लिए संकेत उत्पन्न होते है–

(A) पूर्ण विकसित भ्रूण के द्वारा

(B) अपरा के द्वारा

(C) उपरोक्त दोनों के द्वारा

(D) सिर्फ माता के द्वारा

61. जैसा की हम जानते है, एक व्यस्क मादा में दो अण्डाशय होते है, एक व्यस्क मादा में दो अण्डाशय में से कितने प्राथमिक पुट्टक एक महीने में ग्रैफियन पुट्टक में परिवर्तन हो जाते है?

(A) 1 (B) 2

(C) 0 (D) 3

62. एक आठ वर्ष की बालिका में एक महीने में कितने प्राथमिक पुट्टक, ग्राफियन पुट्टक में परिवर्तित हो जायेंगे?

(A) 1 (B) 2

(C) 0 (D) 3

63. अगर मान ले एक गर्भवती महिला में प्रसव की तारिख 24 मार्च दिया गया है, अगर 24 मार्च की जगह महिला का प्रसव 14 मार्च को हो जाता है, तो महिला का नवजात माना जायेगा–

(A) प्रीमैच्योर (B) सामान्य

(C) अल्पविकसित (D) उपरोक्त में से कोई नहीं

64. एक गर्भवती महिला में गर्भ उत्क्षेपन प्रतिवर्त (फीटल इजेक्शन रेफलेक्स) कब आरंभ होता है?

(A) प्रसव के अन्त में

(B) प्रसव के आरंभ में

(C) सम्पूर्ण प्रसव क्रिया के दौरान

(D) प्रसव के मध्य में

65. प्रसव के क्रिया के दौरान ऑक्सीटोसिन का स्तर अधिक होगा–

(A) गर्भ उत्क्षेपन प्रतिवर्त के पहले।

(B) गर्भ उत्क्षेपन प्रतिवर्त के पश्चात्।

(C) गर्भ उत्क्षेपन प्रतिवर्त के दौरान।

(D) शरीर से अपरा को त्यागे जाने के पश्चात्।

66. हॉर्मोन के जोड़े का चयन करे जिसका प्रसव के पश्चात् स्तनपान में भूमिका होती है–

(A) ऑक्सीटोसिन प्रोलैक्टिन

(B) ऑक्सीटोसिन, प्रोजेस्ट्रॉन

(C) ऑक्सीटोसिन, रिलैक्सिन

(D) रिलैक्सिन, ऐस्ट्रोजन

67. एक भ्रूण में नाखुन का निर्माण होता है–

(A) द्वितीय महीने के अंत में

(B) छठे महीने के अंत में

(C) नवे महीने में

(D) जन्म के बाद

68. A = अंग तंत्र का निर्माण

B = बाह्य जनन अंग का विकास

C = आंखों की पलको का अलग–अलग हो जाना

D = सिर पर बालो का उग आना

E = शरीर पर कोमल बाल निकल आना

F = अंगुलियो का विकास

G = गर्भ की पहली गतिशीलता

उपरोक्त तथ्य भ्रूण के विकास के विभिन्न अवस्थाओं का है, उस अवस्था के जोड़े का चयन करे जो एक ही (समान महीना) महीने में सम्पन्न होता है–

(A) A, C (B) D, E

(C) F, G (D) C, E

69. भ्रूण या नवजात के उस अंग का चयन करे जो सबसे अंत में क्रियाशील होता है–

(A) हृदय (B) यकृत

(C) फेफड़ा (D) वृक्क

70. भ्रूण में कौन सा अंग सर्वप्रथम क्रियाशील होता है?

(A) हृदय (B) यकृत

(C) फेफड़ा (D) वृक्क

71. कोलोस्ट्रम है–

(A) प्रसव के पश्चात माता के द्वारा स्त्रावित प्रथम दुग्ध।

(B) प्रसव के पश्चात आरंभिक कुछ दिनों तक निकलने वाला दुग्ध।

(C) गर्भावस्था के दौरान स्त्रावित होने वाला दुग्ध।

(D) माता के द्वारा आरंभिक छह (6) महीने तक स्त्रावित दुग्ध।

72. हॉर्मोन का चयन करे जिसका प्रसव के बाद भी भूमिका होती है–

(A) ऑक्सीटोसिन (B) ऐस्ट्रोजन

(C) प्रोजेस्ट्रान (D) उपरोक्त सभी।

73. उस हॉर्मोन का चयन करे जिसका प्रसव में कोई भूमिका नही होती है–

(A) ऑक्सीटोसिन (B) एच सी जी

(C) रिलैक्सिन (D) उपरोक्त में से कोई नहीं

74. जैस की हम जानते है, एक स्त्री में सगर्भता की स्थिती में कई हॉर्मोन के स्तर बढ़ जाते है, हॉर्मोन के स्तर में वृद्धि आवश्यक होते है–

(A) भ्रूण वृद्धि के लिए।

(B) माता की उपापचयी क्रियाओं में परिवर्तनों के लिए

(C) सगर्भता के बनाएं रखने के लिए।

(D) उपरोक्त सभी।

75. नाभिनाल भ्रूण को से जोड़ते है–

(A) अपरा से (B) गर्भाशयी भित्ति से

(C) ग्रीवा से (D) अण्डवाहिनी से

76. I - एक 70 वर्ष का वृद्ध व्यक्ति स्वाभाविक रूप से पिता बन सकता है।

II - एक 70 वर्ष की वृद्ध महिला स्वाभाविक रूप से माता बन सकती है।

III - एक 50 वर्ष की वृद्ध महिला स्वाभाविक रूप से दादी बन सकती है।

उपरोक्त में से कितने कथन गलत?

(A) 1 (B) 2

(C) 3 (D) 4

77. पुरुष जनन तंत्र उपस्थित होते है–

(A) उदर में (B) श्रोणि क्षेत्र में

(C) वक्ष में (D) वृषण कोष में

अगर वृषण कोष का तापमान शरीर के तापमान के बराबर या अधिक हो जाए तो शुक्राणु जनन पर क्या प्रभाव पड़ेगा?

(A) कोई शुक्राणुजनन नही होगा।

(B) शुक्राणुजनन $\downarrow$

(C) शुक्राणुजनन $\uparrow$

(D) शुक्राणुजनन सामान्य रहेगा

78. मानव व्यस्क का वृषण ——— cm लम्बा तथा ——— cm चौड़ा होत है–

(A) 4 – 5, 4 – 5 (B) 4 – 5, 2 – 3

(C) 2 – 3, 4 – 5 (D) 5 – 6, 2 – 6

79. मानव में लीडिंग कोशिकाओं की स्थिती होती है–

(A) शुक्राणुजनन नलिका में

(B) शुक्राणुजनन नलिका के बाहरी क्षेत्र, अन्तराली अवकाश में

(C) वृषण जालक में

(D) शुक्राशय में

80. प्रतिरक्षात्मक कार्य करने मे सक्षम कोशिका स्थित होती है–

(A) शुक्राणुजनन नलिका में

(B) शुक्राणुजनन नलिका के बाहरी क्षेत्र अन्तराली अवकाश में

(C) वृषण जालक में

(D) शुक्राशय में

81. पुरुष जनन सहायक नलिकाओं के अन्तगर्त कौन नहीं आता है?

(A) वृषण जालक (B) शुक्र वाहिकाएं

(C) शुक्रवाहक (D) मूत्रमार्ग

82. उस संरचना के जोड़े का चयन करे जिससे होकर मूत्रमार्ग गुजरता है–

(A) प्रॉस्टेट, शुक्राशय (B) प्रॉस्टेट, शिश्न

(C) प्रॉस्टेट, वृषण (D) शिश्न, वृषण

83. नीचे नर जनन तंत्र से संबन्धित संरचनाओं के नाम दिए गए है,

अगर A = वृषण B = वृषण जालक

C = अधिवृषण D = शुक्राशय

E = तुंबिका (एम्पूल) उन संरचनाओं का चयन करे, जो शुक्राणु क संरक्षण से संबंधित है–

(A) A, E (B) B, C, E

(C) C, E (D) A, D

84. नर के मूत्राशय मुख (यूरेथल मीएटस) क्या बाहर नहीं आते है?

(A) वीर्य

(B) मूत्र

(C) बल्बोयूरेथ्रल ग्रंथियों के स्राव

(D) उपरोक्त में से कोई नहीं।

85. निम्न में से कौन सी संरचना नर जनन तन्त्र का सबसे लम्बा भाग है?

(A) शुक्र वाहिनी (B) मूत्र मार्ग

(C) शुक्र वाहिका (D) स्खलन नलिका

86. मनुष्य के नर में, लैगिक जीवन के प्रभावित किए बिना शिश्न के कौन से भाग को शल्य क्रिया के द्वारा काट कर हटाया जा सकता है?

(A) शिश्न मुण्ड (B) अग्रच्छद

(C) स्पंजी स्तंभ (D) मूत्र मार्ग

87. मादा जनन तंत्र में अयुगमित (unparied) संरचना है–

(A) अण्डाशय (B) अंडवाहिनी

(C) गर्भाशय (D) स्तन ग्रन्थि

88. निम्न में से कौन सी संरचना से अण्डाशय नही जुड़ा रहता है–

(A) गर्भाशय

(B) श्रोणि क्षेत्र की देह भित्ति

(C) अण्डवाहिनी

(D) उपरोक्त में से कोई नहीं

89. मान ले एक व्यस्क मादा में अंडाणु गर्भाशय में पहुंचने के बाद विपरित दिशा में गति करने लगती है, अर्थात् गर्भाशय से अंडाशय की तरफ। अंडाणु के गति का सही क्रम चुने–

(A) इस्थमस → कीपक (इंफन्डीबुलम)
↓
अंडाशय ← तुंबिका (एम्पुला)

(B) इस्थमस → तुंबिका
↓
अंडाशय ← कीपक

(C) कीपक → तुंबिका
↓
अंडाशय ← इस्थमस

(D) अंडाशय → कीपक
↓
इस्थमस ← तुंबिका

90. निम्न में से क्या योनि से बाहर नही आता है?

(A) रज स्राव (B) मूत्र

(C) भ्रूण (नवजात) (D) उपरोक्त में से कोई नहीं

91. दुग्ध पान कराने वाली माता में दुग्धस्राव के सही पथ का चयन करे–

(A) कूपिका → स्तन नलिका
↓
स्तन तुंबिका ← स्तन वाहिनी
↓
दुग्ध वाहिनी → चूचुक

(B) कूपिका → स्तन नलिका
↓
दुग्ध वाहिनी ← स्तन वाहिनी
↓
स्तन तुंबिका → चूचुक

(C) चूचुक → दुग्धवाहिनी
↓
स्तन वाहिनी ← स्तन तुंबिका
↓
स्तन नलिका → कूपिका

(D) उपरोक्त में से कोई नहीं।

92. एक विवाहित महिला जिसके की दो बच्चे है, उस महिला अनुपस्थित होगा-
(A) भगशेफ (B) अण्डाशय
(C) योनिच्छेद (D) गर्भाशय

93. निम्न में से कौन सा नाल जनन नाल के अन्तर्गत आता है?
(A) ग्रीवा - नाल (B) योनि
(C) अण्डवाहिनी (D) A तथा B दोनों

94. मादा के बाह्य जननांग में उपस्थित संरचनाओं में से, उस जोड़े का चयन करे जो रोम युक्त होते है-
(A) जघन शैल, वृहत भगोष्ठ
(B) जघन शैल, लघु भगोष्ठ
(C) लघु भगोष्ठ, भगशेफ
(D) जघन शैल, भगशेफ

95. अंडवाहिनी के कौन सा भाग गर्भाशय को अंडवाहिनी से जोड़ती है?
(A) इंफन्डीबुलम (B) एंपुला
(C) इस्थमस (D) झल्लरी

96. निम्न में से कौन शुक्राणु से आकार तथा संरचना में समान है?
(A) शुक्राणु प्रसू
(B) शुक्राणुजन
(C) प्राथमिक शुक्रकोशिका
(D) उपरोक्त में से कोई नहीं।

97. शुक्राणु के कौन से भाग में अक्ष तन्तु उपस्थित नहीं होते है?
(A) शीर्ष (B) मध्य भाग
(C) पूंछ (D) उपरोक्त में से कोई नहीं

98. शुक्राणु के मध्य खंड मे सूत्र कणिका (माइटोकॉन्ड्रिया) की संख्या होती है-
(A) 10 - 12 (B) 8 - 10
(C) 1 (D) असंख्य

99. शुक्राणु के कौन से भाग में एंजाइम उपस्थित होता है जो कि भेदन से संबन्धित है-
(A) एक्रोसोम (B) तारककाय
(C) मध्यभाग (D) पूंछ

100. शुक्राणु के परिपक्वन तथा क्रियाशीलता के लिए निम्न में से किसका स्त्रावण आवश्यक नही है?
(A) शुक्र वाहिनी (B) शुक्राशय
(C) प्रोस्टेट ग्रन्थि (D) उपरोक्त में से कोई नहीं

101. जन्म से लेकर यौवनावस्था तक मादा के अंडाशय के मध्यांश (मेडुला) में ऊसाइट्स की कौन सी अवस्था स्थित रहती है?
(A) प्राथमिक अंडक (प्राइमरी ऊसाइटस)
(B) द्वितीयक अंडक (द्वितीयक ऊसाइटस)
(C) तृतीयक अंडक (तृतीयक ऊसाइटस)
(D) उपरोक्त में से कोई नहीं।

102. निम्न में से कौन सी अवस्था एक व्यस्क मादा के जीवन में कभी प्रकट नहीं होता है?
(A) प्राथमिक अंडक (B) द्वितीयक अंडक
(C) तृतीयक अंडक (D) उपरोक्त में से कोई नहीं

103. प्राथमिक पुट्टक से द्वितीयक पुट्टक क निर्माण के दौरान कुछ महत्वपूर्ण परविर्तन होते है, नीचे परिवर्तनों की सुची दी गई है. सुची को समझते हुए होने वाले परिवर्तन के सही विकल्प का चयन करे-
I - प्राथमिक पुटक कणिकामय कोशिकाओं के और अधिक परतों से आवृत हो जाते है।
II - पुटक में गहवर (एंट्रम) विकसित हो जाते है।
III - पुटक प्रावरक (थिकल) स्तर से घिर जाते है।
IV - द्वितीयक अंडक (ऊसाइट) विकसित हो जाते है।
(A) I, II (B) I, III
(C) II, IV (D) I, IV

104. तृतीय पुटक की विशेषता होती है-
(A) गह्वर
(B) थीका एक्सर्टना
(C) द्वितीयक अंडक
(D) थीका इंटरना (अंतर प्रावरक)

105. प्राथमिक अंडक आकार में वृद्धि करते है-
(A) प्राथमिक पुटक में
(B) द्वितीयक पुटक में
(C) तृतीयक पुटक में
(D) उपरोक्त में से कोई नहीं।

106. प्रथम पोलरकाय किस आधार पर द्वितीयक अंडक से समानता दर्शाता है?

(A) कोशिका द्रव्य की मात्रा के आधार पर

(B) गुणसूत्र की संख्या के आधार पर

(C) माप के आधार पर

(D) उपरोक्त में से कोई नहीं।

107. मान ले एक महिला में पोलर काय की जगह सिर्फ द्वितीयक अंडक तथा अंडाणु का निर्माण होता है, दूसरे शब्दों में दो द्वितीयक अंडक का निर्माण होता है, तो उस महिला में एक बार के गर्भावस्था में कितने भ्रूण के निर्माण होने की संभावना है?

(A) 1 (B) 2

(C) 4 (D) असंख्य

108. अंडजनन के दौरान एक प्राथमिक अंडक से सार्वाधिक (सबसे ज्यादा) कौन सी अवस्था निर्मित होती है?

(A) द्वितीयक अंडक

(B) ध्रुर्वीय पिंड (पोलर काय)

(C) तृतीयक अंडक

(D) अंडाणु

109. अंडजनन के दौरान कौन सी अवस्था कभी प्रकट नही होते है-

(A) द्वितीयक अंडक (B) तृतीयक अंडक

(C) अंडाणु (D) उपरोक्त में से कोई नहीं

110. अंडजनन के दौरान कौन सी अवस्था संख्या में अधिकतम होता है?

(A) अंडजननी (ऊगोनिया)

(B) प्राथमिक अंडक

(C) द्वितीयक अंडक

(D) अंडाणु

111. एक ही आर्तव चक्र में अंडजनन की कौन सी अवस्था संख्या में सिर्फ एक होते है-

(A) प्राथमिक पुटक (B) द्वितीयक पुटक

(C) ग्रेफियन पुटक (D) उपरोक्त सभी

112. जैसा की हम जानते है, एक मादा में प्राथमिक पुटक की संख्या 60 - 70 हजार होती है। मादा के जीवनकाल में कितने द्वितीयक पुटक निर्मित होते है?

(A) 60 - 70 हजार (B) 450

(C) 1 (D) असंख्य

113. एक महिला यौवनावस्था आरंभ होने के साथ ही हर वर्ष गर्भवती होती है। महिला अपने जीवन काल में औसतन कितने बच्चे पैदा कर सकती है?

(A) 1 (B) 37

(C) 70 (D) उपरोक्त में से कोई नहीं

114. एक गर्भवती महिला में गर्भावस्था के 9 महीनों में कितने अण्डाणु निर्मित होते है?

(A) 9 (B) 2

(C) 1 (D) 0

115. एक गर्भवती महिला में में कितने रजस्राव होते है?

(A) 9 (B) 2

(C) 1 (D) 0

116. शुक्राणुजनन तथा अंडजनन समान होते है-

(A) युग्मक में गुणसूत्रों की संख्या के आधार पर।

(B) दोनों में समसूत्री तथा अर्धसूत्री विभाजन होता है।

(C) अर्धसूत्री विभाजन के कारण समान संख्या में युग्मक निर्मित होते है।

(D) दोनों प्रक्रिया की समय अवधि समान होती है।

(A) a, b (B) c, d

(C) a, b, d (D) a, b, c, d

117. एक महिला जिसने जीवन में कभी संभोग न किया हो, उस महिला के जीवन में कौन सी प्रक्रिया प्राकृतिक रूप से कभी संभव नहीं है-

(A) रजस्राव (B) आर्तव चक्र

(C) अंडाणु का निर्माण (D) रजोनिवृत्ति

118. पुटक अण्डाशय में उपस्थित पुटक का चयन करे जिसमें प्राथमिक अंडक उपस्थित होते है-

(A) अंडजननी, जनन कोशिका

(B) प्राथमिक पुटक, द्वितीयक पुटक

(C) द्वितीक पुटक, तृतीयक पुटक

(D) सिर्फ प्राथमिक पुटक

119. पुटक के सेट का चयन करे जिसमें द्वितीयक अंडक उपस्थित होते है-
(A) प्राथमिक पुटक, द्वितीयक पुटक
(B) द्वितीयक पुटक, तृतीयक पुटक
(C) तृतीयक पुटक, ग्राफियन पुटक
(D) पीतकाय, सफेद काय

120. अण्डाशय के कौन से भाग में अंडक कभी स्थित नहीं होते हैं?
I – पीत काय II – सफेद काय
III – तृतीयक पुटक IV – ग्राफियन पुटक
(A) I, II (B) II, III
(C) II, IV (D) I, III

121. ल्यूटिनाइजिंग हॉर्मोन के नामांकन का आधार है?
(A) यह हॉर्मोन ल्यूटिन वर्णक युक्त पीत पिंडक (कार्पस ल्यूटियम) को प्रेरित करता है।
(B) यह हॉर्मोन पुटक के विकास को प्रेरित करता है।
(C) यह हॉर्मोन शुक्राणुजनन को प्रेरित करता है।
(D) उपरोक्त सभी।

122. मान ले एक पुरुष में किसी कारणवश GnRh का स्त्रावण रुक जाता है, तो उस रोग का चयन करे जो की इस हॉर्मोन के रुक जाने के वजह से नहीं होता है-
(A) नपुसंकता
(B) बन्धयता
(C) प्रोस्ट्रेट में सुजन
(D) हड्डी (अस्थि) का कमजोर होना।

123. जैसा की हम जानते है, तर तथा मादा में अलग-अलग प्रकार के हॉर्मोन यौवनावस्था आरंभ होने के साथ ही मुक्त होतने लगते है उस हॉर्मोन का चयन करे जो कि नर तथा मादा में दोनों में मुक्त होते है-
(A) गोनैडोट्रॉपिन रिलीजिंग हॉर्मोन
(B) रिलैक्सिन
(C) प्रोलैक्टिन
(D) ऑक्सीटोसिन

124. हॉर्मोन के सही सेट का चयन करे जिसका आर्तव चक्र में भूमिका नही होती है-
(A) एल एच, एफ एस एच, रिलैक्सिन
(B) एस्ट्रोजन, प्रोजेस्टरॉन, ऑक्सीटोसिन
(C) रिलैक्सिन, ऑक्सीटोसिन, प्रोलैक्टिन
(D) एफ एस एच, ऑक्सीटोसिन प्रोलैक्टिन

125. मान ले, A = एस्ट्रोजन, B = एल एच, C = एफ एस एच, D = प्रोजेस्टरॉन है, उपरोक्त में से उस हॉर्मोन के सेट का चयन करे जिसका स्तर आर्तव चक्र में 14वें दिन उच्च होता है-
(A) A, B, D (B) A, B, C
(C) B, C, D (D) A, C, D

126. आर्तव चक्र में अनेक हार्मोन हिस्सा लेते है उस हॉर्मोन का चयन करे जिसका स्तर चक्र में दो बार बढ़ता है?
(A) एल एच (B) एफ एस एच
(C) एस्ट्रोजन (D) प्रोजेस्टरॉन

127. आर्तव चक्र में कौन सी अवस्था सबसे लम्बे अवधि की है?
(A) रजस्त्राव (B) प्रस्फुन
(C) स्त्रावी (D) पुटकीय

128. एक महिला शादी के बाद पाँच वर्षों में मान ले दो बार गर्भवती होती है तो उस महिला ने कितने निषेचित अण्डाणु उत्पन्न किए?
(A) 60 (B) 2
(C) 5 (D) 0

129. अगर एक महिला शादी के दो वर्ष बाद भी गर्भवती नही होती है, महिला पूरी तरह से स्वस्थ है, महिला दो वर्षों में एक अण्डाशय से कितने द्वितीयक अंडक मुक्त किया है?
(A) 24 (B) 2
(C) 12 (D) 0

130. एक गर्भवती महिला में 9 महिने में कितना पोलर काय उत्पन्न हुआ होगा?
(A) 2 (B) 9
(C) 1 (D) 0

131. उस संरचना के जोड़े का चयन करे जो एक साथ मुक्त होते है या निर्मित होते है-
(A) द्वितीयक अंडक, द्वितीयक पोलर काय
(B) द्वितीयक अंडक, अण्डाणु
(C) अण्डाणु, द्वितीय पोलर काय
(D) अण्डाणु, प्रथम पोलर काय

132. अंडजनन के दौरान प्रथम, अर्धसूत्री विभाजन के पश्चात कौन सा संरचना सर्वाधिक संख्या में निर्मित होता है?
(A) पोलर काय
(B) द्वितीयक अंडक
(C) अण्डाणु
(D) प्राथमिक अंडक

133. 46 गुणसूत्र उपस्थित होते है-
(A) अण्डजननी में
(B) प्राथमिक अंडक में
(C) जनन कोशिका में
(D) उपरोक्त सभी में

134. 'आर्तव चक्र' में निम्न में से कौन से अंग प्रत्यक्ष रूप से हिस्सा लेते है?
(A) अण्डाशय, गर्भाशय
(B) अण्डाशय, अण्डवाहिनी
(C) अण्डवाहिनी, योनि
(D) गर्भाशय, योनि

135. एक महिला के अण्डाशय में गांठ पाया गया चिकित्सकों ने एक अण्डाशय को हटाने का फैसला लिया अब महिला के शरीर में सिर्फ एक अण्डाशय शेष रह गया। महिला के आर्तव चक्र पर क्या प्रभाव पड़ेगा?
(A) रुक जायेगा
(B) दो महिने में एक बार सम्पन्न होगा।
(C) पूरी तरह से सामान्य रहेगा।
(D) अधिक रक्तस्राव होगा।

136.

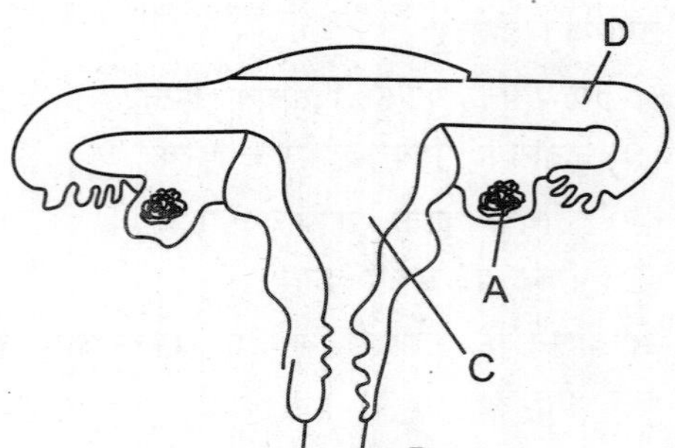

दिया गया चित्र मादा जनन तन्त्र का है।
I – A उन सभी हॉर्मोन को उत्पन्न करता है जो आर्तव चक्र, अंडजनन, दुग्धपान, दुग्धस्त्राव, प्रसव जैसे क्रिया को आरंभ, चलाने तथा पूर्ण करने के लिए आवश्यक है।
II–A यौवनावस्था के साथ क्रियाशील होते हैं
III – B का प्रसव में कोई भूमिका नहीं होती है।
IV – C की रजानिवृत्ति के बाद भी निश्चित भूमिका हाती है।
उपरोक्त में से कितने कथन सही है?
(A) 1 (B) 2
(C) 4 (D) 0

137. रजोनिवृत्ति को प्राप्त महिला में निम्न मं से कौन से जनन अंग भूमिका विहिन हो जाते है, अर्थात उनके रहने या न रहने से कोई फर्क नहीं पड़ता है?
(A) अण्डवाहिनी (B) अण्डाशय
(C) गर्भाशय (D) उपरोक्त सभी

138. पुरुषों में वृद्धावस्था में समान्यत कौन सी सहायक जनन ग्रन्थि में असमान्यता (रोग) उत्पन्न होता है?
(A) शुक्राशय (B) प्रोस्टेट ग्रन्थि
(C) बल्बोयूरेथ्रल ग्रन्थि (D) काऊर्पस ग्रन्थि

139. मान ले एक व्यक्ति एक दिन में 100 शुक्राणु उत्पन्न करता है, तो कितने शुक्राणु में x गुणसूत्र होगा?
(A) 100 (B) 1
(C) 50 (D) निश्चित नहीं है।

140. मान ले एक महिला ने 10 वर्षों में 4 पुत्री को जन्म देती है सामाजिक तौर पर इसके लिए महिला को उत्तरदायी माना जाता है, विज्ञान के हिसाब से कौन उत्तरदायी है?
(A) महिला (B) पुरुष
(C) दोनों A तथा B (D) उपरोक्त में से कोई नहीं

141. आर्तव चक्र के दौरान अंत:स्तर सार्वाधिक मोटा होता है-
(A) 5वे से 7वे दिन
(B) 21वे से 23वे दिन
(C) 13वे से 15वे दिन
(D) प्रथम से तीसरे दिन

142. आर्तव चक्र के कौन से प्रावस्था में अंत:स्तर सार्वाधिक मोटा होता है?
(A) ऋतुस्त्राव प्रावस्था
(B) पुटकीय प्रावस्था
(C) स्त्रावी प्रावस्था
(D) सभी प्रावस्था में समान मोटोई होता है।

143. आर्तव चक्र का प्रथम पाँच दिवस होते है-
(A) रजोधर्म अवस्था (B) पुटकीय अवस्था
(C) स्त्रावी अवस्था (D) कोई नहीं।

144. रजोधर्म के दौरान रुधिर के साथ ________ के टूटे कोशिका बाहर आते है-
(A) पेरिमैट्रियम (B) एपिमैट्रियम
(C) मायोमैट्रियम (D) उपरोक्त में से कोई नहीं

145. नीचे आर्तव चक्र से संबंधित कथन दिए गए है-
(A) यह चक्र 47 वर्ष की महिला में भी सम्पन्न हो सकता है।
(B) यह चक्र एक महिला में खराब स्वास्थ्य के कारण भी रुक सकता है।
(C) इस चक्र में एक से अधिक हॉर्मोन हिस्सा लेते है।
(D) इस चक्र की अवधि एक महिला में जीवन भर समान होता है-
उपरोक्त में से कितने कथन सही है?
(A) 1 (B) 2
(C) 3 (D) 4

146. निम्नलिखित में से कौन सा हॉर्मोन आर्तव चक्र के अंतिम दिवस को उच्च स्तर पर होता है?
(A) प्रोजेस्टरॉन (B) एस्ट्रोजन
(C) एल एच (D) उपरोक्त में से कोई नहीं

147. आर्तव चक्र में अण्डाशय तथा गर्भाशय के अतिरिक्त कौन से अंग की चक्र में प्रत्यक्ष भूमिका होती है?
(A) मस्तिष्क (B) यकृत
(C) वृक्क (D) स्तन ग्रन्थि

148. आर्तव चक्र के पुटकीय प्रावस्था के दौरान गोनैडोट्रापिन का स्त्रावण-
(A) धीरे-धीरे बढ़ता है।
(B) त्रीव गति से बढ़ता है।
(C) पूरे प्रावस्था के समय स्त्रावण एक समान
(D) उपरोक्त में से कोई नहीं।

149. आर्तव चक्र के कौन से अवस्था में एक पुटक सार्वाधिक आकार को प्राप्त करता है-
(A) पुटकीय (B) स्त्रावी
(C) रजस्त्राव (D) ल्यूटियल

150. अंत:स्तर का विखंडन प्रदर्शित करता है-
(A) परिपक्व पुटक का ह्रास (Degeneration)
(B) वर्धन पुटक का ह्रास
(C) पीत पिंड का ह्रास
(D) सफेद पिंड का ह्रास

151. आर्तव चक्र में एस्ट्रोजन का स्तर दो बार बढ़ता है, यह तथ्य दर्शाता है-
(A) एस्ट्रोजन एक ही संरचना से दो बार स्त्रावित होता है।
(B) एस्ट्रोजन एक चक्र में दो भिन्न संरचनाओं से अलग-अलग दिवस को स्त्रसवित होते है।
(C) एस्ट्रोजन का स्त्रावण सिर्फ एक बार होता है, परन्तु चक्र के खास अवस्था में अन्य हॉर्मोन से संदमित हो जाता है।
(D) एस्ट्रोजन का स्त्रावण चक्र में दो से अधिक संरचनाओं से होता है।

152. गर्भाशय में प्रचुरोद्भवन (प्रालिफरेशन) आर्तव चक्र के कौन से अवस्था में पूर्ण होता है?
(A) रजस्राव (B) स्रावी
(C) प्रचुरोद्भवन (D) पुटकीय

153. गर्भाशय पेशी स्तर (मायोमैट्रियम) आर्तव चक्र के कौन से अवस्था में क्षतिग्रस्त होता है-
(A) रजस्राव (B) स्रावी
(C) प्रचुरोद्भवन (D) उपरोक्त में से कोई नहीं

154. हॉर्मोन का चयन करे जिसका स्तर आर्तव चक्र के मध्य अवस्था के पश्चात् बढ़ जाता है-
(A) एस्ट्रोजन (B) प्रोजेस्टरॉन
(C) एल एच (D) A तथा B दोनों।

155. I – योनि में वीर्यसेचन सिर्फ शिश्न के द्वारा संभव है।
II – सिर्फ एक बार संयोग करने से भी महिला गर्भवती हो सकती है।
III – सिर्फ एक शुक्राणु अंड के निकट पहुंचता है।
(A) I, II, III सही
(B) I, II – गलत; III सही
(C) I, III – गलत; II सही
(D) I, II – सही; III गलत

156. रोपण के प्रक्रिया में संलग्न होने के बाद निम्न, में से कौन सी संरचना तेजी से विभक्त होती है?
(A) गर्भाशयी कोशिका
(B) पोषकोरक
(C) जोना पेलुसिडा
(D) उपरोक्त में से कोई नहीं।

157. परिपक्व अंड क निर्माण होता है-
(A) प्राथमिक पुट्टक में (B) द्वितीयक पुट्टक में
(C) ग्राफियन पुट्टक में (D) अण्डवाहिनी में

158. कुछ कथन जरायु अंकुरक (कोरिऑनिक विलाई) से संबंधित दिए गए है-
(1) जरायु अंकुरक अंगुली की भांति संरचना है।
(2) यह पोषकोरक पर प्रकट होता है।
(3) अपरा के निर्माण में भी योगदान होता है।
सही कथन का चयन करें-
(A) 1 (B) 2
(C) 1, 2 (D) 1, 2 तथा 3

159. अगर A = O_2, B = CO_2 C = पोषण, D = यूरिया X = मातृ रुधिर Y = भूण्रीय रुधिर
सही विकल्प का चयन करे-
(A) A, Y से X में (B) B, X से Y में
(C) C, Y से X में (D) D, Y से X में

160. पुरुष की सहायक नलिकाओं और ग्रन्थियों के कार्य को मुख्यत बनाएं रखते हैं-
(A) ऐड्रोजेंन
(B) इन्हिबिन
(C) एन्टी मुलेरियन हॉर्मोन
(D) उपरोक्त सभी

161. प्राथमिक पुटक से लेकर अंडोत्सर्ग तक के अवस्था में पुटक की कितनी अवस्था उपस्थित होती है?
(A) 1 (B) 2
(C) 3 (D) 4

162. तंत्रिका अंत:स्रावी क्रियाविधि में सम्मिलित नहीं है-
(A) कॉर्टिसॉल (B) एस्ट्रोजन
(C) ऑक्सीटोसिन (D) उपरोक्त में से कोई नहीं

163. हॉर्मोन के सेट का चयन करे जो कि कॉर्पसल्यूटियम को बनाएं रखते है-
(A) एच सी जी - एल एच
(B) एफ एस एच - एल एच
(C) एस्ट्रोजन - एच सी जी
(D) एस्ट्रोजन - प्रोजेस्ट्रान

164. निम्न में से किसका आकार सबसे छोटा होता है?
(A) शुक्राणुजन
(B) प्राथमिक शुक्र कोशिका
(C) द्वितीयक शुक्र कोशिका
(D) शुक्राणु

165. अगर A = एल एच, B = एफ एस एच, C = एस्ट्रोजन, D = प्रोजेस्टरॉन, कौन से हॉर्मोन का स्तर पुटकीय प्रावस्था के आरंभ में बेहद उच्च होता है-
(A) A (B) B
(C) C, D (D) उपरोक्त में से कोई नहीं

166. निम्न में से कौन सी अवस्था में गर्भाशय के अंतः स्तर सार्वाधिक मोटा होता है?
(A) रज स्राव अवस्था(B) पुटकीय अवस्था
(C) स्रावी अवस्था (D) उपरोक्त में से कोई नहीं

167. रोपण आर्तव चक्र के कौन सी अवस्था में संभव है?
(A) रजस्राव अवस्था
(B) पुटकीय अवस्था
(C) स्रावी अवस्था
(D) आर्तव चक्र के किसी भी अवस्था में

168. निम्न में से कौन सी अवस्था इस बात की पहचान है कि महिला गर्भवती नहीं है?
(A) रजस्राव अवस्था (B) पुटकीय अवस्था
(C) स्रावी अवस्था (D) उपरोक्त सभी

169. अंडाशय का प्राथमिक पुटक आर्तव चक्र के कौन सी अवस्था में द्वितीयक पुटक में परिवर्तित हो जाता है?
(A) रजस्राव अवस्था (B) पुटकीय अवस्था
(C) स्रावी अवस्था (D) उपरोक्त में से कोई नहीं

170. निम्न में से कौन सी अवस्था की उत्पत्ति यह दर्शाता है कि महिला गर्भवती नहीं है?
(A) ग्राफियन पुटक (B) द्वितीयक पुटक
(C) कार्पस ल्यूटियम (D) कार्पस अलबिकेन्स

171. अगर A रजोधर्म है, B पुटकीय अवस्था है, C स्रावी अवस्था है तो किस अवस्था में एफ एस एच तथा एल एच का स्तर बेहद निम्न होगा?
(A) सिर्फ A (B) सिर्फ B
(C) सिर्फ C (D) A तथा C दोनों

172. आर्तव चक्र के दौरान सामिल हॉर्मोन के संदर्भ में सही कथन का चयन करे–
(A) ल्यूटियल अवस्था में एस्ट्रोजन, प्रोजेस्टरॉन की तुलना में उच्च स्तर को पहले प्राप्त कर लेते है।
(B) ल्यूटियल अवस्था में प्रोजेस्टरॉन, एस्ट्रोजन की तुलना में उच्च स्तर को पहले प्राप्त कर लेते है।
(C) ल्यूटियल अवस्था में पीयूष हॉर्मोन अपने चरम को प्राप्त कर लेते है।
(D) ल्यूटियल अवस्था में कोई हॉर्मोन अपने चरम को प्राप्त नहीं करता है।

173. ल्यूटियल अवस्था के कौन से दिन एस्ट्रोजन अपने न्यूनतम स्तर पर रहता है?
(A) 15वां (B) 19वां
(C) 21वां (D) 23वें

174. ल्यूटियल अवस्था के दौरान एस्ट्रोजन का स्तर कौन से दिन से नीचे गिरने लगता है?
(A) 15वे से 19वे दिन
(B) 20वे से 25वे दिन
(C) 19वे से 23वे दिन
(D) ल्यूटियल अवस्था में एस्ट्रोजन का स्तर कभी नहीं गिरता है।

175. निम्न में से कौन से हॉर्मोन का स्तर ल्यूटियल अवस्था में कभी नीचे नहीं गिरता है?
(A) एस्ट्रोजन (B) प्रोजेस्ट्रान
(C) एल एच (D) उपरोक्त में से कोई नहीं

176. अंडोत्सर्ग के तुरंत बाद किस हॉर्मोन का स्तर बढ़ने लगता है?
(A) एस्ट्रोजन (B) प्रोजेस्ट्रान
(C) एल एच (D) एफ एस एच

177. निम्न में से कौन सा हॉर्मोन आर्त० चक्र के 11th दिवस से बढ़ने लगता है?
(A) एस्ट्रोजन (B) एल एच
(C) एफ एस एच (D) उपरोक्त सभी।

178. आर्तव चक्र के 29वे दिन कौन से हॉर्मोन का स्तर निम्न होता है?
(A) एस्ट्रोजन
(B) प्रोजेस्ट्रान
(C) एल एच तथा एफ एस एच
(D) उपरोक्त सभी।

179. एक व्यस्क महिला में कौन सी अवस्था अधिक सामान्य है?
(A) द्वितीयक ऊसाइट की उत्पत्ति
(B) द्वितीयक पोलर काय की उत्पत्ति
(C) अंड की उत्पत्ति
(D) युग्मज की उत्पत्ति

180. I – सभी संसर्ग से गर्भावस्था संभव है।

II – संसर्ग से गर्भावस्था संभव है।

III – आर्तव चक्र के किसी भी अवस्था में संसर्ग से गर्भावस्था संभव है।

उपरोक्ते में से कौन सा कथन सही है?

(A) I (B) II

(C) II, III (D) I, III

181. मनुष्य में द्वितीय अर्धसूत्री विभाजन शरीर के कौन से भाग में होता है-

(A) अंडाशय (B) गर्भाशय

(C) योनि (D) उपरोक्त में से कोई नहीं

182. ए आर टी के स्थिति में भी निम्न में से कौन से अंग में निषेचन से संभव नहीं है?

(A) गर्भाशय (B) अंडवाहिनी

(C) योनि (D) उपरोक्त में से कोई नहीं

183. निम्न में से किस हॉर्मोन की आवश्यकता गर्भावस्था के बाद भी होता है?

(A) एच सी जी (B) एच पी एल

(C) रिलेक्सिन (D) ऑक्सीटोसिन

184. नीचे कुछ हॉर्मोन के नाम दिए गए है-

एस्ट्रोजन, प्रोजेस्ट्रान, रिलेक्सिन, एच सी जी, ऑक्सीटोसिन, एच पी एल

उपरोक्त में से कितने हॉर्मोन अंडाशय तथा अपरा दोनों के द्वारा मुक्त होते है?

(A) 4 (B) 3

(C) 2 (D) 6

185. निम्न में से कौन सा हॉर्मोन जनन अंग के द्वारा स्त्रावित नहीं होता है?

(A) एच सी जी (B) एच पी एल

(C) रिलेक्सिन (D) ऑक्सीटोसिन

186. संसर्ग तथा निषेचन के बाद नर शिशु के उत्पन्न होने का प्रतिशत है-

(A) 25% (B) 100%

(C) 50% (D) 75%

187. प्रसव को आरंभ करने के लिए निम्न में से कौन सा हॉर्मोन दिया जाता है?

(A) ऑक्सीटोसिन (B) रिलेक्सिन

(C) A तथा B दोनों (D) एच सी जी

188. कोलोस्ट्रम है-

(A) प्रसव के पश्चात् मुक्त होने वाला प्रथम दुग्ध

(B) प्रसव के पश्चात् आरंभिक कछ दिनों तक मुक्त होने वाला दुग्ध

(C) प्रसव के प्रश्चात् आरंभिक कुछ सप्ताह तक मुक्त होने वाला दुग्ध

(D) प्रसव के पश्चात् आरंभिक कुछ महीना तक मुक्त होने वाला दुग्ध

189. स्तन ग्रन्थि कब दुग्ध उत्पन्न करता है?

(A) प्रसव के तुरंत पश्चात्

(B) गर्भावस्था के अंत में

(C) यौवनावस्था के आरंभ होने पर

(D) रजोवृत्ति के आरंभ होने पर।

190. स्तनग्रन्थि का विभेदन होता है-

(A) यौवनावस्था आरंभ होने के साथ

(B) गर्भावस्था के दौरान

(C) A तथा B दोनों

(D) भूण्रिय अवस्था में

191. स्टेम कोशिक या स्टेम कोशिकाओं के संदर्भ में गलत कथन का चयन करे-

(A) सभी अंगों को उत्पन्न कर सकता है

(B) सभी उत्तकों को उत्पन्न कर सकता है।

(C) अन्तर कोशिका समूह में सिर्फ एक होते है।

(D) उपरोक्त में से कोई नहीं।

192. गर्भावस्था के दौरान कुछ हॉर्मोन के स्तर कई गुण बढ़ जाते है, यह तथ्य संबन्धित नहीं है-

(A) माता की उपापचयी क्रियाओं में परिवर्तन से

(B) भ्रूण वृद्धि से

(C) सगर्मता को बनाऐ रखने के लिए

(D) उपरोक्त में से कोई नहीं।

ANSWER KEY

1. (B)	**2.** (C)	**3.** (C)	**4.** (A)	**5.** (C)	**6.** (B)	**7.** (B)	**8.** (A)	**9.** (B)	**10.** (C)
11. (D)	**12.** (A)	**13.** (D)	**14.** (B)	**15.** (B)	**16.** (C)	**17.** (A)	**18.** (B)	**19.** (B)	**20.** (D)
21. (A)	**22.** (A)	**23.** (A)	**24.** (B)	**25.** (A)	**26.** (C)	**27.** (D)	**28.** (B)	**29.** (A)	**30.** (C)
31. (C)	**32.** (C)	**33.** (B)	**34.** (A)	**35.** (A)	**36.** (C)	**37.** (B)	**38.** (A)	**39.** (C)	**40.** (B)
41. (C)	**42.** (C)	**43.** (B)	**44.** (B)	**45.** (B)	**46.** (A)	**47.** (C)	**48.** (C)	**49.** (C)	**50.** (C)
51. (A)	**52.** (C)	**53.** (D)	**54.** (B)	**55.** (B)	**56.** (B)	**57.** (D)	**58.** (B)	**59.** (A)	**60.** (C)
61. (A)	**62.** (C)	**63.** (B)	**64.** (B)	**65.** (B)	**66.** (A)	**67.** (C)	**68.** (D)	**69.** (C)	**70.** (A)
71. (B)	**72.** (D)	**73.** (B)	**74.** (D)	**75.** (A)	**76.** (A)	**77.** (B)	**78.** (B)	**79.** (B)	**80.** (B)
81. (D)	**82.** (B)	**83.** (D)	**84.** (D)	**85.** (A)	**86.** (B)	**87.** (C)	**88.** (C)	**89.** (B)	**90.** (B)
91. (A)	**92.** (C)	**93.** (D)	**94.** (A)	**95.** (C)	**96.** (D)	**97.** (A)	**98.** (D)	**99.** (A)	**100.** (D)
101. (D)	**102.** (C)	**103.** (B)	**104.** (A)	**105.** (C)	**106.** (B)	**107.** (C)	**108.** (B)	**109.** (B)	**110.** (A)
111. (D)	**112.** (B)	**113.** (B)	**114.** (D)	**115.** (D)	**116.** (A)	**117.** (C)	**118.** (B)	**119.** (C)	**120.** (A)
121. (A)	**122.** (C)	**123.** (A)	**124.** (C)	**125.** (B)	**126.** (C)	**127.** (C)	**128.** (B)	**129.** (C)	**130.** (A)
131. (C)	**132.** (A)	**133.** (D)	**134.** (A)	**135.** (C)	**136.** (D)	**137.** (D)	**138.** (B)	**139.** (C)	**140.** (B)
141. (B)	**142.** (C)	**143.** (A)	**144.** (D)	**145.** (C)	**146.** (D)	**147.** (A)	**148.** (A)	**149.** (A)	**150.** (C)
151. (B)	**152.** (B)	**153.** (D)	**154.** (D)	**155.** (C)	**156.** (A)	**157.** (D)	**158.** (D)	**159.** (D)	**160.** (A)
161. (C)	**162.** (D)	**163.** (A)	**164.** (D)	**165.** (D)	**166.** (C)	**167.** (C)	**168.** (A)	**169.** (B)	**170.** (D)
171. (D)	**172.** (B)	**173.** (B)	**174.** (A)	**175.** (D)	**176.** (B)	**177.** (A)	**178.** (D)	**179.** (A)	**180.** (B)
181. (D)	**182.** (C)	**183.** (D)	**184.** (B)	**185.** (D)	**186.** (C)	**187.** (A)	**188.** (B)	**189.** (B)	**190.** (C)
191. (C)	**192.** (D)								

जनन स्वास्थ्य

1. भारत में परिवार नियोजन प्रोग्राम की शुरूआत कब की गई थी–
   (A) 1956 (B) 1972
   (C) 1986 (D) 1951
2. आर सी एच (RCH) प्रोग्राम का तात्पर्य है–
   (A) जनन एवं वाल स्वास्थ्य सेवा कार्यक्रम
   (B) जनन संबन्धित स्वास्थ्य
   (C) जनन तथा सामान्य स्वास्थ्य
   (D) जनन स्वास्थ्य पर नियन्त्रण
3. सहेली एक अत्याधुनिक गर्भनिरोधक है, इसे विकसित किया गया है–
   (A) हॉफकिन संस्थान - मुम्बई
   (B) सी आर आई - कसौली
   (C) सी डी आर आई - लखनऊ
   (D) सी डी आर आई - करनाल
4. आवधिक संयम (periodic abstinence) एक विधि है जिसके अन्तर्गत विवाहित जोड को रज चक्र के कौन से अवधि में संसर्ग से परहेज करना करना चाहिए–
   (A) आर्तव चक्र के 14वे से 28वां दिन
   (B) आर्तव चक्र के 10वे से 17वां दिन
   (C) आर्तव चक्र के 18वे से 24वां दिन
   (D) आर्तव चक्र के 10वे से 14वां दिन
5. नीचे कुछ जनन नियन्त्रण की विधि दिए गए है म्नि में से कौन सी विधि अधिकतम 6 महीने तक प्रभावी रहता है?
   (A) अंतरित मैथुन (B) आवधिक संयम
   (C) स्तनपान अनार्तव (D) उपरोक्त सभी।
6. जनन नियन्त्रण के उस श्रेणी का चयन करे जो असमान्य है–
   (A) डायाफ्रॉम (B) ग्रीवा टोपी
   (C) वॉल्ट (D) कॉपर टी
7. नीचे कुछ गर्भ निरोधक की विधि दी गई है, उस जोड़े का चयन करे जिसका पुनः उपयोग हो सकता है–
   (A) डायाफ्रॉम, कंडोम
   (B) गर्भाशय ग्रीवा, कंडोम
   (C) वॉल्ट, गर्भाशय ग्रीवा
   (D) आई यू डी, वोल्ट
8. मानव में आर्तव (menstrual) चक्र की अवधि 28 से 32 दिनों का होता है, इसनमें से कौन से दिवस (काल) को (fertile period) माना जाता है?
   (A) आर्तव चक्र का 14वां से 17वां दिन
   (B) आर्तव चक्र का 10वां से 17वां दिन
   (C) आर्तव चक्र का 18वे से 24वां दिन
   (D) आर्तव चक्र का 5वे से 14वां दिन

9. (पिल्स) गर्भनिरोधक गोलियां एक महीने में कितने अवधि तक रोज ली जाती है?
(A) 21 दिन तक
(B) 14 दिन तक
(C) 30 या 31 दिन तक
(D) आर्तव चक्र के प्रथम 7 दिन तक

10. गर्भनिरोक गोलियां एक महिला को अनेक विधि से गर्भवती होने से रोकती है, निम्न में से कौन सा कार्य इन गोलियों का नहीं होता है?
(A) यह अण्डोत्सर्ग को रोकता है।
(B) यह रोपण को रोकता है।
(C) यह शुक्राणु को नष्ट करता है।
(D) यह ग्रीवा से श्लेष्मा (Mucus) के स्राव को प्रेरित करता है।

11. आपातकालीन गर्भनिरोधक (Contraception) में सम्मिलित है-
(A) प्रोजेस्ट्रॉन, ग्रीवा टोपी
(B) इस्ट्रोजन, आई यू डी
(C) प्रोजेस्ट्रान, आई यू डी
(D) इस्ट्रोजन, प्रोजेस्ट्रान, वॉल्ट

12. असुरक्षित यौन संसर्ग के कितने समय बाद तक आपातकालीन गर्भ निरोधक (emergency contracetive) प्रभावी होते है?
(A) 72 घंटा (B) 100 घंटा
(C) सिर्फ 24 घंटा (D) सिर्फ 48 घंटा

13. भारत सरकार ने MTP को कानूनी मान्यता दिया था-
(A) 1951 में (B) 1971 में
(C) 1986 में (D) 1972 में

14. MTP को सुरक्षित माना जाता है-
(A) 16 सप्ताह तक
(B) सिर्फ 8 सप्ताह तक
(C) सिर्फ 12 सप्ताह तक
(D) सिर्फ 24 सप्ताह तक

15. एस टी डी (STD) के सही जोड़े का चयन करे जिसका इलाज संभव नहीं है?
(A) यकृतशोध-बी, सिफिलिस
(B) एच आई वी, गोनोरिया
(C) जेनाइटल हर्पीज, यकृतशोध-बी
(D) एच आई वी, ट्राइकोमोनीएसीस

16. नीचे कुछ एस टी डी (STD) से संबन्धित कथन दिए गए है-
(a) एस टी डी (STD) की दर 15 - 24 वर्ष के उम्र के लोगों में ज्यादा सामान्य है।
(b) STD के लक्षण सिर्फ जनन अंगों तक सीमित होते है।
(c) STD में PID संभव नहीं है।
(d) रुधिर आधान के द्वारा भी STD संभव है।
सही कथन का चयन करें-
(A) a, c (B) b, c
(C) a, d (D) c, d

17. ZIFT के अन्तर्गत आरंभिक भ्रूण को रोपित किया जाता है जिसमें उपस्थित होते है-
(A) 16 कोरक खण्ड (B) 8 कोरक खण्ड
(C) 32 कोरक खण्ड (D) 42 कोरक खण्ड

18. निम्न में से किस श्रेणि के महिला में GIFT संपादित किया जात है?
(A) मादा जो अण्ड उत्पन्न करने में सक्षम नहीं है।
(B) मादा जिनका अण्डावाहिनी बन्द होता है।
(C) मादा जिनका उम्र 45 के लगभग होता है।
(D) उपरोक्त सभी।

19. कृत्रिम वीर्य संचन तकनीक के द्वारा किस श्रेणि का व्यक्ति पिता नही बन सकता है? व्यक्ति जो ग्रसित होता है-
(A) अशुक्राणुता (Azospermia) अल्पशुक्राणुता (Oligospermia) से
(B) बधियाकरण (Castration), नपुंसकता से
(C) अशुक्राणुता, बधियाकरण से
(D) अशुक्राणुता, बधियाकरण, नपुंसकता से

20. निम्न में से कौन से बिन्दु पर ICSI तथा AI समान होते है?
    (A) निषेचन शरीर के अन्दर सम्पन्न होता है।
    (B) निषेचन शरीर के बाहर सम्पन्न होता है।
    (C) समान श्रेणि क व्यक्ति दोनों तकनीक से पिता बन सकते है।
    (D) उपरोक्त दोनों तकनीक में हमेशा दाता की आवश्यकता पड़ती है।
21. ए आई (AI) के अन्तर्गत शक्राणु को सदैव डाला जाता है–
    (A) योनि या अण्डवाहिनी में
    (B) योनि या गर्भाशय में
    (C) ग्रीवा या अण्डवाहिनी में
    (D) गर्भाशय या अण्डवाहिनी में
22. हॉर्मोन को मुक्त करने वाला आई यू डी (IUD) है–
    (A) मल्टीलोड-375 (B) एल एन जी-20
    (C) कॉपर-7 (D) हरमोस्टैट
23. A. पुरी दुनिया में हर साल 45 से 50 मिलियन लोग STD से ग्रसित है।
    B. विश्वस्तर पर (MTP) स्वीकार्य है।
    C. विकाशील देशों (MTP) मुख्यत अप्रशिक्षित लोगों के द्वारा कराया जाता है।
    D. (MTP) प्रथम तिमाही (trimester) में भी खतरनाक हो सकता है।
    (A) A, B, C तथा D सभी गलत है।
    (B) सिर्फ A गलत है।
    (C) सिर्फ A तथा B गलत है।
    (D) सिर्फ A तथा D गलत है।
24. विज्ञान के दृष्टि से बन्धयता की सही परिभाषा क्या है?
    (A) 2 वर्ष तक असुरक्षित संसर्ग के पश्चात् भी गर्भवती ना होना।
    (B) 6 महीने तक असुरक्षित संसर्ग के पश्चात् भी गर्भवती ना होना।
    (C) कुछ सप्ताह तक असुरक्षित संसर्ग के पश्चात् भी गर्भवती ना होना।
    (D) उपरोक्त में से कोई नहीं।
25. निम्न में से कौन सी विधि गैर कानूनी है?
    (A) गोद लेना (Adoption)
    (B) एम टी पी (MTP)
    (C) ए आर टी (ART)
    (D) उपरोक्त में से कोई नहीं।
26. एक व्यक्ति जिसका वासैक्टोमी (Vasectomy) किया गया है वह Vasectomy के कुछ दिन के पश्चात् संभोग (Copulation) करता है, इनके से कौन सी क्रिया असंभव है?
    (A) वह प्राकृतिक समान्य विधि से पिता नही बन सकता है।
    (B) वह प्राकृतिक विधि से पिता बन सकता है।
    (C) वह आंशिक रूप से कमजोर हो सकता है।
    (D) उपरोक्त में से कोई नहीं।
27. मनुष्य में निम्न में से किसके द्वारा आर्तव चक्र को रोका जा सकता है?
    (A) FSH तथा LH के जोड़ से।
    (B) एस्ट्रोजन तथा प्रोजेस्ट्रान के जोड़ से
    (C) सिर्फ FSH से
    (D) सिर्फ LH से
28. मुख से लेने वाले गर्भनिरोधक गोलियों को कितने दिनों कि अन्तराल के पश्चात् लिया जाता है?
    (A) 7 दिन
    (B) 2 दिन
    (C) 10 दिन
    (D) कोई अन्तराल नहीं दिया जाता है।
29.

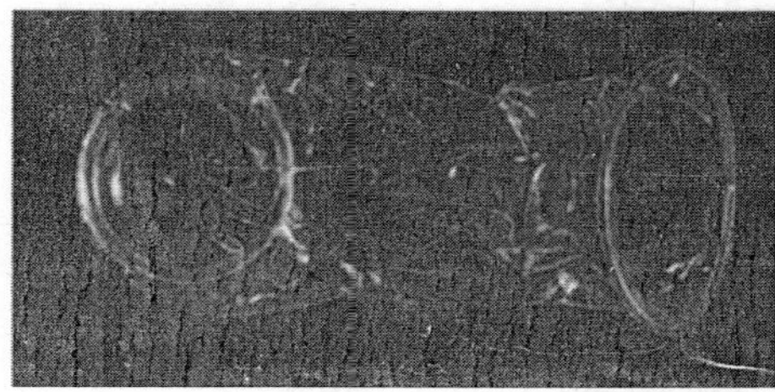

दिए गए चित्र को पहचाने तथा सही कथन का चयन करे–

(a) यह जनन नियन्त्रण का सार्वाधिक प्रयुक्त होने वाला विधि है।

(b) यह जनन नियन्त्रण का 100% विश्वसनीय विधि है।

(c) यह प्लास्टिक का बना है।

(d) इसका पुनः उपयोग संभव है।

(A) a, b, c, d (B) a, c

(C) a, b, c (D) उपरोक्त में से कोई नहीं

30. निम्न में से कौन औषधि रहित आई यू डी (IUD) है?

(A) लिप्पेस लूप (B) मल्टीलोड 375

(C) प्रोजेस्टासर्ट (D) एल एन जी – 20

31. उस संरचना का चयन करे जिसका गर्भाशय में रोपण नहीं होता है–

(A) कॉपर–टी (B) कॉपर–7

(C) मल्टीलोड 375 (D) वाल्ट

32. निम्न में से कौन ग्रीवाके श्लेष्मा के गुण को प्रभावित करता है, तथा जनन को रोकता है?

(a) मिनी पिल्स (b) कम्बाइन्ड पिल्स

(c) रोपण (d) कुछ हॉर्मोन के इंजेक्शन (injection)

(A) a, b (B) a, b, c

(C) a, b, c, d (D) उपरोक्त में से कोई नहीं

33. शुक्रवाहिका उच्छदन (Vasectomy) में शरीर के कौन से भाग में चीड़ा लगाया जाता है?

(A) शिश्न (B) उदर

(C) वृषण कोष (D) वृषण

34. फैलोपीनलिका उच्छदन किया जाता है–

(A) उदर में चीड़ा लगाकर

(B) योनि के रास्ते से

(C) उपरोक्त दोनों, A तथा B

(D) गर्भाशय में चीड़ा लगाकर

35. जनन नियन्त्रण का एक मुख्य तकनीक Surgical (शल्य विधि) होता है, इसका मुख्य खामी निम्नलिखित में से क्या है?

(A) यह तकनीक irreversible (बदलने के अयोग्य) होता है।

(B) यह बहुत दर्दयुक्त होता है।

(C) यह बहुत खर्चीला होता है।

(D) यह बहुत ही वक्त लगने वाला प्रक्रिया है।

36. सही तथा गलत कथन का चयन करे–

(a) गर्भपात प्राकृतिक भी हो सकता है।

(b) अगर, युगल को बच्चा नहीं होता है, अर्थात् बन्धयता की स्थिती है, तो यह स्थिती मुख्यत पुरुष जनित होता है।

(c) अगर, पुरुष में शुक्राणु की सख्या कम होती है, तो उसे सदैव कंडोम का उपयोग करना चाहिए।

(d) कंडोम जनन नियन्त्रण का 100% विश्वसनीय विधि है।

(A) a, b सही, c, d गलत

(B) a, d सही, b, c गलत

(C) b, c सही, a, d गलत

(D) b, d सही, a, c गलत

37. उस देश का चयन करे जिसने राष्ट्रीय स्तर पर संपूर्ण जनन–स्वास्थ्य को एक लक्ष्य के रूप में प्राप्त करने के लिए राष्ट्रीय कार्य योजना ओर कार्यक्रमों की शुरुआत की–

(A) चीन (B) भारत

(C) अमेरिका (D) उपरोक्त सभी

38. नीचे मानव के जनन स्वास्थ्य तथा आबादी से संबन्धित कुछ तथ्य दिए गये है, चयन करे कितने कथन गलत है?

(A) भारत में विवाह की वैधानिक आयु बढ़ाकर स्त्री के लिए 21 वर्ष तथा पुरुष के लिए 24 वर्ष निर्धारित की गई है।

(B) 'हम दो हमारे एक' यह एक नया नारा भारत सरकार के द्वारा दिया गया है।

(C) भारत में आबादी 30 वर्षो में दोगुनी हो रही है।

(D) भारत की आबादी मई 2011 में 1 बिलियन का आंकड़ा पार कर गई।

(A) 1 (B) 2

(C) 3 (D) 4

39. एक आदर्श गर्भ निरोधक के लिए क्या सही है?
   (a) इसका उपयोग आसान होना चाहिए।
   (b) आसानी से उपलब्ध होना चाहिए।
   (c) इसे प्रभावी तथा न्यूनतम दुष्प्रभाव युक्त होना चाहिए।
   (d) इसे उपयोगकर्ता की कामेच्छा प्रेरणा में बाधक होना चाहिए ताकि जनन को नियन्त्रित किया जा सके।

   (A) a (B) a, b
   (C) a, b, c (D) उपरोक्त सभी।

40. शुक्राणु नाशक क्रीम, जेली झाग का उपयोग जनन नियंत्रण के कौन सी विधि के साथ किया जाता है?
   (A) आई यू डी (B) गर्भनिरोधक
   (C) बन्धयता (D) डायाग्रॉम

41. जनन नियन्त्रण के जोड़े का चयन करे जो गर्भाशय ग्रीवा की श्लेष्मा की गुणता को बदल देती है, तथा शुक्राणुओं के प्रवेश पर रोक लगाती है–
   (A) आई यू डी, गर्भनिरोधक गोलियां
   (B) कंडोम, गर्भनिरोधक गोलियां
   (C) लैक्टेशनल एमेनोरिया, गर्भाशय ग्रीवा टोपी
   (D) आई यू डी, गर्भाशय ग्रीवा टोपी

42. मादा कंडोम से संबंधित गलत कथन का चयन करे–
   (a) इसका पुनः उपयोग संभव है।
   (b) सिर्फ योनि को ढ़कता है।
   (c) इसका संरचना नर कंडोम की भांति ही होता है।
   (d) नर कंडोम के विपरित यह STD से सुरक्षा नहीं देता है।

   (A) a (B) a, b
   (C) a, c, b (D) a, b, c, d

43. भारत की आबादी 1000 मिलियन से ऊपर पहुंच गई–
   (A) अप्रैल 1999 में (B) जून 2000 में
   (C) मार्च 2015 मे (D) मई 2000 में

44. नीचे कुछ कथन मानव के आबादी से संबन्धित दिए गए है, कितने कथन सही है–
   (A) विश्व का हर छठा व्यक्ति भारतीय है।
   (B) 2001 ई. के जनगणना के अनुसार भारत की जनसंख्या की वृद्धि दर 1.7 प्रतिशत है।
   (C) सन् 1900 में विश्व की आबादी 4 बिलियन थी।
   (D) सन् 2015 तक विश्व की आबादी 6 बिलियन हो गई।

   (A) 1 (B) 2
   (C) 3 (D) 4

45. भविष्य में आबादी को नियन्त्रित करने वाला नारा क्या होना चाहिए?
   (A) हम दो हमारे तीन
   (B) हम दो हमारे एक
   (C) हम दो हमारे शून्य
   (D) हम दो हमारे पांच

46. ए आर टी (ART) क्यों एक सामान्य व्यक्ति के लिए बेहतर विकल्प नहीं है?
   (A) ए आर टी भारत में अभी भी बेहद कम केन्द्र में उपलब्ध है।
   (B) ए आर टी एक महंगा विकल्प है।
   (C) ए आर टी सामान्य चिकित्सक के बजाय बेहद कम उपलब्ध विशेषज्ञों के द्वारा किया जाता है।
   (D) उपरोक्त सभी।

47. नीचे कुछ कथन गोद (Adoption) से संबंधित दिए गए है–
   (A) भारत में गोद लिया जाना कानूनी रूप से वैध है।
   (B) यह भारतीय समाज में पूर्ण रूप से स्वीकार्य नही है।
   (C) भावनात्मक तथा धार्मिक पहलू भी इससे जुड़ा है।
   (D) भारत में सिर्फ नवजात बच्चों को ही गोद लिया जा सकता है।

   कितने कथन सही है?
   (A) 1 (B) 2
   (C) 3 (D) 4

48. आर सी एच निम्न में से किसको कम करेगा–
(A) लैगिक व्यवहार (B) लैंगिक अपराध
(C) एस टी डी (D) जनसंख्या वृद्धि
गलत कथन का चयन करे–
(A) A, D (B) सिर्फ B
(C) B, C (D) कोई नहीं।

49. उल्बवेधन–
(A) विश्व में लिंग निर्धारण के लिए प्रतिबंधित है।
(B) भारत में लिंग निर्धारण के लिए प्रतिबंधित है।
(C) रोपण के तुरंत बाद संभव है।
(D) भ्रूण के संक्रामक रोगों को पहचाना जा सकता है।
उपरोक्त मे से कितने कथन सही है–
(A) 1 (B) 2
(C) 3 (D) 4

50. आर सी एच (RCH) की भारत में मुख्य उपलब्धि (achievement) है–
(A) मानव की जनसंख्या वृद्धि रुक गई है।
(B) MMR (मातृ मृत्युदर) बढ़ गई है।
(C) जनसंख्या की वृद्धि दर में अत्यधिक कमी आ गई है।
(D) उपरोक्त में से कोई नहीं।

51. भारत में तत्कालिन जनसंख्या की वृद्धि दर के आधार पर कितने वर्षों में जनसंख्या दुगुनी हो जाती है–
(A) 12 वर्ष (B) 33 वर्ष
(C) 50 वर्ष (D) 100 वर्ष

52. अनेक शहरी क्षेत्र के युवा, राष्ट्र के लिए एक बेहतर योगदान दे रहे है–
(A) क्योंकि वो 'एक बच्चा चलन' को अपना रहे है।
(B) क्योंकि वो 'दो बच्चा चलन' को अपना रहे है।
(C) क्योंकि वो शिशु विहिन वैवाहिक जीवन को अपना रहे है।
(D) उपरोक्त में से कोई नहीं।

53. नीचे कुछ विधियां जनन नियन्त्रण से संबन्धित है–
प्राकृतिक विधि, अवरोध विधि, आई यू डी, मुख से लिया जाने वाला गर्भ निरोधक, इजेक्टेबल, रोपण तथा शल्यक्रिया विधि
उपरोक्त में से कितनी विधि औषधि रहित है?
(A) 1 (B) 2
(C) 4 (D) 3

54. जनन नियंत्रण का प्राकृतिक विधि रोकता है–
(A) निषेचन को (B) अंडोत्सर्ग को
(C) रोपण का (D) उपरोक्त सभी को

55. जनन नियंत्रण की सभी प्राकृतिक विधि रोकते है–
(A) निषेचन को (B) अंडोत्सर्ग को
(C) रोपण को (D) आर्तव चक्र को

ANSWER KEY

1. (D)	**2.** (A)	**3.** (C)	**4.** (B)	**5.** (C)	**6.** (D)	**7.** (C)	**8.** (B)	**9.** (A)	**10.** (C)
11. (C)	**12.** (A)	**13.** (B)	**14.** (C)	**15.** (C)	**16.** (C)	**17.** (B)	**18.** (A)	**19.** (C)	**20.** (C)
21. (B)	**22.** (B)	**23.** (C)	**24.** (A)	**25.** (D)	**26.** (D)	**27.** (B)	**28.** (A)	**29.** (D)	**30.** (A)
31. (D)	**32.** (C)	**33.** (C)	**34.** (C)	**35.** (A)	**36.** (A)	**37.** (B)	**38.** (D)	**39.** (C)	**40.** (D)
41. (A)	**42.** (D)	**43.** (D)	**44.** (C)	**45.** (B)	**46.** (D)	**47.** (C)	**48.** (D)	**49.** (A)	**50.** (D)
51. (B)	**52.** (A)	**53.** (B)	**54.** (A)	**55.** (A)					

इकाई 7: अनुवंशिकी तथा विकास

5. वंशागति तथा विविधता के सिद्धान्त
6. वंशागति के आणविक आधार
7. विकास

वंशागति तथा विविधता के सिद्धान्त

1. जीव विज्ञान की शाखा जिसके अंतर्गत वंशागति और विविधता दोनों का अध्ययन किया जाता है, कहलाता है-
(A) यूजेन्किस (B) एन्थ्रोपोलॉजी
(C) आनुवंशिकी (D) पैलिन्यनटोलॉजी

2. शाहीवाल __a?__ की नस्ल है, जो की __b?__ में पाई जाती है-
(A) a – गाय, b – पंजाब
(B) a – भेड़, b – राजस्थान
(C) a – बकरी, b – पंजाब
(D) a – भैस, b – पंजाब

3. हमारे पूर्वज निम्न में से कौन से तथ्य से अज्ञात थे?
(A) लक्ष्णों की वंशागति
(B) जंतुओं में विभिन्नताओं की वंशागति
(C) लक्षणों तथा विभिन्ताओं की वंशागति का वैज्ञानिक आधार
(D) कृत्रिम चयन

4. नीचे कुछ तथ्य वाटसन से संबंधित दिए गए है-
(A) जन्म शिकागों में 6 अप्रैल 1928 को हुआ था।
(B) उन्होंने वनस्पाति शास्त्र में बी एस सी की उपाधि ग्रहण की।
(C) उन्होंने 1950 में पी एच डी की उपाधि प्राप्त की।
गलत कथन का चयन करें-
(A) b (B) c
(C) a, c (D) a, b

5. नीचे कुछ कथन क्रिक से संबंधित दिए गए है-
(A) जन्म 8 जून, 1926 को कनाडा में हुआ था।
(B) उन्होंने यूनीवर्सिटी कॉलेज लंदन में प्राणिशास्त्र का अध्ययन किया था।
(C) उन्होंने अपना पी एच डी वाटसन से पहले पूर्ण किया था।
उपरोक्त में से कितने कथन सही है?
(A) 1 (B) 2
(C) 3 (D) 0

6. किस वर्ष वाटसन तथा क्रिक को सामुहिक रूप से नोबेल पुरस्कार मिला था?
(A) 1961 (B) 1962
(C) 1972 (D) 1953

7. उधान मटर के पौधे पर मेंडल ने कितने वर्षो तक अपना प्रयोग किया था?
(A) 7 (B) 5
(C) 3 (D) 1

8. मेंडल ने प्रस्तावित किया था-
(A) विभिन्न्ता के सिद्धांत
(B) वंशागति नियम
(C) आनुवांशिक रोगों के नियम
(D) उपरोक्त सभी।

9. उस वर्ष का चयन करें जिसमें मेंडल ने अपना प्रयोग किया था-
(A) 1863 – 1871 (B) 1871 – 1878
(C) 1856 – 1863 (D) उपरोक्त में से कोई नहीं

10. मेंडल ने मटर के पौधे के उन लक्षणों पर विचार किया जा सर्वधा ___?___ थे-

(A) विपरीतार्थ (B) समान

(C) सामानांतर (D) विशिष्ट

11. मेंडल का प्रयोग, निम्न में से किस आधार पर जीव-विज्ञान के क्षेत्र में क्रांतिकारी माना जाता है?

(A) उन्होंने जीव-विज्ञान के क्षेत्र में पहली बार सांख्यकीय विश्लेषणों का उपयोग किया।

(B) उन्होंने जीव-विज्ञान के क्षेत्र में पहली बार गणितीय तर्कशास्त्र का उपयोग किया।

(C) उनके प्रयोग प्रमाण पर आधारित थे।

(D) उपरोक्त सभी

12. तद्रूप प्रजनन-सम (ट्रू ब्रीडिंग) वंशक्रम वह होता है-

(A) जो कई पीढ़ियों तक स्वपरागण करता है।

(B) जो लक्षणों के वंशागति को प्रदर्शित करते है।

(C) जो कई पीढ़ी तक लक्षणों को प्रदर्शित करते है।

(D) उपरोक्त सभी

13. मेंडल ने मटर की ___a?___ तद्रूप प्रजननी मटर के किस्मों को छाँटा जिनके ___b?___ लक्षण को छोड़कर शेष लक्षण समान थे।

(A) a – 14, b –1 (B) a –7, b –1

(C) a – 1, b –1 (D) a – 14, b –2

14. दिया गया कोष्टक, मेंडल द्वारा अध्ययन किए गए मटर के पौधे के विपर्यास विशेषकों से संबंधित है, a, b, c तथा d क्या है?

फूल का रंग	बैंगनी	? a
फली का रंग	हरा	? b
बीज का रंग	पीला	? c
बीज का आकार	गोल	? d

(A) a – सफेद, b – पीला, c – हरा, d – सिकुड़ी हुई

(B) a – हरा, b – पीला, c – हरा, d – सिकुड़ी हुई

(C) a – सफेद, b – पीला, c – हरा, d – सपाट

(D) a – सफेद, b – सफेद, c – हरा, d – सिकुड़ी हुई

15. जब मेंडल ने अपने प्रयोग में मटर के लंबे तथा बौने पौधे का संकरण किया तो F_1 पीढ़ी का क्या परिणाम था?

(A) सभी पौधे बौने थे।

(B) सभी पौधे लंबे थे।

(C) सभी पौधे अर्ध बौने थे।

(D) कुछ पौधे लंबे थे, कुछ पौधे बौने थे।

16. मेडल ने अपने प्रयोग में जब F_2 के सभी लम्बे पौधे को स्वयं परागित किया, तो क्या परिणाम आया?

(A) 1/4th बौने, 3/4th लंबे

(B) 1/4th लंबे, 3/4th बौने

(C) F_1 के भांति ही सभी पौधे लम्बे थे।

(D) 2/4 बौने, 2/4th लम्बे

17. मेंडल के प्रयोग में F_2 पीढ़ी में दोनों विशेषक का क्या अनुपात था?

(A) 2 : 1 (B) 2 : 2

(C) 3 : 1 (D) 1 : 3

18. मेंडल ने निम्न में से किसे 'कारक' (फैक्टर) कहा?

(A) गूणसूत्र (B) जीन

(C) डीएनए (D) विपर्यास विशेषक

19. वंशागति की इकाई है-

(A) जीन (B) डीएनए

(C) गूणसूत्र (D) केन्द्रक

20. युग्म विकल्पी (अलील) क्या है?

(A) जीन जो सिर्फ एक लक्षण के लिए कोड करता है।

(B) जीन जो विकल्पी विपरीत लक्षणों के संकेतक जोड़े को कोड करता है।

(C) गूणसूत्र जो एक ही लक्षण को कोड करते है।

(D) उपरोक्त में से कोई नहीं

21. अलील में, कैपीटल अक्षर को उपयोग निम्न मे से किसके लिए होता है?

(A) जो लक्षण प्रदर्शित होते है।

(B) जो लक्षण प्रदर्शित नहीं होते है।

(C) प्रदर्शित तथा अप्रदर्शित होने वाले दोनों लक्षणों के लिए।

(D) उपरोक्त में से कोई नहीं

22. पादप जिसका जीनोटाइप (जीनी प्ररुप) Tt होता है, उसक फीनोटाइप क्या होगा?
    (A) लंबा (B) बौना
    (C) अर्ध बौना (D) मध्यम

23. फीनोटाइप के आधार पर असमान्य का चयन करें-
    (A) TT (B) Tt
    (C) tt (D) उपरोक्त में से कोई नहीं

24. जीनोटाइप 'Tt' में, सिर्फ T क्यों प्रदर्शित होता है?
    (a) T एक प्रभावी लक्षण है।
    (b) T एक अप्रभावी लक्षण है।
    (c) t एक प्रभावी लक्षण है।
    (d) t एक अप्रभावी लक्षण है।
    (A) a, b (B) a, c
    (C) a, d (D) b, d

25. अगर लंबे (TT) तथा बौने (tt) के बीच क्रॉस (संकरण) कराया जाता है, तो जीनोटाइप क्या होगा?
    (A) TT, T, Tt, tt (B) Tt, Tt, Tt, TT
    (C) tt, tt, tt, Tt (D) Tt, Tt, Tt, Tt

26. नीचे दिए गए कथन F_2 पीढ़ी के एकल संकर (मोनोहाइब्रिड) से संबंधित है-
    (a) अप्रभावी पैतृक लक्षण, कभी प्रदर्शित नहीं होता है।
    (b) अप्रभावी पैतृक लक्षण सम्मिश्रण के साथ प्रदर्शित होता है।
    (c) अप्रभावी पैतृक लक्षण बिना किसी सम्मिश्रण के साथ प्रदर्शित होता है।
    (d) प्रभावी पैतृक लक्षण कभी प्रकट नहीं होता है।
    (A) a (B) b
    (C) c (D) a, b, c

27. निम्न में से किसके, आरेख आनुवंशिक संकरण प्रयोगों में संतति के सभी संभाव्य जीनोटाइपों की गणना करने के लिए बताया गया-
    (A) इसकियरा वर्ग (B) पेनट वर्ग
    (C) इसकियरा क्यूब (D) पनेट क्यूब

28. पनेट वर्ग में संभव्य युग्मकों को लिखा जाता है-
    (A) दोनों तरफ
    (B) कोष्टक में
    (C) प्रत्येक कोण पर
    (D) उपरोक्त में से कोई नहीं

29. F_1 पीढ़ी के मादा (अंड) और नर (पराग) के धोतन के लिए क्रमशः __a ?__ और __b ?__ है-
    (A) a – ♀, b – ♂
    (B) a – ♂, b – ♀
    (C) a – $\overset{+}{O}$, b – ♂
    (D) a – ♀, b – O↘

30. मेंडल के प्रयोग में F_1 पौधे के जीनोटाइप Tt को स्वपरागित किए जाने पर-
    (A) बराबर संख्या में जीनोटाइप T और t के युग्मक उत्पन्न करते है।
    (B) अधिक T युग्मक उत्पन्न होता है।
    (C) अधिक t युग्मक उत्पन्न होता है।
    (D) T तथा t युग्मक का कोई अनुपात निश्चित नहीं होता है।

31. F_1 पादप में जब निषेचन होता है तो जीनोटाइप T के परागकणों द्वार जीनोटाइप T और t के अंडो को परागित करने की __?__ संभावना रहती है-
    (A) 25% (B) 50%
    (C) 75% (D) 100%

32. निम्न में से किस श्रेणी के जीनोटाइप वाले पौधों को बाह्य आकारकी के आधार पर विभेदित नहीं किया जा सकता है?
    (A) TT तथा tt (B) Tt तथा TT
    (C) Tt तथा tt (D) tt तथा TO

33. नीचे कुछ कथन, मेंडल के प्रयोग के अध्ययन तथा निष्कर्ष से संबंधित दिए गए है-

(a) गणितीय प्रायिकता के प्रयोग से जीनोटाइप अनुपातों की गणना की जा सकती है।

(b) प्रभावी विशेषक के फीनोटाइप को देखने भर से जीनोटाइप संरचना का ज्ञान संभव है।

(c) F_2 पीढ़ी में बौने पौधे का जीनोटाइप हेटेरोजाइगस हो सकता है।

सही कथन का चयन करें-

(A) a (B) a, b

(C) b, c (D) a, b तथा c

34. मेंडल ने परीक्षार्थ संकरण क्यो किया था?

(A) F_1 के लंबे पादप के जीनोटाइप के विश्लेषण के लिए।

(B) F_1 के लंबे पादप के जीनोटाइप के विश्लेषण के लिए।

(C) F_2 के बौने पादप के जीनोटाइप के विश्लेषण के लिए।

(D) F_2 के लंबे पादप के जीनोटाइप के विश्लेषण के लिए।

35. वंशागति कि नियम में सम्मिलित है-

(a) विसंयोजन नियम (b) स्वतंत्र अपव्यूहन का नियम

(c) प्रभाविता नियम (d) अपूर्ण प्रभाविता

(A) a, c (B) a, b

(C) b, c (D) a, d

36. निम्न में से कौन सा नियम एकल संकल (मोनोहाइब्रिड) संकरण से संबंधित नहीं है?

(A) वंशागति के नियम

(B) विसंयोजन का नियम

(C) प्रभाविता नियम

(D) स्वतंत्र अपव्यूहन का नियम

37. प्रभाविता नियम, एकल संकल (मोनेहाइब्रिड) संकरण; F_1 में कितने पैतृक लक्षण के प्रदर्शन का वर्णन करता है?

(A) 1 (B) 2

(C) 3 (D) असीमित

38. मेंडल के प्रयोग में एकल संकल के F_2 में 3 : 1 का पाया जाना निम्न में से कौन से सिद्धांत से समझा जा सकता है?

(A) विसंयोजन नियम

(B) स्वतंत्र अपव्यूहन का नियम

(C) प्रभाविता नियम

(D) उपरोक्त में से कोई नहीं

39. अलील आपस में घुलमिल (सम्मिश्रण) नहीं कर पाते और F_2 पीढ़ी में दोनों लक्षणों को फिर से अभिव्यक्ति हो जाती है, यह तथ्य निम्न में से किस नियम से संबंधित है?

(A) विसंयोजन नियम

(B) स्वतंत्र अपव्यूहन का नियम

(C) प्रभाविता नियम

(D) उपरोक्त में से कोई नहीं

40. विसंयोजन नियम के अनुसार, विषम युग्मजी जनक उत्पन्न करते-

(A) दो प्रकार के युग्मक जिसमें समान अनुपात में एक-एक अलील होता है।

(B) दो प्रकार के युग्मक जिसमें असमान अनुपात में एक-एक अलील होता है।

(C) एक प्रकार का युग्मक जिसमें समान अनुपात में एक-एक अलील होता है।

(D) एक प्रकार का युग्मक जिसमें असमान अनुपात में एक-एक अलील होता है।

41. अगर F_1 में ऐसा फीनोाटाइप आ जाता है जो किसी भी जनक से नहीं मिलता जुलता है, और इनके बीच का सा लगता है, यह कहलाता है-

(A) सह प्रभाविता (B) अपूर्ण प्रभाविता

(C) पूर्ण प्रभाविता (D) विशिष्ट प्रभाविता

42. स्नेपड्रेगन है-

(A) साइक्लामेन (B) जूनिपर

(C) कैट पुष्प (D) श्वान पुष्प

43. अगर लाल पुष्प (RR) तथा सफेद पुष्प (rr) के बीच संकरण कराया जाये तो पुष्प का रंग ___a?___ होता है तथा यह ___b?___ को प्रदर्शित करता है–

(A) a – गुलाबी, b – अपूर्ण प्रभाविता

(B) a – लाल, b – अपूर्ण प्रभाविता

(C) a – सफेद, b – अपूर्ण प्रभाविता

(D) a – गुलाबी, b – पूर्ण प्रभाविता

44. जब एक गुलाबी पुष्प जिसका जीनोटाइप Rr है, का स्वपरागण करायाा जाता है, तो F_2 पीढ़ी का क्या परिणाम होगा?

	लाल	गुलाबी	सफेद
(A)	1 :	2 :	2
(B)	1 :	1 :	1
(C)	2 :	2 :	1
(D)	1 :	2 :	1

45. मनुष्य का रुधिर वर्ग किसका उदाहरण है?

(A) अपूर्ण प्रभाविता (B) सह प्रभाविता

(C) पूर्ण प्रभाविता (D) विशिष्ट प्रभाविता

46. ABO रुधिर समूह निम्न में से कौन से जीन से नियंत्रित होते है?

(A) I (B) A

(C) O (D) H

47. जीन I के कितने अलील होते है?

(A) 4 (B) 3

(C) 2 (D) 1

48. ABO रुधिर वर्ग में, निम्न में से कौन सा अलील कोई शर्करा उत्पन्न नहीं करता है?

(A) I^A (B) I^B

(C) I^O (D) उपरोक्त में से कोई नहीं

49. जब अलील I^A तथा i उपस्थित होते हे, तब सिर्फ I^A ही क्यों प्रदर्शित होते है?

(A) क्योंकि i कोई शर्करा उत्पन्न नहीं करते है।

(B) क्योंकि i शर्करा उत्पन्न होते है।

(C) क्योंकि I^A कोई शर्करा उत्पन्न नहीं करता है।

(D) क्योंकि i कम शर्करा उत्पन्न करता है।

50. जब I^A तथा I^B एक साथ उपस्थित होते है, तब–

(A) दोनों अपने शर्करा को प्रदर्शित करते है।

(B) सिर्फ I^A अपने शर्करा को प्रदर्शित करते है।

(C) सिर्फ I^B अपने शर्करा को प्रदर्शित करते है।

(D) न तो I^A न ही I^B अपने शर्करा को प्रदर्शित करता है।

51. मानव रुधिर समूह मे कितने फीनोटाइप होते है?

(A) 1 (B) 6

(C) 4 (D) 2

52. I – कभी-कभी एकल जीन उत्पाद एक से अधिक फीनोटाइप को प्रभावित करता है।

II – ABO रुधिर वर्ग बहुअलील (मल्टीपल अलील) का उदाहरण है।

III – एक बच्चे का रुधिर वर्ग आवश्यक रूप से अपने जनकों के समान होता है।

उपरोक्त में से कौन सा कथन गलत है?

(A) I (B) I, II

(C) III (D) I, II, III

53. जीनोटाइप ry दर्शाता है–

(A) गोल पीला (B) झुर्रीदार हरा

(C) झुर्रीदार हरा (D) गोल हरा

54. जब एक पादप बीज जिसका जीनोटाइप RrYy को स्वपरागित कराया जाए तो परिणाम क्या होगा?

अगर RY = गोल पीला, ry = झुर्रीदार हरा

	गोल पीला	गोल हरा	झुर्रीदार पीला	झुर्रीदार पीलस
(A)	9 :	3 :	3 :	1
(B)	9 :	3 :	3 :	3
(C)	9 :	3 :	9 :	1
(D)	9 :	9 :	9 :	1

55. जब किसी संकर में लक्षणों के दो जोड़े लिए जाते है तो किसी एक जोड़े का लक्षण विसंयोजन दूसरे जोड़े से स्वतंत्र होता है, यह तथ्य निम्न में से कौन से नियम से संबंधित है?

(A) स्वतंत्र अपव्यूहन का नियम

(B) प्रभाविता नियम

(C) वंशागति का नियम

(D) विसंयोजन नियमन

56. स्वतंत्र अपव्यूहन का नियम, निम्न में से किससे संबंधित है?

(A) एकल संकर क्रास

(B) द्विसंकर क्रास

(C) त्रीसंकर क्रास

(D) उपरोक्त में से कोई नहीं

57. लक्षणों के वंशागति से संबंधित मेंडल के कार्य कौन से वर्ष प्रकाशित हुआ था?

(A) 1865 (B) 1875

(C) 1855 (D) 1869

58. मेंडल का कार्य सन् 1900 तक अज्ञात क्यों रहा?

(A) संचार की सुविधाएं अच्छी नहीं थी जिससे कार्य को प्रचार नहीं मिल पाया।

(B) जीन से संबंधित तथ्य से समकालीन वैज्ञानिक अनजान थे।

(C) मेंडल के जीव विज्ञान में गणित पर आधारित तर्क तथा तथ्य अस्वीकार्य था।

(D) उपरोक्त सभी

59. वैज्ञानिकों के सेट का चयन करें जिन्होने मेंडल के कार्यों के परिणामों की पुनः खोज की थी-

(A) डीव्रीज, कॉरेन्स, शेरमाक

(B) डीव्रीज, कॉरेन्स, टिलमॉन

(C) सुमर, कॉरेन्स, शेरमाक

(D) टिलमॉन, कॉरेन्स, शेरमाक

60. निम्न में से कौन जोड़े में होते है, या हो सकते है?

(A) गुणसूत्र (B) जीन

(C) केद्रक (D) उपरोक्त सभी

61. गुणसूत्र को रंगीन काय क्यों कहा जाता है?

(A) ये रंगीन होते है।

(B) रंग जाने के कारण इन्हे सुक्ष्मदर्शी में देखा जा सकता है।

(C) यह सिर्फ मध्यावस्था के दौरान रंगीन दिखाई देता है।

(D) उपरोक्त में से कोई नहीं

62. क्रोमोसोम तथा जीन का व्यवहार निम्न में से किस बिन्दु पर समान होता है?

(a) दोनों युग्म में पाये जाते है।

(b) दोनों युग्मक के उत्पत्ति के दौरान पृथक् हो जाते है।

(c) दोनों वंशागति से संबंधित है।

(d) दोनों डीएनए से संबंधित है।

(A) a, c (B) a, c, d

(C) a, d (D) a, b, c and d

63. वंशागति का क्रोमोसोम सिद्धांत, निम्न में से किससे संबंधित है?

(A) सटन तथा बोवेरी (B) मेडल

(C) कॉरेन्स (D) शेरमाक

64.

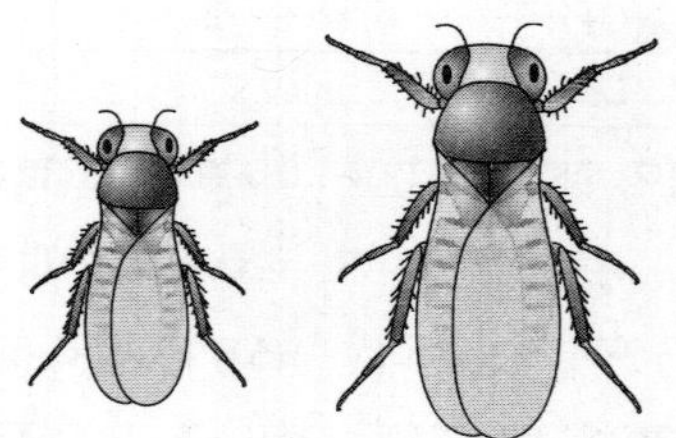

दिया गया चित्र में निम्न में से किसका है?

(A) ड्रैगन मक्खी (B) घेरलु मक्खी

(C) ड्रोसोफिला (D) बालु मक्खी

65. ड्रोसेफिला मेलनोगैस्टर है-

(A) फल मक्खी

(B) ड्रैगन मक्खी

(C) बालु मक्खी

(D) घरेलु मक्खी

66. वंशागति का क्रोमोसोम-वाद या सिद्धांत के प्रयोगात्मक सत्यापन करने वाले वैज्ञानिक है-

(A) सटन

(B) बोमेरी

(C) मेंडल

(D) मोरगन

67. मोरगन ने अपने अध्ययन के लिए ड्रोसोफिला का ही चयन क्यों किया?
   (A) ये अपना जीवन चक्र दो सप्ताह हमें ही पूर्ण कर लेते है।
   (B) एकल मैथुन से विशालकाय संख्या में संतति मक्खियों का उत्पादन संभव था।
   (C) इसमें आनुवांशिक विविधताओं के अनेक प्रकार थे जो कम क्षमता वाले माइक्रोस्काप से देखे जा सकते है।
   (D) उपरोक्त सभी

68. फल मक्खी, में लक्षणों के सेट का चयन करे, जिसे मॉर्गन द्वारा संकरण के प्रयोग में प्रयुक्त किया गया था–

	मादा		नर	
	शरीर	नेत्र	शरीर	नेत्र
(A)	पीला	सफेद	काला	लाल
(B)	पीला	सफेद	भूरा	लाल
(C)	पीला	लाल	भूरा	सफेद
(D)	भूरा	लाल	पीला	लाल

69. शब्दों के सेट का चयन करें जो की मोरगन ने दिया था–
   (A) सहलग्नता तथा गुणसूत्र
   (B) सहलग्नता तथा जीन
   (C) पुनर्यांजन तथा जीन
   (D) सहलग्नता तथा पुनर्योंजन

70. ड्रोसोफिला में कई द्विसंकर क्रॉस करने के पीछे मोरगन का मुख्य उद्देश्य क्या था?
   (A) लिंग–सहलग्न जीनो का अध्ययन
   (B) गुणसूत्र का अध्ययन
   (C) उन जीन का अध्ययन जो लिंग–सहलग्न नहीं होते है।
   (D) उपरोक्त सभी

71. निम्न में से किसने एक ही क्रामोसाम के जीन युग्मकों की पुनर्योंजन–आवृत्ति को जीनो के बीच की दूरी का माप मानकर क्रोमोसोम में इनक स्थिति के चित्र बना दिए?
   (A) मेडल (B) मोरगन
   (C) स्टटीवेट (D) सटन

72. आजकल पूरे जोनोम के अनुक्रम के निर्धारण में ___?___ बहुत अधिक काम में लाए जा रहे है–
   (A) आनुवांशिक नक्शे
   (B) जीन क्लोनिंग
   (C) जीन क्रम निर्धारण
   (D) जीन ट्रैकिंग

73. 'X काय' नाम किसने दिया था?
   (A) मोरगन (B) हेकिंग
   (C) स्टटीवेट (D) बोवेरी

74. 'X काय' है–
   (A) गुणसूत्र (B) जीन
   (C) डीएनए (D) गुणसूत्र बिंदु

75. XO प्रकार का लिंग निर्धारण निम्न में से किसमे सामान्य होता है?
   (A) कीट (B) पंक्षी
   (C) व्हेल (D) मेढ़क

76. कुछ कीटों में X गुणसूत्र युक्त अंड निषेचित होकर विकसित हो जाते है–
   (A) नर में (B) उभयलिंगी सदस्य में
   (C) मादा में (D) नर या मादा में

77.

   (A) नर (B) उभलिंगी
   (C) मादा (D) नर या मादा

78. XO जीनोटाइप, युक्त टिड्डा, प्रदर्शित करता है–
   (A) नर (B) उभयलिंगी
   (C) मादा (D) न तो नर न ही मादा

79. निम्न में से कौन xy जीनोटाइप युक्त होता परन्तु नर को प्रदर्शित नहीं करता है, वह है–
   (A) मनुष्य (B) ड्रोसोफिला
   (C) मेढ़क (D) उपरोक्त में से कोई नहीं

80. निम्न में से कौन विषमयुग्मकता को प्रदर्शित नहीं करता है?
(A) मुनष्य (B) ड्रोसोफिला
(C) टिड्डा (D) पंक्षी

81. मादा विषमयुग्मकता प्रदर्शित किया जाता है–
(A) मनुष्य के द्वारा (B) ड्रोसोफिला के द्वारा
(C) टिड्डा के द्वारा (D) पंक्षी के द्वारा

82. पंक्षी में ZW गुणसूत्र के सेट के कारण विकसित होते है–
(A) मादा पंक्षी (B) नर पंक्षी
(C) उभयलिंगी पंक्षी (D) न नर न ही मादा

83. गुणसूत्र का ZZ सेट निम्न में से किसके समान है?
(A) XX (B) XY
(C) XO (D) YY

84. अगर एक महिला गर्भवती है, तो नर बच्चे की संभावना कितना प्रतिशत है?
(A) 25% (B) 50%
(C) 75% (D) 100%

85. नीचे कुछ कथन उत्परिवर्तन से संबंधित दिए गए है–
(A) डीएनए अनुक्रम में बदलाव ला देती है।
(B) जीव के जीनोटाइप और फीनोटाइप में परिवर्तन आ जाता है।
(C) उत्परिवर्तन (विभिन्नता) का एकमात्र कारण है।
(D) म्यूटाजन एक से अधिक हो सकते है–
उपरोक्त में से कितने कथन गलत है?
(A) 1 (B) 2
(C) 3 (D) 4

86. गुणसूत्रीय (क्रोमोसोमीय) विपथन सामान्यत किसमें देखे जाते है?
(A) मधुमेह (B) गठिया
(C) कैंसर (D) कार्डियक असमान्यता

87. पॉइंट म्यूटेशन क्या है?
(A) एक विशिष्ट बिंदु पर डीएनए में परिवर्तन।
(B) एक विशिष्ट बिंदु पर जीन में परिवर्तन
(C) डीएनए के एकल क्षार युग्म (बेस पेयर) में परिवर्तन
(D) डीएनए के अनेक क्षार युग्म में परिवर्तन

88. निम्न में से कौन बिंदु उत्परिवर्तन का उदाहरण है?
(A) अल्जाइमर रोग
(B) क्रिटिनिज्म
(C) सिकल सेल ऐनिमिया
(D) उपरोक्त में से कोइ नहीं

89. फ्रेम शिफ्ट उत्परिवर्तन का कारण है–
(A) हट जाना (डीलिसन)
(B) द्विगुणन
(C) शामिल होना (इन्सरसन)
(D) उपरोक्त सभी

90. निम्न में से कौन म्यूटाजन नहीं है?
(A) UV विकिरण (B) तम्बाकू
(C) स्टीलबेस्ट्राल (D) विटामिन–C

91. I – तुलनार्थ (नियन्त्रित) संकर मनुष्य में संभव नहीं है।
II – वंशावली विश्लेषण (पेडीग्री एनालेसिस) मुनष्य में संभव है।
III – वंशावली अध्ययन किसी विशेष रोग के पहचान का एक महत्वपूर्ण उपकरण होता है।
गलत का चयन करें–
(A) I (B) II
(C) III (D) उपरोक्त में से कोई नहीं

92. जीव का प्रत्येक लक्षण ___?a___ से नियंत्रित होता है, जो ___?b___ पर स्थित होता है, जो ___?c___ में स्थित रहता है–
(A) a – डीएनए, b – जीन, c – गुणसूत्र
(B) a – जीन, b – डीएनए, c – गुणसूत्र
(C) a – गुणसूत्र, b – डीएनए, c – जीन
(D) a – डीएनए, b – गुणसूत्र, c – जीन

93. विकार जो एकल जीन के रूपान्तरण या उत्परिवर्तन से मुख्तया निर्धारित हो जाते है, उसे कहते है–
(A) मेंडलीय विकार
(B) क्रोमोसोमीय विकार
(C) आनुवांशिक विकार
(D) उपरोक्त सभी

94. नीचे कुछ तथ्य मेंडलीय विकार से संबंधित दिए गए है–

(a) यह विकार उसी विधि से संतति में पहुंचते है जिसका अध्ययन वंशागति के सिद्धांत में किया जाता है।

(b) इस विकार को वंशावली विश्लेषण द्वारा नहीं खोजा जा सकता है।

(c) सामान्यतः मेंडलीय विकार का पूर्ण इलाज (क्योर) संभव है।

(d) मेंडलीय विकार प्रभावी अथवा अप्रभावी हो सकते है।

गलत कथन का चयन करें–

(A) a, b (B) b, c
(C) c, d (D) b, d

95. निम्न में से कौन मेंडलीय विकार नहीं है?

(A) डाऊन सिंड्रोम
(B) सिस्टिकफाइब्रोसिस
(C) फीनाइलकीटोनूरिया
(D) थैलेसीमिया

96.

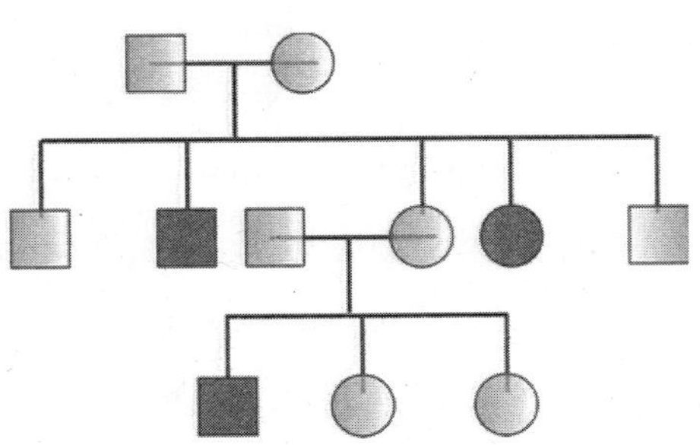

दिया गया प्रतीकात्मक वंशावली विश्लेषण दर्शा रहा है–

(A) दैहिक प्रभावी लक्षण – सिकल सेल एनिमिया
(B) दैहिक अप्रभावी लक्षण – मायोटोनिक दुष्पोषण
(C) दैहिक अप्रभावी लक्षण – सिंकल सेल एनिमिया
(D) दैहिक प्रभावी लक्षण – मायोटोनिक दुष्पोषण

97. सुमेलित करें–

कॉलम A	कॉलम B
(a) लिंग सहलग्न अप्रभावी रोग	(1) सिकल सेल एनिमिया
(b) दैहिक अप्रभावी रोग	(2) हीमोफीलिया
(c) जन्मजात उपापचयी त्रुटि	(3) फीनाइल कीटोनूरिया

(A) abc/213 (B) abc/321
(C) abc/123 (D) abc/132

98. निम्न मे से किस आधार पर हीमोफीलिया जानलेवा होता है?

(A) मामूली जख्म से भी रुधिर का निकलना बंद ही नहीं होता है।
(B) रुधिर कैंसर का कारण बनता है।
(C) अस्थि मज्जा में अबुर्द का निर्माण हो जाता है।
(D) उपरोक्त सभी

99. हीमोफीलिया को रानी विक्टोरिया रोग क्यों कहते है?

(A) रानी विक्टोरिया इस रोग से ग्रसित थी।
(B) रानी विक्टोरिया इस रोग की वाहक थी।
(C) रानी विक्टोरिया इस रोग की पहली मरीज थी।
(D) उपरोक्त में से कोई नहीं

100. क्यों हीमोफीलिया रोग महिलाओं में नगण्य (नाम मात्र) होते है?

(A) नर वाहक × मादा वाहक
(B) नर हीमोफीलिक्र × मादा वाहक
(C) नर सामान्य × मादा वाहक
(D) नर हीमोफीलिक × मादा सामान्य

101. सिकल सेल एनिमिया के विषमयुग्मकी दशा में उत्परिवर्तित जीन के संतति में पहुंचने की संभावना कितना प्रतिशत होता है?

(A) 25% (B) 50%
(C) 75% (D) 100%

102.

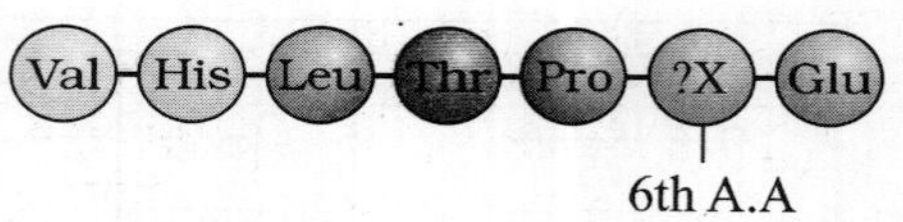

X क्या है?

(A) एलेनीन (B) एस्पॅटिक अम्ल

(C) वैलीन (D) ग्लूटामीन

103. सिकल सेल एनिमिया में ग्लोबिन प्रोटीन में अमीनों अम्ल का प्रतिस्थापन बीटा ग्लोबिन जीन के छठे कोडोन में ___a?___ का ___b?___ द्वारा प्रतिस्थापन के कारण होता है–

(A) a – GUG, b – **GAG**

(B) a – GAG, b – **GUG**

(C) a – AGG, b – **UGG**

(D) a – CTC, b – **CAG**

104. सिकल सेल **एनिमिया** में RBC का आकार क्यों परिवर्तित हो **जाता है?**

(A) उत्परिवर्तित **हीमोग्लोबिन** अणु में बहुलकीकरण हो जाता है।

(B) उत्परिवर्तित **हीमोग्लोबिन** अणु में संघनन हो जाता है।

(C) उत्परिवर्तित **हीमोग्लोबिन** अणु के एंजाइम में परिवर्तन हो **जाता है।**

(D) उपरोक्त सभी

105. सिकल सेल एनिमिया **में** ऑक्सीजन तनाव होता है–

(A) उच्च **(B)** सामान्य

(C) निम्न **(D)** पूर्णत अनुपस्थित

106. सामान्य हीमोग्लोबिन **की** तुलना में, सिकल सेल एनिमिया में–

(a) ऑक्सीजन ढ़ोने **की** क्षमता कम होती है।

(b) माप ↑

(c) जीवन अवधि ↓

सही का चयन करें–

(A) a, b, c **(B)** c

(C) b **(D)** a, c

107. फीनाइल ऐलनीन, कौन से अमीनो अम्ल परिवर्तित हो जाते है?

(A) ऐलेनीन (B) ग्लाइसीन

(C) टायरोसीन (D) एस्पार्टिक अम्ल

108. फीनाइल कीटोनूरिया होता है–

(A) दैहिक प्रभावी लक्षण

(B) दैहिक अप्रभावी लक्षण

(C) लिंग संलग्न अप्रभावी लक्षण

(D) लिंग संलग्न प्रभावी लक्षण

109. फीनाइल कीटोनूरिया में कौन सा एन्जाइम अनुपस्थि होता है?

(A) टाइरोसिनेज

(B) हीमोजेनटिसिक अम्ल

(C) फीनाइलपाइरुविक अम्ल

(D) फीनाइलएलेनीन हाइड्रोजीलेज

110. फीनाइल कीटोनूरिया रोग में फीनाइल एलेनी ___x?___ में परिवर्तित हो जाता है, जो क ___y?___ में इकट्ठा होता है–

(A) x – फीनाइल पाइरुविक अम्ल, y – मस्तिष्क

(B) x – फीनाइल पाइरुविक अम्ल, y – यकृत

(C) x – होमोजेनटिसिक अम्ल, y – यकृत

(D) x – होमाजेनटिसिक अम्ल, y – मस्तिष्क

111. फीनाइलकीटोनूरिया रोग में फीनाइल पाइरुविक अम्ल, निम्न में से किसके साथ बाहर आती है?

(A) पसीना (B) मूत्र

(C) मल (D) उपरोक्त सभी

112. क्रोमोसोमीय विकार निम्न में से किसके कारण र संभव है?

(A) गुणसूत्र की अनुपस्थिति

(B) गुणसूत्र की अधिकता

(C) गुणसूत्र का असामान्य विन्यास

(D) उपरोक्त सभी

13.

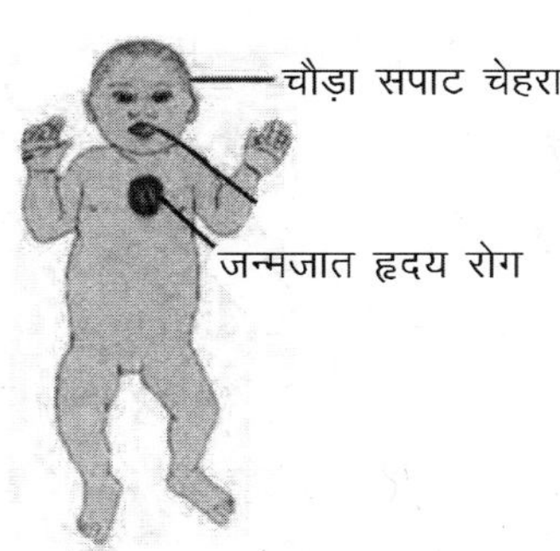

दिए गए चित्र को पहचानते हुए, उस रोग का चयन करें जिससे यह शिशु ग्रसित है–

(A) डाउन सिंड्रोम (B) एडवर्ड सिंड्रोम
(C) पटाऊ सिंड्रोम (D) क्लाइनफेल्टर सिंड्रोम

14. एन्युप्लोइडी, पालीप्लोइडी, त्रिसूत्रता, एकसूत्रता
उपरोक्त में से कितने क्रोमोसोमीय विकार से संबंधित है?

(A) 1 (B) 2
(C) 3 (D) 4

15. अधिकांश क्रोमोसोमीय विकार में कौन सा लक्षण सबसे सामान्य है?

(A) गाइनेकोमैसटिया
(B) असमान्य पाल्म क्रीज
(C) बार काय की उपस्थिति
(D) अवरुद्ध मानसिक विकास

16. सुमेलित करें–

कॉलम A **जीनोटाइप**	**कॉलम B** **असमान्यता**
(a) 45 + XY (+ 21)	(1) डाउन सिंड्रोम
(b) 44 + XXY	(2) क्लाइनफेल्टर सिंड्रोम
(c) 44 + XO	(3) टर्नर सिंड्रोम

(A) abc/123 (B) abc/231
(C) abc/132 (D) abc/312

17. गाइनीकोमैस्टिया निम्न में से किसका लक्षण है?

(A) डाउन सिंड्रोम (B) क्लाइनफेल्टर सिंड्रोम
(C) टर्नर सिंड्रोम (D) पटाऊ सिंड्रोम

118. दिए गए स्तम्भ को **सुमेलित** करते हुए सही विकल्प का चयन करे–

कॉलम A **सिंड्रोम**	**कॉलम B** **लिग**
(a) डाउन सिंड्रोम	(1) सिर्फ नर में
(b) क्लाइनफेल्टर **सिंड्रोम**	(2) सिर्फ मादा में
(c) टर्नर सिंड्रोम	(3) नर मादा दोनों में

(A) abc/213 (B) abc/123
(C) abc/312 (D) abc/132

119. सिंड्रोम के सेट का **चयन** करें जिसमें 47 गुणसूत्र होते है–

(A) क्लाइनफेल्टर **सिंड्रोम**, टर्नर सिंड्रोम
(B) क्लाइनफेल्टर **सिंड्रोम**, डाउन सिंड्रोम
(C) एडवर्ड सिंड्रोम, टर्नर सिंड्रोम
(D) पटाऊ सिंड्रोम, टर्नर सिंड्रोम

120. I – आर्तव चक्र की **अनुपस्थिति**
II – छोटा स्तन
III – छोटा कद
उपरोक्त में से **कौन सा** लक्षण टर्नर सिंड्रोम का है?

(A) I (B) II
(C) I, III (D) I, II, III

121. किस वर्ष मेंडल के **वंशागति** से संबंधित परिणामों की स्वतंत्र रूप से **पुनः** खोज की गई थी?

(A) 1900 (B) 1865
(C) 1859 (D) 1887

122. मोरगन तथा उसके **सहयोगी**, निम्न में से कौन से तथ्य को जानते थे?

(A) आनुवंशिक **नक्शे**
(B) लिंग निर्धारण
(C) X गुणसूत्र में **जीन** की उपस्थिति
(D) उपरोक्त सभी

123. थैलेसीमिया रोग **किस गुणसूत्र** से संबंधित है?

(A) 15th (B) 46th
(C) 16th (D) 12th

124. जीन के सेट का चयन करें जो थैलेसीमिया से संबंधित है-

(A) HBA1 तथा HBA2

(B) HAB1 तथा HAB2

(C) HBA2 तथा HBA3

(D) HBA7 तथा HBA8

125. मधुमक्खी के कौन से सदस्य अनिषेकजनन से विकसित होते है?

(A) नर

(B) रानी

(C) श्रमिक

(D) उपरोक्त में से कोई नहीं

ANSWER KEY

1. (C)	**2.** (A)	**3.** (C)	**4.** (A)	**5.** (D)	**6.** (B)	**7.** (A)	**8.** (B)	**9.** (C)	**10.** (A)
11. (D)	**12.** (D)	**13.** (A)	**14.** (A)	**15.** (B)	**16.** (A)	**17.** (C)	**18.** (B)	**19.** (A)	**20.** (B)
21. (A)	**22.** (A)	**23.** (C)	**24.** (C)	**25.** (D)	**26.** (C)	**27.** (B)	**28.** (A)	**29.** (A)	**30.** (A)
31. (B)	**32.** (B)	**33.** (A)	**34.** (D)	**35.** (A)	**36.** (D)	**37.** (A)	**38.** (C)	**39.** (A)	**40.** (A)
41. (B)	**42.** (D)	**43.** (A)	**44.** (D)	**45.** (B)	**46.** (A)	**47.** (B)	**48.** (C)	**49.** (A)	**50.** (A)
51. (C)	**52.** (C)	**53.** (C)	**54.** (A)	**55.** (A)	**56.** (B)	**57.** (A)	**58.** (D)	**59.** (A)	**60.** (D)
61. (B)	**62.** (B)	**63.** (A)	**64.** (C)	**65.** (A)	**66.** (D)	**67.** (D)	**68.** (B)	**69.** (D)	**70.** (A)
71. (C)	**72.** (A)	**73.** (B)	**74.** (A)	**75.** (A)	**76.** (C)	**77.** (A)	**78.** (A)	**79.** (D)	**80.** (D)
81. (D)	**82.** (A)	**83.** (B)	**84.** (B)	**85.** (A)	**86.** (C)	**87.** (C)	**88.** (D)	**89.** (D)	**90.** (D)
91. (D)	**92.** (B)	**93.** (A)	**94.** (B)	**95.** (A)	**96.** (C)	**97.** (A)	**98.** (A)	**99.** (B)	**100.** (B)
101. (B)	**102.** (C)	**103.** (B)	**104.** (A)	**105.** (C)	**106.** (A)	**107.** (C)	**108.** (B)	**109.** (D)	**110.** (A)
111. (B)	**112.** (D)	**113.** (A)	**114.** (D)	**115.** (D)	**116.** (A)	**117.** (B)	**118.** (C)	**119.** (B)	**120.** (D)
121. (A)	**122.** (C)	**123.** (C)	**124.** (A)	**125.** (A)					

वंशागति के आणविक आधार

1. स्तंभ को सुमेलित करते हुए सही विकल्प का चयन करें–

प्राणी	क्षार युग्म
(a) मनुष्य	(1) 5386
(b) $\phi \times 174$	(2) 3.3×10^9
(c) लैब्डा	(3) 48502
(d) ई. कोलाई	(4) 4.6×10^6

(A) abcd/2143 (B) abcd/1234
(C) abcd/2134 (D) abcd/2314

2. $\phi \times 174$ है–
(A) क्षार युग्म (B) जीवाणु
(C) विषाणु (D) जीवाणु भोजी

3. कौन सा नाइट्रोजन क्षार डीएनए तथाा आर एन ए दोनों में मिलता है?
(A) एडेनीन
(B) ग्वानीन
(C) साइटोसीन
(D) थाइमीन

4. आर एन ए में यूरिसल, निम्न में से किसके जगह पर होता है?
(A) थाइमीन (B) साइटोसीन
(C) एडेनीन (D) ग्वानीन

5.
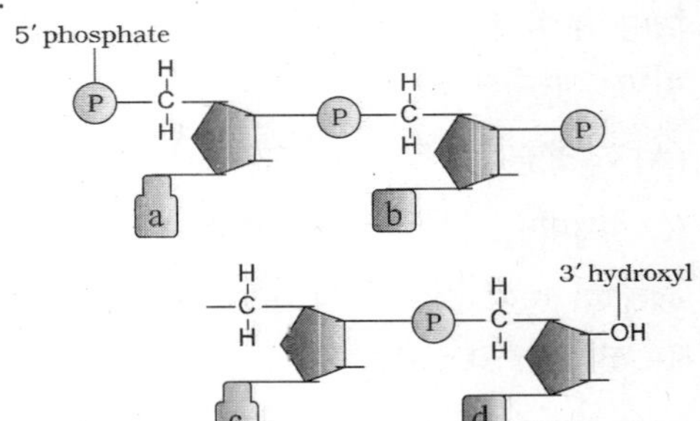

दिया गया चित्र एक पॉलीन्यूक्लियोटाइड श्रृंखला का है, a, b, c तथा d क्या है?
(A) a – A, b – T, c – G, d – C
(B) a – T, b – A, c – G, d – C
(C) a – A , b – T, c – C, d – G
(D) a – C, b – T, c – A, d – G

6. दो नयूक्लियोटाइड्स ___?___ द्वारा जुड़कर डाईन्यूक्लियोटाइड का निर्माण करते है–
(A) 5′ – 3′ फॉस्फोडाइस्टर बंध
(B) 3′ – 5′ फॉस्फोडाइस्टर बंध
(C) 3′ – 5′ फॉस्फोट्राइस्टर बंध
(D) 5′ – 3′ फॉस्फोट्राइस्टर बंध

7. नाइट्रोजनी क्षार __?__ द्वारा पेंटोस शर्करा से जुड़कर नयूक्लियोसाइड बनाता है–
(A) 1, 6 ग्लाकोसिडिक बंध
(B) अल्फा 1, 4 ग्लाइकोसिडिक बंध
(C) नाइट्रोजन ग्लाइकोसिडिक बंध
(D) उपरोक्त में से कोई नहीं

8. पॉलीन्यूक्लियोटाइड श्रृंखला के आधार का निर्माण, निम्न मे से किससे होता है?

(A) शर्करा तथा फॉस्फेट्स

(B) अमीनो अम्ल तथा फॉस्फेट्

(C) शर्करा तथा अमीनो अम्ल

(D) सिर्फ शर्करा

9. आर एन ए में प्रत्येक न्यूक्लियोटाइड अवशेष में अतिरिक्त हाइड्रॉक्सील समूह निम्न में से किस जगह पर स्थित होता है?

(A) 3′ - जगह (B) 1′ - जगह

(C) 2′ - जगह (D) उपरोक्त में से कोई नहीं

10. निम्न में से किसका दूसरा रासायनिक नाम 5′ - मथिल यूरेसील है?

(A) एडेनीन (B) ग्वानीन

(C) थाइमीन (D) साइटोसीन

11. आर एन ए में निम्न में से कौन थाइमीन के जगह पर उपस्थित रहते है?

(A) यूरेसिल (B) साइटोसीन

(C) ग्वानीन (D) एडेनीन

12. निम्न में से कौन केंद्रक में मिलने वाले अम्लीय पदार्थ डी एन ए की खोज की थी?

(A) वाल्डेयर (B) हॉफमिस्टर

(C) मेस्चर (D) वफ्फर

13. मेस्चर ने डीएनए को क्या नाम दिया?

(A) थ्रेडीन (B) नयूक्लिन

(C) पॉलीमेरिन (D) उपरोक्त में से कोई नहीं

14. वैज्ञानिकों के सेट का चयन, जिन्होंने एक्स-रे निवर्तन आंकड़े को प्रस्तुत किया-

(A) फ्रेकलिन तथा मिसर

(B) फ्रेकलिन तथा क्रिक

(C) फ्रेकलिन तथा विल्किन

(D) विल्किन तथा क्रिक

15. एडनिन व थाइमिन तथा ग्वनि व साइटोसीन के बीच अनुपात ___a?___ व एक दूसरे के ___b?___ होता है-

(A) a – स्थिर, b – बराबर

(B) a – स्थिर, b – असमान

(C) a – अस्थिर, b – असमान

(D) a – स्थिर, b – अधिक

16. नीचे कुछ कथन वाट्सन तथा क्रिक के मॉडल से संबंधित दिए गए है-

(a) मॉडल को 1952 में प्रस्तुत किया था।

(b) एक्स-रे निवर्तन आंकड़े पर आधारित है।

(c) पूरी दुनिया में मान्य है।

गलत कथन का चयन करें-

(A) a (B) b

(C) c (D) a, c

17. ऐसा क्यों होता है, कि एक डीएनए के एक रज्जुक में स्थित क्षार क्रमों के बारे में जानकारी होने पर दूसरे रज्जुक के क्षार क्रमों की कल्पना किया जा सकता है-

(A) क्योंकि दो रज्जुक द्वि कुंडलीत होते है।

(B) क्योंकि दो रज्जुक एक दूसरे के पूरक है।

(C) क्योंकि दो रज्जुक एक दूसरे के विपरित है।

(D) उपरोक्त में से कोई नहीं

18. डीएनए के दो रज्जुक के मध्य कौन सा बंध उपस्थित होता है?

(A) ग्लाइकोसाइडिक बंध

(B) पेप्टाइड बंध

(C) हाइड्रोजन बंध

(D) फॉस्फोडाइस्टर बंध

19. नीचे कुछ कथन डीएनए के द्विकुंडली से संबंधित दिए गए है-

(a) दोनों श्रृंखलाएं प्रति समानांतर ध्रुवणता रखती है।

(b) दो श्रृंखला के क्षार युग्मक सदैव 2 हाइड्रोजन बंध के द्वारा जुड़े रहते है।

(c) दोनो श्रृंखलाएं उत्तरवर्ती कुंडलित होते है।

गलत कथन का चयन करें-

(A) a, c (B) b, c

(C) a, b (D) सिर्फ c

20.

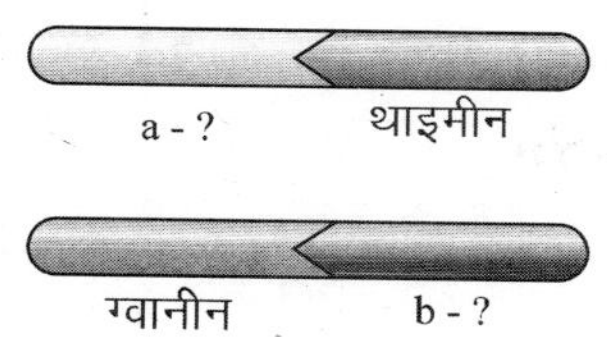

दिया गया चित्र क्षार युग्मक का है, जो डीएनए के दो रज्जुकी के बीच स्थित होते है, a तथा b क्या है?

(A) a – एडेनीन, b – यूरेसील

(B) a – यूरेसील, b – साइटोसीन

(C) a – एडेनीन, b – साइटोसीन

(D) a – ग्वानीन, b – थाइमीन

21. डीएनए में ग्वनीन, साटोसीन से __a?__ हाइड्रोजन बंध से जुड़े रहते है, जबकि एडेनीन थाइमीन से __b?__ हाइड्रोजन बंध से जुड़ा रहता है।

(A) a – 3, b – 2 (B) a – 3, b – 3

(C) a – 2, b – 2 (D) a – 2, b – 3

22. डीएनए द्विकुंडली में कुंडली का पिच होता है–

(A) 4.3 nm (B) 3.9 nm

(C) 3.4 nm (D) 3.3 nm

23. डीएनए कुंडली में प्रत्येक घुमाव मं कितने क्षार युग्मक मिलते है?

(A) 2 bP (B) 4 bP

(C) 8 bP (D) 10 bP

24. डीएनए के एक कुंडली मं एक क्षार युग्मक की बीच लगभग कितनी दूरी होती है?

(A) 0.34 nm (B) 0.43 nm

(C) 0.64 nm (D) 0.24 nm

25.

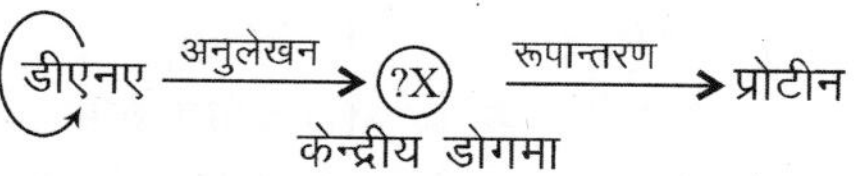

(A) t आरएनए (B) m आरएनए

(C) r आरएनए (D) उपरोक्त में से कोई नहीं

26. सेट्रल डोग्मा में आनुवांशिक सुचनाओं का बहाव का सही क्रम क्या है?

(A) आरएनए → डीएनए → प्रोटीन

(B) प्रोटीन → आरएनए → डीएनए

(C) डीएनए → प्रोटीन → आरएनए

(D) डीएनए → आरएनए → प्रोटीन

27. द्विकुंडल डीएनए की लम्बाई कितनी होती है?

(A) 4.2 से.मी. (B) 2.2 मीटर

(C) 2 से.मी. (D) 2.6 मी.मी.

28. प्रोकैरियोटीक कोशिका जैसे ई. कोलाई में डीएनए की स्थिति क्या होती है?

(A) कोशिकाद्रव्य में बिखरे रहते है।

(B) काशिकाभित्ति के निकट स्थित रहते है।

(C) डीएनए कुछ प्रोटीन्स से बंधकर एक जगह स्थित होते है, जिसे केद्रकाभ कहते है।

(D) उपरोक्त में से कोई नहीं

29. नयूक्लीआएड में डीएनए बड़े लूपों में व्यवस्थित होता है, जो निम्न में से किससे जुड़े रहते है?

(A) प्रोटीन (B) लिपिड

(C) फॉस्फेट (D) शर्करा

30.

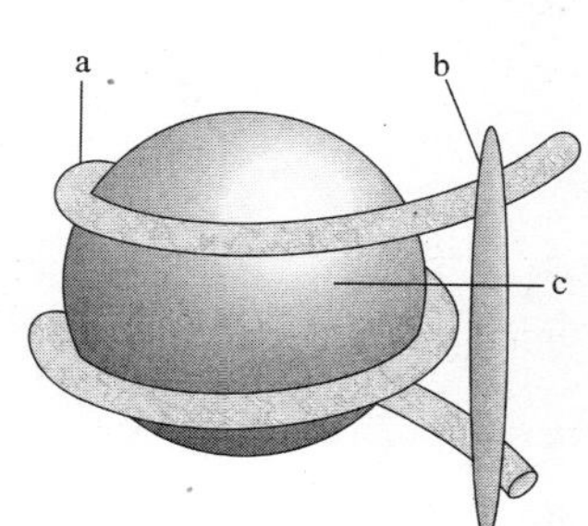

दिया गया चित्र न्यूक्लियोसोम का है, a, b, c क्या है?

	a	b	c
A	डीएनए	हिस्टोन अष्टक	H1 हिस्टोन
B	हिस्टोन अष्टक	डीएनए	H1 हिस्टोन
C	डीएनए	H1 हिस्टोन	हिस्टोन अष्टक
D	H1 हिस्टोन	हिस्टोन अष्टक	डीएनए

31. नीचे कुछ कथन हिस्टोन से संबंधित दिए गए है–

(a) क्षारीय प्रोटीन

(b) हिस्टोन्स में लाइसीन तथा आरजीनीन अधिक मात्रा में मिलते है।

(c) हिस्टोन व्यवस्थित होकर पांच हिस्टोन अणुओं की एक इकाई बनाता है, जिसे हिस्टोनपंचम कहते है।

सही कथन का चयन करें–

(A) a, b, c (B) a, c

(C) a, b (D) सिर्फ a

32. न्यूक्लियोसोम में शामिल है-
(A) ऋणात्मक आवेशित डीएनए + घनात्मक आवेशित हिस्टोन अष्टक
(B) ऋणात्मक आवेशित आरएनए + घनात्मक आवेशित हिस्टोन अष्टक
(C) ऋणात्मक आवेशित डीएनए + ऋणात्मक आवेशित हिस्टोन अष्टक
(D) घनात्मक आवेशित डीएनए + ऋणात्मक आवेशित हिस्टोन अष्टक

33. एक डीएनए कुंडल के एक प्रारुपी न्यूक्लियोसोम में कितने क्षार युग्मक होते है?
(A) 100 क्षार युग्म (B) 200 क्षार युग्म
(C) 300 क्षार युग्म (D) 400 क्षार युग्म

34.

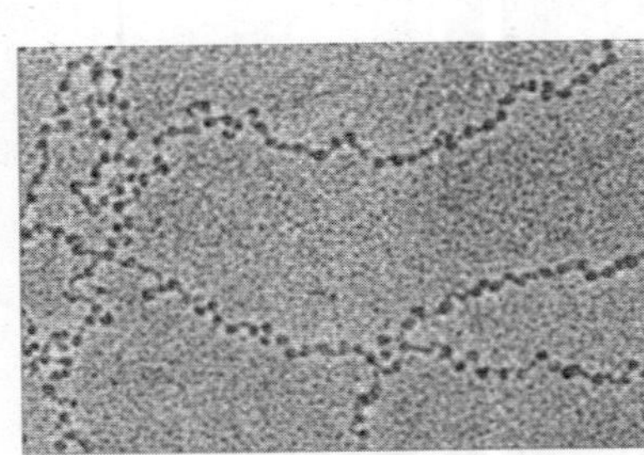

दिए गए चित्र में डोरी पर बीड्स होते है-
(A) क्रोमेटीन में न्यूक्लियोसोम
(B) नयूक्लियोसोम में क्रोमेटीन
(C) क्रोमेटीन में गुणसूत्र
(D) न्यूक्लियोसोम में गुणसूत्र

35. एनएचसी प्रोटीन मदद करता है-
(A) क्रोमेटीन के पेकेजिग हेतु
(B) क्रोमेटीन के संघनन में
(C) क्रोमेटीन के शिथिलन में
(D) गुणसूत्र के पेकेजिग में

36. नीचे कुछ कथन यूक्रोमेटीन से संबंधित दिए गए है-
(a) क्रोमेटीन के ढीले-ढाले क्षेत्र
(b) क्रोमेटीन के गहरे अभिरंजीत भाग
(c) क्रोमेटीन का अक्रियाशील भाग
गलत का चयन करें-
(A) a, b (B) a, c
(C) b, c (D) a, b, c

37. नीचे हेटोरोक्रोमेटीन से संबंधित कथन दिए गए है-
(a) काफी अच्छे ढ़ंग से बंधे होते है।
(b) गहरे अभिरंजीत होते है।
(c) क्रोमेटीन के सक्रिय भाग
सही कथन का चयन करे-
(A) a, b (B) a, c
(C) b, c (D) a, b, c

38. फ्रेडेरिक ग्रिफीथ ने निम्न में से किस पर अपना प्रयोग किया था?
(A) माइकोबैक्टेरियम टूबरकुलेसिस
(B) हीमोफिल्स इन्फूलेएन्चा
(C) स्ट्रोप्टोकोकस नीमोनी
(D) कलौसट्रिडियम

39. फ्रेडेरिक ग्रिफीथ के प्रयोग में R स्ट्रेन (प्रभेद) का तात्पर्य है-
(A) राइट कॉलोनी (B) सक्ष (रफ) कॉलोनी
(C) रेडी कॉलोनी (D) रिलैप्स कॉलोनी

40. S स्ट्रेन (प्रभेद) कॉलोनी को चिकनी कॉलोनी क्यों कहते है?
(A) श्लेषमा के कारण चिकनी
(B) मोम के कारण चिकनी
(C) वसा के कारण चिकनी
(D) उपरोक्त में से कोई नहीं

41. एबेरी, मैकलियोड, मैककार्टी के कार्य क पहले ऐसा समझा जाता था कि आनुवंशिक पदार्थ बना होता है-
(A) लिपिड का (B) प्रोटीन का
(C) ग्लिसरॉल का (D) वसीय अम्ल का

42. फ्रेडेरिक ग्रिफीथ के रुपांतरीय सिद्धांत से संबधित, एबेरी मैकलिओड, मैककार्टी का मूल निचोड़ क्या था?
(a) प्रोटीएजिज तथा आरएनऐज रुपांतरण (ट्रांसफॉरमेशन) को प्रभावित नहीं करते है।
(b) रुपांतरित पदार्थ प्रोटीन या आरएनए नहीं है।
(c) डीएनए एक आनुवांशिक तत्व है।
(A) a (B) b
(C) a, c (D) a, b, c

43. निम्न में से किसके प्रयोग से यह प्रमाणित हुआ की डीएनए एक आनुवांशिक पदार्थ है?
   (A) अल्फ्रेड हर्ष तथा चेस 1952
   (B) मैथ्यूमेसेल्सेन तथा स्टाल 1958
   (C) अल्फ्रेड हर्ष तथा चेस 1958
   (D) मैथ्यूमेसेल्सेन तथा स्टाल 1952

44. जीवाणुभोजी में-
   (A) जीवाणु, विषाणु को संक्रमित करता है।
   (B) जीवाणु, जीवाणु को संक्रमित करता हे।
   (C) विषाणु, विषाणु को संक्रमित करता है।
   (D) विषाणु, जीवाणु को संक्रमित करता है।

45. हर्षे तथा चेस ने अपने प्रयोग के दौरान निम्न में से किसका उपयोग किया?
   (A) रेडियोधर्मी सल्फर तथा रेडियोधर्मी पोटाशियम
   (B) रेडियोधर्मी सल्फर तथा रेडियोधर्मी फॉस्फोरस
   (C) रेडियोधर्मी फॉस्फोरस तथा रेडियोधर्मी पोटाशियम
   (D) रेडियोंधर्मी सोडियम तथा रेडियोधर्मी पोटाशियम

46. रेडियोधर्मी फॉस्फोरस के उपस्थिती में, विकसित होने वाले विषाणु में क्यों रेडियोधर्मी डीएनए उपस्थित होते है, परन्तु रेडियोधर्मी प्रोटीन अनुपस्थित होते है?
   (A) क्योंकि डीएनए फॉस्फोरस युक्त होता है।
   (B) क्योंकि प्रोटीन फॉस्फोरस युक्त होता है।
   (C) क्योंकि डीएनए तथा प्रोटीन में फॉस्फोरस अनुपस्थित होता है
   (D) क्योंकि डीएनए तथा प्रोटीन दोनों में फॉस्फोरस उपस्थित।

47. हर्षे तथा चेस के प्रयोग में कौन से रेडियोधर्मी में प्रोटीन उपस्थित था?
   (A) रेडियोधर्मी फॉस्फोरस
   (B) रेडियोधर्मी सल्फर
   (C) रेडियोधर्मी पोटाशियम
   (D) रेडियोधर्मी सोडियम

48. निम्न में से कौन-सा विवाद, हर्षे तथा चेस के प्रयोग से पूर्ण रूप से खत्म हो गया?
   (A) अधिकांश सजीवों मे आरएनए आनुवंशिक तत्व है।
   (B) अधिकांश सजीवों में डीएनए आनुवंशिक तत्व है।
   (C) अधिकांश सजीवों में न्यूक्लिक अम्ल आनुवंशिक तत्व है।
   (D) उपरोक्त में से कोई नहीं

49. निम्न में से किसमें आरएनए आनुवंशिक तत्व होता है?
   (A) टोबैको मोजेक विषाणु
   (B) जीवाणुभोजी
   (C) मधुमक्खी
   (D) उपरोक्त में से कोई नहीं

50. I – अपना प्रतिकृति बनाने में सक्षम हो।

   II – रचना व रासायनिक संगठन के आधार पर स्थिर होना चाहिए।

   III – उत्परिवर्तन प्रदर्शित नहीं करना चाहिए।

   IV – अभिव्यक्त करने में सक्षम हो।

   उपरोक्त में से उन लक्षणों का चयन करे जो आनुवंशिक पदार्थ के रूप में मानदंडो को पूर्ण करते है-
   (A) I, II, III (B) III, IV
   (C) I, II, IV (D) II, III, IV

51. निम्न में से किसमें स्वयं प्रतिकृति की क्षमता होती है?
   (A) न्यूक्लिक अम्ल (B) प्रोटीन
   (C) लीपिड (D) उपरोक्त सभी

52. आरएनए को डीएनए की तुलना में बेहतर आनुवंशिक पदार्थ क्यों नहीं माना जाता है?
   (A) आरएनए अधिक सक्रिय होता है।
   (B) आरएनए अस्थिर व आसानी से विखंडित हो जाता है।
   (C) आरएनए उत्प्रेरक होता है।
   (D) उपरोक्त सभी

53. आरएनए, डीएनए की तुलना में अधिक क्रियाशील क्यों होते है?
(A) आरएनए एक उत्प्रेरक है।
(B) आरएनए में अधिक न्यूक्लियोटाइड होते है।
(C) आरएनए में अधिक OH समूह होते है।
(D) उपरोक्त में सभी

54. नीचे कुछ कथन दिए गए है-
(a) आरएनए तथा डीएनए दोनों उत्परिवर्तित हो सकते है।
(b) डीएनए में थाइमिन के जगह यूरेसील होने से डीएनए को अधिक स्थायीत्व मिलता है।
(c) आरएनए तीव्र गति से उत्परिवर्तित होता है।
गलत का चयन करें-
(A) a (B) b
(C) c (D) b, c

55. विषाणु जिनमें आरएनए जीनोन मिलता है-
(A) जीवन अवधि छोटी होती है।
(B) तेजी से उत्परिवर्तित होते है।
(C) तेजी से विकसित होते है।
(D) उपरोक्त सभी

56. आरएनए अपेक्षाकृत तीव्र गति से क्यों उत्परिवर्तित होता है?
(A) अपने अस्थायी स्वभाव के कारण
(B) प्रत्येक न्यूक्लियोटाइड में 2–OH समूह के कारण
(C) यूरेसिल के उपस्थिति के कारण
(D) उपरोक्त सभी

57. नीचे कुछ कथन दिए गए है-
(A) आरएनए प्रोटीन संश्लेषण के लिए डीएनए पर निर्भर है।
(B) आरएनए आसानी से लक्षणों को व्यक्त करते है।
(C) डीएनए की तुलना में, आनुवंशिक सूचनाओं के स्थानांनतरण हेतु आरएनए उपयुक्त है।
(D) डीएनए के अधिक स्थायी होने से वह आनुवंशिक सूचनाओं के संचय हेतु सबसे उपयोगी है।
उपरोक्त में से कितने कथन सही है?
(A) 1 (B) 2
(C) 3 (D) 4

58. डीएनए के अर्धसंरक्षी प्रकृतियन में, प्रत्येक डीएनए अणु में-
(A) एक पैतृक व एक नई निर्मित लड़ी रज्जुक होती है।
(B) दो पैतृक रज्जुक होती है।
(C) दो नए संश्लेषित रज्जुक होते है।
(D) एक रज्जुक

59. बहुलीकरण की औसत दर लगभग ___?___ प्रति सेकंड है-
(A) 1000 क्षार युग्मक
(B) 2000 क्षार युग्मक
(C) 3000 क्षार युग्मक
(D) 4000 क्षार युग्मक

60. मनुष्य में प्रतिकृति प्रक्रिया के पूर्ण होने मं कितना समय लगता है?
(A) 38 सेकंड (B) 38 मिनट
(C) 38 घंटा (D) 90 मिनट

61. प्रतिकृति में किसी तरह की गलती के परिणामस्वरूप क्या संभव है-
(A) ड्रिफ्ट (B) जननिक अवसादन
(C) उत्परिवर्तन (D) उपरोक्त में से कोई नहीं

62. क्यों लंबे डीएनए अणुओं के दोनों रज्जुक एक साथ पृथक नहीं होते?
(A) क्योंकि इसके लिए अधिक ऊर्जा की आवश्यकता होती है।
(B) क्योंकि इसके लिए अधिक एंजाइम की आवश्यकता होती है।
(C) क्योंकि इसके लिए अधिक समय की आवश्यकता होती है।
(D) उपरोक्त सभी

63. प्रतिकृति हेतु डीएनए कुंडलिनी छोटे-छोटे भाग में खुलते है, जिसे कहते है-
(A) प्रतिकृति आरंभन (B) प्रतिकृति उत्पत्ति
(C) प्रतिकृति द्विशाख (D) प्रतिकृति संघनन

64. असतत् रूप से संश्लेषित खंउ निम्न में से कौन से एंजाइम के द्वारा जुड़े रहते है?

(A) डीएनए पॉलीमरेज (B) डीएनए लाइगेज

(C) डीएनए सिंथेटेज (D) डीएनए फॉस्फेट

65. यूकैरियोट्स में, डीएनए की प्रतिकृति कौन से अवस्था में होती है?

(A) G_1 – अवस्था (B) S – अवस्था

(C) G_2 – अवस्था (D) M – अवस्था

66. प्रतिकृत द्विशाख के सही चित्र का चयन करें-

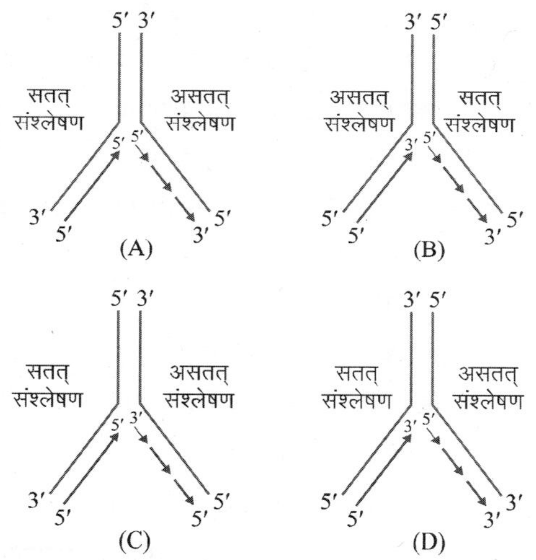

67. अनुलेखन क्या है?

(A) डीएनए के एक रज्जुक से आनुवंशिक सूचनाओं का दूसरे रज्जूक में प्रतिलिपीकरण।

(B) आरएनए के एक रज्जुक से आनुवंशिक सूचनाओं का दूसरे रज्जुक में प्रतिलिपीकरण।

(C) डीएनए की एक रजजुक से आनुवंशिक सूचनाओं का आरएनए में प्रतिलिपीकरण।

(D) उपरोक्त में से कोई नहीं

68. अनुलेखन के दौरान दोनों रज्जुकों की प्रतिलिपीकरण क्यों नही होती है?

(A) आरएनए का प्रोटीन में अनुलेखन नहीं हो पाता है।

(B) प्रोटीन, आरएनए में अनुलेखित नहीं हो पाता है।

(C) प्रोटीन में अमीनो अम्ल का क्रम समान रहता है।

(D) एकल रज्जुक आरएनए का निर्माण हो जाता है।

69. डीएनए में अनुलेखन इकाई के मुख्तया __?__ भाग होते है-

(A) एक (B) दो

(C) तीन (D) चार

70. नीचे कुछ कथन दिए गए है-

(A) डीएनए का दो रज्जुक का ध्रुवता समान होता है।

(B) डीएन निर्भर आरएनए पॉलीमरेज का बहुकलन दो दिशाओं में होता है।

(C) टेम्पलेट रज्जुक में ध्रुवता $5' \rightarrow 3'$ होता है।

(D) रज्जुक जो कूटलेखन करता है, उसे कूटलेखन रज्जुक कहते है।

कितने कथन गलत है?

(A) 1 (B) 2

(C) 3 (D) 4

71.

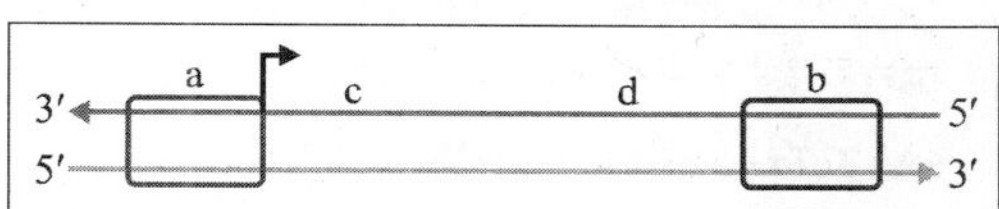

दिया गया चित्र अनुलेखन एकल की आरेखिय संरचना है, a, b, c तथा d क्या है?

	a	b	c	d
A	उन्नायक	समायक	टेम्पलेट रज्जु	संरचनात्मक जीन
B	उन्नायक	समायक	संरचनात्मक जीन	टेम्पलेट रज्जु
C	समायक	उन्नायक	संरचनात्मक जीन	टेम्पलेट रज्जु
D	संरचनात्मक जीन	उन्नायक	समायक	टेम्पलेट रज्जु

72. वंशागति की क्रियात्मक इकाई है-

(A) गुणसूत्र (B) जीन

(C) डीएनए (D) आरएनए

73. नॉन पॉलीसीस्ट्रानिक का चयन करें-

(A) जीवाणु

(B) नील-हरित शैवाल

(C) पीपीएलओ

(D) उपरोक्त में से कोई नहीं

74. नीचे कुछ कथन संरचनातमक जीन से संबंधित दिए गए है–
(a) अधिकतर सुकेंद्री में मोनोसीस्ट्रानीक संरचनात्मक जीन उपस्थित होते है।
(b) मोनोसीस्ट्रानीक संरचनात्मक जीन मे अंतरोपित कूटलेखन अनुक्रम पाएं जाते है।
(c) लक्षण की वंशागति संरचनातमक जीन के उन्नायक व नियामक अनुक्रमों द्वारा अप्रभावित होते है।
गलत कथन का चयन करे–
(A) a, b (B) b, c
(C) सिर्फ b (D) सिर्फ c

75. मोनोसीस्ट्रानीक संरचनात्मक जीन में कूटलेखन अनुक्रम या अभिव्यक्त अनुक्रमों को ___?___ कहते है–
(A) एक्सोन (B) एक्जान
(C) कोडोन (D) उपरोक्त में से कोई नहीं

76. ___?___ परिपक्व या संसाधित आरएनए में नहीं मिलते है–
(A) इंट्रान (B) एक्जान
(C) कोडोन (D) सीस्ट्रान

77. जीवाणु में कितने प्रकार के आरएनए पाएं जाते है?
(A) 1 (B) 2
(C) 3 (D) 4

78. निम्न में से कौन सा आरएनए एक कोशिका में प्रोटीन के संश्लेषण से संबंधित है?
(A) t आरएनए (B) r आरएनए
(C) m आरएनए (D) उपरोक्त सभी

79. सुमेलित करें–

कॉलम A **आरएनए के प्रकार**	**कॉलम B** **कार्य**
(1) m आरएनए	(a) टेम्पलेट प्रदान करता है।
(2) t आरएनए	(b) स्थानांतरण के दौरान संरचनात्मक व उत्प्रेरक की भूमिका निभाता है।
(3) r आरएनए	(c) अमीनो अम्लों के लाने व आनुवंशिक कूट को पढ़ने का काम।

(A) 123/abc (B) 123/acb
(C) 123/bca (D) 123/cab

80. निम्न में से कौन उन्नायक से जुड़कर अनुलेखन की शुरुआत करते है?
(A) आरएनए पॉलीमरेज
(B) डीएनए पॉलीमरेज
(C) आरएनए ट्रांसफरेज
(D) डीएनए ट्रांसक्रिप्टेज

81. आरएनए पॉलीमरेज होता है–
(A) आरएनए पर निर्भर (B) डीएनए पर निर्भर
(C) A तथा B दोनों (D) उपरोक्त में से कोई नहीं

82. आरएनए पॉलीमरेज, जीवाणु में निम्न में से किस प्रकार के आरएनए के अनुलेखन को उत्प्रेतिर करता है?
(A) m आरएनए (B) t आरएनए
(C) r आरएनए (D) उपरोक्त सभी

83. आरएनए पॉलीमरेज निम्न मे से किसका उपयोग क्रियाधार के रूप में करता है?
(A) न्यूक्लियोसाइड ट्राइफॉस्फेट
(B) न्यूक्लियोटाइड ट्राइफॉस्फेट
(C) न्यूक्लियोटाइड ट्रांसक्रिप्टेज
(D) उपरोक्त में से कोई नहीं

84. अनुलेखन का समापन कब हो जाता है?
(A) जब आरएनए पॉलीमरेज समापक किनारे पर पहुंच जाता है।
(B) जब आरएनए पॉलीमरेज उन्नयक क्षेत्र में पहुंच जाते है।
(C) जब आरएनए समापन क्षेत्र के पीछे 5′ सिरा पर पहुंच जाता है।
(D) उपरोक्त में से कोई नहीं

85. आरएनए पॉलीमरेज के द्वारा निम्न मे से कौन सा चरण उत्प्रेरित नहीं होता है?
(A) प्रारंभन (B) दीर्घीकरण
(C) समापन (D) उपरोक्त में से कोई नहीं

86. सुकेंद्रकी के केन्द्रक में कम-से-कम कितने प्रकार के आरएनए पॉलीमरेज उपस्थित होते है?
(A) 1 (B) 2
(C) 3 (D) 4

87. सुमेलित करें–

	कॉलम A आरएनए पॉलीमरेज	कॉलम B कार्य
(a)	आरएनए पॉलीमरेज I	(1) m आरएनए के पूर्ववती का अनुलेखन करते है।
(b)	आरएनए पॉलीमरेज II	(2) r आरएनए (285, 185, 5.85) को अनुलेखित करता है।
(c)	आरएनए पॉलीमरेज III	(3) t आरएनए (5s r RNA, Sn RNAs) के अनुलेखन के लिए उत्तरदायी।

(A) abc/213 (B) abc/312
(C) abc/123 (D) abc/132

88. समबंधन (स्पलाइसिंग) में–
(A) अव्यक्तेक अलग हो जाता है।
(B) व्यक्तेक अलग हो जाता है।
(C) अव्यक्तेक तथा व्यक्तेक दोनों अलग हो जाते है।
(D) अव्यक्तेक तथा व्यक्तेक दोनों जुड़ जाते है।

89. निम्न में से कौन आच्छादन तथा पुच्छन के लिए जाते है?
(A) m आरएनए (B) t आरएनए
(C) r आरएनए (D) hn आरएनए

90. एक असाधारण न्यूक्लियोटाइड (मेथिल ग्वानोसीन ट्राइफास्फेट) hn आरएनए के 5′ किनारे पर जुड़ता है जिसे कहते है–
(A) पुच्छन
(B) समबंधन
(C) आच्छादन
(D) उपरोक्त में से कोई नहीं

91. निम्न में से कौन प्रकूट (कोडोन) से संबंधित है?
(A) जार्ज गेमो
(B) जैकब
(C) मोनॉड
(D) उपरोक्त में से कोई नहीं

92. नीचे कुछ कथन दिए गए है–
(a) जैनेटिक कोड प्रोटीन संश्लेषण के दौरान एमीनों अम्लों के अनुक्रम को निर्धारित करते है।
(b) स्थानांतरण की प्रक्रिया में आनुवंशिक सूचनाएं न्यूक्लियोटाइड के बहुलक से अमीनों अम्लों के बहुलक की ओर स्थानांतरित होती है।
(c) कोडोन एक त्रिक है।
गलत का चयन करें–
(A) a (B) b
(C) c (D) उपरोक्त में से कोई नहीं

93. प्रकूट (कोडोन) कितने होते है?
(A) 61 (B) 64
(C) 3 (D) 74

94. कितने प्रकूट अमीनों अम्ल को कोड करते है?
(A) 61 (B) 64
(C) 36 (D) 24

95. कितने प्रकूट (कोडोन) किसी भी अमीनो अम्ल को कोड नहीं करते है?
(A) 61 (B) 64
(C) 3 (D) 12

96. जीवाणु से लेकर मनुष्य तक में UUU, निम्न मे से किसके लिए कोड करता है?
(A) टाइरोसिन (B) एल्केपटोन
(C) फेनिलएलेनीन (D) ग्लाइसिन

97. उस प्रकूट का चयन करें जिसका दोहरा कार्य है–
(A) CAG (B) GAG
(C) CUA (D) AUG

98. प्रकूट के सेट का चयन करे जो अमीनो अम्ल सेरिंसिन को कोड करता है–
(A) UGU, UGC, UGA, UGG
(B) UCU, UCC, UCA, UCG
(C) UUU, ULC, UUA, UUG
(D) UAA, UAG, AVG, GAG

99. ग्लाइसिल निम्न में से किसे द्वारा कोड होता है?
(A) GAU, GAC, GAA, GAG
(B) AAU, AAC, AAA, AAG
(C) GGU, GGC, GGA, GGG
(D) ACU, ACC, ACA, ACG

100. Stop निम्न में से किसके द्वारा कोड होता है?
(A) UAA (B) UAG
(C) UGA (D) उपरोक्त सभी

101. अमीनो अम्ल वेलिन को कोड करता है-
(A) GUU, GUC, GUA, GUG
(B) GCU, GCC, GCA, GCG
(C) GAV, GAC, GAA, GAG
(D) GGU, GGC, GGA, GGG

102. निम्न में से कौन कोडोन को लिखने का सही तरीका है?
(A) U.G.G (B) U – G – G
(C) U, G, G (D) उपरोक्त में से कोई नहीं

103. नीचे कुछ कथन प्रकूट (कोडोन) से संबंधित दिए गए है-
(a) एक प्रकूट, एक से अधिक अमीनो अम्ल का प्रकूट लेखन (कोड) करता है।
(b) कुछ अमीनो अम्ल का कूट लेखन एक से अधिक प्रकूटों द्वारा होता है।
(c) कूट लगभग सार्वभौमिक होते है।
गलत कथन का चयन करे-
(A) a (B) b
(C) a, c (D) a, b

104. एक अनुकूलतक अणु जो एक तरफ से कूट को पढ़ता है, इसे प्रतिपादित किया था-
(A) वॉटसन (B) क्रिक
(C) जैकब (D) मोनॉड

105. निम्न में से किसे पहले S RNA) (विलेय आरएनए) कहते है?
(A) t आरएनए (B) m आरएनए
(C) r आरएनए (D) hn आरएनए

106. निम्न में से किस प्रकूट के लिए कोई t आरएनए नहीं होता है?
(A) रोध प्रकूट (स्टॉप) (B) His
(C) Met (D) Leu

107. वास्तविक संरचना के अनुसार t आरएनए कैसा प्रतित होता है?
(A) क्लोवर लिफ (B) उल्टे L
(C) उल्टे T (D) उल्टे J

108.

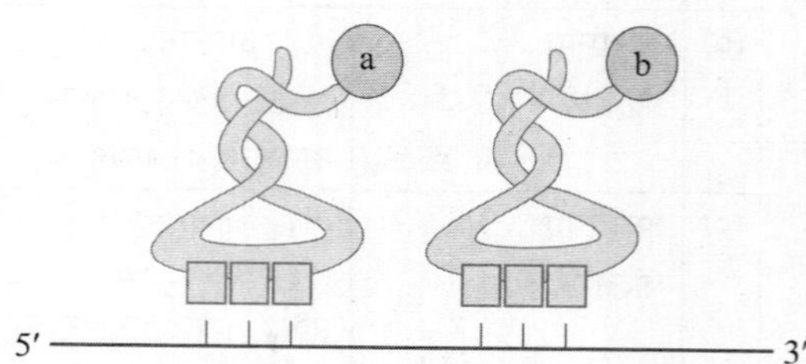

दिया गया चित्र में a तथा b क्या है?
(A) a – Stop, b – Tyr
(B) a – Stop, b – Ser
(C) a – Ser, b – Tyr
(D) a – Stop, b – Stop

109. स्थानांतरण या रुपांतरण के दौरान अमीनो अम्लो के क्रम तथा अनुक्रम, निम्न में से कौन से क्षारों के अनुक्रम पर निर्भर करता है?
(A) r आरएनए (B) t आरएनए
(C) m आरएनए (D) hn आरएनए

110. रुपांतरण का प्रथम अवस्था है-
(A) t आरएनए का एमीनो एसिलिशन
(B) m आरएनए का एमीनो एसिलिशन
(C) r आरएनए का एमीनो एसिलिशन
(D) hn आरएनए का एमीनो एसिलिशन

111. राइबोसोम संरचनात्मक ___?a___ तथा ___?b___ विभिन्न प्रोटीनो से मिलकर बना होता है-
(A) a – डीएनएs, b – 80
(B) a – डीएनएs, b – 60
(C) a – आरएनएs, b – 80
(D) a – डीएनएs, b – 50

112. दूत आरएनए (m आरएनए) का प्रोटीन में स्थानांतरण की प्रक्रिया शुरू हो जाती है-
(A) जब छोटा उपएकक राबोसोम के बड़े उपएकक से जुड़ जाता है।
(B) जब छोटा उपएएक दूत आरएनए से मिलता है।
(C) जब बड़ा उपएकक दूत आरएनए से मिलता है।
(D) जब छोटा उपएकक r आरएनए से मिलता है।

113. पेप्टाइड बंध के निर्माण के दौरान, बड़े उपएकक में अमीनो अम्ल के जुड़ने के लिए कितने स्थल होते है?
(A) 1 (B) 2
(C) 3 (D) 4

14. नीचे कुछ कथन दिए गए है-
(a) राइबोसोम, उत्प्रेरक की तरह भी कार्य करते है।
(b) 23 S r आरएनए जीवाणु में एंजाइम होते है।
(c) राइबोजाइम जीवाणु में उपस्थित होते है।
सही कथन का चयन करें-
(A) a, b, c (B) a, b
(C) a, c (D) b, c

15. स्थानांतरण में प्रारंभक प्रकूट है-
(A) UCA (B) UAC
(C) AUG (D) CAA

16. स्थानांतरण प्रक्रिया का समापन होता है, जब-
(A) विमोचक कारक रोध प्रकूट से जुड़ जाते है।
(B) समापन कारक रोध प्रकूट से जुड़ जाते है।
(C) यू टी आर कारक रोध प्रकूट से जुड़ जाते है।
(D) यू टी आर कारक AUG कूट लेखन से जुड़ जाते है।

7. रुपांतरण या स्थानांतरण की प्रक्रिया में यू टी आर उपस्थित होते है-
(A) प्रारंभक प्रकूट के पहले
(B) प्रारंभक प्रकूट के बाद
(C) A तथा B दोनों
(D) प्रारंभक तथा रोध प्रकूट के मध्य

118. नीचे कुछ कथन जीन अभिव्यक्ति से संबंधित तथा सुकेद्रकी (यूकैरियोट) से संबंधित दिए गए है-
(A) अनुलेखन स्तर
(B) संसाधन स्तर
(C) स्थानांतरीय स्तर
(D) दूत आरएनए का केंद्रक से कोशिका प्रवण में अभिगमन
उपरोक्त में सुकेंद्रकी मं नियमन के स्तर तथा अभिव्यक्ति के संदर्भ में कितने कथन सही है?
(A) 1 (B) 2
(C) 3 (D) 4

119. लैक प्रचालेक (लैक-ओपेरान) में लैक का मतलब है-
(A) लैक्टोबैसीलस (B) लैक्टोज
(C) लैक्टेज (D) उपरोक्त मे से कोई नहीं

120. निम्न में से कौन लैक-ओपेरान नहीं है?
(A) टी आर पी-ओपेरान
(B) एआरए - ओपेरान
(C) एच आई एस - ओपेरान
(D) उपरोक्त में से कोई नहीं

121. दिए गए स्तम्भ में लैक-ओपेरान तथा उसके कार्य से संबधित है, सही सुमेलित करते हुए, सही विकल्प का चयन करें-

	संरचनात्मक जीन	कार्य
(a)	z	(1) बीटा-गैलेक्टोसाइडेज को कूट (लेखन) करता है।
(b)	y	(2) परमीएज का कूट लेखन करता है।
(c)	a	(3) ट्रांसएसिटीलेज का कूट लेखन करता है।

(A) abc/123 (B) abc/321
(C) abc/213 (D) abc/312

122. लैक-ओपेरान में सभी तीन जीन के उत्पादन निम्न में से किसके उपापचय के लिए आवश्यक है?
(A) लैक्टोज (B) ग्लूकोज
(C) फ्रुक्टोज (D) सुक्रोज

123. निम्न में से कौन लैक-ओपेरान के लिए प्रेरक है-
(A) ग्लूकोज (B) ग्लैक्टोज
(C) A तथा B दोनों (D) लैक्टोज

124. निम्न में से कौन प्रचालेक की सक्रियता के आन या निष्क्रियता (आफ) को नियंत्रित करता है?
(A) दमनकारी (B) प्रेरक
(C) ओपेरान नियंत्रक (D) कन्डूसर

125.

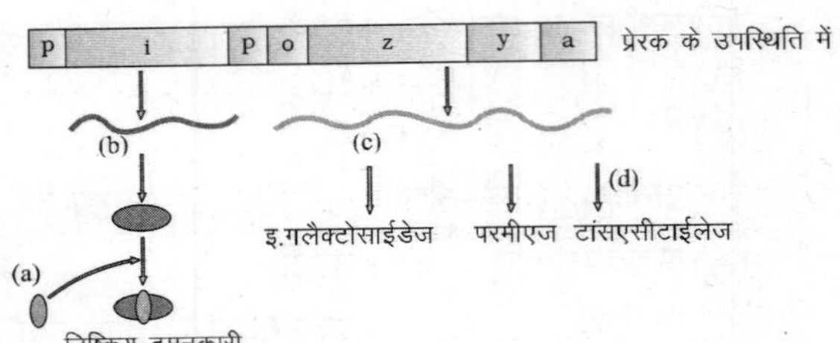

दिया गया चित्र लैक-ओपेरान का है, a, b, c तथा d क्या है?

	a	b	c	d
A	प्रेरक	दमनकारी m आरएनए	लैक m आरएनए	स्थानांतरण
B	दमनकारी	दमनकारी m आरएनए	लैक m आरएनए	स्थानांतरण
C	प्रेरक	लैक m आरएनए	लैक m आरएनए	स्थानांतरण
D	प्रेरक	दमनकारी m आरएनए	लैक m आरएनए	अनुलेखन

126. अगर जीवाणु के वृद्धि माध्यम मे लैक्टोज प्रदान किया जाता है, तो लैक्टोज निम्न में से किसके क्रिया से कोशिका में स्थानांतरित होता है?
(A) ट्रॉसएसिटीलेज
(B) परमीएज
(C) β – गैलेक्टोसाइडेज
(D) पॉलीमरेज

127. मानव जीनोन में लगभग ___?___ क्षार युग्म मिलते है-
(A) 3×10^9 क्षर युग्म (B) 10×5^5 क्षर युग्म
(C) 6×10^9 क्षर युग्म (D) 3×3^9 क्षर युग्म

128. एचजीपी के बारे में जानकारी जीव-विज्ञान के नए क्षेत्र का तेजी से विस्तार संभव हो पाया है जिसे कहते है-
(A) बॉयोटेक्नॉजी (B) बायोइनफार्मेटिक्स
(C) बॉयोस्टैट (D) बायोएग्रिकल्चर

129. डीएनए अनुक्रमों को शीघ्र जानने की तकनीक सन् ___?___ में विकसित हुआ था-
(A) 1980 (B) 1986
(C) 1990 (D) 2000

130. नीचे कुछ कथन मानव जीनोम परियोजना से संबंधित दिए गए है-
(a) एचजीपी सन् 2003 में पूर्ण हुआ था।
(b) एचजीपी के मदद से मनुष्य के डीएनए मे मौजूद सभी 25000 जीनो को ज्ञात कर लिया है।
(c) एचजीपी के मदद से डीएनए को बनाने वाले 3 बिलियन रासायनिक क्षार युग्मों के अनुक्रमो को निर्धारित किया गया है।
गलत कथन का चयन करें-
(A) a, b (B) a, c
(C) b, c (D) उपरोक्त में से कोई नहीं

131. केएनोरहेब्डीटीस इलीगेंस है-
(A) परजीवी, रोगजनक निमेटोड
(B) स्वतंत्रजीवी, अरोगजनक सूत्रकृमि
(C) स्वतंत्रजीवी, अरोगजनक जीवाणु
(D) परजीवी, रोगजनक विषाणु

132. एचजीपी, इएसटी है-
(A) इक्सेप्रेस्टड सीक्वेंश टैग्स
(B) इलौगगेटेड सीक्वेंश टैग्स
(C) अतिरिक्त सीक्वेंश टैग्स
(D) इंड ऑफ सीक्वेंश टैग्स

133. प्रोटीन में अमीनो अम्ल के अनुक्रमों को निर्धारि करने वाली विधि के विकास का श्रेय निम्न में किसको जाता है?
(A) वॉटसन (B) जैकब
(C) मोनॉड (D) सैंगर

134. ड्रिसट्रॉफिन है-

(A) मनुष्य को ज्ञात सबसे छोटा जीन जिसमें 2.4 मिलियन क्षार होते है।

(B) प्रथम ज्ञात जीन जिसमें 1 मिलियन क्षार होता है।

(C) मनुष्य में ज्ञात सबसे बड़ी जीन जिसमें 2.4 मिलियन क्षार होते है।

(D) सर्वभौमिक जीन जिसमें 2.4 मिलियन क्षार होते है।

135. कितने प्रतिशत लोगों में मिलनेवाला न्यूक्लियोटाइड्स क्षार एक समान होता है?

(A) 99.9% (B) 74.6%

(C) 82.3% (D) 92.3%

136. कितने प्रतिशत खोजी गई जीन के कार्य अज्ञात है?

(A) 20% से अधिक (B) 80% से अधिक

(C) 50% से अधिक (D) 34% से अधिक

137. गुणसूत्र ____?a____ में सर्वाधिक जीन तथा ____?a____ गुणसूत्र में सबसे कम जीन मिलते है-

(A) a – 1, b – y (B) a – 1, b – x

(C) a – 7, b – y (D) a – 8, b – x

138. गुणसूत्र 1 में जीन की कुल संख्या होती है-

(A) 3000 (B) 2963

(C) 1789 (D) 2443

139. नीचे कुछ कथन मानव जीनोम से संबंधित दिए गए है-

(a) गुणसूत्र 'y' में 200 जीन होते है।

(b) दो प्रतिशत से कम जीनोम प्रोटीन का कूटलेखन करते है।

(c) जीन की कुल संख्या 30,000 है।

गलत कथन का चयन करें-

(A) a (B) a, b

(C) a, c (D) b, c

140. डीएनए अंगुलिछापी तकनीक का प्रारंभिक विकास निम्न में से किसके द्वारा विकसित किया गया है?

(A) एलेक जेफरीज (B) फ्रेडिक सैंगर

(C) क्रिक (D) मोनाड

141. वी एन टी आर, जिस सेटेलाइट डीएनए से संबंधित होता है, उसे कहते है-

(A) अनुषंगी (B) वृहत-अनुषंगी

(C) लघु-अनुषंगी (D) महा-अनुषंगी

142. I – किसी भी एक कोशिका से प्राप्त डीएनए से पर्याप्त डीएनए अंगुलिछापी विश्लेषण किया जा सकता है।

II – वीएनटीआर के आकार परिवर्तित होते रहते है, इसका आकार 0.1 से 20 किलोबेस के होते है।

III – गुणसूत्रों की पट्टियां एकयुग्मक (समरूपी) जुड़वा मे भी भिन्न होते है।

स - सत्य, अ - असत्य

(A) I – स, II, III – अ

(B) I, II – स, III – अ

(C) I, II, III – अ

(D) I, II, III – अ

143. नीचे कुछ चरण फ्रेडेरिक ग्रिफीथ के प्रयोग से संबंधित दिए गए है-

(a) S स्ट्रेन → चूहे में प्रवेश कराया गया → चूहा जीवित

(b) R स्ट्रेन → चूहे में प्रवेश कराया गया → चूहा जीवित

(c) S स्ट्रेन → चूहे में प्रवेश कराया गया → चूहा मर जाता है

(d) S स्ट्रेन + R स्ट्रेन (ताप से मृत) → चूहे में प्रवेश कराया गया → चूहा जीवित

गलत कथन का चयन करे-

(A) a (B) b

(C) c (D) b, c तथा d

ANSWER KEY

1. (C)	**2.** (D)	**3.** (C)	**4.** (A)	**5.** (A)	**6.** (B)	**7.** (C)	**8.** (A)	**9.** (C)	**10.** (C)
11. (A)	**12.** (C)	**13.** (B)	**14.** (C)	**15.** (A)	**16.** (A)	**17.** (B)	**18.** (C)	**19.** (B)	**20.** (C)
21. (A)	**22.** (C)	**23.** (D)	**24.** (A)	**25.** (B)	**26.** (D)	**27.** (B)	**28.** (C)	**29.** (A)	**30.** (C)
31. (C)	**32.** (A)	**33.** (B)	**34.** (A)	**35.** (A)	**36.** (C)	**37.** (D)	**38.** (C)	**39.** (B)	**40.** (A)
41. (B)	**42.** (D)	**43.** (A)	**44.** (D)	**45.** (B)	**46.** (A)	**47.** (B)	**48.** (B)	**49.** (A)	**50.** (C)
51. (A)	**52.** (D)	**53.** (D)	**54.** (B)	**55.** (D)	**56.** (A)	**57.** (C)	**58.** (A)	**59.** (B)	**60.** (B)
61. (C)	**62.** (A)	**63.** (C)	**64.** (B)	**65.** (B)	**66.** (A)	**67.** (C)	**68.** (A)	**69.** (C)	**70.** (D)
71. (B)	**72.** (B)	**73.** (D)	**74.** (D)	**75.** (B)	**76.** (A)	**77.** (C)	**78.** (D)	**79.** (B)	**80.** (A)
81. (B)	**82.** (D)	**83.** (A)	**84.** (A)	**85.** (D)	**86.** (C)	**87.** (A)	**88.** (A)	**89.** (D)	**90.** (C)
91. (A)	**92.** (D)	**93.** (B)	**94.** (A)	**95.** (C)	**96.** (C)	**97.** (D)	**98.** (B)	**99.** (C)	**100.** (D)
101. (A)	**102.** (D)	**103.** (A)	**104.** (B)	**105.** (A)	**106.** (A)	**107.** (B)	**108.** (C)	**109.** (C)	**110.** (A)
111. (C)	**112.** (B)	**113.** (B)	**114.** (A)	**115.** (C)	**116.** (A)	**117.** (C)	**118.** (D)	**119.** (B)	**120.** (D)
121. (A)	**122.** (A)	**123.** (D)	**124.** (B)	**125.** (A)	**126.** (B)	**127.** (A)	**128.** (B)	**129.** (C)	**130.** (D)
131. (B)	**132.** (A)	**133.** (D)	**134.** (C)	**135.** (A)	**136.** (C)	**137.** (A)	**138.** (B)	**139.** (A)	**140.** (A)
141. (C)	**142.** (B)	**143.** (A)							

विकास

1. सही कथन का चयन करे–
   (a) ऐसा माना जाता है कि पृथ्वी की रचना 4.5 million वर्ष पहले हुआ था।
   (b) ब्रह्मंड 20 million वर्ष पुराना है।
   (c) ब्रह्मंड के संघनित होने से पृथ्वी का तापमान कम हो गया।
   (d) पृथ्वी के उत्पत्ति के 500 million वर्ष पश्चात् पृथ्वी पर जीवन की उत्पत्ति हुई।
   (A) a, d (B) सिर्फ d
   (C) सिर्फ c (D) c, d
2. पृथ्वी पर प्रथम कोशिकीय रूप (cellular form) की उत्पत्ति कब हुआ?
   (A) 2000 mya (मिलियन वर्ष पहले)
   (B) 20 mya (मिलियन वर्ष पहले)
   (C) 2000 (बिलियन वर्ष पहले)
   (D) 200 mya (मिलियन वर्ष पहले)
3. प्रथम स्तनधारी निम्न में से किस तरह का था?
   (A) श्रू (B) खरगोश
   (C) चूहा (D) गिनि सुअर
4. आस्ट्रलिया के शिशुधानी क्यों जीवित रह पाएं?
   (A) भोजन के अधिकता के कारण
   (B) निम्न तापमान के कारण
   (C) अन्य स्तनधारी जीवों से कम प्रतियोगिता के कारण
   (D) परभक्षियों के कमी के कारण
5. निम्न में से कौन से वैज्ञानिक ने Malay, Archpelago पर कार्य किया था?
   (A) डार्विन (B) लेमार्क
   (C) वैलेस (D) डीवेरीज
6. शब्द पैन-स्पर्मिया (panspermia) निम्न में से कौन से तथ्य से संबधित है–
   (A) जीवन की उत्पत्ति निर्जीव वस्तुओं से हुआ है।
   (B) जीवन दूसरे ग्रह या अन्तरिक्ष से पृथ्वी पर आया था।
   (C) जीवन की उत्पत्ति सड़े-गले तत्त्वों से हुआ है।
   (D) जीवन की उत्पत्ति पूर्व स्थित जीवन से हुआ है।
7. स्वत जननवाद के सिद्धान्त वर्णन नहीं करते है–
   (A) जीवन की उत्पत्ति पूर्व स्थित जीवन से।
   (B) जीवन के उत्पत्ति अन्तरिक्ष के स्पोर से।
   (C) जीवन की उत्पत्ति निर्जीव वस्तु से।
   (D) उपरोक्त सभी।
8. खुले फ्लास्क वाला प्रयोग निम्न में से किसके द्वार किया गया?
   (A) आपेरिन (B) हालडेन
   (C) स्पेलेन्जानी (D) उपरोक्त में से कोई नहीं
9. मिलर तथा यूरे ने अपने प्रयेग के दौरान फ्लास्क का तापमान कितना रखा?
   (A) 800°C (B) 8000°C
   (C) 50°C (D) 96°C

10. जीवाश्म से संबधित कौन सा कथन गलत है?
(A) जीवाश्म रूप में जीवन के कठोर अंगों के अवशेष विधमान है।
(B) जीवाश्म जैव विकास के प्रत्यक्ष प्रमाण है।
(C) कुछ जीवाश्म आधुनिक जीवों से मिलते-जुलते है।
(D) जीवाश्म हमेशा विलुप्त प्राणियों का होता है।

11. जीवाश्म के अध्ययन को कहते है-
(A) Palentology (B) Serology
(C) Fossiology (D) Herpentology

12. तुलनात्मक शरीर विज्ञान या आकृति विज्ञान निम्न में से क्या नही दर्शाता है-
(A) आज के मौजुद जीवों के बीच समानता।
(B) विलुप्त हो चुके जीवों के बीच अंतर।
(C) विलुप्त हो चुके जीवों के बीच समानता
(D) उपरोक्त में से कोई नहीं।

13. निम्न में से कौन समजात अंगों के द्वारा नहीं दर्शाया जाता है?
(A) अपसारी विकास
(B) समान पूर्वजता
(C) अनुकूलन विकिरण
(D) पृथ्क पूर्वज परंपरा

14. तितली के पंख तथा पंक्षियों के पंख समान दिखते परन्तु (शरीर-रचना) anatomically समान नहीं होते है, यह दर्शाता है-
(A) समजात अंग
(B) समरूप अंग
(C) अभिसारी (कन्वरजेंट) जैव विकास
(D) B तथा C दोनों।

15. लाइकन का उपयोग होता है-
(A) औधोगिक प्रदूषण सूचक के रूप में
(B) जल प्रदूषक सूचक के रूप में
(C) मिट्टी प्रदूषण के सूचक के रूप में
(D) उपरोक्त सभी।

16. ड्राविन फिन्च थे-
(A) छोटे सफेद पंक्षी
(B) छोटे काले पंक्षी
(C) छोटे चितकबरे पंक्षी
(D) बड़े चितकबरे पंक्षी

17. गैलापैगोस द्वीप समूह पर विविध प्रकार के फिन्च अस्तित्व में थे, सभी फिन्च-
(A) द्वीपसमूह पर ही उद्‌गमित हुए थे।
(B) दक्षिण अमेरिका के मुख्य भूमि पर विकसित हुए थे।
(C) दक्षिण अमेरिका के मुख्य भूमि तथा द्वीपसमूह दोनों पर विकसित हुए थे।
(D) उत्तरी अमेरिका में विकसित हुए थे।

18. ऑधेगिकरण के पश्चात् गहरे रंग के मोथ अस्तित्व में अधिक थे, यह कौन से सन् की घटना है?
(A) 1850 (B) 1920
(C) 1952 (D) 1750

19. गैलपेगोस द्वीप समूह में सभी प्रकार के फिन्च, जो अस्तित्व में थे, उनका उद्‌भव हुआ था-
(A) बीज खाने वाले पूर्वजों से
(B) कीट भक्षी पूर्वजों से
(C) फल भक्षी पूर्वजों से
(D) उपरोक्त सभी।

20. जब एक से अधिक अनुकूली विकिरण एक अलग-अलग भौगोलिक क्षेत्र में प्रकट होते है, तो इसे कहते है-
(A) अपसारी विकास (Dirergent evolution)
(B) अभिसारी विकास (Convergent evolution)
(C) प्रत्यावर्तण
(D) साल्टेशन

21. निम्न में से कौन आस्ट्रेलिया (Australia) में अनुकूलन विकिरण प्रदर्शित करते है?
(A) अपराधारी स्तनधारी
(B) मरसुपियल
(C) उपरोक्त दोनों A तथ B
(D) सिर्फ प्रोथेरिया

22. निम्न में कौन फ्रांस के प्राकृति वैज्ञानी है?
(A) डार्विन (B) डीवेरीज
(C) लेमार्क (D) वैलेस

23. निम्न में से किसने जैव विकास को समझाने के लिए जिराफ का उदाहरण दिया?
(A) डार्विन (B) डीवेरीज
(C) लेमार्क (D) वैलेस

24. जनसंख्या के सिद्धांत जिसे थॉमस माल्थस (Thomas malthus) ने दिया था, इस सिद्धांत से कौन सबसे ज्यादा प्रभावित थे?
(A) डार्विन (B) डीवेरीज
(C) लेमार्क (D) वैलेस

25. निम्न में से कौन सी बिन्दु पर उत्परिवर्तन तथा डार्विनवाद भिन्न होता है-
(A) उत्परिवर्तन दिशावान तथा यादृच्छिक (Random) होता है, जबकि डार्विनवाद के अन्तर्गत छोटी-छोटी विविधता शामिल है जो कि दिशावान होता है।
(B) उत्परिवर्तन दिशाहीन तथा सतत् प्रक्रिया है, जबकि डार्विनवाद के अन्तर्गत बड़ी विविधता शामिल है जो कि दिशावान होता है
(C) उत्परिवर्तन यादृच्छिक (Random) तथा दिशाहीन होते है जबकि डार्विनवाद के अन्तर्गत विविधताएं छोटी-छोटी और दिशावान होते है।
(D) उपरोक्त में से कोई नहीं।

26. उस वैज्ञानिको से सेट का चयन करे जिनका मानना था कि जैव विकास एक क्रमिक तथा धीमा प्रक्रिया है-
(A) लेमार्क, डीवेरीज (B) डार्विन, डीवेरीज
(C) वैलेस, डीवेरीज (D) लेमार्क, डार्विन

27.

तृतीयक तथा चतुर्थ कल्प कौन से महाकल्प से संबंधित हैं?
(A) प्रोटेरोजोइक (B) पैलियोजोइक
(C) मीसोजोइक (D) सीनोजोइक

28. नीचे कुछ कथन सिलाकेथि (Coelacanth) से संबंधित है, निम्न में से कौन सा कथन गलत है-
(A) सिलाकेंथि (Coelacanth) को दक्षिण अफ्रीका से पकड़ा गया था।
(B) ऐसा माना जाता है कि सिलाकेंथि (Coelacanth) विलुप्त हो गए थे।
(C) सीलाकेंथि (Coelacnath) को 1938 में पकड़ा गया था।
(D) सीलाकेंथि (Coelacanth) विश्व से विलुप्त हो गए है।

29. जबड़ाविहीन मछलियों की उत्पत्ति कब हुई थी?
(A) 500 mya (B) 350 mya
(C) 200 mya (D) 100 mya

30. उभयचर को जल में जनन के लिए जल में ही क्यों जाना पड़ता है?
(A) क्योंकि अंड मध्यपीतकी होता है।
(B) कठोर त्वचा के अनुपस्थिती के कारण।
(C) कवच विहीन अंड के उपस्थिती के कारण
(D) उपरोक्त सभी।

31. सबसे बड़ा डाइनोसोर कौन है?
(A) इक्थियोसाएस (B) ट्राइरैनोसोरस
(C) पेलिकोसोरस (D) साउरोपसिड

32. डाइनोसोर कितने मिलयन वर्ष पहले विलुप्त हुए थे?
(A) 20 mya (B) 100 mya
(C) 90 mya (D) 65 mya

33. गलत कथन का चयन करे-
(A) डायनोसोर युग के छोटे सरीसृप आज के दौड़ में भी विद्यमान है।
(B) कुछ लोगों का मत है कि वातावरण एवं जलवायु परिवर्तनों के कारण डायनोसोर विलुप्त हो गए।
(C) एक मत के अनुसार ज्यादातर डायनोसोर पक्षियों के रूप में विकसित हो गए।
(D) टाइरैनोसोरस (डायनोसोर) लगभग 60 फीट ऊंचे थे।

34. मानव ने कृषि आरंभ किया था-
(A) 18,000 वर्ष पहले
(B) 10,000 वर्ष पहले
(C) 75,000 वर्ष पहले
(D) 25,000 वर्ष पहले

35. नियन्डलथल रहते थे-
(A) पूर्वी तथा मध्य एशिया
(B) मध्य तथा दक्षिण अफ्रीका
(C) पूर्वी तथा मध्य अफ्रीका
(D) दक्षिण तथा पश्चिम एशिया

36. न्म्नि में से किसका दिमागी क्षमता 1400 C.C था?
(A) होमो हौबिलिस (B) होमो इरैक्टस
(C) नियंडरटाल (D) ओस्ट्रालोपिथेक्स

37. मानव के जैव विकास के सही क्रम का चयन करे-
(A) रामापिथिकस → ओस्ट्रालोपिथेक्स → होमो इरैक्टस → होमो सैपियंस → होमो हैबिलिस
(B) ओस्ट्रालोपिथेक्स → रामापिथिक्स → होमो इरैक्टस → होमो हैबिलिस
↓
होमो सैपियंस
(C) रामापिथिक्स → ओस्ट्रालोपिथेक्स
↓
होमो हैबिलिस
↓
होमो सैपियंस ← होमोइरैक्टस
(D) उपरोक्त में से कोई नहीं

38. ओस्ट्रालोपिथिक्स रहते थे-
(A) पूर्वी अफ्रीका के घास स्थल पर
(B) पूवी एशिया के घास स्थल पर
(C) दक्षिण अफ्रीका के घास स्थल पर
(D) पश्चिमी अफ्रीका के घास स्थल पर

39. होमोइरेक्टस की कपालिय गुहा का आयतन था-
(A) 650 – 800 C.C (B) 1400 C.C
(C) 900 C.C (D) 1600 C.C

40. औस्ट्रालोपिथिक्स का कद था-
(A) 6 फीट (B) 5 फीट
(C) 4 फीट (D) 3 फीट

41. आधुनिक मानव की उत्पत्ति कितने वर्ष पहले हुआ था?
(A) 5000 वर्ष पहले
(B) 1.5 मिलियन वर्ष पहले
(C) 50000 वर्ष पहले
(D) 2.5 मिलियन वर्ष पहले

42. मानव के नस्ल से संबन्धित सही कथन का चयन करे-
(A) मानव के विभिन्न नस्लों की उत्पत्ति एक ही समय में हुआ था।
(B) अलग-अलग मानव नस्ल का उद्‌भव एक ही समय में विश्व के अलग-अलग भागों में हुआ था तत्पश्चात् लगातार नए नस्ले की उत्पत्ति हो रही है।
(C) मनुष्य की उत्पत्ति अफ्रिका में हुआ था, अफ्रीका से मनुष्य अलग-अलग महाद्वीप में जाकर भिन्न-भिन्न नस्लों में विकसित हो गए।
(D) मनुष्य की उत्पति एंशिया में हुआ था, एशिया से मनुष्य अलग-अलग महाद्वीप में जाकर भिन्न-भिन्न नस्ले में विकसित हो गएं।

43. अगर A डार्विनवाद है, B उत्परिवर्तन है, C यादृच्छिक है, D दिशाहीन है, E छोटा है, F दिशात्मक है। सही विकल्प का चयन करे-
(A) A = D, E (B) B = C, F
(C) A = E, F (D) B = C, E

44.

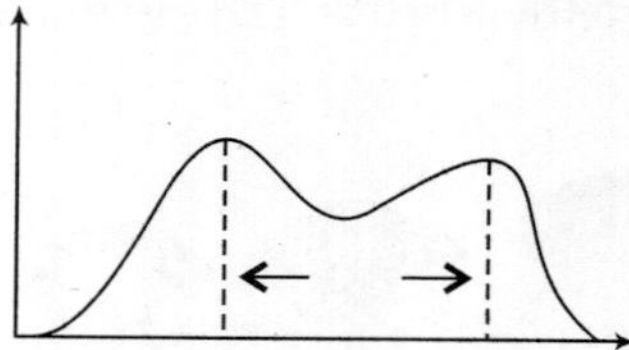

दिया गया चित्र किस प्रकार के चयन को प्रदर्शित करता है-
(A) स्थायीकारक (B) दिशात्मक
(C) विदारक (D) कोई नहीं।

45. निम्न में से कौन अधिक कपि की भांति था?
(A) ड्रायोपिथिकस (B) रामांपिथिकस
(C) ओस्ट्रोलापिथिकस (D) एपिपिथिकस

46. विकासीय जीव विज्ञान का उपयुक्त तात्पर्य है?
(A) जीवों के विकास में जीन का योगदान
(B) पृथ्वी पर पादप तथा जन्तु के वितरण का अध्ययन
(C) पृथ्वी पर जीव-रूपों के इतिहास का अध्ययन
(D) भविष्य के प्राणी का अध्ययन

47. जैव विकास के संदर्भ में गलत कथन का चयन करे-
(A) जैव विकास के दौरान वनस्पति तथा प्राणि में परिवर्तन करोड़ों वर्ष में हुआ है।
(B) वनस्पति तथा प्राणी में परिवर्तन आचानक ही हो सकता है।
(C) वनस्पति तथा प्राणियों में करोड़ों वर्ष के दौरान कोई परिवर्तन नहीं हुआ वह उसी रूप में आज भी है, जिस रूप में उत्पत्ति हुआ था।
(D) जैव विकास अभी भी जारी है।

48. जब हम साफ स्वच्छ अंधेरी रात में आसमान की ओर तारें को देखते है, तारों से आने वाला प्रकाश अपनी यात्रा को आरंभ करता है-
(A) लाखों वर्ष पहले (B) कुछ घंटे पूर्व
(C) कुछ मिनट पूर्व (D) कुछ सेकंड पूर्व

49. आकाश गंगाओं में उपस्थित होते है-
(A) सितारें (B) गैस
(C) धूल कण (D) उपरोक्त सभी।

50. नीचे कुछ कथन आकाश गंगा तथा ब्रह्मंड से संबंधित दिए गए है-
I – अनेक ब्रह्मंड अस्तित्व में है।
II – ब्रह्मंड में आकश गंगाओं के विशाल समूह समेकित है।
III – ग्रह आकाश गंगा का हिस्सा है।
IV – हमारी घरती एक आकाश गंगा है।
कितने कथन सही है?
(A) 1 (B) 2
(C) 3 (D) 4

51. ब्रह्मंड का ध्यान रखते हुए पृथ्वी-
(A) ब्रह्मंड का बड़ा भाग है।
(B) एक कणिका मात्र है।
(C) ब्रह्मांड का एकतात्र ठोस भाग है।
(D) ब्रह्मंड का एकतात्र तरल भाग है।

52. जल, वाष्प, मीथेन, कार्बन डाइ ऑक्साइड तथा अमोनिया ———— से निर्मित हुए-
(A) ठोस पदार्थ (B) गलित पदार्थ
(C) गैसीय पदार्थ (D) उपरोक्त सभी।

53. पृथ्वी उत्पत्ति के आरंभिक काल में निम्न मे से किसके उपस्थिति के कारण पानी H_2 तथा O_2 में विखंडित हो गया?
(A) सूर्य से आने वाली अल्ट्रा वॉयलेट किरण के कारण
(B) सूर्य से आने वाली गामा किरण के कारा
(C) सूर्य से अने वाली X-किरण के कारण
(D) पृथ्वी का तापमान के कारण

54. महासागरों में उपस्थित जल मुख्य स्रोत है-
(A) पिघले हुए ध्रुवीय बर्फ
(B) भूमि के नीचे उपस्थित जल
(C) पृथ्वी पर बरसात के रूप में गिरने वाला जल वाष्प।
(D) ज्वालामुखी विस्फोट

55. ओपेरिन तथा हाल्डेन निम्न में से कौन से देश से संबंधित है?
(A) रुस, इंग्लैड (B) यू एस ए, फ्रांस
(C) यू एस ए, इंग्लैड (D) जर्मनी, रुस

56. पहले से जीवाणु रहित किए गए फ्लास्क में 'मृत यीस्ट' से जीव नहीं पैदा होते है, इस तथ्य को अपने प्रयोग से प्रमाणित करने वाले व्यक्ति है-
(A) ओपेरिन (B) हालडेन
(C) A तथा B दोनों (D) लुई पाश्चर

57. एस. एल मिलर ने अपना प्रयोग किया था-
(A) 1953 में (B) 1971 में
(C) 1951 में (D) 1864 में

58. ओपेरिन तथा हालडेन नामक वैज्ञानिकों ने यह प्रस्तावित किया कि-

(A) जीवन का पहला स्वरूप पूर्व-विद्यमान जीवन-रहित कार्बनिक अणु से आया हुआ हो सकता है।

(B) जीवन की रचना रासायनिक विकास के बाद घटित हुई थी।

(C) अकार्बनिक संघटकों से विविध कार्बोनिक अणु का गठन हो सका।

(D) उपरोक्त सभी।

59. पृथ्वी के आरंभिक अवस्था के संदर्भ में कौन सा कथन सही है?

(a) निम्न तापमान

(b) ऑक्सिकारी वातावरण

(c) ज्वालामुखी तूफान

(d) वातावरण में मिथेन तथा अमोनिया उपस्थित।

(A) a (B) b

(C) b, c (D) c, d

60. नीचे कुछ तथ्य वैज्ञानिक एस. एल मिलर के प्रयोग से संबंधित है-

(A) प्रयोग के दौरान उन्हें प्रोट्रीन के इकाई की प्राप्ति हुई।

(B) उन्होने अपने फ्लास्क का तापमान जल के उबलने के तापमान से अधिक रखा।

(C) उन्होने अपने प्रयोग के दौरान मिथेन, हाइड्रोजन अमोनिया तथा जलवाष्प लिया था।

(D) उन्होने फ्लास्क में विद्युत-डिस्चार्ज करके देखा।

उपरोक्त में से कितने कथन सही है?

(A) 1 (B) 2

(C) 3 (D) 4

61. एस. एल मिलर की तरह प्रयोग में निम्न में से क्या प्रयोग में कभी नहीं पाया गया-

(A) नाइट्रोजन क्षार (B) वसा

(C) वर्णक (D) उपरोक्त में से कोई नहीं

62. निम्न में से कौन से सिद्धान्त को आंशिक रूप से स्वीकृत किया जा सकता है?

(A) स्वतः जनन वाद सिद्धांत

(B) जनन वाद सिद्धांत

(C) सर्व बीजाणु सिद्धांत, (पैन-स्पर्मिया)

(D) रासायनिक विकास सिद्धांत

63. उस सिद्धांत का चयन करे जो यह वर्णन करता है कि पृथ्वी पर जीवन सबसे पहले कब तथा कैसे आया-

(A) विशिष्ट सृष्टिवाद का सिद्धांत

(B) स्वतः जननवाद का सिद्धांत

(C) जननवाद का सिद्धांत

(D) उपरोक्त में से कोई नहीं।

64. निम्न में से किस सिद्धांत के अनुसार पृथ्वी केवल 4000 वर्ष प्राचीन है?

(A) विशिष्ट सृष्टिवाद का सिद्धात

(B) स्वतः जननवाद का सिद्धांत

(C) जननवाद का सिद्धांत

(D) उपरोक्त में से कोई नहीं।

65. निम्न में से कौन सा तथ्य विशिष्ट सृष्टिवाद से संबंधित है?

(A) संसार में आज जितने भी जीव एवं प्रजातिय विद्यमान है, वे सब ऐसे ही सृर्जित हुई होगी

(B) उत्पत्ति के समय से ही यह जैव विविद्यता थ और भविष्य में भी ऐसी ही रहेगी।

(C) पृथ्वी केवल 4000 वर्ष प्राचीन है।

(D) उपरोक्त सभी।

66. जीवन के उत्पत्ति से संबंधित विचारधाराओं क कौन से शताब्दी में चुनौती दी गई?

(A) 19th (B) 20th

(C) 18th (D) उपरोक्त में से कोई नह

67. आपेटिन तथा हालडेन ने यह प्रस्तावित किया कि जीवन का पहला स्वरूस्प आया हुआ हो सकता है-

(A) पूर्व-विद्यमान जीवन से।

(B) पूर्व-विद्यमान जीवन-रहित कार्बनिक अणु से

(C) पूर्व-विद्यमान जीवन-रहित अकार्बनिक अणु से

(D) पूर्व-विद्यमान कोशिका से।

68. निम्न में से कौन चार्ल्स डार्विन का निष्कर्ष नहीं है-

(A) विद्यमान, सजीव कमोवेश आपस में समानताएं रखते है।

(B) विद्यमान सजीव उन जीव रूपों से भी समानता रखते है जो कई मिलियन वर्ष पहले थे।

(C) सभी जीवन रूप जो कि पूर्व में उपस्थित थे अब अस्तित्व में नहीं है।

(D) धरती के इतिहास में विभिन्न अवधियों पर नए जीवन रूप पैदा होते गए।

69. डार्विन के अनुसार उपयुक्तता है-

(A) जनन संबंधी उपयुक्तता

(B) आकारिकी उपयुक्तता

(C) आन्तरिक उपयुक्तता

(D) उपरोक्त सभी।

70. जो वातावरण में अधिक उपयुक्त थे उनकी अधिक संताने हुई, यह तथ्य संबंधित है-

(A) प्राकृतिक वरण से

(B) कृत्रिम वरण से

(C) रासायानिक जैव विकास से

(D) उपरोक्त सभी से

71. निम्न में से किस प्रकृति विज्ञानी ने प्राकृतिक वरण को विकास के प्रतिमान के रूप में लागू किया?

(A) लेमॉर्क (B) डार्विन

(C) डीवेरीज (D) उपरोक्त सभी।

72. विचारों के आधारा पर निम्न में से कौन प्रकृति विज्ञानी पूर्ण रूप से अलग विचारधारा रखता है?

(A) डार्विन (B) लेर्मार्क

(C) वॉलेस (D) डीवेरीज

73. औंचित्य पूर्ण सारांश के अनुसार, विद्यमान सभी जीव रूप समानताओं में भागीदारी रखते है तथा हिस्सेदार होते है-

(A) भिनन पूर्वज के

(B) साझे पूर्वज के

(C) किसी भी पूर्वज के नहीं

(D) उपरोक्त में से कोई नहीं।

74. रेडियोऐक्टिव तिथि निर्धारण प्रयुक्त होता है-

(A) जीवाश्म के आयु निर्धारण में।

(B) वर्तमान में जीवित प्राणियों के आयु निर्धारण में।

(C) हाल में मृत प्राणियों के आयु निर्धारण में।

(D) उपरोक्त सभी।

75. तुलनात्मक शारिरिकी तथा आकारिकी दर्शाते है-

(A) आज के जीवों के बीच एकरूपता।

(B) आज के जीवों के बीच विभिन्नता।

(C) पूर्व में सालों पहले मॉजूद जीवों के बीच विभिन्नता।

(D) पूर्व में सालों पहले मौजूद जीवों के बीच समानता।

उपरोक्त में से कितने कथन गलत है?

(A) 1 (B) 2

(C) 3 (D) उपरोक्त में से कोई नहीं

76. असमान्य उदाहरण का चयन करे-

(A) ऑक्टोपस (अष्टभुज) तथा स्तनधारियों के नेत्र (आंखे)

(B) पेग्विन तथा डोल्फिन मछलियों के फ्लिपर्स

(C) शकरकंद तथा आलू

(D) कशेरुकीय हृदय

77.

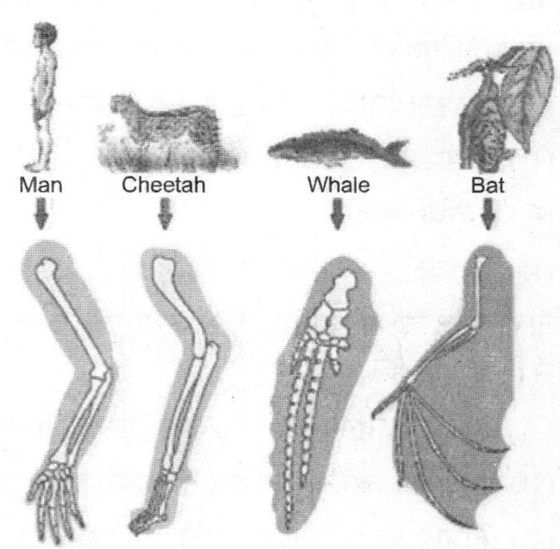

उपरोक्त चित्र दर्शा रहा है-

(A) समवृति अंग

(B) अपसारी (कन्वजेंट) विकास

(C) अनुकूलन विकिरण

(D) उपरोक्त में से कोई नहीं।

78.

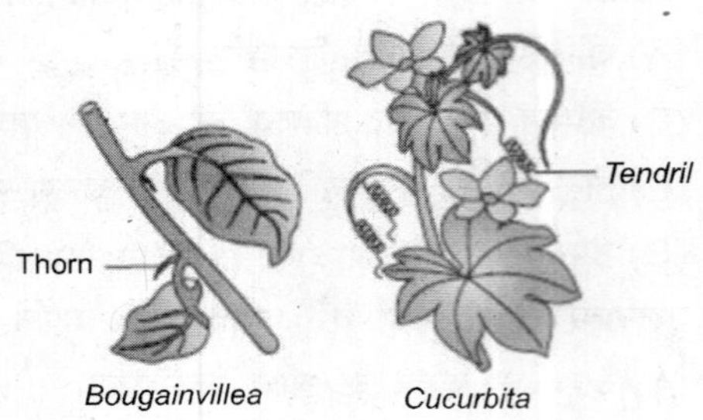

उपरोक्त चित्र दर्शा रहा है-

(A) समजात अंग

(B) अभिसारी (डाइवजेंट) विकास

(C) अनुकूलन विकिरण

(D) उपरोक्त सभी।

79. विभिन्न कशेरुकिओं के मस्तिष्क उदाहरण हो सकते है-

(A) समजात अंग के

(B) अभिसारी (डाइवजेंट) विकास के

(C) अनुकूलन विकिरण के

(D) उपरोक्त सभी।

80. प्रोटीनों एवं जीनों की कार्य दक्षता की समानताएं विविध जीवों की निश्चित क्रियाशीलता संकेत देती है-

(A) विभिन्न जीव जन्तुओं के बीच संबंध

(B) साझी पूर्वज परंपरा

(C) A तथा B दोनों

(D) उपरेक्त में से कोई नहीं।

81. नीचे कुछ कथन कृत्रिम चयन तथा प्राकृतिक चयन से संबंधित है-

(A) प्राकृतिक चयन कृत्रिम चयन पर आधारित है।

(B) प्राकृतिक चयन अपेक्षाकृत धीमा होता है।

(C) कृत्रिम चयन मनुष्य प्रयास पर आधरित है।

(D) प्राकृतिक चयन प्रथम महाकल्प में ही आरंभ हो गया था।

उपरोक्त में कितने कथन गलत है-

(A) 1 (B) 2

(C) 3 (D) 4

82. कौन से महाकल्प में प्राकृतिक वरण की भूमिका आरंभ हो गई होगी-

(A) एजोइक (B) आरकेजोइक

(C) प्रोटेरोजोइक (D) मोसोजोइक

83. डाइनोसोर के वंश वृक्ष के अध्ययन से यह पता चलता है कि डाइनोसोर आज के कई प्राणियों से समानता प्रदर्शित करते है, वह प्राणि, वर्ग या सुपरवर्ग है-

(A) मछली, उभयचर (B) उभयचर, मगरमच्छ

(C) मगरमच्छ, पक्षी (D) पक्षी, कंगारू

84. नीचे कुछ कथन आर्कयोप्टेरिक्स से संबंधित दिए गए है-

(a) आकेयोप्टेरिक्स डाइनोसोर के पूर्वज है।

(b) आर्कयोप्टेरिक्स की उत्पत्ति डाइनोसोर के साथ ही हुआ था।

(c) आकेयोप्टेरिक्स की उत्पत्ति डाइनोसोर के पश्चात् हुआ था।

(d) आकेयोप्टेरिक्स का विलोपन डाइनोसोर के साथ समान काल में हुआ था।

उपरोक्त तथ्यों में से सही तथ्य का चयन करें-

(A) a, b (B) b, c

(C) c, d (D) a, c

85. मनुष्य ने पादपों एवं पशुओं को चुना-

(a) कृषि के लिए (b) बागवानी के लिए

(c) खेल के लिए (d) सुरक्षा के लिए

(A) a (B) a, b

(C) a, b, तथा c (D) a, b, c, तथा d

86. नीचे कुछ कथन पादप तथा जन्तु के पालतू बनाएं जाने से संबंधित है, गलत कथन का चयन करे-

(a) मनुष्य ने बहुत सारे जंगली जानवरों को पालतू बनाया।

(b) मनुष्य ने सिर्फ जंगली जानवरों को पालतू बनाया।

(c) मनुष्य ने जंगली फसल भी उगाए।

(d) मनुष्य ने सिर्फ जंगली फसल को उगाया।

(A) a, b (B) b, d

(C) b, c (D) a, d

87. औद्योगिकीकरण के पहले किस किस्म के शलभ (मॉथ) का पूरी तरह से विलुप्त हो गए?
(A) सफेद शलभ (B) काले शलभ
(C) भूरे शलभ (D) उपरोक्त में से कोई नहीं

88. प्राकृतिक वरण का उदाहरण जो कि इंग्लैड में देखा गया, किस प्रकार के शलभ कभी अस्तित्व में नहीं थे?
(A) काला (B) भूरा
(C) सफेद (D) उपरोक्त में से कोई नहीं

89. प्राकृतिक वरण का उदाहरण जो कि इंग्लैंड में देखा गया शलभ का संग्रह सर्वप्रथम कब किया गया?
(A) 1850 (B) 1920
(C) 1856 (D) 1750

90. प्राकृतिक वरण का उदाहरण जो कि इंग्लैण्ड में देखा गय, शलभ का कौन सा लक्षण, उनके बर्च्सव तथा जीवित रहने के लिए सार्वाधिक महत्वपूर्ण था?
(A) आकार (B) रंग
(C) स्वभाव (D) उपरोक्त सभी।

91. इग्लैण्ड के औद्योगिक कृष्णता को ध्यान में रखते हुए, मान ले वातावरण में मुख्य प्रदूषक SO_2 रहा होता तो बताएं की किस रंग के शलभ का बर्च्सव (अधिक संख्या) होता–
(A) काला
(B) सफेद
(C) काला तथा सफेद दोनों का बराबर संख्या
(D) उपरोक्त में से कोई नहीं।

92. प्रतिजैविक (ऐटीबायोटिक) प्रतिरोधी रोगजनक किस न्यूनतम अवधि में पैदा हो सकते है–
(A) कुछ महीना (B) कुछ वर्ष
(C) कुछ शताब्दी (D) कभी प्रकट नहीं होती है

93. निम्न में से कौन सा उदाहरण मानवोंदभवी क्रियाओं से संबंधित है?
(A) प्रतिजैविक (ऐटीबायोटिक) प्रतिरोधी रोगजनक का विकास
(B) कीटानाशी प्रतिरोधी पीड़क (कीट)
(C) शाकनाशी प्रतिरोधी खरपतवार
(D) उपरोक्त सभी।

94. नीचे कुछ कथन जैव विकास से संबंधित दिए गए है–
(A) निश्चयवाद के अर्थ में विकास एक प्रत्यक्ष प्रक्रिया नहीं है।
(B) यह एक प्रसंभाव्य प्रक्रम है जो प्रकृति के संयोग तथा अवसरवादी घटना पर आधारित है।
(C) यह उत्परिवर्तन पर आधारित है।
(D) यह सतत् प्रक्रिया है।
उपरोक्त में से कितने कथन सही है–
(A) 1 (B) 2
(C) 3 (D) 4

95. गैलापैगों द्वीप समूह पर डार्विन विशेष रूप से आश्चर्य चकित हुए थे–
(A) बड़ी काली चिड़िया से
(B) छोटी सफेद चिड़िया से
(C) छोटी चटकदार चिड़िया से
(D) छोटी काली चिड़िया से

96. डार्विन फिंच में निम्नलिखित परिवर्तन देखा गया–
(A) कीटभक्षी से बीजभक्षी
(B) कीटभक्षी से शाकाहारी
(C) बीजभक्षी से कीटभक्षी
(D) शाकाहारी से फलभक्षी

97. पक्षियों की चोचों की विविधता का सार्वाधिक मुख्य कारण है–
(A) प्रतियोगिता तथा परभक्षियों का आभाव
(B) विविध किस्म के भोजन की उपलब्धता
(C) वातावरण में परिवर्तन
(D) मनुष्य की अनुपस्थिति

98. आस्ट्रेलियाई मार्सुपियल के संदर्भ से सही कथन का चयन करे–
(A) सभी मार्सुपियल का आवास एक ही प्रकार का है।
(B) कन्वजेंट विकास को प्रदर्शित करते है।
(C) अनुकूलन विकिरण को प्रदर्शित नहीं करते है।
(D) सिर्फ डाइवजेंट विकास का प्रदर्शित करते है।

99. नीचे कुछ जन्तुओं के नाम दिए गए है जो कि आस्टेलिया में पाऐ जाते है। उस जन्तु का चयन करे जो कि मार्सुपियल है–
(A) बोबकैट (B) उड़न गिलहरी
(C) उड़न–फैलेन्जर (D) भेड़िया

100. I – पेस्टनाशी प्रतिरोधी पीड़क
II – ऐंटीबायोटिक प्रतिरोधी सूक्ष्मजीव
III – खड़पतवारनाशी संवेदी खड़पतवार
IV – ऐंटीबायोटिक संवेदी सुक्ष्मजीव
उपरोक्त में से कौन–सा कथन मानवोद्भवी क्रिया है?
(A) I, II (B) II, III
(C) III, IV (D) I, IV

101. प्राकृतिक वरण का कारण हो सकता है?
(A) उपयुक्तता (B) अनुकूलन
(C) विभिन्नता (D) उपरोक्त सभी

102. शारबनी अवरोहण प्रदर्शित करता है–
(A) विविधाता (B) एकल पूर्वजता
(C) जैव विकास (D) उपरोक्म सभी।

103. हम कौन से तथ्य के लिए एकमत है?
(A) विकास एक प्रक्रम है।
(B) विकास एक प्रक्रम का परिणाम है।
(C) प्राकृतिक वरण एक प्रक्रम है।
(D) उपरोक्त सभी।

104. आनुवांशिक संतुलन के संदर्भ में बात करने वाले व्यक्ति थे–
(A) डार्विन (B) लेमार्क
(C) डीवेरीज (D) हार्डी वेनवर्ग

105. स्तनधारी किसके भांति थे–
(A) श्रू (Shrew) (B) चूहा
(C) छिपकली (D) स्लोथ

106. एक जीव संख्या में अलील आवृतियां और उनके लोकस सुस्थिर होती है, जो एक पीढ़ी से दूसरी पीढ़ी तक निरंतर होते है–
(A) हार्डी - वेनवर्ग (B) लेमार्क
(C) डार्विन (D) डीवेरीज

107. I – उत्परिवर्तन
II – पुनर्योजन
III – जीन अपवाह
IV – जेनेटिक ड्रिफ्ट
उपरोक्त में से कौन सा कथन विभिन्नता से संबंधित है–
(A) I (B) I, II
(C) I, II, III (D) I, II, III, IV

108. I – जीन पूल के जीन आवृत्ति को बदल देता है।
II – हमेशा छोटी आबादी में संपन्न होता है।
III – जैव विकास में निश्चित योगदान होता है।
जेनटिक ड्रिफ्ट के संदर्भ में कौन सा कथन सही है?
(A) I (B) I, II
(C) I, II, III (D) I, III

109. स्तनधारी का चयन जो जलीय तथा शाकाहारी होत है–
(A) डालफिन, समुद्री गाय
(B) व्हेल, समुद्री गाय
(C) डालफिन, सील
(D) केवल समुद्री गाय

110. I – ड्रायोपिथिकस
II – रामापिथिकस
III – ओस्ट्रालोपिथिकस
IV – होमो हैबिलिस
V – नियंडरटाल
ऊपर दिए गए नाम मुनष्य के जैव विकास से संबंधित है। उस संट का चयन करे जो कि एक काल के है–
(A) I, II (B) II, III
(C) III, IV (D) IV , V

111. होमो इरैक्टस की उत्पत्ति कितने मिलियन वर्ष पहले हुआ था?
(A) 3 – 4 mya (B) 1.5 mya
(C) 12 mya (D) 7 mya

112. मनुष्य की भांति कुछ जीवाश्म की खोज कहाँ से हुआ था?
(A) इथोपिया (B) तंजानिया
(C) दोनों A तथा B (D) उपरोक्त में से कोई नहीं

113. A – होमो हैबिलिस B – होमो इरैक्टस
C – नियंडरटाल D – क्रो-मैगन्न
नीचे दिए गए कोष्टक में से सही विकल्प का चयन करे जो कि A, B, C, D के लक्षण को प्रदर्शित कर रहा है।

	A	B	C	D
A	प्रथम मनुष्य की भांति सदस्य	दिमागी क्षमता 900°C.C	दिमागी क्षमता 1400C.C	दिमागी क्षमता 1650C.C
B	दिमागी क्षमता 900C.C	प्रथम मनुष्य की भांति पूर्वज	दिमागी क्षमता 1400C.C	दिमागी क्षमता 1650C.C
C	दिमागी क्षमता 650C.C	दिमागी क्षमता 1400C.C	प्रथम मनुष्य की भांति पूर्वज	दिमागी क्षमता 900°C
D	दिमागी क्षमता 1400C.C	दिमागी क्षमता 650C.C	प्रथम मनुष्य की भांति पूर्वज	दिमागी क्षमता 900°C.C

114. मांसभक्षी मानव के पूर्वज का चयन करे-
(A) होमो हैबिलिस, होमो इरैक्टस
(B) ओस्ट्रालोपिथक्स, होमो हैबिलिस
(C) आस्ट्रालोपिथक्स, नियंडरटाल
(D) होमो इरैक्टस, क्रोमैगन्न

115. प्रथम स्तनधारी का जीवाश्म था-
(A) छोटे आकार का
(B) बड़े आकार का
(C) मध्यम आकार का
(D) विशालकाय

116. I – सदैव आकार में बड़े होते है।
II – छोटे से छोटे खतरों के प्रति सतर्क।
III – बचाव करने में अधिक बुद्धिमान
उपरोक्त में से कौन सा लक्षण स्तनधारी को सरीसृप से बेहतर बनाता है?
(A) I, II (B) I, II, III
(C) I, III (D) II, III

117. इक्थियोसारस की उत्पत्ति कितने मिलियन वर्ष पहले हुआ था?
(A) 200 (B) 350
(C) 500 (D) 50

118. विशाल पर्णाग (फर्न) उपस्थित थे, किंतु वे सभी धीरे-धीरे मर कर-
(A) पेट्रोल के भंडार बन गए
(B) मिट्टी बन गए
(C) कोयले के भंडार बन गए
(D) उपरोक्त सभी

119.

यह चित्र किस स्तनधारी का है?
(A) नम्बैट (B) धब्बेदार कस्कस
(C) बोबकैट (D) उपरोक्त में से कोई नहीं

120.

(A)

(B)

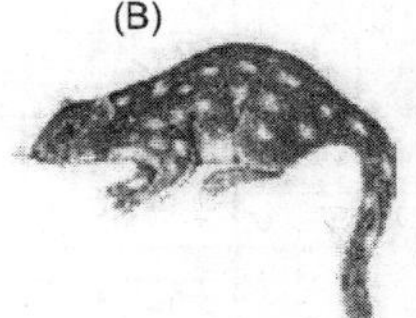

चित्र A तथा चित्र B का पहचानते हुए सही विकल्प का चयन करें-
I – चित्र A धब्बेदार कस्कस का है।
II – चित्र A का सदस्य लेमर से कन्वरजेन्ट विकास प्रदर्शित करते है।
III – चित्र B तस्मानियाई टाईगर कैट का है।
IV – चित्र B नम्बैट से कन्वरजेन्ट विकास प्रदर्शित करते है।
उपरोक्त में से कितने कथन सही है?
(A) 1 (B) 2
(C) 3 (D) 4

121. स्तनधारी के जोड़े का चसन करे जो उड़ने वाले होते है-
(A) गिलहरी, फैलेन्जर
(B) चूहा, शिशुधानी चूहा
(C) चमगादड़, बोबकैट
(D) वैम्पाइर चमगादड़, बोबकैट

122. गलत जोड़े का चयन करे-
(A) शकरकंद - मूल रूपांतरण
(B) आलू - तना रूपांतरण
(C) कशेरूकीय हृदय तथा मस्तिष्क - समजात अंग
(D) बैडीकूट - अपरा युक्त स्तनधारी

123. पर्मियन कल्प कौन से महाकल्प में आते हैं?
(A) आरकेजोइक (B) मीसोजोइक
(C) प्रोटेरेजोइक (D) उपरोक्त में से कोई नहीं

124. निम्न में से कौन काल(युग) है?
(A) क्रिटेशस (B) डिवोनियन
(C) पर्मियन (D) उपरोक्त में से कोई नहीं

125. सुमेलित करे-

	कॉलम A	कॉलम B
	प्राकृतिक वरण के प्रकार	शिखर
1.	दिशात्मक	(A) शिखर ऊँचा और संकारा होता जाता है।
2.	स्थाईकरण	(B) शिखर एक दिशा को सरकता है।
3.	विदारक	(C) दो शिखर रूप

(A) 1 2 3
A B C
(B) 1 2 3
B A C
(C) 1 2 3
C A B
(D) 1 2 3
A C B

126. वृक्ष पर रहने वाला शिशुधारी है-
(A) बैडीकूट (B) कोआला
(C) वोम्बट (D) चीटीखोर

127. औद्योगीकरण के पश्चात् इंग्लैण्ड के देहाती क्षेत्र में किस रंग के मोथ (शलभ) प्रभावी थे?
(A) गहरे
(B) श्वेत
(C) गहरे तथा श्वेत दोनों
(D) उपरोक्त में से कोई नहीं।

128. ऑद्योगीकरण के पश्चात् किस रंग के शलभ पूरी तरह से नष्ट हो गए थे?
(A) गहरे
(B) सफेद
(C) गहरे तथा सफेद दोनों
(D) उपरोक्त में से कोई नहीं।

129. निम्न में से किसका गर्दन बेहद तम्बा था?
(A) बैकियोसौरस (B) स्टेगोसौरस
(C) ट्राइसेरेटॉयपस (D) टाइरैनोसौरस

130. आदिम पृथ्वी पर जल का विखंडन H_2 तथा O_2 में निम्न में से किसके द्वारा हुआ था?
(A) सूर्य के पराबैंगनी किरणे
(B) धरती का तापमान
(C) जलवाष्प
(D) उपरोक्त में से कोई नहीं।

131. पहले से जीवाणुरहित किए गए फ्लास्क में 'मृत यीस्ट' से जीव पैदा होते है, यह तथ्य किसके प्रयोग से संबंधित है?
(A) लूई पाश्चर (B) रेड्डी
(C) हाल्डेन (D) उपरोक्त में से कोई नही

132. एस. एल मिलर के प्रयोग से संबंधित कुछ तथ्य दिए गए है-
(A) प्रयोग खुले फ्लास्क में किया गया था।
(B) प्रयोग में अमीनों अम्ल प्राप्त हुआ था।
(C) प्रयोग में मिथेन, हाइड्रोजन तथा अमोनिया भी प्राप्त हुआ था।
(D) प्रयोग में तापमान उच्च रखा गया।
उपरोक्त में से कितने कथन सही है-
(A) 1 (B) 2
(C) 3 (D) 4

133. एस. एल मिलर की भांति ही अन्य लोगों ने प्रयोग किया उन्हें प्राप्त हुआ-
(A) शर्करा (B) नाइट्रोजन क्षार
(C) वसा (D) उपरोक्त सभी।

134. एस. एल मिलर की तरह प्रयोग में अन्य लोगों को क्या प्राप्त नहीं हुआ?
(A) शर्करा (B) नाइट्रोजन क्षार
(C) वर्णक (D) उपरोक्त में से कोई नहीं

135. कोशिकीय जीवन के प्रथम प्रतिनिधि की उत्पत्ति हुई थी-
(A) धीमे-धीमे
(B) निर्जिव पदार्थों से
(C) सिर्फ सजीव पदार्थों से
गलत कथन है-
(A) A (B) B
(C) C (D) A तथा B दोनों

136. जीवन का प्रथम रूप कब पैदा हुआ था?
(A) 3 बिलियन वर्ष पहले
(B) 2 बिलियन वर्ष पहले
(C) 4.5 बिलियन वर्ष पहले
(D) 20 बिलियन वर्ष पहले

137. निम्न में से कौन सा प्राणि पृथ्वी से विलुप्त नहीं हुआ है?
(A) डाइनोसोर (B) आर्कियोप्टेरिक्स
(C) सिलाकेंथ (D) उपरोक्त में से कोई नहीं

138. नीचे कुछ कथन उत्परिवर्तन से संबंधित दिए गए है-
(A) उत्परिवर्तन में छोटे-छोटे परिवर्तन होते है।
(B) उत्परिवर्तन का सिद्धान्त 19वी सदी के प्रथम दशक में दिया गया था।
(C) उत्परिवर्तन अचानक नहीं होता है।
(D) उत्परिवर्तन में छोटे-छोटे विविधताएं सम्मिलित है।
उपरोक्त में से कितने कथन गलत है?
(A) 1 (B) 2
(C) 3 (D) 4

139. शब्द होमो का सर्वप्रथम निम्न में से किसके लिए उपयोग हुआ था?
(A) हैबिलिस (B) इरैक्टस
(C) जावा मैन (D) पेकिंग मैन

140. साक्ष्य यह प्रकट करते है कि वे प्रारंभ में पत्थर के हथियारों से शिकार करते थे, किंतु प्रारंभ में फलों का ही भोजन करते थे, यह तथ्य संबंधित है-
(A) ड्रायोपिथिकस से
(B) रामापिथिकस से
(C) ओस्ट्रालोपिथेकस से
(D) शिवापिथिक्स से

141. निम्न में से कौन विलुप्त नहीं हुआ है?
(A) पेलिकोसौरस (B) थेकोडॉन्ट
(C) थेरौप्सिड (D) उपरोक्त में से कोई नहीं

142. आस्टेलियाई शिशुधानी के सही जोड़े का चयन करे-
(A) कोआला, बोबकैट
(B) बैडीकूट, बोबकैट
(C) कोआला, बैडीकूट
(D) धब्बेदार कस्कस, भेड़िया

143. शारबनी अवरोदण (Branching descent) निम्न में से किससे संबंन्धित है?
(A) डार्विनवाद (B) लेमार्कवाद
(C) उत्परिवर्तन (D) नव-डार्विनवाद

144. मिलर के पूरे प्रयोग के दौरान निम्न में से कौन तरल रूप में उपस्थित था?
(A) CH_4 (B) NH_3
(C) H_2O (D) कोई नहीं।

145. सिलरियन काल निम्न में से कौन से महाकल्प से संबंधित है?
(A) प्रोटेरोजोइक (B) पैलियोजोइक
(C) मीसोजोइक (D) सीनोजोइक

146. अनुकूलन से संबंधित गलत कथन का चयन करें-
(A) अनुकूलन वंशानुगत होती है।
(B) अनुकूलन का आनुवांशिक आधार होता है।
(C) अनुकूलन जीवित रहने के लिए आवश्यक है।
(D) किसी जाति में अनुकूलन सभी सदस्यों में समान तथा बराबर होता है।

147. नीचे कुछ कथन समजात अंग के दिए गए है-
(A) समजात अंग जन्तुओं में पादप की तुलना में अधिक होते है।
(B) समजात अंगों की उत्पत्ति समान होती है।
(C) वातावरण में समजात अंग सिर्फ उत्परिवर्तन के कारण प्रकट होते है।
(D) समजात अंग अपसारी तथा अभिसारी दोनों प्रकार के जैव विकास को प्रदर्शित करते है।
इनमें से कितने कथन गलत है-
(A) 1 (B) 2
(C) 3 (D) 4

ANSWER KEY

1. (B)	**2.** (A)	**3.** (A)	**4.** (C)	**5.** (C)	**6.** (B)	**7.** (D)	**8.** (D)	**9.** (A)	**10.** (D)
11. (A)	**12.** (D)	**13.** (D)	**14.** (D)	**15.** (A)	**16.** (B)	**17.** (A)	**18.** (B)	**19.** (A)	**20.** (B)
21. (C)	**22.** (C)	**23.** (C)	**24.** (A)	**25.** (C)	**26.** (D)	**27.** (D)	**28.** (D)	**29.** (B)	**30.** (C)
31. (B)	**32.** (D)	**33.** (D)	**34.** (B)	**35.** (A)	**36.** (C)	**37.** (C)	**38.** (A)	**39.** (C)	**40.** (C)
41. (A)	**42.** (C)	**43.** (C)	**44.** (C)	**45.** (A)	**46.** (C)	**47.** (C)	**48.** (A)	**49.** (D)	**50.** (B)
51. (B)	**52.** (B)	**53.** (A)	**54.** (C)	**55.** (A)	**56.** (D)	**57.** (A)	**58.** (D)	**59.** (D)	**60.** (D)
61. (D)	**62.** (D)	**63.** (D)	**64.** (A)	**65.** (D)	**66.** (A)	**67.** (B)	**68.** (C)	**69.** (A)	**70.** (A)
71. (B)	**72.** (D)	**73.** (B)	**74.** (A)	**75.** (D)	**76.** (D)	**77.** (C)	**78.** (D)	**79.** (D)	**80.** (C)
81. (B)	**82.** (B)	**83.** (C)	**84.** (C)	**85.** (D)	**86.** (B)	**87.** (D)	**88.** (B)	**89.** (A)	**90.** (B)
91. (D)	**92.** (B)	**93.** (D)	**94.** (D)	**95.** (D)	**96.** (C)	**97.** (B)	**98.** (C)	**99.** (C)	**100.** (A)
101. (D)	**102.** (D)	**103.** (D)	**104.** (D)	**105.** (A)	**106.** (A)	**107.** (D)	**108.** (C)	**109.** (D)	**110.** (A)
111. (B)	**112.** (C)	**113.** (A)	**114.** (D)	**115.** (A)	**116.** (D)	**117.** (A)	**118.** (C)	**119.** (A)	**120.** (C)
121. (A)	**122.** (D)	**123.** (D)	**124.** (D)	**125.** (B)	**126.** (B)	**127.** (B)	**128.** (D)	**129.** (A)	**130.** (D)
131. (B)	**132.** (B)	**133.** (D)	**134.** (D)	**135.** (C)	**136.** (A)	**137.** (C)	**138.** (D)	**139.** (A)	**140.** (C)
141. (D)	**142.** (C)	**143.** (A)	**144.** (D)	**145.** (B)	**146.** (D)	**147.** (B)			

इकाई 8: मानव कल्याण में जीव विज्ञान

8. मानव स्वास्थ्य तथा रोग
9. खाद्य उत्पादन में वृद्धि की कार्यनीति
   भाग I: जन्तु पालन
   भाग II: पादप प्रजनन
10. मानव कल्याण में सूक्ष्मजीव

मानव स्वास्थ्य तथा रोग

1. लम्बे समय तक स्वास्थ्य का तात्पर्य था–
   (A) शरीर कें कुछ तरल (हायूमर) का संतुलन बनाएँ रखना
   (B) शरीर के तापमान का बने रहना
   (C) शरीर में एन्जाइम का संतुलन
   (D) उपरोक्त में से कोई नहीं।
2. 'अच्छे तरल' की परिकल्पना को निम्न में से किसने समर्थन नहीं किया?
   (A) हिप्पोक्रटीज (B) चिकित्सा का भारतीय तन्त्र
   (C) चरक (D) उपरोक्त में से कोई नहीं
3. 'अच्छे तरल' परिकल्पना के अनुसार के अनुसार 'काले पित्त' का तात्पर्य है–
   (A) गरम व्यक्तित्व वाले
   (B) ठंडे व्यक्तित्व वाले
   (C) सामान्य व्यक्तित्व वाले
   (D) उपरोक्त सभी।
4. विलियन हार्वे ने 'अच्छे तरल' परिकल्पना को कैसे गलत साबित किया?
   (A) काले पित्त वालों का शरीर तापमान अधिक होता है।
   (B) पीले पित्त वालों का शरीर तापमान कम होता है।
   (C) काले पित्त वालों का शरीर तापमान कम होता है।
   (D) उपरोक्त में से कोई नहीं।
5. प्रतिरक्षी तन्त्र निम्न में से कौन से तन्त्र से प्रभावित होते है?
   (A) तंत्रिका तन्त्र (B) अन्तः स्रावी तन्त्र
   (C) A तथा B दोनों (D) सिर्फ परिसंचरण तन्त्र
6. हमारा स्वास्थ्य प्रभावित होता है–
   (A) मानसिक अवस्था से
   (B) दैहिक अवस्था से
   (C) कार्यिक अवस्था से
   (D) उपरोक्त सभी।
7. हमारा स्वास्थ्य निम्न में से किससे प्रभावित नहीं होते?
   (A) आनुवांशिक विकार
   (B) संक्रमण
   (C) हमारा जीवन शैली
   (D) उपरोक्त में से कोई नहीं।
8. स्वास्थ्य शब्द का एक मात्र अर्थ है–
   (A) रोग की अनुपस्थिति
   (B) शारीरिक स्वस्थता
   (C) चयनित रोगों की उपस्थिति
   (D) उपरोक्त में से कोई नहीं।
9. उपयुक्त स्वास्थ्य से संबंधित तथ्य है–
   (A) उत्पादकता का बढ़ना
   (B) बेहतर योगदान
   (C) अधिक आयुकाल
   (D) उपरोक्त सभी।

10. A = संतुलित आहार, B = व्यक्तिगत स्वच्छता, C = नियमित व्यायाम
हमारा भारतीय समाज उपरोक्त में से किससे वंचित रहता है, या नजर अंदाज करता है?
(A) A (B) B
(C) C (D) A, B तथा C

11. निम्न में से कौन से रोग या रोगवाहक के नियन्त्रण के लिए भारत सरकार का राष्ट्रीय प्रोग्राम है?
(A) मलेरिया (B) बालु मक्खी
(C) सी. सी फ्लाई (D) उपरोक्त सभी।

12. उस असंक्रामक रोग का चयन करे जो मनुष्य के मृत्यु का मुख्य कारण है-
(A) मधुमेह (B) कैंसर
(C) गठिया (D) गाउट

13. I – संक्रामक रोग सिर्फ सूक्ष्मजीवों के द्वारा होता है।
II – संक्रामक रोगों का सामान्यत आनुवांशिक आधार नहीं होता है।
III – छोटे बच्चों में संक्रामक रोगों की संभावना अधिक होती है-
उपरोक्त में से कितने कथन गलत है?
(A) 1 (B) 2
(C) 3 (D) 4

14. I – सभी परजीवी रोगजनक होते है।
II – सभी परजीवी जहर (Toxin) मुक्त करते है।
III – सभी परजीवी सूक्ष्मजीव होते है।
IV – सभी परजीवी एकपोषी (Monogenetic) होते है।
उपरोक्त में से कितने कथन सही है?
(A) 1 (B) 2
(C) 3 (D) 0

15. रोगजनक हमारे शरीर में प्रवेश कर सकते है-
(A) जल से (B) लैगिक संपर्क से
(C) रुधिर आधान से (D) उपरोक्त सभी से।

16. A = उपस्थिति के स्थल, B = जहर का स्वभाव, C = रोगजनक की संख्या, D = जहर की मात्रा रोगों का लक्षण उपरोक्त में से किस पर निर्भर नहीं करता है-
(A) A (B) A, B
(C) A, B, C तथा D (D) उपरोक्त में से कोई नहीं

17. पोषी में परजीविय अनुकूलन के लिए सार्वाधिक महत्वपूर्ण कारक क्या है?
(A) आन्तरिक वातावरण के अनुसार अनुकूलन
(B) रूधिर ग्राही स्वभाव
(C) मोटा क्यूटिकल
(D) उपरोक्त सभी

18. परजीवी के पोषी के आँत में जीवित रहने के लिए सावार्धिक महत्वपूर्ण कारक है-
(A) लार के प्रति प्रतिरोध
(B) हाइड्रोक्लोरिक अम्ल के प्रति प्रतिरोध
(C) क्रमानुकुचन के प्रति प्रतिरोध
(D) उपरोक्त सभी।

19. टायफॉयड तथा न्यूमोनिया के बीच सामान्य लक्षण का चयन करें-
(A) बुखार (B) कब्ज
(C) जुकाम (D) उपरोक्त सभी।

20. निम्न में कौन टायफॉइड का कारण या स्रोत नहीं हो सकता है?
(A) संक्रमित सब्जी
(B) संक्रमित फल
(C) मच्छर के काटने से
(D) उपरोक्त सभी।

21. टायफॉइड का सबसे गंभीर परिणाम है-
(A) तेज बुखार (B) भूख की कमी
(C) कमजोरी (D) आँत में छिद्र

22. टायफॉइड मैरी थी-
(A) रसोइया (B) डॉक्टर
(C) सफाई कर्मी (D) उपरोक्त में से कोई नहीं

23. सही कथन का चयन करें-
(A) टायफॉइड एक विषाणुजनित रोग है।
(B) टायफॉइड का जड़ मूल से इलाज संभव नहीं है।
(C) टायफॉइड का रोगजनक शरीर के दूसरे भाग में भी जा सकता है।
(D) उपरोक्त में से कोई नहीं।

24. I – संक्रमित व्यक्ति के द्वारा छोड़े गए बिंदुक (ड्रॉप्लेटस)
II – वस्तु जनित
III – दुषित खाद्य पदार्थ एवं जल के द्वारा
उपरोक्त में से कौन सी विधि से न्युमोनिया संभव नहीं है?
(A) I (B) I, II
(C) III (D) I, II, III

25. रोगों के सेट का चयन करे जिसमें रोगजनक एक ही जगत के है-
(A) मलेरिया, टाइफॉइड
(B) न्यूमोनिया, सामान्य जुकाम
(C) मलेरिया, अमीबता
(D) अमीबता, टाइफॉइड

26. छोटे बच्चे के द्वारा मिट्टी को मुंह में लेने से कौन सा रोग हो सकता है?
(A) ऐस्केरिएसिस (B) दाद
(C) कैंसर (D) हाथी पॉव

27. टायफॉइड, न्युमोनिया, दाद, ऐस्केरिएसिस, हाथी पॉव, मलेरिया, एड्स
उपरोक्त रोगों में से कितने रोग के रोगजनक को नग्न आंखों से देखा जा सकता है?
(A) 2 (B) 4
(C) 6 (D) उपरोक्त में से कोई नहीं

28. निम्न में से कौन से रोग में लक्षण सिर्फ त्वचा तक सीमित होते है?
(A) न्यूमोनिया (B) रिंगवर्ग
(C) अमीबता (D) मलेरिया

29. सामान्यतः वह संक्रामक रोग जिनका जड़ मूल से समाप्त होना संभव नहीं होता है, वह होते है-
(A) लैंगिक संपर्क के द्वारा
(B) दूषित खाद्य पदार्थ एवं जल के द्वारा
(C) मच्छर के काटने से
(D) वयु जनित

30. कीट रोगवाहक द्वारा संचरित रोग है-
(A) टायफॉइड, ऐस्केरिएसिस
(B) मलेरिया, हाथीपॉव
(C) न्यूमोनिया, ऐस्केरिएसिस
(D) दाद, हाथीपॉव

31. मच्छर के कौन सी जाति से डेंगू तथा चिकुनगुनिया जैसे रोग होते है?
(A) मादा एनोफेलीज (B) मादा क्यूलेक्स
(C) मादा एडीज (D) नर एडीज

32. मलेरिया के रोकथाम में कौन सी मछली उपयोगी है?
(A) रोहु (B) कतला
(C) गंबुजिया (D) कैट फिस

33. संक्रामक रोग एक हद तक नियंत्रित कर लिया गया है-
(A) प्रतिजैविक (एंटीबायोटिक) के इस्तेमाल के कारण
(B) टीका के विकास के कारण
(C) बेहतर साफ सफाई के कारण
(D) उपरोक्त सभी के कारण

34. एक 30 वर्ष का व्यक्ति, मोहित एक सामान्य संक्रामक रोग से ग्रसित है, निम्न में से कौन सी विधि इलाज में, सामान्यत प्रयुक्त होगा?
(A) टीका (वैक्सीन) (B) प्रतिजैविक
(C) लौह टॉनिक (D) उपरोक्त सभी।

35. रोगों के इलाज में अनेक विधियों का उपयोग किया जाता है, निम्न में से कौन सी विधि के खुराक समय के साथ बढ़ता जा रहा है?
(A) प्रतिजैविक (B) टीका
(C) लौह टॉनिक (D) उपरोक्त सभी।

36. नीचे कुछ संक्रामक रोगों के नाम दिए गए है, पोलियों, डिफ्थीरिया,टिटनस, गलघोटु (परटुसिस), एड्स, मलेरिया, मम्स (Mumps)
उपरोक्त में से कितने रोगों को काफी हद तक टीका के द्वारा नियंत्रित कर लिया गया है?
(A) 7 (B) 5
(C) 4 (D) 3

37. जैव प्रॉद्योगिकी, चिकित्सा विज्ञान में महत्वपूर्ण भूमिका निभा रहा है-
(A) प्रतिरोधी पीड़क के खोज के द्वारा
(B) प्रतिरोधी पेस्टनाशी के खोज के द्वारा
(C) नए-नए और अधिक सुरक्षित टीका के खोज के द्वारा
(D) उपरोक्त सभी।

38. हम बड़ी संख्या में संक्रामक कारकों के संपर्क में आते है-
(A) प्रतिदिन (B) प्रतिमहीना
(C) प्रतिवर्ष (D) कभी नहीं।

39. सामान्यत मलेरिया में तीव्र कंपकपी तथा तीव्र बुखार की पुनरावृत्ति (Recurrence) कितने दिनों के अन्तराल पर होता है?
(A) 3 से 4 दिन (B) 12 से 14 दिन
(C) 27 से 37 दिन (D) 1 दिन

40. परजीवी (Parasite) के जोड़े का चयन करे जिसे अपने जीवन चक्र को पूरा करने में दो (host) पोषी की जरूरत पड़ती है-
(A) ऐस्कारिस लुम्ब्रीकोइड, प्लैज्मोडियम वॉवैक्स
(B) वुचेरेरिया बैक्रोफ्टाई, ऐस्कारिस लुम्ब्रीकोइड,
(C) एंटअमीमा हिस्टोलिटिका, ऐस्कारिस लुम्ब्रीकोईड
(D) वुचैरेरिया बैक्राफ्टाई, प्लैज्मोडियम फैल्सीपेरम

41. मच्छर अनेक रोगों को वाहक होता है, उस रोग का चयन करे जो एक ही प्रकार के मच्छर से होता है-
(A) मलेरिया, डेंगु
(B) फाइलेरिएसिस, डेंगु
(C) डेंगु, चिकनगुनिया
(D) फाइलेरिएसिस, मलेरिया

42. निम्न में से कौन सा रोग हल्के तापमान तथा आद्रता में वृद्धि करता है?
(A) टाइफाइड (B) रिंगवर्म
(C) अमीबिएसिस (D) ऐस्केरिएसिस

43. रोग के जोड़े का चयन करे जो वस्तु जनित (fomite born) होता है-
(A) रिंगवर्म, अमीबिएसिस
(B) रिंगवर्म, टाइर्फाइड
(C) रिंगवर्म, सामान्य जुगाम
(D) न्यूमोनिया, अमीबिएसिस

44. उस रोग का चयन करे जो भारत से निकट भविष्य में जड़ मूल से (eradicate) समाप्त हो सकते है-
(A) चेचक, पोलियो (B) छोटी माता, चेचक
(C) पोलियो, कुष्टरोग (D) अमीबिएसिस, डेंगु

45. निम्न में से कौन सा रोग मानव मल के द्वारा नहीं फैलता है?
(A) ऐस्केरिएसिस (B) अमीबिएसिस
(C) टाइफॉइड (D) न्यूमोनिया

46. नर ऐनोफेलीज के लिए प्लाज्मोडियम (plasmodium) का कौन सा अवस्था संक्रामक होता है?
(A) स्पोरोजॉइट्स (B) युग्मकजनक
(C) हीमोजोइन (D) उपरोक्त में से कोई नहीं

47. प्लैज्मोडियम (plasmodium) के जीवन चक्र में निषेचन तथा विकास कहां होता है?
(A) मानव के लाल रूधिर कोशिका में
(B) मानव के यकृत में
(C) मादा मच्छर के लार ग्रन्थि
(D) मादा मच्छर के आहार लाल में

48. मानव के लिए ART कैसे उपयोगी है?
(A) व्यक्ति रोग से पूरी तरह ठीक हो जाता है।
(B) व्यक्ति की आयु बढ़ जाती है।
(C) व्यक्ति को मोटापा से मुक्ति मिल जाता है।
(D) उपरोक्त सभी।

49. उन अंगों के जोड़े का चयन करे जो एच आई वी (HIV) के कारखाना (factory) की भांति कार्य करते है–

(A) मैक्रोफेजेज, थाइमस

(B) थाइमस, सहायक टी कोशिका

(C) सहायक टी कोशिका, मैकोफेजेज

(D) मारक टी कोशिका, मैक्रोफेजेज

50. गलत कथन का चयन करें–

(a) एड्स (AIDS) जन्मजात रोग नहीं है।

(b) एड्स (AIDS) लक्षणों का समूह है।

(c) सर्वप्रथम एड्स (AIDS) अमेरिका में 1986 में देखा गया।

(d) एड्स (AIDS) किसी ऐसे व्यक्ति को हो ही नहीं सकता जिसका लैंगिक संबंध किसी एक ही व्यक्ति से है।

(A) a, b (B) a, d

(C) c, d (D) b, c

51. उस रोग का चयन करे जिसकी यह विषेशता होती है कि व्यक्ति के मल में श्लेष्मा तथा रुधिर उपस्थित रहते है–

(A) ऐस्केरिएसिस (B) फाइलेरिएसिस

(C) अमीबिएसिस (D) टाइफॉइड

52. उस सेट का चयन करे जो HIV फैक्ट्री (factory) की तरह कार्य करते है–

(A) मैक्रोफेजेज, सहायक टी–लिम्फोसाइट

(B) पी एम नल एल, मैक्रोफेजेज

(C) मारक–टी–लिम्फोसाइट, मैक्रोफेजेज

(D) संदमक–टी–लिम्फोसाइट, मोनोसाइट

53. निम्न में से कौन विषाणु संक्रमण के दौरान प्रभावों अवरोध का कार्य करते है?

(A) साइटोकाइन रोध (B) कोशिकीय रोध

(C) कार्यिकीय रोध (D) उपरोक्त सभी।

54. उस नलिका का चयन करे जिसमें एम ए एल टी (MALT) अनुपस्थित होते है–

(A) श्वसन मार्ग (B) मूत्रोजनन मार्ग

(C) रुधिर वाहिनी मार्ग (D) आहार नाल

55. अगर एक व्यक्ति उच्च रक्त चाप तथा एलर्जी दोनों से ग्रसित है, तो कौन सी दवा वह लम्बे समय तक नहीं ले सकता (Concept based)?

(A) एर्डिनेलिन, स्टीराइड

(B) स्टीराइड, प्रतिहिस्टैमिन

(C) प्रतिहिस्टैमिन, कोडिनसिरप

(D) एंटीप्रदाही, स्टीराइड

56. टीकाकरण/टीका के संदर्भ में गलत कथन का चयन करें–

(A) टीका स्मरण–B तथा T–कोशिका को उत्पन्न करने में सक्षम है।

(B) स्मरण कोशिक प्रतिपिण्ड को उत्पन्न करने में सक्षम है।

(C) रोगजनक के प्रतिजन (antigenic protein) भी टीका के तरह काम कर सकते है।

(D) Hepatitis–B का टीका सार्वाधिक अत्याधुनिक टीका है।

57. अगर किसी व्यक्ति को रैट स्नेक ने काट लिया, तो बताएं की उसे किस प्रकार के प्रतिरक्षण की आवश्यकता है? (Concept based)

(A) सक्रिय प्रतिरक्षण (B) निष्क्रिय प्रतिरक्षण

(C) उपार्जित प्रतिरक्षण (D) उपरोक्त में से कोई नहीं

58. मान ले अगर एक व्यक्ति मृत रोगजनक से संक्रमित हो गया उसके प्रतिरक्षण के संदर्भ में सही कथन का चयन करे– (Concept based)

(A) प्रतिरक्षण विकसित होगा, परन्तु अपेक्षाकृत कमजोर।

(B) प्रतिरक्षण विकसित नहीं होगा।

(C) प्रतिरक्षण, जीवित रोगजनक से संक्रमित होने के समान विकसित होगा।

(D) प्रतिरक्षण विकसित होगा, परन्तु अपेक्षाकृत धीमा

59. कोलोस्ट्रम (Colostrum) में कौन सा प्रतिपिण्ड उपस्थित रहता है?

(A) Ig_E (B) Ig_D

(C) Ig_A (D) उपरोक्त सभी

60. निम्न में से कौन सी कोशिका प्रतिपिण्ड के स्रावण से संबंधित नहीं है?

(A) प्लाज्मा कोशिका (B) बी–लिम्फोसाइट

(C) प्रतिजन (D) निष्क्रिय टीका कोशिका

61. प्राकृतिक मारक कोशिका होते है–

(A) मोनोसाइट (B) ल्यूकोसाइट

(C) लिम्फोसाइट (D) बेसोफिल

62. स्व–प्रतिरक्षण रोग के संदर्भ में गलत कथन का चयन करें–

(A) यह आनुवांशिक हो सकता है।

(B) रुमेटाइड अर्थराइटिस एक स्व–प्रतिरक्षण रोग है।

(C) इस रोग में शरीर अपने तथा पराए कोशिका के बीच विभेद नहीं कर पाता।

(D) सभी स्व–प्रतिरक्षण रोग का पूर्ण इलाज संभव है।

63. उस स्थल का चयन करे जहां प्रतिजन, लिम्फोसाइट से संपर्क स्थापित करता है–

(A) लसिका गॉठ, थाइमस

(B) टॉन्सिल, अस्थि मज्जा

(C) प्लीहा, थाइमस

(D) प्लीहा, लसिका गांठ

64. कौन से असंमान्यता में मूत्र का रंग परिवर्तित हो जाता है?

(A) फीनाइलकीटोनूरिया

(B) एल्केपटोनूरिया

(C) रंजकहीनता

(D) हटिंगटन कोरिया

65. किस असमान्यता का लक्षण गाइनेकोमास्टिया (Gynecomastia) होता है?

(A) डॉउन सिण्ड्रोम (B) क्लाइनफेल्टर सिड्रोम

(C) टर्नर सिंड्रोम (D) पटाऊ सिंड्रोम

66. गलत कथन का चयन करें–

(A) जन्मजात (सहज) प्रतिरक्षण में कई तरह के अवरोध सम्मिलित है।

(B) PMNL तथा Macrophages एक ही श्रेणी के अवरोध है।

(C) प्राथमिक प्रतिरक्षी अनुक्रिया अलग–अलग व्यक्तियों में अलग–अलग संभव है।

(D) उपरोक्त में कोई नहीं।

67. निम्न में से कौन–सा ड्रग (drug), सॉस द्वारा अंदर खींची जाती है?

(A) कोकेन (B) एलएसडी

(C) भांग (D) चरस

68. उस रोग का चयन करे जो स्वप्रतिरक्षण रोग नहीं है–

(A) रुमेटाइड अर्थराइटिस

(B) हासहिमोटो रोग

(C) क्रोनिक हेपेटाइटिस

(D) उपरोक्त में से कोई नहीं।

69. निम्न में से कौन प्रत्यक्ष या अप्रत्यक्ष रूप से प्रतिपिण्ड के उत्पत्ति से संबंधित नहीं है?

(A) T – कोशिका (B) प्लाज्मा कोशिका

(C) B – कोशिका (D) उपरोक्त में से कोई नहीं

70. मलेरिया रोग में निषेचन तथा परिवर्धन कहाँ होता है?

(A) मानव के आर बी सी में

(B) मानव के यकृत में

(C) मच्छर के लार ग्रन्थि मं

(D) मच्छर के आंत में

71. सही रोग के जोड़ा का चयन करे जो वायु जनित (एयर - बॉर्न) होता है–

(A) न्यूमोनिया तथा अमीबिएसिस

(B) सामान्य जुकाम तथा फाइलेरिएसिस

(C) डिफ्थीरिया तथा टाइफॉइड

(D) सामान्य जुकाम तथा न्यूमोनिया

72. ग्रोइन तथा पादंगुलियों के बीच पनपने वाले संक्रामक रोग के लिए उत्तरदायी रोगजनक है–

(A) वुचेरेरिया (B) ट्राइकोफाइटॉन

(C) ऐस्केरिस (D) उपरोक्त सभी

73. सुमेलित करे–

	कॉलम A		कॉलम B
1.	पी एम एन एल	(A)	कोशिकीय रोध
2.	लार	(B)	साइटोकाइन
3.	इंटरफेरॉन	(C)	कार्यिकीय रोध
4.	आहारनाल का उपकला	(D)	शारीरिक रोध

(A) 1234/ABCD (B) 1234/ACBD

(C) 1234/ADCB (D) 1234/DABC

74. दवा के सही सेट का चयन करे जो की एलर्जी (allergy) में प्रयुक्त होता है-
(A) एन्टीहिस्टामिन, इमियूनोथैरेपी, एड्रीनेलिन
(B) एन्टीहिस्टामिन, एड्रीनेलिन, स्टेरॉइड्स
(C) एन्टीहिस्टामिन, एड्रीनेलिन, स्लफाड्रग
(D) एड्रीनेलिन, स्टेरॉइड्स, ए आर टी

75. प्राथमिक तथा द्वितीयक अनुरक्षी अनुक्रिया निम्न में से किसके मदद से प्रदर्शित की जाती है?
(A) बी – लिम्फोसाइट
(B) टी – लिम्फोसाइट
(C) A तथा B दोनों
(D) सिर्फ प्रतिजन तथा प्रतिपिण्ड के द्वारा।

76. अंग प्रत्यारोपण के संदर्भ में कुछ कथन दिए गए है, कथनों को समझते हुए सही उत्तर का चयन करें-
(a) मानव के लगभग सभी अंगों को सफलतापूर्वक प्रत्यारोपित किया जा रहा है।
(b) अगर दाता तथा ग्राही का सिर्फ रुधिर समुह समान है तब भी अंगग प्रत्यारोपण संभव है।
(c) CMIS तथा AMIS दोनों ही अंग प्रत्यारोपण को अस्वीकृत करने के लिए उत्तरदायी है।
(d) अंग प्रत्यारोपण में अंग अगर जुड़वा भाई या बहन से लिया गया है तो (immunosuppresant) की आवश्यकता नहीं पड़ती है।
(A) a, d सही, b, c गलत
(B) a, b, c, d सभी सही है।
(C) a, b, c, d सभी गलत है।
(D) a, b सही c, d गलत

77. प्लीहा के संदर्भ में गलत कथन का चयन करे-
(A) प्लीहा बड़े सेम (bean) आकार के होते है।
(B) प्लीहा में लिम्फोसाइट (lymphocyte) तथा भक्षाणु (Phagocyte) दोनों उपस्थित होते है।
(C) प्लीहा इरिथ्रोसाइट (erythrocyte) को संरक्षित करते है।
(D) प्लीहा लसिका को छानने का कार्य करते है।

78. नीचे कुछ संक्रामक रोग से संबंधित कथन दिए गए है-
(a) संक्रामक रोग एक ही समय में किसी एक व्यक्ति को संक्रमित कर सकता है तथा दूसरे व्यक्ति को संक्रमित नहीं कर सकता है।
(b) संक्रामक रोग समाज में असंक्रामक रोग से ज्यादा सामान्य होता है।
(c) सभी संक्रामक रोग जानलेवा होता है।
(d) संक्रामक रोग से सदैव बुखार होता है।
(A) a, b सत्य ; b, c असत्य
(B) a, b सत्य ; c, d असत्य
(C) b, c सत्य ; a, d असत्य
(D) c, d सत्य, a, b असत्य

79. रोगजनक जिसका नाम मैलाई है, से निम्न में से कौन सा रोग होता है?
(A) ऐस्केरिएसिस (B) फाइलेरिएसिस
(C) न्यूमोनिया (D) उपरोक्त में से कोई नहीं

80. निम्न में से कौन न्यूमोनिया के लक्षण नहीं है?
(A) बुखार तथा खांसी
(B) कपकपी तथा सरदर्द
(C) आंत में छिद्र
(D) श्वसन में तकलीफ

81. न्यूमोनिया के गंभीर स्थिति में निम्न में से कौन से लक्षण प्रकट होते है?
(A) अंगुली तथा नाखुन नीले हो जाते है।
(B) अत्यधिक कपक्रपी
(C) बुखार तथा खांसी
(D) श्वसन में तकलीफ

82. उस असमान्यता का चयन करे जो सामान्यत: कूपिका को प्रभावित नहीं करते है-
(A) एम्फीसिमा
(B) न्यूमोनिया
(C) व्यवसायिक फेफड़ा रोग
(D) सामान्य सर्दी खांसी

83. निम्न में से कौन ऐस्केरिएसिस का कारण नहीं हो सकता?

(A) दूषित खाद्य पदार्थ एवं जल

(B) दूषित फल सब्जी

(C) घरेलू मक्खी

(D) उपरोक्त में से कोई नहीं।

84. उस रोग के सेट का चयन करे जो कि टीका के द्वारा नियंत्रित नहीं होते है-

(A) पोलियो तथा कैंसर

(B) एलर्जी तथा पोलियो

(C) एलर्जी तथा कैंसर

(D) कुकुर खांसी तथा मलेरिया

85. (a) अनायनकारी विकिरण से कभी भी कैंसर नहीं होता है।

(b) मैटास्टेसिस सभी प्रकार के कैंसर में सामान्य होता है।

(c) अस्थि मज्जा परिक्षण सदैव सारकोमास में किया जाता है।

(d) 3-D बिम्ब, आंतरिक अंग के कैंसर को ज्ञात करने के दौरान CT scan से प्राप्त होता है।

(A) a, c गलत; b, d सही

(B) a, d गलत; b, c सही

(C) a, b गलत; c, d सही

(D) c, d गलत; a, b सही

86. निम्न में से कौन ऐस्कारिस के अंडे से संदूषित नहीं होते है?

(A) मिट्टी (B) जल

(C) पादप (D) उपरोक्त में से कोइ नहीं

87. फाइलेरिआई कृमि के कारण-

(A) तीर्व गति से विकसित होने वाला दीर्घकालिक शोथ हो जाता है।

(B) धीरे-धीरे बढ़ने वाला अस्थयी शोथ हो जाता है।

(C) धीरे-धीरे बढ़ने वाला दीर्घकालिक शोध हो जाता है।

(D) तीर्व गति से विकससित होने वाला अस्थायी शोध।

88. फाइलेरिआई कृमि संक्रमित व्यक्ति के अंगों मं रहते है-

(A) अनेक वर्षो तक (B) अनेक दिनों तक

(C) अनेक महीनों तक (D) अनेक दशक तक

89. उन अंगों के जोड़े का चयन करे जो फाइलेरिया कृमि से प्रभावित होते है-

(A) स्तन, शिश्न (B) वृषण कोष, शिश्न

(C) स्तन, वृषण कोष (D) ऊपरी पाद, शिश्न

90. फाइलेरिया कृमि सामान्यत किस अंग के लसिका वाहिनी में स्थित रहते है?

(A) ऊपरीपाद (B) पश्चपाद

(C) अंगुली (D) पीठ

91. फाइलेरिएसिस के रोगजनक स्वस्थ व्यक्ति मे संचरित होते है-

(A) दूषित खाद्य पदार्थ एवं जल

(B) नर मच्छर के द्वारा

(C) मादा मच्छर के सभी जाति के द्वारा

(D) मादा मच्छर के चयनित जाति के द्वारा

92. अगर फाइलेरिएसिस रोग में वृषण कोष प्रभावित होते है तो यह-

(A) फूल जायेगा (B) संकुचित हो जायेगा

(C) अप्रभावित रहेगा (D) उपरोक्त में से कोई नही

93. अगर स = समान, अ = असमान

ऐस्केरिससिस तथा फाइलेरिएसिस से संबंधित सही विकल्प का चयन करे-

	संघ	पोषी में आवास	समी लक्षण	संक्रमण की विधि
(A)	स	अ	स	अ
(B)	स	अ	अ	अ
(C)	अ	अ	अ	अ
(D)	स	स	स	अ

94. निम्न में से कौन से विधि के द्वारा एक व्यक्ति ऐस्केरिएसिस से ग्रसित नहीं हो सकता है?

(A) दूषित जल (B) दूषित सब्जी

(C) दूषित फल (D) मच्छर के द्वारा

95. ऐस्केरिएसिस तथा फाइलेसिएसिस के लक्षण निम्न में से किस आधार पर समान है–
(A) आंतरिक रक्तस्राव
(B) पेशी में दर्द
(C) पथ में अवरोध
(D) प्रकाश के प्रति अति संवेदनशीलता।

96. नीचे कुछ कथन दाद से संबंधित दिए गए है, निम्न में से कितने कथन गलत है–
(A) दाद एक सामान्य संक्रामक रोग है।
(B) दाद एक जानलेवा रोग है।
(C) दाद एक महामारी के रूप में फैलने वाला रोग है।
(D) दाद बुर्जुगों में अधिक सामान्य रोग है।
(A) 1 (B) 2
(C) 3 (D) 4

97. एच.आई.वी. विषाणु सहायक टी–लिम्फोसाइट को चयनात्मक रूप से क्यों नष्ट करते है?
(A) सहायक–टी–लिम्फोसाइट की संख्या अधिक होती है।
(B) सहायक–टी–लिम्फोसाइट पर CD_4 ग्राही होता है।
(C) सहायक–टी–लिम्फोसाइट भक्षाणु नहीं होता है।
(D) सहायक–टी–लिम्फोसाइट जहर उत्पन्न नहीं कर सकता है।

98. एच आई वी के __A?__ परपोषी की कोशिका के __B?__ में समबिष्ट होते है।
(A) A – RNA, B – DNA
(B) A – RNA, B – RNA
(C) A – DNA, B – RNA
(D) A – DNA, B – DNA

99. एच.आई.वी. विषाणु में कौन सा एन्जाइम उपस्थित होता है?
(A) रिवर्स ट्रांसक्रिप्टेज
(B) डी एन ए लाइगेज
(C) ट्रिप्सिन
(D) उपरोक्त सभी।

100. एड्स विषाणु के लक्षण प्रकट होते है?
(A) मारक–टी–कोशिका की संख्या में कमी के कारण
(B) सहायक–टी–कोशिका के संख्या में कमी के कारण
(C) बी–कोशिका के संख्या में कमी के कारण
(D) संदमक–टी कोशिका के संख्या में कमी के कारण

101. नीचे कुछ रोगजनक के नाम दिए गए है–
माइकोबैक्टीरियम, कवक, टॉक्सोप्लैज्मा, स्ट्रेप्टोकोकस
उपरोक्त में से कितने एड्स मरीज को प्रभावित नहीं करते है?
(A) 0 (B) 4
(C) 3 (D) 2

102. उस टेस्ट का चयन करे जो एड्स के पहचान में प्रयुक्त होते है–
(A) मॉटुक्स (B) विडाल
(C) वी डी आर एल (D) उपरोक्त में से कोई नहीं

103. प्रति–पृश्चविषाणुवीय (एंटी रिट्रोवायरल) औषधियाँ एड्स रोगी के लिए कैसे उपयोगी है?
(A) यह एड्स रोगी को मृत्यु से बचाता है।
(B) जड़–मूल से रोग का नाश करता है।
(C) मरीज की उम्र को बढ़ाता है।
(D) उपरोक्त सभी।

104. निम्न में से किस श्रेणि के व्यक्ति में एड्स के संभावना अधिक होती है?
(A) संस्कार विहिन व्यक्ति
(B) ड्रग्स व्यसनी
(C) वेश्यागामी
(D) उपरोक्त सभी।

105. एड्स के मरीज एड्स फैला सकते है–
(A) एक व्यक्ति में (B) अनेक व्यक्ति में
(C) किसी को नहीं (D) उपरोक्त में से कोई नहीं

106. निम्न में से कौन सी स्थिति में एड्स अनजाने में फैल सकता है?
(A) रुधिर आधान से (B) सही निगरानी का अभाव
(C) संक्रमित सुई से (D) उपरोक्त सभी।

107. निम्न में से कौन सा संस्थान एड्स के रोकथाम में मद्द कर रहे है?

(A) एन ए सी ओ (B) विश्व स्वास्थ्य संगठन

(C) एन जी ओ (D) उपरोक्त सभी।

108. एड्स का उद्‌वधन काल होता है-

(A) 5 - 10 दिन (B) 5 - 10 महीना

(C) 5 - 10 सप्ताह (D) 5 - 10 वर्ष

109. कैंसर में सेभव नहीं है-

(A) मृत्यु (B) पूर्ण निदान

(C) संक्रमण (D) उपरोक्त में से कोई नहीं

110. कैंसर में कौन सी क्रियाविधि टूट जाती है?

(A) कोशिका वृद्धि (B) कोशिक विभेदन

(C) संस्पर्श संदमन (D) उपरोक्त सभी।

111. प्लाज्मोडियम के उस अवस्था का चयन करे जो कि मानव में अंतिम अवस्था माना जाता है-

(A) स्वोरोजॉइट्स (B) हीमोजोइन

(C) गैमेटोसाइट (D) क्रिप्टोमिरोजोइड

112. उन संरचनाओं के सही सेट का चयन करे जिनमें में प्लाज्मोडियम के जीवन चक्र में स्पोरोजॉइट्स स्थित रहते है, अगर-

A = मानव का रुधिर है।

B = मानव का यकृत है।

C = मानव का RBC है।

D = मच्छर का आंत है।

E = मादा ऐनोफेलीज का लार ग्रन्थि है।

(A) A, B, C (B) A, B, D

(C) A, B, E (D) B, C, D

113. स्पोरोजॉइट्स यकृत के निकट पहुंचते है-

(A) स्व गति के द्वारा (B) रुधिर के द्वारा

(C) प्लाज्मा के द्वारा (D) पेशी गति के द्वारा

114. मलेरिया के कंपकपी तथा तेज बुखार की पुनरावृत्ति कितने अवधि के पश्चात् होता है?

(A) 1 से 2 दिन (B) 24 घंटा

(C) 3 से 4 दिन (D) 5 - 6 दिन

115. स्पोरोजोइट (Sporozoite) निम्न में से किसके लार ग्रन्थि में प्रवास करता है?

(A) मादा एनोफिलीज (B) मनुष्य

(C) दोनों A तथा B (D) नर एनोफिलीज

116. प्लाज्मोडियम के जीवन चक्र में युग्मकजनन आंरभ तथा पूर्ण कहां होता है?

(A) मनुष्य

(B) मादा एनोसिफलीज

(C) मनुष्य तथा मादा एनोफिलीज

(D) मादा क्यूलेक्स (Culex) मच्छर

117. यकृत कोशिका में किस प्रकार के जनन होता है?

(A) अलैंगिक (B) लैंगिक

(C) दोनों A तथा B (D) उपरोक्त में से कोई नहीं

118. नीचे कुछ कथन सहज प्रतिरक्षा से संबंधित दिए गए है-

(A) यह एक प्रकार का अविशिष्ट रक्षा है।

(B) यह जन्म के समय मौजूद होती है।

(C) इसमें एक से अधिक प्रकार के अवरोधक शामिल है।

(D) सभी नवजात में लगभग समान प्रकार के सहज प्रतिरक्षण होते है।

उपरोक्त में से कितने कथन गलत है?

(A) 1 (B) 2

(C) 3 (D) 0

119. मुंह के लार, एककेद्रकाणु (मोनोसाइट्स) त्वचा, इंटरफेरॉन, म्यूकस झिल्ली

उपरोक्त में से कितने प्रकार के रोध एक ही श्रेणी के है?

(A) 2 (B) 4

(C) 5 (D) 3

120. इंटरफेरॉन बचाता है-

(A) संक्रमित कोशिका को

(B) असंक्रमित कोशिका को

(C) A तथा B दोनों को

(D) उपरोक्त में से कोई नहीं।

121. अगर एक कोशिका का स्वभाव भक्षाणु है, तो वह किस प्रकार के अवरोध के अन्तर्गत आता है?
(A) कोशिकीय (B) कार्यिकीय
(C) यांत्रिक (D) साइटोकाइन

122. सामान्य जुकाम, न्युमोनिया, डेंगु, चिकुनगुनिया, टॉयफाइड
उपरोक्त में से कितने रोग इंटरफेरॉन से संबंधित नहीं है?
(A) 1 (B) 2
(C) 3 (D) 0

123. निम्न में से किसमें एन्जाइम लाइसोजाइम उपस्थित नहीं होते है?
(A) अश्रू
(B) लार
(C) अमाशय का अम्ल
(D) उपरोक्त सभी।

124. न्यूट्रोफिल्स को पी एम एन एल क्यों कहते है?
(A) अभिरंजन के कारण
(B) केन्द्रक के कारण
(C) आकार के कारण
(D) उपरोक्त सभी।

125. लाइसोजाइम उपस्थित होते है-
(A) नेत्र में (B) मुख में
(C) आंत में (D) उपरोक्त सभी।

126. निम्न में से किसका अभिलक्षण स्मृति है?
(A) सहज प्रतिरक्षा (B) उपार्जित प्रतिरक्षा
(C) A तथा B दोनों (D) उंपरोक्त में से कोई नहीं

127. I – हमारा शरीर किसी रोगजनक का सामना पहली बार करता है।
II – तीव्रता निम्न होती है।
III – बुर्जुग व्यक्ति ज्यादा संपर्क में आते है।
उपरोक्त में से कितने कथन प्राथमिक अनुक्रिया के संबंध में गलत है? (Concept based)
(A) 1 (B) 2
(C) 3 (D) उपरोक्त में से कोई नहीं

128. बी – लसीकाणु तथा टी – लसीकाणु निम्न में से किससे संबंधित नहीं है?
(A) प्राथमिक प्रतिरक्षा अनुक्रिया
(B) द्वितीयक प्रतिरक्षा अनुक्रिया
(C) प्रतिरक्षण
(D) उपरोक्त में से कोई नहीं।

129. एक रोगजनक की अनुक्रिया में बी-लसीकाणु उत्पन्न करते है-
(A) एक प्रतिपिण्ड
(B) कुछ प्रतिपिण्ड
(C) बड़ी संख्या में प्रतिपिण्ड
(D) उपरोक्त में से कोई नहीं।

130. टी-कोशिकाएं, प्रतिरक्षी से कैसे संबंधित होता है?
(A) टी-कोशिकाए, प्रतिरक्षी का निर्माण से संबंधित है।
(B) यह बी-कोशिकाओं को प्रतिरक्षी उत्पन्न करने के लिए प्रेरित करता है।
(C) प्रतिरक्षी को प्रेरित करता है।
(D) प्रतिरक्षियों को नष्ट करता है।

131. प्रतिरक्षी में कितने पेप्टाइड शृंख्ला होती है?
(A) 1 (B) 2
(C) 3 (D) 4

132. निम्न में से कौन प्रतिरक्षी नहीं है?
(A) IgG (B) IgE
(C) IgA (D) IgB

133. नीचे कुछ मानव अंगों के नाम दिए गए है, यकृत, वृक्क, हृदय, कॉर्निया, मस्तिष्क, फेफड़ा कितने अंगों का प्रत्यारोपण अभी तक संभव नहीं हो पाया है?
(A) 4 (B) 2
(C) 3 (D) 1

134. प्रतिरक्षी में डाइसल्फाइड बन्ध किसके बीच उपस्थित नहीं होता है?
(A) दो दीर्घ (भारी) शृंख्ला
(B) दो लघु (हल्की) शृंख्ला
(C) भारी तथा हल्की शृंख्ला
(D) उपरोक्त में से कोई नहीं।

135. निम्न में से कौन सा शब्द प्रतिरक्षी (एंटीबॉडी) से संबंधित नहीं है?

(A) N (B) C

(C) H_2L_2 (D) A – A

136. प्रतिरक्षी में प्रतिजन जुड़न स्थल है-

(A) N – छोर (B) C – छोर

(C) A – छोर (D) B – छोर

137. निम्न में से किसका मिलान अंग प्रत्यारोपण के लिए आवश्यक नहीं है?

(A) रुधिर समूह (B) उत्तक

(C) जात तथा नस्ल (D) उपरोक्त सभी।

138. मानव शरीर अंग प्रत्यारोपण (प्रतिरोप) को अस्वीकृत करने में सक्षम है, क्योंकि-

(A) शरीर 'स्वयं' या 'पर' में भेद करने में सक्षम नहीं है।

(B) शरीर 'स्वयं' या 'पर' में भेद करने में सक्षम है।

(C) प्रतिरोप के साथ एन्जाइम में परिवर्तन होने लगता है।

(D) प्रतिरोप के साथ हॉर्मोन में परिवर्तन होने लगते है।

139. अंग प्रत्यारोपण से संबंधित गलत कथन का चयन करें-

(A) प्रत्यारोपण के लिए अंग किसी से भी लिया जा सकता है।

(B) मानव शरीर के सभी अंगों का प्रत्यारोपण संभव है।

(C) सभी अंगों के प्रत्यारोपण के लिए रुधिर समूह तथा उत्तकों का मिलान आवश्यक है।

(D) उपरोक्त सभी।

140. निम्न में से कौन निष्क्रिय प्रतिरक्षा का उदाहरण नहीं है?

(A) कोलोस्ट्रम में IgA की उपस्थिति

(B) सर्प जहर के खिलाफ एन्टीवेन्म

(C) बी सी जी वैक्सीन

(D) उपरोक्त में से कोई नहीं।

141. लैक्टेशन प्रदान करता है-

(A) सक्रिय प्रतिरक्षण

(B) निष्क्रिय प्रतिरक्षण

(C) सक्रिय तथा निष्क्रिय प्रतिरक्षण

(D) उपरोक्त में से कोई नहीं।

142. जब शरीर की रक्षा के लिए बने बनाए प्रतिरक्षी सीधे ही शरीर को दिए जाते है, तो यह किसके अन्तर्गत आते है-

(A) सक्रिय प्रतिरक्षण

(B) निष्क्रिय प्रतिरक्षण

(C) सक्रिय या निष्क्रिय प्रतिरक्षण

(D) प्राणि तथा शरीर पर निर्भर।

143. अगर बच्चे के जन्म के साथ ही माता की मृत्यु हो जाती है, तो नवजात में- (Concept based)

(A) कोई प्रतिरक्षी नहीं होगा।

(B) अपेक्षाकृत कम प्रतिरक्षी होगा।

(C) अधिक प्रतिरक्षी होगा।

(D) अधिक प्रतिजन होगा।

144. निम्न में से कौन प्रतिरक्षीकरण के अन्तर्गत नहीं आते है?

(A) सर्प जहर के विरुद्ध प्रतिरक्षी

(B) टीका (वैक्सीन) कमजोर रोगजनक युक्त

(C) वैक्सीन जीवित रोगजनक युक्त

(D) उपरोक्त में से कोई नहीं।

145. अगर एक व्यक्ति अपने आप को जंग लगे वस्तु से जख्मी कर ले तो उसे अब जरूरत है-

(A) सक्रिय प्रतिरक्षण की

(B) निष्क्रिय प्रतिरक्षण की

(C) सक्रिय तथा निष्क्रिय प्रतिरक्षण की

(D) किसी भी प्रकार के टीका की जरूरत नहीं है।

146. हमारे शरीर में रोगजनक किसके मदद से नष्ट होते है?

(A) बी-कोशिका

(B) टी-कोशिका

(C) A तथा B दोनों

(D) सिर्फ प्रतिपिण्ड (प्रतिरक्षी) के द्वारा।

147. जन्म से लेकर 5 वर्ष की उम्र तक एक बच्चे को आवश्यकता होती है-
(A) अधिक सक्रिय प्रतिरक्षीकरण
(B) अधिक निष्क्रिय प्रतिरक्षीकरण
(C) बराबर मात्रा में सक्रिय तथा निष्क्रिय प्रतिरक्षीकरण
(D) प्रतिरक्षीकरण आवश्यक नहीं है।

148. निम्न में से कौन सी स्थिति में अंग प्रत्यारोपण संभव नहीं है?
(A) दाता भिन्न जाति का हो।
(B) दाता एक ही जाति का हो पर उनके बीच खुन का रिश्ता न हो।
(C) दाता स्वयं का शरीर हो।
(D) उपरोक्त में से कोई नहीं।

149. नीचे कुछ कथन प्रतिरक्षा-निरोधक (इम्यूनोसप्रेसेंट) से संबंधित दिए गए है-
(A) प्रतिरक्षा-निरोधक शरीर को कमजोर कर देते है।
(B) एक से अधिक प्रकार के प्रतिरक्षी-निरोधक उपलब्ध है।
(C) इसकी आवश्यकता प्रतिरोप में पड़ती है न की निरोप (ग्राफ्ट) में।
(D) इसकी आवश्यकता प्रतिरोप के पश्चात् कुछ समय के लिए पड़ती है।
सही कथन का चयन करे'
(A) A तथा B (B) केवल B
(C) केवल C (D) उपरोक्त A, B, C, D

150. जीवित रोगजनक, मृत रोगजनक, प्रोट्रीन, अंडा इन्सुलिन, धूल-
उपरोक्त में से कितने तत्त्व (एन्टीजेन) की भांति कार्य कर सकते है?
(A) 2 (B) 6
(C) 4 (D) 5

151. एक नवजात पैदा होता है-
(A) सक्रिय प्रतिरक्षण के साथ
(B) सिर्फ निष्क्रिय प्रतिरक्षण के साथ
(C) A तथा B दोनों
(D) सक्रिय तथा निष्क्रिय प्रतिरक्षण दोनों सिर्फ जन्म के बाद विकसित होते है।

152. एक 50 वर्ष के व्यक्ति में क्या अधिक होगा? (Concept based)
(A) सक्रिय प्रतिरक्षण
(B) निष्क्रिय प्रतिरक्षण
(C) बराबर मात्रा में सक्रिय तथा निष्क्रिय प्रतिरक्षण
(D) प्रतिरक्षण अनुपस्थित।

153. अगर बच्चे को जन्म देने के साथ ही मोनिका की मृत्यु हो जाती है, तो उसके बच्चे पर क्या प्रभाव पड़ेगा?
(A) तत्काल मृत्यु हो जाएगी
(B) कमजोर प्रतिरक्षण के साथ जीवित रहेगा
(C) प्रतिरक्षण पर कोई नहीं फर्क नहीं पड़ेगा
(D) तेज वृद्धि होगी।

154. सभी संक्रमण के कारण संभव है-
(A) बुखार (B) दिक्कत
(C) मृत्यु (D) उपरोक्त सभी।

155. निम्न में से कौन से स्थिति में फौरन प्रतिरक्षियों की आवश्यकता होती है?
(A) रेबीज (B) टेटनस
(C) सर्पदंश (D) उपरोक्त सभी।

156. प्रतिरक्षी का प्रतिजन के विरुद्ध कार्य करने की विधि है-
(A) सीधे आक्रमण (B) भक्षण
(C) उदासीकरण (D) उपरोक्त सभी।

157. निम्न में से कौन फौरन (त्वरीत) प्रतिरक्षी अनुक्रिया के अन्तर्गत नहीं आते है-
(A) पूर्व निर्मित प्रतिरक्षी का सीधे प्रयोग
(B) प्रतिआविष
(C) रोगजनक युक्त टीका
(D) उपरोक्त सभी।

158. एक ऐसी निर्मित जिसमें आविष के प्रतिरक्षियां होती है, कहलाती है-
(A) प्रति आविष (B) प्रो आविष
(C) आइसोआविष (D) अतिआविष

159. पुनर्योजन डीएनए (रिकम्बिनेंट) डीएनए प्रौद्योगिकी से रोगजनक के प्रतिजनी _______ का उत्पादन होने लगा है–

(A) ग्लाइकोप्रोटीन (B) म्यूकोपॉलीसैकेराइड

(C) पॉलिपेप्टाइड (D) उपरोक्त सभी

160. छींकना तथा घरघराहट के साथ सांस लेना शामिल है–

(A) स्व प्रतिरक्षण रोग में

(B) न्यूमोनिया में

(C) एलर्जी में

(D) टॉयफाइड में

161. निम्न में से कौन एलर्जन की तरह कार्य नहीं करता है?

(A) अंडा (B) इन्सूलिन

(C) कुछ सब्जियां (D) उपरोक्त में से कोई नहीं

162. एलर्जी है–

(A) प्रतिरक्षी तंत्र की सामान्य क्रिया

(B) प्रतिरक्षी तंत्र की असमान्य क्रिया

(C) प्रतिरक्षी तंत्र की अतिरंजित अनुक्रिया

(D) प्रतिरक्षी तंत्र से संबंधित नहीं है।

163. रोगों के जोड़े का चयन करे जिसमें श्वसन कठिन हो जाता है–

(A) न्यूमोनिया, एलर्जी

(B) एलर्जी, टाइफॉइड

(C) न्यूमोनिया, टाइफॉइड

(D) एलर्जी, मलेरिया

164. अस्थमा, न्यूमोनिया, एलर्जी, जुकाम
उपरोक्त में कितने रोग श्वसन तंत्र से संबंधित है?

(A) 1 (B) 2 (C) 3 (D) 4

165. एलर्जी का कारण–

(A) सभी व्यक्ति में समान होते है।

(B) टेस्ट के द्वारा जाना जा सकता है।

(C) कभी जाना नहीं जा सकता है।

(D) सदैव धूल कण होता है।

166. A = एलर्जी, B = कुष्ट रोग, C = हृदय रोग, ↑ = वृद्धि, ↓ = कमी
हमारे समाज में समय के साथ कुछ रोगों मं वृद्धि होती जा रही है, तथा कुछ रोग कम होते जा रहे है। उपरोक्त रोगों को ध्यान में रखकर सही विकल्प का चयन करे–

(A) A↑, B↑, C↑ (B) A↓, B↓, C↓

(C) A↑, B↓, C↑ (D) A↑, B↑, C↓

167. बच्चों को प्रारंभिक जीवनकाल में बहुत रक्षित पर्यावरण में रखने के कारण– (Concept based)

(A) एलर्जी की दर बढ़ती चली जा रही है।

(B) एलर्जी की दर घटती चली जा रही है।

(C) एलर्जी की दर पर कोई प्रभाव नहीं पड़ रहा है।

(D) उपरोक्त में से कोई नहीं।

168. निम्न में से किसका उपयोग एलर्जी में नहीं किया जाता है?

(A) प्रतिजैविक (B) एड्रीनेलिन

(C) स्टीराइड (D) उपरोक्त में से कोई नहीं

169. गंभीर रूप से एलर्जी से ग्रसित व्यक्ति को निम्न में से किसका इंजेक्शन जानलेवा हो सकता है?

(A) एड्रीनेलिन (B) विटामिन

(C) ए एन एफ (D) प्रतिहिस्टैमिन

170. निम्न में से कौन एलर्जी से संबंधित नहीं है?

(A) IgE (B) सेरोटोनिन

(C) परागकण (D) लाइसोजाइम

171. स्व प्रतिरक्षी रोग–

(A) का आनुवांशिक आधार हो सकता है।

(B) का कारण अज्ञात हो सकता है।

(C) वंशागत हो सकता है।

(D) उपरोक्त सभी।

172. स्व-प्रतिरक्षण रोग का–

(A) इलाज संभव है।

(B) जड़मूल से नाश संभव है।

(C) इलाज तथा जड़मूल से नाश दोनों संभव है।

(D) न ते इलाज संभव है, न तो जड़मूल से नाश संभव है।

173. लसीकाभ अंग, उत्तक, कोशिकाएं, घुलनशील अणु उपरोक्त में से कितने मानव के प्रतिरक्षी तंत्र में आते है?
(A) 1 (B) 2
(C) 3 (D) 4

174. निम्न में से किस मायने में प्रतिरक्षा तंत्र बेजोड़ है?
(A) यह विजातीय प्रतिजनों को पहचानते है।
(B) प्रतिजनो के विरूद्ध अनुक्रिया करते है।
(C) प्रतिजनो को याद रखते है।
(D) उपरोक्त सभी।

175. निम्न में से किसमें प्रतिरक्षी तंत्र की कोई भूमिका नहीं है?
(A) एलर्जी प्रतिक्रिया (B) स्व प्रतिरक्षा रोग
(C) अंग प्रत्यारोपण (D) उपरोक्त में से कोई नहीं

176. लसीकाभ अंग संबंधित है-
(A) लसीकाणुओं के उत्पत्ति से
(B) लसीकाणुओं के परिपक्वन से
(C) लसीकाणुओं के प्रचुरोद्भवन से
(D) उपरोक्त सभी से।

177. प्लीहा, थाइमस, लसीका गॉठे, टॉसिल, पेयर पैच परिशेषिका
उपरोक्त में से कितनी संरचनाए द्वितीयक लसीकाभ अंग है?
(A) 5 (B) 6
(C) 3 (D) 2

178. पेयर पैच उपस्थित होते है-
(A) बड़ी आंत में (B) ग्रहणी में
(C) छोटी आंत में (D) उपरोक्त सभी।

179. निम्न में से कौन-सी संरचना वह क्षेत्र है, जहां लसीकाणुओं की प्रतिजन के साथ पारस्परिक क्रिया होती है?
(A) अस्थि मज्जा (B) थाइमस
(C) प्लीहा (D) न्यूट्रोफिल

180. लसीकाभ अंग जिसको हटाने से मृत्यु संभव है, वह है-
(A) टांसिल (B) परिशेषिका
(C) प्लीहा (D) पेयर पैच

181. लसीकाभ अंग जहां रुधिर कोशिकाएं उत्पन्न होती है, वह है-
(A) अस्थि मज्जा (B) प्लीहा
(C) थाइमस (D) वृक्क

182. इनमें से कौन सी संरचना लसीकाभ संरचना नहीं है?
(A) अस्थि मज्जा (B) प्लीहा
(C) थाइमस (D) वृक्क

183. थाइमस का आकार न्यूनतम होता है-
(A) जन्म के समय
(B) यौवनावस्था के समय
(C) वृद्धावस्था में
(D) सम्पूर्ण जीवन में एक समान आकार

184. थाइमस से संबंधित गलत कथन का चयन करे-
(A) उम्र के साथ आकार घटता जाता है।
(B) लसीकाभ संरचना
(C) हृदय के निकट उपस्थित
(D) उम्र के साथ आकार बढ़ता जाता है।

185. थाइमस टी-लसीकाणुओं के परिवर्धन और परिपक्वन के लिए किस प्रकार का वातावरण प्रदान करते है?
(A) सूक्ष्म पर्यावरग (B) वृहत पर्यावरण
(C) सामान्य पर्यावरण (D) उपरोक्त में से कोई नहीं।

186. प्लीहा का आकार है-
(A) नाशपाती की भांति
(B) डिस्क की भांति
(C) बीन (सेम) की भांति
(D) अंडाकार

187. प्लीहा किसका भंडार नहीं होता है?
(A) इरिथ्रोसाइट (B) लसीकाणु
(C) बिम्बाणु (D) उपरोक्त में से कोई नहीं।

188. लसिका गांठे किसके सूक्ष्मजीव को फांसने के उत्तरदायी नहीं होते है?
(A) लसीका (B) उत्तक तरल
(C) रुधिर (D) उपरोक्त सभी।

189. लसिका गांठे उपस्थित होते है-
(A) सिर्फ लसिका तंत्र में
(B) सिर्फ परिसंचरण तंत्र में
(C) A तथा B दोनों में
(D) सिर्फ बगली में

190. शब्द संलक्षण (सिंड्रोम) का उपयोग एड्स में होता है क्योंकि-
(A) एड्स में अनेक लक्षण प्रकट होते है।
(B) एड्स में कुछ लक्षण प्रकट होते है।
(C) एड्स जानलेवा रोग है।
(D) एड्स जन्मजात रोग है।

191. एड्स में शब्द न्यूनता का उपयोग किसकी न्यूनता के कारण होता है?
(A) विटामिन (B) लसीकाणु
(C) लवण (D) उपरोक्त सभी।

192. एड्स का सबसे पहले कब पता चला था?
(A) 1986 (B) 1971
(C) 1969 (D) उपरोक्त में से कोई नहीं

193. एड्स रोग-
(A) कुछ महाद्वीप तक सीमित है।
(B) कुछ देश तक सीमित है।
(C) मनुष्य के खास नस्ल तक सीमित है।
(D) सारे विश्व में फैल गया है।

194. एड्स विषाणु में उपस्थित होते है-
(A) डीएनए जीनोम
(B) आरएनए जीनोम
(C) डीएनए य आरएनए एच आईवी के स्ट्रेन पर निर्भर करता है
(D) वृत्ताकार आरएनए

195. निम्न में से किस श्रेणी का व्यक्ति एड्स से ग्रसित नहीं हो सकता है?
(A) अनेक लोगों से यौन संबंध रखने वाले
(B) ड्रग व्यसनी व्यक्ति
(C) रक्त-आधान कराने वाले व्यक्ति
(D) उपरोक्त सभी।

196. एक भ्रूण एच आई वी विषाणु से संक्रमित हो सकता है-
(A) माता के दुग्ध के द्वारा
(B) अपरा के द्वारा
(C) योनि स्राव के द्वारा
(D) उपरोक्त सभी।

197. थैलेसिमिया, ल्यूकिमिया, हीमोफिलिया, पीलिया, न्यूमोनिया
उपरोक्त में से कितने रोगों में सतत् रुधिर आधान की आवश्यकता पड़ती है?
(A) 2 (B) 4
(C) 3 (D) 5

198. एड्स नहीं फैलता है-
(A) शारीरिक संपर्क के द्वारा
(B) हाथ मिलाने से
(C) शौचालय के इस्तेमाल करने से
(D) उपरोक्त सभी।

199. संक्रमण लगने तथा एड्स के लक्षण प्रकट होने के बीच अंतराल होता है-
(A) कुछ मिनट से लेकर कुछ घंटे तक
(B) कुछ घ्टा से कुछ दिनों तक
(C) कुछ दिन से कुछ महीने तक
(D) कुछ महीने से कुछ साल तक

200. एड्स के रोगी में निम्न में से क्या कभी नहीं पाएं जाते है?
(A) आर एन ए जीनोम
(B) डी एन ए जीनोम
(C) रिवर्स ट्रांसक्रिप्टेज
(D) उपरोक्त में से कोई नहीं।

201. नवद्रव्यीय कोशिकांए (नियोप्लास्टिक) कोशिकांए निम्न में से किसका हिस्सा है?
(A) सुदम अर्बुद
(B) दुर्दम अर्बुद
(C) A तथा B दोनों का
(D) सभी प्रकार के कैंसर में।

202. कैंसर कोशिकाएं, सामान्य कोशिका के लिए खतरनाक कैसे है?
(A) कैंसर कोशिका सामान्य कोशिका को नष्ट कर सकती है।
(B) कैंसर कोशिका सामान्य कोशिका को प्रभावित कर सकती है।
(C) कैंसर कोशिका सामान्य कोशिका को भूखा मारती है।
(D) उपरोक्त सभी।

203. अत्यधिक बीड़ी पीने से मोहन के गले में दुर्दम अर्बुद का निर्माण हो गया, अब कैंसर मोहन के शरीर के किस भाग में फैल सकता है?

(A) फेफड़ा (B) अमाशय

(C) मूत्र थैली (D) उपरोक्त सभी।

204. दुर्दम अर्बुदों का सबसे डरावना गुण है-

(A) तीव्र विभाजन (B) गैर-चिपकदार स्वभाव

(C) मेटास्टेसिस (D) बड़ा आकार

205. निम्न में से कौन कैंसर का कारण नहीं हो सकता है?

(A) भौतिक

(B) रासायनिक

(C) जैविक कारण

(D) उपरोक्त में से कोई नहीं।

206. निम्न में से कौन कैंसर का कारण नहीं होता है?

(A) एक्स-किरणें

(B) गामा किरणें

(C) पराबैगनी विकिरण

(D) उपरोक्त में से कोई नहीं

207. I – विषाणुवीय अर्बुदजीन, अर्बुदीय विषाणु के जीन है।

II – कोशिकीय अर्बुदजीन, आदि अर्बुदजीन एक ही चीज है।

III – आदि अर्बुदजीन, अससमान्य कोशिका में उपस्थित होते है।

उपरोक्त में से कौन-सा कथन गलत है?

(A) I (B) I, II

(C) III (D) I, II तथा III

208. कैंसर को शुरू में ही पता लगाना क्यों आवश्यक है?

(A) कैंसर के सफल इलाज के लिए

(B) कैंसर के अपेक्षाकृत सस्ते इलाज के लिए

(C) कैंसर के बेहतर इलाज के लिए

(D) उपरोक्त सभी।

209.

दिए गए चित्र को पहचाने तथा सही, गलत का चयन करे-

(a) प्रभाव के आधार पर या कार्य के आधार पर ऐट्रोफा बेलेडोना (Atrpa belladona) के समान होता है।

(b) इस पादप में विभ्रमक (hailucinogenic) विशेषता होती है।

(c) इस पादप का उत्पाद कैनेबिनॉइड (Cannabinoids) के अन्तर्गत आते है।

(d) इस पादप से स्रावित रसायन के ग्राही मस्तिष्क में होते है।

(A) A, B सही है, C, D गलत है।

(B) A, B, C, D सही है।

(C) A, B, C, D गलत है।

(D) उपरोक्त में से कोई नहीं।

210.

दिए गए पादप क चित्र को पहचानते हुए पादप के सही उत्पाद के जोड़े का चयन करे-

(A) चरस, मेथॉडन (B) हशीश, स्मैक

(C) हशीश, गांजा (D) गांजा, कोकेन

211. असमान्य तथ्य का चयन करे जो धूम्रपान (Smoking) से संबंधित है-

(A) मानव के द्वारा तम्बाकू का उपयोग 400 वर्ष से अधिक अवधि से किया जा रहा है।

(B) तम्बाकू से मूत्र थैली का कैंसर संभव है।

(C) तम्बाकू का धुंआ अप्रत्यक्ष रूप से शरीर में ऑक्सीजन को कम करता है।

(D) उपरोक्त में से कोई नहीं।

212. ड्रग्स का चयन करे जो की खिलाड़ियों के द्वारा खेल में बेहतर करने के लिए उपयोग किया जाता है-

(A) नारकोटिक दर्द निवारक

(B) उपचयी स्टेराइड

(C) मूत्रल दवा

(D) उपरोक्त सभी।

213. नर के द्वारा ड्रग्स के सेवन के कारण क्या होता है?

(A) वृषण के आकार में वृद्धि

(B) शुक्राणु के उत्पत्ति में वृद्धि

(C) स्तन ग्रन्थि के आकार का घट जाना।

(D) उपरोक्त में से कोई नहीं।

214. अगर किसी ड्रग्स का लम्बे समय तक सेवन किया जाए तो इसके कारण संभव है-

(A) शरीर पर मुहांसों की उत्पत्ति

(B) वृषण के आकार के छोटा होना

(C) स्तन का बड़ा होना।

(D) उपरोक्त सभी।

215. ड्रग्स के लम्बे समय तक सेवन करने से मानव शरीर पर क्या प्रतिकूल प्रभाव पड़ते है?

(A) वृषण के आकार में वृद्धि।

(B) शुक्राणुओं के संख्या का बढ़ जाना।

(C) प्रोस्टैट के आकार का घट जाना।

(D) समयपूर्व गंजापन।

216. सही सेट का चयन करे जो कि ड्रग्स के अत्यधिक खुराक (Dose) के कारण संभव है-

(A) कोमा, डेंगू

(B) सेरेब्रल हेमरेज, हाथी पाँव

(C) श्वसन का रुक जाना, प्लेग

(D) कोमा, सेरेब्रल हेमरेज

217. ड्रग्स जिसका समान्यत नशा के लिए उपयोग किया जाता है, उनमें से अधिकांश प्राप्त होते है-

(A) पुष्पी पादपों से (B) अपुष्पी पादपों से

(C) कवक से (D) कृत्रिम स्त्रोत से

218. निम्न में से कौन सदैव घुलनशील अणु (Molecule) होते है?

(A) प्रतिजन

(B) प्रतिपिण्ड

(C) मेटास्टेटिक कैंसर कोशिका

(D) परागकण

219. तंबाकू चबाना तथा धूम्रपान मानव शरीर पर प्रतिकूल प्रभाव डालते है, यह किस आधार पर समानता प्रदर्शित करते है?

(A) शरीर में हीमआबंद्ध ऑक्सीजन की सांद्रता घट जाती है।

(B) शरीर में ऑक्सीजन की कमी हो जाती है।

(C) गले का कैंसर

(D) उपरोक्त सभी।

220.

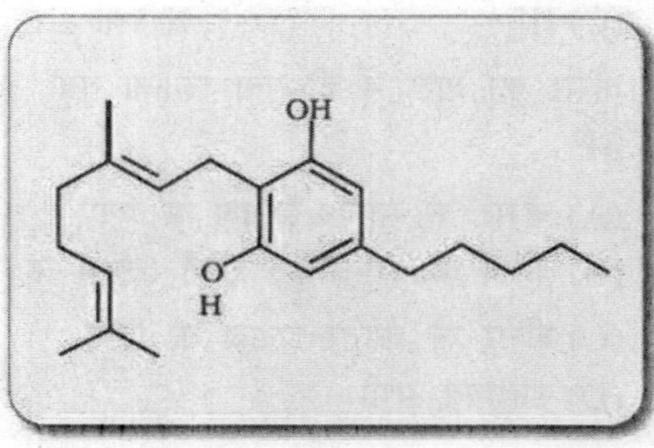

दिया गया चित्र किसी रसायन को संरचना को प्रदर्शित कर रहा है, चित्र को पहचानते हुए बताएं कितने कथन सही है?

(A) पादप के लेटेक्स से प्राप्त किया जाता है

(B) इसमें मैरिजुआना सम्मिलित है।

(C) सामान्यत अंत: श्वसन और मुख से व्यसनी के द्वारा लिया जाता है।

(D) मनुष्य के हृद-वाहिका तन्त्र को प्रभावित करता है।

(A) 1 (B) 2

(C) 3 (D) 4

221. सुमेलित करें-

कॉलम I	कॉलम II
(A) हशीश	1. कैनेबिस
(B) कोकेन	2. ऐल्केलाइड
(C) एल एस डी	(3) सुखाभास (यूफोरिया)

(A) ABC/132 (B) ABC/321

(C) ABC/123 (D) ABC/213

222. मानव शरीर पर प्रभाव के आधार पर हिरोइन के संदर्भ मं क्या सही है?

(a) यह एक अवसादक (डी प्रेसेंट) है।

(b) यह पसीना के दर को बढ़ाता है।

(c) शरीर के क्रियाओं (प्रकार्यों) को धीमा करता है।

(d) शरीर के क्रियाओं (प्रकार्यों) को बढ़ाता है।

(A) a, b (B) b, c

(C) b, d (D) a, c

223. कैनेबिस पादप के कुछ भाग का उपयोग, मारिजुआना जैसे पदार्थ के निर्माण में प्रयुक्त होता है, उस भाग का चयन करे जिसका उपयोग नहीं होता है-

(A) पुष्पशीर्ष (B) मूल

(C) पत्तियां (D) कैनेबिस पादप के रेजिन

224.

चित्र को पहचानते हुए, इस पादप से संबंधित सही जोड़ा का चयन करें-

(A) कोकेन, कैफिन

(B) मॉफ्रिन, हेरोइन

(C) एल एस डी, मोरिजुआना

(D) उपरोक्त में से कोई नहीं।

225. नीचे विनिवर्तन संलक्षण से संबंधित कथन दिए गए है-

(A) विनिवर्तन संलक्षण जानलेवा हो सकता है।

(B) मिचली तथा पसीना आना विनिवर्तन संलक्षण के समान्य लक्षण है।

(C) विनिवर्तन संलक्षण किसी भी उम्र के व्यक्ति में प्रकट हो सकता है।

(D) विनिवर्तन संलक्षण सिर्फ ड्रग्स व्यसनी व्यक्ति में ही प्रकट हो सकते है।

उपरोक्त में से कितने कथन सही है?

(A) 1 (B) 2

(C) 3 (D) 4

226. एल एस डी (LSD) का तात्पर्य है-

(A) लाइसर्जिक अम्ल डाइएथिल एमाइन

(B) लाइसर्जिक अम्ल डाइएथिलएमाइड्स

(C) लाइसर्जिक अम्ल डाइएथिल फास्फेट

(D) लाइसर्जिक अम्ल डाइमेथिल एमाइडफास्फेट

227. उस ड्रग्स का चयन करे जो रासायनिक रूप से डाइएसिटाइल मार्फिन (Diacetylmrophine) है-

(A) कोकेन (B) एल एस डी
(C) स्मैक (D) चरस

228. हेरोइन (Heroin) के संदर्भ में गलत कथन का चयन करे-

(A) यह गंधहीन होता है।
(B) यह सफेद रंग का होता है।
(C) इसका स्वाद मीठा होता है।
(D) यह मार्फिन (morphine) के एसीटिलीकरण (acetylation) से प्राप्त किया जाता है।

229. हशीश (Hasish) के लिए ग्राही (receptor) उपस्थित होते है-

(A) आहार नाल में (B) मस्तिष्क में
(C) उपरोक्त दोनों में (D) रुधिर वाहिनी में

230. स्त्रोत के आधार पर असमान्य का चयन करें-

(A) मेरिजुआना (B) हशीश
(C) एल एस डी (D) चरस

231. क्रैक या कोक शब्द (Crack or Coke) निम्न में से किसके लिए प्रयुक्त होता है?

(A) एल एस डी (B) चरस
(C) मेरिजुआना (D) कोकेन

232. निम्न में से कौन विभ्रमण (Hallucination) से संबंधित नहीं है?

(A) हेरोइन (B) कोकेन
(C) एल एस डी (D) धतुरा

233. निम्न में से किसका इस्तेमाल सामान्यत: दवा के रूप में नहीं होता है?

(A) बारबीचुरेटस (B) एम्फैटेमिन
(C) एल एस डी (D) कोकेन

234. ड्रग्स के अतिरिक्त खुराक से संभव है-

(A) श्वसन का रुक जाना
(B) हृदय गति का रुक जाना
(C) मस्तिष्क के रुधिर वाहिनी का फट जाना
(D) उपरोक्त सभी।

235. X व्यक्ति शराब का व्यसनी है, Y व्यक्ति तम्बाकु का व्यसनी है, उस असमान्यता का चयन करे जो दोनों में सामान्य नहीं होगा-

(A) कैंसर (B) हृदय रोग
(C) वातस्फीति (D) अमाशय में छिद्र

236. तम्बाकू में मौजूद निकोटिन मानव शरीर के लिए कैसे घातक है?

(A) निकोटीन $\xrightarrow{\text{प्रेरित}}$ पीयूष → ए डी एच → ↑जल अवशोषण → रक्तदाब↑

(B) निकोटीन $\xrightarrow{\text{प्रेरित}}$ हृदय → ए एन एफ → रक्तदाब↑ → हाइपरटेंशन

(C) निकोटीन $\xrightarrow{\text{प्रेरित}}$ एड्रिनल काट्रेक्स → एल्डोस्ट्रान → Na^{+}↑ → ↓रक्तदाब

(D) उपरोक्त में से कोई नहीं।

ANSWER KEY

1. (A)	2. (D)	3. (A)	4. (C)	5. (C)	6. (D)	7. (D)	8. (D)	9. (D)	10. (D)
11. (A)	12. (B)	13. (A)	14. (D)	15. (D)	16. (D)	17. (A)	18. (B)	19. (A)	20. (C)
21. (D)	22. (A)	23. (C)	24. (C)	25. (C)	26. (A)	27. (A)	28. (B)	29. (A)	30. (B)
31. (C)	32. (C)	33. (D)	34. (B)	35. (A)	36. (B)	37. (C)	38. (A)	39. (A)	40. (D)
41. (C)	42. (B)	43. (C)	44. (C)	45. (D)	46. (D)	47. (D)	48. (B)	49. (C)	50. (C)
51. (C)	52. (A)	53. (D)	54. (C)	55. (A)	56. (D)	57. (D)	58. (C)	59. (C)	60. (D)
61. (C)	62. (D)	63. (D)	64. (B)	65. (B)	66. (D)	67. (A)	68. (D)	69. (D)	70. (D)
71. (D)	72. (B)	73. (B)	74. (B)	75. (C)	76. (C)	77. (D)	78. (B)	79. (B)	80. (C)
81. (A)	82. (D)	83. (D)	84. (C)	85. (A)	86. (D)	87. (C)	88. (A)	89. (C)	90. (B)
91. (D)	92. (A)	93. (B)	94. (D)	95. (C)	96. (C)	97. (B)	98. (D)	99. (A)	100. (B)
101. (A)	102. (D)	103. (C)	104. (D)	105. (B)	106. (D)	107. (D)	108. (D)	109. (D)	110. (D)
111. (C)	112. (C)	113. (B)	114. (C)	115. (A)	116. (C)	117. (A)	118. (D)	119. (A)	120. (B)
121. (A)	122. (B)	123. (C)	124. (B)	125. (D)	126. (B)	127. (A)	128. (D)	129. (C)	130. (B)
131. (D)	132. (D)	133. (B)	134. (B)	135. (D)	136. (A)	137. (C)	138. (B)	139. (D)	140. (C)
141. (B)	142. (B)	143. (B)	144. (D)	145. (B)	146. (C)	147. (A)	148. (D)	149. (B)	150. (B)
151. (B)	152. (A)	153. (B)	154. (B)	155. (D)	156. (D)	157. (C)	158. (A)	159. (C)	160. (C)
161. (D)	162. (C)	163. (A)	164. (D)	165. (B)	166. (C)	167. (A)	168. (D)	169. (A)	170. (D)
171. (D)	172. (A)	173. (D)	174. (D)	175. (D)	176. (D)	177. (A)	178. (C)	179. (C)	180. (C)
181. (A)	182. (D)	183. (C)	184. (D)	185. (A)	186. (C)	187. (C)	188. (C)	189. (A)	190. (A)
191. (B)	192. (D)	193. (D)	194. (B)	195. (D)	196. (B)	197. (C)	198. (D)	199. (D)	200. (D)
201. (B)	202. (D)	203. (D)	204. (C)	205. (D)	206. (D)	207. (C)	208. (D)	209. (B)	210. (C)
211. (D)	212. (D)	213. (D)	214. (D)	215. (D)	216. (D)	217. (A)	218. (A)	219. (C)	220. (B)
221. (A)	222. (D)	223. (B)	224. (B)	225. (C)	226. (B)	227. (C)	228. (C)	229. (B)	230. (C)
231. (D)	232. (A)	233. (D)	234. (D)	235. (C)	236. (D)				

खाद्य उत्पादन में वृद्धि की कार्यनीति

भाग I: जन्तु पाल

1. नीचे खाने योग्य मछलियों का चार सेट दिया गया है, इन चार सेट में से उस सेट का चयन करे, जो की समुद्री खाने योग्य मछली है–
   (A) कॉमन कॉप, पामफ्रेट
   (B) सरडाइन, रोहु
   (C) मैकेरेल, सरडाइन
   (D) हिल्सा, कॉमन कॉप

2. निम्न में से कौन सी तकनीक मवेशियों में अधिक सामान्य है?
   (A) कृत्रिम वीर्यसेचन (ए आई)
   (B) जी आई एफ टी (GIFT)
   (C) आई सी एस आई (ICSI)
   (D) उपरोक्त में से कोई नहीं।

3. मवेशियों में मल्टीपिल औवियूलेशन, ऐम्ब्रयो ट्रांसफर तकनीक के अन्तर्गत कौन सा हॉर्मोन प्रयुक्त होता है?
   (A) एल एच (LH) (B) एफ एस एच (FSH)
   (C) जी एच (GH) (D) उपरोक्त सभी

4. निम्न में से कौन पशुपालन के अन्तर्गत नहीं आते है?
   (A) मवेशी (B) कुक्कुट पालन
   (C) मत्सयकी (D) कोई नहीं।

5. निम्न में से कौन एक ही नस्ल के प्रजनन जिसमें पूर्वज समान हो, के अंतर्गत आते है?
   (A) अंत: प्रजनन (B) बहि: प्रजनन
   (C) बहि: संकरण (D) संकरण

6. प्रजनन के सेट का चयन करे, जो कि एक ही नस्ल के बीच प्रजनन के कारण होता है?
   (A) अंत: प्रजनन, बाह्य-प्रजनन
   (B) बाह्य-प्रजनन, बाह्य संकरण
   (C) बाह्य-संकरण, अंत: प्रजनन
   (D) बाह्य संकरण, संकरण

7. विश्व के मवेशी आबादी का कितना प्रतिशत भारत तथा चीन में पाया जाता है?
   (A) 50% से ज्यादा (B) 60% से ज्यादा
   (C) 70% से ज्यादा (D) 90% से ज्यादा

8. विश्व के फार्म उत्पादन में भारत तथा चीन का कितना प्रतिशत योगदान है?
   (A) सिर्फ 25% (B) सिर्फ 10%
   (C) सिर्फ 50% (D) 70% से ज्यादा।

9. उन प्राणियों के सेट का चयन करे जो कि पॉल्ट्री फार्म प्रबंधन के अन्तर्गत नहीं आते है–
   (A) मुर्गी, बत्तख (B) टर्की, गीस
   (C) गीस, मुर्गी (D) बत्तख, कबूतर

10. दुग्ध का उत्पादन मुख्यत किस पर निर्भर करता है?
   (A) फार्म में मौजूद नस्ल के गुणवनता पर।
   (B) फार्म में मौजूद जाति के गुणवनता पर।
   (C) फार्म में मौजूद प्राणि के गुणवनता पर।
   (D) उपरोक्त सभी।

11. निम्न में से किसके पालन में मानव श्रम का खर्च न्यूनतम होता है?
   (A) रेशम कीट पालन में
   (B) लाख कीट पालन में
   (C) मधुमक्खी पालन में
   (D) मोती उत्पादन में

12. नस्ल है-
   (A) जन्तुओं का समूह जो अपने पूर्वज तथा वंशज से संबंधित है।
   (B) पशुओं का वह समूह जिसकी आकृति, सामान्य बनावट एक जैसे होते है।
   (C) पशुओं का समूह जिसका संरूपण समान है।
   (D) उपरोक्त सभी।

13. कथन 1 - एक नस्ल में अनेक जातियां हो सकती है।
   कथन 2 - एक जाति में अनेक नस्ल होते है।
   कथन 3 - सभी जाति में नस्लों की संख्या बराबर होती है।
   उपरोक्त तीनों कथनों में से कौन सा कथन सत्य है?
   (A) कथन 1 (B) कथन 2
   (C) कथन 3 (D) सभी कथन

14. पशुपालन के अंतर्गत प्रजनन के कार्यनीति के अन्तर्गत शामिल है-
   (A) उत्तम नर तथा सामान्य मादा
   (B) उत्तम मादा तथा सामान्य नर
   (C) उत्तम मादा तथा उत्तम नर
   (D) सामान्य मादा तथा सामान्य नर

15. निम्न में से किसे बेहतर मादा मवेशी माना जाता है?
   (A) जिसका आकार बड़ा होता है।
   (B) जिसके सींग बड़े होते है।
   (C) जो अधिक दूध देती है।
   (D) जो तेज दौड़ सकती है।

16. I – मवेशियों में शुद्ध वंशक्रम का विकास
   II – हानिप्रद अप्रभावी जीन का उद्भासित होना
   III – कम वांछनीय जीनों का निष्कासन
   IV – श्रेष्ठ किस्म के जीनों के संचयन
   ऊपर दिए गए तथ्यों में से उन तथ्यों का चयन करे जो यह दर्शाता है कि अंत: प्रजनन क्यों आवश्यक है?
   (A) I, IV (B) I, III
   (C) II, IV (D) I, II, III तथा IV

17. अंत: प्रजनन उद्भासित करते है-
   (A) उपयोगी प्रभावी जीन
   (B) हानिप्रद अप्रभावी जीन
   (C) हानिप्रद प्रभावी जीन
   (D) उपयोगी अप्रभावी जीन

18. निकट अंत: प्रजनन-
   (A) जनन क्षमता का घटाता है।
   (B) उत्पादकता को बढ़ाता है।
   (C) जनन क्षमता को बढ़ता है।
   (D) उपरोक्त सभी।

19. गलत कथन का चयन करे-
   (A) अंत प्रजनन समयुग्मता को बढ़ाता है।
   (B) अंत प्रजनन उपयोगी हो सकता है।
   (C) अंत प्रजनन सदैव हानिकारक होता है।
   (D) अंत प्रजनन उत्पादकता का घटाता है।

20. जब अंत: प्रजनन अवसादन अस्तित्व में आता है, तब चयनित पशुओं का ___?1___ नस्ल के श्रेष्ठ ___?2___ पशुओं से संगम कराना चाहिए।
   (A) 1 - संबद्ध, 2 - उसी (समान)
   (B) 1 - असंबद्ध, 2 - भिन्न
   (C) 2 - असंबद्ध, 1 - समान
   (D) 1 - संबद्ध, 2 - भिन्न

21. सुमेलित करे-

जनन (प्रजनन)	प्रकार
1. एक ही नस्ल के परंतु 4-6 पीढ़ियों तक कोई उभय पूर्वज नहीं।	(A) आऊट-क्रासिंग
2. दो भिन्न नस्लों के बीच	(B) क्रॉस-ब्रिडिंग (पर प्रजनन)
3. दो भिन्न प्रजातियों के बीच	(C) अंत विशिष्ट संकरण

(A) 123/ABC (B) 123/BAC
(C) 123/CAB (D) 123/BCA

22. प्रजनन के उस सर्वश्रेष्ठ विधि का चयन करे जिसका उपयोग उन प्राणियों में किया जाता है, जिनकी दुग्ध उत्पादन क्षमता औसत से कम होती है-
(A) पर प्रजनन (B) अंतः प्रजनन
(C) बहिः प्रजनन (D) अंत विशिष्ट संकरण

23. निम्न में से कौन सा विधि, अंतः प्रजननअवसादन को समाप्त करने में मद्द करता है-
(A) पर प्रजनन (B) अंतः प्रजनन
(C) बहिः संकरण (D) अंत विशिष्ट संकरण

24. उस विधि का चयन करे जिसमें दो भिन्न जातियों के जनको के वांछनीय गुण सम्मिलित हो जाते है-
(A) पर - प्रजनन (B) अंतः प्रजनन
(C) बहिः प्रजनन (D) अंत विशिष्ट संकरण

25. नीचे कुछ कथन हिसरडेल से संबंधित दिए गए है-
(A) भेड़ की नई नस्ल है।
(B) पंजाब में विकसित किया गया है।
(C) बीकानेरी मेष तथा मैरीनो भेड़ के बीच से संगम करा कर विकसित किया गया है।
(D) मनुष्य के लिए उपयोगी है।
उपरोक्त में से कितने कथन सही है?
(A) 1 (B) 2
(C) 3 (D) 4

26. अंतः विशिष्ट संकरण से प्राप्त जंतुओं (संतति)-
(A) मनुष्य के लिए नुकसानदायक होते है।
(B) पर्याप्त आर्थिक महत्व का होता है।
(C) मनुष्य के लिए उपयोगी नहीं होता है।
(D) जनन योग्य होता है।

27. कृत्रिम वीर्यसेचन, जन्तु पालन में एक बेहतर विकल्प है, क्योंकि-
(A) सामान्य संगम से उत्पन्न अनेक समस्याएं इस प्रक्रिया से दूर हो जाती है।
(B) यह एक नियंत्रित प्रजनन है।
(C) वांक्षित नर का वीर्य इस्तेमाल किया जा सकता है।
(D) उपरोक्त सभी।

28. परिपक्व नर तथा मादा पशुओं के मध्य होने वाले संगम की सफलता दर होता है-
(A) बेहद उच्च (B) अपेक्षाकृत कम
(C) सामान्य (D) 100%

29. शब्द एम ओ इ टी (MOET) का तात्पर्य है-
(A) मेगा औवियूलेशन, ऐम्ब्रयो ट्रांसफर
(B) मौंसिव औवियुलेशन, ऐम्ब्रयो ट्रांसफर
(C) मल्टीपिल औवियूलेशन, ऐम्ब्रयो ट्रांसफर
(D) मेटा औवियूलेशन, ऐम्ब्रयो ट्रांसफर

30. एम ओ इ टी (MOET) के अंतर्गत मवेशी को कौन से हॉर्मोन का सुई दिया जाता है?
(A) FSH (B) LH
(C) GH (D) इस्ट्रोजन

31. एम ओ इ टी (MOET) के अंतर्गत गाय को सूई दिया जाता है-
(A) पुटक परिपक्वन के लिए
(B) उच्च अंडोत्सर्जन को प्रेरित करने के लिए
(C) A तथा B दोनों
(D) दुग्ध उत्पादन को बढ़ाने के लिए

32. एम ओ इ टी (MOET) के अंतर्गत गाय कितने अंड उत्पन्न करती है?
(A) 1 अंड
(B) 4 - 5 अंड
(C) 6 - 8 अंड
(D) कोई अंड उत्पन्न नहीं करती है, बल्कि अधिक दूध देती है।

33. निम्न में से कौन सा स्थिति एम ओ इ टी (MOET) का आवश्यक पहलू नहीं है?

(A) कृत्रिम वीर्य सेचन

(B) 6 – 8 अंडों की उत्पत्ति

(C) एफ एस एच (FSH) का सूई

(D) उपरोक्त में से कोई नहीं।

34. एम ओ ई टी (MOET) तकनीक निम्न में से किसके लिए नहीं है-

(A) भेड़ (B) खरगोश

(C) मेयर (Mare) (D) मनुष्य

35. नीचे एम ओ ई टी (MOET) के चरण दिए गए है-

1. जन्तु (गाय) को सवाूत्कृष्ट (सर्वश्रेष्ठ) सांड़ से संगम कराया जाता है।
2. 6 – 8 अंडे उत्पन्न होते है।
3. हॉर्मोन एफ एस एच (FSH) दिया जाता है।
4. निषेचित अंड प्रतिनियुक्त मादा में स्थानांतरित कर दिया जाता है।
5. 8 – 32 कोशिका अवस्थाओं वाले निषेचित अंड को प्राप्त कर लिया जाता है।

सही क्रम का चयन करे-

(A) $3 \rightarrow 2 \rightarrow 1 \rightarrow 5 \rightarrow 4$

(B) $1 \rightarrow 2 \rightarrow 3 \rightarrow 5 \rightarrow 4$

(C) $3 \rightarrow 2 \rightarrow 1 \rightarrow 4 \rightarrow 5$

(D) $4 \rightarrow 2 \rightarrow 1 \rightarrow 3 \rightarrow 5$

36. अल्पकाल में ही बड़ी संख्या में गौ पशु प्राप्त करने के लिए मादा तथा नर में क्या गुण होना चाहिए?

(A) मादा → अधिक, दुग्ध उत्पादन
नर → शारीरिक रूप से मजबूत

(B) मादा → शारीरिक रूप से मजबूत
नर → शारीरिक रूप से मजबूत

(C) मादा → अधिक दुग्ध उत्पादन
नर → कम वसा वाला माँस

(D) मादा → कम वसा वाला माँस
नर → कम वसा वाला माँस

37. एम ओ इ टी (MOET) मानव के लिए बेहद उपयोगी है, क्योंकि-

(A) इस तकनीक के कारण मवेशियों की कीमत कम हो गई है।

(B) इस तकनीक के कारण दूध तथा दुग्ध उत्पाद की कीमत कम हो गई है।

(C) इस तकनीक के कारण लाल माँस (बीफ) की कीमत कम हो गई है।

(D) उपरोक्त सभी।

38. I – शहद का उच्च पोषक मान है।

II – शहद का उपयोग देशी दवाओं में होता है।

III – शहद का उपयोग जुकाम की दवा में होता है।

उपरोक्त में से कौन सा तथ्य मनुष्य के लिए उपयोगी नहीं है?

(A) I (B) I, II

(C) I, II, III (D) उपरोक्त में से कोई नहीं।

39. मधुमक्खी पालन एक युवा के लिए बेहतर विकल्प है क्योंकि-

(A) शहद की मांग बढ़ती जा रही है।

(B) मधुमक्खी पालन कही भी यहां तक की छत पर भी किया जा सकता है।

(C) मधुमक्खी पालन में अधिक मानव श्रमिक की आवश्यकता नहीं पड़ती है।

(D) उपरोक्त सभी।

40. मधुमक्खी के मोम का, निम्न में से किसमें उपयोग होता है?

(A) सौदर्य प्रसाधन के निर्माण में

(B) पॉलिस के निर्माण में

(C) मोमबत्ती बनाने में

(D) उपरोक्त सभी।

41. भारत में मधुमक्खी की सबसे सामान्य जाति है-

(A) एपिस इंडिका (B) एपिस डॉरस्टा

(C) एपिस मेलिफेरा (D) एपिस फ्लोरिया

42. मधुमक्खी का मानव के लिए सबसे बड़ी उपयोगिता है-
(A) यह शहद प्रदान करती है।
(B) यह मोम प्रदान करती है।
(C) यह परागण करती है।
(D) मनुष्य को मधुमक्खी से आर्थिक लाभ होता है।

43. मधुमक्खी के द्वारा निम्न में से कौन से फसल का परांगण किया जाता है?
(A) सूर्यमुखी (B) सेब
(C) नाशपाती (D) उपरोक्त सभी

44. मधुमक्खी के छते को फसल के पुष्पी मौसम में, फसल के बीच रखना बेहद लाभदायाक है, क्योंकि-
(A) यह परागण की क्रिया को बढ़ाता है।
(B) फसल उत्पादन को बढ़ाता है।
(C) शहद का उत्पादन बढ़ता है।
(D) फसल पीड़क मुक्त हो जाता है।
उपरोक्त कथनों में से गलत कथन का चयन करें-
(A) 1 (B) 2
(C) 3 (D) 4

45. निम्न में से किसका पकड़ना, प्रसंस्करण तथा बेचना मत्यसकी के अंतर्गत नहीं आते है?
(A) झींगा (B) केकड़ा
(C) लॉवस्टर (D) उपरोक्त में से कोई नहीं।

46. भारत में पाएं जाने वाले मीठे जल के बेहद सामान्य मछली है-
(A) रोहु, कतला, सिल्वर मछली
(B) कॉमन कार्प, कतला, स्टोन मछली
(C) स्टोन मछली, जैली मछली, टोढ़ मछली
(D) रोहू, कतला, कॉमन कार्प

47. नीचे कुछ मछलियों के नाम दिए गए है-
रोहू, सरडाइन, एन्गुला, पामफ्रैट, एक्सोसिटस, मैकेरेल
उपरोक्त में से कितने मछली अलवण जल में पाई जाती है?
(A) 6 (B) 5
(C) 4 (D) 3

48. मवेशी (गाय) तथा मुर्गी के विदेशी जोड़े का चयन करे-
(A) गिर, लेगहॉन (B) गिर, घागुस
(C) जर्सी, लैगहॉन (D) जर्सी, घागुस

49. दिए गएं चित्र को पहचाने-

(A) यह भारत में पाया जाने वाला सबसे सामान्य नस्ल है।
(B) इसने भारत में सफेद क्रांति में महत्वपूर्ण भूमिका निभाई है।
(C) इसका रख-रखाव तथा पालन अपेक्षाकृत सरल है।
(D) एम ओ इ टी (MOET) तकनीक के कारण यह अपेक्षाकृत सस्ता है, इसे सामान्य किसान के द्वारा खरीदा जा सकता है।
उपरोक्त में से कितने कथन सही है?
(A) 1 (B) 2
(C) 3 (D) 4

50. 'नीली क्रांति' निम्न में से किससे संबंधित है?
(A) पॉल्ट्री (B) कृषि
(C) मधुमक्खी पालन (D) मत्यसकी

51. नीचे कुछ कथन मत्यसकी (fisheries) से संबंधित दिए गए है-
(A) मत्यसकी का भारतीय अर्थव्यवस्था में महत्वपूर्ण भूमिका है।
(B) मत्यसकी लाखों किसानों के लिए आमदनी तथा रोजगार का स्रोत है।
(C) मत्सयपालन (पिसि कल्चर) तथा एक्वा कल्चर एक ही चीज है।
(D) मत्स्य पालन भारत के सिर्फ तटीय क्षेत्र तक सीमित है-
उपरोक्त में से सही कथन का चयन करें-
(A) A, B (B) B, C
(C) C, D (D) A, B, C तथा D

52. मिलान करे-

कॉलम **A**	कॉलम **B**
(a) सफेद क्रांति	1. दुग्ध उत्पादन
(b) सिल्वर क्रांति	2. अंडा उत्पादन
(c) नीली क्रांति	3. मत्यस्य उत्पादन
(d) हरित क्रांति	4. फसल उत्पादन

(A) abcd/1234 (B) abcd/1243

(C) abcd/4213 (D) abcd/2413

53.

दिए गए चित्र को पहचानते हुए सही विकल्प का चयन करे-

(A) यह जन्तु एक संकर (हाइब्रिड) है।

(B) संतान उत्पन्न करने में सक्षम है।

(C) मनुष्य के लिए उपयोगी है।

(D) इसे गधा तथा घोड़ा के बीच क्रॉसिंग (संकरण) से विकसित किया गया है।

सही कथन का चयन करे-

(A) A, D (B) A, B, C

(C) A, C, D (D) C, D

54. भारत तथा चीन में विश्व के अधिकांश पशुधन उपलब्ध है, इसके बावजूद विश्व फार्म उत्पादन में योगदान बेहद कम है, क्योंकि-

(A) पशुपालन की तकनीक पुराने तथा पारंपरिक है।

(B) पशुधन अपेक्षाकृत निम्न श्रेणी के है।

(C) दिया जाने वाला भोजन अपेक्षाकृत खराब गुणवत्ता का है।

(D) उपरोक्त सभी।

भाग II: पादप प्रजनन

1. पारंपरिक रूप से पादप प्रजनन कब आरंभ हुआ था?
   (A) 50k – 1 लाख वर्ष पहले
   (B) 5k – 7 k वर्ष पहले
   (C) 9k – 11 k वर्ष पहले
   (D) 1 लाख – 2 लाख वर्ष पहले
2. प्रतिष्ठित पादप-प्रजनन में शामिल है-
   (A) शुद्ध वंशक्रम का संकरण
   (B) कृत्रिम चयन
   (C) A तथा B दोनों
   (D) उपरोक्त में से कोई नहीं
3. नीचे कुछ कथन पादप प्रजनन से संबंधित दिए गए है-
   (a) पादप प्रंजनन में अब आण्विक आनुवंशिक साधन का प्रयोग हो रहा है।
   (b) प्रतिष्ठित पादप प्रजनन की शुरुआत नियंडर थल के द्वारा किया गया।
   (c) पारंपरिक खेती-बाड़ी से मुनष्यों तथा पशुओं के भोजन के लिए सीमित मात्रा में जैवमात्रा का उत्पादन होता है।

   गलत कथन का चयन करें-
   (A) a (B) b
   (C) b, c (D) a, c
4. किसी फसल में पाए जाने वाले सभी जीनो के विविध अलील का समस्त संग्रहण को __?__ कहते है-
   (A) पादप संग्रहण (B) जीन संग्रहण
   (C) जननद्रव्य संग्रहण (D) उपरोक्त में से कोई नहीं
5. ट्रेट अथवा लक्षण जिसे प्रजनक अपनी फसलों में समविष्ट करने का प्रयास कर रहे है, वह है-
   (A) बढ़े हुए फसली उत्पादन तथा उन्नत गुणवत्ता
   (B) पर्यावरणीय तनाव के प्रति सहनशीलता
   (C) रोगजनको के प्रति प्रतिरोधकता
   (D) उपरोक्त सभी
6. किसी भी प्रजनन कार्यक्रम का मूलाधार है-
   (A) आनुवांशिक परिवर्तनशीलता
   (B) बहिः संकरण
   (C) कृत्रिम चयन
   (D) जनको का चयन
7. निम्न में से कौन, सभी फसलो पर लागू नहीं होता है?
   (A) खाये जाने युक्त उत्पाद की उत्पत्ति
   (B) पूर्ववर्ती आनुवंशिक परविर्तनशीलता उन्हें अपनी जंगली प्रजातियों से प्राप्त होना।
   (C) पोषक तत्वों की उत्पत्ति
   (D) उपरोक्त सभी
8. नीचे कुछ कथन दिए गए है-
   (a) जनन द्रव्य मूल्यांकित किए जाते है, ताकि पादपों को उनके लक्षणों के वांछनीय संयोजनो के साथ अभिनिर्धारित किया जा सके।
   (b) अनेक वांछनीय लक्षणों का एक ही पौधे में समावेश किया जा सकता है।
   (c) चयनीत जनको, में संकरण के कारण, सदैव संतान उत्पन्न होते है, जो वांच्छनीय संयोजन प्रदर्शित करते है।

   गलत कथन का चयन करें-
   (A) a, b, c (B) a, b
   (C) b (D) c
9. अनुसांधानिक खेते में मुल्यांकन के बाद पौधों का परीक्षण देश में के किसान कम से कम __a?__ श्रृतुओं तक खेत में __b?__ स्थानों पर किया जाता है।
   (A) a – तीन, b – अनेक
   (B) a – एक, b – खास
   (C) a – दो, b – अनेक
   (D) a – चार, b – अनेक

10. भारत में सकल घरेलू उत्पाद (जीडीपी) की लगभग __a?__ प्रतिशत आय तथा समष्टि की लगभग __b?__ प्रतिशत जनता को रोजगार कृषि से प्राप्त होता है।
(A) a – 25%, b – 62%
(B) a – 33%, b – 50%
(C) a – 33%, b – 62%
(D) a – 62%, b – 33%

11. सोनालिका क्या है?
(A) धान की उच्च उत्पादक किस्म
(B) मक्का की उच्च उत्पादक किस्म
(C) गेहूं की उच्च उत्पादक किस्म
(D) दलहन की जंगली किस्म

12. सोनालिका को किस वर्ष विकसित किया गया था?
(A) 1963 (B) 1962
(C) 1952 (D) 1983

13. 1960 से 2000 तक के वर्षों के दौरान गेहूं का उत्पादन __a?__ टन से बढ़कर __b?__ टन हो गया, जबकि धान का उत्पादन __c?__ टन तक पहुंच टन से बढ़कर __d?__ टन तक पहुंच गया।

	a	b	c	d
A	35 मिलियन	89.5 मिलियन	11 मिलियन	75 मिलियन
B	11 मिलियन	75 मिलियन	35 मिलियन	89.5 मिलियन
C	25 मिलियन	85 मिलियन	35 मिलियन	89.5 मिलियन
D	36 मिलियन	96 मिलियन	21 मिलियन	63 मिलियन

14. भारत में उपलब्ध भूमि से प्रति यूनिट उत्पादन को बढ़ाने के लिए प्रयास किए जा रहे है, क्योंकि–
(A) खेती के लिए सीमित भूमि ही उपलब्ध है।
(B) आबादी तीव्र गति से बढ़ रही है।
(C) भोजन की मांग दिनों–दिन बढ़ती चली जा रही है।
(D) उपरोक्त सभी

15. गेहूं तथा धान की कौन सा किस्म, गेहूं तथा धान के पैदावार में व्यापक परिवर्तन का कारण बना–
(A) अर्द्ध–वामन किस्म
(B) वामन किस्म
(C) लम्बा किस्म
(D) अर्द्ध–लम्बा किस्म

16. अर्द्ध–वामन किस्म है–
(A) IR – 42 (B) IR – 6
(C) IR – 1 (D) IR – 8

17. चावल के किस्म के सेट का चयन करें–
(A) जया, कल्याण सोना
(B) रतना, कल्याण सोना
(C) जया, रत्ना
(D) सोनालिका, कल्याण सोना

18. आई आर आर आई स्थित है–
(A) ताइवान में (B) न्यूयार्क में
(C) फिलिपिंस में (D) फीजी में

19. थाइचूंग नेटिव–1 संबंधित है–
(A) तायवान से (B) बीजिंग से
(C) बुहान से (D) टोक्यो से

20. सैकेरम बारबरी निम्म मे से किसका किस्म है?
(A) ज्वार (B) गन्ना
(C) धान (D) गेहूं

21. नीचे कुछ कथन सैकेरम बारबरी से संबंधित दिए गए है–
(A) तना पतला होता है।
(B) शर्करा अंश कम होता है।
(C) तना मोटा होता है।
(D) उत्पादन क्षमता अधिक होता है।
उपरोक्त में से कितने कथन सही है?
(A) 4 (B) 3
(C) 2 (D) 1

22. सैकेरम ऑफीसिनेरम कहाँ पैदा होता है?
(A) उत्तरी भारत (B) दक्षिण भारत
(C) पूर्वी भारत (D) पश्चिम भारत

23. सुमेलित करें-

	कॉलम A रोग	कॉलम B रोगजनक
(a)	रैड रॉट	(1) गन्ना
(b)	पछेती अंगमारी (लेट ब्राइट)	(2) गेहूं
(c)	भूरा किट्ट (ब्राउन रस्ट)	(3) आलू

(A) abc/321 (B) abc/123
(C) abc/231 (D) abc/132

24. निम्न में से कौन, फसल के लिए रोगजनक नहीं होते है?
(A) फफुंद (B) जीवाणु
(C) निमेटांड (D) उपरोक्त में से कोई नहीं

25. रोगजनक के कारण कितना प्रतिशत, फसल प्रतिवर्ष नष्ट हो जाता है?
(A) 20 – 30% (B) 10 – 20%
(C) 5 – 10% (D) 1 – 5%

26. सुमेलित करें-

	कॉलम A फसल	कॉलम B किस्म
(a)	लोबिया	(1) पूसा स्वर्णिम
(b)	सरसों	(2) पूसा कोमल
(c)	गेहूं	(3) हिमगिरी
(d)	फूलगोभी	(4) पूसा शुभ्रा

(A) abcd/3214 (B) abcd/1234
(C) abcd/2134 (D) abcd/2143

27. पूसा सदाबहार निम्न में से किसका किस्म है?
(A) मिर्च
(B) गेहूं
(C) सरसों
(D) फूलगोभी

28. निम्न में से कौन सा फसल हिलबंट के लिए प्रतिरोधी होता है?
(A) लोबिया (B) गेहूं
(C) सरसों (D) फूलगोभी

29. सुमेलित करें-

	कॉलम A फसल	कॉलम B रोग के प्रति प्रतिरोधक
(a)	सरसों	(1) श्वेत किट्ट
(b)	फूलगोभी	(2) कृष्ण विगलन
(c)	लोबिया	(3) जीवाणुवीय अंगमारी
(d)	मिर्च	(4) पर्ण कुचंन

(A) abcd/1234 (B) abcd/1234
(C) abcd/1234 (D) abcd/1234

30. मिर्च निम्न में से कौन से रोग के प्रति प्रतिरोधी नहीं होते है?
(A) चिली मोजेक वायरस
(B) तंबाकू मोजेक वायरस
(C) पर्ण कुंचन
(D) उपरोक्त में से कोई नहीं

31. करन राई निम्न में से किसका दूसरा नाम है?
(A) पूसा शुभ्रा (B) पूसा कोमल
(C) पूसा सदाबहार (D) पूसा स्वर्णिम

32. पूसा स्नोबॉल k – 1 निम्न में से किसका किस्म है?
(A) फूलगोभी (B) लोबिया
(C) सरसों (D) मिर्च

33. नीचे कुछ कथन उत्परिवर्तन प्रजनन से संबंधित दिए गए है-
(A) जान-समझ कर किया जाने वाला प्रक्रिया।
(B) कृत्रिम रूप से रसायनों के प्रयोग के द्वारा प्रेरित किया जा सकता है।
(C) समान्यत उपयोगी
उपरोक्त में से कितना कथन गलत है?
(A) 1 (B) 2
(C) 3 (D) 0

34. मूंग (बीन) में जो ___a?___ तथा ___b?___ के प्रति प्रतिरोधक क्षमता है, वह उत्परिवर्तन द्वारा प्रेरित था।
(A) a – पीत मोजेक वायरस, b – चूर्णिल आसिता
(B) a – श्वेत किट्ट, b – चूर्णिल आसिता
(C) a – पीत मोजेक वायरस, b – जीवाणुवीय अंगमारी
(D) a – पर्ण कुंचन, b – जीवाणुवीय अंगमारी

35. परभनी क्रांति निम्न में से किसका किस्म है?

(A) सोयाबीन (B) बैंगन

(C) भिंडी (D) आलू

36. नीचे कुछ कथन दिए गए है-

(a) फस्ल के जगली प्रजाति जिसमें रोग प्रतिरोधक होती है, उसकी उत्पादकता सदैव अधिक होती है।

(b) मोजेक वायरस सिर्फ तम्बाकू के पौधे को संक्रमित करता है।

(c) ब्लैक रॉट, कवक के द्वारा होता है, क्रूसीफर को संक्रमित करता है।

गलत कथन का चयन करें-

(A) a,b, c (B) a, c

(C) a, b (D) b, c

37. अनेक पादपों में रोमिल पत्तियां संबंधित होते है-

(A) बेहतर प्रकाशसंश्लेषण से

(B) पीड़कों के प्रति प्रंतिरोधकता से

(C) बेहतर श्वसन

(D) उपरोक्त सभी

38. जैसिड के प्रति प्रतिरोधकता देखे जाते है-

(A) कपास में (B) गेहूं में

(C) चावल में (D) आलू में

39. निम्न में से कौन गेहूं का पीड़क है?

(A) बॉल वर्म (B) बुल वर्म

(C) धान्यपर्ण भृंग (D) स्टेम छेदक

40. तना भेदक निम्न में से किसका मुख्य पीड़क है?

(A) कपास (B) गन्ना

(C) मक्का (D) उपरोक्त सभी

41. निम्न में से कौन सा लक्षण मक्का को पीड़क के विरुद्ध प्रतिरोधी बनाता है?

(A) उच्च एस्पारटिक एसिड

(B) लघु नाइट्रोजन

(C) लघु शर्करा

(D) उपरोक्त सभी

42. सॉफ्लाई ___a?___ जबकि बॉल कृमि ___b?___ को संक्रमित करता है।

(A) a – कपास की फसल, b – गेहूं की फसल

(B) a – तम्बाकू की फसल, b – गेहूं की फसल

(C) a – गेहूं की फसल, b – कपास की फसल

(D) a – सरसों की फसल, b – ओकरा की फसल

43. फसल तथा उसके किस्म से संबंधित स्तम्भ को सुमेलित करें-

कॉलम A फसल	कॉलम B किस्म
(a) ब्रैसिका	(1) पूसा गौरव
(b) फलैट बीन	(2) पूसा सेम 2
(c) भिंडी	(3) पूसा स्वामी

(A) abc/123 (B) abc/321

(C) abc/132 (D) abc/231

44. ओकारा है-

(A) भिंडी (B) फलैट बीन

(C) ब्रैसिका (D) गाजर

45. पूसा ए - 4 निम्न में से किसका किस्म है?

(A) मक्का (B) बाजरा

(C) चावल (D) उपरोक्त में से कोई नहीं

46. नीचे कुछ कथन एटलस 66 से संबंधित दिए गए है-

(a) मक्का का किस्म है।

(b) उच्च प्रोटीन अंश होता है।

(c) गेंहू के उन्नतशील किस्म जो दाता की तरह से प्रयोग किया गया है।

सही कथन का चयन करें-

(A) a, b, c (B) b, c

(C) a, c (D) a, b

47. उन्नंत पोषक गुणवत्ता के लिए निम्न को सुधारने के दृश्य से प्रजनन किया गया है-

(A) विटामिन अंश (B) प्रोटीन अंश

(C) तेल अंश (D) उपरोक्त सभी

48. मानव की जनसंख्या का कितना प्रतिशत, भूख तथा कुपोषण का शिकार है?
(A) 25% (B) 11%
(C) 7% (D) 18%

49. पशु तथा मानव पोषण के लिए प्रोटीन के वैकल्पिक स्रोतों में से एक है?
(A) वैकल्पिक कोशिका प्रोटीन
(B) एकल कोशिका प्रोटीन
(C) दोहरा कोशिका प्रोटीन
(D) क्वालिटी कोशिका प्रोटीन

50. अनाज से मांसाहार की ओर झुकने से-
(A) अनाज की मांग घट गई है।
(B) अनाज की मांग बढ़ गई है।
(C) अनाज की मांग समान्य रहेगी।
(D) उपरोक्त में से कोई नहीं

51. एक किग्रा. मांस उत्पन्न करने के लिए कितने अनाज की आवश्यकता पड़ती है?
(A) 3 - 10 किग्रा. (B) 1 - 2 किग्रा.
(C) 10 - 15 किग्रा. (D) 500 ग्राम - 1 किग्रा.

52. स्पाइरुलाइना से संबंधित कुछ कथन दिए गए है-
(A) यह एक रोगजनक सुक्ष्मजीव है।
(B) इसे उगाया जाता है।
(C) इसे वाहितमल पर आसानी से उगाया जा सकता है।
(D) प्रोटीन, पोषक तत्व तथा विटामिन से भरपूर होता है।
उपरोक्त में से कितने कथन सही है?
(A) 1 (B) 2
(C) 3 (D) 4

53. निकट भविष्य में, निम्न में से कौन मानव के भोजन में शामिल हो सकते है?
(A) पीड़क (B) खरपतवार
(C) सूक्ष्मजीव (D) उपरोक्त सभी

54. ऐसा गणना किया गया है कि 250 किग्रा. की गाय _________ प्रोटीन प्रतिदिन उत्पन्न करती है-
(A) 200 ग्राम (B) 300 ग्राम
(C) 400 ग्राम (D) 500 ग्राम

55. मिथायलोफिल्स मिथायलोट्रोपस, क्यों मनुष के लिए बेहद उपयोगी है?
(A) बायोमास उत्पादन की उच्च दर के कारण
(B) उच्च एंजाइम के उत्पत्ति के कारण
(C) उच्च विटामिन की मात्रा के कारण
(D) उपरोक्त सभी

56. पादप में पूर्णशक्तता क्या है?
(A) किसी बीज से पूर्ण पादप का जनित्र होना
(B) किसी पादप के छोटे से भाग से पूर्ण पादप का जनित्र होना
(C) किसी कोशिका से पूर्ण पादप का विकसित होना
(D) उपरोक्त सभी

57. उत्तक सवंर्धन में पोषक माध्यम में अवश्य उपस्थित होते है-
(A) सुक्रोज (B) अकार्बनिक लवण
(C) ऑक्सिन (D) उपरोक्त सभी

58. वृद्धि नियंत्रक का चयन करें-
(A) ऑक्सिन (B) विटामिन
(C) सुक्रोज (D) माल्टोज

59. उत्तक संवर्धन के द्वारा हजारों की संख्या में पादपों को उत्पन्न करने की विधि कहलाती है-
(A) मेगा-प्रवर्धन (B) सूक्ष्म-प्रवर्धन
(C) अर्द्ध-प्रवर्धन (D) स्व-प्रवर्धन

60 नीचे कुछ कथन उत्तक संवर्धन से संबंधित दिए गए है-
(a) संतान कोई विभिन्नता प्रदर्शित नहीं करते है।
(b) संतान को सोमाक्लोन कहते है।
(c) इस तकनीक के द्वारा व्यवसायिक स्तर पर, कुछ ही पादप उत्पन्न किए जा रहे है।
गलत कथन का चयन करें-
(A) a (B) b
(C) c (D) o

61. यदि कोई पादप विषाणु संक्रमित पादप से उत्तक संवर्धन तकनीक से विकसित किया गया है, तो संक्रमित पादप का कौन सा भाग इस तकनीक में प्रयुक्त होता है?
(A) विभज्योतक (मेरेस्टेम)
(B) मूल
(C) पुष्प
(D) छाल

ANSWER KEY

भाग I: जन्तु पालन

1. (C)	**2.** (A)	**3.** (B)	**4.** (D)	**5.** (A)	**6.** (A)	**7.** (C)	**8.** (A)	**9.** (D)	**10.** (A)
11. (C)	**12.** (D)	**13.** (B)	**14.** (C)	**15.** (C)	**16.** (D)	**17.** (B)	**18.** (A)	**19.** (C)	**20.** (C)
21. (A)	**22.** (C)	**23.** (C)	**24.** (D)	**25.** (C)	**26.** (B)	**27.** (D)	**28.** (B)	**29.** (C)	**30.** (A)
31. (C)	**32.** (C)	**33.** (A)	**34.** (D)	**35.** (A)	**36.** (C)	**37.** (D)	**38.** (D)	**39.** (D)	**40.** (D)
41. (A)	**42.** (C)	**43.** (D)	**44.** (A)	**45.** (D)	**46.** (D)	**47.** (D)	**48.** (C)	**49.** (D)	**50.** (D)
51. (A)	**52.** (A)	**53.** (C)	**54.** (D)						

भाग II: पादप प्रजनन

1. (C)	**2.** (C)	**3.** (B)	**4.** (C)	**5.** (D)	**6.** (A)	**7.** (D)	**8.** (D)	**9.** (A)	**10.** (C)
11. (C)	**12.** (A)	**13.** (B)	**14.** (D)	**15.** (A)	**16.** (D)	**17.** (C)	**18.** (C)	**19.** (A)	**20.** (B)
21. (C)	**22.** (B)	**23.** (D)	**24.** (D)	**25.** (A)	**26.** (C)	**27.** (A)	**28.** (B)	**29.** (A)	**30.** (D)
31. (D)	**32.** (A)	**33.** (D)	**34.** (A)	**35.** (C)	**36.** (A)	**37.** (B)	**38.** (A)	**39.** (C)	**40.** (C)
41. (D)	**42.** (C)	**43.** (A)	**44.** (A)	**45.** (D)	**46.** (B)	**47.** (D)	**48.** (A)	**49.** (B)	**50.** (B)
51. (A)	**52.** (C)	**53.** (C)	**54.** (A)	**55.** (A)	**56.** (C)	**57.** (D)	**58.** (A)	**59.** (B)	**60.** (C)
61. (A)									

मानव कल्याण में सूक्ष्मजीव

1. निम्न में से कौन से स्थान पर सूक्ष्मजीव नही पाये जाते है–
   (A) बर्फ की पर्तों में
   (B) उच्च्व अम्लीय वातावरण में
   (C) तापीय चिमनी में
   (D) उपरोक्त में से कोई नहीं

2. 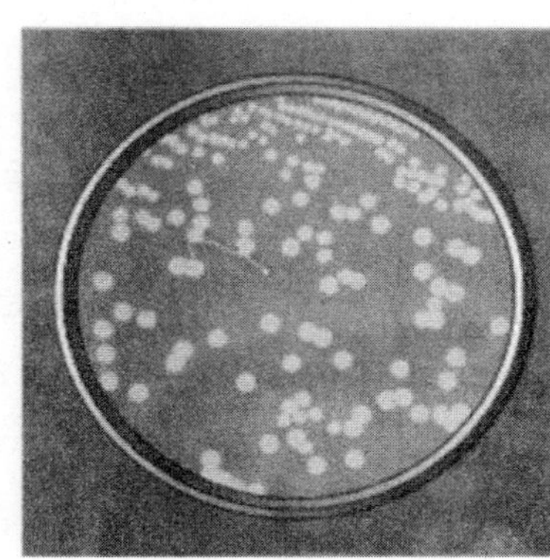

   दिया गया चित्र किसका है?
   (A) पैट्री प्लेटों में वृद्धि कर रही जीवाणुओं की कालोनियाँ
   (B) पैट्री प्लेटों में वृद्धि कर रही कवकीय कालोनियां
   (C) पैट्री प्लेटों में वृद्धि कर रही विषाणु कालोनियां
   (D) पैट्री प्लेटों में वृद्धि कर रही प्रोटोजोअल कालोनियां

3. प्रोटीनीय संक्रमित कारक है–
   (A) प्रायोन (B) विरायड
   (C) विषाणु (D) प्रोटोजोआ

4. हम प्रतिदिन सूक्ष्मजीवियों का उपयोग निम्न में से किसमें करते है?
   (A) दही निर्माण में
   (B) ब्रेड निर्माण में
   (C) चिज के निर्माण में
   (D) उपरोक्त सभी

5. निम्न में से कौन सा जीवाणु दही के निमार्ण में प्रयुक्त होता है?
   (A) एल ए बी (B) एफ ए बी
   (C) ए ए बी (D) उपरोक्त में से कोई नहीं

6. जीवाणु दही में कौन से विटामिन को बढ़ाते है?
   (A) विटामिन A (B) विटामिन D
   (C) विटामिन B_{12} (D) विटामिन K

7. एल ए बी जीवाणु, मनुष्य के अमाशय के लिए कैसे उपयोगी होता है?
   (A) अम्ल का उदासीन बनाता है।
   (B) रोगजनक के विकास को संदमित करता है।
   (C) जठर रस के स्रावण को बढ़ाता है।
   (D) उपरोक्त में से कोई नहीं

8. 'डोसा' तथा 'इडली' में फूली उभरी शुक्ल, निम्न में से कौन से गैस के कारण होता है?
   (A) O_2 गैस (B) नाइट्रोजन गैस
   (C) Co_2 गैस (D) मीथेन गैस

9. सैकरोमाइसीज सैरीवीसी होते है–
(A) जीवाणु (B) विषाणु
(C) यीस्ट (D) प्रोटोजोआ

10. 'टोडी' निम्न में किसके स्राव का किण्वित कराकर तैयार की जाती है?
(A) अंगुर (B) ताड़ वृक्ष
(C) टमाटर (D) मिर्च

11. निम्न में से किसके किण्वन में सूक्ष्मजीव का उपयोग नहीं होता है?
(A) मछली (B) सोयबीन
(C) बॉस प्ररोह (D) उपरोक्त में से कोई नहीं

12. नीचे कुछ कथन प्रोपिओनिबैक्टीरियम शारमैनाई से संबंधित दिए गए हे–
(a) यह एक जीवाणु है।
(b) 'रॉक्यूफोर्ट चीज' के निर्माण में।
(c) इसे बैंकर यीस्ट कहते है।
गलत कथन का चयन करें–
(A) a, b (B) b, c
(C) a, c (D) a, b, c

13. 'रॉक्यूफोर्ट चीज' एक विशेष प्रकार के ____? वृद्धि से परिपक्व होते है–
(A) कवक (B) यीस्ट
(C) जीवाणु (D) उपरोक्त में से कोई नहीं

14.

दिया गया चित्र, निम्न में से किसका है?
(A) श्वसन रोग उत्पन्न करने वाला कोरोना विषाणु
(B) श्वसन रोग उत्पन्न करने वाला ऐडीनो विषाणु
(C) पाचन रोग उत्पन्न करने वाला रेटेरो विषाणु
(D) एस टी डी उत्पन्न करने वाला रेटेरों विषाणु

15. व्यावसायिक पैमाने पर सूक्ष्मजीवियों को पैदा के लिए बड़े बर्तन की आवश्यकता होती है, जिसे कहते है–
(A) सूक्ष्मजीव टैंक (B) उत्पत्ति टैंक
(C) फरमैंटर (D) उपरोक्त में से कोई नहीं

16. निम्न में से कौन सा पेय पदार्थ बिना आसवन के उत्पन्न होता है?
(A) विसकी, बियर (B) बॉडी, रम
(C) बियर, रम (D) वाइन, बियर

17. पेय पदार्थों के सेट का चयन करें,जो आसवन के द्वारा निर्मित होते है–
(A) विसकी, ब्रांडी, रम
(B) विसकी, ब्रांडी, बियर
(C) विसकी, ब्रांडी, वाइन
(D) वाइन, बियर, रम

18. नीचे कुछ कथन पैनीसिलिन से संबंधित दिए गए है–
(A) प्रथम ऐटीबॉयोटिक जिसकी खोज की गई थी।
(B) इसका खोज अनजाने में हुआ था।
(C) इस एंटीबॉयोटिक का प्रयोग दूसरे विश्व युद्ध में घायल अमरीकन सिपाहियों के उपचार में व्यापक रूप से किया गया।
(D) इसका उपयोग आज भी व्यापक रूप से किया जा रहा है।
उपरोक्त में से कितने कथन सही है?
(A) 1 (B) 2
(C) 3 (D) 4

20. पैनीसिलिन का नामांकन निम्न में से किसके आधार पर किया गया?
(A) मोल्ड (B) विषाणु
(C) जीवाणु (D) प्रियोन

20. निम्न में से किस जीवाणु पर कार्य करते हुए पैनीसिलिन की खोज की थी?
(A) स्ट्रेपटोकोकस (B) हिमोफिल्स
(C) स्टैफिलोकोकस (D) माइकोवैक्टिरियम

21. निम्न में से किस वर्ष फ्लैमिंग, चैन तथा फ्लौरे को नोबल पुरस्कार मिला था?

(A) 1935 (B) 1945

(C) 1955 (D) 1939

22. ऐस्परजिलस नाइगर है-

(A) कवक (B) जीवाणु

(C) विषाणु (D) प्रोटोजोआ

23. सूक्ष्मजीव तथा उसके उत्पाद से संबंधित दो स्तंभ को सुमेलित करें-

	कॉलम A सूक्ष्मजीव	कॉलम B उत्पाद
(a)	ऐस्परजिलस नाइगर	(1) सिट्रिक अम्ल
(b)	एसीटोबैक्टर एसिटाई	(2) एसीटिक अम्ल
(c)	क्लोस्ट्रीडियम ब्यूटिलिनम	(3) लैक्टिक अम्ल

(A) abc/123 (B) abc/213
(C) abc/312 (D) abc/132

24. __a?__ तथा __b?__ के प्रयोग के कारण बोतल वाला रस अधिक स्वच्छ ऍव साफ होते है।

(A) a – पैक्टीनेजिज, b – प्रोटीऐजिज

(B) a – प्रोटीनेज, b – काइटिनेज

(C) a – सेल्यूलेज, b – लाइबेजेज

(D) a – पैक्टीनेजिज, b – लाइबेजेज

25. निम्न में से किसका प्रयोग अपमार्जक संरुपण तथा धुलाई में कपड़ों से तेल के धब्बे हटाने में किया जाता है?

(A) पैक्टीनेजिज (B) प्रोटीऐजिज

(C) लाइपेज (D) उपरोक्त सभी

26. निम्न में से किस रोग के निदान में स्ट्रेप्टोकाइनेज का उपयोग होता है?

(A) मधुमेह (B) गठिया

(C) अल्जॉइमर रोग (D) मायोकार्डियल इर्फेक्शन

27. यीस्ट मोनॉस्कस परप्यूरीअस से निम्न में से कौन उत्पन्न होता है?

(A) स्टैटिन (B) साइक्लोस्पारिन-ए

(C) स्ट्रैप्टोकाइनेज (D) ग्राइसोफ्लूविन

28. सुमेलित करें-

कॉलम A	कॉलम B
(a) साइक्लोस्पोरिन-ए	(1) थक्का स्फोटन
(b) स्टैटिन	(2) प्रतिरक्षा निरोधक
(c) स्ट्रेप्टोकाइनेज	(3) रुधिर में कॉलिस्ट्रॉल को कम करने वाला

(A) abc/132 (B) abc/123

(C) abc/231 (D) abc/321

29. स्टैटिन रुधिर में कॉलिस्ट्रॉल का स्तर कैसे कम करते है?

(A) कॉलिस्ट्रॉल को संश्लेषित करने वाले एंजाइम को संदमित करता है।

(B) कॉलिस्ट्रॉल का उपापचय तीव्र कर देता है।

(C) कॉलिस्ट्रॉल का उत्सर्जन बढ़ा देता है।

(D) विटामिन D के संश्लेषण में खपत या उपयोग बढ़ा देता है।

30. नीचे कुछ कथन वाहित मल (सीवेज) तथा उसके उपचार संबंधित दिए गए है-

(A) नगर के व्यर्थ जल को वाहित मल कहते है।

(B) व्यर्थ जल का उपचार स्वपोषी सूक्ष्मजीव से किया जाता है।

(C) फिल्ट्रेशन तथा अवसादन प्राथमिक उपचार के अंतर्गत आते है।

(D) प्राथमिक उपचार में जीव विज्ञानीय उपचार सम्मिलित है।

उपरोक्त में से कितने कथन सही है?

(A) 1 (B) 2

(C) 3 (D) 4

31. निम्न में से किस आधार पर हम यह कह सकते है कि द्वितीयक उपचार उपयोगी है?

(A) बायोगैस की उत्पत्ति

(B) बी ओ डी में कमी

(C) जल का कम प्रदूषण

(D) उपरोक्त सभी

32. बॉयोगैस में किस गैस की अधिकता होती है?
(A) मीथेन (B) हाइड्रोजन सलफाइड
(C) कार्बन डायक्साइड (D) सल्फर डायक्साइड

33. सूक्ष्मजीव विभिन्न प्रकार के गैसीय अंतिम उत्पाद कब उत्पन्न करते है?
(A) वृद्धि के दौरान
(B) उपापचयन के दौरान
(C) जब वह मृत हो जाते है
(D) A तथा B दोनों

34. चीज के निर्माण तथा पेयो के उत्पादन में निम्न में से कौन से गैस मुख्य रूप से उत्पन्न होते है?
(A) Co_2 (B) CH_4
(C) H_2S (D) SO_2

35. कुछ बैक्टीरिया जो सैल्यूलोजीय पदार्थों पर अवायुवीय रूप से उगते है, वह ___a?___ तथा ___b?___ के साथ-साथ बड़ी मात्रा मे मीथेन भी उत्पन्न करते है-
(A) $a - CO_2, b - H_2$ (B) $a - NH_3, b - H_2S$
(C) $a - CO_2, b - NH_3$ (D) $a - H_2S, b - H_2$

36. मीथैनोबैक्टीरियम समान्यत पाएं जाते है-
(A) वायुवीय गाढ़े कीचड़ में
(B) अवायुवीय गाढ़े कीचड में
(C) सक्रिय गाढ़े कीचड़ में
(D) प्राथमिक गाढ़े कीचड़ में

37. गोबर गैस होते है-
(A) बायो गैस
(B) जहरीले गैस
(C) लोहा का जोड़ने वाले गैस
(D) उपरोक्त सभी

38. गोबर गैस संयंत्र समान्यतः ग्रामीण क्षेत्र में ही क्यों स्थित होते है?
(A) ग्रामीण क्षेत्र में गोबर बड़ी मात्रा में उपलब्ध होते है।
(B) ग्रामीण क्षेत्र में मवेशी अधिक होते है।
(C) ग्रामीण क्षेत्र के लोग गोबर को उपयोग करने या स्पर्श करने से परहेज नहीं करते है।
(D) उपरोक्त सभी

39. भारत में बॉयोगैस उत्पादन की प्रौद्योगिकी का विकास निम्न में से किसके द्वारा होता है?
(A) आई ए आर आई तथा के वी आई सी के द्वारा
(B) आई सी ए आर तथाा के वी आई सी द्वारा
(C) आई ए आर आई तथा आई सी ए आर के द्वारा
(D) आई सी ए आर तथा आई डी आर आई के द्वारा

40. आइ ए आर आई है-
(A) भारतीय एरीड अनुसंधान संस्थान
(B) भारतीय कृषिक अनुसंधान संस्थान
(C) भारतीय एस्ट्रोलॉजी अनुसंधान संस्थान
(D) भारतीय एवीयन अनुसंधान संस्थान

41. निम्न में से कौन जैविक नियंत्रण का उदाहरण है7
(A) डी डी टी के द्वारा मच्छर का नष्ट किया जाना।
(B) प्रतिजैविकों के द्वारा रोगजनको को नष्ट किया जाना।
(C) ग्मबूसिया मछली के द्वारा मच्छर के लार्वा को नष्ट किया जाना।
(D) पेश्टनाशी के द्वारा खरपतवार को नष्ट करना।

42. जैव नियंत्रण का क्या तात्पर्य है-
(A) पादप रोगों को जैविक विधि के द्वारा नियंत्रित करन।
(B) जैविक विधि के द्वारा सिर्फ पीड़क का नियंत्रण
(C) जैविक विधि के द्वारा पादप रोग तथा पीड़को का नियंत्रण
(D) पेस्टनाशी तथा खरपतवारनाशी के द्वारा पीड़को का नियंत्रण

43. कीटनाशी को मनुष्य स्वास्थ्य के लिए क्यों बेहद घातक माना जाता है?
(A) जैव प्रवर्धन का कारण माना जाता है।
(B) मनुष्य में जानलेवा रोगो का कारण बनाता है।
(C) हमारे वातावरण को प्रदूषित कर देता है।
(D) उपरोक्त सभी

44. भृंग (बीटल) का उपयोग निम्न में से किसको नियंत्रित करने के लिए किया जाता है?
(A) लोक्साट (B) सीरिया मौथ
(C) रॉटीफर (D) एफिड

45. ड्रैगनफ्लाई का उपयोग निम्न में से किससे छुटकारा दिलाने में हो सकता है?

(A) मच्छर (B) टिक

(C) माइट (D) सीरिया मॉथ

46. सूक्ष्मजीवी जैव नियंत्रण कारकों का उपयोग निम्न में से किसके नियंत्रण के लिए किया जा रहा है?

(A) रेशम कीट केटरपिलर

(B) निमेटॉड

(C) बटरफ्लाई केटरपिलर

(D) उपरोक्त सभी

47. वैसीलस थूरिजिएसिस टॉक्सिन जीन का पादप में समावेश से पादपो तथा मनुष्य को क्या लाभ होता है?

(A) पादप पीड़कों के आक्रमण के प्रति प्रतिरोधी जाता है।

(B) फसल उत्पादन बढ़ जाता है।

(C) कृषि लागत कम हो जाता है।

(D) उपरोक्त सभी

8. ट्राइकोडर्मा है-

(A) स्वतंत्र जीवी कवक

(B) परजीवी कवक

(C) परजीवी रोगजनक

(D) उपरोक्त में से कोई नहीं

9. नीचे कुछ कथन बैक्यूलो विषाणु से संबंधित दिए गए है-

(a) जैविक नियंत्रक कारक के रूप में प्रयुक्त होते है।

(b) नयूक्लिओपॉलीहीड्रोसिस विषाणु वंश के अंतर्गत आते है।

(c) ब्राड्र स्पैक्ट्रम कीटनाशीय उपचारों के लिए अति उत्तम माने जाते है।

गलत कथन का चयन करें-

(A) a (B) b, c

(C) c (D) a, b, c

. वैक्यूलो विषाणु निम्न में से किस पर आक्रमण करता है?

(A) रोगजनक जीवाणु

(B) कीट तथा अन्य ऑथोपोडा पर

(C) निमेटोड

(D) उपरोक्त सभी

51. वैक्यूलोविषाणु का कैसे जैविक नियंत्रण का बेहतरीन कारक माना जाता है?

(A) जाति विशिष्ट माना जाता है।

(B) सक्रिय स्पैक्ट्रम प्रदर्शित करता है।

(C) लक्षविहीन कीट पर किसी पर भी प्रकार का हानिकारक प्रभाव नहीं पड़ता।

(D) उपरोक्त सभी

52. आई पी एम का मतलब है-

(A) पीड़क प्रबंधन कार्यक्रम

(B) अंतराष्ट्रीय प्रदूषण प्रबंधन

(C) अंतराष्ट्रीय आबादी प्रबंधन

(D) आबादी प्रबंधन कार्यक्रम

53. आर्गेनिक फॉर्मर (कृषक) का क्या दृष्टिकोण है?

(A) पीड़को का पूर्ण उन्मूलन अवांछनीय है।

(B) पीड़को के पूर्ण विलोपन से लाभप्रद परभक्षी तथा परजीवी कीट भी विलुप्त हो जायेंगे।

(C) पीड़को के पूर्ण विलोपन से परिस्थितकी तंत्र असंतुलित हो जायेगा।

(D) उपरोक्त सभी

54. किसानो के लिए बी टी (बैसीलस थूरीजिऐसिस) किस रूप में उपलब्ध होते है?

(A) तरल घोल के रूप में

(B) सुगंधीय थैली के रूप में

(C) पाउडर के रूप में

(D) कणिकाओं के रूप में

55. जीव जो मृदा की पोषक गुणवत्ता को बढ़ाते है, उसे कहते है-

(A) खाद (B) उर्वरक

(C) जैव उर्वरक (D) जैव पेस्टनाशी

56. निम्न में से कौन जैव उर्वरक का स्रोत नहीं है?

(A) जीवाणु (B) कवक

(C) साइनोबैक्टीरिया (D) उपरोक्त में से कोई नहीं

57. राइजोबियम तथा लैग्यूमिनस के बीच कैसा संबंध है?

(A) Commensalism (B) Parasitim

(C) Symbiotic (D) Amensalism

58. उस पादप का चयन करे जो राइजोबियम के साथ सहजीवी संबंध का प्रदर्शित करता है-

(A) मटर (B) सेम

(C) लौंग (D) उपरोक्त सभी

59. उस जीवाणु के सेट का चयन करे जो वायुमंडलीय नाइट्रोजन को स्थिर कर सकते है-
(A) ऐजोस्पाइरिलम, ऐजोबैक्टर
(B) ऐनाबीना, ऐजोबैक्टर
(C) नॉसटॉक, ऐजोस्पइरिलम
(D) ऐनाबीना, नॉसटॉक

60. नीचे कुछ कथन साइनोबैक्टीरिया से संबंधित दिए गए है-
(a) स्वपोषी सूक्ष्मजीव
(b) जलीय तथा स्थलीय वायुमंडल में विस्तृत रूप में पाए जाते है।
(c) वातावरण (वायुमंडलीय) नाइट्रोजन को स्थिरीकृत कर सकते है।
सही कथन का चयन करें-
(A) a (B) a, b
(C) b, c (D) a, b, c

61. साइनोबैक्टीरिया का चयन करें-
(A) ऐनाबीना
(B) नॉसटॉक
(C) ऑसिलेटोरिया
(D) उपरोक्त सभी

62. नील हरित शैवाल, कवक, राइजोबियम उपरोक्त में से कितने मिट्टी के कार्बोनिक पदार्थ को बढ़ाते है?
(A) 1 (B) 2
(C) 3 (D) 0

63. पीड़का का कौन सा तंत्र बैसीलस यूरिनजिऐसिस के द्वारा बुरी तरह प्रभावित होता है?
(A) तंत्रिका तंत्र
(B) पाचन तंत्र
(C) जनन तंत्र
(D) श्वसन तंत्र

ANSWER KEY

1. (D)	**2.** (A)	**3.** (A)	**4.** (D)	**5.** (A)	**6.** (C)	**7.** (B)	**8.** (C)	**9.** (C)	**10.** (B)
11. (D)	**12.** (B)	**13.** (A)	**14.** (B)	**15.** (C)	**16.** (D)	**17.** (A)	**18.** (C)	**19.** (A)	**20.** (C)
21. (C)	**22.** (A)	**23.** (A)	**24.** (A)	**25.** (C)	**26.** (D)	**27.** (A)	**28.** (C)	**29.** (A)	**30.** (B)
31. (D)	**32.** (A)	**33.** (D)	**34.** (A)	**35.** (A)	**36.** (B)	**37.** (A)	**38.** (D)	**39.** (A)	**40.** (B)
41. (C)	**42.** (C)	**43.** (D)	**44.** (D)	**45.** (A)	**46.** (C)	**47.** (D)	**48.** (A)	**49.** (C)	**50.** (B)
51. (C)	**52.** (A)	**53.** (D)	**54.** (B)	**55.** (C)	**56.** (D)	**57.** (C)	**58.** (D)	**59.** (A)	**60.** (D)
61. (D)	**62.** (C)	**63.** (B)							

इकाई 9: जैव प्रौद्योगिकी

11. जैव प्रौद्योगिकी-सिद्धांत व प्रकम
12. जैव प्रौद्योगिकी एवं उसके उपयोग

जैव प्रौद्योगिकी-सिद्धांत व प्रकम

1. रैनी डैसकार्टीज से संबंधित कथन दिए गए है-
(A) 18वीं शताब्दी में थे।
(B) जैव प्रौद्योगिकी से संबंधित।
(C) फ्रांसीसी दार्शनिक, गणितज्ञ तथा जीव वैज्ञानिक।
उपरोक्त में से कौन सा कथन गलत है?
(A) a (B) a, b
(C) c (D) b, c

2. हरबर्ट बोयर का जन्म कब हुआ था?
(A) 1836 (B) 1946
(C) 1936 (D) 1846

3. हरबर्ट बोयर ने अध्ययन संपन्न किया था-
(A) 1969 में ई. कोलाई बैक्टीरियम के प्रतिबंध एंजाइम का।
(B) 1979 में ई. कोलाई बैक्टीरियम के प्रतिबंध एंजाइम का।
(C) 1969 में विषाणु के प्रतिबंध एंजाइम का।
(D) 1979 में विषाणु के प्रतिबंध एंजाइम का।

4. हरबर्ट बोयर ने __?b__ के विश्वविद्यालय में, सहायक प्राध्यापक का कार्यभार में __a?__ ग्रहण किया।
(A) a – केलीफोर्निया, b – 1969
(B) a – ऑक्सफोर्ड, b – 1966
(C) a – केलीफोर्निया, b – 1966
(D) a – स्टेनफोर्ड, b – 1966

5. हरबर्ट बोयर ने कहां से अपना स्नातक अध्ययन समाप्त किया?
(A) केलीफोर्निया (B) पिट्सबर्ग
(C) स्टेनफोर्ड (D) ऑक्सफोर्ड

6. स्टैनले कोहेन कहां के वैज्ञानिक थे?
(A) कैलिफोर्निया (B) स्टेनफोर्ड
(C) पिट्सबोर्ड (D) ऑक्सफोर्ड

7. निम्न में से किस वैज्ञानिक ने कोशिका से प्लाज्मिडो को हटाने की विधि विकसित की?
(A) हरबर्ट बोयर (B) रैनी डैसकार्टीज
(C) स्टैनली कोहेन (D) पॉल इहरलिच

8. प्लाज्मिड है-
(A) डी एन ए के छोटे-छोटे रिंगलैटस
(B) डी एन ए के बड़े रिंगलैटस
(C) आर एन ए के छोटे रिंगलैटस
(D) आर एन ए के बड़े रिंगलैटस

9. वैज्ञानिकी के सेट का चयन करे जिसने पुर्नयोजित डी एन ए को सफलतापूर्वक जीवाणु कोशिका में रोपित किया था-
(A) बोयर तथा कोहन (B) बोयर तथा रैनी
(C) कोहन तथा रैनी (D) उपरोक्त में से कोई नहीं

10. निम्न में से कौन सी क्रिया जैव प्रौद्योगिकी का परिणाम नहीं है?
(A) दही का बनाया जाना।
(B) शराब का बनाया जाना।
(C) उबल रोटी का बनाया जाना।
(D) उपरोक्त में से कोई नहीं।

11. अगर a = पात्रे (इन वीट्रो) निषेचन, b = जीन का संश्लेशण, c = डी एन ए टीका
उपरोक्त में से कौन जैव प्रौद्योगिकी का हिस्सा नहीं है?
(A) a (B) b
(C) c (D) उपरोक्त में से कोई नहीं

12. जैव प्रौद्योगिकी का उपयोग निम्न में से किसके निर्माण में किया जाता है?
(A) प्रतिजैविक (B) टीका
(C) एंजाइम (D) उपरोक्त सभी

13. I – आनुवांशिक पदार्थों में रासायनिक परिवर्तन
II – पोषी में डी एन ए तथा आर एन ए का प्रवेश
III – प्राणी के समलक्षणों में परिवर्तन
उपरोक्त तथ्यों मे से कौन आनुवांशिक अभियांत्रिकी से संबंधित है?
(A) I (B) II
(C) III (D) I, II तथा III

14. प्रतिकृतीयन की उत्पत्ति क्या है?
(A) कोशिकाद्रव्य में एक विशिष्ट आर एन ए अनुक्रम
(B) गुणसूत्र में एक विशिष्टि डी एन ए अनुक्रम
(C) गुणसूत्र में एक विशिष्ट आर एन ए अनुक्रम
(D) कोशिकाद्रव्य में एक विशिष्ट डी एन ए अनुक्रम

15. अलैंगिक जनन-
(A) आनुवांशिक सूचनाओं को परिरक्षित रखता है
(B) विभिन्नता का कारण बनता है।
(C) A तथा B दोनों
(D) उपरोक्त में से कोई नहीं

16. आनुवांशिक इंजीनियरिंग में शामिल किया जाता है-
(A) पुनर्योगज डी एन ए
(B) जीन क्लोनिंग
(C) जीन स्थानांनतरण
(D) उपरोक्त सभी

17. निम्न में से किस तथ्य के आधार पर हम कह सकते है कि परंपरागत संकरण की तुलना में आनुवांशिक इंजीनियरिंग बेहतर है?
(A) यह अपेक्षाकृत सस्ता है।
(B) परिणाम अधिक तीव्र होता है।
(C) चुने हुए जीवों को अवांछित जीनो से बचाया जा सकता है।
(D) परिणाम स्थाई होता है।

18. किसी भी जीव में किसी विजातीय डी एन ए खंड के गुणन हेतु इसे ___?___ का अंग होना आवश्यक है, जिसमें एक विशिष्ट अनुक्रम मिलता है जिसे 'प्रतिकृति का मूल' कहते है-
(A) कोशिका (B) केन्द्रक
(C) गुणसूत्र (D) कोशिकाद्रव्य

19. आणविक कैंची किसे कहते है?
(A) आइसोमरेजेज एंजाइम
(B) प्रतिबंधन एंजाइम
(C) लायेजेज एंजाइम
(D) ट्रांसफरेजेज एंजाइम

20. निम्न में से कौन सा एंजाइम प्लाज्मिड में गोद की भांति कार्य करते है?
(A) डी एन ए लाइगेज
(B) प्रतिबंधन एंजाइम
(C) आइसोमरेजेज एंजाइम
(D) ट्रांसफरेजेज एंजाइम

21. पुर्नयोगज डी एन ए को स्थानांतरित किया जाता है-
(A) ई. कोलाई में
(B) सालमोनेला में
(C) माइकोबैक्टीरयम में
(D) बैसिल्स में

22. ई. कोलाई काफी मिलता-जुलता है-
(A) माइकोबैक्टीरयम से
(B) बैसिल्स से
(C) सालमोनेला से
(D) स्ट्रेपटोकोक्स से

23. परपोषी में पुर्नयोगज डी एन ए, निम्न में से किस एंजाइम के मदद से प्रतिकृतियां बनाता है?
(A) डी एन ए पॉलिमरेज
(B) डी एन ए लाइगज
(C) आर एन ए पॉलिमरेज
(D) आर एन ए लाइगेज

24. प्रतिजैविक प्रतिरोधी जीन की प्रति का ई. कोलाई का गुणन, ई कोलाई में प्रतिजैविक प्रतिरोधी जीन का ___?___ कहलाता है।
(A) स्कैनिंग (B) द्विगुणन
(C) क्लोनिंग (D) संघनन

25. जीव के आनुवांशिक रुपांतर में मूलभूत तीन चरण है, चरणों मेल का सही विकल्प चुनें-

कॉलम A चरण	कॉलम B
I	(a) चिह्नित डी एन ए का परपोषी में स्थानांनतरण
II	(b) वंक्षित जीन युक्त डी एन ए की पहचान
III	(c) स्थानांनतरित डी एन ए को परपोषी में सुरक्षित रखना

(A) I, II, III/b, a, c (B) I, II, III/a, b, c
(C) I, II, III/c, b, a (D) I, II, III/a, c, b

26. दो एंजाइम जो ई. कोलाई में जीवाणु भोजी की वृद्धि को रोक देते है, उनका कार्य क्या है?
I – डी एन ए से इथाइल समूह को जोड़ता है।
II – डी एन ए से मिथाइल समूह को जोड़ता है।
III – डी एन ए का पुनरावृत्ति।
IV – डी एन ए को काटता है।
(A) I, II (B) I, III
(C) II, III (D) II, IV

27. ई. कोलाई में डी एन ए का काटने के लिए, उत्तरदायी एंजाइम है-
(A) डी एन ए लाइगेज
(B) प्रतिबंधन एडोन्यूक्लिएज
(C) आइसोमरेजेज एंजाइम
(D) ट्रांसफरेजेज एंजाइम

28. निम्न में से कौन एंजाइम प्रतिबंधन एडोन्यूक्लि थेज से संबंधित है?
(A) हिंड I (B) हिंड II
(C) हिंड III (D) हिंड IV

29. प्रथम प्रतिबंधन एंडोन्यूक्लियेज-हिंड II निम्न में से किस पर निर्भर करता है?
(A) डी एन ए के न्यूक्लियोटाइड के विशिष्ट क्रम पर
(B) आर एन ए के न्यूक्लियोटाइड के विशिष्ट क्रम पर
(C) डी एन ए के न्यूक्लियोसाइड के विशिष्ट क्रम पर
(D) आर एन ए के न्यूक्लियोसाइड के विशिष्ट क्रम पर

30. हिंड II डी एन ए अणु का उस विशेष बिंदु पर काटते है, जहां पर ___?___ क्षारक युग्मको का एक विशेष अनुक्रम होता है-
(A) 2 (B) 4
(C) 6 (D) 8

31. हिंड II के अलावा आज ___a?___ से अधिक प्रतिबंधन एंजाइमां के बारे में जानकारी है, जा जीवाणुओं के ___b?___ से अधिक प्रभेदों से पृथक किए गए है-
(A) a – 600, b – 270 (B) a – 900, b – 330
(C) a – 330, b – 900 (D) a – 100, b – 100

32. प्रतिबंधन एंजाइम का पहला शब्द, निम्न में से किससे आता है?
(A) कोशिका जिससे इसे पृथक किया जाता है।
(B) स्ट्रेन का जिससे इसे पृथक किया जाता है।
(C) जीन
(D) उपरोक्त में से कोई नहीं

33. प्रतिबंधन एंजाइम का दूसरा एवं तीसरा शब्द कहां से लिया जाता है?
(A) प्राकेंद्रकी कोशिका के जाति से
(B) जीन से
(C) कोशिका जिससे पृथक किया जाता है।
(D) उपरोक्त में से कोई नहीं

34. प्रतिबंधन एंजाइम, निम्न में से किस वर्ग से आते है?
(A) सल्फाटेज (B) न्यूक्लिएजेज
(C) हाइड्रोलेज (D) ट्रांसफरेज

35. एंजाइम जो डी एन ए के सिरे से न्यूक्लियोटाइट को अलग करते है, वह है-
(A) एंडोन्यूक्लिएज (B) एक्सोन्यूक्लिएज
(C) पॉलीन्यूक्लिएज (D) सल्फान्यूक्लिएज

36. निम्न में से कौन सा एंजाइम डी एन ए के भीतर विशिष्ट, स्थलों पर काटते है?
(A) एंडोन्यूक्लिएज (B) एक्सोन्यूक्लिएज
(C) पॉलीन्यूक्लिएज (D) सल्फान्यूक्लिएज

37. उस एंजाइम का चयन करें जो कि डी एन ए अनुक्रम के लंबाई के निरीक्षण के बाद कार्य करते है-
(A) एंडोन्यूक्लिएज (B) एक्सोन्यूक्लिएज
(C) पॉलीन्यूक्लिएज (D) सल्फान्यूक्लिएज

38. EcoRI संबंधित है-
(A) Escherichia Coli Ry 10
(B) Escherichia Coli Ry 11
(C) Escherichia Coli Ry 12
(D) Escherichia Coli Ry 13

39. EcoRI में वर्ण 'R' कहां से लिया गया है?
(A) जीन (B) कोशिका
(C) प्रभेद (D) उपरोक्त मे से कोई नहीं

40. EcoRI डी एन ए को निम्न में से कौन से बेस रहने पर ही G तथा A के बीच काटता है?
(A) AGATTC (B) GAATTC
(C) GAATCT (D) AAGTCT

41. प्रतिबंधन एंजाइम डी एन ए लड़ी को-
(A) पैलिड्रोम स्थल के केंद्र से थोड़ी दूरी पर
(B) पैलिड्रोम स्थल के केंद्र से
(C) पैलिड्रोम स्थल के अंतस्त सिरे से
(D) उपरोक्त सभी

42. पैलिड्रोम के सही सेट का चयन करें-
(A) 5' – GAATTC – 3'
3' – CAATTG – 5'
(B) 5' – GAATTC – 3'
3' – CTTAAG – 5'
(C) 5' – GAATTC – 3'
3' – CTATAG – 5'
(D) 5' – GAATTC – 3'
3' – TCATAG – 5'

43. निम्न में से किस एंजाइम का उपयोग आनुवांशि इंजीनियरिंग डी एन ए के पुनर्योगज अणु बनाने किया जाता है?
(A) प्रतिबंधन एंडोन्यूक्लिएज
(B) प्रतिबंधन एक्सोन्यूक्लिएज
(C) पॉलीन्यूक्लिएज
(D) सल्फान्यूक्लिएज

44. आनुवांशिक इंजीनियरिंग में दो डी एन ए खं जुड़ते है-
(A) चिपचिपे सिरे पर
(B) अचिपचिपे सिरे पर
(C) चिपचिपे तथ अचिपचिपे सिरे पर
(D) उपरोक्त में से कोई नहीं

45. आनुवंशिक इंजीनियरिंग में डी एन ए खंडों क पृथक करना निम्न में से कौन से तकनीक द्वारा होता है?
(A) क्लोनिग
(B) जेल पृथक्करण
(C) जेल इलेक्ट्रोफोरोसिस
(D) डी एन ए पृथक्करण

46. डीएनए खंड होते है-
(A) धनात्मक आवेशित
(B) ऋणात्मक आवेशित
(C) उदासीन
(D) धनात्मक तथा ऋणात्मक आवेशित

47. डीएनए खंड को किस तरफ बलपूर्वक भेजक पृथक किया जा सकता है-
(A) कैथोड (B) ऐनोड
(C) विद्युत क्षेत्र (D) उपरोक्त में से कोई न

48. नीचे कुछ कथन जेल वैद्युत के संचल (इलेक्ट्रोफोरेसिस) से संबंधित है-
(a) सामान्य रूप से उपयोग किया जाने वा माध्यम ऐगारोज है।
(b) ऐगारोज एक कृत्रिम बहुलक है।
(c) ऐगारोज समुद्री घास (सी वीडस) से निका जाता है।

उपरोक्त में से कौन सा कथन गलत है?
(A) a (B) a, b
(C) b (D) b, c

49. आनुवांशिक इंजीनियरिंग में डीएनए खंड को निम्न में से किसके आधार पर पृथक किया जाता है?
(A) घनत्व
(B) भार
(C) आकार के अनुसार
(D) उपरोक्त सभी

50. आनुवंशिक अभियंत्रिकी में डीएनए खंड का ऐगारो जेल के कौन से प्रभाव से पृथक किया जाता है?
(A) छलनी प्रभाव (B) बलयुक्त दाब
(C) बलयुक्त गति (D) उपरोक्त सभी

51. जेल इलेक्ट्रोफोरेसिस मे डीएनए खंड को देखने के लिए निम्न में से किस यौगिक से अभिरंजित करते है?
(A) मिथाइलिन ब्लू से (B) नैन्सी-520
(C) प्रोमेगा (D) इथीडियम ब्रोमाइड

52. जेल इलेक्ट्रोफोरेसिस के अंतर्गत कौन से विकिरण का उपयोग किया जाता है?
(A) एक्स-किरण (B) इर्फा-लाल
(C) पराबैंगनी (D) गामा

53. इथीडियम ब्रोमाइड में अभिरंजित करने पर डीएनए खंड कैसा प्रतित होता है?
(A) लाल (B) नारंगी
(C) पीला (D) हरा

54. आनुवंशिक अभियांत्रकी में इलूसन होता है-
(A) डीएनए की पृथक्कृत पट्टियों को ऐगारोज जेल से निष्काषण (एक्सट्रेक्स्न)।
(B) पृथक्कृत पट्टियों का अभिरंजन।
(C) डीएनए के पृथक्कृत पट्टियों का पराबैंगनी विकिरण से अनावृत।
(D) इथीडियम ब्रोमाइड से डीएनए के पृथक्कृत पट्टियों का पृथक होना।

55. जीवाणु कोशिकाओं में प्लाज्मिड तथा जीवाणुभोजी प्रतिकृति करती है-
(A) गुणसूत्रीय डीएनए के नियंत्रण में।
(B) स्वतंत्र रूप से
(C) केन्द्रक के नियंत्रण में।
(D) आर एन ए के नियंत्रण में।

56. परपोषी कोशिकाओ के अंदर डीएनए की कॉपी संख्या, निम्न में से किससे नियंत्रित होते है?
(A) rio (B) iro
(C) ori (D) उपरोक्त में से कोई नहीं

57. __?__ एक प्रक्रिया है जिसके द्वारा डीएनए के एक खंड को परपोषी जीवाणु में प्रवेश कराते है-
(A) ट्रांसलेसन (B) ट्रांसलोकसन
(C) ट्रांसपेटेशन (D) ट्रांसफामेंशन

58. निम्न में से कौन अरुपांतरण जो की पहचान व उन्हें समाप्त करने में सहायक और रुपांतरणों की चयनात्मक वृद्धि को होने देता है?
(A) क्लोनिंग स्थल (B) वरण योग्य चिह्नक
(C) निवेशी निष्क्रियता (D) उपरोक्त में से कोई नहीं

59. एपिसिलिन, क्लौरैम्फेनिकॉल, ट्रेटासाइक्लीन, कोडिन, पैरासिटामॉल।
उपरोक्त में से कितने प्रतिजैविक नहीं है?
(A) 1 (B) 2
(C) 3 (D) 4

60. विजातीय डीएनए को जोड़ने हेतु सामान्यत: काम के लिए जा रहे प्रतिबंधित एंजाइम के लिए संवाहक में __?__ पहचान स्थल होना चाहिए-
(A) एक (B) कुछ
(C) अनेक (D) वृहत

61. विजातीय डीएनए को जोड़ने हेतु सामान्यत: काम में लिए जा रहे प्रतिबंधित एंजाइम के लिए संवाहक में एक से अधिक पहचान स्थल से जीन क्लोनिंग जटिल हो सकते है, क्योंकि-
(A) यह खंडों के उत्पत्ति को संदमित कर देगा।
(B) यह डीएनए के अनेक खंडों के उत्पत्ति का कारण बन जायेगा।
(C) जीन क्लोनिंग रुक जायेगा।
(D) जीन क्लोनिग बेहद तीव्र हो जायेगा।

62. ई. कोलाई क्लोनिग संवाहक pBR 322 में निम्न में से कौन प्लाज्मिड के प्रतिकृति में भाग लेने वाले प्रोटीन का कूट लेखन करता है?
(A) P_{OR} (B) O_{PR}
(C) R_{OP} (D) R_{PP}

63. विजातीय डीएन को ट्रेटासाइक्लीन से जोड़ने के दौरान, किस स्थल की महत्वपूर्ण भूमिका होती है?
(A) Bam H I (B) Bam H II
(C) Bam H III (D) Sal I

64.

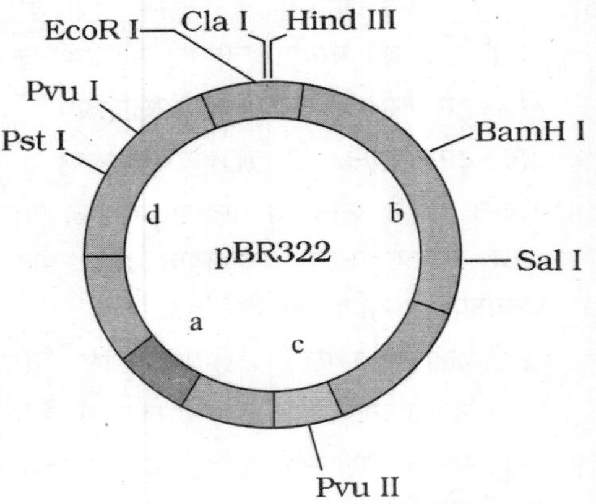

दिया गया चित्र, ई. कोलाई क्लोनिंग संवाहक pBR 322 का है, चित्र के a, b, c तथा d को पहचाने

	a	b	c	d
(A)	tet^R	rop	ori	amp^R
(B)	ori	tet^R	rop	amp^R
(C)	amp^R	rop	tet^R	ori
(D)	rop	tet^R	aap^R	ori

65. एग्रोबैक्टीरियम ट्यूमीफेशिएस निम्न में से किसका रोगजनक है?
(A) एक बीज पत्री (B) द्विबीज पत्री
(C) जन्तु (D) कवक

66. निम्न में से कौन, सामान्य पौधे की कोशिकाओं को आर्बुद में रुपाांतरित करता है?
(A) एम–डीएनए (B) आर–डीएनए
(C) टी–डीएनए (D) डी–डीएनए

67. टी–डीएनए–
(A) सामान्य पौधे की कोशिकाओं का अर्बुद में रुपांतरित करता है
(B) अबुर्द कोशिका को सामान्य कोशिका में रूपांतरित करता है
(C) A तथा B दोनों
(D) रोगजनक को मार देता है

68. जंतु कोशिकाओं में रीट्रोवायरस–
(A) सामान्य कोशिकाओं को कैंसर कोशिका में रुपांतरित कर देता है।
(B) कैंसर कोशिका को सामान्य कोशिका में रुपांतरित कर देता है।
(C) A तथा B दोनों संभव है।
(D) रोगजनक को नष्ट कर देते है।

69. शब्द टी आई (Ti) का तात्पर्य है–
(A) ट्यूमर इनहिबिटर प्लाज्मिड
(B) ट्यूमर आइडल प्लाज्मिड
(C) ट्यूमर इन्डूसिग प्लाज्मिड
(D) ट्यूमर इंजैकटिंग प्लाज्मिड

70. जंतु कोशिकाओं में वांक्षित जीन को रुपांतरित करने में निम्न में से किसका योगदान होता है?
(A) एग्रोबैक्टिरियम (B) पश्च विषाणु
(C) इबोला विषाणु (D) उपरोक्त में से कोई नहीं

71. डीएनए कोशिका क्षिल्ली से होकर क्यों नहीं गुजर सकता है?
(A) हाइड्रोफिलिक होने के कारण
(B) हाइड्रोफोबिक होने के कारण
(C) लिपोफिलिक होने के कारण
(D) लिपोफोबिक होने के कारण

72. जीवाणु कोशिका को डीएनए लेने हेतु 'सक्षम' कैसे बनाया जा सकता है?
(A) डाइबैलेट ऋणायन (anion) के साथ संसाधित कर के।
(B) मोनोबैलेट कैटायन के साथ संसाधित करके।
(C) डाइबैलेट कैटायन के साथ संसाधित करके।
(D) मोनोबैलेट ऋणायन (anion) के साथ संसाधित कर के।

73. कैल्शियम है–
(A) डाइबैलेंट ऋणायन (anion)
(B) डाइबैलेंट कैटायन
(C) एकबैलेंट ऋणायन
(D) एकबैलेंट कैटायन

74. डीएनए जीवाणु में प्रवेश करते है-

(A) विसिरण के द्वारा

(B) कोशिका भित्ति के छिद्रों के द्वारा

(C) परासरण के द्वारा

(D) एण्डोसाइटोसिस के द्वारा

75. आनुवंशिक अभियांत्रिकी में कौन सा तापमान जीवाणु के लिए तापप्रघात माना जाता है?

(A) 100°C

(B) 101°C

(C) 42°C

(D) 42°F

76. सूक्ष्म अंत:क्षेपण विधि में पुनयोगज डीएनए को सीधे जंतु कोशिका के ___?___ में डाला जाता है-

(A) कोशिद्रव्य

(B) केन्द्रक

(C) गुणसूत्र

(D) प्लाज्मा कला

77. जीन गन में कौन सा धातु प्रयुक्त होता है?

(A) स्वर्ण (B) कॉपर

(C) लौह (D) कास्य

78. जीन गन को ही कहते है-

(A) बायोप्लास्टिक

(B) जैवगन

(C) बायोलिस्टीक

(D) उपरोक्त में से कोई नहीं

79. जीन गन क्या है?

(A) परपोषी कोशिकाओं में विजातीय डीएनए को प्रवेश कराने की विधि।

(B) हानिकारक जीन को नष्ट करने की विधि।

(C) उपयोगी जीन के मरम्मत करने की विधि।

(D) अनुउपयोगी, हानिकारक जीन को प्रतिस्थापन करने की विधि।

80. नीचे पुनर्योगज डीएनए प्रोद्योगिकी के चरण दिए गए है-

(a) डीएनए का खंडन

(b) डीएनए खंड का संवाहक से बंधन

(c) पुनर्योगज डीएनए का परपोषी में स्थानांतरण

(d) परपोषी कोशिकाओं का माध्यम में व्यापाक स्तर पर संवर्धन

(e) डीएनए का विलगन (पृथक्करण)

निम्न में से कौन सा विकल्प आरंभ से अंत तक का सही क्रम है?

(A) a, b, c, d, e (B) e, a, c, d, b

(C) a, e, b, c, d (D) b, e, a, c, d

81. पुनर्योगज डीएनए प्रौद्योगिकी, डीएनए को कोशिका से पृथक, कुछ एंजाइम के मदद से किया जाता है, इस तथ्य को समझते हुए नीचे दिए गए स्तंभको सुमेलित करें-

कॉलम A	**कॉलम B**
(a) जीवाणु	(1) लाइसोजाइम
(b) पादप कोशिका	(2) सेलुलेज
(c) कवक	(3) काइटिनेज

(A) abc/123 (B) abc/213

(C) abc/312 (D) abc/132

82. जीन से हिस्टोन प्रोटीन को किस एंजाइम के मदद से पृथक किया जाता है?

(A) राइबोन्यूक्लियेज (B) प्रोटीएज

(C) काइटिनेज (D) लाइसोजाइम

83. दिए गए चित्र में, a तथा b को पहचाने

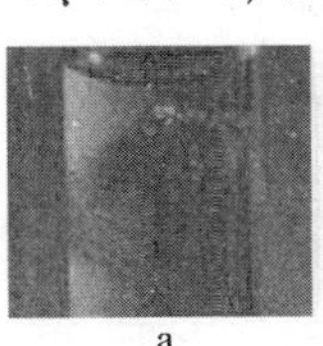
a

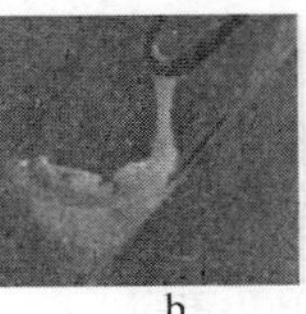
b

(a) चित्र डीएनए के पृथक्करण से संबंधित है।

(b) एथेनॉल का उपयोग किया जाता है।

(c) डीएनए महीन धागों के समूह के रूप में दिखाई देते है।

चित्र से संबंधित गलत कथन का चयन करें-

(A) a (B) b

(C) c (D) उपरोक्त में से कोई नहीं

84.

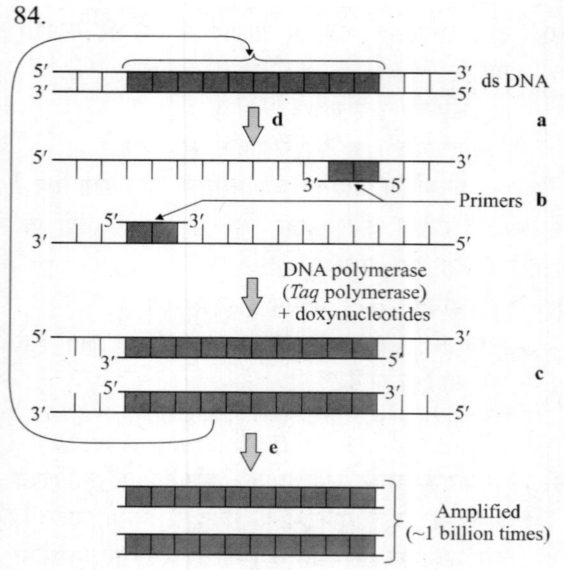

दिया गया चित्र पीसीआर से संबंधित है a, b, c, d, e क्या है?

	a	b	c	d	e
A	निष्क्रियकरण	तापानुशीलन	प्रसार	ताप	30 चक्र
B	तापानुशीलन	निष्क्रियकरण	प्रसार	ताप	30 चक्र
C	प्रसार	निष्क्रियकरण	प्रसार	ताप	30 चक्र
D	निष्क्रियकरण	तापानुशीलता	प्रसार	30 चक्र	ताप

85. पीसीअर का अर्थ है-

(A) पॉलिमरेज चीफ अभिक्रिया

(B) पॉलि चेन अभिक्रिया

(C) पॉलिमरेज श्रृंखला अभिक्रिया

(D) पब्लिक चेन अभिक्रिया

86. पीसीआर में डीएनए अधिकतम कितना गुणा प्रवर्धित किया जा सकता है?

(A) लाखों गुणा (B) मिलियन गुणा

(C) बिलियन गुणा (D) हजार गुणा

87. पीसीआर में, निम्न में से क्या सम्पन्न होते है?

(A) सतत विभाजन

(B) सतत घटाव

(C) सतत गुणन

(D) सतत एम्पलिफिकेशन (प्रवर्धन)

88. पीसीआर में सतत प्रवर्धन निम्न में से कौन से प्रक्रिया का उपयोग होता है?

(A) तापस्थायी (थर्मोस्टेबल) डीएनए पॉलिमरेज

(B) तापस्थायी (थर्मोस्टेबल) आरएनए पॉलिमरेज

(C) तापस्थायी (थर्मोस्टेबल) डीएनए न्यूक्लियोटाइड

(D) तापस्थायी (थर्मोस्टेबल) आरएनए न्यूक्लियोटाइड

89. डीएनए पॉलिमरेज को पृथक किया जाता है-

(A) थर्मस थर्मोफ्लिस से

(B) थर्मस एक्वेटिकस से

(C) थर्मस बबुलस से

(D) डॉयनोकोक्स से

90. ई. कोलाई में एपिसिलिन प्रतिरोधी जीन को कहते है-

(A) वरणयोग्य जीन (B) चिह्नक जीन

(C) वरणयोग्य चिह्नक (D) आर. जीन

91. पुनर्योगज डीएनए तकनीक में बाहरी जीन-

(A) कभी अभिव्यक्त नहीं होते है।

(B) उपयुक्त परिस्थितयों में अभिव्यक्त होते है।

(C) किसी भी परिस्थिति में अभिव्यक्त हो सकते है।

(D) सदैव अभिव्यक्त होते है।

92. सभी पुनर्योगज डीएनए तकनीक का मुख्य उद्देश्य वांछिद __?__ का उत्पादन करना ही होता है-

(A) प्रोटीन (B) कार्बोहाइड्रेड

(C) लिपिड (D) विटामिन

93. बायोरिटर की क्या विशेषता है-

(A) संवर्धन का संशोधन बेहद कम (अल्प) समय मे किया जा सकता है।

(B) संवर्धन के कम आयतन को संशोधित किया जा सकता है।

(C) संवर्धन के अधिक आयतन का संशोधन किया जा सकता है।

(D) आसानी से उपलब्ध है।

94. बायोरियक्टर में कितना आयतन संवर्धन संशोधित किया जा सकता है?

(A) 100 - 500 लीटर

(B) 1000 से 10000 लीटर

(C) 100 - 1000 लीटर

(D) 50 से 100 लीटर

95. सर्वाधिक उपयोग में लाया जाने वाला बायोरिएक्टर है-
(A) स्टिरिंग बायोरिएक्टर
(B) बुलबुला स्तंम्भ बायोरिएक्टर
(C) फोटो बायोरिएक्टर
(D) पैकेट बेड बायोरिएक्टर

96. नीचे कुछ कथन बायोरिएक्टर से संबधित दिए गए है-
(a) बायोरियक्टर एक बर्तन के समान है।
(b) इसमें कच्चे माल को जैव रूप से विशिष्ट उत्पाद में परिवर्तित किया जाता हे।
(c) वृद्धि के लिए अनुकूल परिस्थितियां होती है।
उपरेक्त में से कितने कथन सही हैद्य
(A) a (B) b
(C) c (D) उपरोक्त सभी

97.

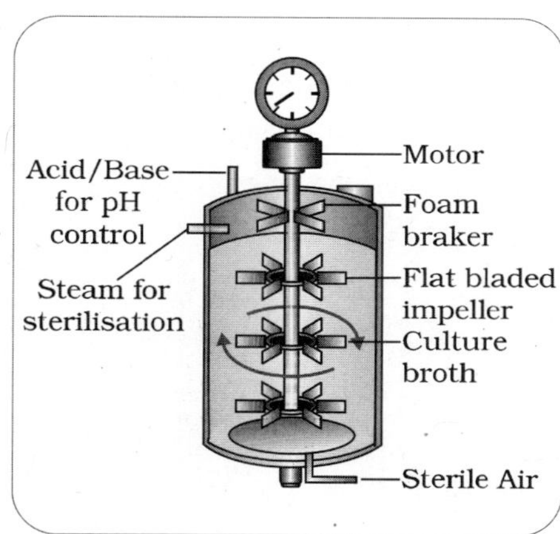

दिया गया चित्र है-
(a) दंड विलोडक हौज बायोरिएक्टर का।
(b) साधारण बिलोडन हॉज बायोरियक्टर का।
(c) संवर्धन की थोड़ी मात्रा समय-समय पर निकाली जा सकती है।
चित्र से संबंधित कितने कथन सही है?
(A) 1 (B) 2
(C) 3 (D) उपरोक्त में से कोई नहीं

98. बायेरिएक्टर में निम्न में से किसका उपयोग नहीं किया जाता है?
(A) सूक्ष्मजीव (B) पौधे
(C) मानव कोशिका (D) उपरोक्त में से कोई नहीं

99. विलोडित हौज बायोरिएक्टर सामान्यत: कैसे होते है?
(A) बेलानाकार (B) चौकोर
(C) तिकोनो (D) गोल

100. विलोडित होज रिएक्टर के आधार घुमावदार होने से क्या लाभ होता है?
(A) ऊर्जा की खपत कम होती है।
(B) अंर्तवस्तु के मिश्रण में सहायता मिलती है।
(C) हवा जीवाणु रहित हो जाता है।
(D) वाष्प निर्जीव हो जाता है।

101.

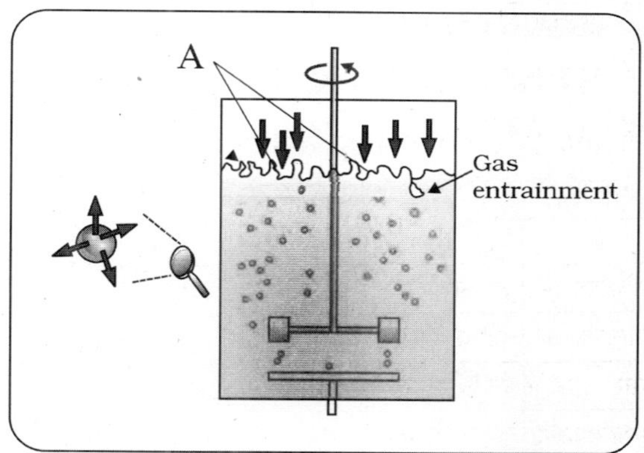

दिए गए चित्र में 'A' उपयोगी है क्योंकि-
(A) ऑक्सीजन के लिए क्षेत्रफल बढ़ाता है
(B) ऑक्सीजन स्थानान्तरण क्षेत्रफल को घटाता है
(C) CO_2 स्थानान्तरण के लिए क्षेत्रफल बढ़ाता है
(D) CO_2 स्थानान्तरण के लिए क्षेत्रफल घटाता है

102. अनुप्रवाह संसाधन में सम्मिलित है-
(A) पृथक्करण
(B) शोधन
(C) गुणवत्ता नियंत्रण परीक्षण
(D) उपरोक्त सभी

103. किस वर्ष में दो एंजाइम पृथक किए गए जो ई, कोलाई में जीवाणु भोजी की वृद्धि को रोक देते है?
(A) 1986 (B) 1974
(C) 1963 (D) 1989

ANSWER KEY

1. (A)	**2.** (C)	**3.** (A)	**4.** (C)	**5.** (B)	**6.** (B)	**7.** (C)	**8.** (A)	**9.** (A)	**10.** (D)
11. (D)	**12.** (D)	**13.** (D)	**14.** (B)	**15.** (A)	**16.** (D)	**17.** (C)	**18.** (C)	**19.** (B)	**20.** (A)
21. (A)	**22.** (C)	**23.** (A)	**24.** (C)	**25.** (A)	**26.** (D)	**27.** (B)	**28.** (B)	**29.** (A)	**30.** (C)
31. (B)	**32.** (C)	**33.** (A)	**34.** (B)	**35.** (B)	**36.** (A)	**37.** (A)	**38.** (D)	**39.** (C)	**40.** (B)
41. (A)	**42.** (B)	**43.** (A)	**44.** (A)	**45.** (C)	**46.** (B)	**47.** (B)	**48.** (C)	**49.** (C)	**50.** (A)
51. (D)	**52.** (C)	**53.** (B)	**54.** (A)	**55.** (B)	**56.** (C)	**57.** (D)	**58.** (B)	**59.** (D)	**60.** (A)
61. (B)	**62.** (C)	**63.** (A)	**64.** (B)	**65.** (B)	**66.** (C)	**67.** (A)	**68.** (A)	**69.** (C)	**70.** (B)
71. (A)	**72.** (C)	**73.** (B)	**74.** (B)	**75.** (C)	**76.** (B)	**77.** (A)	**78.** (C)	**79.** (A)	**80.** (C)
81. (A)	**82.** (B)	**83.** (D)	**84.** (A)	**85.** (C)	**86.** (C)	**87.** (D)	**88.** (A)	**89.** (B)	**90.** (C)
91. (B)	**92.** (A)	**93.** (C)	**94.** (C)	**95.** (A)	**96.** (D)	**97.** (B)	**98.** (D)	**99.** (A)	**100.** (B)
101. (A)	**102.** (D)	**103.** (C)							

जैव प्रौद्योगिकी एवं उसके उपयोग

1. कृषि रसायन का तात्पर्य है–
   (A) खाद (B) पेस्टनाशी
   (C) दोनों A तथा B (D) पोषक तत्व
2. परिपक्व इन्सूलिन में क्या पृथक हो जाता है?
   (A) A – पेप्टाइड (B) B – डाइसल्फाइड
   (C) C – पेप्टाइड (D) D – पेप्टाइड
3. गलत कथन का चयन करें–
   (A) प्रथम सफल जीन थैरेपी सन् 1990 में एक चार वर्ष की लड़की को दिया गया।
   (B) लड़की ए डी ए (ADA) की न्यूनता से ग्रसित थी।
   (C) एस सी आई डी (SCID) को जड़ मूल से अस्थि मज्जा प्रत्यारोपण के द्वारा ठीक किया जा सकता है।
   (D) जीन थैरेपी का उपयोग उपर्जित रोगों में भी किया जाता है।
4. रोजी Rosie) है–
   (A) प्रथम पारजीवी (trangenic) गाय
   (B) प्रथम पारजीवी (trangenic) बकरी
   (C) प्रथम पारजीवी (trangenic) भेड़
   (D) प्रथम पारजीवी (trangenic) कुत्ता
5. जीन चिकित्सा निम्न में से किसका उपयोग होता है?
   (A) आनुवांशिक निर्मित मोनोसाइट
   (B) आनुवांशिक निर्मित लिम्फोसाइट
   (C) आनुवांशिक निर्मित कणिकामय कोशिका
   (D) उपरोक्त सभी।
6. 95% से अधिक पारजीवी (Transgenic) जंतु है–
   (A) चूहा (B) भेड़
   (C) गाय (D) बकरी
7. (a) भारत में 20000 किस्म के चावल उगाँए जाते है।
   (b) सन् 1987 में अमेरिका की कंपनी ने बासमती चावल पर पेटेंट अधिकार प्राप्त कर लिया।
   (c) बाली तथा जावा, बाघ का उपजाति है
   उपरोक्त में से सही कथन का चयन करें–
   (A) a (B) b
   (C) c (D) b, c
8. सही कथन का चयन करे–
   (i) जी ई ए सी (GEAC) की स्थापना विश्व अभियांत्रिकी आनुवांशिक संस्थान के द्वारा किया गया है।
   (ii) बायोपाइरेसी मुख्यत या केवल चावल से संबंधित है।
   (iii) बायोपाइरेसी में मुख्यत विकासशील देशों की भूमिका है।
   (iv) भारतीय एकस्व (patent) बिल भारतीय लोगों के लिए उपयोगी है–
   (A) i (B) i, ii
   (C) iv (D) उपरोक्त में से कोई नहीं

9. पारजीवी (Transgenic) चूहा को निम्न में से कौन से टीका के सुरक्षा के अध्ययन लिए उपयोग किया जा रहा है?

(A) डिफ्थीरिया टीका वैक्सीन

(B) पोलियो वैक्सीन

(C) हैपेटाइटिस-बी टीका

(D) एम एम आर वैक्सीन

10. पारजीवी जंतु (transgenic animal) को अपारजीवी (non-transgenic) से रासायनिक सुरक्षा के अध्ययन लिए बेहतर क्यों माना जाता है?

(a) आविषाल पदार्थों (toxic substance) के प्रति अधिक संवेदी होते है।

(b) इनसे परिणाम कम समय में प्राप्त किया जा सकता है।

(c) इन्हें उत्पन्न करना अपेक्षाकृत सस्ता होता है।

(d) इनका आकार सदैव बड़ा होता है।

(A) a, b (B) b, c

(C) c, d (D) उपरोक्त सभी।

11. Cry IAB नियंत्रित करते है-

(A) कॉटन बॉलवर्म (Cotton boll worm) को

(B) कॉन बोरर को

(C) सोल्डर वर्म को

(D) हॉन वर्म को

12. एक निमेटोड (nematode) मिल्वाडेगाइड इनकोगनीशिया निम्न में से किसके मूल को प्रभावित करते है?

(A) टमाटर पादप (B) तम्बाकू पादप

(C) गन्ना पादप (D) गेहूं पादप

13. I – चिकित्सा शास्त्र तथा निदानसूचक

II – अपशिष्ट प्रतिपादन

III – ऊर्जा उत्पादन

उपरोक्त तीनों कथनों में से कौन जैव प्रौद्योगिकी के उपयोग का हिस्सा नहीं है-

(A) I (B) I, II

(C) I, II, III (D) उपरोक्त में से कोई नहीं

14. नीचे कुछ कथन दिए गए है जो खाद्य उत्पादन मं वृद्धि से संबंधित है?

1 – कृषि रसायन आधारित कृषि

2 – कार्बनिक कृषि

3 – आनुवंशिकत: निर्मित फसल आधारित कृषि

उपरोक्त में से कौन सा कथन या तथ्य मानव स्वास्थ्य के लिए घातक हो सकता है?

(A) 1 (B) 2

(C) 3 (D) 1, 3

15. हरित क्रांति के कारण खाद्य आपूर्ति में कितना वृद्धि हुआ है?

(A) 2 गुणा (B) 3 गुणा

(C) 4 गुणा (D) 5 गुणा

16. हरित क्रांति के अन्तर्गत खाद्य उत्पादन में वृद्धि का मुख्य कारण है-

1 – उन्नत किस्मों की फसलों के उपयोग

2 – उत्तम प्रबंधकीय व्यवस्था

3 – कृषि रसायनों (एग्रोकेमिकल) का उपयोग

(A) 1 (B) 1, 2

(C) 2, 3 (D) 1, 3

17. तदनुकूल पौधे (Tailor-made) पौधे प्रदान करता है-

(A) उद्योग के लिए वैकल्पिक संसाधन

(B) बेहद पोषक फसल।

(C) विटामिन 'A' युक्त चावल।

(D) उपरोक्त में से कोई नहीं।

18. किस तथ्य के आधार पर जी एम फसल, मनुष्य के स्वास्थ्य के लिए बेहतर है-

(A) प्रतिकूल वातावरण के लिए प्रतिरोध

(B) पेस्टनाशी का कम उपयोग

(C) फसल का अधिक उत्पादन

(D) फसल का जल्दी तैयार होना

19. बीटी जीवविष जीन निम्न में से कौन से पादप में अभिव्यक्त होते है?

(A) कपास (B) चावल

(C) टमाटर (D) उपरोक्त सभी।

20. सुमेलित करे-

कॉलम A	कॉलम B
1 -लीथीडोप्टेशन	(A) तंबाकू की कलिका कीड़ा
2 - कोलियोप्टेरान	(B) भृंग
3 - डीप्टेरान	(C) मक्खी

(A) 123/ABC (B) 123/BAC
(C) 123/CBA (D) 123/ACB

21. बैसीलस थुरीनजिएसिस निर्मित करता है-
(A) प्रोटीन तरल
(B) प्रोटीन जैली
(C) प्रोटीन रवा (क्रिस्टल)
(D) प्रोटीन थक्का

22. बैसीलस थूरीनजिएसीस प्रोटीन रवा (क्रिस्टल) की निर्मित करते है-
(A) अपने वृद्धि के विशेष अवस्था में
(B) अपने विकास के सभी अवस्थाओं में
(C) पीड़क के शरीर में
(D) उपरोक्त में से कोई नहीं।

23. प्रोटीन विष बैसीलस थूरीनजिएसीस को नष्ट क्यों नहीं करता है?
(A) क्योंकि निष्क्रिय प्रोटोविष के रूप में रहता है।
(B) क्योंकि निष्क्रिय प्रिविष (pre toxin) के रूप में रहता है।
(C) क्योंकि निष्क्रिय प्रो विष (pro toxin) के रूप में रहता है।
(D) क्योंकि सक्रिय प्रो विष (protoxin) के रूप में रहता है।

24. अक्रियाशील बीटी जहर पीड़क में सक्रिय रूप में क्यों परिवर्तित हो जाते है?
(A) आहारनाल में सक्रिय pH के कारण
(B) आहारनाल में अम्लीय pH के कारण
(C) आहारनाल के उदासीन pH के कारण
(D) आहारनाल के क्षारीय pH के कारण

25. कीट के आहारनाल का कौन सा भाग बीटी जहर से क्षतिग्रस्त होता है?
(A) अग्र आंत (B) मध्य आंत
(C) पश्च आंत (D) उपरोक्त सभी

26. बीटी विष के कारण पीड़क क्यों मृत्यु को प्राप्त होता है?
(A) तंत्रिका तंत्र के नष्ट होने के कारण
(B) मध्य आंत में छिद्र निर्माण, सुजन, फुलाव के कारण
(C) श्वसन तंत्र के नष्ट होने के कारण
(D) उपापचयी असमान्यताओं के कारण

27. I – बीटी विष कीट-समूह के लिए विशिष्टता प्रदर्शित करते है।
II – बीटी विष सभी जीवाणु के लिए घातक होते है।
III – बीटी विष जीन कई विकल्प प्रस्तुत करते है-
गलत कथन का चयन करे?
(A) I (B) II
(C) III (D) II, III

28. जीव विष जिस जीन द्वारा कूटबद्ध होते है, उसे कहते है-
(A) *क्राई* (B) फ्राई
(C) विष जीन (D) उपरोक्त में से कोई नहीं

29. जो प्रोटींस कपास के मुकुल कृमि को नियंत्रित करते है, वह कौन से जीन के द्वारा कूटबद्ध होते है-
(A) *क्राई* I एसी व *क्राई* II एसी
(B) *क्राई* II एसी व *क्राई* II एबी
(C) *क्राई* I एबी व *क्राई* II एबी
(D) *क्राई* I एसी व *क्राई* II एबी

30. जो प्रोटींस मक्का छेदक को नियन्त्रित करते है, वह कौन से जीन के द्वारा कूटबद्ध होते है?
(A) *क्राई* 1 एबी (B) *क्राई* 1 एसी
(C) *क्राई* II एबी (D) *क्राई* II एसी

31. मिल्वाडेगाइन इनकोगनीशिया किस संघ का सदस्य है?
(A) प्लेटीहैल्मिथीज (B) ऐस्केलमिथीज
(C) ऐनेलिडा (D) आर्थोपोडा

32. मिल्वाडेगाइन इनकोगनीशिया किस पादप को संक्रमित करता है?

(A) टमाटर (B) आलू

(C) मक्का (D) तम्बाकू

33. मिल्वाडेगाइन इनकोगनीशिया पादप के किस भाग को संक्रमित करता है?

(A) मूल (B) पत्तियां

(C) पुष्प (D) कलियां

34. आरएनए अंतरक्षेप सभी ससीमकेद्रकी (eukaryotes) में निम्न में से किसकी विधि है?

(A) कोशकीय सुरक्षा

(B) कोशकीय प्रतिरोध

(C) कोशकीय उपापचय

(D) कोशकीय श्वसन

35. आरएनए अंतरक्षेप निम्न में से किसको शांत (निष्क्रिय) करते है?

(A) t RNA (B) r RNA

(C) m RNA (D) DNA

36. वर्तमान कितने पुनर्योगज चिकित्सीय औषधियां विश्व में मनुष्य के प्रयोग हेत स्वीकृत हो चुकी है?

(A) 12 (B) 30

(C) 42 (D) 9

37. कितने पुनर्योगज चिकित्सीय औषधियों का भारत में विपणित (marketing) हो रही है-

(A) 12 (B) 30

(C) 42 (D) 9

38. इसुलिन मधुमेही लोगों को मुख से नहीं दिया जा सकता है, क्योंकि-

(A) यह एक महंगा प्रक्रिया है।

(B) यह शरीर के लिए जहरीला होगा।

(C) इसका पाचन हो जायेगा।

(D) यह अग्नाशय को नष्ट कर देगा।

39. नीचे कुछ कथन इंसुलिन से संबंधित दिए गए है-

1. इंसुलिन में दो लम्बी पालीपेप्टाइड श्रृंखलाएं होती है।

2. A श्रृंखला, B श्रृंखला की तुलना में लम्बी होती है।

3. A तथा B श्रृंखला टाईसल्फाइट बन्ध के द्वारा जुड़े रहते है।

कौन सा कथन गलत है?

(A) 1 (B) 2

(C) 1, 2, 3 (D) 1, 2, 3

40. आर डी एन ए तकनीक से बना इंसुलिन में कौन सा सुक्ष्मजीव इस्तेमाल होता है?

(A) विषाणु (B) जीवाणु

(C) कवक (D) उपरोक्त सभी।

41. दवा कंपनी __1__ ने __1__ को वर्ष __3__ में विकसित किया था।

(A) 1 – एली-लिली, 2 – इंसुलिन, 3 – 1983

(B) 1 – एली-लिली, 2 – रिकौबिनेन्ट इंसुलिन, 3 – 1983

(C) 1 – बलू क्रौस, 2 – रिकौबिनेन्ट इंसुलिन, 3 – 1983

(D) 1 – एली-लिली, 2 – रिकौबिनेन्ट इंसुलिन, 3 – 1984

42. अल्फा-1 एंटीट्रिप्सीन का निम्न में से किस रोग के इलाज में उपयोग होता है?

(A) कैंसर (B) गठिया

(C) इंफीसीमा (D) मधुमेह

43. निम्न में से किस रोग के लिए पारजीवी नमूने उपलब्ध नहीं है?

(A) कैंसर (B) एल्जिाइमर

(C) रुमेटाएड संधिशोध (D) मधुमेह

44. उस विधि का चयन करें जिसके द्वारा रोग की प्रारंभिक पहचान नहीं की जा सकती है-

(A) विडाल

(B) एलाइजा

(C) पी सी आर

(D) पुनर्योगज डीएनए प्रौद्योगिकी

45. किस रोग के संदेहात्मक रोगियों के पहचान में पी सी आर तकनीक का इस्तेमाल किया जा रहा है?

(A) टाइफाइड (B) मलेरिया

(C) एड्स (D) न्यूमोनिया

46. I – उत्परिवर्तन की पहचान

II – संदेहात्मक कैंसर रोगियों की आरंभिक पहचान

III – बेहद सामान्य, सर्वत्र उपलब्ध विधि यहां तक की देहाती क्षेत्रों में भी

ऊपर दिया गया कथन पी सी आर से संबंधित है, गलत कथन का चयन करे–

(A) I (B) II

(C) III (D) I, III

47. भारतीय संसद ने हाल ही में भारतीय एकस्व बिल (इडियन पेटेंट बिल) से संबंधित कौन सा संशोधन पारित किया है?

(A) प्रथम (B) द्वितीय

(C) तृतीय (D) चतुर्थ

ANSWER KEY

1. (C)	**2.** (C)	**3.** (C)	**4.** (A)	**5.** (B)	**6.** (A)	**7.** (C)	**8.** (C)	**9.** (B)	**10.** (A)
11. (A)	**12.** (B)	**13.** (D)	**14.** (A)	**15.** (B)	**16.** (C)	**17.** (A)	**18.** (B)	**19.** (D)	**20.** (A)
21. (C)	**22.** (A)	**23.** (C)	**24.** (D)	**25.** (B)	**26.** (B)	**27.** (B)	**28.** (A)	**29.** (D)	**30.** (A)
31. (B)	**32.** (D)	**33.** (A)	**34.** (A)	**35.** (C)	**36.** (B)	**37.** (A)	**38.** (C)	**39.** (D)	**40.** (B)
41. (B)	**42.** (C)	**43.** (D)	**44.** (A)	**45.** (C)	**46.** (C)	**47.** (B)			

इकाई 10: पर्यावरण एवं पारिस्थितिकी

13. जीव और समष्टियाँ
14. परितंत्र
15. जीव विविधता एवं संरक्षण
16. पर्यावरण के मुद्दे

जीव और समष्टियाँ

1. भारतवर्ष में किसे परिस्थितिकी का जनक कहते है?
   (A) वी. कुरियन (B) डा. शंलीम अली
   (C) रामदेव मिश्रा (D) पी. वेनुगोपाल
2. नीचे कुछ कथन रामदेव मिश्रा से संबंधित दिए गए है–
   (A) जन्म 26 सितंबर, 1910 में
   (B) उन्होंने, परिस्थितिकी में 1940 में ph.D की ड्रिगी हासिल की।
   (C) उन्होंने ph.D की ड्रिगी यूनाइटेड किंगडम के लीड्स विश्वविद्यालय से लिया।
   (D) मिश्रा ने भारतवर्ष में परिस्थितिकी पर प्रथम स्नात्कोत्तर पाठयक्रम की शुरुआत की
   उपरोक्त में से कितने कथन गलत है?
   (A) 1 (B) 2
   (C) 3 (D) 4
3. निम्न में कौन सा पुरस्कार रामदेव मिश्रा को मिला था?
   (A) मैगसेसे पुरस्कार
   (B) नोबेल पुरस्कार
   (C) दादा साहेब फाल्के पुरस्कार
   (D) पर्यावरण तथा परिस्थितिकी मं संजय गांधी पुरस्कार मिला।
4. मूलरूप से पारिस्थितिकी जीवीय संगठन के ___?___ स्तरों से संबंधित है।
   (A) 1 (B) 2
   (C) 3 (D) 4
5. निम्न में से कौन सा आवास किसी प्राणी का नहीं हो सकता है?
   (A) वेगवती सरिताएं (B) गरम क्षरने
   (C) मनुष्य के आंत (D) उपरोक्त में से कोई नहीं
6. जो जीव तापमानों के व्यापाक परास (चरम) को सहन कर सकते है, उन्हें कहते हैं–
   (A) स्टेनोथर्मल (B) यूरीथर्मल
   (C) एक्सोथर्मल (D) इंडोथर्मल
7. प्राणी जो तापमानो की कम परास में रहते है ऐसे जीव कहलाते है–
   (A) स्टेनोथर्मल (B) यूरीथर्मल
   (C) एक्सोथर्मल (D) इंडोथर्मल
8. नीचे कुछ कथन दिए गए है, जो तापमान तथा प्राणी पर पड़ने वाले प्रभाव से संबंधित है–
   (a) यह एंजाइमों के बल गति को प्रभावित करते है।
   (b) यह आधारी उपापचय को प्रभावित करते है।
   (c) यह कार्यिकी को प्रभावित करते है।
   उपरोक्त में से कौन सा कथन गलत है?
   (A) a, b (B) a, c
   (C) c (D) उपरोक्त में से कोई नहीं

9. नीचे कुछ कथन तापमान तथा आवास से संबंधित दिए गए है-

(a) भूमी पर औसत तापमान ऋतु (मौसम) के अनुसार बदलते रहता है।

(b) भूमध्य रेखा से ध्रुव की तरफ जाने पर तापमान लगातार कम होता जाता है।

(c) किसी भी आवास में तापमान 100°C से अधिक नही होता है।

(d) मैदानी क्षेत्र से पहाड़ के शीर्ष पर जाने से तापमान बढ़ता चला जाता है।

गलत कथन का चयन करें-

(A) a, b (B) b, c

(C) c, d (D) b, d

10. निम्न में से कौन परिस्थितिक रूप से सबसे ज्यादा प्रासंगिक पर्यावरणीय कारक है?

(A) तापमान (B) जल

(C) प्रकाश (D) मिट्टी

11. बहुत से अलवण जल प्राणी समुद्र के पानी में लंबे समय तक नहीं रह सकते है-

(A) भोजन के कमी के कारण

(B) O_2 के कमी के कारण

(C) परासरणी समस्या के कारण

(D) उपरोक्त सभी

12. अंत: स्थलीय जल में लवण की मात्रा होती है-

(A) 5% से कम

(B) 30 - 35%

(C) लवण पूर्ण रूप से अनुपस्थित

(D) 0.1% से कम

13. नीचे कुछ कथन दिए गए है-

I – सूर्य पृथ्वी पर मौजूद सभी जीव जंतुओं के लिए ऊर्जा का स्रोत है।

II – जंतु प्रकाश कारक से अप्रभावी होते है।

III – सभी पादप को जीवित रहने क लिए समान मात्रा में प्रकाश की आवश्यकता होती है।

उपरोक्त में से कौन सा कथन सही है?

(A) I (B) I

(C) III (D) उपरोक्त में से कोई नहीं

14. स्तनधारियों के सफलता का मुख्य कारण है-

(A) चार पैरों पर गमन

(B) पूंछ की उपस्थिति

(C) शरीर का तापमान स्थिर बनाए रखने मे सफलता

(D) ऊर्जा का उच्च स्तर

15. मनुष्य में समस्थापन से संबंधित कारक का चयन करें-

(A) ग्रीष्म ऋतु में अत्यधिक पसीना आना

(B) शीत ऋतु में कपकपी

(C) वृषण कोष के चिकनी पेशी में संकुचन

(D) उपरोक्त सभी

16.

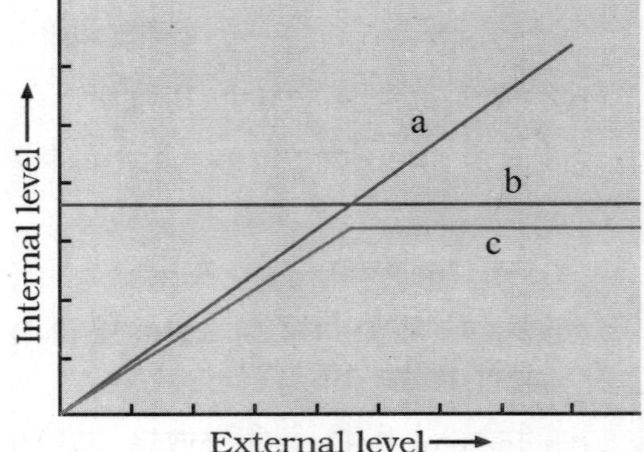

दिए गए चित्र में, a, b तथा c क्या है?

(A) a – संरूपी, b – नियामक, c – आंशिक नियामक

(B) a – नियामक, b – संरूपी, c – आशिक नियामक

(C) a – आंशिक नियामक, b – संरूपी, c – नियामक

(D) a – संरूपी, b – आंशिक नियामक, c – नियामक

17. एक प्राणी में निम्न में से किस कारण से समस्थापन संभव नही है-

(A) कार्यिकी कारक (B) व्यावहारिक कारक

(C) पसीने के कारण (D) उपरोक्त में से कोई नहीं

18. प्राणी में ताप हानि या ताप लाभ निम्न में से किस प्रकार्य पर निर्भर है?

(A) पृष्ठीय क्षेत्रफल (B) लवण सांद्रण

(C) शरीर का तापमान (D) उपरोक्त सभी

19. छोटे प्राणी अपने शरीर की ऊष्मा को बेहद तेजी से क्यों कम कर पाते हैं?
(A) क्योंकि छोटे प्राणियों का पृष्ठीय क्षेत्रफल उनके आयतन की अपेक्षा ज्यादा होती है।
(B) क्योंकि छोटे प्राणियों का पृष्ठीय क्षेत्रफल उनके आयतन की अपेक्षा कम होती है।
(C) क्योंकि शरीर का आयतन कम होता है।
(D) क्योंकि शरीर का पृष्ठीय क्षेत्रफल तथा आयतन बराबर होता है।

20. बहुत छोटे प्राणी बिरले ही ध्रुवीय क्षेत्रों में पाए जाते है, क्योंकि-
(A) उन्हें उपापचय द्वारा शरीर को ऊष्मा पैदा करने के लिए काफी कम ऊर्जा खर्च करनी पड़ती है।
(B) उन्हें उपापचय द्वारा शरीर की ऊष्मा पैदा करने के लिए काफी ऊर्जा खर्च करनी पड़ती है।
(C) शरीर में ऊष्मा पैदा करने के लिए कोई ऊर्जा खर्च नहीं करनी पड़ती है।
(D) उपरोक्त में से कोई नहीं

21. एक प्राणी दबाव भरी परिस्थितियों से बाहर आने के लिए, निम्न में से कौन सा विकल्प अपनाता है?
(A) प्रवास करना (B) निलंबन करना
(C) शीत निद्रा (D) उपरोक्त सभी

22. उस जंतु का चयन करें जो की सिर्फ शीत निद्रा में जाते है, न कि ग्रीष्म निद्रा में-
(A) ध्रुवीय भालू (B) व्हेल
(C) मेढ़क (D) जूप्लेकटन

23. निम्न में से कौन सा जंतु उपरति (डायापॉज) स्थिति में चले जाते है?
(A) जूप्लैकटन (B) भालू
(C) व्हेल (D) मेढ़क

24. निम्न में से कौन सा कारक, प्राणी के जीवित रखने के लिए, जनन के लिए आवश्यक होते है?
(A) अनुकूलन (B) प्रवास
(C) समस्थापन (D) उपरोक्त सभी

25. कंगारू चूहा अपने जल की आवश्यकता की पूर्ति कैसे करते है?
(A) जल ग्रहण के द्वारा
(B) वसा के ऑक्सीकरण के द्वारा
(C) मूत्रण के अनुपस्थिति के द्वारा
(D) पसीने के अनुपस्थिति के द्वारा

26. निम्न में से कौन मरुस्थलीय पादप है?
(A) ब्रिटल बुश (B) सागुआरो
(C) नागफनी (D) उपरोक्त सभी

27. उस मरुस्थलीय पादप का चयन करें जिसमें पत्तियां अनुपस्थित होते है-
(A) ब्रिटल बुश (B) सागुआरो
(C) नागफनी (D) खेजड़ी

28. ओपंशिया (नागफनी) में प्रकाश संश्लेषण का कार्य किसके द्वारा होता है?
(A) तना (B) पुष्प
(C) लता (D) मूल

29. कंगारू चूहा निम्न में से कहां के मरुस्थल में पाये जाते है?
(A) सहारा (B) जैसलमेर (राजस्थान)
(C) उत्तरी अमेरिका (D) उपरोक्त सभी

30. नागफनी में पत्तियां निम्न में से कौन से संरचना में रुपांतरित हो जाती है?
(A) कांटा (B) लता
(C) क्यूटिकल (D) नोड्स

31. नीचे कुछ कथन मरुस्थलीय रुपांतरण से संबंधित दिए गए है-
I – पत्तियों की सतह पर मोटी उपत्वचा (क्यूटिकल) होती है।
II – रंध्र (स्टोमैटा) गहरे गर्त में व्यवस्थित होते है।
III – विशेष प्रकार के प्रकाश संश्लेषी मार्ग उपस्थित।
IV – रंध्र दिन के समय बंद रहते है।
उपरोक्त में से कितने कथन मरुस्थलीय रुपांतरण के संदर्भ में सही है-
(A) 1 (B) 2
(C) 3 (D) 4

32. ठंडी जलवायु वाले स्तनधारियों के कान और पाद आमतौरपर छोटे होते, यह तथ्य निम्न में से किससे संबंधित है?

(A) कौपस का नियम (B) जार्डन का नियम

(C) ऐलन का नियम (D) बरर्जमान का नियम

33. ठंडी जलवायु वाले स्तनधारियों के कान और पाद कैसे लाभदायक होते है?

(A) उष्मा की हानि कम होती है।

(B) उपापचयी दर को कम करता है।

(C) बीएमआर को कम करते है।

(D) उपरोक्त सभी

34. a – छोटे कर्ण पल्लव, b – छोटे पूंछ, c – त्वचा के नीचे कम वसा, d – पसीने के ग्रन्थि में कमी

उपरोक्त चारों लक्षणों में से कौन ठंडी जलवायु के लिए अनुकूलन नहीं है?

(A) a (B) b

(C) c (D) d

35. उस जंतु का चयन करे जिसमें तिमिवसा (बलबर) उपस्थित नहीं होते है?

(A) व्हेल (B) सील

(C) वाल्रस (D) हाथी

36. अगर एक व्यक्ति मैदानी क्षेत्र से ऊचाई युक्त पहाड़ी क्षेत्र में चला जाता है, तो 6 महीने के उपरांत कौन सा परिवर्तन नहीं होगा?

(A) आरबीसी (RBC) के उत्पादन में वृद्धि

(B) हीमोग्लाबिन की बंधनकारी क्षमता का घटना

(C) श्वसन दर में वृद्धि

(D) उपरोक्त में से कोई नहीं

37. निम्न में से कौन तप्त क्षरनों में फलते-फूलते है-

(A) एच, पाइलोरी (B) आर्किबैक्टीरिया

(C) कोरोना वायरस (D) टूबिफेक्स

38. कितने प्रतिशत प्राणी अपने शरीर के आंतरिक वातावरण को बनाएं रखने में सक्षम नहीं है?

(A) 50% (B) 75%

(C) 99% (D) 10%

39. जब मरुस्थल में तापमान सुविधा स्तर (कर्म्फट जोन) से अधिक हो जाता है, तब एक छिपकली छाया में चली जाती है, यह किस प्रकार का अनुकूलन है?

(A) व्यावहारिक (B) कार्यिक

(C) उपापचयी (D) समस्थातनिक

40. समष्टि परिस्थितिकी की क्या विशेषता है?

(A) यह परिस्थितिकी को समष्टि आनुवंशिकी और विकास से जोड़ता है।

(B) यह परिस्थितिकी को प्राणी के कार्यिको से जोड़ता है।

(C) यह परिस्थितिकी को प्राणी के औतकी से जोड़ता है।

(D) यह परिस्थितिकी को प्राणी के आकारिकी से जोड़ता है।

41. अगर एक ताल में पिछले साल कमल के 20 पौधे थे और जनन द्वारा 8 नए पौधे और हो जाते है तो जन्म दर क्या होगा?

(A) 0.2 संतति प्रति कमल प्रतिवर्ष

(B) 0.4 संतति प्रति कमल प्रतिवर्ष

(C) 0.6 संतति प्रति कमल प्रतिवर्ष

(D) 0.8 संतति प्रति कमल प्रतिवर्ष

42. अगर प्रयांगशाला समष्टि में 40 फलमक्खियो में से 4 व्यष्टि एक सप्ताह के दौरान मर जाते है, तो उस समय के दौरान समष्टि में मृत्यु दर क्या होगा?

(A) 0.5 व्यष्टि प्रति फलमक्खी प्रति सप्ताह

(B) 0.2 व्यष्टि प्रति फलमक्खी प्रति सप्ताह

(C) 0.1 व्यष्टि प्रति फलमक्खी प्रति सप्ताह

(D) 1 व्यष्टि प्रति फलमक्खी प्रति सप्ताह

43. किसी दिए गए समय में समष्टि किस आयु वाले व्यष्टियों से मिलकर बनती है-

(A) समान आयु (B) समान लिंग

(C) समान फेनोटाइप (D) भिन्न आयु

44. अगर समष्टि के लिए आयु वितरण आलेखित किया जाता है तो बनने वाली संरचना कहलाती है-

(A) आयु पिरैमिड (B) आयु प्रवाह

(C) आयु चार्ट (D) आयु कोर

45.

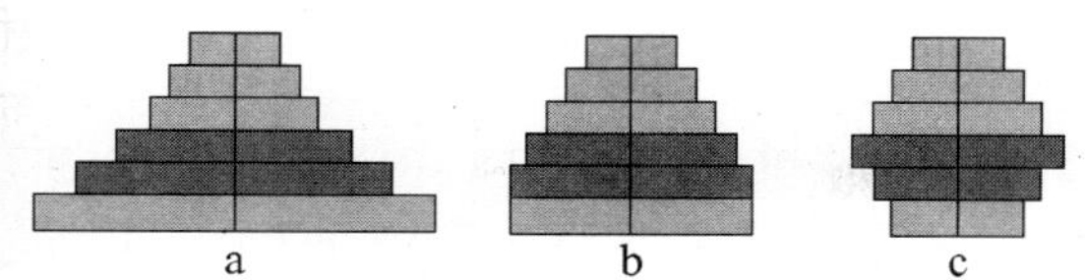

दिया गया चित्र, मानव समष्टि के लिए आयु पिरैमिडों का निरुपण है, a, b, c क्या है?

(A) a – स्थिर, b – बढ़ती, c – घटती

(B) a – बढ़ती, b – स्थिर, c – घटती

(C) a – बढ़ती, b – घटती, c – स्थिर

(D) a – घटती, b – बढ़ती, c – स्थिर

46. समष्टि घनत्व, निम्न में से किसके द्वारा प्रदर्शित किया जाता ह?–

(A) P (B) D (C) PD (D) N

47. राष्ट्रीय उद्यानों में बाघ गणना प्राय किस आधार पर किया जाता है–

(A) जीवित बाघों की संख्या के गणना के द्वारा

(B) पग चिह्नों की गणना करके

(C) मल गुटिकाओं के गणना के द्वारा

(D) B तथा C दोनों

48. नीचे कुछ कथन आबादी से संबंधित दिए गए है–

(A) किसी जाति के लिए समष्टि की साइज स्थैतिक प्राचल है।

(B) समष्टि का वृहत साइज, परिस्थिकी के लिए सदैव उपयोगी होती है।

(C) समष्टि का साइज काफी हद, एक आवास में समष्टि की स्थिति को दर्शाता है।

(D) समष्टि के साइज को बिना वास्तव में गिने अथवा बिना देखे अप्रत्यक्ष रूप से आंकलन किया जा सकता है।

उपरोक्त में से कितने कथन गलत है?

(A) 1 (B) 2

(C) 3 (D) 4

49. अगर a = मृत्युदर है, b = जन्मदर है, c = आप्रवासन है, d = उत्प्रवासन

उपरोक्त चारों में से कौन आबादी के वृद्धि में योगदान देते है?

(A) a, b (B) a, d

(C) b, c (D) b, d

50. अगर समष्टि घनत्व N है, अगर समय t है, तो समय t + 1 पर इसका घनत्व क्या होगा?

(B) N_{t+1} = N1 + [(B + I) + (D + E)]

(C) N_{t+1} = N1 + [(B + D) – (I + E)]

(D) N_{t+1} = N1 + [B + I) – (D – E)]

51. अगर कही आवास की बस्ती अभी बनी है तो __?a__ समष्टि की वृद्धि में __?b__ की अपेक्षा अधिक महत्वपूर्ण है–

(A) a – उत्प्रवासन, b – जन्म दर

(B) a – आप्रवासन, b – मृत्यु दर

(C) a – उत्प्रवासन, b – जन्म दर

(D) a – आप्रवासन, b – जन्म दर

52. चर घातांकी वृद्धि कब होता है?

(A) जब व्यापाक मात्रा में आहार उपलब्ध होता है।

(B) जब व्यापक स्थान उपलब्ध होता है।

(C) जब प्रतियोगी कम होते है।

(D) उपरोक्त सभी

53. अगर N साइज की समष्टि में, जन्म दरे b के रूप में, मृत्यु दर d के रूप में निरुपित की जाती है तब इकाई समय अवधि t के दौरान वृद्धि या कमी क्या होगी? मान ले (b – d) = r

(A) dN/dt = rN

(B) dN/dt = r – **N**

(C) dN/dt = r/N

(D) None of the above

54.

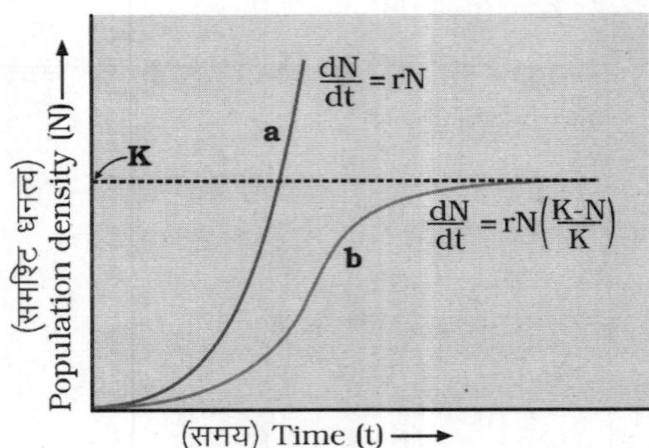

दिया गया चित्र समष्टि वृद्धि वक्र का है-

x – जन अनुक्रियाएं वृद्धि को सीमित करने वाली नहीं है तब आरेख चर घातांकी है।

y – जब अनुक्रियाएं वृद्धि के लिए सीमाकारी है तब आरेख लॉजिस्टिक है।

चित्र के a तथा b का x तथा y से सुमेलित करते हुए सही विकल्प चुने-

(A) a– y (B) b – x
(C) a – x (D) b – x + y

55. थोड़े समय में ही विशाल समष्टि घनत्व कब पहुचं सकती है?

(A) जब असीमित संसाधन परिस्थितियों में चर घांतांकी वृद्धि होती है।
(B) जब सीमित संसाधन परिस्थितयों में चर घातांकी वृद्धि होती है।
(C) जब प्रतियोगियों की संख्या कम होती है।
(D) जब प्रतियोगी बिल्कुल अनुपस्थित होते है।

56. निम्न में से किसने यह दर्शाया की हाथी जैसा धीमे बढ़ने वाला प्राणी, रोक न होने पर विशाल संख्या तक पहुंच सकता है?

(A) लेमार्क (B) वैलेस
(C) डार्विन (D) माल्थस

57. प्रकृति में, दिए गए आवास के पास अधिकतम संभव संख्या के पालन-पोषण के लिए पर्याप्त संसाधन होते है, इससे आगे और वृद्धि संभव नहीं है, उस आवास में उस जाति के लिए इस सीमा को क्या कहते है?

(A) पोषण क्षमता (B) अधिकतम क्षमता
(C) दहलीज क्षमता (D) अनुकूल क्षमता

58. पोषण क्षमता को निम्न मे से किससे दर्शाया जाता है?

(A) C (B) N
(C) X (D) K

59. किसी आवास में सीमित संसाधनों के साथ वृद्धि कर रही समष्टि, जब अपने पोषण (Carrying capacity) पर पहुचं जाता है, तब आरंभ लेकर, अंत तक का सही क्रम क्या होगा?

1 = त्वरण, 2 = मंदन, 3 = पश्चता प्रावस्था, 4 = अतंतस्पर्शी प्रावस्थाएं

(A) $1 \rightarrow 2 \rightarrow 3 \rightarrow 4$ (B) $3 \rightarrow 1 \rightarrow 2 \rightarrow 4$
(C) $1 \rightarrow 2 \rightarrow 4 \rightarrow 3$ (D) $4 \rightarrow 3 \rightarrow 1 \rightarrow 2$

60.

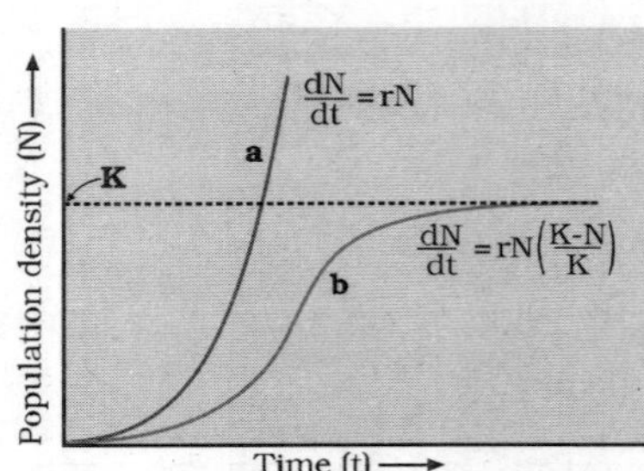

दिया गया चित्र, विशेष प्रकार के जनसंख्या वृद्धि प्रदर्शित कर रहा है, इसे कहते है-

(A) विर्दुस्ट-पर्ल लॉजिस्टिक वृद्धि
(B) वेसेलियमस-जेम्स लॉजिस्टिक वृद्धि
(C) रामदेव-मिश्रा लॉजिस्टिक वृद्धि
(D) काकिकिचि-मिकिमोटो लॉजिस्टिक वृद्धि

61. $dN/dt = rN\left(\frac{K-N}{K}\right)$

उपरोक्त समीकरण निम्न में से किससे संबंधित है?

(A) विर्दुस्ट-पर्ल लॉजिस्टिक वृद्धि
(B) वेसेलियस-जेम्स लॉजिस्टिक वृद्धि
(C) रामेदव-मिश्रा लॉजिस्टिक वृद्धि
(D) कोकिकिचि-मिकीमोटो लॉजिस्टिक वृद्धि

62. उस प्राणी का चयन करे जो जीवन काल में केवल एक बार प्रजनन करती है-

(A) व्हेल
(B) सालामेडर
(C) प्रशांत महासागर की साल्मन मछली
(D) टुना मछली

63. निम्न में से कौन पृथ्वी पर अकेले जीवित रह सकते है?

(A) पादप (B) जंतु

(C) जीवाणु (D) उपरोक्त में से कोई नहीं

64. दिया गया चार्ट समष्टियों की पारस्पारिक क्रिया से संबंधित है–

+ = लाभदायक पारस्पारिक क्रिया

– = हानिकारक क्रिया

O = उदासीन क्रिया

जाति A	जाति B	पारस्परिक क्रिया का नाम
+	–	? a
–	O	? b
–	–	? c
+	+	? d

a, b, c तथा d क्या है?

(A) a – परजीविता, b – एमेन्सेलिज्म, c – स्पर्धा, d – सहोपकारिता

(B) a – एमेन्सेलिज्म, b – परजीविता, c – स्पर्धा, d – सहोपकारिता

(C) a – परजीविता, b – एमेन्सेलिज्म, c – सहोपकारिता, d – स्पर्धा

(D) a – सहोपकारिता, b – एमेन्सेलिज्म, c – स्पर्धा, d – परजीविता

65. जब किसी भौगोलिक क्षेत्र में कुछ विदेशज जाति लाई जाती है, तो वे तेजी से फैलने लगती है क्योंकि–

(A) आक्रांत भूमि पर्याप्त संसाधन उपलब्ध कराते है।

(B) आक्रांत भूमि में उसके प्राकृतिक परभक्षी नहीं होते है।

(C) आक्रांत भूमि में कोइ स्पर्धा नहीं होता है।

(D) आक्रांत भूमि में आदर्श वातावरण प्रदान करता है।

66. आस्ट्रेलिया में लाई गई प्रिकली नागफनी को, निम्न में से किसके द्वारा नियंत्रित किया जाता है?

(A) पेस्टनाशी (B) ऊँट

(C) मोथ (D) उपरोक्त सभी के द्वारा

67. परभक्षी परिस्थितिकी तंत्र में कैसे महत्वपूर्ण भूमिका निभाते है?

(A) वे पारिस्थितिकी तंत्र में ऊर्जा स्थानांनतरण में महत्वपूर्ण है।

(B) शिकार समष्टि को नियंत्रित रखते है।

(C) परिस्थिकी तंत्र के संतुलन को बनाए रखते है।

(D) उपरोक्त सभी

68. परभक्षी के अनुपस्थिती में पारिस्थितिकी तंत्र में क्या जटिलता उत्पन्न हो सकते है–

(A) समुदाय में जातियों की विविधता अस्थिर हो जायगी।

(B) शिकार समष्टि अनियंत्रित हो जायेगा।

(C) परिस्थितिकी तंत्र का पोषण क्षमता समाप्त हो जायेगा।

(D) उपरोक्त सभी

69. परभक्षी किसी समुदाय में जातियों की विविधता को कैसे बनाएं रखते है–

(A) शिकार जातियों के बीच स्पर्धा की तीव्रता का कम कर के।

(B) शिकार जातियों के बीच स्पर्धा की तीव्रता का बढ़ा कर।

(C) शिकार को विविध आवास में फैलने में मदद करके।

(D) A तथा C दोनों

70. पाइसैस्टर निम्न में से क्या है?

(A) तारामीन (स्टार फिश)

(B) घोंघा

(C) कोरल

(D) जलीय कीट

71. जब एक प्रयोग मे परभक्षी को हटा लिया गया तो निम्न में से किस कारण से अनेक अकशेरुकी विलुप्त हो गए–

(A) अंतराजातीय स्पर्धा

(B) अंतरजातीय स्पर्धा

(C) वातावरण से प्रतियोगिता

(D) उपरोक्त में से कोई नहीं

72. अगर परभक्षी ज्यादा ही दक्ष है और अपने शिकार अतिदोहन करता है, तो निम्न में से क्या संभव है?
(A) परभक्षी की संख्या में अत्यधिक वृद्धि
(B) शिकार का विलोपन
(C) परभक्षी का विलोपन
(D) B तथा C दोनों संभव है

73. निम्न में से कौन अपने शिकारी के लिए बहुत ही अरुचिकर या स्वादहीन है?
(A) सिरिया मोथ (B) लेमेन्टीस तितली
(C) मॉनार्क तितली (D) वेस्पा मोथ

74. छद्‌भावरण निम्न में से किसके द्वारा प्रदर्शित किया जाता है?
(A) सिर्फ परभक्षी
(B) सिर्फ शिकार
(C) शिकार तथा परभक्षी दोनों के द्वारा
(D) सभी जीवित प्राणियों के द्वारा

75. प्राणी जो पादप रस और पादपों के अन्य भाग को खाते है, उन्हें क्या कहते है?
(A) शाकभक्षी (B) फाइटोफैगस
(C) बोटाभक्षी (D) पलांटीफैगस

76. हृदय ग्लाइकोसाइड, निम्न मे से किस पादप से उत्पन्न होते है?
(A) राऊवोल्फिया (B) एट्रोपा
(C) कैलोट्रोपिस (D) इरिथ्रोजाइलन

77. नीचे कुछ तत्वों के नाम दिए गए है, जो कि पादप से उत्पन्न होता है–
निकोटीन, कैफीन, क्वीनीन, स्ट्रिकनीन
इनमें से कितने तत्व ग्रेजर (चारको) से बचने की रक्षाविधियां है?
(A) 1 (B) 3
(C) 2 (D) 4

78. एबिग्डन कछुआ, कहां से विलुप्त हो गए?
(A) गैलापैगोस द्वीप समूह
(B) सुमत्रा द्वीप समूह
(C) थ्री-माइल द्वीप समूह
(D) इंडोनेशिया

79. निम्न में से किस जंतु के आगमन के कारणा एबिग्डन कछुआ विलुप्त हो गए?
(A) टर्टल (B) 3-पट्टिदार आरमाडिलो
(C) बकरी (D) वृहत केकड़ा

80. दक्षिण अमेरीका के उथली झीलों में वहा की आवासी मछलियां प्राणिप्लवक क लिए निम्न में से किससे स्पर्धा करती है?
(A) केकड़ा (B) फ्लेमिंगों
(C) प्रवासी मछलियां (D) बतक

81. अगर संसाधन सीमित हो तो स्पर्धीरूप से उत्तम जाति, अपेक्षाकृत कमजोर को विलुप्त कर देते हे, इस तथ्य से संबंधित प्रयोग निम्न में से किसने किया था?
(A) एलेन (B) कोप
(C) गॉसे (D) बरजमॉन

82. निम्न में से कौन प्रतियोगिता से नयूनतम प्रभवित होता है?
(A) शाकाहारी (B) पादप
(C) फलहारी (D) मांसाहारी

83. बैलेनस तथा चैथेमैलस है–
(A) बार्नेकल (B) औषधिय पादप
(C) जलीय खरपतवार (D) सदाबहार पादप

84. सह-अस्तित्व मिटाता है–
(A) अंतराजातीय स्पर्धा
(B) कमजोर स्पर्धा
(C) मजबूत स्पर्धा
(D) उपरोक्त में से कोई नहीं

85. एक ही तरह के संसाधनों के लिए स्पर्धा करने वाली दो निकटतम जातियां अनंतकाल तक साथ-साथ नहीं रह सकते है, यह तथ्य निम्न में से किससे संबंधित है?
(A) एलेन का नियम (B) कोप का नियम
(C) गॉसे का नियम (D) बरजमॉन का नियम

86. बाह्य परजीवी का चयन करें–
(A) प्लाज्मोडियम (B) फेसियोला
(C) लाइस (D) उपरोक्त में से कोई नहीं

87. नीचे कुछ कथन, परजीविता से संबंधित दिए गए है–
(A) परपोषी तथा परजीवी सह-विकसित होते है।
(B) परजीवी के जीवन चक्र में एक से अधिक पोषी संभव है।
(C) मनुष्य में बाह्य परजीवी की तुलना में अंतरपरजीवी अधिक होते है।
(D) सभी परजीवी, पोषी को नुकसान पहुंचाते है।
उपरोक्त में से कितने कथन गलत है?
(A) 1 (B) 2
(C) 3 (D) 4

88. कॉपिपोड्स क्या है?
(A) मीठे जल की मछली में बाह्य परजीवी
(B) समुद्री जल की मछली में बाह्य परजीवी
(C) समुद्री जल की मछली में अंत: परजीवी
(D) मीठे जल की मछली में बाह्य परजीवी

89. परजीवी पादप का चयन करें–
(A) कैलोट्रोपिस (B) कस्कुटा (अमरबेल)
(C) स्नो ऑकिड (D) उपरोक्त सभी

90. विकास के प्रक्रिया निम्न में से किस पादप का पर्णहरित और पत्तियां समाप्त हो जाती है?
(A) कैलोट्रोपिस (B) कस्कुटा (अमरबेल)
(C) स्नो ऑकिड (D) उपरोक्त सभी

91. सामान्यत: अमरबेल के लिए पोषी होता है?
(A) रेड पाइन (B) स्नो बयाना
(C) बाड़ पादप (D) पोडोफाइलम

92. निम्न में से कौन परजीवी नहीं है?
(A) फ्रैसिओला हिपेटिका
(B) टैनीया सोलियम
(C) मादा मच्छर
(D) उपरोक्त में से कोई नहीं

93. मानव शरीर का कौन सा अंग अत:परजीवी का सबसे सामान्य अंग है?
(A) आंत (B) वृक्क
(C) यकृत (D) अग्नाशय

94. पक्षियों के सेट का चयन करें जो अंडपरजीविता (ब्रूड पैरासिटिज्म) से संबंधित है–
(A) कौआ, कबूतर (B) कोयल, गौरेया
(C) कौआ, कोयल (D) कबूतर, गौरेया

95. पक्षियों में सफल (ब्रूड पैरासिटिज्म) के लिए निम्न में से कौन सा कारक आवश्यक है?
(A) पक्षियों के आकार प्रकार एक दूसरे के समान होना चाहिए।
(B) दोनों पक्षी के अंडे का आकार तथा रंग एक समान होना चाहिए।
(C) दोनों पक्षी का जनन काल एक समान होना चाहिए।
(D) B तथा C दोनों

96. कौआ तथा कोयल का जनन काल होता है–
(A) बसंत से ग्रीष्म ऋतु
(B) ग्रीष्म से शीत ऋतु
(C) ग्रीष्म से बरसात ऋतु
(D) पूरे वर्ष

97. ऑर्किड तथा आम के वृक्ष किस प्रकार का संबंध है?
(A) सिम्बायेसिस
(B) एमेन्सेलिज्म (अंतर जातीय परजीविता)
(C) कमन्सेलिज्म (सहभोजिता)
(D) सहोपकारिता

98. वहेल तथा बार्नेकल के बीच संबध में किसको फायदा होता है?
(A) व्हेल
(B) बार्नेकल
(C) वेहल तथा बार्नेकल दोनों
(D) न तो व्हेल को न बार्नेकल को

99. निम्न में से कौन सा संयोजन सहभोजिता का उदाहरण नहीं है?
(A) कवक और उच्चकोटि के पादपों के जड़ों के बीच संबंध
(B) बगुला तथा चारण पशु के बीच संबंध
(C) कौआ तथा कोयल के बीच संबंध
(D) ऑर्किड तथा आम के वृक्ष के बीच संबंध

100. सुमेलित करें-

कॉलम A प्राणी	कॉलम B संबंध
1. समुद्री ऐनिमोन तथा क्लाउन मछली	(a) कमन्सेलिज्म
2. आर्किड पुष्प तथ मधुमक्खी	(b) सहोपकारिता
3. जीवाणु तथा अंधनाल	(c) सिम्बायोसिस

(A) 123/abc (B) 123/abc
(C) 123/cba (D) 123/bac

101. कवक तथा उच्चकोटि पादपों की जड़ो के बीच किस प्रकार का संबध होता है?

(A) कमन्सेलिज्म (B) सहोपकारिकता
(C) परजीविता (D) सिम्बायेसिस

102. कवक पादपों के लिए उपयोगी कैसे है?

(A) प्रकाश संश्लेषण में मदद करता है।
(B) वाष्पोत्सर्जन में मदद करता है।
(C) मृदा से अत्यावश्यक पोषक तत्वों के अवशोषण में मदद करता है।
(D) उपरोक्त सभी

103. ऑफ्रिस होता है-

(A) उष्णकटिबंधीय ऑर्किड
(B) कटिबंधीय ऑर्किड
(C) मेडिटेरेनियन ऑर्किड
(D) स्नो ऑर्किड

104. ऑफ्रिस 'लैंगकि कपट' का सहारा लेता है, जिससे की ________ आकृष्ट होकर परागण करते है-

(A) वास्प (B) मधुमक्खी
(C) फ्रुट फ्लाई (D) बीटल

105. निम्न में से किसके द्वारा मधुमक्खी कूट मैथून करती है?

(A) आर्किड पुष्प (B) सूर्यमुखी
(C) सदाबहार (D) गेंदा पुष्प

106.

दिया गया चित्र दर्शा रहा है?

(A) अंजीर और बर्र के बीच पर परजीविता को
(B) कमन्सेलिज्म, अंजीर और बर्र के बीच
(C) अंजीर तथा बर्र के बीच सहोपकारिता का
(D) अंजीर तथा बर के बीच सिम्बायोसिस

ANSWER KEY

1. (C)	**2.** (B)	**3.** (D)	**4.** (D)	**5.** (D)	**6.** (B)	**7.** (A)	**8.** (D)	**9.** (C)	**10.** (A)
11. (C)	**12.** (A)	**13.** (D)	**14.** (C)	**15.** (D)	**16.** (A)	**17.** (D)	**18.** (A)	**19.** (A)	**20.** (B)
21. (D)	**22.** (A)	**23.** (A)	**24.** (A)	**25.** (B)	**26.** (D)	**27.** (C)	**28.** (A)	**29.** (C)	**30.** (A)
31. (D)	**32.** (C)	**33.** (A)	**34.** (C)	**35.** (D)	**36.** (D)	**37.** (B)	**38.** (C)	**39.** (A)	**40.** (A)
41. (B)	**42.** (C)	**43.** (D)	**44.** (A)	**45.** (B)	**46.** (D)	**47.** (D)	**48.** (C)	**49.** (C)	**50.** (A)
51. (D)	**52.** (D)	**53.** (A)	**54.** (C)	**55.** (A)	**56.** (C)	**57.** (A)	**58.** (D)	**59.** (B)	**60.** (A)
61. (A)	**62.** (C)	**63.** (D)	**64.** (A)	**65.** (B)	**66.** (C)	**67.** (D)	**68.** (D)	**69.** (A)	**70.** (A)
71. (A)	**72.** (D)	**73.** (C)	**74.** (C)	**75.** (B)	**76.** (C)	**77.** (D)	**78.** (A)	**79.** (C)	**80.** (B)
81. (C)	**82.** (D)	**83.** (A)	**84.** (A)	**85.** (C)	**86.** (C)	**87.** (A)	**88.** (B)	**89.** (B)	**90.** (B)
91. (C)	**92.** (C)	**93.** (A)	**94.** (C)	**95.** (D)	**96.** (A)	**97.** (C)	**98.** (B)	**99.** (A)	**100.** (B)
101. (B)	**102.** (C)	**103.** (C)	**104.** (B)	**105.** (A)	**106.** (C)				

परितंत्र

1. नीचे कुछ कथन पारितंत्र से संबंधित दिए गए है-
   (a) पारितंत्र प्रकृति की एक क्रियाशील इकाई है।
   (b) पारितंत्र में जीवधारी आपस में परस्पर क्रिया करते है।
   (c) पारितंत्र सदैव आकार में वृहत होते है।
   (d) पारितंत्र सदैव प्राकृतिक होते है।
   उपरोक्त में से कितने कथन गलत है?
   (A) 1 (B) 2
   (C) 3 (D) 4
2. निम्न में से कौन स्थलीय पारितंत्र में सम्मिलित है?
   (A) जंगल (B) घास के मैदान
   (C) मरुस्थल (D) उपरोक्त सभी
3. एक जंगल में द्वितीय ऊर्ध्वाधर स्तर पर कौन होता है-
   (A) वृक्ष (B) झाड़ियां
   (C) जड़ी-बूटियां (D) घास
4. विभिन्न स्तरों पर विभिन्न प्रजातियों के ऊर्ध्वाधर वितरण को ___?___ कहते है-
   (A) पुष्टिकरण (B) पहचानिकरण
   (C) स्तरविन्यास (D) उपरोक्त सभी
5. सुमेलित करें-

कॉलम A	कॉलम B
1. पादप लवक	(a) उपभोक्ता
2. कवक	(b) अपघटक
3. प्राणिप्लवक	(c) स्वपोषी

   (A) 123/cba (B) 123/abc
   (C) 123/bac (D) 123/cab
6. कशभिका निम्न में से किसके अंतर्गत आता है?
   (A) उपभोक्ता (B) अपघटक
   (C) स्वपोषी (D) उपरोक्त में से कोई नहीं
7. नीचे कुछ घटकों के नाम दिए गए है-
   (A) उत्पादकता (B) अपघटन
   (C) ऊर्जाप्रवाह (D) पोषण चक्र
   उपरोक्त मे से कितने पारितंत्र के घटक है?
   (A) 1 (B) 2
   (C) 3 (D) 4
8. एक भौतिक संरचना निर्मित होता है-
   (A) जब जैविक घटकों के मध्य परस्पर क्रिया होता है।
   (B) जब अजैविक घटकों क मध्य परस्पर क्रिया होता है।
   (C) जब जैविक तथा अजैविक घटकों की परस्पर क्रिया होती है।
   (D) जब प्रकृति तथा प्राणी के बीच परस्पर क्रिया होती है।

9. प्रकाश संश्लेषण के दौरान पादपों द्वारा एक निश्चित समयावधि में प्रति इकाई क्षेत्र द्वारा उत्पन्न किए गए कार्बनिक सामग्री की मात्रा को कहते है-
(A) प्राथमिक उत्पादन
(B) सकल प्राथमिक उत्पादन
(C) नेट प्राथमिक उत्पादकता
(D) द्वितीयक उत्पादकता

10. कार्बोनिक सामग्री को कहा जा सकता है-
(A) मात्रा तत्व (B) कार्बो तत्व
(C) जैव मात्रा (D) उपरोक्त में से कोई नहीं

11. प्राथमिक उत्पादन को निम्न मे से किससे व्यक्त किया जा सकता है?
(A) भार (mg^{-2}) (B) भार (g^{-2})
(C) भार (kg^{-2}) (D) भार (g^{-1})

12. भार (g^{-2}) को कहा जा सकता है?
(A) (K Cal m^{-2}) (B) (Cal m^{-2})
(C) (K Cal m^{-1}) (D) (Cal m^{-1})

13. प्रकाश संश्लेषण के दौरान कार्बनिक तत्व की उत्पादन दर कहलाती है-
(A) प्राथमिक उत्पादन
(B) सकल प्राथमिक उत्पादकता
(C) नेट प्राथमिक उत्पादकता
(D) द्वितीयक उत्पादकता

14. नेट प्राथमिक उत्पादकता (एन. पी. पी.) होता है-
(A) पी.पी. - आर (B) जी. पी. पी. - आर
(C) एस. पी. - आर (D) जी. पी. पी. + आर

15. उपभोक्ताओं द्वारा नए कार्बनिक तत्वों के निर्माण की दर को कहते है-
(A) प्राथमिक उत्पादन
(B) सकल प्राथमिक उत्पादकता
(C) नेट प्राथमिक उत्पादकता
(D) द्वितीयक उत्पादकता

16. उत्पादक द्वारा नए कार्बोनिक पदार्थ के निर्माण की दर को कहते है-
(A) प्राथमिक उत्पादन
(B) सकल प्राथमिक उत्पादकता
(C) नेट प्राथमिक उत्पादकता
(D) उपरोक्त में से कोई नहीं

17. प्राथमिक उत्पादकता निर्भर करता है-
(A) एक सुनिश्चित क्षेत्र में पादप प्रजातियों के निवास पर
(B) पोषकों की उपलब्धता पर
(C) पादपों के प्रकाश-संश्लेषण की क्षमता पर
(D) उपरोक्त सभी

18. संपूर्ण जीव मंडल की वार्षिक कुल प्राथमिक उत्पादकता का भार कार्बनिक तत्व के रूप में लगभग __________ आंका गया है-
(A) 100 मिलियन टन
(B) 170 बिलियन टन
(C) 170 मिलियन टन
(D) 100 बिलियन टन

19. समुद्र के द्वारा कार्बोनिक पदार्थ की उत्पादकता कितनी होती है?
(A) 15 बिलियन टन (B) 40 मिलियन टन
(C) 55 बिलियन टन (D) 100 बिलियन टन

20. पृथ्वी के धरातल का लगभग 70 प्रतिशत भाग समुद्र के द्वारा ढका रहता है, इसके बावजूद कार्बोनिक पदार्थ की उत्पदकता केवल 55 बिलियन टन है, ऐसा क्यो?
(A) प्रकाश संश्लेषण की दर में कमी के कारण
(B) जलीय पादप के वृद्धि में कमी के कारण
(C) सीमित लवण तथा पोषक तत्वों के कारण
(D) उपरोक्त सभी

21. निम्न में से कौन डेट्राइटस (अपरद) के अंतर्गत नहीं आते है?
(A) जीवित पादप तथा जंतु
(B) मलादि
(C) पादपों के मृत अवशेष
(D) प्राणियों के मृत अवशेष

22. अपघटन की प्रक्रिया के महत्वपूर्ण चरण, निम्न मे से कौन है?
(A) खंडन
(B) निक्षालन तथा अपचयन
(C) ह्यूम्स भवन तथा खनिजी भवन
(D) उपरोक्त सभी

23. केचुआ को किसानो का मित्र क्यो कहते है?

(A) क्योंकि केंचुआ जटिल कार्बनिक पदार्थों का खंडन करता है।

(B) क्योंकि केंचुआ भूमि को भुरभुरा बनाने में मदद करते है।

(C) क्योंकि केंचुआ मिटटी के उर्वरकता बढ़ाता है।

(D) उपरोक्त सभी

24. केंचुआ होते है-

(A) रुधिर ग्राहॄ (B) चीटी खोर

(C) अपरदाहारी (D) सर्वाहारी

25. सुमेलित करें-

कॉलम A	कॉलम B
1. निक्षालन	(a) जल-विलेय अकार्बनिक पोषक भूमि मृदासंस्तर में प्रविष्ट कर जाते है।
2. खंडन	(b) अपरद को छोटे-छोटे कणों में खंडित करना।
3. अपचय	(c) जीवाणु एवं कवकीय एंजाइम अपरद का सरल अकार्बनिक तत्वों में तोड़ देते है।

(A) 123/a, b, c (B) 123/b, a, c

(C) 123/c, b, a (D) 123/a, c, b

26. ह्यूमीफिकेशन तथा खनिजीकरण-

(A) मिटटी की उर्वरकता को बढ़ाते है।

(B) मिटटी की उर्वरकता को घटाते है।

(C) मिटटी की उत्पादकता को बढ़ाते है।

(D) A तथा C दोनों

27. नीचे कुछ कथन अपघटन से संबंधित दिए गए है-

(a) अपघटन की समस्त प्रक्रियाएं अपरद पर सामानांतर रूप से लागातार चलती रहती है।

(b) खंडन, निक्षालन से पहले सम्पन्न होता है।

(c) खनिजीकरण अपघटन का अंतिम अवस्था है, तथा सबसे अंत में सम्पन्न होता है।

उपरोक्त में से कौन सा कथन सही है?

(A) a (B) a, b

(C) b, c (D) a, b, तथा c

28. ह्यूमस (Humus) से संबंधित सही कथन का चयन करें-

(a) इसका रंग गहरा होता है।

(b) ह्यूमीफिकेशन के दौरान उत्पन्न होता है।

(c) सूक्ष्मजैविक क्रिया के लिए उच्च प्रतिरोधी होता है।

(A) a (B) a, b

(C) b, c (D) a, b तथा c

29. ह्यूमस (Humus) का अपघटन होता है-

(A) तीव्र गति से

(B) धीमी गति से

(C) बेहद तीव्र गति से

(D) बेहद धीमी गति से

30. ह्यूमस (Humus) का प्रकृति होता है-

(A) कोलाइडल (B) ठोस

(C) अर्धठोस (D) पेस्ट की भांति

31. ह्यूमस द्वारा अकार्बनिक पोषक उत्पन्न होना __?__ कहलाता है।

(A) खनिजीकरण (B) निक्षालन

(C) अपचय (D) उपरोक्त में से कोई नहीं

32. अपघटन की दर निम्न में से कौन से घटक के द्वारा नियंत्रित होता हैं?

(A) अपरद की रासायनिक संघटन

(B) जलवायुवीय घटक

(C) आवास में केंचुआ की संख्या पर

(D) उपरोक्त सभी

33. निम्न में से किस की उपस्थिति के कारण अपघटन दर धीमी होती है?

(A) लिग्निन तथा सेलुलोज

(B) लिग्निन तथा काइटिन

(C) काइटिन तथा सेलुलोज

(D) सेलुलोज तथा पेक्टिन

34. निम्न में से किस प्रकार का वातावरण अपघटन की गति तेज करता है?

(A) गरम तथ सूखा वातावरण

(B) गरम तथा नम वातावरण

(C) ठंडा तथा नम वातावरण

(D) ठंडा तथा सूखा वातावरण

35. किस प्रकार का वातावरण अपघटन को संदमित करता है?
(A) निम्न ताप तथा अवायुजीवन
(B) उच्च ताप तथा अवायुजीवन
(C) उच्च ताप तथा वायुजीवन
(D) निम्न ताप तथा अवायुजीवन

36. वातावरण के कारकों का चयन करें, जो अपघटन के लिए अत्यंत महत्वपूर्ण है-
(A) तापमान तथा प्रकाश
(B) प्रकाश तथा मिट्टी की आंद्रता
(C) तापमान तथा मिटटी की आंद्रता
(D) तापमान तथा मिटटी का सूखापन

37. निम्न में से कौन सौर ऊर्जा का उपयोग सरल अकार्बनिक पदार्थ के निर्माण में नहीं करता है?
(A) पादप
(B) प्रकाशसंश्लेषी जीवाणु
(C) रासयन संश्लेषी जीवाणु
(D) उपरोक्त में से कोई नहीं

38. निम्न में से कौन सा पारितंत्र, ऊर्जा के स्रोत के रूप से सूर्य पर आश्रित नहीं है?
(A) गहरे समुद्र के जलतापीय पारितंत्र
(B) नदी पारितंत्र
(C) मरुस्थल पारितंत्र
(D) मुंगा (कोरल) पारितंत्र

39. आपतित सौर विकिरण का ___?___ से कम भाग प्रकाश संश्लेषणात्मक सक्रिय विकिरण में प्रयुक्त होता है-
(A) 30% (B) 50%
(C) 60% (D) 80%

40. कितना प्रतिशत प्रकाश संश्लेषणात्मक सक्रिय विकिरण पादप प्रग्रहण करते है?
(A) 10 - 20% (B) 20 - 30%
(C) 2 - 10% (D) 40 - 50%

41. नीचे कुछ कथन पारितंत्र से संबंधित दिए गए है-
(a) पारिस्थितिक तंत्र ऊष्मा गतिक के दूसरे सिद्धांत से अवमुक्त है।
(b) पादपों द्वारा संग्रहण की गई और ऊर्जा एक पारिस्थितिक तंत्र में खास प्राणियों के माध्यम से प्रवाहित होता है।
(c) सूर्य से ऊर्जा का प्रवाह दो दिशाओं में होता है।
गलत कथन का चयन करें-
(A) a, b (B) b, c
(C) a, c (D) a, b तथा c

42. परिस्थितिक तंत्र में मुख्य उत्पादक कौन है?
(A) जीवाणु (B) यूग्लीना
(C) शैवाल (D) पादप

43. स्थलीय पारिस्थितिक तंत्र में निम्न में से कौन प्रमुख उत्पाादक है?
(A) शाकी एवं काष्ठीय पादप
(B) शैवाल
(C) पादप प्लवक
(D) झाड़-झकाड़

44. पादप जलीय परिस्थितिक तंत्र में निम्न में से कौन प्राथमिक उत्पादक है?
(A) पादप प्लवक (B) शैवाल
(C) बड़े पादप (D) उपरोक्त सभी

45. निम्न में से कौन प्राथमिक उत्पादक है?
(A) शेर (B) हाथी
(C) सील (D) मनुष्य

46. नीचे कुछ कथन दिए गए है-
(a) खाद्य श्रृंखला जाल परस्पर अंतर निर्भरता के कारण निर्मित होते है।
(b) किसी भी जीव द्वारा ग्रहण की गई ऊर्जा सदैव के लिए संचित नहीं रहती है।
(c) एक जीवन की मृत्यु से अपरद खादय श्रृंखला की शुरुआत होती है।
उपरोक्त में से कितने कथन सही है?
(A) a, c (B) b, c
(C) a, b (D) a, b, तथा c

47. जलीय पारिस्थितिक तंत्र में निम्न में से कौन प्राथमिक उपभोक्ता होगा?

(A) घोंघा (B) सील

(C) डॉल्फिन (D) उपरोक्त सभी

48. अगर a = घास है, b = बकरी है, c = मनुष्य है, तो उपरोक्त में से कौन द्वितीयक उपभोक्ता होगा?

(A) b (B) a

(C) c (D) b, c

49. अपघटक का चयन करें–

(A) कवक (B) शैवाल

(C) प्राणीप्लवक (D) उपरोक्त सभी

50. गिद्ध है–

(A) प्राथमिक मांसभक्षी

(B) द्वितीयक मांसभक्षी

(C) तृतीयक मांसभक्षी

(D) सर्वाहारी

51. दिए गए कोष्टक में से सही विकल्प का चयन करें–

	प्राथमिक उत्पादक	प्राथमिक उपभोक्ता	द्वितीयक उपभोक्ता	तृतीयक उपभोक्ता
A	पादपप्लवक	जंतुप्लवक	मछली	मनुष्य
B	जंतुप्लवक	पादपप्लवक	मछली	मनुष्य
C	घास	गाय	शेर	पक्षी
D	गाय	घास	पक्षी	शेर

52. टिड्डे होते है–

(A) प्राथमिक उत्पादक

(B) प्राथमिक उपभोक्ता

(C) द्वितीयक उपभोक्ता

(D) तृतीयक उपभोक्ता

53. उत्तरोत्तर पोषक स्तरों पर ऊर्जा की मात्रा __?__ रहती है।

(A) बढ़ती

(B) घटती

(C) स्थिर

(D) कभी बढ़ती तथा कभी घटती है

54. निम्न में से कौन अपघटकों के लिए ऊर्जा का स्रोत है?

(A) मृत जैवमात्र (B) जीवित जैवमात्रा

(C) सूर्य प्रकाश (D) उपरोक्त सभी

55. एक विशिष्ट समय पर प्रत्येक पोषक स्तर का जीवित पदार्थ की कुछ खास मात्रा होती है, जिसे कहते है–

(A) चक्रय फसल (B) जीवित फसल

(C) खड़ी फसल (D) जैवमात्रा फसल

56. प्रत्येक निम्न पोषण स्तर से ऊपर के पोषण स्तर पर कितना प्रतिशत ऊर्जा प्रवाहित होते है?

(A) 50% (B) 75%

(C) 60% (D) 10%

57. चारण खाद्य श्रृंखला में, जब हम ट्रोपिकल स्तरपर आधार से शीर्ष की तरफ जाते है, तो ऊर्जा का स्तर–

(A) बढ़ता है (B) घटता है

(C) स्थिर रहता है

(D) कभी बढ़ता है, तो कभी घटता है

58.

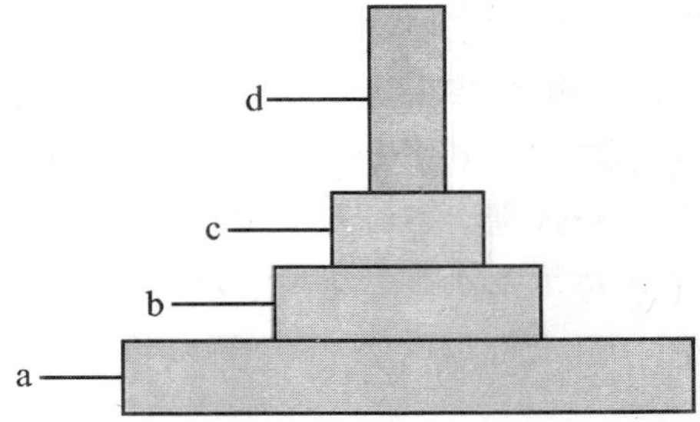

दिया गया चित्र घास के मैदान के पारिस्थितिक तंत्रा के पिरैमिकड का है, व्यष्टियों की संख्या दी गई है, जो कि है, 5,842,000 , 708,000, 3,54,000 तथा 3 है। व्यष्टियों की संख्या को a, b, c तथा d से मिलान करते हुए, सही विकलप का चयन करें–

	a	b	c	d
A	3	3,54,000	5,842,000	708,000
B	708,000	3,54,000	5,842,000	3
C	5,842,000	708,000	3,54,000	3
D	708,000	5,842,000	3,54,000	3

59. जैव मात्रा के पिरैमिड में जब हम शीर्ष से आधार की तरफ जाते है, तब जैव मात्रा–

(A) बढ़ती है (B) घटती है

(C) में तीव्र कमी आती है।

(D) अपरिवर्तित रहती है।

60. जैवमात्रा से संबंधित तथ्यों को समझते हुए, स्तंभ का सुमेलित करें–

स्तंभ A	स्तंभ B शुष्कभार (किग्रा m^{-2})
(a) प्राथमिक उपभोक्ता	1. 1.5
(b) द्वितीयक उपभोक्ता	2. 37
(c) तृतीयक उपभोक्ता	3. 11
(d) प्राथमिक उत्पादक	4. 809

(A) abcd/2314 (B) abcd/2341

(C) abcd/1234 (D) abcd/2134

61. पादप प्लवक तथा जंतुप्लवक से संबंधित, सही कथन का चयन करें–

(A) प्राणीप्लवक की छोटी खड़ी फसल, पादपल्वक की व्यापक खड़ी फसल को संमर्थित करता है।

(B) पादपप्लवक की व्यापक खड़ी फस्ल प्राणी प्लवक की व्यापक खड़ी फसल को समर्थित करत है।

(C) प्राणी प्लवक तथा पादप प्लवक की खड़ी फस्ल एक दूसरे का समर्थन करते है।

(D) प्राणीप्लवक तथा पादपप्लवक की खड़ी फसल का एक दूसरे से कोई संबध नहीं है।

62.

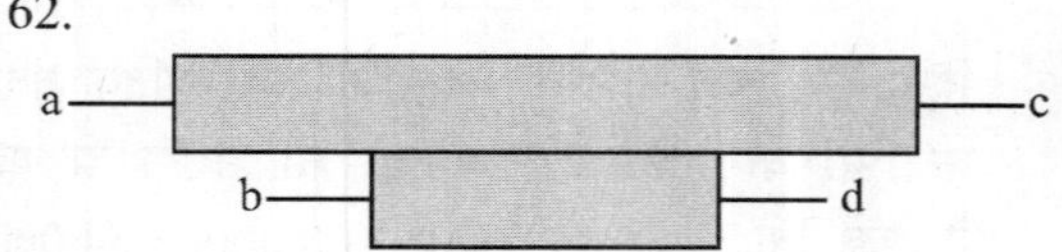

दिया गया चित्र जैव मात्रा का उल्टा पिरैमिड है, जो प्राणी प्लवक तथा पादप पल्वक से संबंधित है। a, b, c, d क्या है?

(A) a – pc, b – pp, c – 21, d – 4

(B) a – pp, b – pc, c – 21, d – 4

(C) a – pc, b – pp, c – 4, d – 21

(D) a – pc, b – pp, c – 44, d – 4

63. ऊर्जा, मात्रा, जैवमात्रा या संख्याओं की किसी गणना में पोषण स्तर के ___?___ को शामिल किया जाता है–

(A) PP तथा TC (B) सिर्फ PP

(C) PC + SC + TC (D) सभी जीवों

64. नीचे कुछ कथन जाति तथा पोषण स्तर से संबंधित दिए गए है–

(a) पोषण स्तर एक क्रियात्मक स्तर का प्रतिनिधित्व करता है न कि किसी प्रजाती का।

(b) एक प्रदत्त प्रजाति, पारिस्थितिक तंत्र के एक ही पोषण रीति (ट्रोपिक स्तर) तक सीमित होते है।

(c) भिन्न पोषण रीति में प्रजातियों की संख्या भिन्न हो सकती है।

गलत कथन का चयन करें–

(A) a, b (B) b, c

(C) सिर्फ b (D) सिर्फ c

65. एक गौरेया हो सकती है–

(A) प्राथमिक उपभोक्ता

(B) द्वितीयक उपभोक्ता

(C) तृतीयक उपभोक्ता

(D) A तथा B दोनों

66. सूर्य के धूप रूपी ऊर्जा के कितने प्रतिशत मात्रा को प्राथमिक उत्पादक के द्वारा परिवर्तित किए जाते है?

(A) 100% (B) 50%

(C) 1% (D) 10%

67. अगर a = ऊर्जा, b = संख्या

$\uparrow$ = उच्च, $\downarrow$ = निम्न, ट्रापिक

खाद्य श्रृंखला के सबसे निचले ट्रापिक स्तर से संबंधित सही सेट का चयन करें–

(A) a $\uparrow$, b $\downarrow$ (B) a $\downarrow$, b $\downarrow$

(C) a $\downarrow$, b $\uparrow$ (D) a $\uparrow$, b $\uparrow$

68. नीचे कुछ तथ्य पर्यावरण के बदलते स्वरूप के तथा इसके समुदाय पर प्रभव से संबधित है–
(A) चयनित समुदाय के विशेषताएं परिवर्तित होते है, परंतु संरचना अपरिवर्तित रहते है।
(B) सभी समुदाय के संगठन तथा संरचना परिवर्तित होते है।
(C) सभी समुदाय के संगठन तथा संरचना परिवर्तित होते है।
(D) कुछ चयनित समुदाय के ही संरचना तथा संगठन परिवर्तित होते है।

69. समुदाय में परिवर्तन, वातावरण के संदर्भ में पर्यावरण के संतुलन के नजदीक पहुंच जाता है, वह है–
(A) चरम समुदाय (B) पारिस्थितिकी समुदाय
(C) जैव मात्रा समुदाय (D) संतुलन समुदाय

70. पारिस्थितिक अनुक्रमण में परिवर्तन–
(A) धीरे-धीरे परंतु अआंकलित
(B) तीव्र तथा आंकलित
(C) धीरे-धीरे तथा आंकलित
(D) तीव्र तथा अआंकलित

71. पारिस्थितिक अनुक्रमण में कौन सा तथ्य असंभव है?
(A) कुछ प्रजातियों के आबादी में वृद्धि
(B) कुछ प्रजातियों के आबादी में कमी
(C) कुछ प्रजातियों का पूर्ण रूप से अदृश्य हो जाना
(D) सभी प्रजातियों की निश्चित संख्या

72. समुदाय का संपूर्ण क्रम, जो दिए गए क्षेत्र में सफलतापूवक परिवर्तित होता है, उसे ___?___ कहते है–
(A) क्रमक (B) मेटा समुदाय
(C) पारा समुदाय (D) फाउलस

73. अनुक्रमण एक प्रक्रिया है, जो वहा शुरू होती है, जहां–
(A) बड़ी संख्या में सजीव उपस्थित होते है।
(B) कम संख्या से सजीव उपस्थित होते है।
(C) कोई सजीव नहीं होते है।
(D) सिर्फ एक सजीव उपस्थित होते है।

74. क्षेत्र जहां कभी कोई सजीव नही रहा हो, वहा सम्पन्न होना वाला अनुक्रमण कहलाता है–
(A) प्राथमिक अनुक्रमण
(B) द्वितीयक अनुक्रमण
(C) तृतीयक अनुक्रमण
(D) चतुर्थक अनुक्रमण

75. क्षेत्र जहा से सजीव किसी प्रकार से लुप्त हो गए हो, वहां सम्पन्न होने वाला अनुक्रमण कहलाता है–
(A) प्राथमिक अनुक्रमण
(B) द्वितीयक अनुक्रमण
(C) तृतीयक अनुक्रमण
(D) चतुर्थक अनुक्रमण

76. उस क्षेत्र का चयन करें जहा प्राथमिक अनुक्रमण प्रकट हो सकता है–
(A) नवनिर्मित लावा (B) नवविकसित तालाब
(C) कृत्रिम तालाब (D) उपरोक्त सभी

77. नीचे के कथन अनुक्रमण के दर से संबंधित है सही का चयन करें–
(A) प्राथमिक तथा द्वितीयक अनुक्रमण की दर लगभग बराबर होती है।
(B) प्राथमिक अनुक्रमण अपेक्षाकृत तीव्र होता है।
(C) द्वितीयक अनुक्रमण अपेक्षाकृत तीव्र होता है।
(D) कोई भी अनुक्रमण तीव्र हो सकता है, यह वातावरण पर निर्भर करता है।

78. निम्न में से किस स्थल पर द्वितीयक अनुक्रमण संभव नहीं है?
(A) जले वन क्षेत्र
(B) छोड़ी गई कृषि योग्य भूमि
(C) कटे वन क्षेत्र
(D) ज्वालामुखी से निकले हुए ताजा लावा

79. बाढ से प्रभावित भूमि में किस प्रकार का अनुक्रमण संभव है?
(A) प्राथमिक
(B) द्वितीयक
(C) तृतीयक
(D) प्राथमिक तथा द्वितीयक दोनों

80. अनुक्रमण के बढ़ने के साथ निम्न में से क्या संभव नहीं है?
(A) जानवरों के प्रकार का अपरिवर्तित रहना
(B) जानवरों की संख्या में परिवर्तन
(C) जानवरों के प्रकार (किस्म) में परिवर्तन
(D) अपघटक में परिवर्तन

81. समुद्र में जैव मात्रा (भार) के पिरैमिड प्राय: उल्टे होते है, ऐसा क्यों?
(A) क्योंकि मछलियों की जैवमात्रा पादपप्लवकों के जैव मात्रा से कम होता है।
(B) क्योंकि मछलियों की जैवमात्रा पादपप्लवाको के जैव मात्रा से अधिक होता है।
(C) क्योंकि मछलियें की जैवमात्रा पादपप्लवाको के जैवमात्रा के बराबर होती है।
(D) क्योंकि पादप प्लवकों की जैवमात्राा जंतुप्लवकों से अधिक होती है।

82. जलारंभी अथवा शुष्कतारंभी अनुक्रमण सम्पन्न होते है–
(A) गीले क्षेत्र में (B) शुष्क क्षेत्र में
(C) अर्धगीले क्षेत्र में (D) A तथा B दोनों में

83. जलारंभी तथा शुष्कतारंभी निम्न में से किसका अनुक्रमण है?
(A) पादप (B) जंतु
(C) जीवाणु (D) उपरोक्त सभी

84. देवांश जैसलमेड़ (राजस्थान) पारिस्थितिकी तंत्र का अध्ययन करने के लिए गया है, वहा वह किस प्रकार का अनुक्रमण पायेगा?
(A) जलारंभी (B) शुष्कतारंभी
(C) नमतारंभी (D) धारातारंभी

85. शुष्कतारंभी अनुक्रमण–
(A) शुष्कता से समोदि्क परिस्थिति की ओर बढ़ता है।
(B) समोदि्क से शुष्कता परिस्थिति की ओर बढ़ता है।
(C) समोदि्क तक ही सीमित रहता है।
(D) शुष्कता तक ही सीमित रहता है।

86. वह प्रजाति जो खाली एवं नग्न क्षेत्र पर आक्रमण करते है, उन्हें कहते है–
(A) मुलेरियन प्रजाति (B) मूल अन्वेषक प्रजाति
(C) द्वितीयक प्रजाति (D) आक्रमण प्रजाति

87. चट्टानों पर प्राथमिक अनुक्रमण के अग्रणी प्रजाति है–
(A) ब्रायोफाइट (B) बड़े वृक्ष तथा पौधे
(C) क्षाड़–क्षकाड़ (D) लाइकेन

88. खाली और नग्न चट्टानों पर जब प्राथमिक अनुक्रमण सम्पन्न होता है, आरंभ से लेकर अंत तक जीवन का सही क्रम क्या है–
(A) बड़े वृक्ष → ब्रायोफाइट → लाइकेन
(B) ब्रायोफाइट → लाइकेन → बड़े वृक्ष
(C) लाइकेन → ब्रायोफाइट → बड़े वृक्ष
(D) लाइकेन → बड़े वृक्ष → ब्रायोफाइट

89. जल में प्राथमिक अनुक्रमण में, आरंभ से लेकर अंत तक जीवन का सही क्रम क्या होगा?
मान ले
a = पादप प्लवक, b = मुक्त प्लावी पादप
c = वृक्ष, d = दलदली घास
(A) $a \rightarrow b \rightarrow c \rightarrow d$ (B) $a \rightarrow d \rightarrow b \rightarrow c$
(C) $d \rightarrow a \rightarrow b \rightarrow c$ (D) $b \rightarrow d \rightarrow c \rightarrow a$

90. जल में प्राथमिक अनुक्रमण का अंतिम परिणाम होता है–
(A) भूमि का निर्माण
(B) दलदली भूमि का निर्माण
(C) जलीय जंगल का निर्माण
(D) जलीय पारिस्थितिकी का निर्माण

91. द्वितीयक, अनुक्रमण में, प्रजाति का आक्रमण निम्न में से किस पर निर्भर करता है?
(A) मृदा की स्थिति (B) जल की उपलब्धता
(C) बीज पर (D) उपरोक्त सभी

92. नीचे कुछ कथन द्वितीयक अनुक्रमण से संबंधित दिए गए है-

(a) मिट्टी पहले से विद्यमान रहता है।

(b) अनुक्रमण की दर तेज होती हे।

(c) चरमावस्था तेजी से प्राप्त हो जाती है-

सही कथन का चयन करें-

(A) a, b तथा c (B) a

(C) a, b (D) a, c

93. सभी अनुक्रमण चाहे पानी में हो या भूमि पर एक ही प्रकार के चरम समुदाय की ओर अग्रसर होता है, वह है-

(A) मीजिक (B) हाइड्रिक

(C) जीरिक (D) जलारंभी

94. स्थायी अवस्था निम्न में किससे संबंधित है?

(A) मृदा तथा अनुक्रमण

(B) पोषक तथा अनुक्रमण

(C) मिट्टी तथा पोषक

(D) पोषक तथा फसल

95. उस सेट का चयन करे जो गैसीय प्रकार क पोषक चक्र से संबंधित है-

(A) नाइट्रोजन, सल्फर (B) सल्फर, फॉस्फोरस

(C) कार्बन, फॉस्फोरस (D) नाइट्रोजन, कार्बन

96. उस सेट का चयन करे जो तलछटी चक्र से संबंधित है-

(A) नाइट्रोजन, सल्फर (B) सल्फर, फॉस्फोरस

(C) कार्बन, फॉस्फोरस (D) नाइट्रोजन, कार्बन

97. वायुमंडल में पोषक तत्वों के मुक्त होने की दर निम्न में से किसके द्वारा नियंत्रित होते है?

(A) आर्द्रता (B) पी एच

(C) तापमान (D) उपरोक्त सभी

98. जीवों के शुष्क भार का ___?___ प्रतिशत भाग कार्बन से बना होता है-

(A) 70% (B) 26%

(C) 49% (D) 53%

99. निम्न में से कौन वायुमंडल में कार्बन डाई ऑक्साइड की मात्रा को नियमित करता है?

(A) सागर (B) घास के मैदान

(C) मरुस्थल (D) जंगल

100. समुद्र में कितना प्रतिशत कार्बन विलेय के रूप में विद्यमान है?

(A) 49 (B) 75

(C) 50 (D) 71

101. कुल भूमंडीय कार्बन का कितना प्रतिशत भाग वायुमंडल में समाहित है?

(A) 1 (B) 100

(C) 99 (D) 12

102. नीचे कुछ कथन कार्बन चक्र से संबंधित दिए गए है-

(A) कार्बन चक्र में मृत प्राणियों का कोई योगदान नहीं होता है।

(B) प्रतिवर्ष 4×10^{13} किग्रा. कार्बन का जैवमंडल में प्रकाश संश्लेषण द्वारा स्थिरीकरण होता है।

(C) मानव आबादी जितना अधिक होता है, वातावरण में CO_2 की मात्रा उतनी अधिक होती है।

(D) ऊर्जा के लिए जीवाश्मी ईंधन का जलाया जाना, वातावरण में CO_2 के मात्रा में वृद्धि के लिए उत्तरदायी है।

उपरोक्त में से कितने कथन गलत है?

(A) 1 (B) 2

(C) 3 (D) 4

103. फॉस्फोरस की कमी शरीर के किस अंग के विकास को बुरी तरह प्रभवित करती है?

(A) यकृत, फेफड़ा (B) नेत्र, वृक्क

(C) दंत, अस्थि (D) वृषण, अंडाशय

104. निम्न में से किसमें फॉस्फोरस का प्राकृतिक भंडारण होता है?

(A) समुद्र (B) चट्टान

(C) मिट्टी (D) मैग्मा

105. दिया गया चित्र, एक स्थलीय पारिस्थितिक तंत्र में फॉस्फोरस चक्र का सरलीकृत मॉडल का है–

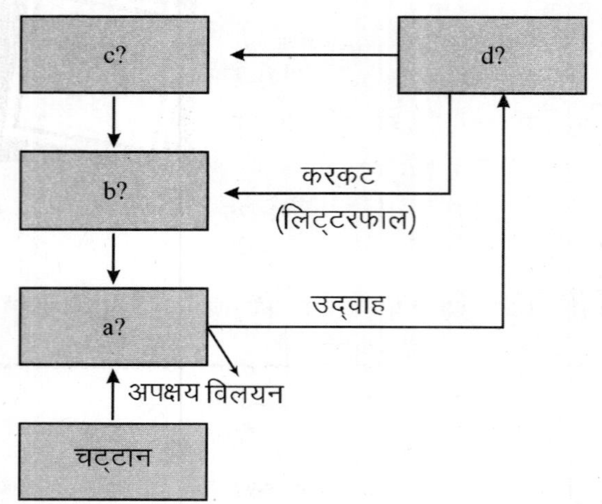

चित्र में, a, b, c तथा d क्या है?

(A) a – मृदा, b – अपरद, c – उपभोक्ता, d – उत्पादक
(B) a – मृदा, b – उपभोक्ता, c – अपरद, d – उत्पादक
(C) a – अपरद, b – मृदा, c – उपभोक्ता, d – उत्पादक
(D) a – उत्पादक, b – उपभोक्ता, c – अपरद, d – मृदा

106. जीवों और पर्यावरण क बीच फॉस्फोरस का गैसीय विनिमय होता है–

(A) बेहद उच्च (B) मध्यम
(C) नगण्य (D) पूर्णतः अनुपस्थित

107. हाल में ही, प्रकृति के जीवन समर्थक सेवाओं की एक कीमत निर्धारित करने का प्रयास निम्न में से किसके द्वारा किया गया है?

(A) टिलमैन (B) अलेक्जैंडर वॉन हम्बोल्ट
(C) रॉबर्ट कोंसटैंजा (D) राबर्ट में

108. दिया गया स्तंभ, विभिन्न परितंत्र संवाओं से संबंधित है, कॉलम A तथा कॉलम B का मिलान करते हुए, सही विकल्प का चयन करें–

कॉलम A	कॉलम B
(a) मृदा उत्पादन	(1) 10%
(b) पोषण चक्रण तथा मनोरंजन	(2) 50%
(c) वन्य जीवन के लिए जलवायु नियमन	(3) 60%

(A) abc/312 (B) abc/123
(C) abc/213 (D) abc/132

109. शोधकर्त्ताओं ने मूलभूत पारिस्थितिक तंत्र की सेवाओं की एक वर्ष की औसत कीमत कितना ऑका है?

(A) 33 ट्रिलियन अमेरिकी डॉलर
(B) 23 बिलियन अमेरिकी पॉउड
(C) 13 ट्रिलियन अमेरिकी डॉलर
(D) 13 ट्रिलियन अमेरिकी पॉउड

ANSWER KEY

1. (B)	**2.** (D)	**3.** (B)	**4.** (C)	**5.** (A)	**6.** (B)	**7.** (D)	**8.** (C)	**9.** (A)	**10.** (C)
11. (B)	**12.** (A)	**13.** (B)	**14.** (B)	**15.** (D)	**16.** (D)	**17.** (D)	**18.** (D)	**19.** (C)	**20.** (D)
21. (A)	**22.** (D)	**23.** (D)	**24.** (C)	**25.** (A)	**26.** (D)	**27.** (A)	**28.** (D)	**29.** (D)	**30.** (A)
31. (A)	**32.** (D)	**33.** (B)	**34.** (B)	**35.** (A)	**36.** (C)	**37.** (D)	**38.** (A)	**39.** (B)	**40.** (C)
41. (D)	**42.** (D)	**43.** (A)	**44.** (D)	**45.** (B)	**46.** (D)	**47.** (A)	**48.** (C)	**49.** (A)	**50.** (B)
51. (A)	**52.** (B)	**53.** (B)	**54.** (A)	**55.** (C)	**56.** (D)	**57.** (B)	**58.** (C)	**59.** (A)	**60.** (A)
61. (B)	**62.** (A)	**63.** (D)	**64.** (C)	**65.** (D)	**66.** (C)	**67.** (D)	**68.** (C)	**69.** (A)	**70.** (C)
71. (D)	**72.** (A)	**73.** (C)	**74.** (A)	**75.** (B)	**76.** (D)	**77.** (C)	**78.** (D)	**79.** (B)	**80.** (A)
81. (B)	**82.** (D)	**83.** (A)	**84.** (B)	**85.** (A)	**86.** (B)	**87.** (D)	**88.** (C)	**89.** (A)	**90.** (A)
91. (D)	**92.** (A)	**93.** (A)	**94.** (C)	**95.** (D)	**96.** (B)	**97.** (D)	**98.** (C)	**99.** (A)	**100.** (D)
101. (A)	**102.** (A)	**103.** (C)	**104.** (B)	**105.** (A)	**106.** (C)	**107.** (C)	**108.** (C)	**109.** (A)	

जैव विविधता एवं संरक्षण

1. सही कथन का चयन करे–
   (A) शब्द बायोडायवर्सिटी को एडवर्ड विल्सन ने दिया था।
   (B) नार्वे में भारत की तुलना में अधिक जैव विविधता है।
   (C) भारत में आम, चावल की तुलना में अधिक विविधता दर्शाते है।
   (D) राऊवोल्फीया (Rouwolfia) की गुण हिमालय के अलग–अलग क्षेत्रों में अलग–अलग होता है।
   (A) A, C (B) A, D
   (C) B, C (D) B, D
2. IUCN (2004) के अनुसार पादप तथा जंतु की जाति जिसकी व्याख्या की गई है–
   (A) 2.5 मिलियन (million) से थोड़ा अधिक
   (B) 1.5 मिलियन (million) से थोड़ा अधिक
   (C) 3.5 मिलियन (million) से थोड़ा अधिक
   (D) 5 मिलियन (million) से थोड़ा अधिक
3. रॉर्बट में के अनुसार विश्व स्तर पर जातियों के विविधता है–
   (A) 7 मिलियन (B) 20 मिलियन
   (C) 30 मिलियन (D) 77 मिलियन
4. गलत कथन का चयन करे–
   (A) 70% के लगभग जातियां जंतु है।
   (B) पृथ्वी पर प्रत्येक 10 जंतु में से 7 कीट है।
   (C) भारत विश्व के 12 महाविविध देशों में से एक है।
   (D) भारत की जैव विविधता विश्व जैव विविधता का 2.4% है।
5. 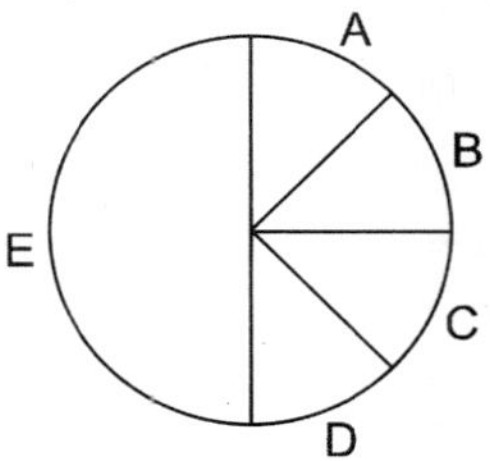

   दिया गया चित्र विभिन्न कशेरुकियों के अनुपात या प्रतिशत को प्रदर्शित कर रहे है E, इसमें सार्वाधिक बड़ा है, यह दर्शा रहा है–
   (A) स्तनधारियों को (B) पक्षियों को
   (C) सरीसृप को (D) मछलियों को
6. घटते हुए जैव–विविधता के अनुसार सही देश का चयन करे–
   (A) कोलम्बिया → न्यूयार्क → ग्रीनलैड
   (B) ग्रीनलैंड → न्यूयार्क → कोलम्बिया
   (C) न्यूयार्क → कोलम्बिया → ग्रीनलैंड
   (D) ग्रीनलैंड → कोलम्बिया → न्यूयार्क

7. हाल में विलुप्त हुए प्राणियें के गलत जोड़े का चयन करे–
(A) डोडो – मौरशिस
(B) क्वैगा – अफ्रीका
(C) स्टेलर समुद्री गाय – अमेरिका
(D) चीता – भारत

8. इंसान के द्वारा अति दोहन के कारण हाल में विलुप्त होने वाले प्राणि कौन है–
(A) स्टेलर समुद्री गाय, पैसेजर कबूतर
(B) क्वैगा, पैसेजर कबूतर
(C) डोडो, क्वैगा
(D) पैसेजर कबूतर, सिचलिड मछली

9. सुमेलित करे–

कॉलम A	कॉलम B
(1) जीवमंडल अभ्यारण	(A) 90
(2) राष्ट्रीय उद्यान	(B) 14
(3) वन्य जीव अभ्यारण	(C) 448

(A) 123/ CBA (B) 123/BAC
(C) 123/ABC (D) 123/CAB

10. IUCN 2004 के लाल आंकडा के अनुसार किस समूह (श्रेणि) के प्राणियों का सार्वाधिक विलोपन हुआ है?
(A) कशेरुकी (B) अकशेरुकी
(C) पादप (D) माइकोप्लाज्मा

11. सुमेलित करे–

जातियों की संख्या	पादप तथा जन्तु
(1) 200000	(a) चीटियां
(2) 300000	(b) बीटल
(3) 28000	(c) मछलियां
(4) 20000	(d) ऑरर्किड

(A) 1234/abcd (B) 1234/cdab
(C) 1234/bacd (D) 1234/dabc

12. विश्व स्तर पर कितनी जातियां विलुप्त होने के कागार पर है?
(A) 15,500 (B) 500
(C) 8000 (D) 960

13. पृथ्वी के वातावरण में मौजूद O_2 का कितना प्रतिशत अमेजन के जंगल से आता है?
(A) 10% (B) 20%
(C) 60% (D) 80%

14. गलत कथन का चयन करे जो की भारत के जैव विविधता से संबंधित है।
(a) भारत विश्व के 12 महाविविध देशों में से एक है।
(b) पूर्वी (Eastern) घाट में उभयचर की जैवविविधता पश्चिमी घाट (Western ghat) की तुलना में अधिक है।
(c) भारत में पादप, जंतु की तुलना में अधिक जैवविविधता प्रदर्शित करते है।
(d) भारत में मछलियां, उभयचर की तुलना में अधिक जैवविविधता प्रदर्शित करती है।
(A) a, b (B) a, c
(C) b, c (D) b, d

15. निम्न में से कौन सा कारक देशी कैट फिश के लिए खतरा नहीं हो सकता है?
(A) कलैरियस गैरीपाइनस
(B) आइकार्निया
(C) प्रदूषण
(D) उपरोक्त में से कोई नहीं

16. जैव विविधता शब्द को निम्न में से किसने प्रचलित किया था?
(A) राबर्ट में (B) एडवर्ड विल्सन
(C) ए.वी. हम्बोल्ट (D) पॉल एहरलिक

17. रिवेट पोपर परिकल्पना व्याख्या करता है–
(A) परितंत्र में जातियों की संख्या
(B) परितंत्र में जातियों की विविधता
(C) परितंत्र मं प्रत्येक जाति का महत्व
(D) उपरोक्त सभी

18. किस प्रकार का मानव जनित क्रियाकलाप अमेजन के जंगल के नष्ट होने का कारण माना जा रहा है?
(A) सोयाबीन की खेती
(B) जानवरों के चारागाह का विकास
(C) प्रदूषण
(D) उपरोक्त सभी।

19. विक्टोरिया क्षील जिससे की सिचलिंड मछलियों की 200 से अधिक जातियां विलुप्त हो गई, उदाहरण है–
   (A) सह विलुप्तता का
   (B) अतिदोहन का
   (C) आवासीय क्षति तथा विखंडन का
   (D) विदेशी जातियों का आक्रमण का
20. निम्न में से कौन से कारण, पादप तथा जंतु के विलोपन का मुख्य कारण माना जाता है?
   (A) सह विलुप्तता
   (B) अतिदोहन
   (C) आवासीय क्षति तथा विखंडन
   (D) विदेशी जातियों के आक्रमण
21. नीचे कुछ कथन दिए गए है सही तथा गलत कथन का चयन करें–
   (a) मनुष्य के पृथ्वी पर आगमन के पहले भी जीव-जंतुओं का विलोपन पृथ्वी से होता था।
   (b) मनुष्य के क्रियाकलापों के कारण विलोपन का दर 100 से 1000 गुणा तीव्र हो गया।
   (c) ऐसा अनुमान लगाया जाता है कि पृथ्वी से जीव-जंतुओं के विलोपन का दर अगर इसी प्रकार से चलता रहा जैसा की अभी चल रहा है, तो पृथ्वी पर मौजूद जाति का लगभग आधी जाति का विलोपन अगले 100 वर्षों में हो जायेगा।
   (d) जीवाश्म के अध्ययन तथा रेकार्ड से भी विलोपन की जानकारी मिलती है।
   (A) a, b, c और d गलत
   (B) a, b, c और d सही
   (C) a, b सही; c, d गलत
   (D) a, d सही; b, c गलत
22. किसी क्षेत्र के जैव विविधता के हानि से क्या सामान्यत: संभव नहीं है?
   (A) पादप उत्पादकता घटती है।
   (B) पर्यावरणीय समस्याओं जैसे सूखा आदि के प्रति प्रतिरोध में कमी आती है।
   (C) उस क्षेत्र में पादप, जन्तु, सुक्ष्मजीवों की संख्या में वृद्धि।
   (D) उपरोक्त में से कोई नहीं।
23. नीचे कुछ सुपर वर्ग तथा वर्ग का नाम लिखा हे, उस वर्ग के सेट का चयन करे जिनके कुल जातियों का जोड़ कवक जातियों की कुल संख्या से अधिक है–
   (A) मछली + उभयचर
   (B) उभयचर + सरीसृप + मछली
   (C) उभयचर + सरीसृप + मछली + स्तनधारी
   (D) उपरोक्त में से कोई नहीं।
24. निम्न में से किसके जातियों के संख्या के संदर्भ में जीवन वैज्ञानिकों को पक्का विश्वास नहीं है?
   (A) क्रस्टैशियन (B) आवृतबीजीय
   (C) प्रोकैरियोट (D) फर्न
25. अगर हम विश्व स्तर पर अर्थात् वैश्विक जैव विविधता अकशेरुकी का अध्ययन करेंगे तो यह पायेंगे की कीट का स्थान प्रथम है, निम्न मे से किसका स्थान द्वितीय है?
   (A) मोलस्क (B) क्रस्टैशिया
   (C) अन्य प्राणि समूह (D) टिनोफोरा के सदस्य
26. यदि रॉर्बट मेए के वैश्विक ऑकलन को स्वीकार करे तब अभी तक कुल _______ जातियों की ही खोज हुई है?
   (A) 74% (B) 22%
   (C) 12% (D) 96%
27. अगर रॉर्बट मेए के अवधारणा को मान कर चले तो भारत में पादप तथा जन्तु की कितनी जातियों खोजा जाना शेष है?
   x = पादप, y = जंतु
   (A) x = 1 लाख, y = 1 लाख
   (B) x = 3 लाख ; y = 1 लाख
   (C) x = 1 लाख ; y = 3 लाख
   (D) x = 1 लाख ; y = 2 लाख
28. निम्न मं से किसका विश्व स्तर पर समान वितरण अर्थात् विविधता नहीं है?
   (A) पादप (B) जंतु
   (C) सुक्ष्मजीव (D) उपरोक्त सभी

29. निम्न में से कौन सा तथ्य इस बात की व्याख्या नहीं करता है कि उष्ण कटिबंधीय क्षेत्र में अधिक जैव विविधता क्यों है?
(A) उष्ण कटिबंधिय क्षेत्र में अधिक सौर ऊर्जा उपलब्ध है।
(B) उष्ण कटिबंधिय क्षेत्र कम मौसमीय परिवर्तन दर्शाता है।
(C) उष्ण कटिबंधिय भू-भाग में प्राचीन समय से बार-बार हिमनदन (ग्लेशिएशन) होता रहा है।
(D) उष्ण कटिबंधीय-क्षेत्र के मौसम का अनुमान लगाया जा सकता है।

30. पिछले बीस वर्षों में कितनी जातियां विलुप्त हुई है?
(A) 27 (B) 128
(C) 427 (D) 12

31. निम्न में कौन सार्वाधिक विलुप्तता के कागार पर है?
(A) चिड़िया (B) स्तनधारी
(C) उभयचर (D) आवृतबीजी

32. उस विशिष्ट पादप का चयन करे जिसका धार्मिक महत्व है-
(A) पवित्र उपवन (B) आईकार्निया
(C) गाजर घास (D) उपरोक्त में से कोई नहीं

33. निम्न में से उस जाति का चयन करे जो भारत में विदेशी जाति नहीं है-
(A) पार्थेनियम
(B) लैटाना
(C) कलैरियस गैरी पाइनस
(D) नाइल पर्च

34. विश्व शिखर-सम्मेलन (2002) सम्पन्न हुआ था-
(A) रियो डी जिनेरियो (B) जोहासबर्ग
(C) मॉन्ट्रियल (D) कोयटो

35. 2002 के विश्व शिखर सम्मेलन में कितने देशों ने भाग लिया था?
(A) 27
(B) 222
(C) 190
(D) विश्व के सिर्फ विकसित देश

36. 1992 का विश्व शिखर सम्मेलन निम्न में से किस से संबंधित है?
(A) जैव विविधता का संरक्षण
(B) जैव विविधाता के संरक्षण के लिए उचित उपाय तथा उनसे मिलने वाले लाभ का उपयोग
(C) उपरोक्त दोनों A तथा B
(D) उपरोक्त में से कोई नहीं

37. जैव विविधाता के संदर्भ में निम्न में से किसका उत्तर देना कठिन है?
(A) हाल में होने वाले विलोपन
(B) अतिदोहन
(C) पृथ्वी पर मौजूद जातियों की संख्या
(D) उपरोक्त सभी।

38. जैवमंडल में जैव विविधाता किस स्तर पर मिलती है?
(A) सिर्फ जाति स्तर पर
(B) सिर्फ वर्ग स्तर पर
(C) सिर्फ संघ स्तर पर
(D) जैवीय संगठन के सभी स्तर पर।

39. राऊवोल्फीया वोमिटोरिया जो कि हिमालय की विभिन्न श्रेणियों में उगने वाला औषधीय पादप है दर्शाता है-
(A) आनुवांशिक विविधता
(B) जातीय विविधता
(C) परिस्थितिकीय विविधता
(D) उपरोक्त सभी

40. निम्न में से कौन सा तथ्य जातियों के संदर्भ में प्रशांगिक है?
(A) एक विशिष्ट जाति संपूर्ण विश्व में समान वितरण प्रदर्शित करते है।
(B) मछलियों में कवक, की तुलना में अधिक जातियां होती है।
(C) कुछ जातियां खोज करने के पहले ही विलुप्त हो रही है।
(D) पादपों मं जातियों की संख्या जंतु से अधिक होती है।

41. अलेक्जैंडर वॉन हम्बोल्ट विश्व के कौन से भाग में अपना कार्य किये थे?
(A) दक्षिण अमेरिका के जंगलों में
(B) उत्तरी अमेरिका के जंगलों में
(C) अमेजन के वर्षा वनों में
(D) अफ्रीका के जंगलों में

42. टिलमैन के प्रयोग के संदर्भ में सही तथ्य का चयन करें–
(A) विविधता में वृद्धि से उत्पादकता बढ़ती है।
(B) समुदाय जिसमें जातियां अधिक होती है, वह स्थिर नहीं होती है।
(C) समुदाय जिसमें अधिक जातियां होती है, उसमें अधिक विभिन्नता होती है।
(D) उपरोक्त में से कोई नहीं।

43. किसी क्षेत्र से जैव विविधाता का नष्ट होना दर्शाता है–
(A) वातावरण के प्रति प्रतिरोधकता बढ़ जाता है।
(B) रोग चक्रों की परिवर्तन शीलता बढ़ जाती है।
(C) पादपों के उत्पादन में वृद्धि बढ़ जाती है ताकि तुकसान की भारपाई हो सके।
(D) रोग चक्र अप्रभावित रहता है।

44. जातीय विलोपन की बढ़ती हुई दर जिसका विश्व सामना कर रहा है वह मुख्य रूप से किस कारण से है?
(A) दवानल
(B) ज्वालामुखी विस्फोट
(C) मानवीय क्रियाकलाप
(D) उपरोक्त सभी

45. अगर कोई अन्यग्रही (ऐलियन) पृथ्वी पर भ्रमण करे, तब जो बात उसे अवश्य आश्चर्यचकित करेगी वह है–
(A) पृथ्वी का आकार
(B) पृथ्वी पर मौजूद तकनीक
(C) पृथ्वी पर मौजूद मनुष्य के गुण
(D) पृथ्वी पर मॉजूद अति विशाल विविधता

46. कथन I – पृथ्वी पर कीटिल (भृंग) की संख्या, चीटियों की संख्या से 10 गुणा से अधिक है।
कथन II – पृथ्वी पर 28,000 मत्स्य जातियां है।
कथन III – पृथ्वी पर अधिपादप (ऑरकिड) की 2000 जातियां है।
उपरोक्त में से कौन सा कथन गलत है?
(A) कथन I (B) कथन II
(C) कथन III (D) कथन I, III

47. हमारे जैवमंडल में जैवविविधाता किसा स्तर पर पाया जाता है?
(A) जाति स्तर (B) वंश स्तर
(C) संघ स्तर (D) उपरोक्त सभी।

48. एडवर्ड विलसन है/थे–
(A) जीवाश्म शास्त्री
(B) प्राकृतिशास्त्री
(C) सामाजिक जीव त्रैज्ञानिक
(D) मरमैकोलोजिस्ट

49. *राऊवोलफीया वोमिटोरिया* मुख्यत उगते है–
(A) रेगिस्तान में (B) दलदली क्षेत्र में
(C) बिहार में (D) हिमालय में।

50. (a) क्षमता
(b) सक्रिय रासायन की सान्द्रता
(c) रंग
(d) गंध
ऊपर दिए गए तथ्यों में से उस तथ्य का चयन करे जिसके आधार पर राऊवोल्फीया, के रासायन भिन्नता प्रदर्शित करते है–
(A) a (B) a, b
(C) a, b, c (D) a, ι, c, d

51. भारत में क्या नहीं है?
(A) ज्वारन मुख (B) एल्पाइन शाद्वल
(C) गरान (मैग्रोव) (D) उपरोक्त में से कोई नहीं

52. जैव-विविधात व इसका संरक्षण है–
(A) राजकीय मुद्दा है।
(B) राष्ट्रीय मुद्दा है।
(C) अंतर्राष्ट्रीय मुद्दा है।
(D) पर ग्रही मुद्दा है।

53. निम्न में से कौन से तथ्य का उत्तर देना बेहद कठिन है?
(A) पृथ्वी पर कितनी जातियां है।
(B) पृथ्वी पर कीट अधिक क्यों है।
(C) मछलियां पृथ्वी पर सार्वाधिक उपस्थित कशेरुकी क्यों है।
(D) जैव-विविधाता पृथ्वी पर कैसे विकसित हुआ।

54. वर्गिकी समूह की जातियों की खोज-
(A) उष्ण कटिबंधीय देशों में अधिक पूर्ण है।
(B) शीतोष्ण (टेंपरेट) देशों में अधिक पूर्ण है।
(C) ध्रुव पर अधिक पूर्ण है।
(D) समुद्र में अधिक पूर्ण है।

55. जैव-विविधाता के प्रतिशत के आधार पर-
शैवाल + कवक + ब्रायोफाइट + आवृतबीजी + अनावृतबीजी = ?
(A) 30% (B) 16%
(C) 22% (D) 70%

56. इस ग्रह पर 10 जंतुओं में से 7 जंतु होते है-
(A) मत्स्य (B) कीट
(C) मोलस्का (D) क्रस्टेशिया

57. पृथ्वी पर मौजूद सभी जातियों में __?1__ से अधिक __?2__ है।
(A) 1 – 50%, 2 – पादप
(B) 1 – 70%, 2 – पादप
(C) 1 – 70%, 2 – जंतु
(D) 1 – 22%, 2 – कवक

58. कशेरुकियों में, उस सेट का चयन करे जिसमें जातियों की संख्या लगभग बराबर है-
(A) मत्स्य, उभयचर (B) उभयचर, पक्षी
(C) उभरयचर, स्तनधारी (D) मत्स्य, पक्षी

59. मत्स्यों के कुल संख्या निम्न में से किसके बराबर है?
(A) मत्स्य = स्तनधारी + पक्षी
(B) मत्स्य = स्तनधारी + पक्षी + सरीसृप
(C) मत्स्य = स्तनधारी + पक्षी + सरीसृप + उभयचर
(D) मत्स्य = स्तनधारी

60. फर्न की संख्या निम्न में से किसके बराबर है?
(A) मॉसेस (B) लाइकेन
(C) शैवाल (D) आवृतबीजी

61. कीटों के जातियों की संख्या पृथ्वी पर सार्वाधिक क्यों है?
(A) क्यूटिकल के उपस्थिति के कारण
(B) पंख के उपस्थिति के कारण
(C) प्रतिकुल वातावरण मं ढल जाने की क्षमता
(D) उपरोक्त सभी।

62. अगर A = कवक है, B = मछली, C = उभयचर, D = सरीसृप, E = स्तनधारी
(A) B = या अधिक – A + C + D + E
(B) E = या अधिक – A + B + C + D
(C) A = या अधिक – B + C + D + E
(D) D = या अधिक – A + B + C + E

63. जीव वैज्ञानिक, निम्न मं से किसके संख्या को लेकर सहमत या एकमत नहीं है?
(A) यूकैरियोट (B) प्रोकैरियोट
(C) कीट (D) क्रस्टैशियन

64. विश्व में महाविविध देशों की कितनी संख्या है?
(A) 18 (B) 10
(C) 12 (D) 3

65. भारत में ______ से अधिक पक्षी की जातियां है
(A) 1200 (B) 1400
(C) 3000 (D) 40000

66. अमेजन के वर्षा वनों में कीटों के कितने जातियों का खोजा जाना शेष है?
(A) 1 लाख (B) 2 लाख
(C) 3 लाख (D) 4 लाख

67. भारत का अधिकतर भाग स्थित है-
(A) उष्ण कटिबंध क्षेत्र में
(B) शीतोष्ण क्षेत्र में
(C) ध्रूव के निकट
(D) उपरोक्त में से कोई नहीं।

68. शीतोष्ण क्षेत्र में जैव विविधता के कमी का मुख्य कारण क्या है?

(A) बार-बार हिमनदन (ग्लेशिएशन)

(B) तेज हवाओं का चलना

(C) रात का छोटा होना

(D) उपरोक्त सभी।

69. I – अधिक सौर ऊर्जा

II – कम मौसमीय परिवर्तन

III – नगण्य ग्लेशिएशन

उपरोक्त तीन कथनों में से कौन उष्ण कटिबंधिय क्षेत्र में अधिक जैव-विविधता के लिए उत्तरदायी नहीं है?

(A) I (B) II

(C) III (D) उपरोक्त में से कोई नहीं

70. अलेक्जैंडर वॉन हम्बोल्ट थे-

(A) जर्मनी के जीव-विज्ञानी

(B) फ्रांस क प्रकृतिविद्

(C) जर्मनी के प्रकृतिविद्

(D) अमेरीका के जीव-विज्ञानी

71. अलेक्जैंडर वॉन हम्बोल्ट ने कहां के जंगलों का गहन अन्वेषण किया था?

(A) दक्षिणी अमेरीका

(B) दक्षिण अफ्रीका

(C) पूर्वी अमेरीका

(D) यूरोप

72. अलेक्जैडर वॉन हम्बोल्ट के अनुसार किसी क्षेत्र की, अन्वेषण क्षेत्र की सीमा बढ़ाने के साथ जातीय समृद्धि —

(A) घटती है

(B) बढ़ती है

(C) स्थिर बनी रहती है

(D) अपरिवर्तित रहती है

73. गलत कथन का चयन करे-

(A) पादप तथा जंतुओं के कई मिलियन जातियों का खोजा जाना शेष है।

(B) प्रकृति का जैविक पुस्तकालय उसमें संग्रहित पुस्तकों के शीर्षकों के सूचीबद्ध करने के पहले ही विनष्ट हो रहा है।

(C) जातियां खोज करने से पहले ही विलुप्त हो रही है।

(D) सभी जातियं प्रयोगशाला में संवर्धित किया जा सकता है।

74. निम्न में से किसकी विविधता संपूर्ण विश्व में एक समान है?

(A) पादप (B) जंतुओं

(C) सूक्ष्मजीव (D) उपरोक्त में से कोई नहीं

75. उष्ण कटिबंध वनों के फलाहारी पक्षी तथा स्तनधारियों के रेखा की ढलान होती है-

(A) 1.65 (B) 1.05

(C) 1.15 (D) 1.75

76. जाति समृद्धि और वर्ग की व्यापक किस्मों के क्षेत्र के बीच संबध होता है-

(A) रेक्टेंगुलर हाइपरबोला

(B) त्रिकोण

(C) सिग्मॉयड

(D) उपरोक्त में से कोई नहीं।

77. जातीय क्षेत्र संबंध को दर्शाने वाले सही समीकरण है?

(A) $\log S = \log C + Z \log A$

(B) $\log C = \log S + Z \log A$

(C) $\log A = \log S + \log S$

(D) $\log S = \log C + A \log Z$

78. पारिस्थितिक विद, निम्न में से किसका उत्तर नहीं दे सकते है?

(A) जैव-विविधता के संरक्षण का महत्त्व

(B) जैव-विविधता में व्यापक गिरावट

(C) परिस्थिकी तंत्र, के कार्य में जातियों की संख्या

(D) उपरोक्त सभी।

79. एक जैवीक समुदाय के लिए सटीक स्थिरता है-

(A) समुदाय के उत्पादकता में साल दर साल अधिक अंतर नहीं होना चाहिए।

(B) समय-समय पर आने वाली प्राकृतिक या मानव निर्मित बाधाओं को रोकने वाला।

(C) विदेशी जातियों के आक्रमण को रोकने वाला।

(D) उपरोक्त सभी।

80. अगर A = वायुयान है, B = रिवेट (कीलक) पंख का, C = कीलक सीट का

रिवेट पोपर परिकल्पना के हिसाब से उपरोक्त में से कौन परिस्थिकी तंत्र को दर्शाता है?

(A) A (B) B

(C) C (D) उपरोक्त में से कोई नहीं

81. मानव द्वारा प्रशांत उष्ण कटिबंधिय द्वीपों पर आवासीय बस्तियां स्थापित करने के कारण वहां के ___1___ जातियों से अधिक ___2___ का विलोपन हो गया।

(A) 1 – 1000, 2 – चिड़ियाँ

(B) 1 – 2000, 2 – सरीसृप

(C) 1 – 2000, 2 – चिड़ियाँ

(D) 1 – 2000, 2 – उभयचर

82. पिछले 500 वर्षों में कितने जातियों का विलोपन हुआ है?

(A) 338 (B) 359

(C) 87 (D) 784

83. निम्न में से किस समूह के प्राणियों का सार्वाधिक विलोपन हुआ है?

(A) उभयचर (B) सरीसृप

(C) एवीस् (D) पिशिज

84. सुमेलित करे, तथा सही विकल्प का चयन करें-

कॉलम A	**कॉलम B (विलोपन का खतरा)**
1. पंक्षी	(a) 23%
2. स्तनधारी	(b) 31%
3. उभयचर	(c) 32%
4. आवृत बीजी	(d) 12%

(A) 1234/dacb (B) 1234/dabc

(C) 1234/adcb (D) 1234/abcd

85. पृथ्वी पर जातियों के व्यापक विलोपन की कितनी घटना हो चुकी है?

(A) 2 (B) 3

(C) 4 (D) 5

86. पृथ्वी पर जातियों के व्यापक विलोपन की कौन सी घटना प्रगति पर है?

(A) 6th (B) 5th

(C) 4th (D) 3rd

87. जातियों के विलोपन की दर मानव क्रियाकलाप के कारण कितना गुणा बढ़ गया है?

(A) 10 से 100 (B) 5 से 10

(C) 100 से 1000 (D) 50 से 100

88. I – पादप उत्पादकता में कमी

II – सूखा के प्रति प्रतिरोध

III – रोग चक्रों के प्रति परिवर्तनशीलता में वृद्धि

उपरोक्त तथ्यों में से, उन तथ्यों का चयन करें जो किसी क्षेत्र मं जैवविविधता की हानि से संभव है-

(A) I (B) II

(C) I, II (D) I, II, III

89. उष्ण कटिबंधीय वर्षा-वन पृथ्वी के भूमि का कितना प्रतिशत है?

(A) 6% (B) 16%

(C) 10% (D) 9%

90. जब मानव के द्वारा बड़े आवासों को छोटे-छोटे खंडों में विभक्त कर दिया जाता है, निम्न में से किस श्रेणी के जंतु सार्वाधिक प्रभावित होते है?
(A) जिन जंतुओं को अधिक आवास चाहिए।
(B) प्रवासी स्वभाव वाले प्राणी
(C) जंतु जिनके अनेक परभक्षी होते है।
(D) उपरोक्त सभी।

91. अमेजन को पृथ्वी का फेफड़ा क्यों कहते है?
(A) अमेजन के विश्व का सार्वाधिक जैव-विविधता है।
(B) अमेजन जहरीले प्रदूषकों को अवशोषित करता है।
(C) अमेजन वातावरण के ऑक्सीजन का एक मुख्य भाग निर्मित करता है।
(D) उपरोक्त सभी।

92. निम्न में से किस श्रेणि के प्राणी, वन्य जीवन सार्वाधिक खतरे में है?
(A) जिनसे मनुष्य को व्यावसायिक लाभ होता है।
(B) जिनके कई प्राकृतिक परभक्षी है।
(C) जिनका आवास क्षेत्र काफी बड़ा हो।
(D) जिनको उनके प्राकृतिक आवास के बाहर संरक्षित किया जाता है।

93. निम्न में से कौन सा संबंध सहविलुप्ता का उदाहरण है?
(A) परपोषी मत्स्य तथा परजीवी
(B) परागणकारी तथा पादप म्यूचुआलिज्म
(C) A तथा B दोनों
(D) उपरोक्त में से कोई नहीं।

94. विश्व बाजार में बिक रही कितनी प्रतिशत औषधीय पादप से प्राप्त होती है?
(A) 10% (B) 25%
(C) 45% (D) 60%

95. दिए गए स्तंभ को सुमेलित कर, सही विकल्प का चयन करे-

कॉलम A	**कॉलम B**
1. आर्थिक लाभ	A. संकुचित संकीर्णत
2. मधुमक्खी के द्वारा परागण	B. व्यापक संकीर्णत
3. जैव-विविधता का देख-रेख तथा संरक्षण	C. नैतिक मूल्य

(A) 123/ABC (B) 123/BAC
(C) 123/CBA (D) 123/ACB

96. नीचे कुछ कथन दिए गए है-
(A) प्रत्येक जाति का अपना नैज मूल्य (इंट्रिजिक वैल्यू) है।
(B) प्रत्येक जाति से हमें आर्थिक लाभ होता है।
(C) अमेजन से मधुमक्खी का विलुप्त होने से मानव जीवन संकट में आ सकता है।
(D) अनेक औषधीय महत्त्व के पादपों की उष्ण कटिबंधीय त्र्षा वनों में खोज होना शेष है।
उपरोक्त में से कितने कथन गलत है-
(A) 1 (B) 2
(C) 3 (D) 4

97. सार्वाधिक जैव-विविधता उपस्थित होते हे-
(A) राष्ट्रीय उद्यान में (B) जीवमंडल अभ्यारणय में
(C) हॉट-स्पॉट में (D) अभ्यारणय में

98. जैव-विविधता के सारे हॉट-स्पॉट आपस में मिलकर संसार का ______ प्रतिशत से भी कम है-
(A) 22 (B) 13
(C) 2 (D) 9

99. हॉट-स्पॉट के विशेष सुरक्षा द्वारा विलोपन की दर को कितना प्रतिशत कम किया जा सकता है?
(A) 20% (B) 30%
(C) 10% (D) 40%

100. सर्वप्रथम कितने जैव-विविधता हॉट-स्पॉट चिहित किए गए?
(A) 25 (B) 34
(C) 3 (D) 12

101. उच्च स्थानिकता (एंडेमिज्म) निम्न में से किसकी विशेषता है?
(A) राष्ट्रीय उद्यान (B) अभ्यारणय
(C) हॉट-स्पॉट (D) जीवमंडल अभ्यारणय

102. असमान्य का चयन करे-
(A) जंतु उद्यान
(B) वनस्पति उद्यान
(C) वन्य जीव सफारी
(D) राष्ट्रीय उद्यान

103. नीचे संरक्षण से संबंधित स्थल दिए गए है-
(A) राष्ट्रीय उद्यान, जीवमंडल अभ्यारण, वन्य जीवन अभयारण, बीज बैक
उपयुक्त में से कितने बाह स्थाने (एक्स सीटू) संरक्षण के अंतर्गत आते है?
(A) 1 (B) 2
(C) 3 (D) 4

104. ताप परीक्षण (क्रायोप्रिजरबेशन) निम्न में से किसका हिस्सा है?
(A) इन सिटू संरक्षण
(B) एक्स सीटू संरक्षण
(C) A तथा B दोनों
(D) न तो न सिटू न ही एक्स सीटू

105. संकटग्रस्त जातियों के युग्मकों को जननक्षम स्थिति में कहां परिरक्षित किया जा सकता है?
(A) राष्ट्रीय उद्यान
(B) जीवमंडल अभ्यारण
(C) वन्य जीवन अभ्यारण
(D) क्रायोपिजरवेशन

106. पार्थेनियम, लैटाना, आइकॉर्नेनिया, पोडोफाइलम, स्नोऑकिड
उपरोक्त में से कितने खरपतवार नहीं है-
(A) 1 (B) 2
(C) 3 (D) 0

107.

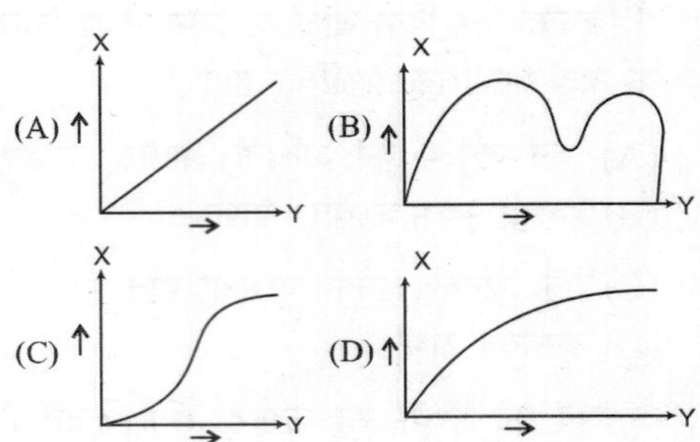

अगर x अक्ष जाति समृद्धि को दर्शा रहा है तथा y अक्ष क्षेत्र को दर्शा रहा है, तो अलेक्जैंडर वॉन हम्बोल्ट के जातीय क्षेत्र संबंध, अवधारणा के अनुसार उपरोक्त में से कौन सा ग्राफ सही है?
(A) A (B) B
(C) C (D) D

108. अगर हम वैश्विक जैव विविधता को देखते है तो पादंप जाति के वर्गकों की अनुपातिक संख्या में निम्न में से कौन सा जोड़ों जातियों की संख्या में लगभग बराबर है-
(A) शैवाल तथा लाइकेन
(B) शैवाल तथा आवृतबीजीय
(C) मॉसेस तथा फर्न
(D) लाइनके तथा कवक

109. जातियों की संख्या के आधार पर, सही जोड़े का चयन करें-
(A) मोलस्क + क्रस्टैशिया = अन्य प्राणि समूह
(B) कीट + मोलस्क = अन्य प्राणि समूह
(C) मोलस्क + क्रस्टैशिया + अन्य प्राणि समूह = कीट
(D) मत्स्य + उभयचर + सरीसृप + पक्षी + स्तनधारी = कीट

ANSWER KEY

1. (B)	**2.** (B)	**3.** (A)	**4.** (D)	**5.** (D)	**6.** (A)	**7.** (C)	**8.** (A)	**9.** (B)	**10.** (B)
11. (A)	**12.** (A)	**13.** (B)	**14.** (C)	**15.** (D)	**16.** (B)	**17.** (C)	**18.** (D)	**19.** (D)	**20.** (C)
21. (B)	**22.** (C)	**23.** (D)	**24.** (C)	**25.** (C)	**26.** (B)	**27.** (C)	**28.** (D)	**29.** (C)	**30.** (A)
31. (C)	**32.** (D)	**33.** (D)	**34.** (B)	**35.** (C)	**36.** (C)	**37.** (C)	**38.** (D)	**39.** (A)	**40.** (C)
41. (A)	**42.** (A)	**43.** (B)	**44.** (C)	**45.** (D)	**46.** (C)	**47.** (D)	**48.** (C)	**49.** (D)	**50.** (B)
51. (D)	**52.** (C)	**53.** (A)	**54.** (B)	**55.** (C)	**56.** (B)	**57.** (B)	**58.** (C)	**59.** (C)	**60.** (A)
61. (D)	**62.** (C)	**63.** (B)	**64.** (C)	**65.** (A)	**66.** (B)	**67.** (A)	**68.** (C)	**69.** (D)	**70.** (C)
71. (A)	**72.** (B)	**73.** (D)	**74.** (D)	**75.** (C)	**76.** (D)	**77.** (A)	**78.** (C)	**79.** (D)	**80.** (A)
81. (C)	**82.** (D)	**83.** (A)	**84.** (A)	**85.** (D)	**86.** (A)	**87.** (C)	**88.** (D)	**89.** (A)	**90.** (D)
91. (C)	**92.** (A)	**93.** (C)	**94.** (B)	**95.** (A)	**96.** (A)	**97.** (C)	**98.** (C)	**99.** (B)	**100.** (A)
101. (C)	**102.** (D)	**103.** (A)	**104.** (B)	**105.** (D)	**106.** (B)	**107.** (D)	**108.** (C)	**109.** (A)	

पर्यावरण के मुद्दे

1. इलैक्ट्रोस्टैटिक प्रेसिपेटेटर निम्न में से किसके नियंत्रण से संबंधित है–
(A) वायु प्रदूषण (B) भूमि प्रदूषण
(C) जल प्रदूषण (D) ध्वनी प्रदूषण
2. प्लैटिनम, पैलेडियम तथा रोडियम का उपयोग निम्न में से किसमें होता है?
(A) मार्जक (स्क्रबर) (B) वैद्युत अवक्षेपित
(C) उत्प्रेरक परिवर्तक (D) भूमि परिवर्तक
3. रेडियोधर्मी प्रदूषण से संबंधित सही कथन का चयन करें–
(a) रेडियोधर्मी कचरों के निपटान में इन्हें कवचित पात्रों में रखकर 300 मीटर की गहराई में पृथ्वी में गाड़ दिया जाता है।
(b) रेडियोधर्मी कचरा खाद्य श्रृखंला में प्रवेश कर सकता है।
(c) स्ट्रोंटियम 90 मानव के लिए बेहद सुरक्षित है।
(d) पृष्ठभूमि विकरण मानव के लिए घातक है।
(A) b, c (B) सिर्फ c
(C) सिर्फ b (D) a, b, c तथा d
4. निम्न में से कौन प्लास्टिक अपशिष्ट निपटान से संबंधित है?
(A) सुन्दर लाल बहगुणा
(B) गौरी देवी
(C) अहमद खान
(D) मेघा पाटेकर
5. पेस्टनाशी के चयन करें जो जैव प्रवधन से संबंधित है–
(A) कार्बामेट (B) ऑरगेनोफास्फेट
(C) ऑरगेनोक्लोरिन (D) पायरेथवाड
6. सबसे बड़ा ओजोन छिद्रं कहां निर्मित होता है?
(A) आर्कटिक (B) एन्टार्कटिका
(C) भूमध्य रेखा (D) ट्रॉपिक ऑफ कैंसर
7. उस सेट का चयन करे जिसका उद्देश्य समान है–
(A) Koyoto Protocol – UNCED
(B) Koyoto Protocol – Motreal Protocol
(C) Montreal Protocol – UNCED
(D) Montreal Protocol – CPCB
8. पर्यावरण (संरक्षण) अधिनियम भारत सरकार के द्वारा कब पारित किया गया?
(A) 1990 (B) 1971
(C) 1981 (D) 1986
9. वैद्युत अवक्षेपित इलैक्टोस्टैटिक प्रेसिपेटेटर ताप विद्युत इगजास्ट में मॉजूद कितने प्रतिशत कणिकीय पदार्थ को हटा देता है?
(A) 100% (B) 60%
(C) 99% (D) 75%

10. इलैक्ट्रोस्टैटिक प्रोससिपेटेटर के कार्य के संदर्भ में सही क्रम का चयन करें-
(A) इलेक्ट्रोड तार → कोरोना → इलेक्ट्रान → डस्ट → संग्रह प्लेट
(B) कोरोना → इलेक्ट्रोड तार → इलेक्ट्रान → डस्ट → संग्रह प्लेट
(C) इलेक्ट्रान → कोरोना → इलेक्ट्रोड तार → डस्ट → संग्रह प्लेट
(D) डस्ट → इलेक्ट्रान → कोरोना → संग्रह प्लेट → इलेक्ट्रोड तार

11. SO_2 निम्न में से कौन से यंत्र के द्वारा सर्वश्रेष्ट रूप से इगजॉस्ट से हटा किया जाता है?
(A) वैद्युत अवक्षेपित (B) मार्जक
(C) गुरुत्वाकर्षण टैंक (D) उत्प्रेरक परिवर्तक

12. सीपीसीबी के अनुसार ___?___ या कम व्यास के आकार के कणिकीय पदार्थ मानव के लिए बेहद घातक है-
(A) 5 माइक्रोमीटर (B) 7.5 माइक्रोमीटर
(C) 2.5 माइक्रोमीटर (D) 10 माइक्रोमीटर

13. भारत में कौन सा शहर सार्वाधिक वायु प्रदूषित है?
(A) दिल्ली (B) कोलकत्ता
(C) मुम्बई (D) बैंगलोर

14. परिवर्तक उत्प्रेरक (catalytic converter) युक्त वाहन में बिना जले हुए हाइड्रोकोर्बन को परिवर्तित करता है-
(A) CO में (B) H_2O में
(C) SO_2 में (D) CH_4 में

15. सन् 1990 के एक आंकड़ा के अनुसार दिल्ली का स्थान विश्व के 41 सर्वाधिक प्रदूषित नगरों में कौन सा है-
(A) 1st (B) 2nd
(C) 41st (D) 4th

16. किस वर्ष के अंत कि दिल्ली की सभी बसो को सीएनजी में परिवर्तित कर दिया गया?
(A) 2002 (B) 2010
(C) 1999 (D) 2006

17. सी एन जी डीजल से बेहतर क्यों है?
(A) क्योंकि यहा सस्ता है, तथा इसमें सीसा बेहद कम होता है।
(B) क्योंकि यह बेहतर जलता है, तथा सस्ता होता है।
(C) क्योंकि इसे चुराया नहीं जा सकता है तथा यह आसानी से उपलब्ध है।
(D) उपरोक्त में से कोई नहीं।

18. वर्ष 1997-2005 तक कौन से प्रदूषक के स्तर में जबरदस्त गिरावट आई है जिससे वायु प्रदूषण होता है?
(A) CO, CO_2 (B) SO_2, CO_2
(C) CH_4, CO (D) SO_2, CO

19. भारत सरकार ने वायु प्रदूषण निरोध एंव नियंत्रण अधिनियम कब पारित किया?
(A) 1981 (B) 1987
(C) 1991 (D) 1996

20. मानव शरीर पर ध्वनी प्रदूषण का असर होता है, निम्न में से कौन सी असमान्यता ध्वनी प्रदूषण के कारण नहीं होता है-
(A) अनद्रिा (B) हृदय-गति का बढ़ जाना
(C) साइकोसिस (D) न्यूरोसिस

21. भारत सरकार ने जल प्रदूषण निरोध एवं अधिनियम नियंत्रण कब पारित किया?
(A) 1974 (B) 1986
(C) 1987 (D) 1989

22. एक सुझाव के अनुसार सन् 2100 तक विश्व का तापमान बढ़ सकता है-
(A) 1.4 – 2.9ºC (B) 1.4 – 5.8ºC
(C) 2 – 4ºC (D) 1.7 – 4.2ºC

23. एफ ओर ए एम (FOAM) है-
(A) Filling of Antartica mainland
(B) Forest organisation Associated Marsh.
(C) Friends of Arcata Marsh.
(D) Fish of Arcata Marsh

24. रमेश चंद्र डागर निम्न में से किससे संबंधित है?
(A) प्लास्टिक अपशिष्ठ निपटान
(B) रेडियोधर्मी कचरा निपटान
(C) कार्बनिक फार्मिक
(D) अपशिष्ट जल निपटान

25. श्री माएल आइलैड निम्न में से किससे संबंधित है?
(A) ओजोन छिद्र (B) ग्रीन हाउस प्रभाव
(C) रेडियोधर्मी प्रदूषण (D) तेजाबी वर्षा

26. अभी पृथ्वी का औसत तापमान है–
(A) 26°C (B) 32°C
(C) 15°C (D) 21°C

27. ग्रीन हाउस गैसों के सेट का चयन करे जिनका अधिकतम तथा न्यूनतम योगदान है–
(A) Co_2, CFC (B) CH_4, N_2O
(C) CFC, CO_2 (D) Co_2, N_2O

28. पिछले शताब्दी में पृथ्वी का तापमान कितना बढ़ गया है?
(A) 1.6°C (B) 2.6°
(C) 0.6°C (D) 3°C

29. राष्ट्रीय वन अधिनियम 1988 के अनुसार कितना प्रतिशत पहाड़ी क्षेत्र वन युक्त होना चाहिए?
(A) 33 (B) 67
(C) 75% (D) 50

30. राष्ट्रीय वन अधिनियम 1988 के अनुसार कितना प्रतिशत मैदानी क्षेत्र वन युक्त होना चाहिए?
(A) 33 (B) 67
(C) 75 (D) 50

31. जलीय खाद्य श्रृंखला प्रवधन के सही क्रम का चयन करें–

(A) बड़ी मछली	**(B)** मछली भक्षी चिड़िया	(C) प्राणि प्लवक	(D) बड़ी मछली
↑	↑	↑	↑
मछली भक्षी चिड़िया	बड़ी मछली	छोटी मछली	छोटी मछली
↑	↑	↑	↑
छोटी मछली	छोटी मछली	जल	मछली भक्षी चिड़िया
↑	↑	↑	↑
प्राणिप्लवक	प्राणिप्लवड	बड़ी मछली	जल
↑	↑	↑	↑
जल	जल	चिड़िया	मछली भक्षी चिड़िया

32. e-waste से किस प्रकार के धातु प्राप्त होते है?
(A) तांबा (B) सोना
(C) लोहा (D) उपरोक्त सभी।

33. सही कथन का चयन करें–
(A) चिपको आंदोलन की शुरुआत 1974 में हुआ था।
(B) यूरो–II का मुख्य उद्देश्य पेट्रोल तथा डीजल में गंधक (Sulphur) को कम करना है।
(C) सुपोषण के दौरान झील (Lake) तापमान गिरने लगता है।
(A) A, B, C (B) A
(C) B (D) A, B

34. अहानिकारक गैसों के समूह का चयन करें–
(A) CH_4, Nitrogen (B) N_2O, Oxygen
(C) CFC, Nitrogen (D) Nitrogen, Oxygen

35. प्रदूषण से संबंधित सही जोड़े का चयन करें–

A.	1986	मॉट्रियल प्रोटोकॉल
B.	1981	ध्वनि प्रदूषण नियंत्रण अधिनियम
C.	1974	जल प्रदूषण निरोधक एवं नियंत्रण अधिनियम
D.	1987	पर्यावरण संरक्षण अधिनियम

36. नीचे कुछ कथन प्रदूषण से संबंधित दिए गए है–
(A) ताप विद्युत कचरा के प्रभाव मं बेहद ठंडे क्षेत्र में पादप तथा मछलियों का विकास संभव है।
(B) सैनिटरी लैडफिल्स से भूमी के अंदर स्थित जल स्रोत प्रदूषित हो सकते है।
(C) पॉलिब्लेंड पलास्टिक कचरों से संबंधित है।
(D) ध्वनि प्रदूषण के कारण श्वसन के तरीके में परिवर्तन संभव है।
कितने कथन गलत है?
(A) 0 (B) 1
(C) 2 (D) 3

37. मनुष्य की जनसंख्या में भारी बढ़ोतरी के कारण किस प्रकार का प्रदूषण संभव नहीं है?
(A) रेडियोधर्मी प्रदूषण
(B) जल प्रदूषण
(C) वायु प्रदूषण
(D) उपरोक्त मे से कोई नहीं।

38. I – वायु, भूमि तथा जल में आवांक्षनीय परिवर्तन प्रदूषण कहलाता है।

II – वातावरण में मौजूद प्रदूषक सिर्फ मानवीय क्रियाकलापों के कारण ही उत्पन्न होते है।

III – भारत के सभी शहरों में बिना किसी अपवाद के प्रदूषक बढ़ते चले जा रहे है।

उपरोक्त में से कौन सा कथन गलत है?

(A) I (B) I, II

(C) II, III (D) III

39. वायु प्रदूषण, निम्न में से किसे क्षति पहुंचाते है?

(A) सिर्फ पादप को (B) सिर्फ जंतु को

(C) सभी जीवों को (D) सिर्फ नई जातियों को

40. वायु प्रदूषण से क्या होता है?

(A) फसल के वृद्धि में कमी

(B) पादप का समय पूर्व मृत्यु

(C) फसल के वृद्धि में कमी

(D) उपरोक्त सभी

41. अगर एक स्कॉटलैंड निवासी जयंत दिल्ली की सड़को पर घूम रहा है, तो उस पर प्रदूषक का प्रभाव–

(A) वैसा ही होगा जैसे दिल्ली के निवासी पर

(B) अपेक्षाकृत अधिक

(C) अपेक्षाकृत कम

(D) उस पर कोई प्रभाव नहीं पड़ेगा।

42. वैद्युत अवक्षेपित में पट्टिकाओं के बीच वायु वेग अवश्य होना चाहिए–

(A) तीव्र (B) सामान्य

(C) काफी कम (D) उपरोक्त में से कोई नहीं

43. मार्जक में नियति (एक्सास्ट) निम्न में से किसके फुहार से होकर गुजरते है?

(A) जल

(B) चूना

(C) जल या चूने से

(D) न जल से, ना चूना से बल्कि नाइट्रोजन से

44. कणिकीय पदार्थ (SPM) का बेहद (सबसे) खतरनाक पहलू है–

(A) फेफड़ा में सुजन

(B) आकाल मृत्यु

(C) श्वसन असमान्यता

(D) व्यवसायिक फेफड़ा रोग

45. बड़े शहरों में वायु प्रदूषण में अप्रत्याशित वृद्धि के लिए मुख्य रूप से उत्तरदायी है–

(A) वाहनों की संख्या में वृद्धि

(B) उद्योगों में वृद्धि

(C) आबादी में वृद्धि

(D) उपरोक्त सभी।

46. I – सीसा रहित पेट्रोल

II – उत्प्रेरक परिवर्तक (कैटालिटिक कनवर्टर) युक्त इंजन

III – सी एन जी का उपयोग

उपरोक्त कथनों में से कितने कथन प्रदूषकों की मात्रा को कम कर सकते है–

(A) I (B) II

(C) I, II (D) I, II, III

47. हाल में निम्न में से किसे वायु प्रदूषण शामिल किया गया है?

(A) रेडियोधर्मी प्रदूषण (B) थर्मल प्रदूषण

(C) बर्न कृषि (D) ध्वनि प्रदूषण

48. निम्न में से कौन सा प्रदूषण मनोरंजन से संबंधित है?

(A) ध्वनि प्रदूषण (B) वायु प्रदूषण

(C) रेडियोधर्मी प्रदूषण (D) जल प्रदूषण

49. गलत कथन का चयन करें–

(A) अपेक्षाकृत निम्न ध्वनि स्तर के दीर्घकालिक उद्भासन के कारण भी हमारे सुनने की क्षमता स्थायी रूप से क्षतिग्रस्त हो सकती है।

(B) ध्वनि प्रदूषण दिनों दिन बढ़ता जा रहा है।

(C) देहाती क्षेत्रों में ध्वनि प्रदूषण अपेक्षाकृत कम होता है।

(D) हवाईअड्डा के श्रमिक (कर्मचारी) ध्वनि प्रदूषण के संपर्क में अधिक आते है–

(A) A, B (B) B, C

(C) C, D

(D) उपरोक्त में से कोई नहीं।

50. ध्वनि प्रदूषण के कारण हृदय रोग कैसे संभव है?
(A) एड्रिनेलिन↑→तनाव स्तर↑→हृदय गति↑
(B) तनाव स्तर↓→एड्रीनेलिन↓→हृदय गति↑
(C) तनाव स्तर↑→एड्रीनेलिन↑→हृदय गति↑
(D) तनाव स्तर↑ → एड्रीनेलिन↓ → हृदय गति↓

51. ध्वनि प्रदूषण का अस्थायी प्रभाव का चयन करें–
(A) श्वसन के तरीके में परिवर्तन
(B) अनिद्रा
(C) बेचैनी
(D) उपरोक्त सभी

52. मनुष्य के स्वास्थ्य पर जेट वायुयान या रॉकेट का दुष्प्रभाव क्यों पड़ता है?
(A) 120 dB या अधिक ध्वनि उत्पन्न करता है।
(B) 130 dB या अधिक ध्वनि उत्पन्न करता है।
(C) 150 dB या अधिक ध्वनि उत्पन्न करता है।
(D) 180 dB या अधिक ध्वनि उत्पन्न करता है।

53. निम्न में से किस प्रकार के प्रदूषण के लिए सर्वोच्च न्यायालय में एक जनहित याचिका (पी आई एल) दायर की गई–
(A) रेडियोधर्मी प्रदूषण (B) थर्मल प्रदूषण
(C) ध्वनि प्रदूषण (D) वायु प्रदूषण

54. दिल्ली की सभी बसों को सीएनजी में किस वर्ष के अंत में परिवर्तित कर दिया गया–
(A) 2010 (B) 2014
(C) 2002 (D) 2000

55. वाहनों को सीएनजी मे परिवर्तित करने में सबसे बड़ी समस्या है–
(A) सीएनजी का वितरण स्थल तक लाया जाना तथा वितरण।
(B) सीएनजी पेट्रोल तथा डीजल की तुलना में महंगा होता है।
(C) सीएनजी को चुराया जा सकता है।
(D) सीएनजी से अधिक प्रदूषण होता हे।

56. कितना प्रतिशत अपद्रव्य (इम्प्यूरीटिज) के कारण घरेलू वाहित मल मानव के उपयोग के लायक नहीं रहता है?
(A) 1 (B) 0.5
(C) 0.1 (D) 1.1

57. प्रदूषित जल से निम्न में से किसे आसानी से हटाया जा सकता है?
(A) ठोस अपशिष्ठ (B) घुलित लवण
(C) विषैले धातु (D) कार्बनिक यौगिक

58. विलिन लवण, जो प्रदूषित जल में उपस्थित होते है, वह है–
(A) नाइट्राइट (B) फॉस्फेट
(C) यूरिया (D) A तथा B दोनों

59. बेहद प्रदूषित क्षेत्र (क्षील) में, निम्न में से कौन सी दशा में संभव नहीं है?
अगर ↑ = उच्च, ↓निम्न, D.O = घुलित ऑक्सीजन
(A) BOD↑ (B) D.O↑
(C) D.O↓ (D) कार्बनिक अपशिष्ठ↑

60. निम्न में से सही जोड़ का चयन करें–
D.O = घुलित ऑक्सीजन
(A) बीओडी↑, कार्बनिक अपशिष्ठ↓
(B) बीओडी↓, कार्बनिक अपशिष्ट↓
(C) बीओडी↓, कार्बनिक अपशिष्ट↑
(D) बीओडी↓, घुलित ऑक्सीजन↓

61. सही जोड़े का चयन करे जो कार्बनिक यौगिक तथा घुलित ऑक्सीजन के बीच सही संबंध प्रदर्शित करता है–
(A) कार्बनिक यौगिक↑, घुलित ऑक्सीजन↑
(B) कार्बनिक यौगिक↑, घुलित ऑक्सीजन (अपरवर्तित)
(C) कार्बनिक यौगिक↓, घुलित ऑक्सीजन अनुपस्थित
(D) कार्बनिक यौगिक↓, घुलित ऑक्सीजन↑

62. युवा क्षील में, कार्बकि यौगिक तथा जलीय जीवन के बीच, संबंध के सही जोड़े का चयन करें-
(A) कार्बनिक यौगिक↑, जलीय जीवन↑
(B) कार्बनिक यौगिक↓, जलीय जीवन↑
(C) कार्बनिक यौगिक↑, जलीय जीवन↓
(D) कार्बनिक यौगिक↓, जलीय जीवन↓

63. नीचे कुछ कथन, शैवाल प्रस्फुटन तथा जल से संबंधित दिए गए है-
I – जल में बड़ी मात्रा में पोषक पदार्थ उपस्थित
II – जल का पानी हरा हो जाता है।
III – जल से दुर्गन्ध आता है।
IV – जलीय जीवन फलता-फूलता है।
गलत कथन का चयन करें-
(A) I (B) II
(C) III (D) IV

64. जल जिसमे प्लवकीय (मुक्त-पलावी) शैवाल की अतिशय वृद्धि होती है, वह-
(A) अतिशय विषैले होते है।
(B) मनुष्य के लिए सामान्य होते है।
(C) मनुष्य के लिए बेहद पोषक हाते है।
(D) उपरोक्त में से कोई नहीं।

65. आइकोर्निया के भारत में किस कारण से लाया गया था?
(A) उनके खुबसूरत फूलों के कारण
(B) उनके औषधिय महत्व के कारण
(C) उनके पोषक गुण के कारण
(D) उपरोक्त सभी।

66. आइकोर्निया को विश्व में सबसे अधिक समस्या उत्पन्न करने वाला जलीय खरपतवार क्यों माना जाता है?
I – ये पौधे हमारी हटाने की क्षमता से कही अधिक तेजी से वृद्धि करते हे।
II – ये पौधे सुपोषी जलाशयों में काफी वृद्धि करते है और इसक परितंत्र गति को असंतुलित कर देते है।
III – ये पौधे जहरीले रासायन मुक्त करते है।
सही कथन का चयन करें-
(A) I (B) II
(C) I, II (D) II, III

67. उस रोग का चयन करे जो कि हमारे घरों तथा अस्पताल के वाहित मल से संभव नहीं है-
(A) टाइफाइड (B) पीलिया
(C) हैजा (D) उपरोक्त में से कोई नही

68. रासायनिक-उत्पादन आदि के अपशिष्ट जल मे भारी धातु उपस्थित होते है जिनका घनत्व है-
(A) > $5g/cm^3$ (B) > $2g/cm^3$
(C) > $1g/cm^3$ (D) > $3g/cm^3$

69. डीडीटी के कारण कैसे पक्षी-समष्टि (बर्ड पोपुलेशन) में कमी आ रही है?
(A) अंड-कवच के पतला होने के कारण।
(B) कैल्सियम-उपापचय को असंतुलित कर देता है।
(C) रोग उत्पन्न करता है।
(D) उपरोक्त सभी।

70. जेसे-जैसे हमारी उम्र उढ़ती जाती है, डीडीटी की मात्रा-
(A) ↑ (B) ↓
(C) स्थिर रहता है (D) ↑ या ↓

71. A – जैव-आवर्धन प्रदर्शित करता है।
B – मनुष्य के लिए बेहद जहरीला।
C – शरीर में उपापचयित नहीं होते है।
D – पेस्टनाशी
उपरोक्त कथनों में से कौन से कथन, में पार (मरकरी), डीडीटी से समानता प्रदर्शित करता है
(A) A, B (B) A, B, C
(C) A, C (D) B, C, D

72. युवा क्षील में जल-
I – गर्म होता है।
II – ठंडा होता है।
III – अपेक्षाकृत कम जीवन युक्त।
IV – साफ होता है।
गलत कथन को चुने-
(A) I (B) I, II
(C) I, II, III (D) I, II, III, IV

73. निम्न में से कौन सा तत्व क्षील के लिए पोषक तत्व है?
(A) नाइट्रोजन (B) सल्फर
(C) पारा (D) कैडियम

74. उस जोड़े का चयन करें जो कि शैवाल तथा जलीय खरपतवार के लिए पोषक तत्व होता है-
(A) नाइट्रेट, कॉरबाइड (B) फॉस्फेट, डीडीटी
(C) नाइट्रेट, फॉस्फेट (D) फॉस्फेट तथा पारा

75. तापीय विद्युत संयंत्रों से निकलने वाले जलीय प्रदूषक तथा प्रदूषण के संदर्भ में गलत कथन को चूने-
(A) तापमान अधिक होता है।
(B) जलीय जीवन के लिए सभी वातावरण में घातक होता है।
(C) तापीय गर्म अपशिष्ट सामान्यतः जल में मुक्त होता है।
(D) उपरोक्त में से कोई नहीं।

76. नीचे कुछ कथन आर्कटा (Aarcta) शहर के कच्छ भूमि (मार्शेस) से संबंधित दिए गए है-
I – यह एक अभ्यारणय है।
II – जैव-विविधता बेहद अधिक है।
III – 60 हेक्टेयर भूमि में फैला है।
उपरोक्त में से कौन सा कथन सही है?
(A) I (B) I, II
(C) II (D) I, II, III

77. शुष्क टॉयलूट कैपोस्टिग, परम्परागल टॉयलेट से कैसे बेहतर है?
(A) मूलमूत्र के निपटान के लिए, अधिक जल की आवश्यकता पड़ती है।
(B) स्वास्थ्य विधि है।
(C) कम लागत की विधि है-
गलत कथन का चयन करें-
(A) A (B) A, B
(C) B (D) A, B, C

78. लैडफिल निम्न में से किससे संबंधित है?
(A) ठोस अपशिष्ट का निपटान
(B) बंजर भूमि का उर्वरक से भराव
(C) कृषि
(D) उपरोक्त सभी

79. लैंडपिल से संबंधित जठिलता है-
(A) भौम जल संसाधन को प्रदूषित करते है।
(B) चूहों तथा पीड़कों का आदर्श जनन स्थल हो सकता है।
(C) निकटवर्ती मिट्टी को प्रदूषित कर सकता है।
(D) उपरोक्त सभी।

80. निम्न में से किसका पुनश्चक्रण किया जा सकता है?
(A) घरेलू कचरा (B) प्लास्टिक
(C) A तथा B दोनों (D) उपरोक्त में से कोई नहीं

81. विकासशील देशों में ई-वेस्टस का पुनश्चक्रण क्यों अपेक्षाकृत अधिक घातक है?
(1) प्रायः हाथ से किया जाता है।
(2) श्रमिक ई-अपशिष्ट मं मौजूद घातकरसायन के संपर्क में आते है।
(3) आधुकि मशीन के मद्द से की जाती है।
(4) उच्च किस्म के कुशलता को जरूरत पड़ती है।
(A) 1 (B) 1, 2
(C) 1, 2, 3 (D) 1, 2, 4

82. अहमद खान के संदर्भ में कुछ कथन दिए गए है-
(A) प्लास्टिक की थैली के उत्पादन कार्य
(B) उम्र 57 वर्ष के लगभग
(C) पॉलिब्लेंड (polyblend) का निर्माण
सही कथन का चयन करें-
(A) A (B) B
(C) C (D) A, B, C

83. पॉलिब्लेड है-
(A) पुनश्चक्रित परिवर्तित प्लास्टिक का एक महीन पाउडर
(B) पुनश्चक्रित परिवर्तित प्लास्टिक का एक पेस्ट
(C) पुनश्चक्रित परिवर्तित प्लास्टिक का एक रसायन
(D) पुनश्चक्रित परिवर्तित प्लास्टिक का एक पॉलिमर

84. पॉलिब्लेड को बिटुमेन से मिश्रण के कारण-
(A) बिटुमेन के जल रोकने की क्षमता बढ़ जाती है।
(B) बिटुमेन के जल विकर्षक गुण बढ़ जाती है।
(C) बिटुमेन मुलायम हो जाता है।
(D) बिटुमेन जल्दी खराब हो जाता है।

85. अहमद खान के तकनीक का इस्तेमाल करके ___1?___ तक ___2?___ किलोमी. सड़क ________ शहर में बनाया गया।
(A) 1 – 2002, 2 – 40, 3 – बैंगलोर
(B) 1 – 2000, 2 – 20, 3 – दिल्ली
(C) 1 – 2002, 2 – 10, 3 – बैंगलोर
(D) 1 – 2002, 2 – 20, 3 – पुणे

86. अहमद खान, समाज में अपना योगदान कैसे दे रहे है?
(A) प्लास्टिक अपशिष्ट कि लिए कचरा-चुनने वाले को 6 रुपये प्रति किलोग्राम देने लगे।
(B) बैंगलोर शहर में प्लास्टिक अपशिष्ट की मात्रा कम हो गई।
(C) बेहतर सड़क निर्माण में उन्होंने योगदान दिया।
(A) A, B, C (B) A
(C) A, B (D) B, C

87. नीचे कुछ कथन पीड़कनाशी तथा अकार्बनिक उर्वरक से संबंधित दिए गए है-
I – उपयोग दिनों, दिन बढ़ता चला जा रहा है।
II – अलक्ष्य जीवों के लिए भी विषैला है।
III – सुपोषण उत्पन्न करता है।
IV – जैवप्रवधन का कारण बनता है।
उपरोक्त में से कितने कथन सही है?
(A) 1 (B) 2
(C) 3 (D) 4

88. एकीकृत जैव खेती है-
(A) चक्रीय एव सूक्ष्म (अलप) अपशिष्ट वाली
(B) एकदिशात्मक एवं शून्य अपशिष्ट वाली
(C) चक्रीय एवं शून्य अपशिष्ट वाली
(D) चक्रीय एवं मध्यम अपशिष्ट वाली

89. जैव खेती में, संसाधन का-
(A) अधिकतम उपयोग होता है।
(B) न्यूनतम उपयोग होता है।
(C) कभी उपयोग नहीं होता है।
(D) मध्यम उपयोग होता है।

90. रमेश चंद्र डागर, कहां के किसान है?
(A) भटींडा, पंजाब
(B) गोपालगंज, बिहार
(C) सोनीपत, हरियाणा
(D) गिरिडीह, झारखंड

91. न्यूक्लीय अपशिष्ट विकिरण की ज्यादा मात्रा-
(A) कैंसर कारक होता है।
(B) जानलेवा होता है।
(C) जीवन रक्षक होता है।
(D) उपरोक्त सभी।

92. गलत कथन का चयन करें
(A) परमाणु ऊर्जा प्लांट से होने वाले रिसाव का प्रभाव कई दशक तक रहता है।
(B) न्यूक्लियर अपशिष्ट का निपटान लैंडफिल की तुलना में तुलनात्मक रूप से सरल होता है।
(C) न्यूक्लीय अपशिष्ट से निकलने वाला विकिरण उत्परिवर्तन पैदा करता है।
(D) परमाणु ऊर्जा गृह से होने वाला रिसाव विश्व स्तर पर बेहद सामान्य है-
(A) A, B (B) B, C
(C) B, D (D) A, D

93. ग्रीन हाउस का उपयोग होता है-
(A) पौधों को उगाने में
(B) जानवरों को पालने में
(C) सूक्ष्मजीवों के विकास में
(D) अमीबा के विकास में

94. ग्रीन हाउस प्रभाव-
(A) प्राकृतिक रूप से होने वाली परिघटना
(B) प्रदूषण जनित प्रभाव
(C) प्रदूषक जनित प्रभाव
(D) उपरोक्त सभी

95. पृथ्वी की ओर आने वाली सौर विकिरण का लगभग ________ भाग बादलों और गैसों से परावर्तित हो जाते है-
(A) एक आधा (B) एक तिहाई
(C) एक चौथाई (D) सो प्रतिशत

96. नीचे कुछ कथन हरित ग्रह गैसों से संबंधित दिए गए है–

1. हरित गृह गैस पृथ्वी से लघु तरंग विकिरण को अवशोषित करते है।
2. हरित गृह गैस दीर्घ तरंग को पृथ्वी की ओर उत्सर्जित करती है।
3. विश्व स्तर पर हरित गृह गैसो का स्तर बढ़ता जा रहा है।
4. मॉन्ट्रियल प्रोटोकॉल ग्रीन हाउस गैसों के रोकथाम से संबंधित है।

उपरोक्त में से कितने कथन गलत है?

(A) 1 (B) 2
(C) 3 (D) 4

97. गत शताब्दी में पृथ्वी के तापमान में काफी वृद्धि हुई है, मुख्यत:–

(A) तीन दशक में (B) दो दशक में
(C) एक दशक में (D) चार दशक में

98. मान ले अगर X = वाहन संख्या, Y = ग्रीन हाउस गैस, Z = पृथ्वी का तापमान

↑ = तापमान वृद्धि, ↓ = तापमान में कमी

(A) X ↑, Y ↓, Z ↑ (B) X ↑, Y ↑,Z ↓
(C) X ↓, Y ↑, Z ↓ (D) X ↑, Y ↑, Z↑

99. उस गैस का चयन करे जो मुख्यत: ओजान छिद्र तथा विश्वव्यापी उष्णता से संबंधित है–

(A) CFC (B) CH_4
(C) N_2O (D) CO_2

100. I – जीवाश्म ईंधन के प्रयोग में कमी

II – वनोन्मूलन को कम करना

III – वृक्षारोपण

IV – मानव जनसंख्या में अप्रत्याशित वृद्धि

उपरोक्त में से कौन-सा कथन विश्वव्यापी उष्णता के नियंत्रण में मद्द नहीं करेगा?

(A) I (B) II
(C) III (D) IV

101. शहर के जोड़े का चयन करें जो कि विश्वव्यापी उष्णता तथा हिम चोटियों के पिघलने से अधिक प्रभावित होंगे–

(A) पटना, रांची (B) मुम्बई, लखनऊ
(C) लक्षद्वीप, मुम्बई (D) जोधपुर, जयपुर

102. मान ले, अगर चंदन पुराने फ्रिज का उपयोग कर रहा है, तो वह निम्न में से किस प्रक्रिया में अपना योगदान दे रहा है–

(A) विश्वव्यापी उष्णता (B) ओजोन परत में कमी
(C) इलनिनो प्रभाव (D) उपरोक्त सभी

103. अगर मोहन हिम अंधता से ग्रसित है तो, उसके कॉर्निया ने अवश्य अवशोषित किया होगा–

(A) UV – A (B) UV – B
(C) UV – C (D) UV – D

104. वायुमंडल के उस जोड़े का चयन करें जिसमें ओजोन उपस्थित रहते हैं–

(A) मीजोंस्फीयर, थर्मोस्फीयर
(B) स्ट्रेटोस्फीयर, मीसोस्फीयर
(C) ट्रोफोस्फीयर, थर्मोस्फीयर
(D) स्ट्रेटोस्फीयर, ट्रोफोस्फीयर

105. 'अच्छा' ओजोन उपस्थित होता है–

(A) स्ट्रैटोस्फीयर (समताप मंडल) में
(B) क्षोभमंडल (ट्रोपोस्फीयर) में
(C) मीसोस्फीयर में
(D) थर्मोस्फीयर में

106. नीचे कुछ कथन पराबैंगनी विकिरण से संबंधित दिए गए है–

1 – पराबैंगनी विकिरण डीएनए तथा प्रोटीन रासायनिक आबंद को भंग करता है।
2 – पराबैंगनी विकिरण का ओजोन निर्माण में कोई भूमिका नहीं होती है।
3 – पराबैंगनी विकिरण पृथ्वी के वातावरण में अवशोषित नहीं होते हैं।
4 – UV – बी मनुष्य के लिए बेहद घातक होते है।

सही तथा गलत कथन का चयन करें–

(A) 1, 4 सही, 2, 3 गलत
(B) 1, 2 सही, 2, 4 गलत
(C) 2, 3 सही, 1, 4 गलत
(D) 3, 4 सही, 1, 2 गलत

107. एन्टार्कटिका के ऊपर ओजोन छिद्र प्रतिवर्ष विकसित होता है-

(A) अप्रैल के उत्तरार्ध और जून के प्रारंभ में

(B) अगस्त के उत्तरार्ध और अक्टूबर के प्रारंभ में

(C) जुलाई के उत्तरार्ध और सितम्बर के प्रारंभ में

(D) फरवरी के उत्तरार्ध और अप्रैल के प्रारंभ में

108. ओजोन के मोटाई के मापन की इकाई है-

(A) dB (B) dU

(C) Hz (D) DU

109. I – ओजोन गैस सतत् निर्मित होते है।

II – आण्विक ऑक्सीजन पर पराबैंगनी किरणों के क्रिया के फलस्वरूप ओजोन गैस सतत् बनती रहती है।

III – अच्छे वातावरण में ओजोन के उत्पादन और अवक्षय निम्नीकरण में संतुलन होता है।

ओजोन से संबंधित उपरोक्त में से कितने कथन गलत है?

(A) I (B) II

(C) III (D) उपरोक्त में से कोई नहीं

110. पराबैंगनी किरणों के सी एफ सी (CFC) पर कार्य करने पर कौन ,सा परमाणु उत्पन्न होता है?

(A) Cl (B) Na

(C) K (D) Na

111. सी एफ सी (CFC) ओजोन छिद्र को क्यों निर्मित करते है?

(A) ओजोन के निर्माण को रोक देते है।

(B) ओजोन के उत्पादन और अवक्षय निम्नीकरण में संतुलन को बिगाड़ कर।

(C) ओजोन को संदमित करता है।

(D) ओजोन परत में छिद्र बना देते है।

112. मनुष्य के नेत्र का कौन सा भाग UV – B के द्वारा स्थायी रूप से क्षतिग्रस्त हो जाता है-

(A) लेन्स (B) दृष्टि पटल

(C) कॉर्निया (D) परितारिका

113. मॉट्रियल प्रोटोकॉल पर हस्ताक्षर, मॉट्रियल में ___1?____ में किया गया था, जो ___2?____ से प्रभावी हुई।

(A) 1 – 1997, 2 – 1999

(B) 1 – 1992, 2 – 1999

(C) 1 – 1992, 2 – 1996

(D) 1 – 1986, 2 – 1988

114. निम्न में से किस कारण से मिट्टी का उर्वरक शीर्ष स्तर काफी आंसानी से हटाया जा सकता है-

(1) अबाधित चराई

(2) अधिक खेती

(3) वनोल्मूलन

(4) सिंचाई का घटिया तरीका

(A) 1 (B) 1, 2

(C) 1, 2, 3 (D) 1, 2, 3, 4

115. मरुस्थलीकरण का मुख्य कारण है-

(A) बढ़ते हुए शहरीकरण

(B) घटते हुए शहरीकरण

(C) अत्यधिक उर्वरक का उपयोग

(D) अत्यधिक पेस्टनाशी का उपयोग

116. मृदा में जला क्रांति (वाटर लॉगिंग) के कारण-

(A) पादप वृद्धि को बढ़ाता है।

(B) फसल उत्पादन का बढ़ाता है।

(C) मृदा की सतह पर लवण आ जाता है।

(D) उपरोक्त सभी।

117. हरित क्रांति के कारण निम्न में से कौन सी समस्या देखी जा रही है?

(A) मृदा में जलाक्रांति (B) लवणता

(C) A तथा B दोनों (D) कोई नहीं।

118. एक आंकलन के अनुसार _____?_____ % जंगल उष्णकटिबंधिय क्षेत्र में नष्ट हो गए है-

(A) 1 (B) 40

(C) 22 (D) 12

119. भारत की राष्ट्रीय वन नीति (1988) के सिफारिश के अनुसार ___1?___ % मैदानी इलाके तथा ___2?___ % पहाड़ी इलाके में जंगल क्षेत्र होना चाहिए।
(A) 1 – 33, 2 – 67 (B) 1 – 67, 2 – 33
(C) 1 – 30. 2 – 19.4 (D) 1 – 19.4, 2 – 30

120. झूम खेती (कल्टिवेशन) है-
(A) नाचते-गाते हुए, फसल की खेती
(B) चाय की खेती
(C) काटों और जलाओं कृषि
(D) जल खेती

121. सुमेलित करें-

कॉलम A	कॉलम B
(A) जे एफ एम	1. 1974
(B) अमृता देवी का अध्याय	2. 1731
(C) चिपको आंदोलन	3. 1980

(A) ABC/123 (B) ABC/321
(C) ABC/213 (D) ABC/312

122.

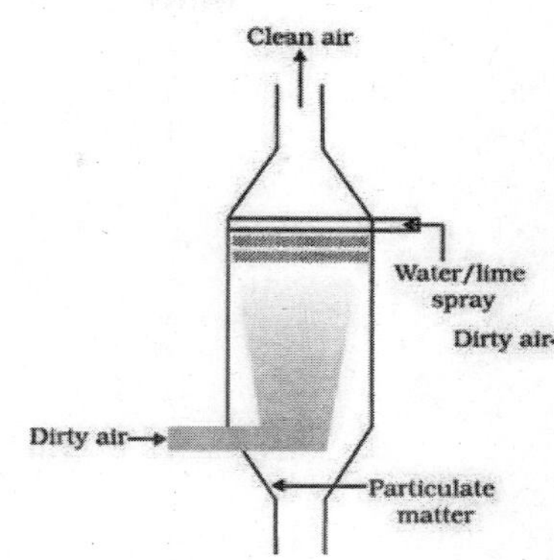

दिये गए चित्र में, दिया गया यंत्र निम्न में किस क्षेत्र में उपयोग किया जाना चाहिए-
(A) जहां तापमान ज्यादा हो।
(B) जहां स्मॉग ज्यादा हो।
(C) जहां तेजाबी वर्षा अधिक हो।
(D) जहां एस पी एम अधिक हो।

ANSWER KEY

1. (A)	**2.** (C)	**3.** (C)	**4.** (C)	**5.** (C)	**6.** (B)	**7.** (A)	**8.** (D)	**9.** (C)	**10.** (A)
11. (B)	**12.** (C)	**13.** (A)	**14.** (B)	**15.** (D)	**16.** (A)	**17.** (B)	**18.** (D)	**19.** (B)	**20.** (C)
21. (A)	**22.** (B)	**23.** (C)	**24.** (C)	**25.** (C)	**26.** (C)	**27.** (D)	**28.** (C)	**29.** (B)	**30.** (A)
31. (B)	**32.** (D)	**33.** (D)	**34.** (D)	**35.** (C)	**36.** (A)	**37.** (D)	**38.** (C)	**39.** (C)	**40.** (D)
41. (B)	**42.** (C)	**43.** (C)	**44.** (B)	**45.** (A)	**46.** (D)	**47.** (D)	**48.** (A)	**49.** (D)	**50.** (C)
51. (D)	**52.** (C)	**53.** (D)	**54.** (C)	**55.** (A)	**56.** (C)	**57.** (A)	**58.** (D)	**59.** (B)	**60.** (B)
61. (D)	**62.** (A)	**63.** (D)	**64.** (A)	**65.** (A)	**66.** (C)	**67.** (D)	**68.** (A)	**69.** (D)	**70.** (A)
71. (B)	**72.** (A)	**73.** (A)	**74.** (C)	**75.** (B)	**76.** (D)	**77.** (A)	**78.** (A)	**79.** (D)	**80.** (B)
81. (B)	**82.** (D)	**83.** (A)	**84.** (B)	**85.** (A)	**86.** (A)	**87.** (C)	**88.** (C)	**89.** (A)	**90.** (C)
91. (B)	**92.** (C)	**93.** (A)	**94.** (A)	**95.** (C)	**96.** (B)	**97.** (A)	**98.** (D)	**99.** (A)	**100.** (D)
101. (C)	**102.** (D)	**103.** (B)	**104.** (D)	**105.** (A)	**106.** (A)	**107.** (B)	**108.** (D)	**109.** (D)	**110.** (A)
111. (B)	**112.** (C)	**113.** (A)	**114.** (D)	**115.** (A)	**116.** (C)	**117.** (C)	**118.** (B)	**119.** (A)	**120.** (C)
121. (B)	**122.** (C)								

यूनिट 11: एन.सी.ई.आर.टी. के चित्रों पर आधारित प्रश्न

- प्राणि जगत
- प्राणियों में संरचनात्मक संगठन
- कोशिका: संरचना एवं कार्य
- कोशिका चक्र और कोशिका विभाजन
- पाचन एवं अवशोषण
- श्वसन तथा गैसों का विनियम
- शरीर द्रव तथा परिसंचरण
- उत्सर्जी उत्पाद एवं उसका निष्कासन
- गमन एवं संचलन
- तंत्रिकीय नियंत्रण एवं समन्वय
- मानव जनन
- विकास
- मानव स्वास्थ्य तथा रोग
- जैव प्रौद्योगिकी एवं उसके उपयोग
- जीव विविधता एवं संरक्षण
- पर्यावरण के मुद्दे

प्राणि जगत

1.

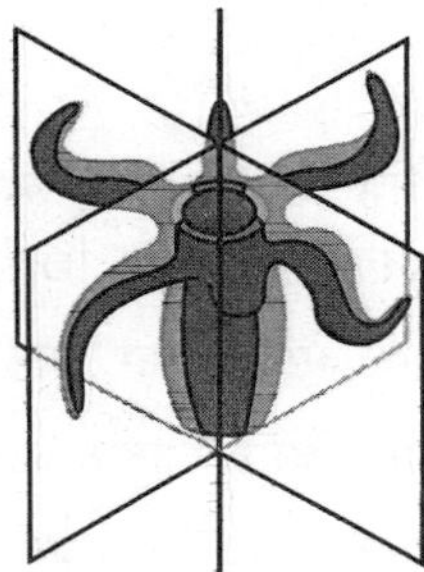

दिया गया चित्र एक खास सममिति को प्रदर्शित करता है, इस सममिति को पहचानते हुए, उस संघ का चयन करे जिसके सभी सदस्य इस प्रकार के सममिति को प्रदर्शित करता है-

(A) प्रोटोजोआ (B) ऐनेलिडा

(C) टीनोफोर (D) आर्थोपोडा

2.

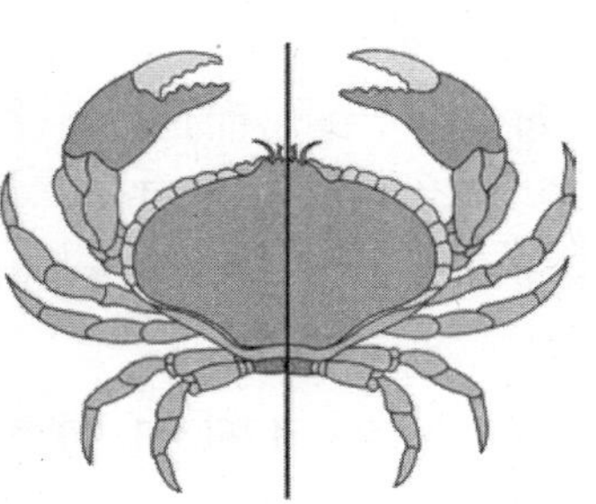

दिया गया चित्र एक सममिति को प्रदर्शित कर रहा है, उस सममिति को समझते हुए, नीचे दिए गए कथन में से सही तथा गलत का चयन करें-

(A) अधिकांश अकशेरुकी तथा सभी कशेरुकी इस प्रकार के सममिति को प्रदर्शित करते है।

(B) अनेक लार्वा इस प्रकार के सममिति को प्रदर्शित करते है।

(C) जंतु जगत में पाया जाने वाला सबसे सामान्य सममिति है।

(D) जो जंतु इस प्रकार के सममिति को प्रदर्शित करता है, उनमें आवश्यक रूप से वास्तविक गुहा उपस्थित होते है-

स = सत्य, अ = असत्य

(A) A, B – स, D, C – अ

(B) A, B, C – स, D – अ

(C) A – स, B, C, D – अ

(D) A, B, C – अ, D – स

3.

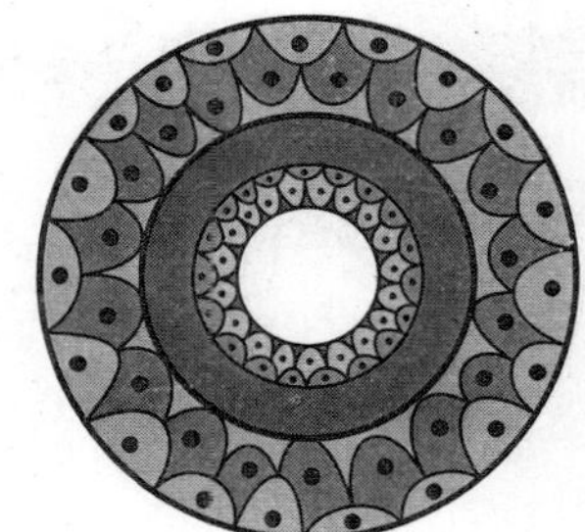

दिया गया चित्र जनन स्तर को दर्शा रहा है, चित्र में दर्शाए गए जनन स्तर के आधार पर, उस जंतुओं के सेट का चयन करे, जिनमें यह जनन स्तर पाया जाता है–

(A) मेन्डरीना, टीनोप्लाना, पेनेट्यूला

(B) एडमसिया, फेसियोला, स्पांजिला

(C) यूस्पंजियो, गोरगोनिया, लोकोस्ट

(D) प्लूरोब्रेकिया, एडमसिया, हीरुडिनेरिया

4.

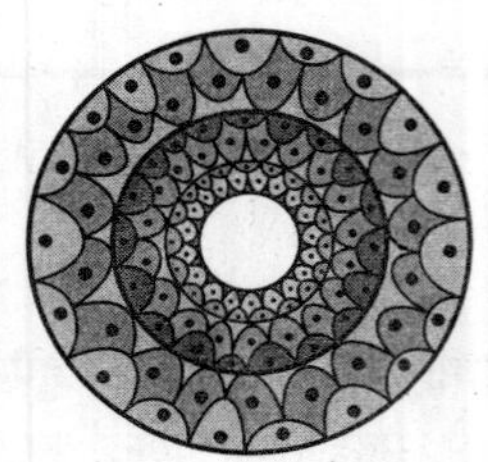

जनन स्तर के दिए गए चित्र को पहचानते हुए उससे संबंधित गलत कथन का चयन करें–

(A) जंतु जगत के अधिकांश संघ में उपस्थित होते है।

(B) मीसोडर्म जैव विकास के क्रम में सबसे अंत में विकसित होने वाला जनन स्तर है।

(C) किसी संघ में दिया गया जनन स्तर, लार्वा में उपस्थित हो सकते है, परंतु व्यस्क में अनुपस्थित।

(D) प्लेटीहेल्मिंथीज प्रथम संघ है, जिसमें यह तीनों जनन स्तर विकसित हुए थे।

5.

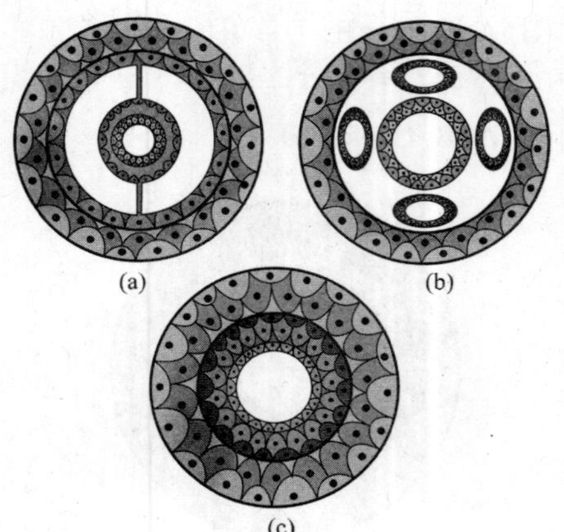

दिया गया चित्र गुहा से संबंधित है, गुहा के जैव विकास के इतिहास में पहली बार उत्पत्ति के आधार पर सही विकल्प का चयन करें–

	चित्र A	चित्र B	चित्र C
(A)	एनेलिडा	प्लेटीहेल्मिंथीज	आर्थोपोडा
(B)	ऐस्केलमिंथिज	ऐनेलिडा	प्लेटीहेल्मिंथीज
(C)	ऐनेलिडा	ऐस्केलमिंथिज	प्लेटीहेल्मिंथीज
(D)	प्रोटोजोआ	पोरीफेरा	सिलेन्ट्रेटा

6.

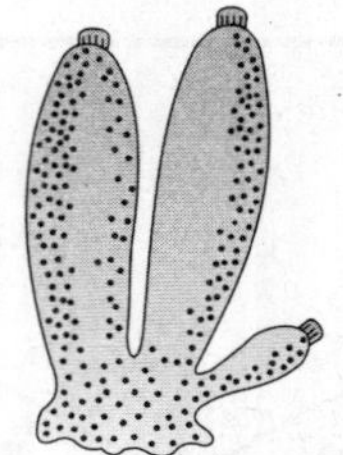

दिया गया चित्र संघ पोरीफेरा का है, जिसमें अनेक छिद्र उपस्थित होते है, यह छिद्र है–

(A) ऑस्टिया जिससे होकर जल अंदर आते है।

(B) ऑस्कुलम जिससे होकर जल अंदर आते है।

(C) ऑस्टिया जिससे होकर जल बाहर आते है।

(D) ऑस्कुलम जिससे होकर जल बाहर जाते है।

7.

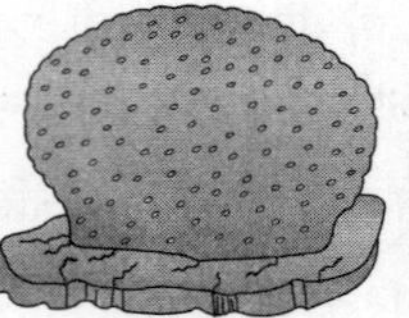

(A) दिया गया चित्र यूस्पोजिया का है जिसे आदिम स्पंज कहते है।

(B) दिया गया चित्र स्पोजिला का है, जिसे हम मीठे जल का स्पंज कहते है।

(C) दिया गया चित्र साइकन का है, जिसे हम साइफा भी कहते है।

(D) दिया गया चित्र यूस्पोजिया का है, जिसे बॉथ स्पंज कहते है।

8.

दिया गया चित्र, स्पंज का है-

(A) प्रशांत महासागर में पाया जाता है।

(B) हिंद महासागर में पाया जाता है।

(C) मीठे जल में पाया जाता है।

(D) एंटार्ट्रिका में पाया जाता है।

9.

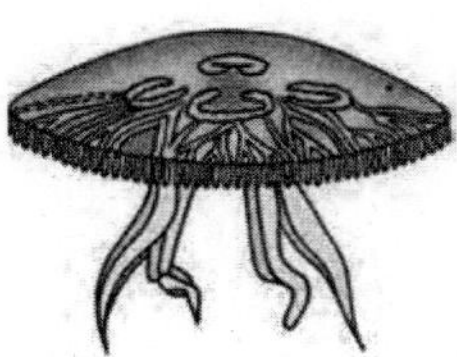

दिया गया चित्र सिलेन्ट्रेटा का है, दिए गए विकल्प में से सही सेट का चयन करें-

(A) ओरोलिया - पालिप

(B) ओरेलिया - मेडुसा

(C) एडमसिया - पालिप

(D) एडमसिया - मेडुसा

10.

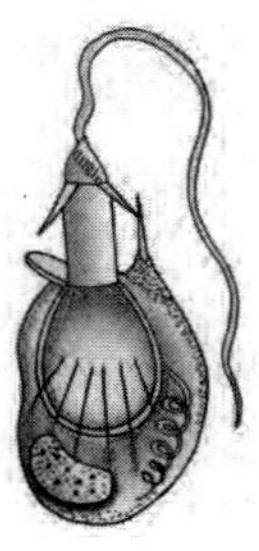

I – सिलेन्ट्रेटा की विशेषता है।

II – इसके उपस्थिति के कारण इस संघ को नाइडेरिया कहते है।

III – सिर्फ स्पर्शक तक सीमित रहते है।

IV – सिर्फ एक कार्य करता है, वह है शिकार को पकड़ना।

उपरोक्त में से कितने कथन सही है-

(A) 1 (B) 2

(C) 3 (D) 4

11.

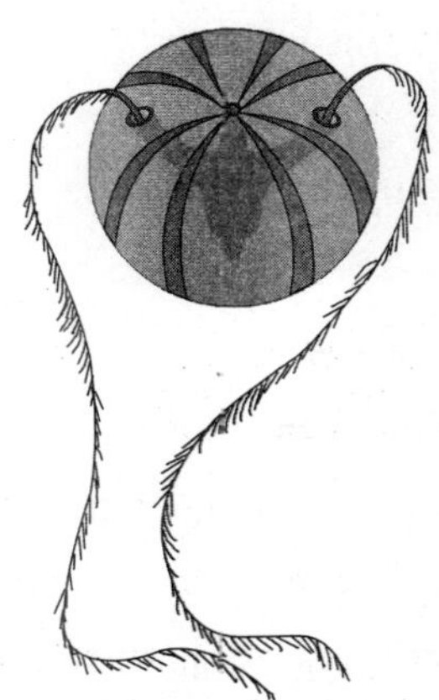

दिए गए चित्र में 8 पट्टियां दिखाई दे रहे है, ये है-

(A) कंकत पट्टिका - जीव प्रदिप्त

(B) कंकत पट्टिका - गमनांग

(C) कंकत पट्टिका - सफाई से संबंधित संरचना

(D) कंकत पट्टिका - श्वसन संरचना1

12.

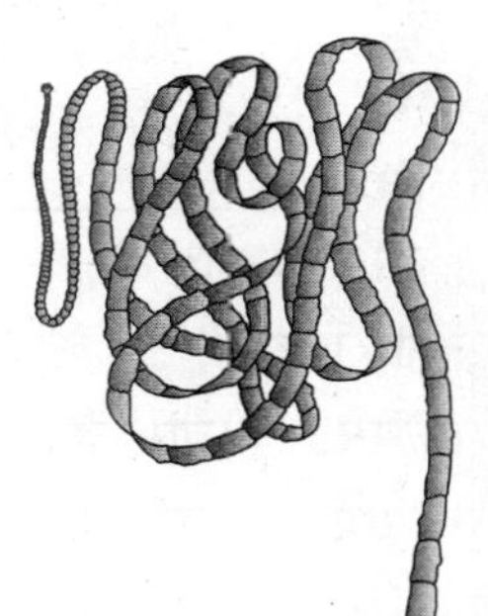

दिए गए चित्र के आधार पर कौन सा विकल्प सही है?

	निषेचन	उत्सर्जी संरचना	लार्वा
(A)	आंतरिक	ज्वाला कोशिका	उपस्थित
(B)	बाह्य	ज्वाला कोशिका	उपस्थित
(C)	आंतरिक	नेफ्रिडिया	अनुपस्थित
(D)	बाह्य	ज्वाला कोशिका	अनुपस्थित

13.

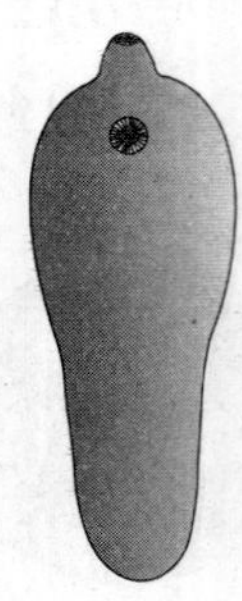

दिए गए चित्र में जंतु-

(A) के लिंग पृथक् होता है।

(B) में कूटगुहा उपस्थित होता है।

(C) सिर्फ पोषी में जीवित रह सकता है।

(D) में सिर्फ एक लार्वा उपस्थित होता है।

14.

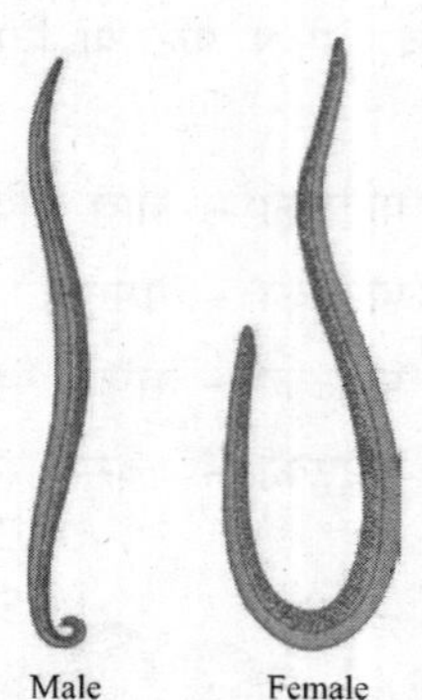

दिया गया चित्र ____?1____ का है, जिसमें ____?2____ उपस्थित होता है-

(A) 1 – एनसाइलोस्टोमा, 2 – कूट गुहा

(B) 1 – एस्केरिस, 2 – वास्तविक गुहा

(C) 1 – वुचेरेरिया, 2 – कूट गुहा

(D) 1 – एस्केरिस, 2 – कूट गुहा

15.

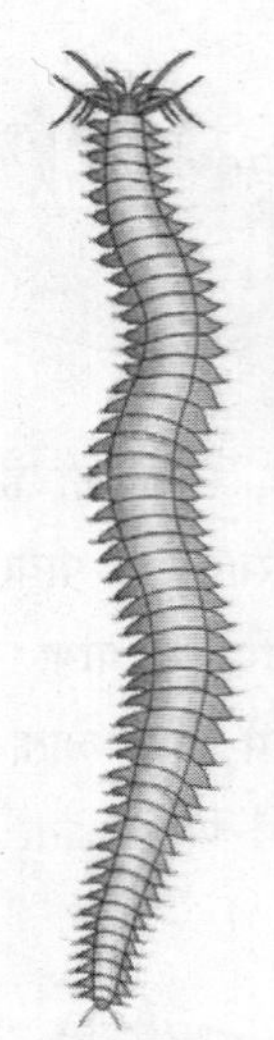

चित्र को पहचांनते हुए, गलत कथन का चयन करें-

(1) उभयलिंगी

(2) जलीय ऐनेलिडा

(3) स्थलीय ऐनेलिडा

(4) गमनांग पैरापोडिया है

(A) 1 (B) 2, 3

(C) 3, 4 (D) 1, 3

16.

दिया गया चित्र जोंक का है-

(A) उभयलिंगि है

(B) वास्तविक खंडीभवन

(C) अलैगिक जनन उपस्थित

(D) रक्तचूषक

गलत कथन का चयन करें-

(A) A (B) B

(C) C (D) D

17.

(1) सभी कीट है।

(2) सभी श्वासनाल से श्वास (सांस) लेते है।

(3) सभी में संधियुक्त पाद होते है।

(4) सभी का शरीर बॉह्यकंकाल से ढका रहता है।

उपरोक्त चार लक्षणों में से, कौन से लक्षण, उपरोक्त चारों चित्र में समान होते है-

(A) 1, 2 (B) 3, 4

(C) 1, 2, 3 (D) 1, 2, 3, 4

18.

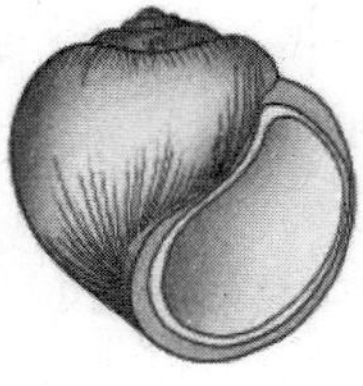

(1) यह पाइला है।

(2) इसे सेब घोंघा कहते है।

(3) विशिष्ट संरचना रेडुला है।

(4) मीठे जल में पाया जाता है।

उपरोक्त में से कितने कथन सत्य है?

(A) 1 (B) 2

(C) 3 (D) 4

19.

दिया गया चित्र ऑक्टोपस का है-

(A) मांसाहारी

(B) अंडज

(C) गंगा में पाया जाता है।

(D) इसे बेताल मछली कहते है।

गलत कथन का चयन करें-

(A) A (B) B

(C) C (D) D

20.

चित्र को पहचानते हुए, सही का कथन का चयन करें-

(A) सिर्फ समुद्री होते है।

(B) लार्वा तथा व्यस्क दोनों अरीय सममिति प्रदर्शित करते है।

(C) निषेचन बॉह्य प्रकार का होता है।

(D) विकास प्रत्यक्ष।

(A) A, C (B) B, C

(C) A, D (D) B, D

21.

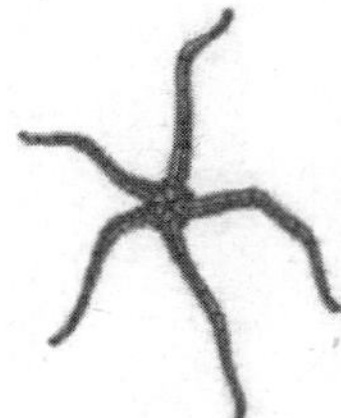

दिया गया चित्र, निम्नलिखित में से किसका है?

(A) ओफीयूरा

(B) कुकुमेरिया

(C) एकाइनस

(D) एंटीडोन

22.

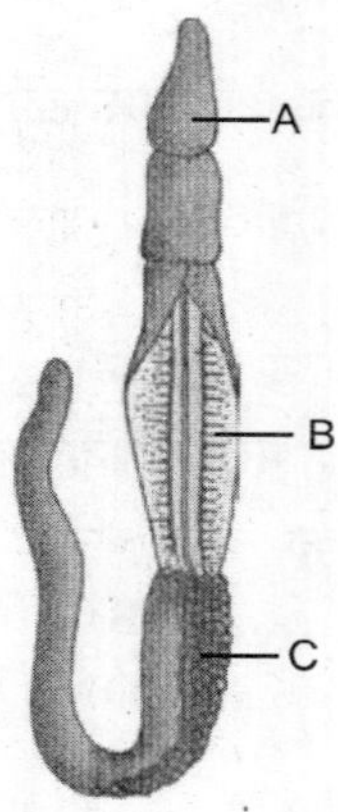

दिए गए चित्र में स्टोमोकार्ड किससे संबंधित है?

(A) A (B) B

(C) C (D) उपरोक्त सभी

23.

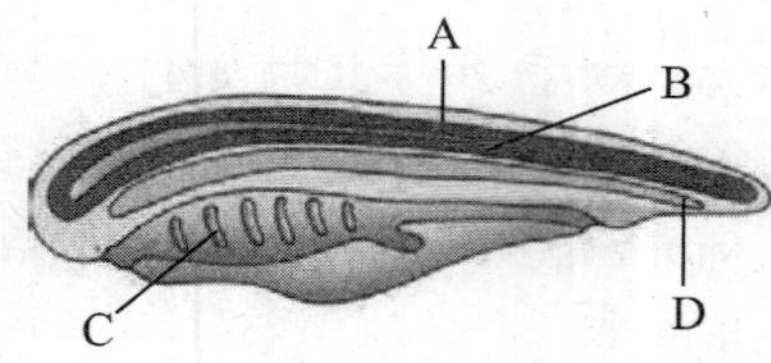

A, B, C, D में से कौन सा संरचना, अकशेरुकी में भी उपस्थित होते है–

(A) A (B) B

(C) C (D) D

24.

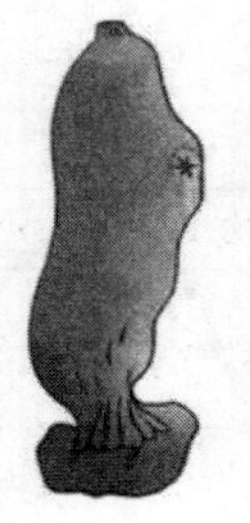

दिए गए चित्र को पहचानते हुए, सही कथन का चयन करें–

(A) संघ यूरोकॉडेटा का सदस्य है।

(B) प्रोटोकॉर्डेटा के अंतर्गत आते है।

(C) समुद्री

(D) कशेरुक दंड उपस्थित

(A) A, B (B) B, C

(C) C, D (D) D

25.

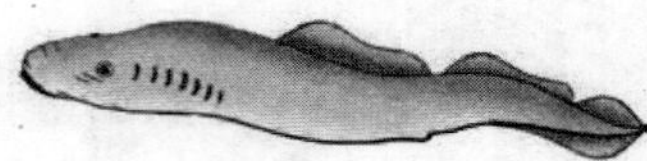

(A) दिया गया चित्र एक वास्तविक मछली का है।

(B) मीठे जल में पाएं जाते है।

(C) समुद्री जल की तरफ प्रवास करते है।

(D) चूषक मुख होता है।

26.

नीचे कुछ लक्षण दिया गया है–
मुख अधर, प्रच्छद (ऑपरकुलम), पट्टाभ शल्क, वायुकोष, जरॉयुज
उपरोक्त में से कितने लक्षण, चित्र में दिए गए जंतु में अनुपस्थित होते है?

(A) 1 (B) 2

(C) 3 (D) 4

27.

दिए गए चित्र से संबंधित, सही विकल्प का चयन करें–

(A) समुद्री, क्लेस्पर उपस्थित, असमतापी

(B) मीठे जल में, क्लेस्पर उपस्थित, समतापी

(C) समुद्री, क्लेस्पर अनुपस्थित, असमतापी

(D) मीठे जल में, कलेस्पर अनुपस्थित, असमतापी

28.

(a) (b)

दिए गए चित्र में, मछली a तथा मछली b से कुछ बिन्दु पर समानता प्रदर्शित करते है, तथा कुछ बिन्दु पर भिन्नता प्रदर्शित करते है, समानता तथा भिन्नता के आधार पर सही कोष्टक का चयन करें-

स - समान, अ - असमान

	आवास	लैंगिक द्विरुपता	अंत कंकाल	विकास
(A)	स	स	स	स
(B)	अ	स	स	स
(C)	अ	अ	अ	स
(D)	अ	अ	अ	अ

29.

दिए गए चित्र में है-

(A) सैलामेंडर - सरीसृप

(B) इक्थियोफिस - उभयचर

(C) सैलामेंडर - उभयचर

(D) इक्थियोफिस - सरीसृप

30.

दिए गए चित्र को पहचानते हुए, सही तथा गलत कथन का चयन करें-

(1) यह बूफो है (2) गुदा उपस्थित

(3) निषेचन आंतरिक (4) शल्क उपस्थित

(A) 1, 2 – सत्य, 3, 4 – असत्य

(B) 1, 2, 3 – सत्य, 4 – असत्य

(C) 1, 2, 3, 4 – सत्य

(D) 1, 2, 3, 4 – असत्य

31.

दिया गया चित्र, चार सरीसृप का है, उस विकल्प का चयन करे जो इन चारों के बीच समानता तथा भिन्नता को सही ढ़ंग से प्रदर्शित कर रहा है-

स - समान, अ - असमान

	गतिगमन	हृदय कोष्टक की संख्या	निषेचन	त्वचीय केचुल
(A)	स	अ	स	अ
(B)	स	अ	स	स
(C)	अ	स	स	स
(D)	स	स	स	स

32.

दिया गया चित्र चार पंक्षी का है, उस विकल्प का चयन करे जो उपरोक्त चारों पंक्षी के लक्षणों को प्रदर्शित कर रहे है-

(A) a – मुर्दाखोर, b – स्थलीय, c – वैज्ञानिक नाम सिटिकुला, d – लैंगिक द्विरुपता उपस्थित

(B) a – स्थलीय, b – मुर्दाखोर, c – वैज्ञानिक नाम सिटिकुला, d – लैंगिक द्विरुपता उपस्थित

(C) a – मुर्दाखोर, b – स्थलीय, c – वैज्ञानिक नाम स्ट्रियिओ, d – लैंगिक द्विरुपता अनुपस्थित

(D) a – विलुप्त प्राय, b – वायुवीय, c – वैज्ञानिक नाम सिटिकुला, d – लैंगिक द्विरुपता उपस्थित

33.

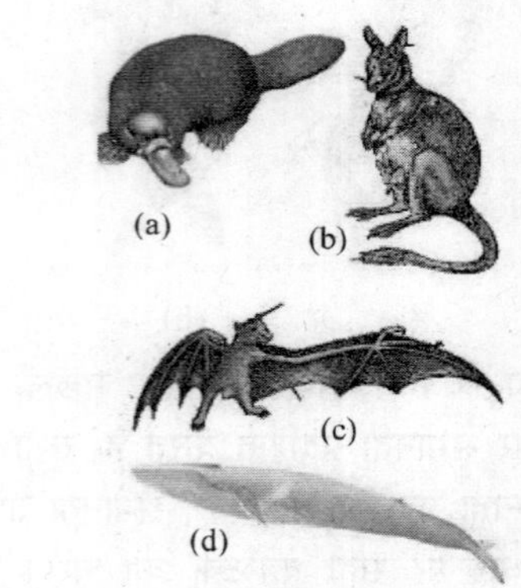

(A) a – औरनिथोरिकस - जहरीया, अंडज

(B) b – मैक्रोपस - अंडज

(C) c – टैरोपस - एवीस

(D) d – वैलेन्प्टिरा - अंडज

ANSWER KEY

1. (C)	**2.** (B)	**3.** (A)	**4.** (C)	**5.** (C)	**6.** (A)	**7.** (D)	**8.** (C)	**9.** (B)	**10.** (B)
11. (B)	**12.** (A)	**13.** (C)	**14.** (D)	**15.** (D)	**16.** (C)	**17.** (B)	**18.** (D)	**19.** (C)	**20.** (A)
21. (A)	**22.** (B)	**23.** (A)	**24.** (B)	**25.** (D)	**26.** (B)	**27.** (A)	**28.** (C)	**29.** (C)	**30.** (D)
31. (A)	**32.** (A)	**33.** (A)							

प्राणियों में संरचनात्मक संगठन

1.

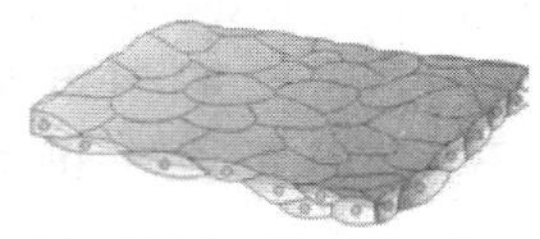

उस अंग का चयन करे जिसमें यह उत्तक उपस्थित नहीं होते है–

(A) अमाशय के आस्तर

(B) रुधिर वाहिनी की भित्ति

(C) कूपिका के वायुकोष

(D) उपरोक्त सभी

2.

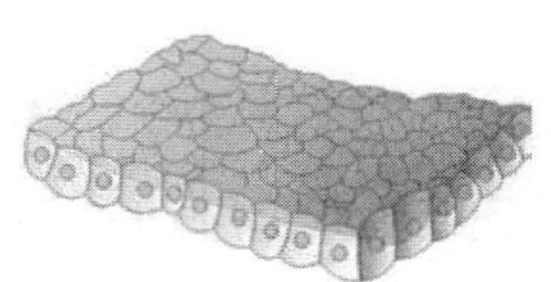

दिए गए उत्तक में उपस्थित कोशिका, निम्न में से किससे कार्य में समानता प्रदर्शित करते है?

(A) शल्की कोशिका (B) स्तंभी कोशिका

(C) सपाट कोशिका (D) उपरोक्त में से कोई नहीं

3.

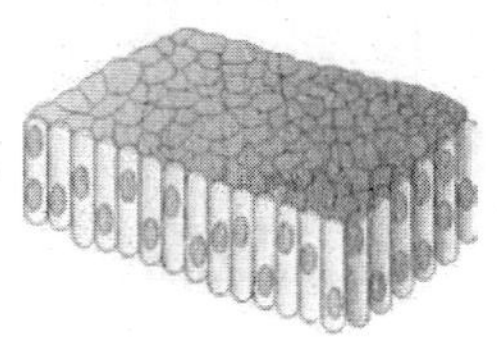

दिए गए उपकला को पहचानते हुए, सही कथन का चयन करें–

(1) सूक्ष्मांकुर उपस्थित हो सकते है।

(2) विसरण तल का निर्माण करते है।

(3) केन्द्रक कोशिका के आधार पर उपस्थित

(4) नेफ्रॉन में उपस्थित

(A) 1, 3 (B) 2, 4

(C) 1, 4 (D) 2, 3

4.

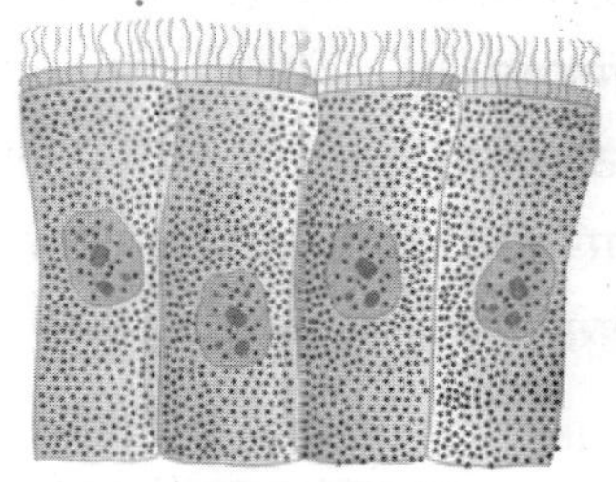

उस अंग का चयन करे जिसमें की चित्र में दिए गए कोशिका उपस्थित होते है–

(A) अमाशय तथा आंत्र

(B) श्वसनिका

(C) रुधिर वाहिनी

(D) नेफ्रॉन

14.

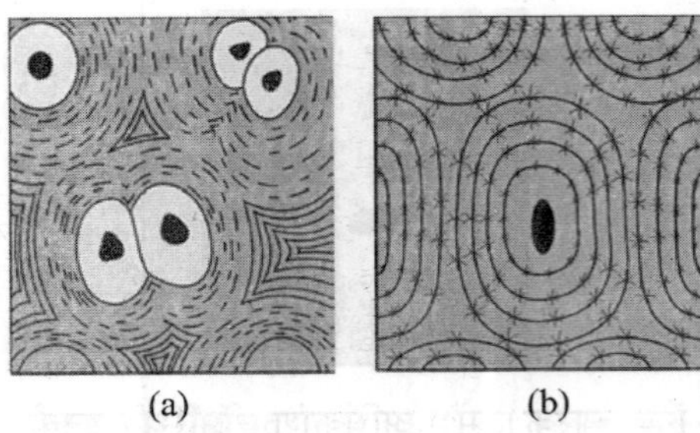

(a) (b)

A – विशिष्ट संयोजी उत्तक

B – कैल्सियम लवण की मात्रा

C – गर्तिका की उपस्थिती

D – शरीर में संख्या

उपरोक्त चारो कथन में से a तथा b के समानता तथा असमानता का चयन करे–

स - समान; अ - असमान

	A	B	C	D
(A)	स	स	अ	अ
(B)	स	अ	स	अ
(C)	स	स	स	अ
(D)	अ	स	अ	स

15.

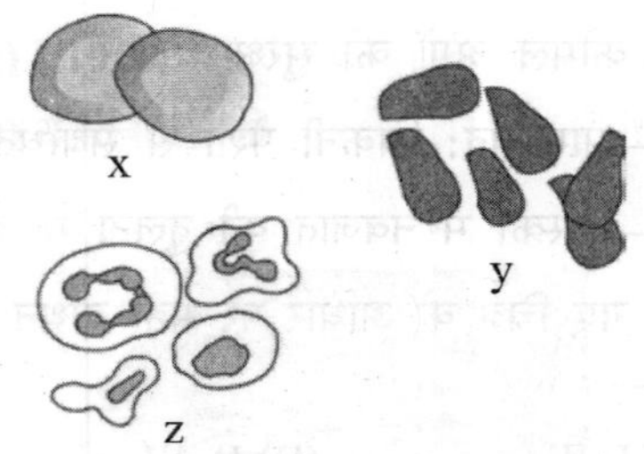

दिए गए चित्र में, x, y, z विभिन्न प्रकार के रुधिर कोशिकाओं को प्रदर्शित कर रहा है–

इनके संख्या तथा कार्य के आधार पर सही विकल्प का चयन करें–

(A) x – 5 मिलियन/cu mm, गैसों का संचरण
y – 6-8 हजार/cu mm, रुधिर स्कंदन
z – 1.5-3.5 लाख/cu mm, सुरक्षा

(B) x – 5 मिलियन/cu mm, गैसों का संचरण
y – 1.5-3.5 लाख/cu mm, रुधिर स्कंदन
z – 6-8 हजार/cu mm, सुरक्षा

(C) x – 6-8 हजार/cu mm, गैसों का संचरण
y – 1.5-3.5 लाख/cu mm, स्कंदन
z – 5 मिलियन/cu mm, सुरक्षा

(D) x – 5 मिलियन/cu mm, सुरक्षा
y – 1.5-3.5 लाख/cu mm, स्कंदन
z – 6-8 हजार/cu mm, गैसों का संचरण

16.

उस अंग के जोड़े का चयन करें जिसमें यह पेशी तंतु उपस्थित होते है–

(A) जीव्हा, रुधिर वाहिनी

(B) जबड़ा, रुधिर वाहिनी

(C) त्वचा, रुधिर वाहिनी

(D) जीव्हा, जबड़ा

17.

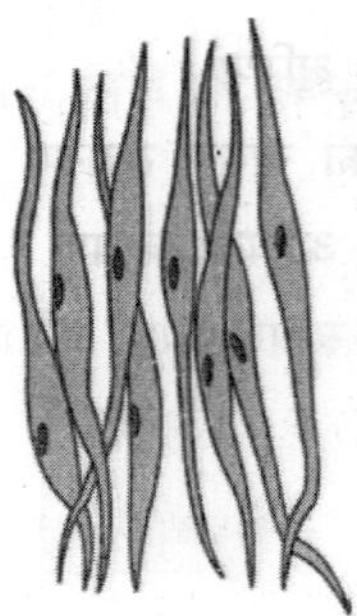

चित्र को पहचानते हुए, सही कथन का चयन करें–

(A) पादों में पाया जाता है।

(B) सीएनएस के द्वारा नियंत्रित

(C) मनुष्य के शरीर में न्यूनतम पाया जाने वाला पेशी तंतु

(D) अमाशय तथा आंत्र में उपस्थित

18.

निम्न में से कौन सा लक्षण सिर्फ दिए गए पेशी उत्तक में उपस्थित होते है?

(A) अंतर्विष्ट डिस्क (B) गहरी पट्टी

(C) केन्द्रक (D) सारकोलेमा

19.

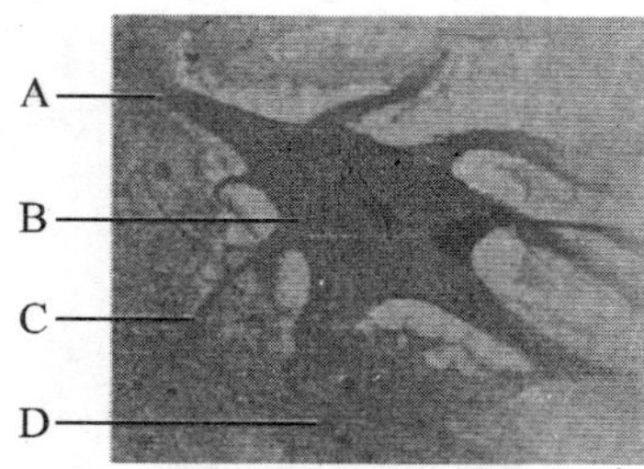

दिए गए चित्र में, A, B, C तथा D है–

(A) A – द्रुमिका, B – कोशिकाकाय, C – तंत्रिकाक्ष, D – न्यूरोग्लिया

(B) A – तंत्रिकाक्ष, B – कोशिकाकाय, C – द्रुमिका, D – न्यूरोग्लिया

(C) A – तंत्रिकाक्ष, B – न्यूरोग्लिया, C – द्रुमिका, D – कोशिकाकाय

(D) A – न्यूरोग्लिया, B – तंत्रिकाक्ष, C – कोशिकाकाय, D – द्रुमिका

20.

दिए गए चित्र में x, y तथा z को हचानते हुए सही कथन का चयन करें–

(A) x – टेगमिना, उड़ने के लिए प्रयुक्त।

(B) y – पश्च पंख मध्य वक्ष से जुड़े रहते है।

(C) z – गूदा लूम (एनल स्टाइल) सिर्फ नर में उपस्थित

(D) उपरोक्त में से कोई नहीं

21.

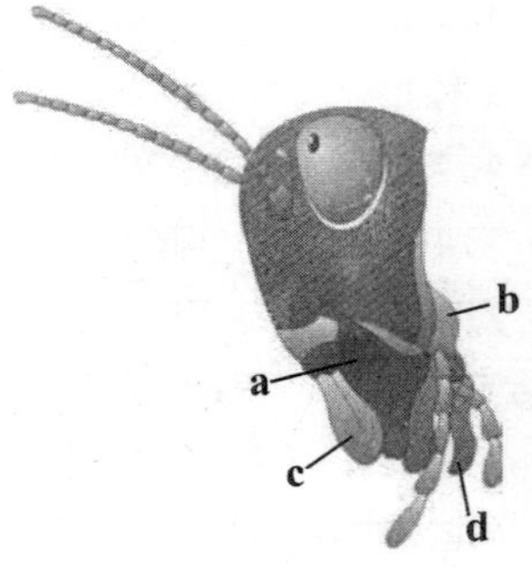

दिया गया चित्र, तिलचट्टा के सिर क्षेत्र को दर्शा रहे है– a, b, c तथा d को पहचानते हुए सही विकल्प का चयन करें–

(A) a – मैडिबुल, b – मैक्सिला, c – लेब्रम, d – लेबियम

(B) a – मैक्सिला, b – मैडिबुल, c – लेब्रम, d – लेबियम

(C) a – लेब्रम, b – लेबियम, c – मैडिबुल, d – मैक्सिला

(D) a – मैडिबुल, b – लेब्रम, c – मैक्सिला, d – लेबियम

22.

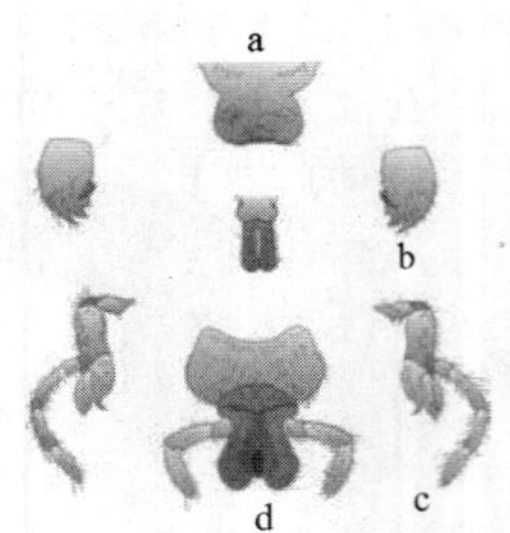

दिया गया चित्र, तिलचट्टा के मुख भाग का है, सही विकल्प का चयन करें-

(A) a – लेब्रम - ऊपरी होठ
 b – लैब्रियम - निचला होठ
 c – मैक्सिला - भोजन को काटना
 d – मैडिबुल - भोजन को पकड़ना

(B) a – लेब्रम - ऊपरी होठ
 b – मैडिबुल - भोजन को काटना
 c – मैक्सिला - भोजन को पकड़ना
 d – लेबियम - निचला होठ

(C) a – मैक्सिला - भोजन को काटना
 b – लेब्रियम - निचला होठ
 c – मैडिबुल - भोजन को पकड़ना
 d – लेब्रम - ऊपरी होठ

(D) a – लेब्रम - ऊपरी होठ
 b – लेब्रियम - निचला होठ
 c – मैडिबुल - भोजन को काटना
 d – मैक्सिला - भोजन को पकड़ना

23.

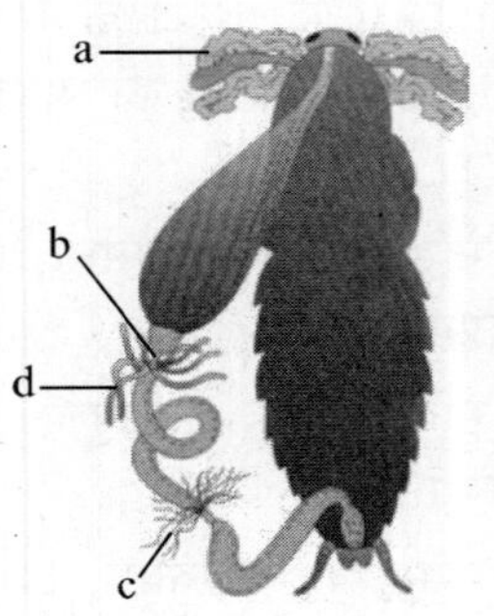

दिया गया चित्र तिलचट्टा के आहार नाल का है, उस विकल्प का चयन करें, जो नाम तथा कार्य को सही ढंग से दर्शा रहा है-

(A) a – लार ग्रंथि - हॉर्मोन का स्त्रावण
(B) b – पेषणी - भोजन का संरक्षण
(C) c – मैलपीगी नली - उत्सर्जी संरचना
(D) d – यकृतीय अंधनाल - उत्सर्जन से संबंधित

24.

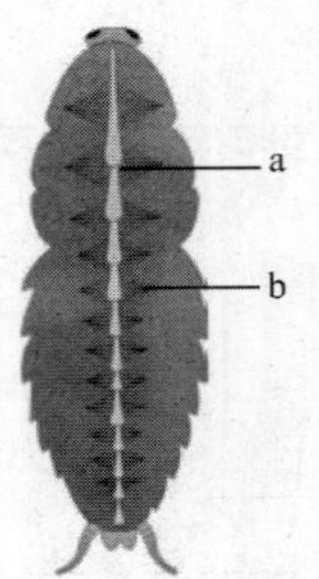

दिए गए चित्र में a तथा b को पहचानते हुए उस विकल्प का चयन करें जो a तथा b की स्थिति तथा कार्य को दर्शा रहे है-

(A) a – रुधिरगुहा में वक्ष और उदर की मध्यपृष्ठीय रेखा पर
 b – परिसंचरण से संबंधित

(B) a – रुधिरगुहा में वक्ष और उदर की मध्य अधरीय रेखा पर
 b – उत्सर्जन से संबंधित

(C) a – वक्ष तथा उदर के पार्श्व भाग पर
 b – उत्सर्जन से संबंधित

(D) a – सिर्फ उदर के मध्य पृष्ठ रेखा पर
 b – परिसंचरण से संबंधित

25.

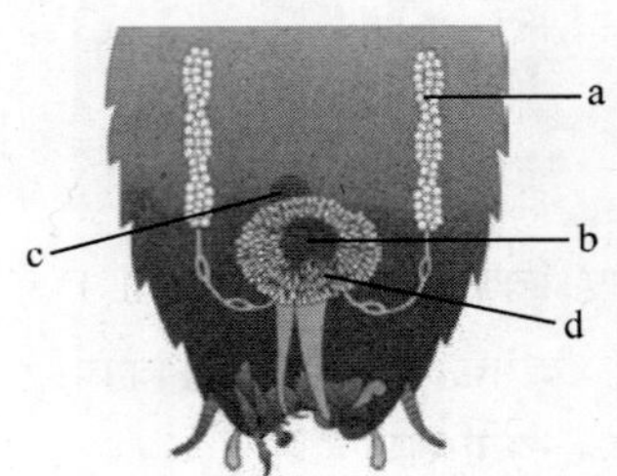

दिया गया चित्र नर कॉकरोच के जनन तंत्र का है। a, b, c, d में से कौन सी संरचना, शुक्राणु के उत्पत्ति तथा संरक्षण से संबंधित है-

(A) a – उत्पत्ति, d – संरक्षण
(B) a – उत्पत्ति, c – संरक्षण
(C) a – संरक्षण, b – उत्पत्ति
(D) a – उंत्पत्ति, b – संरक्षण

26. 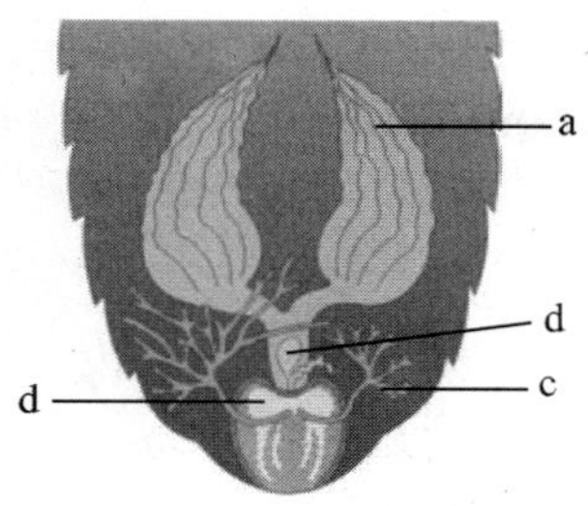

दिया गया चित्र, मादा कॉकरोच के मादा जनन तंत्र का है, a, b, c, d में से कौन सी संरचना शुक्राणु के संरक्षण से संबंधित है?

(A) a
(B) b
(C) c
(D) d

ANSWER KEY

1. (A)	**2.** (B)	**3.** (A)	**4.** (B)	**5.** (C)	**6.** (D)	**7.** (A)	**8.** (B)	**9.** (D)	**10.** (C)
11. (A)	**12.** (C)	**13.** (A)	**14.** (B)	**15.** (B)	**16.** (D)	**17.** (D)	**18.** (A)	**19.** (B)	**20.** (D)
21. (A)	**22.** (B)	**23.** (C)	**24.** (A)	**25.** (D)	**26.** (B)				

कोशिकाः संरचना एवं कार्य

1.

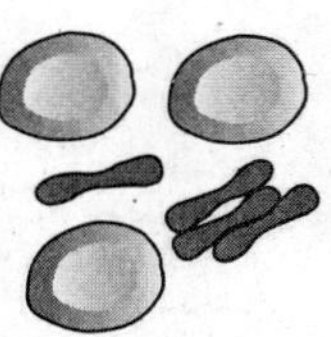

दिए गए कोशिका का व्यास कितना होता है?

(A) 0.3 μm (B) 3 to 5 μm

(C) 7.0 μm (D) 2.8 μm

2.

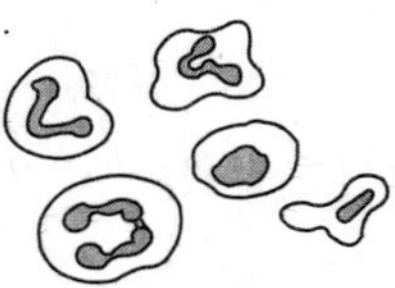

दिए गए चित्र में कोशिका का आकार कैसा होता है?

(A) असमान्य (B) अंडाकार

(C) अमीबाकृती (D) गोल

3.

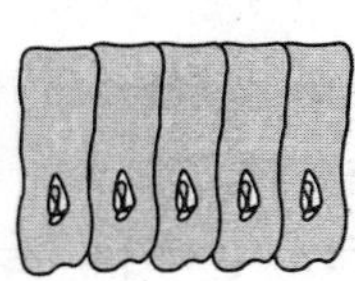

दिए गए चित्र में उपस्थित संरचना शरीर के कौन से भाग में उपस्थित रहता है?

(A) अंडवाहिनी (B) कूपिका

(C) बोमेन सम्पुट (D) नेफ्रॉन

4.

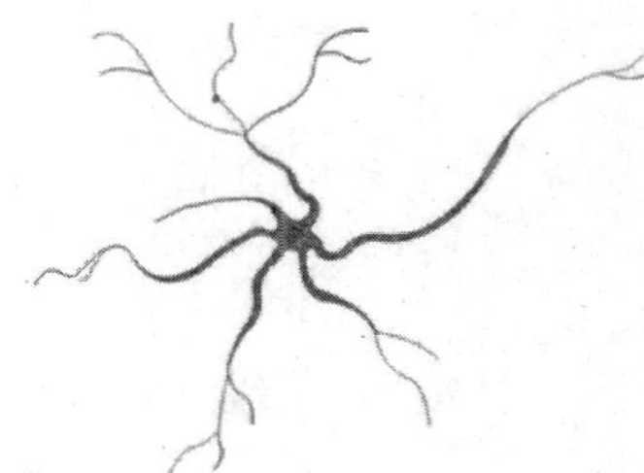

दिए गए चित्र में, कौन सा कोशिकांग अनुपस्थित होता है?

(A) केन्द्रक (B) तारककाय

(C) अंतप्रदवी जालिका (D) सूत्र कणिका

5.

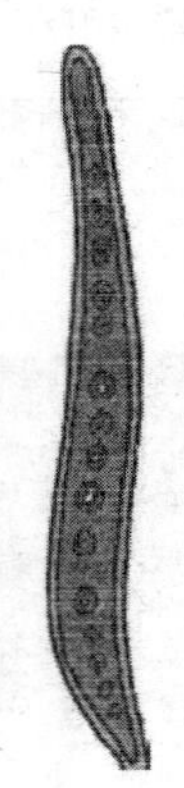

दिया गया चित्र, किसका है-

(A) केचुआ (B) कृमि

(C) एक वाहिनिका (D) जोंक

6.

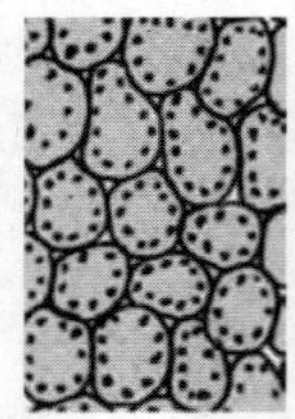

दिए गए चित्र की कोशिका निम्न में से किसमें उपस्थित होता है?

(A) पत्तियां (B) छाल
(C) त्वचा (D) उपरोक्त में से कोई नहीं

7.

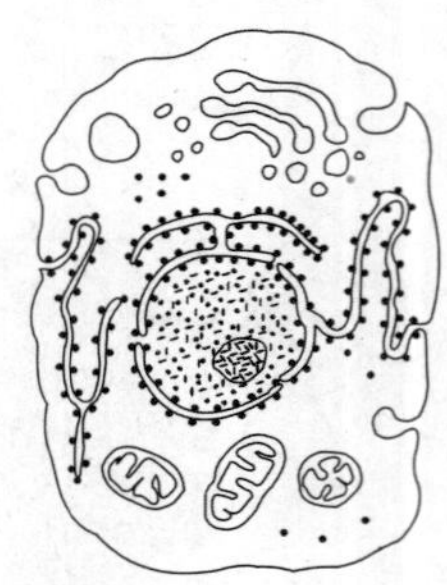

चित्र को पहचानते हुए सही विकल्प का चयन करें-

(A) प्रोकैरियोटिक कोशिका – 10-20 μm
(B) यूकैरियोटिक कोशिका – 10-20 μm
(C) प्रोकैरियोटिक कोशिका – 10-20 μm
(D) यूकैरियोटिक कोशिका – 10-20 μm

8.

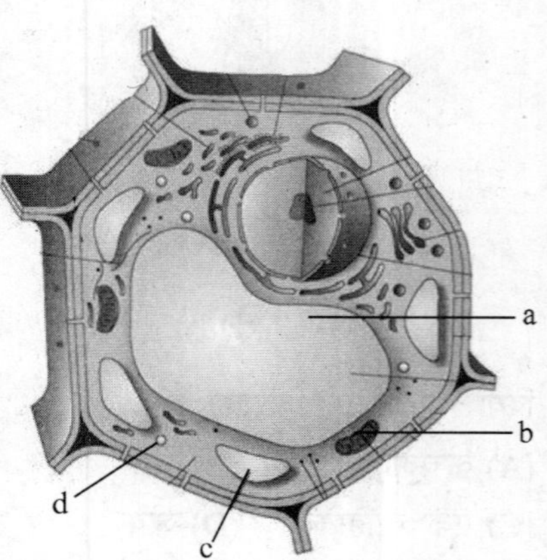

दिए गए चित्र में a, b, c, d है-

(A) a – रिक्तिका, b – सूत्रकणिका, c – हरितलवक, d – राइबोसोम
(B) a – रिक्तिका, b – अंतप्रद्रव्यी जालिका, c – हरितलवक, d – परऑक्सीसोम
(C) a – केन्द्रक, b – सूत्र कणिका, c – हरितलवक, d – परऑक्सीसोम
(D) a – रिक्तिका, b – सूत्रकणिका, c – हरितलवक, d – परऑक्सीसोम

9.

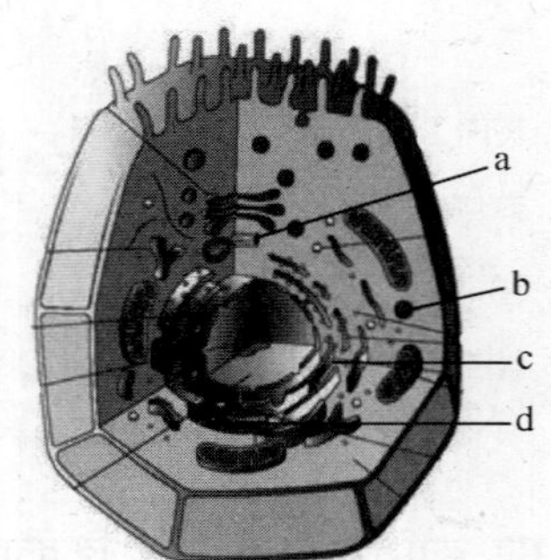

दिए गए चित्र में, a, b, c तथा d में से कौन पादप कोशिका में अनुपस्थित होते है-

(A) a (B) b
(C) c (D) d

10.

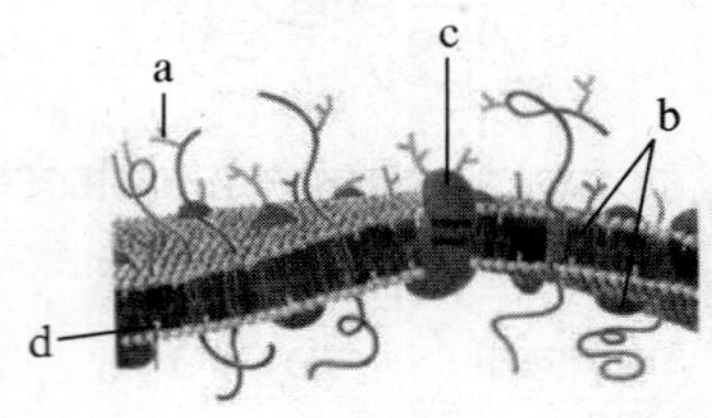

a, b, c, d में से सही कथन का चयन करें-

(A) a – शर्करा - प्लाज्मा कला में सार्वाधिक उपस्थित तत्व
(B) b – लिपिड - मोजेक वितिरण
(C) c – आंतरिक प्रोटीन - प्लाज्मा कला में न्यूनतम उपस्थित तत्व
(D) d – कोलेस्ट्राल - प्लाज्मा कला का स्थात्तिव देते है।

11.

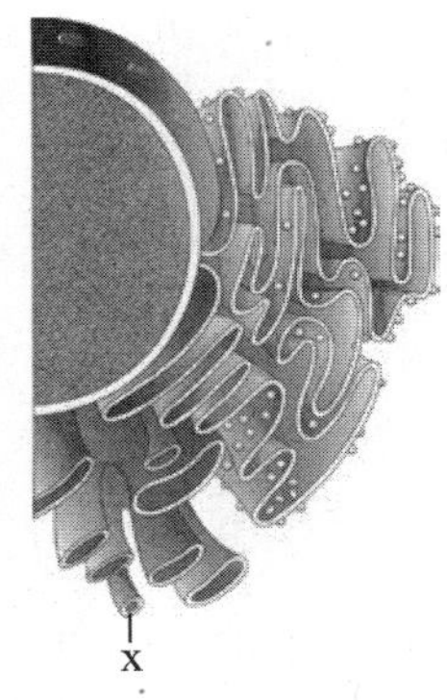

दिए गए चित्र में x का कार्य क्या है?

(A) लिंग हॉर्मोन का संश्लेषण

(B) इन्सूलिन का संश्लेषण

(C) वृद्धि हॉर्मोन का संश्लेषण

(D) थायरोक्सीन हॉर्मोन का संश्लेषण

12.

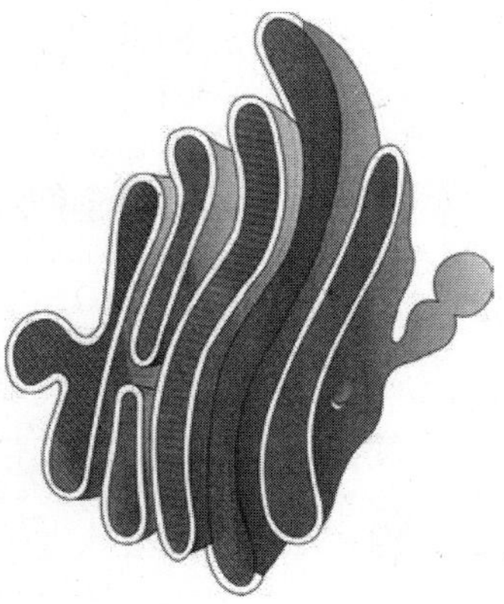

दिए गए चित्र के आधार पर कितने कथन गलत है?

(A) केन्द्रक कला के संपर्क में रहते है।

(B) कार्बोहाइड्रेट, गॉल्जीकाय के कुण्ड (Cisternae) में रुपांतरित हो जाते है।

(C) कुण्ड (Cisternae) का व्यास 1.0 माइक्रोमीटर से 1.5 माइक्रोमीटर होता है।

(D) सिस तथा ट्रांस एक दूसरे से जुड़े नहीं रहते है।

(A) 1 (B) 2

(C) 3 (D) 4

13.

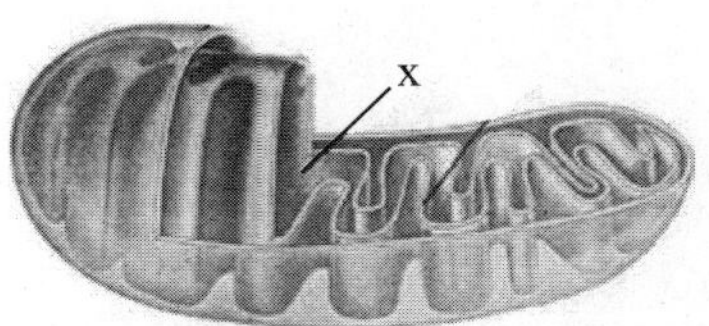

दिए गए चित्र में x हरितलवक से कुछ बिन्दुओं पर मिले जुलते है, निम्न में से उन बिन्दु का चयन करे-

(A) राइबोसोम तथा रंग

(B) राइबोसोम तथा मात्रा

(C) राइबोसोम तथा डीएनए

(D) डीएनए तथा एंजाइम

14.

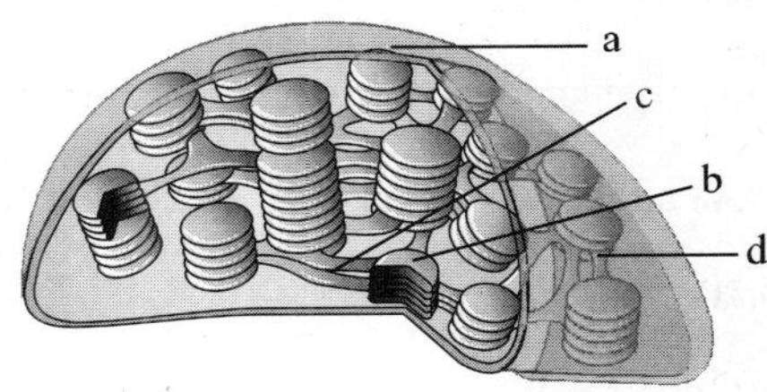

a, b, c तथा d में से पर्णहरित किसमें उपस्थित रहते है?

(A) a (B) b

(C) c (D) d

15.

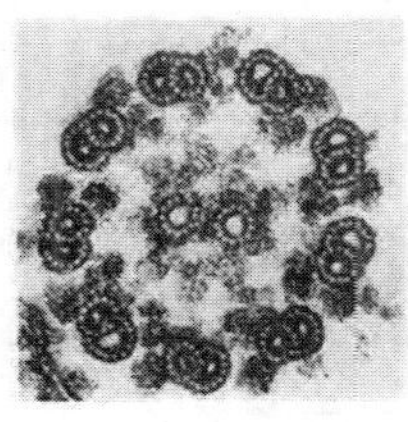
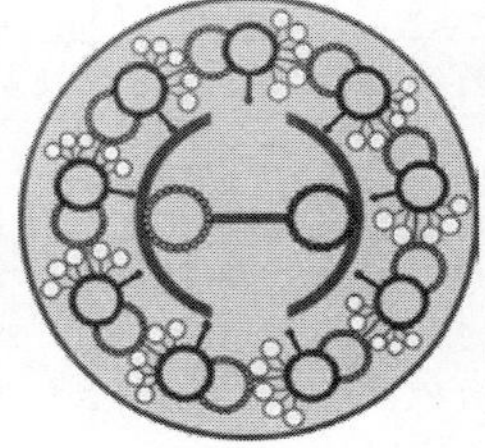

दिया गया चित्र किसका है?

(A) सिर्फ पक्ष्माभ का

(B) सिर्फ कशाभिका का

(C) तारककाय का

(D) उपरोक्त में से कोई नहीं

16.

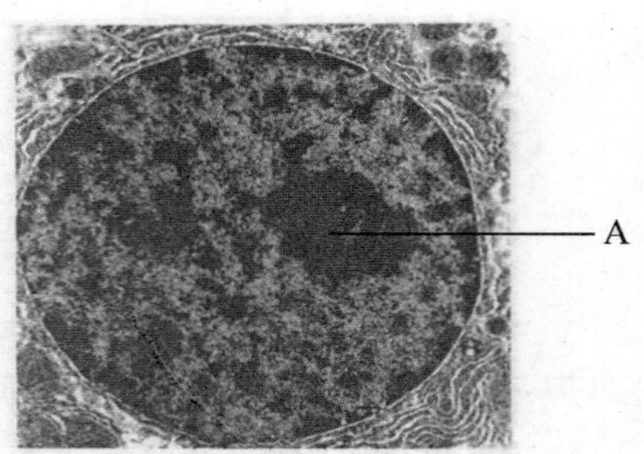

नीचे कुछ कथन A से संबंधित है–

(a) झिल्ली अनुपस्थित रहते है।

(b) कोलेस्ट्रॉल संश्लेषी कोशिका में अधिक होते है।

(c) प्रोटीन संश्लेषी कोशिका मे बड़े होते है।

(d) तीनों प्रकार के आरएनए के संश्लेषण से संबंधित

(A) a, c

(B) a, d

(C) b, d

(D) c, d

17.

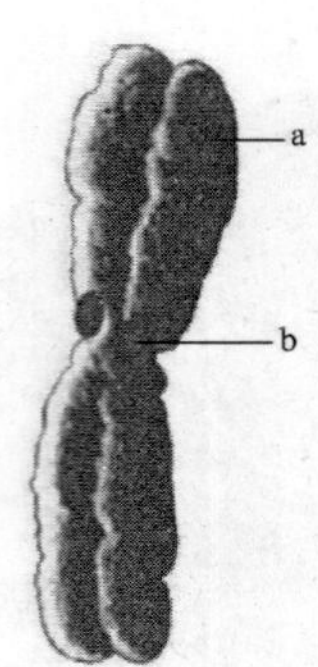

दिया गया चित्र गुणसूत्र का है, a तथा b क्या है–

(A) a – अर्धगुणसूत्र, b – गुणसूत्रबिंदु

(B) a – पुत्री गुणसूत्र, b – काइनेटोकोर

(C) a – गुणसूत्रबिंदु, b – काइनेटोकोर

(D) a – अर्धगुणसूत्र, b – काइनेटोकोर

18.

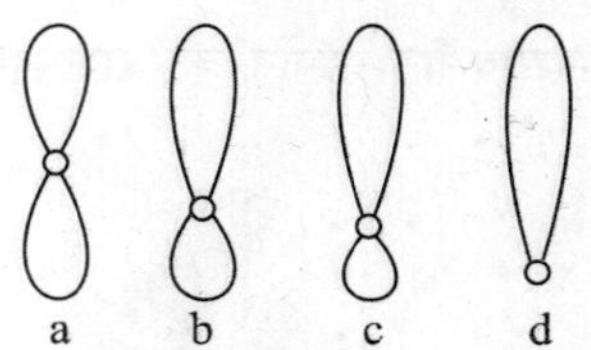

a, b, c तथा d में से कौन अग्रबिंदु (ऐक्रोसैन्ट्रिक) है–

(A) d (B) a

(C) c (D) b

ANSWER KEY

1. (C)	**2.** (C)	**3.** (A)	**4.** (B)	**5.** (C)	**6.** (A)	**7.** (B)	**8.** (D)	**9.** (A)	**10.** (D)
11. (A)	**12.** (D)	**13.** (C)	**14.** (B)	**15.** (D)	**16.** (A)	**17.** (D)	**18.** (C)		

कोशिका चक्र और कोशिका विभाजन

1.

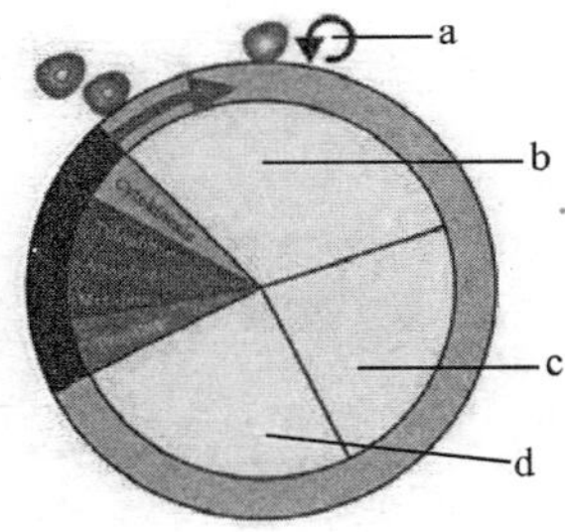

दिया गया चित्र, कोशिका चक्र का है, उस विकल्प का चयन करे, जो a, b, c तथा d के संदर्भ में सही है–

(A) a – शरीर के कुछ कोशिकाओं में संपन्न होते है।
b – कोशिका के वृद्धि से संबंधित।
c – डीएनए का प्रतिकृति होता है।
d – तारककेंद्र का प्रतिकृतिकरण होता है।

(B) a – शरीर के कुछ कोशिकाओं में संपन्न होते है।
b – कोशिका के वृद्धि से संबंधित।
c – डीएनए का प्रतिकृति होता है।
d – कोशिका के वृद्धि से संबंधित।

(C) a – शरीर के कोशिकाओं में वृद्धि।
b – शरीर के कुछ कोशिकाओं में संपन्न होते है।
c – कोशिका में वृद्धि होती है।
d – डीएनए का प्रतिकृति होता है।

(D) a – डीएनए क प्रतिकृति होता है।
b – तारककेद्र का प्रतिकृतिकरण होता है।
c – कोशिका में वृद्धि होती है।
d – कोशिका में वृद्धि होती है।

2.

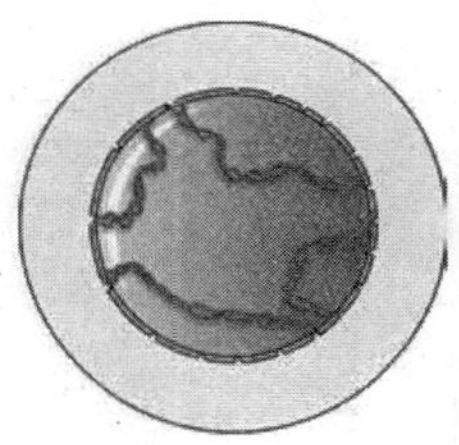

दिया गया चित्र, कोशिका विभाजन की एक अवस्था का है, यह अवस्था, निम्न में से कौन से अवस्था के बाद आता है?

(A) मध्यावस्था (B) अंतरावस्था

(C) पूर्वावस्था (D) पश्चावस्था

3.

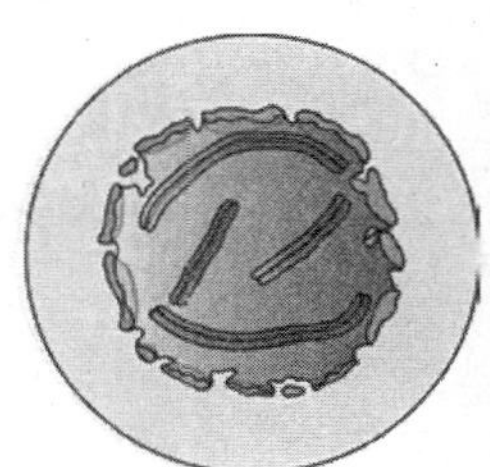

दिया गया चित्र, किस अवस्था का है?

(A) पश्चपूर्वावस्था

(B) आरंभिक पूर्वावस्था

(C) अंतरावस्था

(D) अंत्यावस्था

4.

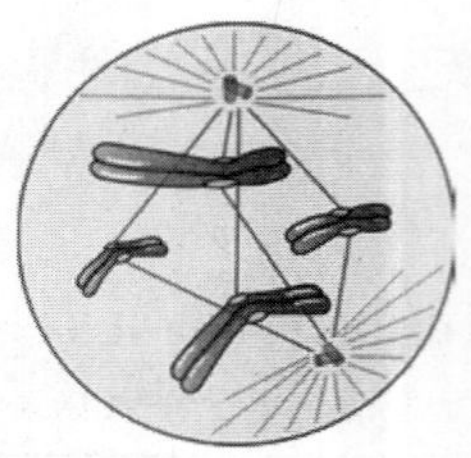

दिया गया चित्र है–

(A) पश्च मध्यावस्था

(B) मध्यावस्था की ओर परिवर्तन

(C) पश्चावस्था

(D) अंत्यावस्था

5.

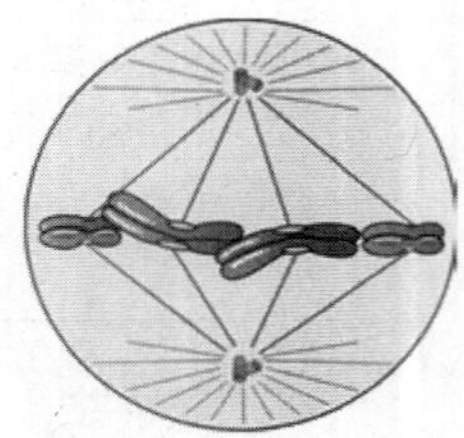

दिए गए चित्र में, 4 गुणसूत्र मध्यरेखा पर व्यवस्थित दिखाई दे रहे है, मान ले यह अवस्था समसूत्री विभाजन का है, तो कितने गुणसूत्र वास्तविक रूप से मध्यरेखा पर स्थित है?

(A) 46 (B) 23

(C) 23 जोड़ा (D) 46 जोड़ा

6.

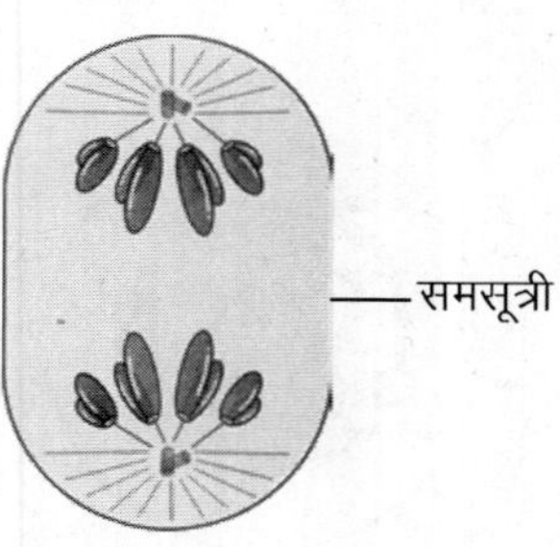

दिए गए चित्र में, ध्रुव पर अनेक गुणसूत्र को देखा जा सकता है, वास्तव में ध्रुव पर कितने गुणसूत्र उपस्थित है?

(A) 46 (B) 23

(C) 92 (D) 12

7.

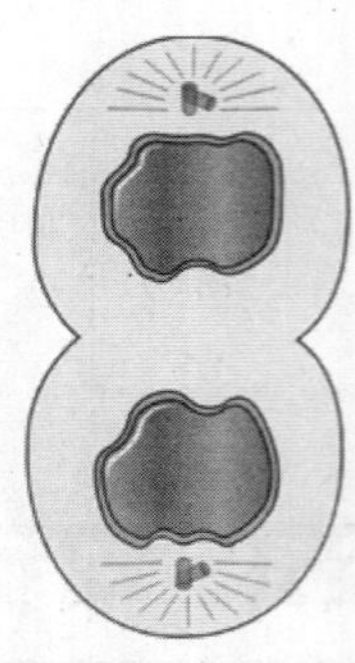

दिया गया चित्र, अगर समसूत्री विभाजन से संबंधित है, तो दिया गया चित्र के बाद कोशिका विभाजन की कौन सी अवस्था आती है,

(A) पूर्वावस्था (B) अंतरावस्था

(C) अंतरालावस्था (D) पश्चावस्था

8.

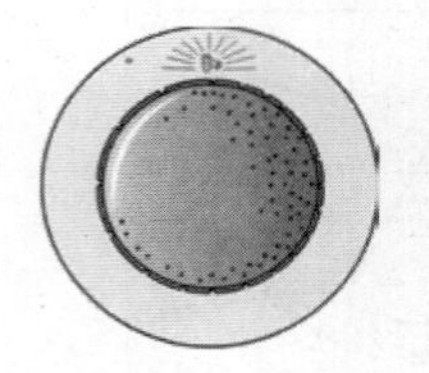

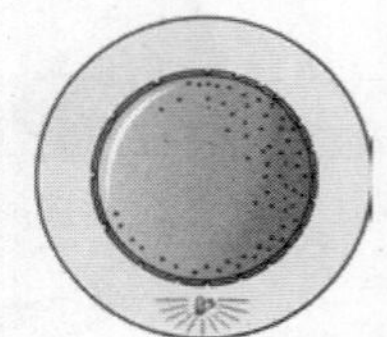

चित्र को पहचानते हुए, सही कथन का चयन करें–

(a) इस अवस्था की अवधि कोशिका विभाजन के कुल अवधि का सिर्फ 5% है।

(b) इस अवस्था में गुणसूत्र कीसंख्या दोगुनी हो जाती है।

(b) इस अवस्था में G_0 अवस्था अवश्य आता है।

(d) डीएनए की मात्रा दोगुनी हो जाती है।

(A) a

(B) a, b

(C) c

(D) d

9.

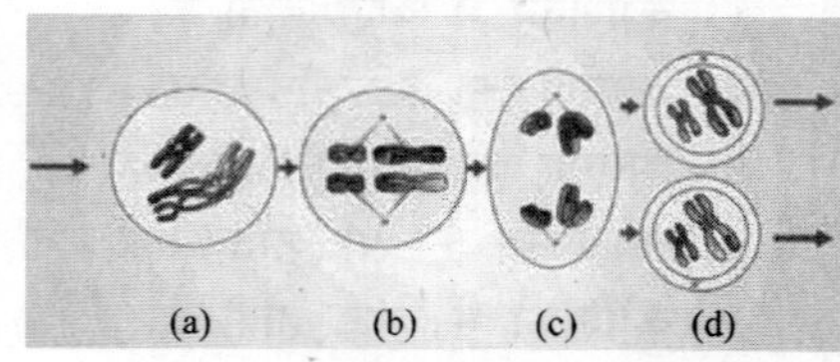

दिया गया चित्र, अर्धसूत्री-I का है, सही विकल्प का चयन करे-

	a	b	c	d
(A)	सबसे लंबी अवस्था	23 जोड़े गुणसूत्र	प्रत्येक ध्रुव पर 23 गुणसूत्र	अगुणित पुत्री कोशिका
(B)	सबसे छोटी अवस्था	23 जोड़े गुणसूत्र	प्रत्येक ध्रुव पर 23 गुणसूत्र	अगुणित पुत्री कोशिका
(C)	सबसे लम्बी अवस्था	23 जोड़े गुणसूत्र	प्रत्येक ध्रुव पर 23 गुणसूत्र	द्विगुणित पुत्री कोशिका
(D)	सबसे लंबी अवस्था	46 जोड़े गुणसूत्र	प्रत्येक ध्रुव पर 23 गुणूसत्र	अगुणित पुत्री कोशिका

10.

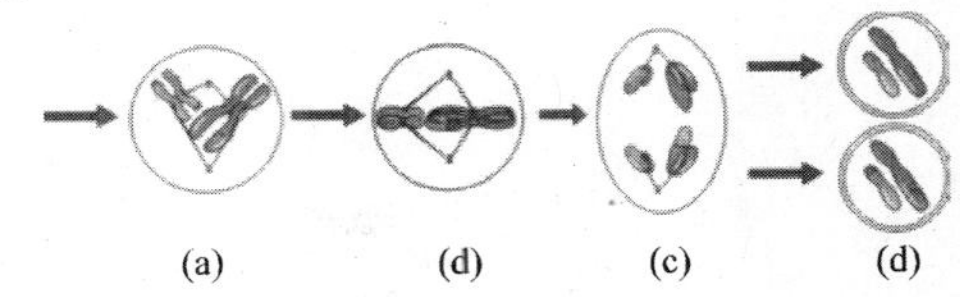

दिया गया चित्र अर्धसूत्री-II का है, a, b, c तथा d से संबंधित सही विकल्प का चयन करें-

	a	b	c	d
(A)	46 अर्धगूण सूत्र	23 जोड़े गुणसूत्र	ध्रुव पर 23 अर्धगूणसूत्र	एक कोशिका में 23 गुणसूत्र
(B)	46 अर्ध गुणसूत्र	23 गुणसूत्र	ध्रुव पर 23 अर्धगुण सूत्र	एक कोशिका में 23 गुणसूत्र
(C)	46 गुणसूत्र	23 गुणसूत्र	ध्रुव पर 23 अर्धगुण सूत्र	एक कोशिका में 23 गुणसूत्र
(D)	23 अर्धगुणसूत्र	23 गुणसूत्र	ध्रुव पर 23 अंर्धगुण सूत्र	एक कोशिका में 23 गुणसूत्र

ANSWER KEY

1. (B)	**2.** (B)	**3.** (A)	**4.** (B)	**5.** (A)	**6.** (A)	**7.** (B)	**8.** (D)	**9.** (A)	**10.** (B)

पाचन एवं अवशोषण

1.

दिया गया चित्र एक वैज्ञानिक का है–

(a) इटली के डॉक्टर थे।

(b) सरीसृप के हृदय–वाहिका तंत्र का अध्ययन किए थे।

(c) कर्ण के रोम कोशिकाओं का अध्ययन किए थे।

(d) मृत्यु 1822 में हुआ था।

उपरोक्त में से कितने कथन सही है?

(A) 1

(B) 2

(C) 3

(D) 4

2.

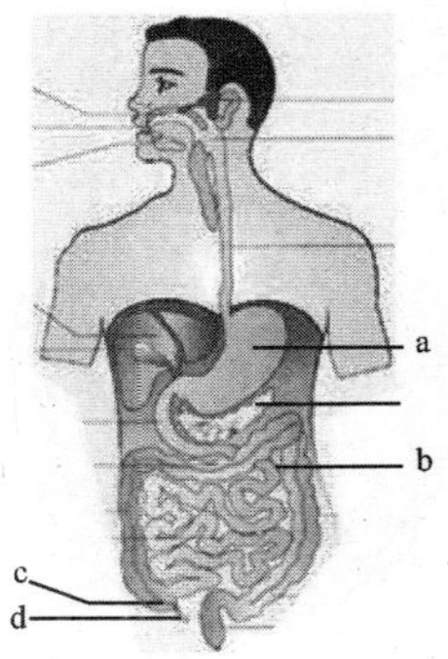

दिया गया चित्र, मानव के पाचन तंत्र का है– उस विकल्प का चयन करे, जो a, b, c तथा d के संदर्भ में सही है–

	a	b	c	d
(A)	अतिरिक्त चिकनी पेशी उपस्थित होते है।	छोटी आंत का मध्य भाग	सहजीवी सूक्ष्मजीव उपस्थित	अवशेषी संरचना
(B)	अतिरिक्त चिकनी पेशी उपस्थित होते है।	छोटी आंत का मध्य भाग	छोटी आंत का सबसे लम्बा भाग	सहजीवी सूमजीव उपस्थित
(C)	अपचित भोज्य पदार्थ को संरक्षित करता है।	छोटी आंत का मध्य भाग	छोटी आंत का सबसे लम्बा भाग	सहजीवी सूक्ष्मजीव उपस्थित
(D)	अपचित भोज्य पदार्थ को संरक्षित करता है।	छोटी आंत का सबसे लम्बा भाग	सहजीवी सूक्ष्मजीव उपस्थित	सहजीवी सूक्ष्मजीव उपस्थित

33.

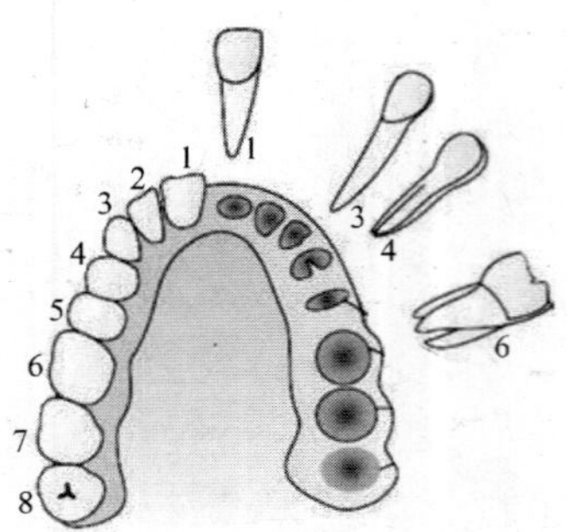

दिया गया चित्र मानव के दंत का है, निम्न में से कौन–से संख्या की दंत 7 साल के बच्चे में अनुपस्थित होता है?

(A) 1, 2 (B) 3, 4
(C) 4, 5, 8 (D) 6, 7, 8

4.

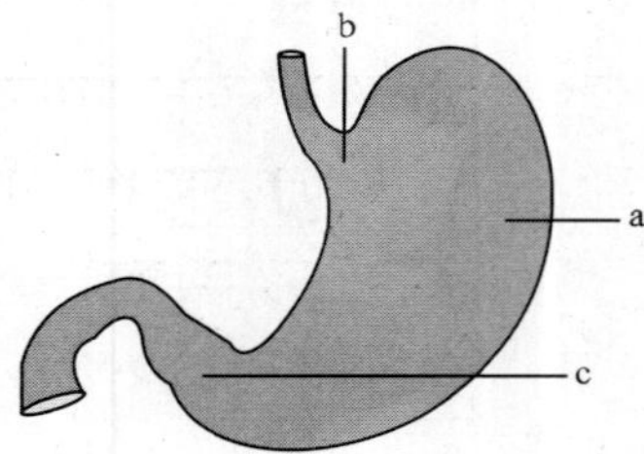

a, b c तथा d में से मानव के अमाशय के कौन से भाग में अवरोधनी अनुपस्थित होते है?

(A) a (B) b
(C) c (D) a, b, तथा c

5.

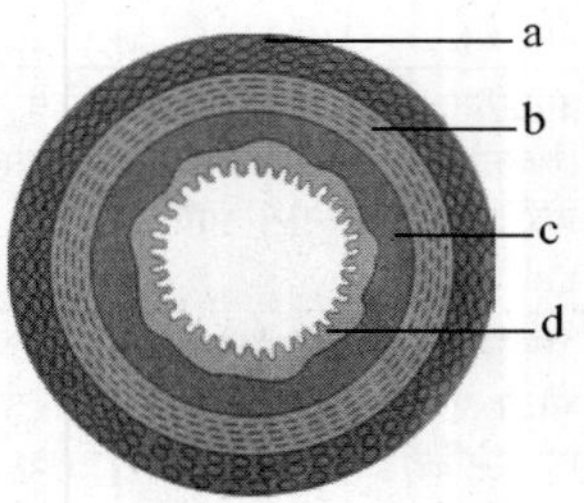

a, b, c तथा d में से कौन से भाग में ब्रुनस ग्रन्थि उपस्थित होते है?

(A) a (B) b
(C) c (D) d

6.

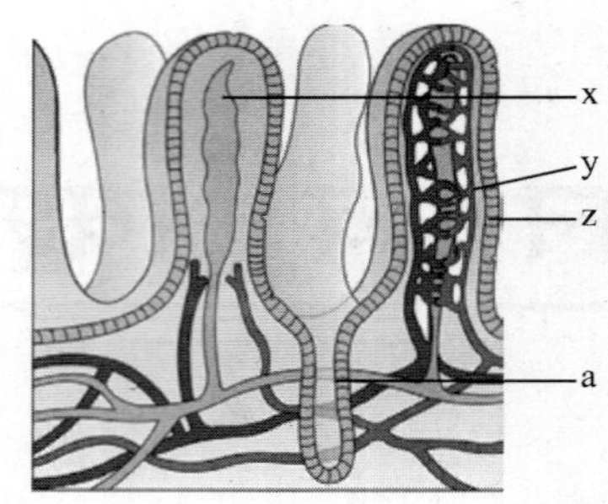

x, y, z तथा a में से कौन वसा के अवशोषण से संबंधित है?

(A) x (B) y
(C) z (D) a

7.

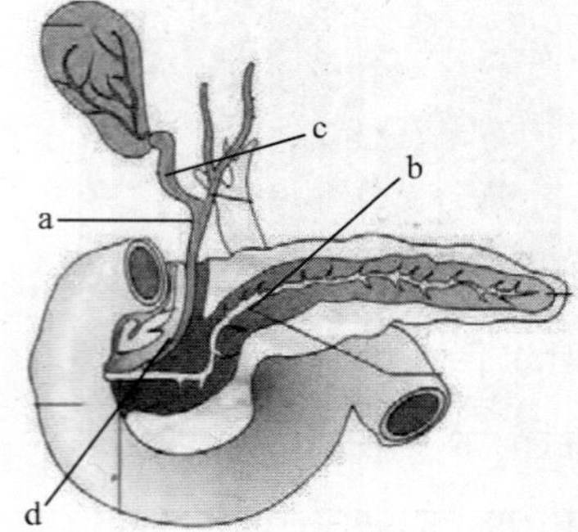

a, b, c तथा d में से किसके अवरुद्ध हो जाने से भी पाचन पर फर्क नहीं पड़ेगा?

(A) a
(B) b
(C) c
(D) d

ANSWER KEY

1. (B)	2. (A)	3. (C)	4. (A)	5. (C)	6. (A)	7. (C)			

श्वसन तथा गैसों का विनियम

4.

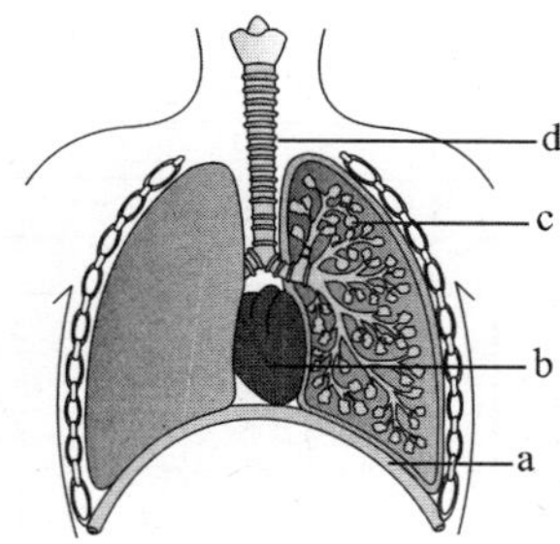

I – स्तनधारियों की विशेषता

II – वातस्फीति से संबंधित

a, b, c तथा d को, पहचानते हुए, सही सेट का चयन करें–

(A) a – I, c – II (B) a, I, b – II

(C) c – II, d – I (D) b – II, d – I

2.

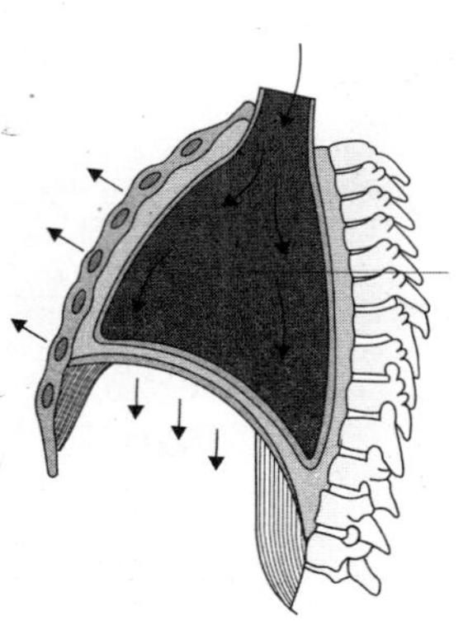

दिए गए चित्र में, तनुपट संकुचित हो रहा है, इस तथ्य को समझते हुए, नीचे दिए गए, कथनों को समझते हुए, सही विकल्प का चयन करें–

I – पसली का बाहर की तरफ फैलाव

II – आंतरिक अंतरापर्शुक पेशी का संकुचन

III – अंतर फुफ्फुसी दाब में कमी

IV – अंत: श्वसन सम्पन्न होता है।

(A) I, II – सत्य

(B) I, III, IV – सत्य

(C) II, IV – सत्य

(D) I, IV – सत्य

3.

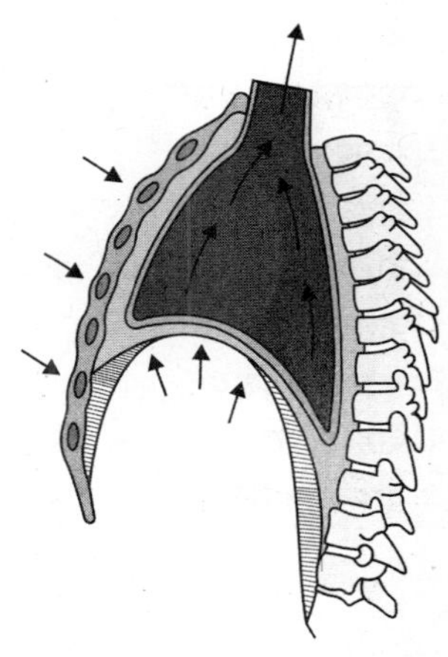

दिए गए चित्र में वायु फेफड़ा से बाहर आ रहा है।

I – तनुपट शिथिल

II – पसली वास्तविक स्थान पर

III – अन्तरा फुफ्सीय दाब घट जाता है।

IV – सक्रिय प्रक्रिया

गलत कथन का चयन करे-

(A) I, II (B) I, III

(C) III, IV (D) II, IV

4.

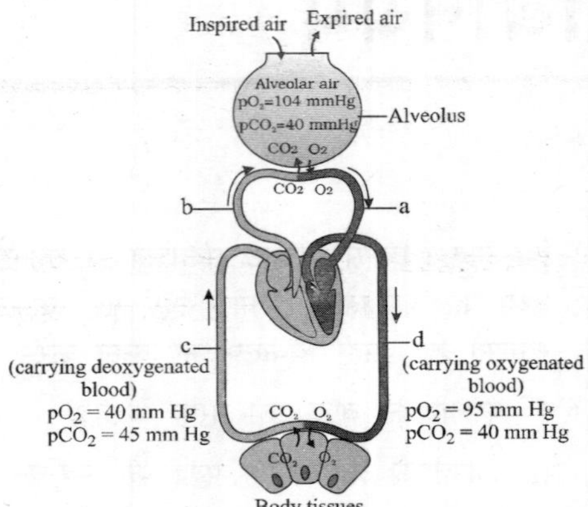

दिए गए चित्र में a, b, c तथा d दर्शा रहा है-

(A) a – फुफ्फुसीय शिरा
  b – फुफ्फुसीय धमनी
  c – महाशिरा
  d – पृष्ठ महाधमनी

(B) a – फुफ्फुसीय शिरा
  b – फुफ्फुसीय धमनी
  c – पृष्ठ महाधमनी
  d – दैहिक महाशिरा

(C) a – फुफ्फुसीय धमनी
  b – फुफ्फुसीय शिरा
  c – दैहिक शिरा
  d – दैहिक धमनी

(D) a – कोरोनरी धमनी
  b – कोरोनेरी शिरा
  c – दैहिक शिरा
  d – दैहिक धमनी

5.

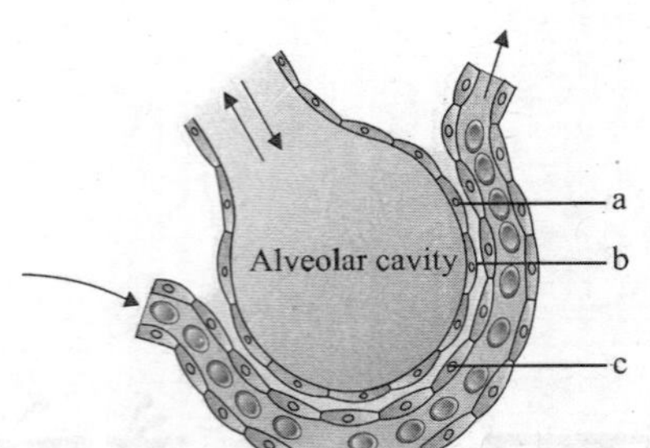

दिया गया चित्र वायु कूपिका के अनुप्रस्थ काट है, जो कि एक फुफ्फुसीय वाहिका के साथ है, सरल शल्की उपकला उपस्थित होते है-

(A) सिर्फ a में (B) a, b में

(C) a, c में (D) उपरोक्त सभी में

6.

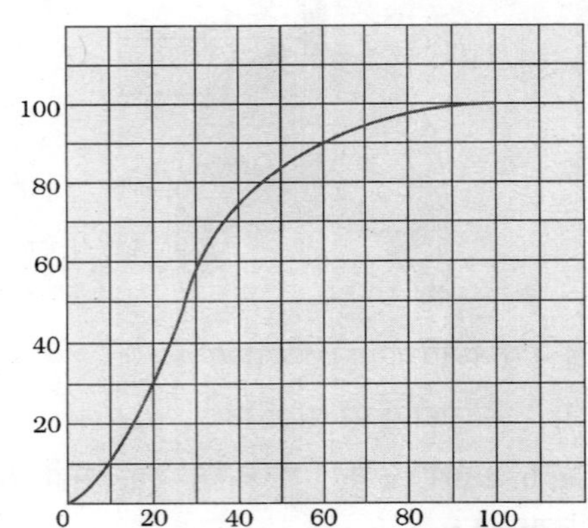

दिया गया चित्र-

(a) ऑक्सीजन हीमोग्लोबिन वियोजन वक्र का है।

(b) ऑक्सीजन के साथ हिमोग्लोबिन के संतृप्तता का प्रतिशत दर्शा रहा है।

(c) Co_2 वियोजन वक्र का है।

(d) CO वियोजन वक्र का है।

उपरोक्त चार कथनों में से असमान्य का चयन करें-

(A) a (B) b

(C) c (D) c, d

ANSWER KEY

1. (A)	2. (B)	3. (C)	4. (A)	5. (C)	6. (D)				

शरीर द्रव तथा परिसंचरण

1.

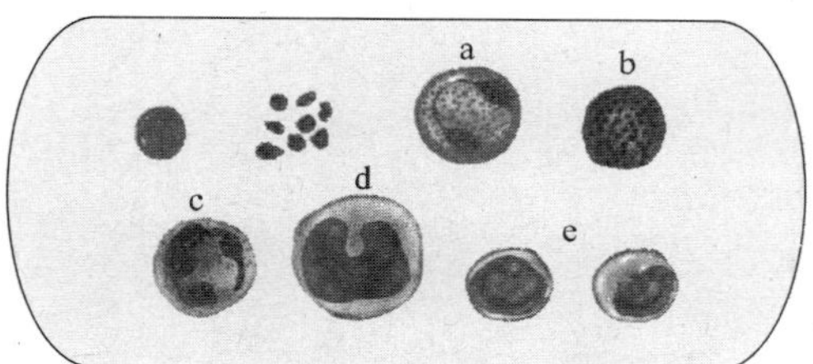

दिया गया चित्र, विभिन्न प्रकार के रुधिर कोशिका का है-

(1) ___?___ एलर्जी से संबंधित है।

(2) ___?___ प्रमुख भक्षाणु कोशिका है।

(3) ___?___ कुल श्वेताणु का 6-8% है।

(A) 1 – a, 2 – c, 3 – d

(B) 1 – d, 2 – c, 3 – e

(C) 1 – e, 2 – c, 3 – d

(D) 1 – c, 2 – e, 3 – d

2.

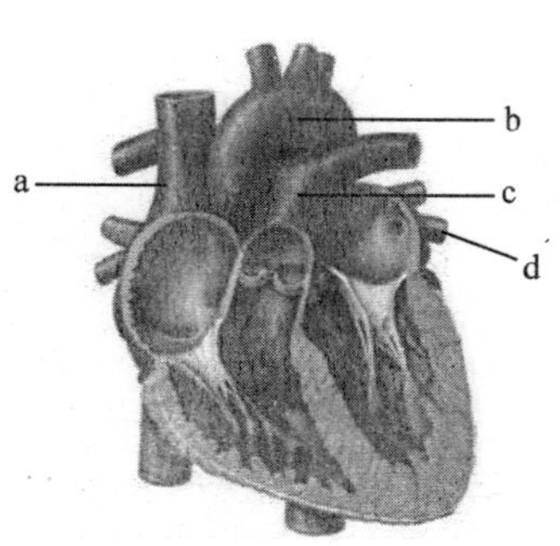

दिए गए चित्र में a, b, c तथा d में से कौन सी संरचना अशुद्ध रुधिर युक्त होते है?

(A) a (B) a, b

(C) a, c (D) a, d

3.

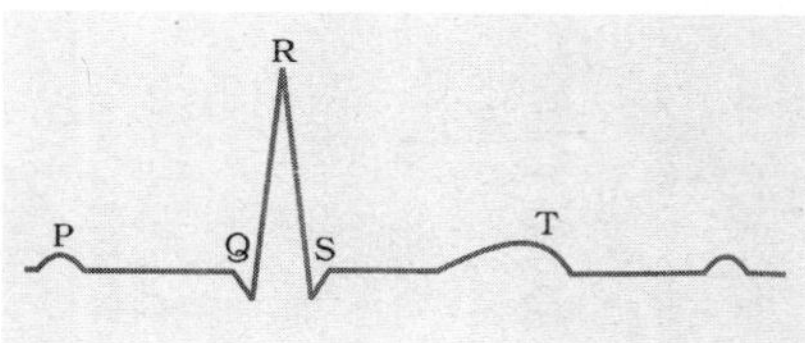

दिया गया चित्र ECG का उस तरंग का चयन करे जो पुनः ध्रुवीकरण को प्रदर्शित कर रहा है-

(A) P (B) QRS

(C) T (D) PQ

4.

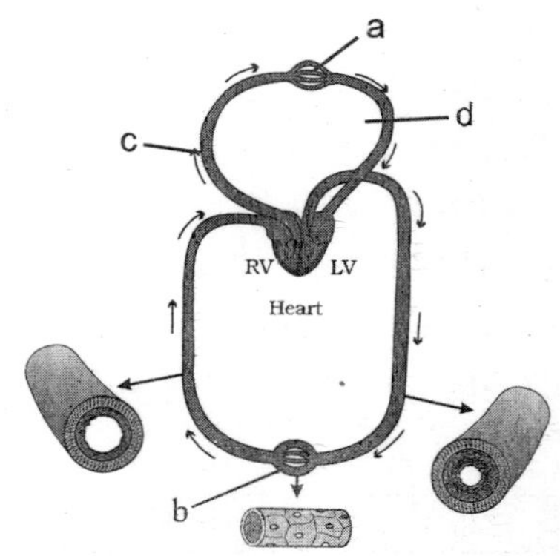

दिया गया चित्र, मानव रक्त परिसंचरण का आरेखीय चित्र का है, a, b, c तथा d दर्शा रहा है-

(A) a – फेफड़ा, b – शरीर अंग, c – फुफ्फुस धमनी, d – फुफ्फुस शिरा

(B) a – शरीर अंग, b – फेफड़ा, c – फुफ्फुस धमनी, d – फुफ्फुस शिरा

(C) a – फेफड़ा, b – शरीर अंग, c – फुफ्फुस शिरा, d – फुफ्फुस धमनी

(D) a – फुफ्फुस शिरा, b – फुफ्फुस धमनी, c – फेफड़ा, d – शरीर अंग

ANSWER KEY

1. (A)	**2.** (C)	**3.** (C)	**4.** (A)						

उत्सर्जी उत्पाद एवं उसका निष्कासन

1.

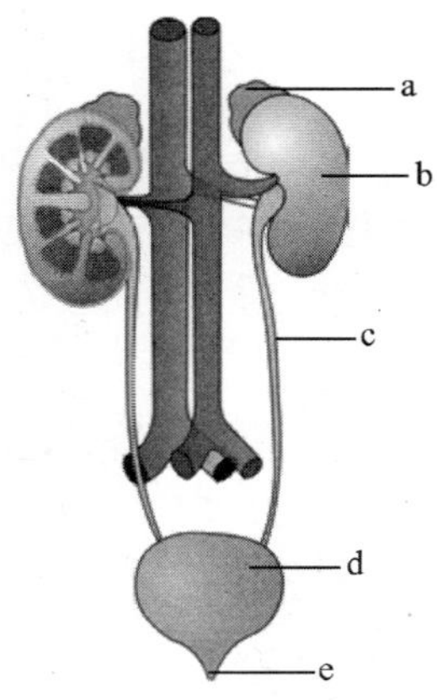

दिया गया चित्र मानव के उत्सर्जन तंत्र का है,

I – हॉर्मोन का स्त्रावण

II – मूत्र से प्रत्यक्ष या अप्रत्यक्ष रूप से संबंधित

III – परासरण नियमन से संबंधित

IV – रुधिर का निस्पंदन

	I	II	III	IV
(A)	a + b	a + b + c + d + e	a + b	b
(B)	a + b	a + b + c + d + e	a	b
(C)	a	a + e	a	b
(D)	a + d	a + b + c + d + e	b	a

2.

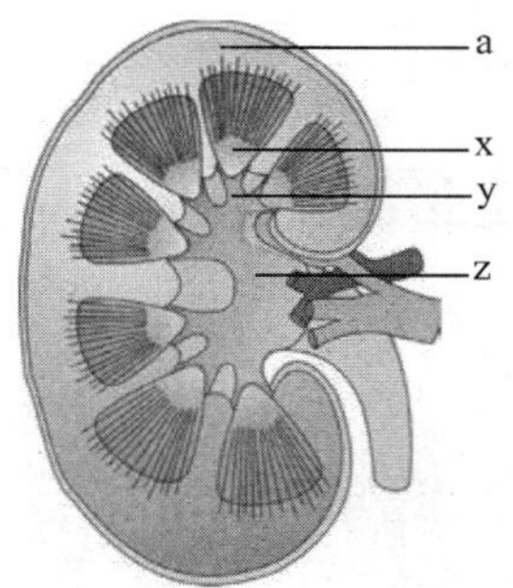

x, y, z तथा a में से, किस संरचना में मूत्र का निमाण होता है?

(A) x (B) y

(C) z (D) a

3.

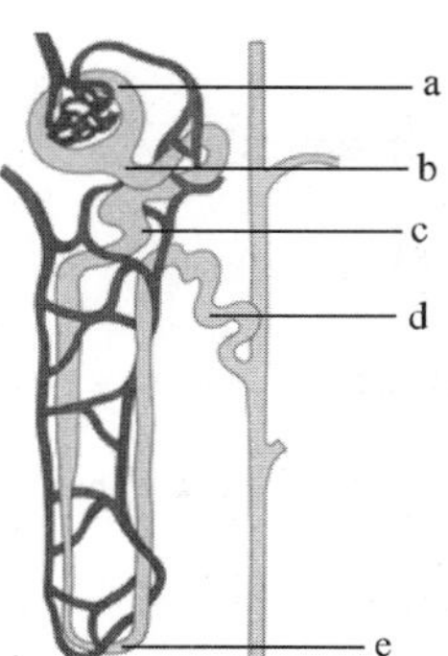

दिया गया चित्र नेफ्रॉन का है, a, b, c, d तथा e को समझते हुए, कोष्टक में से सही विकल्प का चयन करें–

I – रुधिर का निस्पंदन

II – अधिकतम पुनः अवशोषण

III – हॉर्मोन के प्रभाव में Na^+ का पुनः अवशोषण

IV – मेडूला में भी उपस्थित

	I	II	III	IV
(A)	a + b	c	e	d
(B)	a + b	c	d	e
(C)	b	a + c	d	e
(D)	a + b	e	c	d

4.

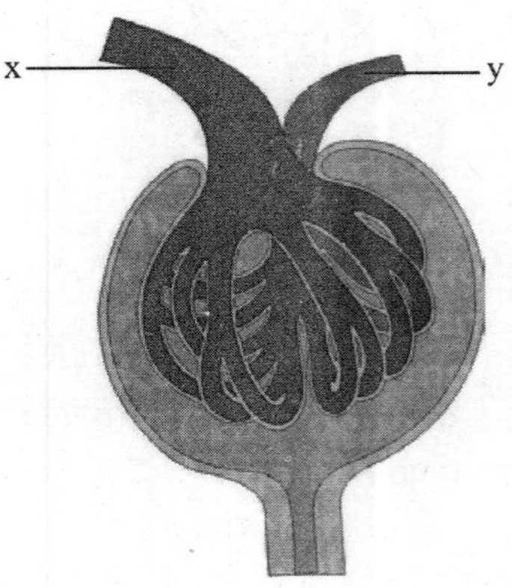

दिए गए चित्र में, y का व्यास, x से कम होता है, यह मदद करता है–

(A) जीएचपी को घटाता है।

(B) जीएचपी को बढ़ाता है।

(C) जीएफआर को घटाता है।

(D) उपरोक्त में से कोई नहीं

6.

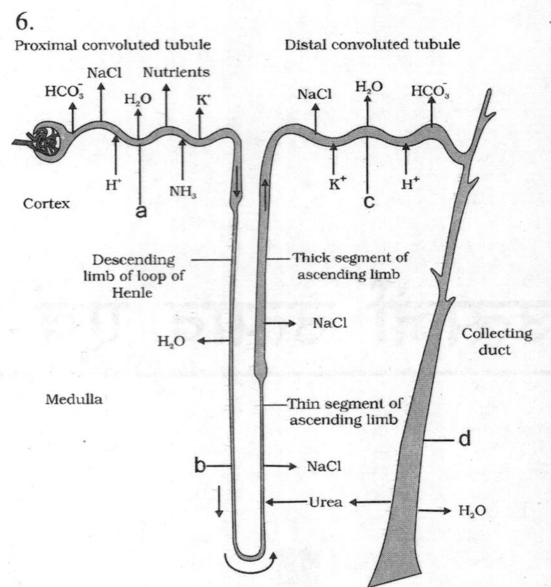

दिए गए चित्र में a, b, c तथा d दिया गया है, इनमें से कौन, पीएच तथा आयनी संतुलन को बनाए रखने से संबंधित है?

(A) a

(B) a, b

(C) a, c

(D) a, c, d

6.

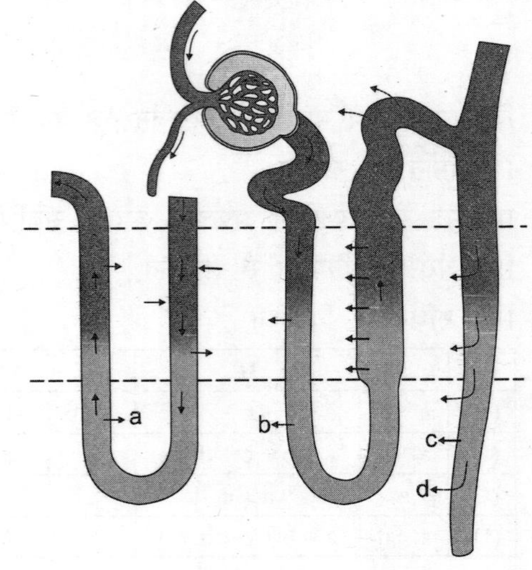

दिया गया चित्र नेफ्रोन तथा वासाा रेक्टा द्वारा निर्मित प्रतिधारा प्रवाह क्रियाविधि का है। a, b, c तथा d क्या दर्शा रहा है?

(A) a – H_2O, b –NaCl, c – H_2O, d – Urea

(B) a – NaCl, b –H_2O, c – Urea, d – H_2O

(C) a – NaCl, b –Urea, c – H_2O, d – H_2O

(D) a – H_2O, b –H_2O, c – H_2O, d – H_2O

ANSWER KEY

1. (A)	**2.** (A)	**3.** (B)	**4.** (B)	**5.** (D)	**6.** (B)				

गमन एवं संचलन

1.

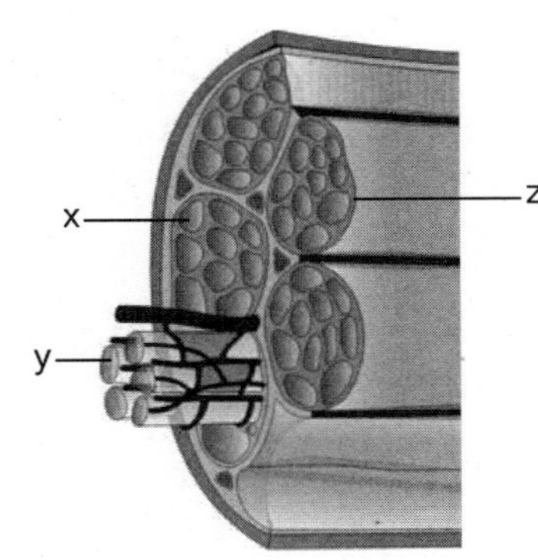

दिए गए चित्र में x, y, z में से को कौन फैस्किकल को दर्शा रहा है–

(A) x　　(B) y

(C) z　　(D) उपरोक्त सभी

2.

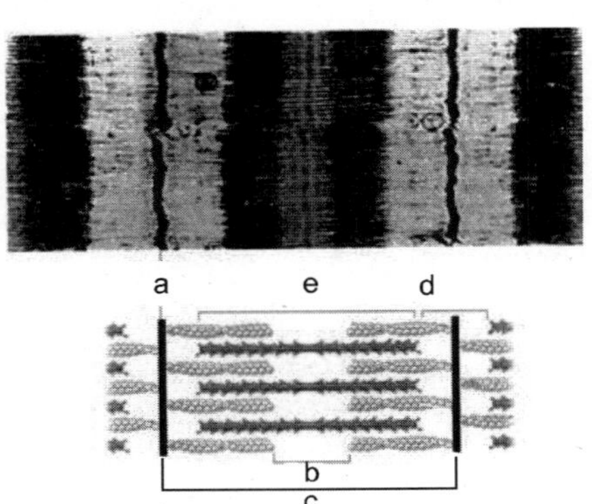

दिए गए चित्र में a, b, c, d तथा e में से पेशी संकुचन के दौरान कौन अपरिवर्तित रहता है?

(A) a, b

(B) b, c

(C) d, c

(D) e

3.

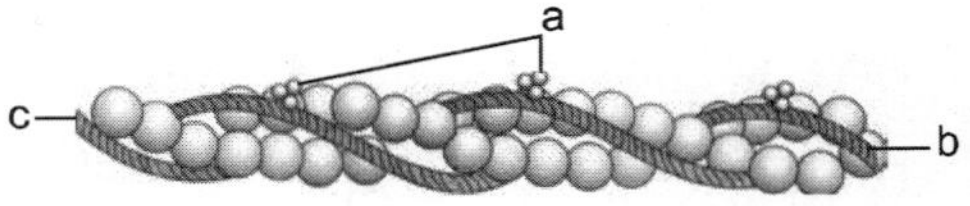

दिया गया चित्र एक्टिन तंतु का है, a, b तथा c को पहचानते हुए, नीचे दिए गए कोष्टक से सही विकल्प का चयन करे–

	a	b	c
(A)	ट्रोपोमायोसिन	ट्रोपोनिन, Ca^{++} से जुड़ जाते है।	F-एक्टिन बहुलक
(B)	ट्रोपोनिन, Ca^{++} से जुड़ जाते है।	ट्रोपोमायोसिन	F-एक्टिन बहुलक
(C)	ट्रोपोनिन, Ca^{++} से जुड़ जाते है।	G-एक्टिन	F-एक्टिन बहुलक
(D)	ट्रोपोनिन, Ca^{++} से जुड़ जाते है।	ट्रोपोमायोसिन	G-एक्टिन बहुलक

4.

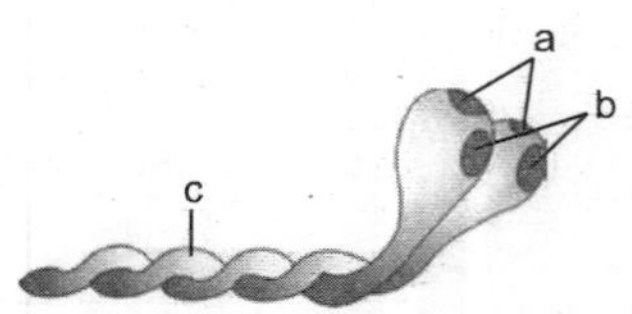

दिए गए चित्र में, a, b, c में से कौन एटीपी जुड़न स्थल है?

(A) a (B) b

(C) c (D) उपरोक्त सभी

5.

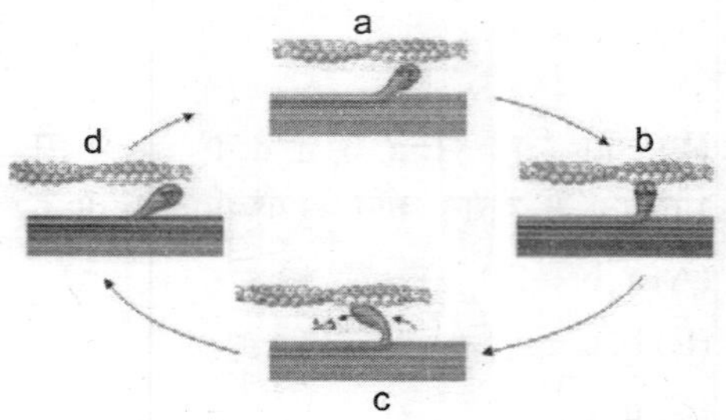

चार चित्र a, b, c, d में से कौन, संकुचनशील अवस्था तथा कौन शिथिलन अवस्था को प्रदर्शित कर रहा है?

(A) a, b – संकुचनशील ; c, d – शिथिलन

(B) a, d – संकुचनशील ; c, b – शिथिलन

(C) a, d – शिथिलन ; c, b – संकुचन

(D) a, c – शिथिलन ; b, d – संकुचनशील

6.

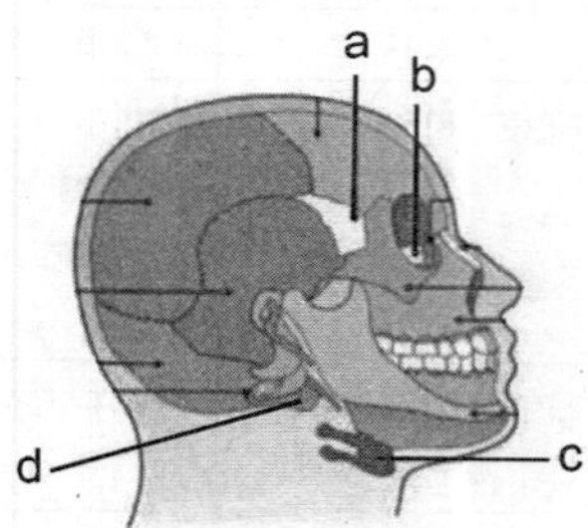

दिया गया चित्र मानव के करोटि का है, a, b, c, d कुछ नाम तथा लक्षंण को प्रदर्शित कर रहे है, दिए गए कोष्टक से सही विकल्प का चयन करें-

	a	b	c	d
(A)	एथमोयड अस्थि	स्फीनॉयड, पीयूष से संबंधित	हॉयड, जीव्हा पेशी से संबंधित	अस्थिकंद, मनुष्य में 2
(B)	पीयूष से संबंधित स्फीनॉयड	एथमोयड अस्थि	हॉयड, जीव्हा पेशी से संबंधित	अस्थिकंद, मनुष्य में 1
(C)	पीयूष से संबंधित स्फीनॉयड	एथमोयड अस्थि	हॉयड, जीव्हा पेशी से संबंधित	अस्थिकंद, मनुष्य में 2
(D)	पीयूष से संबंधित स्फीनॉयड	लैक्रमल अस्थि	हॉयड, जीव्हा पेशी से संबंधित	अस्थिकंद, मनुष्य में 2

7.

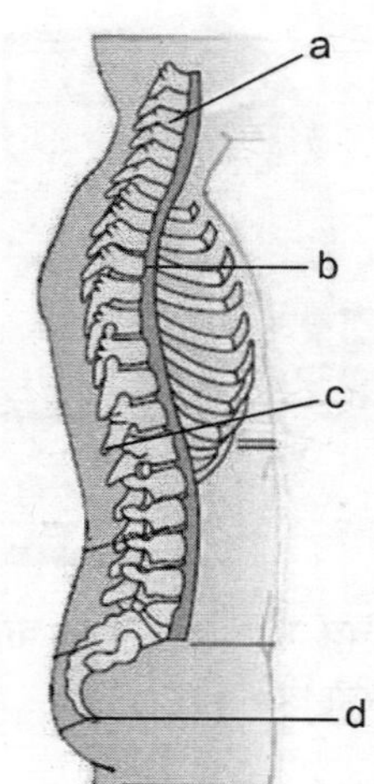

दिए गए चित्र को पहचाने, अब अगर-

x = संख्या 7 है, तथा स्तनधारियों की विशेषता है।

y = अवशेषी संरचना है।

a, b, c तथा d में से कौन x तथा y को प्रदर्शित कर रहा है?

(A) a – x, c – y

(B) a – x, d – y

(C) c – x, a – y

(D) c – x, d – y

8.

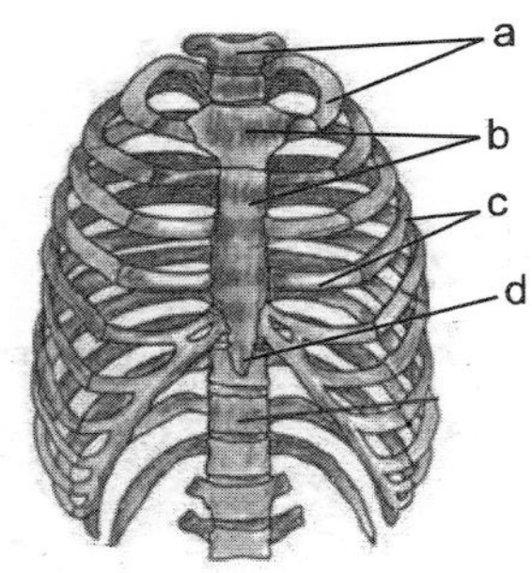

a, b, c तथा d में से कौन काचाभ उपास्थि है?

(A) a

(B) b

(C) c

(D) d

9.

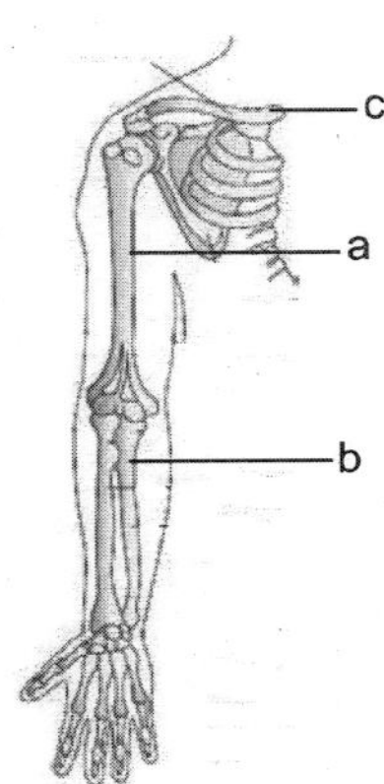

दिए गए चित्र में, a, b, c में से कौन प्रतिस्थापक (Replacing) अस्थि है?

(A) a

(B) b

(C) c

(D) उपरोक्त सभी

10.

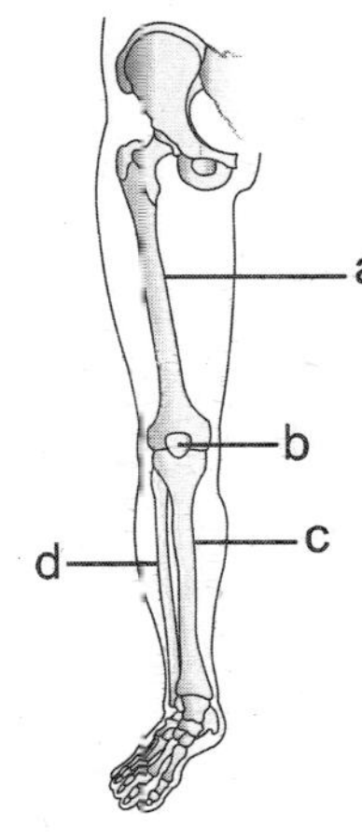

दिए गए चित्र में a, b, c तथा d में से किस अस्थि की अनुपस्थिति, से हमारा गमन प्रभावित नहीं होता है?

(A) a

(B) b

(C) c

(D) उपरोक्त सभी

ANSWER KEY

1. (C)	2. (D)	3. (D)	4. (B)	5. (C)	6. (C)	7. (B)	8. (D)	9. (D)	10. (B)

तंत्रिकीय नियंत्रण एवं समन्वय

1.

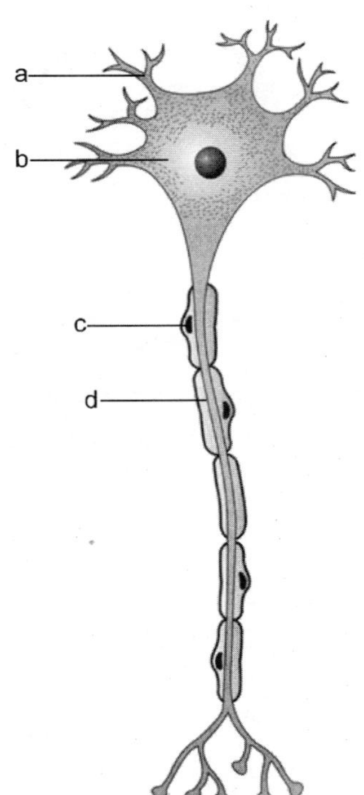

दिया गया चित्र न्यूरॉन का है, उस विकल्प का चयन करें, a, b, c तथा d के संदभ में सही है-

	a	b	c	d
(A)	डेड्राइट आवश्यक रूप से सभी न्यूरॉन में उपस्थित नहीं होते है।	निसेल ग्रेन्यूल प्रोटीन संश्लेषण	श्वान कोशिका न्यूरिलेमा का निर्माण करते है।	तंत्रिकाक्ष स्वभाव अपवाही होता है।
(B)	डेड्राइट आवश्यक रूप से सभी न्यूरॉन में उपस्थित नहीं होते है।	निसेल ग्रेन्यूल प्रोटीन संश्लेषण	श्वान कोशिका अक्षतंतु का निर्माण करते है।	अक्षतंतु का स्वभाव अपवाही होता है।
(C)	डेड्राइट आवश्यक रूप से सभी न्यूरॉन में उपस्थित नहीं होते है।	निसेल ग्रेन्यूल प्रोटीन संश्लेषण	श्वान कोशिका न्यूरिलेमा का निर्माण करते है।	अक्षतंतु का स्वभाव, अभिवाही होता है।
(D)	डेड्राइट आवश्यक रूप से सभी न्यूरॉन में उपस्थित	निसेल ग्रेन्यूल प्रोटीन संश्लेषण	श्वान कोशिका न्यूरिलेमा का निर्माण करते है।	अक्षतंतु का स्वभाव, अभिवाही होता है।

2.

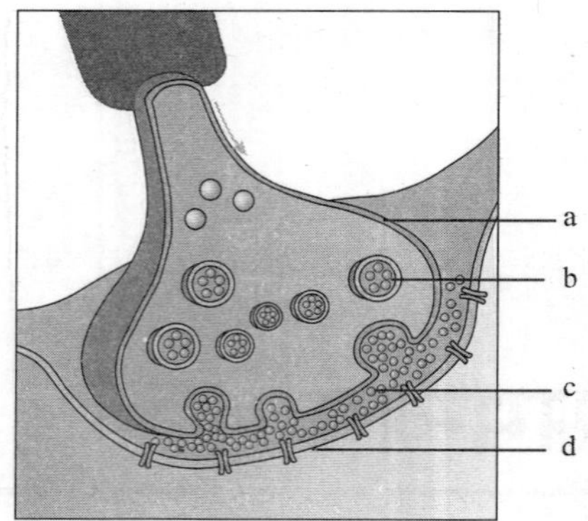

दिए गए चित्र में, a, b, c तथा d में से कौन, विद्युत युगानुबन्ध में आवश्यक रूप से उपस्थित नहीं होते है–

(A) a (B) b

(C) c (D) d

3.

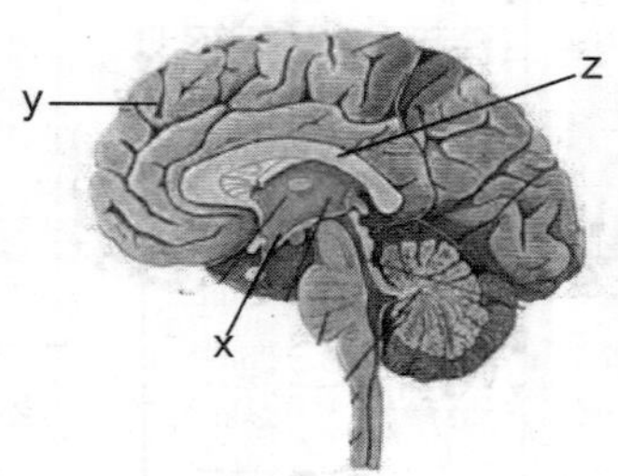

(A) x – तापमान नियंत्रण

y – मुनष्य में सार्वाधिक विकसित

z – स्तनधारियों में सार्वाधिक विकसित तथा विशेषता

(B) x – मनुष्य में सार्वाधिक विकसित

y – तापमान नियंत्रण

z – स्तनधारियों की विशेषता

(C) x – स्तरधारियों की विशेषता

y – तापमान नियंत्रण

z – स्तनधारियों की विशेषता

(D) x – तापमान नियंत्रण

y – स्तनधारियों की विशेषता

z – मुनष्य में सावाधिक विकसित

5.

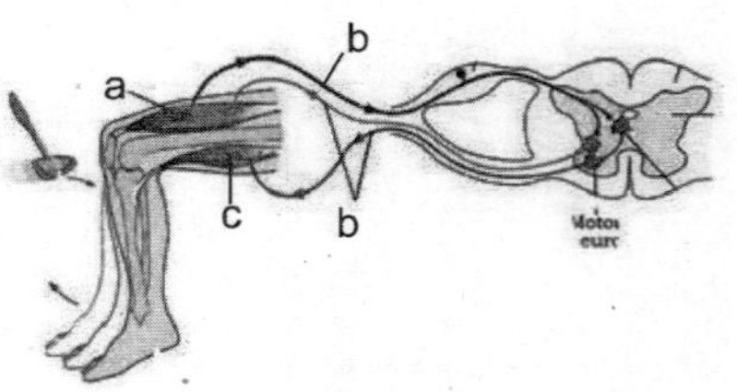

अगर x = प्रभारक, y = अपवाही पथ

a, b, c तथा d में से कौन x तथा y है?

(A) a → x, d → y

(B) c → x, d → y

(C) a → y, b → x

(D) d → x, c → y

5.

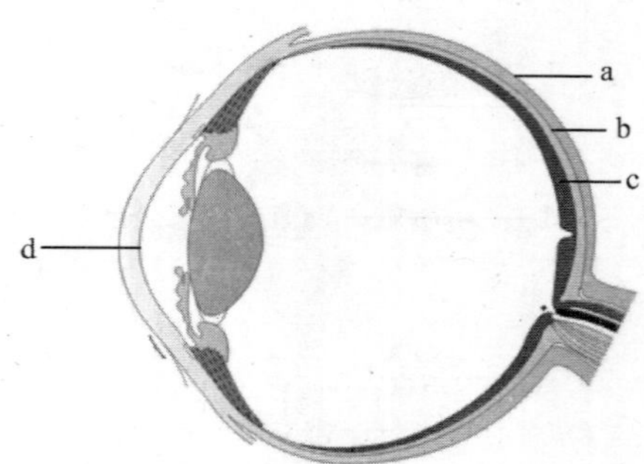

x = कोलैजन तंतु, y = डाइसिफेलॉन का रुपांतरं, z = अत्यधिक रुधिर प्रवाह युक्त, y = रुधिर प्रवाह अनुपस्थित

	a	b	c	d
(A)	x	y	z	p
(B)	z	y	x	p
(C)	x	z	y	p
(D)	p	x	z	y

6.

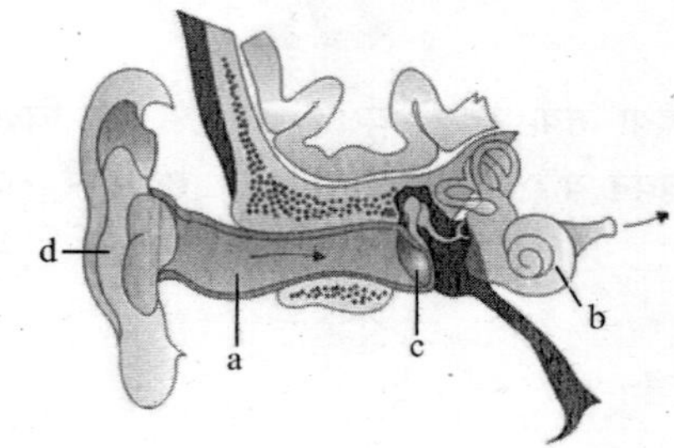

अगर w = कर्ण पट झिल्ली, x = कॉटाई के अंग, y = सेरुमिनस ग्रन्थि, z = सिर्फ स्तनधारियों में उपस्थित

	a	b	c	d
(A)	y	x	w	z
(B)	y	x	z	w
(C)	w	z	y	x
(D)	z	w	y	z

7.

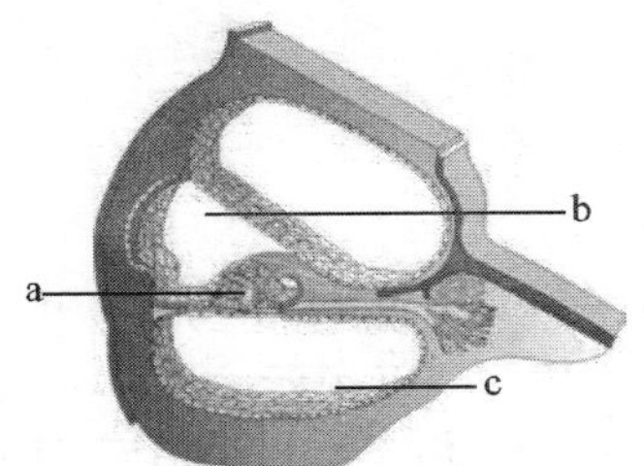

दिया गया चित्र कॉक्लिया के काट है-

x = सुनने से संबंधित नहीं है।

y = सुनने से संबंधित है।

a, b तथा c को x तथा y से मिलाते हुए सही विकल्प का चयन करें-

(A)a – x, b – y, c – y
(B) a – y, b – y, c – x
(C) a – y, b – y, c – y
(D) a – x, b – x, c – x

8.

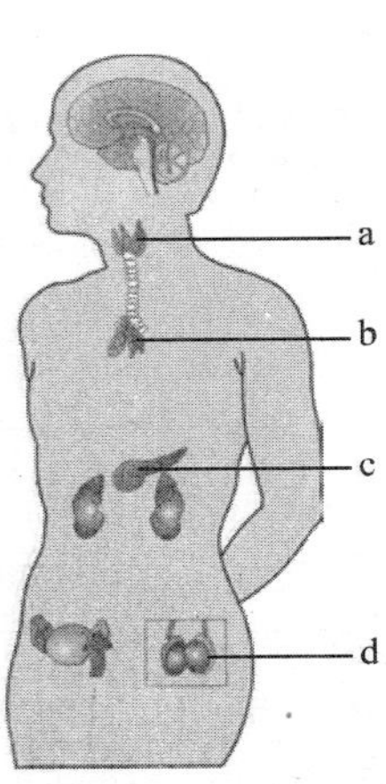

दिया गया चित्र, अंतःस्रावी ग्रन्थिन्न के स्थिति से संबंधित है-

i – प्रतिरक्षण से संबंधित
ii – कैल्सियम उपापचय
iii – ग्लूकोज उपापचय से संबंधित
iv – लिंग हार्मोन

चित्र में दिए गए a, b, c तथा d को उपरोक्त लक्षणों से मिलाते हुए, सही विकल्प का चयन करें-

(A) a – i, b – ii, c – iii, d – iv
(B) a – ii, b – i, c – iv, d – iii
(C) a – iii, b – i, c – iv, d – iii
(D) a – ii, b – i, c – iii, d – iv

9.

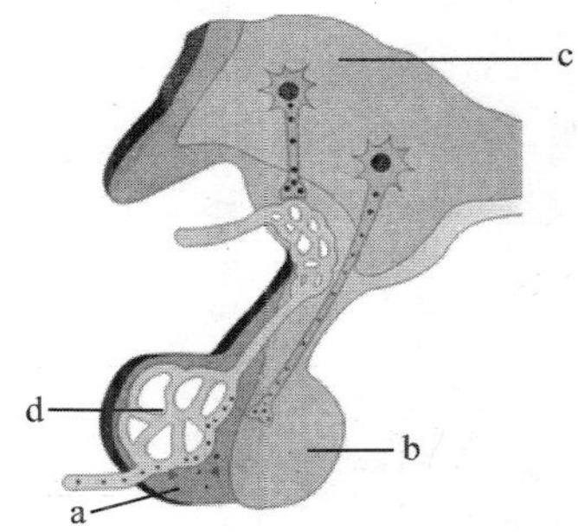

दिए गए चित्र में a, b, c तथा d को x तथा y से मिलाते हुए, सही विकल्प का चयन करें, जहां

x = ऑक्सीटॉसिन तथा वेसोप्रेसिन की उत्पत्ति है।

y = ऑक्सीटॉसिन तथा वेसोप्रेसिन का स्त्रावण है।

(A) a – x, b – y
(B) c – x, b – y
(C) c – x, d – y
(D) d – x, c – y

10.

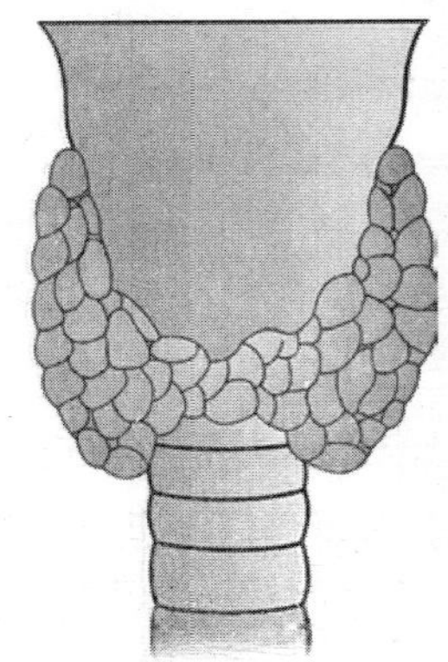

चित्र को पहचाने–

(A) सबसे बड़ी ग्रन्थि

(B) संख्या में दो

(C) एक निश्चित उम्र के बाद विलुप्त हो जाते है।

(D) सभी अंत:स्रावी ग्रन्थि में सार्वाधिक हॉर्मोन को स्रावित करते है–

सही कथन का चयन करें–

(A) a (B) a, b

(C) a, b, c, d (D) उपरोक्त में से कोई नहीं

11.

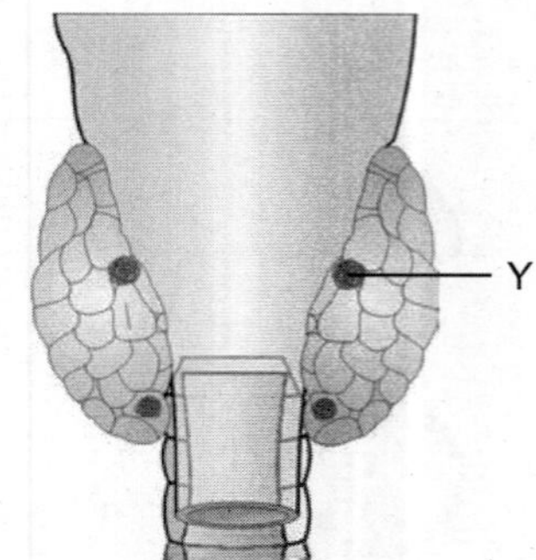

दिया गया चित्र 'Y' एक ग्रन्थि का है–

(A) पैराथाइरॉइड हॉर्मोन का स्रावण करते है।

(B) उत्पत्ति एण्डोड्रम के द्वारा।

(C) जीवनपर्यन्त क्रियाशील होते है।

गलत कथन का चयन करें–

(A) a (B) b

(C) c (D) उपरोक्त में से कोई नहीं

12.

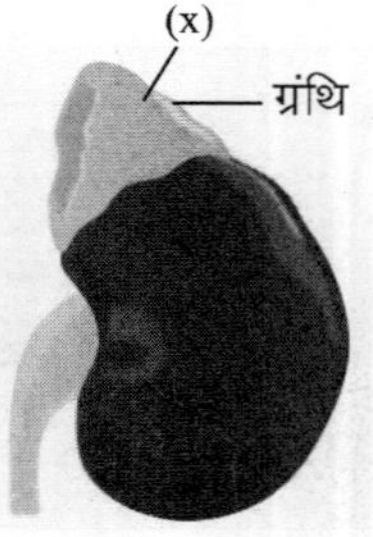

(a) यह ग्रन्थि जोड़े में उपस्थित होते है।

(b) दो भिन्न जनन स्तर से उद्‌गमित होते है।

(c) एक निश्चित आयु के बाद विलुप्त हो जाते है।

(d) मादा में बड़ा होता है।

उपरोक्त में से कितने कथन जो x से संबंधित है, वह गलत है?

(A) 1 (B) 2

(C) 3 (D) 4

13.

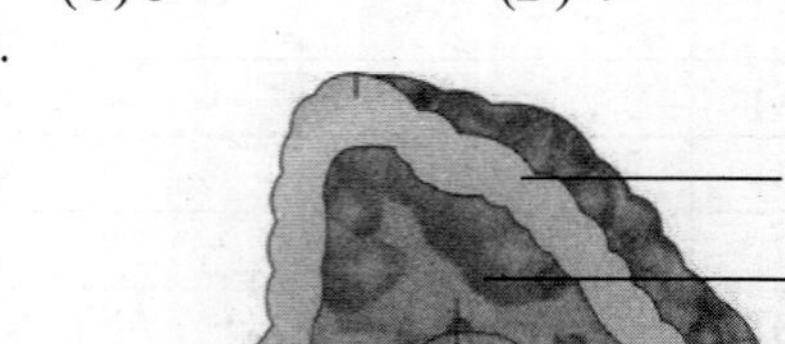
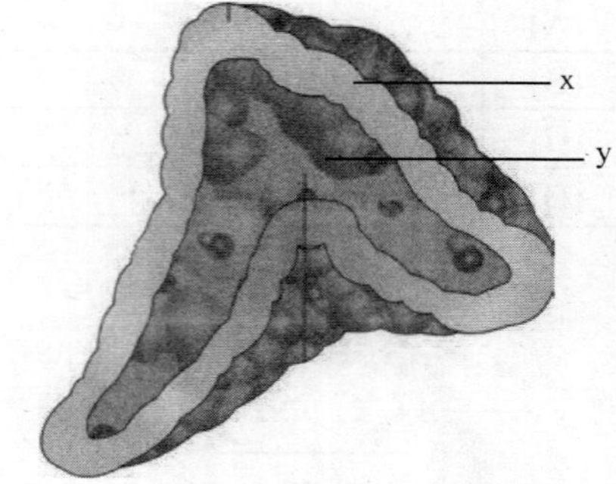

चित्र में, x तथा y को पहचाने निम्न में से किसके आधार पर y, x से भिन्न है?

(a) स्रावित हॉर्मोन के संख्या के आधार पर।

(b) उत्पत्ति के आधार पर

(c) कार्य की दशा तथा अवस्था के आधार पर।

(d) हॉमोन की क्रियाविधि के आधार पर।

(A) a (B) a, b

(C) a, b, c (D) a, b, c तथा d

14.

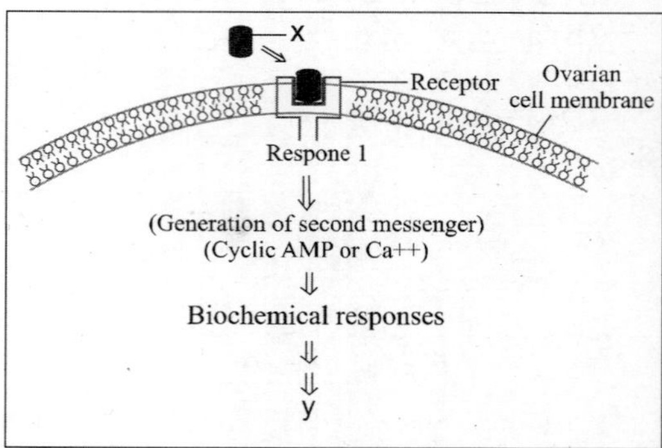

दिया गया चित्र प्रोट्रीन हॉर्मोन के क्रियाविधि को दर्शा रहा है, चित्र को पहचानते हुए, x तथा y से संबंधित सही सेट का चयन करें–

(A) x – एल एच, y – अंडाशय में वृद्धि

(B) x – जी एच, y – अंडोत्सर्ग

(C) x – एल एच, y – अंडोत्सर्ग

(D) x – प्रोलेक्टिन, y – अंडोत्सर्ग

15. 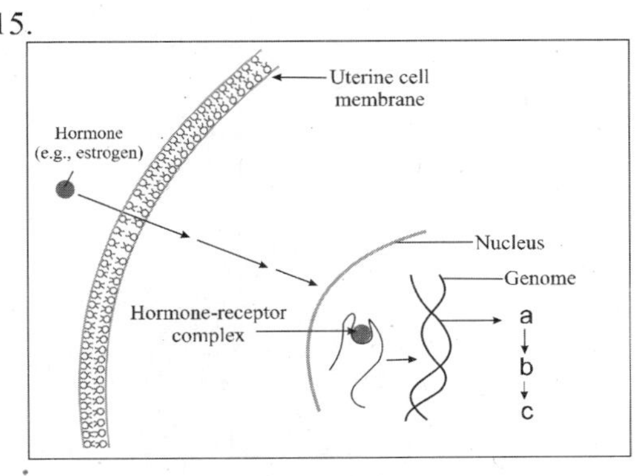

दिया गया चित्र, स्टीरॉइड हॉर्मोन के क्रियाविधि को दर्शा रहे है, दिए गए चित्र में, a, b तथा c को पहचानते हुए, सही विकल्प का चयन करें-

(A) a – r आरएनए, b – प्रोटीन, c – स्तनग्रंथि की वृद्धि

(B) a – m आरएनए, b – प्रोटीन, c – स्तनग्रंथि की वृद्धि

(C) a – t आरएनए, b – प्रोटीन, c – स्तनग्रंथि की वृद्धि

(D) a – m आरएनए, b – लिपिड, c – स्तनग्रंथि की वृद्धि

ANSWER KEY

1. (A)	**2.** (C)	**3.** (A)	**4.** (B)	**5.** (C)	**6.** (A)	**7.** (B)	**8.** (D)	**9.** (B)	**10.** (D)
11. (D)	**12.** (B)	**13.** (D)	**14.** (C)	**15.** (B)					

मानव जनन

1.

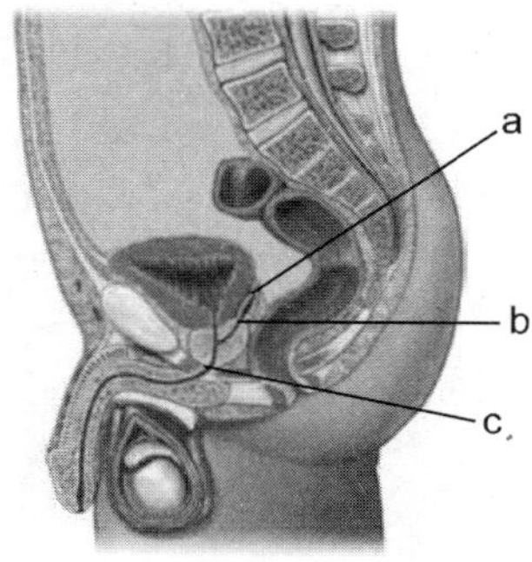

दिया गया चित्र, नर जनन तंत्र का है-

I – वीर्य में सार्वाधिक योगदान

II – सामान्यत: बुर्जगों में फूल या सुज जाता है।

III – इसका स्त्रावण मैथुन के दौरान शिश्न में स्नेहन (लुब्रिकेशन) प्रदान करने में सहायक होते है।

दिए गए कॉलम में, चित्र के a, b, c का मिलान I, II, III से करते हुए सही विकल्प का चयन करें-

Column A	Column B
a	I
b	II
c	III

(A) abc/II, I, III (B) abc/I, II, III

(C) abc/III, I, II (D) abc/I, III, II

2.

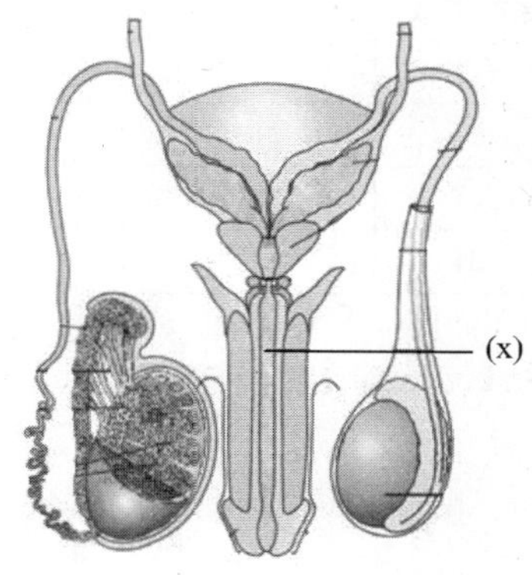

दिए गए चित्र में 'x' आरंभ होता है-

(A) शुक्राशय से

(B) मूत्र थैली से

(C) कंदमूत्र पथ ग्रंथि से

(D) पुरस्थ (प्रॉस्टेट) से

3.

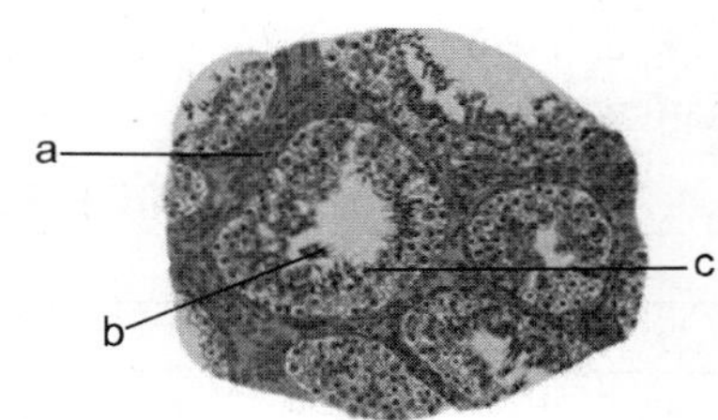

दिया गया चित्र, शुक्रजनक नलिकाओं के आरेखीय काट का है, a, b तथा c में से किसका अन्तस्रावी स्वभाव है?

(A) a, b (B) b, c

(C) a, c (D) a, b तथा c

4.

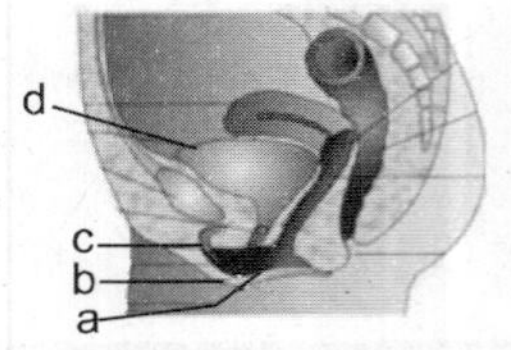

दिया गया चित्र मादा जनन तंत्र का है, चित्र के a, b, c तथा d को समझते हुए, कॉलम को सुमेलित करें-

कॉलम A	**कॉलम B**
(a)	(i) जनन नाल
(b)	(ii) नर तथा मादा दोनों में उपस्थित
(c)	(iii) वसा उत्तक
(d)	(iv) नर शिश्न की तरह

(A) abcd/i, iii, iv, ii (B) abcd/i, ii, iii, iv

(C) abcd/iv, ii, iii, i (D) abcd/iii, ii, i, iv

5.

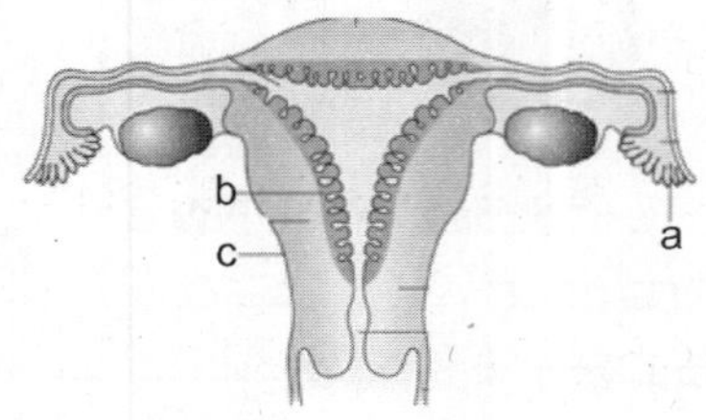

I – प्रसव में भूमिका

II – अंड का संग्रहण

III – आर्तव चक्र के दौरान चक्रीय परिवर्तन

चित्र के a, b तथा c को, ऊपर दिए गए तथ्यों से सुमेलित करें-

कॉलम A	**कॉलम B**
(a)	I
(b)	II
(c)	III

(A) abc/I, II, III (B) abc/III, II, I

(C) abc/II, III, I (D) abc/II, I, III

6.

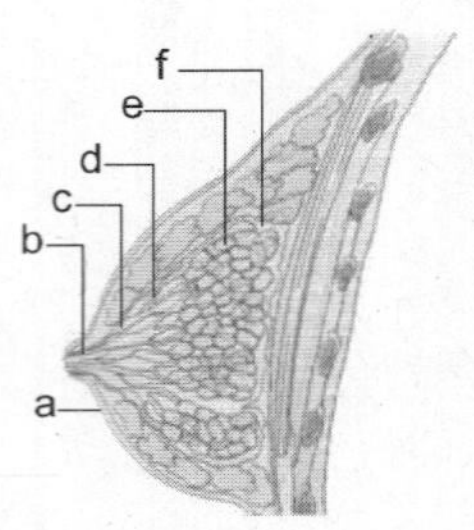

(i) गहरे वर्णक युक्त क्षेत्र।

(ii) संख्या मनुष्य में अलग-अलग होते है।

(iii) यौवनावस्था के पहले लगभग पूर्णत अनुपस्थित

(iv) यौवनावस्था के पहले भी उपस्थित होते है।

	i	ii	iii	iv
(A)	a	b, c, d, e, f	b, c, d, e, f	a
(B)	a	a	b, c, d, e, f	a
(C)	a	b, c, d, e, f	b, c, d, e, f	b
(D)	b	a	b, c, d, e, f	b

7.

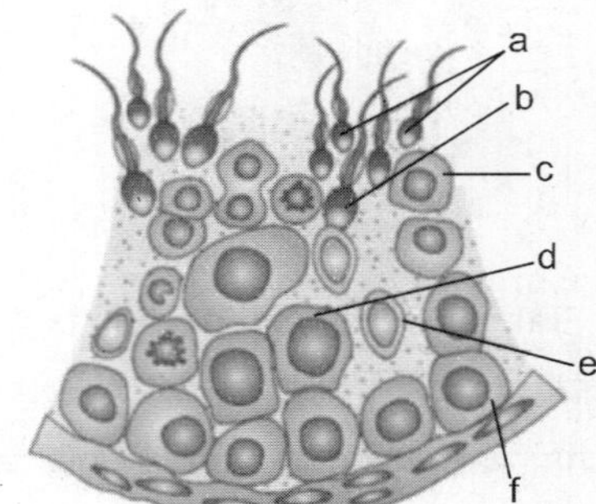

दिया गया चित्र, शुक्रजनन नलिका के काट का है, दिए गए चित्र में a, b, c, d, e तथा f, नामांकित कोशिकाओं में से कुछ कोशिका में समसूत्री कुछ में, अर्धसूत्री तथा किसी में कोई भी विभाजन नहीं होता है। दिए गए कोष्टक में से सही विकल्प का चयन करें-

	समसूत्री	**अर्धसूत्री**	**कोई विभाजन**
(A)	f, e	d, c, b	a
(B)	f	d, c	e, b, a
(C)	f	d, c, e	b, a
(D)	a, b	c, d	e, f

8.

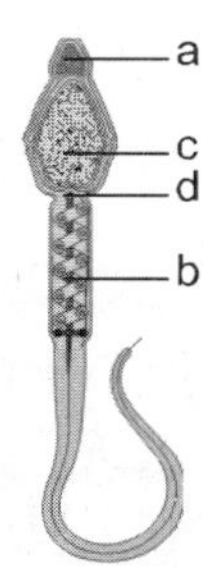

I – एंजाइम उपस्थित

II – डीएनए + प्रोटीन

III – ऊर्जा के स्रोत

IV – तारककाय उपस्थित

चित्र के a, b, c तथा d को I, II, III तथा IV से सुमेलित करें–

कॉलम A	**कॉलम B**
a	I
b	II
c	III
d	IV

(A) a, b, c, d/I, III, II, IV

(B) a, b, c, d/III, I, II, IV

(C) a, b, c, d/I, II, III, IV

(D) a, b, c, d/II, I, III, IV

9.

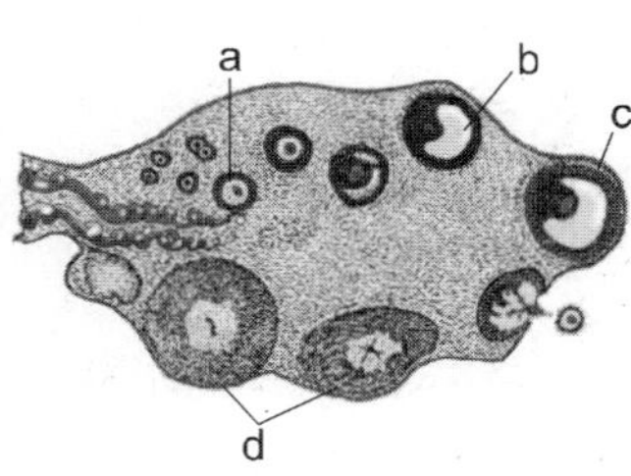

दिया गया चित्र अंडाशय के आरेखीय काट का है, चित्र में दिए गए, a, b, c तथा d का मिलान प्रश्न में दिए गए तथ्यों से करते हुए सही विकल्प का चयन करें–

(i) संख्या 70000

(ii) प्रथम अर्धसूत्री विभाजन का आरंभन

(iii) एस्ट्रोजन का स्रावण

(iv) प्रोजेस्टरॉन का स्रावण

	a	**b**	**c**	**d**
(A)	i	ii	iii, iv	iv
(B)	i	ii	iii	iii, iv
(C)	ii	i	iii	iv
(D)	iv	iii	i	ii

10.

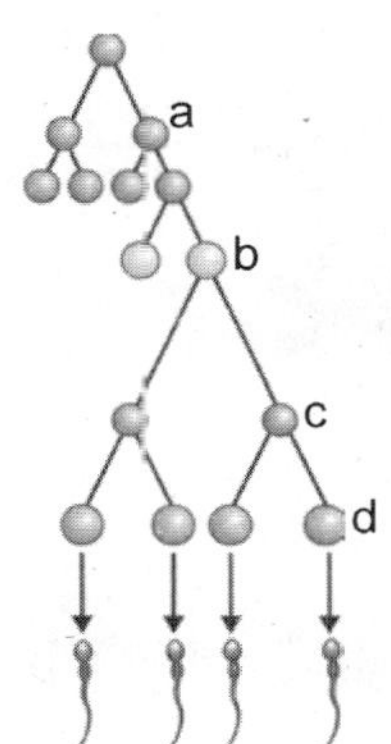

दिया गया चित्र शुक्रजनन से संबंधित है, अगर a = शुक्राणुजन, b = द्वितीयक शुक्राणु कोशिकाएं c = शुक्राणुप्रसू, d = शुक्राणु

(i) समसूत्री विभाजन

(ii) कोई विभाजन नहीं

(iii) अर्धसूत्री विभाजन

	a	b	c	d
(A)	i	iii	ii	ii
(B)	iii	i	ii	ii
(C)	i	ii	ii	iii
(D)	ii	iii	i	ii

11.

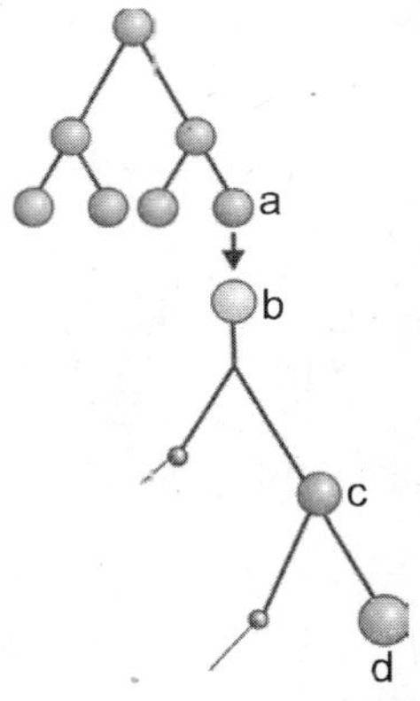

दिया गया चित्र, अंडजनन का है, निम्न में से कौन से अवस्था के बीच की अवधि 10 से 14 वर्ष की होती है–

(A) a या b (B) b या c
(C) c या d (D) उपरोक्त में से कोई नहीं

12.

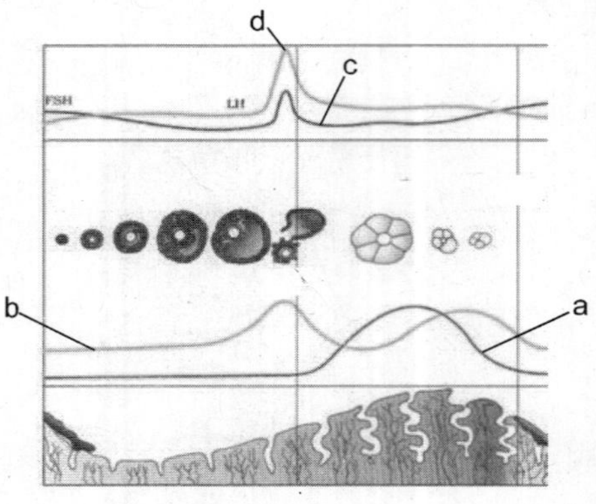

(i) गर्भावस्था में अनुपस्थित
(ii) रजोवृत्ति के दौरान अनुपस्थित
(iii) पुट्टक का विकास
(iv) द्वितीयक लैंगिक लक्षण का विकास

दिए गए चित्र में, चार हॉर्मोन a, b, c तथा d दिया गया है, हॉर्मोन को उपरोक्त चारों लक्षणों से मिलान करते हुए, सही विकल्प का चयन करें–

	a	b	c	d
(A)	ii	i	iii, ii	iv
(B)	i	ii	iii	i, ii
(C)	ii	iv, ii	iii, ii, i	i, ii
(D)	iv	ii	iii, ii, i	i, ii

13.

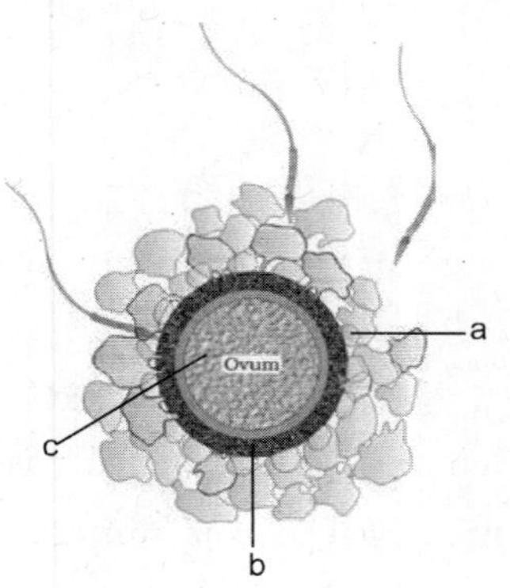

दिए गए चित्र में परिपीतक अवकाश है–

(A) a (B) b
(C) c (D) उपरोक्त में से कोई नहीं

14.

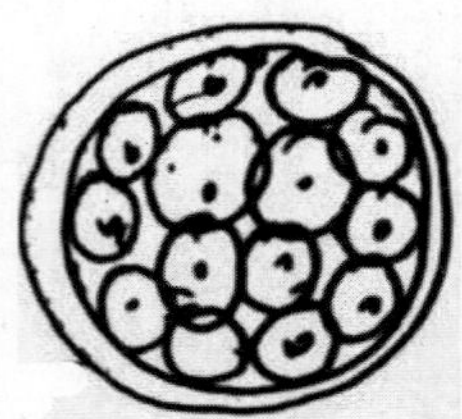

(a) 16 कोशिका अवस्था संभव है।
(b) गर्भाशय में निर्मित होता है।
(c) रोपण संभव है।
(d) खोखला होता है।

दिए गए चित्र को पहचानते हुए, बताएं की कितने कथन गलत है–

(A) 1 (B) 2
(C) 3 (D) 4

15.

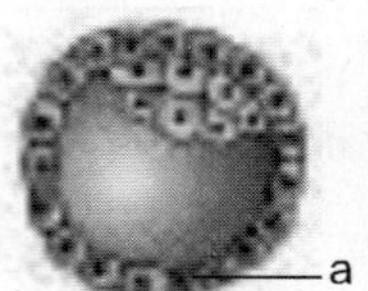

दिए गए चित्र में 'a' संबंधित है–

(A) अपरा के निर्माण से
(B) भ्रूण के निर्माण से
(C) सिर्फ अधिचर्म के निर्माण से
(D) सिर्फ मध्यचर्म का निर्माण से

16.

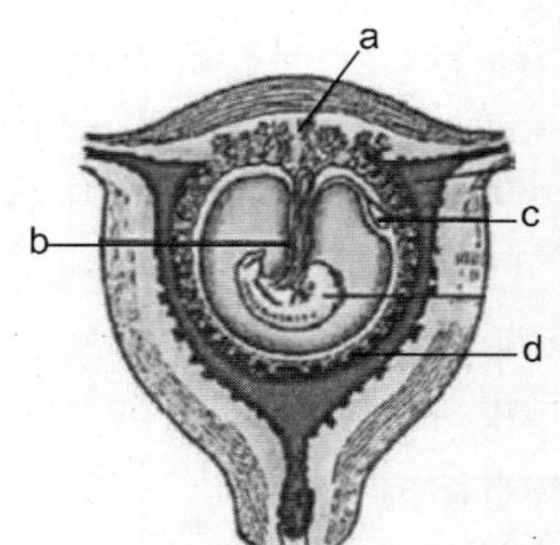

दिए गए चित्र में, a, b, c तथा d में से कौन रुधिर के निर्माण से संबंधित है–

(A) a (B) b
(C) c (D) d

17.

नीचे कुछ कथन चित्र से संबंधित दिए गए है–

(a) इसके इस्तेमाल के बाद एसटीडी संभव नहीं है।

(b) इसका उपयोग समाज में घटता जा रहा है।

(c) एक कंडोम का बार–बार उपयोग किया जा सकता है।

उपरोक्त में से कितने कथन गलत है?

(A) a (B) a, b
(C) c (D) a, b, c

18.

दिए गए चित्र को पहचाने–

I – भारत में इसका उपयोग नर कांडोम की तुलना में अधिक होता है।

II – ग्रीवा में रोपित किया जाता है।

III – लैटेक्स (रबर) का बना होता है।

उपरोक्त में से कितने कथन सही है–

(A) 1 (B) 2
(C) 3 (D) 0

19.

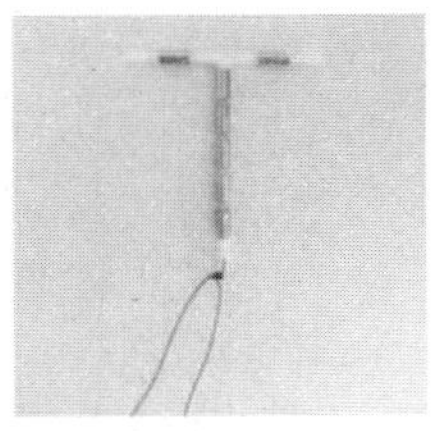

(a) एक बार का रोपण जीवन पर्यन्त प्रभावी।

(b) इसके रोपण में बड़ा शल्य चिकित्सा किया जाता है।

(c) बेहद महेगा यंत्र है।

उपरोक्त में से कितने कथन सही है–

(A) 1 (B) 2
(C) 3 (D) 0

20.

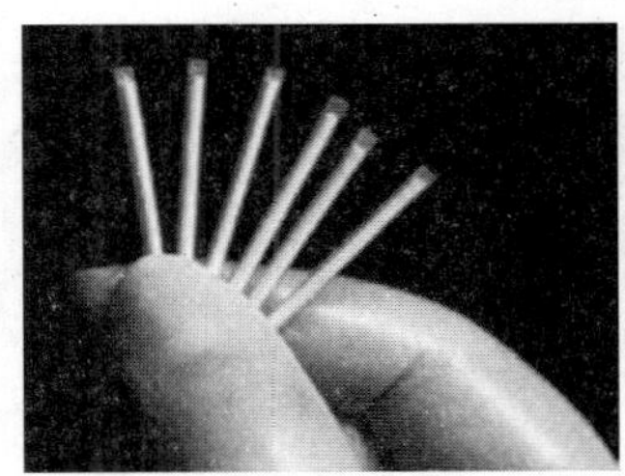

चित्र में दिए संरचना की क्रियाविधि निम्न में से किससे मिलता है, अर्थात समानता प्रदर्शित करता है–

(A) कॉपर टी

(B) कंडोम

(C) गर्भनिरोधक गोलियां

(D) उपरोक्त सभी

21.

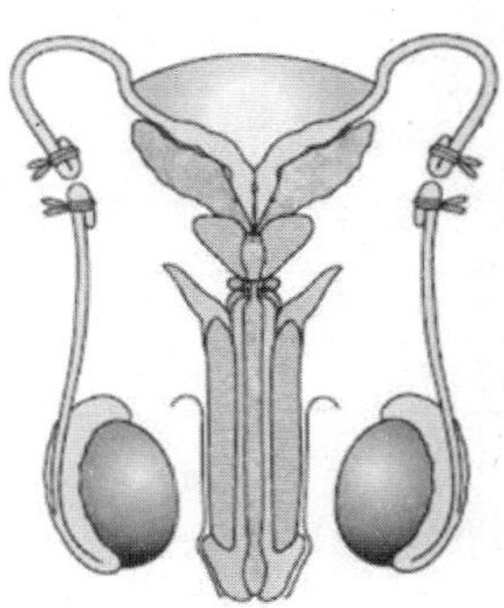

नीचे कुछ कथन, चित्र से संबंधित दिए गए है–

(a) शल्य चिकित्सा वृषण कोष से होकर किया जाता है।

(b) इस शल्य क्रिया के बाद, संख्लन नहीं होता है।

(c) शल्य क्रिया के बाद कोइ वीर्य मुक्त नहीं होता है।

(d) वीर्य में कोई, शुक्राणु उपस्थित नहीं होता है।

सत्य तथा असत्य का चयन करें–

स = सत्य, अ = असत्य

	a	b	c	d
(A)	स	स	स	अ
(B)	स	अ	अ	स
(C)	अ	अ	अ	स
(D)	स	अ	स	स

22.

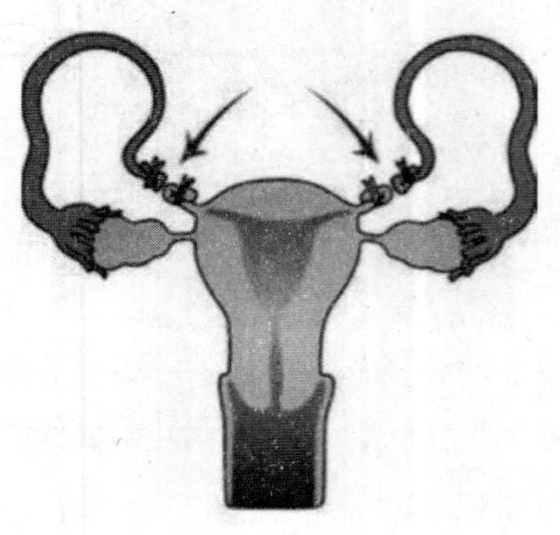

नीचे कुछ कथन चित्र से संबंधित दिए गए है–

(a) शल्य चिकित्सा, श्रेणि क्षेत्र के तरफ से किया जाता है।

(b) इस शल्य चिकित्सा के बाद कोई अंडोर्त्सग नहीं होता है।

(c) यह शल्य चिकित्सा, महिला के रजोनिवृत्ति के बाद किया जाता है।

(d) यह शल्य चिकित्सा प्रथम प्रसव को रोकने के लिए किया जाता है।

स = सत्य, अ = असत्य

	a	b	c	d
(A)	स	स	स	स
(B)	स	अ	अ	अ
(C)	अ	अ	अ	अ
(D)	स	अ	अ	अ

ANSWER KEY

1. (B)	**2.** (B)	**3.** (C)	**4.** (A)	**5.** (C)	**6.** (A)	**7.** (B)	**8.** (A)	**9.** (B)	**10.** (A)
11. (B)	**12.** (C)	**13.** (B)	**14.** (C)	**15.** (A)	**16.** (C)	**17.** (D)	**18.** (A)	**19.** (D)	**20.** (C)
21. (B)	**22.** (D)								

विकास

1.

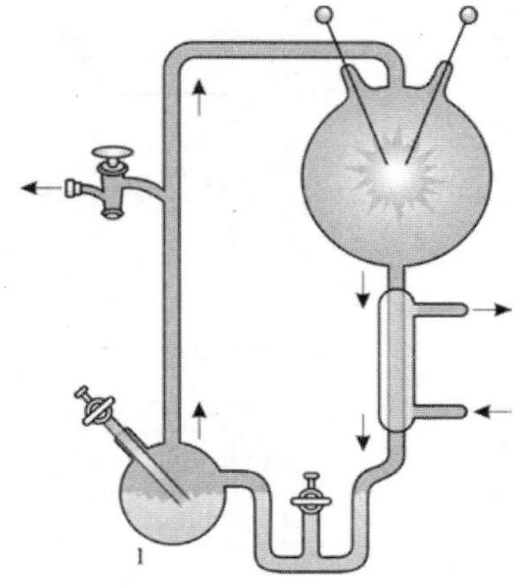

दिए गए चित्र का पहचाने–

(a) यंत्र का उपयोग आपेरिन तथा हालडेन ने किया था।

(b) यंत्र का तापमान 1800°C रखा गया था।

(c) इस यंत्र से संबंधित प्रयोग 1963 में किया गया था।

(d) इस यंत्र का उपयोग करके जटिल कार्बोनिक पदार्थ के उत्पत्ति को प्रमाणित किया गया था।

स = सत्य, अ = असत्य

	a	b	c	d
(A)	अ	अ	स	स
(B)	अ	अ	अ	अ
(C)	स	स	स	स
(D)	स	स	अ	अ

2.

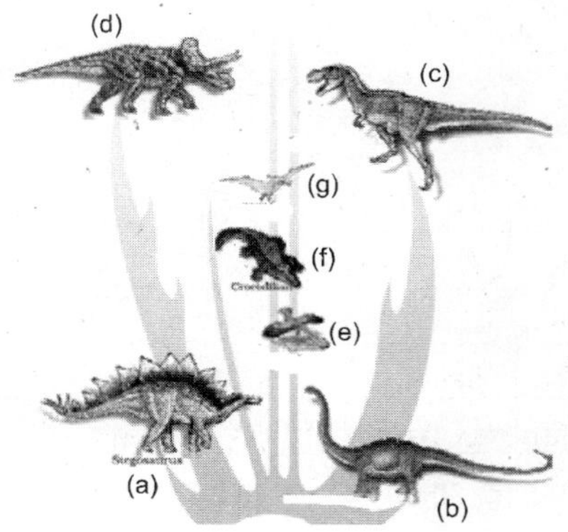

दिए गए चित्र में–

(i) ________ का विलोन 65 मिलियन वर्ष पहले हुआ था।

(ii) ________ आकार में सबसे बड़े थे।

(iii) ________ संयोजी कड़ी।

(iv) ________ अभी भी जीवित है।

(v) ________ का अनेक लक्षण स्तनधारी की भांति।

	i	ii	iii	iv	v
(A)	a, b, c, d, e	b	e	f	f
(B)	a, b, c, d	d	e	f	e
(C)	a, b, c, d, e	b	g	f	f
(D)	a, b, c, d, e	b	e	f	f

3.

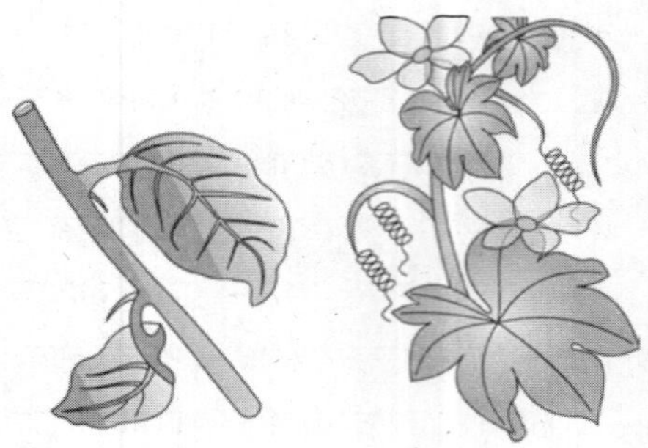

दिया गया चित्र उदाहरण है-

(a) समजात अंग (b) समरूप अंग

(c) अवशेषी अंग (d) अनुकूलन विकिरण

(A) a, b (B) b, c

(C) a, d (D) b, d

4.

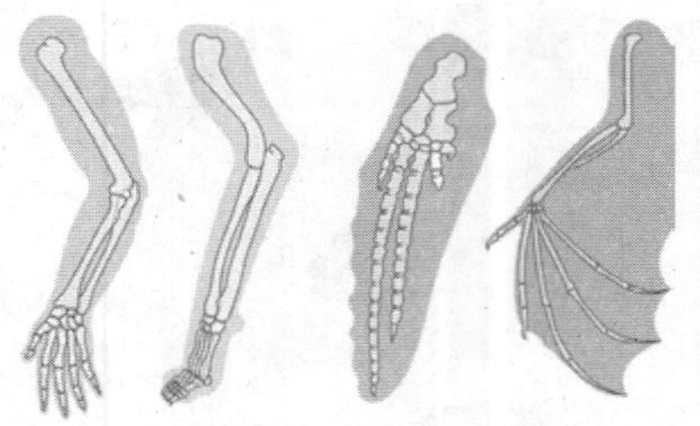

दिए गए चित्र में विभिन्न कशेरुकी के अस्थि दिए गए है, चित्र को समझते हुए सही विकल्प का चयन करें-

	a	b	c	d
(A)	मनुष्य	एसिनोनिक्स	टेरोपस	बैलीनोप्टेरा
(B)	मनुष्य	एसिनोनिक्स	बैलीनोप्टेरा	टेरोपस
(C)	मनुष्य	एसिनोनिक्स	बैलीनोप्टेरा	तितली
(D)	एसिनोनिक्स	मुनष्य	बैलीनोप्टेरा	तितली

5.

मान चित्र a वर्ष 1850 से संबंधित है, चित्र b 1920 से संबंधित है। चित्र a तथा b से संबंधित सत्य तथा असत्य कथन का चयन करें-

(a) चित्र a तथा चित्र b से संबंधित अध्ययन अमेरिका में किया गया था।

(b) चित्र a तथा चित्र b दोनों ही मानवोद्भवी क्रियाओं द्वारा जैव विकास का उदाहरण है।

(c) चत्र a तथा चित्र b दोनों के शलभ (मोथ) सिर्फ शहरी क्षेत्र तक सीमित थे।

(A) a, b, c – असत्य (B) a, c – सत्य, b – असत्य

(C) a, b, c – सत्य (D) उपरोक्त में से कोई नहीं

6.

(a) चित्र डार्विन फिंच से संबंधित है।

(b) चित्र फिंच के नेत्र के आकार तथा रंग से संबंधित है।

(c) चित्र 1, 2, 3, 4 में दिया गया सभी चोंच का चित्र बीज भक्षण से संबंधित है।

स = सत्य, अ = असत्य

	a	b	c
(A)	स	स	स
(B)	अ	अ	अ
(C)	स	अ	अ
(D)	स	अ	स

7.

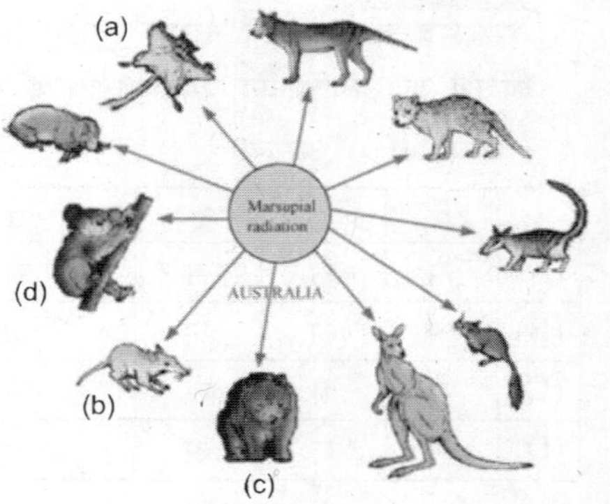

उस विकल्प का चयन करें ज़ो, a, b, c तथा d को दर्शा रहे है-

(A) a – चमगादड़, b – कोआला, c – चूहा, d – बोम्बट

(B) a – शर्कराग्लाइडर, b – कोआला, c – चूहा, d – बोम्बट

(C) a – चमगादड़, b – कोआला, c – बोम्बट, d – बैडीकूट

(D) a – शर्करा ग्लाइडर, b – कोआला, c – बोम्बट, d – बैडीकूट

8.

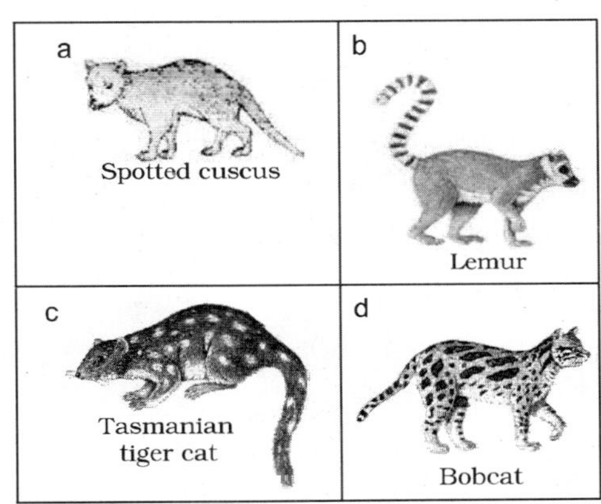

शिशुधानी का चयन करें–

(A) a, c (B) a, b

(C) b, c (D) c, d

9.

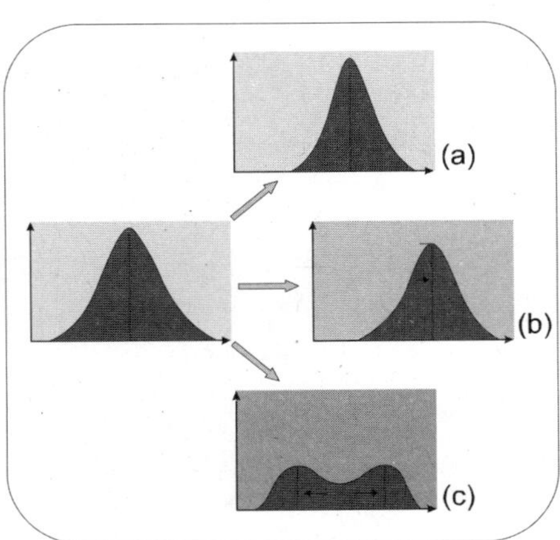

सही विकल्प का चयन करें जो प्राकृतिक वरण तथा उसके उदाहरण को दर्शा रहे थे-

(A) a – स्थायीकरण वरण – मानव आबादी
b – दिशात्मक वरण – औद्योगिक कृष्णता

(B) a – स्थायीकरण वरण – औद्योगिक कृष्णता
b – दिशात्मक वरण – मानव आबादी

(C) a – विभेदात्मक वरण – मानव आबादी
b – दिशात्मक वरण – औद्योगिक कृष्णता

(D) a – स्थायीकरण वरण – औद्योगिक कृष्णता
b – विभेदात्मक वरण – मानव आबादी

10.

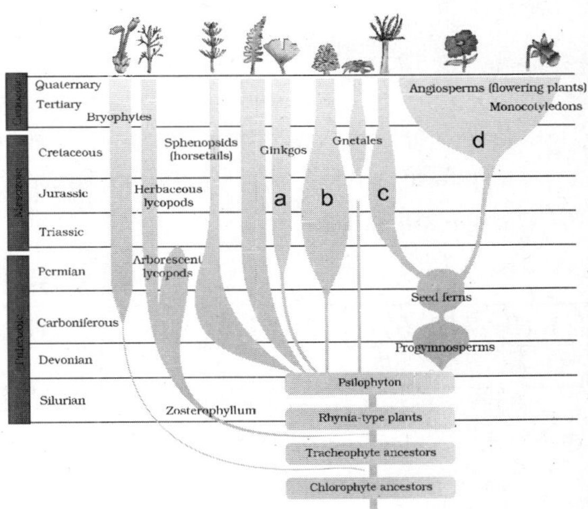

a,b, c, d क्या है?

	a	b	c	d
(A)	Dicotyle-dons	Conifers	Cycads	Ferns
(B)	Ferns	Conifers	Cycads	Dicoty-ledons
(C)	Ferns	Conifers	Dicoty-ledons	Cycads
(D)	Conifers	Ferns	Dicoty-ledons	Cycads

11.

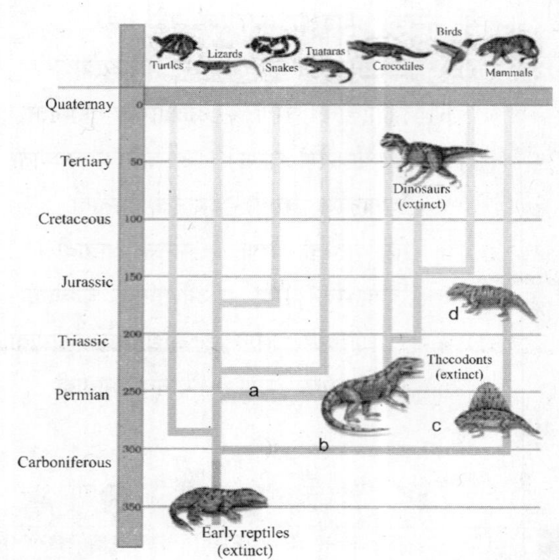

दिया गया चित्र भू-वैज्ञानिक कालों में होकर कशेरुकियों का विकासीय इतिहास का चित्रण है, a, b, c तथा d क्या है?

	a	b	c	d
(A)	सौरोप्सिड	साइनैप्सिड	पेलिकोसौर	थेरौप्सिड
(B)	साइनैप्सिड	सौरोप्सिड	पेलिकोसौर	थेरौप्सिड
(C)	साइनौप्सिड	सौरोप्सिड	थैरोप्सिड	पेलिकोसौर
(D)	सौरोप्सिड	साइनैप्सिड	थेरौप्सिड	पेलिकोसौर

12.

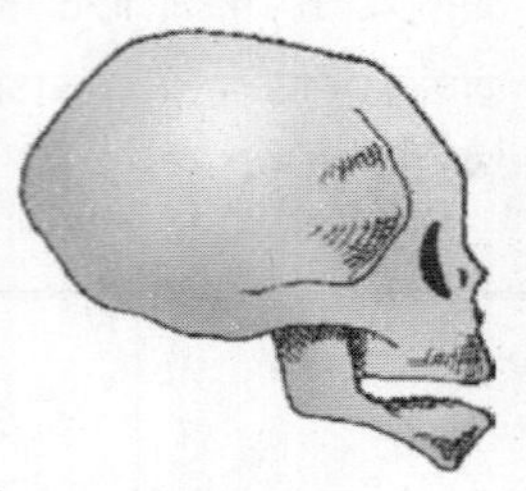

दिया गया चित्र है-

(A) व्यस्क मनुष्य

(B) शिशु मनुष्य

(C) व्यस्क चिपैंजी

(D) शिशु चिपैंजी

ANSWER KEY

1. (B)	**2.** (A)	**3.** (C)	**4.** (B)	**5.** (D)	**6.** (C)	**7.** (D)	**8.** (C)	**9.** (A)	**10.** (B)
11. (A)	**12.** (D)								

मानव स्वास्थ्य तथा रोग

1.

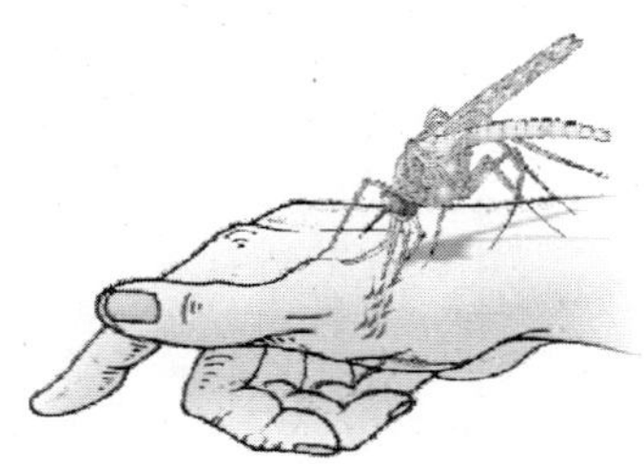

मान ले दिए गए चित्र में, एक मादा मच्छर मनुष्य को काट रही है, उस रोग के सेट का चयन करे जो कि संभव है-

(A) पीत ज्वर, टाइफॉइड

(B) मलेरिया, 21 न्यूमोनिया

(C) डेंगू ज्वर, हाथी पॉव रोग

(D) थाइफाइट, मलेरिया

2.

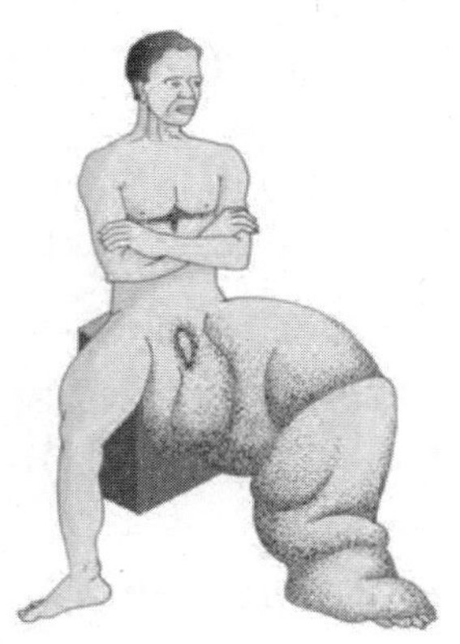

नीचे कुछ कथन रोग से संबंधित दिए गए है-

I – रोग प्रोटोजोआ के संक्रमण के कारण संभव है।

II – रोगजनक, संक्रमित व्यक्ति के लसिका वाहिनी को संक्रमित करता है।

III – रोगजनक संक्रमित व्यक्ति में कई वर्षों तक जीवित रह सकते है।

IV – रोग मादा मच्छर के एक से अधिक जाति सो संभव है।

स = सत्य, अ = असत्य

	I	II	III	IV
(A)	स	स	स	अ
(B)	स	स	अ	अ
(C)	स	अ	अ	स
(D)	अ	स	स	स

3.

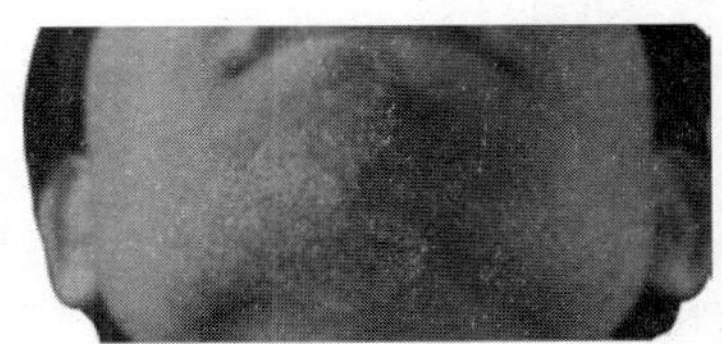

दिया गया चित्र, किस प्रकार के रोग को दर्शा रहा है?

(A) जीवाणु जनित (B) विषाणु जनित

(C) कवक जनित (D) प्रोटोजोआ जनित

4.

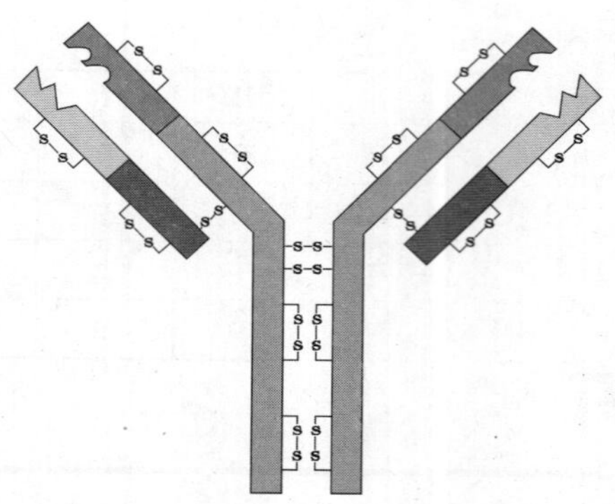

चित्र को पहचानते हुए, सही तथा गलत कथन का चयन करें–

(a) सक्रिय तथा निष्क्रिय दोनों को निर्मित करते है।

(b) मनुष्य में जीवन पर्यन्त प्रभावी होते है।

(c) सीएमआइएस तथा एएमआइएस दोनों से संबंधित है।

(d) प्रोटीन से निर्मित होते है।

(A) a & b – सत्य

(B) c & d – असत्य

(C) a, b, c, d – सत्य

(D) a & b – असत्य ; c & d – सत्य

5.

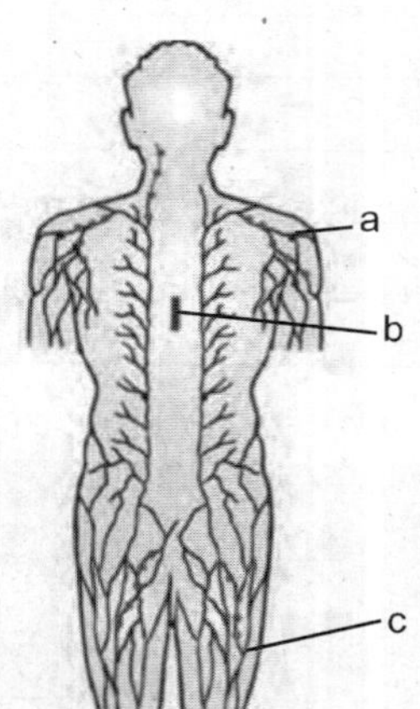

दिए गए चित्र में, a, b तथा c को पहचाने तथा कोष्टक में से सही विकल्प का चयन करें–

	a	b	c
(A)	लसिका गाँठे लिम्फोसाइट का संरक्षण	थाइमस अस्थायी अंत:स्रावी संरचना	लसिका वाहिनी लसिका संवहन
(B)	लसिका गाँठे लिम्फोसाइट का संरक्षण	थाइमस अस्थायी अंत:स्रावी संरचना	लसिका वाहिनी लसिका + रुधिर संवहन
(C)	लसिका गाँठे लिम्फोसाइट का संरक्षण	थाइसम स्थाई अंतस्रावी संरचना	लसिका वाहिनी लसिका + रुधिर संवहन
(D)	लसिका गाँठे लिम्फोसाइट का संरक्षण	थाइमस स्थाई अंतस्रावी संरचना	लसिका कोशिका–अन्ध

6.

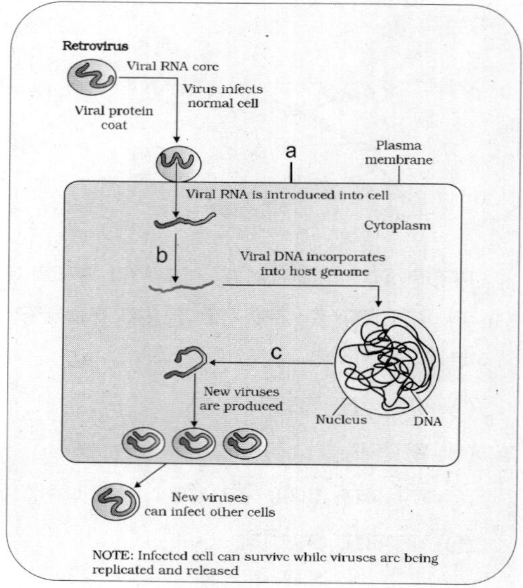

दिया गया चित्र रेट्रोवायरस की प्रतिकृति का है, a, b तथा c क्या है?

(A) a – T_H कोशिका,

b – विषाणु डीएनए का प्रतीप टॉसक्रिप्टिज के मदद से उत्पन्न होना

c – संक्रमित कोशिका द्वारा उत्पन्न नया विषाणु RNA

(B) a – मैक्रोफेज,

b – विषाणु RNA का प्रतिप ट्रॉसक्रिप्टेज के

मदद से उत्पन्न होना

c – संक्रमित कोशिका के द्वारा उत्पन्न नया विषाणु RNA

(C) a – मैक्रोफेज,

b – विषाणु DNA का प्रतिप ट्राँसक्रिप्टेज के मदद से उत्पन्न होना

c – संक्रमित कोशिका के द्वारा उत्पन्न नया विषाणु RNA

(D) a – आर बी सी,

b – विषाणु DNA का प्रतिप ट्राँसक्रिप्टेज के मदद से उत्पन्न होना

c – संक्रमित कोशिका के द्वारा उत्पन्न नया विषाणु RNA

7.

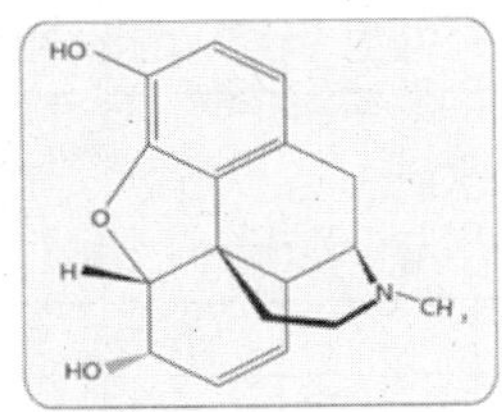

दिया गया चित्र ___?___ का रासायनिक संरचना है-

(A) एल एस डी (B) कोकेन

(C) मार्फिन (D) हशीश

8.

दिए गए चिा को पहचाने-

I – दिया गया चित्र अफीम के पादप का है।

II – इस पादप का औषधीय महत्व है।

III – इस पादप को घर के बागान मे भी लगाया जा सकता है।

IV – यह पादप एक खरपतवार है।

स = सत्य, अ = असत्य

	I	II	III	IV
(A)	स	स	स	स
(B)	स	स	अ	अ
(C)	स	अ	अ	अ
(D)	अ	अ	अ	अ

9.

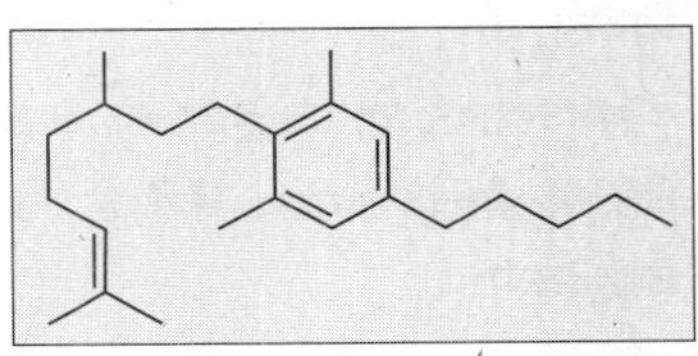

दिया गया चित्र किसका है?

(A) कैनाबिनॉइड्स (B) कैनेबिस

(C) चरस (D) धतूरा

10.

दिया गया चित्र कैनेबिस सैटाइवा के पत्तियों का है-

(a) कैनेबिंस को पादप के मूल से भी प्राप्त किया जा सकता है।

(b) भाग कैनेबिस का सबसे खतरनाक रूप है।

(c) मैरिजुआना कैनेबिस का सरलतम रूप है, तथा इसका उपयोग वैध (लीगल) है।

उपरोक्त में से कितने कथन गलत है?

(A) 1 (B) 2

(C) 3 (D) 0

11.

(a) विदेशी नस्ल

(b) दुग्ध उत्पादन बेहतर होता है।

(c) देश में बेहद सामान्य नहीं है, अर्थात संख्या बेहद कम।

(d) आसानी से पाला नहीं जा सकता।

उपरोक्त में से कितना कथन सही है?

(A) 1 (B) 2

(C) 3 (D) 4

12.

दिए गए चित्र को पहचाने, यह कौन सा नस्ल है?

(A) भारतीय नस्ल (B) ब्रोयलर

(C) विदेशी नस्ल (D) संकर नस्ल

13.

दिया गया चित्र एक जानवर (स्तरनधारी) का है चित्र से संबंधित कुछ कथन दिया गया है–

(a) अंत: विशिष्ट संकरण का उदाहरण है।

(b) यह प्राणी जनन करने में सक्षम है।

(c) यह प्राणी मानव के लिए उपयोगी नहीं है।

(d) इस प्राणी के आबादी मे कोई विभिन्नता नहीं होती है।

स = सत्य, अ = असत्य

	a	b	c	D
(A)	स	अ	अ	अ
(B)	स	अ	अ	स
(C)	स	स	अ	अ
(D)	अ	स	स	अ

ANSWER KEY

1. (C)	**2.** (D)	**3.** (C)	**4.** (C)	**5.** (A)	**6.** (A)	**7.** (C)	**8.** (B)	**9.** (A)	**10.** (C)
11. (B)	**12.** (C)	**13.** (A)							

जैव प्रौद्योगिकी एवं उसके उपयोग

1.

दिया गया चित्र संबंधित है-

(A) कपास - मुकुल कृमि

(B) कपास - छेदक कृमि

(C) कपास -गेंद कृमि

(D) कपास - टोड कृमि

2.

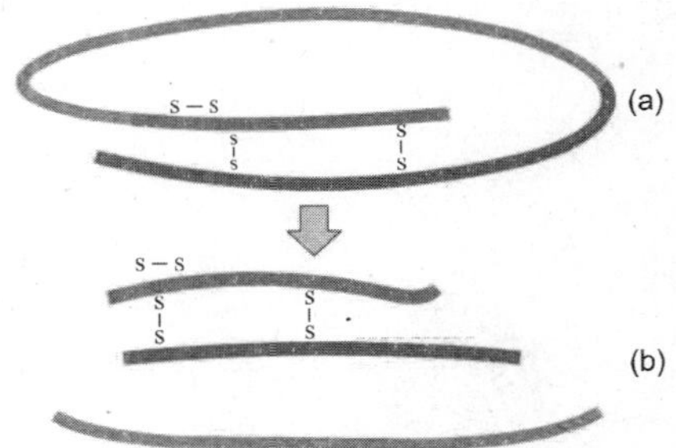

(a) चित्र 'a' में दिए गए संरचना में अमीनों अम्ल की संख्या अधिक होती है।
(b) चित्र 'a' में दिए गए संरचना आवश्यक रूप से मानव शरीर में निर्मित नहीं होते है।
(c) मानव शरीर में चित्र 'a' तथा चित्र 'b' में दिए गए संरचना भिन्न स्थलों पर निर्मित होते है।

उपरोक्त में से कितने कथन सही है?

(A) 1
(B) 2
(C) 3
(D) कोई नहीं

ANSWER KEY

1. (A)	**2.** (A)								

जैव विविधता एवं संरक्षण

1.

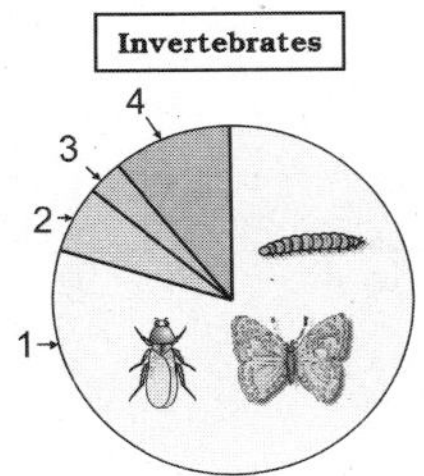

दिया गया चित्र विविध अकशेरुकी के अनुपातिक संख्या को दशा रहे है, हाइड्रा निम्न में से किसके अंतर्गत शामिल होंगे?

(A) 1 (B) 2

(C) 3 (D) 4

2.

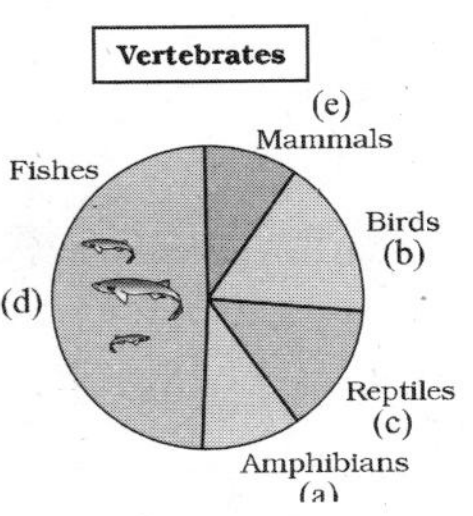

दिया गया चित्र विविध कशेरुकी के अनुपातिक संख्या को दर्शा रहें है-

अगर = a = हायला, b = एटीनोडायटीज, c = वंगैरस, d = एक्सोसिटस, e = मैक्रोपस है तो इन सभी का स्थान कौन-कौन से कोष्टक में होगा चयन करें-

	1	2	3	4	5
(A)	e	b	c	d	a
(B)	e	b	c	a	d
(C)	b	e	c	a	d
(D)	e	b	d	a	c

3.

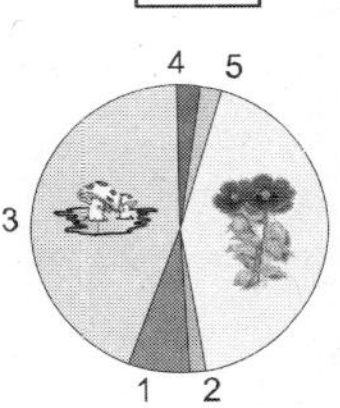

1, 2, 3, 4, 5 क्या है?

	1	2	3	4	5
(A)	लाइकेन	शैवाल	कवक	मॉसेस	फर्न
(B)	लाइकेन	शैवाल	मॉसेस	कवक	फर्न
(C)	शैवाल	लाइकेन	मॉसेस	कवक	फर्न
(D)	शैवाल	लाइकेन	कवक	मॉसेस	फर्न

4.

(a)

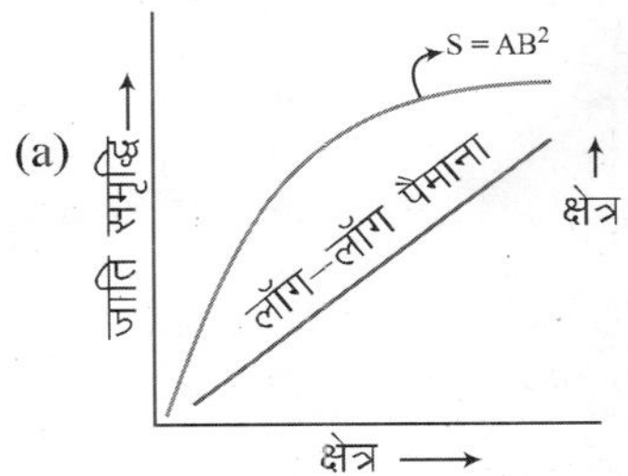

(b)

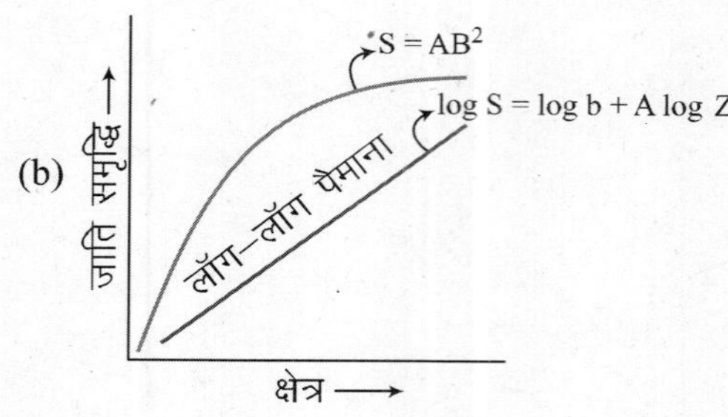

(c)

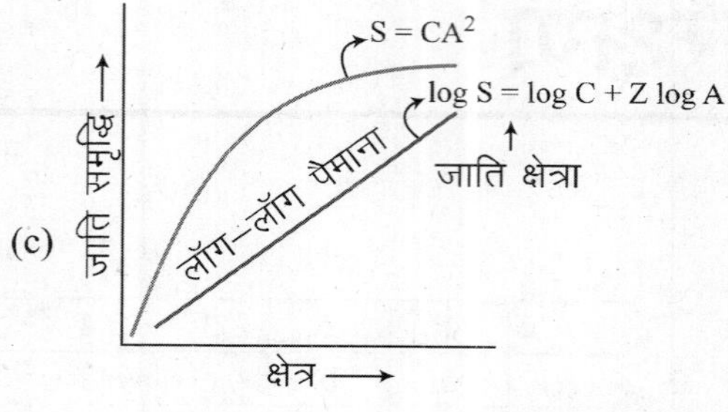

(d)

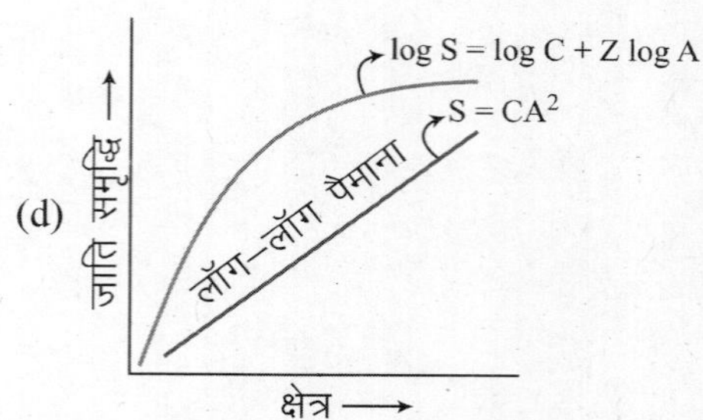

जातीय और क्षेत्र संबंध के प्रदर्शन को सही रूप से कौन प्रदर्शित कर रहा है–

(A) a

(B) b

(C) c

(D) d

ANSWER KEY

1. (D)	2. (B)	3. (A)	4. (C)						

पर्यावरण के मुद्दे

1.

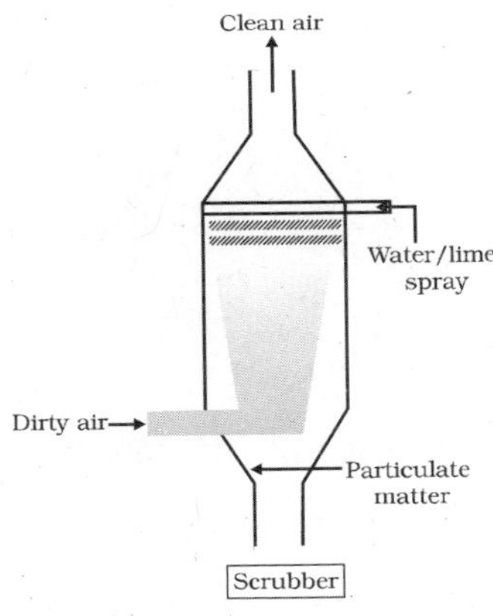

दिए गए चित्र को पहचाने तथा निम्न कथनों को देखें।

(a) यह एक मार्जक है।

(b) यह उन क्षेत्रों में उपयोगी नहीं है, जहां से लाइकेन विलुप्त हो जाते है।

(c) वायु प्रदूषण को नियंत्रित करने वाले सबसे सामान्य यंत्र।

(d) इस यंत्र में जल तथा चूना के फुहार प्रयुक्त होते है।

स = सत्य, अ = असत्य

	a	b	c	d
(A)	स	अ	अ	स
(B)	स	स	स	स
(C)	अ	अ	अ	अ
(D)	स	अ	अ	अ

2.

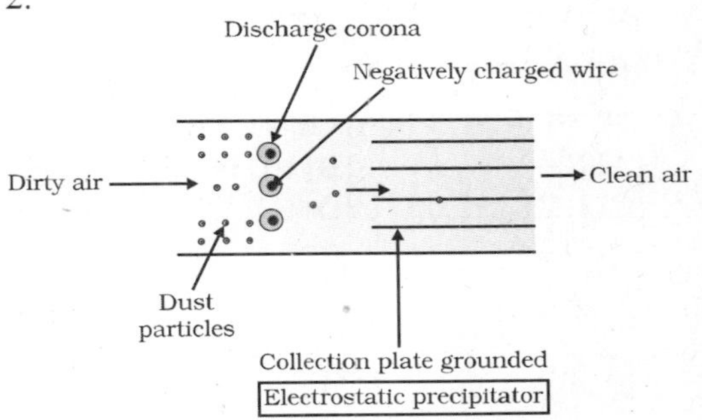

दिया गया चित्र एक यंत्र का है, जिसका उपयोग वायु प्रदूषण को नियंत्रण करने के लिए प्रयुक्त होता है–

(a) इस यंत्र ाक उपयोग ताप विद्युत संयंत्र में किया जाता है।

(b) इस यंत्र के द्वारा निर्वातक में से 100% कणिकीय पदार्थ को हटाया जा सकता है।

(c) वायु प्रदूषण को नियंत्रित करने वाला सार्वाधिक प्रयुक्त यंत्र।

(d) इसका उपयोग वाहनों के इंजन मे किया जा सकता है।

उपरोक्त में से कितने कथन सही है?

(A) 1

(B) 2

(C) 3

(D) 4

3.

दिए गए चित्र से संबंधित कुछ कथन दिए गए है-

I – यह शैवाल प्रस्फुटन को दर्शा रहा है।

II – यह दशा जलीय जीवन के वृद्धि को संदमित करते है।

III – यह दशा मानवीय क्रियाकलाप के कारण प्रकट होता है।

IV – समुद्र में अत्यधिक पोषक तत्व के कारण यह स्थिति उत्पन्न होता है।

उपरोक्त में से कौन सा कथन गलत है?

(A) II (B) III, IV

(C) I, III (D) IV

4.

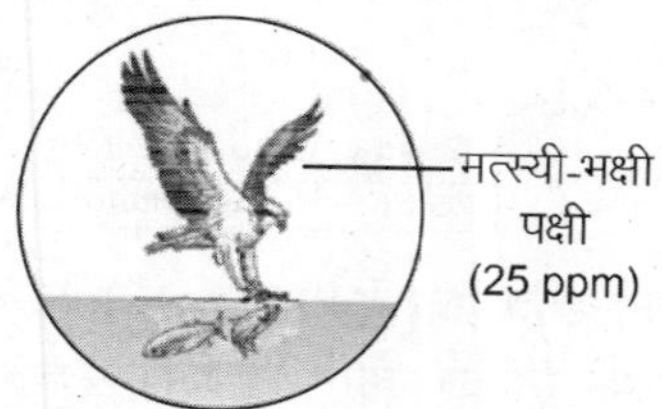

ऊपर दिया गया चित्र किससे संबंधित है?

(a) जैव प्रबंधन (b) डीडीटी

(c) ऑरंगेनोक्लोरिन

(A) a (B) a, b

(C) a, b, c (D) केवल b

5.

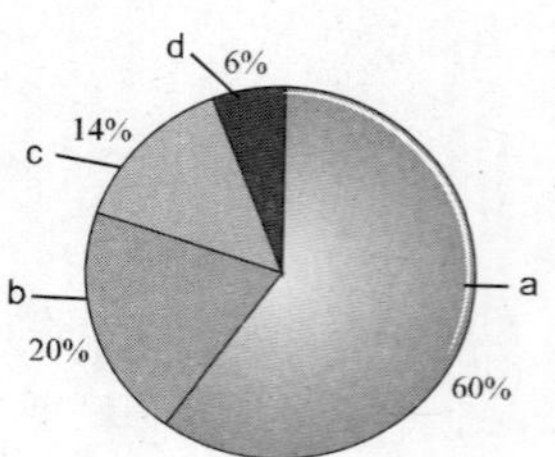

दिया गया चित्र पूर्ण विश्वव्यापी उष्णता के लिए विविध ग्रीन हाउस गैसों का सापेक्षिक योगदान प्रदर्शित कर रहा है, a, b, c, d को पहचानते हुए, बताएं, की मोटर कार तथा अन्य वाहनों के उपयोग के कारण किसकी मात्रा वातावरण में बढ़ती जा रही है?

(A) a (B) b

(C) c (D) d

6.

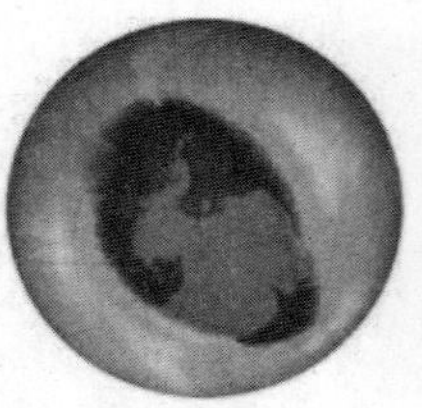

चित्र को पहचाने, यह चित्र साल के कौन से माह से संबंधित है?

(A) जनवरी से मार्च

(B) अप्रैल से जून

(C) अगस्त से अक्टूबर

(D) अक्टूबर से दिसम्बर

ANSWER KEY

1. (A)	2. (B)	3. (D)	4. (C)	5. (A)	6. (C)